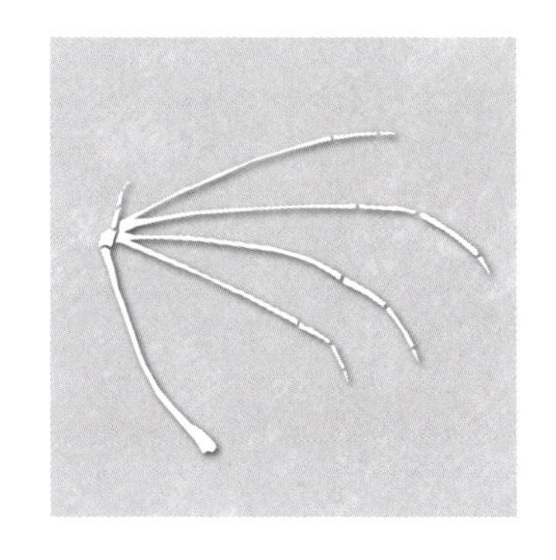

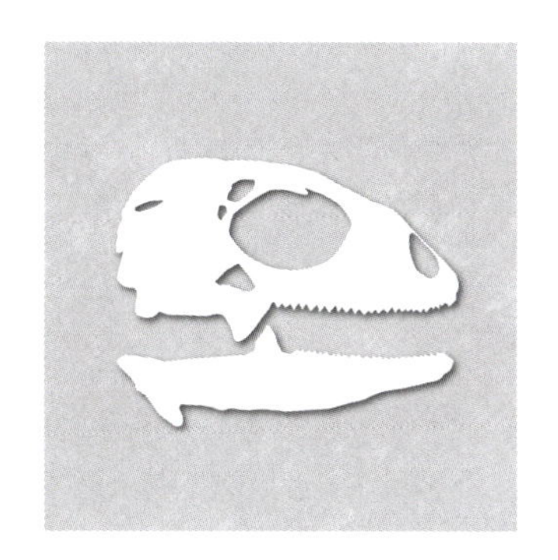

ケント
脊椎動物の比較解剖学

原著第9版

Comparative Anatomy of the VERTEBRATES 9th edition

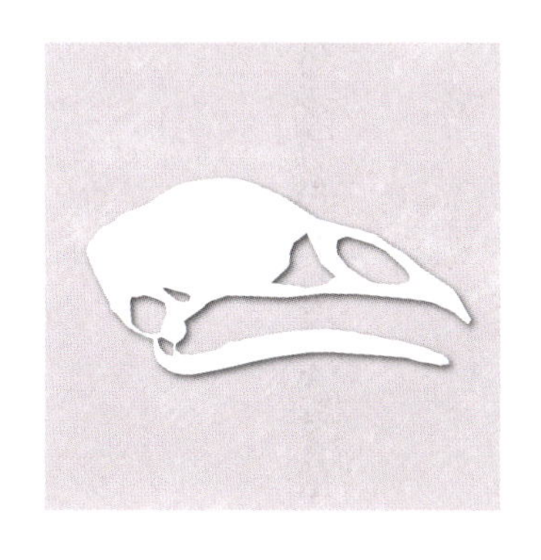
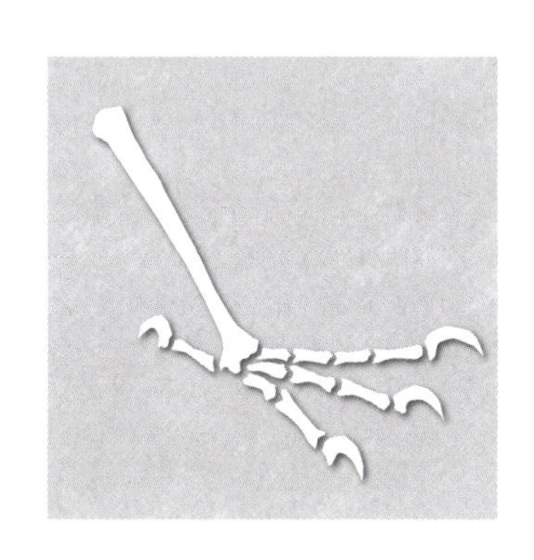

著 George C. Kent
Robert K. Carr

訳 谷口 和之
福田 勝洋

緑書房

Ninth Edition

Comparative Anatomy of the VERTEBRATES

George C. Kent
Louisiana State University

Robert K. Carr
Ohio University

序　文

生命科学系の学生たちは，大小様々な生物を個体として，あるいは集団として定義する解剖学を勉強する機会が与えられている。解剖学は分子，細胞，組織，器官，器官系，そしてそれらの機能を複合的に扱う学問である。そのなかの比較解剖学は，生物の構造パターンおよび進化の筋書きが生物に与える影響を研究する領域である。そこで，比較解剖学，すなわち発生および進化の枠組みのなかで捉えた機能ならびに比較形態学がどのようなものであるか，その説明をすることを目的として本書を執筆した。

自然科学者は，自然科学の方法論を用いて観察し，疑問を持ち，仮説を立て，結果を予想し，検証を行い，これらの結果を要約することが責務である。したがって，学習課程は最初の段階，すなわち観察から始まるべきである。

そうはいっても，すべての解剖学的観察の歴史を繰り返すことはできない。しかし，私たちはそれに明晰かつ簡潔に対応する比較解剖学という概念を持っている。私たちは比較解剖学を1つの統合科学，すなわち生物全体とその局所解剖学および機能系，発生，進化，生態に関する理解をはぐくむ，全体論的研究方法として捉えている。

比較解剖学および進化を理解するためには，その他の生物学的学問分野との関連も相互に重要である。統合的記述を行うことは，そのような意味において明らかに利点がある。統合的記述の方法には，古典的比較解剖学のデータを現代の発生学的，生態学的，理論的研究と組み合わせることも含まれる。こうすることにより学生たちは，基礎にある原理と最新の理論の両者に接することができる。彼らは自分自身で観察して情報を得ることを求められ，また彼らの周囲の世界について疑問を提出することを求められることになる。いろいろな仮説が代替案の実例とともに与えられ，これによって学生たちは自分自身の仮説を探るように勇気づけられたり，また指導者によって特定の方向に導かれたりするのである。

本書『ケント 脊椎動物の比較解剖学』が想定する読者は，生物学専攻の学生，医学，歯学および関連保健分野における教養課程の学生，そして系統発生，胚発生，ヒトを含む成体の脊椎動物解剖学に興味を持つ人文社会科学系の学生たちである。そのため機能については包括的に触れているが，機能を作動させる物理学や化学についてはあまり触れていない。

本文の特徴

- 各章始めのページには，その章で扱われる鍵となる項目を素早く概観できるよう，目次を記載した。
- 各章末の「要約」では，内容を復習し再考するために役立つ鍵となる原理・原則を示した。
- 参考文献は最近の研究を反映するため，更新した。
- 特定のトピックスをさらに探求するため，各章末に「インターネットへのリンク」を付記した。各章に記載したハイパーリンクは www.mhhe.com/zoology でみつけることができる*。
- 各章の終わりには，いくつかの設問をつけ加えた。学生たちは詳細な解答を求められたり，いろいろな概念を適用して分析したりする能力が求められるだろう。
- 巻末の用語解説では，本文中で示した太字の用語について，それぞれ定義を記載した。また，語彙を包括的に身につけるため，接頭辞，接尾辞，語根，語幹についても説明した。

*：各章末の「インターネットのリンク」に掲載の URL は，原著発刊時（2001 年）のもので，変更されていることがあります（編集部）。

原著第9版における改訂

新しい共著者，オハイオ大学生物科学講座のロバート・カー Robert Carr はこの第9版を出版するに当たって，挿し絵や本文の内容の多くを最新のものにしてくれた。また，内容を改善するために研究し，加筆するという野心的試みを行い，責任の分担を引き受けてくれた。カー博士はこの改訂について次のように述べている。

あらゆる教育課程の目標は，学生に対し科学的文献を理解できるようになるための道具を与えることにある。本版の改訂に当たっては，系統的関係と分類学を更新することによって，最新の研究の集大成となるように努めた。改訂した箇所としては，本文で触れられている大多数の分類群の系統発生学的関係，系統発生学的に生じた形質転換，進化を理解する上での発生遺伝学の位置，新しい化石の発見，哺乳類における卵割と初期発生の修正，有頭動物の頭部における筋の発生，呼吸器系と循環器系における系統発生学的変化の要約，有頭動物頭部の分節パターン，ホメオボックス遺伝子進化などがある。

複雑な，あるいは紛らわしい項目を要約するために，新しい表を追加した。すなわち，神経堤からの派生物，皮膚鱗の名称，筋線維の特性，窒素廃棄物，浸透圧問題の進化的解決，ヒトと有頭動物の脳神経，神経の機能的構成要素，有頭動物頭部の仮説的分節の構成要素などである。

本書の構成

第1章～第5章はそれ以降の章の基礎になる事項を扱っている。

第1章「比較解剖学入門」では，脊椎動物の主な器官系統を広い視点で眺め，その詳細に至るまでを述べる。また祖先からの遺伝によって保持されているような特徴（「有頭動物の体：基本構造」）やそれぞれの分類群に独特な特徴（「有頭動物の特徴」と「脊椎動物の特徴」）についても触れる。

第2章「比較解剖学の概念，前提および先駆者たち」では，進化の諸概念およびそのパターンとプロセスを識別するための様々な事項について検討する。私たちはいずれ種々の生物群を詳しく観察することになるので，様々な生物をまとめあげる根拠を明確に定義しておくことが重要である。同様に重要なのは，生物群をまとめあげたときにその名称をつけるための諸規則である。「系統分類学と分類学」という項では伝統的および系統発生学的な分類学を概観し，分類学に関する最近の論争について論評する。最後に解剖学の歴史について述べ，熟考すべきいくつかの用語を挙げる。これらの用語は一般になじみのない新しい用語か，しばしば誤って用いられている用語である。

第3章「有頭動物の起源と原索動物」では原索動物について簡単に紹介し，「有頭動物の起源」で有頭動物の説明をする。

第4章「進化の歴史に登場する動物たち」では登場する動物の役どころ，すなわち有頭動物の紳士録を示す。また本書を通じて用いられる分類と系統発生学的類縁関係の両者を説明する。

第5章「有頭動物の初期形態形成」の主眼は次の内容である。私たちが本書で挙げる成体の解剖学的特徴のパターンは発生の結果であり，成体になるまでにも変化によって影響を受ける可能性があることには留意すべきである。さらに，胎生期の構造とその発生過程での変換（個体発生的道程）は，分類群間での比較と類縁関係の理解に役立つ追加的なパターンを表している。有頭動物が出現するための鍵となる進化上の革新は，神経堤の発生であった。この胎生期の組織は成体の有頭動物の解剖学に対する主要な帰結である。この神経堤やその他の発生上の特徴は，発生一般を概観せずに理解することはできない。

第6章～第18章では有頭動物の体について，必要に応じてそれ以外の動物（密接に関係する原索動物）にも言及しながら考察を進めていく。成体の形態における基本的様式の普遍性と適応的性格を強調し，細部の感覚と進化的特徴の変換の仮説を理解してもらうために，登場する動物の進化は模式図によって要約している。個々の解剖学的細部を登場する動物の系統発生として示すこの方法は，他の章にも引き継がれている。

第9章「頭蓋と内蔵骨格」では，「相同性の問題」という項で，魚類と四肢動物における皮骨という名称に関する論争について注意を喚起している。

第11章「筋」では鰓節筋の本態と起源について，特に有頭動物の頭部における筋の発生様式（体節球的ならびに体節的起源）に注目して説明している。すべての有頭動物を通じて不変な筋線維型の分類を行うために，単収縮性ならびに強直性筋線維に関する説明を行っている。有頭動物の親類およびヤツメウナギの幼生の濾過採食を，化石の無顎類における食物入手方法のモデルとして用いた。

第12章「消化器系」では，有頭動物の感覚器の構造を活発な捕食者の起源と結びつける代替的仮説が述べられている。

第13章「呼吸器系」では，循環系を論じている第14章との統一を図るため，拡散の原理を紹介している。

第14章「循環系」では，循環系の発生に関する新しい理論の要点を述べている。第13章，第14章で論じている主要な変更点を結びつけ，明確化するため，呼吸と循環に関する体系的な要約を紹介している。ナメクジウオから有羊膜類に至る呼吸戦略を示し，これらの行動に用いられる共有の，あるいは独特の構造と関連づけた。

第16章「神経系」では脳神経に関する記述が完璧に改訂されている。伝統的な説明では，有頭動物において複雑かつ様々な要素から構成される脳神経の本態を理解することはできない。脳神経の機能的編成は最新のものに改めている。現在の知見を要約するために，有頭動物の頭部の分節性に関する新しい項を設けた。ここには遺伝子，頭蓋，咽頭，脳神経，脳に関する議論も含まれ，また特別な項（「分節の登録：仮説的分節か？」）も設けている。

第5章と第18章「内分泌器官」は講義時間が不足するとしばしば省略される内容である。しかし進化発生生物学は進化の過程への重要な洞察を与えており，現在の研究の最先端にある。ウォルター・ガースタング Walter Garstang は1922年に，「個体発生は系統発生を繰り返さない。系統発生を創造するのである」と述べ，これらの進歩を予見した。もしも時間がなくて第5章を扱うことができない場合には，各章の適切な箇所に少しだけ発生が含まれている。1つの選択肢として，1つ，2つの説明（例えば消化器系への序論として，ナメクジウオの原腸胚形成）をよく選んで読めば，勉強時間を最少限つけ加えるだけで消化管の発生への貴重な洞察を得ることができよう。医学進学課程および関連保健分野の学生たちは，内分泌器官として，（例えば第18章の）インスリン，サイロキシン，あるいは性腺の項を読むのもよいであろう。

何人かの校閲者から，本書には詳細な説明が「多すぎる」あるいは「少なすぎる」という意見が寄せられた。私たちはまず第一に多様な読者がいることを忘れないように心がけ，また教授者たちが学生たちの必要性と自身の職業的専門知識に従ってある項目を省略し，またある項目を詳しく説明するであろうことを承知している。私たちは比較解剖学を他の教科と統合するのを容易にするために，本書の主題が常に現代的であるように全力を尽くした。

本書の特徴は挿し絵が他の章を含めて繰り返し頻繁に引用されることである。ある挿し絵を複数回，異なった文脈において観察すれば，私たちが伝えたかった体の系統の相互依存性をよりよく理解できるようになる。このことはまた視覚的記憶を高め，さらに以前習った教科を自然に思い起こさせるであろう。

校閲者

Deborah K. Anderson----St. Norbert College
Robert E. Bleiweiss----University of Wisconsin, Madison
William R. Eckberg----Howard University
Raj V. Kilambi----University of Arkansas
Timothy A. Lyerla----Clark University
Kenneth E. Nuss----University of Northern Iowa
David Quadagno----Florida State University
Sue Simon Westendorf----Ohio University

以上の校閲者から寄せられた有益な意見に感謝する。

訳者のことば

本書はGeorge C. Kent, Robert K. Carr 著『Comparative Anatomy of the VERTEBRATES』第9版の翻訳である。主たる著者であるGeorge C. Kent は1914年にニューヨークで生まれ，ルイジアナ州立大学に動物学の教授として37年間勤め，2012年に97歳で他界している。

ケントによる『脊椎動物の比較解剖学』にはMcGraw–Hill版（1945年）とMosby版（1965年）があるが，その後1969年にMosby社から第2版が出版され，初版より第7版までは単著，第8版はLarry Millerとの共著としてMosby社から，第9版はCarrとの共著としてMcGraw–Hill社から出版されている。驚くべきは，第6，7，8版はケントが73，78，83歳で改訂されたもので，本書の原著である第9版は88歳で出版されている。

ケントのルイジアナ州立大学における比較解剖学の講義は伝説となるほど著名なものであり，著書である『Comparative Anatomy of the VERTEBRATES』は，イラストが豊富で理解しやすい名著として，39カ国で翻訳され，学生たちに使用されている。

脊椎動物の分類については，初版から第9版までの間に新たな発見があった。現在では広く知られているように，鳥類は恐竜から派生した爬虫類の系統群とされ，本文中では爬虫類と鳥類はNonavian reptiles（非鳥類爬虫類）およびBirds（鳥類）として記載されている。しかし本書付録の分類概要では，従来のリンネ式分類に従って鳥綱としているため，本書ではNonavian reptilesを爬虫類，Birdsを鳥類とした。

比較解剖学は動物学の基礎的な学問であり，こうした基礎的な書物の出版を引き受けていただいた緑書房の森田 猛社長，編集部の羽貝雅之氏，小林奈央氏に感謝申し上げます。

脊椎動物の基本的な体構造は，生息地や食性が変わるとともに，原始的な顎を欠く魚様の動物から様々に分化して哺乳類にまで変遷していく。この変遷の様子を，豊富なイラストによって学ぶことで，1人でも多くの読者にその面白さを知っていただければ，訳者として喜びとするところであります。

2015年10月

谷口 和之
福田 勝洋

目　次

第1章　比較解剖学入門 ……1

第2章　比較解剖学の概念，前提および先駆者たち ……13

第3章　有頭動物の起源と原索動物 ……29

第4章　進化の歴史に登場する動物たち ……46

第6章 外皮 108

第7章 石灰化組織：骨格への導入 138

第8章 脊椎，肋骨，胸骨 148

第9章 頭蓋と内臓骨格 ………… 167

第10章 肢帯，鰭，体肢と体の移動 ………… 204

第11章 筋 ………… 239

第 12 章　消化器系 271

第 13 章　呼吸器系 298

第 14 章　循環系 319

第1章 比較解剖学入門

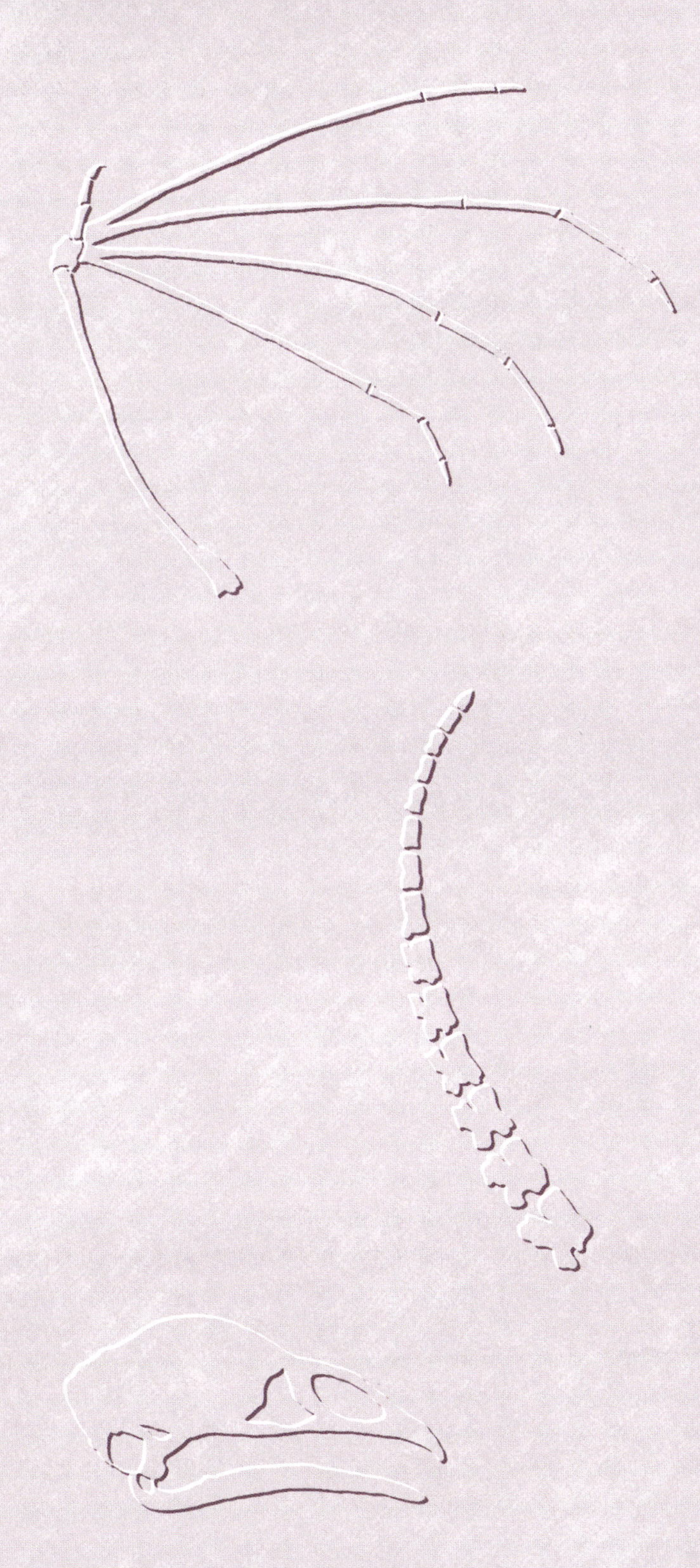

本章は，以降の章にとって長い楽曲の序曲のようなものであり，きたるべきものの予習である。本章ではまず動物界での脊椎動物の分類学的地位を示し，その独特な，あるいはそれほど独特でない特徴を概説する。その後，以降の章で詳細に述べられる器官系を簡潔に説明する。本章は，次章とともに，これからの旅路における不意打ちを最少限に抑えるように心の準備をするために設けられている。よい旅路を！

概要

椎動物の比較解剖学は，脊椎動物の体構造（記述形態学）とその機能的意義（機能形態学）を研究する学問である。体構造は個体の発達（個体発生）を必要とし，また個体は祖先の歴史（系統発生）を有しているので，この学問はこれらの研究領域も包含している。

あらゆる生物学的研究領域は，この学問にとって適切なデータを提供する。生態学，発生学，遺伝学，分子生物学，血清学，生化学，古生物学はすべて貴重なデータの供給源であり，地質学は欠くことのできない情報源である。しかし，1冊の本にまとめるという物理的制約のため，本書ではこれらの領域についてはわずかに触れることしかできない。各章のねらいは器官と器官系であり，生存のためのその役割，その胚形成，そして地質年代レベルでのその歴史的背景である。この歴史的背景は脊椎動物一般の系統発生に関する考察を必要とする。脊椎動物の研究に当たっては，その類縁動物を考察することが重要である。そのため有頭動物（ヌタウナギと脊椎動物）を原索動物と比較することになる。

系統発生に関連するという点で，比較解剖学は歴史の研究であり，もはや地球には生存せず，化石の記録としてのみ知られている動物を研究する学問でもある。比較解剖学はまた，体構造の生存における価値（適応），絶えず変化している環境と適合するための闘争，生存のために最も効果的な体を持つ動物による新しい領土への侵略，種の絶滅などの生存における価値を研究する。

ヒトを含む脊椎動物の歴史は魅惑的な物語であり，そこからは前述のようなデータに基づく系譜が発達しつつある。比較解剖学は私たち自身を含む種の起源への好奇心に取り組んでいる。この学問において到達する普遍化と結論はヒトの精神を啓発するだろう。

脊索動物門：４大特徴

動物は慣例的に2つのカテゴリー，すなわち脊柱を欠く無脊椎動物と，脊柱を有する脊椎動物に分けて考えられる。このように二分することは有効ではあるが，これでは無脊椎動物と脊椎動物の境界にある小さな海生生物，すなわち**原索動物** prochordata を理解することができないので，この動物について簡単に調べてみよう。

原索動物は脊柱を持たないが，その他の4つの形態学的特徴である**脊索** notochord，**背側中空中枢神経系** dorsal hollow central nervous system，**肛後尾** postanal tail，そして**内柱** endostyle（咽頭底の腺性の溝）を脊椎動物と共有し，他のどのような動物とも共有しない。

これらの特徴は脊椎動物の体構成にとって非常に根本的なもので，脊椎動物の胚で最も初期に現れる特徴である。実際，これらの特徴の大部分を欠けば，いかなる脊椎動物もその胚発生の最初期の段階から先へ進むことができない（肛門後方の尾部は発生にとってそれほど決定的な特徴ではない）。

これらの構造は原索動物にも脊椎動物にも極めて重要なものなので，2つの動物群は1つの分類群，すなわち分類のカテゴリー**脊索動物門** phylum Chordata に統合された。原索動物と脊椎動物の分類学的関係は以下のようになる。

動物界
└脊索動物門
　├尾索動物亜門
　├頭索動物亜門
　└有頭動物亜門
　　├ヌタウナギ（椎骨を持たない有頭動物）
　　└脊椎動物（椎骨を持つ有頭動物）

脊椎動物はヌタウナギを含むより大きな分類群（有頭動物）の下位の群であることに注意する。多くの伝統的なリンネ式分類では，有頭動物と脊椎動物（このなかには椎骨を持たないのにヌタウナギが含まれている）を同義としている。

脊索動物の姉妹群である第二の門，すなわち原索動物については第3章で論じる。

脊索動物は少なくとも胚の段階で脊索を持つ動物である。有頭動物は神経頭蓋（脳頭蓋）を持つ脊索動物である。脊椎動物は椎骨を持つ脊索動物である。椎骨は胚発生の間に脊索が形成された後で出現する。その後，椎骨は脊索を補強するか，あるいは機能的に脊索と置き換わる。

有頭動物の体：基本構造

すべての有頭動物は，原始的（祖先的）かつ独特な（派生的）解剖学的特徴の集合として表現される解剖学的構造の一般化したパターンに従う。このことは動物を解剖することによって明らかになるが，これは進化の過程において受け継がれてきた類似の DNA 分子が発現した結果である。

有頭動物は全く同じではないが類似した胚発生のパターンを示す。これも共通の祖先がいる結果である。時間の経過につれて形態も発生過程も変化したが，時間の経過が長くなるに従って，解剖学的多様性をもたらすような遺伝的変化が増えていく。

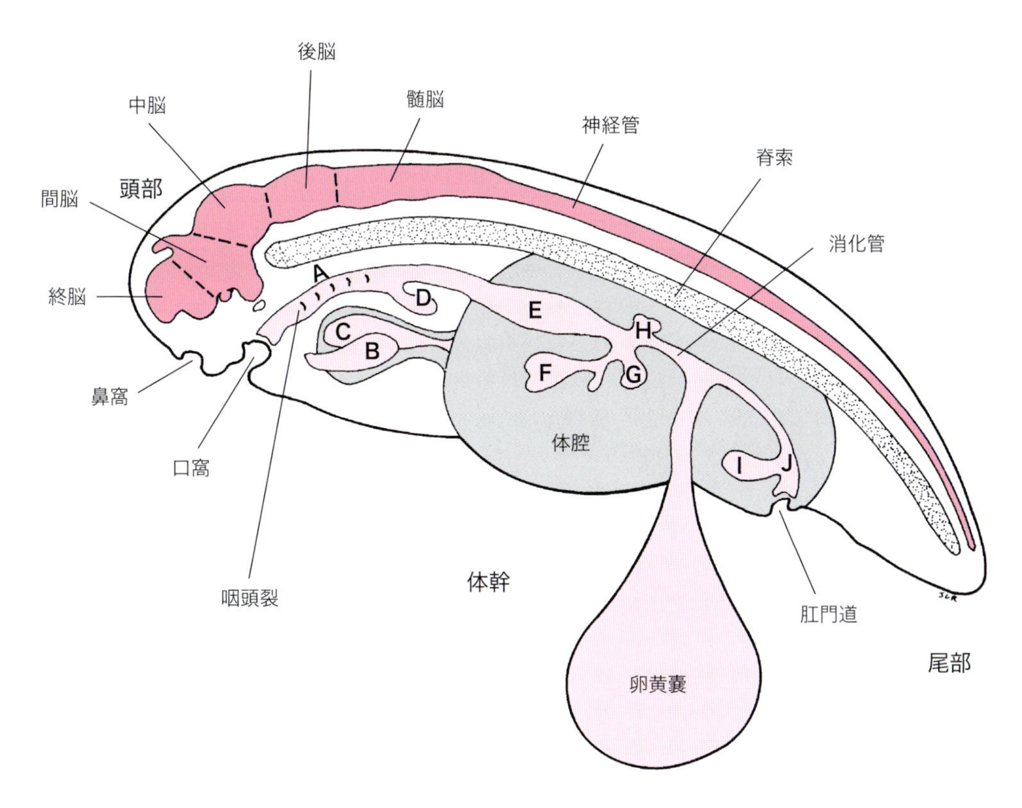

図1－1
普遍化した有頭動物の胚の矢状断面。A：咽頭裂を持つ咽頭（淡赤色）。B，C：心臓の心室と心房。D：四肢動物では肺，魚類では鰾を生じさせる憩室。E：胃。F：肝芽と付属の胆嚢。G：腹側膵芽。H：背側膵芽。I：四肢動物の膀胱。J：排泄腔膜によって肛門道から隔てられた総排泄腔。口窩は薄い口板で咽頭から隔てられている。分化した脳は次の５部に細分される。終脳と間脳（両者で前脳），中脳，後脳と髄脳（両者で菱脳）。

しかしこれらの変化にもかかわらず，原始的な構造上ならびに発生上の類似点がいまだ無数に存在している。これらの類似点や相違点については後の章で詳細に検討する。本章では有頭動物一般を特徴づける強調すべき構造のみを論ずる。

部位的特殊化

典型的な有頭動物の体は３つの部位的要素，すなわち頭部，体幹，尾部からなっている。**頭部** head に集中する特殊感覚器は外界の情報を探る。脳は少なくとも入ってくる情報を受け止め，処理し，そして体の筋組織に適切な刺激を伝えるのに十分な大きさを持つ。顎はある種の動物で食物を獲得し，保持し，かみ砕く。魚類では鰓が呼吸のために存在する。脳は何億年以上もかけて大きくなったので，脳頭蓋もその間に拡張し，体幹とは独立に動くことができるようになった。**頭化** cephalization は有頭動物で他のいかなる動物群より著しく進行した。

体幹 trunk は**体腔** coelom を有し，そこに大部分の内臓が収まっている（図1－1，1－2）。体腔を囲むのは**体壁** body wall で，これは主に筋，脊柱，肋骨からなる。内臓をみるには体壁を開かねばならない。すべてではないが多くの有頭動物で，対になった付属肢（鰭または体肢）が体幹の胸部と骨盤部に存在する。**頚部** neck は両生類，爬虫類，鳥類，哺乳類で体幹が細く伸びたもので，体腔を欠く。頚部は主に椎骨，筋，脊髄，神経，そして頭部の構造物を体幹の構造物とつなぐ長い管である食道，血管，リンパ管，気管からなる。

尾部 tail は肛門から始まるので肛門の後方にある。尾部はもっぱら体壁筋の後方への延長，軸性骨格，神経，血管からなる。有頭動物の胚はすべて肛門後方の尾部を持つが，成体ではこれを欠くものもある。カエルやヒキガエルのオタマジャクシやミミズのような形をした両生類（アシナシイモリ類）は尾部を持つが，これは変態の際に再吸収される。現代鳥類の尾部は発育不全の穂のように縮小したが，最初の鳥類は長い尾を持っていた（図4－28 参照）。人類は胎生初期に痕跡的な尾部を持つが（図1－10），その遺残物は成人で“尾骨”として残っている。

胸部と骨盤部の２対の**付属肢** appendage は大部分の脊椎動物の特徴で，これは内部骨格で支持され，体幹の筋組織から連続した筋組織によって操作されるが，これもまた時には痕跡的，あるいは完全に失われている。既知の最も初期の有頭動物はこれら付属肢のうちの１対，あるいは２対とも欠いていたが，現生の顎のない有頭動物（無顎類）も付属肢を２対とも欠く。骨盤部の付属肢は有顎類（顎を持った有頭動物）に至って初めて出現する。

左右相称と解剖面

有頭動物は3つの主要な体軸，すなわち縦（前後）軸，背腹軸，左右軸（左右相称動物に存在）を持つ。初めの2つに関しては，軸の一端の構造は他端のものと異なっているが，左右軸では両端の構造は同一である。

したがって頭部は尾部と異なり，背は腹と異なるが，左右両側はお互いの鏡像となっている。このような体の各部の配置を示す動物を**左右相称** bilateral symmetry という。

有頭動物の体の部位を3つの**基本解剖面** principal anatomic plane を用いて論ずるのが便利な場合がある。2つの軸が1つの平面を決定する。左右軸と背腹軸で横断面が決まる。この面で体を切ると**横断** cross section となる（図1-3，魚類）。左右軸と縦軸で前頭面が決まる。この面で切ると**前頭断** frontal section となる。縦軸と背腹軸で矢状面が決まる。この面で切ると**矢状断** sagittal section となる。矢状断面に平行な切断は**旁矢状断** parasagittal section である。これらの概念を身につけることは解剖学および論理的思考を学ぶための第一歩である。

分節性

有頭動物はその原始的な特徴として**分節性** metamerism を示し，これによって体の縦軸に沿って一定の構造物が反復して出現する。この分節性は有頭動物の胚で明瞭に現れ（図16-6，体節参照），また成体の多くの器官系でも保持されている。分節性は大部分の爬虫類，鳥類，哺乳類の成体を外側からみただけではわからないが，それは皮膚が分節状でないからである。

しかしこれらの動物の体幹および尾部から皮膚を剥がせば，胚の分節性（図11-5参照）を反映する一連の筋分節を

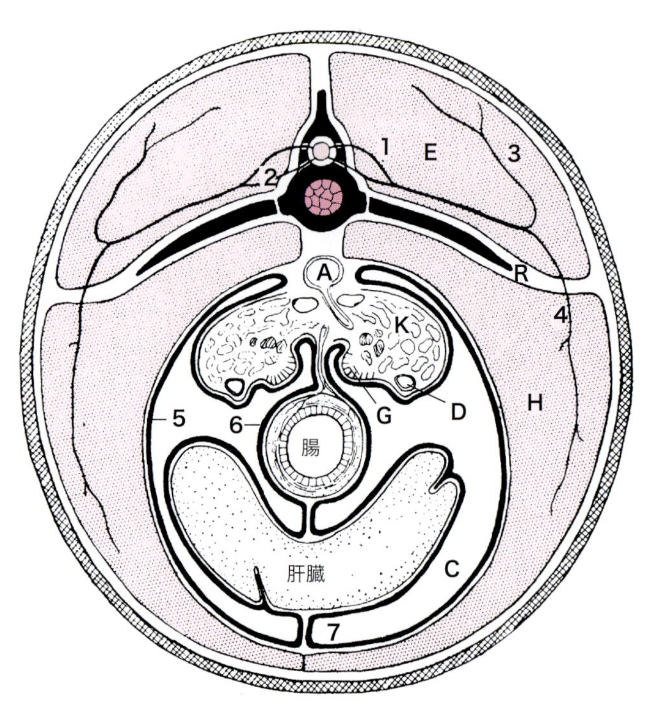

図1-2
普遍化した有頭動物の体幹の横断面。A：腎臓へ腎動脈を出している背側大動脈。C：体腔。D：集合管。E：軸上筋。G：将来の性腺（生殖隆起）。H：体壁の軸下筋。K：腎臓。R：椎骨（黒色）の横突起から水平骨格形成中隔内に突出する肋骨。1：脊髄神経背根。2：腹根。3：脊髄神経の背枝。4：腹枝。5：壁側腹膜。6：臓側腹膜。7：腹側腸間膜。脊索（濃赤色）の遺残が椎骨の椎体のなかにある。脊髄（淡赤色）は神経弓（黒色）に囲まれて椎体の上にある。体壁筋は淡赤色で示されている。

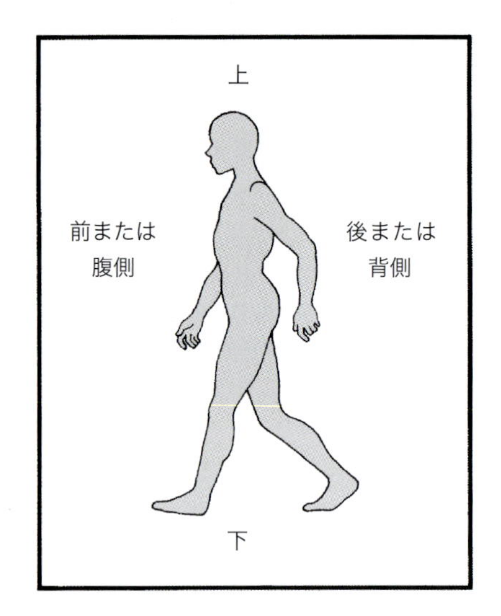

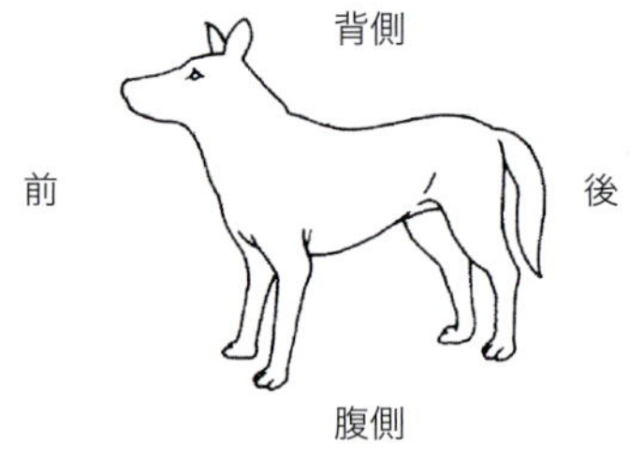

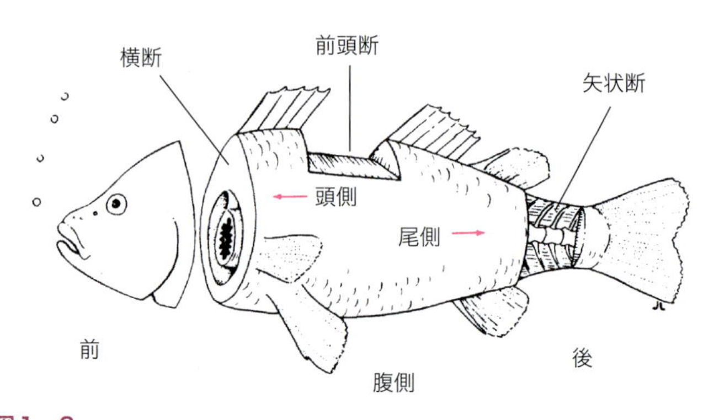

図1-3
有頭動物の体の断面の方向，位置および平面の用語。人体解剖学で用いられている用語は枠内に示されている。

みることができる。さらに，後の章で触れることになる椎骨，肋骨，脊髄神経，胚の尿細管，動静脈の連続的な分岐も，有頭動物の基本的分節性を表現するものである。

有頭動物の特徴

有頭動物は，左右相称，後口形成，脊索動物の４大特徴など，多数の原始的特徴を保持しながら，さらに以下のような形態的特徴を独特の組み合わせで示す。

それらは(1)頭蓋，(2)３部に分かれた脳，(3)神経堤とその派生物，(4)嗅覚器，視覚器，１本の半規管を備えた聴覚器，単細胞性感覚器を備えた側線系などの対になった外部感覚器，(5)軟骨である。

脊椎動物の特徴

脊椎動物は以下のような多くの形態的特徴を持つ。

(1)脊柱（原始的状態では，脊索の周囲を囲むことなくそばでバラバラに分かれた椎骨），(2)２本の半規管，(3)電気受容器，(4)多細胞性神経小丘を備えた側線系，(5)多数の軟組織のさらなる特殊化である。

もしも奇怪な生物が大洋の深海底で発見されたとしても，これらの特徴がすべて備わっていれば，この生物は脊椎動物の階層に組み込まれることになろう。

有頭動物に共通の特徴

ではこれから有頭動物と脊椎動物のいくつかの原始的な，そして独特の特徴を調べていくことにする。脊索と脊柱は同一の部位を占めるので一緒に述べる。それから，その他いくつかの有頭動物の特徴について解説する。

脊索と脊柱

脊索動物の特徴である**脊索** notochord は，有頭動物の胚で最初に出現する枠組み構造である。胚発生の脊索が最も発達した段階では，脊索は生きた細胞が棒状に並んだもので，中枢神経系のすぐ腹側，消化管の背側に位置し，中脳から尾の先端にまで伸びている（図１－１）。頭部にある脊索は頭蓋底に組み入れられ，また体幹と尾部の脊索は，ヌタウナギを除き，軟骨性あるいは骨性の**椎骨** vertebrae に取り囲まれるようになる。このような椎骨は脊索単独の場合よりもしっかりと体を支持する。椎骨の基本形（図１－４）は，脊索周囲に沈着した**椎体** centrum，脊髄の上方に形成される**神経弓** neural arch と様々の**突起** processes からなる。尾部では**血管弓** hemal arch が尾動静脈を取り巻くことがある（図８－１b, c 参照）。

成体の有頭動物における脊索の運命は様々である。ほとんどすべての魚類では脊索は体幹と尾の全長にわたって存在しているが，通常は各椎体のなかでは圧迫され，くびれている（図８－２参照）。このような状況は多くの有尾両生類やある種の原始的爬虫類でも同様である（図８－３参照）。しかし現生の爬虫類，鳥類，哺乳類では，脊索は発生の間にほとんど

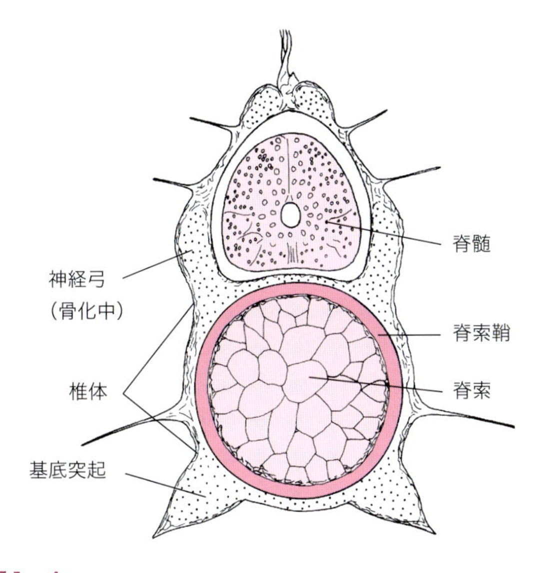

図１－４
幼若なマスの脊柱の横断。

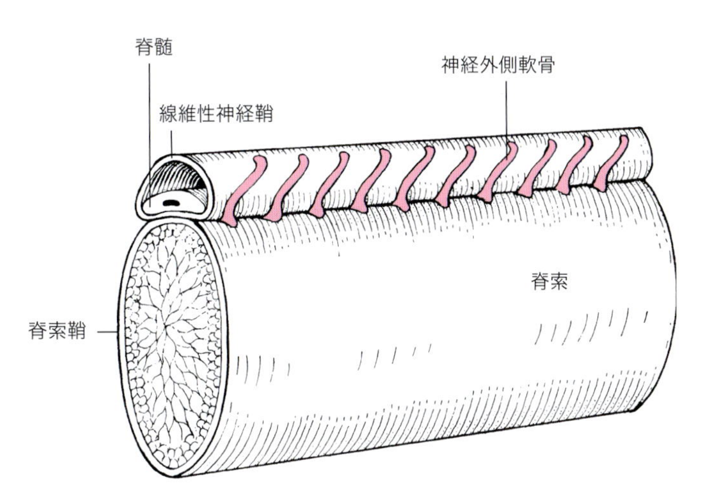

図１－５
ヤツメウナギの神経外側軟骨（赤色）と脊索。

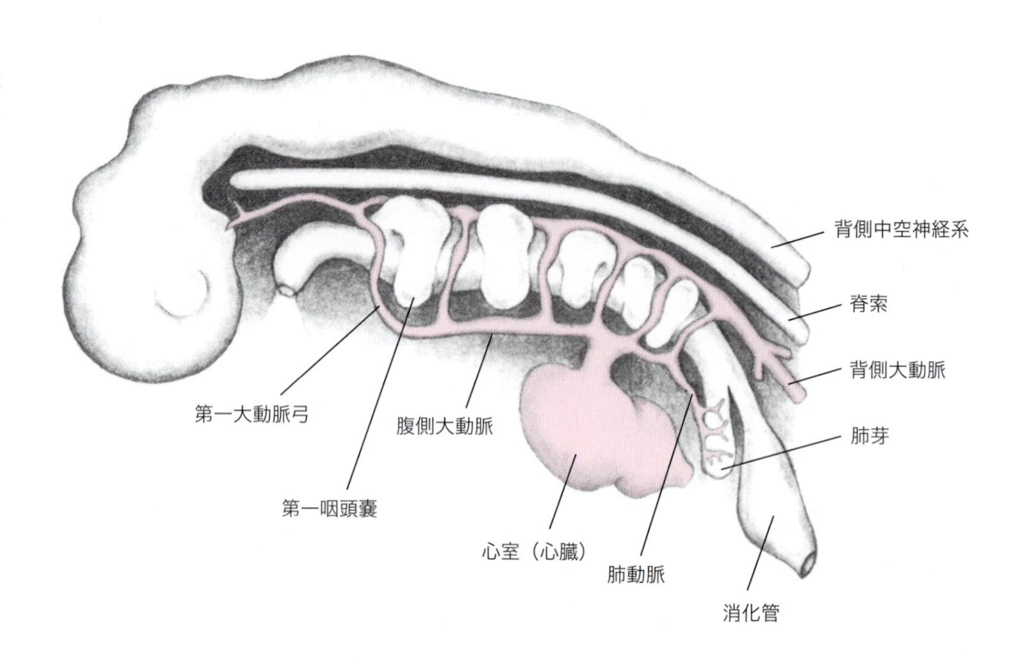

図1－6
合成した有頭動物の胚によって例示した基本的咽頭構成。背側大動脈は頭部で対になっている。腹側大動脈は不対である。一連の咽頭嚢が消化管の側壁から膨出している。6対の大動脈弓（赤色）が心臓と腹側大動脈を背側大動脈に結びつけている（典型的には，第一大動脈弓は有顎類［顎口類］においては第六大動脈弓が形成される前に消失する）。肺はすべての有頭動物で形成されるわけではないが，これは太古からの構造で，多くの魚類では鰾に相当する。背側にある中空の神経系の前端は拡大して脳を形成する。脊索は中脳の位置から始まる。すべての爬虫類，鳥類，哺乳類の胚は中脳の位置で頭屈（曲）する。

消失してしまう。哺乳類では脊索の痕跡は連続する椎体を隔てる椎間円板のなかに残っている。この痕跡はやわらかい球形の結合組織塊で，**髄核** pulpy nucleus とよばれる（図8-11d 参照）。現生爬虫類はこの痕跡すら失っている。

ヤツメウナギでは脊索は体の全長にわたって存在し，対になった**神経外側軟骨** lateral neural cartilage が脊髄の外側で脊索の上に載るようになる（図1－5）。この軟骨は神経弓を思い起こさせるが，これが果たして原始的椎骨なのか，一般的な脊柱を持った祖先から退化した椎骨なのか，あるいは全く異なった構造なのかは不明である。

脊索が成体の軸性骨格を構成する重要な要素として存続する場合には，脊索周囲に外層は弾性組織，内層は線維性結合組織からなる強靱な**脊索鞘** notochordal sheath が発達する。

脊索は成体の構造としては消失しかかっているが，すべての脊索動物の胚発生において脊索が発達することは，有頭動物とある種の原索動物とが共通の祖先を有していることを思い起こさせる。

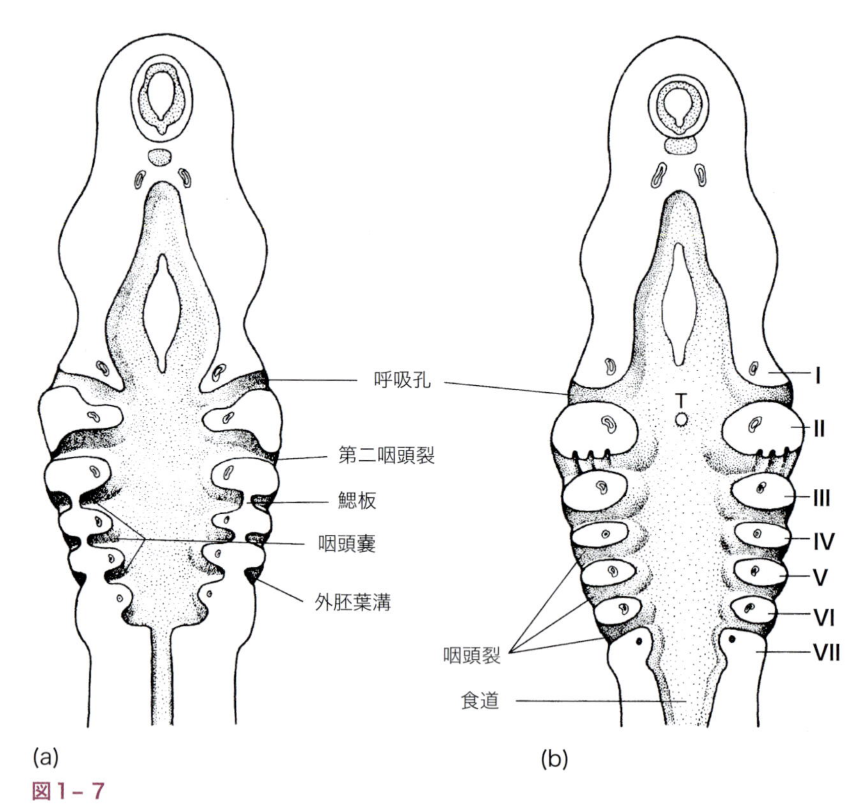

図1－7
サメの胚における咽頭の初期発生。咽頭底を見下ろした図。(a) 初期段階。咽頭嚢と咽頭裂の形成。(b) 後期段階。咽頭弓（I～VII）。T：甲状腺膨出の位置。

咽頭

外部へあるいは囲鰓腔へ貫通するいくつもの孔が開いた咽頭は，半索動物（第3章参照）と脊索動物に共通であり，これらの動物が共通の祖先から進化したことを推測させる。咽頭は有頭動物の胚に不可欠な構造である。

咽頭から魚類の鰓，四肢動物の肺，顎の骨格と筋，そして体のあらゆる細胞の代謝速度を調節し，骨，その他の組織および循環血のカルシウム・レベルを適切に保つ働きをする内分泌器官が生じる。また四肢動物では中耳の鼓室も生じる。最後に，しかし最も重要なものとして，ヒトでは胎児期と生後わずかの間であるが，免疫系の始原細胞が咽頭から生じ，これが破壊されればヒトは死に至る。

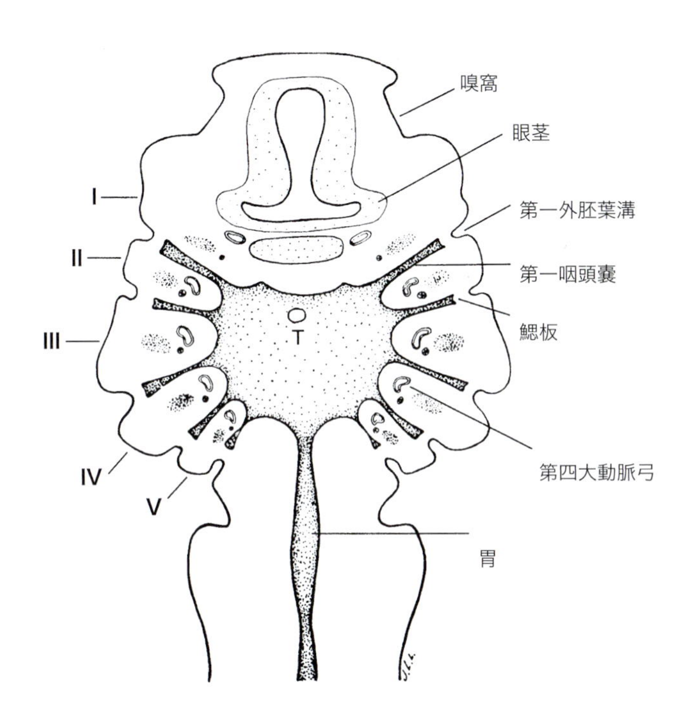

図1－8
カエル胚の咽頭の前頭断。I～V：咽頭弓。T：甲状腺膨出の位置。

有頭動物の咽頭の構築に関する基本的な構造は，魚類からヒトまであらゆる有頭動物の胚でみることができる。そこで有頭動物の咽頭の発生について調べることにする。

咽頭嚢と咽頭裂

前腸内胚葉の憩室として一連の**咽頭嚢** pharyngeal pouches が生じ，動物の体表に向かって成長する（図1－6）。これらの咽頭嚢は咽頭の領域となる。同時に，**外胚葉溝** ectodermal groove が各咽頭嚢に向かってくぼむ（図1－7，1－8）。間もなく，薄い膜である**鰓板** branchial plate のみが咽頭嚢と溝を隔てるようになる。もしも鰓板が破れた場合には，咽頭腔と外界との間に通路が形成される。この通路が咽頭裂である。

咽頭裂は魚類では生涯を通じて存続し，その場合は呼吸に使われた水の鰓からの出口になるが，大部分の四肢動物では咽頭裂は一時的に出現するに過ぎない。顎のある有頭動物では最大8対の咽頭嚢が発達するが，これだけ持つのはある種の下等なサメのみである。一方，現生の無顎類は15対もの咽頭裂を持つ（図1－9）。

陸上生活をする動物では咽頭裂は一時的なものである。カエルの胚の6対の咽頭嚢のうち，4対がオタマジャクシで鰓裂を形成する。これらの鰓裂はオタマジャクシが変態をしてカエルになると閉じてしまう。

爬虫類，鳥類，哺乳類では，咽頭嚢に鰓は発達せず，咽頭裂は一時的にみられるに過ぎない。鶏胚で発達する5対の咽頭嚢のうち，前方の3対は外界に向かって破れ，そしてまた閉じる。哺乳類では前方の咽頭嚢の1対か2対のみ破れるこ

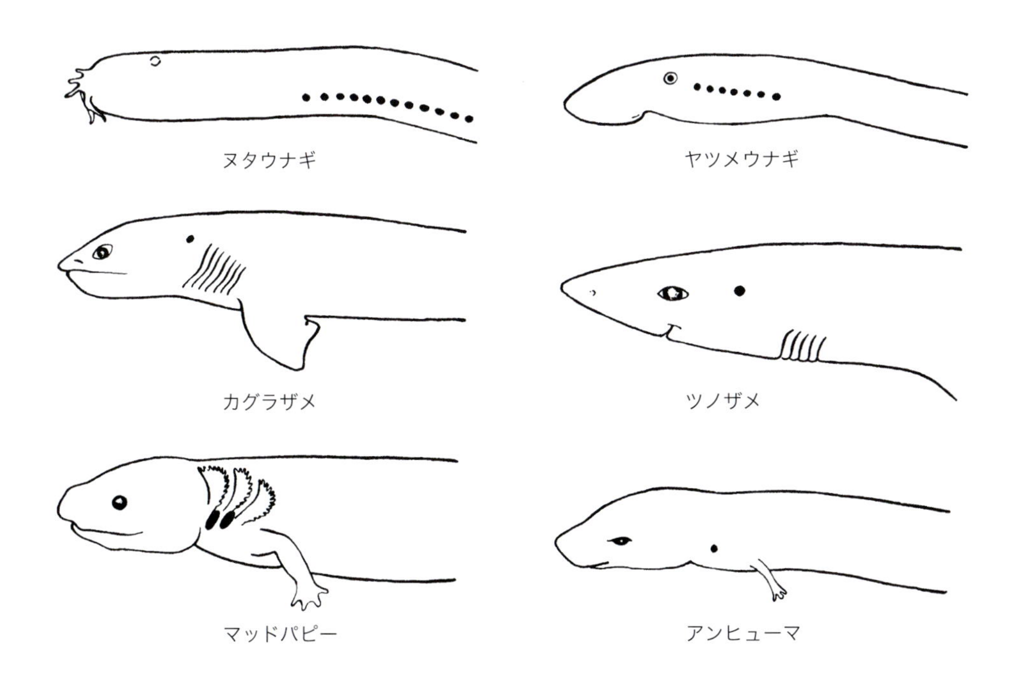

図1－9
代表的な無顎類（上段），サメ（中段），有尾両生類（下段）における咽頭裂（いくつかは科名で示した）。

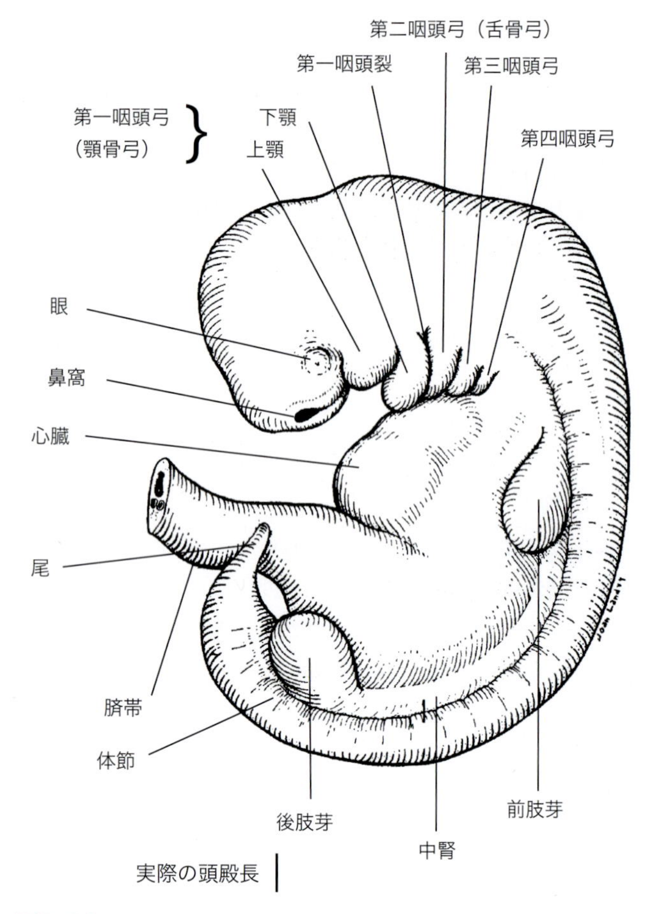

図1-10
受精後約4.5週（5mm期）のヒト胚。

とがある。ヒトで時々みられる先天性頚瘻は，第三および第四咽頭裂をいれる頚洞が閉じなかったことが一般的な原因である。

四肢動物の咽頭嚢が永続的な咽頭裂を形成することはまずありえないが，第一咽頭嚢は四肢動物の耳管と中耳腔になり，第二咽頭嚢は哺乳類で口蓋扁桃をいれる扁桃洞として存続する。いくつかの咽頭嚢の壁はすべての有頭動物で内分泌組織を生じる。

咽頭弓

胚の各咽頭嚢あるいは咽頭裂は，隣のものとは**咽頭弓** pharyngeal archとして知られる柱状の組織によって隔てられている（図1-7b，1-10）。各咽頭弓は一般に4つの基本的構成要素か構成要素を生じる芽体を含む。これらは，(1)図9-1の成体のサメで描かれている支持骨格要素，(2)咽頭弓を動かす横紋筋（図11-24a参照），(3)筋に分布し，脳へ感覚入力を与える第V，VII，IX，X脳神経の分枝（図16-30参照），(4)腹側および背側大動脈を結ぶ大動脈弓（図1-6）である。

これらの要素は第一咽頭嚢あるいは咽頭裂の直前にも見いだされるが，これは欠けることもあり，最後位の咽頭嚢あるいは咽頭裂の直後にもみられる。咽頭弓の境界は，外胚葉の溝あるいは咽頭裂が標識として存在する場合にのみ外側から同定することができる。四肢動物の場合のように溝が消失したり咽頭裂が閉じてしまった場合には，咽頭弓の境界は失われ，各構成要素は再配列される。

咽頭弓の骨格は，魚類であろうと成体の四肢動物であろうと同一であることを表すために，総称的に**咽頭骨格** pharyngeal skeleton（または**内臓骨格** visceral skeleton）とよばれる。咽頭弓の筋はその鰓に対する原始的関係から**鰓節筋** branchiomeric muscleとよぶ。

上下顎および関連する筋，神経，血管は，第一咽頭弓すなわち顎骨弓を構成する。これは第一咽頭嚢の前方に発達する。第一咽頭嚢の後方には第二咽頭弓すなわち舌骨弓がある。残りの咽頭弓は三から始まる番号でよばれる（第三～第七咽頭弓；これらは魚類では未分化な鰓弓であることを示すために第一～第五鰓弓ともよばれる）。有頭動物が生活の場を水中から陸上に移すことにともなって咽頭で起こった

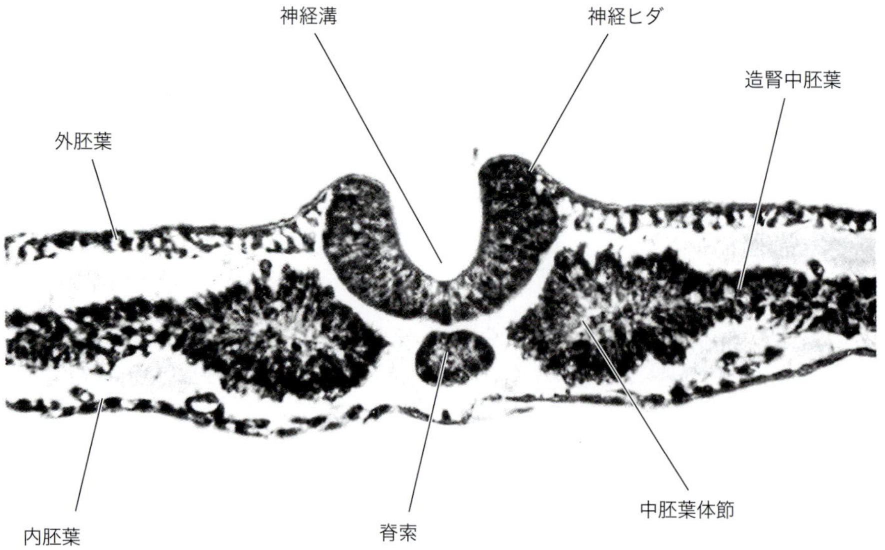

神経溝
神経ヒダ
造腎中胚葉
外胚葉
内胚葉
脊索
中胚葉体節

図1-11
孵卵24時間の鶏胚の横断。同様な時期の鶏胚全体の神経溝と中胚葉体節は図5-9cに示されている。

様々な変化は，有頭動物の歴史において魅惑的な1つの章を構成する。それに続く多くの章はこの進化における変形を記述するためにある。

背側中空中枢神経系

中枢神経系は脳と脊髄から構成され，中心に腔所，すなわち**神経腔** neurocoel を含む。中枢神経系が体の背側に位置し，腔所を含むことは，一般に胚の背側表面になるべきところに縦に走る**神経溝** neural groove から中枢神経系が生じることに由来している（図1-11，5-9c 参照）。神経溝は上方が閉じて管状になり，体表から下に沈んで中空の**神経管** neural tube となって，脊索の背側に位置を占める（図1-1，1-6）。神経管はその前方で幅広く，この部分が脳室を備えた脳になる。神経管が形成される過程を**神経胚形成** neurulation という。

現生の無顎類や新鰭類（アミア，ガー，真骨類）では，神経胚形成の基本的パターンはやや異なっている。これらの動物では，溝が形成される代わりに脊索の背側にある表層の外胚葉が増殖して，くさび形の**神経稜** neural keel になる（図5-9e 参照）。やがて神経稜は体表から離れ，神経稜内部の細胞の再配置によって，自身のなかに腔所が形成される。でき上がるものは他の動物同様，背側中空中枢神経系である。

脳神経と脊髄神経は中枢神経系を体の様々な器官と結びつける。これらの神経は，その関連する神経節や神経叢とともに**末梢神経系** peripheral nervous system を構成する。

大部分の有頭動物の脊髄神経は分節性を示し（図16-9参照），胚の各体節のレベルから起こり，その体節に由来する皮膚や筋，内臓へと至る。一方脳神経は，魚類と両生類の脳からは16対まで，そして爬虫類，哺乳類の脳からは13～18対が生じる（これらの変化は脳神経またはその構成要素の獲得，欠失，あるいは融合の結果である）。四肢動物が2対の脳神経を獲得（あるいは再配置）したのは，脊髄神経が頭蓋のなかに“閉じこめられた”からである。

有頭動物のその他の特徴

前節では，有頭動物と脊椎動物のみを特色づける特徴に注目した。有頭動物あるいは脊索動物にとってさえ独自とはいえないその他の特徴としては，左右相称性と分節性があるが，これらについてもすでに前節で論じてある。そこでこの後に続く段落では，有頭動物のその他の特徴についてごく簡単に述べることにする。

外皮

有頭動物の皮膚は表皮と真皮からなり，表皮は重層性である（図6-2参照）。表皮からはそれぞれの分類群ごとに多数の変化に富んだ腺が発達し，体表に開口して防御，潤滑，栄養，フェロモン，恒常性維持などの目的で機能する。

陸生有頭動物の表皮はトゲ，爬虫類のウロコ，羽毛，体毛，鉤爪，蹄など様々な角質付属器を形成する。真皮内の骨はナマズやその他の中生代残存種の身にまとう厚い装甲となり，またサメの密集して鋭く尖ったウロコや現生硬骨魚類の薄くてしなやかなウロコの形成にも貢献している。緻密線維性（コラーゲン含有）組織は真皮で通常みられる。ウシの真皮はなめすことによって皮革になる。陸生有頭動物の表皮表面には死んだ（角化した）細胞層があり，動物たちが空気にさらされて脱水状態になることを防いでいる。

呼吸機構

大部分の有頭動物は，外呼吸（動物と外界の間での呼吸気の交換）を高度に血管が分布した膜構造，すなわち咽頭弓に

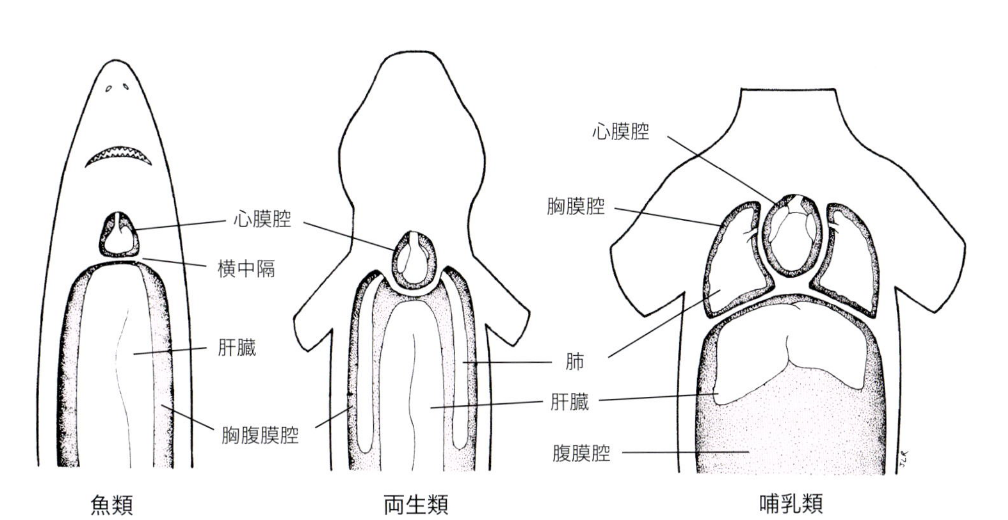

図1-12
有頭動物の体腔の主要区分。

位置する鰓あるいは咽頭の床から派生した肺（図1–6，肺芽）によって行っている。ある種の動物では，呼吸は皮膚もしくは口腔および咽頭腔の粘膜を通じて行われる。多孔性の卵殻内や親の体内で発生する胚では，ガス交換は一般に卵殻のすぐ内側にある，あるいは母体の子宮粘膜に接した特別な胚体外膜によって行われる（第5章には卵生，胎生，胚体外膜に関する解説がある）。

体腔

多くの無脊椎動物の体と同様に，有頭動物の**体幹** trunk は管のなかに管があるような作りになっていて，外側の管（体壁）と内側の管（腸管）は体腔という腔所によって隔てられている（図1–2）。

魚類，両生類およびいくつかの爬虫類では，体腔は心臓を収める**心膜腔** pericardial cavity と，四肢動物の肺を含むその他大部分の内臓を収める**胸腹膜腔** pleuroperitoneal cavity とに区切られる（図1–12，魚類と両生類）。これらの有頭動物では，心膜腔と胸腹膜腔は線維性の**横中隔** transverse septum によって隔てられている。

その他の爬虫類や鳥類，哺乳類では，心臓は心膜腔，左右の肺は別々の**胸膜腔** pleural cavity，そして食道より後ろの消化管は**腹腔** abdominal cavity（**腹膜腔** peitoneal cavity）に収まる（図1–12，哺乳類）。大部分の雄の哺乳類では，1対の**陰嚢腔** scrotal cavity に精巣が収まる。陰嚢腔は腹腔からの膨出として生じる。

体腔は，体壁を裏打ちし体腔臓器をくるむ**腹膜** peritoneal membrane（**壁側腹膜** parietal peritoneum と**臓側腹膜** visceral peritoneum，図1–2の5，6）によって全体を囲まれている。これらの膜は**背側腸間膜** dorsal mesenteries を介して，そして存在する場合には**腹側腸間膜** ventral mesenteries も介してつながりあっている。

腸間膜の発達しない腎臓など少数の臓器は，腹膜のすぐ外側で体の背側壁に接して位置している。それゆえこれらの臓器は**後腹膜臓器** retroperitoneal といわれる（マッドパピーのように，いくつかの動物種では，腎臓は体腔内につり下げられている）。

消化器系

消化器系は消化管と，主に肝臓，胆嚢，膵臓などのいくつかの補助器官（付属器官）から構成される。消化管には食物を獲得，加工処理，一時的貯蔵，消化，吸収するためや，吸収されなかった残滓を除去するための特殊化した領域がある。これらの領域には口腔，咽頭，食道，胃，腸がある。

腸はしばしば渦巻き状を呈し，あるいは内部にらせん形の弁を備えていて，体長を長くせずに吸収面積を増大させている（図12–1，サメ参照）。また，消化管は1つあるいはそれ以上の憩室，すなわち盲腸を備え，盲腸は消化過程で様々な役割を果たしている。

消化管は大部分の有頭動物で**総排泄腔** cloaca に終わるが，ここは尿路と生殖道との共通の腔所になっている。総排泄腔は**排泄口** vent によって外界に開く。現生の魚類や少数の四肢動物では，総排泄腔は非常に浅くなったり消失したりしている。単孔類を除く哺乳類では，胎生期の総排泄腔は2つあるいは3つの通路に分かれ，その各々が外界への出口を持つ（図15 – 48b, c 参照）。この場合，腸からの出口は**肛門** anus とよばれる。

泌尿生殖器

腎臓と性腺は体腔の背側から接近して生じ（図1 – 2G, K），この2つの系統はその通路の一部を共有する。

腎臓は体内から水分を排出することが必要な動物種においてはその主要器官である（水生環境では水分の拡散が容易なので，多くの海生真骨類では水分排出機構が縮小している。反対に，砂漠に住んで水分の排出を抑えている動物では，水分再吸収系が高度に発達している）。腎臓は血中の電解質バランスを適切に維持することにも役立っている。

最も原始的な魚類では体液老廃物は体腔に溜まり，ミミズの腎管を思わせる単純な腎細管によって排出される。しかし大部分の有頭動物では，もっと複雑な腎細管が体液を毛細血管から直接集めている。どちらの場合でも，腎細管は縦走する1対の管につながり，これが総排泄腔や膀胱，あるいはまれに直接外界に開く。

生殖器には性腺，輸送管，付属腺，貯蔵室，交尾構造がある。発生の初期にはすべての有頭動物は雌雄同体で，雌雄の性腺原基と輸送管原基を持つ。遺伝的に雌になるように決められていれば，性腺原基は卵巣へと発育し，雌の輸送管のみが分化する。雄になるのであれば，性腺原基は精巣になり，雄の輸送管が分化する。いずれの場合も反対の性に付随する輸送管系はたいていが消失する。

無顎の有頭動物は生殖管を持たない。これらの動物の精子と卵は体腔に流れ込み，肛門の直後にある泌尿生殖乳頭を経て体外に出る。

循環系

循環系はあらゆる有頭動物の体にくまなく行き渡っており，この状態は体内の輸送にとって不可欠である。血漿および赤血球，白血球，血小板の有形成分からなる血液は，動脈，静脈，毛細血管，類洞（洞様血管）に閉じこめられている。類洞は管というよりは幅の広い水路のようなものである。これは多くの無脊椎動物の循環系の著しい特徴であり，四肢動物より魚類で多くみられる。また，有頭動物はリンパ管系を有し，これが組織液のいくらかを集めて大きな静脈に運んでいる（図14-41，14-42参照）。

心臓は胚期の咽頭のすぐ腹側に形成され，魚類ではこの鰓に近接した位置に留まっている。四肢動物ではその後の発生の間に幾分後方に転置される。心臓は血液を前方の**腹側大動脈** ventral aorta へ送りだし，大動脈弓を経て**背側大動脈** dorsal aorta へと押しだす。腹側大動脈は四肢動物では短縮しており，また背側大動脈のなかでは血液は後方へ流れていく。最も前方の大動脈弓からの枝が血液を頭部へ運ぶ（図1－6）。

魚類は**単回路心臓** single-circuit heart を持つ。血液は心臓から鰓に送られ，そこで酸素を獲得し，次に体の各組織に送られて酸素を消費し，それから心臓に戻って再循環する。鰓が消失し，肺への依存度が高まると，**二回路心臓** two-circuit heart になる。二回路心臓を持つ有頭動物では，酸素を含んだ血液は全身に送られて酸素を放出し，酸素の乏しくなった血液が心臓に戻ってくる。次いでこの血液は肺に送られて酸素を供給され，また心臓に戻ってくる。心臓のなかでは，酸素に富んだ血液と酸素に乏しい血液は心室内の仕切りによって隔離されている。いくつかの有頭動物が酸素に富んだ血液と酸素に乏しい血液を隔離するために生じた適応については第14章で述べる。

骨格

軟骨，骨，靭帯は剛体あるいは半剛体の構成要素が結合した枠組みを形成する。この枠組みは体の形を決定し，生命維持に必要な器官を防御し，体の移動に必要な筋やその他の筋に付着点を与える（図8-24，10-31参照）。この枠組みは主に頭蓋と脊柱からなる**軸性骨格** axial skeleton，魚類で最もよく発達して鰓を支持する**咽頭骨格** pharyngeal skeleton，そして**付属骨格** appendage skeleton からなる。無脊椎動物と同様に，通常の結合組織が石灰化することによって骨格要素はその硬度を獲得する。

筋

軸性骨格は，主に分節的に配置された体幹と尾の筋によって動かされる（図11-5参照）。付属骨格は原始的な状態では鰭あるいは体肢に向かって出芽状に伸びた体壁筋によって操作される（図11-17参照）。咽頭弓の筋（鰓節筋）は咽頭骨格を動かす。これらすべての筋は顕微鏡で調べると**横紋** striated を持つ（図11-2参照）。

心筋 cardiac は横紋筋が特殊な変化をしたものである。**平滑筋** nonstriated (smooth) muscles は主に心臓以外の中空臓器の壁や管状構造物，血管などの壁に見いだされる。心筋以外の横紋筋は，一般に高次脳中枢が刺激を伝える程度に応じて，反射調節から独立して動くことができるので，しばしば随意筋とよばれる。心筋と平滑筋は反射調節にのみ応答する。

感覚器

有頭動物は他のいかなる動物よりも変化に富んだ感覚器（受容器）を持ち，これらは有頭動物では前方の頭部に集中している。感覚器は常に変化している外的，内的環境を監視する。

外受容器 exteroceptors は外的環境を監視する。外受容器には**機械受容器** mechanoreceptors，**化学受容器** chemoreceptors，**電気受容器** electroreceptors，**温度受容器** thermoreceptors，可視スペクトルや赤外線スペクトルの**放射受容器** receptors for radiation などがある。機械受容器は主として水中，空中の様々な強度の振動，気圧，あるいは皮膚が異物に直接触れること（触覚）によって刺激される。放射受容器を除けば，外受容器は魚類の頭部，体幹，尾に広く分布している。四肢動物では，触覚と温度のための受容器以外は，一般に頭部に限局している。

固有受容器 proprioceptors は筋，関節，腱の動作を監視している。**臓性受容器** visceral receptors はこれら以外の内的環境を監視している。すべての感覚器は中枢神経系に情報を伝える。“感覚器と連絡を取り続ける”ことによって，中枢神経系は生存に役立つような仕方で骨格筋や内臓筋の運動，腺の分泌を支配することができる。

要約

1．脊索動物は脊索，背側中空中枢神経系，内柱（一部腺性の咽頭の特徴），尾部（肛後尾）を備えた動物である。原索動物を脊索動物に含めるのは，原索動物が少なくとも胚のときに脊索を持つからである。
2．有頭動物は頭蓋，有対の外部感覚器，神経堤，3部からなる脳，そして軟骨を持つ脊索動物である。さらに分節性，顕著な脳化，単回路あるいは二回路の心臓を備えた閉鎖循環系などの特徴を持つ。有頭動物は鰓，肺，皮膚，あるいは口腔または咽頭の粘膜によって呼吸する。爬虫類または哺乳類の胚のように，多孔性の卵殻あるいは母体の子宮粘膜に接する胚体外膜によって呼吸するものもある。ヌタウナギや脊椎動物がこの仲間である。

3．脊椎動物は耳の2つの半規管，電気受容，多細胞性の神経小丘を備えた側線系，一連の骨あるいは軟骨によって構成される脊柱を持った有頭動物である。
4．脊索は有頭動物の胚に最初に現れる骨格構造である。ヤツメウナギでは脊索の外側に神経軟骨が載っている。その他の脊椎動物では脊索は軟骨性あるいは骨性の椎骨に囲まれるようになり，その後は退化して遺残になるか消失する。
5．咽頭嚢は外界に向けて破れる傾向にあり，一時的あるいは恒常的な咽頭裂を形成する。咽頭裂は魚類や両生類の幼生では鰓裂として存続する。その他の脊椎動物ではこれらは一生閉じたままである。
6．咽頭弓は第一咽頭裂の前から最後位咽頭裂の直後まで，各咽頭裂の間にある。鰓が存在するときには咽頭弓は鰓を支える。最初の2つの咽頭弓は顎骨弓と舌骨弓である。
7．咽頭弓は骨格要素，鰓節筋，第Ⅴ，Ⅶ，Ⅸ脳神経あるいは第Ⅹ脳神経の枝，そして大動脈弓を含む。
8．背側中空中枢神経系は一般に神経溝として生じ，神経溝は背側体壁のなかに沈んで神経管になり，その後，脳と脊髄になる。末梢神経系は神経，神経節，神経叢からなる。
9．様々な変化に富んだ感覚器が外的および内的環境を監視している。中枢神経系は感覚器が得た情報を用い，生存に役立つような仕方で骨格筋や内臓筋の運動，腺の分泌を支配する。

理解を深めるための質問

最初のいくつかの質問において，私たちはヒトを基準とする比較解剖学的方法を用いることにする。読者の大部分は予科コースで人体解剖を経験したり，たくさんの個人的観察を行ってきたことであろう。本書で新しい構造や新しい生物を紹介する場合には，読者の既存の知識を前提にしている。

この生物はどこが似ていてどこが違うのか？　既知の生物のサブセットに特徴的な類似性のうち，この生物の構造は私たちが知っているものといかに比較すべきか，それらはいかにして作られているか，どのように機能するか，そしてどのように編成されているのか？　最初は組織立っていない細部の塊のようにみえたものから，読者はやがて比較解剖学の統合された知識を獲得するであろう。

1．あなたの人体解剖学の知識に照らして，脊索動物に独特な特徴のどれが人類に見いだせるか？　それらはどのように変化しているか？
2．人体の組織や器官はその他の構造物に関連してそれ相応の大きさ，形，位置を有している。これらの特徴はその他の哺乳類，その他の有羊膜類，その他の脊椎動物と比べてどうなのか？
3．人体で上下の領域は何か，そしてそれは魚類の前後の領域と比べてどう違うのか？
4．本章の様々な図を見返してみて，ヒトにおける発生学的特徴は，それが成人ではなくなっていたとしても，その他の有頭動物のものと似ているものは何か？
5．「有頭動物のその他の特徴」の項で，それぞれ論じられた系統に関しヒトとその他の有頭動物にみられるパターンの間でいかなる比較を行うことができるか？　ヒトの特徴はどの程度一般的なのか？
6．ヒトをその他の陸生有頭動物と比較した場合，私たちは魚類と異なり頸部を持つということに気がつく。あなたは四肢動物における頸部の起源についていかなる説明をすることができるか？

インターネットへのリンク

Visit the zoology website at http://www.mhhe.com/zoology to find live Internet links for each of the references listed below.

1. Introduction to the Scientific Method. A good explanation of the steps of the scientific method.
2. The Scientific Method.
3. Visible Human Slice and Surface Server. A home page with links to views inside the human body.
4. The National Library of Medicine' s Visible Human Project. Links to information, pictures, and more relating to the project.
5. Phylum Chordata, from the University of Minnesota.
6. Animal Diversity Web, University of Michigan. Phylum Chordta. General characteristics of chordates, with the following links to urochordates and vertebrates.
7. Chordata. Arizona' s Tree of Life Web Page. An introduction, pictures, characteristics, phylogenetic relationships and references on chordates.

第2章 比較解剖学の概念，前提および先駆者たち

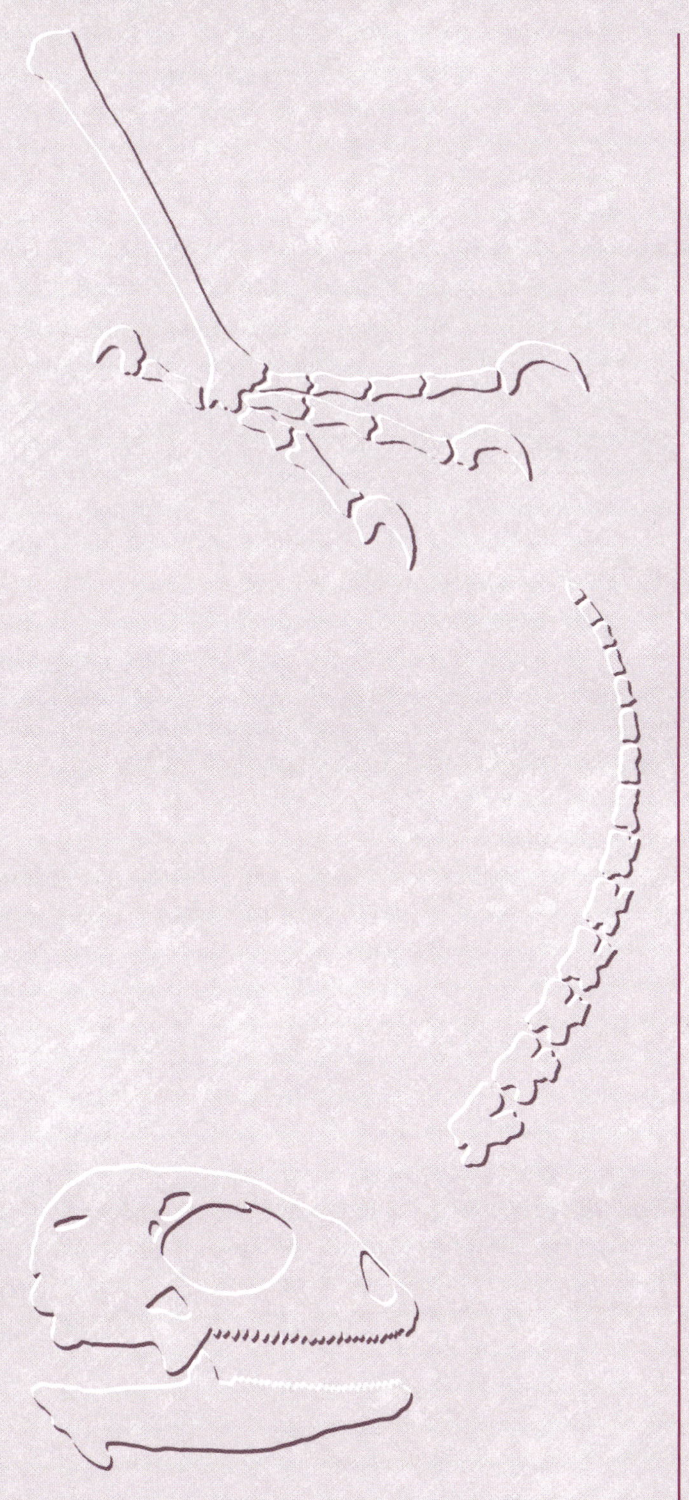

本章では，現代の比較解剖学がその基礎とする主要な概念や前提を理解するための背景について述べる。ルネサンス以降の脊椎動物解剖学の先駆者についても記述し，誤解を招きやすい抽象的な用語を説明する。章末の参考文献には読みやすいものから概念について深い論議のものまで挙げておいた。

これまでに述べたように，脊椎動物比較解剖学の１つの観点は，現存する動物と絶滅した動物の体の構造を学ぶことにある。現存する動物では現生の動物の間での類似と相違について明らかにし，絶滅した動物では脊椎動物が過去においてどのようであったかを明らかにする。地質年代の尺度でデータを集め，整理することにより，はるかな太古の時代からごく最近までに生じた変化の全貌が明らかになる。そうした全貌から私たちがこれから述べる比較解剖学の概念が系統立てられた。

こうした概念の重要性は初めのうちははっきりしないだろうが，本書のなかで関連する用語として接するうちに意味するところの理解が深まろう。生物科学で以前に学んだものを，すべてではないにしろ，いくつかを思いださせるだろう。

パターンとプロセス

私たちが周囲の自然や生物をみるとき，多くの分類群はそれぞれ全く違っていて，別の群に属することが容易に認められる。特に関心を引くことは，異なる分類群の間で類似性があることである。こうした類似が何なのか，どう解釈するかなど多くの疑問が出てくる。類似のパターンは，共通する構造（形，素材，要素，構成），機能（働き，生物としての役割），および発生（発生の軌跡，調節の過程，寄与する組織など）に関してみられる。

これとは別の疑問は，この類似のパターンを生じたプロセスである。類似についての１つの説明は，ある構造は共通する祖先から遺伝した（相同）というものである。遺伝によらずに類似する機構（例えば，収斂あるいは偶発）はすべて非相同の類似（ホモプラシー）とされる。

相同とホモプラシー（成因的相同）

16世紀の中頃，フランスの医者であり博物学者であったピエール・ベロン Pierre Belon は，ヒトと鳥の骨格を並べた木版画を出版した（図2−1）。図の説明では，ヒトの骨格を鳥のものと比較して，お互いがいかに似ているか（相関関係）示すために同程度のサイズにして描いている。その頃，西洋文明社会では，魚から哺乳類までの創造物で，外見上の類似（例えば，２万種以上の真骨類，60科以上の樹上の鳥類，あるいはサンショウウオとトカゲ，ウマとシカ，ヒトとサルでの外見上の類似）は，創造主の心にある神から授けられた構成プランの顕示であった。

学者や知識人の間で広がった生物進化の概念では，類似の大部分は祖先が同じということで説明され，相違のほとんどが適応変化として説明されるのを認めるようになった。その結果，西ヨーロッパに育ってきた解剖学者の一群は，有頭動物の系統発生に知見を加えることを目的として，有頭動物の体の比較研究に専念した。こうした研究は**相同** homology（異なる種での相同な構造物［相同物］）の概念を生じた。

最初は，機能が同じで外観が似ていて，同じ部位にある構造物が相同であるとされた。したがって，ベロンにより描かれた鳥とヒトの骨格のほとんどは相同とされた。しかし私たちは現在，比較発生の研究の結果から，類似しているもののすべてが相同ではなく，相同物の多くは互いに似ていないこともあることを知っている。発生学者であるボイデン Boyden（1943）の言葉によれば，相同物とは“外形と機能で変化した，異なる動物での同じ器官”となる。哺乳類の中耳にあるアブミ骨と，サメの頭蓋から下顎と舌骨をつり下げている舌顎軟骨は，その外観や位置や機能からは想像もつかないが，相同である。ヒト胎児の顎間骨（出生前に上顎骨と癒合する）と成長したサルの前上顎骨，ネコの前大静脈と原始的な有頭動物の右総主静脈は相同である。

類似しているものすべてが相同でなく，相同物は位置や外観や機能で似ていないこともあるとするならば，私たちは異なる２種の動物で２つの器官が相同であるとどのように決めることができるのだろうか？　比較発生学はその答えを出すことがよくある。なぜなら２つの異なった動物での器官が，同じ発生学的な前駆体（原基，芽体，基盤）から生じたものなら相同だからである。

この評価基準が役立たないときは，他のデータが役に立つだろう。例えば，２つの構造が筋であるなら，同じ神経支配を受けているかどうかに着目する。化石と直面した場合には，感覚管のような器官による，骨の上に残された圧痕と骨のなかの孔との相対的な位置が，相同であることの有力な手掛かりになるだろう。哺乳類のアブミ骨とサメの舌顎軟骨の例で，胚の発生で決定的な段階が得られるならばそれらが相同であるとすることは難しいことではない。この例では証拠として疑う余地もない。

相同の最終的な確認は，構造物の部位とこの構造物を持つ動物種との類縁関係の仮説との一致である。相同とは思えない構造もあるが，それらの個体史は同じ祖先の１つの構造物までたどることができる（この最終的な確認にはすでに知られている類縁関係の知識を必要とする）。

相同では説明できないその他すべての類似は，ホモプラシーの結果（ホモプラスティック構造物）である。

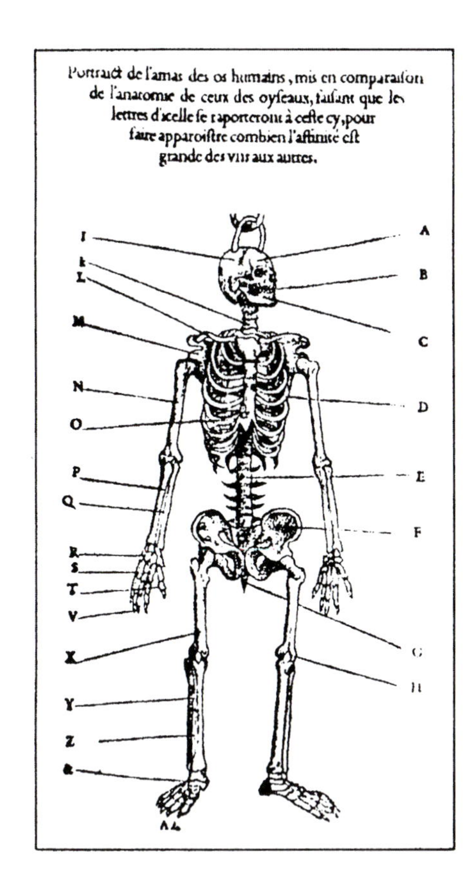

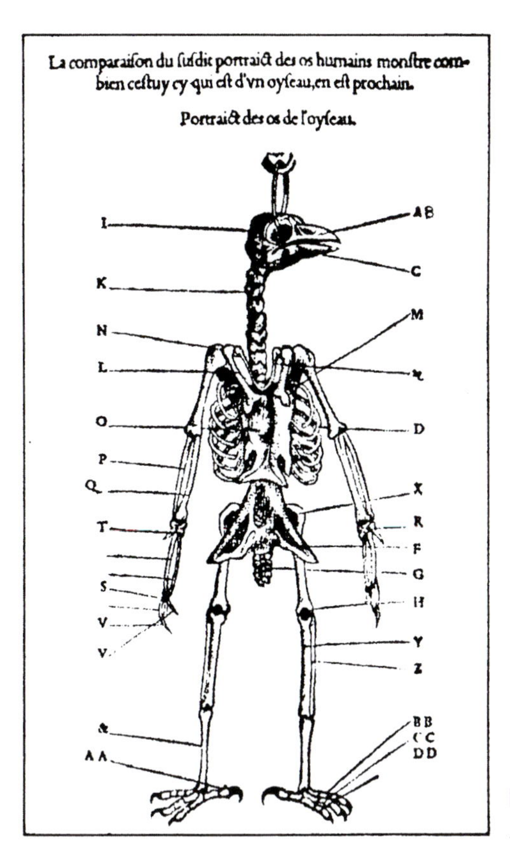

図2－1
比較解剖学の木版画（Belon 1555）。

連続相同

分節性（体節性）は，生体の長軸に沿った対をなす反復構造である。分節構造は一連の構造（例えば，脊髄神経，椎骨，筋分節）としては，他の動物種での同じ連続する構造と相同であるが，個々の要素は相同ではない。例えば前鰭の筋を支配する脊髄神経は，後鰭の筋を支配する脊髄神経とは同一個体であっても相同ではない。それらは胚期の同じ体節から生じたものではない。

連続相同 serial homology という用語は一個体の分節構造に適用され，分節構造の等価性を示す。連続相同は系統発生学的にはほとんど妥当性がないけれど，分節のパターン（例えば，有頭動物の頭部の分節性）を理解しようとするときや，系統発生での分節パターンの変化を考えるときに重要になる。これら分節パターンの研究は現在も精力的に進められている。

これに関連する問題が2種の異なる四肢動物の指の比較で生じる。カエル，鳥，ウマの前肢（手）の指は集合的にみると相同である。しかし，1本以上の指が残っている場合，そのうちの第一指，第二指および最後位の指は，別の種の第一指，第二指および最後位の指と相同ではない。例えば，現代のウマで前肢の1本の指は一般的な四肢動物の中指であり，ウマの祖先の中指と思われる。“どの指がなくなったか”という疑問は，図10-23に挙げた有尾両生類のマッドパピーに関連して示される。

相似

偶然に類似することに使われる**相似** analogy という用語は，多くの学問分野で使用されるため，なじみのあるものだろう。動物学では，同じ機能を持つ2つの構造を相似としている。したがって硬骨魚類の顎の歯，ヒトの歯，無顎類であるヤツメウナギの角質化した外胚葉性の“歯”は相似であり，ウシとサイの角も相似であり，脊椎動物の胸腺と鳥類のファブリキウス嚢（第18章参照）もまた相似である。

近年の文献では相似の定義は基準が定められていない。19世紀の著名な比較解剖学者リチャード・オーウェン Richard Owen は，最初にこの用語の使用をはっきり示した1人である。オーウェンは，相似と相同とは互いに相容れないとは考えなかった（すなわち，よく似た機能を持つ相同の構造を相似的相同［よく似た機能を持つ非相同構造を相似的ホモプラシー］とした）。

適応

適応という用語は，相似と同じように一般的な概念であるためなじみがあるだろう。適応は，ヒトの作った道具の新しい特別な状況下での使用を可能とする変更にせよ，あるいは生物に同じ効果を持たせる変更にせよ，よく似た現象である。生物学的な**適応** adaptation とは，生存の可能性を高める**表現型** phenotype（生物の形態学的な特徴の組み合わせ）の遺伝的な変更である。表現型は**遺伝子型** genotype（遺伝子配列）の発現であるため，適応とは自然選択により生存価値のある遺伝的変異を増やす環境圧の結果と信じられている。自然選択について本章ではこの後に述べる。

魚竜類（絶滅した海洋生爬虫類，図 10－28 参照）の流線型をした魚様の体は，爬虫類が海での生活様式に応ずるようになったもので，それゆえに，その魚様の体は適応である。厚く鱗状で，水を通さない爬虫類（半水生両生類の子孫）の皮膚は，空気中での水分の減少（脱水）を防ぐための適応である。魚類からヒトまでの有頭動物の体は，こうした適応（生命維持に必要でなくとも，古くてときには使い捨てとなるか，あるいは［地質年代の尺度で］新しくて有用なものもあるが）の複合体ともいえる。

適応の評価や比較において重要なことは，どのような構造であれ次世代へ遺伝子を伝達するため，生存に十分に効果的であることだけが必要とされている点だ。変更できる素材には限りがあるため，ある生物体におけるどのような適応1つにしても，進化上での変更はその生物体を別の観点からみれば，何らかの代償を払うことになろう。犠牲を押しつけているのかもしれない。そのため，そうした変更は自然選択によって絶えずバランスを保っている。

現在あるいは過去で，必要性のため適応的な変化が生じたという証拠は何もない。こうした概念は**目的論的論法** teleological reasoning の一例である。それは自然現象を前もってある見取り図や目的のせいにする。目的論的論法の一例には，“鳥類は飛ぶために羽を持つ”ということがある。別の言い方では，“鳥類は羽を持つようになり，それゆえに飛ぶことができる”となる。目的論は，自然現象を導く自然に内在する超自然の英知をほのめかす。これに反して，私たちが自然界でみるものは，変化する環境に閉じこめられ，うまく生き残り，絶滅しないように遺伝的な変異を獲得する集団である。科学は，これらの適応が起きたときには，それらを自然界の挙動を支配する自然律により引き起こされる偶発的な遺伝的変化のせいにする。

前適応 preadaptation（**原適応** protoadaptation）という用語は，新たな環境変化が現れる前に，その環境の攻撃に応じるための表現型を可能とする特性に用いられてきた。そうした特性の例はたくさんあるが，将来に必要となるための適応ではない。それらは自分のいる環境での生存のチャンスを増やす。

肺は多くの魚類で，陸上での生活で機能するように要求されるはるか以前から存在した。肺は魚類が，水中での溶解酸素量が生命の維持には低すぎるようになったとき，大気から酸素を得ることを可能とした。後に，肺は魚類に陸上への最初の短い旅を可能とし，その後の進化で何百万年もの陸上生活を維持するよう適応した。

適応とは違って，前適応は生物学的な現象ではない。この用語は目的論的な意味を持つものとして誤解されたのだろう。

種分化

新しい種の形成は，ほとんどすべての例で，同じ種の別の個体群との地理的な分離が先行する。例えば，ある移動性の種で，何らかの理由により，ある群を他から分離するような種分化が生じることがある。それは，北アメリカの五大湖に住む，陸封されたウミヤツメ *Petromyzon marinus dorsatus* という海洋性にかかわる名を持つヤツメウナギで何が起きたかでみられる。これと近縁種の海洋生のシルバーヤツメウナギ *Petromyzon marinus arinus* は，淡水の川へ産卵のために回遊し，性成熟までに海に戻る。2つのグループが分離したことに対して，いくつもの説明（すべて推測）が可能である。しかしここで論じるのは不適切である。

重要な点は，2つのグループの間での遺伝子の交換が，現在の状況では不可能になってしまったことである。結果として，すべての遺伝的な複合体を特徴づける，突然変異の機会，遺伝子の組み替え，無作為の**遺伝的浮動** genetic drift（遺伝子頻度における自発的な不規則な変化）が，最終的に2つのグループの間での遺伝的不適合を生じた。その後，再び一緒にしても，もはや生存しうる子孫を作ることはできない。地理的な隔離は，遺伝的な変異と組み合わさって，新たな種が進化する基盤となる。

地理的な隔離はその種が遺伝的に離れるのに必要な時間を与える。種分化に要求される時間の長さは多くの要因によるが，前述の状況があれば新種の発生は避けられないようである。連続する種分化が系統発生であり，新しい分類群（タクサ）の形成である。

進化的収斂

2つあるいはそれ以上の関連のない種，例えば魚竜（図10-28参照）とイルカ（図4-50参照）がよく似た環境を占めると，それが同時代であれ何百万年離れている場合であれ，その環境への適応として似たような形態学的な特徴を獲得するとき，この現象は**進化的収斂** evolutionary convergence（ホモプラシーの一型）とよばれる。魚竜の流線型の体，背鰭，櫂状の前肢と，イルカの同じ特徴は進化的収斂の例であり，カエル，アヒル，カモノハシの水かきのある足もまたそうである。

進化的収斂は共通の祖先からの遺伝の結果ではない外観上の類似を生じる。収斂の特徴は，生物が進化において特別な環境にどこまで適応したかを研究する上でしばしば焦点になる。先に挙げた水中での例では，左右相称の生物が水の抵抗を少なくするため，体をどの程度流線形にできるかについては物理的な限界がある。他の例では，選択有利性をもたらす要因がいくつもある方法の1つで達成できるために，収斂はあまりはっきりしない。

発生

なぜ，比較解剖学の図書のなかに発生生物学を必要とするのか。本書で述べる構造とは発生の最終産物であり，その後も続く成長の影響を受けることがある。発生のパターンをみることは，生物間での比較の箇所（類似性のパターン）を増す。真骨類の背側にある中空の脊髄の独特の発達は，同じグループとする特徴となる。胚体外膜，特に羊膜の存在は哺乳類と鳥類，爬虫類を有羊膜類というグループに分類する特徴となる。

発生段階での事象の生じる時間の変動（異時性）は，種内や，祖先と子孫の間にみられる。ある種のカエルやサンショウウオの変態が，環境ストレスに反応して遅延することはよく知られた現象である。異時性は，多くの系列で進化上の変化を招くメカニズムとして考案された。アンモシーテス（ヤツメウナギの幼生）の隔離された集団は，変態を経ずに性成熟して寄生的な“成体”となる（図3-17参照）。この異時性の過程はもとに戻せる可能性があるのか，あるいは種分化の事象を表しているのか，研究が進行中である。異時性仮説の多くは有頭動物の起源を説明するために考案されてきた。

成体構造の進化上での変化（例えば，四肢動物の肢は鰭状の前駆体を起源とする）とは，その構造が個体発生での変更を獲得したことであることを忘れてはならない。このストーリーでは，変更を仲介するであろう発生の機構が欠落している。わずかな変化が蓄積し，積み重なった結果として新たな構造の起源になったと信じられている。

こうした移行と関連して途中段階の機能についてのシナリオ（相互に関連のある仮説の連続）がある。大きな変化は致死性と思われる。つまり，発生時の早い時期の大規模な変化は“希望に満ちた怪物 hopeful monster（複合突然変異 macromutation の口語的表現）”として知られるものになる波及効果をもたらす。発生過程に関する最近の知見から，大規模な変化のいくつかがどのように生じたかを理解できる。

ノースカット Northcutt (1996) は，有頭動物の神経堤（神経冠）の起源が中間前駆体の先行のないこうした独特の変化の1つであろうと推測した。おそらく今や“希望に満ちた怪物”に対する新たな期待がある。しかし，どんな変化（些細な変化も大規模な変化）も生物が発生し誕生する際に直面する自然選択の圧に従うことを忘れてはならない。

アーサー Arthur (1997) は，『進化発生生物学の新たな進歩』と題する総説のなかで，進化のパターンについての私たちの理解に寄与する様々な学問分野の関係を円グラフで示した（図2-2）。初期の研究は“古典的な証拠”に集中し，進化の多くで観察されるわずかな変化の積み重ねを説明するための集団遺伝学および量的遺伝学がそれに続いた。徐々に生じる変化と突発的な変化の論争は，しばしば微小進化の程度の様々な説明に集中した。大規模な変化（何人かの著者による“希望に満ちた怪物［複合突然変異］”）を明瞭に説明できるものはなく，現存する生物や化石生物で進化の中間段階を探すのに多くの努力が費やされた。発生遺伝学とこれと関連する突然変異研究および進化のパターンを解析する発生学研究の統合は，“古典的ダーウィン主義者”と“モダンダーウィン主義者”の研究方法の間のギャップを埋めることになった。

個体発生と系統発生

個体発生 ontogeny (ontogenesis) はある生物の発生の歴史である。胚形成に始まり，加齢にかかわる生後の変化も含み，死で終わる。この最初のオペラントは遺伝子である。ここでは主に胚形成を論じる。

系統発生 phylogeny (phylogenesis) は分類群の進化の歴史である。**分類群** taxon は，科，目，綱といった分類上の単位を構成する生物の一群である。系統発生は進化の線上で，ある分類群を祖先の分類群と結びつける。進化の系譜を確立するオペラントは**種分化** speciation，すなわち既存の種からの新しい種の発生である。個体発生は一個体の生涯を占め，

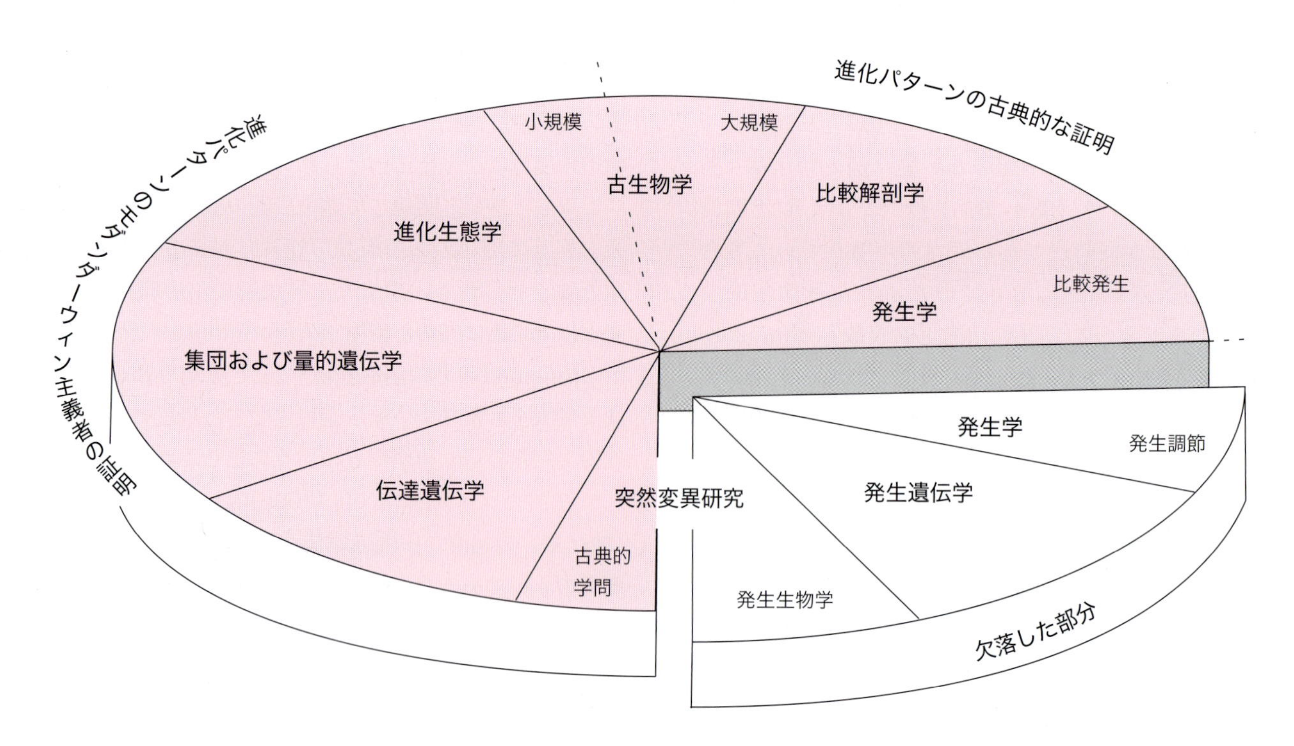

図2-2
進化生物学にかかわる学問分野の関係（Arthur 1997 より改変）。

系統発生は何十万年から何億年まで要する。変化は両過程での共通の現象である。

以降の章では，生物の形態学（形，構造，構成）が個体発生や現在認められている考えの範囲での系統発生と関連づけて述べていこう。

フォン・ベアの法則

すべての有頭動物の胚は，発生初期に構造と発生の両者でよく似た構築パターンを示す。この観察は発生学者カール・エルンスト・フォン・ベア Karl Ernst von Bear によってなされた。彼は動物の主要な分類群，例えば有頭動物のすべての構成員に共通の特徴は，その群をさらに細分類（綱，目，属，種）する特徴よりも，個体発生で早く発生すると述べた。これはフォン・ベアの法則として知られる。この一例は，有頭動物に属するすべての動物での，脊索，背側にある中空中枢神経系，咽頭嚢および大動脈弓の初期の発生である。こうした発生初期の特徴は，発生進行とともにそれぞれの種の方向に徐々に変化する。

生物進化の概念が受け入れられることが増えた後に，この法則の帰結が発展した。現状では，その帰結は，個体発生で最も早く発達する特徴は，早期の共通の祖先から遺伝した系統発生学的に最も古いもので，個体発生で遅れて発達する特徴は，系統発生学的により新しい起源のものである，ということである（この前提の例外の1つは胚体外膜にみられ，発生の早期に作られるが，有羊膜類から由来した特徴を示す）。

歴史的には，フォン・ベアの研究で示されたように，放散した分類群の個体発生の間で共通のパターンがあるかどうかを見極める努力がなされた。これに論破された仮説は，“個体発生は系統発生を繰り返す”を示唆するもので，生物の系統発生を示す成体の特徴は個体発生で繰り返されるとする。この考えは洗練され言い直されて，初期の発生が維持され，関連ある生物群はこの維持されたパターンを共有する（フォン・ベアの最初の観察）という意味になった。このパターンは，19 世紀においてヒトから魚まで様々な生物の初期発生で，共通のパターンを示す8種の有頭動物の個体発生の段階を比較し，図解したエルンスト・ヘッケル Ernst Haeckel の研究により最もうまく示された。この共通点からそれぞれの発生軌跡が放散する。最近の研究は，最も早い段階（接合子の初期の分裂）もまた様々で，結果として，咽頭胚とよばれる保存される段階（分節構造が顕著で咽頭嚢が明瞭な段階；尾芽期も保存段階と提案される）を経る有頭動物で発生中の障害となる。

リチャードソン Richardson ら（1997）は，この説明に対して疑問を投げかけ，ヘッケルのデータを排除した。発生における個々の構造は遺伝的で誘導的な事象により統合されるようだが，発生のどのような区画での構造もそれぞれの独立した変異の能力があることが今では明らかになっている。それゆえに，咽頭胚や尾芽期を定義するのに用いられる一連の特徴は，有頭動物間の比較において，発生の同じ時期には存在しない。

このように，サイズ，体節あるいは咽頭弓の数，肢の存在，その他の器官の原基は，有頭動物の種間で一致せず，それぞれが異時性のプロセスに従っている。際だった例がゼブラフィシュ（真骨類）でみられ，咽頭弓の発達が尾芽期の後に生じる。保存されていると思われるのは発生調節遺伝子のパターンであり，発生部位の分化に先立って一次組織で生じる誘導事象である。

有頭動物の頭部の分節状構成要素の間での発生との関連は第16章で話題とする。

変態と異時性

外鰓や鰓裂を含む幼生の特徴を1つ以上保持したまま性成熟に達し繁殖する有尾両生類（図4-20，マッドパピーおよびシレン参照）に，博物学者は長い間関心を寄せてきた。こうした種は，“不完全変態”を示すものとされてきた。有尾両生類の8科のうち，どの科も少なくとも数種または数群は幼生の特徴を保持したままのものがいる。しかし，このパターンは両生類に限られるものでなく，脊椎動物に限られるものでもない。幼形類（図3-5参照）を含む無脊椎動物でもみられ，幼形類は類縁関係のある他の分類群の幼生段階に似た形態学的段階で繁殖する（幼形類をホヤ類の幼生と比較せよ）。

不完全変態は，有尾両生類に利益をもたらしていて，もし変態を強要すると，鰓の消失により，陸上の環境がまだ不適切な間に水中での生活を止めるため死滅してしまう。どんな種においても変態を調節するのはホルモン性要素で，環境条件に対する神経内分泌の反応を一時的にスローダウンしたり，スピードアップしたりして，それによって生物を環境の変化に適応させる（図18-5参照）。マッドパピーのような種では遺伝形質が重要な役割を果たし，そこでは遺伝的に変化した変態のパターンが進化の過程で課せられた。

この変化は，変態の形態学的な変化のタイミングと生殖細胞の成熟のタイミングの分離の結果である。生殖細胞成熟のタイミングは，環境要因，遺伝のいずれにより誘導されるものであれ，変態のタイミングより早く生じる。

両生類で最も目立つ形態学的変化に，鰓の吸収と鰓裂の閉鎖がある。それほど目立たないものに，咽頭壁や舌の骨格と筋の再構築や，体型や外皮の変化，および陸上環境で生存するためのその他の変化がある。個体はこうした形態学的変化を完成させることを，一時的あるいは永久に中断する。自然選択が働く地理的および生理学的に分離した環境にいる集団で，変態の形態学的な変化からの性成熟の分離は永続的なものとなり，遺伝子が固定されるかもしれない。このような場合に新しい種が進化するのかもしれない。こうした新しい種は，幼形進化として知られる概念を表している。

上に挙げた例は変化の2つの筋書きを提供している。第一のものは，種内での発生パターンの変化である（発生の一時的な変化）。第二が種間の差である（祖先と子孫の変化）。種間および種内の変化を特徴づける用語法は不確定な状態にある（こうした変化を論評するにはReilly et al., 1997を参照）。すべての変化は発生の事象の程度とタイミングの違い，すなわち**異時性** heterochronyを示す。私たちは祖先と子孫の間での変化について述べるに留める（表2-1）。

幼形進化 paedomorphosisとは，直前の祖先の幼生や未成熟な特徴が，子孫の種で変態の最終産物になる個体発生上の変化として定義づけられる。子孫の種は幼形進化の特徴を持つことになる。祖先の形態についての知識は同じ分類群での完全に変態した種の形態から推測される。アメリカオオサンショウウオ *Cryptobranchus alleghaniensis* の大部分は，完全な変態に近いが，祖先の幼生の特徴を1個の鰓裂に限って持つものもいる。祖先のオオサンショウウオ類の成体の状態を反映するとみなされる同じ科の近縁の属であるオオサン

表2-1 異時性による分類と事象

	異時性による分類*	異時性による事象
発生の切詰め（子孫が祖先の幼時に似る）	幼形進化	発生段階の減少 発生時間の切詰め 発生開始の遅延
発生の延長（子孫で祖先の発生の先まで進む）	ペラモルフォーシス	発生段階の増加 発生時間の延長 発生開始の早まり

＊：祖先－子孫関係に関する異時性の分類のみを述べている。種内の変化に関する用語については，Reilly et al., 1997を参照。

ショウウオ *Andrias japonicus* は，完全な変態を示す。それゆえアメリカオオサンショウウオは幼形進化の特徴を持つと考えられる。

山岳の環境に住むアホロートル（アンビストマ科）の多くのもの（例えばメキシコサンショウウオ *A. mexicanum* やノースウエスタンサンショウウオ *A. gracilis*）では，生涯を通して幼生の形態を完全に保持している。他のアンビストマ科の種（例えばタイガーサラマンダー *A.tigrinum*）は完全に変態する。タイガーサラマンダーやその近縁種の形態で推測したように，祖先種が完全に変態するため，メキシコサンショウウオやノースウエスタンサンショウウオの山岳種は，幼形進化的な特徴を持つ。メキシコサンショウウオでの幼形進化は，下垂体の甲状腺刺激ホルモン（TSH）や甲状腺ホルモン自体の不十分なレベルによるものである。しかし完全な変態を甲状腺刺激ホルモンあるいは甲状腺ホルモンの投与によって誘導できる。私たちはこうした観察から，現代のメキシコサンショウウオが，今も変態に必要なホルモンの放出を制限する祖先の突然変異を遺伝したと推測する。

アメリカ東部の森林に住むレッドスポットサンショウウオは，大部分のブチイモリ *Notophthalmus viridescens* が示すライフサイクルの一相で，今までに記載したものとかなり異なる変態のパターンを示す。個体発生の過程で，幼生は形態的な変化をして，池から出て陸に上がった青年期（未成熟）を，性腺の成熟よりずっと前に過ごす。こうした変化には，頭蓋の再構成，鰓および鰓裂の消失，肺の発達，皮膚の角質化が含まれる。角質化は陸に上がった未成熟個体である**エフト** eft（第4章参照）を，空気中への水分の蒸散から守る。エフトが岩の下とか腐食した倒木の下の湿気のある場を選ぶことで，さらに水分の保持が高まる。性成熟の始まるまでの1年ないし3年間，エフトは陸上に留まる。性成熟はプロラクチンにより始まる“入水衝動”が指標となる。そのとき，エフトは最後の変態を経る。その体構造は空気呼吸する水生動物の方向に変えられ，池に逆戻りし，性腺が成熟し，繁殖を行う。こうした動物での変態は異時性の段階を経ない。

ある場所では，ブチイモリの幼生は池に留まり，性腺が成熟し，繁殖を行うが，鰓の吸収は無期限に遅れる（図4-21e 参照）。この群の動物は終生池に留まる。この群は，種内異時性の少なくとも一時的な段階を示すが，この種が将来，新しい種に遺伝的に固まる変化を生じることがないならば，幼形進化ではない。

尾索類や頭索類の幼形進化様の変化により，アンモシーテス様有頭動物の共通の祖先への進化も含め，有頭動物の系統発生学的起源についての多くの仮説に異時性は持ちだされてきた（図3-1a，b，c と図3-17 参照）。

系統分類学と分類学

系統分類学とは生物をグループ分けする作業であり，分類学はそうしたグループに名称を当てるための約束事を含む。生物をグループ分けする基準は長い年代をかけて変わってきた。

ダーウィン以前の時代では，生物は全体での類似性と特有の形態を持つことの両方をもとにグループ分けされた。その結果，特有の羽と，全体的な外観の似かよりを持つ鳥類は，他の爬虫類とは別のグループにまとめられた（鳥類はより大きな爬虫類グループのサブグループであることを思いだしてみよ）。こうした初期のグループ分けはダーウィンに先立ち，系統発生学的な類縁関係に関する現在の私たちの理解に先立って確立された。系統発生学的系統分類学はグループ分けの戦略であり，生物を歴史的な実在物として配列する試みである（すなわち，1つのグループは共通の祖先とその子孫すべてを基礎とする［単系統群］）。

ほとんどの学生はリンネの分類になじんでいる。それは階層的なグループ分けのシステム（門，綱，目，科，属，種）を用いており，最後の2つが分類学の二名法を構成している。それぞれの階層で適切な接頭語を付してさらに細分類される（例えば，亜門，下綱，上目など）。命名の国際的な規約は，二名法の詳細なガイドラインを出し，高等なレベルでのグループ分けに対する唯一の一般的なガイダンスとなっている。

門は，容易に見分けられる主要な体設計図に基づく部門である。ほとんどの学生は，節足動物，頭足類，脊索動物といった門を区別できる。綱は門のなかで主として形態的に見分けがつくものを表す。有頭動物亜門では，私たちは哺乳類，両生類，爬虫類および鳥類を容易に見分ける。鳥類と爬虫類では，形態的な識別では両者の真の関係がはっきりしない。

こうした綱の間での形態学的な境界は，化石で検討するとき，あいまいである。始祖鳥の化石の場合，最初の解釈では古代の鳥から羽を持った恐竜にまでわたっていた（羽の独立した起源を示唆している）。よく似たあいまいな点は，現代の哺乳類に続く系列のなかで，いわゆる哺乳類様爬虫類でも生じる。種分化の出来事による最初の子孫はほとんど区別がつかなかったに違いない。グループ間の形態学的な境界の崩壊にともない，リンネの分類分けに関する私たちの理解もはっきりしない。化石の記録が最もよく知られた移行の1つを提示するとき，なぜ鳥類を他の爬虫類から区別するのか？

それならば，どのように動物のグループ分けを体系づけることができるか？　現代の系統分類学者は生物をその歴史的な（系統発生学的な）関係に基づいて体系づける。この方法論の利点は5つの部分からなる。

(1)すべてのグループ分けは，それらが単系統のグループ分けであることに関して，等価である。伝統的な系統分類法に基づくリンネの綱とは異なり，単系統のグループ分けは側系統か単系統か，あるいはより大きなグループから主観的に除かれたサブグループを示すものである。伝統的な（リンネの）分類のように，これらのグループは階層的に配列される。(2)グループは全体的な類似よりも，派生的特徴（共有派生形質）を共有している証拠に基づく。私たちは被毛，下顎の1個の骨，3個の耳小骨を共通して持つ分類群として哺乳類を見分ける。眼やその他の祖先形質的な（原始的な）特徴は有益な情報にはならない。(3)系統発生は，主観的なグループ分けに対する科学的な方法のなかで検証されるべき関係についての仮説を示す。鳥類と哺乳類は内温性で共通することを理由に近い関係にあるとする論拠は検証できる。(4)類縁性の証拠としての派生形質の共有に関する信用は，評価を受ける解剖学的特徴について明瞭で簡潔な理解を必要とする。(5)この方法論は長い時間をかけた形質変化の方向性に関する理解を容易にする（例えば，哺乳類の心臓の起源で生じた進化のうえでの変化の理解に役立つ）。

系統発生学的系統分類学のなかで，分岐論はほとんどの系統分類学者に用いられる方法論である。基礎となる分岐論にはいくつかの前提がある。

(1)類縁性の階層はわかりやすく分岐図として示すことができる。(2) 1つのグループを判別する形質だけが有用である。すなわち原始的な形質あるいは1つのグループの全メンバーに共有される形質は，調査しているグループ内での類縁性を決めるのには役に立たない。(3)独立した進化（ホモプラシー）か，あるいは共通祖先による類似（相同）かを決めるのは，分岐図上での派生した形質の配置（合致）である。(4)形質の配置は節約（単純さ）の原理に従う。2者のうち1つを選ぶべき仮説の間での選択では，最も無駄のない効率的な解決が好まれる（すなわち，入手できるデータ［派生形質］を説明する進化上の変化が最も少ない系統樹がよい）。進化が簡潔か否かは議論の余地があるけれど，分岐論は前提を検証できる再現性のある方法論を提供する（科学的研究法の必要条件）。

分岐論が示すのが**分岐図** cladogram（図4－3参照）である。分岐論の基礎をなす原則を排除するとしても，分岐図は生物の類縁関係の相対的な程度を示す有用な図示ツールである。分岐図に付随して多くの用語があり，それらは研究文献に共通し，論議に必要となる（図2－3）。分岐図は分枝の先端に**終末分類群** terminal taxa をともなう枝分かれ図からなる（図2－3a，A～E）。隣接する分類群は姉妹群となる（例えば，分類群Dは分類群Eの姉妹群で，分類群Cは分類群［D, E］の姉妹群になる）。姉妹群の間の分岐点は**仮定上の祖先** hypothetical ancestor を表す。分岐パターンは分類群DとEが，外群のCとBよりも相互に近い関係にあることを示唆する。分類群Cと（D, E）は，Bに対するよりもより密接な関係にある。

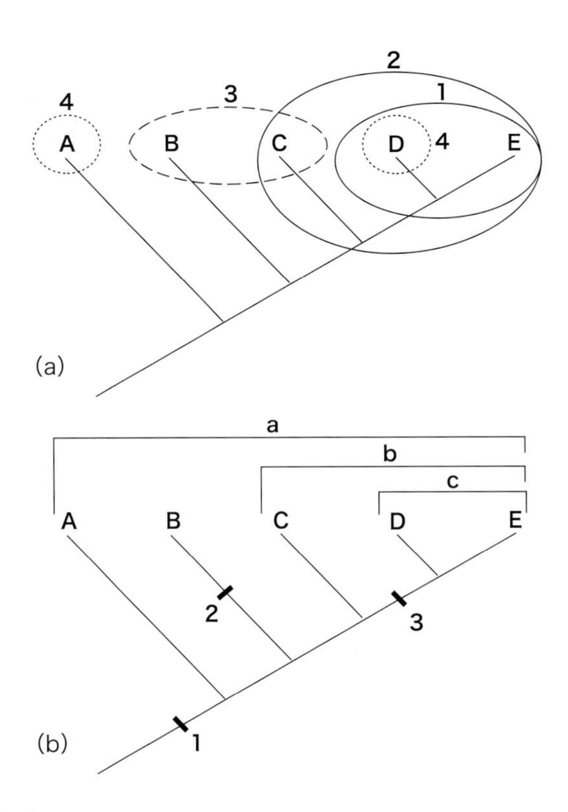

図2－3
分岐図に用いられる用語。(a) A～Eは終末分類群。実線の円1と2は単系統群を示し，破線の円3は側系統群，点線の円4は多系統群である。(b) a～cはより高次の分類群を示す。1～3は共有派生形質を表す。例えば，形質1は分類群（A～E）の単系統性の証拠を示し，形質2は分類群Bを判別し，形質3は分類群（D, E）を判別する。

単系統群 monophyletic group（クレード clade）は，共通の1つの祖先とすべての子孫を含むグループである（図2－3aで，実線の円1，2で示す）。**側系統群** paraphyletic group は，1つの共通祖先を含むが1つ以上の子孫が除かれたグループである（図2－3aで，破線の円3で示す。BとCは共通の祖先を持つがDとEは除かれる。もしリンネの爬虫綱のように，鳥類を爬虫類から除くと，この爬虫綱は側系統群になる。側系統群はしばしば主観的な基準に基づくことに注意が必要 ）。**多系統群** polyphyletic group は直接の共通祖先を持たないグループである（図2－3aで，点線の円4

で示す。鳥類と哺乳類を内温性で結びつけるのが多系統群)。

本書で用いる取り決めを図2-3bに示す。**共有派生形質** synapomorphy（派生形質を共有する）は分岐上のチェックマークとして示す（1～3）。上方の枠（a～c）はより上位の分類群を示す。共有派生形質により識別された分類群に当てられた名称から，類縁関係（共有派生形質）の証拠を見分けることが重要である。有羊膜類は羊膜のあることから識別された分類群である。このグループの名前は独断的で熟慮に欠けるが，この形質は類縁関係の証拠となる。

生物進化と進化的選択

生物進化の概念は1つしかなく，単純で，明確なものであるが，まだ広く誤解された前提であり，その前提では地球上の植物と動物は今まで変化してきており，現在私たちの周囲にあるものは，より早くそこにいたものの子孫であると述べられている。

動物や植物が変化してきたという結論は，部分的には地質学的な証拠に基づく。この証拠には堆積岩形成により保存された植物や動物の化石化した遺物が含まれる。もし人間が現在から数億年前に戻れるならば，植物も動物も見慣れないものだろう。5億年前はほとんどが水面で陸地には植物はみられない。釣り竿で魚を捕ることはできないだろう。なぜなら魚は濾過摂食性の甲皮類だからである。3億5,000万年前なら，魚捕りは進歩しているだろうがマスもスズキもサケもいない。陸地はもっと高くなり，もっと乾燥し，苔やその他の単純な陸上植物が生えている。迷歯類が沼地の水中からドタドタと歩いて出たり入ったりするが，カエルもヒキガエルもいない。3億年前には，陸地はさらに高くなり，沼地がシダ植物や針葉樹が繁茂した森となるが，顕花植物はない。原始的な爬虫類が日向ぼっこしているが，トカゲもヘビもいない。1億5,000万年前になると，歯のある鳥がいて，地球上は爬虫類があふれ，恐竜が多くなって特殊化し，主に歯や顎や頭蓋から現在の哺乳類の祖先とされる動物がごく少数いて，生き残るために戦っていただろう。しかし，ネコもネズミもサルもいなかった。生物進化の理論がその根拠とするのは，そのすべてでないにしろ，こうした地質学的な発見にある。

現代の私たちの周囲にいる動物や植物が，過去の動物や植物の子孫であるという前提は自明である。生命は過去の生命から生じる。

これが，すべての衛星理論を取り去った生物進化の理論である。多細胞生物が原生動物から生じたとはいわない。人類がサルから生じたというものでもない。人類はどこからきたかともいわない。それは別の理論で，他にもいくつかの理論があるが，それらは生物進化の理論ではない。何が種の変化を起こしたか，あるいは起こしているのかとも生物進化の理論はいわない。それもまた別の理論である。この理論はどのように生命が生じ，どのように宇宙が始まったかを述べてもいない。生命や宇宙の始まりに関して多くの説があるが，生物進化の理論ではない。こうした理論は，本書の範囲を越えた科学分野に属する。

生物進化の理論は“種の可変説”ともよばれる。これに代わる唯一のものは“種の不変説”である。後者の理論の擁護者は，現代の地球上のすべての種は，それが初めて出現したときのものと極めてよく似ていて，その種の最初のメンバーは初めから出現していたもので，先にいた生物から変化したものではない，と必ず主張する。たとえ1つの変化の可能性（魚が出現し，その魚からすべての種の魚が生じた）でも考えることは，生物進化を支持して不変性理論を捨てることである。もしも，1つの変化が生じることを受け入れるならば，2つの変化が生じることも受け入れなくてはならない。そして1度この論理に入り込むと，変化の数に制限がなくなってしまう。

進化の概念はアリストテレスの著作を含む古代ギリシャの書物に記されている。しかし，中世のヨーロッパ文明の哲学と神学であるスコラ哲学の制約の下では，この概念は育まれず，自然現象への探求が復活するルネッサンスまで休眠状態に留まった。

フランスの博物学者**ジャン・バプティスト・ド・ラマルク** Jean Baptiste de Lamarck（1744～1829）は，種は不変ではなく，複雑な種は単純な種から進化したとする理論を公に支持したルネッサンス期博物学者の最初の人であった。ラマルクは進化がどのように生じたかを説明する**獲得形質の遺伝学説**Doctrine of Acquired Characteristicsを提唱した。それは，形態学的な構造の使用または不使用を通して獲得された形質は遺伝すると主張した。したがって，ある部位が引き続く世代に用いられるとき，それは特定の役割により強く，またよりよく適応することになる。逆に，ある部位が引き続く世代で無視されるとき，それは痕跡的となる傾向がある。

これは，クジラの嗅神経が胎生期で発生を開始し，その後退行して痕跡的となるという観察をラマルク説がどのように説明したかを示している。肺呼吸の動物は水中では溺死することなく吸気できない。それゆえに，この理論に従えば，嗅覚器の不使用はそれの消失という結果となった。吸血コウモリは食道が小さいので，液体以外のものを飲みこむことができない。獲得形質の遺伝学説によれば，食道を通る唯一の栄養物が，何世代にもわたって哺乳類の血液であったため，食道は固形物を飲みこむには小さすぎるようになった。

この学説は受け入れられるものではなかった。なぜなら個体の一部の使用・不使用が，どのようにして精子や卵子に保存される遺伝コードの変化に翻訳されうるかという説明が全くないからである。現代の遺伝学はラマルク説のこの見方を，少なくとも現在までは，受け入れがたいとしている。

ラマルクの65年後に生まれた**チャールズ・ダーウィン** Charles Darwin（1809～1882）は，進化での変化を説明するのに別の解釈を行った。ダーウィンは個々の生物の変異が普遍的であり，全く同じ2つの個体がないことを観察した。これは1859年に提唱されたダーウィンの**自然選択説** Theory of Natural Selection の出発点である。個々の変異は，各個体の間での競争において，健康状態とともに，結果的に様々な程度の成功者にする，とダーウィンは信じた。“好ましい変異の保存と有害な変異の排除を私は自然選択と呼ぶ”と述べることでダーウィンは要約し，最も適したものが生き残る“生存競争”としてその概念を言い換えた。

ダーウィンは遺伝的な理論の出現に先行したので，遺伝の分子レベルでは自然選択を説明できなかった。遺伝学の時代では，自然選択とは，ある生物を他のものよりも環境にうまく対処できるようにする無作為の遺伝的変異と組み換えが，他の遺伝子複合体（遺伝子型）よりも次の世代に伝えられる可能性が高いことを意味する。自然選択（適者生存）の概念は進化論へのダーウィンの最も大きな貢献である。自然選択は種分化への主要な道である。それが唯一の道であるかどうかはわからない。最近の進化研究は，ダーウィンの自然選択に類似する選択が，遺伝子に加えて，いくつかのレベルで働くという概念を調べている（Lieberman and Vrba, 1995）。これは階層理論とよばれ，ダーウィンの概念の真髄を取り込み，いくつかの階層段階で働くように発展させている（Gould, 1982）。

本項では，最初の段落で進化理論の前提を挙げた。遺伝学の出現にともない，進化の過程の仕組みは徐々に明らかになってきた。私たちの最近の見識は，この論議の最初の段落で述べた基本的前提すなわち自然選択の概念と，遺伝学，植物と動物の比較形態学，古生物学，系統分類学，生化学，分子生物学，およびその他の学問分野でのその後の研究を通して得られる知見との統合である。

自然選択とは，この惑星上の種の変異と数（控えめに500万種と推定される［Myers, 1985］）のための，超自然（神秘的）というよりもむしろ自然な説明であり，万有引力の法則が地球と月の引きあう力の自然な説明であるように自然である。自然な説明はそれぞれ別の観察者の得た支援するデータの集積からも受け入れられる。これとは逆に，不自然な説明は，常に未来の観察から拒否されることになる。対照的に超自然的説明は一般に検証できず，したがって科学的な探求の範囲外にある。

ガレノスからダーウィンまでの解剖学

洞窟居住者は，外科手術や防腐処置を行ったバビロン人や古代エジプト人のように，動物の内部臓器に関する知識をいくらかは持っていた。内部臓器のほとんどを取り除く防腐処置は高度な技術であった。およそ紀元前3,000年にさかのぼる古代エジプトの医学パピルスはさておき，西洋文明での最古の解剖学的な仕事は，紀元前の最後の400年間にギリシャの哲学者や医者たちによって記述された。こうした仕事は不完全で，ほとんどが表面的で，しばしば想像から生まれたものであった。

古代の解剖学は，西暦165年から200年の間，ローマで働いたギリシャの哲学者で医者でもあった**ガレノス** Galen の仕事で頂点に達した。彼は手に入るすべてのギリシャ解剖学の書物を集めて整理し，バーバリー海岸産のサルを自分で解剖して書き加えた（当時はヒトの解剖は世論や迷信から禁じられていた）。さらに医学やヒトの解剖に関して100を超す論文を書いた。それからしばらくして，スコラ哲学が取って代わり，その後1,300年の間，ガレノスの記述は全く誤りがないとされ，異議を唱えることは罰せられた。権威への従属が非常に強かったので，（おそらく半ば冗談で言われてきたように）もし学者がウマの歯が何本あるか知りたいときは，必要ならば，最も近い図書館へガレノスがどう言ったかをみるために，鞍をおいて100kmもウマに乗ったであろう（農民であればウマの口のなかを科学的に覗いたことは疑いない）。

レオナルド・ダ・ヴィンチ Leonardo da Vinci（1452～1519）や他のイタリアの画家が自身の解剖学的な観察（教会から破門を受ける覚悟で）を始めるのは15世紀までなく，ヒトや動物の解剖はルネサンスまでなかった。

1533年に**ヴェザリウス** Vesalius というフラマン人の医学生がパリ大学の講義に参加し，そこでは教授がガレノスの記載と解剖との一致を試みている間，ヒトの解剖学についてガレノスの著作が（読み手によって）読まれ，しばしばばつの悪い失敗があった（ガレノスのヒトの解剖についての記載は，サルの解剖から記述されたことを思いだされたい）。3年後，ヴェザリウスはパリを去り，パドヴァで学位を取り，教師としてそこに留まり，彼自身が行った解剖学的観察を記録した。1543年，ヴェザリウスは動物一般の解剖学において新たな関心に導くような著書『人体の構造について』を出版した。しかし，ガレノスは彼の著書にも大きく影響し，ガレノスの誤りの多くが続くことになった。舌骨と腎臓のヴェザリウスの図はイヌから引き写されたもので，ヴェザリウスはイヌを好んで解剖した。しかし，ヴェザリウスはヒト以外の動物にはヒトの主要な器官の知識に役立つことを越えてまで，興味を持つことはなかった。彼の関心はヒトの解剖学であり，種間の差異に関心はなかった。

ヴェザリウスの著書が出版された8年後，フランスの博物学者で医者でもあった**ピエール・ベロン** Pierre Belon（1517～1564）が，クジラ類や他の海洋生動物，無脊椎動物や魚を含む脊椎動物の解剖に関する重要な仕事を出版した（クジラは海に住み，海洋での環境に適応していたため，他の哺乳類の詳細な研究にかかわらず，ベロンにとって魚であった）。ベロンは鳥類にも興味を示し，1羽も見逃すことなく解剖し，200種以上の内部臓器を調べた。1555年に彼はヒトと鳥の骨格を並べ，ほとんどの骨と骨が対応していることを示す古典的な図を出版した（**図2−1**）。

ベロンは自分で観察し，一般市民を啓蒙しようとして図に表した。彼の時代の他の著名人と同様，ベロンは目的論者であった。彼は，魚類とクジラの間で観察した収斂的な進化上の類似性のように，骨格の類似を創造主の心にある基本的な構成プラン，すなわち原型の顕示のせいにした。今日，基本的な構成プランの用語は，最も早期の有頭動物の祖先から受け継がれる発生と形態の一般化されたパターンに当てられている。

比較解剖学（そして古生物学）の創始者の栄誉は，フランスの博物学者で，シュツットガルトに学んだモンベリアール男爵，**ジョルジュ・キュヴィエ** Georges Cuvier（1769～1832）に与えられる。博物学の分野での多産な著者であり，彼の仕事には，その他の多くの仕事のなかから，『比較解剖学教程』（1801～1805）と題する9巻の著書，四肢動物の骨格化石の古生物学的観察とパリ周辺の地質学的観察の4巻，今や古典とされる，パリのパンテオン中央学校で行った比較解剖学講義の1816年の要約，『動物博物学の基礎として，また比較解剖学の入門として提供するために構造に従って配置した動物界』と題される4巻が含まれる。この書物では彼は化石や生存する動物の形態学的研究を要約し，分類学者の役割として，骨格系や臓器の相違をもととして，放射相称動物，軟体動物，腕足動物および脊椎動物の4つの分類群に分けた（キュヴィエの分類は表現型のみに基づく。種は不変と考えられていた）。

彼の着想は生涯を通してリンネの『自然の体系』（1735）の初版によるもので，キュヴィエの若き日における完全な図書館であった。彼の最後の貢献は22巻の代表作，『魚類の博物学』で，4年の歳月をかけての出版が1832年に終了する。彼はパリ大学の学長職も含め，博物学の著述と教育に捧げたエネルギッシュな人生の後，1832年に62歳で生涯を終えた。生涯を通して，キュヴィエは断固として種は絶対不変であるとし，同時代のラマルクや，いくつかの図書で共著のある**ジョフロワ・サンチレール** Geoffroy Saint-Hilaire（1772～1844）や，時とともに種の変化する可能性を考え始めたその他の人たちの可変説に激しく反対した。

ダーウィンにより1859年に著された『種の起源 – 自然選択の方法すなわち生存競争における適者生存 –』と題する書物が研究者の集まりや学界のなか，神学者の間，報道出版業界で大論争を引き起こした[*1]。

『種の起源』は出版当日，1,250部が売り切れになった。最初の4章は人類による家畜や植物の人為的選択を，野生種の生存のための競争の結果としての自然選択と比較して説明した。第5章では自然選択以外の変異と変化の原因について論じている。この後に続く5章（第6章から第10章）では，種一般における遺伝的な変化（進化）に対する確信，作用要因としての自然選択に対する確信に立ちはだかる困難を吟味している。最後の3章（第11章から第13章）では，古生物学，種の地理的分布，比較解剖学，発生学および痕跡器官の分野から進化を支持する証拠を挙げている。

論争とほとんど世界的な規模でのダーウィンへの糾弾は，地球が太陽の周りを回るとしたコペルニクス Copernicus（1543）の論文が引き起こしたものに匹敵しうる（コペルニクスの地動説は1530年までに完成したのであろうが，彼が死の床につくまで慎重に抑えられていた）。コペルニクスの理論もダーウィンの理論もユダヤ教とキリスト教の聖書にある創世記の記述に適合せず，それゆえ，両理論ともに神の権威を否定するものと考えられた。ダーウィンの理論はアダムとイブの話や7日間で地球を作った話を否定するものとみなされた。

遺伝学研究の到来とともに表現型が変化するメカニズムが明らかにされ，人類は地球上の動物種の放散に対する自然な説明を得られるようになった。

＊1 訳注：原著者はキュヴィエをダーウィンの進化論に対抗する主導者と記述しているが，進化論の刊行時にはキュヴィエは他界しているため，文の一部を削除した。

抽象的な用語

以下に述べる用語は，系統発生の論議の際にしばしば用いられる。こうした用語を読者は読み，聞き，そのいくつかを使うことになるだろう。用語の大部分はその含意（言外の意味）について意見の相違もあるだろう。しかし，こうした抽象的な用語に注意を払うことが思慮に富んだ論議を刺激するならば，そのことについて解説することは妥当なことだろう。

原始的 primitive という用語は，相対的な語であり，始まりとか起源をさす。原始的特徴とは，そこから多くの後続する種を生じる祖先に表れるもので，後続する種がこの特徴を保持していることがある。脊索は，最初の脊索動物で生じるゆえに，原始的である。しかし，ある構造が原始的であると常に断言することはできない。例えば，ヤツメウナギの神経外側軟骨は，それから典型的な椎骨が進化した原型の状態であることが明らかにされた場合にのみ原始的である（図1-5参照）。よくわかっていない椎骨の状態からの二次的な縮小を表す場合もありうる。

この用語を生物自体に適用すべきではない。ヤツメウナギは原始的な特徴を数多く保持しているが，寄生動物として高度に特殊化している。北アメリカの五大湖への侵入はその地の水産業を荒廃させた（どのようにして“原始的な”動物が，“進化した”多くの動物を打ち負かすことができるのか？）。

一般化した generalized という用語は，少なくとも子孫のいくつかで，様々な状況に応じてその後適応していく構造複合体に使われる。食虫類の手は，一般化した哺乳類の手であったし，今もそのままである。この手はコウモリの翼やウマの蹄やアザラシの鰭状足や霊長類の手に進化する能力があった。動物の一般化した群は分岐進化（すなわち多くの方向への進化）するのに遺伝的に適切であったことを示している。原始的両生類である迷歯類は一般化した四肢動物である。一般化したという用語は潜在的な適応可能の状態を意味する。

特殊化 specialized した状態は適応変化を示すものである。有頭動物の翼は前肢の特殊化であり，嘴は上下の顎の特殊化である。嘴（図2-4）は花から蜜を吸うため針状かつ管状になり（ハチドリ），木に孔を開けるためノミ状になり（キツツキ），捕らえた獲物を突き刺し，引き裂くために鉤状になり（ワシ，タカなどの猛禽類），沼の小魚やその他の水生動物を捕らえるため頑丈な槍状になり（アオサギ），地虫やミミズを夜間にあさるためそれほど頑丈ではないが長い槍状になり（キウィ），小さな甲殻類や軟体動物やその他沼に住む小動物を浅い水と泥のなかからさらうために長く上向きに曲がっている（セイタカシギ）。特殊化が増すということは，適応が増すことを意味する。特殊化すればするほど，それ以後の適応変化の潜在能力は少なくなるようである。

由来した derived，あるいは**変化した** modified とは，どのような形であれ以前の状態からの変化，すなわち突然変異の状態を意味する。もし硬骨の存在が原始的な特徴であるならば，完全に軟骨となった骨格は状態の変化である。それが動物を適応により変化させたのならば，この変化（硬骨を形成する能力の欠損）は特殊化である。変化のすべてが適応的であるとはいえないが（種分化の研究者たちはこのことに強く反対するであろう），適応的でなければ，統計的にも動物の競争力を減じるようなので，その変化は種の絶滅の前兆になるかもしれない。

高等 higher とか**下等** lower とかの用語は，従来の系統発生学の尺度での主要な分類群の相対的位置を表すのに用いられる。こうした用語は綱より下のレベルで使うときはあまり役に立たない。鳥類や哺乳類は共通の祖先から進化した。それゆえ，祖先の種よりも高等だといわれる。このような状況においてこの用語はある意味を持つ。

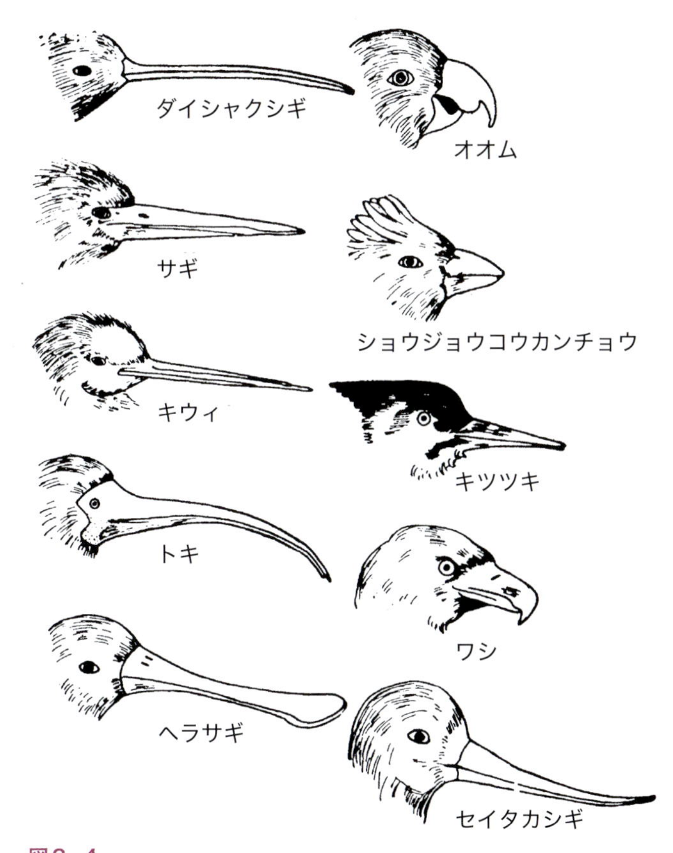

図2-4
摂食のための嘴の適応例。縮尺は図によって異なる。

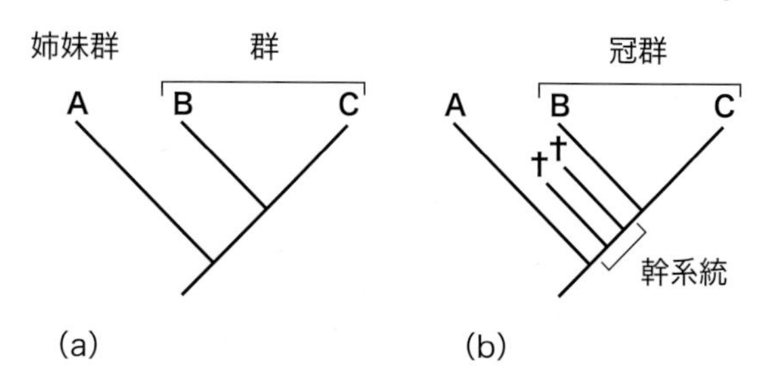

図2-5
分岐図の部分。(a) あるグループ (B，C) が姉妹群の (A) と比較されている。(b) 冠群は，あるクレードの現存メンバーにとって，最も近い祖先を共通とするすべての子孫からなるグループ。幹群すなわち幹系統は冠群から排除されたクレードの基本的メンバーを含む。(†) は絶滅した分類群を示す。

時にはこの用語は，ある分類群を他と比較したとき，共通の祖先からその分類群が離れている相対的な突然変異距離を示すのに使用される。しかし，哺乳類は鳥類より高等だと考えられるだろうか？　こういった状況では，この用語は誤解されるかもしれない。また，現生のカエルとスズキを比較したり，あるいは人間とハチドリを比較するように，ある分類群の属と別の分類群の属を比較するときに使うと，この用語は誤解を招くことになる。それぞれが比較する相手の環境で競争することはできない。

分岐図（**図2-5**）の説明で，分類群の相対的な位置は分岐点が回転するとき変わることがある（この回転は類縁関係に影響せず，例えばA［BC］は，［BC］Aと同じグループ分けパターンを持つ）。文献ではいまだ使用されるけれど，高等と下等という語は後者では用いる状況にはない。

姉妹群 sister group，**外群** outgroup および**内群** ingroup という用語は，分岐図のサブユニットを記載するのに用いられる。関心のある一群（**図2-5a**，［B，C］）は内群でもある。関心あるクレードに入らない群はどれも外群であり，姉妹群とは内群と祖先を共通とする隣接する外群をさす。

基本群 basal group，**幹群** stem group および**冠群** crown group とは，さらに分岐図を記載する際の用語である。基本分類群は，クレード内の共通祖先に近い点で分岐した系列を指す。幹群あるいは幹系列とは，こうした基本群からなり，冠群を含まない（**図2-5b**）。冠群はクレードのすべての現存するメンバーと最も近い共通祖先とを含む（**図2-5b**）。ワニと鳥類は主竜類という冠群を構成する（第4章参照）。

単純 simple とは，構成部分に複雑さがないことを意味する相対的な用語である。単純な状態とは必ずしも原始的な状態ではない。ヒトの頭蓋は真骨類のものと比べて単純であるが，原始的ではない。原始的ということと単純ということがはるかに離れていることもある。

進んだ advanced という用語は，より一層適応する方向への変化を意味すべきである。不幸にもこの語は進歩のニュアンスがあるため，主観的であったり誤解されやすい。他の種でのある変化が進歩を示したか示しつつあるか，それとも進歩を示さなかったかは，ある種（ヒト）で意見の分かれる問題である。もっと最近のとか，もっと特殊化したという語句は進んだという用語よりも情報をもたらすだろう。

退化した degenerate はもう1つの価値判断の語である。例えば，ヤツメウナギが顎骨や対をなす体肢骨，皮膚の硬骨，典型的な脊椎動物のその他の特徴を失ったと考える人は，この用語をヤツメウナギに適応する。しかし，現存する無顎類の状態は半寄生的状態への適応を示しており，“特殊化した”といったほうがよいかもしれない。もしもヤツメウナギがかつては顎を持っていたとしても，これら無顎類が新たな単純の状態へ特殊化したのかもしれない。これを“退化した”とよぶことは適応変化の価値を軽視することになるだろう。退化したという用語は使用を避けるべきと思われる。

痕跡 vestigial とか**原基** rudimentary とかいう語には，説明が必要である。祖先でよく発達していた系統発生の遺残が痕跡であり，クジラの後肢帯はその祖先が機能する四肢を持った四肢動物であったため，痕跡であるといえよう。哺乳類の胚の卵黄嚢も痕跡である。

原基という用語は，系統発生と個体発生で違った感覚で使われる。系統発生では，子孫でさらに開発される構造は系統発生上の前駆体で，原基であるといわれる。例えば，魚の内耳のラゲナはやがて蝸牛に進化するので，しばしば蝸牛の原基といわれる。個体発生では，未発達あるいは十分に発達していない構造を原基とよぶ。ミュラー管は有頭動物の大部分の雄では原基と考えられている。ある構造が原基か痕跡かを常にはっきりさせることはできないだろう。アブラツノザメの偽鰓は，祖先で十分に発達した機能的な鰓表面を持つ鰓であるならば痕跡である。

前述の意見が論議を引き起こすなら，どんなに意見が合わなくても，意見を述べるために使ったスペースはうまく活用されたことになるだろう。語（言葉）とは概念を表すために人間によって作られた音声であることを忘れてはならない。さもなければ語は騒音以外の何ものでもない。それとも読者は，意味論的基盤の上で単語が騒音であることに反対したいだろうか？

要約

本文中の定義を以下に簡単にまとめる。

1. 個体発生はある個体の発生の歴史である。
2. 系統発生とはある分類群の進化の歴史である。
3. 相同とは異なる種での相同的構造の表現である。
4. 相同的構造は同じ祖先の原基から生じる。それらは機能的，形態的に類似していることもあれば，それほど似ていないこともある。
5. 相似構造は類似した機能を持ち，相同であるかホモプラシーであるかのどちらかである。
6. 適応とは生存の機会を増やす遺伝的な変化である。
7. 自然選択とは環境の選別効果の結果としての遺伝子型の無作為でない分化複製である。
8. 種分化は，新種の形成で，多くの場合すでに存在する種から分離した群での長期にわたる遺伝的な変化の結果である。
9. 進化的収斂は，類縁関係のない種での，よく似た環境へ適応する突然変異の結果として生じる類似構造の進化である。
10. ホモプラシーは異なる種で，共通の祖先に由来する類似ではない類似構造が存在することである。この構造がホモプラスチックとよばれる。
11. 異時性は性成熟した個体，群，種で新たなあるいは幼生的特徴を一時的または恒久的に持つことである。この特徴は発生時の事象の程度や時間での変化が原因となる。
12. 幼形進化はある進化の過程で，そこでは直前の祖先の幼生的あるいは未成熟な特徴が，子孫の種で変態での最終産物となる。
13. ペラモルフォーシスは幼形進化とは対照的に，結果として祖先の発生を追い越す子孫となることである。
14. 系統分類学とは形態学的な類似性と系統発生の歴史を反映するように階層（ヒエラルキー）へ生物を配置する学問である。
15. 分類学とは系統的な分析で決定された群に対する命名の作業と規則である。国際規約は二名法を用いる。
16. 生物進化は歴史的時間を通して動物と植物に生じた変化である。
17. 目的論は，自然現象を自然法則よりもむしろ目的のある意図のせいにする。
18. ダーウィンの最大の寄与は自然選択説で，ラマルクの獲得形質の遺伝説に取って代わった。
19. ジョルジュ・キュヴィエは比較解剖学の創始者となった。

理解を深めるための質問

1. 比較解剖学におけるパターンとプロセスの関係は何か？
2. ある個体内での構造の比較と祖先と子孫の間での構造の比較を区別しなさい。共通の祖先による類似性を暗示するのはどのような用語か？　体節性の生物で分節性の構成要素の間での発生，構造および位置的な類似性を意味する用語は何か？
3. 相同とホモプラシーを区別しなさい。これらの用語と相似とにどんな関係があるか？
4. 異時性とは何か？　祖先－子孫間の関係の比較で，どのような異時性の過程がありうるか？　祖先，子孫のそれぞれについて例を挙げられるか？（現時点では限られた回数の観察に基づくこうした仮説を認めなさい。進化における発生上の変化の潜在的な重要性を認めることは有用である）。
5. もし分類学の役割が，意見を交換するため科学の世界共通語を用意することであるならば，リンネの分類群はその内容を理解すれば互いに同じではなくても問題はないか？　なぜそれでいいか，それともなぜダメなのか？
6. （A（B（C, D）））と（A（（D, C）B））として示された２つの系統を比較したとき，この仮想的な類縁関係を分岐図として描いてみよ。

参考文献

Arthur, W.: The origin of animal body plans: A study in evolutionary developmental biology. Cambridge, 1997, Cambridge University Press.

Ayala, F. J.: Teleological explanations in evolutionary biology, *Philosophical Society* (London) 37:1, 1970.

Boyden, A.: Homology and analogy: A century after the definitions of "homologue" and "analogue" of Richard Owen, *The Quarterly Review of Biology* 18:228, 1943.

Browne, J.: Charles Darwin. Voyaging. Vol. 1 of a biography. New York, 1995, Knopf.

Cole, J. E.: A history of comparative anatomy. London, 1944, Macmillan.

Davis, J. I.: Phylogenetics, molecular variation, and species concepts, *Bioscience* 46 (7) :502, 1996.

de Beer, G. R.: Homology, an unsolved problem. London, 1971, Oxford University Press.

Gaffney, E. S., Dingus, L., and Smith, M. K.: Why cladistics? *Natural History*, June 1995.

Gould, S. J.: Darwinism and the expansion of evolutionary theory, *Science* 216:380, 1982.

Gould, S. J.: Ontogeny and phylogeny. Cambridge, MA, 1985, The Belknap Press of Harvard University.

Hall, B.K., editor: Homology: The hierarchical basis of comparative anatomy. San Diego, 1994, Academic Press.

Hickman, C. P., and Roberts, L. S.: Animal diversity. Dubuque, IA, 1995, Wm. C. Brown. Discussions on traditional and cladistic taxonomies.

Lewis, R. W.: Teaching the theories of evolution, *American Biology Teacher* 48:344, 1986. A discussion of Darwin' s two major theories—the descriptive theory of descent and the mechanistic theory of natural selection.

Lieberman, B. S., and Vrba, E. S.: Hierarchy theory, selection, and sorting: A phylogenetic perspective, *Bioscience* 45:394, 1995.

May, E.: One long argument: Charles Darwin and the genesis of evolutionary thought. Cambridge, MA, 1991, Harvard University Press.

Moore, J. A.: Science as a way of knowing: Evolutionary biology, *American Zoologist* 24:419, 1984.

Myers, N.: The end of the lines, *Natural History* 94 (2) :2, 1985. A discussion of duration of species and extinction rates.

Nelson, J. S.: Fishes of the world, ed. 3. New York, 1994, John Wiley and Sons.

Northcutt, R. G.: The origin of craniates: Neural crest, neurogenic placodes, and homeobox genes. In Gans, C., Kemp, N., and Poss, S., editors: The lancelet (Cephalochordata) : A new look at some old beasts, *Israel Journal of Zoology* 42:S-273, 1996.

Reilly, S. M., Wiley, E.O., and Meinhardt, D.J.: An integrative approach to heterochrony: The distinction between interspecific and intraspecific phenomena, *Biological Journal of the Linnean Society* 60:119, 1997.

Reilly, S. M.: Ontogeny of cranial ossification in the eastern newt, *Notophthalmus viridescens* (Caudata, Salamandridae) , and its relationship to metamorphosis and neoteny, *Journal of Morphology* 188:215, 1986.

Richardson, M. K., Hanken, J., Gooneratne, M. L., Pieau, C., Raynaud, A., Selwood, L., and Wright, G. M.: There is no highly conserved embryonic stage in vertebrates: Implications for current theories of evolution and development, *Anatomy and Embryology* 196:91, 1997.

Ridley, M.: Evolution. Boston, 1993, Blackwall Scientific Publications.

Sanderson, M. J., and Hufford, L., editors: Homoplasy: The recurrence of similarity in evolution. San Diego, 1996, Academic Press.

Shaffer, H. B., and Voss, S. R.: Phylogenetic and mechanistic analysis of a *developmentally integrated character complex: Alternate life h*istory modes in Ambystomid salamanders, *American Zoologist* 36:24, 1996.

Steele, E. J.: Somatic selection and adaptive evolution. On the inheritance of acquired characteristics, ed. 2. Chicago, 1981, University of Chicago Press.

Stock, D. W., and Witt, G. S.: Evidence from 18S ribosomal RNA sequences that lampreys and hagfishes form a natural group, *Science* 257:787, 1992.

Thorington, R. W., Jr.: Books, BioScience 44 (10) :705, 1994. Cites problems of validation and confirmation in phyletic reconstruction of mammalian orders.

Whiteman, H. H.: Evolution of facultative paedomorphosis in salamanders, *Quarterly Review of Biology* 69 (2) :205, 1994.

インターネットへのリンク

Visit the zoology website at http://www.mhhe.com/zoology to find live Internet links for each of the references listed below.

1. Systematics. A series of slides explaining various concepts related to systematics.
2. Glossary of Phylogenetic Systematics. An extensive glossary of the terminology necessary to understand systematics.
3. Genetics and Evolution. This is from a MCAT prep course on-line. The link to information on natural selection is particularly useful pertaining to this chapter.
4. Evolution Entrance. This site, from the U.C. Berkeley Museum of Paleontology is an introduction to Darwin' s theories, and has many links to other useful sites.
5. Journey into the World of Cladistics. Information and links to more on cladistics. Hot linked to a well-done glossary of terms.
6. PHYLIP Home Page. This is a free computer-based phylogenetic systematics program from the Department of Genetics at the University of Washington.
7. Haeckel' s Drawings. A reevaluation of Haeckel' s "phylotypic" stages.
8. Growth. A description and diagrams illustrating allometric growth, isometric growth, and related topics.

第3章　有頭動物の起源と原索動物

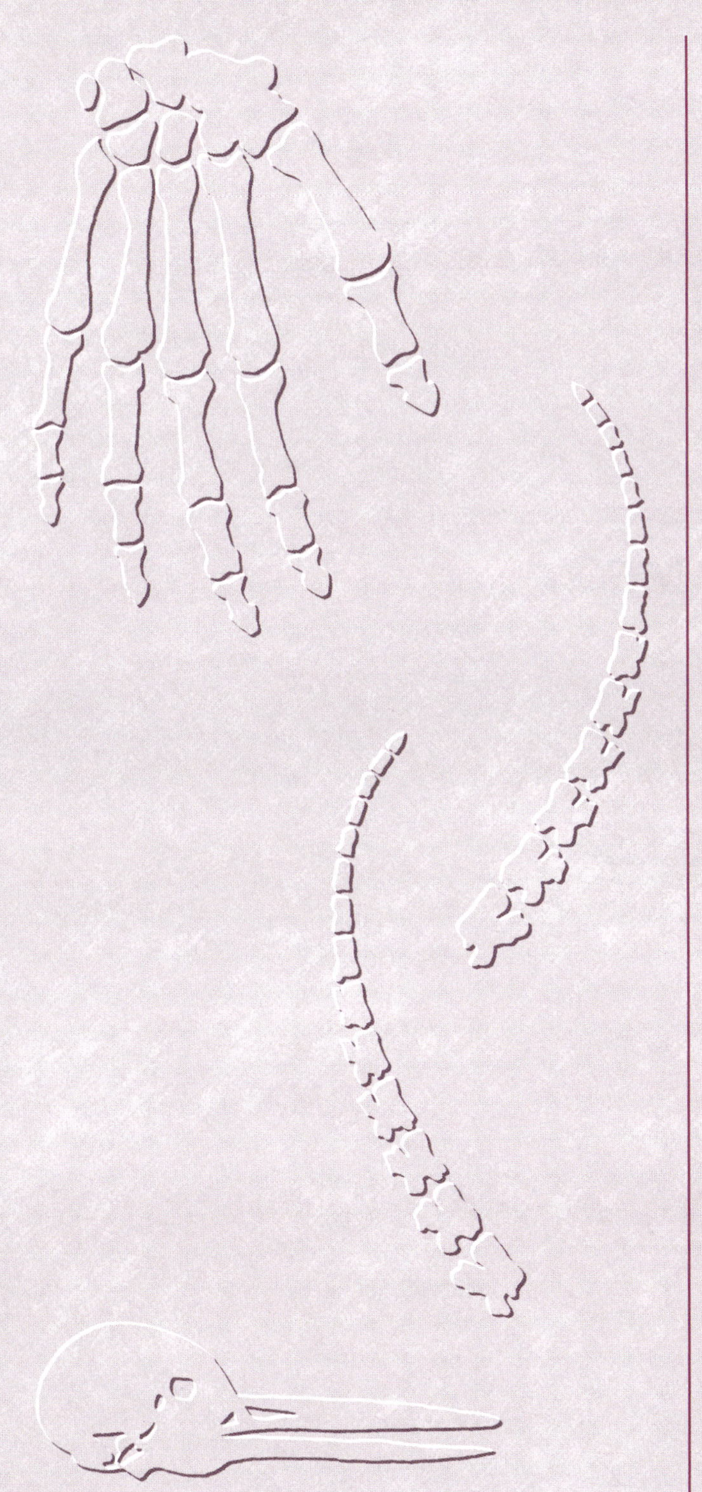

本章では有頭動物の無脊椎動物からの起源に関して考察をめぐらす。その背景として，原索動物に関するいくらかの知識，すなわち原索動物は小さな水生の動物で脊索を持つが有頭動物の特徴は欠いている，ということなどを学ぶ。次に原索動物の有頭動物との類縁性に関する仮説を立てる。本章の最後では，ヤツメウナギの幼生について調べるが，それはこの幼生が原索動物と驚くほど類似しており，ずっと原索動物と誤解されていたが，それでもウナギに似たヤツメウナギへと成長するからである。

概要

脊椎動物のいかなる解剖学も，脊椎動物に最も近縁な原索動物やヌタウナギに関するいくらかの知見を述べなければ完全とはいえない。例えば出水管から海水を噴出させる固着性のホヤは，最も原始的な有顎魚類はもちろんのこと，単純なナメクジウオからさえあまりにかけ離れている。しかし，ホヤ，ナメクジウオ，魚類，そして四肢動物は，左右相称性，後口動物的発生，咽頭裂，脊索，背側にある中空中枢神経系，尾部（肛後尾），内柱など（図3–1），体構造に関するたくさんの基本的特徴を共有している。

このうち最後の4つは，脊索動物に特有の特徴である。脊椎動物では脊索は椎骨のなかに閉じこめられてしまうことや，四肢動物では咽頭裂は遅かれ早かれ閉鎖してしまうという事実にもかかわらず，脊索動物の基本的構造がすべての脊索動物において個体発生中に出現するということは，遺伝的に脊椎動物が既知のいかなる動物よりも原索動物やヌタウナギと密接な関係にあることを示している。それゆえ，原索動物は背骨を持った動物の無脊椎動物からの起源について，何らかの手がかりを与えるものと思われる。

原索動物

原索動物と脊椎動物は密接な関係にあるという仮定を認めて，エルンスト・ヘッケル Ernst Haeckel は1874年に3つの亜門を含む**脊索動物門** phylum Chordata の創設を提唱した。3つの亜門とは**尾索動物** Urochordata（ホヤやその他いくつかの無脊椎動物），**頭索動物** Cephalochordata（ナメクジウオ類），そして**脊椎動物** Vertebrata であり，ヘッケルはヌタウナギを脊椎動物に含めた。最初の2つの亜門は原索動物であり，これは便利な用語ではあるが，分類学上正式な用語ではない。

原索動物はすべて海生の生物である。私たちが原索動物に興味を持つのは，原索動物と脊椎動物がおそらく共通の祖先を持つ，という理解に基づいている。それゆえ，私たちは原索動物について簡単に調べ，原索動物と脊椎動物が共通の祖先を持つという仮説を裏づける形態学的特徴について強調した。原索動物の脊索動物の階層内での地位はヘッケルによって提唱され，今日一般的に受け入れられている分類によると以下のようになる（対応可能な場合，リンネ分類学の代表的

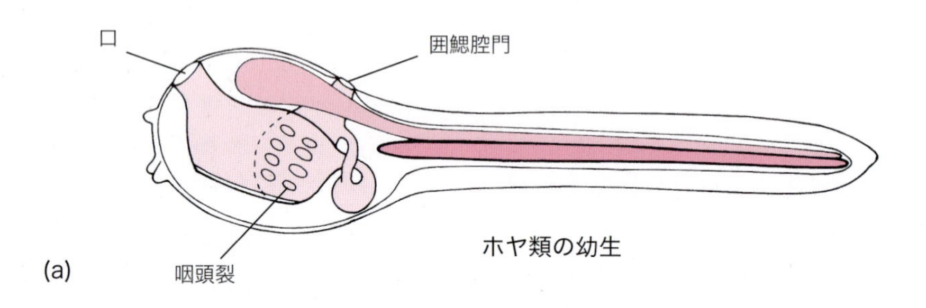

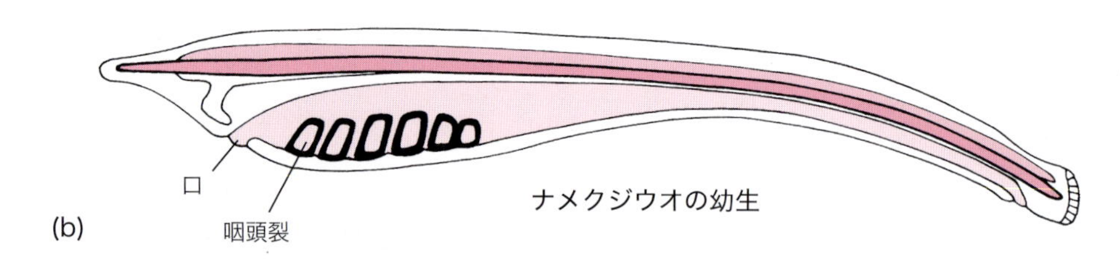

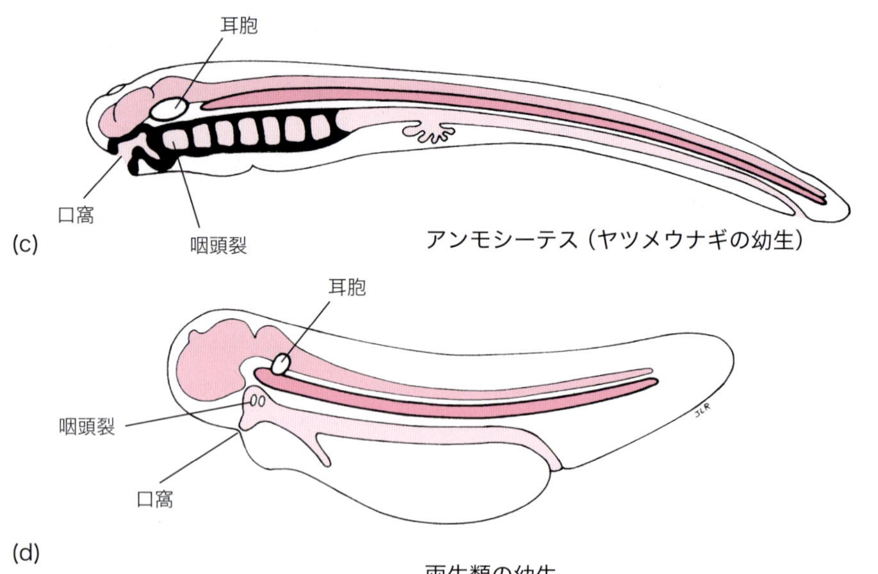

図3–1
基本的構造パターンを示す脊索動物の幼生。(a) と (b) は原索動物，(c) と (d) は脊椎動物。濃赤色は脊索，赤色は背側神経系，淡赤色は消化管を示す。(a) のホヤの幼生では，咽頭の左壁の一部を除去して，囲鰓腔に開く右壁の咽頭裂を示してある。これらの幼生の形態を有頭動物の成体の構造と比較することは，本章の最後で有頭動物の起源に関する仮説を形作るのに役立つであろう（図3–14，3–17）。

階層を括弧内に示してある)。

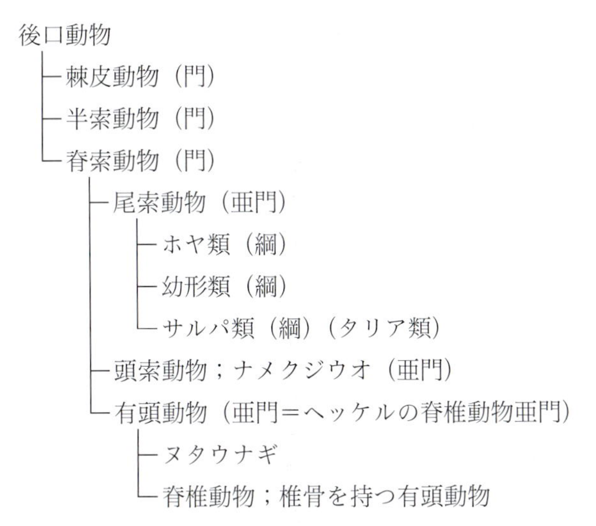

原始的後口動物（棘皮動物と半索動物）

原索動物と有頭動物のなかの進化的変化をよりよく理解するためには，一歩退いてより大きな視野でみること，すなわち当該の動物たちに遺伝された特徴をみることが有用である。

後口動物は動物界というより大きなグループのなかの部分集合で，発生におけるいくつかの特徴を共有している。発生におけるこれらの原始的パターンは脊索動物にも保持されている。

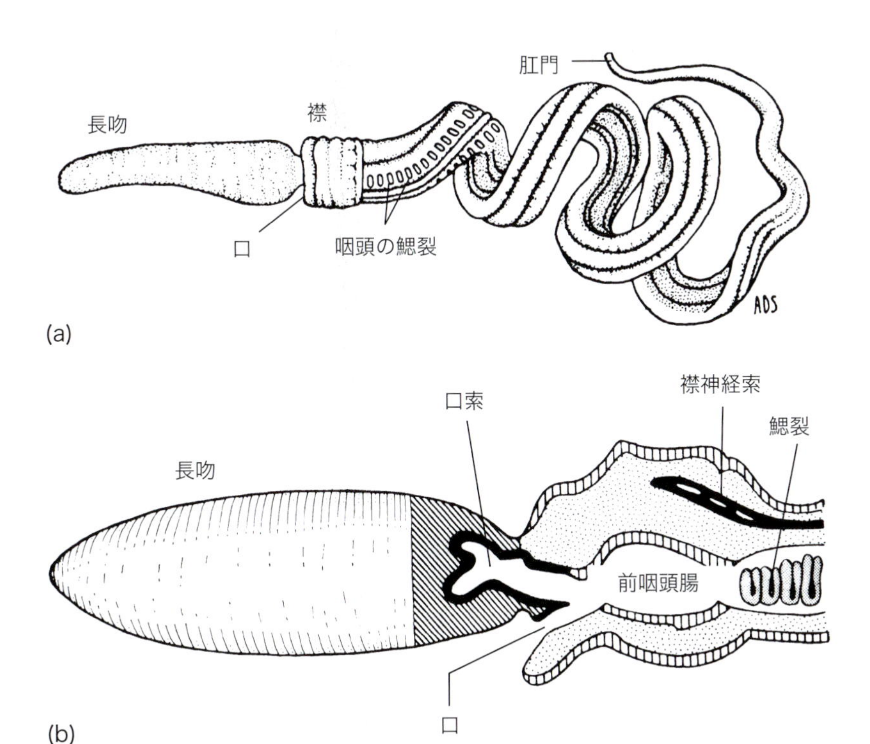

図3－2
ギボシムシ *Saccoglossus*。(a) 全体像。(b) 頭部矢状断（長吻を除く）。

棘皮動物

棘皮動物はカンブリア紀から現在に至るまでその存在が知られており，約20の目に分けられるが，現生のものとしてはヒトデ類（ヒトデ，クモヒトデ，ウミシダ），ウニ類，ナマコ類，シャリンヒトデ類，ウミユリ類などが挙げられる。これらの様々なグループを結びつけているのは独特の炭酸カルシウムの骨格を有していることであり，また最も原始的なメンバーを除き，すべてのものに二次的な放射対称性が存在することである（左右相称性は原始的な特徴である）。

半索動物

半索動物の類縁関係については様々な議論があり，棘皮動物＋脊索動物の姉妹群，脊索動物の姉妹群，そして所属位置不明というところにまでわたっている。所属位置不明とは，“分類学上の位置がわからない”ということを意味する。このことは，ある生物群の分類学上の位置については広く論争がなされているということを示している。このような動物群の1つがギボシムシ類である。これは海生生物で浅い海底の泥のなかに住み，手でつかむともろいが，全長1.5 mにも達することが知られている（図3－2a）。彼らは無脊椎動物の特徴と脊索動物の特徴を併せ持ち，その時々で無脊椎動物あるいは脊索動物に分類されてきた。本書ではギボシムシ類を脊索動物として分類する（図4－3参照）。

1870年にカール・ゲーゲンバウアー Karl Gegenbaur は，ギボシムシを含めるために新しい分類群である**腸鰓類** Enteropneusta を創設した。その4年後，エルンスト・ヘッケルは脊索を持つすべての生物を収容するために脊索動物門を創設した。さらに10年後，ウィリアム・ベイトソン William Bateson (1884) は腸鰓類が脊索を持つと信じてこれをヘッケルの脊索動物門に追加し，この新しいグループを**半索動物** Hemichordata と名づけた。彼の決断は次のような考えに基づいていた。

1．ギボシムシには，襟の背面から体の末端にまで伸びる外胚葉の縦溝のなかに，神経細胞と神経線維の束がある。襟では縦溝は表面から下に沈み，連続した，あるいは不連続な内腔を備えた**襟神経索** collar nerve cord となる。この背側の神経束と，襟の部分に内腔があるという特徴を，ベイトソンは，脊索動物において背側の神経溝と神経管の形成に導くのと同一の現象の現れであると信じた（図1–11 参照）。

2．ギボシムシには前腸の側壁に外界へと開く裂け目がある。咽頭裂は脊索動物の基本的特徴である。

3．ギボシムシには前腸の短い憩室である**口索** stomochord があり，これは前方に伸びて長吻のなかに入る（図3–2b）。ベイトソンはこの憩室が脊索動物の脊索と相同であるかもしれないという仮説を立てた。その証拠はない。

ベイトソンは腸鰓類と棘皮動物との密接な類縁関係を示すいくつかの観察結果を考慮に入れなかった。腸鰓類の幼生（**トルナリア** tornaria）は左右相称であるが，これはいくつかの棘皮動物の幼生とあまりによく似ているので，19 世紀の生物学者はしばしば両者を混同したものである。このことは棘皮動物と腸鰓類に類縁性が存在する可能性を示唆している。

しかし，たとえこれが誤った推論であろうとも，腸鰓類の幼生はホヤや頭索動物の幼生とは似ておらず，これらと間違われることもない。また，いくつかの発生過程，筋タンパク質やその他の特質にみられる腸鰓類と棘皮動物との類似性は，腸鰓類を脊索動物より棘皮動物のほうへより密接に結びつけるように思われる。さらに，腸鰓類の神経系を詳細に調べると，この神経系はホヤや頭索動物の幼生の中空な中枢神経系とは似ても似つかないものであることがわかる。すなわち腸鰓類では無脊椎動物のように，背側の神経束に加えて第二の神経束が体腔の床を走っている。襟の後部境界にある腸管周囲神経輪が背側と腹側の神経束を結びつけている。しかし襟や体幹のどこにも中枢神経系（すなわち，刺激と反応を統合することが明らかな中枢）とみなされうる領域は存在しない。襟神経索は無脊椎動物の意味でも脊索動物の意味でも脳ではなく，神経組織学的特殊化もなく，また神経（神経線維の束）を受け取ったり出したりもしていない。

腸鰓類と棘皮動物には上述のような類似性があること，口索と脊索に相同性があるとはまず考えられないこと，腸鰓類の中枢神経系は極めて謎めいていることなどから，腸鰓類は分類学上棘皮動物に近く，原索動物にも近いが，両者とは独立した分類群であるという見解が有力になっている。半索動物という分類群は，腸鰓類の他にいくつかの綱を含むが，それらはお互いに，また腸鰓類ともほとんど類似性がない。半索動物を脊索動物と同一の分類群に含めることが示唆されているのは，半索動物に咽頭裂と脈管系が存在するからである（図4–3参照）。

尾索動物

尾索動物は海生の脊索動物で，この動物では脊索は自由遊泳しているステージの幼生にみられる運動性の尾にのみ存在する（図3–1a）。尾索動物の3つの綱のうちでは，ホヤ類だけが完全な変態を行い，性成熟に達する前に尾と脊索は吸収される。幼形類は一生を通じて尾と脊索を保持し，幼生のような状態で生殖を行う。サルパ類はその大部分で幼生段階が存在しないし，脊索も尾も持たない。

尾索類は繊細で生命のない，そして時に美しい色彩を持つ透明な被膜のなかに入っていて，そのため被嚢類ともよばれる。彼らは**濾過摂食動物** filter feeders であり，その食物は海水中に浮遊している微粒子状の有機物で，海水が鰓に送られる前に濾しとられる。

ホヤ類

ホヤ類は最もよく知られている尾索動物である（図3–3）。ホヤ類には単独で生活するものと群生するものとがある。幼生は小さく（0.5 ～ 11.0mm），つかの間の存在で（短いもので2～3分，長くても2～3日以内），食物を摂らない（彼らは組織内に貯えられた栄養物で生きている）。その体は未成熟な内臓を備えた体幹と脊索で支えられた筋肉質の尾からなり，尾は幼生が自由遊泳している2～3時間の間に体を動かすために働く。

脊索は堅い竿状の構造で，中心にある基質の芯の周囲には少数の上皮細胞が1層に並び，線維状の鞘で取り囲まれてい

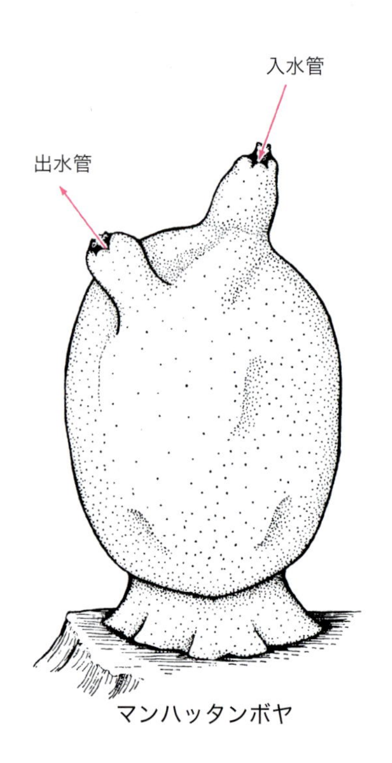

図3–3
成体のホヤ。

る。単独生活をする種では脊索に並んで約36の単核の横紋筋線維がある（有頭動物の横紋筋線維は多核である）。他の種では1,600もの筋線維を持つものもある。腱は存在しない。

神経系は背側にある中空の神経索，数個の神経節，神経線維からなる。脳と一緒になった**感覚胞** sensory vesicle は**平衡砂（耳石）** otolith を容れており，これが神経終末を刺激して平衡感覚を生じさせる。通常では光感受性の**単眼** ocellus（色素で守られた受容細胞）が感覚胞の壁内にある。ある種では明確な血液細胞も機能的な心臓も変態まで分化してこない。

呼吸水は口から幼生の咽頭に入り，咽頭裂を裏打ちする鰓に運ばれ，咽頭を囲む**囲鰓腔** atrium に入る。酸素を使い果たした水は**囲鰓腔門** atriopore から排出される。変態の際にはねばねばした分泌物を持つ3つの**接着乳頭** adhesive papilla が，幼生を土台に永久に結びつける。

変態の際には脊索は吸収され，変態期間中の栄養源となる。神経系はその位置と構造を変化させ，内臓の再配列が起

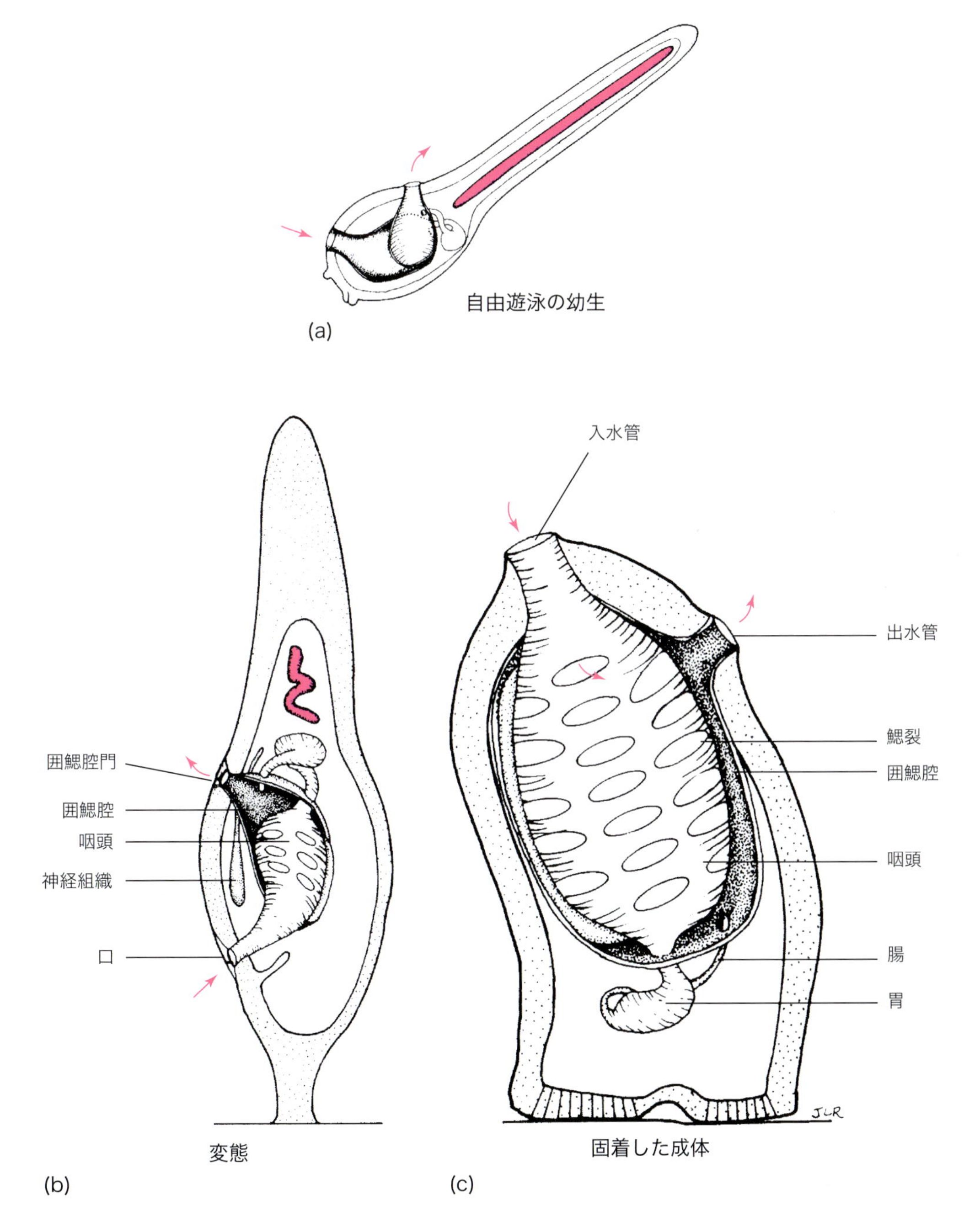

図3-4
ホヤの変態。(b) と (c) では，囲鰓腔の壁は囲鰓腔に開口する咽頭裂を示すために除去してある。矢印は水流の方向を示す。脊索（赤色）は変態の間に消失する。

こる（図3-4）。幼生の口は**入水管** incurrent siphon，囲鰓腔門は**出水管** excurrent siphon となる。ホヤが刺激されると出水孔から強力な水流が噴出されるのでこの動物はホヤ（sea squirt，海の水鉄砲）と名づけられた。他のときには海水は出水孔から一定して流れだす。

食物粒子は流れ込む水流から濾しだされ，**内柱** endostyle の粘液に捕えられる。内柱は線毛を持つ腺溝で，咽頭底にあり，短い食道の入り口を向いている。線毛と食道乳頭が，粘液とそこに捕えた食物粒子を胃のなかへ押し流す。一方，流入水は鰓のほうへ運ばれて囲鰓腔へ入るが，ここは咽頭を取り囲む液体に満ちた集合室である。

囲鰓腔筋は酸素を失った水を出水管から外へ放出する。この段階でホヤは濾過採食者になっている。心臓の両端からは各1本の血管が出ている。血液は心臓が2，3回拍動する間に前方へ，次に後方へ拍出され，血流の逆転が起こる前には心臓は拍動を停止している。

ポリープ状で時に群体をなすこれらの海生動物が，脊索とその背側にある神経系を備えた自由遊泳する幼生期を持つことが発見されたのは，19世紀半ばのことであった。有頭動物との類似性という観点からは，成体より幼生のホヤから学ぶべきことが多い。

幼形類

幼形類はしばしば浅水域（100 m以下）のプランクトンとしてみつかるが，非常に深くて日光がわずかにしか射し込まない海にも住んでいることがある。彼らは体と長くて平たい運動性のある尾を持ち，尾は脊索で支持されているが，体長は8 mm に満たない（図3-5）。

この生物は幼生のときに分泌された膨大な量のもろくて透明な粘液に取り巻かれている。この粘液はフィルターとして働き，海水中に浮遊している粗大粒子状物質を排除し，入水孔のごく近くにある微小有機粒子のみを受け入れる。これらの粒子は，脈動している膜によって水中に溶けている酸素とともに鰓籠（咽頭）のなかへ運ばれる。被膜状の粘液は，そのフィルターとしての働きが残渣によって妨げられてしまうと，定期的に脱ぎ捨てられる。

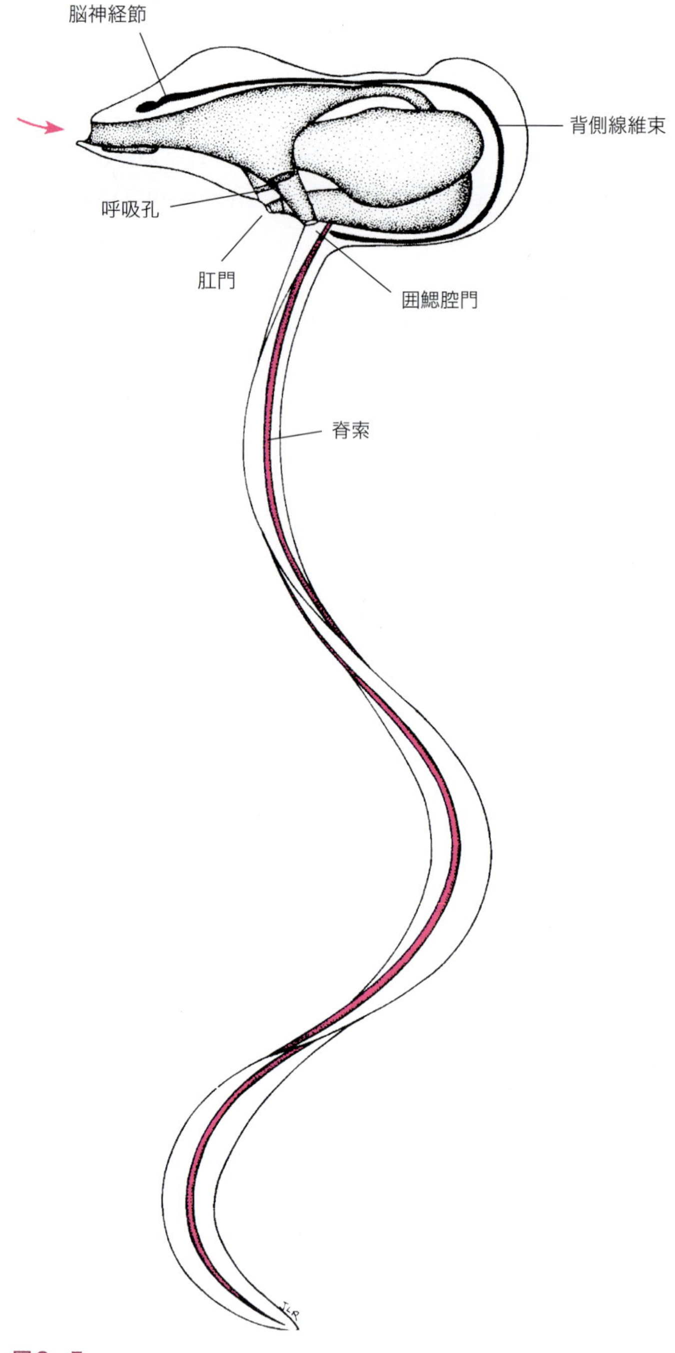

図3-5
幼形類。赤い矢印は咽頭への入口を示す。大きな被膜は除いてある。

サルパ類

サルパ類は，自由遊泳をする個体と群生する個体が世代ごとに交替する。この生物は多くの点で成体のホヤ類に似ている。咽頭すなわち鰓籠は，ホヤ類のように体の大部分を構成し，消化管やその他の器官はこれに比べて非常に小さい。咽頭壁の細隙はホヤ類に比べてかなり少ない。

この生物は円筒状で，入水孔と出水孔はこの円筒のそれぞれの端に開いている。サルパ類は尾を持たず，移動は出水孔から噴出される水流によって行われる。群体は線状につながることもあるが，浮遊して内部に水を満たした袋状になることもある。この場合，袋の壁は有性生殖によって増殖した子芽が紐状につながってできている。

群体メンバーの入水孔は海中に突きでており，出水孔は嚢状の区画に開く。群体は水流によってのみ動く。サルパ類では1目のみが自由遊泳する幼生期を持つが，これはわずかな

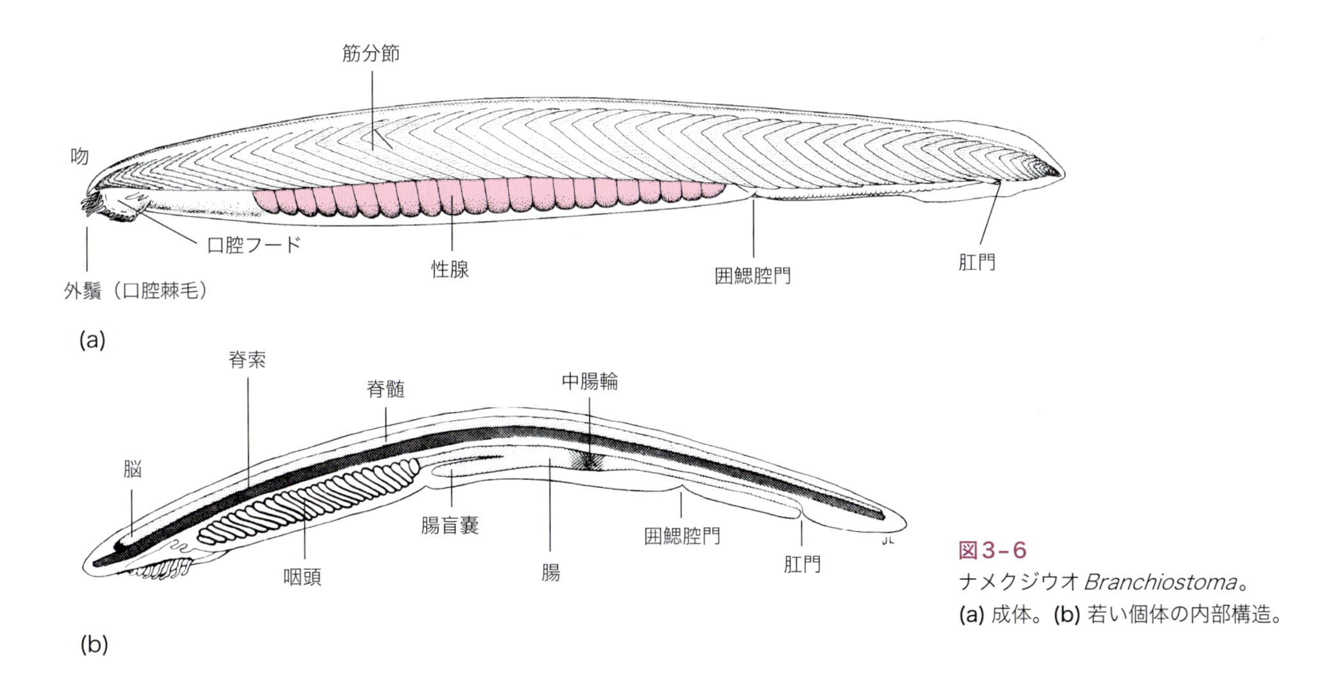

図3-6
ナメクジウオ *Branchiostoma*。
(a) 成体。(b) 若い個体の内部構造。

期間しか続かない。脊索が存在するという報告はない。

頭索動物

ナメクジウオ amphioxus の意味は“両端が尖っている”である。頭索動物亜門のどのメンバーもナメクジウオ（amphioxus または lancelet）とよばれるが，研究室で一般的に研究されているナメクジウオの学名（属）は *Branchiostoma* である（図3-6）。この亜門では他には *Asymmetron* という属があるだけである。

ナメクジウオは海生の生物で，地球上のほとんどの地域で砂浜から少し離れた海中で見いだされる。彼らはウナギのような動きで素早く砂のなかに潜り込み，Uターンし，濾過採食をするために**口腔フード** oral hood の部分だけを砂の外へ突きだす。

成体のナメクジウオは体長 2 cm 以下のものもいれば 8 cm 以上のものまで様々であるが，最大のものは *Branchiostoma californiense* である。中国南部の沿岸ではナメクジウオが大量に捕獲され，珍味として売られている。生きているナメクジウオは半透明であるが，保存液に漬けると不透明になる。

運動筋と皮膚

体は事実上すべて体幹であり，**筋分節** myomene による顕著な分節性を示す。この筋分節が薄い皮膚の直下にあって全長にわたって伸び，体壁の大部分を形作っている。これらは全体としてナメクジウオの運動筋である。個々の筋線維はホヤ類のように単核細胞であり，これも有頭動物の多核細胞と大きく異なっている。

各筋分節は**筋節中隔** myoseptum（myocomma）によって隔てられている。筋節中隔は結合組織性の仕切りで，各筋分節を構成する縦走筋束の起始と終止である。筋分節は「く」の字型をしているので，体の横断面はいくつかの筋節の断面を含むことになる（図3-7）。

外皮は1層の表皮細胞と薄い真皮からなり（図6-1参照），そのために酸素の拡散が容易になる（ナメクジウオは皮膚呼吸をしている）。1層の皮下結合組織が筋と皮膚を隔てている。

咽頭裂

ナメクジウオの**咽頭裂** pharyngeal slits は外界に直接開くのではなく，液体に満たされて咽頭を外側と腹側から囲む腔所である**囲鰓腔** atrium に開く（図3-7c）。食物粒子を取り除かれた咽頭内の海水が咽頭裂を通って囲鰓腔に流れ込むと，囲鰓腔は囲鰓腔底の横走筋の作用によって拡がる。同じ筋が体の腹側中部にある囲鰓腔門（図3-6）を通じて海水を外界に放出する。咽頭裂の数は様々だが，成体では 60 を超える。

呼吸は皮膚を通して行われる。有頭動物とは異なり，咽頭は呼吸機能を持たない。咽頭に入る酸素に富んだ海水は，局所的に酸素負債のある領域へ拡散して急速に使い果たされる。この負債は咽頭を裏打ちする線毛細胞の要求，緩やかな水の動き，そして血管が膠原線維性の咽頭骨格のなかにあって咽頭の表面を通して酸素が拡散する有効性を著しく損ねていることなどによって生じる。**鰓** gill という用語は呼吸機能

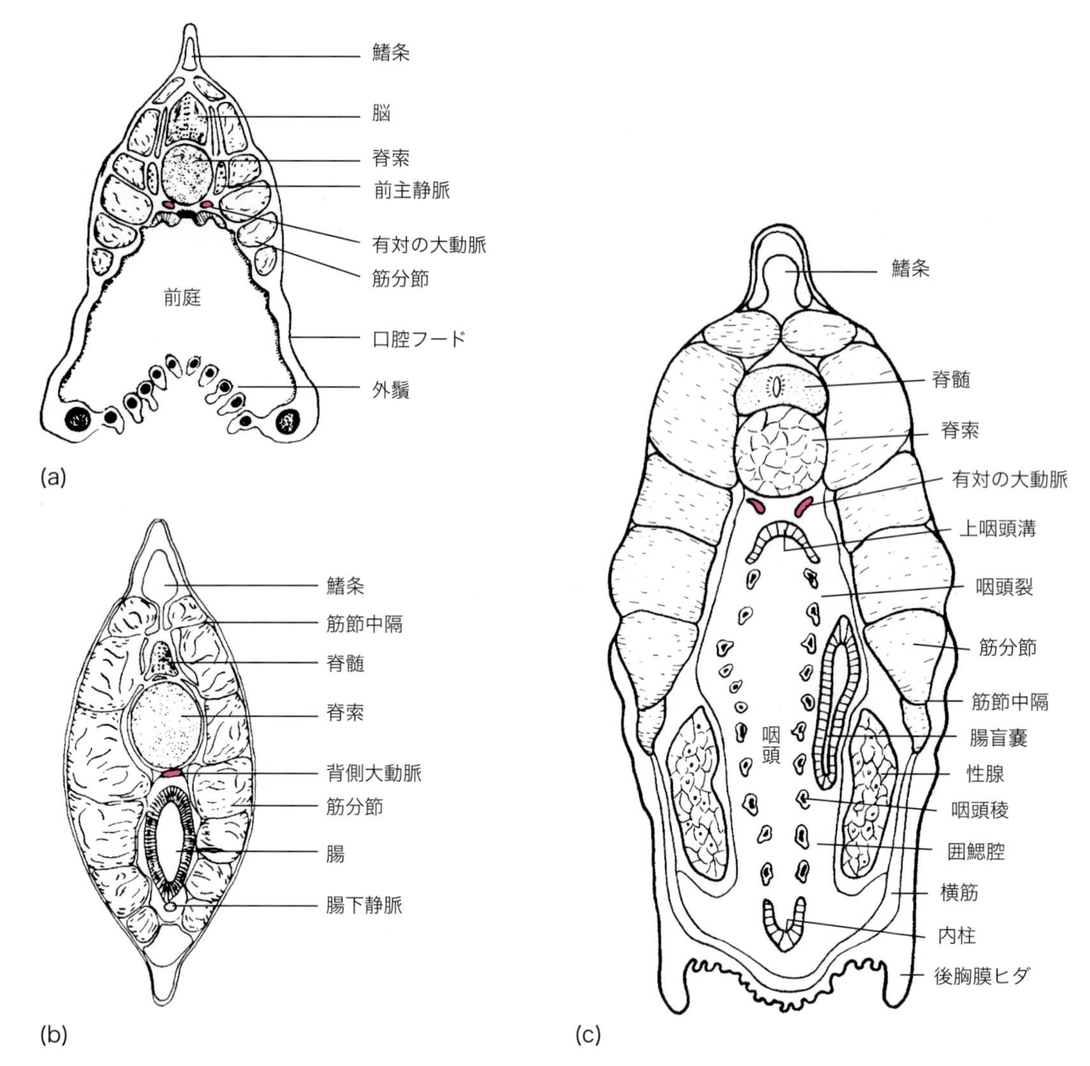

図3–7
ナメクジウオの横断面。(a) 口の前方。(b) 囲鰓腔門の後方。(c) 咽頭の高さ。後胸膜ヒダの意義は不明。

の意味を含むので，ナメクジウオに言及する場合にはこの用語は極力使わないようにするのがよい。

脊索

脊索 notochord は吻部の先端から尾の先端まで伸びる（図3–6b）。その他すべての脊索動物と異なり，脊索は筋性の円板が液体に満たされた空間によって隔てられ，まるでコインを連ねた円筒のように配置されて作られている。各円板の筋線維は横向きに配列されており，その細胞質突起は頑丈な**脊索鞘** notochordal sheath を通過して脊髄の表面に終わる。そこでこの突起は脊髄内のニューロンから運動刺激を受け取る。

脊索の筋が収縮すると脊索の堅さが増す。その他のいかなる脊索動物とも異なり，脊索が吻部の最先端まで伸びていることは，砂に潜るのを容易にするための適応かもしれない。その他の骨格構造としては，咽頭稜，**外鬚** buccal cirri，中部背側の鰭のような隆起を支える線維性の桿だけである。

神経系と感覚器

ナメクジウオも有頭動物のような中枢神経系を持っている。彼らの神経系は中空の脳と中心管を内部に持つ背側の神経索からなり，これらの腔所は非神経性の支持膜である**上衣** ependyma によって裏打ちされ，有頭動物と同様に，神経索の後端は上衣のみからなっている。1層の結合組織膜である**軟髄膜** leptomeninx（用語解説参照）が脳と神経索を取り囲んでいる。

有頭動物では脳は3部分に分けられるが，ナメクジウオの脳は2つに分けられるのみである（図16–13a 参照）。ナメクジウオでは脊索が脳の前方へ伸びるが，有頭動物では脊索は中脳の部位で終わる。これはナメクジウオに前脳がないことを意味しているのだろうか？

ナメクジウオの脳の各部分が有頭動物の脳の各部分と相同

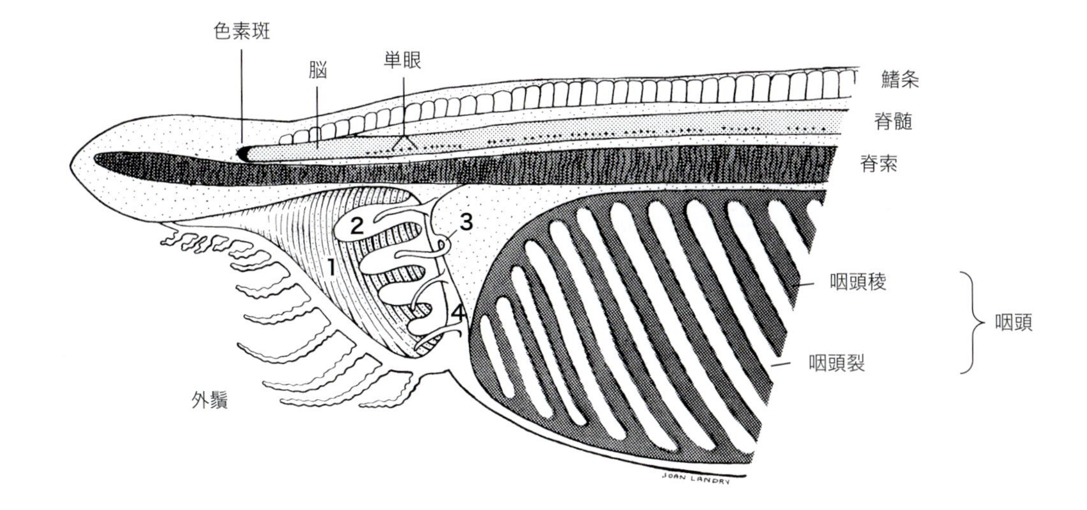

図3－8
ナメクジウオの頭側端を矢状断で示す。1：口腔フードで境界された前庭。2：前庭に突出する輪状器官の一部。3：縁弁触手（内鬚）。4：縁弁。

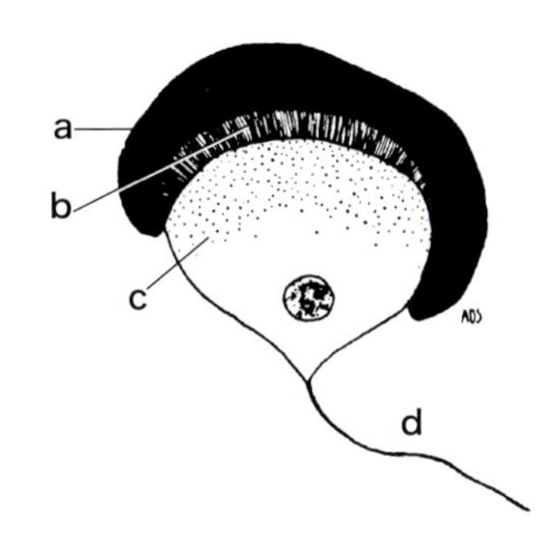

図3－9
ナメクジウオの脊髄にある単眼（光受容器）。
a：メラノサイト。b：受容細胞の先端縁。c：受容細胞。
d：インパルス伝導のための突起。

かどうか調べるという試みは，肉眼解剖のレベルでは今のところうまくいっていない。しかしホメオボックス遺伝子の発現をマッピングすることは，ナメクジウオと有頭動物の頭部の相同性を調べる有効な手段であるということが段々とわかってきた。咽頭に分布する神経を脳神経とみなすべきか否かが問題を複雑にしている。鰓神経を除外すれば，7対の**脳神経** cranial nerves があるだけである。鰓神経と口腔神経を含めれば39対かそれ以上ある。有頭動物は10～18対の脳神経を持つが，神経要素の機能による相違を別々の神経と考えるならば，それ以上になる。ナメクジウオには半規管，眼，側線系がなく，また頭蓋がないために大孔もないので，私たちは役に立つ目印をみつけることができないでいる。これらの困難があるので，脳がどこで終わり，脊髄がどこから始まるのかは明らかでない。

頭索類の**脊髄神経** spinal nerves は，有頭動物のものと異なり，もっぱら背根のみからなる。背根は外皮からの知覚線維，内臓からの知覚線維，内臓への運動線維を含む。有頭動物における咽頭筋（鰓節筋）の神経支配に似て，背根は囲鰓腔底の横筋（翼状筋）に分布する線維を含む。有頭動物で脊髄神経線維を体節筋に運ぶ腹根の代わりに，ナメクジウオでは複数の管が筋線維の細胞質突起を脊髄に伝える。そこでこれらの突起は運動ニューロンからの指令を受け取るが，運動ニューロンの神経線維は脊髄のなかに留まったままである。背根と腹側管は分節的であるが，左右の筋分節の筋が正確に向き合ってはいないので，これらも直接向かい合っているのではない。

脳が比較的小さいため，特殊**感覚器** sense organ の発達が悪い。網膜，半規管，側線系はない。しかし化学受容器は**外鬚** buccal cirri や**縁弁触手（内鬚）** velar tentacles にたくさんあって，そこで流入する水流をモニターしている。化学受容器はその他の体表にも分布し，尾は体幹より感覚が鋭い。触覚受容器は逃げるためのものであるが，全身の皮膚に存在する。

最も顕著な感覚器は，光感受性で色素を持った単眼であり，これらは脊髄の全長にわたってその腹外側壁に埋まっている（図3－8，3－9）。各単眼は受容細胞と帽子状のメラノサイトからなる。メラノサイトは受容細胞と入射光の方向との間にあり，大きなメラニン顆粒が詰まっている。伝導路は受容細胞の基部から始まり中枢神経系に達する。

食物処理

頭索類はホヤ類同様濾過採食者である。海水を集める腔所である**前庭** vestibule の外側は**口腔フード** oral hood が境界になり，後方では垂直に垂れ下がった膜性の**縁弁** velum が境界になる。ここには口が貫通していて，口は咽頭に通ずる（図3－8）。

前庭は腹側で広く海中に開く。咽頭稜の咽頭面に生えてい

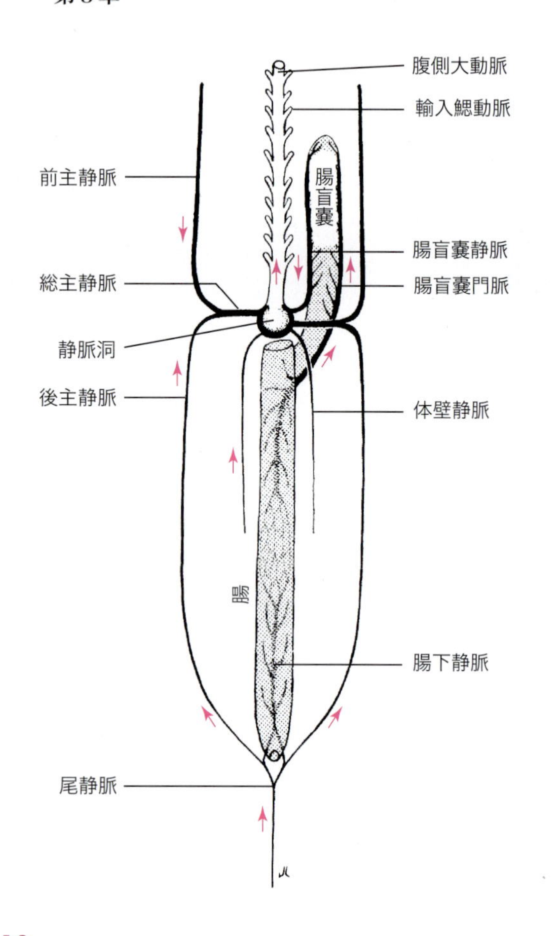

図3-10
ナメクジウオの基本的静脈路と腹側大動脈の背側観。腸盲嚢は長軸の周りを90度回転している。ナメクジウオの腸盲嚢門脈は盲腸の腹側に，腸盲嚢静脈は背側にある。

る線毛は着実な水流を作りだし，海水は口を抜けて咽頭に入る。前庭内の切り株のような1組の突起，すなわち**輪状器官** wheel organ は，ねばねばした粘液に被われていて，この粘液が口に入りそこなった大きな食物粒子を捕まえ，輪状器官は水流とともにこれら食物粒子を口から咽頭に送り込む。海水が前庭に入る際に**外鬚** buccal cirri は海水を部分的に濾し，その表面の化学受容器が海水を化学的にモニターする。

食物が咽頭に入ると，食物は次のように処理される。咽頭底には内柱すなわち**鰓下溝** hypobranchial groove があり（図3-7c），その天井には**上咽頭溝** epipharyngeal groove がある。咽頭稜の上では線毛を備えた**咽頭周囲帯（囲咽帯）** peripharyngeal bands が上下の溝を結んでいる。これらの帯や溝の細胞は粘液を分泌する。粘液に捕えられた食物粒子は合体して糸状の食物索になり，線毛によって背側に押し上げられて**鰓上溝** epibranchial groove に入り，次に後方に送られて咽頭の後ろで中腸に入る。そこで食物索は一時的に**中腸輪** midgut ring（図3-6b）に捕えられ，消化酵素と混ぜられる。消化されつつある食料のいくらかは次に中腸輪を越えて後腸に入り，またそのいくらかは線毛によって前方に送りだされ，**腸盲嚢** intestinal cecum に入る。この膨出部は有頭動物の肝臓と同じ発生様式で生じるが，この2つは相同ではなく，また機能も異なっている。腸盲嚢は盲嚢および腸内での消化に働く酵素を分泌し，それを裏打ちする細胞は最小の食物粒子を貪食し，それらを細胞内消化によって消化する。腸は肛門で終わる。

体腔

体腔は成体では大きな腔所ではない。体腔は成長途中の幼生で咽頭稜が次々に形成されるにつれて外側へ圧迫される。その結果，成熟したナメクジウオでは体腔は痕跡的に残るに過ぎず，染色した横断切片で体腔をみつけることは難しい。

体腔の小さなポケットが鰓上溝の外側，咽頭稜内，そして体壁筋内部に存続している。初期の幼生の体腔は大きく分節的であるが，これは体腔が胚の原腸の背外側壁の膨出として分節的に生じるからである（図5-3参照）。

循環系

有頭動物と異なり，ナメクジウオは心臓を持たず，血液は無色の血清で，血球，血小板その他の有形成分を欠いている。有頭動物の心臓の第一室に類似した球状の**静脈洞** sinus venosus（図3-10）は静脈系の終点であり，動脈の始まりである。

酸素を失った血液が体のすべての部分からこの静脈洞に流れ込み，次いで咽頭の下で不対の血管である**腹側大動脈** ventral aorta のなかを前方へ進む。腹側大動脈からは何本かの血管が出て，これらは咽頭稜のなかを上行し，咽頭稜の上方に位置する有対の**背側大動脈** dorsal aortae の支流になる。これは基本的に有顎魚類でみられるパターンと同じである（図14-16参照）が，細部は異なる。

腸盲嚢静脈，腹側大動脈，輸入鰓動脈基部の球状膨大部が関与して循環系のなかを血液が巡ることになる。静脈洞はポンプの働きをするわけではない。体運動の間の筋収縮も血流が生じることに役立っている。

有対の大動脈は吻部へ分枝を出し，咽頭の上方を後方へ進み（図3-7c），咽頭の直後で合流して不対の背側大動脈を形成する（図3-7b）。背腹大動脈は血液を**体壁動脈** parietal arteries によって体壁へ，正中血管（**内臓動脈** visceral arteries）によって内臓へ供給する。背側大動脈は**尾動脈** caudal artery として肛門の後方へ続く。

静脈路は有頭動物の胚のものと似ている（図3-10）。尾部の毛細血管は集まって1本の**尾静脈** caudal vein となって前方へ進み，左右の後主静脈に分かれる。これらは外側体壁

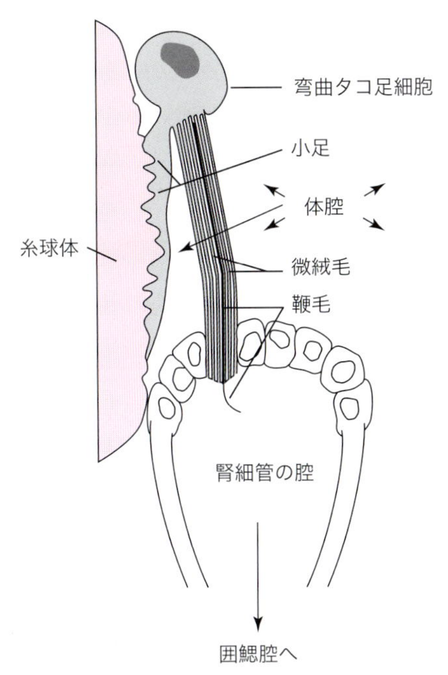

図3-11
ナメクジウオの弯曲タコ足細胞の1つ。糸球体の薄壁に密に接する小足を持つ。弯曲タコ足細胞は上鰓溝の外側で有対の大動脈の腹側にある。

内を咽頭直後の地点まで前進する。ここで後主静脈は吻部および咽頭壁からくる前主静脈と会合する。次いで血液は総主静脈に入って静脈洞に至る。体壁静脈は体幹の体壁から血液を集める。体壁静脈も静脈洞に終わる。

内臓からの血液は尾静脈からの血液を受け取る**正中腸下静脈** median subintestinal vein に集められる。腸下静脈は腸腹側面に沿って前方に走る。腸腹面で腸下静脈はさらに細い分枝に分かれ，腸からの支流を受け取り，そして再集合して**門脈** portal vein として前進し，腸盲嚢の毛細血管に終わる。盲嚢からは収縮性の腸盲嚢静脈が血液を静脈洞に送りだす。

代謝老廃物の除去

ナメクジウオは腎臓のように機能を凝縮させた器官を持たない。代謝老廃物は**弯曲タコ足細胞** cyrtopodocytes とよばれる細胞によって集められるが，その形は無脊椎動物の有管細胞 solenocytes（原腎管）と有頭動物のタコ足細胞の中間である。弯曲タコ足細胞は，鰓上溝の外側で有対の大動脈の下に群在している（図3-11）。それぞれの弯曲タコ足細胞は，(1)隣接の**糸球体** glomerulus（動脈網）と接触する足状の突起（**小足** pedicels）と(2)体腔の遺残を横切って伸び，**腎細管** nephridial tubule の腔に終わる長い微絨毛の房を持つ。

腎細管は小さな細管で，弯曲タコ足細胞の群から体液を集め，小孔によって囲鰓腔に注ぐ。1本の長い鞭毛が弯曲タコ足細胞から出て微絨毛の房の芯にあり，微絨毛と同様に腎細管のなかに突出する。各鞭毛は全体でまとまって腎細管液を囲鰓腔に送り込むと思われる。囲鰓腔は囲鰓腔門を通じて外界に開く。

有管細胞は無脊椎動物に普通にみられ，一方タコ足細胞は有頭動物に見いだされる。その中間形の弯曲タコ足細胞がナメクジウオでいかに機能しているか，その詳細は知られていない。小足が糸球体に接触しているので，糸球体は有頭動物の尿に相当するものの構成要素のいくつかを供給していることが推測される。微絨毛の房が体腔，しかもその多くの部分が変態中に縮小してしまうにもかかわらずその形を保っている体腔の部分に突出しているのが重要なことかどうかはわからない。体腔液は多くの多細胞無脊椎動物やヌタウナギの幼生で，同様の代謝老廃物が集められる場である。

性腺

成熟した性腺は体壁を通して観察され（図3-6a），海水で満たされた囲鰓腔に突出し，囲鰓腔のなかに精子や卵が流しだされる。次いでこれらの配偶子は呼吸水や代謝老廃物と一緒に囲鰓腔門から海中に流しだされる。ナメクジウオは**雌雄異体** dioecious であり，同一個体に卵巣と精巣が発達することはない。

ナメクジウオと有頭動物の対比

ナメクジウオは多くの点で有頭動物に似ているが，違いも明らかである。ナメクジウオに頭化現象はほとんどみられず，有対の感覚器もない。ヌタウナギでさえ尾部に脊椎の特徴がみられるのに，ナメクジウオには脊索はあっても脊柱はない。咽頭裂はあるが，その多くは囲鰓腔に開いている。背側の中空中枢神経系はあるが，その脳は有頭動物のような細分化がなされていない。分節的な筋が存在するが，分節は頭部前端にまで及んでいる。2層の皮膚を持つが，その外層は細胞が一列に並んだだけである。動脈と静脈の回路があって，有頭動物の基本的回路に似ているが，筋性の心臓が存在しない。真体腔動物であるが，成体では体腔は極めて限定された部位にしか存在しない。

ナメクジウオの他の原索動物や有頭動物に対する関係についての仮説は図3-14に示してある。この図を評価する場合，重要なのは相違点ではなく，共通のものから派生した特徴が共有されていることであり，これらは類縁関係を仮説化するために用いることができるのである。

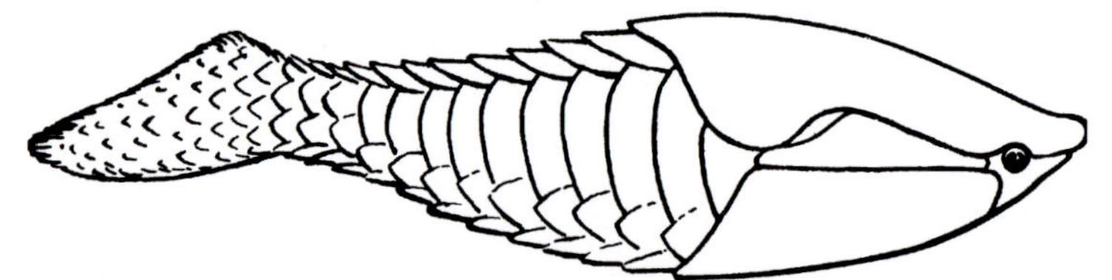

図3–12
多数の甲皮類甲冑魚のうちの1つ。

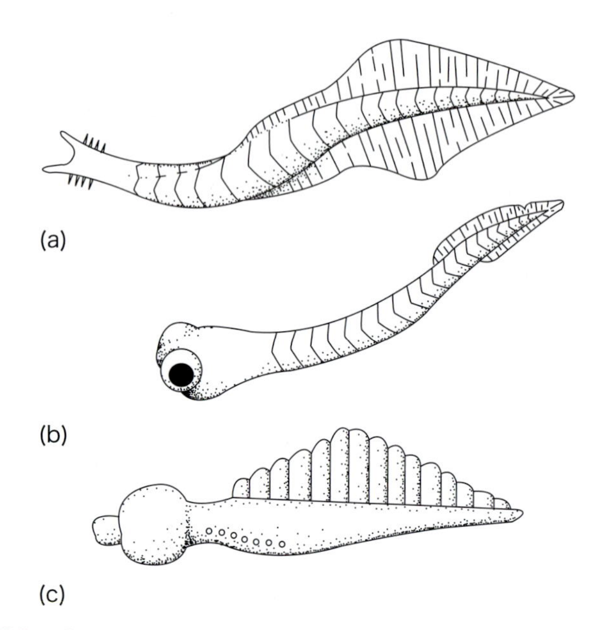

図3–13
3種の原索動物の復元図。(a) カンブリア紀の頭索類のピカイア。(b) カンブリア紀中期から三畳紀の類縁不明なコノドント。そのリン酸塩の“歯”板は骨と解釈されてきたので，彼らは原脊椎動物であるかもしれない。(c) カンブリア紀の半索類であるユンナノゾーン。ギボシムシのものに似た長吻，襟，鰓孔があることに注意。縮尺は図によって異なる。

有頭動物の起源

最古の有頭動物には，中国のカンブリア紀前期の地層から発見された脊椎動物の化石がある（Shu et al., 1999）。初期脊椎動物の化石の圧倒的多数は堅い骨性部を有する分類群からなり，その解剖学的詳細は化石から極めてよく理解できる。これらは甲皮類の動物である（図3–12，4–5参照）。

これらの奇妙な魚類は体長2 cmから2 mで，様々な外観を呈し，顎がなく，その大部分は有対鰭を持たず，そして初期のものの多くは濾過採食者であったと思われる。皮膚の幅広い骨性板が頭部と体幹の大部分を覆う防御楯となっているので，“甲冑魚”というニックネームがついた。骨性楯がない部分でも，小さな骨性鱗がタイルのようにしっかりと貼り巡らされている。甲皮類と明瞭に同定できる化石はオルドビス紀の初めまでさかのぼるが，その後甲皮類は優勢かつ非常に変化に富んだグループとなった。甲皮類の1目については第4章に記載してある。

オルドビス紀以後の脊椎動物の進化について，その大まかな輪郭は非常によく確かめられている（図4–2参照）。無顎の甲皮類に続き，海中では有顎の魚類が出現し，ついには陸上で両生類が誕生した。ここで戸惑うのは，甲皮類の祖先は何か，という問題である。カンブリア紀前期の中国の化石がこれに相当するのだろうか，あるいはもっと深く掘り下げて考えないといけないのだろうか？

甲皮類は脊索動物だったので，この問題を解決するための手がかりを，私たちは現存の原索動物や甲皮類にわずかに先行した化石の記録に求めることができる。脊椎動物の祖先に関するどのような手がかりを現存の原索動物に見いだせるだろうか？　この問題を論ずるに先立って，ナメクジウオでその形態学的特徴の相違を脊椎動物と対比してきた。ここではこれら頭索類を，その相違より類似を強調して眺めてみよう。

頭索類は脊索，咽頭裂，脳と脊髄を備えた背側の中空中枢神経系，分節的な体壁筋，2層構造の皮膚，魚類や四肢動物の胚のものと類似した動静脈路を持っている。頭索類はまた，後口動物であり真体腔動物である。そして頭索類は多くの初期甲皮類と同様に濾過採食者である。これらの類似性は，頭索類の祖先と脊椎動物の祖先が密接な遺伝的つながりを有していることの証拠となる。しかし頭索類は地球の海中で甲皮類に先行して出現したのだろうか？

その答は“Yes and no!”である。20世紀初期に古生物学者のC. D. ウォルコット C. D. Walcottは，標高約2,500 mのカナダロッキー山脈の石灰岩石切り場から何十もの化石を発掘した。それらはやわらかい体で縦に平べったく，リボン状で，体長は約5 cm，ナメクジウオに似た化石だった。それらが掘りだされた地層はカンブリア紀中期のものだった。これらの化石は，ジグザグな筋分節と体の全長にわたって伸びる脊索を有していた。

この発見は，ピカイア *Pikaia gracilens*（図3–13）という特殊な脊索動物が甲皮類よりかなり早く地球の海中に出現したことを示している。しかしカンブリア紀前期の中国の化石は，脊椎動物と同定することが正しいなら，ピカイアが掘りだされたカンブリア紀中期の地層より何百万年も先行している。このことは頭索類と脊椎動物の祖先に関する私たちの仮説を排除するものではなく，脊索動物の起源に関する時点をカンブリア紀前期あるいは先カンブリア紀に移動させるだ

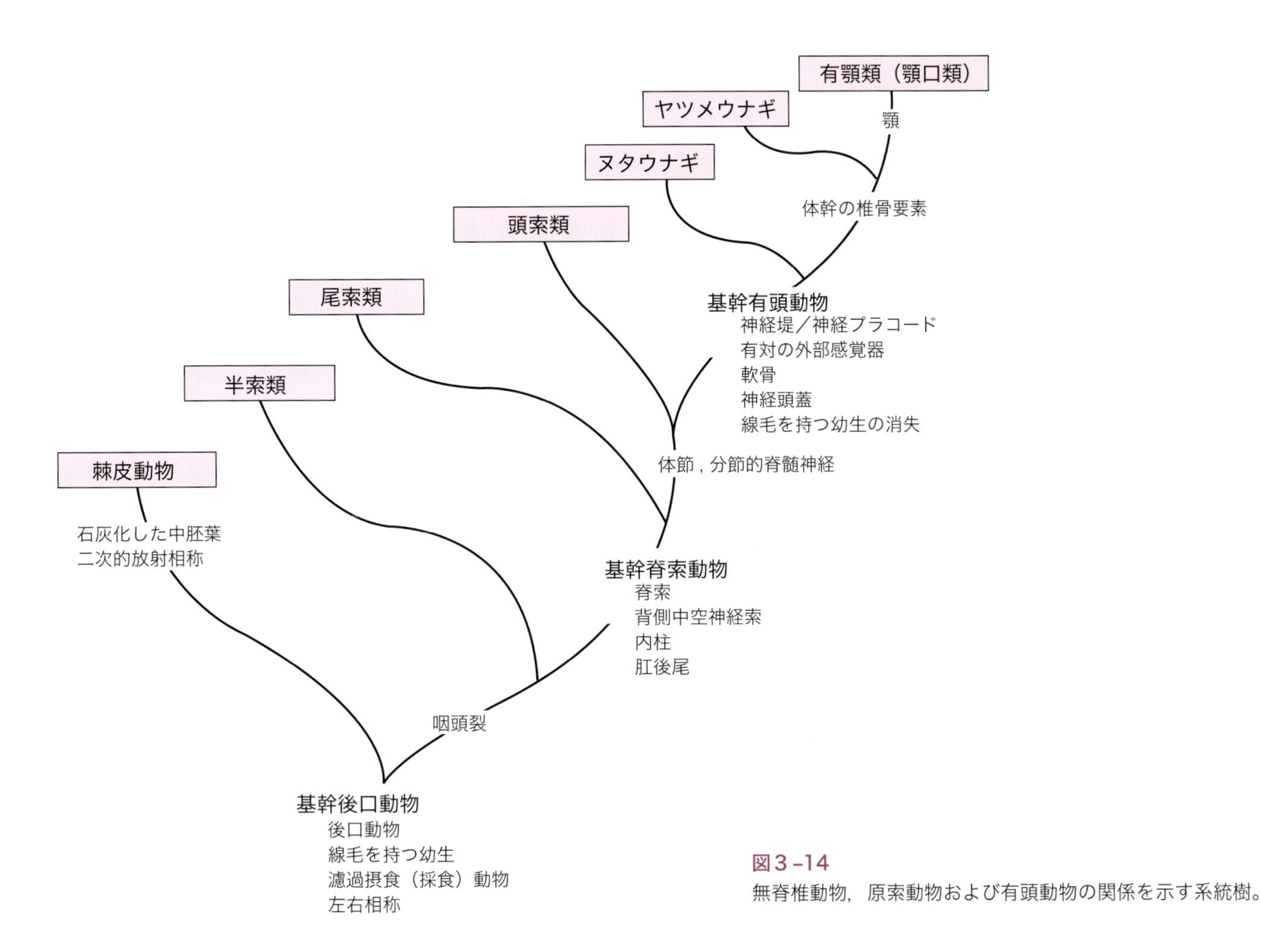

図3–14
無脊椎動物，原索動物および有頭動物の関係を示す系統樹。

けであろう。グールド Gould（1989）はウォルコットの発見が暗黙のうちに示す自然史の大まかな教えをすでに受け入れている。

自然史の過程において，原索動物は有頭動物に先行することを私たちは現在のデータに基づいて知っているが，ここで脊索動物の段階に至っていない無脊椎動物から，一方では原索動物，他方では有頭動物に通ずる系譜の有無に関しても思索しておくことが必要であろう。

確かに，私たちが現在知っているような頭索類は，最初の有頭動物の遺伝的祖先ではなかった。棘皮動物が，脊椎動物のように（ヌタウナギは骨を欠くが）石灰化した組織を，例えば軟体動物のように外胚葉にではなく，その中胚葉に持つということ，棘皮動物は頭索類のように，その中胚葉と体腔を原腸からの膨出として形成すること，棘皮動物，腸鰓類，原索動物，頭索類，有頭動物はすべて後口動物で，この特徴は他の無脊椎動物ではただ1つの分類群（毛顎動物）にのみ見いだされること，これらはすべて生活史のなかで幼生の段階を経ること，をもっと考慮すべきである。これらのことや，その他の形態学的，個体発生的観察結果から，以下のよ

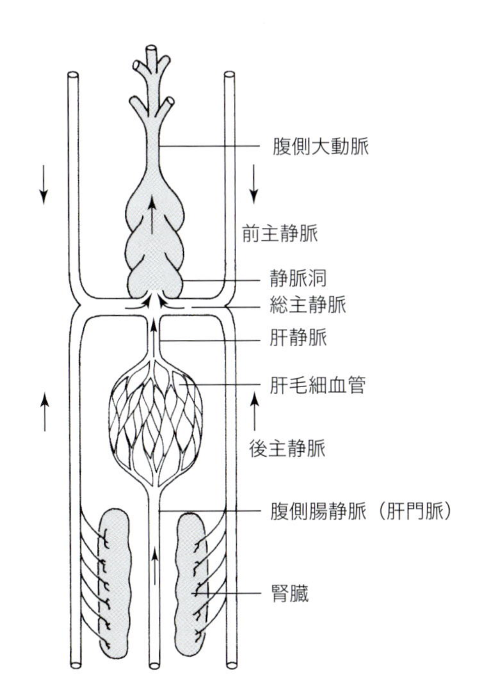

図3–15
アンモシーテスの静脈路。図3–10も参照。

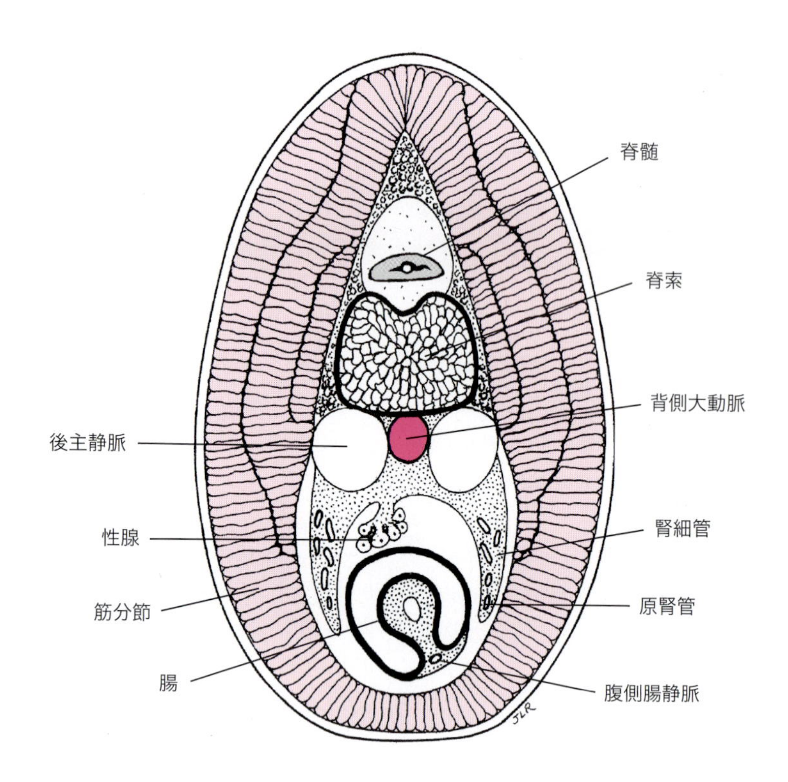

図3-16
比較的成熟したアンモシーテスの肝臓直後での横断。筋分節が後方にカーブし，皮膚から内方に走っているので，一断面にいくつかの筋分節がみえる。

うな仮説を立てるのが合理的である。

(1)遺伝的きずながこれらのいくつかを未知の系譜において結びつけている，(2)原索動物と有頭動物に共有されている特徴は共通の祖先から由来している，(3)甲皮類の骨性の皮膚装甲は，カンブリア紀後期に軟体の無脊椎動物あるいは骨組織を持たない有頭動物で発達したに違いなく，これらの動物はそのときすでに脊索，背側にある中空中枢神経系，咽頭裂を持っていたと思われる。

図3-14は系統発生の1つの仮説を示しているが，ここで注釈を差し挟む必要がある。すなわち，形態的類似性は，いくつかの例では進化による収斂（ホモプラシーの特徴）に起因するのかもしれない。

アンモシーテス：脊椎動物の幼生

ヤツメウナギ（ウナギに似た顎のない魚）の幼生のアンモシーテスは，脊椎動物が原索動物と共通の祖先を持つという概念に抵抗しがたい支持を与える。この幼生は2～6年かけて非常にゆっくりと変態を遂げ，それから性腺が成熟する。かつては *Ammocoetes* という学名（属）の原索動物として分類されていた。この動物が脊椎動物の幼生であることが発見されたのはほんの最近のことである。

アンモシーテスは中脳から始まって体の末端にまで伸びる脊索を持つ（図3-1c）。背側にある中空中枢神経系はナメクジウオと同じように発達するが，アンモシーテスの脳には2つではなく3つの脳胞がある。また，7対の鰓裂が外界に開いている。体壁筋組織は体運動を生みだすように重なり合った筋分節として配置されている。

アンモシーテスは原索動物のような濾過採食者である。呼吸水流中の主に珪藻からなる食物粒子は，内柱が作る粘液に捕えられるが，この内柱はナメクジウオの鰓下溝（内柱）と相同である。しかしアンモシーテスでは鰓下溝は結局は咽頭底に沈んで**咽頭下腺** subpharyngeal gland（図18-15参照）となる。咽頭の後ろには充実した肝憩室 liver diverticulum があり，ナメクジウオは同じ位置に嚢状の憩室 saccular diverticulum を持つが，この2つの器官の機能は異なっている。

アンモシーテスの循環系はナメクジウオのものと非常に類似しているが，ナメクジウオには筋でできた心臓のないことが異なる。アンモシーテスの心臓は静脈洞，心房，心室からなる。ナメクジウオでもアンモシーテスでも血液は前方に拍出されて腹側大動脈に入り，背方で**咽頭稜** pharyngeal bars に入り，それから背側大動脈に向かう。静脈血は頭部からは前主静脈，体幹の大部分と尾部からは後主静脈を経由して戻ってくる。すべての血液は1対の総主静脈に収斂し，総主静脈が静脈洞に注ぐ（図3-10，3-15）。腸管からの血液は**腹側腸静脈** ventral intestinal vein（腸下静脈と門脈）を経由して戻ってくるが，これらの静脈はアンモシーテスの肝臓の毛細血管およびナメクジウオの腸盲嚢憩室 cecal diverticulum に終わる。この血液は次に肝静脈あるいは腸盲嚢静脈を経て静脈洞へ向かう。

アンモシーテスにはナメクジウオにはみられない有頭動物としての特徴があり，そのなかには特殊感覚器や，過剰な組織液と代謝老廃物を除去する仕組みなどがある。早期に発達する感覚器としては，原始的膜迷路（内耳。しかし聴覚のためのものではない）の前駆体である**耳胞** otic vesicles や，（採餌に関連した）化学受容のための**嗅胞** olfactory sac がある。

背側正中にある2つの光受容器（**松果体** pineal organ と**副松果体［旁松果体］** parapineal organ で，正中眼としても知られる。図17-20参照）は，頭頂部の皮下に縦一列に並

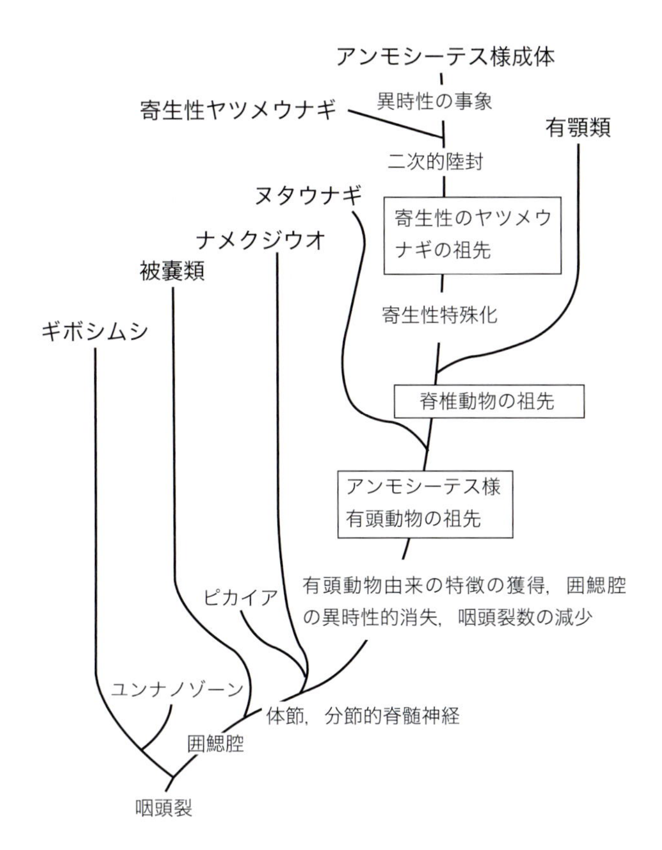

図3-17
ナメクジウオ様祖先から現代のヤツメウナギへの進化的推移に関する仮説的シナリオ。現存の動物は太字で示す。ピカイア（カンブリア紀の頭索類），ユンナノゾーン（おそらくカンブリア紀の半索類），共有派生形質，仮説的祖先を示す。ナメクジウオの囲鰓腔の消失，咽頭裂数の減少，アンモシーテス様ヤツメウナギにおける性成熟は異時性の現象。

んでいる。これらは光線をモニターするが網膜は存在せず，また水晶体は像を結ばない。これら光受容器の機能は原索動物の**単眼** ocelli に幾分類似しているが，これらの受容器は複雑な器官であり，単なる細胞ではない。頭部に1対の眼（側方眼）が形成されるが，痕跡的である（これらは成体では厚い皮膚の下に置かれてしまい，役に立たない）。1対の眼が痕跡（第2章参照）であるかどうかはヤツメウナギの系統発生に懸かっている。第17章で論ずる特殊な神経小丘器官は頭部皮下にあり，小孔によって表面に開いている。

アンモシーテスは体液老廃物を排除するために原索動物とは異なる機構を備えている。この幼生は原始的な有頭動物の腎臓を持っていて，これは初期の幼生ではロート状の**腎口** nephrostomes を備えた3～6対の細管からなり，体液を集めて処理し，排泄する（図3-16，15-1参照）。これらの液体は糸球体から体腔内に絞りだされる。細管は肛門付近で外界に開く縦管に通じているが，細管の数は幼生の体長が伸びるにつれて増加する。

左右の腎臓の間には長く伸びた性腺原基があり，これは初期の幼生では有対であるが，後には不対になる。表皮は他の有頭動物のように多層構造となっている（図6-5参照）。

異時性およびナメクジウオと脊椎動物の関係

ナメクジウオとアンモシーテスを比較する場合，幼生の脊椎動物と成体の頭索動物を比較しているのだということを忘れてはいけない（図3-1を再度参照）。ナメクジウオは多数の祖先形質の plesiomorphic（原始的な）特徴を保持しているが，現生種としては脊椎動物と共通の祖先とは遠くかけ離れており，これはピカイアの発見によりその相違がそれほど大きくないと示唆されたとしても変わらない。

ナメクジウオをアンモシーテスから区別するのは何か？　まず，ナメクジウオは**囲鰓腔** atrium と多数の咽頭裂を有するが，有頭動物と脊椎動物のおびただしい共有派生形質 synapomorphy を欠く。さらに，アンモシーテスは変態する前の premetamorphic 幼生である。

いかなる進化の過程が原索動物から脊椎動物への移行を説明できるのだろうか？　ナメクジウオの発生においては，囲鰓腔は外胚葉の膨出から生じて発達中の咽頭を取り囲む。咽頭裂は以下の3段階で生じる。

(1)一次咽頭裂が形成される，(2)一次咽頭裂が分割されてその数が2倍になる，(3)成長につれて咽頭裂が末端（後方）へ付加されていき，最終的には種によって異なるが100～200対の咽頭裂が形成される。

囲鰓腔の発達がなくなり，咽頭裂の発生が途切れると，外界に直接開く少数の咽頭裂を持った有頭動物に似た子孫が生じるであろう。有頭動物および脊椎動物に由来する特徴が追加されれば，アンモシーテスに似た脊椎動物の祖先への移行を想像するのは容易である。

最後に，いかにしてアンモシーテスに似た脊椎動物の祖先と幼生のアンモシーテス（図3-17）を調整させるのか？　ヤツメウナギは“原始的な”生物ではなく，高度に特殊化した寄生生物であり，非常に成功した生物であるので，ヤツメウナギが五大湖に導入されると漁業が破壊されたほどである。スポーツ・フィッシングはヤツメウナギの撲滅計画を持続的に行ったからこそ復活できたのである。ヤツメウナギをその化石の親戚と比較すると，彼らの寄生的な生活様式は派生的な性格のものであり，アンモシーテスの生活様式は原始的な行動を表していることが明らかである。アメリカ合衆国東部の地域には孤立した陸封型のヤツメウナギの集団があり，これらは変態せず寄生性の成体になることはない。これらのアンモシーテスは幼生の形のままで性成熟に達するが，彼らはその海生かつ寄生性の祖先から生じた子孫なのかもしれない。

要約

1．原索動物は左右相称の濾過摂食性海生脊索動物で，脊索，咽頭裂，背側にある中空中枢神経系を持つが，脊柱は持たない。尾索動物と頭索動物の２亜門がある。
2．尾索動物には以下のものが含まれる。(1)ホヤ類，彼らの脊索は幼生の尾部にのみ存在する，(2)幼形類は固着せず，尾部にのみ脊索を持つ，(3)サルパ類。サルパ類には尾も脊索もない。
3．頭索動物はナメクジウオ類である。脊索は尾部（肛後尾）先端まで体の全長にわたって伸びる。
4．半索動物は無脊椎動物だが咽頭裂，中枢神経系を構成しない縦走する背側神経束，主要な無脊椎動物の門に特徴的な腹側の神経束を持ち，脊索は持たない。最も知られているのはギボシムシ（腸鰓類）であり，これは時には脊索動物門に含められることがある。
5．基本的な脊索動物の特徴が原索動物と有頭動物に共通であり，これらの特徴の発生が細部で類似していることから，これら２グループ間には密接な遺伝的つながりがあることが推測される。有頭動物は原索動物から由来したか，原索動物と共通の祖先を持っていると仮定するのは理にかなっている。
6．アンモシーテスはヤツメウナギの幼生であり，ナメクジウオに似た原索動物の特徴をたくさん備えている。
7．アンモシーテスに似た有頭動物と脊椎動物の祖先は，一連の異時性の過程を経て原始的特徴（囲鰓腔，多数の咽頭裂）を失うことによって生じたとする仮説がある。しかしこの仮説に反して，現代の地質学的データによれば，原索動物はカンブリア紀中期，既知の最古の脊椎動物はカンブリア紀前期に出現している。

理解を深めるための質問

1．現生の原索動物には何があるか？　半索動物はなぜ脊索動物から除外されるのか？
2．脊索動物の“４大特徴”あるいは 共有派生形質は何か？
3．ナメクジウオに見いだされるどの構造が人間の特徴と相同なのか？　それらが変化しているのなら，どのように変化したか？
4．頭索動物が有頭動物の姉妹群なら，化石の証拠に基づいて有頭動物の出現時期を（少なくとも最も早期のもので）算出せよ。あなたの時間枠のなかに化石が見いだせないのなら，それについてどのように説明するか？
5．ヤツメウナギの幼生を仮説的な有頭動物の祖先のモデルとして用いるのはなぜか？　このことは，寄生性の成体のヤツメウナギは初期の有頭動物の生活様式のよいモデルになると意味しているのか？　そうでないのなら，成体のヤツメウナギは他の有頭動物と共通の祖先からどのように変化したのか？
6．あなたは固着性の被嚢類からの有頭動物の進化に関する異時性の仮説を立てることができるか？　あなたの仮説をどのような証拠が支持すると思うか？

参考文献

Barrington, E. J. W., and Jefferies, R. P. S., editors: Protochordates, *Symposium of the Zoological Society of London* 36, 1975.

Cloney, R. A.: Ascidian larvae and the events of metamorphosis, *American Zoologist* 22:817, 1982.

Flood, P. R.: Fine structure of the notochord of amphioxus, *Symposium of the Zoological Society of London* 36:81, 1975.

Gans, C., Kemp, N., and Poss, S., editors: The lancelets (Cephalochordata): A new look at some old beasts (IVth International Congress of Vertebrate Morphology), *Israel Journal of Zoology* 42, supplement, 1996.

Gee, H: Before the backbone, views on the origin of the vertebrates. London, 1996, Chapman & Hall.

Gould, S. J.: Wonderful life. New York, 1989, Norton.

Harrison, F. W., and Ruppert E. E., editors: Microscopic anatomy of invertebrates, vol. 15, hemichordata, chaetognatha, and the invertebrate chordates. New York, 1997, Wiley-Liss Inc.

Jeffries, R. P. S.: The ancestry of the vertebrates. London, 1986, British Museum (Natural History).

Mallatt, J.: The suspension feeding mechanisms of the larval lamprey, *Petromyzon marinus, Journal of Zoology* (London) 194:103, 1981.

Northcutt, R. G., and Gans, C: The genesis of neural crest and epidermal placodes: A reinterpretation of vertebrate origins, *Quarterly Review of Biology* 58:1–28, 1983.

Ruppert, E. E: Evolutionary origin of the vertebrate nephron, *American Zoologist* 34: 542–53, 1994.

Shu, D–G., Luo, H–L., Morris, S. C., Zhang, X–L., Hu, S–X., Chen, L., Han, J., Zhu, M., Li, Y., and Chen, L–Z: Lower Cambrian vertebrates from south China, *Nature* 402: 42–46, 1999.

Willmer, P: Invertebrate relationships patterns in animal evolution. Cambridge, 1994, Cambridge University Press.

インターネットへのリンク

Visit the zoology website at http://www.mhhe.com/zoology to find live Internet links for each of the references listed below.

1. Metazoa. This site hooks you up to all of the sites at the Arizona' s Tree of Life site. Very easy to navigate, and more information here than you' ll be able to absorb!
2. Animal Diversity Web, University of Michigan. Phylum Chordata. General characteristics of chordates, with the following links to urochordates and vertebrates.
   Urochordates.
   Vertebrates.
3. Phylum Chordata, from the University of Minnesota.
4. Introduction to the Urochordata. This University of California at Berkeley Museum of Paleontology site provides photographs and information on the biology and classification of the urochordates.
5. Ascidian News. This site is an online newsletter focusing on the biology of the urochordates. It provides links to other ascidian sites.

第4章 進化の歴史に登場する動物たち

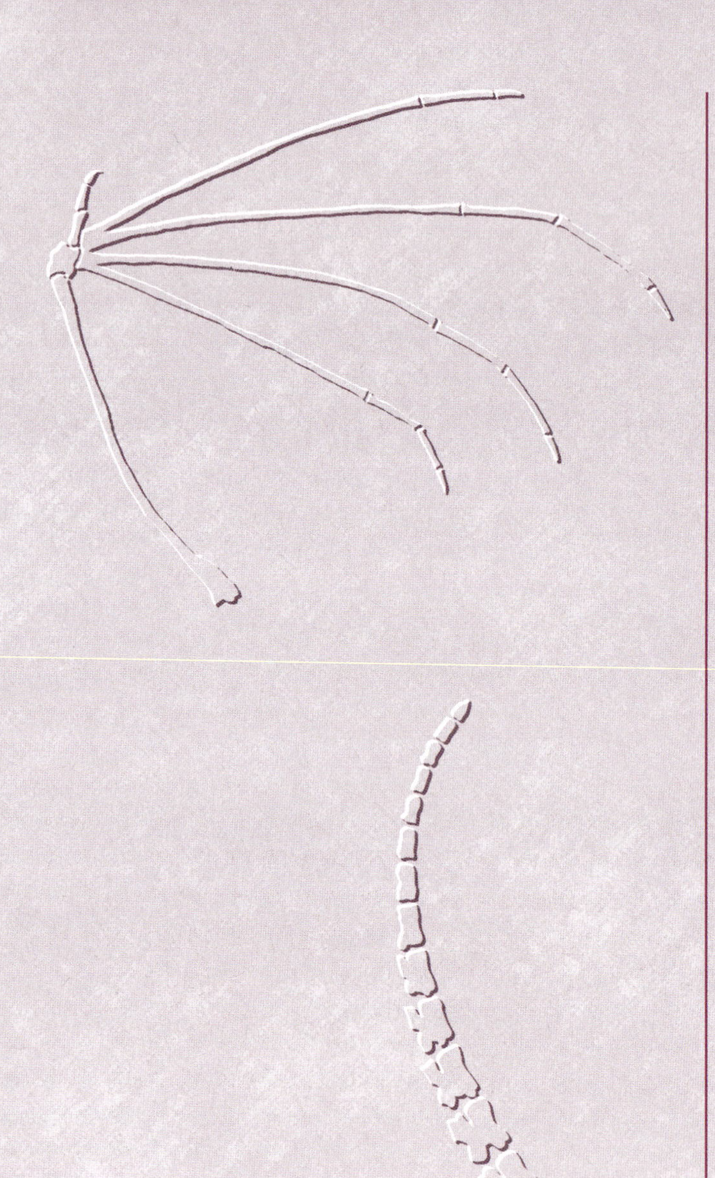

本章は，以降の章で取り上げられる有頭動物を紹介する。こうした動物の簡単な自然史と祖先と推定されるものについて述べることで，読者が後に続く章でこうした有頭動物に出会ったときには，全くの初対面でなくなるだろう。本章では，地球上の有頭動物の生活の多様さをも垣間みることができる。読者にとってあまりよく知らない動物に出会ったとき，再び本章に戻る価値があると保証しよう。

概要

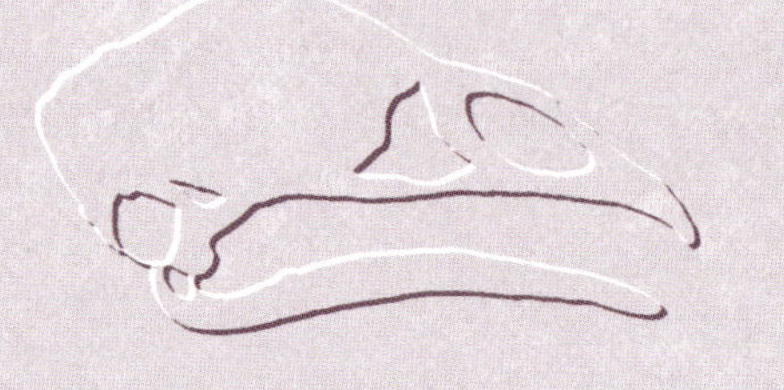

脊柱を持つ動物はおおよそ5万種ほどいるとされる。旧約聖書のノアにとって幸いだったことに，このうち半数以上が魚類である。しかし，両生類の多くと爬虫類や哺乳類の一部は，好ましい生活の場として，あるいは終生の生息地として淡水の池や河川で魚類とともに住んでいる。

また，その数はもっと少ないが海でも魚と共生している。海水に耐性のある両生類はまれであるが，少数のものは耐えられる。そうした海水に耐性のある両生類も海に住むことはないが，食物を海から得ている。爬虫類では，少数のヘビ，カメ，イグアナは終生海で生活するが，卵を生む雌は産卵のため海から出なくてはならない。哺乳類では，クジラ類や海牛類は決して海から出ることはなく，海洋生の食肉類（鰭脚類）は繁殖のためにのみ海から離れる。海洋で暮らす鳥類はいないが，多くの種は食物を海洋の生物に依存している。魚以外の前述の動物はすべて陸生の祖先の末裔であり，再び水中生活に戻ったものである。本章ではこうした異なった生活様式を可能にした適応についても調べていこう。

有頭動物の分類群

本章の分類のスキーム（基本的な考え）は系統発生学的系統分類学で，生物の歴史的なグループ分け（すなわち，ある共通の祖先とそのすべての子孫［単系統群］）を論じていく。図4－1によく知られた現存する分類群の系統発生学的な関係を示す。正規のグループ分けでないものも，あまりにも文献的に深く組み込まれているため，便宜上その語彙を使っていくことにする（例えば，顎を欠く有頭動物を無顎類とし，四肢動物でない有頭動物を魚類とし，羊膜を欠く四肢動物を両生類とする）。

系統発生学的系統分類学を私たちが選択することは，最新の研究文献で系統発生学的系統分類学が用いられ，こうした変化に学生が慣れ親しんでおく必要性を反映している。すべての分類基準が同じであるわけではない。従来の進化分類学は，付録の「脊椎動物の分類概要」に挙げておく。従来の進化分類学での分類群がすべて単系統であるわけではない。読者は本章に入る前に第2章で系統分類学について短い解説を読まれたことだろう。それにより，なぜすべての分類基準が同じでないかを理解する準備になったと思う。それはまた，4億年以上も昔に始まった系統発生の系譜を再構築しようとしている学者が直面している問題の本質を見抜くことにもなるだろう。

分類群は，スウェーデンの博物学者カール・フォン・リンネ Carl von Linné（ラテン名リンネウス Linnaeus）の考案によるラテン語の二名法で決められた種により構成される。

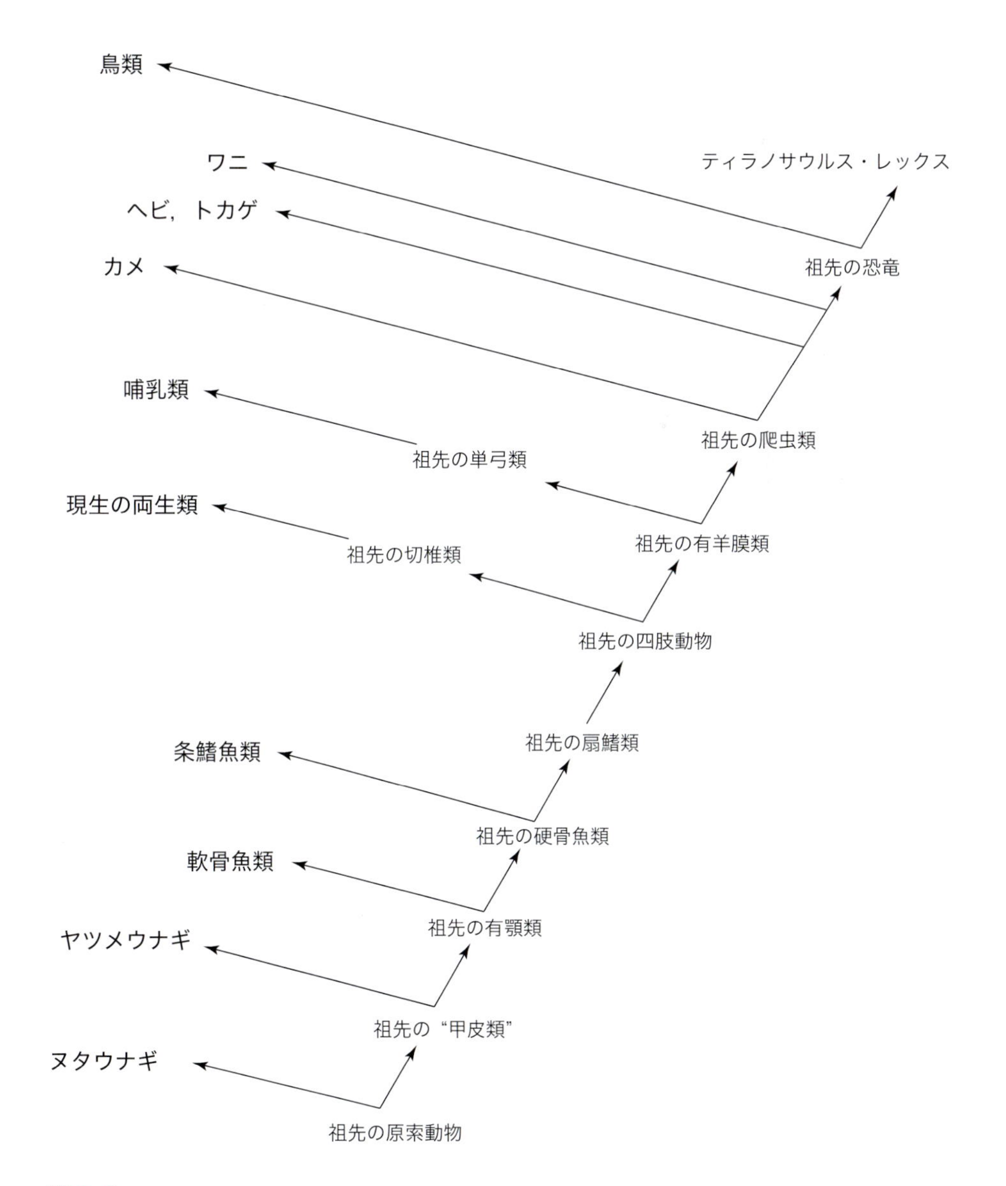

図4－1
現代の分類群（左の太字）に至る有頭動物の進化の本流を示す系統樹。分岐図と異なり仮定的な共通祖先を分岐部に示す。

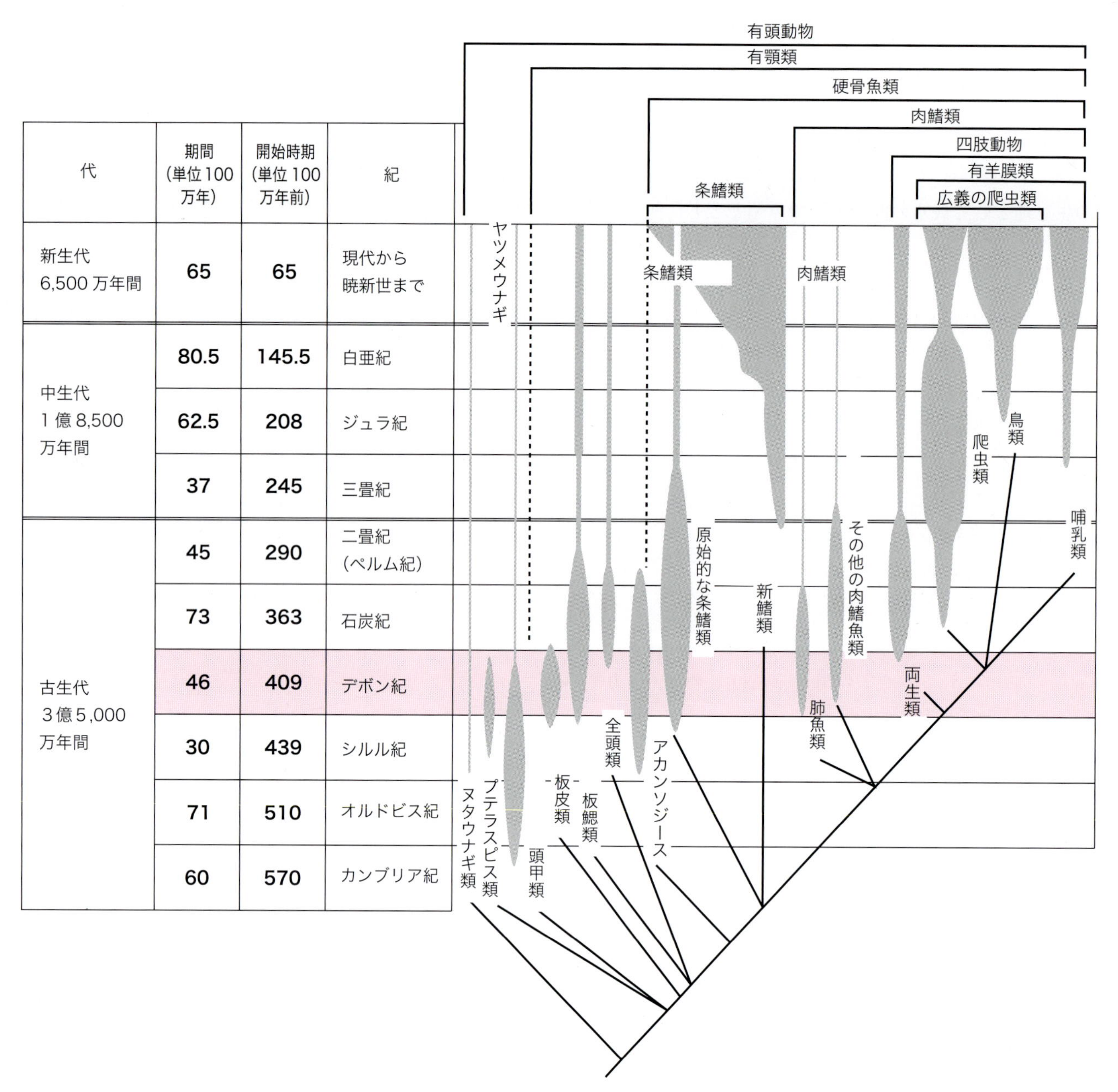

図4–2
地質年代レベルでみた有頭動物の生存期間と繁栄度。カンブリア紀に先立つ40億年，地球は存在していた。2組の二重線は大量絶滅のあった時期を示す。デボン紀（赤色）は魚類の時代として知られている。類縁関係の仮説（分岐図）を図の下方に書き加えている。分岐図での分岐の時期は相対的なものであって全くの推定ではない。姉妹群の化石は，必ずしも同じ程度まで過去にさかのぼるものではない。数値はすべておおよそである。図4-4に示す無顎類の関係についての仮説も参考にされたい。

ラテン名はすべての国の動物学者に，ある特定の動物について話すとき，翻訳なしで互いに理解することを可能とする。例えば，すべての動物学者が“*un chat*”，“*die Katze*”，“*el gato*”が何であるかを知っているわけではない。こうした言葉はすべてイエネコを指しているが，*Felis catus* はこの種に対する二名法による名称である。

属名である *Felis* はある種のネコ類（クーガー，ヨーロッパヤマネコ，イエネコ，その他）を，ライオン，トラ，ヒョウなど，属名 *Panthera* の動物から区別する。*Felis catus* はイエネコをクーガー（*Felis concolor*）やヨーロッパヤマネコ（*F. sylvestris*）から区別する。

図4–2は，有頭動物の主要なカテゴリーのいくつかについて，地質年代での範囲と相対的な繁栄度を示す。図4–3は，本書で解説する多くの有頭動物の仮定的な系統発生をグラフ様に（分岐図を用いて）まとめたものである。

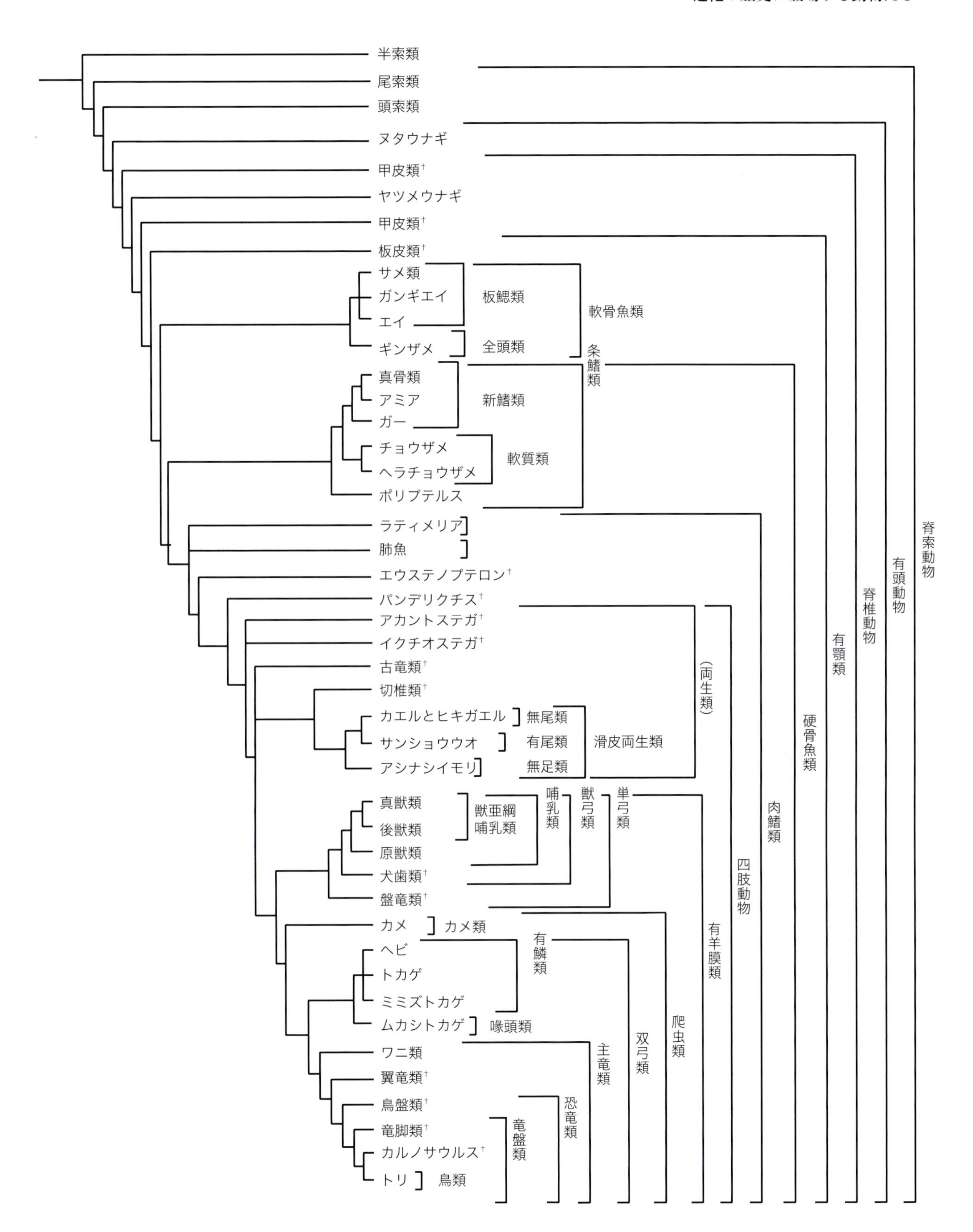

図4-3
本書で述べる多くの分類群に関して類縁関係の仮説を示す。詳細な分岐図は特定の分類群で説明する。(†)は絶滅種で,( )内の分類群は側系統群を指す。

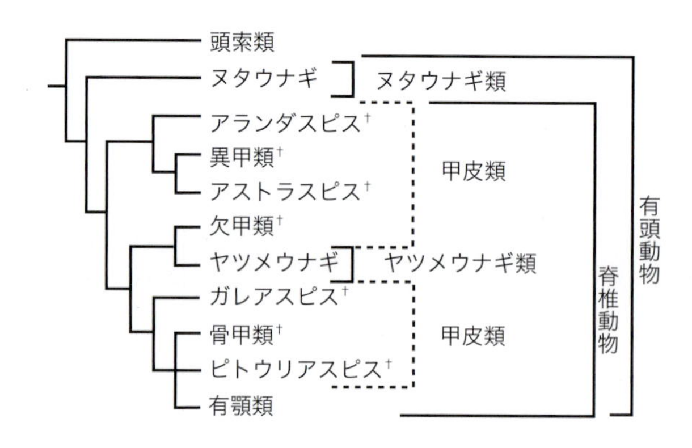

図4-4
代表的な原始的無顎有頭動物の推定される類縁関係を示す仮説。頭索類は外群で，有顎類は比較のため加えてある。(†) は絶滅種。

無顎類

無顎類 Agnathans は2つの対照的なグループ，絶滅した重い装甲に被われた甲皮類のグループと，現存するヌタウナギとヤツメウナギのグループを含む。新たに記載された中国から出たカンブリア紀前期の2つの化石は，骨化しない原始的な脊椎動物を示すと思われる (Shu et al., 1999)。この2グループ以外の有頭動物はすべて有顎類 (顎口類) である (図4-4)。

甲皮類

甲皮類 Ostracoderms は一般的な用語で，太古の装甲を持つ有頭動物の多様な集団に当てられる。この語には分類学的な地位はなく，中国の化石が発見されるまでは，甲皮類は最古の有頭動物であった。

甲皮類はカンブリア紀まででではなくても，少なくともオルドビス紀中期までさかのぼる。全身が幅広い甲板と小さなタイル状の鱗からなる骨質の皮膚装甲で被われていた (図4-5)。甲板は頭部のものが最大で，骨質の盾を形成していた。顎を欠き，ほとんどの甲皮類は有対鰭も欠いていた。多くは体長2，3 cm で，少数のものは2 m にも達した。最も古い甲皮類と思われるものは，海産の種で，海洋生の無脊椎動物相とは明らかに関連があった。

骨甲類 osteostracan (甲皮類のうち**頭甲綱** Cephalaspidomorphi に属す。巻末の付録参照) の化石化した頭部盾の下層の解剖所見は，20世紀初頭の古生物学者であった，ストックホルム大学の E. A. ステンシオ E. A. Stensiö の研究による。

彼の研究は，頭部の骨格は小歯状突起が覆う平坦な骨質の盾で，背側に4個の孔を持つことを明らかにした (図4-6)。こうした孔のうち，2個は上方をみつめる1対の眼をいれるもの，3番目の孔は正中の眼，すなわち松果眼をいれるものである。前方の小さな孔は，1個の外鼻孔で，ここから鼻下垂体管が嗅胞に至り，さらに先へと続いていた。

この盾は外側縁で下方に曲がり，鰓の下でタイル状の鱗と置き換わる。楯の前端と鱗の間にはとても小さな口があり，鰓が裏打ちする口咽頭に開いていた。外側の鰓裂は弯曲し

(a)

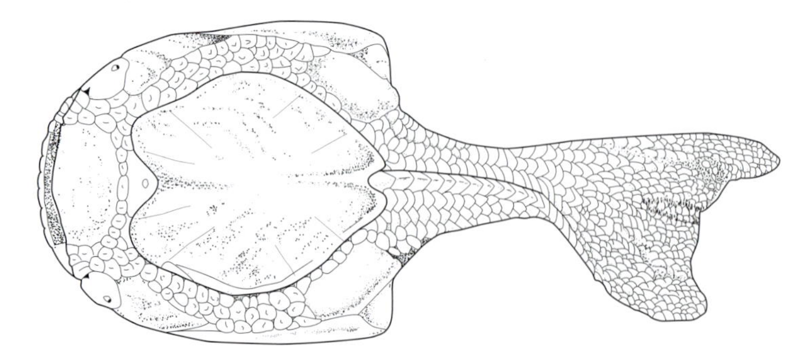

(b)

図4-5
プテラスミス目の甲皮類。(a) カナダのシルル紀〜デボン紀からの化石。(b) 平坦な体をしたドレパナスピスを復元したものの背側観 (3分の1に縮小)。

て配列し，口の角から頭部盾の後端まで広がっていた。

盾に加えて，頭部は軟骨性骨と多数の軟骨からなる内骨格を収容していた。頭部より後方の骨格については，尾が古生代のほとんどの魚類と同様に異尾（歪形尾）であるということを除き，あまりわかっていない（図 10 –17a 参照）。

甲皮類の起源はわかっていない。原索動物と原始的な有頭動物との系統発生で関連性があり得ることは前章で述べた。甲皮類はその数が減少し，デボン紀の末期に消滅し，顎を持つ魚（有顎類）に置き換わった。

現生の無顎類

現存する無顎類であるヌタウナギとヤツメウナギ（図4 – 7）は，外観上の類似から予測されるほど近い関係にはないようである。現生種が 42 種いるヌタウナギは，魚類の分岐論的分類（Nelson, 1994）では，無顎上綱に綱（**ヌタウナギ綱** Class Myxini）を与えられていたし，ヤツメウナギは甲皮類とともに暫定的に**頭甲綱** Cephalaspidomorphai（この用語の由来については巻末の用語解説を参照）に含まれていた。この分類を巻末の付録では採用した。

図4 – 4は，ヌタウナギが脊椎動物に対して姉妹群であることを示唆する最近の仮説を示す。現存する分類群の間では，ヤツメウナギは有顎類（顎口類）に対して姉妹群であろう。化石を考慮するならば，頭甲類は側系統群であることが明瞭になる。現存する分類群の系統発生学的な関連を研究する別の方法（例えば，リボソーム RNA の核酸塩基配列の比較）は，別の仮説を創出してきた（Forey and Janvier, 1993）。ヌタウナギとヤツメウナギは一般に非公式の用語である**円口類** cyclostomes とよばれる。

現存する無顎類は顕著な脊索を持ち，これが終生を通して唯一の軸性骨格となる。こうした動物は有対鰭もなく，顎に相当する骨格もなく，典型的な脊椎動物の脊椎に匹敵する脊柱もなく，体のどこにも硬骨はない（骨性の骨組みはなく，外皮に装甲や鱗はなく，骨性の歯もない）。こうした動物は，有顎類でみられる 3 個の半規管の代わりに，ただ 1 個の半規管（ヌタウナギ）あるいは 2 個の半規管（ヤツメウナギ）を持ち，1 個の嗅嚢に続く 1 個の外鼻孔がある。こうした動物は頬ロートやヤスリ様の舌を含め，寄生生活への適応を示す。

ヌタウナギ

ヌタウナギは現存する海洋生の無顎類で，ヤスリ様の小歯状突起を欠いた浅い頬ロートを持つ。この頬ロートは，太く短い指状の乳頭の輪で囲まれている。ヌタウナギは主に海底で摂食する掃除屋で，食物には様々な小さな無脊椎動物や死んだり弱ったりした魚の内臓が含まれる。1 本の管が正中の外鼻孔から嗅嚢まで続き，さらに咽頭腔に続いて，呼吸用の水を運んでいる（図 13 – 1 a 参照）。眼はヤツメウナギのものと違って痕跡状で，不透明な皮膚に被われている。

大西洋産の大西洋ヌタウナギ *Myxine glutinosa* は 6 対の孔状の鰓嚢（時には 5 対または 7 対）を持ち，共通の輸出管へ開いている（図 13 – 1 a 参照）。カリフォルニアの沖で普通にみられるカリフォルニアヌタウナギ *Eptatretus stouti*

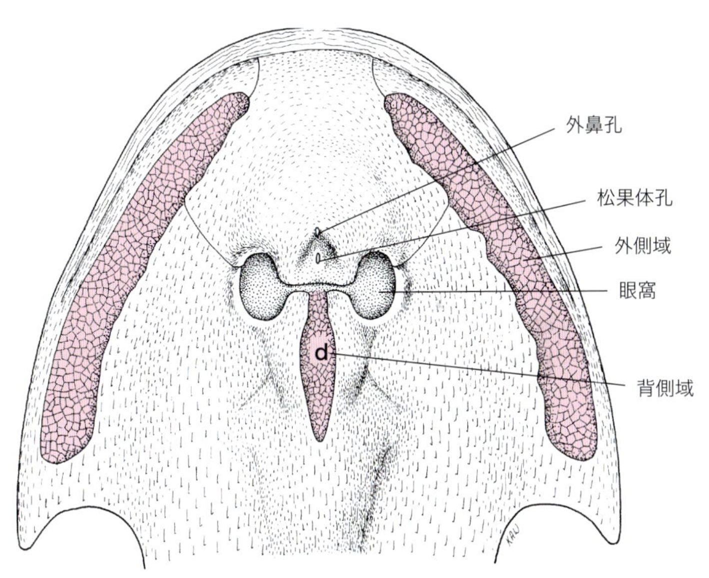

図4－6
甲皮類ケハラスピスの骨性小歯のある頭盾。背側域と外側域はそれぞれ外受容器と電気器官。

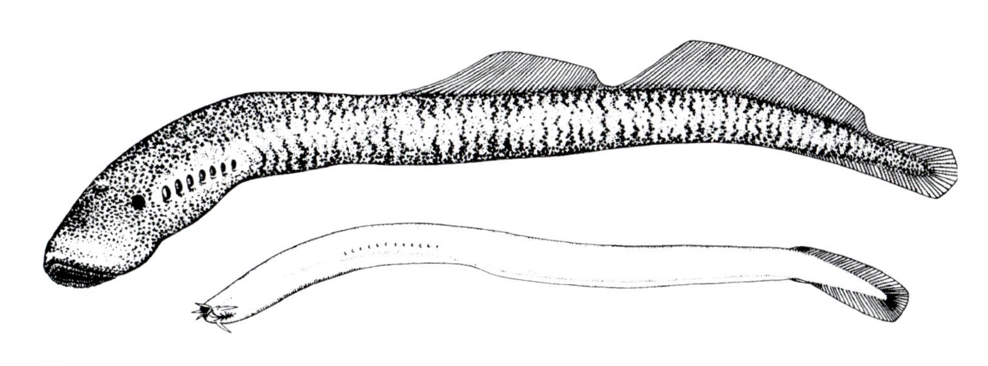

図4－7
上がヤツメウナギ *Petromyzon* で下がヌタウナギ *Eptatretus*。

は，10～15対の鰓嚢を持ち，それらは直接外部に開口する。ヌタウナギは淡水域に入ることなく，幼生は変態期まで卵膜内に留まる。これは産卵する海水域への適応かもしれない。

図4－8
石炭紀ヤツメウナギ *Mayomyzon* の化石。

ヤツメウナギ

ヤツメウナギは石炭紀からそれほど変化しなかった（図4－7，4－8のヤツメウナギを比較せよ）。角質の小歯状突起で縁取られた大きな頬ロートは，寄生性のヤツメウナギの成体がその宿主に付着したままでいるのを助け，角質の歯で被われた舌状の軟骨性の棒は，皮膚と骨だけを残して宿主の肉をこすりとる。鼻下垂体管は正中の外鼻孔から嗅嚢に続き，鼻下垂体嚢として盲端に終わる（図13－1b参照）。7対の鰓嚢はそれぞれ別々に孔状の鰓裂を経て外部に開く。鰓裂は鰓嚢へ水を入れたり出したりしており，こうして宿主にとりついて摂食するために頬ロートが自由に働けるようにしている。

ウミヤツメ *Petromyzon marinus* は産卵のために川をのぼる**遡河性** anadromous のヤツメウナギである。成体は海洋に住むが産卵のため河川を遡上する。約3週間で小さな自由遊泳するアンモシーテス幼生が現れる。淡水での数年間の後，幼生は完全に変態し，未成熟個体として海に移動する。彼らは海で性成熟に達し，産卵場所へ戻る淡水への旅に生理学的に適応する。

ヤツメウナギの陸封された群は，北アメリカにある淡水の

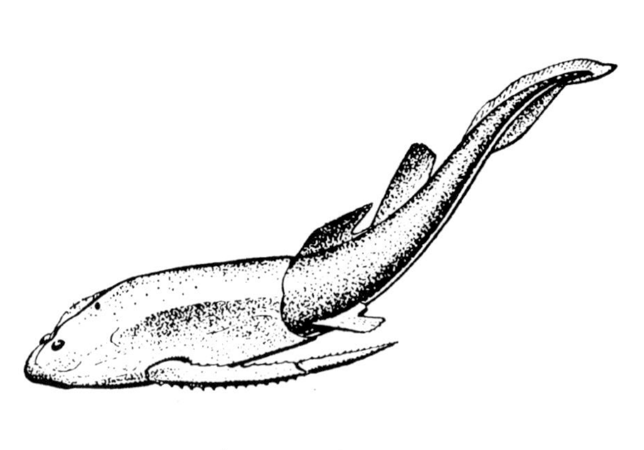

図4－9
デボン紀の甲冑魚，板皮類2種。ダンクルオステウスは節頚類，ボトリオレピスは胴甲類。ダンクルオステウスは成体で体長4.5～6 mに達する。ボトリオレピスは実際のおよそ3分の1のサイズで示してある。

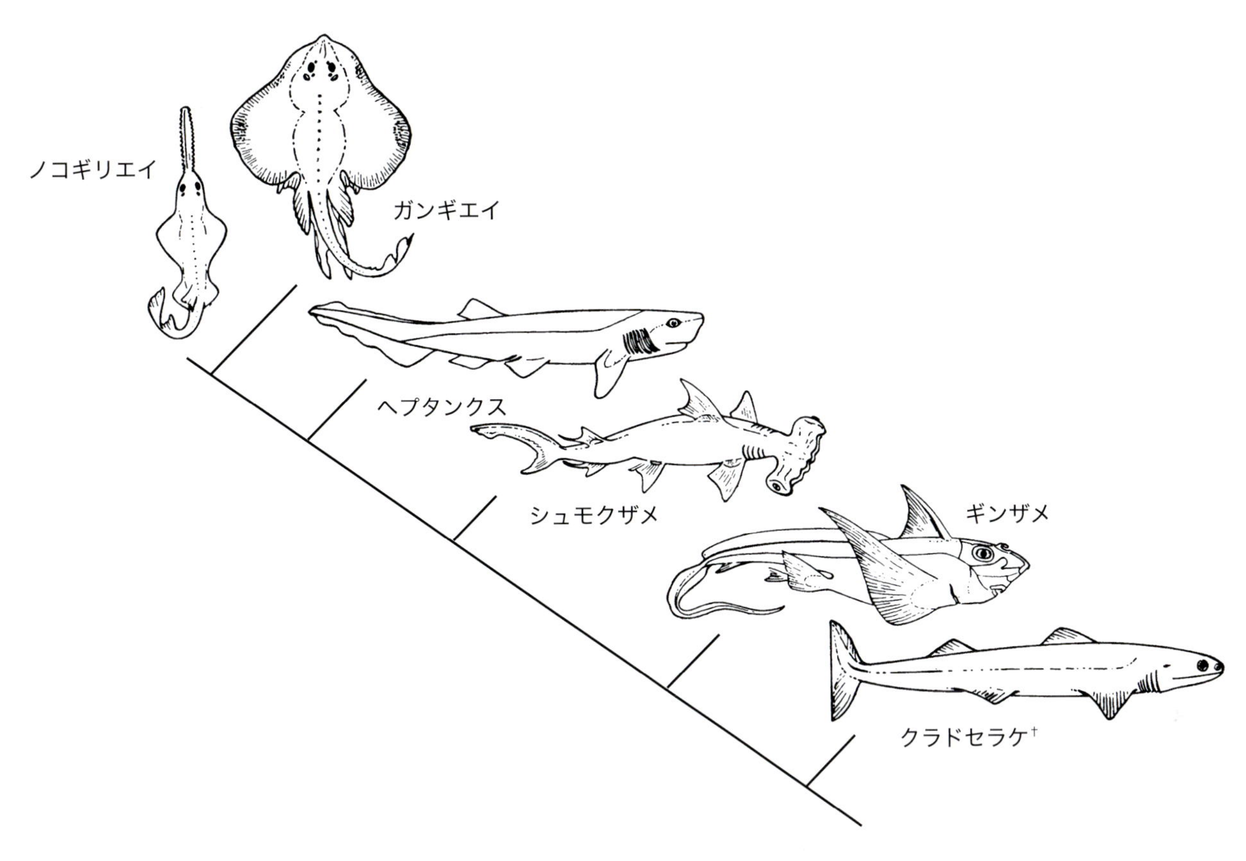

図4–10
代表的な軟骨魚類の類縁関係を示す１つの仮説。この仮説は図 4-11 で示す２つの仮説の内の１つ（分岐図の左側）。（†）は絶滅種。

五大湖に住んでいる。淡水の小川に住むカワヤツメは寄生性ではない。こうしたヤツメウナギは性成熟に達すると摂食をやめ，産卵し，他のヤツメウナギと同様，その後まもなく死ぬ。

ヤツメウナギと有顎類（＝脊椎動物）の関係を示唆するものは体幹の脊椎様要素の存在と，２つの半規管と，電気受容器と，その他多くの形質がある。

有顎類（顎口類）：板皮類

古生代に有顎類の３群，板皮類（図４–２，４–９），軟骨魚類（図４–２，４–10，４–11），真魚類（アカンソジース類［棘魚類］図４–２，４–12 および硬骨魚類図４–２，４–13～４–15）が進化した。見慣れない姿をした有顎魚の優勢な２群，板皮類とアカンソジース類（棘魚類）（図４–９，４–12）は古生代に存在した。板皮類は，軟骨魚類＋真魚類の姉妹群に相当し，甲皮類の祖先から進化した。真魚類の間では，アカンソジース類（棘魚類）は硬骨魚類（葉鰭類と条鰭類）に対して姉妹群である。

板皮類 placoderms（骨質の真皮板から名づけられた）は，対をなす胸鰭と腹鰭を持つ（図４–９）。このなかでもよく知られているのが**節頚類** arthrodires である（図４–９，ダンクルオステウス）。１個の重い骨性の盾（防御物）で頭部と鰓部（咽頭部）を覆い，もう１個の盾で体幹の一部を覆っていた。両盾は可動性の関節をなし，これにより名をつけられた（*arthro* 節，*dir* 頚はギリシャ語由来）。体の他の部位は，小さな骨性の鱗を持つか，あるいは後期の動物ではむきだしであった。節頚類は動きの早い捕食者であったようだ。

胴甲類 Antiarchs（図４–９，ボトリオレピス）は装甲を持つ小型の板皮類で，頭頂部に眼があり，腹部が平たく，海底魚であったことを示唆する特徴を持っていた。板皮類のなかには体長 4.5 ～ 6 mに達するものがいるが，大部分はもっと短かった。板皮類はデボン紀にアカンソジース類（棘魚類）とともに繁栄したが，その後急速に消滅に向かった。

板皮類と他の有顎魚類との系統発生での類縁関係は，推測の域を出ない。現在の証拠から，板皮類は基本的な有顎類で，他の有顎類に対して姉妹群であることが示唆される（図４–３）。板皮類は子孫を残さず消滅した。

軟骨魚類

現存する軟骨魚類は通常，２つの亜綱に分類される。**板鰓類** Elasmobranchii はサメ，エイ，ガンギエイ，ノコギリエイを含み，**全頭類** Holocephali にはギンザメがいる（図4-10，17-2b 参照）。こうした魚は鱗と歯以外には体に硬骨を持たない。

口は，クラドセラケのような古生代のサメを除き，先端というよりも腹側面にある（図4-10）。**楯鱗** placoid とよばれる独特の真皮性の鱗は，基板とゾウゲ質の骨性棘からなり，この棘は表皮から突出していて，サメの皮膚にサンドペーパーのような手触りを与える。雄の腹鰭の骨格は変化し，雌の生殖器に精子を送りだす際の抱接器（鰭脚）となっていて，受精は体内で起きる。卵は多黄卵であり，卵生種では卵はしばしば角質あるいは革様の卵殻で包まれ，殻は周辺の植物に付着根として絡みつく巻きひげを備えている。

板鰓類

板鰓類の分類群は，サメの古生代から現在までの多くの目，ガンギエイ，エイおよびノコギリエイからなる。鰓裂は肉質あるいは骨性の鰓蓋で被われるよりも，むしろむきだし（露出）になっており，通常は5対であるが，カグラザメ *Hexanchus* は6対，ヘプタンクス *Heptanchus* は7対の鰓裂を持つ。クラドセラケの鰓裂が7対であることから，サメの原始的な鰓裂数は7対であったのだろう。この数は有顎魚類のなかで最も多い。

第一鰓裂の前方には，通常，呼吸孔があり，その壁には小さな鰓様の表層（偽鰓）を備える。古生代のサメの尾鰭は異尾で，これは古生代で優勢な型であり，現代のサメやガンギエイやエイでも変わっていない（図10-17a 参照）。

サメ（**ツノザメ目** Squaliformes）の解剖は，その基本的な構造から有頭動物の比較形態学を学ぶ出発点として価値がある。もし，一般化した有頭動物の設計図（すべての有頭動物の体構造に対して予備的な洞察を与えることのできる構成パターン）を探そうとするならば，サメよりもよい例をみつけるのは困難だろう。最もよく研究に利用されるものは，大西洋の胎生のアブラツノザメ *Squalus acanthias* で，背側の鰭のいずれもが突きでた棘を持つために命名された。スポッティングアブラツノザメ *Squalus suckleyi* は太平洋産のツノザメ類である。

エイ，ガンギエイ，ノコギリエイ（**エイ類** Rajiformes）は背腹方向から圧迫された体形で，前方の鰭が頭部と体幹の両側で全域にわたって付着し，幅の広い，波状で，翼様の移動器官を形成している（図4-10）。5対の鰓裂は腹側にあるが（図13-7a 参照），呼吸用の水の主要な流入経路である呼吸孔は背側に留まっている。エイやガンギエイのほとんどは海底の泥をさらって軟体動物を食べている。呼吸孔の位置は，海底での採餌によって舞い上がる泥や残骸を呼吸のための水から除く。

一方，マンタは濾過摂食を行う。エイ類の尾は筋性の移動器官から，細い，しばしばムチ状の防御器官に変わっているが，ある種のものでは攻撃器官となる。シビレエイでは，獲物を動けなくする高圧電流を放出できる発電器官を収容している。アカエイでは棘の並んだ尾を持ち，この尾は傷を負わせ，しばしば毒を含んでいる。ノコギリエイはノコギリザメと紛らわしいが，わずかであるがエイ形である。その剣は小魚を突き刺し，海底をかき回して潜っている動物を探す。

図4-11
現存する板鰓類の類縁関係を示す２つの仮説。右の分岐図は現代のサメ類を単系統群とする。これに対して左の分岐図は，サメ類は側系統群であることを示唆する。

現存する板鰓類の関係を図4-11に示す。別の仮説を文献に示しているが，その1つは，ツノザメ類が自然なグループ分けではないことを示唆する（図4-11の左側の分岐図）。

全頭類

キメラ（ギンザメ）は体表のほとんどで鱗を欠く。鰓裂を隠す鰓蓋は肉質で，呼吸孔は閉じている。上顎は，板鰓類のものとは違って，軟骨性の頭蓋と固く癒合しており，歯の代わりに顎の上の硬く平坦な骨質の板があり，エイの餌と同様にギンザメの餌となる軟体動物の殻を砕く。

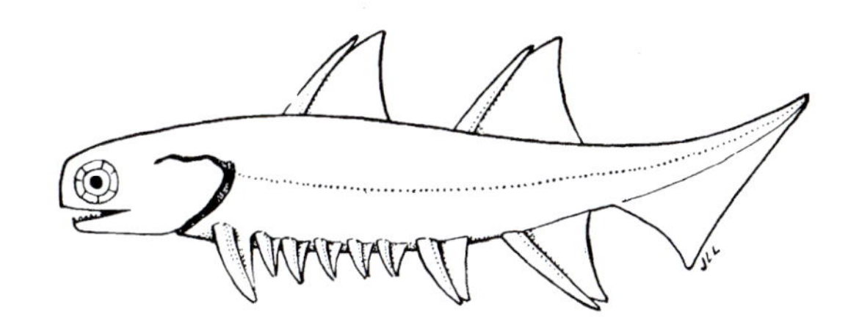

図4-12
アカンソジース（棘魚）。

アカンソジース類（棘魚類）と硬骨魚類

アカンソジース類（棘魚類） acanthodians と**硬骨魚類** osteichthyans は，軟骨魚類に対する姉妹群となる真魚類のグループにまとめられる（図4-3）。

アカンソジース類（棘魚類）

アカンソジース類（棘魚類）（図4-12）は，その名が示すように，絶滅した有棘魚である。頑丈で中空の棘は正中鰭や有対鰭にあり，ある種では，さらに対をなす棘があり，おそらく体壁の側面に沿って広がる鰭状の膜と関連している。甲皮類や板皮類のように，体は小さな鱗からなる骨質の装甲で，頭部は真皮板で被われていた。大部分のアカンソジース類（棘魚類）はわずかの体長であるが，1.5 mに達するものもあった。骨格は硬骨と軟骨からできていて，サメ類とは異なって，鰓裂を覆う大きな鰓蓋を持っていた（原始的には長くなった鱗で，補助的な鰓覆いがつき，1個の鰓蓋になった）。

アカンソジース類（棘魚類）の棘はシルル紀初期でみられる。化石はデボン紀や石炭紀に多く，その後は地質学の記録から消失する。

硬骨魚類

硬骨魚類は硬骨を持つ魚類のすべてを含み，私たちになじみが深く，その末裔が四肢動物となる魚類である。硬骨魚類を特徴づけるのは，気嚢（肺または鰾）であり，頭部や前肢帯の皮骨の大きなまとまりが存在することである。気嚢は二次的に消失することもある。

この魚類群は有対の付属肢（鰭）の構造に基づいて，**条鰭類** Actinopterygii（放線状の鰭を持つ魚）と**肉鰭類** Sarcopterygii（葉状の鰭を持つ魚と四肢を持つその子孫）に細分される。

条鰭類

条鰭類は古代および現代の硬骨魚類で，その膜状の鰭は，体壁内にある基礎となる骨格要素から放散する細い鰭条で支えられている（図10-13参照）。それゆえ，鰭は葉状となっていない。鰓裂は骨質の鰓蓋で被われ，気嚢（鰾または肺）は通常存在し，内鼻孔を欠く。

古生代の間に骨質の皮膚装甲や鱗はガノインとよばれるエナメル質で表面を被われ（図6-29c参照），尾鰭は古生代のサメと同じように異尾であった（図4-13，チョウザメ）。この両特徴をすべての条鰭類が持っていたが，最近の種では消失した。現存する条鰭類は，原始的な条鰭類と**新鰭類** Neopterygii の2群として評価することができる。

原始的な条鰭類

原始的な条鰭類のなかで，最も古いと知られる放線状の鰭を持つ魚がいる。まず**パレオニスカス類** paleoniscoids である。これは古生代の魚で，デボン紀から中生代の初期まで繁栄し，その後，残存種（遺残）だけが残った（図4-2）。それらはアフリカの淡水魚である**ポリプテルス** *Polypterus* と**カラモイクチス** *Calamoichthys*，チョウザメおよびヘラチョウザメである。こうした遺残種の代表的なものを図4-13に示す。

ポリプテルスとカラモイクチスはパレオニスカス類の特徴を持つ。すなわち，大きな硬鱗（ガノイド鱗），よく骨化した内骨格，気道により咽頭に続く気嚢（肺）を持ち，気嚢は空気呼吸を可能にする。これらの魚類は，時には，アフリカの肺魚とよばれるが，肺魚類と混同してはならない。

チョウザメ sturgeons と**ヘラチョウザメ** paddlefishes は内骨格を持つが，胚期の軟骨の大部分が他の硬骨魚類のように硬骨に置き換わらなかったため，内骨格はほとんどが軟骨性である。鱗はガノインを欠き，ヘラチョウザメの皮膚は，小さな骨性の鱗に被われた尾を除き，むきだしである。**軟質類** Chondrostei という分類群はほとんどが絶滅した単系統の集団で，チョウザメとヘラチョウザメはこの群に割り当てられる（図4-13）。

新鰭類

新鰭類の分岐群（クレード）には，現存する中生代の条鰭類（ガー［ガーパイク *Lepisosteus* を含む2属］とアミア［*Amia calva* 1種］）およびもっと最近の鰭条を持つ巨大な魚群，すなわち**真骨類** teleosts が含まれる（図4-14）。従来の進化分類学で単系統の全骨類に分類されていたガーとア

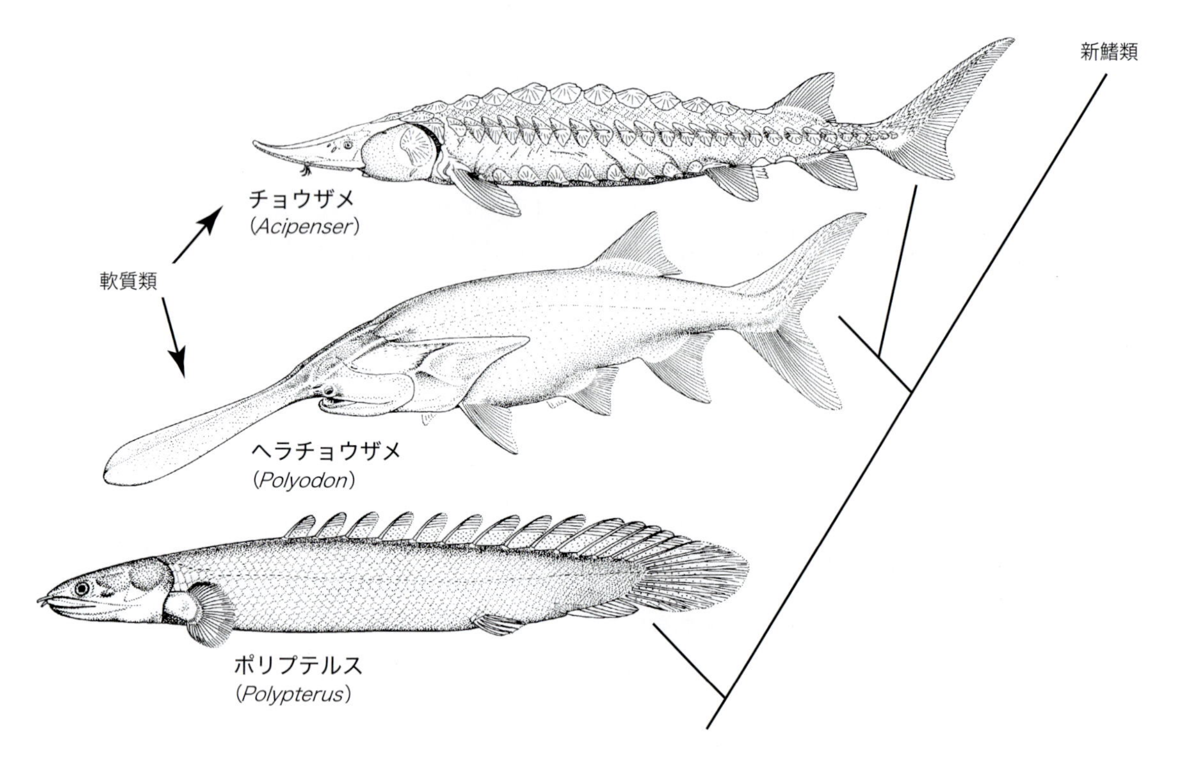

図4-13
条鰭類の推定される関係。図は原始的な3種の分類群。

ミアは，別の分岐群（クレード）に置かれた（それぞれギングリモディとハレコモルフィに）。真骨類は分類群の真骨区に置かれている（図4-3および巻末の付録参照）。

ガー gars と**アミア** bowfins は淡水魚である。ガーの体幹と尾は硬鱗（パレオニスカス類の硬鱗の変化したもの）で被われる（図6-29c，6-30 参照）。アミアの体幹と尾は現代魚の鱗を持つ。内骨格の多くは両属ともに骨化しているが，頭蓋（神経頭蓋）は大部分が生涯軟骨のままである。

真骨類は1番最近になって進化した条鰭類で，それゆえに現代魚と称される。地質年代のレベルからみれば現代であるが，約6,500万年も存続してきたものもいる。鱗は真皮にあり，薄く，柔軟になった。頭蓋の皮骨は一般に他の硬骨魚類よりも薄くなり，数も増加する。顎と口蓋はより独立して動きやすくなり，多くの種では腹鰭が前方に移動し，体は数え切れないほどの方法で変化してきており，結果として地球のすべての水域のニッチ（生態学的地位）を占める生物となった。種の数は中生代以来爆発的に増加し（図4-2），2万3,000種以上の現存種は現在生存している魚類全体の96%を占める。

有対鰭を失った長く細い真骨魚がおり，短く太って帆状の背鰭を持つもの，透き通ったもの，尾で立つ魚，頭の同じ側に両目がある魚，提灯を持つ魚，木に登るもの，孵化前の卵を口のなかにいれておくもの，タバコのパイプのようにみえるもの，潜望鏡のような眼を持つもの，その他何百という風変わりな属がいる。こうした魚類は大陸棚から遠く離れた深海に住み，小さな小川で跳びはねており，夜な夜な陸地に進出する。様々な体色を表すが，比較的少数の色素細胞が，無数の光を散乱する結晶に補われすべての色合いに対応している。

肉鰭類（葉鰭類）

肉鰭類は，有対鰭の基部に顕著な肉質の葉を持つ硬骨魚類で，付属肢が体肢（脚）に変化した四肢動物の子孫も含む。葉鰭は鰭の骨格の一部を含む（図4-15，10-44a 参照）。葉鰭類（魚類）の大部分は口咽頭腔に開く内鼻孔も持ち，ガスで満ちた気嚢を持っている。鰓裂は第二咽頭弓から後方に伸びる骨質の鰓蓋で被われている。

2つの主要なクレードがある。⑴**空棘類** Actinistia すなわちシーラカンス類と⑵**扇鰭類** Rhipidistia で，扇鰭類には**肺魚類** Dipnoi と両生類の祖先が含まれる。この2つのクレードはデボン紀の初期にはっきり分かれた。デボン紀以前の祖先についてはわかっていない。

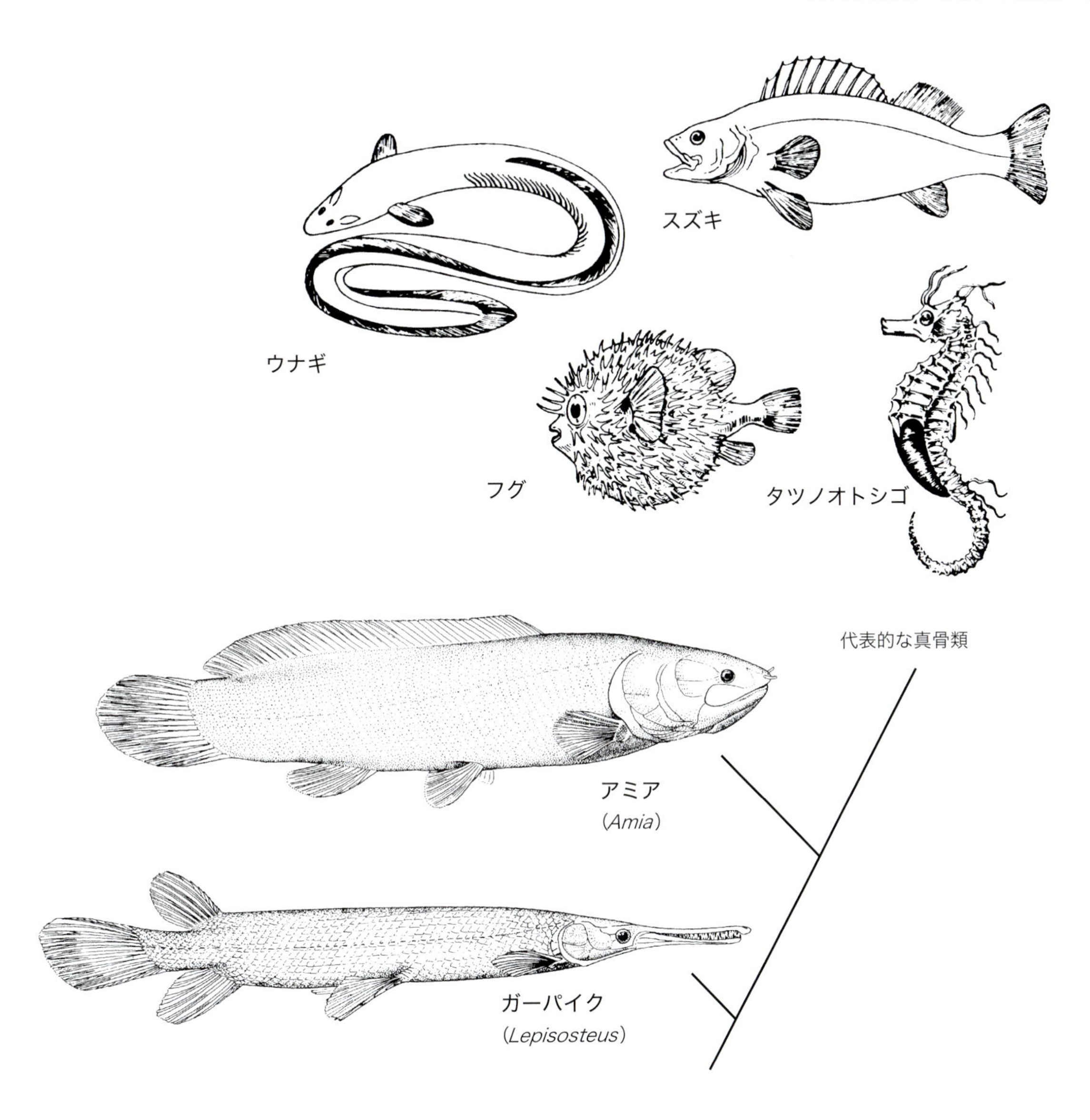

図4-14
新鰭類の推定される関係。

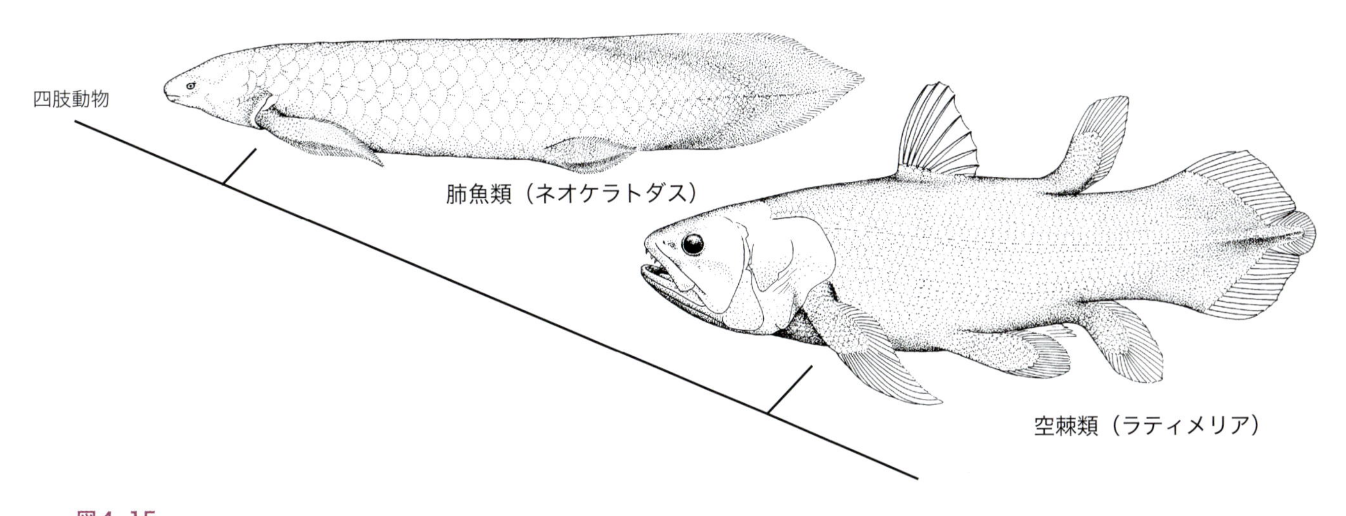

図4-15
現存する肉鰭類の推定される関係。現生の肺魚と空棘類の遺残種を図に示す。

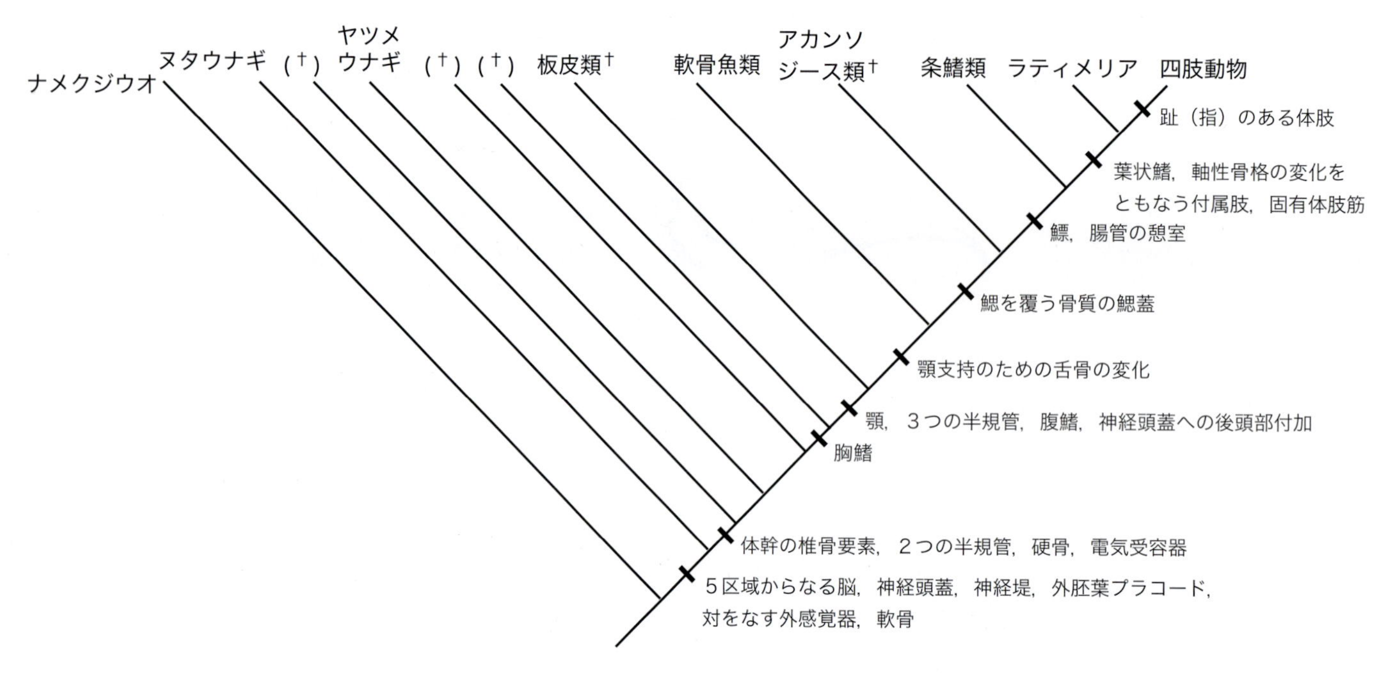

図4-16
原始的な有頭動物の推定される類縁関係のまとめ。ナメクジウオを外群として加えている。３カ所の名称のない絶滅した原始的な無顎類は，多くの化石種と現存の無顎類との類縁関係を理解させるためのものである。個々のクレードを特徴づける共有派生形質のいくつかを分岐図の右に示す。（†）は絶滅種。

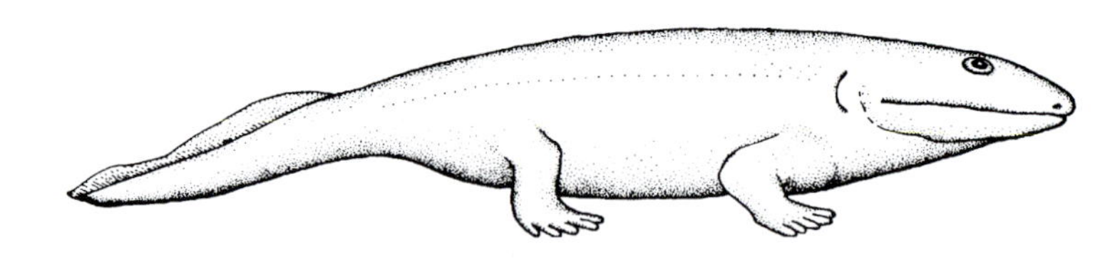

図4-17
グリーンランドで発掘されたデボン紀の初期迷歯類イクチオステガの復元図。後肢は７趾（指）を，前肢は少なくとも６趾（指）持ち，骨格を復元したときの５趾（指）よりも多い。

空棘類

空棘類は，例外の１種，シーラカンス類の残存種であるラティメリアを除き，すべて絶滅した。マダガスカル島沖の深海でラティメリアが発見されるまで，シーラカンス類は6,500万年以上前に絶滅したと考えられていた。陸生有頭動物の起源を理解する鍵と考えられると，ラティメリアは多くの研究の焦点となった。

扇鰭類

扇鰭類の葉鰭内の骨格要素は，初期四肢動物の体肢の近位骨格要素に密接に対応している（図10-44参照）。頭蓋骨は最初の両生類に類似し（図9-8参照），時には肺として用いられたであろう気嚢を持ち，大部分のものが内鼻孔を持っていた。この内鼻孔は呼吸に使われたのではないようであった。

クラウティアとアールバーグ Cloutier and Ahlberg (1996) の提唱した新しい仮説は，肺魚を扇鰭類に置いている。これに対立する仮説は，肺魚を扇鰭類から除き，空棘類＋扇鰭類に対する姉妹群，あるいは扇鰭類の姉妹群のどちらかとした（図4-3は肺魚の関係を未解決のままにしている）。こうした動物が生存する環境への従来の説明は，淡水の生息地を提唱する。しかし，新たな解析（堆積学および地球化学の両方から）は，肺魚を含む扇鰭類の化石の多くが，海洋の周辺域を生息地としていたことを示唆する。

肺魚類

これらの葉鰭を持つ魚は，渇水期にのみ呼吸のために気嚢を使う少数の条鰭類と区別するため，時には“真の”肺魚とよばれる。肺魚には，アフリカのプロトプテルス *Protopterus*，ブラジルのレピドシレン *Lepidosiren*，オーストラリアのネオケラトダス *Neoceratodus* の現存する３属が知られている。鰓は役に立たず，プロトプテルスとレピドシレンは水のなかへ沈めると呼吸困難になる。なぜならこれら肺魚は空気に依存し，気嚢は酸素に依存しているからである。一方，ネオケラトダスは水中の酸素が少ないときを除いて，鰓を利用している。

雨期の間，肺魚類は小川や沼に住むが，雨がやみ，熱帯の太陽が環境を乾燥させると，アフリカ産やブラジル産の肺魚は泥のなかに深い穴を掘って潜り，乾燥した暑い季節を夏眠して過ごす。低下した代謝は水分の損失を最低レベルとし，栄養や酸素の需要を減らす。

肺魚は両生類に多くの点で似ている。肺魚と両生類の両方で（アミアとポリプテルスでもみられるが），鰾あるいは肺は咽頭に続く導管を持ち，真骨類の背側大動脈に代わって，第六動脈弓の分枝から血液供給を受ける。心房は部分的に2つに分かれている。肺魚と両生類は両者とも，通常外鰓を持つ幼生期があり，内鼻孔を持つ。

肺魚を扇鰭類として受け入れるとすると，現存する分類群のなかで，こうした動物は四肢動物に対して姉妹群になる，ということを忘れてはならない。肺魚と四肢動物の本当の類縁関係を理解するには，多くの化石の分類群を調査するまで待たなくてはならない。図4–3，4–16には魚類からの仮定的な系譜を示す。

両生類

原始的な四肢動物は様々に細分類されてきたが，そうしたグループの間での類縁関係は不明なままであった。多くの原始的な分類群は，歯の横断面にみられるゾウゲ質の迷路状の独特のヒダを共有している。この特徴が多様なグループを**迷歯類** Labyrinthodontia に置く根拠となった（今では側系統群として認められている）。石炭紀までの多くのグループは**切椎類** Temnospondyli，**古竜類** Anthracosauria，**細竜類** Microsauria として認められている。

現存する両生類（**滑皮両生類** Lissamphibia）のこうしたグループとの類縁関係は何か？　ある仮説は，滑皮両生類は切椎類に対して姉妹群と推測する（図4–3）。これとは逆に，滑皮両生類は切椎類の祖先から進化したかもしれない（図4–18）。両生類の類縁関係について，伝統的に定義されたものとしての両生綱は，羊膜を持つ子孫を除いた側系統群である。両生類の起源と陸上生活との相関関係はわかっていないが，引き続き生じた突然変異と自然選択が，原始的な両生類の子孫を陸上生活へますます適応させ，陸上への適応は有羊膜類の出現で最高点に達した。

迷歯類

最古の両生類は沼に居住する**迷歯類** Labyrinthodonts であった（図4–17）。迷歯類のなかでも**イクチオステガ** *Ichthyostega* が最も古く，デボン紀に出現した。

迷歯類は広く大きく放散する多様な集団であったが，それぞれの類縁関係は化石での証拠がないためにわかっていない。迷歯類の椎骨の構造は，系統発生の系譜を再構築する際に極めて重要な役割を果たし，特に有羊膜類に対して迷歯類を祖先と同定するのに役立った。迷歯類の椎骨の形態をもとに，古生物学者は，ステレオスポンディリ型椎骨やエンボロメリ型椎骨を持つ化石の両生類は，有羊膜類の系列ではないとの意見であった（図8–10 参照）。

迷歯類は現存する両生類ではめったにみられない特徴を多く持っていた。それは皮膚の真皮中にある小さな骨質の鱗であり，真皮性の鰭条に支持された魚様の尾であり，扇鰭類に似た頭蓋骨であった。皮膚の直下にある頭蓋骨の溝は，迷歯類が水生の祖先と同じように，水域環境をモニターする神経小丘器官の感覚管系を持っていたことを示す。現代の水生両生類はこの系を持つ。陸生の種は，変態の際にこの系を失う。迷歯類は現在のイモリ程度の小さいものから，現在の最大のワニ程度の大きさのものまでいた。それらの1種か別の種が最初の有羊膜類の祖先であった。

初期の両生類のなかに，最後の迷歯類以前に絶滅した小型種の様々な分類群がある。そのなかには体肢（脚）を欠くもの，サンショウウオに似たもの，現存する両生類のどれとも

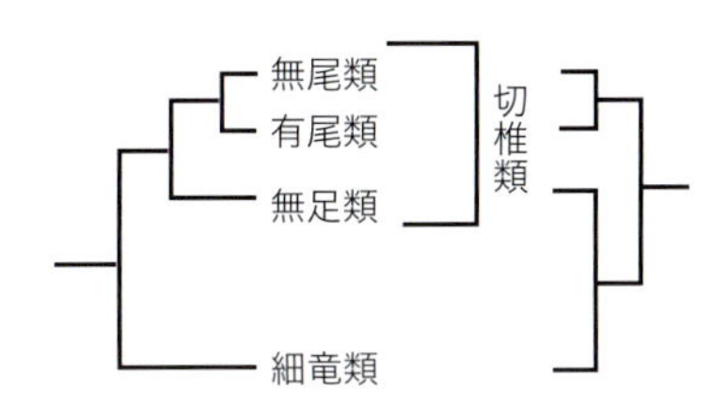

図4–18
滑皮両生類と絶滅した両生類の関係についての相反する仮説。左の分岐図は，現代の両生類の単系統群が，絶滅した切椎類と最も密接な関係にあることを示す。これに対して，右の分岐図は，滑皮両生類が絶滅した細竜類により近縁な無足類と二系統群であることを示唆している。

図4–19
無足類。環状の構造はおそらく穴を掘るのに役立つだろう。

似ていない大きく奇怪な三角の頭蓋を持つものがいた。1つの細分類群である細竜類は，現存する両生類の起源を理解するのに重要である。

切椎類

切椎類 Temnospondyls は二畳紀（ペルム紀）の一般的なグループで，化石の記録ではミシシッピー紀（石炭紀前期）までさかのぼる。切椎類を構成する動物は，現代のカエルやサンショウウオとの近縁関係を示唆する骨格の類似点を多く持っていた（図4-18）。

一連の成長過程の化石コレクションは，滑皮両生類は異時性の推移の結果として進化したことを示唆する。滑皮両生類での骨格の特徴の多くと相対的に小さなサイズは，祖先である切椎類の未成熟時の特徴を保持している（幼形進化）として説明できるが，アシナシイモリ類の状態はこのシナリオには簡単には合わない。おそらく細竜類から独立した起源であることを示唆するのであろう。

細竜類

細竜類 Microsaurs は，ペンシルバニア紀（石炭紀後期）から二畳紀前期までに知られる化石の様々なグループを示す。この動物は骨格の特徴の多くがアシナシイモリ類と同じで，このことが互いに近い類縁関係にあるか，あるいは，土中に潜るために特殊化して体が長くなるように収斂したことを示唆すると思われる。

滑皮両生類（平滑両生類）

滑皮両生類 Lissamphibians は現存する3グループを含む。**無足類** Apoda（**ハダカヘビ類** Gymnophiona）は，体肢を欠き土中に潜るアシナシイモリ類が属し，**有尾類** Urodela (Caudata) は，尾を持つ両生類であり，**無尾類** Anura（**跳躍類** Salientia）は，カエル，ヒキガエル，アマガエルが属す。この分類群には，現在のカエルやヒキガエルに骨格系が似ている三畳紀やジュラ紀の無尾類も含む。

両生類を単系統起源と仮定すると，これに代わる仮説（図4-18）は，滑皮両生類は単系統（共通の切椎類祖先）か二系統（無足類は細竜類祖先に由来）のどちらかであると示唆する。無足類の化石の記録は，その大部分が，新生代と白亜紀後期から出土した椎骨のみからなる。しかし，最もよく保存された資料はアリゾナで出たジュラ紀のものである。この化石は頭部と頭部より後方の骨格の両方からなり，頭蓋は無足類型で縮小しているけれど体肢（脚）を持つ。この証拠は滑皮両生類の単系統性を支持する。

表4-1 成体の各種有尾類における鰓，咽頭裂，肺の分布

科	代表的な属	数（対） 鰓	咽頭裂	肺
ホライモリ科	マッドパピー	3	2	有
アンヒューマ科	アンヒューマ	0*	1	有
サンショウウオ科	サンショウウオ	0*	0	まれ
オオサンショウウオ科	オオサンショウウオ	0*	1	有
イモリ科	ブチイモリ	0*	0	有
アンビストマ科	アンビストマ	0*	0	有
プレトドン科	プレトドン	0*	0	無
シレン科	シレン	3	3〜1	有

*：永続鰓性の個体もまれにいる。

無足類

無足類（アシナシイモリ類）は亜熱帯地方の肢を欠く両生類で，少数の水生のものを除いて，沼地のようなところで土中に潜って住んでいる（図4-19）。眼は小さく，50種以上の無足類のなかには，頭蓋の下に眼が埋め込まれているものもいる（これは地下に住むことの原因なのか結果なのか？この説明は単純化しすぎているわけではない）。

いくつかの種では小さな鱗が真皮にある。大部分のアシナシイモリ類は約30cmの長さであるが，あるものは1m以上の長さに達し，250個もの椎骨を持っている。排泄口は体の端にあり，そのため尾は非常に短い。陸生の種は卵黄の多い大きな卵を産み，

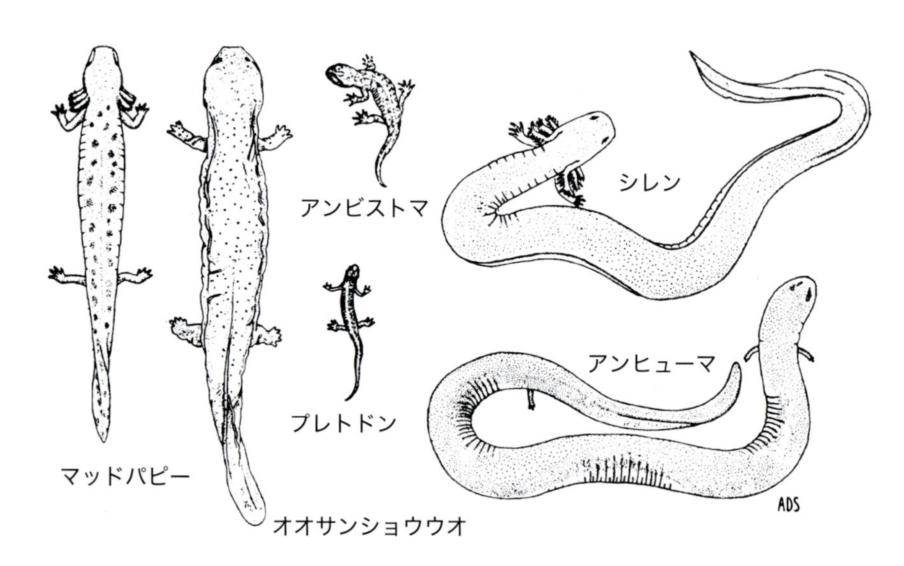

図4-20
代表的な有尾類。

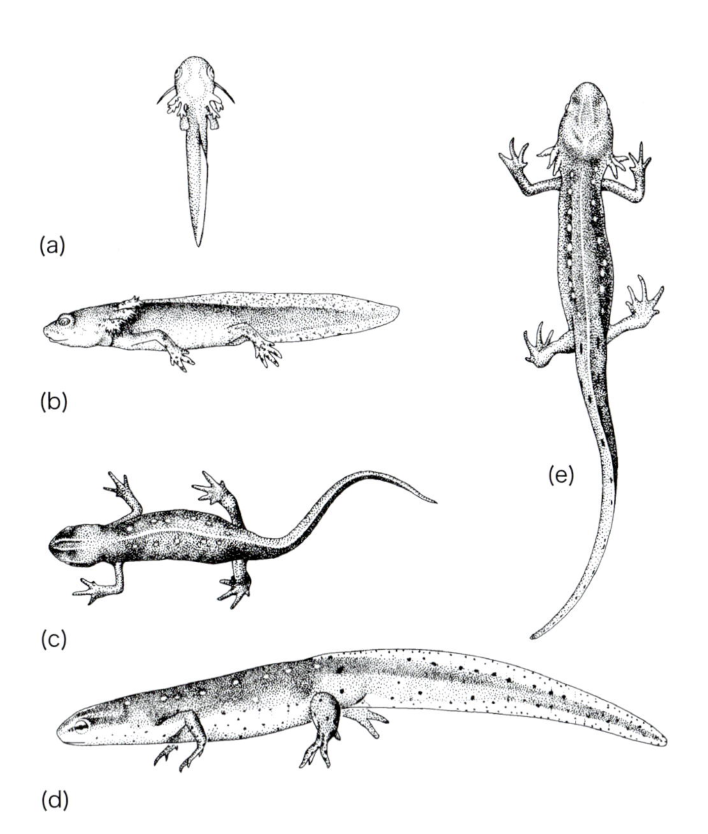

図4–21
ブチイモリの生活史。(a) 孵化直後の幼生（7 mm）。眼の後に平衡器，鰓がわずかに分岐。前肢は棍棒状。後肢は未形成。山稜のような背と尾。(b) 幼生後期。(c) 地上性のエフト。(d) 成体の雄（95 mm）。(e) 異時性の成体。（a）を除き，すべて同じ縮尺。

幼生期は卵膜に包まれている。水生のいくつかの属は胎生である。

有尾類

有尾類には８科あり（**表4–1**），そのうち６科を**図4–20**に示す。**ホライモリ科** Proteidae と**シレン科** Sirenidae（それぞれマッドパピーとシレンで代表される）は，永続鰓性，すなわち，幼生の鰓と１個以上の鰓裂を生涯保持する。その他の科でも，地域によって少数の永続鰓性の群を生じることがあり，時には同じ池で完全に変態した個体と同居していることもある。いくつかの地域では，ヨウ素化合物あるいは甲状腺ホルモンを投与すると，永続鰓性の個体は完全に変態する。

マッドパピー *Necturus* は北アメリカで唯一のホライモリ科の属である。マッドパピーはおよそ５年で性成熟に達する。ヨーロッパ産の近縁種であるホライモリ（プロテウス）は盲目で暗い洞窟に住む。**シレン** *Siren*（シレン科）は後肢を欠き，泥だらけの溝や水草の繁茂した湖や池に住む。

プレトドン *Plethodon* は，プレトドン科の他の大部分のものと同様，変態の際に鰓を消失するが，肺は発達しない。この動物は湿潤な場所に住み，熱帯を除き，卵を湿った倒木の下や洞窟で産む。呼吸は皮膚を介して行う。幼生は完成した足を持って孵化し，決して水中に入ることはないようだ。

アンヒューマ *Amphiuma* は体長１m に達するウナギ様の有尾類であるが，小さな体肢（脚）がある。ヒトツユビアンヒューマは趾（後肢のユビ）が１本で，フタツユビアンヒューマは趾が２本または３本の亜種を持つ。

アメリカオオサンショウウオ *Cryptobranchus* は広く平たい頭部と皺の多い皮膚のため，獰猛な外観を呈する。皺の多い皮膚はしばしば１個の鰓裂を隠している。

サンショウウオ *Hynobius* は基本的な有尾類で，アンビストマは陸生の属である。メキシコ産のアホロートル axolotl（ウーパールーパー）であるメキシコサラマンダーは，水生の永続鰓性種で実験的に鰓を捨てさせることができる（ショロトル xolotl はアステカの双子の神であり，怪物であった）。

ブチイモリ *Notophthalmus* とイモリ *Salamandra* は真のイモリ（**イモリ科** Salamandridae）である。アルパインサンショウウオは胎生である。ブチイモリ（**図4–21**）は興味深い生活史を送る。水中に住む幼生の数カ月の後，ブチイモリは鰓と鰓裂を失い，足が生じ，**エフト** eft（陸生幼体）となって，陸上生活のために池から出る。皮膚には感覚管系や皮膚腺を塞ぐ厚い角質層が発達する。体は明るい赤橙色となり，背外側面に一連の黒く縁取られた赤い斑点が表れる。このレッドエフト期は地域によって異なるが，１～３年続く。

エフトはプロラクチンの刺激によって性成熟に近づくと，淡水の池に向かって集団移動を始め，そこで交尾し，卵を産む。丸かった尾は，側方から圧迫された形で背側と腹側で山稜様となる。厚い角質層は剥げ落ち，粘液腺や感覚管系の開口部が露出し，体は背部がオリーブグリーンで腹部が淡黄色に徐々に変化し，淡水の池での生活に適した保護色となる。この動物はもはや**イモリ** newt である。ある地域では，幼生は池に留まり，成熟し，生涯痕跡的な鰓を保持する。

無尾類

無尾類 Anurans は尾を欠く両生類で，数個の尾椎が癒合し，１個の長い尾端骨となっている（**図8–13** 参照）。カエルとヒキガエルを識別する形態学的な特徴は１つもない。最も代表的なカエルは**アカガエル科** Ranidae で，長い肢と細い体を持つ。最も代表的なヒキガエルは**ヒキガエル科** Bufonidae である。ヒキガエルはカエルよりも陸生である。ツリーカエルともよばれるアマガエルは，**アマガエル科** Hylidae に属する。無尾類は皮膚と肺で呼吸し，大部分は水陸両生である。Rana cancrivora（タイのカニクイカエル）のような少数のカエルは，塩分のある水に耐性がある。

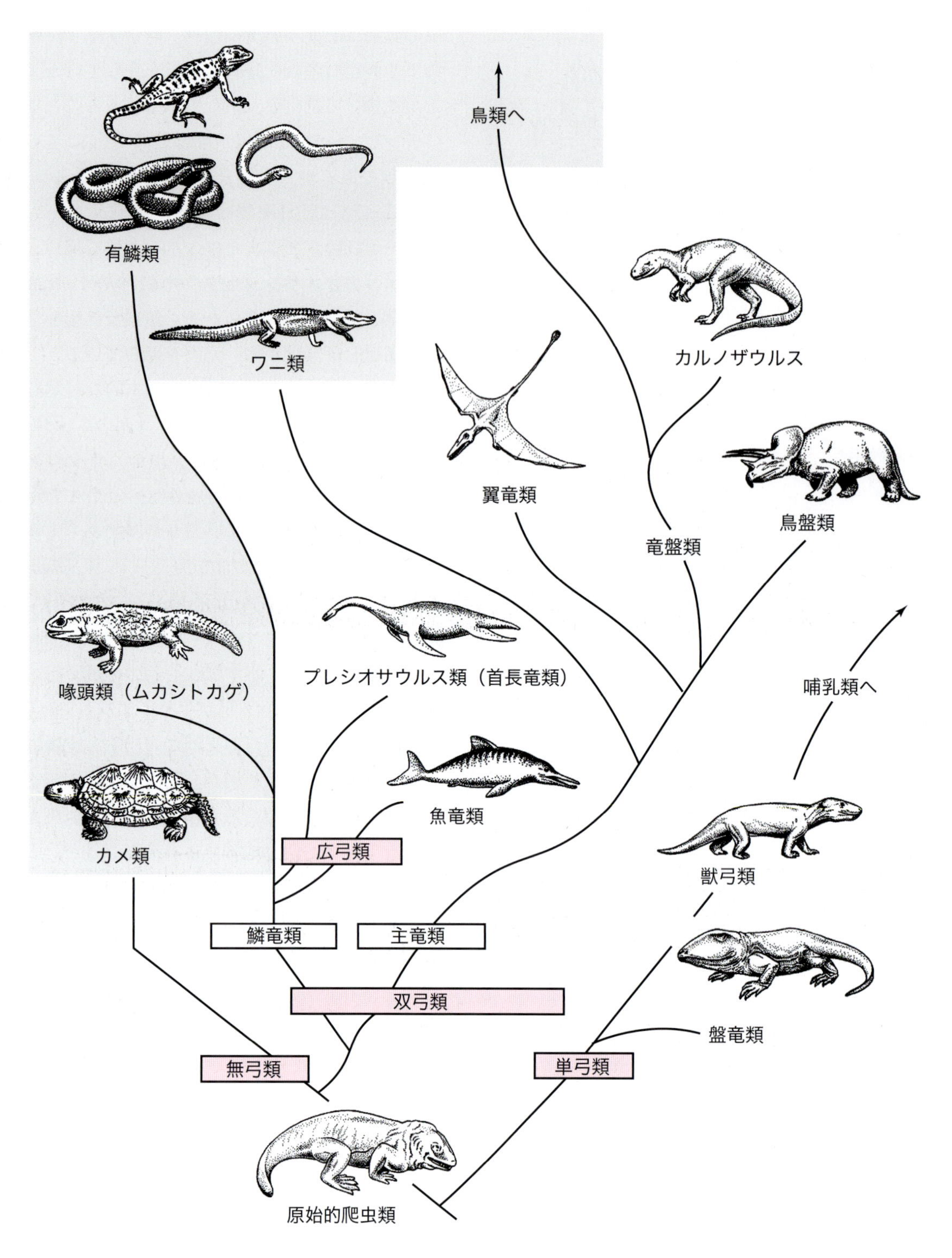

図4–22
有羊膜類の推定される関係。赤色に分類した群は頭蓋骨の側頭部の構成に基づく分類群を反映する。広弓類は双弓類のなかの側系統群で，二次的に1個の側頭窩となったことに注意。灰色は現存する爬虫類を示す（竜弓類）。

大部分の無尾類は降雨の間か降雨の直後でのみ交尾し，ゼリーに包まれた卵を水で満たされた溝や池に産み落とす。オタマジャクシはゼリー状卵膜から産まれ，水中で成長する。しかし，ロバーフロッグ robber frog は，雨滴が満たす岩の割れ目のなか，腐葉土の積み重なりのなか，あるいは水辺から離れ，洪水時の水位よりも高い草山のふもとで産卵する。それゆえ，幼生期は水のある環境にはいない。

適応として，オタマジャクシは変態までゼリー状の卵膜内に留まる。産卵から変態が完了するまでの間隔は，他の無尾類よりもはるかに短い。数種のアマガエルは水中に産卵する

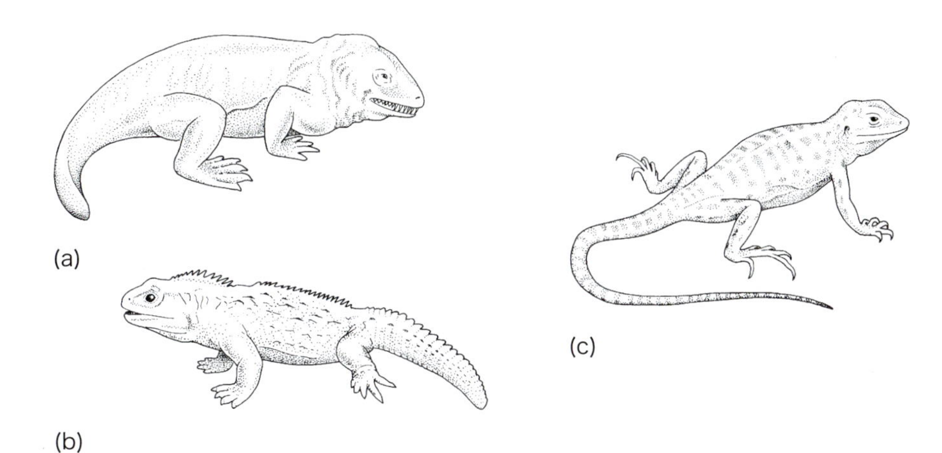

図4-23
(a) 絶滅した原始的な爬虫類。
(b) “生きた化石” ムカシトカゲ。
(c) 現代のイグアナ。

図4-24
卵から出るシャムワニ。
Courtesy of Metrozoo, Dade County, FL.

ことはない。その代わり，発生中の卵を背部皮下の孵卵嚢に入れており，十分に変態したアマガエルが皮膚の開放部から出てくる。よく似た状況はピパ（コモリガエル）属の水生のカエルでみられる。東アフリカのヒキガエル，モロゴロツリーヒキガエルは，コモチガマ属というその名が示すように胎生である。100もの個体が子宮内で発生する。

最も早期の無尾類として知られるトリアドバトラクス（プロトバトラクス）は，三畳紀に出現した。頭蓋は現在の無尾類のものに極めてよく似ており，体も同様に，体幹の脊椎数の減少の結果として短かった。肋骨は短縮しておらず，脛骨と腓骨は癒合せず，骨性の鱗が腹部を覆っていた。

古竜類

古生代の相対的に小さなグループである**古竜類**

Anthracosaurs は，有羊膜類へ直接続く系列と考えられる。それらの化石記録はミシシッピー紀から三畳紀にわたっている。

有羊膜類（爬虫類と単弓類）

胚体外膜を持つことを特徴とする有羊膜類 Amniota は，2つの姉妹分岐群（クレード），爬虫類と単弓類からなる（図4–3，4–22）。分類群としての爬虫類の定義は，年月の経過とともに変化し，現在の教科書では統一されておらず，学生を混乱させている。

最初，爬虫類は現存するカメ，ヘビ，トカゲおよびムカシトカゲ（**喙頭類** Rhynchocephalia）を意味していた。化石を含めることで，爬虫類の用語は非哺乳類，非鳥類の有羊膜類のすべてを含めるように拡張し，こうして単弓類に対して**哺乳類型爬虫類** *mammal-like reptiles* の用語が当てられた。系統発生学的系統分類学の到来により，有羊膜類は単弓類と爬虫類（鳥類を含む）に細分された。歴史的な混乱のため，近年の研究者の一部は，爬虫類に代わって**竜弓類** Sauropsida の使用を推奨している。

爬虫類（竜弓類）

初期の迷歯類の少数のグループ（おそらく古竜類と思われる）から石炭紀の初期に，3億年以上後に有羊膜類とよばれる四肢動物の一群が生じた。その共通の祖先から単弓類と爬虫類の2つの群が進化した。

爬虫類には，化石と現存する爬虫類の2つの細分類群，**無弓類** Anapsida と**双弓類** Diapsida が認められる。こうした動物から，地上での地位を確実にし，空中を征服し，海へ再侵入するなど，白亜紀に大部分の爬虫類が大量絶滅するまでの2億6千万年の間，四肢動物の大勢を占めて繁栄した多様で豊富な子孫の群団が進化した（図4–22，4–23）。ごく少数の子孫が生き残り，それらは生存競争から離れて粘り強く生き残った古代のグループである**カメ類** turtles，トカゲ様の遺残種であるムカシトカゲ *Sphenodon*，爬虫類の仲間に新たに加わった**現代のトカゲ** modern lizards，体肢（脚）を失ったトカゲである**ヘビ** snakes と**ミミズトカゲ** amphisbaenian，**ワニ類** crocodilians と**鳥類** aves である。こうした残存種は，原始的な爬虫類やその子孫に生じた突然変異の累積効果や環境変化の累積効果を反映している。

爬虫類は，両生類の祖先よりも陸上での恒久的な生存によりよく適応できる変化を遂げていた。陸上での生活に合わせようとする傾向は，単弓類の間で同時に進行した。おそらく，主要な変化は3つの胚体外膜 extraembryonic membrane である**羊膜** amnion と**絨毛膜** chorion と**尿膜** allantois の獲得で，彼らはこの膜によって卵を産むために水中に戻る必要性から解放された（第5章「胚体外膜」参照）。羊膜は液を満たした膜性の嚢で，このなかで胚が成長する（図5–13b 参照）。液は嚢の上皮から分泌される。この状況を誇張していえば，母親が産卵のために水辺に行く代わりに，発生中の胚が自分の周囲に自分専用の池を作ることで，卵を地上に産み落とすことができる。

このように両生類の子孫は最初の有羊膜類となった。尿膜と絨毛膜は血管に富んだ1つの膜を構成し，この膜が，もう1つの有羊膜類での革新である多孔性の卵殻に面して，呼吸のための幼生期の鰓の代わりとなっている。

この3つの胚体外膜のおかげで，卵生の有羊膜類は地上に産卵することが可能になり，また実際には，そうせざるをえなくなった。子は幼生期を飛び越えた完全な形で孵化し，自分の餌を探す準備ができている（図4–24）。有羊膜類は産卵のために水辺に戻ることから解放されただけでなく，水生の卵生種は多孔性の卵が水のなかでは水浸しになるので，産卵のために陸に上がらなければならなくなった。

爬虫類は他にも地上生活のための適応を示す。体表面を角質化した表皮細胞の厚い層が覆い，甲板や盾や表層の鱗を構成する。これらは魚類や初期の両生類の骨性の真皮鱗とは異なる。爬虫類の鱗は水を透さず，その結果，空気中で生きる動物に不可欠な水分を保持する。

爬虫類は頭蓋より後位のいくつかの椎骨の特殊化により頚を発達させた。この変化は，1個の後頭顆と一緒になって，爬虫類が地平線を見通せるようにする。後肢帯は2個の仙椎と関節し，さらに力強くなった後肢のためのより頑丈な保定装置となる。指には鉤爪が備わり，新たな腎である後腎が，両生類の腎臓の変化したものとして生じた。心臓は部分的あるいは完全に左右の房室に分かれ，これにより無羊膜類が成し遂げられなかった体循環と肺循環の分離が可能となった。

現存する爬虫類は，魚類や両生類と同様に**外温動物** ectotherms（変温動物）であり，周囲の温度変化に対面し，程度に差はあるが体温を一定に保つことができない。ムカシトカゲとある種のトカゲは副松果体眼を持ち，この器官は環境に露出して，動物が日光にさらされる期間を監視することで体温調節を助けている（図17–19 参照）。これに対して，鳥類とおそらく恐竜類の祖先のいくつかは**内温動物** endotherms（温血動物）であった。

爬虫類は以下の通りである。鱗，鉤爪を持つ大部分が陸生

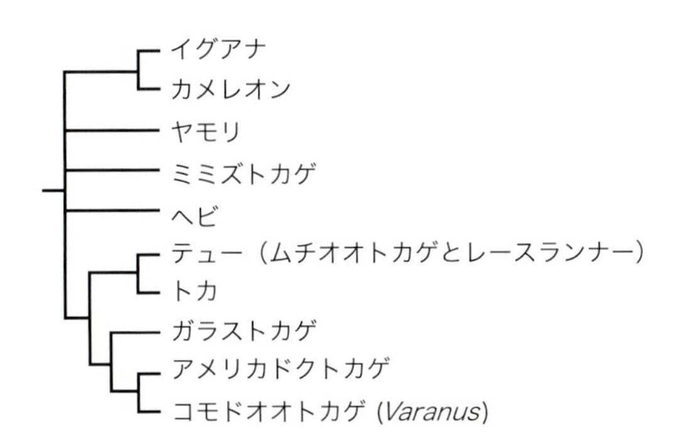

図4-25
代表的な有鱗類の推定される関係。未解決であるが，この仮説は現存するトカゲが側系統群であることを示唆する。

の四肢動物と羽を持つ鳥類で，胎生種を除いて，卵黄が豊富で，卵殻で被われた卵（**閉鎖卵** cleidoic）を地上に産み，胚は羊膜内で発生し，子は完全な形で孵化する。

２つの細分類群，無弓類と双弓類（双弓類の亜群である鳥類を含む）をここで簡単にみてみよう。それらは頭蓋側頭部の**窩** fossa の数をもとにして確立されたもので，無弓類では窩がなく，双弓類は窩が２個あり，新しい種のあるものや絶滅した海洋種のあるものでは変化している（これら用語の由来については巻末の付録を参照）。

無弓類

無弓類 anapsids は頭蓋の側頭部に窩を持たない（図9-15，9-16 参照）。これはカメ類を含む原始的な爬虫類でみられる初期の状態で，カメ類はすべて無弓類に属する。無弓類は，カプトリヌス類とされるグループの絶滅種と側系統群の関係にある（カプトリヌス類もまた側系統群）。原始的な爬虫類はペンシルバニア紀の中期から知られている（図4-2）。双弓類は無弓類の祖先から進化した子孫であり，双弓形の状態はペンシルバニア紀後期の化石で認められる。カメは無弓類唯一の生存種で，三畳紀に他の無弓類から分岐した。

カメの頭蓋は不可解である。側頭窩の徴候は全くないが，他の爬虫類と異なって頭蓋の後部で正中線の両側に深い空洞がある（図9-14b 参照）。この状態の系統発生学的な歴史は明らかではない。その結果，いくつかの分類学ではカメ（**カメ類** Testudinata）を別の亜綱に割り当てている。双弓類との類縁関係も論争されている。ほとんどの分類（本書もその１つ）は，カメを双弓類の姉妹群としている。しかし，近年の分子生物学的研究は，カメ類は双弓類が起源で，無弓類の状態は二次的なものであることを提唱している。

双弓類

双弓類 diapsids はカメを除く現存するすべての爬虫類を含む。中生代に地上を支配し，海洋を遊泳し，空中を飛翔し，その後絶滅した多様に放散した爬虫類も双弓類に含まれる。細分類群の**主竜類** Archosauria と**鱗竜類** Lepidosauria は現存する爬虫類を含む。多くの化石種を考慮すると，双弓類は２つのクレードである鱗竜亜綱 Lepidosauromorpha（鱗竜類と絶滅した海洋生の**プレシオサウルス類** plesiosaurs［鰭竜類］と**魚竜類** ichthyosaurs を含む［図4-22］）および主竜亜綱 Archosauromorpha（主竜類と多くの化石種を含む）に分けることができる。

鱗竜類

鱗竜類には２つの現存種，喙頭類と有鱗類がある（図4-3，4-22）。**喙頭類** rhynchocephalians は原始的なトカゲ様爬虫類であるが，現代のトカゲとは全く異なる鱗，歯，内部形態を持つ。**有鱗類** Squamates は現代のトカゲ，ヘビおよびミミズトカゲである。喙頭類は祖先の双弓型の頭蓋を持っている。有鱗類は適応して変化した双弓型の頭蓋を持つ。

喙頭類　唯一現存する喙頭類はムカシトカゲで，一般にトゥアタラとして知られている（図4-23b）。ムカシトカゲは小さな脊椎動物や昆虫を食べ，体長は 75 cm になる。この動物は 20 年で性成熟し，通常の寿命は 60 年を超える。彼らはニュージーランドとその周辺の島嶼が唯一の生息場所で，そこで絶滅の危機に瀕しているようである。

有鱗類　現存するすべての爬虫類のなかで，トカゲは様々な能力に最も優れた動物である。よく発達した四肢（脚）の筋と適切に構築された骨格系のため，後肢で機敏に地上を走る種や，驚くほど跳躍する種や，平滑な垂直の面に吸いつく指先の吸着盤を持つ夜行性のヤモリのような種や，肋骨で支持される体側壁の拡張で滑空するトビトカゲのような種がいる。少数のトカゲは体肢を欠くか，あるいは体肢の痕跡だけを持つ。あるトカゲは盲目であり，別のトカゲは透明な眼瞼（**スペクタクル** spectacles）を持つ。第三眼瞼，すなわち**瞬膜** nictitating membrane があり，歯は歯槽に埋まっている。

イグアナ属のトカゲはさらに一般化している。イグアナは樹上性で，厳格な植物食性の種であり，海藻を餌とするため海中に入る。最大のトカゲは，インドネシアのコモドオオトカゲで，体長 2.75m，体重 115kg に達する。北アメリカの砂漠にいるツノトカゲ horned toad（サバクツノトカゲ *Phrynosoma*）は，英語名ではヒキガエル toad という言葉

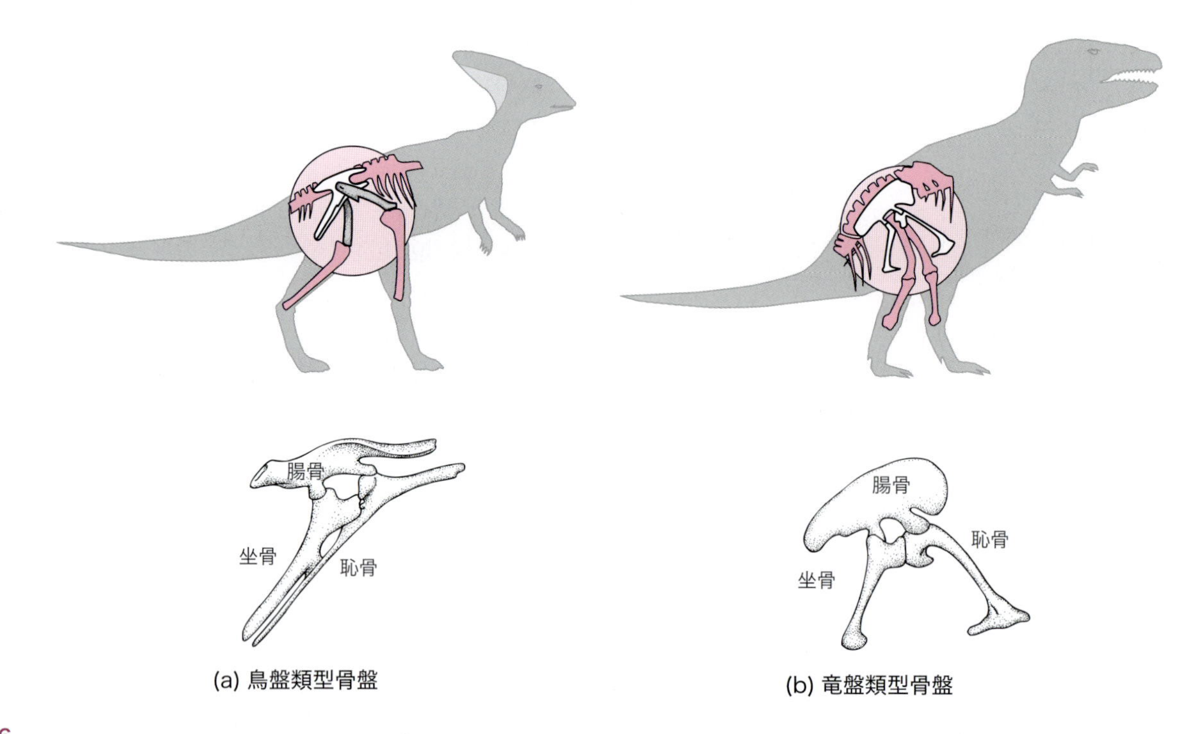

図4-26
２つの恐竜群を識別する骨盤の側面観。(a) 恥骨が坐骨と平行して後方に向く鳥様の骨盤。(b) トカゲの骨盤 - 恥骨は腹側に向く。鳥類（竜盤類の細分類群）は，鳥様の骨盤を別途に獲得したことに注意。

がついているが，トカゲである。

ヘビはトカゲから進化した。四肢を失い，別の移動様式を獲得した。それには腹側の大きな鱗である鱗甲と肋骨をつなぐ筋との独特のセットが含まれる。体肢を欠くにもかかわらず，ヘビは山岳，砂漠，樹上，淡水，海洋に生息する。海洋生のヘビのほとんどは胎生で，産卵のために地上に戻る必要がなくなった。

ミミズトカゲは体長 30 〜 70 cm の地下性のトカゲで，四肢はほとんどなくなり，潜穴性の無足類に似た環状の体をしている。鼓膜や眼は不透明な皮膚で被われている。およそ120 種いる。

現存する有鱗類の類縁関係を図4-25 に未解明の仮説として示す。ヘビとトカゲはしばしば別のグループとして考えられるけれど，図4-25 に示した仮説は，ヘビがトカゲに由来すると認めるならば，それほど並外れてはいない。

プレシオサウルス類と魚竜類　プレシオサウルス（鰭竜類 Sauropterygia）と魚竜類は海洋生爬虫類である。これらは恐竜と同時代であるが，恐竜と異なり，頭蓋の両側に 1 個の背側側頭窩を持っていた（“広弓型” 頭蓋）。

1 個の背側の側頭窩は，双弓類の祖先にあった下方の窩の欠失の結果であると推測されてきた。こうした理由で，この爬虫類は双弓類と一緒に分類された（図4-22）。広弓型の状態は進化的収斂の結果であり，２つの群は密接な関係にはないとの仮説も立てられている。

主竜類

主竜類はワニと鳥類の共通祖先から生じたすべての子孫のグループと定義され（冠群の定義），ワニ類，翼竜類，および恐竜類が含まれる。これらは中生代に陸上で繁栄した有頭動物であった。現在の子孫は現代のワニ類と鳥類である（図4-22）。

ワニ類　三畳紀中期から知られる現存のワニ類は，亜熱帯および熱帯のアリゲーター，ワニ，カイマン，ガビアルの 1 種が含まれる。ワニとアリゲーターはその口吻の形状（ワニは細長く三角形を呈し，アリゲーターでは広く丸みがある）をもとに区別することができる。また，下顎の大きな第四歯がワニでは上顎の切痕にはまり，口を閉じたときにもみえるが，アリゲーターでは，この歯が上顎歯列の内側にある穴にはまり，口を閉じたときにはみえなくなる。カイマンはアリゲーターに非常によく似ている。ガビアルでは，左右の下顎骨が後方の第 15 歯まで長く癒合しているため，吻部が長くて非常に細い。

翼竜類　飛翔する主竜類の絶滅したこのグループは，鳥と同

図4-27
石灰岩に埋まった始祖鳥の化石。翼とその骨格は写真の下方にあり，羽の生えた長い尾は上方にある。
Courtesy of Dr. John Ostrom, Yale Peabody Museum. Portrait O.C. Marsh, photograph *Archaeopteryx*.

様に含気骨を持っていたが，翼はコウモリのものに似ており，長く伸びた第四指で支持されていた（図10-27b参照）。最大のものは翼幅10 mであった。

竜盤類恐竜と鳥盤類恐竜　恐竜は，後肢帯の構造によって2つの主要なクレードに細分できる。鳥盤類の後肢帯は構造的に鳥類に似ており，坐骨と恥骨は互いに平行し，尾方に向かっていて，竜盤類の大部分とは逆になっている（図4-26）。

恐竜は数多くのサイズと体形になり，多くが二足歩行であった。多数を占めるのは巨大な動物ではなかった。多くの竜盤類は敏捷な肉食動物で，一方，鳥盤類は前歯を欠く植物食性で，角質の嘴を持つものもいた。小さな未確認の二足歩行の竜盤類が鳥類を生じたと考えられる。この仮説では，鳥盤類の鳥類に似た後肢帯と鳥類の後肢帯を収斂の結果と想定している。

鳥類　鳥類は内温性の羽を持つ竜盤類の恐竜である（恐竜のなかで羽がそれほど広範には分布していないのであれば，羽は鳥類の原始的形質になるだろう。以下の記述を参照)。**内温性** endothermy は，周囲の温度の変動にもかかわらず，相対的に安定した体温を維持する能力である。もっと曖昧な用語が温血である。

鳥類は二足歩行の主竜類の子孫で，おそらく竜盤類恐竜の子孫であろう。二足歩行の竜盤類は後肢で立つことができ，他の機能，最終的には鳥類の飛翔（翼竜類では別途成し遂げられた）のため，前肢を自由にした。鳥類は爬虫類の鱗を脚，肢，嘴に，また1個の後頭顆ならびに頬骨弓の部分的あるいは完全な欠損により変化した双弓型の頭蓋を保持してきた。

羽は角質化した外皮の付属物で，羽の存在するどの部位も爬虫類の鱗から置き換わった。羽は鳥類の飛翔を可能にする。一方，翼竜類やコウモリは前肢と体幹，あるいは尾までも広がる飛膜をもって飛翔の翼とするが，前腕や手の骨に付着する羽は鳥が持つ翼だけにある。羽は暑さや，標高の高いところでの寒さに対して断熱する（鳥類が飛翔中に過度の熱を生じるとき，その熱は呼気として排除される）。羽の色彩は同種の他の鳥による認識を容易にし，しばしば保護色ともなる。羽装の色彩は年齢や性で様々に変わり，それによりその個体の繁殖状態のシグナルとなる。

初めて鳥類として分類されて以来，“羽すなわち鳥”とみなされてきた（系統発生のほとんどの仮説で羽は鳥類の共有派生形質と考えられた）。しかし，近年中国などでの化石の発見が，羽の起源について新たな光を当てている（Ackerman, 1998）。中国で発見されたシノサウロプテリクス *Sinosauropteryx* やカウディプテリクス *Caudipteryx*，プロターケオプテリクス *Protarchaeopteryx* は羽を持っていた。前者の**原羽毛** protofeather は，単なる綿毛様の細糸からできていた。カウディプテリクスやプロターケオプテリクスは羽を持つが，力強い飛翔はできそうもないと推測される。こうした動物の形状やそれらの類縁関係についての知識ははっきりしたものではない。こうした動物が鳥であるか（羽を持つことを大きな単系統の群へと拡大するか），鳥でないか（羽は恐竜に広く分布していたことを示すか）は，今後の研究を待たねばならない。

羽や翼に加えて，鳥類は飛翔のための他の適応も持つ。体重はいくつかの方法で減少している。長骨は細くなり，椎骨を含めてほとんどの骨は中心の骨髄を失い，肺から続く気嚢の空気に満ちた拡張部を入れる腔所となっている。頭蓋は膜性骨が緻密な薄層となることで軽くなる。しかし，頭蓋は成体では縫合をなくすことで頑丈さを維持し，海綿骨は建築学的な丈夫さを維持している。手根，手掌，指では骨の数を減じている。歯は発達せず，膀胱も生じず，大腸は短くなっている。これらを含むすべての変化が，エネルギー消費の面で

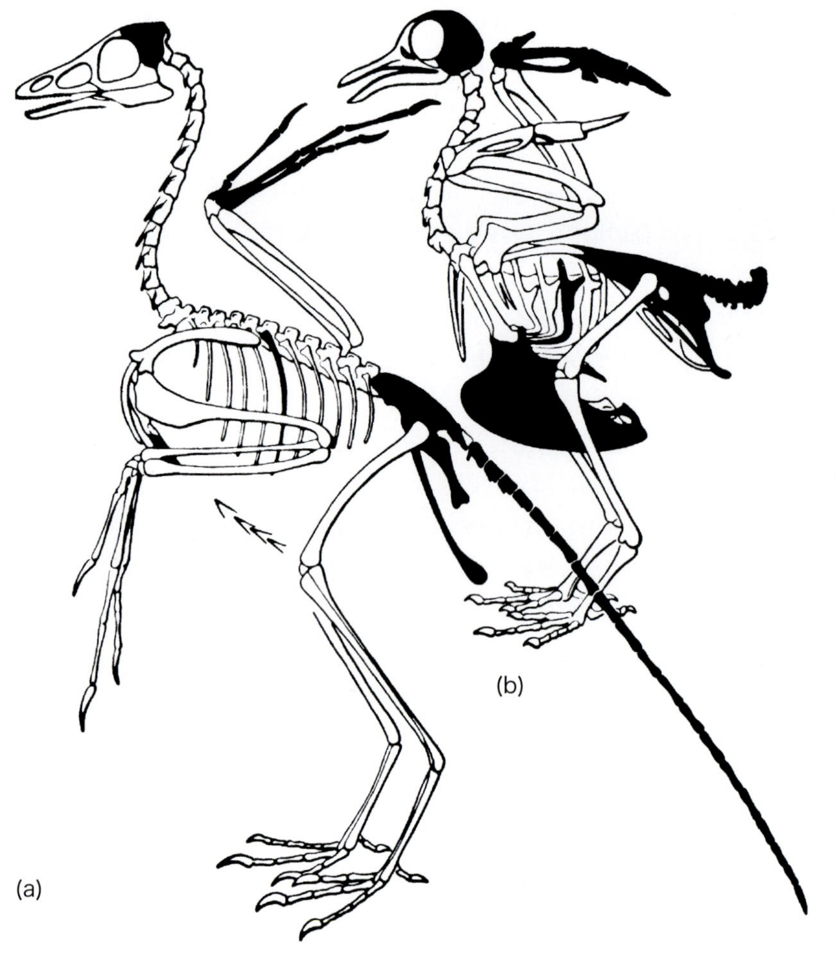

図4-28
(a) ジュラ紀の始祖鳥。(b) 比較のための深胸類(峰胸類［ハト］)。
From E.H. Colbert & M. Morales, *Evolution of the Vertebrates: A History of Backboned Animals Through Time*, 4th edition. Copyright © 1991 John Wiley & Sons, New York, NY. Reprinted by permission of John Wiley & Sons, Inc.

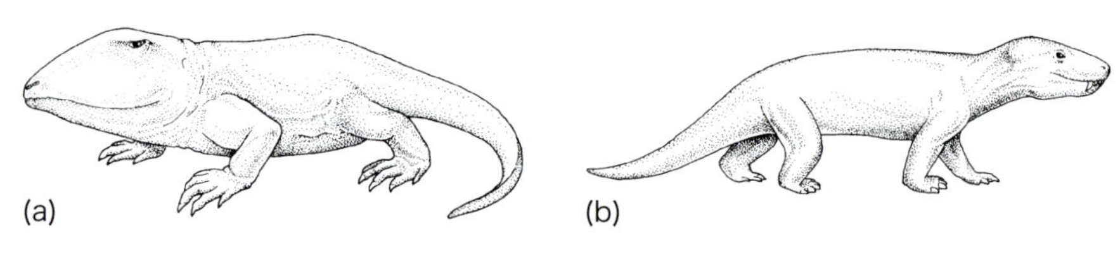

図4-29
(a) 石炭紀の単弓類である盤竜類。(b) 三畳紀のイヌ程度の大きさの獣弓類。皮膚については不明。

飛翔のコストを減じた。

鳥類の亜綱として**古鳥類** Archaeornithes と**新鳥類** Neornithes の2群が一般に認められている。古鳥類は側系統の群を象徴する多くの原始的な鳥類を含む。おおよそカラス程度の2つの鳥化石が，19世紀にドイツのババリア地方のジュラ紀後期の石灰岩から発見された。こうした化石には最初の鳥として，それにふさわしい始祖鳥 *Archaeopteryx* の名がつけられた(**図4-27**)。

最初の標本は，数個の頚椎，右脚，下顎を除き，完全なものであった。第二の標本はもっと完全なもので，その後の5つの標本は，全く同じではないが，別の場所で発見されてきた。始祖鳥は長い尾を持ち(非鳥類型爬虫類でのように軸性骨格で支持される)，上下顎に槽生歯があり，現在のものと変わらない羽を翼と尾に持っていた。頭蓋は現在の鳥類よりも他の爬虫類によく似ており，外鼻孔はもっと前方にあり，嘴はなく，頭蓋腔は拡大した脳を収容するほどには拡張していなかった。回収された最後の化石標本を除き，頚椎は両端が現在の鳥類のように鞍状でなく，体幹の椎骨はがっちり癒合しておらず，複合仙骨はあまり発達せず，胸骨は小さかった。飛翔を続けるための強力な筋に対応できない小さな胸骨は，こうした鳥が飛翔よりも跳びはねていたこと示唆する。**図4-28** は，骨格の明瞭な特徴をハトのものと対比している。

1986年に，始祖鳥より7,500万年古いカラス様の骨格の化石2体が，テキサスの泥岩の採石場で発見された。属名プロトアビス *Protoavis* が付されたこれらの標本は，始祖鳥よりももっと恐竜に似ており，もっと小さな翼を持っていた。これらが鳥類とみなされるかどうかは論議されている。プロトアビスの羽はとても参考になるだろう。

最後に，白亜紀初期の中国で出土した羽を持つ化石(シノサウロプテリクス，カウディプテリクスとプロターケオプテリクス)の最近の発見は，羽と鳥類の起源の両方に関する多くの問題を再び提示する。より近年の白亜紀初期での出土にかかわらず，これらの分類群はジュラ紀後期の始祖鳥でみられたよりもさらに原始的な飛行の特徴を持っていたようである。こうした新たな発見は羽や鳥類や飛翔に関する論議での刺激的な新時代の幕開けとなった。

新鳥類は主要な細分類群，すなわち**歯顎類** Odontognathae，**古顎類** Palaeognathae，**新顎類** Neognathae を含む。歯顎類は歯のある海洋生の鳥で，陸地を海洋での活動の基地としていた。歯顎類として知られているのはヘスペロルニス *Hesperornis* とイクチオルニス *Ichthyornis* だけである。最初のヘスペロルニスの化石は，7,500 万年あるいはそれ以上の昔に，北方へカンザスの奥地まで広がった浅い北アメリカの海の底で形成された岩石から発見された。同様の化石がその後ヨーロッパで発見された。

ヘスペロルニスは毛のような小さい羽で被われていた。痕跡的な翼を持ち，飛翔できなかったが，歩くための頑丈な脚を持っており，潜水が巧みであった。餌は鋭く尖った歯で捕まえた魚であった。イクチオルニスは餌をとるため岸からはるか彼方まで行くことができる活発な飛翔者であった。

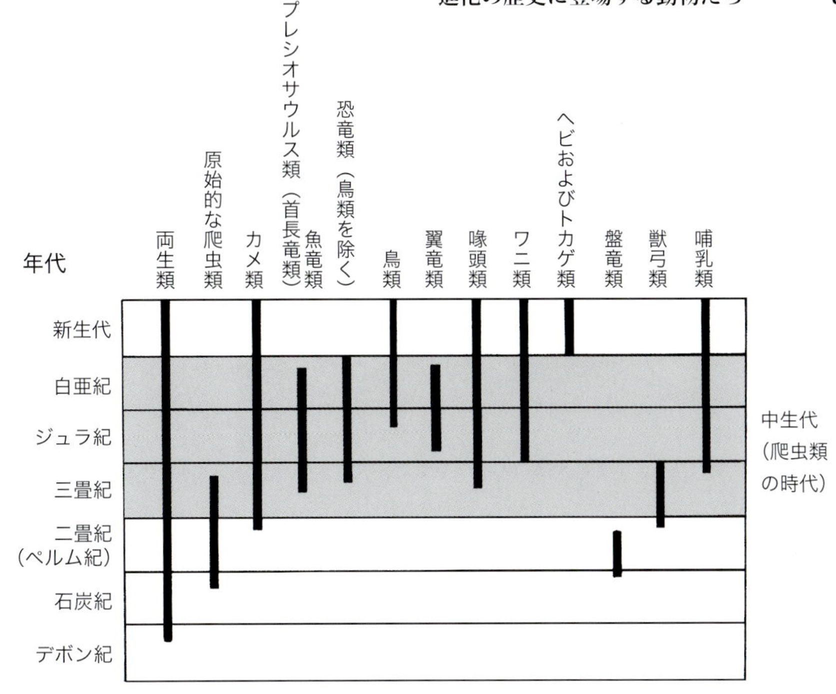

図4－30
地質年代を通した有羊膜類の生存期。

古顎類は，一般に平胸類として知られ，小さく役に立たない翼を持つが，よく走ることができる力強い脚の筋を持つ。彼らは活発な飛翔者の子孫である。多くは化石としてのみ知られ，人間社会により絶滅した。現在の生存種には，レア，ダチョウ，エミューやヒクイドリがいる。ニュージーランドの絶滅したモアは，3 m 以上の体高があり，直径 30cm 以上の卵を生んだ。ダチョウの卵は約 1.3 kg の重さがある。

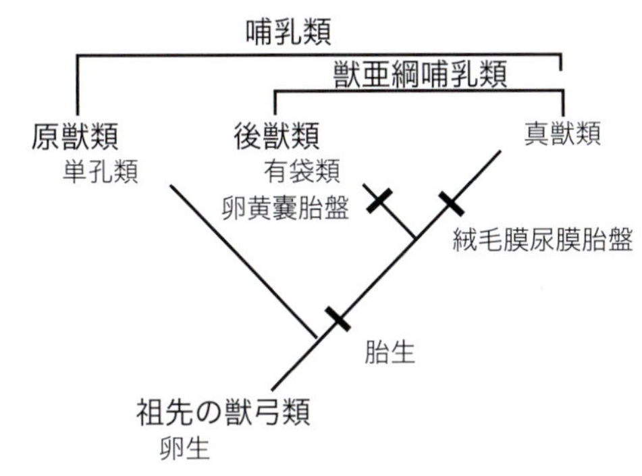

図4－31
現存する哺乳類の主要な分類。

新顎類のほとんどは大量の飛翔筋が付着する大きな竜骨を持つ鳥である。それゆえ，これらの鳥は，一般に深胸類（峰胸類）として知られている。およそ 1 万種いて，古顎類を除き，現存するすべての鳥類が含まれる。現存種の最大の鳥はアンデスのコンドルで，翼幅が 3 m，体重が 14kg になる。アルゲンタヴィスは，アルゼンチンで 500 万年昔に生存していたコンドルで，翼幅 7 m 以上，体重は推定 23kg であった。ペンギンは大きな竜骨を持つが，前肢は鰭状足となり，飛ぶことができない。しかし，彼らは活発な遊泳者である。

多くの深胸類は毎年渡りを行い，年間の季節変化を予測しそれに適応した行動をする。キョクアジサシは 1 年のうち，何カ月かを北極圏で暮らし，残りの月を南極で暮らし，毎年，往復 3 万 5,000km もの旅をする。渡りの間，鳥類は集団飛翔し，しばしば夜間に飛び，約 600 m の高度を飛翔する。渡りは生理的な強い要求で，鳥類は大きなエネルギーの予備を貯蔵し，急速に代謝できるようになった。体内で調節される年周期は，季節変化する環境からの合図に従い，渡りにかかわる生理的および行動的な発現を調整する。鳥がどのように導かれて飛翔するかについて鳥類学者は長い間挑戦してきた。太陽，星，気圧，偏光，自然に変動する磁場，および低周波音はすべて，おそらく他の合図と一緒になって，いつでもどこででも入力されるのだろう。

鳥類の種の数は中生代の後期に著しく増加した。人類の生息域の拡大は餌場や繁殖の場を破壊することになり，21 世紀での鳥類への大きな脅威となる。

単弓類

単弓類は無弓類の祖先から石炭紀に分岐した。これらの動物は，三畳紀に哺乳類を生じるグループである。単弓類の系列は，両生類と単弓類の後期のメンバーとの移行形であった

図4–32
現存する2種の単孔類。カモノハシとハリモグラ。

盤竜類 pelycosaurs に始まった。盤竜類は**獣弓類** therapsids に続き（図4–29），獣弓類のなかから哺乳類が進化した。

哺乳類は原始的な獣弓類の特徴である2つの後頭顆，二次口蓋，切歯，犬歯，磨砕臼歯よりなる異形歯列を持っている。歯骨は下顎で最大の骨で，現代の哺乳類の状態を予想させる（図9–39，基幹獣弓類参照）。地質年代で選抜された有羊膜類の分布を図4–30に示す。

哺乳類

哺乳類（獣弓類の細分類群）は三畳紀の終わりに出現した。これらは有羊膜動物で，単弓型頭蓋や毛を有し，単孔類を除いて，乳腺と乳頭を持つ。現代の哺乳類を他の有頭動物から区別するその他の特徴を以下に列挙する。

下顎の両側で鱗状骨と関節する1個の歯骨，中耳腔内の3個の骨，胸腔と腹腔を分ける筋性の横隔膜，汗腺（ほとんどの哺乳類で），単孔類を除くすべてで成体での総排泄腔の欠如，異形歯列（ハクジラ類を除く），他の有頭動物での継続的な置換に代わる2セット（乳歯と永久歯）のみの歯，両凹型で脱核した円形（楕円形のラクダとラマを除く）の赤血球，右第四大動脈弓の欠損，外耳の付属物である音を集める耳たぶ（耳介），特殊化した喉頭，大脳皮質の大規模な発達。

体肢の構造が多様な変化をしたことにより，哺乳類は他の四肢動物よりも極めて多彩な環境を生息地とすることができた。哺乳類は地中に穴を掘り，草原を跳びはね，どしんどしんと歩き，跳ね回り，岩山をよじ登り，木々を枝渡りし，真の飛翔で空中を移動し，大洋で生活する。これらの生活様式はいずれも体構造の変化により可能となった。

分類学には，哺乳類を2つの主要なグループ（卵を生み，生涯にわたり総排泄腔を持つ**原獣類** Prototheria と，子を産む**獣亜綱哺乳類** Theria）に分けるものがある（図4–31）。現存する原獣類は**単孔類** Monotremata に属する。獣亜綱哺乳類はさらに2グループ（卵黄嚢胎盤を持つもの［**後獣類** Metatheria］と絨毛膜尿膜胎盤を持つもの［**真獣類** Eutheria］）に分けられる。

単孔類

単孔類と獣亜綱哺乳類は哺乳類の進化の初期に分かれたと考えられる。単孔類の名は総排泄腔が外部への1個の開口を持つことを反映している（図15–48a参照）。唯一現存する単孔類はカモノハシ科のカモノハシとハリモグラ科の2属のハリモグラである。すべてオーストラリアか，近隣のタスマニアおよびニューギニアに住む（図4–32）。

爬虫類のように，単孔類は卵黄に富んだ卵を産み，腹腔の全長にわたる腹側腸間膜を持ち，精巣は腹腔内に留まり，外耳は耳介を欠き，有袋類を除く他の哺乳類で左右の大脳半球をつなぐ主要な横断線維路である脳梁を欠く。ツチ骨とキヌタ骨は他の哺乳類よりも大きく，絶滅した獣弓類の関節骨と方形骨に似ている。乳首はなく，乳汁様の液体が変化した汗腺から分泌され，腹部の浅い窩にある房毛の上ににじみでて，それを子がなめる。単孔類は内温性であるが，ほとんど

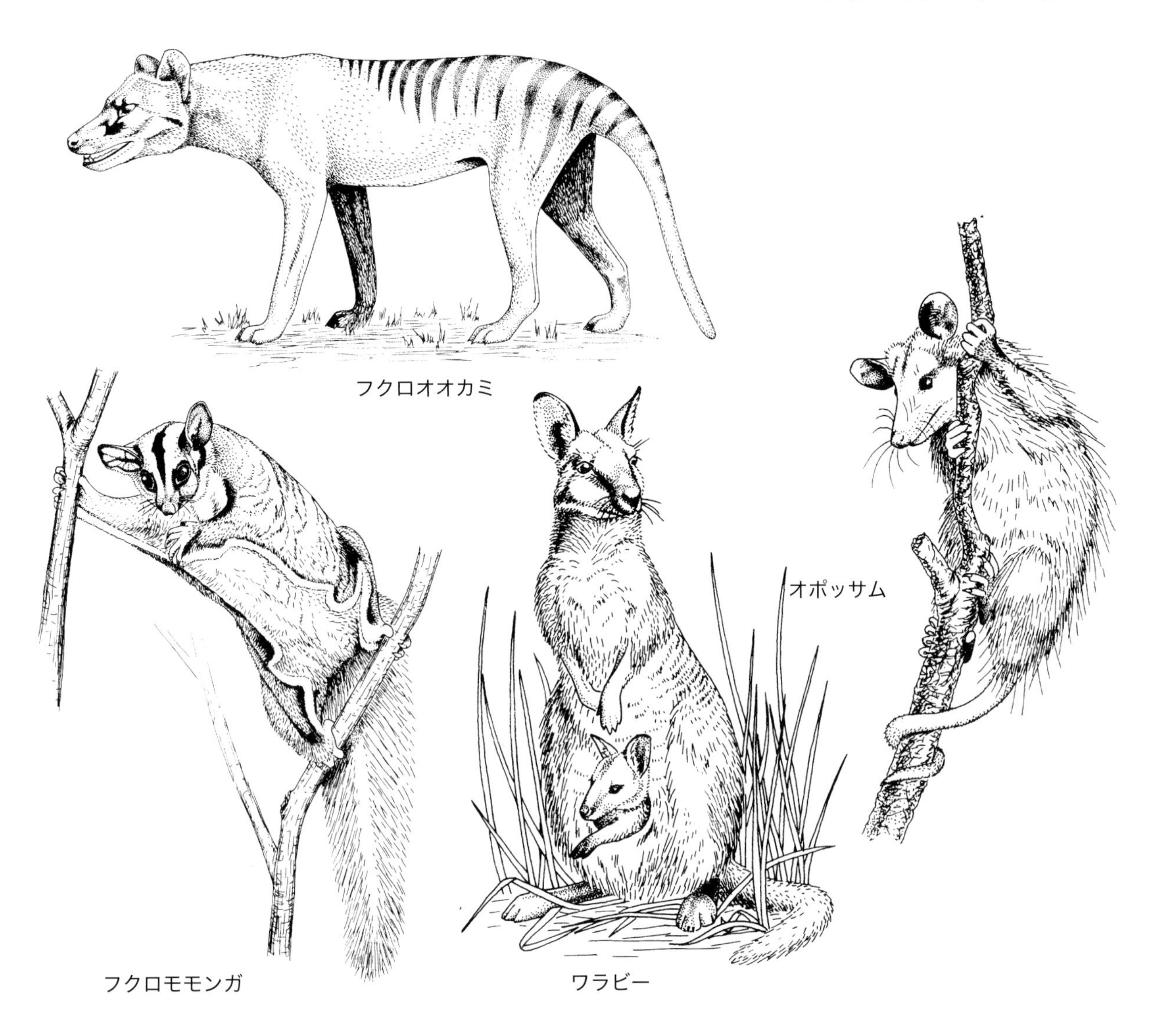

図4－33
４種の有袋類。

の獣亜綱哺乳類よりも体温の安定性は劣る。

カモノハシはつがいで水路や川の土手の長さ 18 m にも達する巣穴に住み，生涯のほとんどを水中で送る。濁った川底を歩けるように水かきのある足を持ち，やわらかくゴム状で敏感な嘴様の鼻面を持ち，これでもって無脊椎動物，特に泥のなかの軟体動物をみつける。食物は頬嚢に蓄えられ，後に出生前の通常の歯から置き換わった角質の歯でかみ砕かれる。繁殖季節の間，雌は巣穴から出て，水面のすぐ上に新たな巣穴を作り，そこに１～３個の卵を産む。卵はほぼ球形，直径が約 2 cm で，柔軟な白い殻で被われる。雌はこの卵を 10 ～ 14 日間孵卵し，子が孵化する。

ハリモグラは地上性で，長いネバネバした舌と丈夫な鉤爪を持ち，アリやシロアリを集めるのに使う。腹部を除き，粗い毛の間に分布する鋭い針毛で武装し，防御のため丸くなる。直径約 4 mm の卵を 1 個産み，雌の腹部の皮膚の薄いヒダとして発達した一時的な嚢のなかで孵卵する。乳汁分泌腺は嚢内の腹壁にあり，子は孵化し，自分自身で食物をあされるようになるまで，数週間は嚢のなかにいる。

有袋類

有袋類（図4－33）は，胎子性の卵黄嚢（絨毛膜と接触する）が胎盤として働く哺乳類である。子はたいてい幼生の状態で生まれ，十分独り立ちできるようになるまで筋と皮膚でできた母親の腹部の嚢（**育子嚢** marsupium）のなかで育てられる。嚢の壁は，骨盤帯から前方に突出する２本の細い袋骨（上恥骨）で支えられている。南アメリカの有袋類のいくつかの属では，育子嚢が不完全か，欠損している。新生子は，身をくねらせ，よじりながら，前肢の鉤爪を使って育児

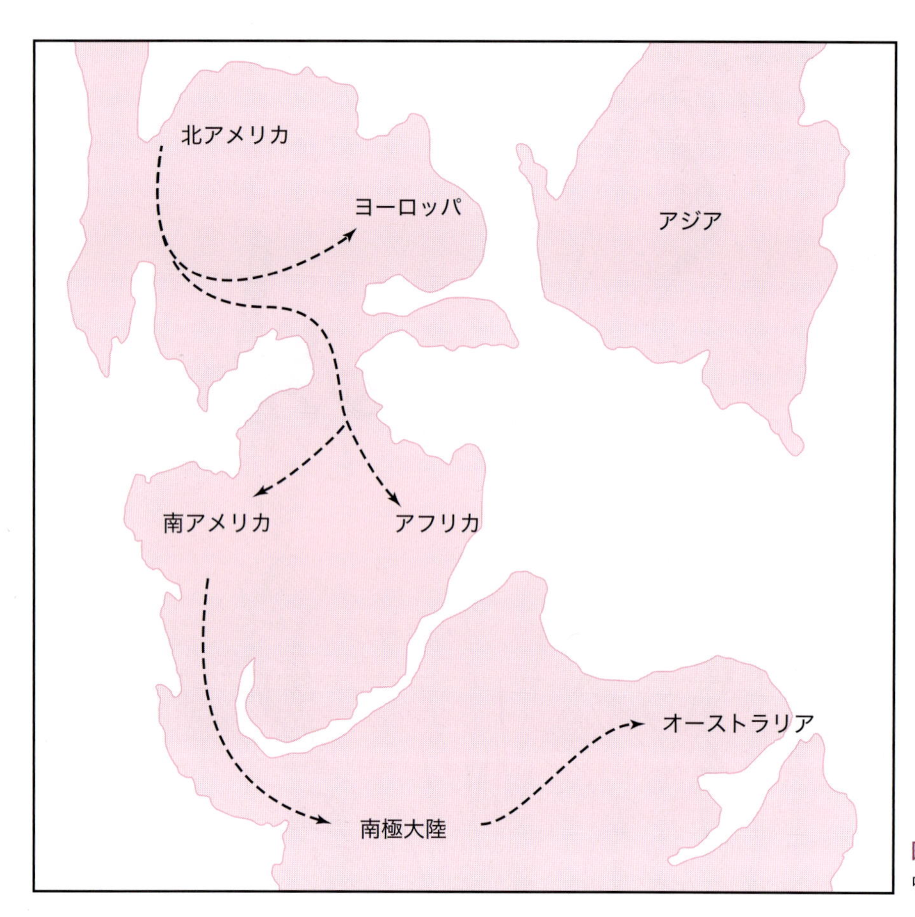

図4–34
中生代に進化した有袋類の推定される展開。

嚢に向かう。出生時のこの爪は後肢の鉤爪よりかなり大きい。新生子の唇は口角で閉じられていて，それゆえに口は小さな円形の開口となっている。子が1度乳頭を口にいれると，乳首の尖端が膨らみ，子は簡単には落ちない。

有袋類と単孔類は，コウモリを例外とするなら，人類が住むようになるまで，おそらくオーストラリアで唯一の哺乳類であった。人類は，木造の帆船に住むラットとマウスを持ち込んだ。かつてオーストラリアは現在の南極大陸，アフリカ大陸，南アメリカ大陸を含む巨大な超大陸の一部であった。この超大陸のいくつかの陸塊への分離が，ついに南極大陸からオーストラリア大陸を分離させ，この2大陸が離れるように移動させた。オーストラリアに真獣類の化石がないことは，南極大陸から陸塊が分離したとき，真獣類が存在していなかったことを示唆する。

有袋類は他の獣亜綱哺乳類から白亜紀後期に分岐した。現在の北アメリカ大陸北西部で有袋類は生じたようで，大陸が分離する前にオーストラリアに達した。有袋類の南回りの足跡は南アメリカ大陸への地峡を通り，ついには南極大陸を経てオーストラリアに到着した（図4–34）ちなみに現在の中央アメリカの地峡は後に形成された。その後増加していく後獣類化石は，南回りの経路に沿って北アメリカ大陸で発見された。

オーストラリアの有袋類が広範な適応放散を経過している間，他の大陸の有袋類は進化した真獣類との競争により絶滅の危機に瀕していた。北アメリカおよび南アメリカのオポッサムやその他の少数の属を例外として，有袋類は現在，オーストラリア，タスマニアおよびニューギニアと沖合の島嶼でのみみられる。ヨーロッパで発見された有袋類の化石は，約1,500万年前まで有袋類がそこに存在したことを裏づける。大陸の分裂は，オーストラリアでの有袋類の放散と他の大陸での真獣類の放散を促進する地理学的な隔離となった。

オーストラリアの有袋類には，カンガルー，ワラビー，フクロオオカミ，バンディクート，ウォンバット，アリクイ，クスクスがいる。こうした動物や他の有袋類は，真獣類（オオカミ，キツネ，クマ，ウサギ，マウス，ネコ）に驚くほど詳細な点まで似ている。クスクス科のあるもの（フクロモモンガ）はモモンガに似ており，有袋類のモグラ（フクロモグラ）もいる。**進化的収斂** evolutionary convergence という用語はこの現象には当てはまらない。なぜなら，後獣類と真獣類が祖先の獣亜綱哺乳類の遺伝子を共有しているからである。この現象には平行進化 parallel evolution の用語が当てはまる。共通の祖先にはなかった類似した特徴が，分岐して

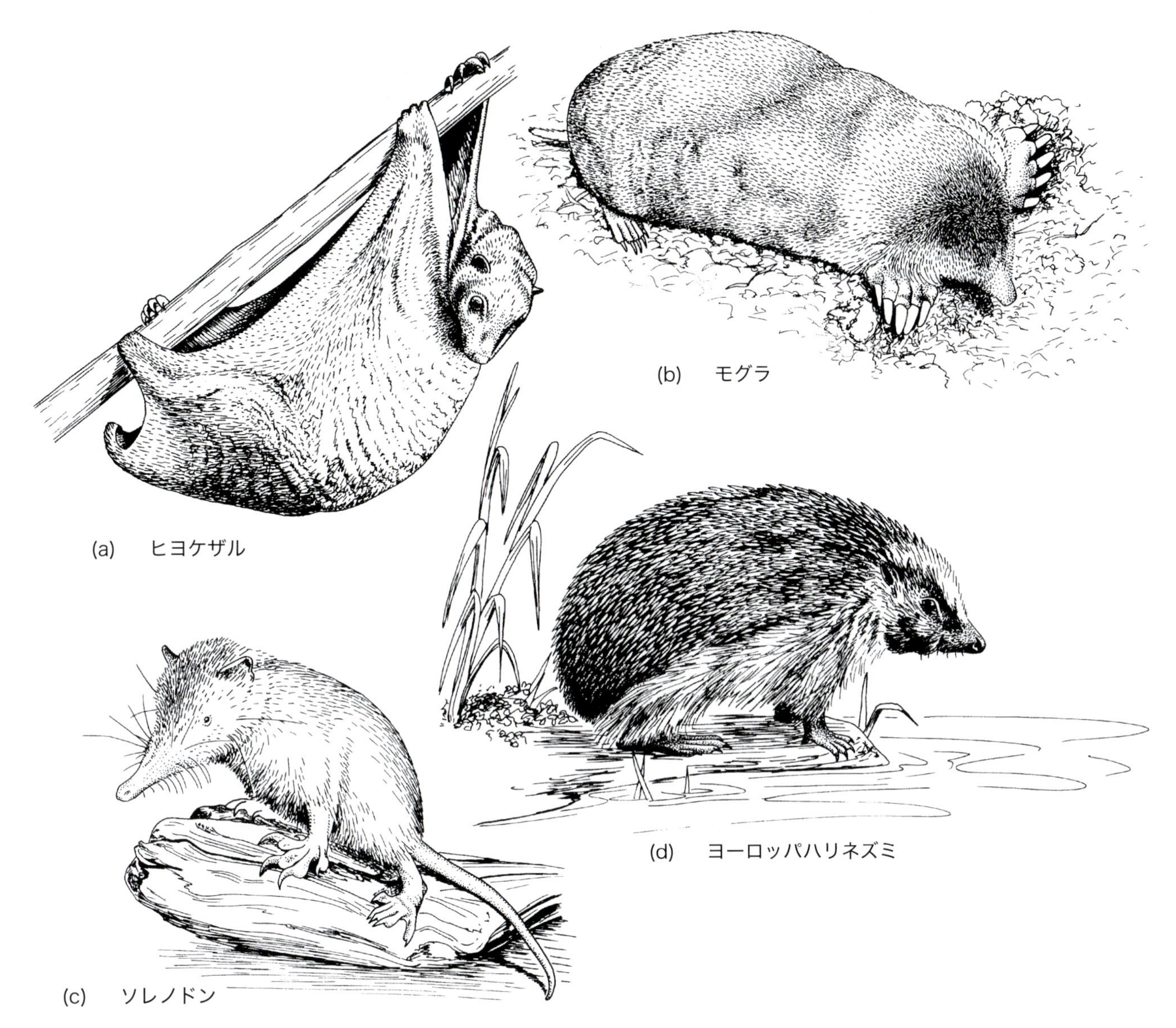

図4–35
食虫類の４種。

隔離された分類群で進化したことを意味する。

食虫類

この原始的な目のメンバーは，一般化した哺乳類である（図4–35）。こうした動物はある時代には優勢であったが，現在では相対的に少数の残存種であり，モグラ，トガリネズミ，ハリネズミで代表される。哺乳類の他の目にも，食虫性の例が多数あるが，他の目は収斂性の摂食戦略の例を示すものと考えられる。ほとんどの食虫類は昆虫，蠕虫や他の小さな無脊椎動物を食べて生きている。

この目のメンバーの原始的な特徴には，蹠行型歩行，５本の指，平滑な大脳半球，切歯，犬歯，前臼歯の分化が不十分な小さく鋭く尖った歯，胚期の大きな尿膜と卵黄嚢，少数の種での浅い総排泄腔がある。精巣はいくつかの属で腹腔内に留まり（原始的な特徴），どの属でも精巣は陰嚢まで完全に下降しない。

モグラは，短いが非常にがっちりした前肢を持ち，手部は幅広く，後肢の２倍以上はあり，穴掘りに適している（図10–21 参照）。首が短く，肩の筋が盛り上がっているので，頭と体幹が一体になっているようにみえる。モグラのちっぽけな眼は実際には役に立たないが，鋭い嗅覚は離れた餌のある場所を突き止め，長く伸びた吻の鋭敏な先端は餌に出会ったことを告げる。

トガリネズミは外観上マウスに似ている。臆病で落ち着きのない小さな闘争者で，鋭い聴覚を持つ。ひげの生えた鋭敏な長い吻部を持ち，切歯は長く，彎曲している。

図4-36
アリクイの2種。

図4-37
センザンコウ。鱗を持つアリクイ。

異節類

異節類 Xenarthrans は新世界の食虫性哺乳類で，食虫類よりもかなり特殊化している。異節類は**アルマジロ** armadillos（図4-36a），**ナマケモノ** sloths，**オオアリクイ** South American anteaters からなる。どの動物も切歯，犬歯，臼歯を持たず，歯が存在するときは杭状でエナメル質を欠くが，組織学的にはエナメル器が報告されている。アリクイには歯は全くない。

前肢の大きな鉤爪は，アリクイではアリの巣，すなわち土塁を掘るのに使われ，ナマケモノにとっては主たる生息地である樹林で枝にぶら下がるのに都合がいい。アルマジロはいつも1個の受精卵から一卵性4つ子を産むことで注目される。この動物は真の骨性の皮膚装甲を発達させる唯一の哺乳類でもある。

管歯類

中央アフリカから南アフリカの唯一の種である食虫性の**ツチブタ** aardvarks が管歯目 Tubulidentata を構成する（図4-36b）。長く伸びた吻部，長いネバネバした舌，前肢の丈夫な鉤爪は，昆虫の経路をたどり，捕らえるのに役立つ。ツチブタの歯は，他の食虫性動物と同様に杭状でエナメル質を欠き，浅い歯根部を持つ。

有鱗類

もう1つのアリクイである，アフリカの**センザンコウ** pangolin（図4-37）は，歯を欠き，全身を鱗で被われている。センザンコウは有鱗目 Pholidota に属する。その鱗はケラチンでできており，毛の膠着物のようである。普通の毛は鱗の間で伸びる。唯一の属がセンザンコウ属である。

翼手類

コウモリ（図4-38）はおそらく原始的な食虫類から派生

図4–38
翼手類。

し，哺乳類の大きな目を構成する。真の（動力を備えた）飛翔を達成した有頭動物は，コウモリと翼竜と鳥のみである。翼，すなわち**飛膜** patagium（翼膜）は，体幹，前肢，後肢の間で体の全長に張りわたされ，尾まで広がる皮膚の二重膜である。非常に長く伸びた4本の鉤爪のない指が飛膜に組み込まれている。第一指（親指）は飛膜の前縁よりも突出していて，鉤爪を持ち，この鉤爪がでこぼこした垂直の面をよじ登るのを助ける。後肢の5本の趾すべてに鉤爪があり，飛膜を折り畳んで，洞窟の割れ目や小枝から，あるいは木のうろの中で，逆さまにぶら下がるのに用いられる。胸筋は強く，深胸類の鳥ほど大きくはないが，胸骨は竜骨状である。すべての骨は細いが，含気骨ではない。乳頭は通常1対で，胸壁に限局している。コウモリは大きな耳介を持ち，顔部の分泌腺が際立ち，頭部を奇怪な外観にしている。

翼竜と鳥とコウモリの翼の発達は収斂的進化を示すものである。キティブタバナコウモリは，体重が2 g以下で，地球上で最小の哺乳類である。

コウモリは食虫性，果実食性あるいは吸血性（他の哺乳類の血液を吸って生きる）である。吸血コウモリは吸血という習性のため注目されてきた。切歯は上顎にのみ生じ，1対だけである。切歯はカミソリのように鋭く，互いに向き合っていて，獲物の皮膚に切れ目をつける。傷口から血がだらだら流れるので，コウモリは眠っている獲物（通常は家畜）を目覚めさせることなく血をなめる。液体の栄養物しかとらないという吸血性の習性と関連して，食道の内腔は非常に狭く，固形の食物は通過できない。

霊長類

霊長類 Primates は白亜紀に食虫類の系列から分枝として派生した，本来樹上性の哺乳類である。様々な分類表のなかの1つによれば，霊長類は2つの亜目，**原猿類** Prosimii と**真猿類** Anthropoidea に分けられる。キツネザル，ロリス，メガネザルは原猿類で，サル，類人猿，ヒトが真猿類である。

霊長類の特殊化として，把握可能な手があり，親指が同じ手の他の4本の指の尖端に届くようになった。足の親指もたいていの霊長類では他の指と向き合っている。少なくとも何本かの指は，鉤爪の代わりに平爪を備えている。

大脳半球は他のどんな哺乳類よりも大きい。乳頭はほとんど1対のみである。原始的な特徴として，蹠行型歩行，5指（趾），大きな鎖骨，多くの霊長類で手首にある中心手根骨，特殊化していない哺乳類の一般化した歯列を持つ。

原猿類

原猿類は，旧世界の熱帯でみられる樹上性でたいていが夜行性の霊長類である。**キツネザル** lemur（ラテン語で“幽霊”に由来）は，夜間，木々の間をぶら下がって静かに飛び移っていく習性のため，この名前がつけられている。他の霊長類とは異なり，脊柱と一直線になる頭部の長軸を持つ（図4–39b）。最大のキツネザルはネコほどのサイズである。インド，スリランカ，東南アジアの**ロリス** lorises は，尾を持たず，第二指が痕跡的である。同じ科にガラゴ（ブッシュベイビー）とポットーがいる。

メガネザル tarsiers（図4–39a）は，他の原猿類よりも真猿類にかなり似ている。頭は脊柱に対してかなり直角に向き，もっとバランスをとっている。吻部は短く，このサルの両眼は互いに近づき，前方に向き，左右の視野が重なっている。5本の指はすべて平爪を持ち，第二趾と第三趾を除くすべての足の趾も平爪を持つ。胎盤は脱落膜胎盤，すなわち，真猿類のように胎膜が母体の子宮壁内に根を下ろしている。

真猿類

真猿類には，広鼻猿類と狭鼻猿類の2グループがいる。両者は外鼻孔の開口の方向をもとに分けられている。広鼻猿類の外鼻孔は幅の広い鼻中隔で分けられ，側方に開く（図4–40）。狭鼻猿類の外鼻孔は接近していて，下方に開く。

広鼻猿類 platyrrhines は新世界ザルとマーモセットであ

図4-39
原猿類の２種。

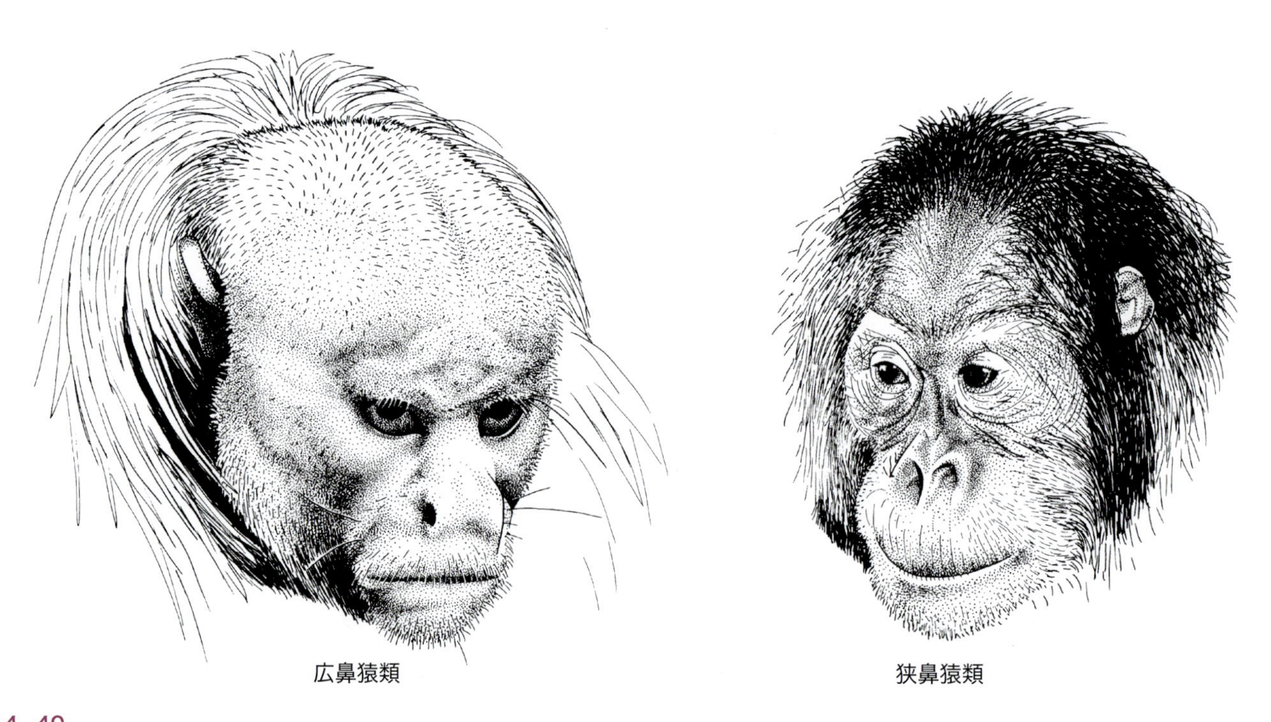

図4-40
真猿類の２種。広鼻猿類は深紅色の顔をしたアカウアカリ，把握力のない尾を持つ南アメリカの小型猿。狭鼻猿類はオランウータン。

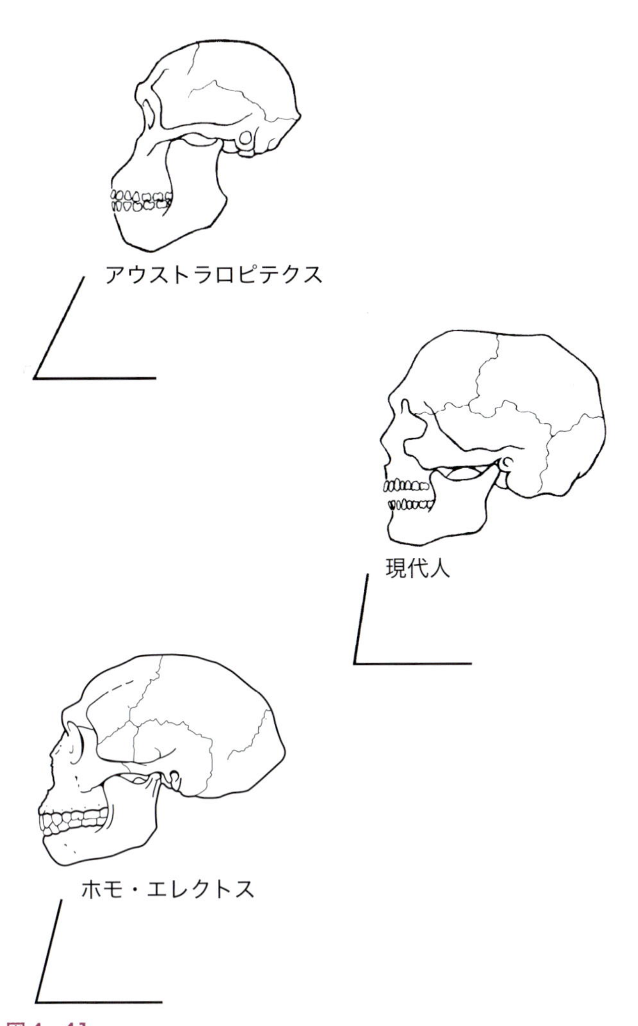

図4-41
ヒト科の３種での顔面角。角度は頭蓋の下方に示す。

る。オマキザル，クモザル，ホエザルが含まれる。ホエザルは巨大な喉頭と舌骨で発せられる大きな叫び声によって名づけられている（図13-14参照）。

狭鼻猿類 catarrhines は旧世界ザルと類人猿とヒトである。旧世界ザルは別の上科**オナガザル類** Cercopithecoidea に含まれる。旧世界ザルには，ヒヒ baboons とマカクザル macaques（アカゲザル rhesus monkeys など）がいる。ヒトの血液型を示すのに用いられる略称“Rh”は，アカゲザルで最初に検出されたことに由来する。類人猿（チンパンジー，ゴリラ，オラウータン）はショウジョウ科 pongid であり，ヒトはヒト科（**ヒト科** Hominidae，巻末の付録参照）である。類人猿は尾を持たないが，よく発達した尾が胎子にある。ヒトでは尾は胎生３カ月でなくなり遺残を残す。

すべての真猿類の頭蓋骨は脊柱に対して直角で，眼は前方に向いて両眼が互いに近づき，大脳半球は著しく発達し，32本の歯のセットからなる永久歯列を持ち，胎盤は脱落膜胎盤で，一般に１度に１子を産む。こうした特殊化にもかかわらず，ヒトを含む真猿類は他の多くの哺乳類（例えば，クジラや奇蹄類）に比べて，特殊化はそれほど進んでいない。

ヨーロッパ，中東および中央アジアの一部におよそ３万年前まで住んでいたネアンデルタール人 *Homo neanderthalensis* の発見以来，もっと早期の原人の化石が，特にアフリカで，かなりの数発見されてきた。新たな発見のたびに，新しいメンバーを既存の種に含めるか，それとも新しい種，あるいは属さえ作るかという問題が起こる。他の有頭動物の分類基準が原人の分類にも適用され，同様の不測の事態に対応した。

現在まで原人と考えられる最古の化石はアルディピテクス *Ardipithecus* で，およそ450万年前である。最古のアウストラロピテクス *Australopithicus* は400万年前である。十分な数のアウストラロピテクスの骨が回収され，これらの個体が身長約1.5 mで，ヒト様の骨格，類人猿の顔面骨，類人猿並みの頭蓋容積であったことが推定された。彼らは石や骨で簡単な道具を作った。150万年前のホモ・エレクトス *Homo erectus* は，ネアンデルタール人と現代人の両方の直接の祖先と考えられる。現代人 *Homo sapiens* は，約10万年前にネアンデルタール人と同時代にヨーロッパに住んでいて，最終的にこの大陸でネアンデルタール人に取って代わった。人類の歴史には絶えることのない種内の闘争も含まれる。この行動がネアンデルタール人の絶滅をもたらしたこともありうる。

初期の真猿類から人類が出現するにともない，多くの変化が生じた。脊柱のＳ字状弯曲は直立姿勢を可能とした。顔面角はそれほど鋭角ではなくなった（図4-41）。歯は，特に犬歯が小さくなった。大脳半球の前頭葉は大きくなり，その結果，頭蓋が大きくなり前額部がさらに張りだした。眼窩上隆起が小さくなった。鼻はさらに突出した。尾は胎児期に限定された。腕は短くなり，中足骨アーチが発達し，扁平足でなくなった。足の親指は他の指と同じ並びになって，向かい合うことをやめた。音節のはっきりした言葉が構造的に可能となり，さらに他にも多くの変化が生じた。

人類の動物界における現在の優位を担うのは，大脳半球の前頭葉の大規模な発達と，他の指と向かい合う親指（対向性母指）と，音節のはっきりした言葉である。人類は指によって攻撃や防御の道具や，自分の負担を軽くする備品を作ることができ，また指によって地球の果てやいまだ生まれぬ世代に経験や技術を伝える記号（文字）を書く。声によって同時代の仲間とコミュニケートし，内容の微妙な意味合いも含めて意見を交換することができる。大きくなった頭脳によって現在受けた感覚刺激を過去の経験からよび起こしたものと連想させることができ，しばらく黙想した後，“知性的な”とよぶ1つの行動様式を選ぶ。また，その頭脳によって森羅万象の美を楽しみ，究極の真理を求め，ユートピアを夢みることができる。しかし人類に残る動物性のゆえに，ユートピアは夢のまま残るだろう。

ウサギ類

ウサギ類 lagomorphs（図4–42）は2科のみで，ナキウサギ，ノウサギ，アナウサギがいて，これらはすべて植物食性である。ウサギ類は上顎に2対の切歯があることで，齧歯類と区別される。切歯の小さな1対は大きな1対のすぐ後に位置し，並ぶのではない。前方の大きな1対は齧歯類のものと同様で，一生涯伸び続ける。後方の小さい対は切削端を欠く。

アナウサギはノウサギと異なり，やわらかな巣材のなかで生まれたときは開眼せず，実質的に無毛で，自分で何もできない状態にある。ノウサギ（図4–42a）は巣の恩恵を知らず，完成した形で生まれ，眼は1時間以内に開眼する。ノウサギは生まれたその日に周辺を跳び回ることができる。ノウサギ属のノウサギには，冬期に白色毛を身につけるものがいる。アナウサギではそうしたことはない。北アメリカ西部のジャックウサギ Jackrabbit や北極地方のカンジキウサギ snowshoe rabbit はノウサギ hare であるが，いわゆるベルギーノウサギ Belgian hare はアナウサギ rabbit である。カイウサギもノウサギも上唇に裂け目があり，人間の奇形である兎唇（口唇裂）の名のきっかけとなっている。

ナキウサギ（図4–42）は北アメリカ西部やアジア北方の樹木限界線より高地に住んでいる。ナキウサギは体が小さく，耳が短く，前肢と後肢がほぼ同じ長さであることなどで，アナウサギやノウサギとは異なる。

(a) ノウサギ

(b) ナキウサギ

図4–42
ウサギ類の2種。(a) 褐色の夏毛のノウサギ *Lepus*。(b) ナキウサギ *Ochontona*。
(a) © Leonard Lee rue III.

齧歯類

齧歯類 rodents は哺乳類では最大の目を構成し，世界中に分布する。上下顎に各々1対の長く弯曲した切歯を持ち，ものを齧る。こうした歯は外側の表層にのみエナメル質があり，やわらかなゾウゲ質がすり減るのでノミ状となる。この歯は生涯を通じて伸び続ける。犬歯は欠損し，そのため歯隙，すなわち切歯と第一前臼歯の間に歯のない範囲がある。齧歯類はセルロース食で，大腸の始まりは，長い回旋する盲腸となっていて，ここは共生するセルロース分解微生物に場所を提供している。

齧歯類には2つの亜目がある。**リス亜目** Sciurognathi はさらに3つの下目（リス下目，ビーバー下目，ネズミ下目）に細分される。リス下目 Sciuromorpha にはリス，マーモット（ウッドチャック），プレーリードッグが含まれる。ネズミ下目 Myomorpha にはホリネズミ，ラット，ハタネズミ，ハムスター，レミングのようなマウス様齧歯類が含まれる。

ヤマアラシ亜目 Hystricognathi はテンジクネズミ下目 Caviomorpha のみからなる。このグループにはモルモット，ヌートリア，チンチラ，ヤマアラシが含まれる（図4–43）。

食肉類（裂脚類）

食肉類 carnivora は適応放散した陸上の大きな動物群で，頑丈な顎と，肉を突き刺し，引き裂くことのできる長く鋭い上顎の犬歯を持つものがいる。サーベルタイガーは絶滅したが，その極端な例であった。

一般的には42本の永久歯（ヒトは32本）を持つ。前臼歯は三咬頭になる傾向があり，後臼歯は四咬頭である。鎖骨

図4–43
齧歯類４下目のうち３下目。
テンジクネズミは野生のモルモット。

は縮小しているか，痕跡的か，あるいは全く欠如する。大脳皮質は大部分の哺乳類と比較して，著しく脳回が発達している。これらの形態的特徴と他の特徴（肉食性に限らない）の組み合わせは，この目を明確にする。たいていの陸生の食肉類は鋭く，引き込められる鉤爪を備えた５本の趾（少ないもので４本）を持つ（例えば，ネコ科のほとんどの種でみられる）。

現在では，食肉類には以下の８科がある。ネコ科 cats（イエネコ，ヒョウ，トラ，ヤマネコなど），ジャコウネコ科 civets，ハイエナ科 hyenas，イヌ科 canines，クマ科 bears（**パンダ** pandas を含めるが，パンダはアライグマにより近縁と考える者もいる），アライグマ科 raccoons，マングー

図4-44
代表的な陸生食肉類の５科。

ス科 mongooses，イタチ科 mustelids（ミンク，カワウソ，スカンク，フェレット，アナグマなど）で，すべての動物で肛門近くに臭腺がある（図4-44）。食肉目のすべてのメンバーが肉食ではないし，肉食が優勢でもない。例えば，ホッキョクグマ（魚食*[1]）以外のクマは部分的に植物食性であ

＊１訳注：ホッキョクグマは肉食性が強くアザラシを主食とするが，魚類，鳥類に加え，氷の解ける季節には植物も食べる。

図4-45
ゼニガタアザラシ（海洋生食肉類）。

り，パンダは堅果，根，タケノコ，その他の水分の多い植物だけを食べる。

鰭脚類

鰭脚類 pinnipeds は形態学的にも生理学的にも食肉類であるが，水中での生活に適応したグループである。陸生の食肉類と密接な類縁関係があるが，かなりの期間分離されてきた。彼らは魚，イカ，軟体動物，甲殻類を餌としている。

鰭脚類にはアザラシ，アシカ，トド，オットセイ，セイウチがいる（図4-45）。アザラシはほとんどの哺乳類に特徴的な外耳の耳介を欠くが，それにもかかわらず優れた聴力がある。すべての鰭脚類は少なくとも年に1度，繁殖期に水から出る。雌は交尾1年後に子を産み，子は陸上で生まれ，泳ぐことができない。水中生活への鰭脚類の適応のなかで，水かきのついた櫂状の体肢はフリッパー（鰭状足）として知られる。指はほとんどフリッパーの遠位端内に包まれ，陸上の食肉類と違って通常は鉤爪を欠く。

アザラシやアシカは南極の氷山の下も含め，深海で食物を探す。北方のゾウアザラシは900 mを超す深さへ達した記録があり，そこに1時間も留まるようだ。潜水の間，酸素の補給に海面に出るのはほんの数秒で，その間に吸入した大気中の酸素を肺から血流に移し，必要に応じて放出される。潜水に戻るまでに空気を吐きだし，肺は深さ40 mでつぶれた状態になる。一方，セイウチは浅く潜水する。

有蹄類と亜有蹄類

有蹄類 ungulate は蹄で保護された趾の先端で歩く哺乳類である。奇蹄類と偶蹄類の2目ある。各体肢に4本以上の趾はなく，少数のものではウマのように，ただ1本の趾しか持たない。有蹄類の祖先は，一般化した四肢動物の数である5趾を持っていた。趾の数の減少は，ウマの進化の広範な研究で記述されており，始新世の小さな祖先は前肢に4本，後肢には3本の趾を持っていた。

有蹄類は植物食動物である。臼歯は植物を磨砕するために歯冠部が高く，溝は深くなり，前臼歯と後臼歯とではほとんど形態的な差異はない。鎖骨を欠き，それが牧草を食べるのを容易にする。有蹄類は角を持つ唯一の哺乳類である。

亜有蹄類 subungulate はゾウ（長鼻目），ハイラックス（岩狸目），マナティー（海牛目）に当てられてきた用語で，これらについてはすぐ後で述べる。こうしたグループの分類学的な状態は，多くの哺乳類の場合と同様に，論争の余地がある。

奇蹄類

奇蹄類 perissodactyls には3科あり，ウマ horses とウマ様の哺乳類 horselike mammals，バク tapirs，**サイ**

rhinoceros がいる（図 4－46）。これらの動物は 1 趾，3 趾，時に 4 趾で蹄のある先端で歩き，体重の大部分が 1 趾で支えられていることから識別される（図 10－33，サイとウマ，図 10－34 参照）。これが**メサゾニック肢** mesaxonic foot である。奇蹄類は通常，奇数趾の有蹄類とよばれるが，バクとある種のサイは前肢に 4 本の趾を持つ。

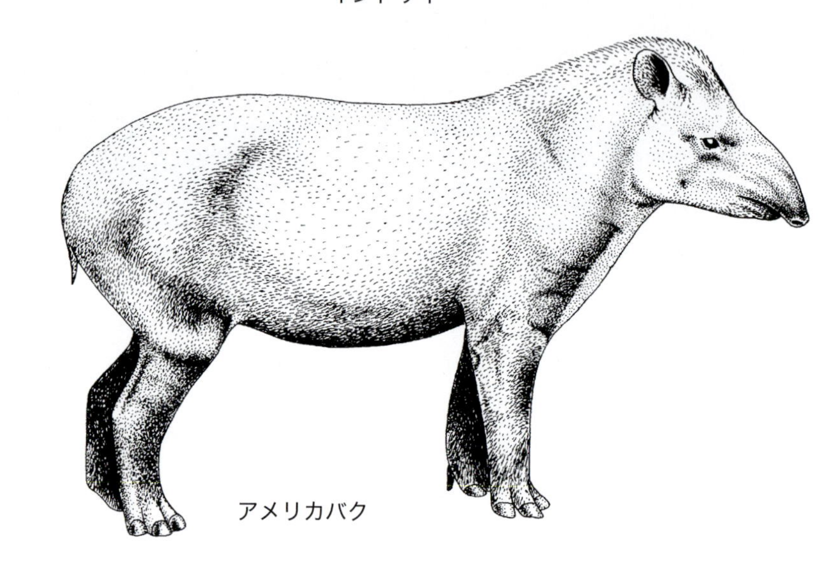

図 4－46
奇蹄類２種。

偶蹄類

偶蹄類 artiodactyls は体重を 2 本の趾が支える有蹄類である（図 4－47）。これが**パラゾニック肢** paraxonic foot である（図 10－34 参照）。現存する有蹄類は偶数の趾を持つが，少なくとも絶滅した偶蹄類の 1 種は前肢に 5 本の趾を持っていた。

偶蹄類にはブタ，カバ，ペッカリー，ウシ，ラクダ，シカ，アンテロープ，キリンがいる。ブタ，カバ，ペッカリー，ラクダ*2を例外として，3 室以上，時には 4 室に分けられた胃を持っている。彼らが食物を飲みこむと，食物は胃の最初の区画である反芻胃（第一胃）に入る。こうした動物は反芻動物である。暇なときに未消化の食物塊を食道へ押し戻させ，この食い戻しの食物をもっと十分にかむ。

岩狸類

この目は，**ハイラックス** hyraxes の 3 属からなり（図 4－48），前肢に 4 趾，後肢に 3 趾を持つ。ハイラックスは足根部を地面につける体勢（蹠行型）であるが，1 趾を除き，他のすべての趾は小さな平たい蹄に終わる。後臼歯は，有蹄類のように歯冠が高い。こうした特徴や他の特徴のため，系統分類学者のある者は，ハイラックスを奇蹄類に入れる。上唇には裂け目（兎唇）があり，切歯は齧歯類のように伸び続ける。

図 4－47
偶蹄類。

＊2 訳注：原書ではラクダを単胃としているが，3 室からなる胃を持つ。

図4-48
岩狸目。ロック・ハイラックス。

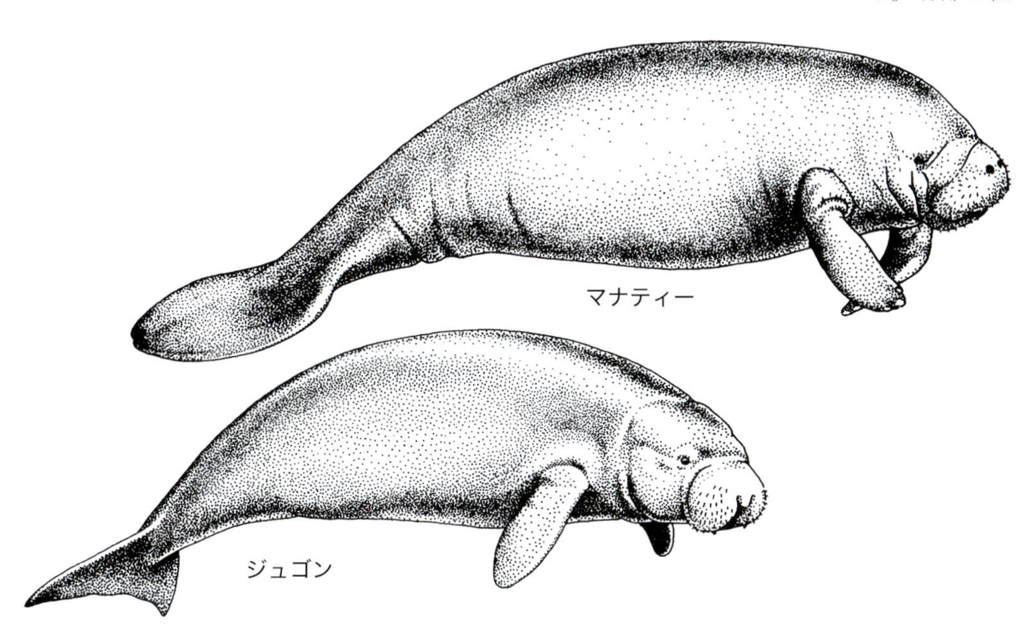

図4-49
代表的な海牛目。ジュゴンの尾の刻み目とマナティーの鰭状足にある平爪の痕跡に注意。

長鼻類

長鼻目 Proboscidea はゾウ，マストドン，およびこれらの近縁種を含む。これらの動物は長い鼻（吻）を持つ。体毛は乏しく，厚くて皺の寄った皮膚を持つ。顎の一方あるいは上下顎の両方の切歯は長く伸びて牙となり，犬歯はなく，後臼歯は有蹄類のように非常に大きな磨砕器である。長鼻目は巨大な動物で，四肢は骨と筋からなるほぼ垂直の柱である。蹄に似た厚い平爪に終わる5趾を持つ。各趾先の裏側には体重を支えるのを助ける弾力に富む**肉趾** pad がある。この肉趾は有蹄類にはない。

歯と脚の構造から，長鼻目は亜有蹄類と考えられてきた。しかし，核やミトコンドリアの遺伝子配列のデータから，ゾウと有蹄類の関係は，哺乳類の他の目との関係より近縁ではないと推定される。

海牛類

海の牛として知られるマナティーとジュゴンが，**海牛目** Sirenia を構成する（図4-49）。有蹄類と同様，海牛類は厳格な植物食性で，初期の有蹄類の系統の子孫と考えられている。前肢は櫂状であるが，その内部には典型的な四肢動物の肢骨がそのままの形である。後肢はなくなっているが，後肢と後肢帯の骨格の痕跡がある。吻部は粗い剛毛で被われ，体の他の部位はまばらに生える体毛を除き無毛である。クジラの尾（フロック）に似た尾部は，進化的収斂の結果である。海牛類とクジラ類だけが完全に適応した水生哺乳類である。他のものはすべて繁殖のため集団繁殖地に戻らねばならない。

クジラ類

現代のクジラ類 cetaceans（クジラ，イルカ，ネズミイルカ）は，完全な海洋哺乳類である（図4-50）。尾は水平方向の肉質の2葉からなるフロック（クジラの尾びれ）で，結合組織で構成されている。体幹の後半分が前進移動の推力のほとんどを作りだす。前肢は櫂様（鰭脚）で，遠位端に埋め込まれた指骨がある。後肢と後肢帯は体幹内に埋め込まれた痕跡に過ぎないか，ある種のように完全に消失している。新生代早期の祖先は小さいが完全な後肢を持っていた。背びれがあるものもいるが，これも線維性組織である。

前頭骨と鼻骨は短く，その結果外鼻孔が頭部の頂にあり，時には外鼻孔は癒合して1個の大きな噴水孔となった。外鼻孔は水中で閉じる弁を持っている。横隔膜は筋が並外れて発

図4-50
代表的なクジラ類。

達し，クジラの潮吹きは，ほとんどが水蒸気であり，３～５分続くこともある。この水蒸気は温かな呼気が海面から噴出されるとき，冷えた空気のなかで作られる。厚い皮下脂肪の層（あぶら身 blubber）は冷たい海洋で体温を保存する。

ほとんどのクジラは歯を持つが，ヒゲクジラ類は歯の代わりに口蓋から下がる鯨鬚（クジラヒゲ）のほつれた角質性のシートを持つ（図6-27参照）。こうしたクジラは，種によって異なるが，毎日，海から数トンもの小魚や甲殻類やプランクトンを漉しとっている。わずかの体毛が，通常はクジラの鼻面に生える。それ以外の部分には体毛はない。クジラの子は水中で生まれる。母親や補助者が臍帯をかみ切って後産から新生子を離し，最初の空気を吸わせるため母親は海面に赤ん坊を押し上げる。その後は，赤ん坊は母親が泳ぎ回っているときも，４個の鼠径部乳頭の１個に吸いついてぶら下がっている。

クジラ類は視力がよいが，別の物体の肌合いまでもわかる反響定位（エコーロケーション）によっても環境を探査する。味覚は優れているが，嗅神経が発達しないため，嗅覚はない。もしクジラが水中で息を吸い込むようなことをすれば溺れるから，どっちにしろ嗅覚は無用であろう。クジラ類は明瞭なピューという音（ハンドウイルカでは少なくとも16回）や，顎を素早く打ったり，尾ひれで水面をたたいたりして，お互いにコミュニケートする。

個体間の変異

本章では，有頭動物の生活の多様さを垣間みてきた。しかし，変異は種間の相異に限られてはいない。同種の個体群のなかでも，また同腹子の間でさえも変異は生じる。実際，有性生殖による2つの産物に全く同じはない。n対の遺伝子を持つとすると，配偶子の種類の数あるいは同形接合体遺伝子型の数は2^nになる。異なる遺伝子型の可能な数は3^nとなる。たとえ，たった100対の遺伝子があるとしても，可能な遺伝子型の数を書くのに48桁が必要であろう。そして実際には何千，何万対もの遺伝子がある。さらに，1個の遺伝子には400の突然変異点があるらしい。それゆえ，遺伝的な特徴の可能な組み合わせの数は想像を絶する。

例えば，イエネコのある集団で肝胃動脈は，時には20mmの長さであるが，時には1mmの長さであり，また胃動脈と肝動脈が独立して出ることもあり，そうなると肝胃動脈が存在しない。どんな集団でも実際に動脈にのみ起こる変異の数は，1匹のサメ，1人の人間をその動脈のみから同定できるほどである。実際には，私たちはこうしたことより，1人の人間を単に顔をみるだけで同定し，指先の指紋でもって同定する。もちろん，私たちは個々の動物をDNAの塩基配列の地図をみることにより識別できよう。絶えることなく続く無作為な遺伝子の突然変異や生殖による遺伝子組み換えは，個体群の変異を維持する。こうした過程は進化の原材料を提供する。遺伝子変異は自然選択とともに新たな種が進化する基盤である。

要約

1. 無顎類（顎のない有頭動物）は絶滅した甲皮類と現存する円口類（ヌタウナギとヤツメウナギ）で，原始的な有頭動物の側系統群である。中国で新たに発見されたカンブリア紀前期の化石は最古の脊椎動物である。甲皮類は硬骨を持つ最古の脊椎動物である。この動物は皮膚装甲に被われ，多くは有対の付属肢を欠く（ある無顎類の化石には有対の胸部付属肢がある）。
2. 棘鰭を持つことで名づけられたアカンソジース（棘魚）類と，皮膚に骨性の小盾を持つことで名づけられた板皮類は，初期の有顎魚である（それぞれシルル紀前期と後期に化石として最初に記録された）。これらはデボン紀に繁栄した。
3. 軟骨魚類はもう1つの初期の有顎類のグループで，板鰓類と全頭類を含む（シルル紀前期に初めて知られる）。板鰓類は呼吸孔，覆いのない鰓裂，顎では歯となる楯鱗を持つ。全頭類は皮膚がほとんどむきだしで，肉質の鰓蓋を持ち，歯の代わりに骨質の板が顎にある。
4. 硬骨魚類は2つのクレード，すなわち葉鰭を持つ魚類と四肢を持つその子孫（肉鰭類），ならびに放線状の鰭を持つ魚類（条鰭類）である。これらは硬鱗，櫛鱗，または円鱗と骨質の鰓蓋を持つ。ほとんどの葉鰭類は内鼻孔を持つ。
5. 肉鰭類は空棘類（例えばラティメリア）や扇鰭類（類縁関係の仮説に基づく肺魚類と四肢動物を含む）を含む。両生類は扇鰭類の祖先から進化した。
6. 条鰭類はポリプテルス，軟質類（チョウザメ，ヘラチョウザメ），新鰭類（中生代の生き残った魚類であるアミアとガー，および現代の真骨類）を含む。現代の魚では，薄く柔軟な鱗が初期の魚類の骨質の装甲に取って代わった。
7. 両生類は迷歯類（最も初期の四肢動物），石炭紀の多くの動物群（例えば切椎類と古竜類，細竜類），滑皮両生類（三畳紀および現代の両生類）を含む。
8. 現代の両生類は無尾類（カエル，ヒキガエル），有尾類（尾を持つ両生類），無足類（体肢を欠く種）である。無尾類と有尾類は鱗がなく，腺性の皮膚を持ち，水中に卵を生み，水生の幼生期がある。少数は胎生である。無足類は小さな真皮鱗を持つ。
9. 爬虫類（鳥類を含む）と哺乳類は有羊膜類である。胚は羊膜嚢のなかで胚体外膜の協力によって発生する。
10. 現存する爬虫類は（鳥類を除いて）外温性で，角質化した表皮鱗，甲板，鱗甲を持ち，鉤爪がある。これらは通常，多孔質の卵殻で被われた卵黄に富んだ卵を生む。胎生のものもいる。鳥類は羽を持つことが特徴である。
11. 有羊膜類は3つの細分類群がある。すなわち無弓類の爬虫類，双弓類，単弓類である。無弓類は側頭窩がなく，原始的な状態を保持する原始的な爬虫類である。無弓類は基幹爬虫類とカメ類を含む。双弓類は2つの側頭窩を持ち，カメを除く現存するすべての爬虫類を含む。単弓類は1つの側頭窩があり，哺乳類を含む。
12. 主竜類は双弓類の細分類群である。翼を持つ爬虫類（プテロダクティル），ワニ類，恐竜類（鳥類が進化上での恐竜の細分類群であることを忘れてはならない）を含む。
13. 鱗竜類は双弓類のもう1つの細分類群である。これはムカシトカゲと有鱗類（トカゲ，ヘビ，ミミズトカゲ）を含む。もう１つの細分類群は絶滅した大型の水生爬虫類（プレシオサウルス類と魚竜類）である。

14. 鳥類は内温性の羽を持つ主竜類である。最古の鳥類（古鳥類）は中生代中期に出現した。他のすべては新鳥類である。現存する鳥類は２亜群，平胸類（古顎類）と深胸類（新顎類）である。平胸類は飛翔できず，深胸類は大きな胸部竜骨を持つ。
15. 哺乳類は毛と乳腺を持つ有頭動物である。これは卵生の一群（単孔類であるカモノハシとハリモグラ）と，卵黄嚢を胎子側の胎盤として利用する別の一群（有袋類であるオポッサム，カンガルーなど）と，残りの哺乳類で，それらは絨毛膜尿膜胎盤（"真の胎盤"）を持つ。霊長目は旧世界ザル，新世界ザル，類人猿および絶滅した人類と現代人を含む。

理解を深めるための質問

1. 有頭動物，有羊膜類，哺乳類，条鰭類，軟骨魚類，鳥類，サメ類，恐竜，肉鰭類の間の階層的な類縁関係を分岐図にして示せ（できるだけ単系統群の定義を用いて）。
2. ヤツメウナギがヌタウナギよりも有顎類（顎口類）に近縁であることを支持する証拠は何か？
3. 現存する肉鰭類の３細分類群は何か？
4. 最近，読者が食べた新鰭類の名前を答えよ。
5. なぜ，両生類は側系統群であるのか？　滑皮両生類は単系統群であるのか？
6. 爬虫類の系統発生学的な分類上の定義は何か？　爬虫類に対する姉妹群は何か？
7. 鳥類の起源が恐竜にあると示唆する鳥類の化石において，原始的（祖先的）な特徴とは何か？
8. 恐竜の骨盤の構造に関する本書の解説で，鳥類を竜盤類起源とする含意は何か？
9. もし広弓類を双弓類に分類するのが正しいとするなら，プレシオサウルスや魚竜類の側頭窩が１つであることをどのように説明できるか？
10. 単孔類は卵生の生殖行動を進化させたという意見は正しいか？
11. 哺乳類のすべての目に対してそれぞれ一例を挙げることができるか？（視覚的なイメージをともなわない動物の学名を学ぶことは一層難しい。読者は本章で取り上げたすべての分類群の例を，なじみのないものも含めて探すべきである）

参考文献

Ackerman, J.: Dinosaurs take wing, *National Geographic* 194(1):76, 1998.

Ahlberg, P. E.: Origin and early diversification of tetrapods, *Nature* 368:507, 1994.

Brodal, A., and Fange, R., editors: The biology of Myxine. Oslo, Norway, 1963, Universitetsforlaget.

Carr, R. K.: Placoderm diversity and evolution, Bulletin du Muséum National d' Histoire Naturelle, Paris, 4e sér., 17 (1–4):85–125, 1995.

Carroll, R. L.: Vertebrate paleontology and evolution. New York, 1988, W. H. Freeman and Company.

Chen, J.-Y., Dzik, J., Edgecombe, G. D., Ramsköld, L., and Zhou, G.-Q.: A possible early Cambrian chordate, *Nature* 377:720.

Chiappe, L. M.: A diversity of early birds, *Natural History*, p. 52, June 1995.

Cloutier, R., and Ahlberg, P. E.: Morphology, characters, and the interrelationships of basal sarcopterygians, chapter 17 in Stiassny, M. L. J., Parenti, L. R., and Johnson, G.D. (editors), Interrelationships of fishes, San Diego, 1996, Academic Press.

Dineley, D. I., and Loeffler, E. J.: Ostracoderm faunas of the Delorme and associated Devonian-Silurian formations, North West Territories, Canada, Palaeontological Society. Special Papers in Palaeontology, Number 18 published by The Palaeontological Association, London, 1976.

Feldhamer, G. A., Drickhamer, L. C., Vessey, S. H., and Merritt, J. F.: Mammalogy: Adaptation, diversity, and ecology. Boston, 1999, McGraw-Hill.

Forey, P., and Janvier, P.: Agnathans and the origin of jawed vertebrates, Nature 361:129, 1993.

Forey, P., and Janvier, P.: Evolution of the early vertebrates, *American Scientist* 82:554, 1994.

Gauthier, J., Kluge, A.G., and Rowe, T.: Amniote phylogeny and the importance of fossils, *Cladistics* 4:105–209, 1988.

Gingrich, P. D.: The whales of Tethys, *Natural History*, p. 86, April 1994.

Hickman, C., and Roberts, L.: Animal diversity, Dubuque, IA, Wm. C. Brown Publishers, 1995.

Hou, L., Zhou, Z., Martin, L. D., and Feduccia, A.: A beaked bird from the Jurassic of China, *Nature* 377:616, 1995.

Janvier, P.: Early vertebrates, Oxford, 1996, Clarendon Press.

Jørgensen, J. M., Lomholt, J. P., Weber, R. E., and Malte, H., editors: The biology of hagfishes. London, 1998, Chapman & Hall.

Lee, M.: The turtle' s long lost relatives, *Natural History*, p. 63, June 1994.

Lombard, R. E., and Sumida, S. S.: Recent progress in understanding early tetrapods, *American Zoologist* 32:609, 1992.

Long, J. A.: The rise of fishes, 500 million years of evolution. Baltimore, 1995, The Johns Hopkins University Press.

Maisey, J. G., Discovering fossil fishes. New York, 1996, Henry Holt and Company.

Nelson, J. S.: Fishes of the world, ed. 3. New York, 1994, John Wiley and Sons.

Norell, M., Chiappe, L., and Clark, J.: New limb on the avian family, *Natural History*, p. 39, September 1993.

Nowak, R. M., Walker' s mammals of the world, ed. 6. Baltimore, 1999, The Johns Hopkins University Press.

Pough, F. H., Andrews, R. M., Cadle, J. E., Crump, M. L., Savitzky, A. H., and Wells, K. D., Herpetology. Upper Saddle River, NJ, 1998, Prentice Hall.

Proctor, N. S., and Lynch, P. J.: Manual of ornithology, avian structure and function. New Haven, CT, 1993, Yale University Press.

Shu, D-G., Luo, H-L., Morris, S. C., Zhang, X-L., Hu, S-X., Chen, L., Han, J., Zhu, M., Li, Y., and Chen, L-Z: Lower Cambrian vertebrates from south China, *Nature* 402: 42–46, 1999.

Stiassny, M. L. J., Parenti, L. R., and Johnson, G. D., editors: Interrelationships of fishes. San Diego, 1996, Academic Press.

Stock, D. W., and Witt, G. S.: Evidence from 185 ribosomal RNA sequences that lampreys and hagfishes form a natural group, *Science* 257:787, 1992.

Szalay, F. S.: Evolutionary history of the marsupials and an analysis of osteological characters. Cambridge, 1994, Cambridge University Press.

Szalay, F. S., et al., editors: Mammal phylogeny: Placentals, vol. 2. New York, 1993, Springer-Verlag.

Taylor, G.: Winging it, New Scientist 163(2201), 1999.

Thomson, K. S.: Living fossil: The story of the Coelacanth. New York, 1991, W. W. Norton.

Weishampel, D. B., Dodson, P., and Osmólska, H., editors: The Dinosauria. Berkeley, 1990, University of California Press.

Wilson, E. O.: The diversity of life. Cambridge, MA, 1992, The Belknap Press/Harvard University Press.

インターネットへのリンク

Visit the zoology website at http://www.mhhe.com/zoology to find live internet links for each of the references listed below.

1. Craniata. This is a starting off point at the Arizona' s Tree of Life site that leads you to information on all craniates.
2. Phylum/Major Group Index to Zoological Record, Taxonomic Hierarchy. A starting point from Biosis to go to nearly all taxonomic gorups.
3. Animal Diversity Web, University of Michigan. Phylum Chordata. General characteristics of chordates, with the following links to urochordates and vertebrates.
4. Introduction to the Chordates. University of California at Berkeley, Museum of Paleontology. Images, photos, systematics. Links to a vast array of specialized links on various vertebrate groups.
5. Phylum Chordata. A great starting place to find a large number of links, from the University of Minnesota.
6. SeaWorld/Busch Gardens Animal Information Database. Much information on aquatic animals, and some terrestrial organisms as well.

第5章 有頭動物の初期形態形成

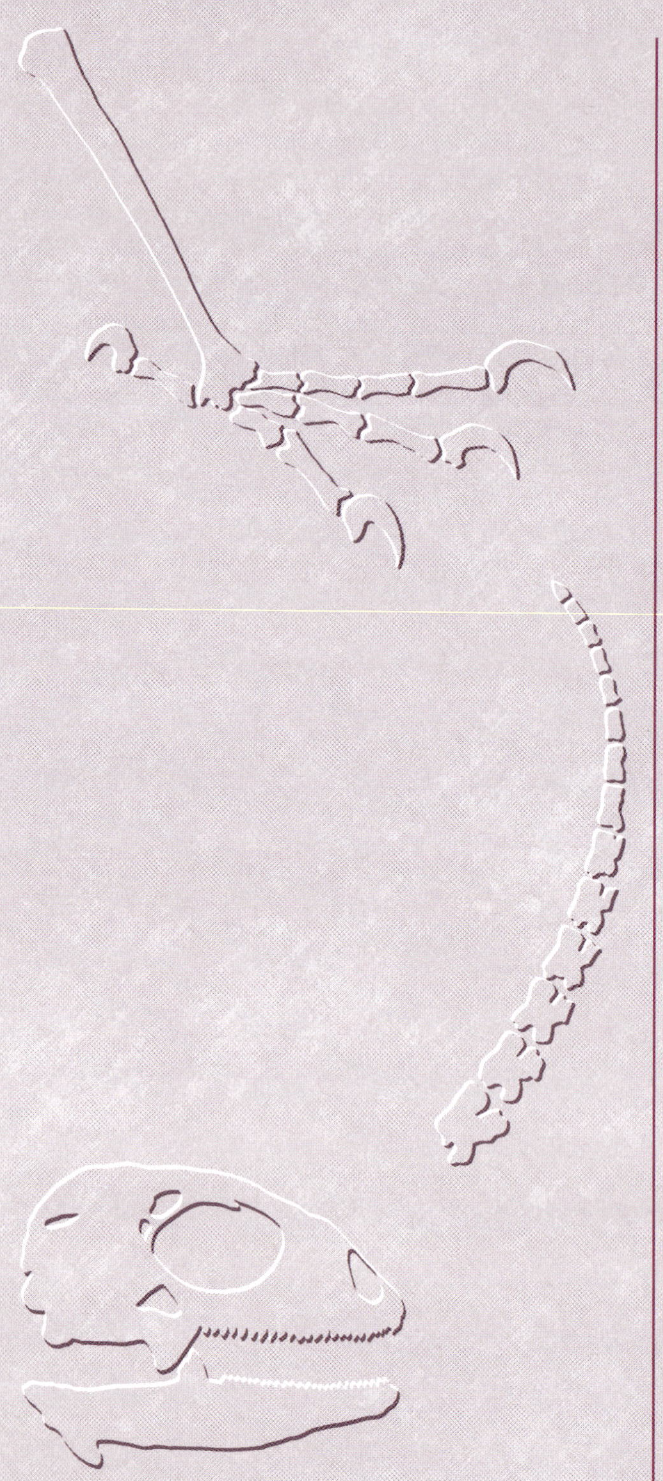

本章ではすべての有頭動物が類似した，しかし同一ではない初期形成段階を経由するということを学ぶ。ここでは分化全能の胚細胞からなる中空の球塊が，３つの欠くことのできない胚葉を備えた初期胚へと改造される仕組みと，各胚葉が成体の体に行う貢献が明らかになる。最後に，胚体外膜と孵化あるいは出生前の胚体外膜の役割についても調べることにする。

概要

有頭動物の形態学の研究室では，標本は1つの時間枠，すなわち現時点において調べられる。あと2つの時間枠からもう少し知識を追加すれば，形態学に関する知識はもっと豊かになる。すなわち遠い過去の標本を調べるにはその祖先に関する知識が必要であり，近い過去の標本に関する知識にはその初期発生を調べることが含まれる。

第4章では祖先について紹介した。本章では初期発生の最重要点について詳説する。全体像（系統発生，個体発生，形態学）は形態学単独より意味が深いが，それは前2者が後者に対して責任を持つ場合だけである。

有頭動物の卵

卵のタイプ

有頭動物の卵は，それが含む卵黄の量および卵内における卵黄の分布において様々である（**表5–1**）。ナメクジウオや有胎盤哺乳類の卵のようにごく少量の卵黄しか持たない卵は**少黄卵** microlecithal である。淡水生ヤツメウナギ，原始的な条鰭類，新鰭類，肺魚類，両生類の卵のように，中等度の量の卵黄を持つ卵は**中黄卵** mesolecithal である。海生ヤツメウナギ，板鰓類，真骨類，爬虫類，鳥類，単孔類の卵のように大量の卵黄を持つ卵は**多黄卵** macrolecithal である。

少黄卵では，卵黄は脂肪滴および小さな**卵黄小球** yolk globules として細胞質内に均等に分布している。均等に分布した卵黄を持つ卵は**等黄卵** isolecithal とよばれる。中黄卵および多黄卵では，大きな卵黄塊は植物極 vegetal pole（**図5–1**，赤色）とよばれる一端に偏在する傾向にある。その反対側に核があり，比較的卵黄を欠いた細胞質を含む極は**動物極** animal pole である。細胞質と卵黄がそれぞれ反対側の極に蓄積する傾向にある卵は**端黄卵** telolecithal である。

卵生と胎生

産卵する（卵を産む）動物は**卵生** oviparous とよばれる。卵生種の卵は十分な栄養物を卵黄および時にはアルブミンの形で含んでおり，これらは卵が口から食物をとることのできる自由生活 free-living 生物へと成長していくのを助けている。卵黄が大量な場合には，子は，鳥類のように，基本的に完全な形態を備えて誕生する。卵黄が十分でない場合には，

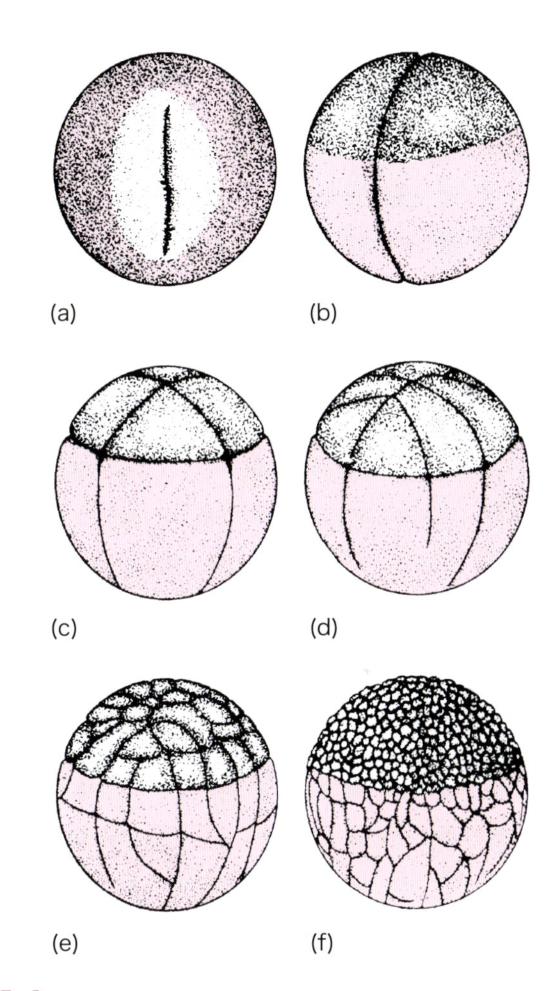

図5–1
中黄卵（両生類）における分割と胞胚形成。(a) 最初の卵割，上方からみる。(b～f) 胞胚形成までの連続的卵割。灰色は動物極で，ほとんど卵黄を含まない。赤色は植物極。(f) ではエピボリー（覆い被せ運動）と巻き込みによる原腸胚形成が始まろうとしている。

表5–1　卵黄の特徴に基づく卵の分類

		卵のタイプ	例
卵黄の量	少量	少黄卵	ナメクジウオ，獣亜綱哺乳類
	中等度	中黄卵	多くの魚類，両生類
	多量	多黄卵	サメ，単孔類
卵黄の分布	均一	等黄卵	獣亜綱哺乳類
	一極に局在	端黄卵	ナメクジウオと獣亜綱哺乳類を除く大部分の有頭動物

カエルのように子は幼生の段階で生まれてくる。ナメクジウオの卵のようにごく少量の卵黄しかない場合には，自由生活で自己栄養摂取の状態は卵が産みつけられてから極めて速やかに達成されねばならない。したがって，ナメクジウオは受精後8～15時間で体表に線毛を持つ自由遊泳の胚へと孵化するが，このとき脊索はまだ原始腸管 primitive gut の天井にある単なる隆起 ridge であり，咽頭裂は存在しない。

子を産む動物は**胎生** viviparous といわれる。母と子（胚）の関係は様々である。胎生のサメ類では母は胚を守り酸素を与えるだけで，栄養物は卵に蓄えられている。一方，有胎盤哺乳類では胚はすべての栄養物，酸素，そして代謝老廃物の除去について母体の組織に依存している。

卵胎生 ovoviviparity という用語はサメのような胎生の状態を指すために作りだされた。**真胎生** euviviparity とは，胚が母体組織から恒常的に栄養物を供給されない限り成長できないような胎生の状態を指す。この他にも多数の中間的な状態がある。もともと卵胎生の爬虫類の胚でも，妊娠が終わる前に母体からの栄養供給を必要とする場合がある。ある胎生爬虫類の卵には卵殻があるが，この卵殻は石灰化していない半透性の膜である。

胎生は無顎類と鳥類を除くあらゆる有頭動物の綱において，いろいろな程度で進化してきた。胎生はそれぞれ独立に真骨類では12回以上，トカゲ類では少なくとも100回，ヘビ類では少なくとも6回発達した。実際，すべての有鱗類の20%は胎生であるが，ワニ類やカメ類には胎生の種はいない。胎生はサメやエイの40科で生じ，また絶滅した**全頭類** holocephalans や原始的な条鰭類でも胎生種がいたという化石上の証拠がある。中生代の海生爬虫類である**魚竜** *Ichthyosaurus* の子宮からは，出生前の化石化した胚がみつかっている。池よりも陸上の環境に住む胎生の有尾類や無尾類で完全に変態した子を産むものもあるし，胎生の**水生無足類** apodans もいる。

アブラツノザメ *Squalus acanthias* は卵胎生生物の一例である。出生前の胚は卵黄嚢から全面的に栄養供給を受けているが（図5-12），酸素は母体の子宮上皮 uterine lining の非常に拡張し著しく蛇行した血管から供給されている。子は誕生の2～3カ月前に（妊娠期間は20～22カ月）母体から引き離されても，酸素を含んだ海水さえあれば卵黄嚢から栄養物を利用して成長を遂げることができる。

胎生の真骨類では，受精卵は排卵されず，胚は卵胞のなかで成長するものがある。カダヤシ *Gambusia* の胚はこのように成長するが，胚が卵巣腔 ovarian cavity のなかで成長することもある（図15-33参照）。胚が卵胞内で成長するための適応として，酸素や栄養に富んだ体液を卵巣組織から吸収するために，胚の心膜（嚢），腸管あるいはその他の器官が一時的に拡張する。卵巣腔のなかで成長するある種の動物は，胚の腸管の上皮から長い絨毛様の突起（**リボン状直腸突起** trophotaeniae）を出すことがある。これらの突起は排泄口 vent を通って卵胞腔内の栄養に富んだ媒体内に突出する。また他の真骨類では胚はしばらくの間卵胞内で成長し，拡張した心膜を持つようになり，それから卵巣腔のなかに入り，吸収のための絨毛を発達させる。ある種の真骨類では，ばく大な数に上る発生中の卵あるいは幼生の一部は，他の幼生によって摂食され，こうして一部の幼生のための栄養物になる。

母体の組織はホルモンの影響により，胎生のための様々な適応を行う。真骨類の胚をいれた卵胞の壁は，栄養物を分泌する脈管性のヒダあるいは絨毛を発達させ，これらは胚の口や鰓蓋腔 opercular cavity にまで突出することがある。真胎生のアカエイ *Dasyatis americana* では，妊娠子宮は2～3 cm の絨毛で裏打ちされ，これが胚に栄養を与える大量の分泌物を産生する。子宮腺の分泌物は哺乳類の着床前の胚盤胞に一時的に栄養物を供給し，またおそらく奇蹄類や偶蹄類では着床した胚盤胞に妊娠期間中ずっと栄養を与え続ける。**組織栄養性（胚栄養性）栄養摂取** histotrophic (embryotrophic) nutrition とは，母体組織からの腺性分泌による栄養物に用いられる用語であり，胎盤経由で与えられる栄養とは異なる。

体内受精と体外受精

胎生の有頭動物では，受精は雌の体内で起こる。爬虫類や鳥類のように貫通不能の卵殻に被われている卵でも，受精は卵が産み落とされる前に体内で起こる。

卵生の魚類，カエル，ヒキガエルでは，水生の環境が精液を希釈してしまうにもかかわらず，体外受精が一般的である。これは卵が産み落とされたときに何百万もの精子が卵に注ぎかけられるゆえにのみ可能である。

しかし無足類や有尾類では，卵生の種でも一般に受精は体内で行われる。ある種の雄の有尾類は，求愛行動の間にゼリー状の精子塊（**精包** spermatophore）を集合している雌のごく近傍に排出する。精包は一般に雌の総排泄腔の陰唇によって取り上げられるが，雄によって総排泄腔内に挿入される種もある。精子はゼリーから抜けだして卵管を下行しつつある卵を受精させる。

精子が雌の生殖道の窪み（**貯精嚢** spermathecae）に蓄えられ，胚発生のための環境がより適切になったときに排卵された卵を受精させるような種もいる。これらの適応には遺伝的背景がある。精子を精包に詰め込むことにより，交尾器が

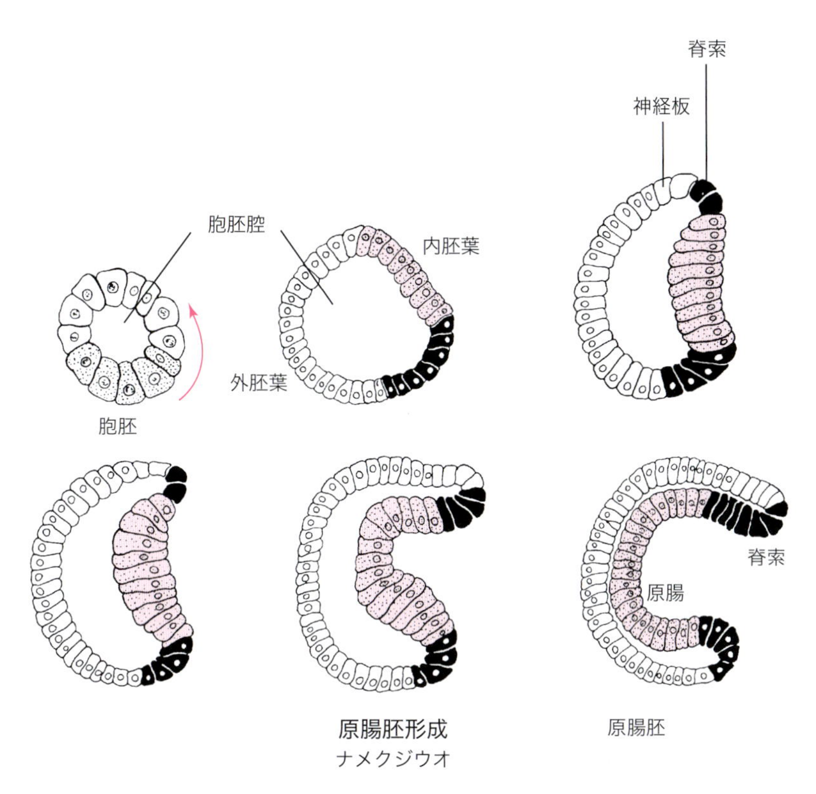

図5-2
ナメクジウオにおける巻き込みによる胞胚と原腸胚形成，矢状断。黒の細胞は原口（原腸への入り口）を囲み，最も活発に有糸分裂を行う。赤色は胞胚では暫定的内胚葉，原腸胚では最終的内胚葉。脊索が体の背腹軸と長軸を決定する。

ないにもかかわらず精子を雌に伝達することが可能になる。

代表的脊索動物の初期発生

卵割と胞胚

接合子の初期細胞分裂は，卵の受精によって開始され，**分割** segmentation あるいは**卵割** cleavage とよばれる。卵割の結果，接合子は何度も小さな細胞群に細分されて，通常では中空の球状構造である胞胚 blastula を形成する。胞胚の各細胞は**割球** blastomere，腔所は**胞胚腔** blastocoel である（図5-2）。

卵内にごく少量の卵黄しかない場合には，割球はすべてほぼ同じ大きさである（図5-2，胞胚）。両生類の卵のように細胞分裂が中等度の量の卵黄によって妨げられる場合には，植物極の卵黄を含んだ細胞は大きく，またゆっくり分裂する（図5-1）。爬虫類や鳥類の卵のように大量の卵黄がある場合には，卵割は動物極に限定され，その結果，**胚盤葉** blastoderm がキャップのように大量の卵黄の上にかぶさることになる（図5-6）。胚はこの胚盤葉から発生する。

獣亜綱哺乳類の卵はほとんど卵黄を持たず，卵黄を持った動物におけるような動物極，植物極の典型的パターンも示さない。哺乳類での卵割のパターンは独特である（図5-10 a～e）。

最初の卵割は他の有頭動物の場合と同様に**経割** meridional である。この時点で卵割は異なりだし，最初の卵割によって生じた各々の娘細胞は，一方は経線方向，他方は緯線方向を向き，互いに直角になる。これ以後の細胞分裂は必ずしも同調して起こらず，時には2-4-8-16-32-64といった典型的なパターンではなく，奇数の細胞数になることもある。16細胞期までには将来の胚体を形成する**内部細胞塊** inner cell mass が存在するようになる。32細胞期には外層は胞胚腔の周りに広がって**栄養膜** trophoblast を形成する。

哺乳類の胞胚は嚢胞状を呈するので，**胚盤胞** blastocyst とよばれる。栄養膜は子宮液から栄養物を吸収することができ，また着床が起こるときには子宮との接触部位となる。結局，栄養膜は胎盤と**絨毛膜（漿膜）** chorion の形成に貢献する。一方，内部細胞塊は**胚盤** embryonic disc を形成し，鳥類の発生でみられるような様式で発達を続けるが，この発生様式はたくさんの卵黄を有していた祖先から遺伝された原始的パターンが保たれたものである。

卵割の結果，有頭動物は普通には胞胚として知られている中空で球状の発生段階を経由する。この段階の間に特有の分化能力を持った領域，すなわち将来の外胚葉，内胚葉，中胚葉，脊索の原基が確立される。

原腸胚形成：胚葉と体腔の形成

脊索動物の原腸胚形成は，細胞運動の活動的な過程で，この過程により胞胚の仮の内胚葉，中胚葉，脊索の細胞が内部に流入し，将来のすべての組織および器官を形成する3つの胚葉が作りだされる。この過程において左右相称性が確立する。これらの細胞移動は**造成運動** formative movements あるいは**形態形成運動** morphogenetic movements とよばれる。急速な細胞分裂により，必要な細胞がこれらの形成運動に持続的に供給される。

原腸胚形成を構成する発生過程は後述する誘導物質（モルフォゲン）によって誘導され，調節される。ナメクジウオにおける原腸胚形成は卵黄によって妨げられないので，まずこの脊索動物において原腸胚形成をみることにしよう。

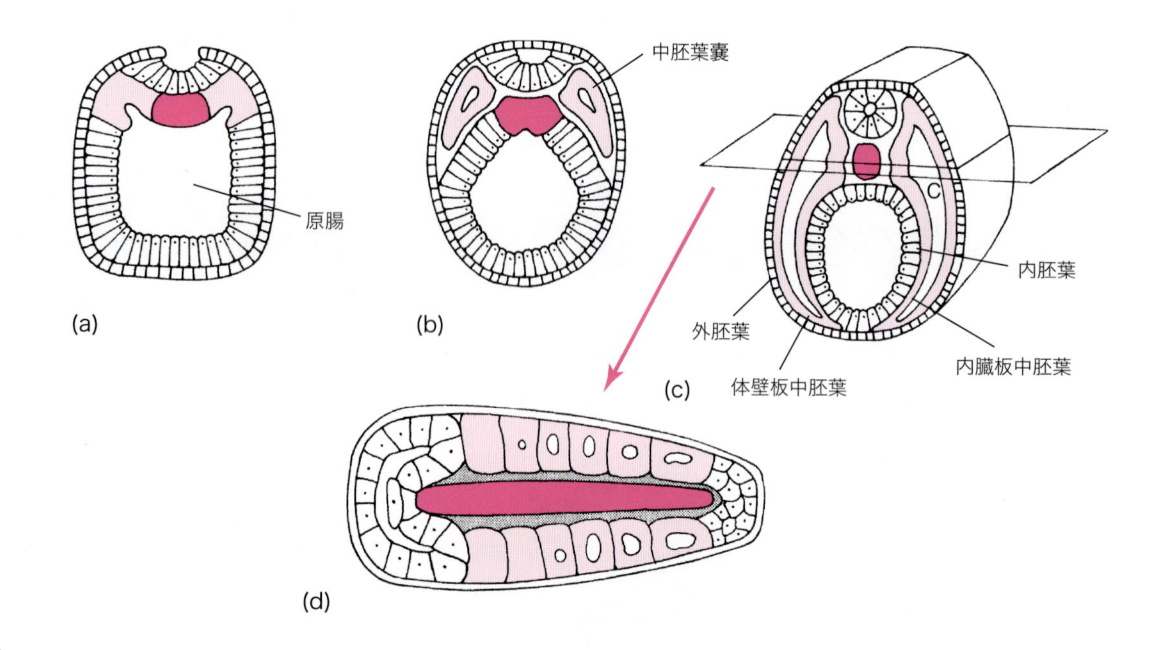

図5–3
ナメクジウオにおける中胚葉（淡赤色）と体腔の形成。(a) 縦走する中胚葉の帯が脊索（濃赤色）の側方で原腸の背外側壁内にある。(b) 中胚葉嚢が形成される。(c) 中胚葉嚢は外胚葉と内胚葉の間を腹方に成長して体腔（C）を形成する。(d) 初期幼生の分節的体腔を前頭断で示す。

ナメクジウオ

ナメクジウオでは，胞胚の表面から生じる将来の内胚葉は胞胚腔に陥入する（図5–2，赤色）。この**巻き込み** involution という過程により最も初期の腸である**原腸** archenteron が形成され，胚は**原腸胚** gastrula となる（図5–2）。原腸への入口は陥入の起こった場所，すなわち**原口** blastopore である。まもなく将来の脊索細胞が原口の縁から内部に流入して最初の脊索が形成されるが，これは一時的に原腸の天井の部分に位置している（図5–2，原腸胚）。

やがて，将来の中胚葉細胞が脊索の側方に未分化な帯状の中胚葉を形成する（図5–3a）。この段階ではナメクジウオの胚は主として外層の外胚葉と原腸を取り囲む内層の内胚葉からなっている。原腸の天井を形成しているものは，伸びつつある脊索とそれに平行に走る帯状の中胚葉である（図5–3a）。脊索は一般的に中胚葉とみなされる。

いったん中胚葉が原腸の背外側壁に形成されると，中胚葉帯は活発に細胞分裂を行って上方に折り曲がり，内胚葉から分離し，中胚葉帯の最前端から始まる一連の**体腔嚢** coelomic pouches（**中胚葉嚢** mesodermal pouches）を形成する（図5–3a，b）。

1対の嚢が形成された頃に，胚は自由遊泳の幼生へと孵化する。幼生は一部には原口の縁（**原口背唇** dorsal lip と**原口腹唇** ventral lip）から新たな細胞が追加され増殖する結果として，体長を伸ばし続ける。中胚葉帯が伸長し，さらに体腔嚢が追加されていく。

体腔嚢が形成されると，体腔嚢は腹側方向に曲がり，外胚葉と内胚葉の間に入り込む（図5–3c）。左右2つの嚢は腸の下で会合する。各嚢の外壁は外胚葉に隣接する**体壁板中胚葉** somatic mesoderm である。体壁板中胚葉は外胚葉とともに**体壁葉** somatopleure すなわち**体壁** body wall を構成する。各嚢の内壁は内胚葉に隣接する**内臓板中胚葉** splanchnic mesoderm である。内臓板中胚葉は内胚葉とともに**内臓葉** splanchnopleure を構成し，ここから消化管が生じる。体壁板中胚葉と内臓板中胚葉の間の腔所が**体腔** coelom である（図5–3c）。

ナメクジウオの幼生の体腔は一連の嚢に由来するので，しばらくの間分節的である（図5–3d）。その後，連続する嚢のなかの腔所は前端から融合を始め，それぞれの側に1個の体腔を形成する。さらに後には左右の体腔は腸の下で融合する。各胚葉は各臓器を形成する過程である**器官形成** organogenesis に参加するための位置を占めることになる。

カエル

獣亜綱哺乳類 therian mammals 以外の有頭動物では，植物極の細胞内に中等度から大量の卵黄が存在するために，原腸胚形成は複雑である。卵黄がナメクジウオにみられるような単純な巻き込みを妨げる。それでも，原腸胚は別の細胞運動によって形成される。

中黄卵 mesolecithal eggs を持つカエルでは**エピボリー** epiboly（覆い被せ運動）という過程が起こり，動物極の小

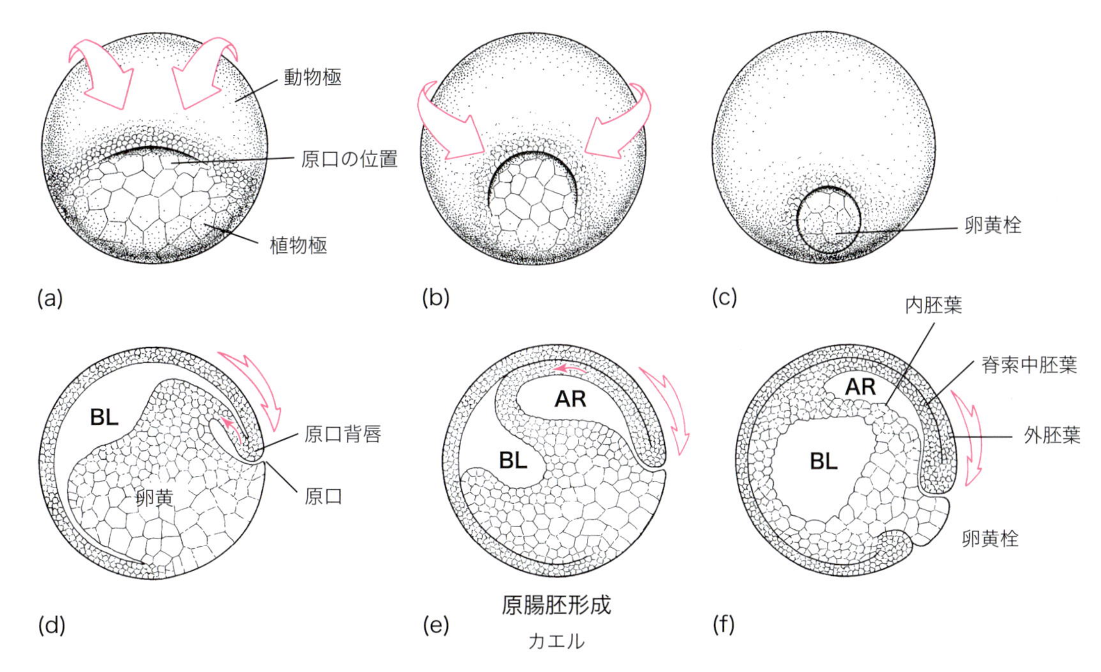

図5-4
カエルのエピボリー，巻き込みおよび原口。(a～c) 卵黄栓ステージまでの外胚葉のエピボリー。(a) は図5-1が進んだ段階である。(d～f) 原口での巻き込みを示す (a～c) の半側断面。(f) と図5-5を比較せよ。ARは原腸，BLは胞胚腔，矢印は細胞の成長を示す。

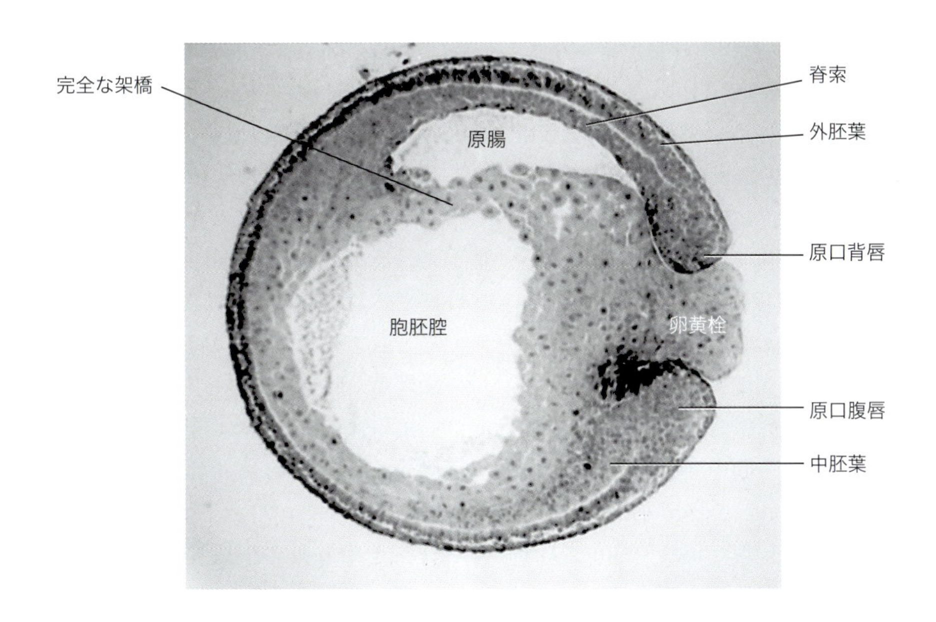

図5-5
カエルの初期原腸胚。脊索が脊索中胚葉から分化しつつある。重さが再配分されるため，胚は図5-4の方向から90度反時計回りに回転した。
From Philips, JB: *Development of Vertebrate Anatomy* 1975 (Fig. 7.5c page 137).

さな細胞が植物極の大きな細胞の上を下方に向かって増殖し，効果的に卵黄をくるみ，原口を形成する（図5-4a～c）。それから卵黄細胞は原腸の床を構成する（図5-4d～f，5-5）。

脊索と背側中胚葉　巻き込みが進行するにつれ，未分化な細胞が原口背唇の上を流れていき，原腸の天井に**脊索中胚葉** chordomesoderm の狭い帯を形成する（図5-4f）。脊索は脊索中胚葉の正中線部から組織され，一時的に原腸の天井に留まる。脊索のすぐ側方にある中胚葉は，脊索に平行に縦走する1対の中胚葉の帯を生じさせる。これらの帯が**背側中胚葉** dorsal mesoderm になる。次いで背側中胚葉は分節化し再配置され，中空の**中胚葉体節** mesodermal somites を形成する（図5–9b，c，d）。これらは体壁筋の供給源となる。

カエルにおける脊索と背側中胚葉の形成は，本質的にはナメクジウオの場合と同様である。両者は原口背唇の上を移動する未分化な細胞から生じ，原腸の天井に形成される。残りの中胚葉はおそらく卵黄が存在するためにやや異なるやり方で形成される。

内胚葉と外胚葉　脊索と背側中胚葉が分化するのと同時に，将来の内胚葉が内部に流れ込み，散開し，卵黄とともに原腸の内張りを作る。原腸胚の表面にある細胞は素早く増殖し，さらに細胞が追加されて，外胚葉が形成される。

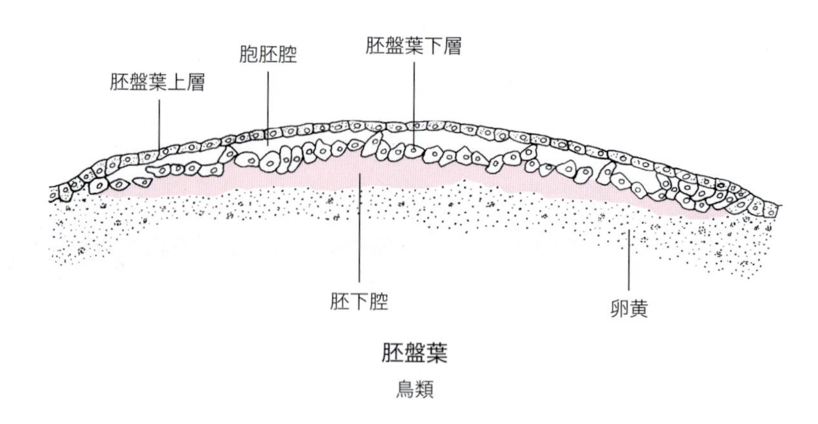

図5–6
鳥類の卵の動物極における胚盤葉，矢状断。将来の頭端は左。
卵割しない大量の卵黄はごく一部だけを示す。

中間中胚葉と側板中胚葉　体節以外の中胚葉を生じさせる細胞は原口の側方および腹側の縁の上を流れて内部に達する。いったん内部に入ると，これらの細胞は急速に広がる**側板中胚葉** lateral-plate mesoderm の先行する板として前進し，外胚葉と内胚葉の間を頭側に進む。背側中胚葉とは異なり，側板中胚葉は分節構造を示さず，背側中胚葉に平行に走る狭い部分を除き，やがて2つの葉，すなわち外層の**体壁板中胚葉** somatic mesoderm と内層の**内臓板中胚葉** splanchnic mesoderm に分かれる（図5–9b）。2層の間の腔所は体腔である。

ナメクジウオの場合と同様，体壁板中胚葉と外胚葉により**体壁葉** somatopleure（**体壁** body wall）が形成される。また，内臓板中胚葉と内胚葉から**内臓葉** splanchnopleure が形成される。分裂過程に参加しなかった中胚葉体節のすぐ外側にある側板中胚葉の部分は，**中間中胚葉** intermediate mesoderm（**造腎中胚葉** nephrogenic mesoderm）である（図5–9b）。この中胚葉は腎臓の**小管** kidney tubules および泌尿生殖器系の管を生じさせる。

ヒヨコ

多黄卵 macrolecithal の有羊膜類における**原腸胚形成** gastrulation はニワトリで説明する。しかしその前にまず**胚盤葉** blastoderm という用語について詳しく調べなければならない。

胚盤葉：胚盤葉上層と胚盤葉下層　多黄卵は大量の卵黄を含む。卵黄を内部に巻き込むためのエピボリーは長時間を要する。そのため，**三胚葉生物** triploblastic organism を生みだすための代わりの手段がもたらされた。それが胚盤葉であり，動物極のみで細胞質の分裂が起こった結果である。

最初は胚盤葉は大量の卵黄の上に載ったキャップのような多層の細胞からなる薄い盛り上がりである（図5–6）。次に図5–6にみられるように，上部の細胞板である**胚盤葉上層** epiblast と下部の細胞板である**胚盤葉下層** hypoblast に組織される。胚盤葉下層周辺の細胞は卵黄の表面をゆっくりと外に向かい，次いで卵黄の周囲を下に向かい，卵黄嚢の**内胚葉性内張り** endodermal lining の一部となる。胚盤葉下層は発生中の胚に貢献しない（胚盤葉下層は卵黄嚢とその茎に限られる）。胚盤葉上層は次いで発生中の胚の暫定的な組織となる。**原条** primitive streak（次項「脊索と中胚葉の形成」で論ずる）を通って内部に移動する最初の細胞には，胚盤葉下層と置き換わる将来の内胚葉が含まれる。その次に，将来の中胚葉が胚盤葉上層と内胚葉の間に移動する。これら一次三胚葉組織はそれぞれの層内を側方へ移動し，結果的に**胚体外膜** extraembryonic membranes を形成する。

脊索と中胚葉の形成　最初の脊索と中胚葉の形成の詳細についてみる前に，胚盤葉内で発達するもう2つの構造について調べる必要がある。すなわち⑴多層の縦走する**原条** primitive streak（図5–7）と⑵**ヘンゼン結節** Hensen's node であり，後者は将来の胚の後端を決める胚盤葉細胞の密集塊の肥厚した小結節である（図5–7，5–8）。原条とヘンゼン結節は，卵黄の少ない卵における**原口** blastopore と機能的に同じ働きをする。

ヘンゼン結節からは**脊索突起** notochordal process が胚盤葉上層の下を前方に伸び（図5–8），一方他の細胞は脊索に沿って前方に流れ，背側中胚葉（図5–8，濃赤色）を形成する。同時に，側板中胚葉は原条の両側から外胚葉（胚盤葉

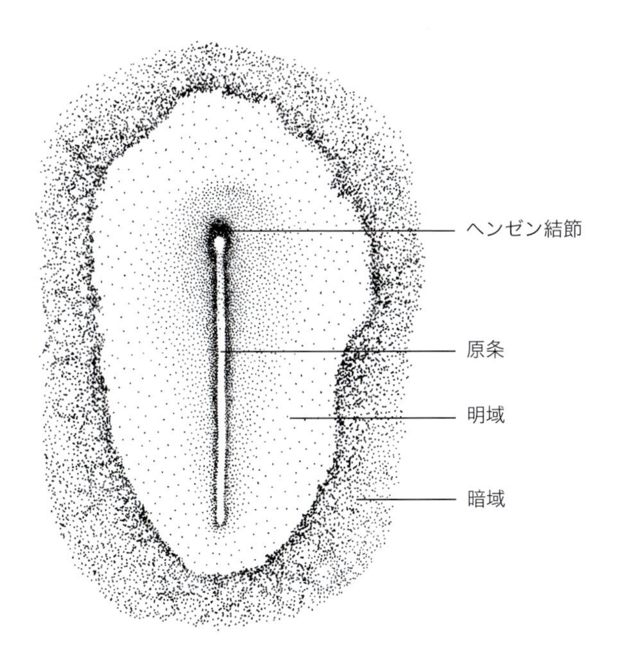

図5-7
孵卵16時間の鶏胚の原条ステージ。示されている組織は卵の動物極。これを卵黄からハサミで切りだし，固定，染色，透徹した。暗域は卵黄嚢内で血島が形成されている場所である。それゆえこれは透過光でみると不透明である。明域は卵黄に付着していなかった。そのため，明域は容易に光を透過させる。

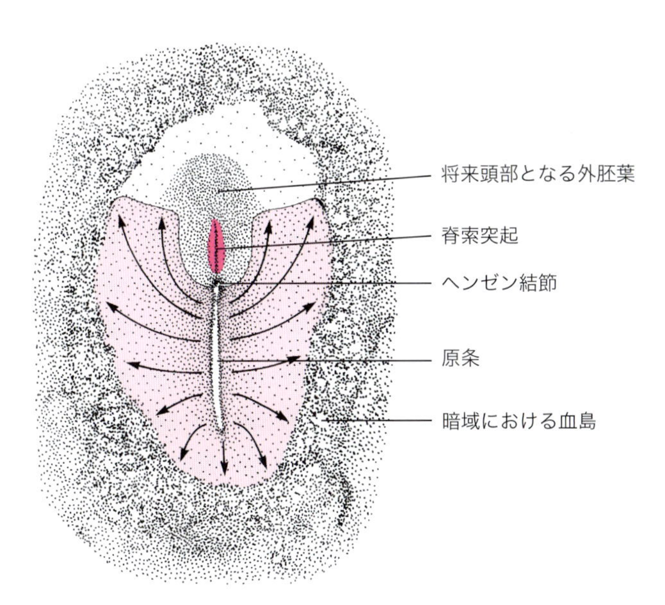

図5-8
孵卵18時間の鶏胚。矢印は原条からの側板中胚葉（淡赤色）の形態形成流を示す。濃赤色はヘンゼン結節からの背側中胚葉を示す。図5-9cは本図から約8時間後の胚における原条を示す。

上層）と内胚葉の間を，将来の頭部になる領域を除いたあらゆる方向に卵黄の表面に向かって流れ進む（図5-8，矢印）。背側中胚葉は分節化して体節を形成する（図5-9c）のに対し，側板中胚葉は体壁板中胚葉と内臓板中胚葉に分かれる（図5-9d）。その結果両者の間にできる腔所が体腔である。

孵卵2日の終わりまでに，卵黄表面を外側に向かって広がり卵黄嚢を形成した**内臓葉** splanchnopleure は，最初の血球と繊細な**卵黄嚢血管** vitelline vessels（**臍腸間膜血管** omphalomesenteric vessels）の網工を**暗域** area opaca に形成する（図5-9c）。これらの血管は**卵黄小球** yolk globules を集め，拍動する単純なS字型の心臓へ運ぶ（図14-14d～l，16-6参照）。次いで心臓は，この細胞と栄養物の初期の細流を，胚体内の急速に成長する組織へと拍出する。

概観　複雑な形態形成運動とそれにともなう細胞増殖の結果，鶏胚には外胚葉，内胚葉，背側，中間，側板中胚葉，体腔が形成され，さらに胚体外卵黄嚢の形成が始まる。後のステージの**内臓葉** splanchnopleure，卵黄嚢，体幹の関係については，図5-13aを参照のこと。

中黄卵および多黄卵を持つ有頭動物における上述した原腸胚形成の過程は，その詳細は有頭動物のグループ間で異なる。その差異は硬骨魚類で最も大きいが，それは硬骨魚類には非常に多くの分岐した種があるからである。

有胎盤哺乳類

哺乳類で原腸胚形成が始まるとき，**胚盤胞** blastocyst には内部細胞塊が形成される（図5-10 e～f）。哺乳類の胚盤胞壁は胚形成に貢献せず，胚は内部細胞塊から発生する。胚盤胞壁は**栄養膜** trophoblast とよばれるが，これは母体の子宮上皮と密着するか，上皮のなかへと入り込む（ヒトで胎齢約14日）。栄養膜は，**受胎産物** conceptus（胚と胚体外膜）が母体組織から直接栄養物と酸素を受け取る最初の膜である。それ以前のすべての栄養供給は**組織栄養性** histotrophic である（既述した「卵生と胎生」参照）。

最初の内胚葉形成の方法は，すべての有胎盤類において全く同一というわけではない。しかしこれは細胞移動あるいは葉裂 delamination による内部細胞塊の産物である。いずれの場合でも，内部細胞塊は胚盤葉上層と原始内胚葉に変わる。次いでこれは**胚盤** embryonic disk, blastodisk とよばれる。その後，胚盤から外胚葉，暫定的中胚葉，内胚葉が大量に流れでて胚葉が形成され，同時に胚体外膜も形成される。後者のなかには存在しない卵黄のための卵黄嚢（図5-10g）もある。この特徴は哺乳類と爬虫類が共通の祖先を持つこと

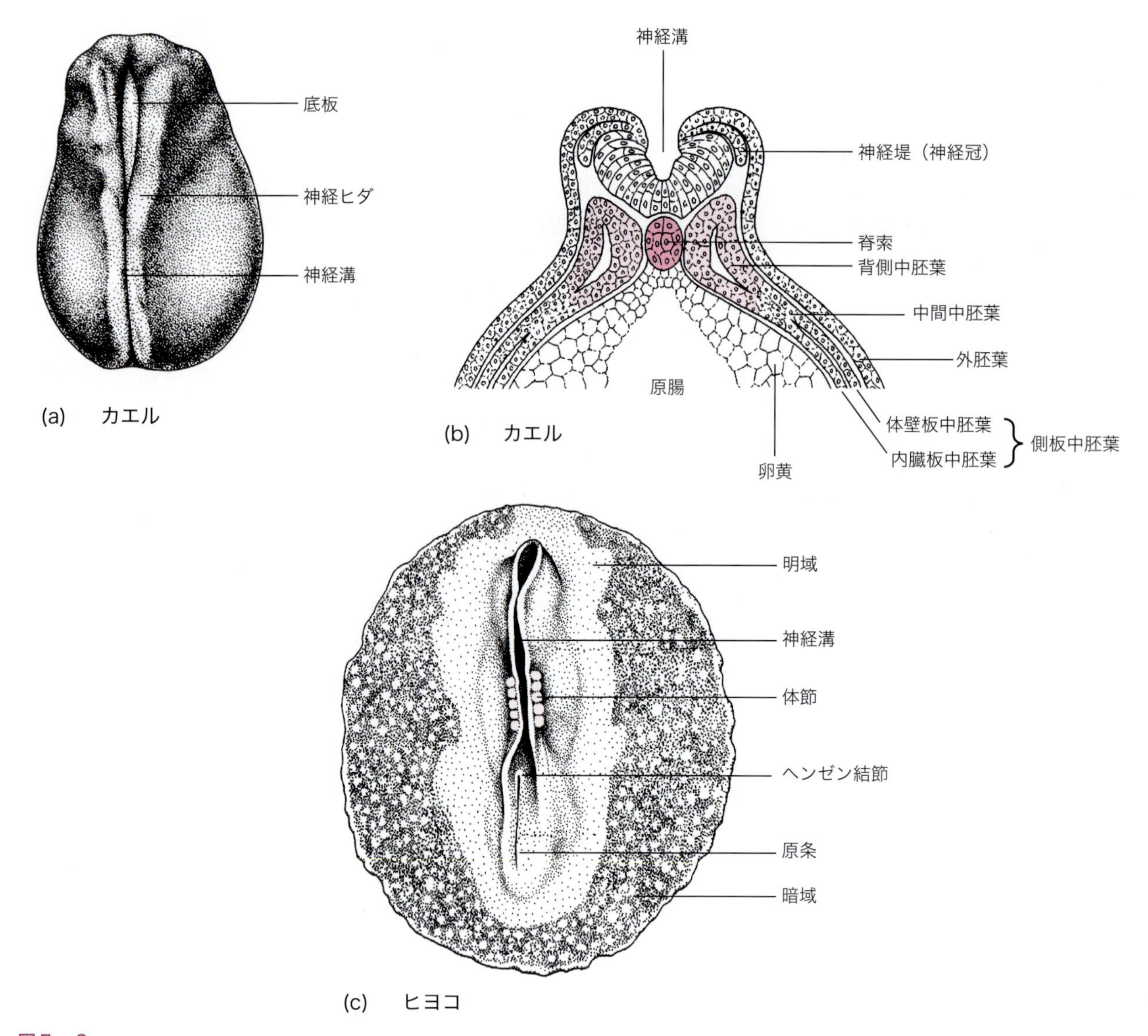

図5－9
カエル，ニワトリ，真骨類の神経胚形成。**(a)** 原腸胚形成終わり近くのカエルの神経胚。ゼリー状被膜から外してある。**(b)** 将来の中腸の高さでの（a）の横断。体腔は体壁板中胚葉と内臓板中胚葉の間の空間である。**(c)** 孵卵約26時間の鶏胚。**(d)** ラベルした体節の高さでの（c）の横断。**(e)** 真骨類の神経稜。

の証拠となる。

有頭動物の原腸胚形成に関する考察を終える前に，最後の言葉をつけ加えなくてはならない。脊索と神経管原基を備えた左右相称の三胚葉ステージに到達するそれぞれの過程が，各有頭動物で非常に異なるため，すべての種に適応可能な原腸胚形成過程の共通終了点を特定することはできない。原腸胚形成は胚葉をそれぞれの位置に配置する。これが達成されると原腸胚形成が完了し，器官形成が可能になる。

神経胚形成

暫定的な神経外胚葉は，伸長する原腸胚の背側表面で幅広い帯状となり，脊索の上に存在する。原腸胚の伸長が続くにつれ，この帯状構造は肥厚して**神経板** neural plate（発生生物学者の用語では底板 floor plate）になる。神経板の外側境界は隆起して，神経溝を囲む1対の神経ヒダを形成する。胚は今や**神経胚** neurula である（図5－9a）。神経溝の前端は最も幅広く，将来の脳である。残りは将来の脊髄である。

底板は胚の背のなかに沈み，神経ヒダは神経溝の上方でお互いに向かって伸長し，背側正中線で会合して癒合し，神経溝を**神経管** neural tube へと変化させる。この閉鎖の過程は脳の後端で始まり，頭方および尾方へと走る。最後には神経管の両端にそれぞれ小さな開口部（**頭側神経孔** anterior neuropores と**尾側神経孔** posterior neuropores）が残るのみとなる。これらは後に閉鎖する。

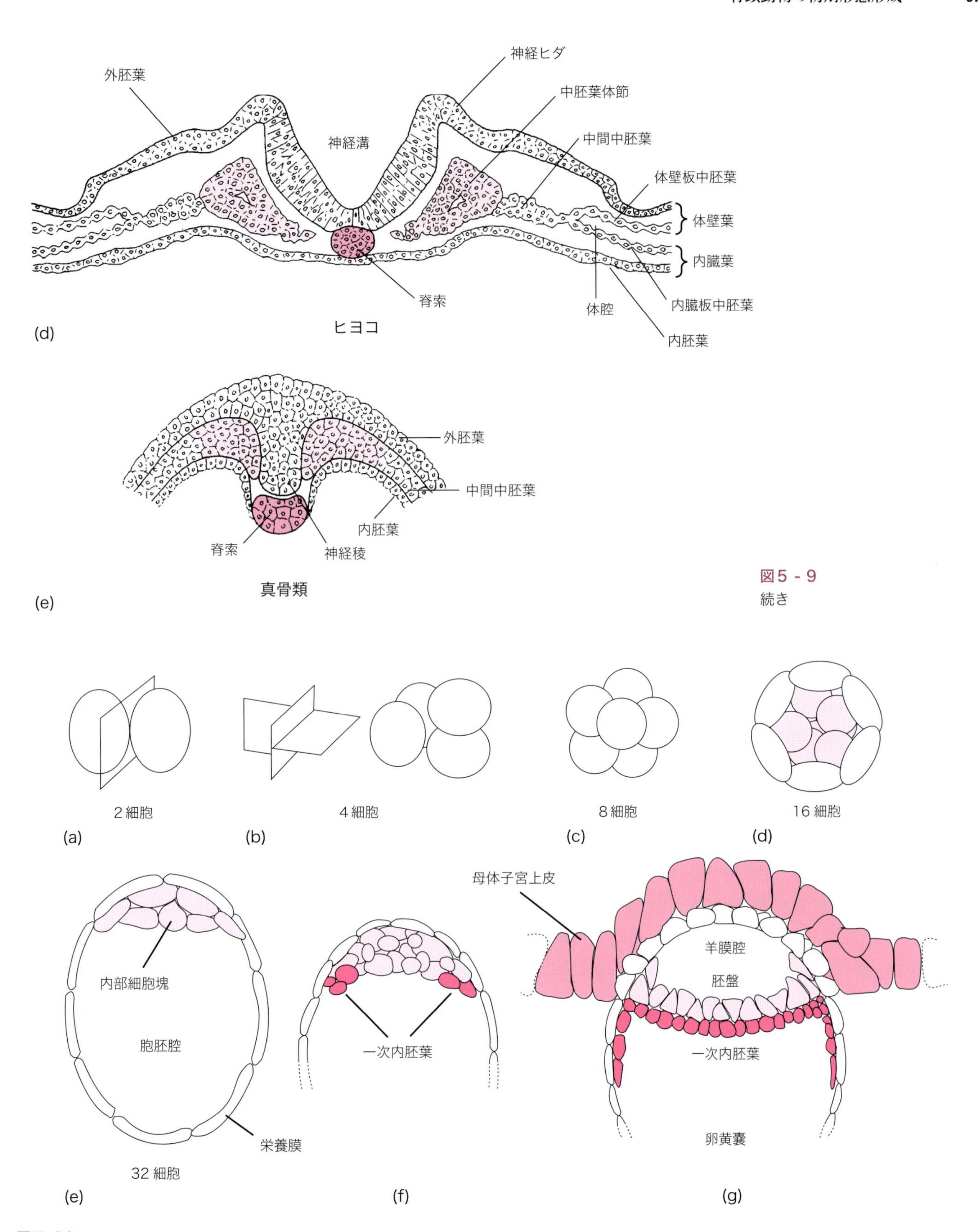

図5 - 9
続き

図5-10
哺乳類の卵割，胞胚，原腸胚様ステージ。(a) 最初の卵割は経割。示された分割面に注意。(b) 回転卵割。次の卵割で，１つの細胞（a の左の細胞）は経割で，別の細胞（a の右の細胞）は緯割。卵割の面も示してある。(c) ８細胞期。(d) 胚体を形成する内部細胞塊（淡赤色）の形成をともなった 16 細胞期。(e) 発達した栄養膜を持つ 32 細胞期の胚盤胞（胎盤と絨毛膜は栄養膜からの派生物である）。(f) 最初の内胚葉（濃赤色）の分化を示す後のステージ。(g) 母体の子宮上皮（赤色）への着床。原腸胚では内胚葉の発達が続き，羊膜腔と卵黄嚢の形成も始まっている。縮尺は図によって異なる。

神経溝が閉じて神経管が形成された結果，中枢神経系は外胚葉性で背側に位置し，中空となる。腔所は**神経腔** neurocoel である。これは脳室と脊髄の中心管として残る。神経管を形成する過程が**神経胚形成** neurulation である。

有頭動物の綱の間で神経胚形成は細部が異なる。大きな違いは現生の無顎類と条鰭類でみられ，これらでは神経ヒダが形成されず，底板は管状に巻き込まれない。その代わりに，底板はくさび形の**神経稜** neural keel となり，脊索の上で背側体壁に沈み込む（**図5-9e**）。その後，神経稜はその上にある外胚葉から離れ，内部の細胞の再配置によって神経腔を形成する。その結果，背側に位置し中空の典型的な中枢神経系となる。

分化の誘導：モルフォゲン

20世紀初頭にハンス・シュペーマン Hans Spemann は，両生類の原腸胚に異所性に（正常でない位置に）組織を移植して器官の分化を誘導しようと試み，原口背唇が有頭動物の長軸を形成させる**オーガナイザー** organizer area であることを証明した。これは前から存在していた細胞が近隣の細胞の運命を支配することを初めて証明するものであった。実験生物学者たちは後に同様なテクニックを用い，ある胚組織のオーガナイザー効果をショウジョウバエから魚類，ニワトリからマウスに至る種で，次々に証明していった。第17章では，網膜の存在下で外胚葉から眼球の水晶体が誘導されることを引用している。

当時用いられたテクニックで答えることができなかったのは，いかに誘導がその効果をもたらすのかということであった。明らかにここには遺伝的背景があるが，しかし遺伝子はいかにして特異的に表現されるのだろうか？　その解答は今や分子生物学によってもたらされつつある。

ショウジョウバエの発生に重要な遺伝子に類似した遺伝子が，有頭動物の原腸胚形成，神経胚形成，その後の胚発生の主要な出来事の鍵となる。相互に作用し合う多数の遺伝子のカスケードが，シグナルと応答により，発生中の有頭動物のなかに（またショウジョウバエでも同様に）分節的領域を成立させる。この過程における1つのステップには，ひとたびそれ以前の過程で決定されれば個々の体節の運命を決定する多数の遺伝子が含まれている。ショウジョウバエや有頭動物におけるこれらの体節遺伝子は**ホメオティック遺伝子** homeotic genes とよばれる。ホメオティック遺伝子の重要な複合体のなかには有頭動物の**ホックス遺伝子群** Hox gene clusters がある（第16章「有頭動物の頭部の分節性」参照）。

その他の調節遺伝子も存在し，それらはしばしばショウジョウバエの相同な遺伝子の名を取って名づけられる。ショウジョウバエの胚では，ある遺伝子が腹側角質域をハリネズミ（hedgehog）のような剛毛にしてしまうので，この遺伝子は“ヘッジホッグ遺伝子 hedgehog gene”と名づけられている。有頭動物における相同遺伝子も（この遺伝子の機能は有頭動物とショウジョウバエでは全く異なるけれど），ソニックヘッジホッグ遺伝子とよばれる。

これらのホメオティック遺伝子は，有頭動物の脊索，初期神経管，鰭や四肢の分化に関与していることが示されている。分化の誘導の分子的背景には，これらの遺伝子にコードされたあるタンパク質がある。このタンパク質は**モルフォゲン** morphogen（遺伝子カスケードのシグナル）とよばれる。モルフォゲンがなければ誘導も起こらない。少なくともいくつかの誘導過程において，1つ以上のモルフォゲンが関係しているという証拠がある。これらが共同して共通の最終誘導物質 final inductor を作りだすのか，あるいは並行する過程を調節しているのか，今のところ不明である。

コーディン chordin は，暫定的脊索細胞の初期増殖の間に，原口背唇内の遺伝子によってコードされ分泌されるモルフォゲンである。それゆえ，これは原腸胚形成の初期段階において強力な体軸形成活性を有する。コーディンの転写は成長因子によって活性化され，これらの成長因子はまた，神経胚ステージにおける背側中胚葉の形成を誘導する。尾芽期 tailbud stage（両生類の実験動物であるアフリカツメガエルの発生2日）では，コーディンは尾芽領域にのみ発現しており，尾芽領域はコーディン形成活性を持つ最後の細胞集団である。コーディンは941個のアミノ酸からなるタンパク質であること，またこれは初期原腸胚において背側軸領域の分化を調節するモルフォゲンの1つに過ぎないことから，誘導過程を探求する問題の複雑さがわかる。

中枢神経系の最初の原基，すなわち底板（**図5-9**）の形成には，脊索からの誘導シグナルが必要である。この場合のモルフォゲンは拡散性に分泌されるのではない。誘導のためには脊索がそれを覆う外胚葉と直接接触することが必要である。この後に起こる神経管各構成要素の分化は，拡散性のモルフォゲンによって達成される。

原腸胚の底板は，神経管腹側部における運動ニューロンの分化を，脊索とともに誘導する（**図16-7**に示されているこの神経管腹側部は，**脊髄の基板** basal plate of the spinal cord となる。これを原腸胚の底板と混同してはいけない）。脊索と接触しているのは神経管のこの領域である。発生中の脳の腹側部も誘導に反応する。神経管背側の構成要素の誘導は，脊索の職務ではないようである。

原腸胚形成の初期に活動する遺伝子と同じ遺伝子が，後には胸鰭，ニワトリの翼，マウスの前肢の発達を開始させる

(肢芽と鰭芽は図11-17，11-18参照)。ヘッジホッグ遺伝子とともに働くのは，肢芽の中胚葉を覆う肥厚した外胚葉性頂堤 ectodermal ridge で作られる成長因子である。この頂堤を除去すると肢芽の発達が停止してしまうが，(線維芽細胞の) 成長因子を移植すると外胚葉性頂堤の機能が復活し，間葉の持続的増殖が誘導されるため，肢芽は体から外に向かって成長する。鶏胚の前肢芽の中胚葉を後肢芽の芽体と置き換えると，翼と後肢の位置が逆になってしまう。ニワトリの手の発生を研究することにより，趾が相次いで発達するには，複数のモルフォゲンが次々に必要になるという可能性が示された。

もしもホメオティック遺伝子に不備があると，重篤な発達異常がもたらされることがある。例えば神経管断面における背側部の閉鎖不全，すなわちヒトの幼児で**二分脊椎** spina bifida として知られている状態は，個体発生の初期に正常な誘導過程が起こらなかったことの結果である。腕，手，指の奇形も同様の病因による。

間葉

間葉は樹枝状の (分岐した) 未分化な胚性の細胞がまとまりなく集まったもので，初期胚の大部分を構成している。器官発生の間に，モルフォゲンの影響の下で中胚葉は芽体 blastemas として知られる集合体へと組織される。これらは次第に将来の器官の一般的外形を取るようになり，その内部の細胞はそれぞれふさわしい組織を形成するための分化を開始する。器官発生が進むと，分化中の細胞の有糸分裂が器官の成長の促進に関与する。

間葉は本来胚性であるが，ある程度の間葉形成は，加齢とともに次第にゆっくりとはなるが，成体まで続く。これらは予備の細胞で，いろいろな種類の疲弊した，あるいは損傷を受けた組織，特に結合組織と置き換わることができる。多くの特殊化した組織，例えば上皮組織は，その組織のなかの既存の細胞の分裂によってゆっくりと置き換えられる。表皮細胞は，表皮基底層のすでに分化した細胞の分裂によってのみ置き換えられる。

大部分の間葉は中胚葉から生じる。少数派の起源である外胚葉から生じた間葉は，**外中胚葉** mesectoderm (外胚葉系中胚葉) として知られる。もしもその起源が神経性の外胚葉 (例えば神経堤) であれば，それは**神経性外胚葉** neurectoderm とよばれる。間葉から生じる非常に変化に富んだ結合組織のいくつかは図7-1に挙げてある。

芽体細胞は分化全能であり，これらの細胞は誘導物質が特定するいかなる特殊化した細胞にもなりうる。このことは，胚の移植実験でいろいろな器官が異所性に誘導されることの説明になる。

外胚葉の運命

外胚葉は次のものを生じさせる。

(1)全神経系とその膜の一部，(2)眼球の水晶体と網膜および外界を探るその他の特殊感覚器の感覚上皮，(3)表皮と，真皮内にある腺を含む表皮の派生物，(4)**口窩** stomodeum および**肛門窩** proctodeum の上皮とそれらの派生物，(5)その他の非常に広範な組織，特に頭部と咽頭部にあって神経堤からの間葉と**外胚葉プラコード** ectodermal placodes が移動することによって生じた組織。これらその他の組織は軟骨，骨，その他の結合組織を含むが，これらは他の場所では中胚葉から生じる。

口窩と肛門窩

口腔の形成は**口窩** stomodeum から始まるが，これは胚の頭部の外胚葉が腹側正中で陥入したもので，前腸の前端に発達する (図1-1，17-6a参照)。口窩と前腸は一時的に薄い仕切りである**口板** oral plate によって分離されており，これが破れると消化管が外界に開くことになる。口窩の外胚葉は口腔の前部を内張りし，舌の少なくとも前部を覆う。しかし，口窩の外胚葉には内胚葉がいくらかかぶさっているので，外胚葉と内胚葉が会合する付近で膨出する口腔腺のいくつかについては，外胚葉と内胚葉のどちらがどの程度その腺に貢献しているのか，確実なことはいえない。

口窩の外胚葉は，哺乳類の歯のエナメル質を分泌する細胞を供給する。しかし，その他の脊椎動物の**類エナメル質** enameloids は，神経堤起源の細胞によって分泌される。**ラトケ嚢** Rathke's pouch として知られる膨出 (時には棍棒状に成長) は，口板が破れる前に口窩の天井から膨出し，この嚢は腺性下垂体を生じさせる (図18-6a参照)。

外胚葉の陥入である**肛門窩** proctodeum は，口窩の場合と類似し，胚の後腸に関連して発達する。肛門窩と後腸は一時的に**排泄腔板** cloacal plate によって隔てられる (図1-1参照)。

神経堤 (神経冠)

神経溝が背側体壁のなかに沈み込み，左右の神経ヒダが神経溝の上方で会合して神経管が形成されるときに，神経ヒダの会合部にある外胚葉のいくらかが表面外胚葉および神経管から分離し，神経管の両側を平行に走る1対の間葉のヒモ状構造を形成する。そのすぐ後でヒモ状構造は分節化し，各体

表5－2 神経堤の一次派生物

	体幹神経堤	頭部神経堤
神経系		
知覚性	脊髄神経節	V，Ⅶ，Ⅸ，Ⅹ神経節，側線神経節と神経小丘，ローハン・ベアード細胞
自律性	節後ニューロン	節後ニューロン
神経膠性	シュワン細胞	シュワン細胞
色素細胞	メラノサイト	メラノサイト
腺性	副腎髄質	頚動脈小体
骨格	不対の背鰭（真骨類と軟骨魚類）	耳前頭蓋の大部分，咽頭骨格
結合組織	なし	眼の角膜，真皮，歯のゾウゲ質，大動脈弓壁
筋	なし	毛様体筋，真皮の平滑筋，大動脈弓の平滑筋

神経堤についての詳細な議論については，Hall, 1999 を参照。

節に1個，中脳と後脳の外側に数個の細胞集団を形成する。これらの神経外胚葉性集団は**神経堤（神経冠）neural crest**である（図5－9b）。神経堤は神経溝の背側壁で合成されるタンパク質成長因子によって誘導される。

神経堤細胞は急速に増殖して多数の子孫細胞を生じさせ，その多くは神経堤から遠く離れた領域へ移動する（表5－2）。頭部の細胞のいくつかは腹方に流れでて発生中の咽頭弓に入り，そこで顎の骨格を含む咽頭弓の骨格のための芽体を形成する。他のものは神経頭蓋の前腹側部および神経頭蓋を囲む膜性骨のいくつかの形成に貢献する。さらに他のものは咽頭嚢あるいは咽頭底の上皮から発生しつつある甲状腺，上皮小体，胸腺，鰓後体へと侵入する。無顎類の舌軟骨と鰓籠 branchial basket は神経堤由来の間葉の産物である。これら頭部派生物の多くのものの誘導は，頭部外胚葉や内胚葉からのモルフォゲンによって開始されると思われる。軟骨や骨など，頭部神経堤の派生物のいくつかは体の他の部位では中胚葉起源である。

頭部あるいは体幹の神経堤由来間葉は，脊索周囲を腹方へ流れだし，自律神経節と，アドレナリンを産生する副腎の特異的細胞を形成する（図16－35参照）。他の流出細胞は発生中の神経管の周囲に集まり，神経管に硬膜以外の髄膜を付与する。さらに他のものは色素細胞となり，これは皮膚ばかりでなく，筋や網膜，脳，脊髄以外の多数の内部臓器に分布する。

このように細胞が流出していくのをみると，神経堤には細胞はほとんど残っていないと思うかもしれない。しかしそうではない。器官形成がうまく軌道に乗るまで，有糸分裂が持続的に細胞を補給している。神経堤内の非常に多数の細胞がそこに留まって，脊髄神経および脳神経の経路で別個の細胞群（神経節）内の知覚性ニューロンの細胞体となる（図16－5a，b参照）。その他のものは知覚性神経線維の走行に沿って遠位方向および中枢方向に移動し，中枢神経系の外ですべての神経線維を包む生きた膜である神経線維鞘の形成に貢献する。

外胚葉プラコード

外胚葉プラコードは外胚葉の対をなして局在する肥厚部で，ある程度まで皮膚の下に沈み，神経芽細胞やある種の感覚器の感覚上皮を生じさせる。プラコードとして特徴づけられているその他のいかなる外胚葉性肥厚部（例えば，眼の水晶体になるもの［水晶体プラコード，図17－6b参照］）も神経性外胚葉を生じさせることはない。推定的な神経外胚葉プラコードは次のようにグループ分けすることができる。

1. 1対の**鼻プラコード** nasal placode（**嗅プラコード** olfactory placode）が脳の前端で口窩の直上に形成される。これらのプラコードは頭部のなかに沈み，外鼻孔を通じて外界に開く1対の鼻窩の内張りの一部となる（図1－1，13－7参照）。これらのプラコードの細胞の一部は，嗅上皮内の神経感覚細胞になる。それらの突起は脳の嗅球内に伸び，集合的に嗅神経を構成する。
2. 後脳外側の外胚葉内にある1対の**耳プラコード** otic placode は，頭部のなかに深く沈み，耳胞になる（図17－6a，b参照）。これらは膜迷路（内耳）の感覚上皮の前駆体である。
3. 1対の**眼プラコード** optic placode は，脳の成長と相互作用し，眼の水晶体を形成する。
4. 頭部側方の一連の**上鰓プラコード** epibranchial placode（P_{VL}，表16－5参照。魚類におけるその位置からこう名づけられる）は，頭部内に沈んで中脳および後脳に沿う位置を占め，そこで神経堤と間違われることもある。これらのプラコードは神経堤のように神経芽細胞の形成に貢献する。そしてこの神経芽細胞は第Ⅶ，Ⅸ，Ⅹ脳神経にある1対あるいはそれ以上の神経節内の感覚細胞体となる。その線維は味蕾に分布する。線維の数は種によって異なり，神経堤細胞由来の細胞体が増加する。

5．魚類と両生類の体幹と尾の全長にわたって伸び，様々なパターンで頭部へ続く**プラコードの線状列** linear series of placodes は，真皮内に沈み，頭管系および側線管系の神経小丘器官になる。魚類の頭部にある他のプラコードは側線系の一部ではなく，電気受容性上皮になる。

神経胚形成，神経堤，外胚葉プラコードに関する議論から，中枢および末梢の全神経系の構成要素，その支持および栄養細胞の多くのもの，味蕾を除くすべての特殊感覚器の感覚上皮は，神経板，神経堤，外胚葉プラコードのいずれかが起源であることは明らかなように思われる。また外胚葉は，初期胚における表面的位置から想像されるよりははるかに大きな影響を，分化と器官形成に及ぼしていることも明らかである。

内胚葉の運命

内胚葉は全消化管の上皮と口窩と肛門窩の間の消化管膨出物の上皮を生じさせる。上皮小体，鰓後体，胸腺の上皮様要素，耳管および中耳腔の内張りは，これらが咽頭嚢起源であるゆえに内胚葉性である。咽頭の腹側正中への膨出は，甲状腺，肺，鰾およびあるならばその導管を含め，内胚葉で裏打ちされているか内胚葉性の構成要素を有している。

咽頭の後方では，内胚葉は膨出して嗉嚢，肝臓，胆嚢，膵臓，様々な胃盲嚢および腸盲嚢を形成する。膀胱の大部分と哺乳類の泌尿生殖洞は，これらが総排泄腔から派生したため，内胚葉で裏打ちされている。胚の前腸，中腸，後腸の膨出として生じるその他のあらゆる構造物も，内胚葉性構成要素を有している。

中胚葉の運命

背側中胚葉（上分節）

体節は集合的に背側中胚葉の大部分を構成する。体節は脊索と神経管の側面で胚の体幹および尾の全長にわたって並び，頭部で様々な数に発達する（図5–9c，d，16–6参照）。

体節は筋節，硬節，真皮節の3領域を表す（図5–11）。**筋節** myotomes は，体幹と尾の体壁内に移動して骨格筋を形成する間葉の形成に貢献する。**硬節** sclerotomes は脊柱と肋骨を生じさせる。頭部体節の硬節は神経頭蓋の一部と，種によって異なるが1つ以上の**感覚嚢** sense capsules を生じさせる。**真皮節** dermatomes は背の皮膚の真皮を形成する間葉の形成に貢献する（体の真皮の大部分は側板中胚葉から生じる）。

背側中胚葉（沿軸中胚葉）は体節の前方へ不完全に分節

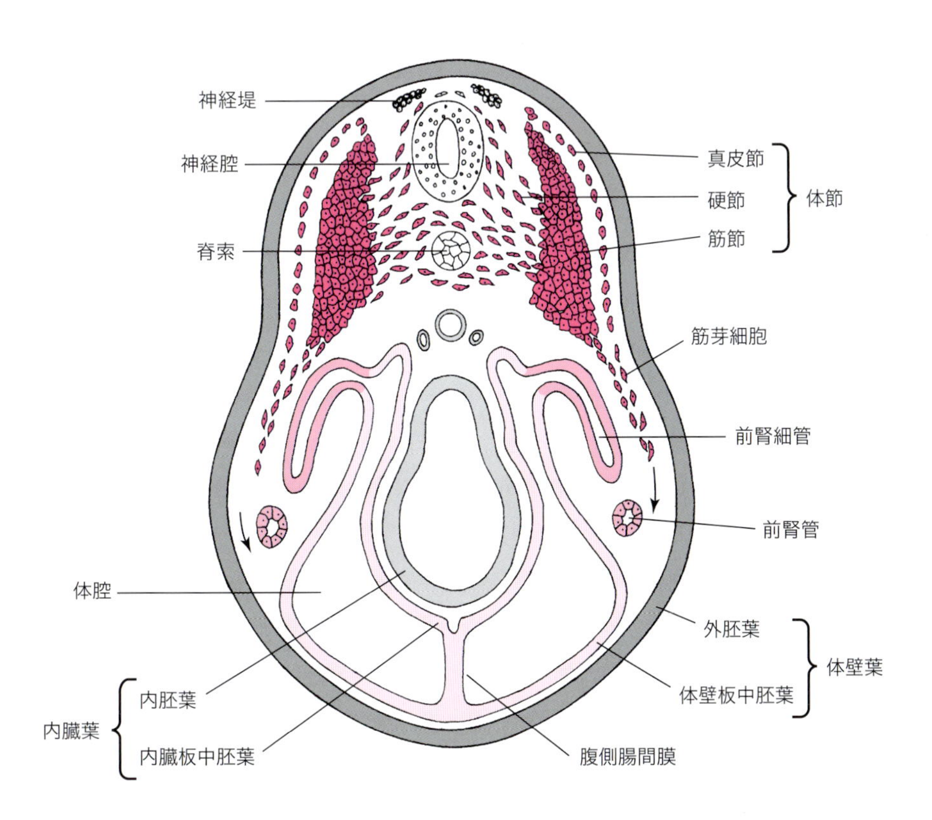

図5–11
脊椎動物の胚を横断して中胚葉の運命を示す。濃赤色は中胚葉体節（背側中胚葉），赤色は中間中胚葉の派生物，淡赤色は側板中胚葉を示す。硬節の細胞は脊索と神経管のほうへ流れて椎骨を形成する。筋節の細胞（筋芽細胞）は外側体壁のなかに流れ込んで（矢印），筋節性の筋を形成する。真皮節は背中の皮膚の真皮を形成する。

化した**体節球** somitomeres として続く。体の体節と異なり，体節球は真皮節と硬節を欠く。真皮節と硬節の産物は，頭部前方では神経堤由来である（表5-2）。体節球の残りの筋節要素は鰓節筋および外眼筋を生じさせる（第11章参照）。

側板中胚葉（下分節）

側板中胚葉は体幹に限って存在し，体壁板中胚葉と内臓板中胚葉からなる（図5-9b, d, 5-11）。体壁板中胚葉は主に体壁の結合組織と血管および体壁，肢帯，四肢の骨格を生じさせる。体壁の真皮は体壁板中胚葉の最も外側にある産物であり，壁側腹膜（図1-2, 5参照）は最も内側の産物である。

内臓板中胚葉は消化管とその膨出物の平滑筋と結合組織を生じ，心臓を作り，内臓の血管を生じさせる。臓側腹膜（図1-2, 6参照）はその最も外側の派生物である。

中間中胚葉（中分節）

中間中胚葉（造腎中胚葉）は，1対の分節しない中胚葉がリボン状に縦に長く伸びたものであり，体節のすぐ外側を体幹の全長にわたって伸びる（図5-9b, d）。これは腎臓の小管 kidney tubules と泌尿生殖器系の縦管 longitudinal ducts を生じさせる。

胚葉の意義

最初期の胚葉細胞には，その子孫の分化の方向を決定する固有のものは何もないようにみえる。初期の細胞は全能である。分化へと駆り立てるものはモルフォゲンであるが，私たちは何がシュペーマンのオーガナイザーを生じさせるのか何も知らない。このパズルは長い間解かれないかもしれない。固有の遺伝情報によって配置された胚葉が，器官形成が進行するのを可能にする最初の細胞組織を構成する。

胚体外膜

有頭動物の胚の大部分には，胚体の外に伸びる特別な膜が備わっている。これらの胚体外膜は個体発生の初期に生じ，胚が孵化あるいは誕生するまで胚に重要な奉仕を行う。主な胚体外膜には**卵黄嚢** yolk sac，**羊膜** amnion，**絨毛膜（漿膜）** chorion，**尿膜** allantois がある。後の3つは爬虫類（鳥類を含む）と哺乳類にしかみられない。卵黄嚢は最も原始的である。

卵黄嚢

卵黄嚢は卵黄を取り囲む（図5-12, 5-13）。これは中腸に入り込み，通常は内胚葉に裏打ちされているが，硬骨魚類ではそうではない。卵黄嚢は非常に血管に富み，その血管（**卵黄嚢動脈** vitelline arteries と**卵黄嚢静脈** vitelline veins）は胚固有の体内の循環回路と合流する。卵黄嚢のなかの卵黄粒子は，一般に卵黄嚢の内張りから分泌される酵素によって消化され，それから卵黄嚢静脈によって胚に運ばれる（サメでは卵黄は卵黄嚢から腸へも直接に入り，卵黄嚢と卵黄茎を裏打ちしている激しく振動する線毛によって先に送られる）。胚が成長するとともに卵黄嚢は小さくなる。卵黄嚢はしぼむと，ゆっくりと腹側体壁のなかへ消えていく。卵黄嚢の体腔内の遺残は，最終的には中腸の壁と合体するか小さな憩室として残る。

サメの胚では，卵黄嚢が十二指腸に開口する場所の近くで，卵黄嚢の大きな憩室が体腔内に発達する。出生間近で卵黄嚢もほとんど完全に引っ込んでしまっている稚魚では，憩室を容易に示すことができる。この憩室は卵黄によって膨張し，卵黄もラセン腸管のなかにこぼれだす。この残留卵黄

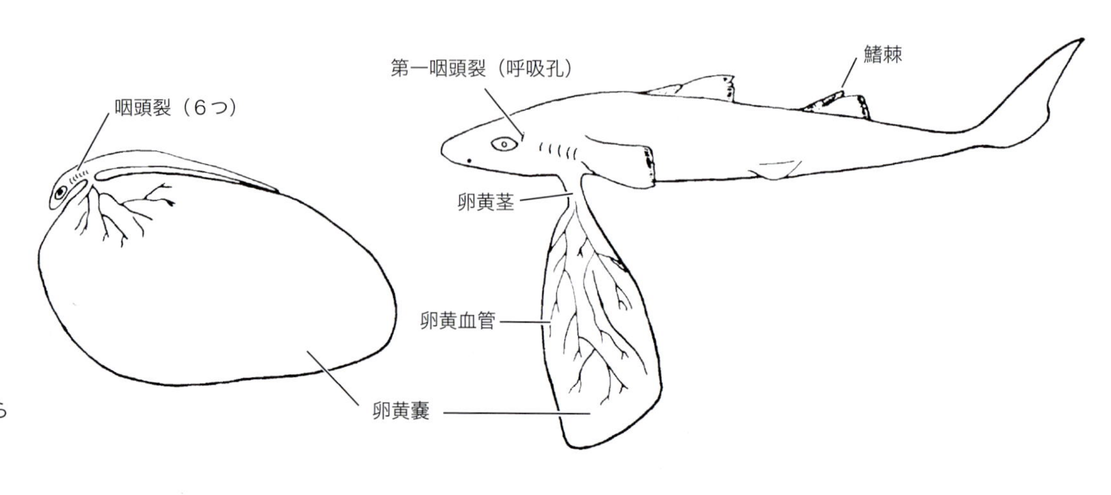

図5-12
卵黄嚢をつけたまま子宮から取りだされたツノザメの胚。

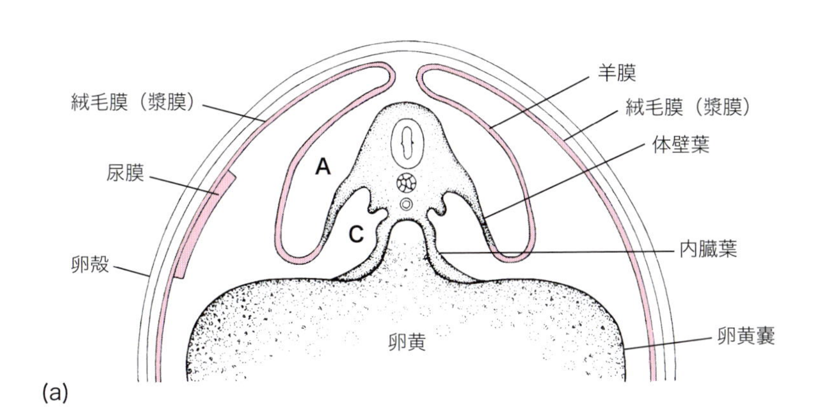

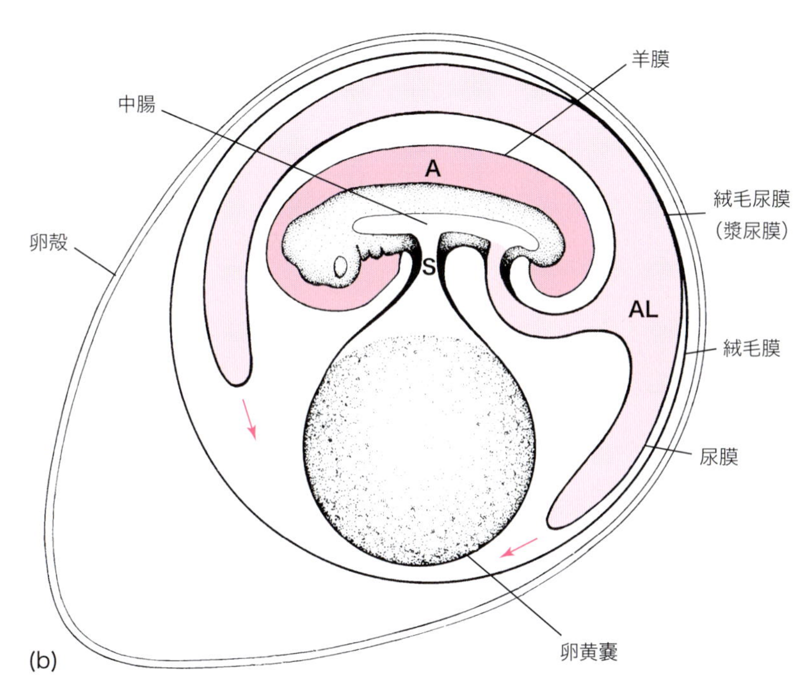

図5-13
産卵する有羊膜類の胚体外膜。(a) 胚を横断して，体壁葉の羊膜ヒダから羊膜と絨毛膜が生じるのを示す。尿膜の位置は図の左に示してある。(b) 尿膜嚢（AL）の位置関係。尿膜嚢は矢印方向に成長している。A：羊膜腔。AL：尿膜腔。C：胚体内の体腔。S：中腸の膨出である卵黄茎。

は，生まれたての稚魚が外界から食物を得ることができるようになるまでの数日間，稚魚に栄養を供給する。

獣亜綱哺乳類には卵黄は存在しないにもかかわらず，胚は卵黄嚢を発達させる。これは産卵する爬虫類と獣亜綱哺乳類との遺伝的関係を想起させるものである。ヒトでは卵黄嚢の痕跡（メッケル憩室）が成人の約2％に残っている。その平均的な位置は小腸で，回盲弁から30cm上方である。平均的な長さは約5cmである。

胎生の魚類と両生類では，卵黄嚢は非常に血管に富み，また母体の組織のすぐ近くに存在しているので，しばしば母体から酸素を吸収する膜として働く。卵黄嚢内の卵黄が枯渇した後では，あるいは卵黄がもともと存在しない場合には，卵黄嚢は母体の組織から栄養物を吸収することがある。どちらで機能する場合でも，卵黄嚢は**単純卵黄嚢胎盤** simple yolk sac placenta を構成する。

羊膜と絨毛膜

爬虫類，鳥類，哺乳類の胚は2つの膜性嚢，すなわち羊膜からなる羊膜嚢 amniotic sac と絨毛膜からなる絨毛膜嚢 chorionic sac のなかで成長する。これらの2つの膜は，胚の**体壁葉** somatopleure がめくれ上がり，胚の上方で会合して融合し，胚の周りに羊膜嚢を形成するときに作られる。絨毛膜は体壁葉の持続的成長とともに形成され，羊膜嚢と卵黄嚢の両者を取り囲む（図5-13a）。

図15-45は妊娠犬の子宮内でこれらの嚢のなかに入った胎子を示している。羊膜と絨毛膜は半有孔性 semiporous の卵殻とともに，有羊膜類の祖先とその子孫が陸上で産卵することを可能にし，陸上が彼らの一次環境となった。

羊膜腔内で胚を取り囲んでいるのは，主として胚の組織由来の代謝水からなるやや塩気のある**羊水** amniotic fluid である。湿った場所に産み落とされたカメの卵は，卵殻を通して外界からかなりの量の水分を吸収するが，これが一般の動物の羊水の供給源ではない。胚の腎臓が機能を開始すると，窒素性廃棄物が羊水に追加される。羊水は胚への機械的損傷を緩衝し，また卵生種では胚の乾燥を妨げる。

絨毛膜は種によって卵殻あるいは母体の子宮上皮と密接な関係にある。したがって，羊膜は羊水とともに胚を保護し，絨毛膜は胚を酸素供給源と，また胎生動物では栄養源と交通させる。

尿膜

尿膜は一般的には，胚の総排泄腔の腹側正中からの膨出物として生じる胚体外膜の嚢である（図5-13b）。これは通常では成長して絨毛膜の内面と接触し，**絨毛尿膜（漿尿膜）** chorioallantoic membrane を形成する（図5-13b）。爬虫類と単孔類の絨毛尿膜は卵殻と接触し，妊娠後期までいくらかの栄養物を母体に依存する胎生の有鱗類以外では，主

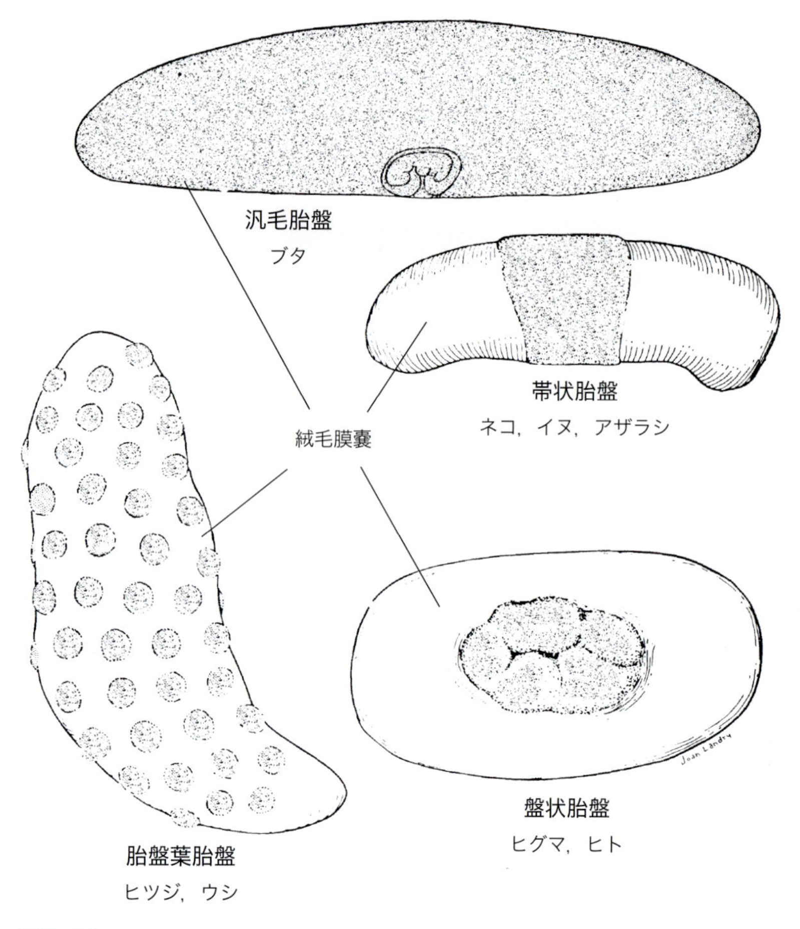

図5–14
哺乳類の絨毛膜嚢における胎盤の領域を示す。羊膜に包まれたブタの胎子は極めて薄い絨毛膜嚢を通して観察できる。

に呼吸器として働く。真獣類では絨毛尿膜は母体の子宮上皮と直接接触し，そこで**絨毛膜尿膜胎盤（漿尿膜胎盤）** chorioallantoic placenta の胎子部を構成する。絨毛膜尿膜胎盤は母体組織から胚へ栄養物を移送する場所，そして胚から母体へ代謝老廃物を移送する場所，という２つの追加的機能を担う。

尿膜の基部，すなわち総排泄腔に最も近い部分は，有羊膜類の**膀胱** urinary bladder となる（図14–38 参照）。哺乳類では，膀胱の先端と臍の間に伸びる部分は，生後に**正中臍索** middle umbilical ligament あるいは**尿膜管** urachus として残ることがある（図15–49f 参照）。臍帯のなかにある部分は出生時に廃棄される。尿膜は追加的機能を与えられた古代両生類の膀胱であると考えられる。

胎盤

胎盤という用語は，その最も広い意味では，胎生の生物において，どんな組織であれ母体と胚の組織が密接に向き合い，母体と胚の間の物質交換の場所として働くあらゆる領域を指す。この意味では，卵胞内で成長する胎生の魚類は，時に胎盤を発達させる。もっと限定された意味では，胎盤は(1)胚体外膜の密に血管分布を受けた領域（卵黄嚢，絨毛膜卵黄嚢膜，絨毛尿膜，あるいは絨毛膜単独）と(2)これに関連する母体子宮の血管豊富な上皮，からなる器官である。

卵黄嚢は胎生の両生類やツノザメなどの魚類で，しばしば胎盤の一部として機能する。これらの有頭動物は羊膜，絨毛膜，尿膜を持たず，単純な卵黄嚢胎盤が母体の子宮とじかに接する。胎子期の終わり近くで胎生に移行する爬虫類では，やわらかくて薄い卵殻が胚膜と子宮上皮との間にあるが，この卵殻は胎盤の機能を妨げることはない。大部分の有袋類では，尿膜よりも卵黄嚢が，**絨毛膜卵黄嚢胎盤** choriovitelline placenta の一部として絨毛膜と向き合う。

以前に述べたように，真獣類は絨毛膜尿膜胎盤を持つ。これらの哺乳類は胎子と胎盤をつなぐ臍帯を持つ（図14–38 参照）。哺乳類のあるもの（ネコ，ウサギ，ヒトなど）では，尿膜は臍帯の外へ中途半端に伸びるだけで先細りして盲嚢となって終わるが，その血管，すなわち臍動脈および臍静脈はさらに先に伸びて，絨毛膜に分布する。

胎子の組織と母体組織との関係の密接さは，哺乳類で種によって著しく異なる。有袋類や大部分の有蹄類では，胚体外膜は子宮上皮（**子宮内膜** endometrium）と単純に接しているだけであり，出生時には胚体外膜は子宮内膜を少しもはがすことなくはがれ落ちる。これは**接触胎盤** contact placenta すなわち**非脱落膜性胎盤** nondeciduous placenta である。

ヒトのように，胎子と母体の組織がもっと密接な関係にある場合には，絨毛膜嚢の指状の突起である**絨毛膜絨毛** chorionic villi が，子宮内膜にある程度の深さまで根を下ろし，あるいは子宮の血管洞のなかにぶら下がったりする場合もある。このような胎盤の胎子側の部分が分娩時にはがれると，子宮内膜の侵入された部分，すなわち**脱落膜** decidua もはがれ，いくらかの出血が起こる。これが**脱落膜胎盤** deciduous placenta である。いずれにしろ，胚体外膜とはがれ落ちた子宮の組織は後産として排出される。

絨毛膜絨毛が哺乳類の絨毛膜嚢の表面に分布する様子は様々で（図5–14），孤立していくつかの斑状になっていたり（**胎盤葉胎盤** cotyledonary placenta），絨毛膜嚢を帯状に取り巻いたり（**帯状胎盤** zonary placenta），大きな1つの円盤状の領域となったり（**盤状胎盤** discoid placenta），絨毛膜の表面全体に散在したり（**汎毛胎盤** diffuse placenta）している。哺乳類の胎盤は，妊娠の維持に不可欠ないくつかのホルモンの供給源である。

要約

記述は本文通りでなく，わかりやすく言い換えた場合もある。

1. 卵は卵黄の量によって少黄卵，中黄卵，多黄卵に分類される。また卵は卵内の細胞質や卵黄の分布によって等黄卵と端黄卵に分けられる。
2. 卵生では未受精卵あるいは受精卵が体外に排出されて発生を行い，孵化する。
3. 胎生では子は活動的な状態で生まれる。出生前に胚あるいは胎子が栄養供給を母体に依存する場合と依存しない場合がある。
4. 胎生は無顎綱と鳥綱を除くあらゆる綱の有頭動物のなにがしかの種でみられる。
5. 真胎生では胎子は全妊娠期間を通じて栄養供給を母体に依存している。
6. 卵胎生では胎子は全妊娠期間を通じて栄養供給を母体に依存するわけではない。
7. 受精は胎生の種，有尾類および無足類，そして卵殻に被われた卵を産む種では体内で行われる。
8. 受精の後で卵割が起こる。卵割により胞胚腔を持つ胞胚が生じる。
9. 原腸胚形成では，脊索形成，左右相称性の成立，胚葉の形成が特徴的である。この過程の基礎となるのは未分化な細胞が形態形成のために移動することである。
10. 原腸胚形成は，頭索類では巻き込みにより，中黄卵の種ではエピボリー（覆い被せ運動）により，多黄卵の種では胚盤葉の葉裂により始まる。
11. 獣亜綱哺乳類では内部細胞塊から胚が生じる。原腸胚形成は葉裂あるいはその部分的変更によって起こる。
12. 栄養膜は胞胚の壁から発達し，胚と子宮との最初の接触をもたらす。
13. 神経胚形成の結果，脳と脊髄が作られる。
14. モルフォゲンは誘導（シグナル）タンパク質であり，胚葉の形成を誘導し，胚の間葉からの特殊化した組織の分化に参加する。モルフォゲンは特定のホメオティック遺伝子の発現である。
15. 間葉は未分化で分化全能な胚細胞からなる胚の組織で，これが分化するためには誘導因子を必要とする。
16. 外胚葉からは表皮とその派生物，全神経系，眼や内耳など特殊感覚器の上皮，眼の水晶体，口窩および肛門窩の上皮，また神経堤から分化する広範かつ多様な組織が生じる。
17. 神経堤からは脳神経根および脊髄神経根の知覚神経節，自律神経節，頭蓋および咽頭弓の多数の骨格要素，大部分の色素細胞，そして多数の多様な組織が生じる。
18. 外胚葉プラコードからは嗅上皮の神経感覚細胞，内耳の感覚上皮，魚類の様々な機械受容器および電気受容器，そして味蕾に分布する第Ⅶ，Ⅸ，Ⅹ脳神経の神経節における神経芽細胞が生じる。
19. 内胚葉からは消化管の上皮および消化管から膨出した器官の上皮様要素が生じる。
20. 背側中胚葉は硬節，真皮節，筋節からなる中胚葉体節を形成する。これらはそれぞれ椎骨と肋骨，背部の真皮，咽頭弓のもの以外の骨格筋を生じさせる。
21. 側板中胚葉は壁側板と臓側板に分かれる。
22. 体壁葉は体壁板中胚葉に外胚葉が加わって構成される。内臓葉は内臓板中胚葉に内胚葉が加わって構成される。
23. 体腔は体壁板中胚葉と内臓板中胚葉の間の腔所である。体腔は頭索類では最初は分節に分かれている。
24. 中間中胚葉は腎臓の小管と泌尿生殖器系の導管を生じさせる。
25. 胎生の動物では，極めて血管に富んだ胎子の組織（心膜嚢，鰓，絨毛，鰓蓋の内張り，胚体外膜）が必要物質の吸収の場である。
26. 主要な胚体外膜は卵黄嚢，羊膜，絨毛膜（漿膜），尿膜である。
27. 卵黄嚢は，胎生の無羊膜類では単純卵黄嚢胎盤として働き，有袋類では絨毛膜卵黄嚢胎盤の一部として働く。
28. 羊水は有羊膜類の胚を浸して乾燥から防ぎ，また機械的外傷を阻止する。
29. 絨毛膜は卵殻または母体子宮上皮と向き合う。後者の場合，絨毛膜は胎盤の一部である。
30. 尿膜は有羊膜類の総排泄腔の腹側正中の膨出である。これは絨毛膜尿膜胎盤の形成に参加する。総排泄腔への近位の部分は膀胱になる。遠位はある種の哺乳類の尿膜管となる。
31. 絨毛膜尿膜胎盤は真獣類で見いだされる。絨毛膜尿膜胎盤は脱落膜性の場合と非脱落膜性の場合がある。絨毛は帯状，胎盤葉，盤状あるいは汎毛として分布する。

理解を深めるための質問

1．なぜ発生を比較解剖学の課程の一部として研究するのか？ 発生は比較解剖学の研究にどのように貢献するか？
2．個体発生と系統発生の間の関係とは何か？
3．有頭動物の卵はそれが含む卵黄の量によって分類できる。有頭動物の卵にみられる卵黄の分布と量を記述し，適切な用語をつけよ。
4．卵割と胞胚形成にともなう最初の過程は何か？　どのような構造物が形成されるか？
5．原腸胚形成にともなう最初の過程は何か？　どのような構造物が形成されるか？
6．神経胚形成にともなう最初の過程は何か？　どのような構造物が形成されるか？
7．鶏胚の発生パターンにおける卵黄の役割を記述せよ。
8．ニワトリと哺乳類の発生はどのように似ているのか？ またそれはなぜか？
9．哺乳類の発生にみられる独特の特徴とは何か？
10．外胚葉の個々の派生物（一般的な外胚葉，外胚葉プラコード，神経外胚葉，神経堤）はどのような運命をたどるのか？
11．（脊索中胚葉を除く）中胚葉の3つの最初の区分は何であり，またそれぞれの区分からどのような構造物が発達するか？
12．（中軸性骨格に隣接する）沿軸中胚葉は頭部と体幹でどのように異なるか？
13．頭部の沿軸中胚葉からはどの筋が派生するか？
14．胚体外膜とは何か？　またそれらはどのような機能を有するのか？

参考文献

Arthur, W.: The origin of animal body plans, Cambridge, 1997, Cambridge University Press.

Bolker, J. A.: Comparison of gastrulation in frogs and fish, *American Zoologist* 34:313, 1994.

Carlson, B. M.: Human embryology and developmental biology, St. Louis, 1994, Mosby.

Coen, E.: The Art of genes, how organisms make themselves, London 1999, Oxford University Press.

Gilbert, S. F.: Developmental biology, Sunderland, 1997, Sinauer Associates.

Graveson, A. C.: Neural crest: Contributions to the development of the vertebrate head, *American Zoologist* 33:424, 1993.

Hall, B. K.: The neural crest in development and evolution, New York, 1999, Springer-Verlag.

Horner, J. R., and Weishampel, D. B.: Dinosaur eggs: The inside story, Natural History, p. 61, December 1989.

Maderson, P. F., editor: Developmental and evolutionary aspects of the neural crest. New York, 1987, John Wiley & Sons.

Meier, S.: Development of the chick embryo mesoblast: Morphogenesis of the prechordal plate and cranial segments, *Developmental Biology* 83:49, 1981.

Moore, J. A.: Science as a way of knowing—*Developmental Biology*, *American Zoologist* 27:415, 1987.

Müller, G. B., and Wagner, G. P.: Homology, Hox genes, and developmental integration, *American Zoologist* 36:4, 1996.

Nelsen, O. E.: Comparative embryology of the vertebrates. New York, 1953, The Blakiston Co., Inc. This comprehensive work has not been equaled.

Northcutt, G.: The origin of craniates: neural crest, neurogenic placodes, and homeobox genes. In Gans, C., Kemp, N., and Poss, S., editors: The lancelets: A new look at some old beasts, *Israel Journal of Zoology* 42:S-273–S-313, 1996.

Patten, B. M.: Early embryology of the chick, ed. 5. New York, 1971, McGraw-Hill Book Co.

Patten, B. M.: Early embryology of the pig, ed. 3. New York, 1948, McGraw-Hill Book Co.

Patten, B. M., and Carlson, B. M.: Foundations of embryology, ed. 5. New York, 1988, McGraw-Hill.

Roelink, H., et al.: Floor plate and motor neuron induction by vhh-1, a vertebrate homolog of hedgehog expressed by the notochord, Cell 76:761, 1994.

Sasai, Y., et al.: *Xenopus* chordin: A novel dorsalizing factor activated by organizer-specific homeobox genes, *Cell* 79:779, 1994.

Shine, R.: Young lizards can be bearable, *Natural History*, p. 34, January 1994. Patterns of viviparity in lizards.

Wourms, J. P.: Viviparity: The maternal-fetal relationship in fishes, *American Zoologist* 21:473, 1981.

インターネットへのリンク

Visit the zoology website at http://www.mhhe.com/zoology to find live Internet links for each of the following references.

1. Initial Development. From Sperm and Egg to Embryo. Includes modules such as "Close Encounters of the Zygotic Kind" and "Developmental Biology in the Bedrooms of the Nation."
2. Zygote: Info Link. Information on embryogenesis.
3. Embryo Development Overview. This site lets you view human development from conception to week 38.
4. Society for Developmental Biology. This site includes many valuable websites of the members of the society.
5. Bill Wasserman' s Developmental Biology Page. Many links are found in "web resources."
6. The Foundations of Developmental Biology. An on-line segment of a course dealing with development. A plethora of links.

第6章 外皮

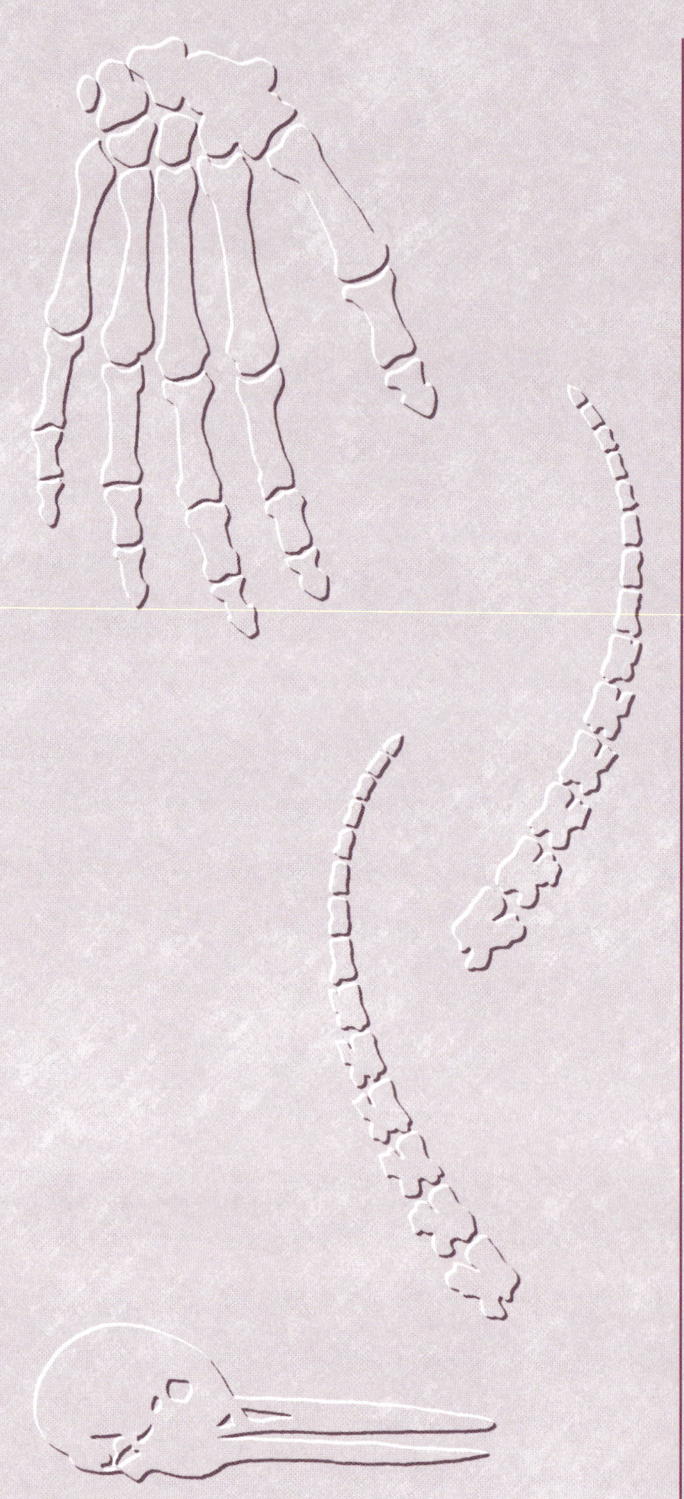

本章では外皮の基本的構造を学ぶ。まず水生有頭動物の表皮を調べ，次いでこれが大気中での生活のためにどのように変化したのかをみる。また表皮から形成された注目すべき構造物についても注意深く観察する。その後，真皮について調べ，また骨がたくさんの現生動物の皮膚のなかに存在し，それの欠如は１つの特殊化であるということを学ぶ。最後のまとめとして，外皮を動物群ごとに検討する。本章により，外皮が生存のために演ずるいくつかの役割に気づかせられるであろう。

概要

体表が環境との境界面として特別な構造になっていない生物など，想像するのも困難である。アメーバでさえ細胞膜を持ち，この膜がアメーバの細胞質を周囲の水から仕切っている。多細胞生物の外皮は，生物の生存に寄与するために多数の機能を果たす。外皮はあらゆる外表面を覆い，眼球の露出面を覆うときには，通常透明で**結膜** conjunctiva とよばれ，また鼓膜を覆い，さらに外界に通ずるあらゆる通路を裏打ちする粘膜と直接つながっている。

陸生および水生にかかわらず，有頭動物の外皮は１つの基本的な形態的パターンに従い，外胚葉由来で多層の**表皮** epidermis と，主として中胚葉から由来した**真皮** dermis によって構成される。いくつかの有頭動物群の表皮及び真皮にみられる変異としては，(1)皮膚腺の相対数と複雑さ，(2)表皮最表層の分化と特殊化の程度，(3)骨が真皮内で発達する程度，がある。ナメクジウオの皮膚は表皮と真皮からなるが，表皮はわずかに１層の細胞からなる（図6－1）。

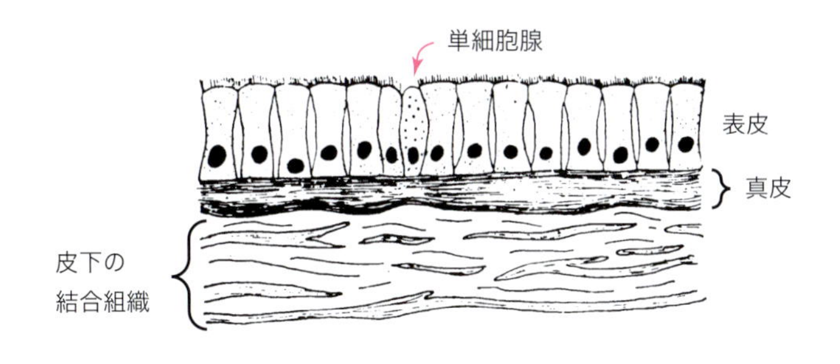

図6－1
若いナメクジウオの皮膚。

概説：エフト（陸生の未成熟イモリ）の皮膚

導入として，鱗や羽や毛に邪魔されていない皮膚，すなわち若い陸生ステージにある水生有尾類である**ブチイモリ** *Notophthalmus* のレッドエフトの皮膚（図6－2）を簡単にみてみよう。このイモリの皮膚は原始的な有頭動物の皮膚の特徴である真皮内の骨性板や鱗などを示していないが，有頭動物の皮膚が水中生活と全く異なる陸上生活へ適応する際の対照的な変化を示している。

エフトの表皮は重層上皮である。基底層，すなわち**胚芽層** germinal layer の円柱細胞は絶えず有糸分裂を行い，表面から失われていく細胞と置き換わっている。基底層での細胞増殖の結果，古い細胞は外へ押しやられる。細胞が表面に近づくと，細胞は水に不溶性の硬タンパク質である**ケラチン** keratin を合成し，細胞は扁平に（**鱗状に** squamous）なる。そのとき細胞は**角化** keratinized，あるいは**角質化** cornified したといわれる。角化した細胞は死ぬ。エフトでは陸生有頭動物の厚い角質層と異なり，その角質層は薄い。

皮膚腺は表皮から発生し，エフトでは真皮のなかに膨らむ単純な多細胞性の嚢であり，そこで皮膚腺は毛細血管のごく近傍に存在する。毛細血管は皮膚腺に栄養物と酸素を供給し，代謝老廃物を運び去る役目を果たす。皮膚腺は粘液を合成することができるが，エフトの段階では全く不活発とはいわないまでも静止状態に近い。

エフトの真皮は主に腺の底部を支持する結合組織，血管，リンパ管，細い神経，色素細胞からなる。真皮はその下にある体壁筋に密着している。

ブチイモリ *Notophthalmus* の生活環についてはすでに第４章で述べてあるが，これは陸上の生活習慣，表層粘液の欠如および角質化の現象の間にある直接的な相関関係を見事に説明している。このイモリの幼生は水中で生活し，たくさんの活発な粘液腺を有し，角化した表皮は持たない。幼生が変

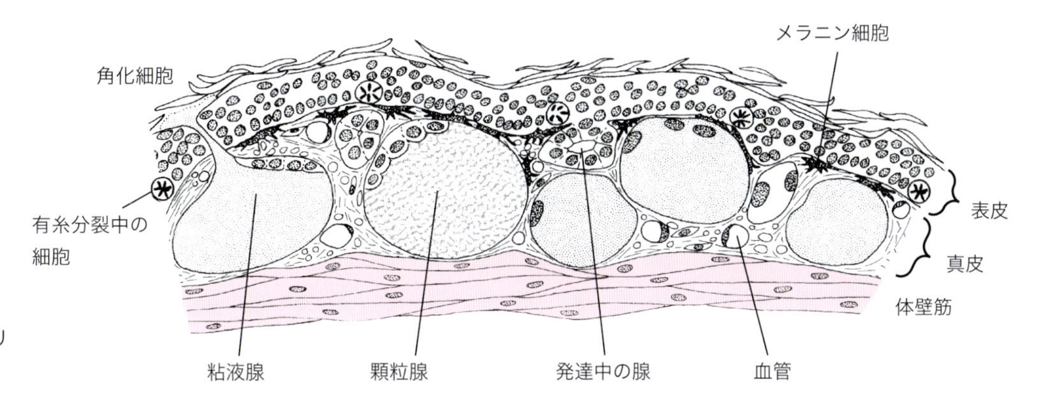

図6－2
レッドエフト（ブチイモリ *Notophthalmus*）の皮膚。

態をして陸上生活を行うようになると，大部分の皮膚腺は静止状態になり，表皮の角化が始まる。これはエフトが陸上で生活する間持続する。性的成熟に達すると，エフトは水中へと戻り，粘液腺は再び活発となり，角化細胞は剥れ落ちて再び出現することはない。このイモリの幼生および水生の成体の皮膚は魚類の皮膚に似ているが，エフトの皮膚は陸生両生類のものに似ている。

表皮

表皮と真皮は異なった役割を担っているので，この２つを別々に調べることにしよう。血管の分布しない表皮は生物と環境との境界面であり，これは魚類から有羊膜類まで表皮の構造が様々であることに反映されている。非常に血管に富んだ真皮は境界をなす表皮に生理的な支持を与えている。

生きていない２種類の被覆が，有頭動物の生きている表皮を覆っている。魚類，特に真骨類と水生両生類では，それは絶えず補給される**粘液** mucus の薄い膜である。この粘液小皮の役割についてはいまだ推論の域を出ていない。陸生有頭動物においては，被覆は水を通さない死んだ角化細胞からなる角質層である（図6–3）。角質層の生物生存における価値は明らかで，空気にさらされている皮膚から水分が失われることを最少限に留めている。

表皮はすべての有頭動物で，ある程度腺の性質を有しており，大部分の魚類と両生類で特にそうである。魚類や両生類の幼生で最も一般的にみられる**表皮腺** epidermal glands は単細胞性であるが，変態を済ませた両生類や有羊膜類の表皮腺はほとんどが多細胞腺である。表皮に由来するにもかかわらず，多細胞性の皮膚腺は，魚類から有羊膜類まで，真皮に入り込み，そこで毛細血管のすぐ近傍に位置して代謝必要物の供給を受けている。

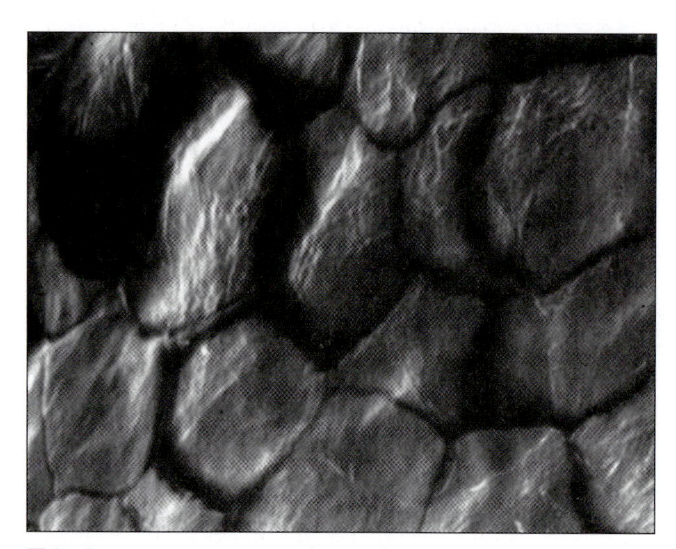

図6–3
ヒトの皮膚の角質層の角化細胞。
Courtesy Johnson & Johnson Research, New Brunswick, NJ.

魚類・水生両生類の表皮

大部分の魚類と水生あるいは半水生両生類の表皮における最も際立った特徴は，たくさんの表皮腺が存在することである。鱗は表皮にはなく，その下に存在する。

表皮腺

魚類　魚類の大部分の外皮腺 integumentary glands は単細胞であり，例えばその形から**杯細胞** goblet cells と名づけられる細胞は粘液だけを分泌し，またもっと特殊化した単細胞のあるものは細胞質内に顆粒を持つ（図6–4，6–5）。魚類の**顆粒細胞** granular cells は，粘液や大部分が機能不明の追加的成分を分泌する。多細胞腺（図6–6）は魚類では多くないが，存在する場合は粘液やその他の成分を分泌し，いくつかの種ではその成分に濃い粘液物やアルカロイドが含まれていて，捕食者を撃退するために働く。

アルカロイドはある種の顆粒細胞の産物であり，水生有頭動物ではあまりみられない。アルカロイドは周囲の水によって希釈されるとその有効性を失う。どろどろした粘液は外界からの緊張性の刺激に応じて，特に捕食者によって生命が危機にさらされたときなどに大量に分泌される。このことは特にヌタウナギに当てはまり，その特徴から粘液ウナギ slime eels ともよばれるように，その粘液腺は横紋筋線維によって取り囲まれている。

肺魚の**プロトプテルス** *Protopterus* は，乾期の間，穴に潜り込んで夏眠をする前に，全身をねばねばした乾燥を防ぐ繭で覆い尽くす。少量のねばねばしない粘液は，特に真骨類で絶えず分泌されていて，粘液小皮を形成する。この小皮のなかには顆粒細胞由来のアルカロイドやその他の成分が含まれていることがある。ある種の雌の真骨類は栄養分を含む粘液を分泌し，それを孵化した稚魚に食べさせる。アカエイのトゲの基部にある細胞から分泌される粘液は，ひりひりさせる毒素を含んでいる。魚類の膨大した神経小丘器官（ロレンツィーニ膨大部）の上皮から分泌される粘液の役割は不明である（図17–2a 参照）。

水生両生類　水生両生類の表皮腺は大部分が多細胞性の粘液腺あるいは顆粒腺である（図6–7，6–8）。半水生の有尾両生類，すなわち本来の住み処は池あるいは渓流であるが，時には陸上に現れる両生類は，最も多数の外皮腺を有する。

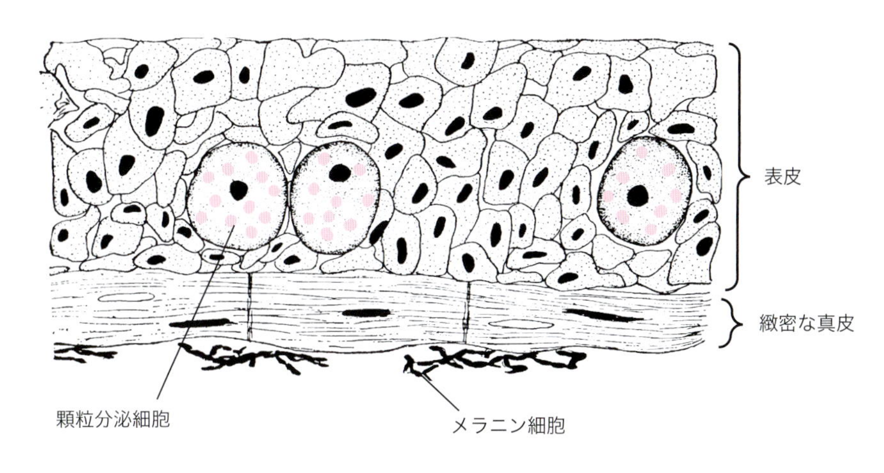

図6-4
ヤツメウナギの幼生の皮膚。

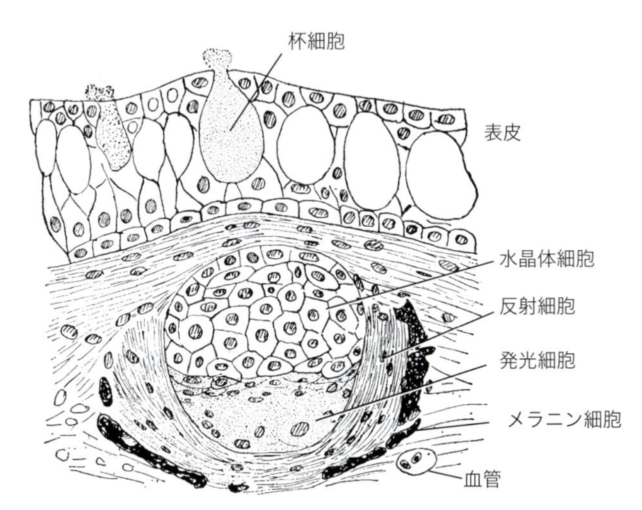

図6-5
ある発光魚のフォトフォア（発光器）。

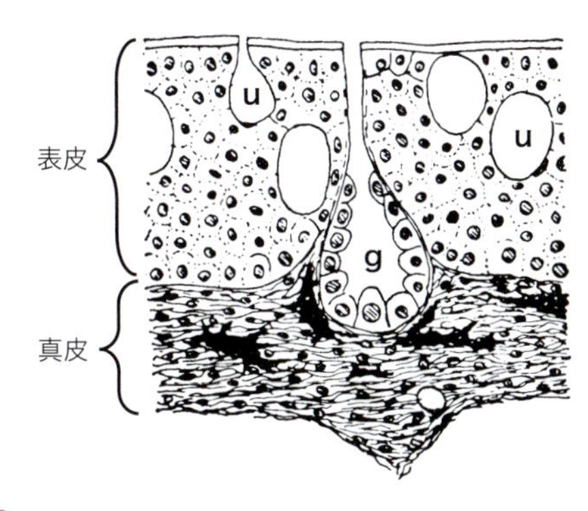

図6-6
肺魚プロトプテルスの腺に富んだ皮膚。表皮内に多細胞腺（g）と単細胞腺（u）がみられる。真皮内にはメラニン細胞がみられる。

その粘液性の分泌物は空気中で皮膚を湿った状態に保ち，皮膚が水中と同様に呼吸膜として機能することを可能にする。ある種のカエルやアマガエルの指の粘液腺は固着器の役目をし，また雄の無尾類の母指隆起 thumb pads にある膨らんだ粘液腺は，繁殖期に抱接を行っている間に雌を引き止めておくのに役立つ。

フォトフォア（発光器）

深海に住む真骨類の多細胞腺の一部は，光を発する器官である**フォトフォア** photophores（発光器）になった。他の多細胞性皮膚腺同様，フォトフォアは表皮内に生じ，真皮に侵入する。あるもの（図6-5）では，腺の上部は変形した粘液細胞からなり，これが拡大レンズとして働く。レンズの下の別の細胞が光源となる。

真皮内では，フォトフォアの基部を囲んで洞様血管とメラニン細胞（黒色素胞）の集団が存在する。洞様血管は生物発光に必要な原料を供給する。発光はほとんどがホタルの場合と同様に，リン含有物質であるルシフェリンに対するルシフェラーゼの酵素作用によって行われる。発せられた“冷たい”光は強くはないが，多くの色調を備えている。この光は種や性の認識に役立ち，あるときには擬似餌，警告灯として，またはカウンターシェーディング（日光の当たる部分が黒っぽく，日陰が明るくなる現象）で身を隠すのに役立つ。

フォトフォアは真骨類だけにあるものではないが，その他の魚類ではまれである。水槽のなかでみられる魚類の皮膚の美しい色彩パターンは，真皮内の色素細胞の働きによるものである。

ケラチン

大部分の魚類は，表皮内でケラチンをほとんどあるいは全く合成しないが，ある種の水生有尾類，特に陸上に進出するものは，角化細胞からなる薄い乾燥防御層を持つ。

ヤツメウナギでは，円錐形の角化表皮のトゲと“歯”が，頬ロートとヤスリ状の舌軟骨上に発達する（図6-9）。ヌタウナギも角化した“歯”を持つ。無尾類のオタマジャクシは，口を取り囲む何列もの角質性の歯のような構造を持っているため，草食性の幼生段階の間，これで植物をこすり取って食べることができる。オタマジャクシは変態するとこれを失う。山岳の渓流で衝撃を軽減しなければならない水生有尾類は，その足指に胼胝状のキャップを発達させる。

しかし一般に，ケラチンは陸生有頭動物の皮膚の特徴であ

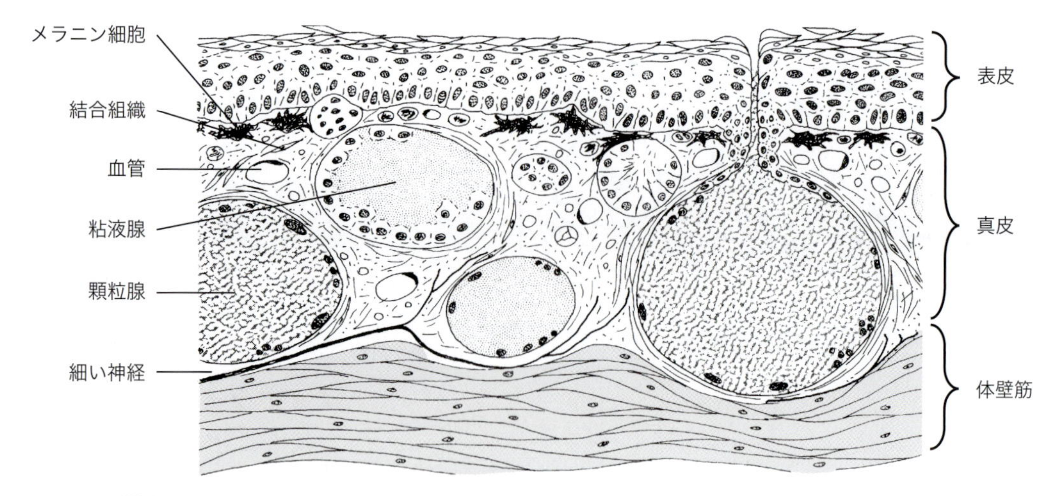

図6–7
カエルの外皮。多細胞腺が様々な発達段階にある。薄い角質層が生きている表皮を覆っている。

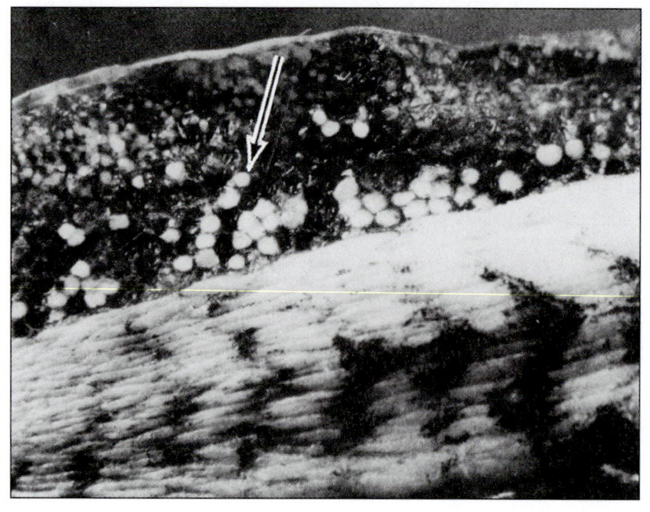

図6–8
マッドパピーの尾で，下層の筋から剥がした皮膚の裏面。尾の筋のすぐ外側の皮下組織内に粘液腺（矢印）が侵入しているのがみえる。

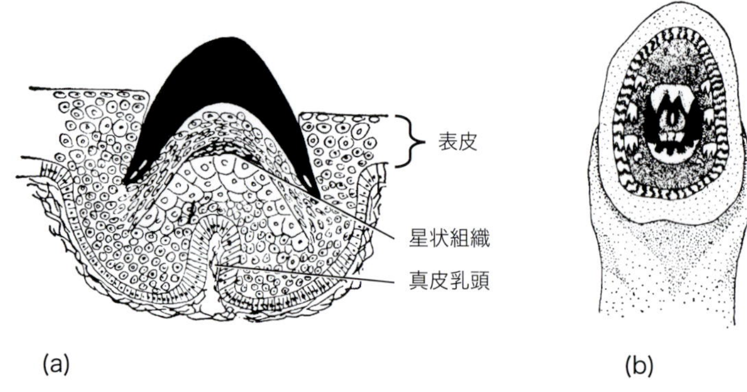

図6–9
ヤツメウナギの歯と頬ロート。(a) 角化した歯（黒色）。星状組織は置換歯の始まりかもしれない。(b) 頬ロート。角質歯を暗い背景に対して白く示してある。歯の生えた舌軟骨（舌）の引っ込められた先端が内腔の後ろを占めている。

り，魚類や水生両生類の特徴ではない。

四肢動物の表皮

四肢動物の表皮を構成する重層上皮は，水中生活から空気中の生活へ徐々に適応してきた長い歴史を反映している。ピーターソン Peterson の（不自然な）法則によれば，“何事であれ起こりうることは起こるであろう”。そしてそれは実際に起こったのである。一体誰が羽毛，毛，乳腺，汗などの出現を予言できたであろうか？

陸上での有頭動物の様々な生活を育成するのに関与したのは，これら表皮の適応によってできた構造物で複雑なものではなかった。それゆえまず陸生四肢動物の2つの基本的な表皮の特徴，すなわち**外皮腺** integumentary glands と角質層についてみてみよう。

表皮腺

四肢動物の表皮腺は，**嚢状腺** saccular あるいは**管状腺** tubular である。嚢は**腺胞** alveoli として知られる。様々な単純および複合嚢状腺（**胞状** alveolar）と管状腺は図6–10に示してある。胞状腺は肺魚や両生類の単純胞状腺が様々な程度に複雑に拡張したものである。管状腺は哺乳類以外の動物の皮膚では珍しいが，哺乳類では豊富に存在する。しかし消化管では管状腺は魚類から人類まで遍在している。

腺が合成物を放出する仕方は様々であり，大きく3つに分けられる。最も一般的にみられる腺である**部分分泌腺** merocrine glands の細胞は，その産物を細胞膜を通して分泌し，細胞は無傷のままである。ヒトの汗

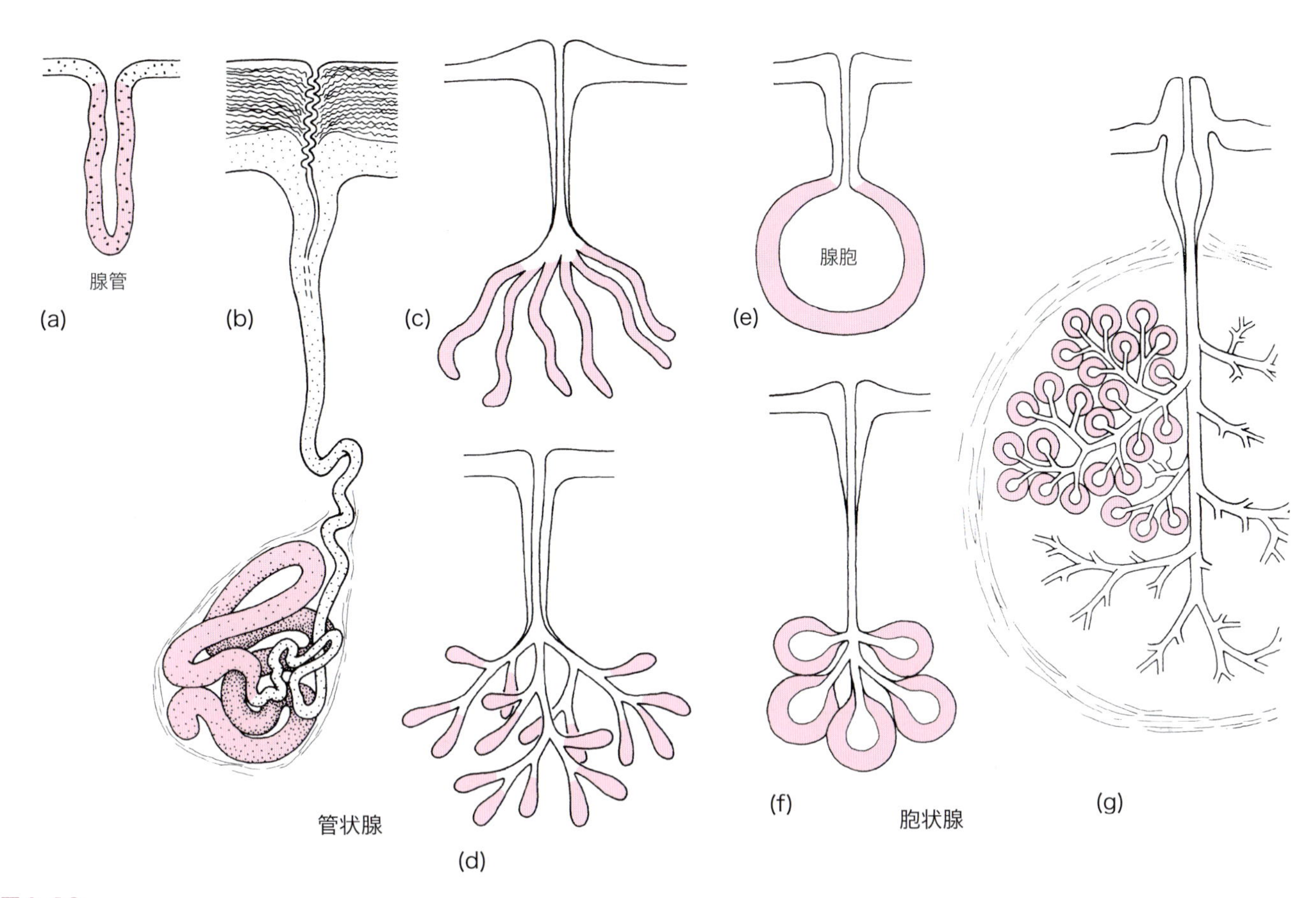

図6-10
多細胞腺の多様な形態。(a) 単純管状腺。(b) 迂曲した管状腺。(c) 単純分枝管状腺。(d) 複合管状腺。(e) 単純胞状腺の腺胞。(f) 単純分枝胞状腺。(g) 複合胞状腺。分泌上皮は赤色で示す。縮尺は図によって異なる。

腺の大部分は部分分泌腺である。**全分泌腺** holocrine glands では腺細胞そのものが分泌物になる。鳥類の**油腺** oil glands や哺乳類の脂腺は全分泌腺である。**アポクリン腺（離出分泌腺）** apocrine glands はこれらの中間形であり，分泌物はまず細胞の先端部に蓄積し，その後いくらかの細胞質とともにちぎり取られる。それから細胞は自分を修復する。乳腺は離出分泌を行う。

杯細胞は厳密にはこの3つのどれにも当てはまらない。杯細胞はその先端で破裂し，粘液がにじみでる。杯細胞は廃棄されるまでにおびただしい回数の自己修復を行う。

粘液腺　粘液を分泌する表皮腺は，陸生四肢動物では哺乳類を除き事実上消失した。哺乳類では，これらは表面の潤滑さが必要不可欠な部位に限局して存在する。

単細胞腺は，エフトの場合のように，連続した角化細胞の薄層で被われて機能を奪われたときに価値を失ったのであろう。また，粘液を少量しか産生できなければ，飲料水や皮膚から吸収できる湿気が足りないと，体は乾燥してしまうことになる。そこで，大地に上陸した初期の有頭動物の間では，

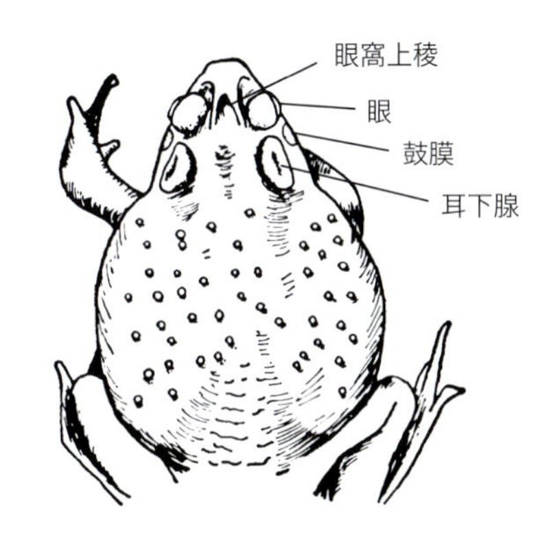

図6-11
ヒキガエル *Bufo* のイボのある皮膚。顆粒腺の1つである耳下腺が眼の後ろにある。

粘液腺の数が少なく，角質層がより厚いものほど，間違いなく有利であった。自然選択はこのような一連の特性を有するものに味方したのであろう。

顆粒腺 顆粒腺は陸生両生類であるヒキガエルでほとんど変化はなく，爬虫類ではその数は少ないが多様である。鳥類と

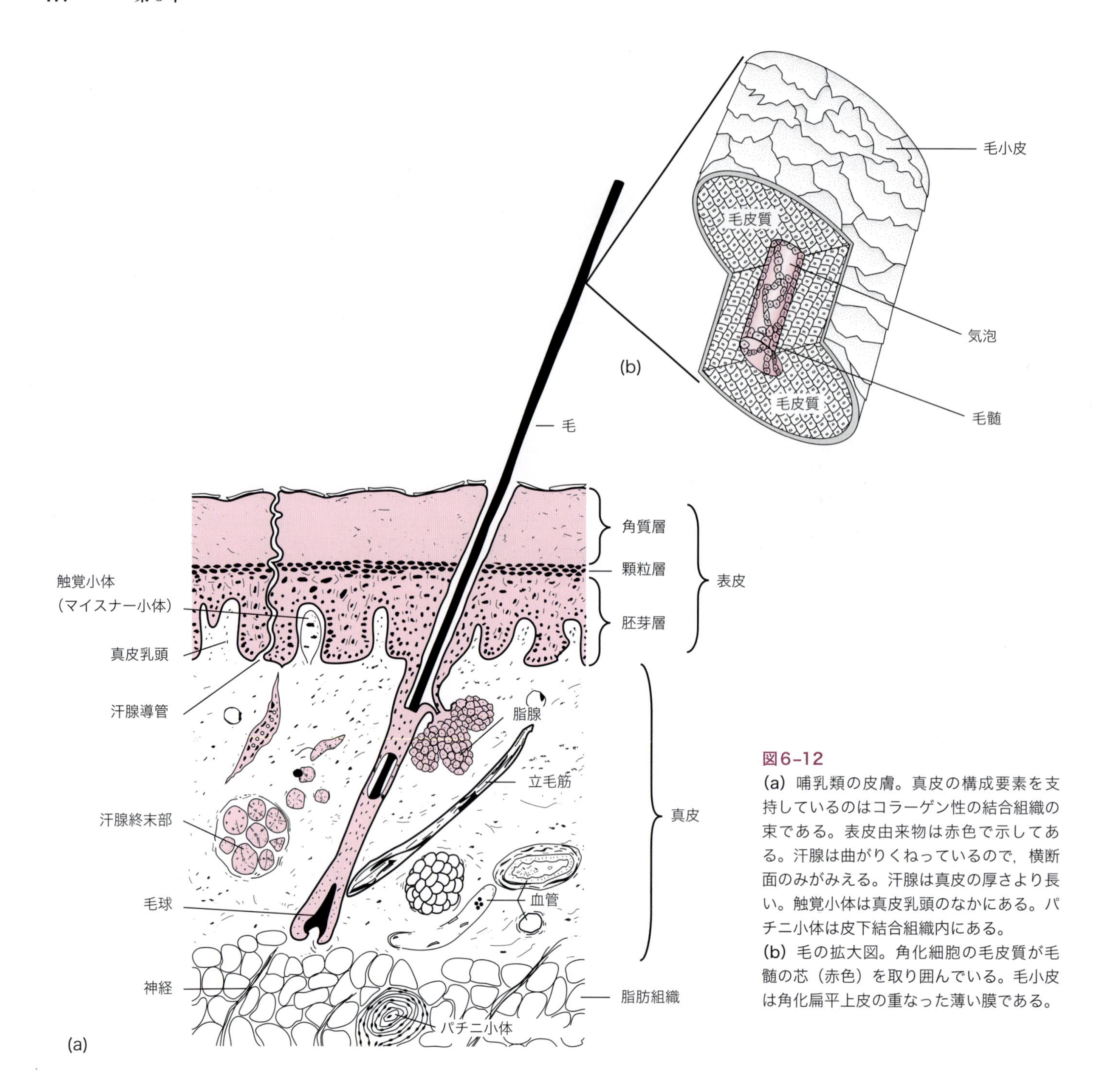

図6-12
(a) 哺乳類の皮膚。真皮の構成要素を支持しているのはコラーゲン性の結合組織の束である。表皮由来物は赤色で示してある。汗腺は曲がりくねっているので，横断面のみがみえる。汗腺は真皮の厚さより長い。触覚小体は真皮乳頭のなかにある。パチニ小体は皮下結合組織内にある。
(b) 毛の拡大図。角化細胞の毛皮質が毛髄の芯（赤色）を取り囲んでいる。毛小皮は角化扁平上皮の重なった薄い膜である。

哺乳類には存在しない。**顆粒腺** granular glands は防御用の刺激性あるいは毒性アルカロイドを分泌し，捕食者から身を守る。またすべてではないが多くのフェロモンの供給源となる。

フェロモン pheromone は周囲に放出されると，同一種あるいは異なる動物種の行動や生理に影響を及ぼす物質である。ある生物の性を伝えたり，同じ個体群のメンバーを同定したり，同一種のその他のメンバーに情報を伝えるために生息環境に痕跡を残したりする。ある種の爬虫類のフェロモンは餌となる昆虫を引き寄せ，また危険を知らせる。

顆粒腺は一般に体の特定の領域に限局して存在する。ヒキガエルでは，顆粒腺はイボのある皮膚と関連し，主として脚と背中に存在する。分泌物はヒトの皮膚を強く刺激し，また捕食者には極めて不快な味である。多くのヒキガエルは顕著な顆粒腺性の**耳下腺** parotid gland も眼の後ろに持っている（図6-11）。

顆粒腺はトカゲやヘビの肛門を取り囲み，その大部分はフェロモンを分泌する。トカゲにあるこれ以外の唯一の外皮腺は**大腿腺** femoral glands であり，これは雄の後肢の内側面に存在する。この腺の分泌物は分泌されると硬くなって一時的なトゲになり，交尾時に雌を捕まえておくのに役立つ。ドロガメ musk turtle は背甲の下縁で体幹の両側にある2つの腺から黄色っぽい液体を染みださせる。ワニ類では，おそらくフェロモン性ではあるが機能不明な腺が背中に沿って1列に伸びる。

鳥類の油腺　鳥類では外皮腺は極めて限られており，その分泌物はすべて油脂成分を含んでいる。**尾腺** uropygial gland は**尾端骨** pygostyle のすぐ後ろの臀部にある顕著な膨らみである（図8-20参照）。この油腺 oil glands は水鳥で最大であり，また家禽でも顕著である。その水をはじく分泌物は身繕いの間に羽毛へと移される。小さな油腺が外耳道を裏打ちし，またある種の鳥類では肛門を取り囲む。

脂腺　外皮腺は，哺乳類においてその複雑さと特殊化の頂点に達する。そのすべては，2つの機能形態である脂腺と汗腺のいずれかが変化したものである。**脂腺** sebaceous glands は油性の浸出物を分泌する胞状腺である（図6-12）。毛のあるところにはどこにでも存在し，分泌物である**皮脂** sebum は通常，毛包のなかににじみだしていく。毛皮もヒトの頭髪も油脂があるためにブラシをかけると光沢が出る。

外耳道には**耳道腺** ceruminous glands があって**耳垢** cerumen を分泌し，耳垢は耳毛とともに昆虫を捕え，昆虫が耳道の奥に入り込んで痛覚鋭敏な鼓膜に触れることのないようにしている。**マイボーム腺** meibomian glands は眼球結膜に湿り気を与える助けをする。この腺は上下眼瞼の緻密結合組織の板（瞼板）のなかに埋まっている。その長い導管は1列の微細な小孔により，眼瞼の縁に沿って睫毛のすぐ内側に開く。30本ほどある導管の1つが塞がると**霰粒腫** chalazion となり，眼瞼結膜に炎症性の腫脹ができる。脂腺は唇，亀頭，小陰唇，乳首周囲の皮膚では毛とは関係なく開口する。

汗腺　**汗腺** sudoriferous (sweat) glands は迂曲した管状腺で，哺乳類の真皮まで深く潜り込んでいる（図6-10b，6-12）。分泌物は曲がりくねった導管を通って小孔から皮膚表面ににじみでる。大量の分泌物である汗は蒸発して体温を下げ，体温調節を行う。

毛皮で被われた哺乳類の汗腺は最も毛の少ない部位に限られている（例えば，ネコやネズミの足先，ウサギの口唇，コウモリの側頭部）。カバでは汗腺は耳にだけ存在し，耳はカバがお気に入りのねぐらにいるときに水面より上に出ている。ある種の哺乳類は汗腺を持たない。それらの動物には表皮が鱗状のセンザンコウ（図4-37参照），海生哺乳類のクジラや海牛類や単孔類のハリモグラがある。睫毛の毛包に開く睫毛腺は汗腺である。大部分の哺乳類より毛が少ないヒトは，体表単位面積当たり最多の汗腺を持つ。

臭腺　脂腺と汗腺はともに様々な匂いを作り，そのすべてがフェロモンであるかもしれない。ヤギの足先の腺は仲間が認識できるように匂いの痕跡を残し，スカンクの肛門腺は敵を追い払い，雄のジャコウジカの肛門腺は性の情報の合図を送る。カンガルーネズミは背中に脂腺を持ち，体を丸めて防御姿勢を取るとこの腺がむきだしになる。雄のゾウでは繁殖期に膨れる一時的な腺がある。現地の人たちはこの時期のゾウは人間にとって危険だと言っている。ペッカリーの眼の上の腺はヘソのようにみえる。ある種の雄の**キツネザル** lemurs の前腕には皮膚の硬くなった斑状の部分があり，その下にはアーモンド大の腺がある。

掃除の行き届いた動物園で嗅ぐ匂いの大部分は臭腺 scent glands によってもたらされるのであり，オリの不衛生な状態によるのではない。ヒトはジャコウジカの肛門腺からフェロモンを取り，他の香料を混ぜてそれを耳の後ろに塗りつける。これは香水とよばれるが，フェロモンの役目をする。すべてのフェロモンが外皮腺の産物なのではない。例えば哺乳類の尿にはフェロモンとしても働く物質が含まれている。

乳腺　**乳腺** mamary glands は複合胞状腺で，雌雄とも**乳線** milk lines から発達する。乳線は外胚葉が1対のリボン状に隆起したもので，胎子の腹外側の体壁に沿って腋窩から鼠径部まで伸びる（図6-13a）。将来の乳腺組織の小塊が各乳線に沿って，動物種により1カ所あるいは複数の個所から生じ，真皮のなかに入り込む（図6-14）。次いで乳腺組織は

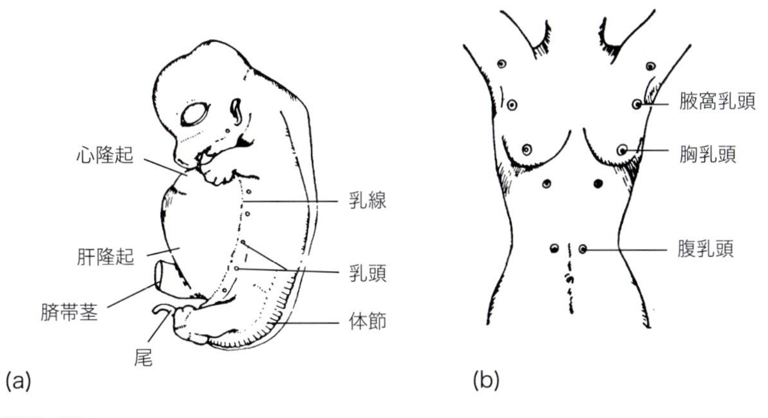

図6-13
(a) 20mm のブタ胎子の乳線と乳頭。(b) ヒトにおける過剰乳頭の出現部位。

真皮の下に広がり，各組織塊の上に乳頭が形成される。

雌が性成熟に近づくと，雌のステロイドホルモンの力価の上昇により，幼弱な乳腺導管系が分岐拡張する。後に，妊娠期間中に，各種ホルモンの強い刺激により，分岐した導管系の末端に多数の腺胞の形成が誘導される（図6-10g，6-15b，c）。胎生哺乳類の脂腺に乳腺は由来すると思われるが，脂腺のように，乳腺は脂質を含む分泌物を産生する。

乳腺と乳頭の数と位置は，それぞれの種にとって一般的な産子数により，またそれぞれの位置の生存価（生存における有効性）によって決まる。ネコ，イヌ，ブタ，齧歯類，貧歯類，その他多くの哺乳類は，乳線の大部分に沿って発達する腋窩乳頭，胸乳頭，腹乳頭，鼠径乳頭を持つ。これらの種では妊娠中に隣接する乳腺がお互いに相手のほうに向かって拡張し，最終的にかなりの重量を持つ2つの長い連続した乳腺塊となる。

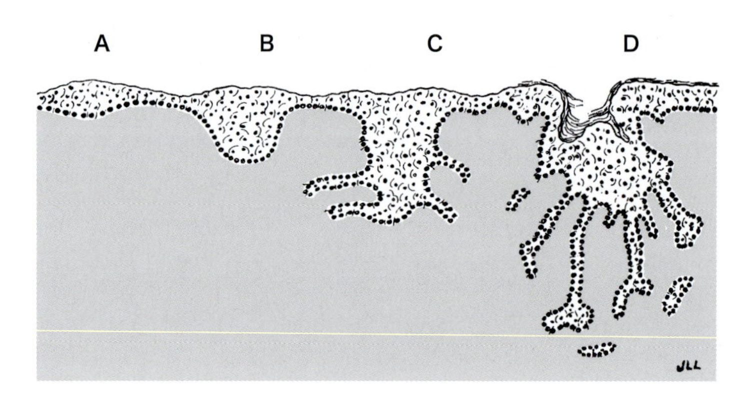

図6-14
乳腺の連続した発生段階。A：胎齢6週のヒト胎児に相当。B：胎齢9週のヒト胎児および16日胚のマウス胎子に相当。C：中間段階。D：出生時。灰色の領域は真皮を示す。

産子数の少ない種では乳頭の数も少ない。食虫類やある種のキツネザルは1対の胸乳頭と1対の鼠径乳頭を持つ。ヒヨケザルとマーモセットは腋窩に1対の乳頭を持つ。サル類，類人猿，ヒトでは，母親が周囲の敵を警戒して，哺乳中の赤ん坊を腕のなかに守れるような位置に1対の乳頭がある。クジラ類では，母親が採餌をしたり，海面に浮上したり潜水したりしている間に，赤ん坊が乳頭にしがみついて哺乳を受けることができるように，鼠径部の近くに1対の乳頭がある。水中生活が得意なヌートリアでは背中に4つの乳頭があり，赤ん坊は哺乳を受けるときには水面上となる親の背中に乗っている。ヌートリアでも乳頭は腹外側の乳線から生じるが，個体発生中の乳線の両側の分化成長率の違いにより背側に転置される。どの哺乳類でも過剰乳頭が生じることがある（図6-13b）。

図6-15bでは乳頭に3本しか導管が描かれていないが，実際にはヒトの乳腺には乳腺葉の数に応じて15～25本の終末導管がある。各乳腺葉は多くの複合小葉からなる。有蹄類では，すべての乳腺葉の導管が1本の終末導管に合流する。乳頭の基部では終末導管が**乳管洞** cystern を作り，そこに乳腺葉から“乳汁流下 let down”が貯留される。吸引が乳管洞から乳を流しだす。下垂体（第18章参照）から分泌される**オキシトシン** oxytocin というホルモンは，催乳 letdown を引き起こす平滑筋の収縮に深く関係する。

単孔類には胎生哺乳類のような乳腺は発達せず，乳頭もない。その代わり，雌雄ともに変形した汗腺のようなものが栄養物を分泌し，赤ん坊はそれを覆う毛の

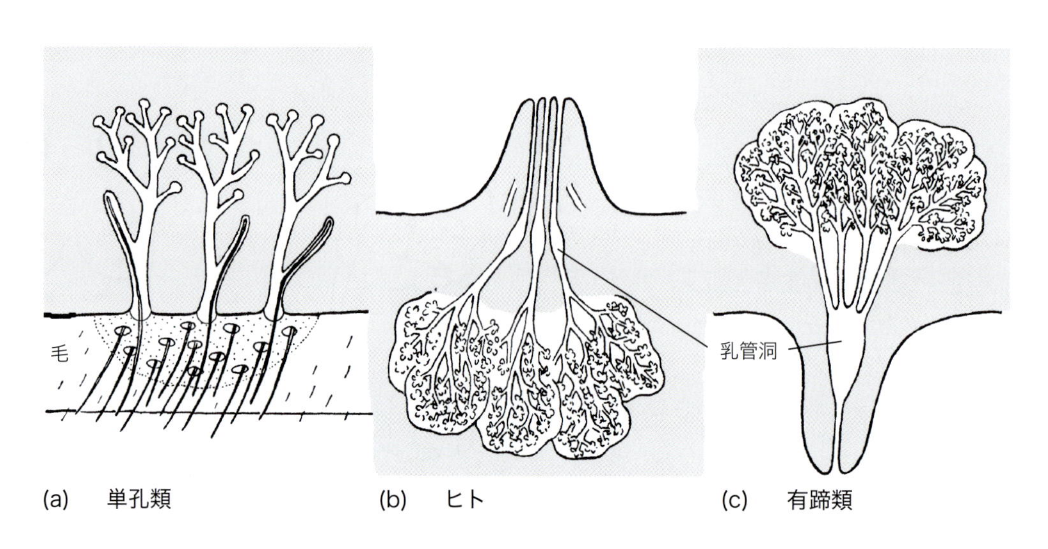

図6-15
乳腺，導管および乳頭。単孔類は乳頭を持たず，乳腺は変形した汗腺に類似している。

(a)

(c)

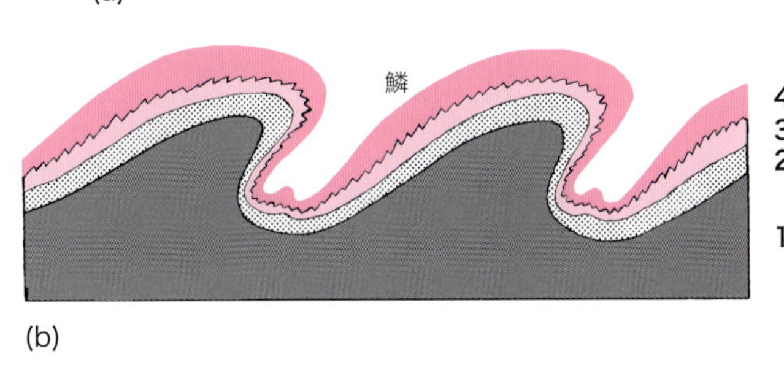

(b)

図6–16
有鱗類の鱗。
(a) クビワトカゲ。外耳道への入り口が口角の後ろで暗い三日月状にみえる。
(b) ヘビあるいはトカゲの皮膚断面の模式図。1：真皮。2：表皮の活発な有糸分裂層。3：表皮の新たに角質化した層。4：次の脱皮ではげ落ちる古い角質層。
(c) バンドミズベヘビの一種，ナンブミズベヘビ *Nerodia fasciata* の鱗。
(a) © John Cancalosi/Peter Arnold, Inc.

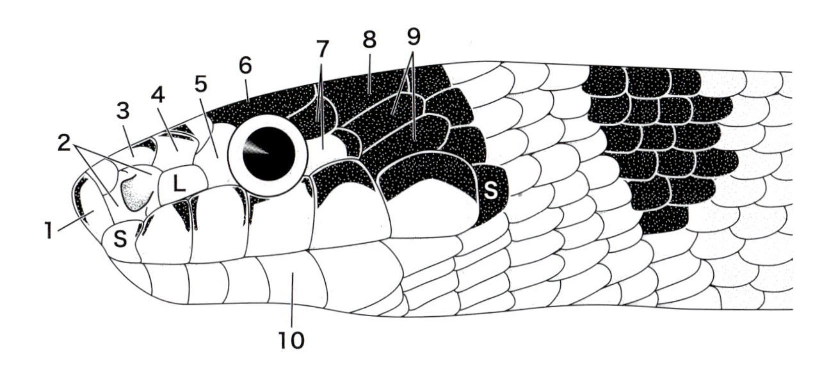

図6–17
ミルクヘビ（*Lampropeltis triangulum*）頭部の表皮鱗。1：吻端鱗。2：鼻鱗。3：鼻間鱗。4：前額鱗。5：眼前鱗。6：眼上鱗。7：眼後鱗。8：頭頂鱗。9：前側頭鱗。10：7つの下唇鱗の第四番目。L：目先鱗（頬鱗）。S：第一および最後位の上唇鱗。

房から栄養物をなめとる（図6–15a）。

角質層

角質化は陸上での乾燥から身を守る。羊膜の獲得により有頭動物は完全に水から解放され，角質層は体の様々な領域でますますその特殊化の度合いを深め，摩耗に対する防御のため，攻撃と防御のため，そして最後には体温調節のための補佐役ともなった。鱗，鉤爪，角質隆起のような初期の特殊化の後には毛と**羽毛** feathers が出現し，特に羽毛は最も顕著なものであった。哺乳類の角質層は図6–12に示してある。

表皮鱗　**表皮鱗** epidermal scales は有羊膜類にのみみられる角質層が反復して肥厚したものである。トカゲやヘビなどの有鱗類では，角質層は表皮の重なり合ったヒダの上に配置される（図6–16，6–17）。各ヒダの露出した表面にある細胞は特に著しく角化し，重なり合った鱗を形成する。鱗の会合するところでは，角質層が薄くなって皮膚に運動性を与える。トカゲの鱗は時に奇怪な形をとる（図6–18，17–14）。

角質層の連続性はワニ類で容易にみて取ることができる。ワニ類では四肢の鱗は小さく，著しく角化し，重なり合わないのに対し，体の他の部分では鱗は大きく，ほぼ一定の厚さ

図6-18
カイガンツノトカゲ *Phrynosoma* のイボとトゲのある皮膚。皮膚の色と模様はその生息環境に似ている。
© H. Armstrong Roberts.

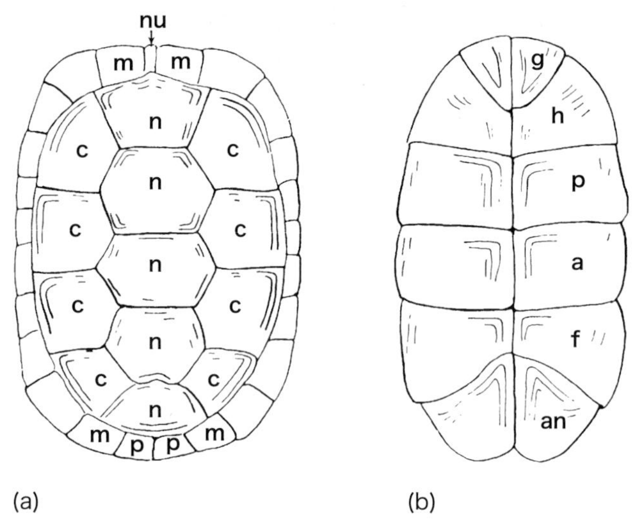

図6-19
ニシキガメ（*Chrysemys*）の表皮鱗。
(a) 背甲。c：肋甲板。m：周辺すべてを囲む縁甲板で項甲板（nu）と殿甲板（p）を含む。n：椎甲板。
(b) 腹甲。g：喉甲板。h：肩甲板。p：胸甲板。a：腹甲板。f：股甲板。an：肛甲板。

を示す（図6-35a）。

大きく，薄く，四辺形あるいは多角形の鱗は**鱗甲** scutes とよばれる。ヘビ類は鱗甲を腹部に持ち，これを体の移動に用いる。カメ類は**腹甲** plastron に厚い鱗甲を持ち，これで地面に沿って滑るように進み，また背甲の鱗甲はもっと薄く（図6-19），その他の部分には小さな鱗がある。カメの鱗甲や鱗は重なり合うことはない。

鳥類では表皮鱗は羽毛のない部位，すなわち顔面，脚部，足部に発達する。アルマジロでは全身に毛と鱗が散在する（図4-36，6-20 参照）が，他の哺乳類の大部分では，鱗はラットやビーバーのように脚部と尾部に限局している。**センザンコウ** pangolin の鱗は毛の凝集したもののようで，鱗のある祖先から遺伝したものよりは起源が新しいと考えられる（図4-37 参照）。

トカゲ類とヘビ類は2つの異なる角質層を持ち，その内層は形成途中にあり，外層は次の脱皮のときにはげ落ちる（図6-16b）。トカゲ類では外層はいくつかの大きな破片になってはげ落ちるが，ヘビ類では厚いレンズ状の結膜である**スペクタクル** spectacle を含む全身の外層がひとまとめに脱げ落ちる。ワニ類とカメ類は脱皮を行わず，彼らの角質層はヒトの角質層のように徐々にはげ落ちる。

鉤爪，蹄，平爪

鉤爪，蹄，平爪は，指端の角質層が変形したものである。鉤爪は最初に原始有羊膜類に出現し，鳥類や大部分の哺乳類に存続している（両生類であるアフリカツメガエルや爬虫類の“鉤爪”は，有羊膜類の鉤爪とは相同でない）。鉤爪は霊長類では平爪，有蹄類では蹄に進化した。

鉤爪，蹄，平爪は同一の基本的構造を持つ。これらは2つの弯曲した部分，すなわち角質の背側板である**爪壁** unguis（蹄壁）と，やわらかな腹側板である**爪底** subunguis（蹄底）からなる（図6-21）。2つの板は末節骨の周囲を部分的に包み，鉤爪の場合は先がとがり，蹄と平爪の場合は先が鈍端になる。さらにやわらかい胼胝状の角化肉球である**蹄叉** cuneus（乗馬者はフロッグとよぶ）がしばしば有蹄類に存在し，部分的に蹄底に囲まれる。蹄の厚い角質からなる蹄壁はU字型あるいはV字型を呈し，死んだ細胞からできているので，そこに蹄鉄を釘で打ち込むことができる。平爪の爪壁は平たくなり，爪底は著しく減少する。その結果，平爪は指の背側面のみを覆うことになるが，伸び放題にすると平爪も鉤爪のようになる。

鳥類の鉤爪は一般に足にのみ生えると考えられているが，実はしばしば鋭い鉤爪が翼の1本あるいは複数の指に生える（ダチョウ，ガチョウ，ある種のアマツバメなど）。ツメバケイ hoatzins の幼鳥は木の幹を登るときに翼に生えた鉤爪を使うが，やがて鉤爪の成長は止まり，成体になると消失する。始祖鳥は左右の翼に3本ずつの鉤爪を持っていた。有鱗

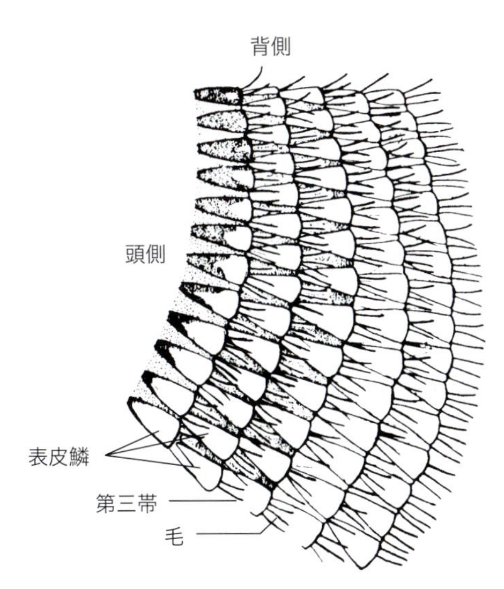

図6-20
アルマジロの皮膚の表皮鱗とその間に散在する毛。図4-36も参照。

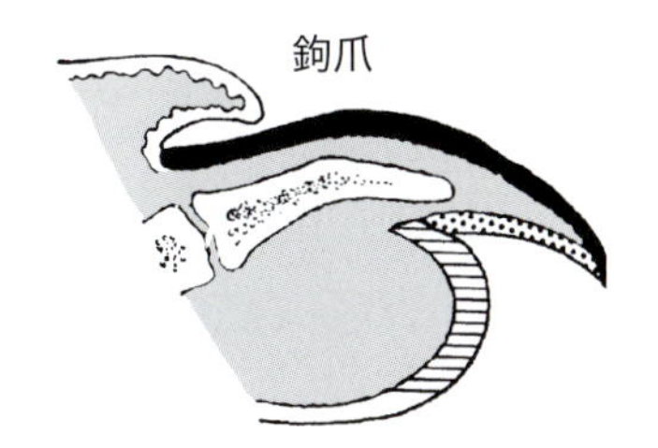

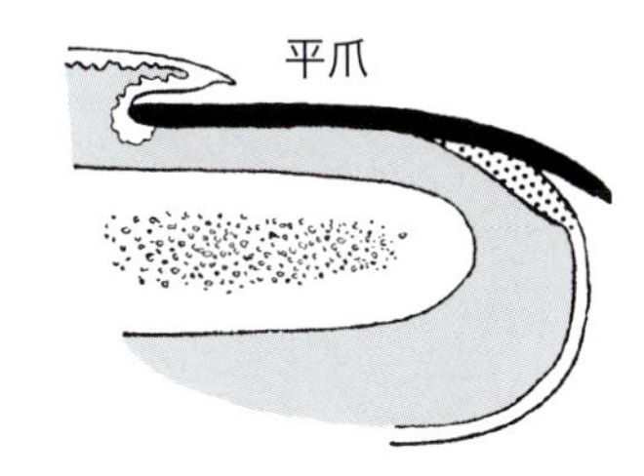

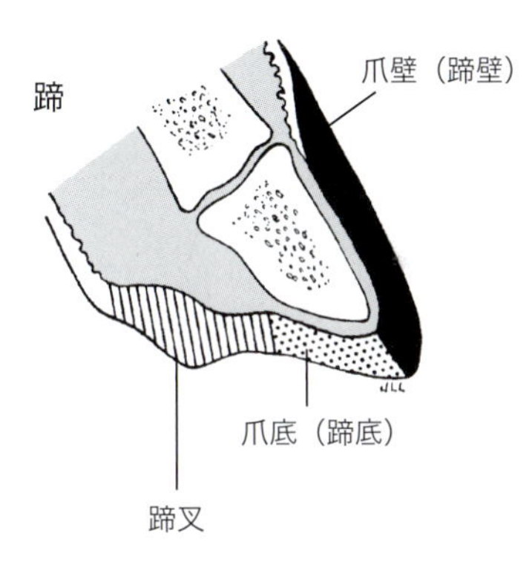

図6-21
鉤爪，平爪，蹄および末節骨の矢状断。

類の鉤爪だけが脱皮する。その他の動物の鉤爪，蹄，平爪は摩耗によりすり減っていく。

羽毛　羽毛は極めて複雑な角化表皮性付属物である。羽毛は形態学的に**正羽** contour feathers，**綿羽** down feathers, plumules，**毛羽** hairlike feathers, filoplumes の3つに分けられる。羽毛の役割については第4章に述べてある。

羽毛の形態学的多様性

正羽 contour feathers は最も目立つ羽毛で，そのトリの外形，すなわち全身の形を与える（図6-22）。典型的な正羽は角質の羽幹 shaft と2つの平たい**羽弁** vanes からなる。羽幹の基部が**羽柄** calamus, quill であり，羽弁の生えている部分が**羽軸** rachis である。各羽弁は平行に走る**羽枝** barbs からなり，羽枝には**小羽枝** barbules と**フランジ** flanges がある（図6-22b）。小羽枝には**小鉤** hooklets があって，これがその次に並ぶ羽枝のフランジと互いにかみ合って羽弁を強化している（図6-22c）。正羽が乱れているときには小羽枝のかみ合わせが外れてしまっており，羽繕いによって小鉤のかみ合わせがもとに戻る。翼の小さな正羽である**覆羽** covert feathers では，羽柄に近い小羽枝から小鉤がなくなっているので，この羽根のこの領域はふわふわと毛羽立っている。ダチョウや少数の鳥類ではすべての羽毛がふわふわと毛羽立っている。

正羽の羽軸基部の切痕である**上臍** superior umbilicus からは**後羽** afterfeather が生じる（図6-22a）。これは通常では本羽 main feather より短いが，エミュー emus やヒクイドリ cassowaries では両者が同じ長さなので，“二重羽毛 double feathers”となる。

正羽は体の大部分を覆うが，正羽が生じる羽包 follicles は通常では**羽区** pterylae に分布している（図6-23）。ダチョウやペンギンなどの少数の鳥類は羽区の区別はない。

真皮内の羽包の壁には平滑筋性の**立羽筋** arrectores plumarum があり，外来性の皮筋と一緒になってトリの羽装を膨らませることができる。

綿羽 down feathers は小さな綿毛のような羽毛で，正羽の下や間に生える。生まれたばかりのひな鳥は正羽を欠き，綿羽で被われる。綿羽は短い羽柄を持ち（図6-22d），そこから小鉤のない羽枝が冠のように生えている。枕に詰めて使われるアイダーダウンはケワタガモの綿羽である。

毛羽 filoplumes は毛のような羽毛で，羽軸の先端に少数の羽枝および小羽枝を備える（図6-22e）。毛羽は皮膚全体にわたって正羽の間に散在している。その羽包には触覚神経終末が豊富に分布している。クジャクの長いカラフルな羽毛は毛羽のひときわ目立つ実例である。

剛羽 bristles は毛羽に似ているが，先端に羽枝を持たず，

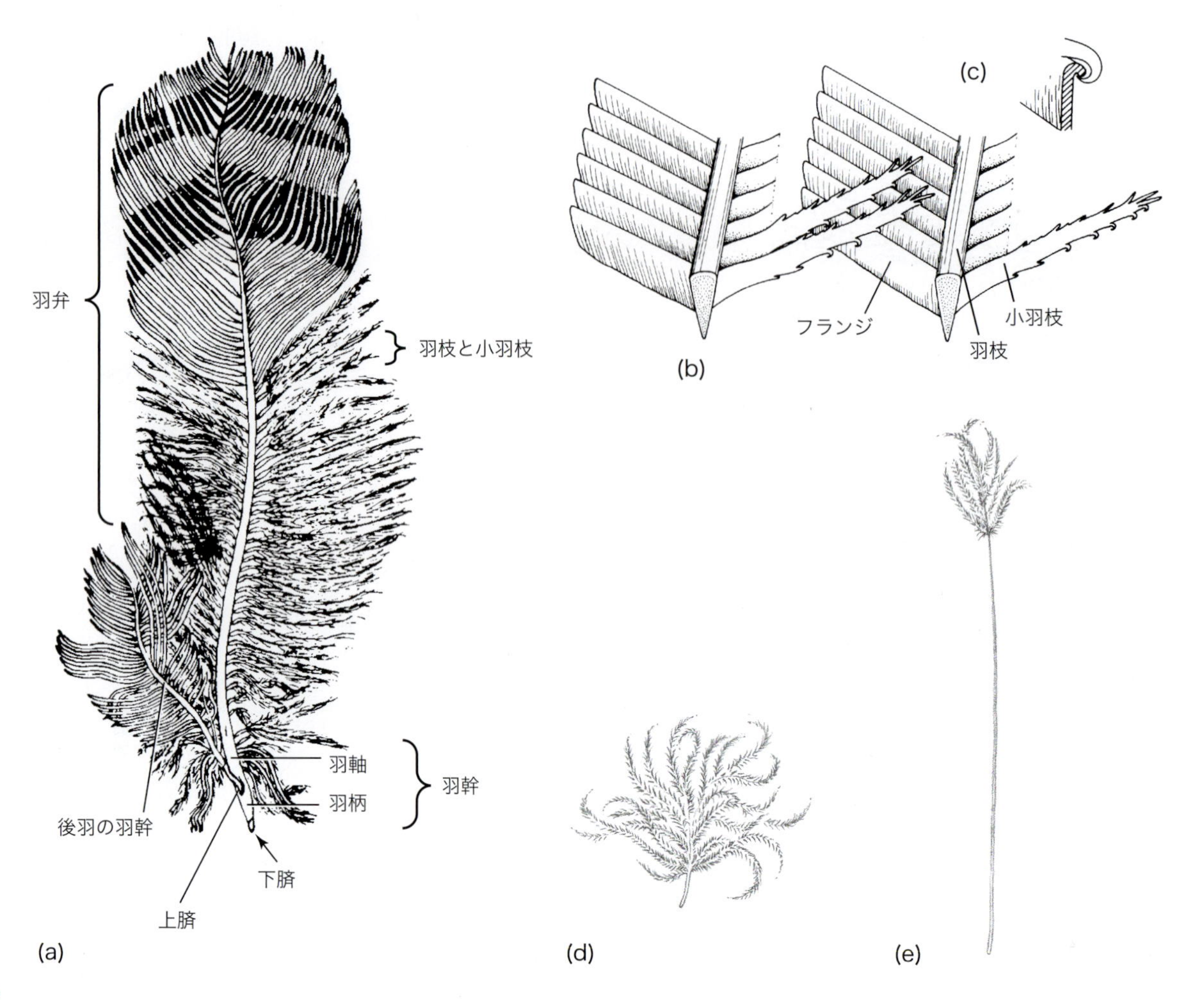

図6-22
(a) ライチョウの正羽。(b) 2つの連続した羽枝で，2つの小羽枝が小鉤によってフランジ（突縁）で互いにかみ合っているところを示す。(c) かみ合いを示すフランジの断面。(d) 綿羽。(e) 毛羽。

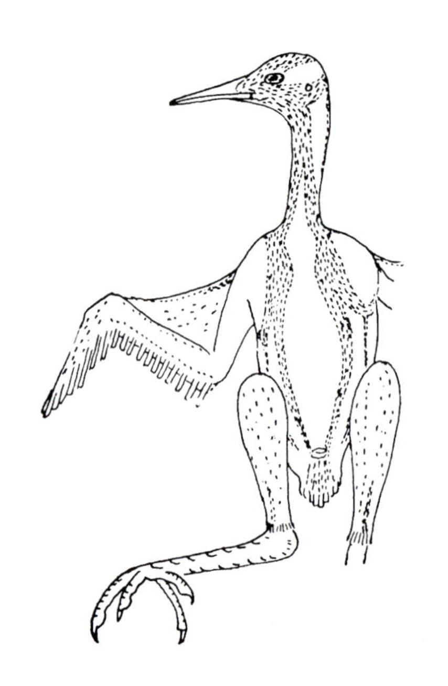

図6-23
羽区。

羽幹の基部に少数の羽枝が生えることがある。剛羽は頭頸部に生え，目，耳，鼻孔を異物から遮蔽する。口の周りの剛羽は触覚受容器でもあり，例えばヒタキ flycatcher では触れたものが食べられる昆虫であるかどうかという情報を伝える。

羽毛の発生

羽毛の発生は**真皮乳頭** dermal papilla の形成によって始まる。真皮乳頭は真皮内の中胚葉性細胞の小丘で，表皮の下面に入り込んで表皮基底層における有糸分裂活性を誘導する（図6-24a）。真皮乳頭が成長し，その誘導効果が上にある表皮に働くと，皮膚の表面にニキビのような隆起である**羽毛原基** feather primordium が形成される（図6-24b）。これは羽毛が生え始める最初のしるしである。真皮乳頭には血管の分布が始まり，これ以後，真皮乳頭は発生中の羽毛に栄養物と酸素を供給する源となる。ここには代謝老廃物も集められ，これらはやがて血流中に運び去られる。羽毛原基が伸長するにつれ，その基部周囲には表皮で裏打ちされた窩である

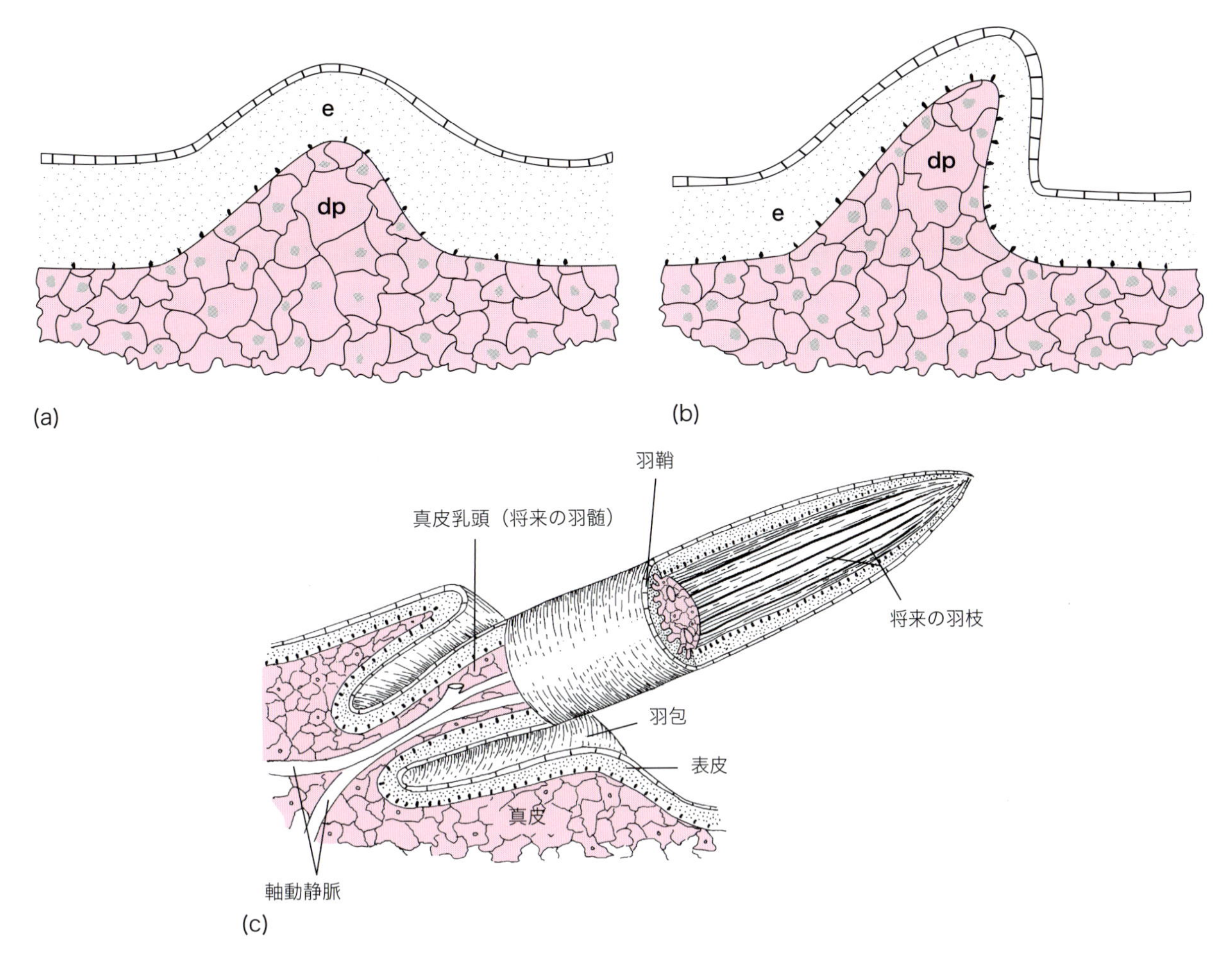

図6-24
正羽の成長。
(a) 初期の真皮乳頭（dp）。(b) 羽毛原基。(c) 棘羽。e は表皮。

羽包 feather follicle が発達する（図6-24c）。

羽包の基部では，有糸分裂活性の高い成長帯が高円柱状に表皮細胞を増殖させ，この円柱が真皮乳頭と表皮の間で成長中の羽毛の遠位端のほうへ押し進んで，**羽鞘** feather sheath となる。これら表皮性の円柱構造は互いに分離し，角化し，羽枝へと成長する。いまだに羽鞘に包まれている成長中の羽毛は**棘羽** pinfeather である。羽鞘が割れて開くと，ふわふわした羽枝がそこから伸びだし，羽幹が伸長する。

羽毛が完全に成長すると，羽幹のなかの真皮乳頭は死滅して羽髄になる。真皮乳頭の基部は死なずに羽幹の基部から立ち去り，開口部である**下臍** inferior umbilicus を後に残す（図6-22）。新しい羽毛はすでに羽毛を生じさせた真皮乳頭が再活性化されて生じる。おそらくすべての鳥類で，古い羽毛は新しく伸びてくる羽毛によって受動的に抜け変わる。

羽毛の起源

羽毛の起源に関する1つの仮説として，羽毛の初期発生の段階が爬虫類の鱗のものに似ているので，羽毛は爬虫類の鱗から生じたというものがある。両者の発生は血管の分布した真皮乳頭が形成されることによって始まり，その後その上にある表皮が肥厚し，鱗あるいは羽毛が形成される。しかし両者のその後の発生に類似性はないので，この仮説を懐疑的に眺める人たちもいる。だが，中国のシノサウロプテリクス *Sinosauropteryx* において，その体を糸状に覆う**原羽毛** protofeathers と思われるものが発見されたので，鱗から羽毛へという進化のシナリオに幾分かの妥当性が付与されたかもしれない（第4章の鳥類に関する考察を参照）。

現在妥当と考えられている別の仮説としては，羽毛は毛のように祖先の前駆構造を持たない新たな進化上の構造物である，というものがあるに過ぎない。

毛 毛は羽毛同様に，皮膚の角化した付属物である。全身を覆う，密生する柔毛の毛皮を形成することもあれば，ある種のクジラのように，上唇に1，2本の剛毛しかない場合もあ

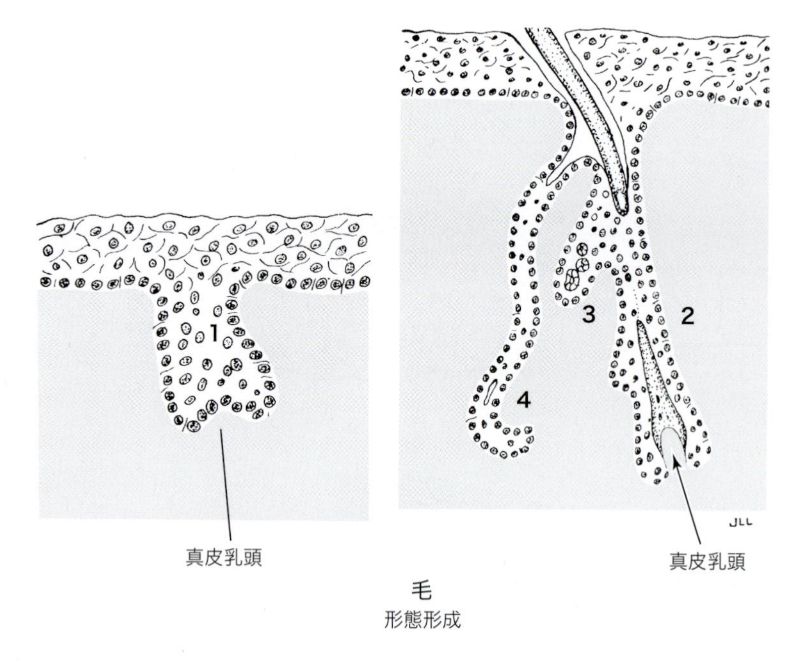

図6–25
毛と付属腺の連続的発生段階。1：表皮の真皮内への最初の陥入，真皮乳頭はまだ形成されていない。2：成長中の毛幹を包む毛包。3：発生中の脂腺。4：発生中の汗腺。毛幹がつながっていないようにみえるのは，切片を作る際の人為的な結果である。灰色の領域は真皮。

る。毛皮が密生している場合には，一般に短くて細い毛（下毛）と長くて粗い毛がある。

毛は十分に密生している場合には保温効果があり，また鋭敏な触覚器官でもある。各々の毛の毛根は知覚神経終末の網の目によってバスケット状に取り巻かれており，毛根の位置がずれると一連の知覚刺激が生じて脳に達する。あなたの手の甲の1本の毛をいじって，引き起こされる感覚に注目してみなさい。多くの哺乳類の顔面に生えた，硬くて長いひげである**触毛** vibrissae は，もっぱら触覚のために働いている。

毛の形態

毛は毛包から生じ，**毛球** bulb における不断の有糸分裂によって伸長するが（図6–12），毛球のなかには血管分布に富んだ真皮乳頭があって，成長に必要な栄養物や酸素を供給している。**毛根** root は毛包内にある毛の部分で，そこでは毛細胞が角化し死にかけているが，毛はまだ毛包壁から分離していない。毛の残りの部分は**毛幹** shaft で，脂腺開口部のすぐ下から始まる。毛包のなかでは毛幹は脂腺の分泌する**皮脂** sebum に囲まれている。

1本の毛は，崩壊した角化細胞に由来する高密度のケラチン，なかに取り込まれた空胞，様々な量のメラニン顆粒からなり，メラニン顆粒は毛細胞が崩壊するときに放出される（メラニン顆粒の供給源や毛色についての説明は，後の「真皮の色素」で考察する）。各々の毛は膜状の**毛小皮** cuticle に被われているが，毛小皮は薄い透明な角化扁平細胞（鱗）からなり，細胞はその遊離縁を毛根から外に向けて屋根をふくように並んでいる。粗い，あるいはトゲ状の毛には**毛髄** medulla があるが，これは不規則な形の萎縮した角化細胞からなり，各細胞は大量の空気で隔てられ，ケラチンの細胞間橋によって結ばれている（図6–12b）。

各毛包壁には小さな平滑筋である**立毛筋** arrector pili が終止している（図6–12a）。立毛筋が収縮すると毛が立ち上がり，皮膚は小丘のなかに引き込まれて“鳥肌”が立つ。食肉類が毛を逆立てると恐ろしい形相になる。立毛筋はまた体温調節の道具でもあり，毛皮の保温効果を増大させる。

センザンコウ pangolins の鱗，そしておそらくサイの角は，進化の過程で毛が膠着して形成されたものである。毛が変化したその他の構造としては，**剛毛** bristles，ハリモグラ spiny anteater のトゲ，ヤマアラシ porcupine の針 quills がある。

毛の発生

毛の発生の最初の兆候は，表皮が円筒状に真皮内に陥入することである（図6–25）。そのすぐ後で，発生中の羽毛の真皮乳頭と組織学的に同一な真皮乳頭が，表皮の円筒形の陥入の基部に形成され，血管分布を受け，そして両者は密接に結びつく。その後，真皮乳頭は羽毛の発生の際と同一の役割を果たす。真皮乳頭の脈管によって供給される酸素と栄養物を用いて，毛原基はますます深く真皮のなかに入っていく。毛原基の基部は球状になり，角化細胞の形成がその部位で始まり，毛幹が毛包から外に伸び始める（図6–12，6–25b）。

毛は永久的な構造物ではない。動物種によって異なるが，数カ月の後に，あるいはしばしば季節的に，毛包内の毛細胞の増殖が止まり，毛は毛包との結びつきが緩くなる。その後，毛包内で毛の形成が再開されると，まだ抜け落ちていなかった古い毛が抜けていく。ある領域のすべての毛包が活動をやめると，その領域ははげになる。

毛の起源

毛の系統発生学的起源については憶測の域を出ない。毛は鱗のない領域で2ダース以上の孤立した群*1として成長し，

＊1 訳注：数個の毛穴からなる毛群。1つの毛穴からは1～数本の毛（毛束）が出る。

齧歯類の尾や脚のような領域で鱗の間を伸びていく。アルマジロの鱗の間の毛の分布については図6-20に示してある。真猿類では，サルが3からなる群，類人猿が5からなる群，ヒトが3～5からなる群の線状に並んだ毛を持つ。ヒトの手の甲の親指のつけ根に近いところを調べれば，その場所の毛の群の線状の配列がよくわかるであろう。

鱗のある場所では，毛が鱗の間に生えているため，鱗で被われているにもかかわらず，触覚刺激を受容することができる。この触毛の分布は，トカゲにおいて感覚小孔が鱗の間に分布し，各小孔が1本の触覚剛毛（**原始触毛** protothrix）を備えていた状態を思いださせる。毛が鱗の間に分布していることは，哺乳類が有羊膜類から生じたことを反映しているかもしれないが，触毛と原始触毛は進化的収斂の産物のように思われる。羽毛と毛は**新形質** neomorphs で，先行する祖先の構造を持たないのかもしれない。

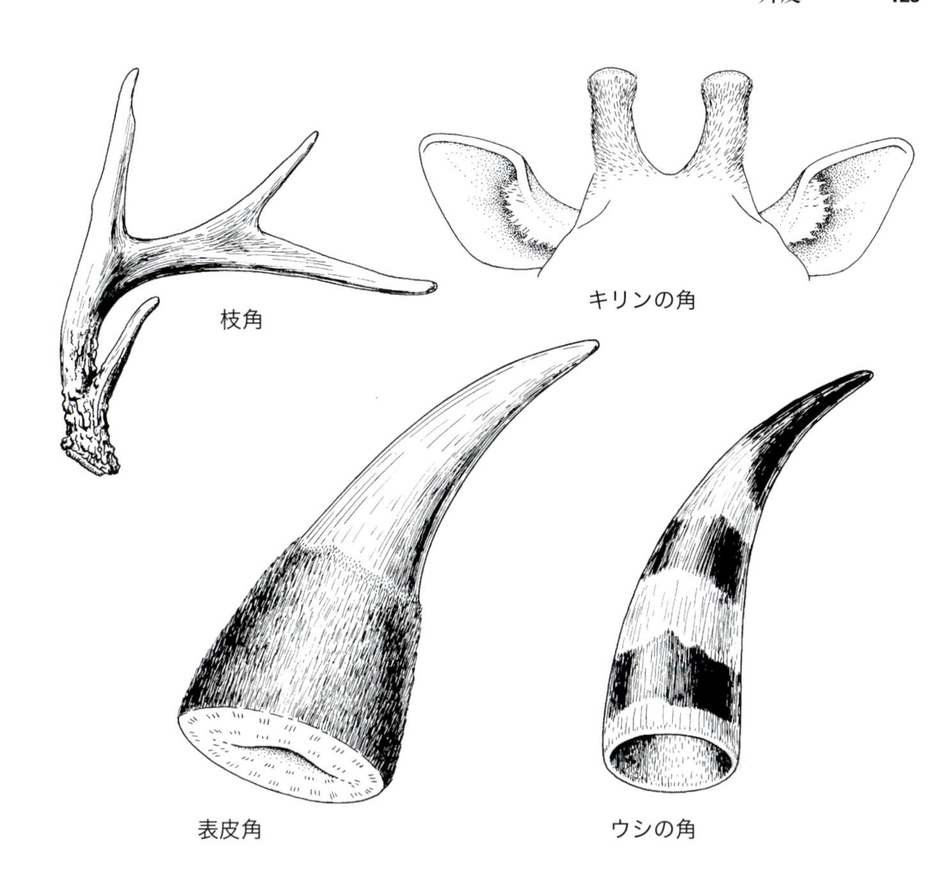

図6-26
哺乳類の角と枝角。キリンの“角”は真の角ではなく枝角であることに注意。

羽毛，毛，真皮乳頭　真皮乳頭が羽毛と毛の初期形成に不可欠なことを，これまでにみてきた。羽毛の形態形成においては，まず真皮乳頭が出現し，次いで外胚葉の活動が起こる。毛の形態形成においては，まず外胚葉の陥入が起こり，次いで真皮乳頭が形成される。

個体発生の決定的な時期に，鶏胚の将来の羽毛領域にある真皮を足の表皮の下に移植すると，通常では鱗が発達するひなの足に羽毛が生えてくる。適切な真皮を適切な時期に移植すれば，鶏胚の胚体外の絨毛上皮 extraembryonic chorionic epithelium でさえ羽乳頭 feather papillae あるいは胚期の鱗を形成させるように誘導することができる。毛の発生開始のシグナルとなる表皮の最初の陥入を真皮が誘導させるかどうかはわかっていない。

楯鱗や脊椎動物の歯の発生も真皮乳頭に依存している（図12-12参照）。十分に分化した哺乳類の皮膚で表皮と真皮の境目にみられる真皮乳頭（図6-12）と，ここでずっと考察してきた胚の真皮乳頭を混同してはいけない。

角と枝角　多くの有蹄類は攻撃，防御，そして誇示のための器官として角と枝角を持つ。角という言葉は表面がケラチンからなっているものを指す。哺乳類では3種類の角，つまり**ウシの角** bovine horns，**表皮角** hair horns（図6-26），**エダツノレイヨウの角** horns of pronghorn antelopes がこの基準を満たす[*2]。枝角やキリンの角は“真の”角ではない。

ウシの角とエダツノレイヨウの角

ウシ科の偶蹄類（ウシ，ヒツジ，ヤギ，レイヨウなど）とエダツノレイヨウは真の角を持つ。これらの角は皮骨の芯とそれを覆う角鞘からなる。ウシの角は通常弯曲するか，後ろや下に曲がり，決して抜け落ちることはない。手術によって下の骨から角鞘を剥すと，角鞘は中空である（図6-26）。ウシの角は雌雄ともにみられるが，例外もある。無角牛は選択的交配によって角を失っている。ウシの角とエダツノレイヨウの角 pronghorns の主な相違は，エダツノレイヨウの角は枝分かれしていること，そして骨の芯はそうならないが，角質の被覆が毎年はげ落ちることである。

＊2訳注：獣医解剖学の定義では，前頭骨から生じ，骨性組織を土台とするものを“角”としている。サイの表皮角は鼻骨から生じ，また骨性組織が存在しないので，獣医解剖学でいう“角”ではない。

6

(a)

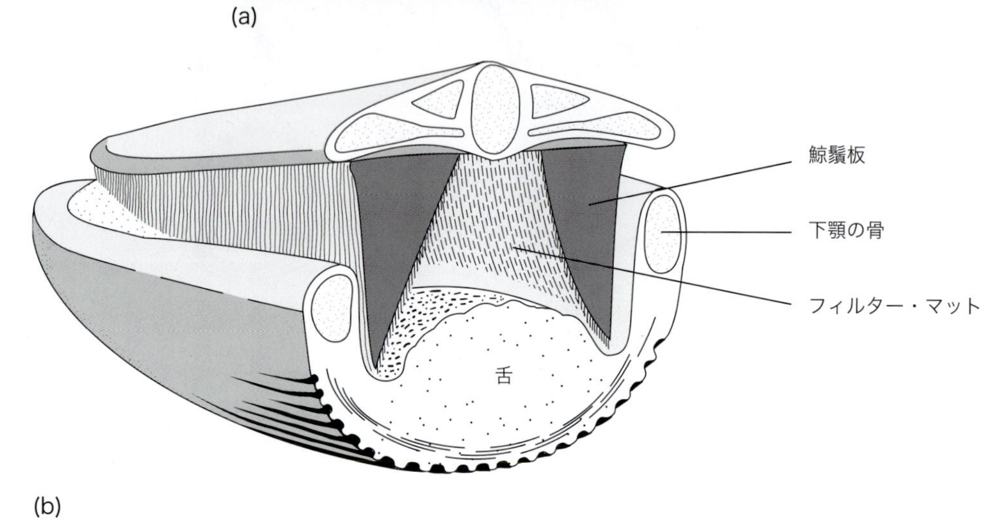

(b)

図6-27
(a) 約125枚の鯨鬚板の外縁をみせているザトウクジラの口吻。
(b) ナガスクジラの頭部断面の模式図。多数の鯨鬚板のすり切れた縁の口腔をフィルター・マットが裏打ちしている。

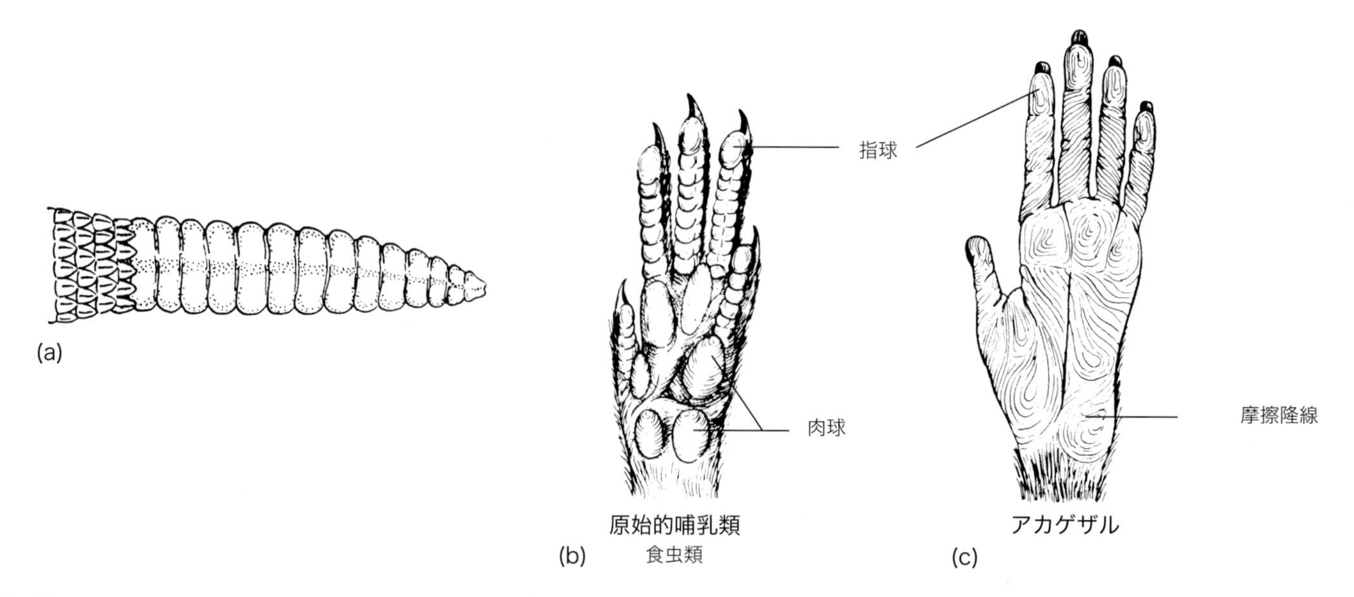

図6-28
角質層の産物。(a) ガラガラヘビのガラガラ。(b) 肉球。(c) 摩擦隆線。

表皮角

サイは表皮角を持つ（図6-26）。サイの角はその他の角とは異なり，ケラチン化した毛のような表皮線維が膠着して硬い角を作り，鼻骨の粗面に留まっている。雌雄ともに角を持ち，角は抜け落ちない。ある種のアフリカのサイは前後に並ぶ２本の角を持つ。

枝角とキリンの角

枝角はシカ科の動物に特徴的である。枝角は角質構造ではなく，前頭骨に付着した皮骨である。新しく生える枝角は，やわらかい血管分布に富んだ皮膚とビロードのような毛に被われているので，“袋角”とよばれる。

枝角はカリブーとトナカイを除き雄にだけ発達する。秋が近づき枝角が十分に成長すると，袋角の皮膚への血液供給が枝角の基部で遮断されるので，皮膚は剥れ落ち，裸の骨が露出する。発情期が終わって雄が縄張りを防衛する必要がなくなり，血中テストステロン濃度が減少すると，シカ自身が枝角を邪魔者とみなし，多少の行為を加えることによって枝角は抜け落ちる。枝角は毎年生え変わる。

キリンの“角”は発育不良の枝角に似ている。前頭骨の短い骨性の突起で，生涯にわたってビロードのような皮膚に被われている。

鯨鬚とその他の角化構造　歯のないクジラは100～400の幅広く薄い口腔上皮の角質シートを持つ。これらは鯨鬚（クジラヒゲ baleen, whalebone）とよばれ（図6-27），口蓋の全長にわたって口蓋から口腔内に垂れ下がっている。各シートには縁に沿って房のような構造があり，これらは櫛あるいは篩のように作用して，その隙間を通る間に水から食物を濾す役割をしている。大きなセミクジラ right whale の角質シートは高さが３mを超える。シートの配列と形状の相違は採餌習慣に関係している。

シロナガスクジラ blue whale は小魚や甲殻類の大群に泳ぎ着くと口を開き，舌，咽頭，そして胸壁の下にある巨大な嚢が約70トンもの水と食物で一杯になるまで飲みこむ。やがて水が篩を通って海水中に押し戻され，嚢は空になる。集められた食物は非常に細い咽喉を通ってゆっくりと飲みこまれる。その他のヒゲクジラは口を開けて海面でプランクトンをすくい取るか，海底近くで食事をする。鯨鬚は毛や指の爪のように絶えずすり減っては生え変わる。

ガラガラヘビの**ガラガラ** rattles は脱皮のたびに尾に残ったリング状の角質層である（図6-28a）。**嘴** beak は角質の鞘で被われ，雄鳥のトサカは厚く，いぼのある角質層で被われている。サルや類人猿は厚い**尻だこ** ischial callosities で座り，ラクダは**膝蓋球** knee pads でひざまずく。**肉球** tori は表皮性のパッドで，有蹄類を除く哺乳類の大部分はこれを用いて歩行する（図6-28b，c）。ネコは鉤爪を引っ込め，肉球でこっそりと“忍び歩きする”。指の先にあるときには肉球は**指球** apical pads とよばれる。**ウオノメ** corns や**胼胝** calluses は角質層の一時的肥厚で，皮膚が普通でない摩擦にさらされた場所にできる。

哺乳類の表皮の構造については後述の「魚類から哺乳類ま

6

表6-1　鱗の様々な形態のための用語

タイプ*	分布	定義
外胚葉性		
角化鱗	爬虫類，哺乳類	非石灰化表皮要素（図6-16）
真皮性		石灰化真皮要素
楯鱗	板鰓類	図6-29の層（4，3，1）；ゾウゲ質の歯冠と歯髄腔を持ち，類エナメル質／エナメル質に被われる
菱形鱗	硬骨魚類	図6-29の層（4，3，2，1）
コスミン鱗	化石肉鰭類	ゾウゲ質およびエナメル質と関連する特殊な管系を持つ；組織ではなく構造複合体
硬鱗（ガノイン鱗）	条鰭類	図6-29の層（4，(3)，1）；層（4）はエナメル質の一形態であるガノインからなる
板状鱗	大部分の真骨類，アミア，ラティメリア，肺魚	図6-29の層（1）；線維性板に関係があるかもしれない薄い層板骨からなる
櫛鱗	真骨類（スズキ類）	小さな棘を持つ；派生的鱗
円鱗	真骨類，アミア，ラティメリア，肺魚	棘を欠く櫛鱗様の鱗を持つ複合群

*：用語は Francillon-Vieillot et al., 1990 による。

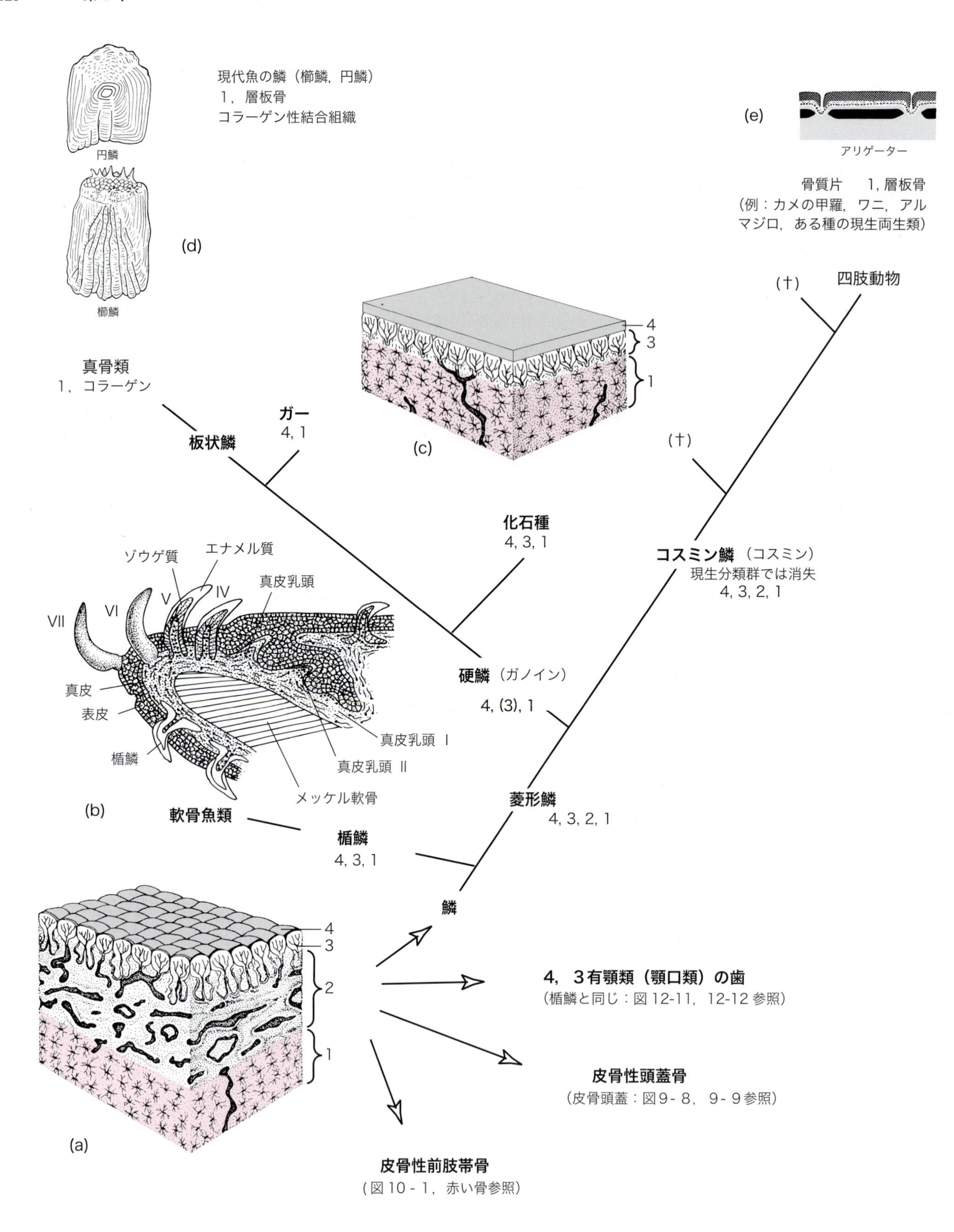

図6–29
原始的皮骨（真皮骨）の派生物。原始的状態（a）は次のものを含む。1：層板骨。2：海綿骨。3：ゾウゲ質。4：類エナメル質／エナメル質。3と4が小歯状突起を構成する。（b）楯鱗とサメの歯。楯鱗は小歯状突起（4と3）と基底板（層板骨；1）からなる。コスミンはゾウゲ質およびエナメル質と関連する特殊な管系である。（c）ガノインは硬鱗におけるエナメル質の一形態である。（d）板状鱗。（e）四肢動物（アリゲーター）の骨質片。（†）は絶滅した分類群を指す。

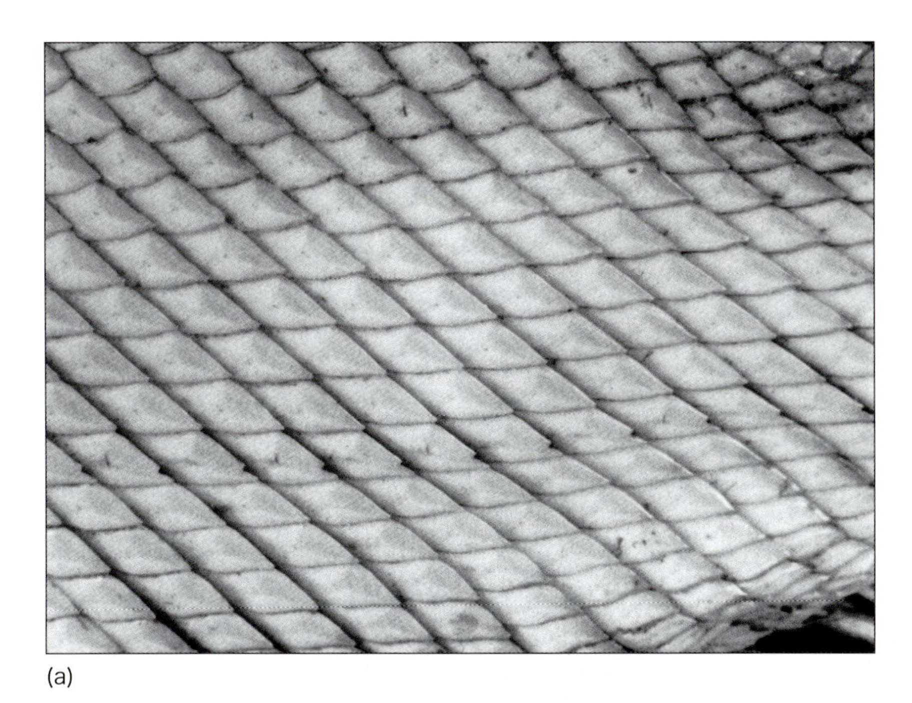

(a)

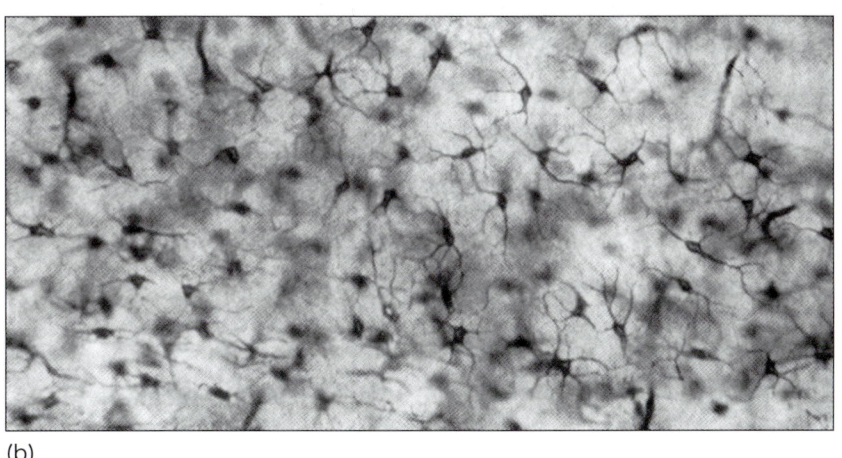

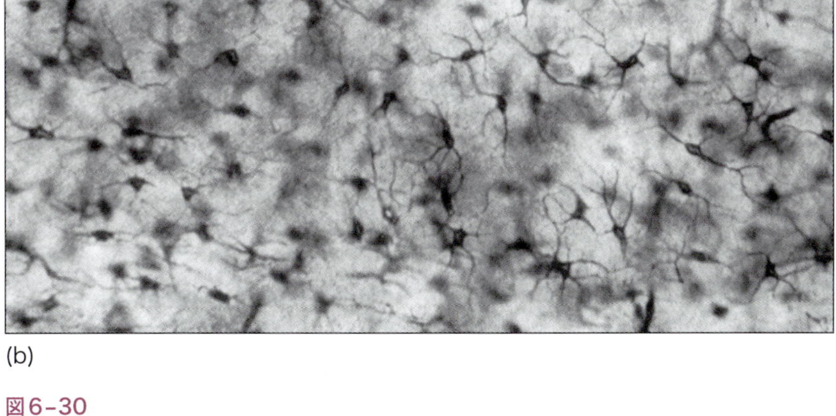

(b)

図6-30
硬鱗。(a) ガーの体幹にある硬鱗。尾は右方向である。
(b) 1個の硬鱗のなかの細管と小腔（顕微鏡写真）。

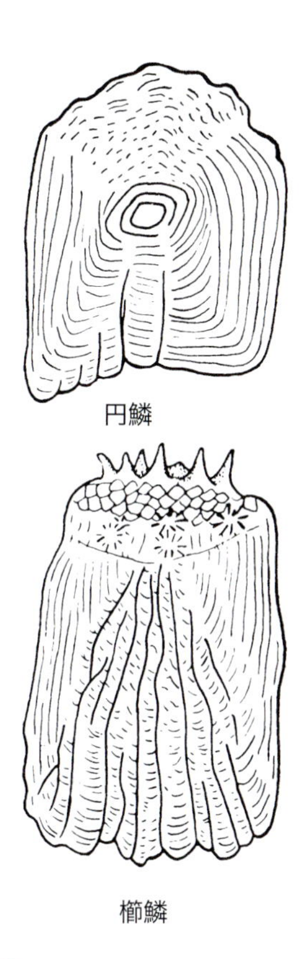

図6-31
現生魚の屈曲可能な鱗。
上端が尾側の遊離縁である。

での外皮：各動物群のまとめ」で述べる。

真皮

真皮の基本構成要素は，それが魚類のものであろうと人類のものであろうと，コラーゲン性の結合組織 collagenous connective tissue であり，これがその他の構成要素を適所に保定し，張力に対して強度を与える（図7-2参照）。その他の構成要素として普遍的なものには血管，小さな神経，色素細胞がある。またいくつかの種ではリンパ管，裸出したあるいは被膜に包まれた外受容器，多細胞腺の基部があり，内温動物では毛や羽毛の基部とそれらの起立筋がある。

さらに，真皮には太古の昔から現在まで骨形成能力が備わっており，鳥類を除くすべての脊椎動物の綱のいくつかの種で，骨は真皮の構成成分である。初期の魚類は皮膚に非常にたくさんの骨を持っていたので，彼らは甲冑魚 armored fishes とよばれている。真皮に骨がない場合，それはコラーゲン性基質に骨塩が沈着しなかったからである。レザーの原料となる牛革や豚革，オサガメ leatherback turtle の真皮，ヤツメウナギの皮膚，これらはすべて非常に丈夫であるが，それはある酵素の欠如などの理由で，決して素材とならない大量の骨塩に対応するかのように，コラーゲン線維束が皮膚に密に詰め込まれているからである。

魚類の骨性真皮

初期の魚類の骨性装甲は，ほぼ全身にわたって，表皮の直下に幅広い骨性板あるいはさらに小さな骨性鱗として配置されていた（図4-5，4-9参照）。この**皮骨（真皮骨）** dermal bone の構造は組織学的詳細においては様々であるが，一般的なパターンとしては層板骨 lamellar bone，海綿骨，ゾウゲ質，類エナメル質からなる表層など，いろいろな物理的性状のものより構成されていた（図6-29a）。しばしば装甲の表面は，**小歯状突起** denticles として知られるゾウゲ質層のこぶ状あるいはトゲ状隆起による凹凸を示していた（図6-29a，3と4）。

層板骨は連続する層あるいは層板として配された緻密な構造の骨で，これが骨沈着の一般的方法である。一方，海綿骨は肉眼レベルの血管に貫通されており，そのため海綿状様相を呈する。ゾウゲ質は骨のまた別の状態である。骨の様々な状態については次章でもっと詳細に述べることにする。

皮膚の装甲は防御のためのものであったが，必要に応じて血流から回収されるカルシウムやリンの貯蔵所としても役立つこともあった。やがて体幹や尾の大きな骨性板は後世の魚類の小さくて薄い鱗に取って代わられ，また頭部にあった骨性板は頭蓋の一部になり，最後位咽頭弓の直後にあったものは前肢帯骨格の一部になった。

真皮の骨性板と鱗（表6-1）は，**楯鱗** placoid，**菱形鱗** rhomboid，**板状鱗** elasmoid に分類される。その形から名づけられた菱形鱗は皮骨（真皮骨）の原始的4層を保持している。**硬骨魚類** osteichthyans のなかでは菱形鱗の2つのサブタイプである硬鱗（**ガノイン鱗** ganoid scales）と**コスミン鱗** cosmoid scales が区別される。板状鱗は大部分の**真骨類** teleosts，例えばアミア *Amia*，ラティメリア *Latimeria*，肺魚で独自にみられる。

コスミン骨性板およびコスミン鱗は，初期の葉鰭類 lobe-finned fishes を含む古生代前～中期の魚類に存在し，図6-29a にみられる皮膚装甲に似ていた。**コスミン** cosmine は特定の組織ではないが，ゾウゲ質層とエナメル質層に関連する複雑な管系として示される。コスミン鱗を持つ現生種は存

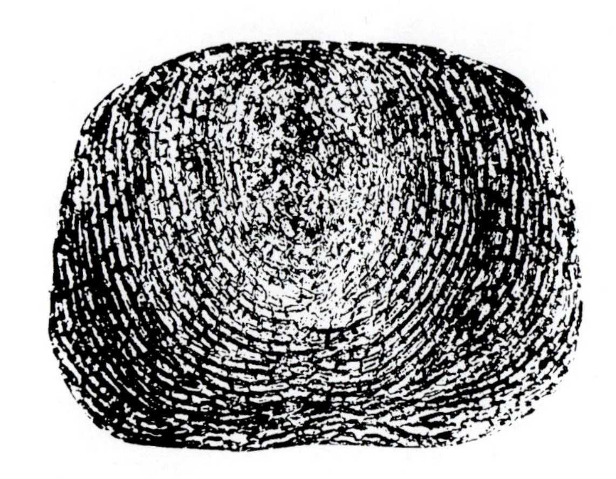

図6-33
アシナシイモリの皮膚から得られた1個の骨質片。

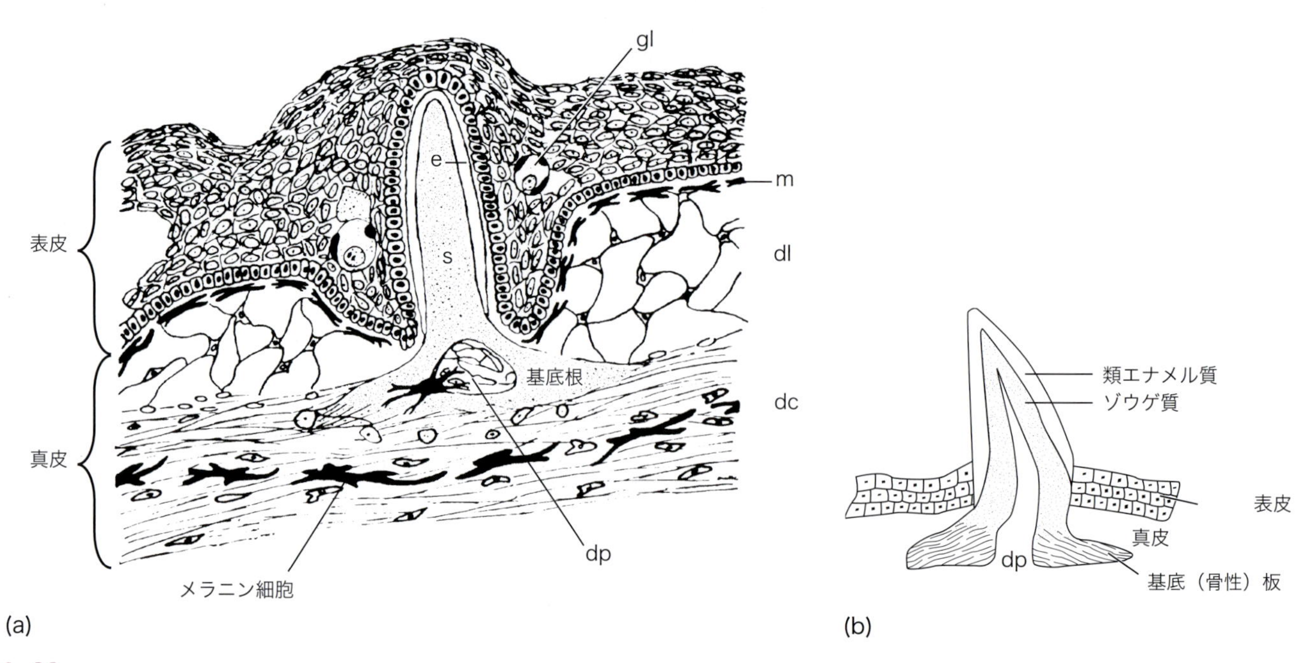

図6-32
(a) サメの胚の皮膚におけるまだ伸びだしていない楯鱗。真皮は緻密層（dc）と疎性層（dl）からなる。dp：基底根と棘のなかの真皮乳頭（髄）。e：類エナメル質。gl：表皮の単細胞腺。m：メラニン細胞。s：ゾウゲ質，類エナメル質，髄の芯からなる棘。(b) 伸びだした楯鱗，すなわち棘状の小歯状突起。

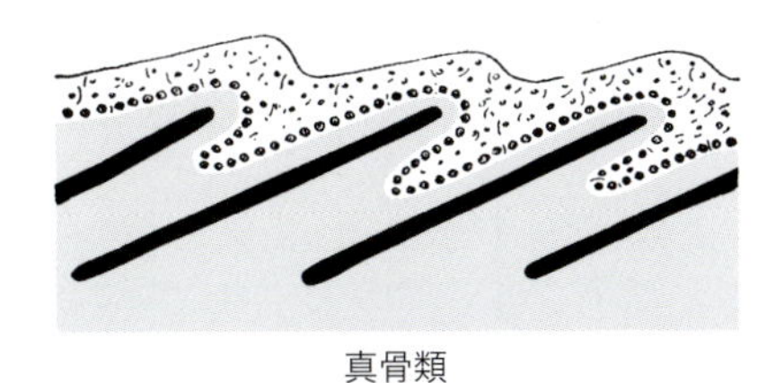

図6-34
真骨類における真皮鱗（黒色）とワニにおける骨質片の位置。

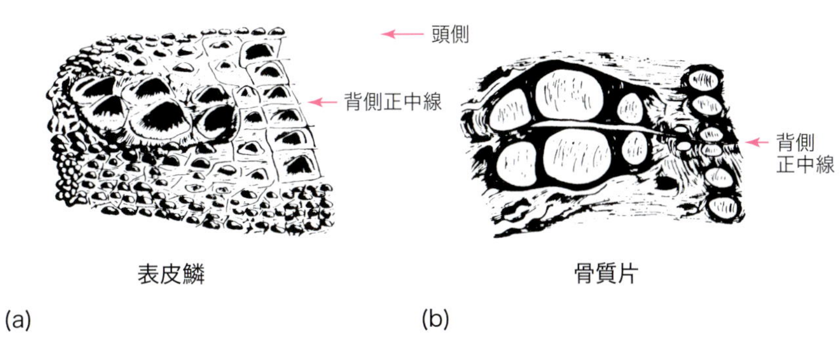

図6-35
アリゲーターの皮膚。(a) 頚部背側からみた表皮鱗。(b) 同じ断片を逆さまにして，背中の高い稜の下で皮膚に埋まっている骨質片（真皮鱗）を示す。背側正中線を基準点として示す。

在しない。

硬骨性板（ガノイン骨性板 ganoid plates）と硬鱗（ガノイン鱗）は，絶頂期にあった古生代の**条鰭類** actinopterygian fishes の体を覆っていた。ガノイン ganoine はエナメル質の一形態である。最も初期の硬鱗（パレオニスカス鱗 paleoniscoid，図6-29c）は，今日では原始的条鰭類である**ポリプテルス** *Polypterus* や**カラモイクチス** *Calamoichthyes* にのみみられる。中生代になるとこれらの鱗に変化が生じ，この変化は現生の原始的な新鰭類 neopterygians の2属に反映されている。アミアとガー gars は海綿骨とゾウゲ質を失った（図6-29）。ガーではガノインに被われた非常に硬い鱗がいまだに連続した装甲を構成し，全身と尾を覆っている（図6-30）。頭部ではこれらは骨性板と小さな鱗状の骨を形成する（図9-11a 参照）。アミアの鱗状骨性板はガノインを含まず，頭部に限局している。板状の柔軟な鱗が残りの体を覆っている。

板状鱗は線維性板 fibrous plate に関係があるかもしれない薄い層板骨から形成される（図6-29）。通常では2つのサブタイプである櫛鱗と円鱗が認められる。系統発生学的に派生した板状鱗には骨質片と棘が含まれるかもしれない。

櫛鱗 ctenoid scales と**円鱗** cycloid scales は真骨類と現代の**葉鰭類** lobe-finned fishes（肺魚とラティメリア）でみられる。櫛鱗が櫛状の遊離縁を持つ以外には両者間にほとんど相違はない（図6-31）。これら現代の鱗は無細胞性の層板骨の非常に薄い層と，その下にある密なコラーゲン板からなる（図6-29d ）。その結果，これらは屈曲可能で透明となる。鱗を覆う表皮は非常に薄い。真皮内でのこれらの鱗の配列は図6-34 に示してある。

鱗を形成する能力はヤツメウナギ，ナマズ，ウナギ，その

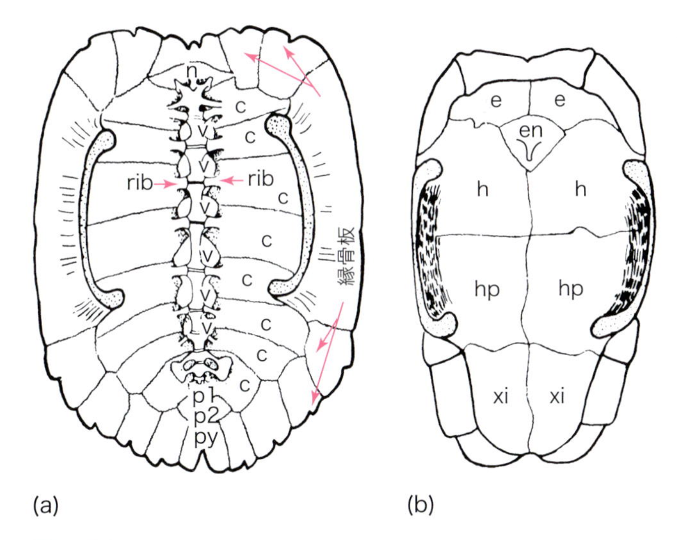

図6-36
ニシキガメ *Chrysemys* の背甲と腹甲の真皮板を内面から示す。背甲で示されている真皮板は，c：肋骨と結合した肋骨板，n：項骨板，p1 と p2：殿前骨板，v：椎骨板（8個のうち6個に名称をつけてある），である。殿骨板（py）を含む縁骨板が甲羅を囲んでいる。腹甲で示されている真皮板は，e：上腹骨板，en：内腹骨板，h：舌腹骨板，hp：下腹骨板，xi：剣腹骨板，である。

他いくつかの魚類で失われたが，それにもかかわらず鱗の原基は一時的に胚に出現する。鱗のない真骨類とは対照的に，タツノオトシゴとヨウジウオ pipefish は，全身表面のほとんどにわたって真皮内に密な骨性板を有している。

楯鱗 placoid scales は古生代のサメに存在し，また現代のサメ，ガンギエイ skates，エイにいまだに存在している。楯鱗はパレオニスカス鱗と同一の構造をしていて，層板骨，ゾウゲ質，類エナメル質の被覆からなっている（図6-29b）。しかし真皮内の平らで骨性の**基底板（根）** basal

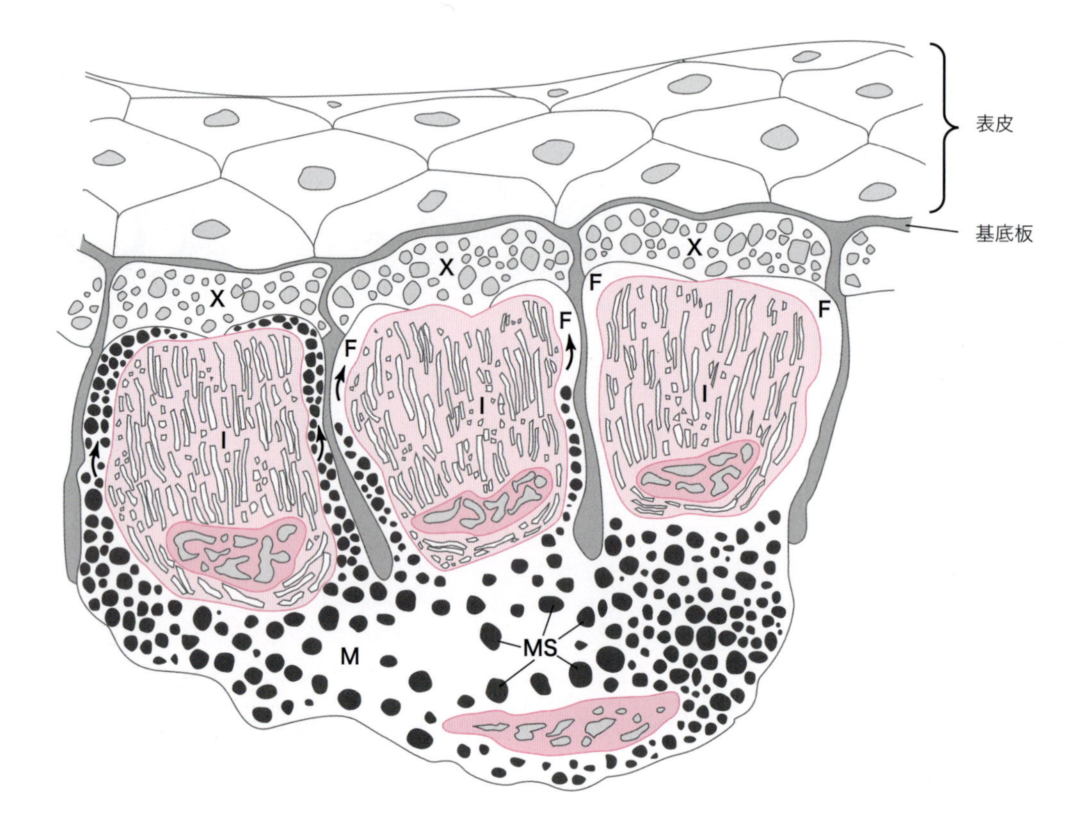

図6-37
アメリカアマガエル*Hyla cinerea*。真皮の色素胞単位を横断で示す。ここには次の3種類の色素細胞がある。X：黄色素胞。I：虹色素胞。M：メラニン細胞。矢印は，暗色の顆粒であるメラノソーム（MS）が虹色素胞に沿った6本の指状突起（F）のうちの4本に入っていく様子を示している。背景が暗い環境では，メラノソームが指状突起のなかに分散すると，一時的に皮膚が暗色になる。

plate, basal root からは，類エナメル質で被われた類ゾウゲ質の**棘** spine が生じ，これが表皮を破って伸びだす（図6-32）。この棘は特殊な**小歯状突起** denticle である。ある未知な無顎類の祖先にあった楯鱗様の鱗が，有顎類の顎の縁で歯になったという仮説が立てられている。

四肢動物での真皮骨化

ある脊椎動物の綱の真皮と他の綱の真皮との最も顕著な相違は，各々の真皮が含む骨の程度である。陸に上がった最初の四肢動物は，葉鰭類の祖先が持っていたコスミン鱗の変異形を備えていた。ある種の迷歯類，また原始的有羊膜類のあるものさえ，真皮内に大きな骨性板を持っていた。その他のものは微小な骨性鱗を持っていた。後者は四肢動物で**骨質片** osteoderms とよばれている。

両生類では，アシナシイモリ類とある種の熱帯性ヒキガエルがいまだに骨質片を有している。アシナシイモリの皮膚の溝の間にある骨質片は顕微鏡でわかるくらいのもので，表面に垂直に立ち，腺性の皮膚で隔てられた環帯のなかに位置している。これらはメスを使って剥したときに肉眼でかろうじて認められる大きさである（図6-33）。

ワニ類は卵円形の骨質片を特に背中に沿って有しており，そこでは骨質片はしばしば角化した背中の稜と結びついている（図6-34，アリゲーター，6-35）。ある種の幼弱なトカゲは孵化あるいは出生後しばらくの間，頭部の表皮鱗の下に骨質片を持っていて，その後この骨質片はその下にある頭部の膜性骨と融合する。オサガメ leatherbacks 以外のカメ類は本当の意味で装甲しており，不動の縫合で会合した大きな骨性板の箱のなかに収まっている（図6-36）。背甲 carapace と腹甲 plastron は側面の骨橋で結合し，内臓をむきだしにするためにはこれを鋸で引き切らねばならない。

現存の哺乳類では，アルマジロのみが皮膚装甲を有する。この装甲は同じ大きさの小さな多角形の骨が不動に結合してできており，ほとんど腹側正中線まで伸びている。装甲の骨は表皮鱗で被われている（図6-20）。人類を含めたその他の哺乳類では，病理的な状態で骨は皮膚のなかに生じる。脊椎動物の真皮には，太古の昔から現在まで骨形成能力が備わっている。

真皮の色素

色素胞 chromatophores は色素顆粒を含む細胞である。体の多くの部位にみられるが，皮膚のなかでは真皮にあり，皮膚の色を決めている。すべての色素胞は細胞体の恒常的な延長である突起を有し，場合によって色素顆粒は，神経伝達物質あるいはインテルメジンやメラトニンなどのホルモンにより，突起内に分散したり核の近傍に凝集したりする。分散可能な色素顆粒を持つ色素胞は，**生理的体色変化** physiologic color changes を引き起こすことが可能で，その変化が素早く起こることはカメレオンでみられる通りである。

色素胞は含む顆粒の色によって名前がつけられている。**メラニン細胞** melanophores は様々な色合いの褐色を呈するメラニン顆粒を含む。メラニン顆粒は細胞質内で**メラノソーム** melanosomes として知られる細胞小器官のなかにある。**黄色素胞** xanthophores は黄色い顆粒を含む。**赤色素胞** erythrophores は赤い顆粒を含む。黄色素胞と赤色素胞は，その顆粒が脂質溶剤に溶けるのでリポフォア lipophores とよばれることがある。**虹色素胞** iridophores はプリズムのような物質であるグアニンを含み，これが光を反射・分散させるので皮膚の色が銀色や虹色になる。

毛や羽毛，そして表皮のどの場所であろうと，そこにある色素顆粒は以下の理由により，その顆粒を産生した細胞のなかにあるのではない。真皮の深部で，真皮のメラニン細胞の分岐した突起が，羽包や毛包の成長帯の表皮細胞の間で枝分かれし，成長中の毛や羽毛に加わりつつある細胞のなかに色素顆粒を注入する。同様に，哺乳類の表皮のメラニン顆粒は胚芽層の細胞に注入されたものである。

毛はメラニン顆粒のみを受け取り，毛の色（黒色，褐色，赤色，ブロンド）は顆粒の分布と濃度によって，そしてメラニンの２つの構造的形状の存在によって決まる。毛の色に変異を与えているのは毛の髄質内にある空胞の数である。毛が灰色，あるいは白色になるのは，そのなかに多数の空胞があってメラニン顆粒がほとんど含まれていないことの結果である。

羽毛は褐色，黄色，そして赤色の色素を受け取る。ある羽毛がどんなに青くみえようとも，有頭動物は青い色素を持っていない。“青い”羽毛を透過光によって顕微鏡で観察すると，この羽毛は褐色で，その色はプリズム層の下にあるメラニン顆粒の色である。反射光でみえる青い色は，空の青さのように，光の散乱現象によるものである。赤い羽毛は赤い色素顆粒のため，透過光で観察しても赤くみえる。羽毛の虹色も散乱現象である。

生理的体色変化は，真骨類，無尾類，ある種のトカゲといった**外温動物** ectotherms（変温動物）にのみ起こる。色素顆粒が分散すると，それが色素の覆いとなり，その下にあるあらゆる色素を覆い尽くしてしまう。反対に，顆粒が凝集すれば，下にある色素がみえるようになる。あらゆる種類の色素胞が同一の刺激に同様な反応を示すわけではないので，様々な色彩の組み合わせが生じる。真皮の色素胞の機能的関連については図6-37に示してある。

大部分の有頭動物は，色素胞のなかの顆粒が分散したり凝集したりできないため，体色を反射的に変化させることができない。これらの動物は，日光にさらされたり（例えば“日焼けする”），毛や羽毛が抜け落ちて他のものと置き換わるときのように，長時間の環境的あるいはホルモン的刺激に応じて色素顆粒が合成される場合にのみ体色を変化させることができる。これらは**形態的体色変化** morphologic color changes である。この変化は通常ではホルモン合成を調節する季節的生体リズム seasonal biological rhythms によって引き起こされ，ウサギの夏の毛色（図4-42a 参照）と冬の白い毛皮などがその例である。

色素細胞は皮膚に限られるわけではなく，髄膜や横紋筋を含む体内深部の多くの場所に見いだされる。これらの場所の色素細胞はメラニン顆粒のみを含むので，**メラノサイト** melanocytes（メラニン産生細胞）とよばれる。その顆粒は常に細胞内に分散している。すべての色素細胞は神経堤から生じる。

皮膚の色がすべて色素に由来するのではない。アマゾン川の峡谷に住むアカウアカリザル red ouakari monkeys（図4-40a 参照）における深紅色の顔面，額，**頭皮** scalp は，表皮直下に分布する例外的に豊富な毛細血管網に由来しているため，血流が止まるとその色は消失する。

魚類から哺乳類までの外皮：各動物群のまとめ

無顎類

表皮

現生の無顎類は鱗を欠くが，その多層の表皮には多数の単細胞粘液腺が存在していることが特徴で，ヌタウナギが“**粘液ウナギ** slime eels”とよばれるのもそのためである（図6-4）。表層の細胞を含め，すべての層で有糸分裂が行われる。角化構造物としては，ヤツメウナギの頬ロート buccal funnel の角質小歯状突起と，現生無顎類の咀嚼しこすり取るための角質化した歯がみられるだけである（図6-9）。これらは定期的に抜け落ち，生え変わる。

真皮

真皮は表皮より薄いが，コラーゲン性の結合組織の線維束が非常に密に絡み合っているので，驚くほど丈夫である。真皮は多数の**メラニン細胞** melanophores を含み，特に筋節中隔の部位で下層の体壁筋と密着している。

軟骨魚類

表皮

軟骨魚類の表皮（図6−31）は現生無顎類のものより多くの細胞層からなり，細胞は密に配置されているが，単細胞腺はギンザメ chimaera を除いてそれほど多くない。アカエイ sting ray のトゲ stinger の基部にある杯細胞の凝塊は，毒素を分泌するように変化している。多細胞腺は数が少なく，また雄の**抱接器** claspers の基部などの限られた場所にしか存在しない。いくつかの種で真皮にみられる発光器すなわち**フォトフォア** photophores は，変化した表皮多細胞腺で，真皮内に侵入して表皮との連絡を失ったものである。

真皮

真皮は表皮よりかなり厚く，程度に差はあるがはっきりした2層からなる。板鰓類の外皮は独特で，古生代のサメから変化しないままの**楯鱗** placoid scales を受け継いでいる。楯鱗は真皮内に骨性基底板を持ち，また棘が下から表皮を貫き皮膚の表面に突出し，皮膚に紙やすりのような感触を与えている。表皮直下にはメラニン細胞の連続した1層があり，これは深海に生息する種を除き腹部より背部で密である。メラニン細胞のこの分布のため，光の少ない海水中でサメの体は上からも下からもみえにくくなっている。別の種類の色素細胞が存在することもある。

ギンザメは体表のほとんどにわたって鱗を欠いており，また板鰓類よりずっと多くの粘液腺を有しているので，その皮膚は紙やすりの感触ではなくぬるぬるしている。

硬骨魚類

現存の硬骨魚類，特に肺魚類や真骨類の皮膚には比較的多数の粘液腺があり，また楯鱗を除く1種類以上の真皮鱗がある。

表皮

表皮腺 epidermal glands は主として単細胞粘液腺で，これが常に皮膚の表面を薄い粘液の膜で覆っている（図6−5）。多細胞腺（図6−6）は比較的まばらである。その一部はムコイドの**繭** cocoon を分泌し，これは乾期に夏眠している肺魚を包んで乾燥から守っている。少数のものは顆粒腺で刺激性の，あるいは種によっては有毒なアルカロイドを分泌する。

深くて暗い海底の凹みに住む多くの真骨類には，様々に配置され，時には奇怪なフォトフォアがあり，これが種の認識を容易にし，また擬似餌や警告灯の役目もする（図6−5）。

真皮

真皮には古代の硬鱗，すなわち現代の櫛鱗か円鱗があるのが特徴である（図6−29，6−30，6−31）。硬鱗またはその変形は，ポリプテルスやガー（原始的新鰭類）など数種の残存する原始的**条鰭類** ray-finned fishes に，しばしば頭部の骨性板あるいは体幹と尾部の鱗の形でみられる。しかしアミアはその体に現代魚の鱗を持つ。真骨類は，鱗を持たない少数のものを除き，櫛鱗か円鱗，また時には同じ個体でその両方を備えている。鱗を持たない真骨類では，発生中に不完全な鱗を出現させるものもいる。

両生類

両生類の皮膚は次の主要な3点で魚類と異なる。

⑴少数の種を除き鱗は存在しない。⑵一般に表皮腺に富み，それらは主に多細胞腺である。⑶ヒキガエルを除き，表皮は初期の角質層のみを示す。

表皮

表皮は腺に富み，特に水生または半水生のものでそれが顕著である（図6−2，6−7）。単細胞腺は粘液原 mucigens を分泌するが，大部分の粘液腺は多細胞腺である。

有尾類や無尾類では，陸上で暮らす時間と水中で暮らす時間の割合が異なる。水生の両生類はめったに空気にさらされないので，多くのものが一部鰓を用いて呼吸を行い，水の外に出ているときには外皮の粘液が皮膚に湿気を保たせている。彼らが攻撃を受けると粘液が大量に産生されて体がぬるぬるになり，捕食者から逃れるのを助ける。顆粒腺は普通にみられるが，ヒキガエルではそれほど多くない（図6−11，耳下腺）。その刺激性あるいは毒性の分泌物は，陸上に適応した無尾類が生き残るための役に立っている。

かなりの長期間陸上で暮らす種の表皮には，様々な厚さの角化細胞層が出現して皮膚を乾燥から守る。ヒキガエルが最も厚い角質層を持つが，ずっと水中で暮らす種はほとんどあるいは全く角質層を持たない。エフトは成熟した成体として水中に戻るまでは薄い覆いを持つが，水中に戻ると角化細胞は剥がれ落ち，表皮腺が肥大して皮膚は滑らかでぬるぬるになる。

角質の付属物はまれである。有尾類の指先に形成される胼胝状のキャップは，谷川で流れに押し流されないための道具である。オタマジャクシは食物である水生の苔や藻をこすり取るために角質の歯を持つ。変態の際には骨性の歯は抜け落ち，成体は食虫性になる。

真皮

無足類や有尾類では，真皮はほとんど全身にわたってその下層の筋組織にしっかり付着しているが，無尾類における皮膚と筋の関係は独特である。無尾類では皮膚とその下の筋層を隔てて大容量の幅広い皮下リンパ嚢が存在するが，その生存のための価値については推測の域を出ない（図14-43参照）。それゆえ，無尾類の皮膚は他の有頭動物の皮膚よりゆるく皮下組織と結びついている。いくつかの種の真皮の色素胞は，生理的体色変化を起こさせることができる（図6-37）。

ある種のアシナシイモリの真皮には小さな骨性の鱗が埋まっていて（図6-33），しばしば腺性表皮の帯と交互に帯状に並んでいる。少数の熱帯性ヒキガエルは背中の真皮内に骨性の鱗を持っている。

爬虫類

爬虫類の皮膚には様々な特殊角化構造を備えた厚い角質層がある。外皮腺は比較的まばらで，多くの爬虫類の真皮には小さな真皮鱗（**骨質片** osteoderms）から大きな骨性板まで様々な骨性の堆積物がある。

表皮

表皮は水を通さない厚い角質層を持つことが特徴で，この角質層はその位置により表皮鱗，**鱗甲** scutes，嘴，ガラガラ，鉤爪，斑 plaques，棘状の稜へと変化する（図6-16～6-19，6-28a）。これらの特徴は乾燥し，またしばしば外敵の多い環境での生活に対する有頭動物の皮膚の究極の適応を示している。これらすべては角質層の連続したシートが変化したものである。

有鱗類の鱗は重なり合っているが，それは鱗が表皮の重なり合ったヒダの表面に形成されているからである（図6-16）。ヘビは**脱皮** ecdysis の過程で，角質層からなる外層全体をひとつながりの“抜け殻”として周期的に脱ぎ捨てる。トカゲはいくつかの破片にして脱皮する。その他の爬虫類は体をどこかにこすりつけて古い外層を剥す。

ミミズトカゲ amphisbaenians の鱗は体を取り巻く同心円状に配列しているので，**アシナシイモリ** caecilians のような環状の外観を与えている。ヘビの腹面やカメの腹甲の鱗甲 scutes は，角質層の滑らかな四辺形あるいは多角形を呈し，体の腹側面を摩擦から守る（カメの腹甲および背甲の鱗甲については，図6-19に個々の名称を挙げてある）。ワニ類の角質層は部位によってイボがあったり，突起があったり crested，また重なり合わない鱗や厚い斑 plaques からなっていたりする。すべての種で，小さな重なり合わない表皮鱗が四肢，尾部，頚部，その他防御されていない部分を覆っている。

表皮腺はほとんどすべてが顆粒腺で，その防御的あるいはフェロモン性の分泌物が最も効果的になるような部位に限局している。顆粒腺は特殊かつ断続的な刺激に反応した場合にのみ分泌を行うので，爬虫類の皮膚は並外れて乾燥している。

真皮

真皮には皮骨（真皮骨）がある。最も顕著なのはカメの甲羅で，これは背甲，腹甲および両者をつなぐ側面の**骨橋** lateral bridges からなる。背甲と腹甲は一定のパターンで配列された大きな真皮板からなるが，このパターンはその上にある鱗甲のパターンとは一致しない（図6-19と図6-36とを比較）。スッポン soft-shelled turtles やオサガメ leatherback turtles では真皮に骨化が起こらないので，柔軟で皮革状の皮膚を持つ[*3]。

ワニ類は体の特定の場所に**骨質片** osteoderms を持つ（図6-35）。ワニ類の背中は顕著な角質化した稜に被われているので，背中は有史以前の外観を呈する。少数のトカゲ類は表皮鱗の下に小さな骨質片を持つ。ヘビ類には骨質片がない。

鳥類

時に人に対して比喩的に用いられる“皮膚の薄い（敏感な）thin-skinned”という言葉は鳥類には文字通りに当てはまる。表皮と真皮はその下の筋にゆるく結合する繊細な膜を形成しているため，非常に動きやすい。脚と頭部でのみ皮膚は比較的厚く，またしっかりと付着している。これらの領域には角質の嘴，表皮鱗，けづめ spurs，鉤爪がある。体のその他の部分は羽毛で被われている。羽毛は有頭動物の角質層からの派生物のなかで最も複雑なものである（図6-22～6-24）。

表皮

表皮鱗 epidermal scale はカメの小さな鱗に似ていて，脚と嘴の基部に限られている。嘴はカメのものに似た角質の鞘で被われている。嘴はいくつかの部分からなることもあり，また鼻部領域を越えて背側に伸び，前頭盾 frontal shield を形成することもある。時に特殊な食性に応じて角質の歯のよ

＊3訳注：スッポンとオサガメは表皮性の鱗甲（甲板）を欠くため皮革状の皮膚を持つが，真皮性の骨板は退化しているだけで存在する。オサガメでの骨板の退化は著しく，成体ではモザイク状の骨片が皮膚に埋まっているだけである。スッポンの背甲骨板では周辺の骨を欠き，腹甲骨板は退化し骨の間に大きな隙間がある。

うな隆起を備えることがあり，今日の鳥類では失われている歯の位置を占める。

鋭い鉤爪は足指にあり，ツメバケイ（爪羽鶏）hoatzins のひなのように木の幹を登る習性の種，あるいはエントツアマツバメ chimney swifts のようにごつごつした岩からぶら下がる習性の種の翼の指1，2本に見いだされる。

外皮腺は2種類存在するだけであり，その1つは短い尾の基部にあって水鳥で最もよく発達する顕著な**尾腺** uropygial gland であり，もう1つはある種の家禽の外耳道を裏打ちし，時には**排泄口** vent を囲む小さな**油腺** oil glands である。尾腺の油性分泌物は身繕いをする間に嘴で羽毛に塗りつけられる。

真皮

真皮は羽包と立羽筋を支える。真皮の薄さと皮膚全体としての動きやすさは羽毛の体温調節機能と関連しているのかもしれず，羽毛は膨らますことによって体に保温効果を与えることができる。鳥類は**骨質片** osteoderms を持たない。しかし雄のシャモ gamecocks のような種は，左右の足首 ankle に足根中足骨と癒合した皮骨のけづめ spur を発達させる。また別の種では手首 wrist の手根中手骨に雌雄ともけづめが生える。

哺乳類

哺乳類の皮膚の注目すべき特徴としては，(1)毛，(2)他のいかなる有頭動物の綱におけるより大きな機能的多様性を備えた表皮腺，(3)比較的厚い角化表皮，(4)原始的有頭動物と異なり，表皮の何倍も厚い真皮，の4つが挙げられる。

表皮

哺乳類の表皮は一般に以下の3層，すなわち活発な有糸分裂を行う**胚芽層（基底層）** stratum germinativum，比較的薄い**顆粒層** stratum granulosum，そして**角質層** stratum corneum からなる（図6-12）。顆粒層は，角質層に存在するケラチンの前駆物質であるケラトヒアリン顆粒を含む。角質層は，例えば蹄，**指球** apical pads，**膝蓋球** knee pads，**肉球** tori など，地面と接触する前肢や後肢の部分で最も厚い。ウオノメ corns や**胼胝** calluses などは摩擦の結果であるが，手のひらや足の裏の厚い角質層は遺伝的なものであり，胎子期に発達する。第4の層である**淡明層** stratum lucidum は，手のひらと足の裏の表皮に存在する。これはこれらの部位における顆粒層のケラトヒアリン顆粒が溶解して半透明になった細胞の層である。

毛は，真皮の奥深くに伸びる毛包から生じる角化した表皮付属物である（図6-12）。毛色は毛幹のなかに存在する様々な密度のメラニン顆粒と空胞の組み合わせの結果である。

表皮腺には2つの主要なタイプがある。1つは**脂腺** sebaceous で脂性の分泌物を合成し，他方は**汗腺** sudoriferous glands で大部分が単純汗腺である。胎生哺乳類の**乳腺** mammary glands は脂腺が変化したもののようである。単孔類のミルク腺 milk glands は汗腺が変化したもののようである。外皮の角化上皮と非角化上皮の会合点に見いだされる様々な腺，例えば眼球を滑らかにする腺は，大部分が脂腺である。

角質層は様々な種で鱗，鉤爪，角を生じさせる。表皮鱗はオポッサムや多数の齧歯類の尾部と手足に見いだされる。これらはクマやヨーロッパハリネズミ European hedgehogs の胎子にも発達するが，誕生する前に剥がれて羊水のなかに出る。鉤爪は有蹄類では蹄，霊長類やその他少数の目では平爪になる（図6-21）。角はサイの独特の表皮角のようにケラチンのみから構成される場合もあるし，ウシやエダツノレイヨウのように骨の芯を覆う角質の鞘を持つ場合もある（図6-26）。

他のものとは似ても似つかない鱗状の皮膚は，アルマジロとセンザンコウにみられる。アルマジロは，凹凸のある皮骨（真皮骨）をそれに沿って連続して覆う角質鱗の層を有しているので，本当の意味で装甲した哺乳類である（図4-36，6-20参照）。センザンコウは毛が凝縮して塊になったような印象を与える表皮鱗を持つ（図4-37参照）。ヒゲクジラの角質の**鯨鬚** baleen は，食物である小さな生物を海水から漉しとるための適応である（図6-27）。

真皮

哺乳類の真皮が例外的に厚いのは，そこに存在する多数の毛包，立毛筋，汗腺や脂腺，必須の支持結合組織，そして豊富な血管分布によるものである。豊富な血液供給はこれら構造物の代謝要求を満足させるのに不可欠である。豊富な血管はまた，収縮と拡張によって体表からの熱損失を調節している。表皮の下側に入り込んだ真皮乳頭には，有被膜の知覚神経終末が豊富に存在する（図6-12）。アルマジロの皮骨（真皮骨）についてはすでに述べている。枝角やキリンの角は真皮の派生物である。

大部分の哺乳類の皮膚は毛皮で覆い隠されている。毛以外にある真皮の色素は皮膚の色にほとんど関係しない。ヒヒ baboon の鮮明に色づいた**尻胼胝** ischial callosities は例外的なものである。ヒトではメラニン細胞はその密度に応じて太陽光を防御する。

哺乳類の皮膚は，疎性結合組織のクッションである**浅筋膜**

superficial fascia によってその下の筋と隔てられている。体形を形作る脂肪組織はこの皮下組織のなかに蓄積し，その極端な例がクジラの**皮下脂肪層** whale blubber である。

外皮の役割

有頭動物の外皮は，肝臓や鰓が器官であるのと全く同様に 1 つの器官であり，種の生存のために様々な役割を演ずる。その役割のあるものは根本的なものであり，他は補足的なものである。どんな種にしても，外皮には防御，外受容 exteroception（環境状態への感度），呼吸，排出，体温調節，体の移動への関与，恒常性の維持（体液における水分と塩分の割合の調節），赤ん坊への栄養供給，性的および同種間の情報伝達，その他様々な機能がある。以下は本章を通じて提出されてきたいろいろなアイデアを結びつけるものである。

外皮の**防御的役割** protective role は根本的なものである。真皮の装甲は内臓を機械的損傷から守り，腺はねばねばした，あるいは有害な物質を分泌し，色素は保護色を生みだし，また太陽光へのバリアーとなり，脅威にさらされた哺乳類の逆立った毛皮や鳥類の立てた羽毛はこれらの動物に脅かすような外観を与え，また鉤爪，角，棘状の隆起，針はすべて生存競争における利点となる。

外皮の**外受容的役割** exteroceptive role は，最も原始的な状態では防御的なものである。異物が皮膚に接触すると露出した神経終末が刺激される。この情報は危険警報であり，現生の無顎類ではこれが皮膚受容の唯一の役割である。その他の魚類や四肢動物では，もっと複雑な神経終末がさらなる情報を与えるが，ヒトにおいてさえ，このいくつかは生存に不可欠である。皮膚受容器については第 17 章で論じる。

皮膚を通じた**呼吸** respiration は多くの両生類において鰓や肺を通じた呼吸を補い，特に水生有尾類では，このようにして必要な酸素の 4 分の 3 もが水から得られることがある。プレトドン科 plethodontid のサンショウウオはもっぱら皮膚呼吸に依存し，鰓も肺も持っていない。鱗や厚い角質層は皮膚呼吸の助けにはならない。

ある種の水生両生類における二酸化炭素の**排出** excretion は，酸素を鰓で得ている種においてさえ，もっぱら皮膚を通じて行われる。汗腺を持つ哺乳類では，汗腺は窒素を含む老廃物を出すための補足的排出路である。多くの魚類では，アンモニア（窒素を含む老廃物の一形態）は鰓上皮や水生環境にさらされている別の組織を通じて容易に拡散されていく。

体温調節 thermoregulation は内温動物の皮膚の機能の一部である。毛皮や羽毛は寒さを防ぎ，汗は蒸発によって体温を下げ，真皮内の小さな血管が拡張すると放射により熱放出が増大する。熱の保持が必要な場合には，これらの血管が収縮する。

体の**移動** locomotion のためには粘着性の肉球，登はんに役立つ鉤爪，滑って進むのに役立つ鱗甲，飛翔の際に飛行機の翼 airfoil のような役割をする羽毛が有用である。池や海岸に出没する多くの種では，指の間に張った外皮の膜（水かき）が砂，泥あるいは水のなかでの体の移動を容易にする。これと異なる外皮の膜でコウモリの飛翔が可能になる。

恒常性の維持 maintenance of homeostasis にはある種の魚類の真皮鱗が役立ち，これはカルシウム分子やリン分子の貯蔵所となり，それらを必要に応じて引きだすことができる。塩類分泌腺は海の環境から得られた過剰な塩化物イオンを処分し，陸生種の角質層は水分を保持する。下垂体後葉ホルモンの影響の下，夏眠中の肺魚，ヒキガエルやその他いくつかの有頭動物は，乾期の間は湿った場所に潜り込み，湿った周囲の環境から皮膚で水分を吸収し，乾燥から免れている。

栄養供給 nourishment としては，ある種の真骨類の稚魚が母親の皮膚から分泌される粘液を食べて育つ。また乳腺が哺乳類の赤ん坊に栄養供給する。

フェロモンと性に結びついた**皮膚彩色** skin coloration は性の合図となり，またある集団の別のメンバーによる種の同定に役立つ。あるフェロモンは警報の役目をする。ビタミン D vitamin D は霊長類を含むいくつかの動物で，皮膚でエルゴステロール ergosterol から合成される。皮膚が演ずる役割は他にも列挙することができる。昔の生物学者が外皮を“何でも屋”と特徴づけたのはもっともなことである。

要約

「魚類から哺乳類までの外皮：各動物群のまとめ」と名づけられた項には補足的な要約を与えてある。

1．有頭動物の外皮は血管の分布しない表皮と血管分布のある真皮からなる。
2．大部分の魚類の表皮には薄い粘液の小皮がある。陸生有頭動物の表皮は角質化した細胞で被われて，乾燥を防ぐ。
3．単細胞性粘液腺は大部分の魚類の皮膚にたくさんある。多細胞性粘液腺は水生両生類で出現する。顆粒腺は刺激性のアルカロイドを産生する。これらはヒキガエルや爬虫類に特徴的だがその数は少ない（鳥類には存在しない）。多細胞腺は油腺を除き鳥類にはほとんどみられず，哺乳類には豊富に存在し，主として脂腺である。胎生哺乳類の乳腺はおそらく脂腺が変化したものだろう。単孔類のものは汗腺に似ている。
4．フォトフォアは発光する多細胞性表皮腺である。
5．有羊膜類の角質層は様々な角質化した付加物を生みだし，そのなかには表皮鱗，鱗甲，鉤爪，蹄，平爪，角，鯨鬚（クジラヒゲ），ガラガラ，角質歯と嘴，羽毛，毛がある。
6．正羽は後羽と本羽からなり，各々が２つの羽弁を支える羽幹を備えている。羽弁は羽枝，小羽枝，フランジ（突縁），小鉤よりなる。綿羽は小鉤を欠くのでふわふわしている。毛羽はほとんど糸のような羽幹である。羽毛は立羽筋によって起立する。
7．毛は毛包から生じ，毛球，毛根，毛幹からなる。立毛筋が毛包壁に終止している。
8．毛は変化して棘，羽柄，剛毛，触毛，そしてセンザンコウの鱗の構成要素となる。サイの角は毛が膠着したものかもしれない。
9．真皮の基本構成成分はコラーゲン性の結合組織である。これは血管，リンパ管，神経，色素胞を支持し，また種によっては多細胞腺の底部，被包性の受容器，羽包あるいは毛包，そしてそれらの起立筋の支えになる。
10．真皮には太古の昔から骨性板あるいは骨性鱗を形成する能力が備わっていて，この能力は鳥類を除くすべての脊椎動物の綱における現生種の一部に引き継がれている。
11．現存の魚類の真皮鱗は楯鱗（軟骨魚類），硬鱗（ある種の原始的条鰭類と新鰭類），柔軟性のある櫛鱗あるいは円鱗（大部分の真骨類，アミア，ラティメリア，肺魚）である。コスミン鱗は絶滅した葉鰭類に存在した。
12．色素胞は枝分かれした真皮の色素細胞である。生理的体色変化は反応性であり，色素が細胞突起に出入りすることによって起こる。形態的体色変化はゆっくりと起こり，主として季節的な色素合成に依存している。

理解を深めるための質問

1．原索動物から有頭動物への移行の間に外皮にはどのような変化が生じたか？
2．水生生物に存在して陸生の四肢動物に保持されている腺の名前を挙げよ。その機能は変化しているか？　そうであればどのように変化しているか？
3．乳腺は脂腺から派生したと信じられている。どのような証拠がこの仮説を支持するのか？　またそれ以上の証拠を探しだすことができるか？
4．多くの構造物は生物学的役割を有している（これらは適応である）。あなたは羽毛の起源に関連するであろう適応について仮説を立てることができるか？　また哺乳類の毛の起源については？
5．キリンの“角”はなぜ真の角ではないのか？
6．皮骨（真皮骨）は哺乳類のどのような構造物の一部になったのか？
7．鱗の進化における皮骨（真皮骨）の歴史をたどってみよ。
8．歯は組織学的かつ発生学的になぜ複合構造物と考えられるのか？
9．外皮にはどのような機能が関連しているか？

参考文献

Appleby, L. G.: Snakes shedding skin, *Natural History* 89(2): 64, 1980.

Birch, M. C., editor: Pheromones. New York, 1974, Elsevier/Excerpta Medica/North Holland.

Francillon-Vieillot, H., de Buffrénil, V., Castanet, J., Géraudie, J., Meunier, F. J., Sire, J. Y., Zylberberg, L., and de Ricqlés, A.: Microstructure and mineralization of vertebrate skeletal tissues. In Carter, J. G., editor: Skeletal biomineralization: Patterns, processes and evolutionary Trends, vol. 1, chapter 20. New York, 1990, Van Nostrand Reinhold.

Goss, R. J., illustrated by Wendy Andrews: Deer antlers, regeneration, function, and evolution. New York, 1983, Academic Press.

Nelson, D. O., Heath, J. E., and Prosser, C. L.: Evolution of temperature regulatory mechanisms, *American Zoologist* 24:791, 1984.

Rao, K. R., Fingerman, M., and others: Chromatophores and color changes, *American Zoologist* 23:461, 1983.

Regal, P. J.: The evolutionary origin of feathers, *The Quarterly Review of Biology* 50:35, 1975.

Sengel, P.: Morphogenesis of skin. Cambridge, England, 1976, Cambridge University Press.

インターネットへのリンク

Visit the zoology website at http://www.mhhe.com/zoology to find live Internet links for each of the references listed below.

1. Skin conditions from Yahoo. Links to more information on topics ranging from skin cancer to fish-hook removal to cutaneous anthrax.
2. Skin Conditions. Interesting links to information ranging from benign dandruff, a new medication for poison ivy, to genital warts.
3. Department of Dermatology, Univ. of Iowa. More images than you would probably want to see with regard to dermatological problems.
4. Integument and Its Accessory Organs. Photomicrographs of the skin. Also links to histological units from North Harris College.
5. Histology—The Web Laboratory. Links to units on many systems of the body, including the skin. Requires a free plug in to access the units. From Ohio State.
6. Comparative Vertebrate Anatomy—The Integument. Good information on specialized structures of the skin, such as scales, feathers, and hoofs.

第7章 石灰化組織：骨格への導入

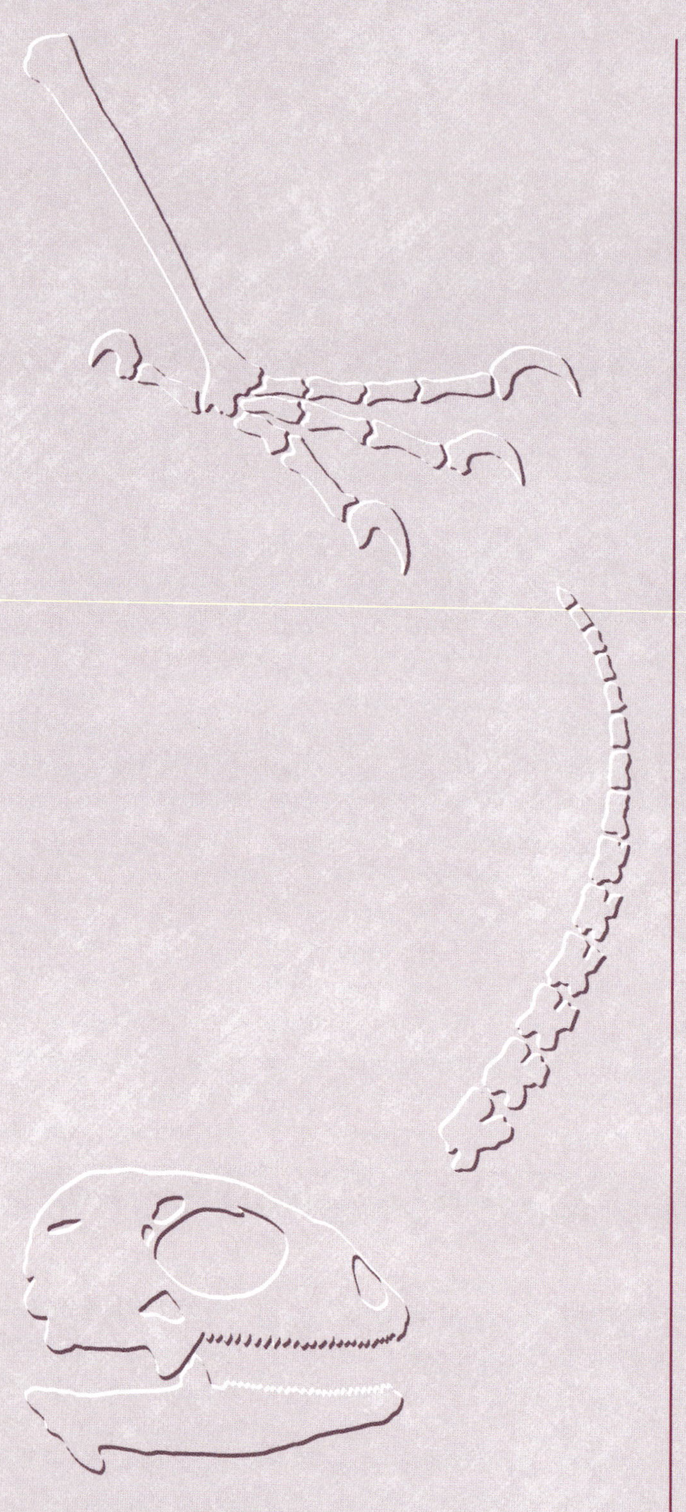

本章では，様々な骨格組織を紹介し，それらがどのように形成されるかをみて，骨格の無脊椎動物起源についても簡単に眺めてみる。ホメオスタシス（恒常性）での石灰化組織の役割を見いだし，成長しつつある骨格が常に再構築を受けているのはなぜかを学ぶ。

概要

骨格は石灰化結合組織と，靭帯，腱，滑液包から構成される。石灰化した組織は，骨（硬骨）の大部分となるが，骨にはゾウゲ質（しばしば骨の一型ともみられる），軟骨，エナメル質，類エナメル質もある。骨芽細胞が骨を作り，ゾウゲ芽細胞がゾウゲ質を作り，軟骨芽細胞が軟骨を作り，エナメル芽細胞がエナメル質の大部分を作る。これらの特殊化した細胞は間葉から生じたそれほど分化していない**骨片形成細胞** scleroblasts に由来する（図7－1）。

骨格組織の形成における前段階は，線維芽細胞によるコラーゲンの合成である。コラーゲンはタンパク質性の**原線維** fibril で，高能力の電子顕微鏡によってのみ観察できる。原線維は凝集して**コラーゲン線維** collagen fibers となり，光学顕微鏡でみることができる。この線維は緻密な**コラーゲン線維束** collagen bundles になり，真皮や腱や靭帯でみられるような緻密な結合組織の目の詰まった網状組織に編み込まれている（図7－2）。こうした網状組織に石灰質が沈着して軟骨や骨を作る。

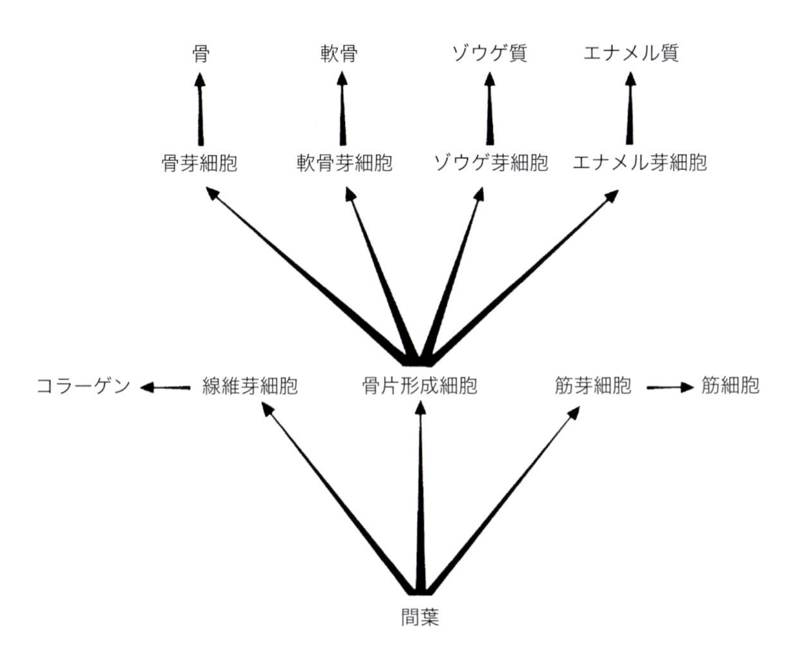

図7－1
間葉の産生物。

骨（硬骨）

長骨の組織レベルの構造を図7－3に示す。骨組織はコラーゲン線維の基質と，その間隙にしみ込んだカルシウムとリンと水酸化イオンからなる**水酸化リン灰石結晶** hydroxyapatite crystals（ヒドロキシアパタイト結晶）［$3Ca_3(PO_4)_2$・$Ca(OH)_2$］で構成される。この結晶は骨芽細胞の影響の下で沈着する。水分と多糖類からなる**接合質** cementing substance がこの結晶をコラーゲン基質に結合する。

ほとんどの骨では，骨芽細胞は，最終的には細胞の周辺に蓄積する骨に取り囲まれ，骨細胞として間質液で満たされた小さな腔所である**骨小**

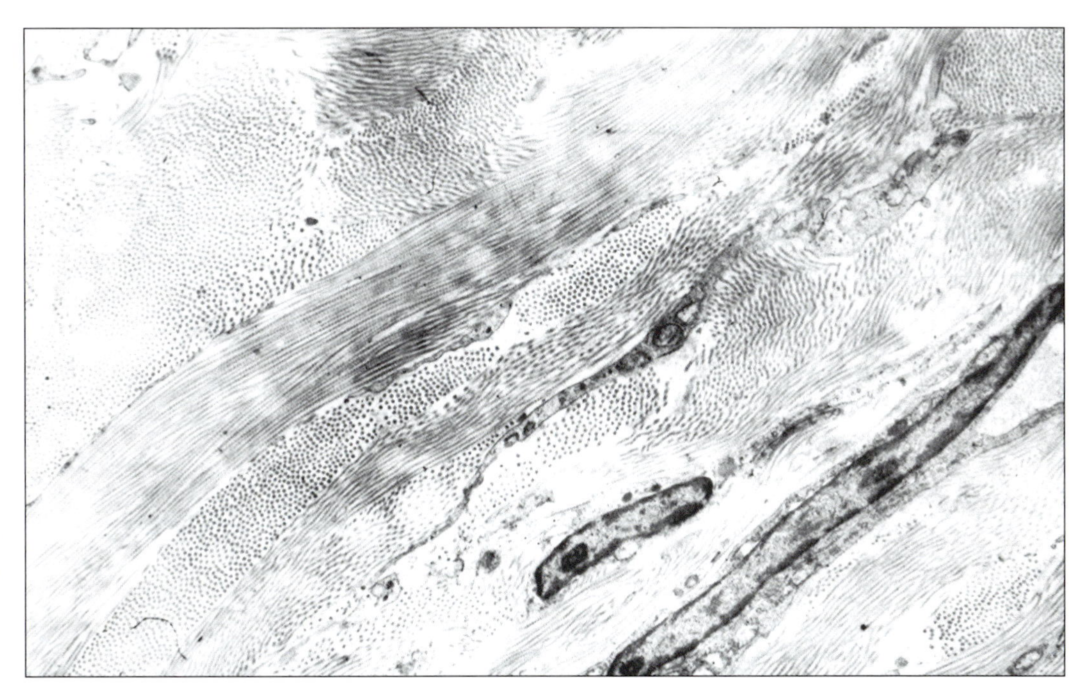

図7－2
腱のコラーゲン線維束。各線維束の個々の線維は，横断面が点として示される。長い核が線維細胞（成熟した線維芽細胞）にある。

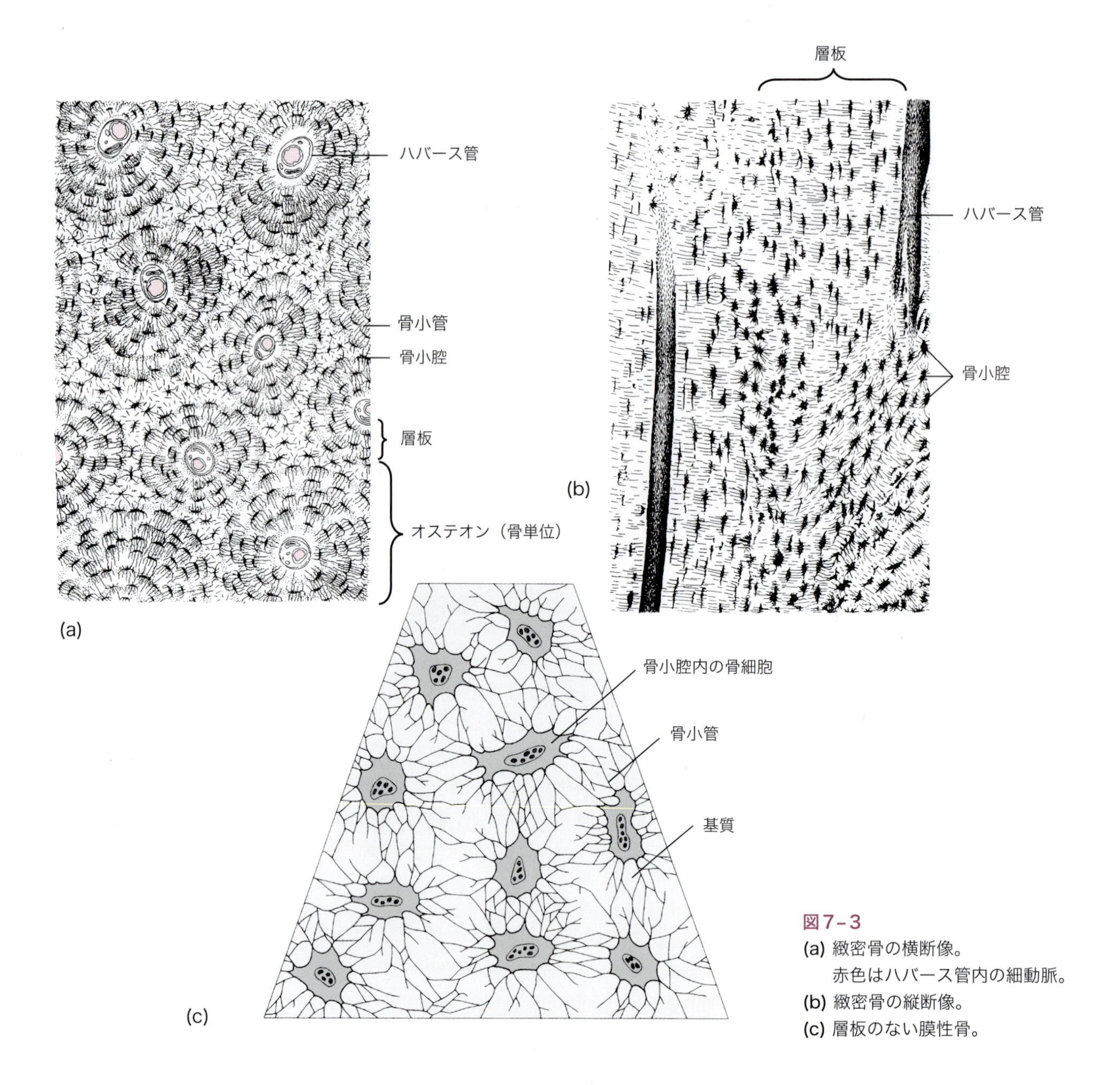

図7–3
(a) 緻密骨の横断像。
赤色はハバース管内の細動脈。
(b) 緻密骨の縦断像。
(c) 層板のない膜性骨。

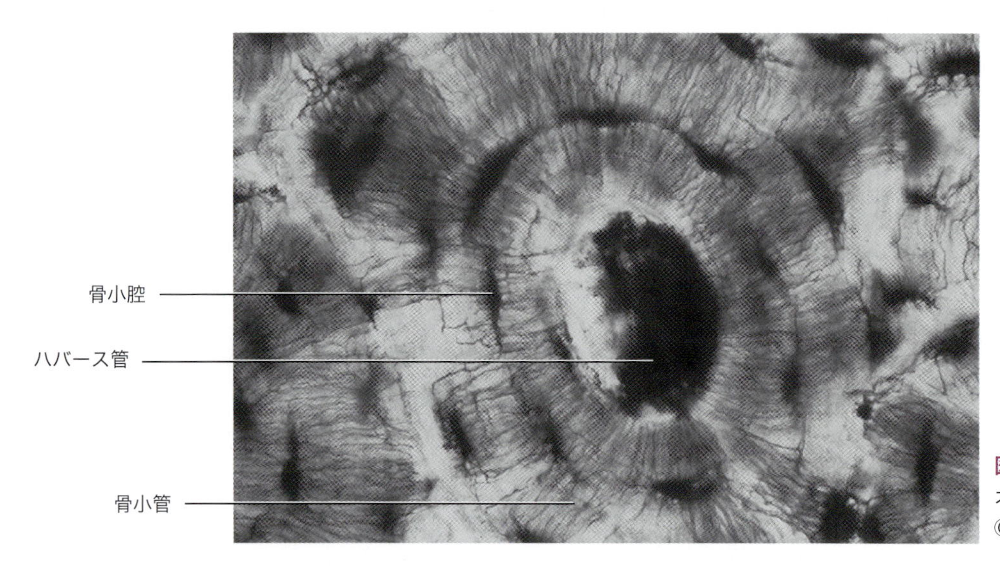

図7–4
オステオン（ハバース系）の横断面。

腔 lacunae を占める（図7－3，7－4）。骨小腔をつなぐ細管，すなわち**骨小管** canaliculi は液に満たされ，骨細胞から伸びる原形質突起が収まっている。骨小腔や骨小管の液体はカルシウムイオンやリンイオンを含み，血中カルシウムレベルにより常にコラーゲンの基質に蓄積されたり，逆に引きだされたりしている。

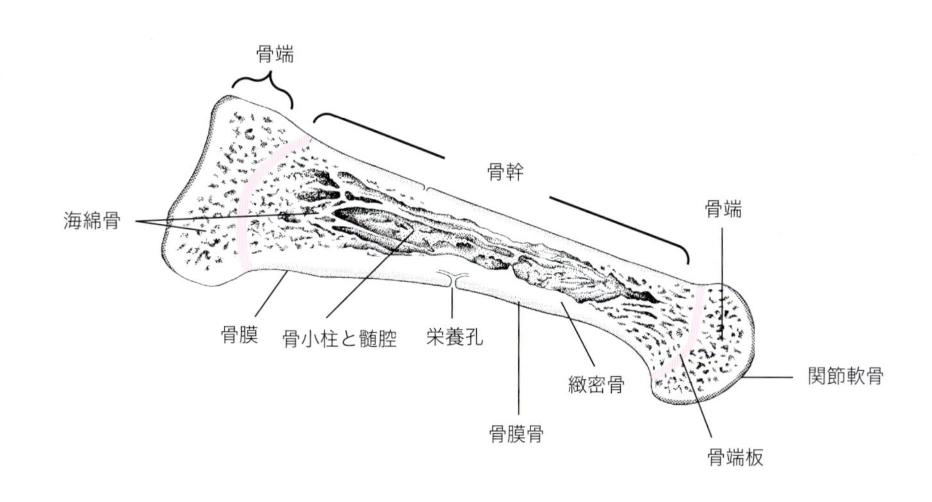

図7－5
中足骨の縦断像。淡赤色は骨端板。

緻密骨

緻密骨 compact bone は，**ハバース管** haversian canal の周囲に同心円状に配列した石灰化したコラーゲン束の**層板** lamellae から構成される（図7－3a）。ハバース管には細動脈，細静脈，リンパ管，神経線維がある。この管と周囲の層板が**骨単位** osteon すなわち**ハバース系** haversian system を構成する（図7－4）。

血管がハバース系の形状を決める。血管が分岐や再分岐するため，ハバース系も同様に分岐，再分岐する。ハバース管のなかの血管は骨髄の血管に続いている。長骨の骨幹（図7－5）では，ハバース系は骨の長軸におおむね平行していて（図7－3b），正常な外部からの圧力での骨折の可能性を最少にする構造となっている。**骨膜骨** periosteal bone の層板は，関節面を除くすべての骨の表面を覆う線維性の緻密な膜である**骨膜** periosteum の内側表層の骨芽細胞により形成される。ハバース系は有羊膜類に特徴的で，ほとんどの両生類，少数の爬虫類，小型の食虫類や齧歯類の一部ではハバース系を欠いている。

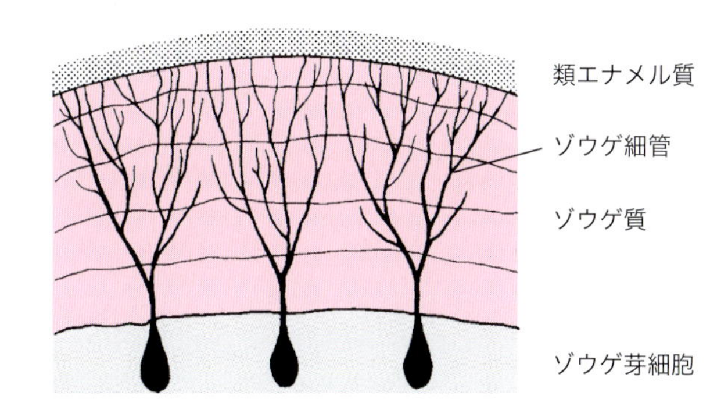

図7－6
類エナメル質で被われたゾウゲ質。
ゾウゲ細管にゾウゲ芽細胞の突起がある。

海綿骨

海綿骨 spongy bone（cancellous bone）は骨小柱と骨髄からなる（図7－5）。**骨小柱** trabeculae は梁，柵，枝の組み合わせで，建築物のトラス構造のように，圧力のかかる部位で最大の強さを発揮する頑丈な枠組み構造を作る。骨小柱はハバース系のない層板の不規則な配列でできている。

骨髄 marrow は骨小柱の間の腔所を占める。骨髄は結合組織性線維の網工からなり，血管，神経線維，脂肪組織（黄色骨髄）を支える。いくつかの骨の造血組織（赤色骨髄）は赤血球とある種の白血球を作る。髄腔は薄い結合組織性の**骨内膜** endosteum に裏打ちされている。骨内膜は骨膜の性格を多く持ち，骨を堆積したり，あるいは作り直したりする能力がある。表層の緻密骨の２層の間に挟まれた海綿骨と骨髄の芯は，肋骨や肩甲骨のような**扁平骨** flat bones と頭蓋の膜性骨を特徴づける。

ゾウゲ質

ゾウゲ質 dentin は緻密骨や海綿骨と同じ成分を持つが，ゾウゲ芽細胞は骨形成の間に小腔に取り込まれない。ゾウゲ芽細胞はゾウゲ質を沈着させると引き下がり，それゆえ，内側の境界にいる（図7－6。ゾウゲ芽細胞が骨小腔に取り込まれたと思われるいくつかの化石動物群［例えば板皮類］でみられる状態と対比）。しかし，ゾウゲ芽細胞は原形質突起を細管に残す。ゾウゲ質では，細管は**ゾウゲ細管** dentinal tubules とよばれる。このゾウゲ細管はゾウゲ質の表面まで伸びている。

ゾウゲ質は，表皮直下の真皮の外層でのみ形成され，しばしばその表面はエナメル質または類エナメル質で被われる（図6-29a～c 参照）。楯鱗の類エナメル質はゾウゲ芽細胞によって作られる。それゆえに，非常に硬いゾウゲ質であ

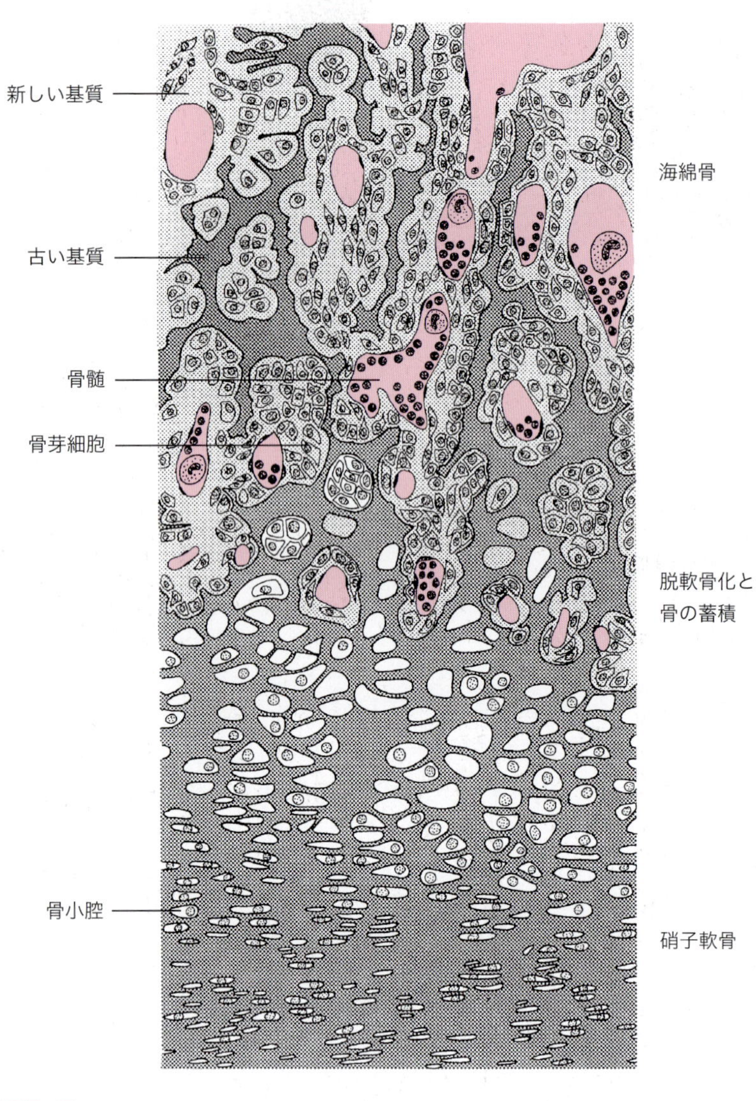

図7–7
軟骨内骨化の部位。赤色は硝子軟骨（古い基質）に侵入する骨髄の血管で，軟骨を消化し骨芽細胞により新しい基質（淡灰色）を蓄積する準備をする。

る。ゾウゲ質は最も初期の脊椎動物の真皮で常にみられる特徴であるが，今日では原始的な条鰭類や板鰓類の鱗と，歯でのみ観察される。

無細胞骨

骨のある一型があり，そこでは骨芽細胞が骨を沈着させて引き下がるだけでなく，細胞質突起も骨小管も残さない。**無細胞骨** acellular bone（**アスピジン** aspidin）の薄層が現代の魚の柔軟な鱗の線維性の板と脊椎動物の歯のセメント質を形成する。アスピジンという用語は，化石のヘテロストラカン heterostracans（図4–5参照）でみられる無細胞性の皮骨に初めて用いられ，真骨類での存在は進化的収斂による。

膜性骨と置換骨

骨や軟骨が蓄積する前に，前骨格芽体が発達しなければならない。**芽体** blastema は間葉の集塊で，適切な刺激により筋，軟骨，骨などの組織に分化する。いったん前骨格芽体が形成されると，間葉細胞のいくつかは線維芽細胞となり，コラーゲンを分泌する。他の間葉細胞は骨芽細胞か軟骨芽細胞になり，骨や軟骨の形成に不可欠な酵素を分泌する。

膜性骨

軟骨モデルが先行することなく，膜性の芽体に直接沈着する骨が，**膜性骨** membrane bone である。膜内骨化は下顎，頭蓋，前肢帯のいくつかの骨を生じ，皮膚の真皮にできるゾウゲ質や骨を生じ，真骨類，有尾類，無足類のみにみられる椎骨，および少数の様々な骨を生じる。膜性骨は緻密骨にも海綿骨にもなり，層板状でも無層板状でもある。骨の蓄積にかかわる血管の配置によって，骨はハバース管を欠く（図7–3c）。**骨膜骨** periosteal bone は膜性骨である。

個体発生的にも系統発生学的にも，皮膚の真皮から生じる骨はどれも**皮骨（真皮骨）** dermal bone である。この用語はその由来を記述するもので，組織学的な特徴を表す用語が膜性骨である。すべてではないが，多くの膜性骨は真皮性起源で，例えば，皮骨頭蓋を構成する骨，顎骨のメッケル軟骨を取り囲む骨や前肢帯の膜性骨がそうである。こうした骨は系統発生学的には外皮の派生物である。現在の脊椎動物の真皮に残っている骨はそれほど多くはないが，初期の脊椎動物の骨性板や鱗はその本来の部位に生じる。

置換骨

置換骨 replacement bone は硝子軟骨がすでに存在する部位に蓄積する（図7–7）。この過程で，前もって存在する軟骨が退行性変化をして消失する。軟骨内骨化と膜内骨化は，コラーゲンの基質に水酸化リン灰石結晶が蓄積してできることでは同じで，差異は，軟骨内骨化では骨が沈着する以前に，軟骨が取り除かれていなければならないことである。どちらの骨化でも，途中経過として一時的な海綿骨が形成される。次いで海綿骨が侵食され，部位によって緻密骨，海綿骨，髄腔に置き換わる。

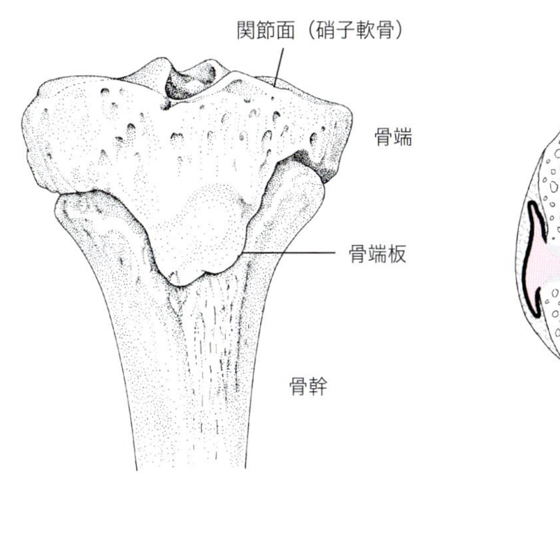

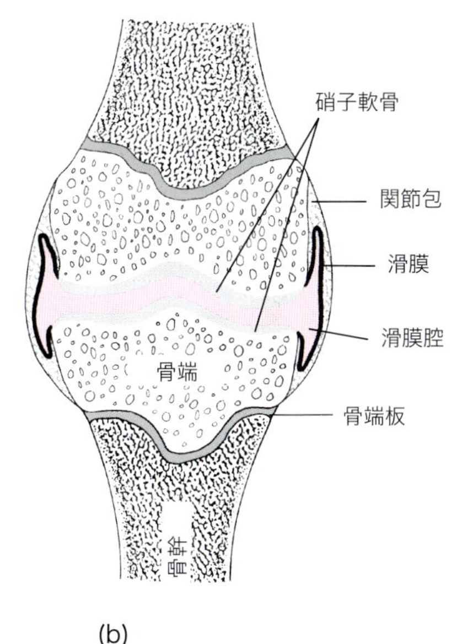

図7–8
(a)16歳のヒトの脛骨近位端。骨端板は未骨化であるため，骨はまだ伸びている。
(b) 可動結合の一関節の断面模式図。靭帯は除く。赤色は滑液。

四肢動物の体肢のような典型的な長骨での軟骨内骨化の過程は，骨となるべきミニチュアの軟骨モデルの**骨幹** diaphysis の中ほどで始まり，両側の**骨端** epiphysis へと進む。骨幹の骨化中心が活性化した直後に，1つ以上の軟骨内骨化中心が両骨端に現れる。骨化するすべての域で骨化に先立って，付加的な軟骨が沈着を続け，軟骨の沈着速度は骨化の速度と同じである。その結果，骨幹は成長を続けて長くなり，同時に骨化する。しかし，加齢により軟骨の蓄積は次第に遅くなり，ついには両端の骨端部と骨幹との間に軟骨性の**骨端板** epiphyseal plate を残すだけとなる（図7–5，7–8）。軟骨形成はこの骨端板の内部でしばらく続き，骨端板が軟骨を作り続ける限り骨は長くなる。

外温動物では，骨端板は生涯存在する。鳥類や哺乳類では，骨端の骨化中心は個体の性成熟に達したしばらく後に軟骨を作るのをやめ，骨端板は骨化し，骨端は骨幹と癒合し，骨は成長を中止する。他の形の骨は別の骨化中心の組み合わせを示す（図9–5参照）。骨の直径の成長は骨膜の内表面から骨が蓄積することで起きる。

軟骨内骨化が骨の中で進んでいる間に，骨膜骨が表層に蓄積する。連続的な再吸収と再構築をともなうこうした活動の結果，骨は成体の形状，サイズ，プロポーションになる。骨の組織形成の詳細は組織学の教科書でみられるだろう。

軟骨魚類は軟骨内骨化に必要な遺伝子コードを持たなくなったか，あるいは骨化の遺伝子発現を阻害する何らかの因子があるかのどちらかだろう。

軟骨

軟骨は，コラーゲン性結合組織の基質内に作られる骨に似ており，細胞は小腔のなかにある。しかし，細胞間の基質は水酸化リン灰石結晶の代わりに硫酸化粘液多糖類を含む。骨とは違って，軟骨には光学顕微鏡でみえるような細管はなく，軟骨自体の血管はない。小腔内の細胞（**軟骨細胞** chondrocytes）は，軟骨に隣接する最も近くの毛細血管からの拡散により酸素と栄養を供給される。

軟骨の形成は，軟骨芽細胞が前から存在するコラーゲンの基質上に粘液多糖類を蓄積することで始まる。軟骨化領域周辺の間葉は境界膜，すなわち**軟骨膜** perichondrium を構築する。その後，軟骨膜の間葉により付加的な軟骨が芽体内に生じ（付加成長 appositional growth），また発達しつつある集塊内の母細胞の分裂によって生じた線維芽細胞や軟骨芽細胞により，軟骨が付加される（間質成長 interstitial growth）。軟骨芽細胞は，小腔内に取り込まれると軟骨細胞になる。集塊が拡大し，形に変化が生じるので，軟骨膜は常に再構築される。

硝子軟骨 hyaline cartilage は最も分化していない状態であり，置換骨の前駆体である。この軟骨は，すべての構成要素が光に対して同じ屈折率であるため，半透明である。置換骨の成長が終わった後，硝子軟骨はほとんど残らない。その後，硝子軟骨は主に四肢動物の関節内で骨の関節表面にみられる（図7–8b）。他の硝子軟骨のほとんどは，魚類であれ四肢動物であれ，線維軟骨か，弾性軟骨か，石灰化軟骨に変化するようである。

線維軟骨 fibrocartilage は，間質性基質に極めて厚く緻密なコラーゲン線維束を持つ。哺乳類の椎間円板は線維軟骨である。**弾性軟骨** elastic cartilage はコラーゲン線維に加えて，弾性線維の網工を持つ。哺乳類では，弾性軟骨は耳介や，外耳道の壁や，喉頭蓋などでみられる。**石灰化軟骨** calcified cartilage は，カルシウム塩が硝子軟骨や線維軟骨の間質性基質に蓄積することで形成される。これはしばしば骨と間違えられる。サメの顎はどれだけ大きなものでも，石灰化軟骨である。

骨格の再構築

骨は脊椎動物体の機械的な支持をするだけではない。鱗や歯とともにカルシウムや他の無機塩類の重要な貯蔵部位となる。それゆえ，骨は恒常性の維持にもかかわる。カルシウムは，食物からの摂取と細胞からの要求に応じて，絶えず蓄積されたり引きだされたりしている。

血中カルシウムレベルが上昇すると，排泄されない過剰のカルシウムが無機リンとともに水酸化リン灰石結晶として蓄積される。血中カルシウムレベルが低下すると，骨格や他の貯蔵場所からカルシウムが引きだされ，それにより正常な血中カルシウムレベルが維持される。カルシウムの放出は上皮小体ホルモンとカルシトニンによって調節される。蓄積は内分泌のコントロールによるものではないようである。

血中カルシウムレベルの低下に反応した骨吸収に加えて，軟骨や骨は別の過程，すなわち骨格再構築でも絶えず再吸収され置換される。例えば，新生児の頭蓋のサイズは成長なしでは21歳の脳を収容できない（図7-9）。しかし，付加による成長は脳の容量を大きくすることにならず，それはただより厚い頭蓋となるだけである。頭蓋全体は，すでに存在する軟骨や骨を絶えず再吸収し，成長する脳を収容するために十分な大きさの腔所を備えた幅の広い丈の高い頭蓋にするために，再構築を続けていかねばならない。これは頭蓋の再構築だけでなく，顔面骨や下顎骨の再構築でも必要である。体の他の部位での軟骨や骨もまた，再構築の対象となる。再構築は，成長する骨格でより活発であるが，生涯を通してある程度は続き，骨格の修復時に増強する（図7-10）。

骨の再構築は，付着している筋の連続的な使用や重さを支えることによる機械的な圧力に反応しても生じる。ハバース系を持つ長骨では，血管の骨幹への侵入は，骨の再吸収と二次的なハバース系の堆積を引き起こす。こうした二次的なハバース系の向きは，骨のなかでの圧力の場と関連する。圧力が高いところでは骨は厚くなり，圧力が抑えられたところでは薄くなる。筋の付着する骨の粗面や隆起や突起は，筋の持続的な使用で大きくなる。海綿骨の格子状構成要素の配列（図7-5）は，骨本来の自然負荷により生じる力線に驚くほど類似している。

機械的な圧力が，骨の再構築をもたらし，既存の骨の形状や構築へ影響するのと同じように，機械的な圧力と腱，靭帯，結合組織縫合での骨化との間には相関がある。後に簡単に述べる異所骨は，圧力と関連する骨化の例である。

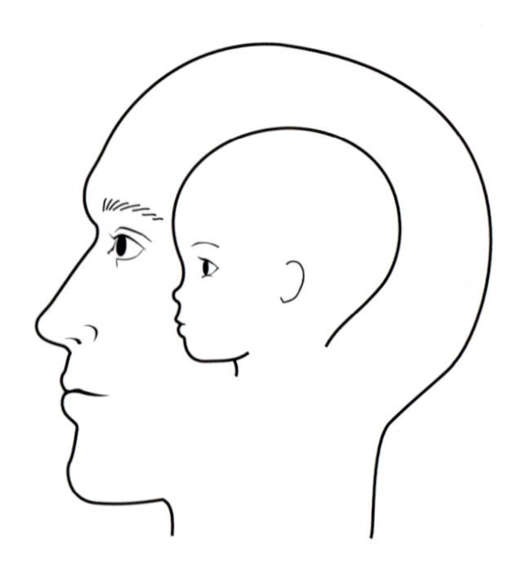

図7-9
新生児と21歳のヒトの頭蓋のサイズの比較。引き続き生じる再構築が頭蓋腔（頭蓋のサイズと形状）を大きくする。

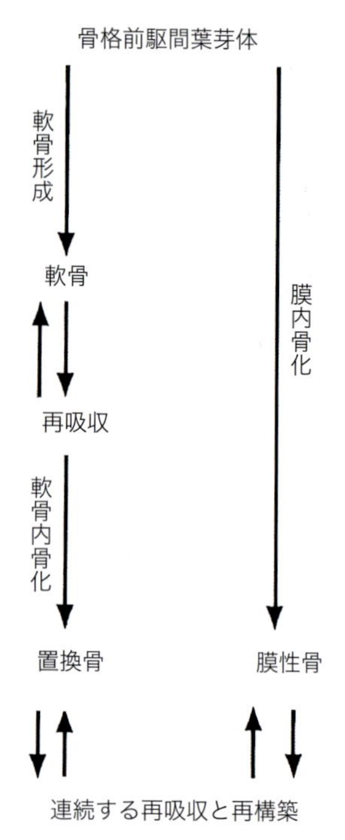

図7-10
骨形成と再構築の段階。

腱，靭帯，関節

腱と靭帯は主としてコラーゲン線維が密に詰まったコラーゲン束である（図7-2）。**腱** tendons は筋と骨をつなぎ，光沢のある白色をしている。コラーゲン束は，筋が収縮するとき生じる張力に対して抵抗力が最大になるように配列をしている。腱が筋と付着するところでは，腱のコラーゲン束は線維性筋鞘（**筋上膜** epimysium）のコラーゲン束と直接つながっており，腱が軟骨や骨と付着するところでは，軟骨膜あるいは骨膜のコラーゲン束に続いている。**靭帯** ligaments は骨と骨をつなぐ。コラーゲン束の配列はそれほど一定ではないが，骨膜のコラーゲン束と直接つながっている。

平坦で幅の広い腱や靭帯が**腱膜** aponeurosis である。哺乳類の頭皮は主として腱膜，すなわち**帽状腱膜** galea aponeurotica からなる。哺乳類で最も長い靭帯は草食動物の頚部背側の項靭帯である。頭蓋の後頭部から胸椎棘突起数本の間にわたり，頭部の弾力的な機械的支持となっている。これは首の短い動物で最も発達が悪い。

靭帯という用語は，内部臓器を支持し，あるいはその部位につなぎ留める線維性の腸間膜や索，例えば肝臓の鎌状靭帯（鎌状間膜），子宮の円靭帯（子宮円索）にしばしば適用される。しかし，いずれも骨格構造ではない。

ある種の動物では，腱や靭帯のあるものが石灰化する。例えば，シチメンチョウは脚に骨化した腱を持ち，鳥盤類の恐竜は何百万年も前に骨化した腱を持っていた。**種子軟骨** sesamoid cartilages あるいは**種子骨** sesamoid bones は，腱あるいは靭帯のなかで石灰化した結節である。最もよく知られているのが膝蓋骨である。これはいくつかの種では軟骨内骨であり，他の種では膜性骨である。

関節 arthrosis は２つの骨あるいは軟骨の接する部位である。関節は，１つあるいはそれ以上の面で自由に動くことができ，関節面が硝子軟骨で被われ，そして関節が滑液を分泌する滑膜で裏打ちされた線維性の包で囲まれているなら，その関節は**可動結合（関節）** diarthrosis である（図7-8b）。靭帯は関節で骨を適切な位置につなぎ留める。初期の硬骨魚類の上顎と下顎の間の関節は可動結合である。これと同様の関節や，哺乳類の肘や膝の蝶番関節は可動結合である。

半関節 amphiarthrosis は動きが限られる。弾性のある線維軟骨は関節の構成要素を結合し，線維性関節包は骨を適切な配置に保つ。関節包のなかには腔所があることもないこともあるが，滑膜はない。哺乳類の椎骨の椎体間の関節は半関節である。

縫合関節は**不動結合（関節）** synarthrosis である。縫合は２つの骨の会合部にあり，関節を不動とする不規則なジグザグの継ぎ目である。哺乳類の頭蓋骨の天井の関節が不動結合である（図9-27参照）。鳥類の頭蓋骨のように，発生時に２つの骨の間の縫合が消失するならば，その状態は**強直** ankylosis である。ヒトの胎児での前上顎骨と上顎骨は強直し，その結果成体では２つの骨は区別できない。ネコでは，この２つの骨は縫合で，強直ではない。

線維軟骨結合 symphysis は体の正中線での関節であり，そこでは両側の骨が線維軟骨の詰め物で分けられており，不動ではないとしても，可動性はかなり制限される。妊娠中の哺乳類の雌の恥骨結合は，ホルモンによる線維軟骨の崩壊で陣痛の直前に可動となる。

可動結合，半関節，不動結合という用語は，哺乳類の関節を分類するために人体解剖学者によって作られた。他の脊椎動物でのその後の研究から，滑液腔を欠くがある平面でのある程度の動きが可能な関節の解剖で，かなり多様なことが明らかになった。この例には，現存するサメ類の舌顎軟骨と頭蓋の間の舌接型関節や，多くの鳥類の舌の中舌骨と旁舌骨の間の関節も含まれる。特殊な用語はこうした新たな多様さを表すために作られた。鳥類の関節の多様さの範囲は哺乳類のものよりはるかに広い。

石灰化組織と無脊椎動物

石灰化組織は脊椎動物に限られたものではない。実際，石灰化組織を持つ現存する動物の３分の２は無脊椎動物である。基質はコラーゲンで，海綿動物と同じぐらい古いが，無機の結晶はリン酸カルシウムよりも炭酸カルシウムのことが多い。

軟骨はイカや何種かの腹足類を含む無脊椎動物でもみられるが，有頭動物の外群（棘皮動物と原索動物）では欠くようである。軟骨はヌタウナギに存在するが，骨，ゾウゲ質，類エナメル質は脊椎動物に限られる（最初に表れるのはオルドビス紀の甲皮類だが，ヤツメウナギでは二次的に消失する）。この分布は，軟骨は有頭動物の構造性の組織として骨に先行することを示唆する。しかしヌタウナギの化石は石炭紀より以前のものは不明で，それゆえに骨の古さは軟骨の古さと同じぐらいかもしれない（これに代わる仮説の要約は，Hall 1999: p.41 参照）。

骨格の部位的構成要素

骨格は，靱帯や腱を含めて，部位的に以下の構成要素に分けられる。これらは第8～10章で扱う。

軸性骨格
- 脊索と脊柱
- 肋骨と胸骨
- 頭蓋と内臓骨格

付属骨格
- 前肢帯と後肢帯
- 有対鰭と体肢の骨格
- 魚類の正中鰭の骨格

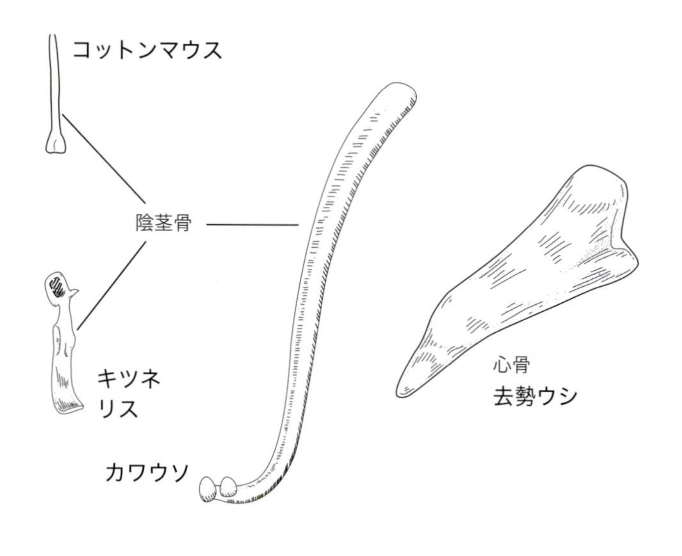

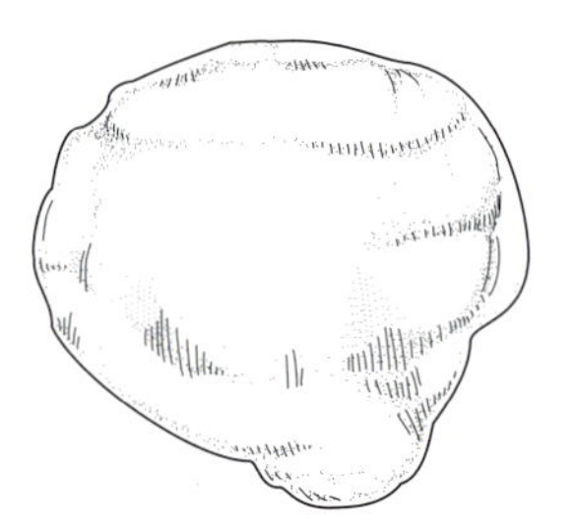

図7-11
異所骨。

異所骨

先に概要を述べた骨格要素に加え，様々な**異所骨** heterotopic bones が，軟骨内骨化や膜内骨化により有羊膜類の持続的に圧力がかかる部位で発達する。こうした骨は通常の骨格標本では失われてしまう。異所骨のなかで，**心骨** os cordis はシカやウシの心臓の心室中隔にあり，陰茎骨 os penis はイヌや原始的な霊長類，その他多くの哺乳類で陰茎の海綿体の間の中隔にあり（図7-11），**陰核骨** os clitoridis は哺乳類の多くの雌にある。セイウチでは陰茎骨は約60 cm の長さがある。

異所骨は，ある種のハトの筋胃や，コウモリの少なくとも1種の舌や，南アメリカ産トカゲの咽喉嚢や，ラクダの横隔膜の筋部や，ある種の鳥類の鳴管や（カンヌキ骨，図13-16参照），ワニ類の上眼瞼で（副涙骨または眼瞼骨）形成される。同様の線維性組織の板である眼瞼の瞼板はヒトで発達する。吻鼻骨はブタの吻部で発達し，土を掘り返すのに使われ，総排泄腔骨はある種のトカゲの総排泄腔の腹側壁に発達する。種子骨を含めて，すべては系統発生学的な意味もなく，圧力が集中する部位での偶発的な骨である。

要約

1. 主要な石灰化組織は骨（骨芽細胞由来），軟骨（軟骨芽細胞由来），エナメル様組織（エナメル芽細胞またはゾウゲ芽細胞由来）である。
2. コラーゲンはタンパク質性原線維の高密度の束となって目の詰まった基質を構成し，そこに軟骨あるいは骨の石灰化成分が蓄積する。
3. 骨はコラーゲン，水酸化リン灰石結晶，接合質，骨細胞からなる組織であり，骨細胞は通常，骨小管により連絡している骨小腔内に収まっている。
4. 骨組織は緻密骨または海綿骨であり，深部の緻密骨（オステオン骨）の層は，ハバース管の周囲を同心円状に取り巻いている。
5. 海綿骨は骨小柱と骨内膜に被われた骨髄腔の存在を特徴とする。海綿骨は大部分の骨の芯をなす。
6. 骨化は膜性骨を生じる膜内骨化か，あるいは既存の軟骨と置き換わって置換骨を生じる軟骨内骨化である。
7. 四肢動物体肢の長骨の軟骨内骨化は，骨幹の1つの骨幹骨化中心が先行し，両端の骨端骨化中心が続く。骨端軟骨があれば，骨化の最後の部位は骨端軟骨である。
8. 骨は膜性の骨膜に囲まれる。

9．ゾウゲ質は骨の一形態で，周辺のゾウゲ芽細胞とゾウゲ細管を持つが，小腔を持たない（板皮類には小腔が存在）。ゾウゲ質は皮膚と歯に認められる。
10．完成した無細胞骨は細胞を欠く。この骨は現代の魚類の鱗や絶滅した異甲類でみられる。
11．皮骨は個体発生学的，系統発生学的に皮膚の真皮から生じた膜性骨である。
12．軟骨はコラーゲン基質，基質間隙の粘液多糖類，小腔内の軟骨細胞から構成される。硝子軟骨，線維軟骨，弾性軟骨があり，時には石灰化する。軟骨は軟骨膜に囲まれる。
13．骨と軟骨は絶えず蓄積されたり再吸収されたりしていて，それによって成長や恒常性や骨の修復を助けている。
14．腱は筋を骨につなぎ，靭帯は骨と骨をつなぐ。両者は石灰化し種子骨を含むこともある。
15．関節は可動結合，半関節，不動結合，線維軟骨結合がある。強直は縫合が消失した骨の間の関節である。
16．軟骨，骨，ゾウゲ質，類エナメル質は甲皮類に存在していたが，軟骨と骨化組織の相対的な古さについて論議されている。
17．異所骨は様々な部位で軟骨内骨化あるいは膜内骨化で作られる。

理解を深めるための質問

1．哺乳類の大腿骨の発生において，この骨は胚期の始めから成体のサイズまでどのように成長するか？
2．長骨の成長と関連して，思春期前と思春期を過ぎた子どものタックル・フットボールの対戦がより危険なのはなぜか？
3．大きな生物は，成長中の骨にかかる圧力で個体発生学的な大きな変化を経る。骨はどのようにこの変化に対応できるか？
4．異所骨とは何か？　どのような役割を果たしているか？
5．あなたは，軟骨と骨の起源の相対的な時期を説明する仮説を進展できるか？　あなたの仮説を支持するどのような証拠があるか？
6．どのような機能が骨と関係しているか？　こうした機能のどれが骨の最初の起源と論理的に関係しているか？　もしなければ，あなたは生物学的な機能の仮説を立てられるか？

参考文献

Burt, W. H.: Bacula of North American mammals, *University of Michigan Museum of Zoology Miscellaneous Publications* 113:1–76, 1970.

Chinsamy, A., and Dodson, P.: Inside a dinosaur bone, *American Scientist* 83:174, 1995.

Currey, J.: Comparative mechanical properties and histology of bone, *American Zoologist* 24:5, 1984.

Francillon-Vieillot, H., de Buffrénil, V., Castanet, J., Géraudie, J., Meunier, F. J., Sire, J. Y., Zylberberg, L., and de Ricqlés, A.: Microstructure and mineralization of vertebrate skeletal tissues. In Carter, J. G., editor: Skeletal biomineralization: Patterns, processes and evolutionary trends, vol. 1, Chapter 20. New York, 1990, Van Nostrand Reinhold.

Hall, B. K.: The neural crest in development and evolution. New York, 1999, Springer-Verlag.

Kemp, N. E.: Organic matrices and mineral crystallites in vertebrate scales, teeth, and skeleton, *American Zoologist* 24:965, 1984.

Moss, M. L.: Skeletal tissues in sharks, American Zoologist 17:335, 1977.

Northcutt, R. G., and Gans, C.: The genesis of neural crest and epidermal placodes: A reinterpretation of vertebrate origins, *The Quarterly Review of Biology* 58(1): 1, 1983.

Patterson, C.: Cartilage bones, dermal bones and membrane bones, or the exoskeleton versus the endoskeleton. In Andrews, S. M., et al., editors: Problems in vertebrate evolution. New York, 1977, Academic Press.

インターネットへのリンク

Visit the zoology website at http://www.mhhe.com/zoology to find live Internet links for each of the references listed below.

1．Histology—The Web Laboratory. Links to units on many systems of the body, including cartilage and bone. Extensive coverage of microstructure, from Ohio State.
2．Cartilage and Bone. Clickable index of histological sections of connective tissues, and accompanying informative text. The text includes an innovative clickable quiz for interactive learning.
3．Jay Doc Histo Web. The University of Kansas (the Blue Jays) Histology site. You can click on cartilage and bone to view photomicrographs and electron micrographs of histological sections. Expanded views show much detail.
4．Cartilage and Bone. A large number of photomicrographs with descriptive text from Loyola University Medical Education Network (LUMEN).
5．Endochondral Ossification. A large number of photomicrographs with descriptive text from Loyola University Medical Education Network (LUMEN).

第8章 脊椎，肋骨，胸骨

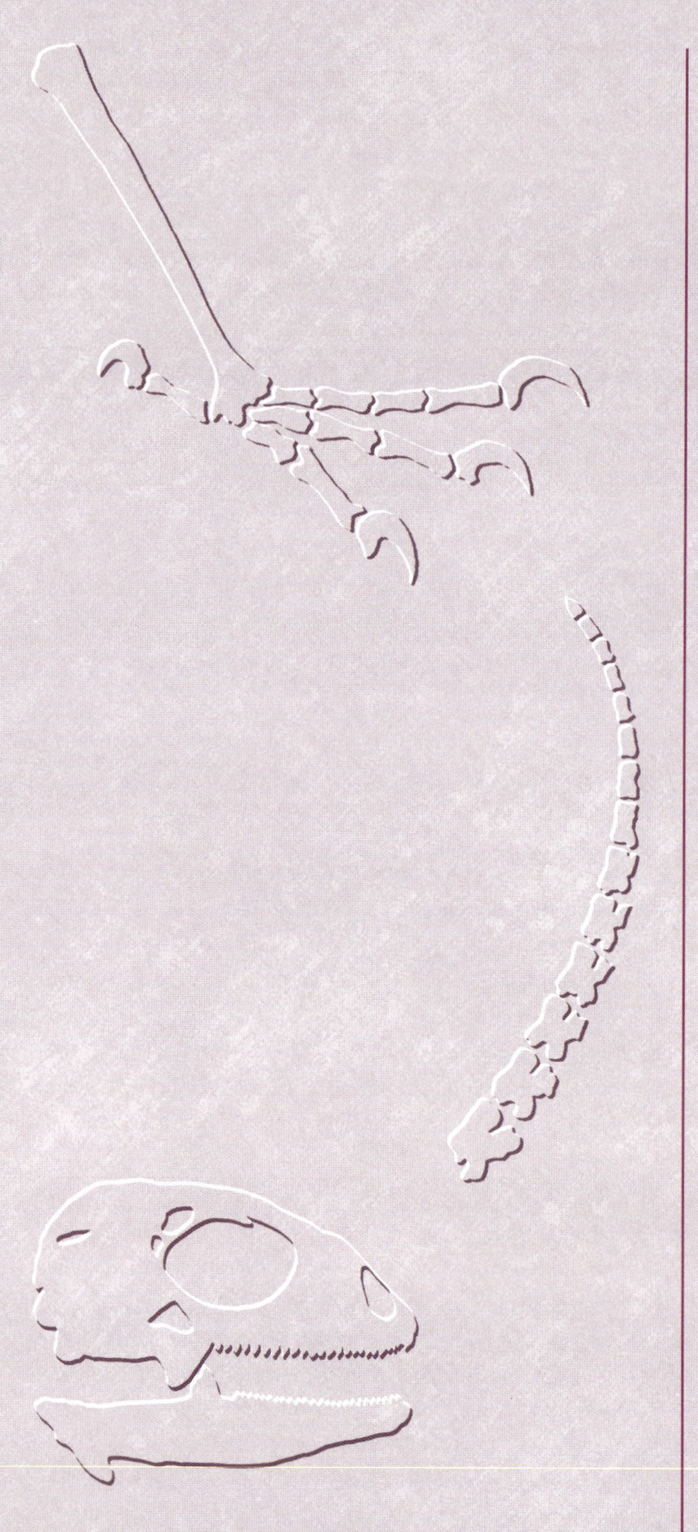

本章では，魚類と四肢動物の脊柱について，標準的なものやそれほど標準的ではないものをみて，脊柱の個体発生と進化の歴史を述べ，四肢動物における脊柱の部位的な特殊化がもたらす利点について言及する。次いで，一般に肋骨として知られる骨化した筋節中隔を調べていく。最後に，両生類や有羊膜類の胸骨の変異と役割を調べ，その系統発生学的な起源に関して考察する。

概要

柱，頭蓋，肋骨，および胸骨は，それらの靭帯とともに軸性骨格の主要な構成要素である。脊柱は個体発生の間に胚の脊索の周囲に，時には脊索内に侵入して形成される。肋骨と四肢動物の胸骨は，それぞれ側面と腹側の体壁に生じる。

脊柱

脊柱は脊椎動物の骨格の要である。脊柱は分節性で，多かれ少なかれ柔軟性があり，側面に軸性筋がついた弯曲した軸で，これに頭部がつく。魚では脊柱に体の他の部分がぶら下がり，大部分の四肢動物では前肢と後肢の間で体幹が脊柱からつり下げられている。脊柱は脊髄を保護する骨性の管となり，無顎類を除く脊椎動物での，中軸性移動装置に不可欠な構造上の要素となる（ヌタウナギやヤツメウナギの普通でない状態は後に述べる）。脊椎動物の移動における脊柱の役割をわかりやすく説明するのに，魚や体肢を欠く四肢動物以上のものはない。

魚類を囲む環境は，前方への移動にかなりの抵抗を与え，体へ浮力をつける。移動している間，魚類は体幹と尾をリズミカルに左右にくねらせて側方に水を押すことで，この抵抗力を克服している（図11–8参照）。こうした動きは椎骨あるいは肋骨に付着する分節性の筋と筋節中隔によって引き起こされる。ほとんどの魚類では，椎骨間の関節は脊柱の左右への屈曲のみを可能としている。

脊椎動物が陸上に進出したとき，彼らは魚類様の移動方法を持ち込んだ。しかし，それは動き回るにはぎこちないものであった。水中と異なり，陸地は動物の周囲でなく下方にあり，平坦ではなく，避けるかよじ登らねばならない障害物が散らばっている。結局，選択圧により脊柱の関節は，陸上での移動により適した背腹方向の屈曲性を持つように変化し，一方，前後肢の間で地表より高く体幹をつり下げるために強力な骨格として弓なりに弯曲した。背腹方向の屈曲への移行と関連して，四肢動物の肺の換気に使用される筋から移動に使う筋への機能的な分離が生じた。こうした変化は，左右へ動く屈曲性を幾分か失うことで達成され，脊柱の部位的な特殊化と関連した。こうした適応やその他については以下の項で述べる。

椎体，椎弓，椎骨突起

一般に，現在の椎骨は**椎体** centrum，**神経弓** neural arch および1つ以上の突起，すなわち弓または椎体から突出する**骨突起** apophysis からなる（図8–1）。椎体は個体発生の初期に脊索のあった部位を占める。神経弓は椎体上に乗っかり，連続する神経弓とそれらの間をつなぐ靭帯が長い**脊柱管** vertebral canal を取り囲み，脊髄がその内腔を占める。**血管弓** hemal arch は，有羊膜類ではシェブロン骨（V字状骨）としても知られているが，尾部の椎体の下部で逆さにつき，尾動脈と尾静脈が通る（図8–1b，c，eのシェブロン骨）。

横突起 transverse process（**横突起関節部** diapophysis）は最も一般的である。この突起は，体壁の軸上筋と軸下筋を分ける水平骨格形成中隔内へ側方に突出する肋骨と関節している（図1–2，8–5参照）。横突起は脊柱を伸ばしたり曲げたりする筋の一部に付着部を提供している。

関節突起 zygapophysis は，主として四肢動物で，体幹椎骨の頭側端（**前関節突起** prezygapophyses）と尾側端（**後関節突起** postzygapophyses）での対をなす突起である（図8–1d～f）。前関節突起の関節面は背側を向き，直前の後関節突起の腹側に向いた関節面と関節する。このかみ合った配列は，関節のある体幹の部位で脊柱の背腹の屈伸を制限する。四肢動物の尾部は関節突起がないため極めて柔軟である。

側突起 parapophysis は，少数の四肢動物でみられる椎体から側方への突起である。この突起が存在するとき，図8–23bで示すように，2頭を持つ肋骨の小骨頭（肋骨頭）との関節部となる（しかし，肋骨を学ぶ際にみることになるが，これは一般的な部位ではない）。

下突起 hypapophyses はヘビや少数の有羊膜類で椎体の腹側正中から出る顕著な突起である（図8–1d）。これらはある種の筋や腱の付着部である。その他にも別の突起が特別な種で発達する。

椎骨の形態形成

一般的な椎骨は間葉細胞から生じるが，間葉細胞は脊索や神経管を囲む中胚葉体節の硬節から移動して，脊索や神経管を取り囲み，将来椎骨となる芽体を作る（図5–11参照）。芽体内でその後に分化する軟骨芽細胞は軟骨性の椎体および神経弓を堆積し，また尾部ではさらに血管弓も堆積する。その結果，椎体内でくびれた脊索を持つ軟骨性椎骨となる。

その後，軟骨魚類を除き，軟骨は一般に除かれ硬骨が堆積する。脊索の遺残は種によって異なるが，様々な程度で椎体に残ることもある。軟骨魚類では，軟骨性の椎骨は硬骨に置き換わることはない。真骨類，有尾類および無足類では，脊索周囲芽体には軟骨よりも膜性骨が堆積するが（図8–3），椎弓は軟骨から生じる。

多くの魚類や，無尾類を除く両生類では脊索の周辺で軟骨または膜性骨（**脊索周囲軟骨** perichordal cartilage または**脊**

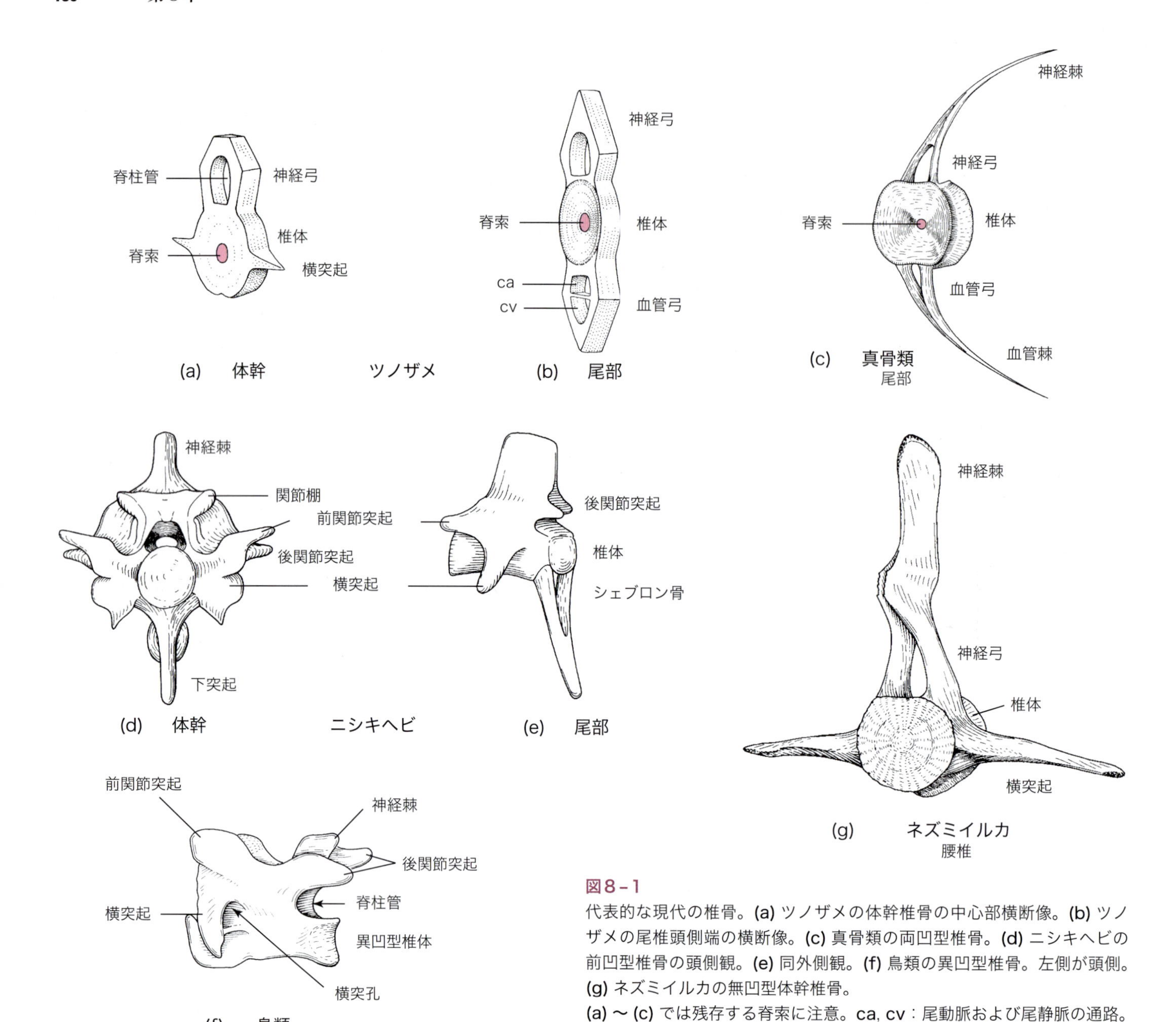

図8-1
代表的な現代の椎骨。(a) ツノザメの体幹椎骨の中心部横断像。(b) ツノザメの尾椎頭側端の横断像。(c) 真骨類の両凹型椎骨。(d) ニシキヘビの前凹型椎骨の頭側観。(e) 同外側観。(f) 鳥類の異凹型椎骨。左側が頭側。(g) ネズミイルカの無凹型体幹椎骨。
(a) ～ (c) では残存する脊索に注意。ca, cv：尾動脈および尾静脈の通路。

索周囲骨 perichordal bone）が堆積するだけではなく，軟骨芽細胞が脊索鞘に進入し，脊索鞘，時には脊索自体に軟骨を堆積する。その結果，こうした脊椎動物の椎体は石灰化，すなわち骨化しうる**脊索軟骨** chordal cartilage を含むことになる（図8-2，8-3，8-8）。椎体形成の過程でのこうした変異の結果は，有尾類の椎体を無尾類の椎体と比較することで説明できる。有尾類の椎体（無足類も同様）は脊索周囲膜性骨，脊索軟骨，および芯の部位の変化のない脊索組織からなる（図8-3）。一方，無尾類の椎体は脊索周囲芽体に堆積する置換骨のみからなり，脊索は消失する。この相違は，両生類の二系統起源を支持する証拠として，ある古生物学者たちにより説明されてきた。

形成中の椎体では，1つの体節の後半分と次の体節の前半分の**骨片形成細胞（造骨細胞）** scleroblasts が脊索周囲の体節間の部位に移動し，脊索周囲芽体を確立する。その結果，椎体は典型的な体節間性となり，筋分節は体節性となる（図8-4）。しかし，主に魚類のある種のものの尾や少数の原始的な四肢動物の尾では，体節ごとに2つの椎体があり，この状態は**ディプロスポンディリー（二重椎骨）** diplospondyly として知られる。この状態は移動のための尾の柔軟性を増す。一般に魚類では脊柱の柔軟性は，四肢動物での椎間関節よりも，むしろ椎間靭帯の弾力性により促進される。

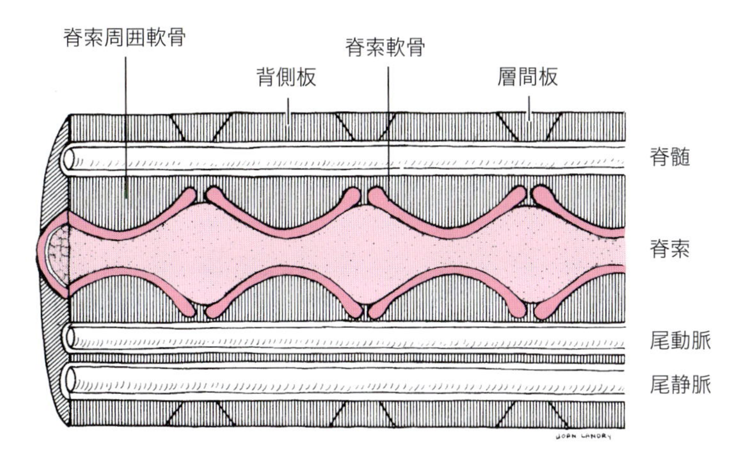

図8-2
ツノザメの尾部脊柱の矢状断面。石灰化した脊索軟骨が脊索鞘に沈着（濃赤色）。層間板が図8-5の外側面からみえる。

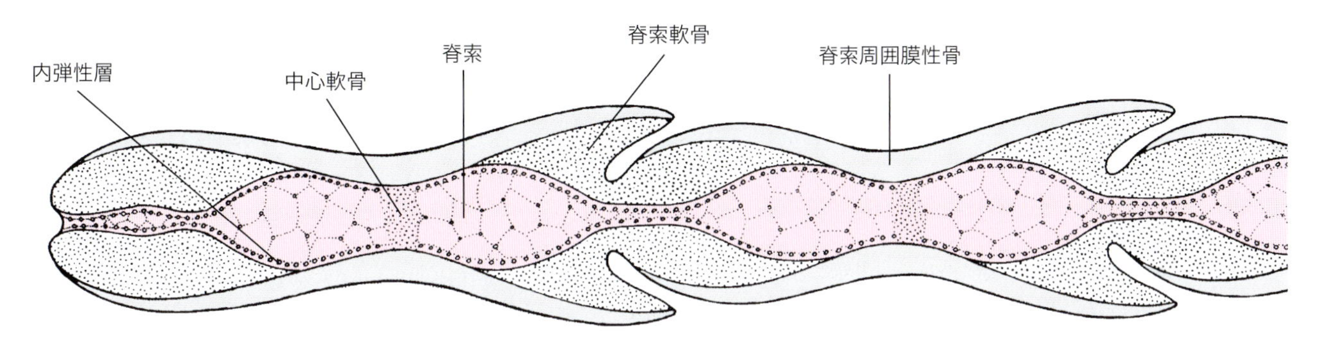

図8-3
プレトドン類のサンショウウオであるスプリングサラマンダーの体幹椎骨２個の前頭断。頭部は左。脊索軟骨は脊索鞘のなかにある。内弾性層は脊索鞘の最内層からの派生物。
Source: Data from J. S. Kingsley, *Outline of Comparative Anatomy of Vertebrates*, 1920, The Blakiston Company, Philadelphia, after Widersheim.

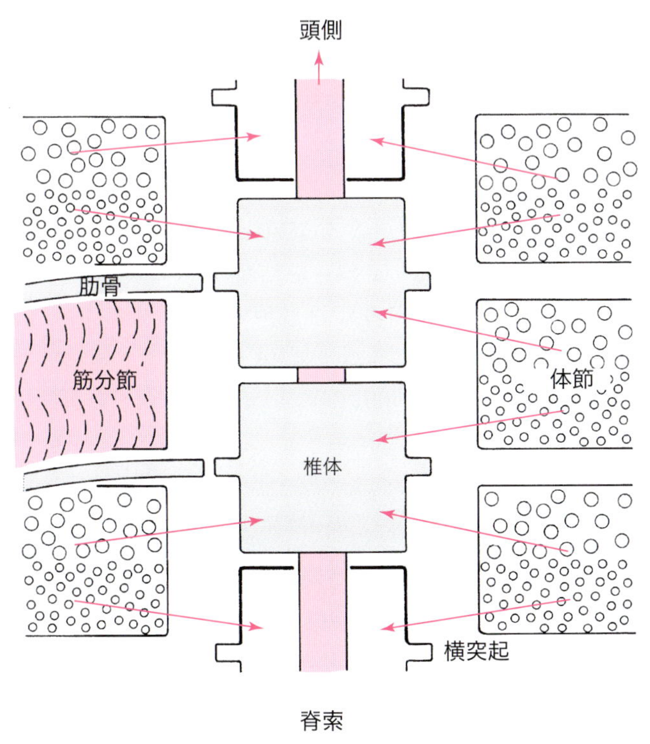

図8-4
分節間（体節間）位置にある椎体および筋節中隔あるいは肋骨。各椎体は連続する２個の体節からの寄与を受ける（矢印）。

魚類の脊柱

魚類の椎骨は，有頭動物の陸生のどのグループよりも膨大な進化した種の数と，長い古生代の期間に遺伝的な突然変異が生じる機会から予想されるように，極めて多様である。まずごく少数の興味深い形態学的な変異をみることにする。

それらは様々な発生段階の要素に起因する。発生段階の要素には，脊索鞘と脊索へ進入して肥厚させる骨片形成細胞の広がり具合，成体の脊柱内に残る脊索の程度，脊索周囲芽体のなかで発達する軟骨化中心と骨化中心の数，それぞれの骨化中心が独立したままか個体発生の間に融合するか，がある。しかし１つの種に関しては，脊柱はただ２つの主要な形態学的な部位的特殊化，すなわち体幹（**背側椎骨** dorsals）と尾（**尾椎** caudals）だけである。それぞれの部位の椎骨は，一般に，頭部と肛門の間で徐々に変化し，そこでかなり急激な変化をし，肛門と尾の末端の間でも徐々に変化する。

現存する無顎類は，もしも脊柱を持つといえるならば，奇妙な脊柱を持つ。唯一の骨格要素は**神経外側軟骨** lateral neural cartilage（図1-5参照）で，種によって異なるが体節当たり１対または２対ある。尾側では神経外側軟骨は癒合

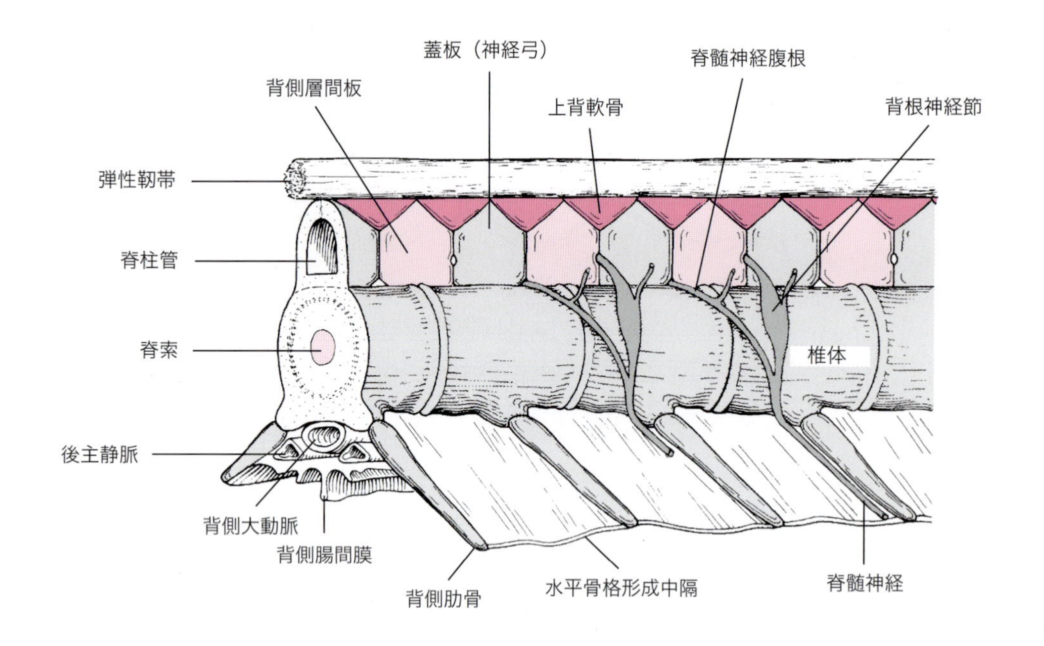

図8–5
サメの一種，ドチザメの脊柱と関連する構造物。各肋骨は椎体の横突起と関節する。

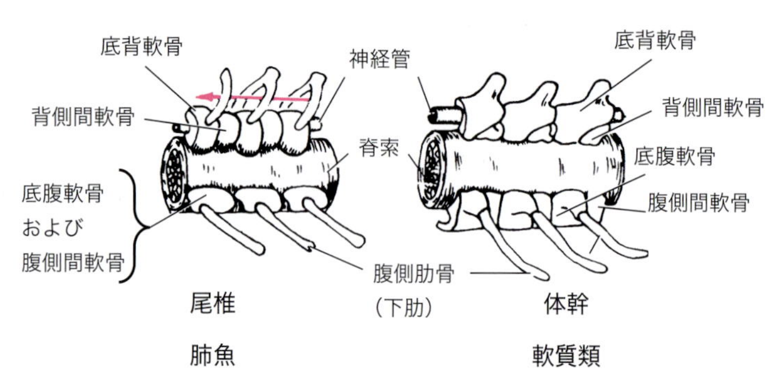

図8–6
肺魚（ネオケラトダス）と軟質類（チョウザメ）の成体での脊椎構成要素。肺魚での矢印は支持性の縦走靭帯によって占められる脊柱管を示す。

して，脊髄神経の通る孔の開いた1枚の縦走背外側軟骨板を形成する。ヌタウナギでは神経外側軟骨は尾部に限られるが，何人かの研究者たちはこうした要素は癒合した鰭を支持するもので，脊椎の要素ではないと考えている。神経外側軟骨は痕跡的な椎骨か，あるいは原始的な椎骨か，それとも椎骨とは系統発生学的な関係がないのかもしれない。それらを椎骨とよぶかどうかは，椎骨をどのように定義するかによる。本書で用いる分類では，体幹と尾の脊椎構造として椎骨を定義し，したがって，ヤツメウナギと無顎類を脊椎動物のグループにまとめている。

サメ類では，脊索は成体の脊柱の全長にわたって存在し，各椎体のなかで圧縮されている（図8–2）。脊索軟骨と脊索周囲軟骨からなる椎体は両端がへこんでいる。両端がへこんでいる椎体は**両凹型** amphicelous とよばれる（図8–1a，b）。脊柱管（図8–5）は，神経弓を形成する対をなす**蓋板** dorsal plate と神経弓間の対をなす**背側層間板** dorsal intercalary plate からなり，ある種のものではくさび形の**上背軟骨** supradorsal cartilage も加わる（図8–5）。アブラツノザメは上背軟骨を欠く。ツノザメの神経弓と背側層間板には，脊髄神経の背根と腹根や血管の通る孔が開いている。ドチザメでは背根と腹根や血管は層間板の間から出る。血管弓は対をなす**腹板** ventral plates からなる。**腹側層間板** ventral intercalary plates は血管弓の間に共通してみられる。線維弾性靭帯はすべての魚類に存在し，脊柱の全長にわたり神経棘にかぶさっている。

少数の魚類は例外的な脊柱を持つ。肺魚，軟質類，シーラカンス類のラティメリアは椎体が発達しない。脊索は存在し，くびれていない。厚い線維性の鞘は軟骨や硬骨をほとんど含まない（図8–6）。各体節の脊索と関連して，対をなす**底背軟骨** basidorsal cartilages，**底腹軟骨** basiventral cartilages，**背側間軟骨** interdorsal cartilages および**腹側間軟骨** interventral cartilages がある。これらはいずれも胚期の脊索周囲芽体における個々の軟骨化中心の産物である。絶滅した全頭類の“脊柱”は，脊索鞘に堆積した石灰化軟骨の厚い輪からなる（図8–7）。この輪の数は体節の数よりも多い。

真骨類はよく骨化した両凹型椎骨を持つ（図8–1c）。各椎体の芯はダンベル状の腔所で，そこにはかつて脊索があった。連続する椎骨の間のこのスペースは多孔性の軟骨様物質で占められており，おそらく脊索の遺残を含んでいる。連続する椎骨の椎体と神経弓は，コラーゲン性靭帯と弾性靭帯の複合体によって結合し，移動のための**側波状運動** lateral undulation を助けている。体幹の後部と尾部ではこうした靭帯はしばしば骨化して，長くて細い骨質の棒となる。神経棘はしばしば非常に高くなり，時には**上神経骨** supraneural bone が上にのる（図8-24，スズキ参照）。突起の多様さは魚類に独特で，椎弓や椎体から突出する。

板鰓類や多くの硬骨魚類は，尾部の各体節に２つの椎体と，神経弓と血管弓を２セット持つ。少数の板鰓類では，体幹においてもこうした重複を持つ。その結果，そうした部位での椎体の数は**筋分節** myomere や脊髄神経の倍の数，すなわちディプロスポンディリー（二重椎骨）状態である。アミアは肛門より後部の脊柱で体節当たり２つの椎体を持つようだが（図8-8），そのうちの１個だけが椎弓を備える。もう一方の椎体は他の魚類や四肢動物の下椎体（間椎体）と相同ではないかもしれないが，間椎体とよばれる。胚期の底背軟骨と底腹軟骨は椎体に統合され，背側間軟骨と腹側間軟骨が間椎体に統合される。

魚類では第一頚椎と頭蓋との間には可動性はない。両者は軟骨または弾性のない結合組織で結ばれている。最後位の椎体は第10章で述べられるように，尾鰭の骨格の一部である。

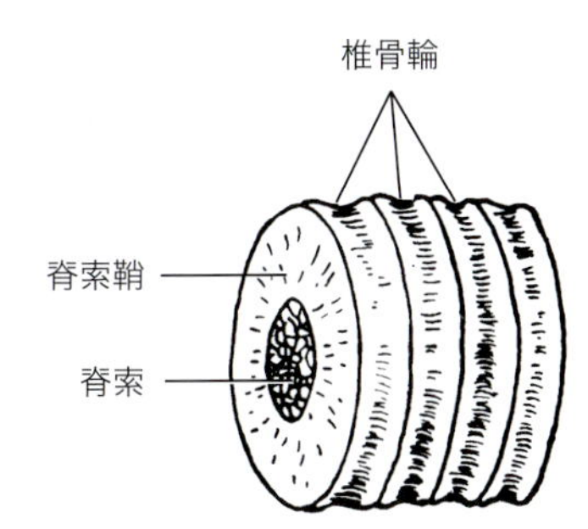

図8-7
絶滅した全頭類の椎骨輪。神経弓は除去されている。

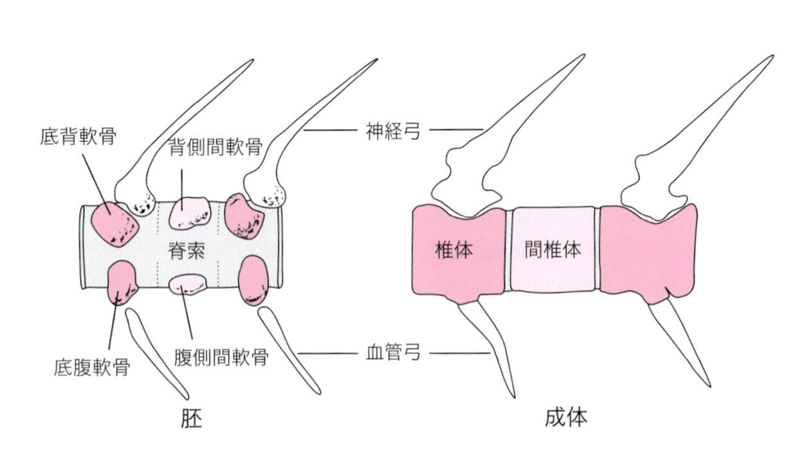

図8-8
アミアの尾椎。椎体と間椎体は各体節で発達する。間椎体は他の魚類や四肢動物の同様の構造（下椎体）と相同ではないことは明らかである。

四肢動物の椎骨の進化

体幹では，各体節に１個の椎体と１個の神経弓からなる現生の四肢動物の脊柱と異なり，ある種の扇鰭類や初期の迷歯類の脊柱は，各体節当たり数個の骨からなる。一般にそれらは，脊索の揺りかごとなる大型で正中のＵ字型の前位の骨である**下椎体** hypocentrum（間椎体とする著者もいる）（図8-9），脊索の背外側に覆いかぶさる小さなくさび状の骨である１対の**半椎体** pleurocentra，および集まって神経弓となる脊索の側方で左右の独立した骨の薄板である。

個々の薄板は半椎体と下椎体の間の刻み目にある。脊索は体の全長にわたりつながっているが，各下椎体の位置でくびれている。こうした特徴を示す“椎骨”は**分節椎骨** rachitomous（数個からなる）とよばれている。その後に出現する四肢動物の椎骨は，有尾類や無足類の例外はあるが，分節椎骨の状

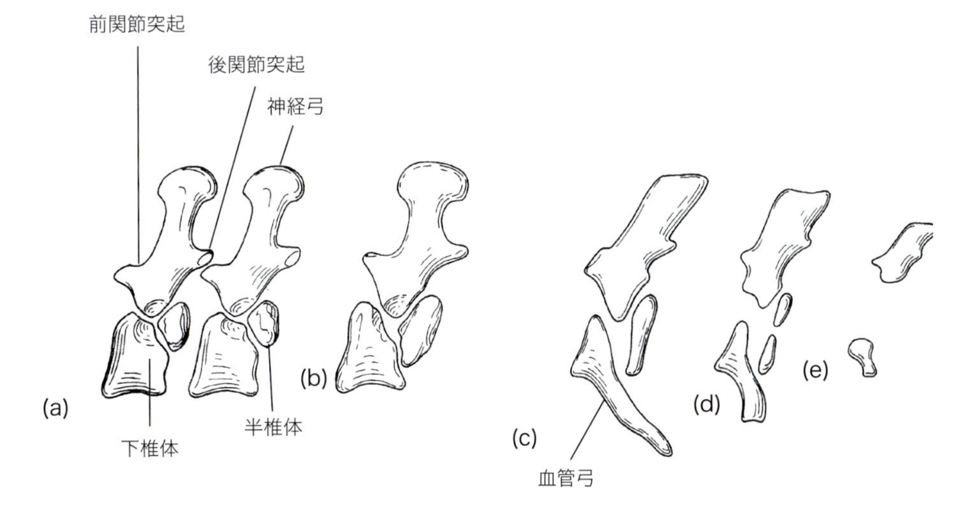

図8-9
原始的な迷歯類の分節椎骨の左側観。(a) と (b) は体幹椎骨。(c) ～ (e) は尾椎。下椎体（他の著者では間椎体）。
Source: Data from E.S. Goodrich, *Studies on the Structure and Development of Vertebrates*, 1930, Macmillan and Company, Ltd., London.

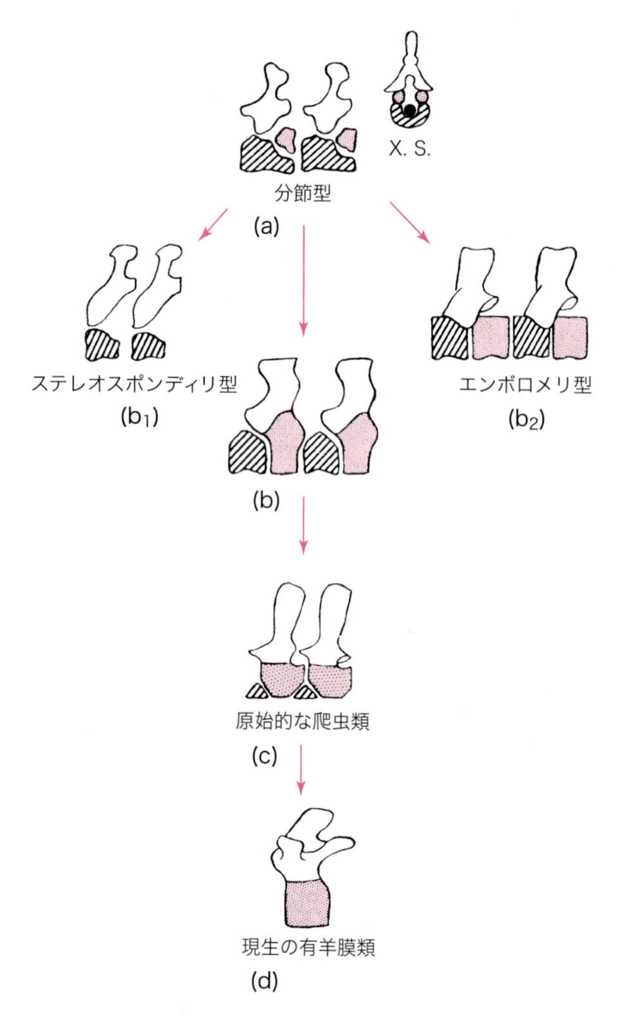

図8-10
迷歯類から現代の有羊膜類への椎骨の仮想的な変化。(a)，(b)，(b_1)，(b_2) は迷歯類椎骨の４つの変異。X.S. は (a) の横断面で，脊索は黒色で示す。分節椎骨は扇鰭類や初期の四肢動物に存在した。(b) は爬虫類の系列となる絶滅した両生類から。斜線部は下椎体（間椎体），赤色は半椎体。

態が変化したものと思われる。この変化は半椎体の突出が増し，同時に起きる下椎体の縮小によるとされてきた（図8-10）。

今日では，はるか昔と同様に，脊索周囲芽体の数対あるいは正中の何カ所かで，下椎体と半椎体それぞれが骨化を開始する。分離した骨化中心が広がるため，デボン紀とは異なりそれらは融合する。古生物学，比較解剖学および発生生物学の所見はすべて同じ結論を示す。すなわち，現代の四肢動物の成体の椎骨は複合構造物である。

有尾類や無尾類の椎骨は半椎体あるいは下椎体の証拠を欠いている。このことやその他の多くの理由のため，こうした両生類の系統発生史が論争されている。無尾類の椎体が半椎体か下椎体かは確定していない。

一般化した有尾類，無足類，ムカシトカゲや，ヤモリのような原始的なトカゲの椎骨は，大部分の魚類の椎骨と同様に両凹型である。椎体は両端がくぼみ，脊索の痕跡が椎間関節に残る。その他の四肢動物の大部分では，くぼみは椎体の前端，後端あるいは両端でなくなり，結果として椎骨はそれぞれ**後凹型** opisthocelous，**前凹型** procelous，または**無凹型** acelous となる（図8-11）。

無尾類と現代の爬虫類の椎骨は前凹型である。この型は，２つの椎体の間に脊索軟骨の下椎体が形成され，また間椎体が前位の椎体と最終的に癒合したことから進化したと考えられる。これが結果として前凹型椎骨を生じた。下椎体と直後の椎体との癒合は，サンショウウオでみるような後凹型椎骨を生じたのであろう（図8-3）。

哺乳類の椎骨は無凹型で，両端ともにくぼみはない。その代わりに，連続する椎骨の間に線維軟骨性の**椎間板** intervertebral disc があり，その芯は**髄核** pulpy nucleus として知られる胎生期の脊索の遺残である。ヒトは椎間板の位置がずれて脊髄神経を圧迫するときにのみ，椎間板を意識する。四肢動物でのこうして変化した椎間関節は，魚類の両凹型の椎骨よりも脊柱の屈曲を可能としている。より屈曲可能な椎間関節は，鳥類の高度に特殊化した異凹型頚椎について学ぶときに説明する。

四肢動物の脊柱の部位による特殊化

陸上での生活の到来とともに，脊柱は部位的な特殊化を受けた。四肢動物の体肢は地面に対して押している。最初，体肢は純粋に移動のために地面を押していたが，その後は体を地上から持ち上げるようにもなった。四肢動物の後肢が地面を押すことに対する地上からの物理的反発力は，後肢帯を介して体幹の最後部の１個または数個の椎骨に伝えられる（図8-12）。こうした椎骨は適切に変化し，**仙椎** sacral vertebrae とよばれる（図8-13，8-14，8-17，8-21，10-10 参照）。魚類の腹鰭には脊柱とのこうした関係はない。

四肢動物は，デコボコしていて岩や植生など視界の邪魔になるものがある地上で生き残るために，地平線を見通す眼を含む特殊感覚器官を備える頭部の可動性を増した。このことは，両生類では最前位の椎骨と頭蓋との間の幾分可動的な関節を発達させることで，わずかな程度達成された。この革新は，多くの有羊膜類で前方の椎骨のいくつかで肋骨が短縮するか消失すること，また頚となった部位での椎間関節の可動性を増すことで改良された。こうした椎骨が**頚椎** cervical vertebrae である（図8-14）。

カメやヘビ以外の有羊膜類では，長い肋骨は頚のすぐ後方の体幹の前部の椎骨に限局されるようになった。こうした肋骨により胸腔臓器を収め，外呼吸にかかわる骨性のカゴが作られた。これらの椎骨が**胸椎** thoracic vertebrae であり，仙椎より前方の残りの椎骨が**腰椎** lumbar である（図8-14）。水中での生活で変化した脊柱を図10-31 に示す。

四肢動物のなかで，ヘビは 400 以上の椎骨からなる最も長い脊柱を持ち，部位的な特殊化はない。こうした脊柱は，ヘビを長く関節の多い体にし，四肢がなくても移動のために，とぐろを巻いたり引きつけたりして，蛇行できる。

無足類も四肢を欠き，250 以上の椎骨を持つ。有尾類のあるものは 100 個の椎骨を持つ。不器用にピョンピョン跳ねる無尾類は最も短い脊柱を持ち，柔軟性は限られている。カメ類や鳥類では，脊柱の頚椎と尾椎のみに屈曲性があり，体幹の椎骨の大部分は鳥類では複合仙骨として（図8-18，8-19b，8-20），カメ類では背甲として（図6-36 参照），しっかり癒合している。移動における脊柱とそれに関連する筋の役割は第 10 章および第 11 章で述べる。

頭蓋椎骨接合と頚椎

現生の両生類の唯一の頚椎である第一頚椎は突起を欠き，頭側端には 2 つの滑らかなくぼんだ面を備え，これが 2 つのコブ状の後頭顆と関節する。有尾類の後頭顆を図9-12b に示す。突起の欠損と両生類型の頭蓋椎骨接合の性質は，魚類では不可能な頭蓋の背腹方向の動きを限られた程度で可能とする。2 つの関節面での関節は，1 つの後頭顆しか持たない最も初期の両生類からの変化である。

有羊膜類は両生類よりも多数の頚椎を持ち，長く屈曲性のある頚となる。最前位の 2 個の椎骨は，頭部の独立したかなりの動きを可能とさせるように変化している。最初の椎骨である**環椎** atlas は椎体が欠損するため環状である（図8-27）。頭側端は 1 つまたは 2 つの深いくぼみ（**上関節窩** superior articular facets）となり，爬虫類の 1 個の後頭顆，あるいは哺乳類の 2 個の後頭顆と関節する。これらは顆状関節で，“ハイ”とうなずくときに頭部を揺れ動かす。

ヘビ類を除き，環椎の椎体は第二頚椎である**軸椎** axis の

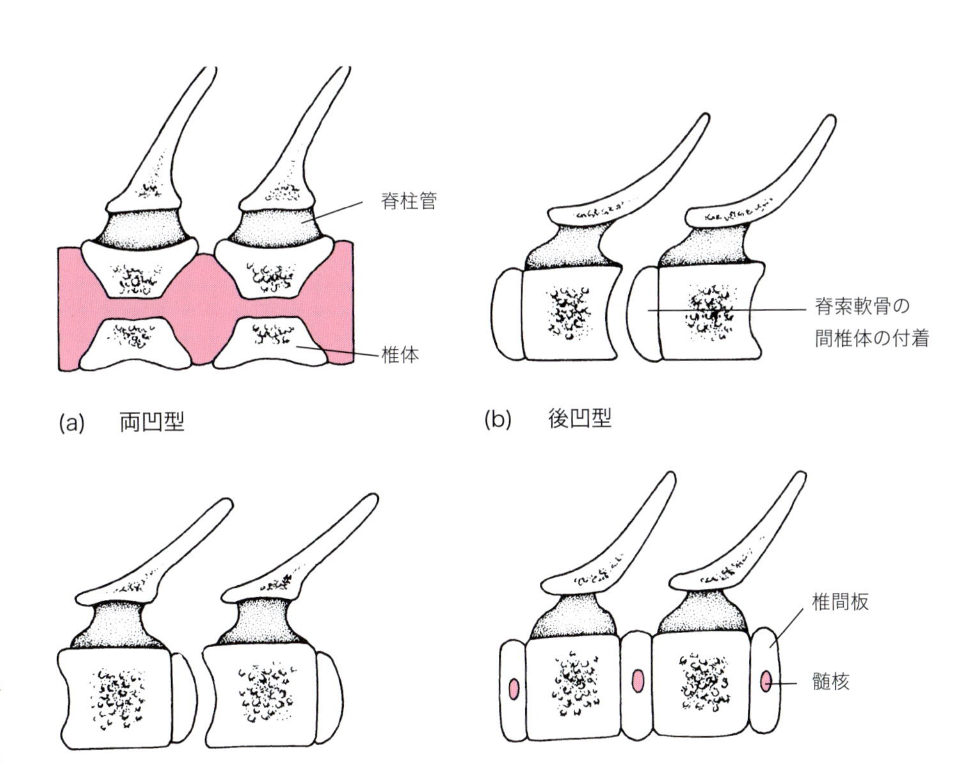

図8-11
椎体の関節面に基づく椎骨の型。正中矢状断で左が頭側。鳥類の複雑な異凹型椎骨は図8-1に示す。赤色は (a) では脊索を，(d) では脊索の痕跡を示す。

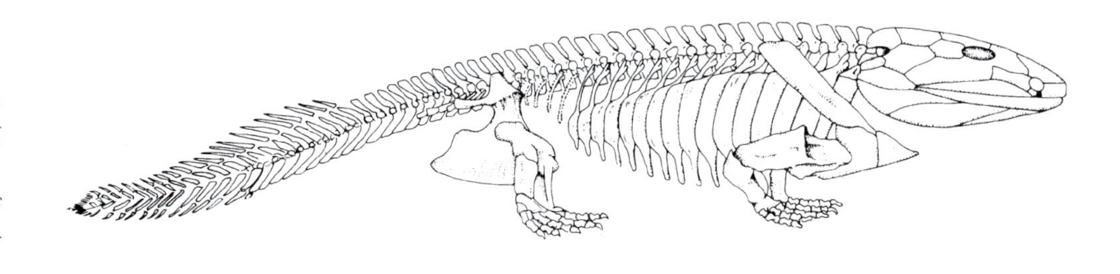

図8-12
体長 90cm の初期の迷歯類であるイクチオステガ。発掘された化石の骨格より再構築。
Source: Data from Jarvik, *Scientific Monthly*, Vol. 80, p. 152, March 1955.

歯突起 odontoid process となる。この突起は前方に突きだし環椎の床の上にのり，哺乳類では環椎横靭帯 transverse atlantal ligament によってその位置に結ばれる（図8-15a）。頭蓋と環椎は一体となって回転軸となる歯突起上で揺れ動く。頭部の動きは環椎の関節突起が縮小したり消失することで促進される。ムカシトカゲの歯突起は独立した要素として軟骨化し，孵化後に軸椎と癒合する。

骨性の前環椎 proatlas は，神経弓に似ていて1対の両側性の軟骨性芽体から生じ，ワニ類やムカシトカゲや食虫性のハリネズミでは頭蓋と環椎の間に介在する（図8-15b，8-16）。この要素は原始的な有羊膜類に初めて出現し，哺乳類の祖先である単弓類にも存在した。現存するトカゲ類のあるものは，その部位に骨ではなく，線維性の膜を持つ。

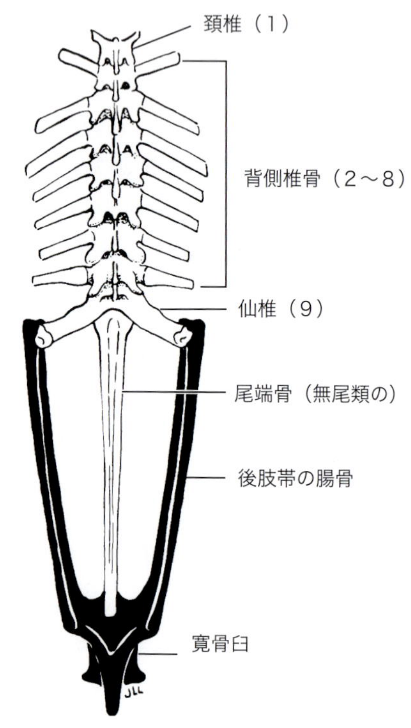

図8-13
無尾類の脊柱と後肢帯。後肢帯の長い腸骨は仙椎を支えている。

屈曲性のある頚は，地上で食料を集め，敵を避けるために有益である。頚は地平線を広げるだけでなく，上下の円弧での角度の数を増している。例えばヒトでは，頭部を動かすだけで180度以上の円弧で地平線を見渡すことができる。

鳥類では，頚椎の関節の性質のため，頚の柔軟性は並外れている。椎体の後端は鞍状で，左右軸は凸面，背腹軸は凹面となっている（図8-1f）。後方に続く椎体の頭側端はこの外形に適合した形をしている。こうした椎骨は異凹型 heterocelous とよばれる。こうした椎骨は頚を側方および背腹方の両方へ屈曲できるようにしている。環椎-軸椎複合体と組み合わさった異凹型の椎体と，四肢動物で最も数の多い頚椎（一般的には12，ハクチョウでは25）は，何種かの鳥で頭部を180度後方へ曲げることができるようにし，監視できる地平線の円弧を完全な円にまで拡大している。

カメ類もまた独特の柔軟な頚を持つ。連続する前凹型椎体の間の球関節により，頭部と頚部を完全に甲羅のなかに引っ込めることが可能で，引っ込めている間，頚部を背腹方向に数回折り畳むか，ヘビクビガメでは横方向に折り畳んでいる。しかし，他の現存する爬虫類と同様に，カメ類はただ8個の頚椎を持つ。頚の高い柔軟性とは対照的に，鳥類とカメ類の脊柱の他の部分は，尾椎の短い区域を除いて，全体的に硬直している。

哺乳類はほとんど常に7個の頚椎を持つ。このことはクジラのずんぐりして硬直した頚でも最も背の高いキリンの頚でも同じである。例外は6，8，9個の頚椎を持つ3種の貧歯類（2種のナマケモノとオオアリクイ）と6個のマナティーである。フクロモグラの頚椎は短くなり，多少なりとも癒合

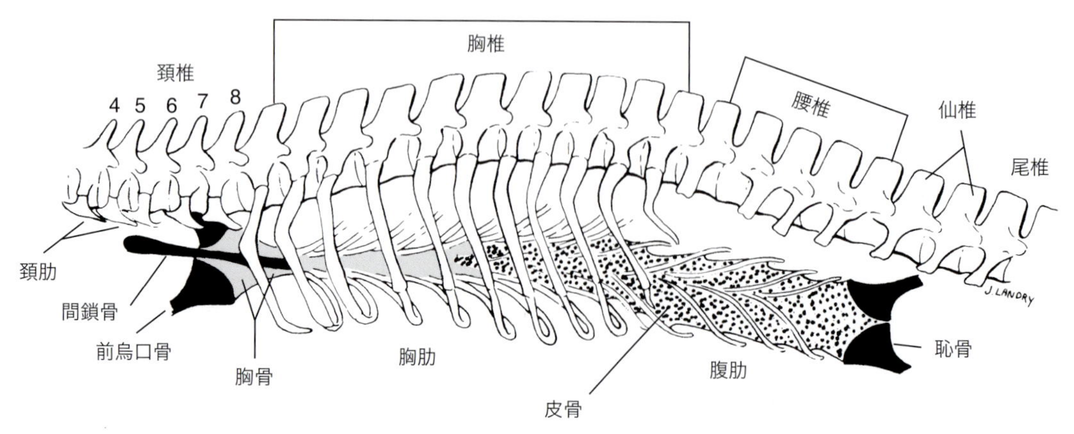

図8-14
アリゲーターの脊椎と肋骨。

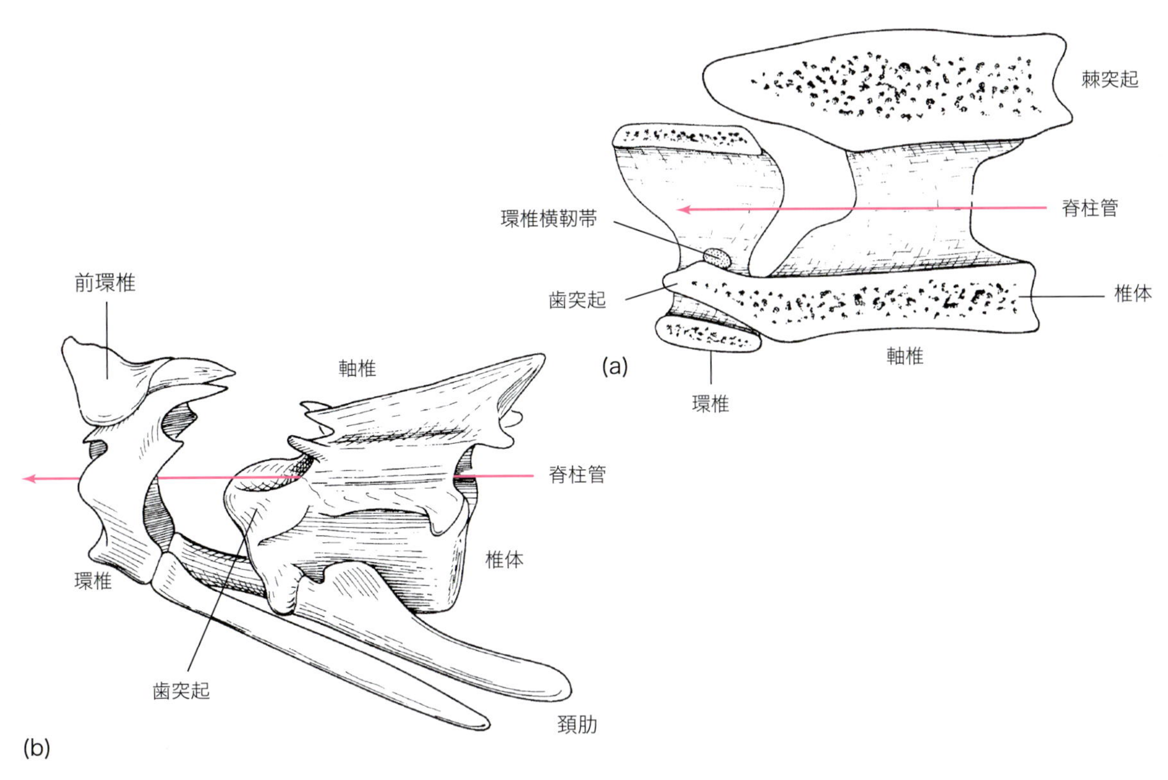

図8-15
ネコ (a) とワニ (b) の環椎，軸椎および歯突起。左が頭側。(a) は矢状断。環椎横靭帯は歯突起が重なるところで切断されている。(b) では，椎骨を明確にするためやや離してある。第二頚肋が２頭であることに注意する。

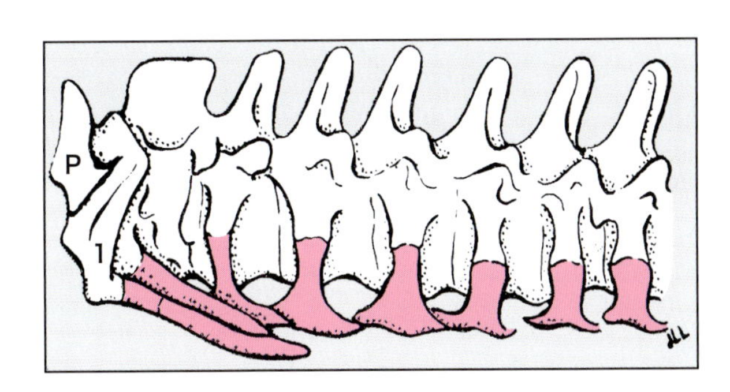

図8-16
アリゲーターの８つの頚椎と８つの頚肋（赤色）と前環椎（P）。左側観。1は環椎とこれに付着する頚肋。最初の肋骨のすぐ後が軸椎の肋骨。肋骨は横突起と癒合している。

している（潜穴生活への適応？）。アルマジロやクジラ類でも同様である。哺乳類の頚の長さを決めるのは椎体の長さであって，数ではない。

後肢の安定：仙骨と複合仙骨

仙椎は，頑丈な横突起を備える。この横突起は移動において後肢が地面を押すときに生じる推力に十分耐えうるほど強力である（図8-13）。横突起の先端との不動結合は頑丈な肋骨と同じ程度である（図10-10 参照）。

両生類は１個の仙椎を持ち，大部分の鳥類を含めた現存する爬虫類やオポッサムは２個の仙椎を持ち，大部分の哺乳類は３～５個の仙椎を持つ。しかし奇蹄類では８個まであり，貧歯類は 13 個持つ。哺乳類の仙椎は不動結合して，１つの複合骨である**仙骨** sacrum を形成する（図8-17）。仙椎は後肢を欠く四肢動物では分化しない。

現代の鳥類では，最後位の胸椎，すべての腰椎，仙椎，前位の数個の尾椎および肋骨は癒合し，成体では１つの複合骨，**複合仙骨** synsacrum を形成する。複合仙骨は後肢帯と癒合している。このように緊密にまとまった骨盤（図8-18，8-19，8-20）が形成され，鳥類の不安定な姿勢のがっちりした装具となっている。複合仙骨より前位の胸椎も多かれ少なかれ完全に合体し，鳥類の頚より尾側の背骨にはほとんど可動性がない。

この中軸の頑丈さは飛翔中の体を流線型に維持する筋の数を最少限とし，これにより消費するエネルギーを軽減している。しかし，このことをもたらした歴史的選択圧は，現在その利益と思われることからは全く異なっているであろう。始祖鳥は原基的な複合仙骨に関する１つの見解を提供する（図8-21）。体幹の椎骨は癒合しておらず，後肢帯（腸骨，坐骨，恥骨）は現代の鳥類のものより比率的小さい。起立した

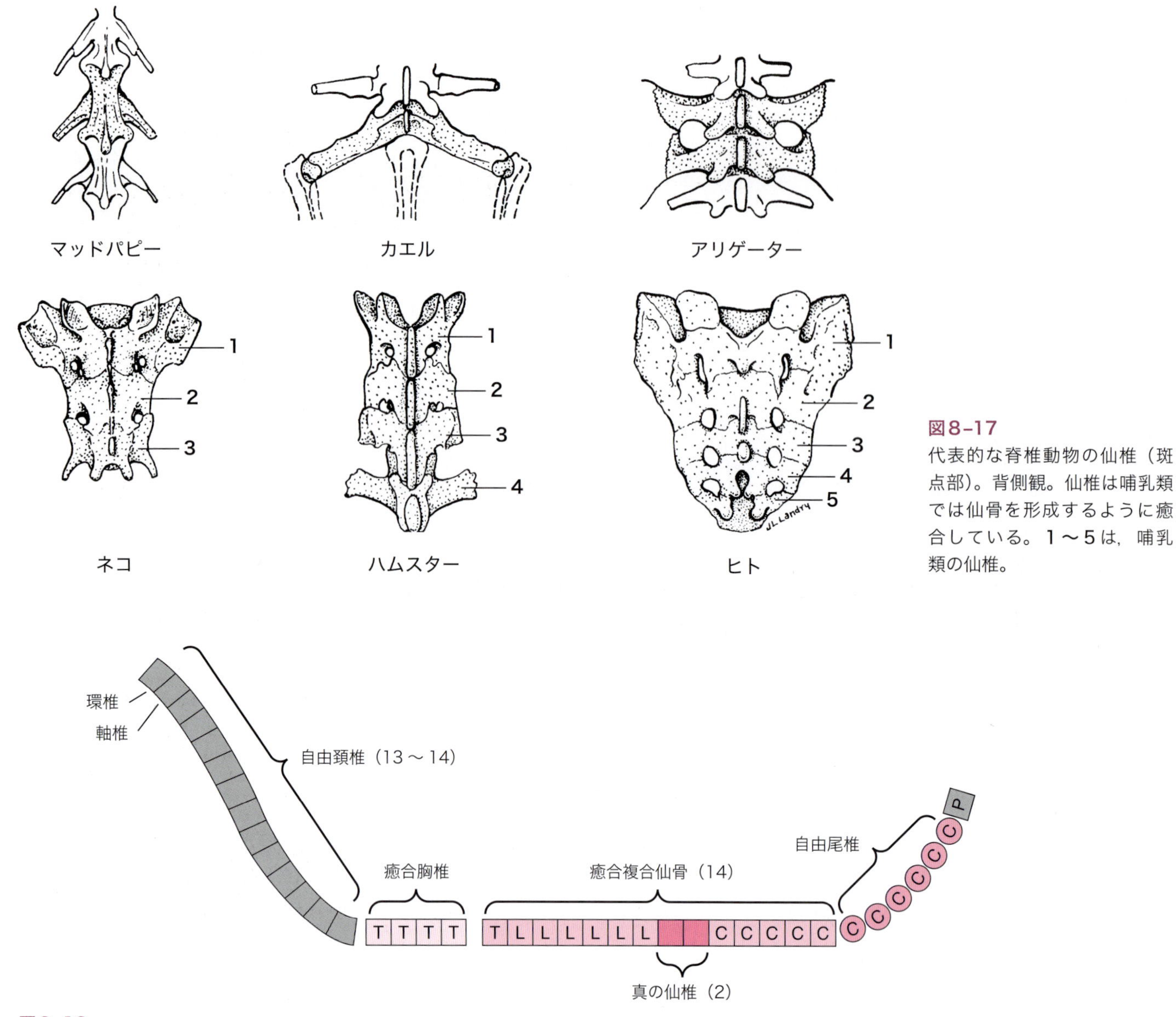

図8-17
代表的な脊椎動物の仙椎（斑点部）。背側観。仙椎は哺乳類では仙骨を形成するように癒合している。1～5は，哺乳類の仙椎。

図8-18
ハトの脊柱の模式図。T：胸椎。L：腰椎。C：尾椎。P：4つの椎骨の癒合した尾端骨。

ときの体重は，図4-28に示す長い尾によりかなりの程度まで釣り合っている。

哺乳類のなかでは，アルマジロは複合仙骨を持つ。それは13に上る癒合した仙椎と尾椎からなる。

尾椎：尾端骨および尾骨

初期の四肢動物の尾椎の数は，おそらく50以上であったのだろう。現代の四肢動物では，尾椎の数はもっと少なくなり，極めて多様で，尾が様々な用途にいかに効果があるかを示している。すべての四肢動物で，尾の末端に向かって椎弓や突起は徐々に短く，痕跡的となり，尾椎は最後には小さな円筒状の椎体のみからなる（図8-22）。

無尾類は特有の**尾端骨** urostyle を脊柱の末端に持つ（図8-13）。この骨は幼生の尾の基部にある一連の長くなった脊索周囲軟骨から発達し，変態の時期に尾が失われた後で大きくなって骨化する。この骨が仙椎より尾側の椎骨からなることは，1個あるいはそれ以上の癒合した椎体，痕跡的な椎弓，横突起および神経孔から明らかである。神経孔はいくつかの種では尾端骨の頭側端の一部である。

爬虫類では，トカゲ類の尾椎は言及に値する。多くのトカゲ類は，尾をつかまれたとき，つかんだ部位より末端を切り離して逃げ去る。尾はその後再生する。この**自切** autotomy は，筋節中隔のレベルで各尾椎を頭側と尾側に分ける軟組織の領域で実行される。筋節中隔の両側で相反する反射性筋の

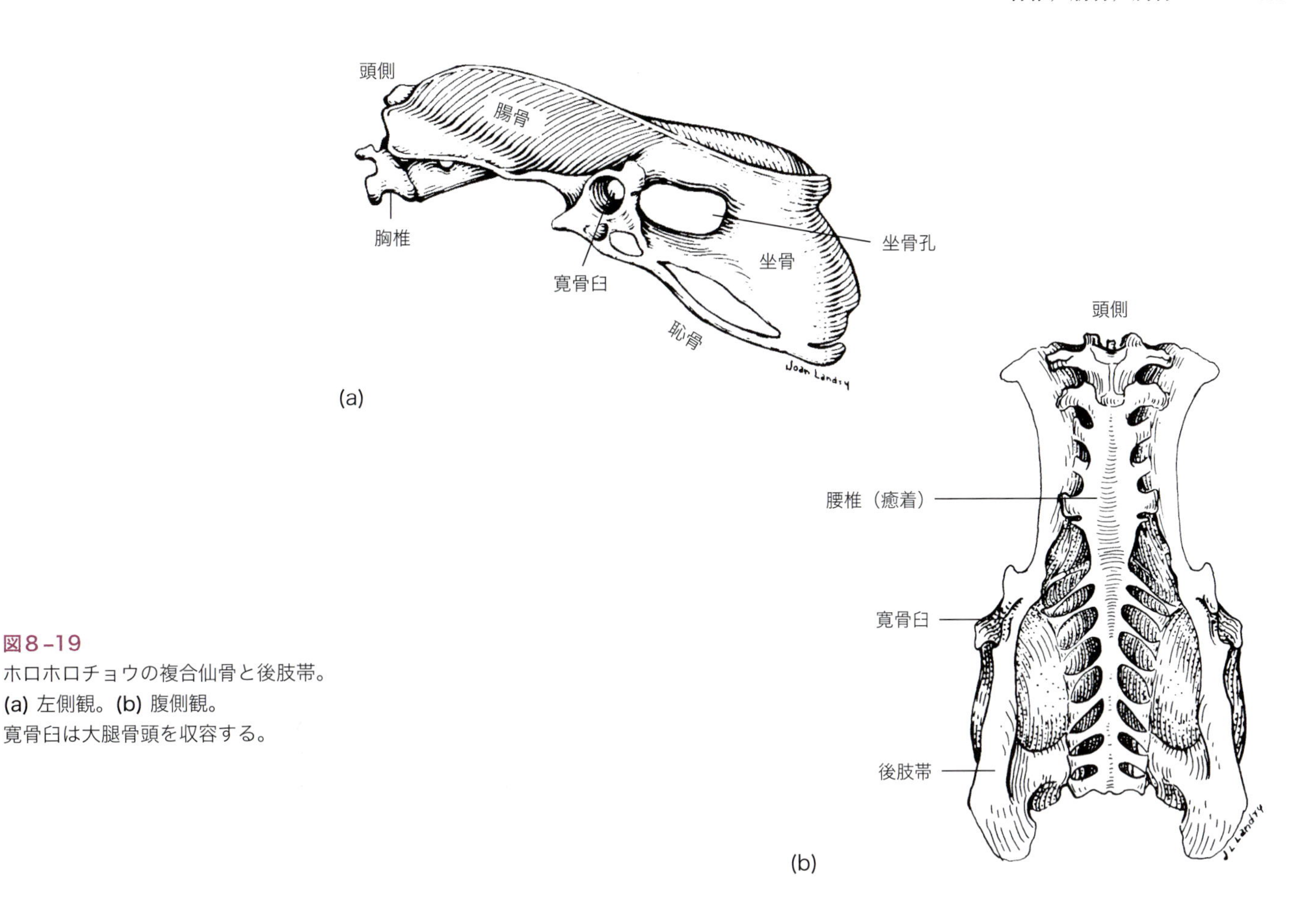

図8–19
ホロホロチョウの複合仙骨と後肢帯。
(a) 左側観。(b) 腹側観。
寛骨臼は大腿骨頭を収容する。

突然の収縮により尾が切り離される。

始祖鳥は長い尾を持っていた。現代の鳥類も，目立ってはいないが，まだ尾を持っている。ハトは15の尾椎を持つ。5個は複合仙骨と癒合しており，6個は独立し，最後の4個は癒合して**尾端骨** pygostyle を形成する。これは尾でみることのできる骨格である（図8–20）。尾端骨は4個の別々の軟骨性椎体として発達する。

哺乳類では，尾椎は少ないもので3個，多いもので50個からなる。マッコウクジラの尾には24個ある。類人猿やヒトは4，5個の痕跡的な尾椎を持ち，これは鳥類の尾端骨に匹敵する。尾椎は椎弓を欠くが，大部分の尾椎は痕跡的な横突起を持つ。最後の3，4個は徐々にサイズが小さくなり，ヒトでは癒合して，25歳の頃には硬い**尾骨** coccyx となる。尾骨の椎体はまだ識別できるが，最後の1個は単なる骨の小結節である。“尾骨”がたびたび痛む人は，以前に脊椎の末端から尻餅をついて尾骨を骨折している。ヒト科の動物とは対照的に，アカゲザルは座高のほぼ半分ほどの長さのある，物をつかむことのできる尾を持っている。

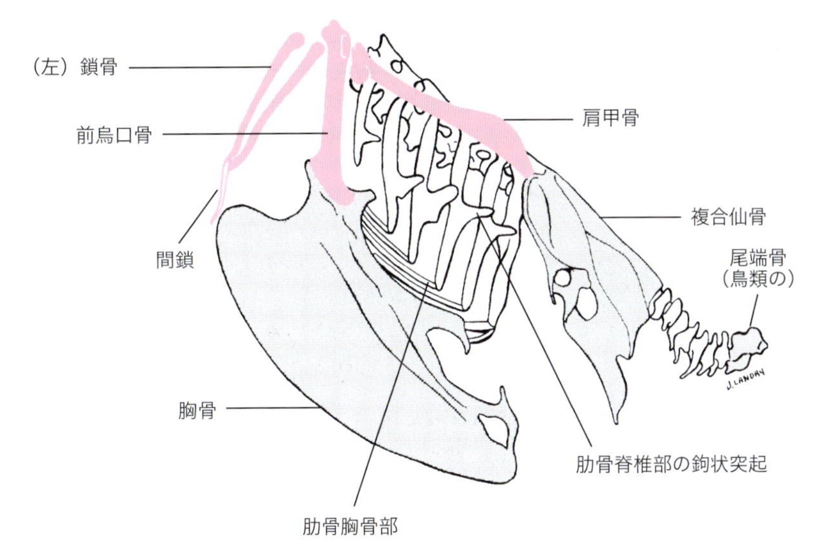

図8–20
ハトの体幹，尾部，前肢帯の骨格。頭側は左。前肢帯の骨は赤色。胸骨の腹側の突起が竜骨。鎖骨と間鎖骨は叉骨を構成。図で示されている最初の肋骨は，2つある頸肋の第二で最後のもの。

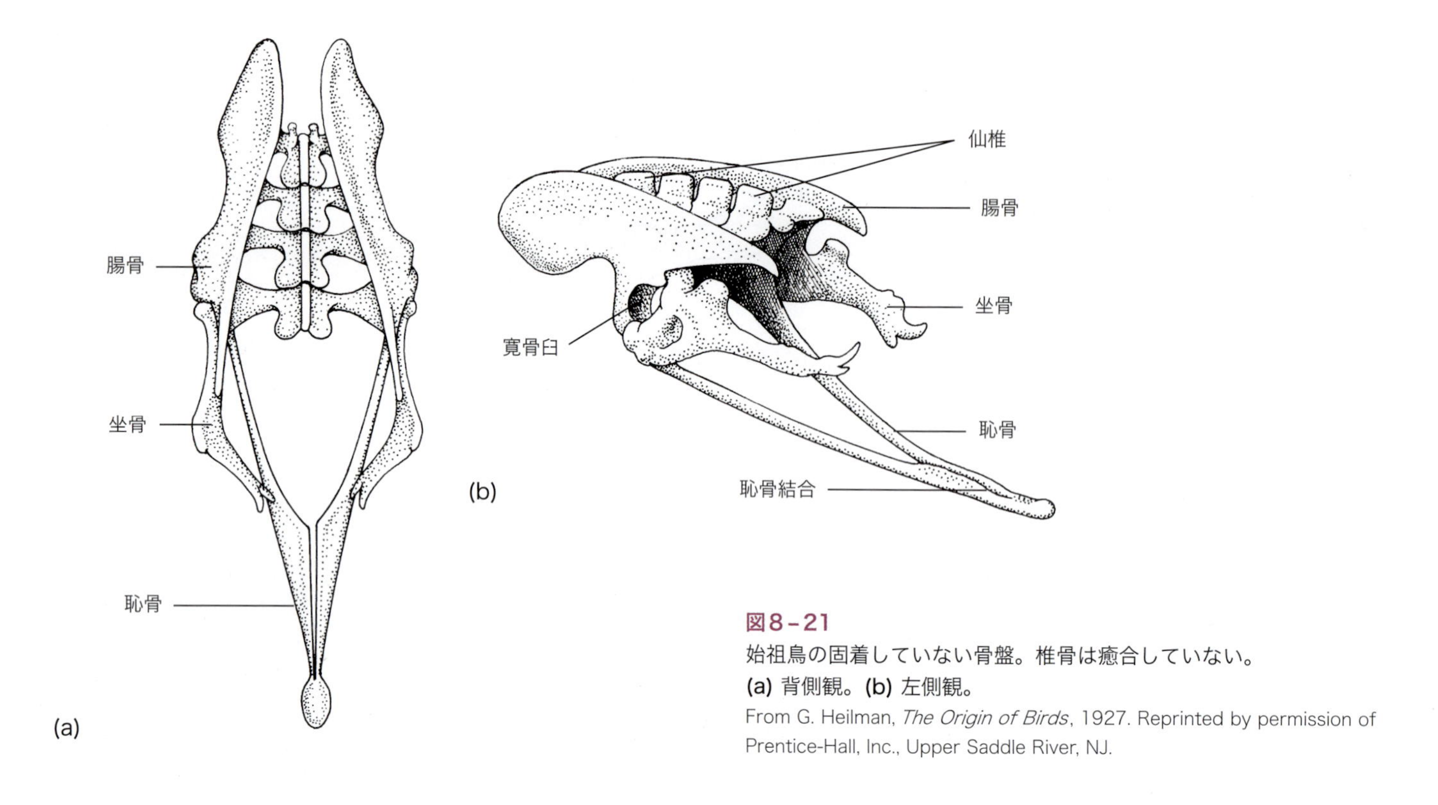

図8－21
始祖鳥の固着していない骨盤。椎骨は癒合していない。
(a) 背側観。(b) 左側観。
From G. Heilman, *The Origin of Birds*, 1927. Reprinted by permission of Prentice-Hall, Inc., Upper Saddle River, NJ.

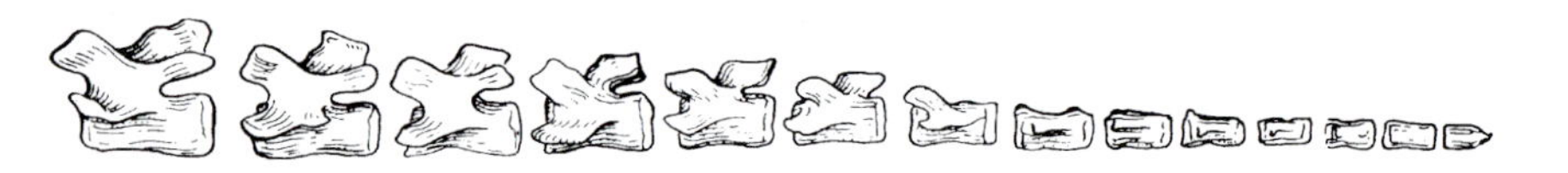

図8－22
ハムスターの完全な尾椎。左側観。

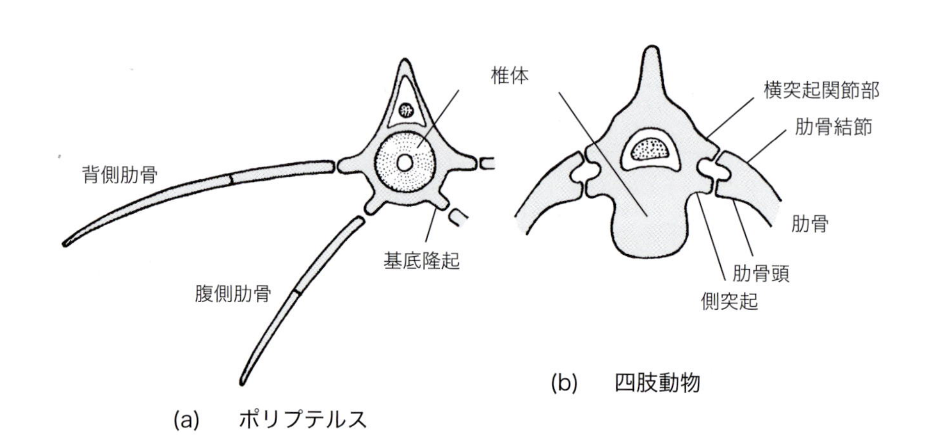

図8－23
ポリプテルスの背側肋骨と腹側肋骨（下肋）および四肢動物の2頭性の肋骨。四肢動物のもっと一般的な関節部位は図8-25で示されている。(a) の基底隆起と (b) の側突起は相同ではない。

肋骨

肋骨は椎骨と関節し，体壁内に伸びる。肋骨は椎体と同じ方式で，連続する2個の中胚葉体節の骨片形成細胞により体節間で形成される（図8－4）。椎骨に隣接する部分と対照的に，遠位の肋骨の起源は論議されている。ルイジン Ruijin ら（2000）は肋骨全体の硬節起源を確かめたが，肋骨が引き続き発達するためには硬節と筋節の相互作用が必要であることに注目した。ほとんどの肋硬骨は軟骨内骨化の起源である。ある種の爬虫類のいわゆる腹肋骨，すなわち**腹肋 gastralia**（図8－14）は，肋骨ではなく，祖先の真皮性外骨格の遺残であると思われる肋骨様の膜性骨である。

魚類

原始的な**条鰭類** actinopterygian であるポリプテルスやある種の真骨類（例えばスズキ）は，個々の体幹椎骨と関係する背側と腹側の2組の肋骨を持っている（図8－23a）。**背側肋骨** dorsal ribs は側方へ，軸上筋と軸下筋を分ける水平骨格形成中隔内へ向かう（図1－2，8－5参照）。**腹側肋骨**

ventral ribs（下肋）は筋節中隔のなかで発達し，哺乳類の胸郭でのように，壁側腹膜のすぐ外側で，外側体壁内を腹側に向かって弓なりに伸びる。魚類では，腹側肋骨は腹側正中線に達しない。肛門の後方には体腔は存在しないが，腹側肋骨の各対あるいは基底隆起は，椎体の下方で互いに近づき，癒合して尾部の血管弓を形成する（図8－1c）。

ほとんどの魚類は腹側肋骨のみを持つ（図8－24，スズキを除く）。サメ類やその他の少数の種は背側肋骨のみを持つ。ガンギエイ，ギンザメ，タツノオトシゴのような変わった少数の真骨類は肋骨を持たない。現存する無顎類も持たないが，これはおそらく椎体の欠損と関係する。魚類の肋骨は筋節中隔を強化する。筋節中隔には筋分節の縦状に配列した移動にかかわる筋が付着している（図11－5参照）。

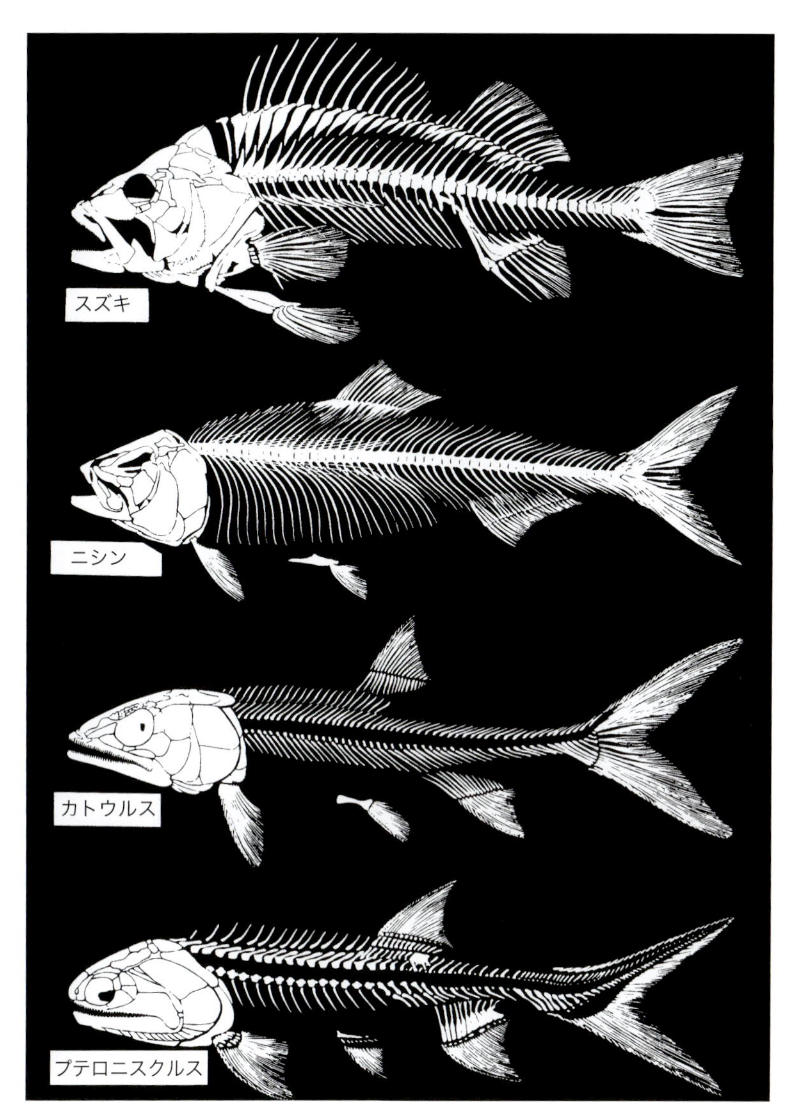

図8－24
条鰭類の骨格。プテロニスクルスは三畳紀の原始的な新鰭類。カトウルスは中生代のアミアの近縁種。ニシンは一般的な真骨類。スズキは特殊化の進んだ真骨類。
From *Evolution of the Vertebrates*, by Colbert, 3rd edition. Copyright ©1980 John Wiley & Sons. Reprinted by permission of John Wiley & Sons, Inc.

四肢動物

初期の四肢動物では，肋骨は環椎から尾の基部の近くまで椎骨と関係している（図8－12）。肋骨はその後，長さと数が制限され，短い肋骨はしばしば横突起と癒着する（図8－16）。胸部前位の長い肋骨は腹側の到着地，すなわち胸骨を獲得する。典型的な四肢動物の長い肋骨は，魚類の腹側肋骨（下肋）の位置を占め，水平骨格形成中隔のなかを側方に伸長するよりも，むしろ体腔を囲む。四肢動物の肋骨と魚類の腹側肋骨は同じ位置にあるが，相同の構造物ではない（四肢動物の肋骨は魚類の背側肋骨と相同と思われる）。

ほとんどの四肢動物の肋骨は２頭 bicipital で，背側頭である**肋骨結節** tuberculum と，腹側頭である**肋骨頭** capitulum を持つ（図8－25）。これは四肢動物独特のもので，初期の四肢動物の肋骨結節は横突起の先端と関節し，肋骨頭は下椎体と関節していた。有羊膜類で長い間に生じた下椎体のサイズの減少とともに，肋骨頭の関節部位は変化し，その後，肋骨頭は以下のパターンの１つで関節する。⑴２つの隣接する半関節面との関節で，１つは椎体の後端と，もう１つはすぐ後の椎体の頭側端に関節，⑵側突起が存在するときはこれと関節（図8－23b），⑶１個の椎体の関節面で関節。

その部位は体幹の長さに従ってしばしば変わる。ある種の哺乳類では，肋骨結節は脊柱のあちこちの部位で痕跡にまで縮小する。四肢動物の別の何種か，例えばワニ類では，肋骨結節だけが残るまで２頭は癒合する傾向がある。図8－16では，ワニの肋骨結節は横突起の先端に癒合している。

有羊膜類の典型的な胸肋は２部，すなわち椎骨に隣接する**肋骨脊椎部** costal rib と，もっと腹側の**肋骨胸骨部** sternal rib からなる（図8－20）。少なくとも腹側の肋骨何本かは一般には胸骨と関節する。肋骨胸骨部は軟骨のままのことがあり，その場合，ヒトでのように肋軟骨とよばれる。有羊膜類の胸部臓器のための骨格性の囲いは，脊柱と肋骨脊椎部と肋骨胸骨部と胸骨とで作られる。両生類ではこうした骨格性のカゴはない。

両生類

無尾類や有尾類のすべての肋骨は非常に短くなり，無尾類では横突起と癒着している。対照的に，四肢のない潜穴性の

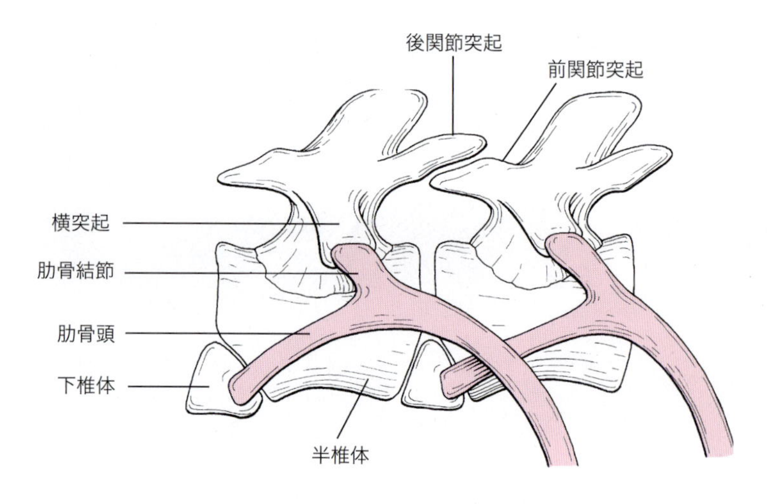

図8–25
脊柱と関節する原始的な四肢動物の２本の胸肋（赤色）。
Source: Data from E.S. Goodrich, *Studies on the Structure and Development of Vertebrates*, 1930, Macmillan and Company, Ltd., London.

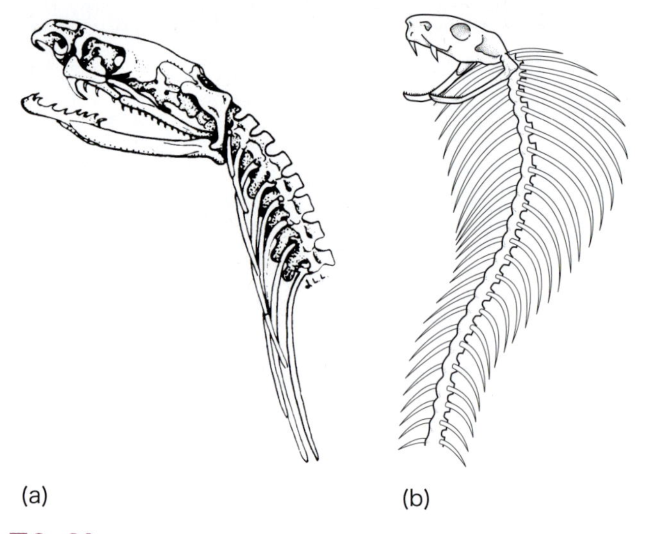

図8–26
コブラ“クサリヘビ”の頸肋。
(a) 外側観。(b) 肋骨を広げた状態の正面観。

無足類の肋骨はかなり長い。肋骨は，最初の椎骨ともっと後方の少数の椎骨を除き，すべての椎骨と関係しており，ヘビでのように移動で極めて重要な役割を果たしている（無足類は尾部［肛後尾］を持たないことを思いだしてみること）。両生類のなかでは，無尾類の肋骨のみが２頭ではない（図8–13）。

爬虫類

トカゲ類とワニ類は，体幹の椎骨の多くで長い肋骨を持ち，頸椎の大部分には短い肋骨がある。ワニ類の肋骨を図8–14に示す。原始的なトカゲ様爬虫類であるムカシトカゲは体幹のほとんどに長い肋骨があり，肋骨は尾部まで続く。ヤモリは比較的特殊化していない現存するトカゲで，すべての頸椎と関連する肋骨を持ち，もっと特殊化したトカゲ類は一般に環椎と軸椎に肋骨はない。滑空するトビトカゲの体幹後部の6個またはそれ以上の肋骨は非常に長くなる。体壁の皮膚の幅広いヒダである**飛膜** patagium があり，翼様の膜となってトカゲが飛ぶが，この皮膚のヒダを持ち上げるために，肋骨を外側に回転させることができる。使用しないときは，飛膜は体の側面に折り畳まれている。

カメ類は頸肋を持たず，体幹の肋骨は背甲の肋骨板と癒合している（図6–36参照）。２本の仙肋は背甲と癒合しない。それらは短く，広がった遠位端は後肢帯の腸骨と癒着している（図10–10参照）。仙肋は脊柱に対して後肢帯を固定する。細い，肋骨様の突起は尾椎のいくつかと関連することがある。

ヘビ類は長く弯曲した肋骨が第二椎骨から始まり，尾椎まで続く。肋骨が付着する胸骨はない。しかし，肋骨の腹側端は外皮の鱗甲に靭帯の接続部を持つ。こうした肋骨は移動にかかわる。コブラの頸部では長く弯曲した肋骨は，トビトカゲの体幹の肋骨のように外側に回転でき，頸部でたるんだ皮膚のヒダを“広げる”（図8–26）。次いで，ヒダは肺からの空気で膨らむ。

鳥類

多くの深胸類（峰胸類）で，最初の２対の肋骨は後位の頸椎２個と頸の基部で関節する。この肋骨は，一般に可動的で，胸骨部を欠いている。これに続く５対の肋骨は胸肋で骨性の胸骨部を持つ。胸肋は胸郭（胸腔）の主要な骨格を形成する。こうした肋骨は薄く平坦で幅が広く，その大部分は**鉤状突起** uncinate processes を持つ（図8–20）。薄く幅のある肋骨と鉤状突起は，飛翔のために必要な強力な筋が付着するための，軽くて頑健な胸部体壁骨格を鳥類に提供する。胸郭より後方の肋骨は，カメの体幹の肋骨すべてがそうであるように，複合仙骨の下面に癒着している（鳥類は羽と翼を持ったカメであるという古い言葉がある。この響きはよいが，系統発生学的には受け入れがたい。鳥類は主竜類から進化した）。

肋骨は成体では体幹に限局されるが，発生中の胚では一時的で未発達な肋骨が尾部の先まで入り込んでいる。鉤状突起はある種のトカゲ類でもみられ，初期の迷歯類のいくつかにも存在した（図8–12）。

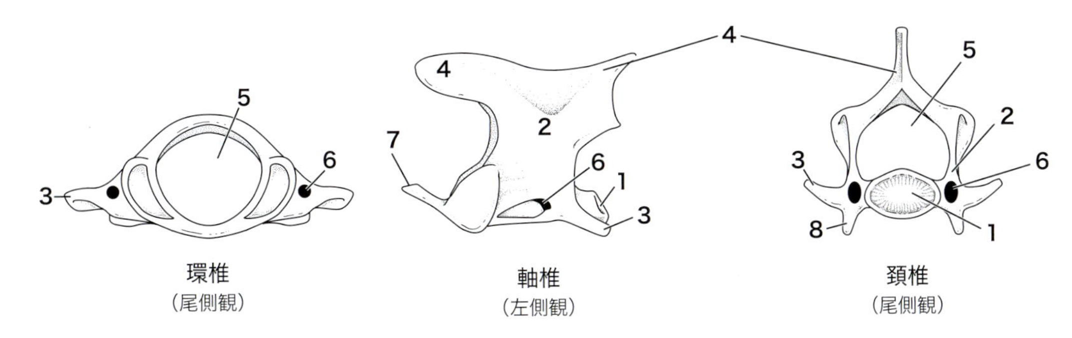

図8－27
哺乳類の頚椎。
1：椎体。2：椎弓根。3：横突起。4：棘突起。5：椎孔。6：横突孔。7：歯突起。8：横突起を囲む2頭を持つ頚肋の痕跡。

哺乳類

哺乳類で認められる肋骨は一般に胸郭に限られる。肋骨の数は，ある種のクジラでの9対からある種のナマケモノの24対まで幅があり，12対が最も一般的である。10対以上の場合，11対目以降は“浮肋”で，**肋軟骨** costal cartilages は胸骨まで届かない*1。ヒトと，オランウータンを除く類人猿は12対の胸肋を持ち，類人猿では腰椎にさらに2対を持つ。ヒトでは頚椎や腰椎にしばしば奇形として肋骨を持つが，X線検査で観察しない限り，みつからないまま残る。

哺乳類の胚の研究から，痕跡的な2頭を持つ肋骨（双頭肋骨）は頚椎と関連して発達することが明らかになった（図8－25に双頭肋骨を示す）。2頭のうち1つは横突起に付着し，他の頭は椎体に付着する。2頭は両者の間で頚椎に**横突孔** transverse foramen を形成する（図8－27）。連続する横突孔は骨性のトンネルである**椎骨動脈管（横突管）** arteriovertebral canal を作り，この管は椎骨動脈を頚部の基部にある動脈の起始から脳へ運ぶ。鳥類では横突孔は発達するが，孔を持つ椎骨の数は種によって異なる。椎骨動脈は鳥類を除く爬虫類にもあるが，管のなかに入っていない。

四肢動物の胸骨

胸骨は四肢動物の構造で，主に有羊膜類にある（図8－28）。胸骨は軟骨性骨の起源である。胸骨の存否，サイズ，解剖学的な関係は，前肢が移動にどれくらい用いられるかに関連している。胸骨は主に前肢帯の土台として，また有羊膜類では肋骨の土台となり，前肢の腹側の筋の起始部を提供している。胸骨は，飛翔のため強力な筋が必要となる翼竜，深胸類の鳥類，コウモリで最大となる。前肢を欠く四肢動物では非常に縮小しているか，欠損している。四肢動物のある種のものでは，胸骨は別の役割，例えば鳥類で呼吸運動を補助するような役割を獲得した。

両生類の胸骨は無尾類でのみよく分化している（図8－28c）。マッドパピーが胸骨を持っているかどうかは胸骨の定義による。それは，前肢帯の烏口軟骨のすぐ後方で白線と関連し，隣接する筋節中隔の近位端まで広がった軟骨の分離した結節からなる。小さく分離した胸骨片は，サンショウウオで同じ部位に存在する。無足類では胸骨の痕跡もない。

トカゲは木登りや走ることに敏捷である。これに関連して，トカゲの強力な前肢帯は，丈夫な盾状の軟骨性または置換骨性の胸骨でしっかりと固定されている（図8－28d）。動きの鈍いワニ類の胸骨は1個の簡単な軟骨板で，前肢帯の前烏口骨に付着している（図8－14）。胸骨は，尾方では腹肋と合体した石灰化した線維性膜の拡張に続いている。カメ類は胸骨を持たない。前肢帯の両側半分は線維性靭帯または軟骨の単なるくさびにより，腹側で結合している。

現代の飛翔の可能な鳥類の胸骨は，大量の飛翔筋を付着させる巨大な**竜骨** carina を発達させた（図8－20）。翼竜や鳥類での竜骨の発達は，収斂進化の例である。始祖鳥の胸骨は小さく，竜骨を欠き，こうした最初の鳥類は強力な飛翔者ではなかったことを示すものである。

ヒトを含む陸生哺乳類の胸骨は，一連の骨片，すなわち**胸骨片** sternebrae からなり（図8－28 f），爬虫類の胸骨に比べて幅が狭い。最後位の胸骨片である**剣状突起** xiphisternum は，軟骨性または骨性の後端部（**剣状軟骨** xiphoid process）*2を備える。海洋生の哺乳類は，相対的に短い胸骨を持つ傾向にあり，ごく少数の肋骨だけが胸骨に達し，個々の胸骨片は癒合する傾向にある。クジラ類のこの状態は，遊泳での最速モード（第10章参照）と関連し，機

*1 訳注：肋骨は，胸骨に届くものを真肋，届かないものを仮肋とよぶ。仮肋はしばしば11対目より前で出現する。また浮肋とは仮肋のうちで体壁中に遊離するものを指す。

8

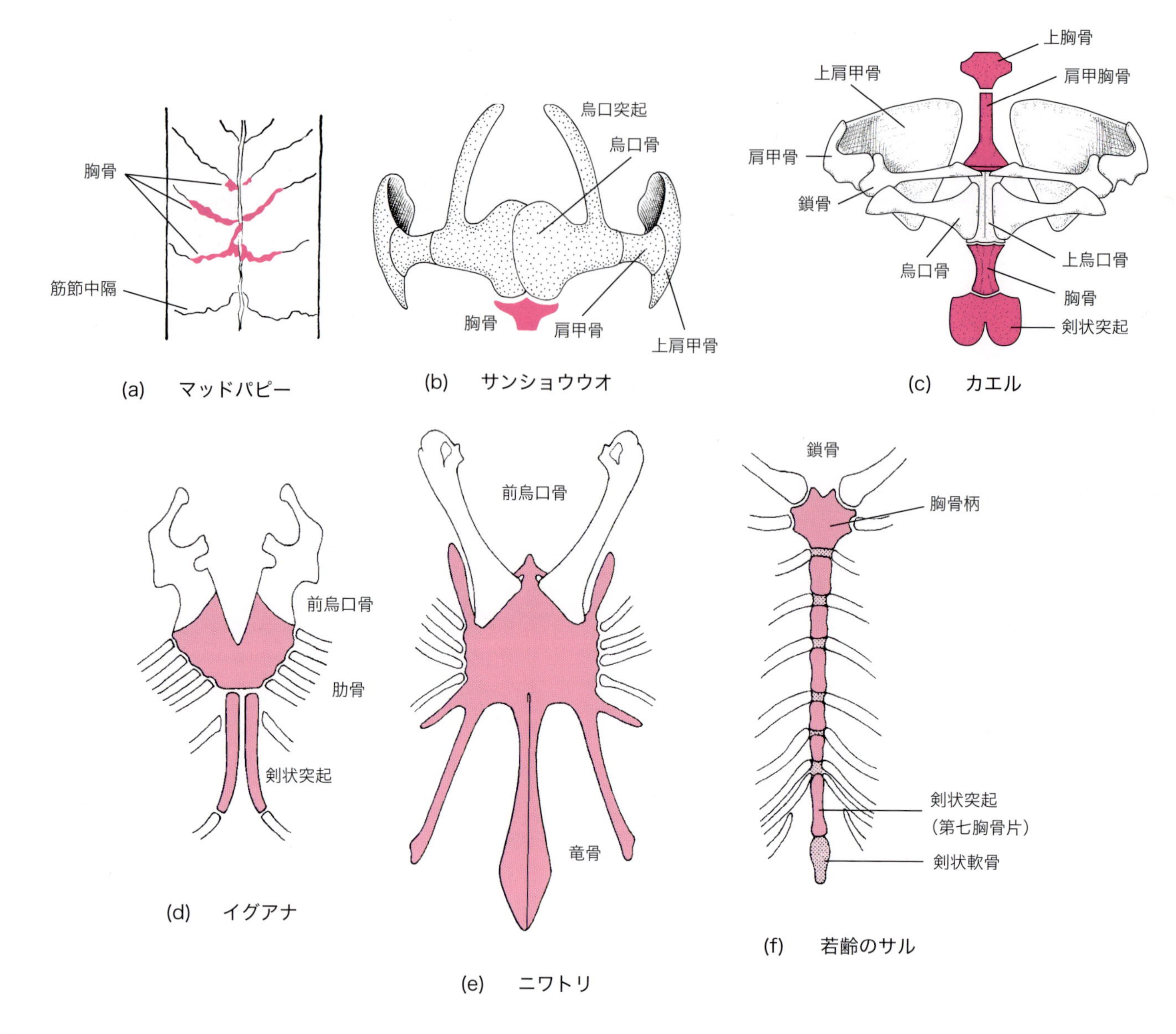

図8-28
四肢動物の胸骨（赤色）。斑点部は軟骨を示す。

能的に有効な前肢の鰭脚を欠くことによって必要となったようである。

迷歯類型両生類では胸骨の証拠はほとんど何もなかったので，初期の胸骨の本態を明らかにする努力は失敗に終わった。胸骨は保存されなかったか（おそらく軟骨性であるため？），あるいはまだ出現していなかったのだろう。コラー

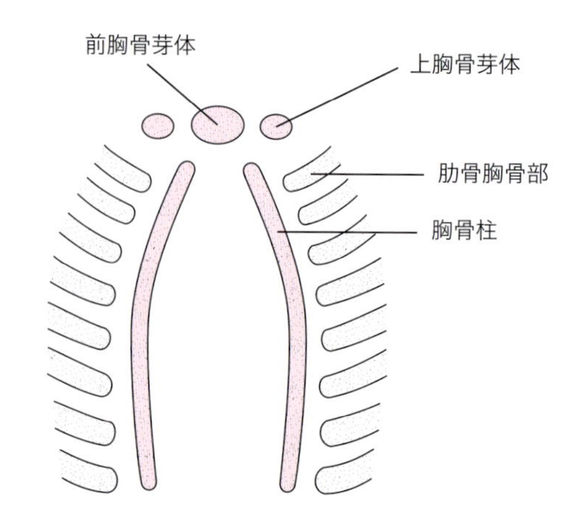

図8-29
有羊膜類の胸骨に寄与する間葉性芽体（赤色）。前胸骨および上胸骨芽体は哺乳類でのみ発達する。発生中の肋骨の腹側端も示されている。

＊2 訳注：原書では胸骨の尾側端を細分して，本文および図8-28(f) で2つの名称（xiphisternum, xiphoid process）を付しているが，同意語であるため一般に両者に同一の訳語（剣状突起）が当てられている。最後位の胸骨片で肋骨と接合しない部分は剣状突起とされるが，原書での区別を生かすため，本訳では剣状突起の後端部を剣状軟骨とした。

ゲン性の組織（筋節中隔と白線も含まれる）は，第7章で指摘したように連続的な機械的圧力にさらされると，骨化する傾向にある。最終的には胸骨を形成する白線の頭側部分での骨化は，地上での移動の結果である持続的な機械的圧力に対する1つの反応だったのかもしれない。胸骨は四肢動物の進化のなかで，有羊膜類へ続く両生類の系統として無尾類，有尾類で独立して何回も生じてきたのかもしれない。

有羊膜類の胸骨は対をなす間葉性の小柱として生じ，その後に合体し軟骨化する。多くの哺乳類では**前胸骨芽体** presternal blastema と**上胸骨芽体** suprasternal blastema も発達する（図8-29）。前胸骨芽体は胸骨柄に寄与し，上胸骨芽体中心もしばしば寄与する。上胸骨芽体は独立した**上胸骨小骨** suprasternal ossicles を生じることがある。ヒトは上胸骨小骨を持つこともあるが，胸鎖関節をX線で調べる機会がなければみつけることはできない。

要約

1．標準的な椎骨は椎体，神経弓，1つまたはそれ以上の突起，および多くの尾での血管弓から構成される。
2．横突起（横突起関節部）はほとんどの脊椎動物に存在する。四肢動物の種によって底突起，下突起，側突起，関節突起を持つ。
3．魚類は体幹椎骨と尾椎のみを持つ。四肢動物の体幹椎骨は頸椎，背側椎骨，仙椎に細分される。背側椎骨は長く弯曲した肋骨が体幹の前方に限定されると，さらに胸椎と腰椎に分けられる。
4．魚類では，脊索は成体の脊柱内に頭蓋から尾端まで残存している。脊索は，通常，椎体内で圧縮され，椎体間で拡張し，砂時計のようなくびれた形の両凹型椎骨を形成する。
5．椎骨は脊索の周囲，時には脊索内に，中胚葉性体節の硬節に由来する間葉細胞により構築される。脊索鞘は脊索軟骨により浸潤され，脊索周囲軟骨によって取り囲まれ，脊索周囲軟骨は通常骨化して置換骨となる。膜性骨は真骨類，有尾類，無尾類で堆積する。軟骨魚類では軟骨の置換は生じない。
6．脊索の遺残は，脊椎動物の全綱でしばしば脊柱内に残存する。哺乳類では，遺残は椎間板内に髄核として存続する。
7．少数の魚類は，特殊な脊柱を持ち，一体化した椎骨を欠く（肺魚，ある種の軟質類，ラティメリア），あるいは典型的な椎体の代わりに石灰化した軟骨性の輪を持つ（全頭類）。
8．無顎類は椎体も椎弓も欠く。神経外側軟骨は脊索の背側にかぶさる。もしヌタウナギに脊椎が存在するならば，尾部に限られる。
9．ディプロスポンディリー（二重椎骨）は多くの魚類に共通である。
10．初期の四肢動物の椎骨は分節椎骨で，独立した椎弓，下椎体および2つの半椎体からなる。脊索は存在し，脊柱全長にわたって中断されることはない。
11．残存する脊索が椎体のなかでは圧縮され，椎体の間では拡大しているため，両凹型椎骨は両端がへこんでいる。この型の椎骨は他の型よりも特殊化しておらず，大部分の魚類，有尾類，無足類，および少数の原始的なトカゲでみられる。
12．他の四肢動物の椎体は後凹型（サンショウウオ），前凹型（無尾類と現存する爬虫類），異凹型（鳥類の頸部），無凹型（哺乳類）である。これらは脊柱の可動性を増加させている。
13．両生類は1個の頸椎を持つ。頸椎の数は爬虫類で多く，鳥類ではさらに多くなる。哺乳類では7個が標準である。有羊膜類の最初の2個の頸椎は環椎と軸椎である。前環椎は少数の爬虫類と哺乳類にみられる。
14．仙椎は頑丈な横突起を備え，これが脊柱に対して後肢帯を固定する。両生類は1個，爬虫類は2個，哺乳類は3〜5個の仙椎を持つ。この数は一般に後肢から後肢帯に伝えられる圧力を反映している。
15．有羊膜類の仙椎は通常癒合して仙骨を作る。鳥類の仙骨は隣接する腰椎，尾椎とともに複合仙骨を形成する。
16．尾椎はしばしば血管弓あるいはシェブロン骨を備える。神経弓と血管弓とシェブロン骨は，尾の末端では痕跡的となるか，消失する。
17．尾椎は，無尾類では両生類の尾端骨 urostyle を，鳥類では鳥類の尾端骨 pygostyle を，そして類人猿とヒトでは尾骨を形成する。
18．肋骨は，筋節中隔と同様，軟骨性の芽体から体節間に発達する。ほとんどの魚類は腹側肋骨（下肋）のみを持つ。サメ類と少数の魚種は背側肋骨のみを持つ。ポリプテルスやスズキのような少数の魚類では，腹側と背側の両方の肋骨を持つ。無顎類には肋骨はない。
19．四肢動物の肋骨は一般に，肋骨結節と肋骨頭の2頭性である。ほとんどの胸肋は背側（肋骨脊椎部）および腹側（肋骨胸骨部）の分節を持つ。
20．ヘビは，軸椎に始まり尾部まで続く，長い可動性の肋骨を持つ。これは移動に重要である。
21．短い肋骨は，無尾類のように，しばしば横突起の遠位端に付着する。
22．哺乳類の頸部の欠落した肋骨の痕跡的な頭部は，横突孔の天井となり，他とともに椎骨動脈を入れる椎骨動脈管（横突管）を作る。

23. 胸骨は陸上での生活を容易にする四肢動物の構造である。胸骨は前肢を失った種やカメ類では縮小するか欠損する。飛翔の可能な鳥類の胸骨は竜骨を持つ。哺乳類の胸骨は胸骨片を示す。
24. 有羊膜類の胸骨は，一般に1対の胸骨柱として生じ，癒合する。不対の胚期の前胸骨芽体は胸骨柄に寄与するようである。対をなす芽体は，ある種の哺乳類で，独立した上胸骨小骨に寄与する。これはヒトでは奇形として生じる。

理解を深めるための質問

1. 標準的な四肢動物での頚椎，胸椎，腰椎，仙椎，尾椎を区別せよ。
2. 側波状運動から背腹方向の屈伸への移行では，椎骨のどのような構造が脊柱の安定性を助けたのか？
3. 哺乳類の個々の椎骨とそれが生じてきた分節性の体節との関係は何か？（軸性骨格は体節の硬節から生じたことを思いだすこと）。どんな機能的な利点をこの関係がもたらしたのか？
4. 分節椎骨とは何か？　椎骨とどのように関連しているのか？
5. ここを読んでいる間に眠くてこっくりする，あるいは騒音に反応して頭を回す際，頚椎のどのような変化がこうした動きを可能にしたのか？
6. 脊柱がより安定した状態にどのようにしてなったのか，少なくとも例を2つ挙げること（質問2での論議を越えて）。
7. ある種の真骨類の2つの肋骨と四肢動物の肋骨との関係は何か？
8. なぜ胸骨の起源は四肢動物と関係があるのか？　言い換えれば，なぜ四肢動物の祖先は胸骨を持たないように思えるのか？

参考文献

Readings relating to the role of the vertebral column in locomotion are at the end of chapter 10.

Carrier, D. R.: The evolution of locomotor stamina in tetrapods: Circumventing a mechanical constraint, *Paleobiology* 13(3):326, 1987.

Goodrich, E. S.: Studies on the structure and development of vertebrates. London, 1930, The Macmillan Co., Ltd. (Reprinted by The University of Chicago Press, Chicago, 1986.) Although the theoretical discussions are out of date, the work is rich in skeletal morphology and abundantly illustrated.

Heilmann, G.: The origin of birds. New York, 1927, Appleton-Century-Crofts, Inc.

Hoffstetter, R., and Gasc, J. P.: Vertebrae and ribs of modern reptiles. In Gans, C., Bellairs, A. d' A., and Parsons, T. S., editors: Biology of the reptilia, vol. 1. New York, 1969, Academic Press.

Jarvik, E.: Basic structure and evolution of vertebrates, vol. 1. New York, 1980, Academic Press. An in-depth study of Amia and the early fossil vertebrate *Eusthenopteron*.

Panchen, A. L.: The origin and evolution of early tetrapod vertebrae. In Andrews, S. M., Miles, R. S., and Walker, A. D., editors: Problems in vertebrate evolution. New York, 1977, Academic Press.

Ruijin, H., Zhi, Q., Schmidt, C., Wilting, J., Brand-Saberi, B., and Christ, B.: Scleotomal origin of the ribs, Development 127: 527–532, 2000

インターネットへのリンク

Visit the zoology website at http://www.mhhe.com/zoology to find live Internet links for each of the references listed below.

1. Bones of the Body. A clickable list of all of the bones of the human body, then a picture labels the parts, and displays answers when clicked upon. Very useful for all of these skeletal chapters, although the detail for some bones is limited, particularly the skull.
2. Postcranial Skeleton. Click on the portion of the body you wish to examine, then click again on each bone for great detail of the human skeleton.
3. Axial Skeleton. A series of informative slides on the vertebral column.
4. Abnormal Spinal Anatomy. Information on human “back” problems, with a link to information on normal anatomy.
5. Bones of the Vertebral Column. Nice labeled photos of vertebrae. Can click to see lateral, posterior, anterior views.
6. Rib phylogeny. Information on ribs of vertebrates.
7. Rib. Just two pictures, but an excellent photograph of the articulation of the vertebra and the rib.
8. Morphology. A great picture of the skeletal system of a fish, which includes the multitude of vertebrae and ribs, as well as the skull and fin supports.

第 9 章

頭蓋と内臓骨格

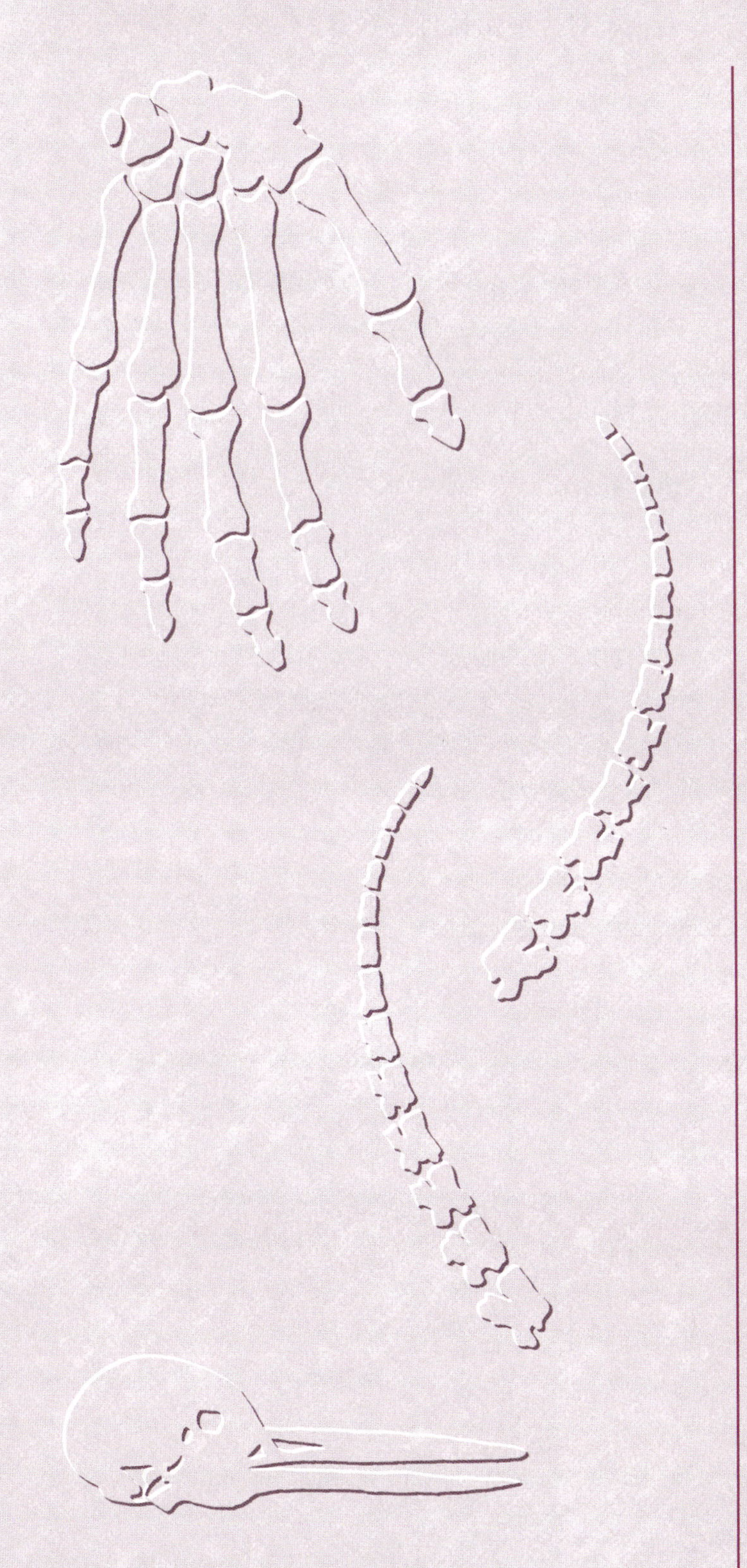

本章では，魚類からヒトまでの有頭動物の頭部骨格が，３つの要素，すなわち胚期の軟骨性脳頭蓋，脊椎動物での太古の皮膚装甲，および鰓弓骨格からの寄与によって形成されるまでをみる。こうした要素がどのように組み立てられているかを学び，脊椎動物が陸上での生活を始めたとき，鰓弓骨格によって成し遂げられた新たな機能へと言及していく。

概要

蓋という語は，専門家以外の人にもめったに誤解されることはない。一般の人々にとって頭蓋とは，ハムレットが，有名な言葉“ああ，哀れなヨーリック”と言いながら，手に取って悲しげにみつめた骨性の構造物である。

しかし形態学者にとって頭蓋という用語は，魚類では脳や頭部の特殊感覚器を保護する骨格と顎や鰓弓の骨格との間に緊密な関係があるため問題となる。顎や鰓弓の骨格は，“哀れなヨーリック”も含めた子孫に変化した形で引き継がれてきた。このため，形態学者は頭蓋という用語を避け，代わりに⑴**神経頭蓋** neurocranium あるいは**一次脳頭蓋** primary braincase，⑵**皮骨頭蓋** dermatocranium，⑶**内臓骨格** visceral skeleton（内臓頭蓋 splanchnocranium）という語を用いる。

初期の有頭動物の神経頭蓋および内臓頭蓋は軟骨で形成されていた。このパターンは，今でもすべての有頭動物の発生時にみられる。脊椎動物での硬骨の発生とともに，神経頭蓋および内臓頭蓋は様々な程度で骨化し，膜性骨が頭蓋骨や顎を覆う外皮につけ加わった。本章では，頭蓋は一般の人が考えるであろうものを意味し下顎を除く。有頭動物の頭部骨格は次のように分類することができる。

頭蓋（頭部骨格）
　神経頭蓋
　皮骨頭蓋
内臓骨格
　胚期の上顎軟骨（口蓋方形軟骨）および
　　その置換骨
　胚期の下顎軟骨（メッケル軟骨）および
　　その置換骨と被覆骨
　鰓弓の骨格

上顎は第一咽頭弓の一部またはこれに由来する内臓骨格である（図9-1）。硬骨を持つ脊椎動物では，上顎は発生過程で頭蓋に統合される。

神経頭蓋

神経頭蓋（しばしば内頭蓋，軟骨性頭蓋あるいは一次脳頭蓋とよばれる）とは頭蓋の一部で，⑴脳と特殊感覚器を保護し，⑵軟骨として生じ，⑶軟骨魚類を除き，その後，一部またはすべてが硬骨に置換する。すべての有顎類の神経頭蓋は，これから述べるように，よく似た方式で発達する。いくつかの独立した軟骨から始まり，それらは後に拡大し，合体して軟骨性の脳頭蓋を作る。

軟骨性の段階

旁索軟骨，前索軟骨，脊索

神経頭蓋は脳の下部にある1対の**旁索軟骨** parachordal cartilage と**前索軟骨** prechordal cartilage として始まる（図9-2a）。旁索軟骨は中脳と菱脳の下部で脊索前端に平行している。前索軟骨（**梁柱軟骨** trabeculae cranii）は前脳の下部で脊索の前方に発達する。旁索軟骨は正中線を越えてお互いの方向に広がり合体する。この過程において，脊索と旁索軟骨は1つの幅広い軟骨性の**基板** basal plate に統合する。前索軟骨も同様に拡張し，正中線を越えてその前端で合体し，**篩骨板** ethmoid plate を形成する。

感覚嚢

旁索軟骨と前索軟骨が形成されている間に，別の2つの部位にも，⑴部分的に嗅上皮を取り囲む**嗅嚢（鼻嚢）** olfactory（nasal）capsule と，⑵発生中の内耳である耳胞を完全に覆う**耳嚢** otic capsule として，軟骨が現れる（図9-2a，b）。水（魚類で）あるいは空気（四肢動物で）が嗅上皮に近づかねばならないため，嗅嚢は前方では閉じていない。嗅嚢と耳

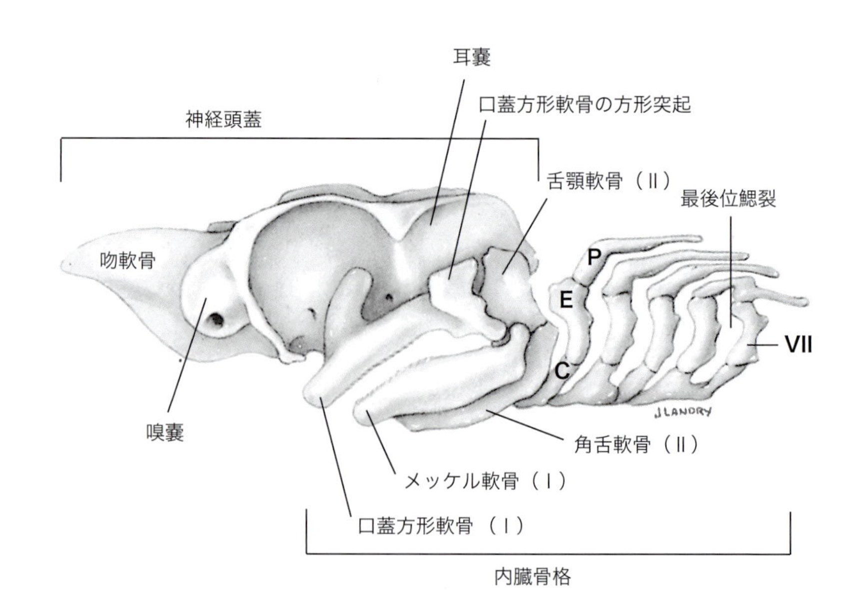

図9-1
アブラツノザメの神経頭蓋と内臓骨格。I，II，VII：第一，二，七咽頭弓の骨格。第三咽頭弓の角鰓軟骨（C），上鰓軟骨（E），咽鰓軟骨（P）。唇軟骨，鰓耙，鰓条は除去。舌顎軟骨はすべての内臓骨格を頭蓋から耳嚢の位置でつり下げている。

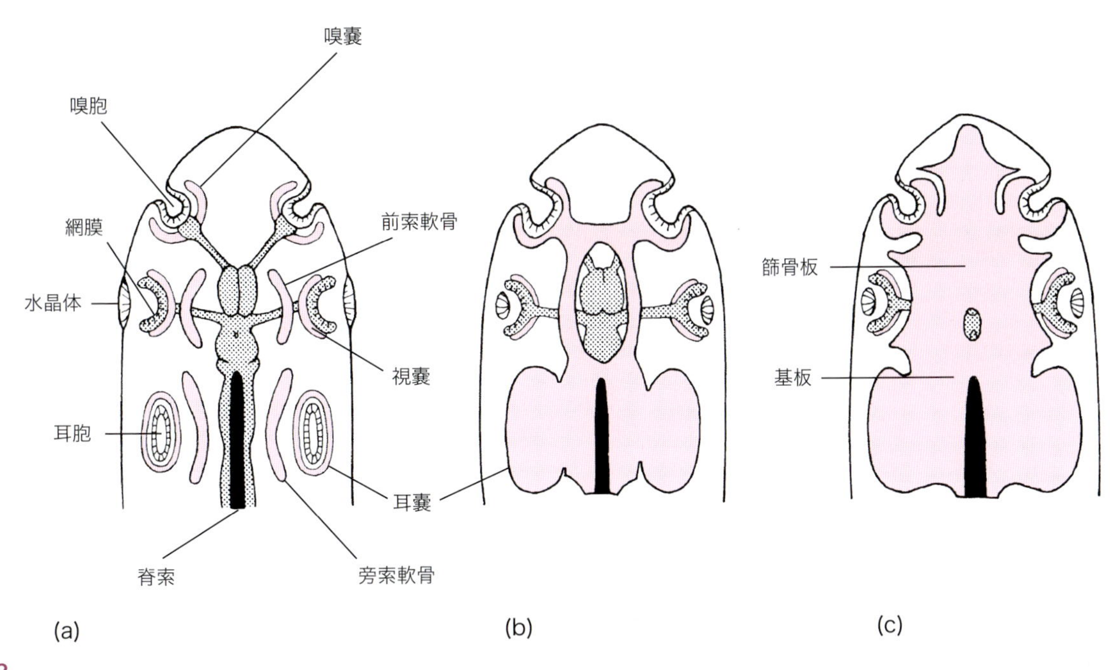

図9-2
軟骨性神経頭蓋の発生初期段階，腹側面から。(a) 脊索が中脳と菱脳の下層にみえる。(b) 脊索は神経頭蓋の後方の床（基板）と統合している。(c) 軟骨性の床が脳全体の下方で完成し，下垂体窓は篩骨板と基板の間に残っている。視嚢は眼球の強膜となる。

嚢の壁には神経や血管が通るための孔が開いている。

視嚢 optic capsule は網膜の周囲に形成されるが，眼球の収まる眼窩，すなわち骨格の窩ではなく眼球の**強膜** sclerotic coat である。視嚢は哺乳類では線維性であるが，しばしば強膜のなかに軟骨あるいは骨性の板を形成する（図17-17参照）。これは太古の状態で，何種かの甲皮類，板皮類，原始的な硬骨魚類に存在していた。視嚢は神経頭蓋の残りの部分と癒合しないので，眼球は頭蓋とは独立して自由な運動ができる。それゆえに，強膜は従来より神経頭蓋の一部とは考えられていない。

床，壁，天井の完成

拡張した篩骨板は前方で嗅嚢と合体し，拡大する基板は菱脳の側面にある耳嚢と合体する。篩骨板と基板もお互いに向かって会合するまで拡大し，後に脳が置かれることになる床を形成する（図9-2c)。床形成の過程において，２つの板の間の正中線には，下垂体と脳に向かう内頸動脈を収容する**下垂体窓** hypophyseal fenestra が残る。通常，この窓は後に動脈を通す１対の孔にまで縮小する。

神経頭蓋はさらに発達して，まず第一に脳の周辺の軟骨性の壁を構築し，次に数種の有頭動物で原始的な状態として，脳の上方に１，２個の顕著な窓を持つ軟骨性の天井（蓋 tectum）を構築する（図9-3c)。脳神経と血管はこのときまでにすでに存在し，こうした構造のための孔を残して軟骨が蓄積する。最大の孔は，神経頭蓋の後部の壁にある大後頭孔（大孔）である。脳，血管，神経，感覚器が成長するにつれ，神経頭蓋軟骨の再構築が起こる。

先行する基本的な発生のパターンは，有頭動物のすべての綱で繰り返され，脳，嗅上皮，内耳を収納する軟骨性神経頭蓋を形成する（図9-3)。神経頭蓋を生じる間葉は少なくとも２種の供給源による。前索軟骨は，脳と発生中の眼球をつなぐ発生中の視茎（眼茎）の前方で腹側に遊走する外胚葉性の神経堤から形成される。後頭部で旁索軟骨を形成し，部分的に内耳を取り囲む間葉は硬節（上分節中胚葉）に由来する。神経頭蓋の残りの大部分を形成する間葉の供給源は神経堤である。

有頭動物成体の軟骨性神経頭蓋

現生の無顎類

胚期の神経頭蓋の数個の軟骨性要素は，生涯を通して独立したままである（図9-35)。嗅嚢，耳嚢，基板，脊索（基板と癒合していない）は識別でき，相同関係がわからないその他数個の軟骨も存在する。脳の上にある天井は軟骨化せずに留まり，それゆえ，線維性である。

軟骨魚類

アブラツノザメの神経頭蓋は軟骨魚類の典型的なものである（図9-1)。それは胚の要素が合体して，基本的な構成要

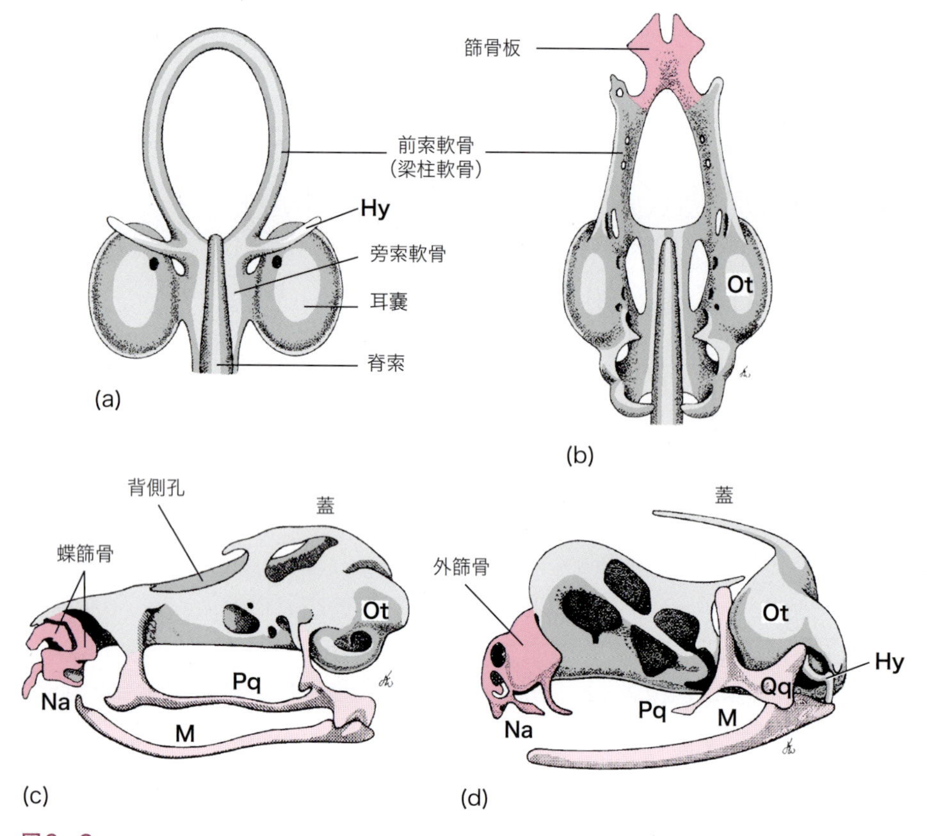

図9- 3
軟骨性神経頭蓋。(a) 初期のアンモシーテス幼生。(b) 若い有尾両生類のアンヒューマ。(c) 変態したばかりのカエル。(d) 若いムカシトカゲ。(a) と (b) は背側観。(c) と (d) は咽頭弓要素も備えた左側観。濃赤色は篩骨板とその派生物，淡赤色は口蓋方形軟骨とメッケル軟骨を示す。Hy：舌骨弓要素。M：メッケル軟骨。Na：鼻嚢。Ot：耳嚢。Pq：口蓋方形軟骨。Qq：口蓋方形軟骨の方形部。

素がその独自性をほとんど失った箱状の成体の軟骨性脳頭蓋，すなわち**軟骨頭蓋** chondrocranium を形成することから，神経頭蓋の発達での頂点に相当する。壁は完全に発達し，有顎類で初めて後方の後頭壁をみる。脳は軟骨によって完全に被われる。天井で軟骨化の最後の部位は吻の直後で，若い頭蓋では未骨化の窓のこともある（板鰓類のある種のものは，終生この部位に窓を持つ）。耳嚢は脳頭蓋の後外側壁にがっちりと癒合し，嗅嚢は脳頭蓋に前方でしっかりと合体する。脊索は大後頭孔の基部から頭側に伸長する隆起として腹側からみることができる。下垂体は，脳の下にある軟骨性のくぼみ，すなわちトルコ鞍に抱かれる。神経頭蓋は嗅嚢を越えて前方に吻として突出する。

大後頭孔の両側にある後頭顆は神経頭蓋の後頭部と第一椎骨との間の不動関節の部位である。神経頭蓋の後背側には，くぼみ，すなわち**内リンパ窩** endolymphatic fossa が**内リンパ管** endolymphatic ducts と**外リンパ管** perilymphatic ducts をそれぞれ収納する2対の孔を示す。内リンパ管は頭部の表面に開口する。皮骨を欠き，よく発達したすべて軟骨性の成体の頭蓋は，軟骨魚類でのみ観察される。

硬骨魚類

軟骨性の神経頭蓋は，真骨類や四肢動物では胚期の構造であるが，ほとんどの軟質類，ガーを除いた原始的な新鰭類や肺魚では終生，軟骨のままである。これを観察するには，その上にある皮骨を剥ぎ取らねばならない（図9-7）。しかし，真骨類や四肢動物では胚期の軟骨性神経頭蓋は，発生の過程で部分的にあるいは完全に軟骨内骨に置き換わる。そこに生じる骨化中心は次項で述べる。

神経頭蓋の骨化中心

神経頭蓋での軟骨内骨化の過程は，多数の別々の骨化中心で同時に生じる。骨化中心の数は種によって様々であるが，部位的な4群は共通している。これらの群，すなわち後頭骨部，蝶形骨部，篩骨部，耳部の骨化中心は以下に述べる。それらを図9-4にブタの胎子で示す。こうした骨化中心から発達するヒトでの複合骨を図9-6に示す。

後頭骨骨化中心

大後頭孔を取り囲む軟骨は，4個の骨によって置き換えられる。大後頭孔腹側の軟骨内骨化中心は，菱脳の下層の**底後頭骨** basioccipital bone を生じる（図9-4，9-5a）。大後頭孔の側壁の骨化中心は2個の**外後頭骨** exoccipital bone を生じる。大後頭孔の上方では，**上後頭骨** supraoccipital bone が発達することがある。哺乳類では，4個の後頭骨要素のすべては通常，癒合して1個の**後頭骨** occipital bone を形成する。こうした骨は基幹両生類では骨性であるが，現代の両生類ではいくつかの骨が軟骨性のままで留まることがある。

四肢動物の神経頭蓋は，1個または2個の**後頭顆** occipital condyles を介して第一椎骨と関節する。基幹両生類は主に底後頭骨上にある1個の後頭顆を持つ。現存する爬虫類は鳥類を含めて，まだ後頭顆は1個である。現在の両生類と哺乳類は初期の四肢動物の状態から分岐し，後頭顆は徐々に正中の底後頭骨から２個の外後頭骨に変化した。その生存価 survival value（適応度を高める効果）は推測にすぎない。

蝶形骨骨化中心

蝶形骨領域の骨化は，単弓類と爬虫類系列では独立して生じる。多くの用語がこうした骨化に当てられていて，いくつかは混乱したままである。

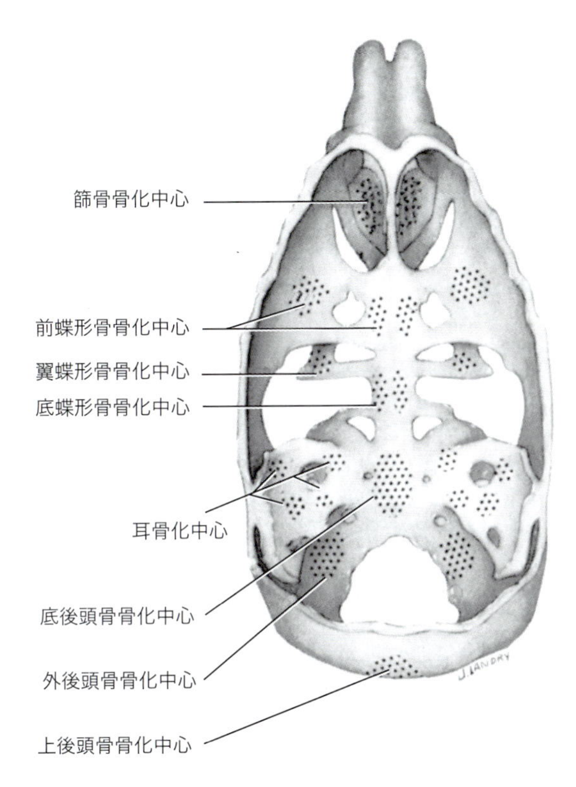

図9–4
ブタ胎子の軟骨性神経頭蓋。哺乳類の主要な軟骨内骨化中心を記入(斑点)。神経頭蓋は示されているように形成されており，脳の上方には軟骨はない。篩骨骨化中心は篩板となり，嗅神経孔で孔が開いている。耳骨化中心は耳嚢内にある。翼蝶形骨骨化中心は哺乳類では口蓋方形軟骨に由来する。

中脳や下垂体の下方にある胚期の軟骨性神経頭蓋は，骨化して**底蝶形骨** basisphenoid bone（底後頭骨の前方）になる。哺乳類では，**前蝶形骨** presphenoid bone（図9–4）は底蝶形骨の前方で骨化する。こうして，底後頭骨と蝶形骨からなる骨性の台が脳の下方にできる。哺乳類では底蝶形骨より上方の蝶形骨領域の側壁は，さらなる前蝶形骨骨化によって形成される。主竜類（ワニ類と恐竜類）では，独立した**外側蝶形骨** laterosphenoid bone が蝶形骨の外側骨化によって生じる。分離した眼窩間中隔は主竜類では**眼窩蝶形骨** orbitosphenoid bone として生じる（図9–23a）。**翼蝶形骨** alisphenoid bone は，いくつかの哺乳類で，側壁形成を助けるが，神経頭蓋よりも口蓋方形軟骨に由来する。哺乳類での蝶形骨の構成要素（底蝶形骨，前蝶形骨，翼蝶形骨）は分離したままか，あるいは癒合して“翼”を持つ１個の**蝶形骨** sphenoid bone を形成する（図9–6）。下垂体は底蝶形骨領域のトルコ鞍に収まる。脳の上方では置換骨は発達しない。

篩骨骨化中心

篩骨領域は蝶形骨のすぐ前方にあり，篩骨板と嗅囊（鼻囊）を含む（図9–3）。軟骨性の神経頭蓋の４つの主要な骨化中心（後頭骨骨化中心，蝶形骨骨化中心，篩骨骨化中心，耳骨化中心）のうち，篩骨骨化中心は両生類から哺乳類までの四肢動物では軟骨のままである傾向にある。最も原始的な四肢動物では，いかなる形であれ篩骨骨化中心が発達することはない。

有羊膜類の骨化中心は主に**中篩骨** mesethmoid bone で，中篩骨は鳥類や哺乳類の本来ならば軟骨性の鼻中隔に寄与し，鳥類では眼窩中隔の前方に寄与し，鳥類を含むほとんどの爬虫類や哺乳類の鼻道壁にある巻紙状の**甲介骨** turbinal bones（**鼻甲介** conchae）に寄与し，哺乳類では嗅上皮から

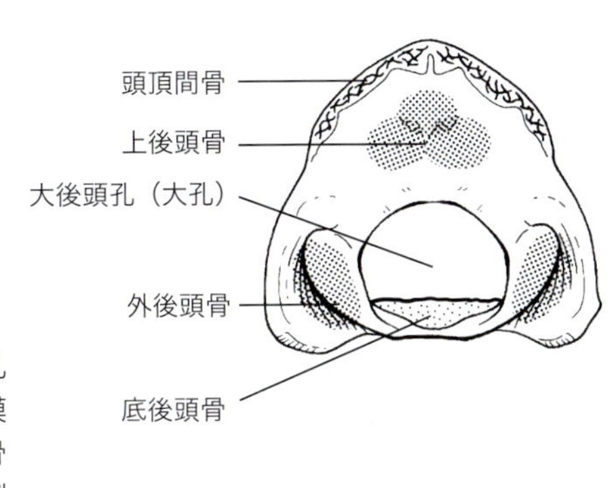

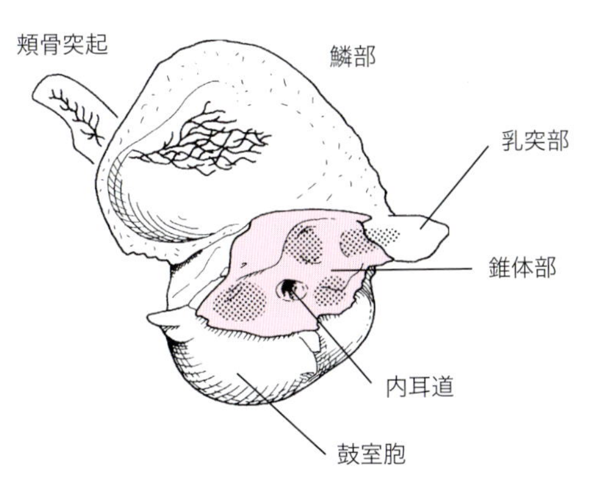

図9–5
ネコの頭蓋２個での典型的な哺乳類の軟骨内骨化中心（点部）と膜内骨化中心（黒網部）。(a) 後頭骨（尾側から）。(b) 右側頭骨（内側から）。錐体部（赤色）が内耳を収納している。

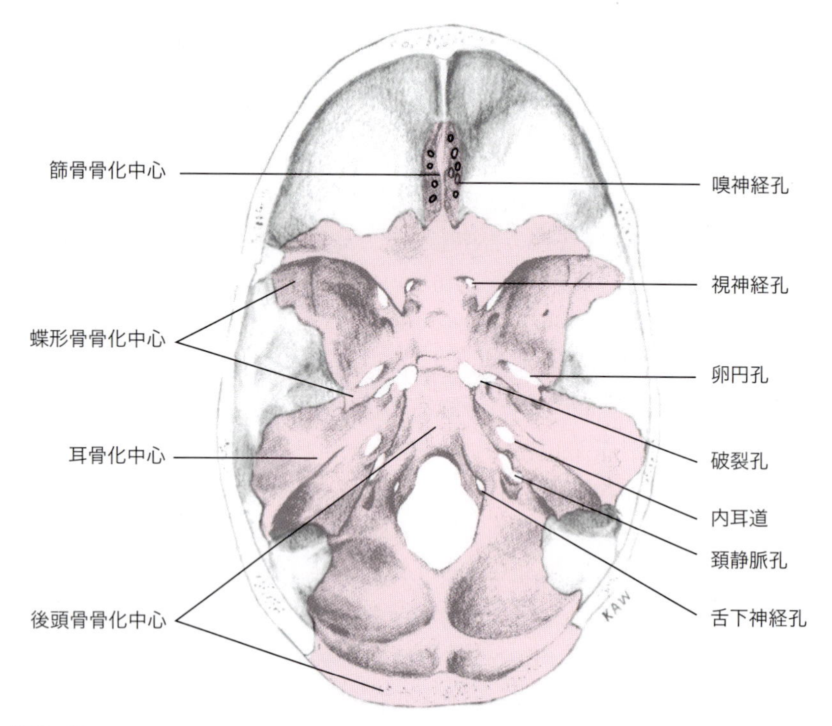

図9-6
ヒト頭蓋の骨性神経頭蓋（赤）。頭蓋の頭蓋冠（天井）は除去され，上方から頭蓋内を見下ろす。主要な軟骨内骨化中心が左側に記されている。蝶形骨は視神経孔を囲む前翼（小翼）と蝶形骨骨化中心を指す２本の線の間の後翼（大翼）からなる。嗅神経孔が篩骨の篩板にある。

脳に向かう嗅神経の束を通す**嗅神経孔** olfactory foramina により孔のある**篩板** cribriform plate に寄与する（図9-6）。無尾類では，**蝶篩骨** sphenethmoid は篩骨および蝶形骨領域で生じる唯一の骨である。**外篩骨** ectethmoid はムカシトカゲの鼻道の側壁で発達する（図9-3d）。しかし，有羊膜類の鼻道のすべての軟骨が篩骨骨化中心から生じたものではないことにも注意しておきたい。そうでないもののなかに翼と小さな種子軟骨があり，ヒトの鼻の側壁を強化し，それによって吸気の間に鼻中隔に向かってこの壁が押しつぶされないように保っている。

耳骨化中心

膜迷路を囲む軟骨性の耳嚢は，**前耳骨** prootic bone，**後耳骨** opisthotic bone，**上耳骨** epiotic bone のような名称の数個の骨で置換される。これらの骨は隣接する置換骨または膜性骨と合体することがある。例えば，カエルや爬虫類の大部分では，後耳骨は外後頭骨と癒合し，鳥類や哺乳類では前耳骨，後耳骨，上耳骨のすべては合体して1個の**耳周囲骨** periotic bone または**側頭骨岩様部** petrosal bone を形成する。側頭骨岩様部は続いて膜性骨である鱗状骨と合体して**側頭骨** temporal bone を形成することもある（図9-5b）。ヒトの胎児の耳嚢で，６個の骨化中心が記載されている。

一般的な皮骨頭蓋

頭蓋の膜性骨は全体として皮骨頭蓋を構成する。ここでは，皮骨頭蓋がどのように生じるかを考慮した後，一般的な脊椎動物で基本的な構造を調べる。こうして得られる知見は，現生の四肢動物における皮骨頭蓋をその他の頭蓋へ関連づけることを可能にする。なお，現存する魚類の頭蓋は高度に特殊化し，変異が大きいため，簡単に述べるだけにする。

皮骨頭蓋の成立過程

最も初期の脊椎動物の体の多くは骨質の皮膚装甲（甲冑）に包まれていた。甲皮類にまでさかのぼると，この装甲は体を覆う範囲（頭部と体幹の前部のみを覆う，頭部と体幹全体を覆う，あるいは頭部，体幹，尾部を覆うなど）に広い変異があり，装甲を作る骨または鱗の相対的なサイズ（大きな盾や小さな板や微小な鱗など）に変異があり，そして体の他の部分と比較して頭部の板あるいは鱗の相対的なサイズに変異がある。いくつかの甲皮類，少なくとも頭甲類（ケハラスピス類）では，皮膚装甲が拡大と縮小の周期，すなわち小さな鱗から大きな板への移行とそれとは逆の移行の周期を一度以上は経るという証拠と，頭部での縮小はそれほど完全ではないとの証拠がある。

初期の有顎魚類の皮膚の大きな骨性板も，より小さな鱗へ移行した。まず，体幹と尾部に始まり，そして最終的には頭部に至る。しかし，骨性板は頭部の皮膚にまだ残ったままで，こうした板は頭蓋に不可欠な部分となっている（図9-7）。

ガーの頭蓋の頬板（図9-11a）は，頭蓋の骨か外皮性の鱗のどちらかで，好きなようによべばよい。しかしどちらでよぶにしても，皮膚内の骨が頭蓋の一部であるという事実は変わらない。神経頭蓋は内骨格であり，皮骨は外骨格を構成する。こうした“生きた化石”の皮骨頭蓋を構築するのは外骨格である。

魚類から人類までの現代の脊椎動物では，頭部の膜性骨は“真皮”の間葉から骨化するのではなく，真皮下の間葉から骨化する。この間葉を線維芽細胞や骨片形成細胞に変化させ

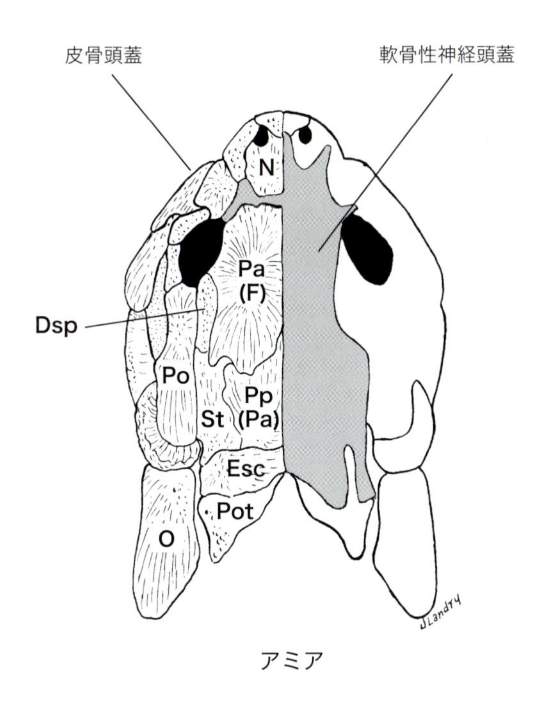

図9–7
アミアの頭蓋，背側観。下層の軟骨性神経頭蓋を露出するため右側では皮骨を除去している。カッコ内の略語はこれらの骨に適用された古典的な名称を示す（本章の「相同性の問題」参照）。DSP：皮骨性蝶形骨（何人かの著者によれば側頭間骨であるが，個体発生では天井と癒合した眼窩下骨を表す）。ESC：外肩甲骨。F：前頭骨。N：鼻骨。O：鰓蓋骨。Pa：頭頂骨。Po：後眼窩骨。Pp：後頭頂骨。Pot：後側頭骨。St：上側頭骨。鼻骨の前の骨は篩骨である。前上顎骨はこの視点からはみえない。

る誘導原はもっと早い世代で真皮に骨化を誘導したものと同じかもしれない。こうした膜性骨が魚からヒトまで現代の皮骨頭蓋を構成する。間葉細胞の移動や誘導物質に関する現在進行中の研究は，皮骨頭蓋が最も初期の脊椎動物の皮膚装甲に由来するという概念を補強する。

原始的な構造

説明の便宜上，一般化した皮骨頭蓋は，(1)脳の上方および側面に形成される骨と神経頭蓋（天井骨），(2)上顎の皮骨（辺縁骨），(3)一次口蓋の皮骨，(4)鰓蓋骨に分けられる。

相同性の問題

有顎類での皮骨のパターンをみれば，板皮類の皮骨は硬骨魚類の皮骨と相同でないことは明白である。硬骨魚類の間においてさえ，皮骨頭蓋の構成要素の命名について研究者の間での論議がいくつかある。これはある程度歴史的な遺物である。現代の条鰭類のこれらの骨は，原始的な四肢動物や原始的な硬骨魚類の系統発生を理解する前に，哺乳類との比較をもとに命名された。論争の主要な点は，前頭骨，頭頂骨，後頭頂骨からなる中央の天井構成骨（詳細は後述する）にかかわる。哺乳類の天井構成骨は原始的な四肢動物（図9–8c）を通してその外群の葉鰭類（図9–8b）までたどることができる。この比較を通して，前頭骨は葉鰭類の間の新たな構造であると認められる。

私たちは今や条鰭類での天井構成骨の命名の問題に直面している。2つの考えられうる仮説がある。(1)条鰭類と葉鰭類は，共通の祖先を介して頭頂骨と後頭頂骨を後の肉鰭類に特有な前頭骨とともに共有するとする説，(2)天井構成骨は独立して進化し，相同ではない（そして別の名前が与えられるべき）とする説である。化石からの証拠は先の説を支援し，本書での命名法は最近の相同性の仮説を反映している。学生は，名称の適用が研究論文と成書とで一致しないことに気づくべきである。相同性を反映した名称変更は混乱を招くだけということが議論されてきた。前頭骨が時には頭頂骨であることと，同一の名称を相同な構造に使うことでは，どちらがあなたたちをより混乱させるだろうか？

天井構成骨

天井構成骨の初期のパターンは扇鰭類で観察され，このパターンは迷歯類にそのまま受け継がれている（図9–8）。こうした脊椎動物の天井構成骨は，脳や特殊感覚器を覆う保護盾となり，鼻孔や有対眼や正中眼（頭頂眼）だけが開口部となる。

扇鰭類では，一連の有対および不対の鱗状の骨が鼻孔から後頭部まで背側正中線に沿って伸び，脳や嗅嚢や，その領域で発達するその他の神経頭蓋の要素を覆っている。迷歯類では，不対の骨は消失し，**鼻骨** nasals，**前頭骨** frontals，**頭頂骨** parietals，**後頭頂骨** postparietals（膜後頭骨）の一連の有対骨がその場所を占めている。後頭頂骨は，現生の両生類では独立した骨としては消失しているが，初期の爬虫類で最初に現れる軟骨内骨の上後頭骨と融合することがある（頭頂骨より後方の骨はこの可能性を認めて膜後頭骨と命名された）。正中眼を収めている頭頂孔は多くの魚類や両生類やトカゲ類でまだ残っている。

一般的な頭蓋で眼窩周囲の輪の構成は，**涙骨** lacrimal，**前前頭骨** prefrontal，**後前頭骨** postfrontal，**頬骨** jugal（**眼窩下骨** infraorbital）であった。涙骨の名称は，涙（涙液）を含む過剰な液を，眼の鼻側角から鼻道へ排出する有羊膜類の鼻涙管との関連に由来する。頭蓋の後角には，**側頭間骨** intertemporal，**上側頭骨** supratemporal，**板骨** tabular があり，下方に**鱗状骨** squamosal，**方形頬骨** quadratojugal があった。迷歯類は外鼻孔と眼窩の間の骨の伸長により，扇鰭類でみられるよりも長い顔面域，すなわち吻部を発達させた。こ

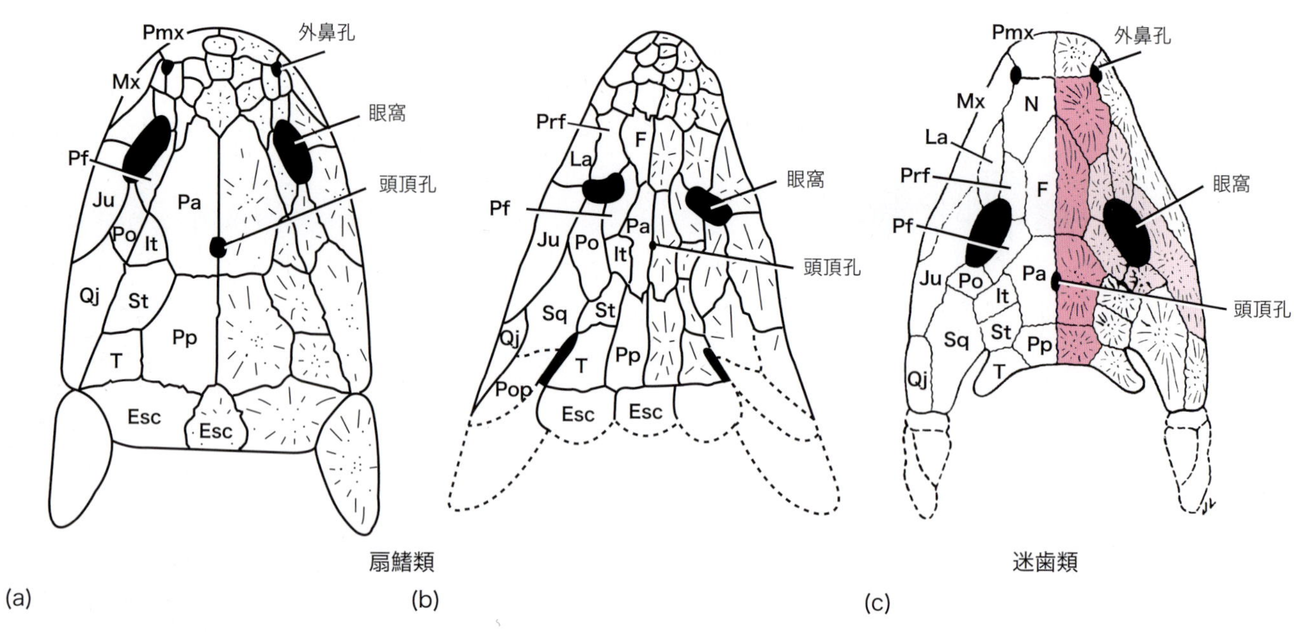

図9-8
四肢動物の皮骨頭蓋が進化したと思われる原始的な皮骨パターン。(a) 扇鰭類であるエウステノプテロンの頭蓋。正中線の骨および吻部の小さな鱗状の骨に注意。頭頂孔には正中眼が収まる。(b) 扇鰭類であるパンデリクチスの頭蓋。条鰭類や原始的な肉鰭類では消失する前頭骨の起源に注意（図9-7と上図のa）。破線は消失した骨を示す。(c) 石炭紀の迷歯類の頭蓋。破線は消失した鰓蓋骨を示す。Esc：外肩甲骨。F：前頭骨。It：側頭間骨。Ju：頬骨。La：涙骨。Mx：上顎骨。N：鼻骨。Pa：頭頂骨。Pf：前前頭骨。Pmx：前上顎骨。Po：後眼窩骨。Pop：前鰓蓋骨。Pp：後頭頂骨。Prf：前泉門骨。Qj：方形頬骨。Sq：鱗状骨。St：上側頭骨。T：側頭骨。(c) では，正中線の天井構成骨は濃赤色で，眼窩周囲骨は淡赤色で示す。
(b) Redrawn from Schultze, 1996.

のことは食物を集めたり捕まえたりする方法の変更，あるいはそれを口のなかで処理する方法の変更と関連づけられる。

上顎の皮骨

口蓋方形軟骨は，軟骨魚類が発達させる唯一の上顎で（図9-1），硬骨性脊椎動物の胚期における上顎の前駆体である。硬骨性脊椎動物では，これらの軟骨は歯を備える皮骨である**前上顎骨** premaxillae や**上顎骨** maxillae により被われるか，すっかり取り囲まれる。前上顎骨と上顎骨は皮骨頭蓋の縁の一部となる（図9-8，9-10）。このように，硬骨性脊椎動物の完全な上顎骨複合体は頭蓋の一部となる。下顎骨は内臓骨格の他の要素とともに解説する。

一次口蓋構成骨

一次口蓋は魚類の口咽頭腔の天井であり，原始的な四肢動物の口腔の天井である。サメ類では，一次口蓋は軟骨性で，脳を収容する神経頭蓋の床である。硬骨性脊椎動物では膜性骨が神経頭蓋の下方に当てられ，口蓋方形軟骨（上顎の軟骨）が占めるどの部位にも適用される。こうした膜性骨は一次口蓋の主要な構成要素となる。

扇鰭類や初期の四肢動物では，口蓋のこうした膜性骨は，神経頭蓋の蝶形骨領域の下層にある不対の**副蝶形骨** parasphenoid，篩骨部の下層にある有対の**鋤骨** vomers，有対の**口蓋骨** palatines，**外翼状骨** ectopterygoids，側方の**翼状骨** pterygoids である（図9-9）。最後の3つの骨は口蓋方形軟骨を程度に差はあるが取り囲む。本来，歯はこうした骨すべてに作られ，現存する原始的な脊椎動物では，そのなかのいくつかは歯を備えている。内鼻孔は口蓋を前外側方向に貫通している。一次口蓋はすべての四肢動物で変化して存在しているが（図9-13），二次口蓋も発達する四肢動物では一次口蓋は鼻道の天井に残る（図9-18）。

鰓蓋骨

鰓蓋は舌骨弓の膨出として生じた組織の垂れ蓋で，鰓裂の上を尾側に伸びる。これは全頭類では膜性で，板鰓類にはない。硬骨魚類では，皮骨の鱗板により鰓蓋は硬くなっている。最も一定して存在するのが，大きな**鰓蓋骨** opercular，上下顎の関節を覆う小さな**前鰓蓋骨** preoperculars，**下鰓蓋骨** suboperculars，**間鰓蓋骨** interoperculars である（図9-10）。もっと原始的な硬骨魚類のいくつかでは，1つ以上の**咽喉骨** gular bone が鰓蓋腔の床の鰓蓋膜にある。咽喉骨は，さらに特殊化した条鰭類や肺魚では後方に向いた垂れ蓋，すなわち鰓蓋の**鰓条膜** branchiostegal membrane にある**鰓条** branchiostegal ray によって表される。鰓蓋骨や咽喉骨，それらの痕跡は四肢動物には全く存在しない。

硬骨魚類の神経頭蓋－皮骨頭蓋複合体

神経頭蓋と皮骨頭蓋は，硬骨魚類の頭蓋に貢献するように組み合わされているので，ここでは神経頭蓋と皮骨頭蓋について調べる。その後，全体像を把握するよう咽頭弓の骨格を学ぶ。

原始的な条鰭類

チョウザメやヘラチョウザメは，軟質類の名称に合った頭蓋骨を持つ。神経頭蓋は一生を通じてほぼ完全に軟骨のままである。チョウザメの神経頭蓋のなかで軟骨内骨化の唯一の痕跡は，耳嚢や眼窩の壁に寄与する蝶形骨にある孤立した部位である。他の部位では，神経頭蓋は軟骨のままである。ヘラチョウザメもそれほど違わない。独特のヘラ状の先端は軟骨性の吻の伸長である。多数の重なった皮骨が軟骨性の神経頭蓋や上顎や舌骨弓の軟骨性要素を覆い隠す。

ポリプテルスは，古生代魚類の原始的な特徴をチョウザメやヘラチョウザメよりも維持している。神経頭蓋はよく骨化しており，背側正中線を真皮起源の対をなす鼻骨，頭頂骨，後頭頂骨により被われている（図9–10）。これらの外側には，小さな，ほとんどが名前のない骨性の真皮板の線状の連なりがある。前上顎骨と上顎骨は第一咽頭弓の軟骨内骨性の口蓋方形骨を覆い，前鰓蓋骨は上下顎の関節を覆っている。他の鰓蓋骨は側方から皮骨頭蓋を完成し，真皮由来の原始的な1対の咽喉骨は鰓蓋膜にある。

原始的な新鰭類

アミアやガーの頭蓋は，軟質類と同様に，大部分の現代的な魚類の頭蓋とは似たところがほとんどない（図9–7，9–11a）。皮骨は溝や孔があり，覆っている皮膚の彫刻作用を示す。それらは頭蓋の骨あるいは真皮鱗として同じように特徴づけられる。ガーの頬板は，皮骨頭蓋が早期の真皮鱗から由来し

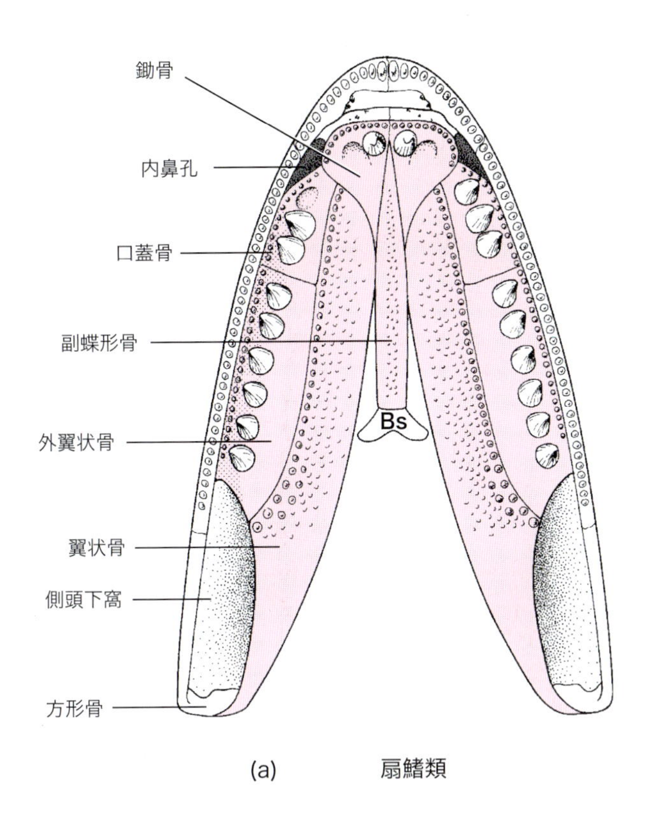

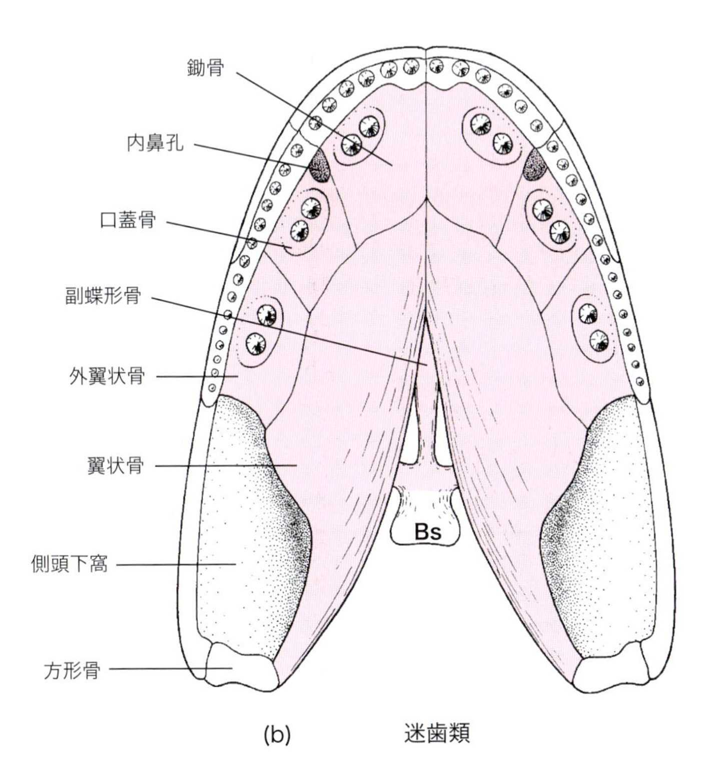

図9–9
扇鰭類と後期古生代の迷歯類の一次口蓋（赤色）。(a) では，小さな歯状突起が副蝶形骨と翼状骨を覆う。Bs：底蝶形骨。

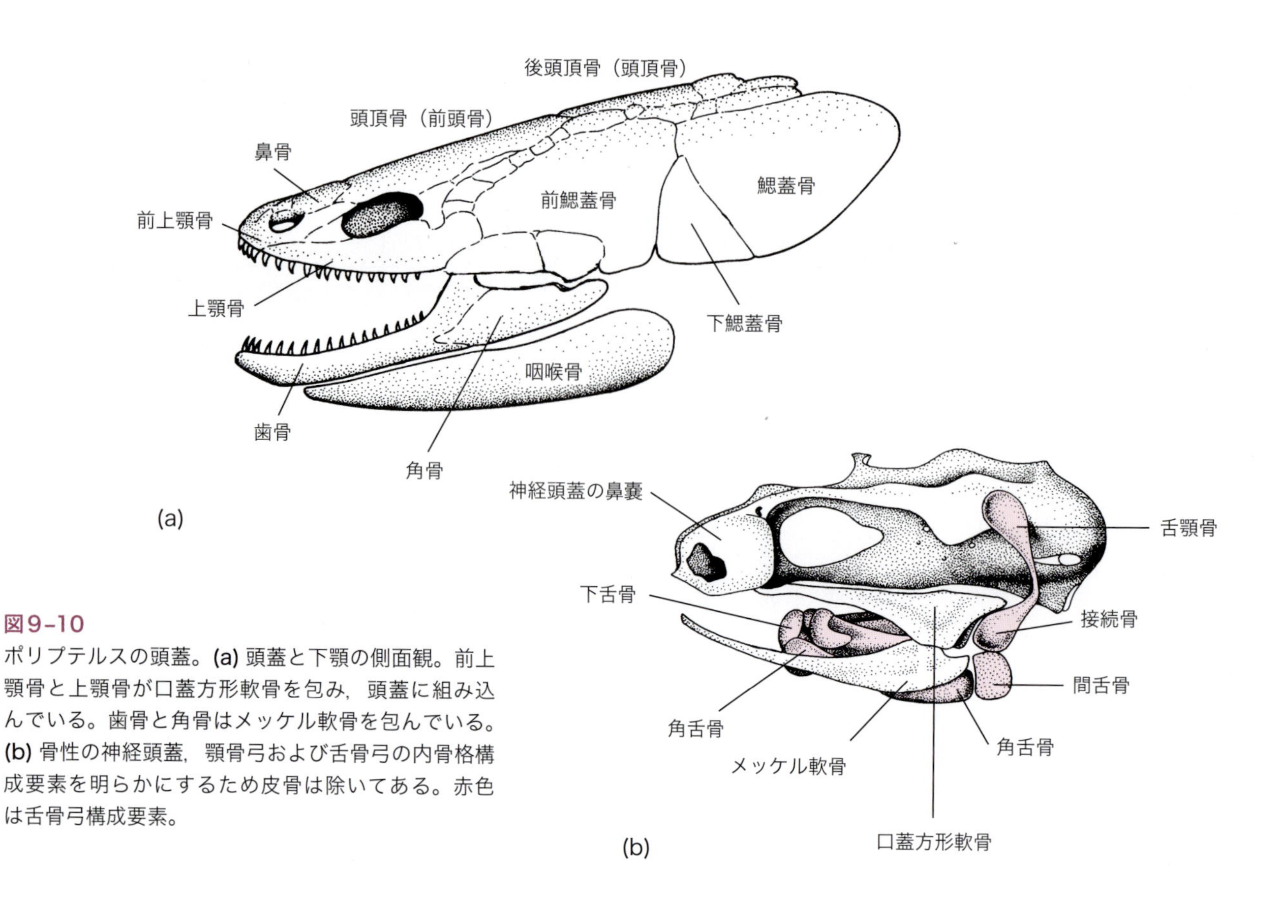

図9-10
ポリプテルスの頭蓋。(a) 頭蓋と下顎の側面観。前上顎骨と上顎骨が口蓋方形軟骨を包み，頭蓋に組み込んでいる。歯骨と角骨はメッケル軟骨を包んでいる。(b) 骨性の神経頭蓋，顎骨弓および舌骨弓の内骨格構成要素を明らかにするため皮骨は除いてある。赤色は舌骨弓構成要素。

たらしいということに対する，特に説得力のある証拠である。アミアの神経頭蓋は軟骨性が高く，ガーでは硬骨性である。アミアの頭蓋の詳細な解剖についてはE. ジャーヴィック E. Jarvik（1980）によって提示された。

真骨類

ほとんどの真骨類の頭蓋は高度に特殊化し，構造的に多様である。このことは，この動物群の多様な摂食習慣と関連している。世界中の川や湖や大洋で考えうるあらゆるニッチ（生態的地位）において，植物を採集する種や動物を捕獲する種がいる。高度に可動性のある顎と口蓋の組み合わせは，現代の脊椎動物の頭蓋で最も数の多い骨と一緒になって，解剖学的な多様性の原因となる。

コイの頭蓋を図9-11bに示す。多くの真骨類の頭蓋と同様に，側方から圧迫され，背側で円蓋状に弯曲している。大部分の骨の名称は先の解説から覚えがあるだろう。上顎骨，前上顎骨，歯骨，関節骨，方形骨，接続骨は，上下顎や舌骨弓と関連し，内臓骨格とともに説明される。後側頭骨は，前肢帯の最背側の部分である。この骨は二次的に頭蓋骨に統合される。中篩骨，上耳骨，翼耳骨は，通常の置換骨とともに，しばしばいくつかの膜性骨を合体する。鰓室の下で対をなす鰓条膜の鰓条は，早期の条鰭類のより原始的な咽喉骨に取って代わる。

ほとんどの真骨類の神経頭蓋は，嗅嚢を除き完全に骨化している。しかしコイ科では，神経頭蓋の骨化は完全ではなく，コイの頭蓋の表面にみられる軟骨の島は，神経頭蓋の未骨化の部位であるか，いくつかの部位では新たな軟骨である。

多くの真骨類の口蓋の可動的な特徴とこれを引き起こした構造上の分裂にもかかわらず，皮骨による口蓋の補填は祖先の硬骨魚類の口蓋を反映している。鋤骨，副蝶形骨，翼状骨は，一般的な構成要素である。

先に述べたように，何年も前に頭蓋の骨に与えられた名称は，それらの骨が軟骨内骨起源か膜内骨起源かによるのでなく，位置（口蓋骨），形（翼状骨），あるいは別の特徴（鱗状骨）をもとに割り当てられた。2つの種における同じ名前の骨が，1つの種では軟骨内骨起源で，別の種では皮骨起源であるかもしれない。そうした例では，骨は相同ではない。一方，異なった種において相同なものが，時には異なった名称を持ち，異名同義の問題をもたらす。図9-11bでコイの頭蓋に付された名称のいくつかは相同性が疑わしい。

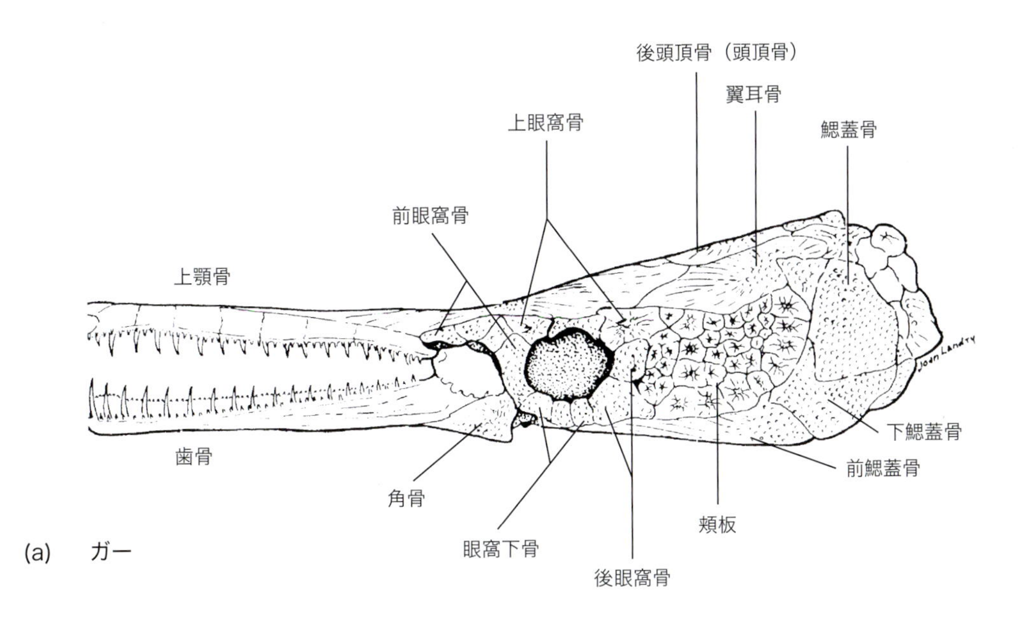

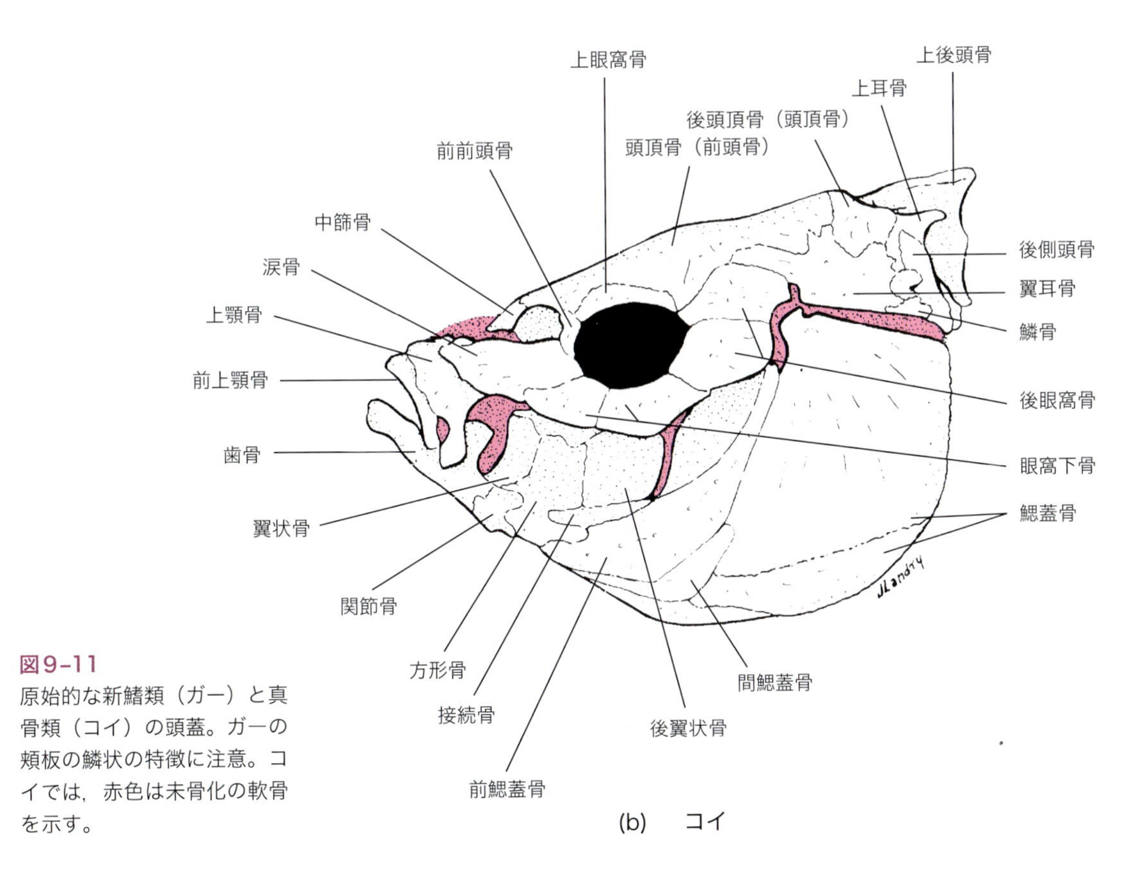

図9-11
原始的な新鰭類（ガー）と真骨類（コイ）の頭蓋。ガーの頬板の鱗状の特徴に注意。コイでは，赤色は未骨化の軟骨を示す。

肺魚類

デボン紀初期に初めて出現して以降，肺魚類は，その後に真骨類に生じたような爆発的な種分化を経験しなかった。その結果，肺魚類の頭蓋の構造的な変化はより控えめであった。皮骨頭蓋に関連して，時の経過は肺魚を真骨類が皮骨の数を増やしサイズを小さくするのとは全く異なる方向に向かわせた。肺魚類の皮骨頭蓋は化石にある多数の鱗状の皮骨から，今日の種の比較的数が少なく幅広い骨性板に進化した。神経頭蓋は，真骨類のように硬骨性ではなく，むしろ軟質類や原始的な新鰭類のように主として軟骨性である。他の扇鰭類と同様に，口蓋骨には口のすぐ後ろで鼻道から口腔への開口がある。

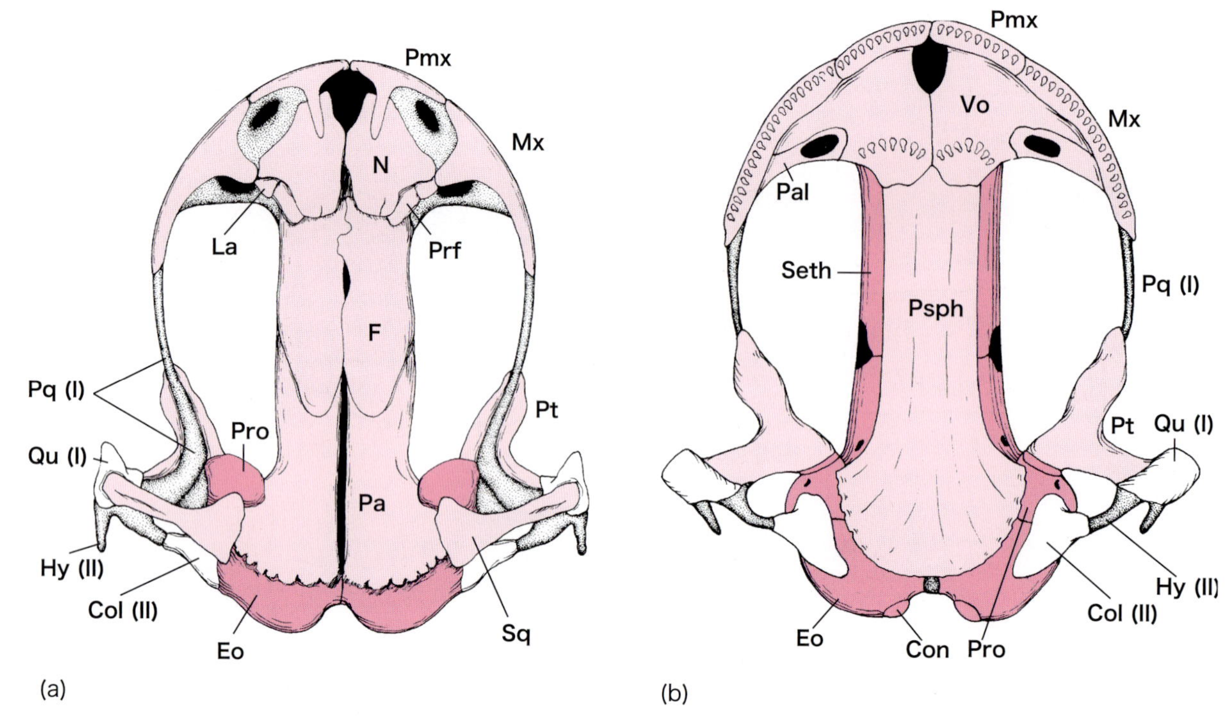

図9-12
サンショウウオ科の有尾類，ラノドンの頭蓋。(a) 背側観。(b) 口蓋側観。淡赤色は皮骨，濃赤色は神経頭蓋の骨，点状部は軟骨。Col：小柱。Con：後頭顆。Eo：外後頭骨。F：前頭骨。Hy：舌骨骨格の背側部。La：涙骨。Mx：上顎骨。N：鼻骨。Pa：頭頂骨。Pal：口蓋骨。Pmx：前上顎骨。Pq：口蓋方形軟骨。Prf：前前頭骨。Pro：前耳骨。Psph：副蝶形骨。Pt：翼状骨。Qu：方形骨。Seth：蝶形篩骨。Sq：鱗状骨。Vo：鋤骨。I と II は第一および第二咽頭弓由来を示す。

現生の四肢動物の神経頭蓋－皮骨頭蓋複合体

私たちは神経頭蓋－皮骨頭蓋複合体が現生の四肢動物でいかに進化してきたかをみることができる。不相応な時間を有羊膜類で使う。なぜなら，有羊膜類は他の四肢動物よりも多様化したためと，中生代の間にいくつかの頭蓋が鳥類と哺乳類の頭蓋に組み込まれる構造的な変革を経たためである。

両生類

現代の両生類の頭蓋は，有羊膜類の円蓋状頭蓋に比べて平坦（**扁平状頭蓋** platybasic skull）であるが，迷歯類の頭蓋からかなり変化している。神経頭蓋は背側では不完全で（図9－3c），無足類を除き，多くが軟骨のままである。無足類の頭蓋の堅固さは潜穴性と関連しているかもしれない。無尾類や有尾類での唯一の置換骨は（骨化した場合の小柱を除き），1個の蝶篩骨と2個の前耳骨と2個の外後頭骨で，外後頭骨はそれぞれが顆を有する。永続鰓性の有尾類の何種かでは蝶篩骨さえも骨化していない。

両生類（それと他の四肢動物）において，耳嚢に隣接するのが骨格性の棒，すなわち**小柱** columella（アブミ骨）で，音波を鼓膜から耳嚢に伝達する中耳の小骨である。小柱の系統発生学的な起源は内臓骨格で述べる。

皮骨頭蓋は全く不完全である。初期の両生類の眼窩を囲む骨は原始的な有尾類の涙骨と前前頭骨を除き欠けていた（図9－12a）。眼窩より後方の側頭部の原始的な骨（側頭間骨，上側頭骨，板骨，後頭頂骨）もまた失われている。囲周性の骨の欠失は耳嚢（前耳骨）を背側と外側で露出させる。鱗状骨だけが，時には方形頬骨とが，この部位に残る。前上顎骨と上顎骨は通常，皮骨頭蓋の辺縁で上顎の軟骨を囲んでいるが，永続鰓性の有尾類では上顎骨さえも発達しないことがある。

一次口蓋は変化してきた。無尾類と少数の有尾類では，大きな口蓋腔は眼窩の下方で発達し，口蓋骨は縮小して横断する断片となって前方で上顎を口蓋に固定し，また翼状骨は縮小して1対の分岐した骨となり，後方で上顎を脳頭蓋に固定した（図9－12b，9－13 アカガエル）。無尾類の大きな眼球は，体の他の部分は水中に没しているカエルで，周囲を監視するため水面のすぐ上に突出させているが，口蓋腔があるため，眼窩の膜性の床が口腔内に突出するまで眼球を引き戻すことができる。有尾類では，副蝶形骨は例外的に幅が広くなり（図 9–12b，9–13 マッドパピー），口蓋腔はいくつかの目で消失している。

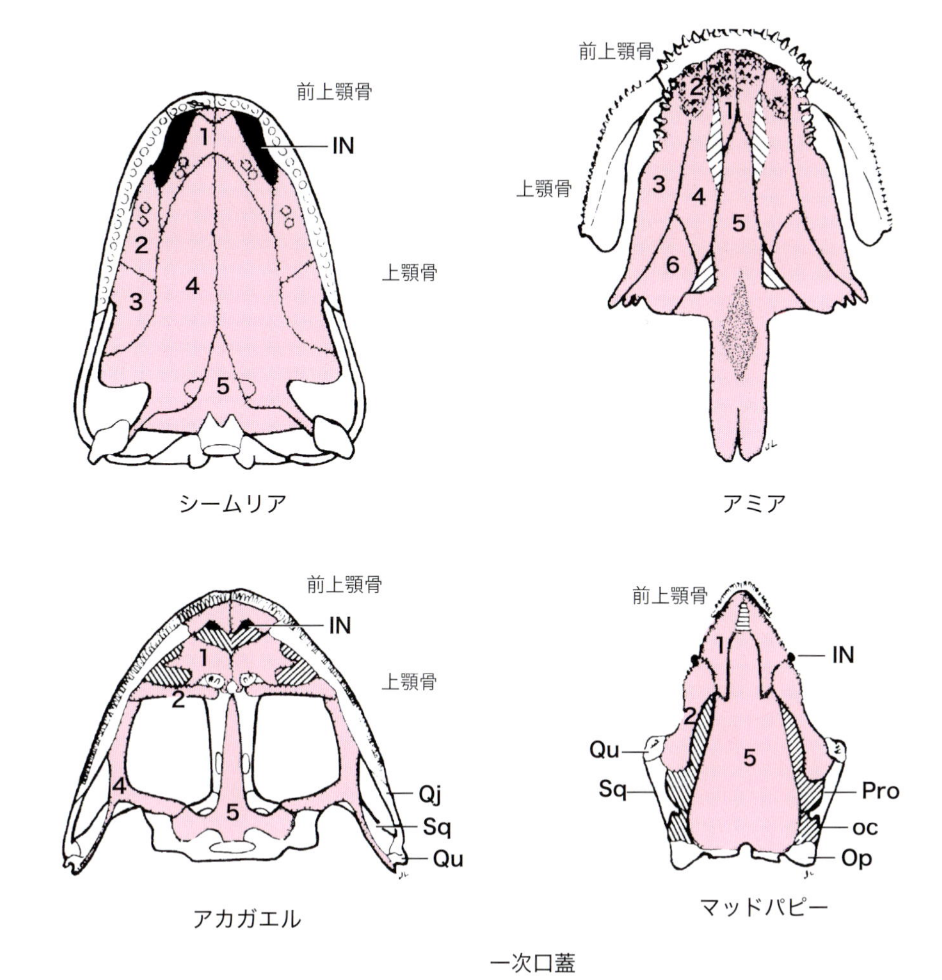

図 9–13
爬虫類様両生類（シームリア），原始的新鰭類（アミア）および両生類２種の一次口蓋（赤色）。軟骨は斜線，内鼻孔は黒で示す。1：鋤骨。2：口蓋骨（マッドパピーでは口蓋翼状骨）。3：外翼状骨。4：翼状骨。5：副蝶形骨。6：上翼状骨。oc：耳嚢の軟骨部。Op：後耳骨。Pro：前耳骨。Qu：方形骨。Qj：方形頬骨。Sq：鱗状骨。IN：内鼻孔。

爬虫類

基幹爬虫類の頭蓋は，迷歯類からほとんど変化しておらず，いくつかの原始的な特徴が現生の爬虫類に残っている。そうしたなかに，よく骨化した神経頭蓋，１つの後頭顆，膜性骨の大きな補充，および喙頭類や多くのトカゲ類での正中眼を収める頭頂孔（図 9–14c）がある。図 17–19 はイグアナの正中眼の写真である。基幹爬虫類の頭蓋からの主要な変化には側頭窩の出現，部分的あるいは完全な二次口蓋の発達がある。側頭窩と二次口蓋は鳥類に引き継がれた。

成体のアリゲーターの完全に骨化した神経頭蓋は，２個の外後頭骨，上後頭骨，環椎と関節する１つの後頭顆を備えた底後頭骨，外側蝶形骨，篩骨，および耳嚢で別々の骨化中心から生じた数個の耳骨からなる。耳骨はどれも表面にはなく，鱗状骨，すなわち皮骨頭蓋の骨の１つで被われている。耳骨のいくつかは隣接する後頭骨と癒合している。若いムカシトカゲの主に軟骨性である神経頭蓋は図 9–14c で本来の位置にみられる。神経頭蓋は加齢にともなってさらに骨化するが，成体のムカシトカゲやトカゲでは他の爬虫類よりも軟骨が多く残っている。

３種の爬虫類の皮骨頭蓋の天井構成骨と辺縁骨が図 9–14 にみられる。現生の爬虫類のなかで，ワニ類は最も多くの膜性骨を保持する。カメ類は，まもなく説明するように最も不可解な頭蓋を持つ。

側頭窩

側頭窩（側頭窓）は，１つあるいは２つの骨梁で結ばれている有羊膜類の頭蓋のいくつかで側頭部にある空洞状の開口である（図 9–15）。基幹爬虫類にはこの側頭窩がなく（原始的な状態を保存），そのため頭蓋は**無弓型** anapsid，つまり側頭弓を欠く。現生の有羊膜類のなかで，カメ類だけが無弓型である（図 9–16）。単弓類は後眼窩骨，鱗状骨および頬骨で囲まれた１つの**外側側頭窩** lateral temporal fossa を発達させる。鱗状骨と頬骨は下方の**下側頭弓** infratemporal arch（**頬骨弓** zygomatic arch）を形成する。この単弓型頭蓋は哺乳類まで伝わった。ヒトでは‘ほほ骨’が頬骨弓である（図 9–28）。

主竜類やムカシトカゲ，トカゲ，ヘビの祖先は上側頭窩と下側頭窩を持っていた。２つの側頭窩があると，頭蓋は**双弓型** diapsid とよばれた（この語の由来については用語解説を参照）。下方の弓は哺乳類の頬骨弓に相当する。上方の弓，すなわち**上側頭弓** supratemporal arch は，２つの窩の間にある弓で，後眼窩骨と鱗状骨の一部からなる。ワニ類とムカシトカゲは今なお双弓型頭蓋を持っているが（図 9–14a，9–17a），現代のトカゲは下方の弓を部分的あるいは完全になくしており，ヘビ類では両方の弓を失っている（図 9–17b，

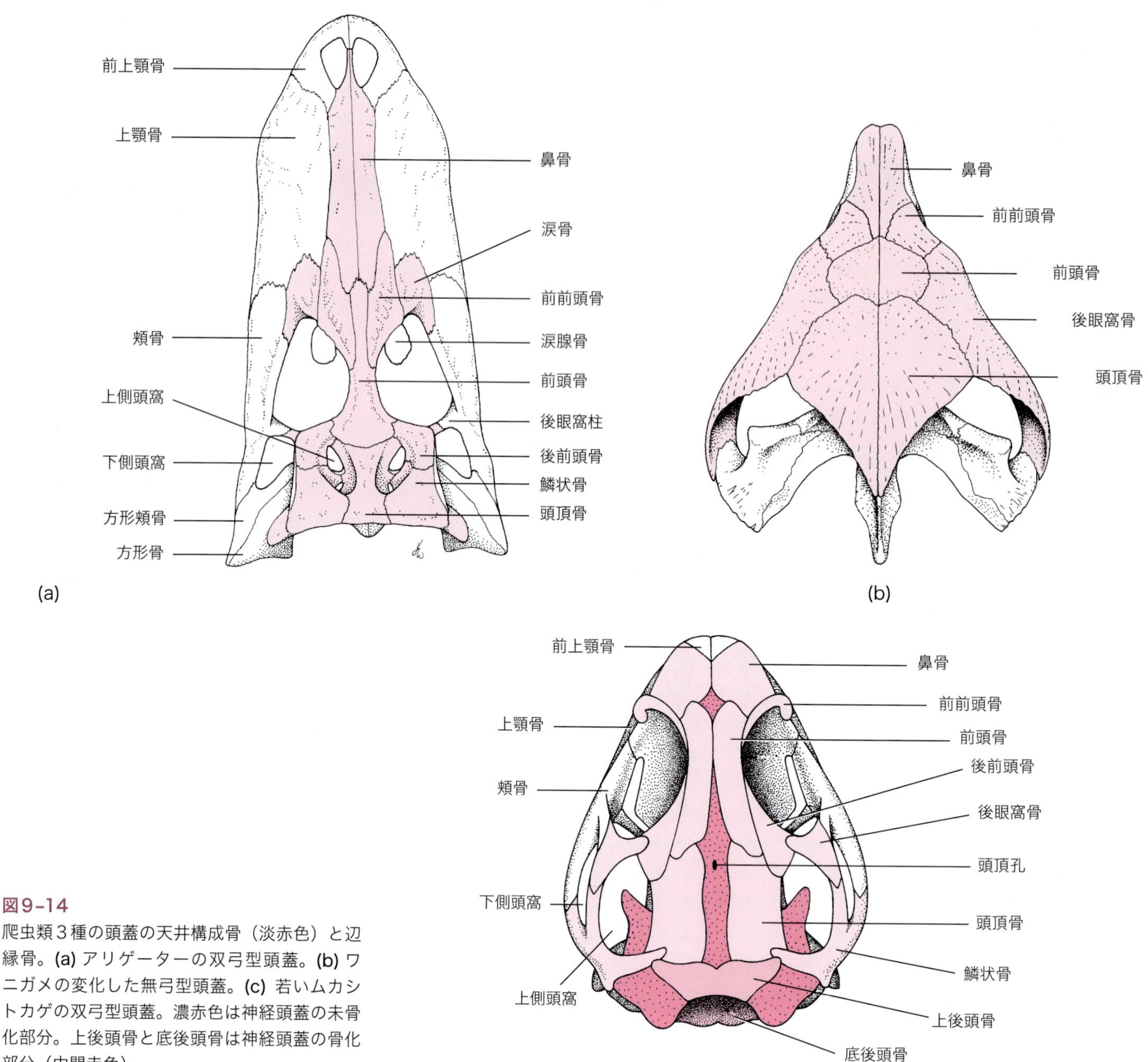

図9-14
爬虫類3種の頭蓋の天井構成骨（淡赤色）と辺縁骨。(a) アリゲーターの双弓型頭蓋。(b) ワニガメの変化した無弓型頭蓋。(c) 若いムカシトカゲの双弓型頭蓋。濃赤色は神経頭蓋の未骨化部分。上後頭骨と底後頭骨は神経頭蓋の骨化部分（中間赤色）。

c)。この欠失は，有鱗類の頭蓋の後外側壁に洞穴のような腔所を残した。これが**変形した双弓型頭蓋** modified diapsid skull である。頭蓋内の関節の獲得にともなう側頭弓の縮小あるいは欠落は，**頭蓋可動性** cranial kinesis（頭蓋の1区域の他から独立した動き）を促進した。

魚竜類とプレシオサウルス類（図4-22参照）は，解剖学的な関係から双弓型の上側頭窩に似た1つの側頭窩を背側に持っていた（図9-15c，dを比較）。しかし，**広弓型** euryapsid の状態は他の爬虫類に至る系統とは異なる系統における進化的収斂の例のようである。すべての広弓型爬虫類は絶滅した（図4-22参照）。

カメ類の頭蓋の側頭部は謎である。側頭窩の欠損は原始的な状態を示唆する。しかし，皮骨の広範囲な消失と耳嚢背側の側頭部の陥凹があり（図9-14b），いくつかの科では他の科よりも状態は進行している。上側頭骨，板骨，後頭頂骨は消失し，後眼窩骨と後前頭骨は合体し，頭頂骨は後方から後退したような印象を与え，後方からあるいは腹側からみるとよくわかる広い腔所を残した。

側頭窩は，有羊膜類の下顎を操作するのに必要な力強い内転筋を収容するために，機能的に有利な位置に空間と表面を提供する。迷歯類や絶滅した原始的な爬虫類では，下顎内転筋（主要な下顎の挙筋）は皮骨頭蓋の側頭部内側の狭い場所

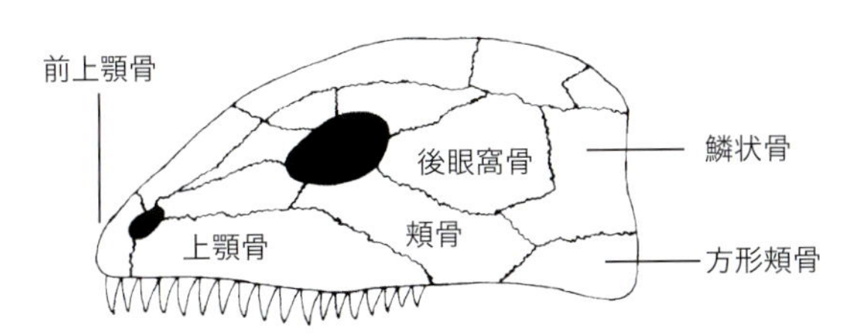

無弓型頭蓋（基幹爬虫類）

(a)

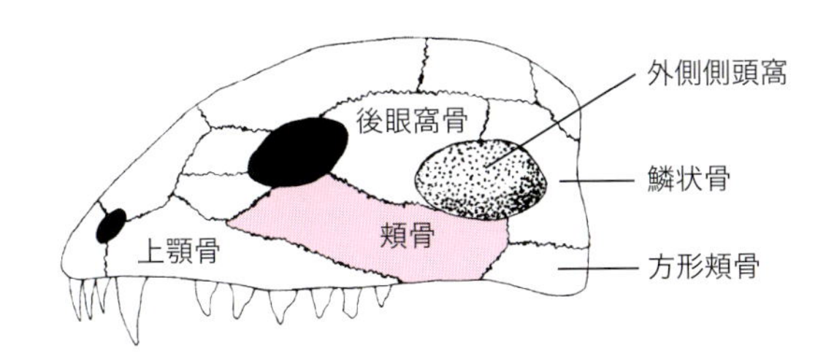

単弓型頭蓋

(b)

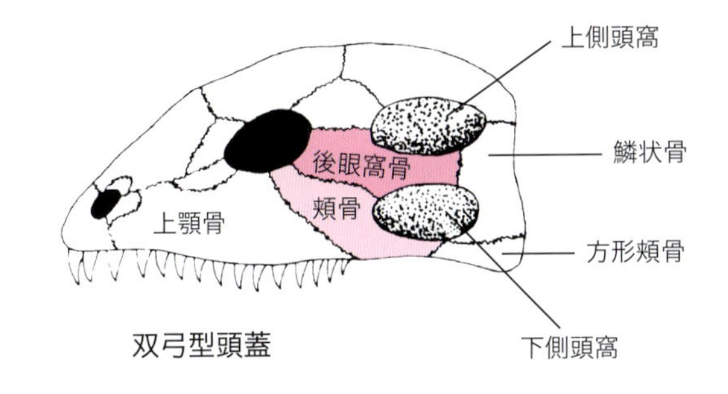

双弓型頭蓋

(c)

広弓型頭蓋（魚竜類とプレシオサウルス類）

(d)

図9–15
側頭窩。淡赤色は下側頭弓の構成要素。濃赤色は上側頭弓の構成要素。広弓型頭蓋は絶滅した鱗竜類（図4–22参照）。

に閉じ込められた（図11–24aでみられるように，軟骨魚類では皮骨頭蓋がないため，下顎内転筋は頭部の皮膚の直下にある）。この筋は，せいぜい硬骨魚類および初期の四肢動物が食物を捕まえ，小片にかみ切り，食物が周辺に戻るのを阻止するため口を閉じることができる程度のものであり，食物は丸ごと飲みこまれた。

側頭窩は有羊膜類の拡大した内転筋が収縮の際に短縮し，厚みを増すための空間を準備した。側頭窩は皮骨頭蓋の表面

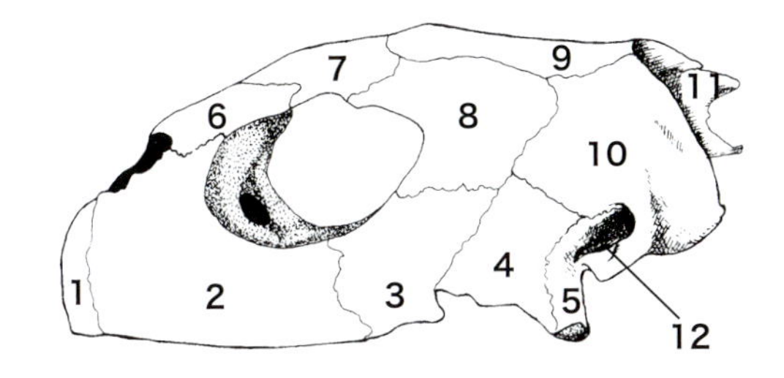

図9–16
小型ウミガメの無弓型頭蓋，外側観，下顎は除去。1：前上顎骨。2：上顎骨。3：頬骨。4：方形頬骨。5：方形骨。6：前前頭骨。7：前頭骨。8：後眼窩骨。9：頭頂骨。10：鱗状骨。11：上後頭骨。12：中耳腔。

へのアクセスを可能にしたため，内転筋の一部である側頭筋は，頭蓋の側頭部に向かい上方へ広がることでさらに利用できるようになり，頬骨弓を備えたことで内転筋の他の部位である咬筋が終止部を獲得できるようになった。図11–24cは霊長類の頬骨弓と側頭窩に関連して側頭筋と咬筋を示す。こうした力強い新たな内転筋は，顎骨弓や舌骨弓の他の筋に助けられて，草を磨砕し食い戻しをかむ草食性哺乳類や，肉を裂き骨を砕く肉食動物にみられる，横の，前後の，そして回転する複雑な咀嚼運動を可能としている。

二次口蓋

二次口蓋は水平な仕切りで，原始的な口腔を部分的あるいは完全に口腔と鼻腔とに分け，これにより**内鼻孔** internal nares（**後鼻孔** posterior choanae）が後方に移動する。哺乳類の二次口蓋の胚期の発達を図9–18に示す。二次口蓋を持つ脊椎動物では，一次口蓋の構成要素は，通常膜性骨内の縮小した補充物とともに，鼻道の天井に残る。例えば，哺乳類には副蝶形骨はない。

ワニ類では，前上顎骨，上顎骨，口蓋骨，翼状骨の内側に向かう棚状の**口蓋突起** palatal processesが正中線で会合し，長い骨性の二次口蓋を作り，内鼻孔をより後方へ移す（図9–19）。他の爬虫類では，口蓋突起のすべてが正中線で会合するわけではなく，そのため二次口蓋は不完全である。完全さの様々な程度を数種のカメ類を調べることでみることができる（図9–20）。二次口蓋が不完全な場合，呼吸の空気の流れは，口腔の天井にあるかなりの深さの縦走する溝である**口蓋裂** platal fissureに導かれる（図9–20b，c）。この口蓋裂の縁は肉質の**口蓋ヒダ** palatal foldsで，鳥類でもみられる（図12–4参照）。哺乳類では，二次口蓋は咽頭までずっと伸びるが，後方の部分は軟口蓋で，骨を欠く（図12–3b参照）。

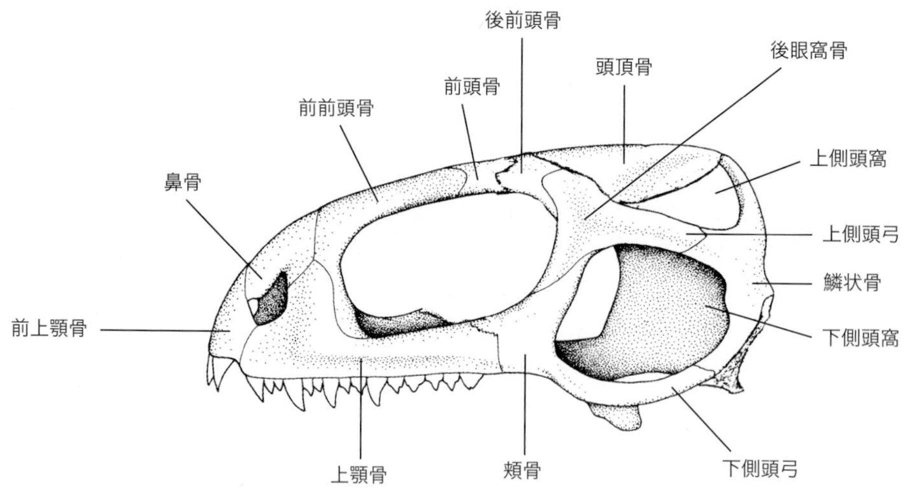

(a) ムカシトカゲ

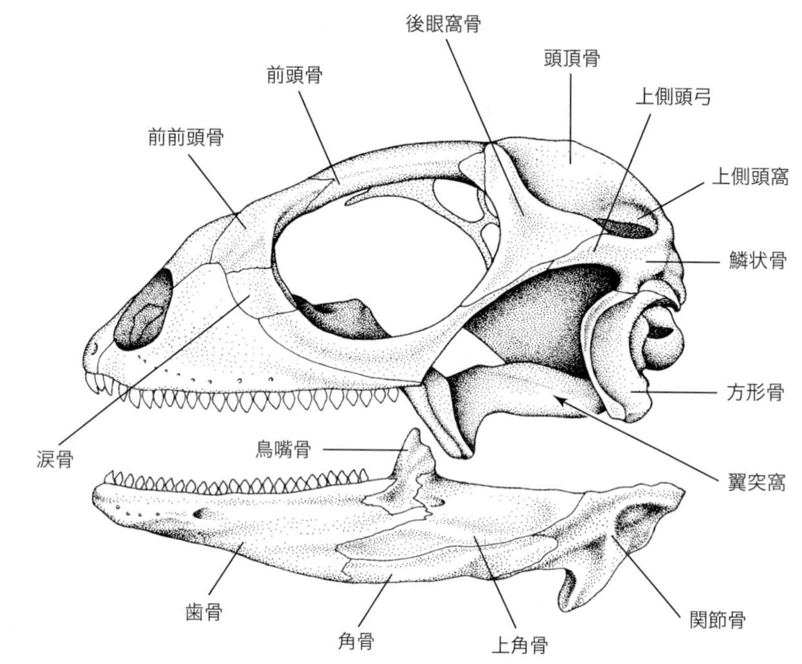

(b) イグアナ

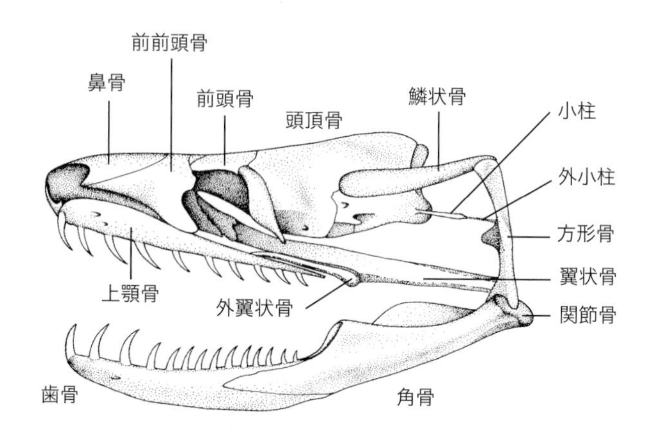

(c) ボア

図9-17
爬虫類３種の双弓型頭蓋 (a) と変形双弓型頭蓋 (b, c)。
(b) では下側頭弓が欠失。(c) では上・下側頭弓が欠失。

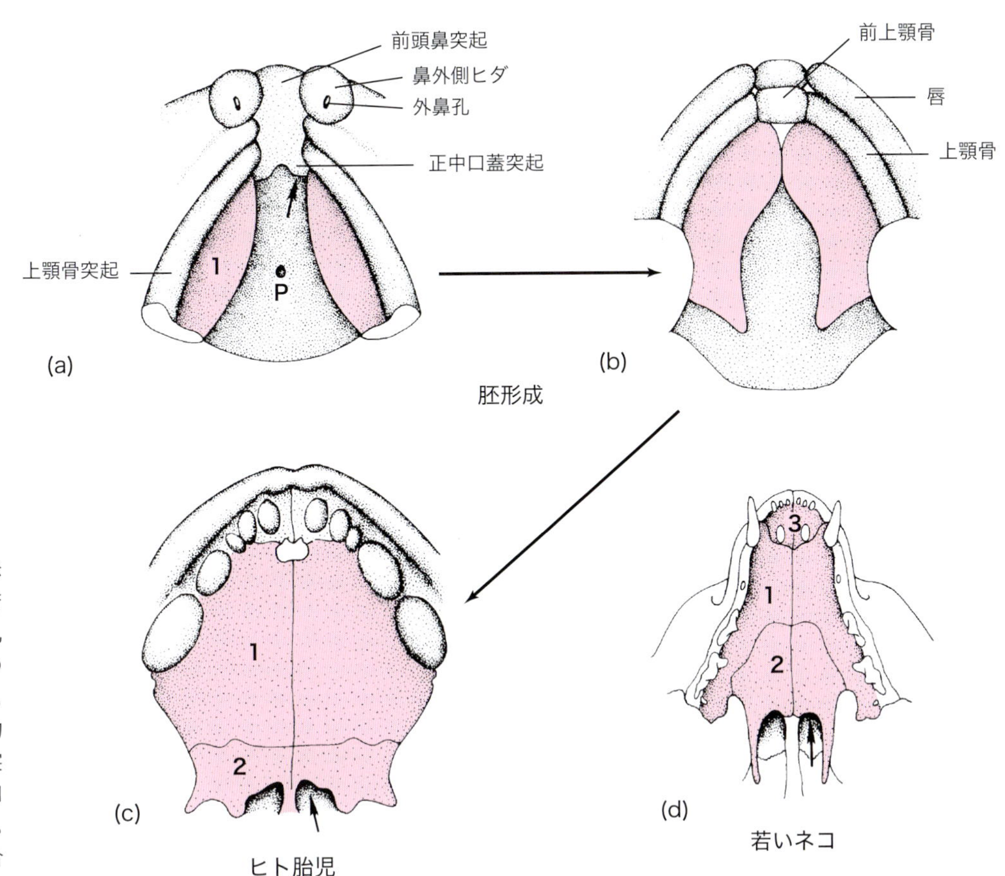

図9-18
(a)～(c) はヒトの二次口蓋（赤色）の形成。(d) 比較のための若いネコの二次口蓋。矢印は後鼻孔（内鼻孔）を示す。1：上顎骨の口蓋突起。2：口蓋骨の口蓋突起。3：前上顎骨の口蓋突起。(a) 約18週齢の胎児。上顎骨の口蓋突起が正中線に向かって成長し，口腔の二次天井を形成しつつある。(b) では，この突起が前方で会合する。(c) では口蓋が完成。
P：下垂体前葉の陥入部。

頭蓋可動性

頭蓋可動性とは，頭蓋の機能的なある構成要素の，他の構成要素とは独立した動きのことである。それは2つの構成要素の間での可動性のある頭蓋内接合の存在により可能となる。真骨類，トカゲ類，ヘビ類，鳥類は，特別にこのような接合に恵まれている。例えば，こうした動物のほとんどは，口を開けるとき，上顎と口蓋を神経頭蓋の独立したユニットとして持ち上げる。何種かの真骨類では，上顎の左右両側でさえも独立に動かすことができる。こうした動きは，例えばワニ類では達成することはできず，カエル類，サンショウウオ，哺乳類でもできない。しかし，古生代の魚類や多くの迷歯類，初期の爬虫類，哺乳類の祖先は，可動性のある頭蓋を持っていて，現生の多数の脊椎動物も同様である。突然変異の結果として，脊椎動物の進化の間に何度も独立して可動性が進化してきたのだろう。

頭蓋可動性（図9-21）は，そもそも餌の獲得と口のなかでの餌の処理に関連する。それが小さな植物食の真骨類が水面下の物体から藻をこすり取ることを可能とし，吸引によりプランクトンや他の小さな魚を食物として得ることを可能と

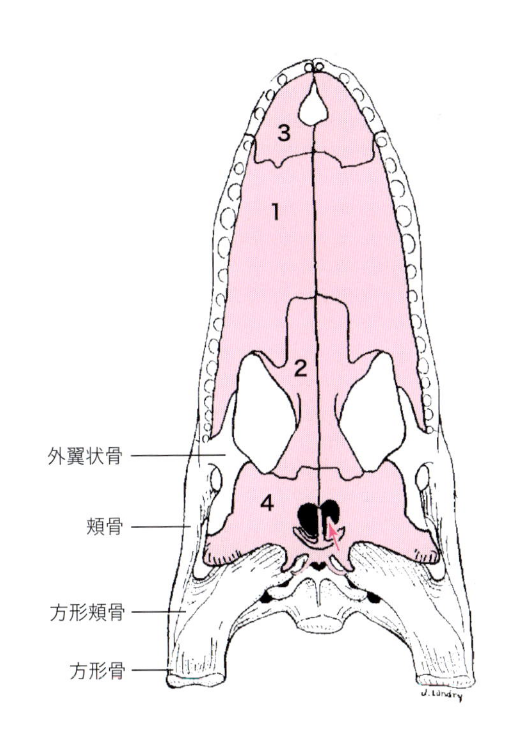

図9-19
アリゲーターの長い堅固な二次口蓋（赤色）。1，2，3はそれぞれ上顎骨，口蓋骨および前上顎骨の口蓋突起で，4は翼状骨。矢印は内鼻孔を示す。

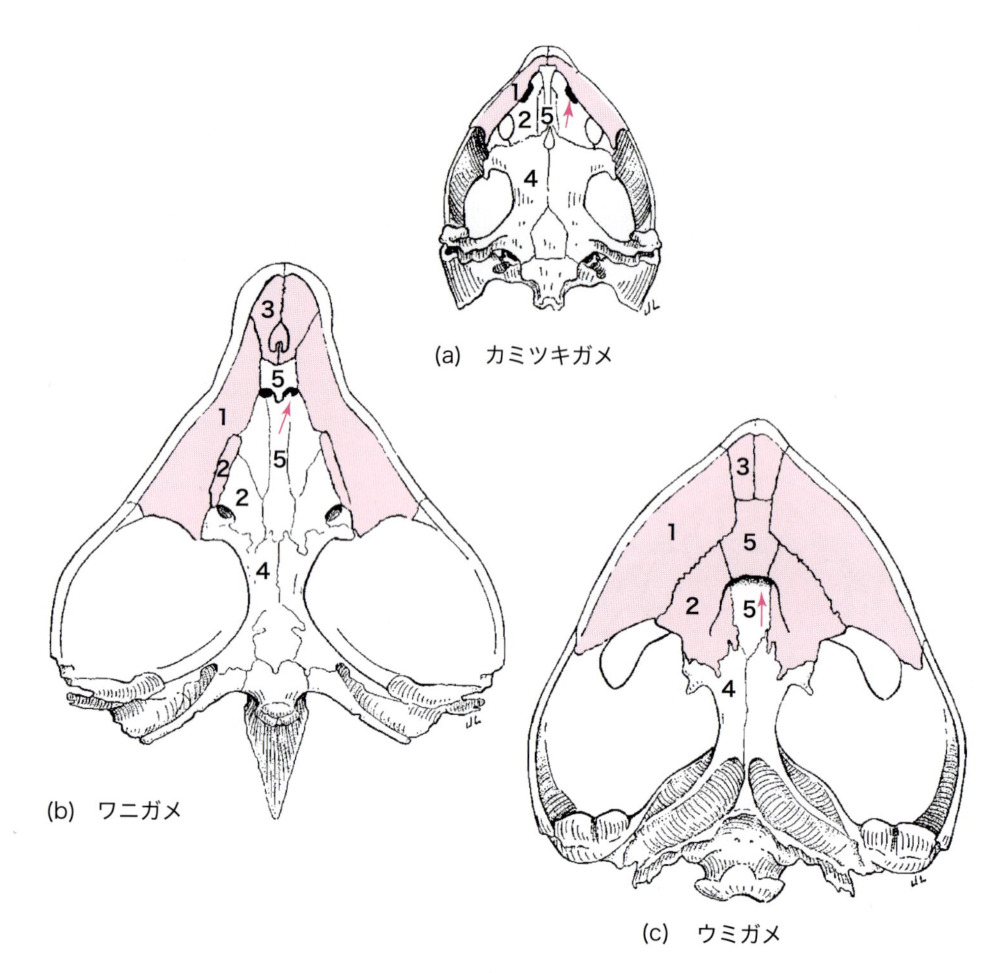

図9-20
カメの二次口蓋（赤色）の種差。(a) カミツキガメ。(b) ワニガメ。(c) ヒメウミガメ。側頭部および上後頭部は除く。1：上顎骨。2：口蓋骨。3：前上顎骨。4：翼状骨。5：鋤骨。赤色部の1，2，3，5は二次口蓋の突起。(a) では上顎骨のみが口蓋突起を持ち，痕跡的であることに注意。矢印は内鼻孔を示す。

している（詳しくは第12章に記載されている）。また，いくつかの有鱗類，特にヘビが自身の頭部よりも大きな獲物を飲みこむことができるように大きく口を開けることを可能にしている。可動的な方形骨，口蓋骨，上顎および眼窩の前方あるいは上方にあるいくつかの骨が，可動的なユニットと脳頭蓋の他の部分との間の蝶番関節と一緒になって，この過程に貢献する。

有鱗類や何種かの鳥類の口蓋部や側頭部は，摂食のために非常に変化し，原始的な皮骨頭蓋－内臓頭蓋複合体は大きく分裂した。図9-22に図示する口蓋複合体はこの分裂を例示する。赤色の骨に当てた名称は，一次口蓋に割り当てられた可動性の構成要素で，一次口蓋の副蝶形骨には可動性はなく，その他に口蓋構成骨はない。

表9-1は初期の四肢動物の頭蓋を，現代の両生類や爬虫類の口蓋や他の特徴と対比している。

鳥類

鳥類の頭蓋は基本的には爬虫類型であるが，飛翔や食性の変化や，より大型の脳と関連して変化している。天井構成骨のいくつかは失われ，残った皮骨は一層薄くなっている。深胸類（峰胸類）の鳥の頭蓋では縫合のほとんどが消失している。それゆえ，個々の骨を同定するためには平胸類や雛鳥の頭蓋を使わなければならない。

鳥類の頭蓋は，2つの機能的な部位からなると考えてよいだろう（図9-23）。後方では固い骨性の箱（神経頭蓋と皮骨頭蓋）が，脳，嗅覚器，眼球，平衡聴覚器複合体を収容し，それゆえに情報の入力と処理に必要なすべての構造物を守る。そして前方には食物の獲得と処理の部位，すなわち長く伸びた嘴と口蓋がある。

後方の構成要素は，非常に大きくなった脳とともに，極度に円蓋状で外方に突出し，上方に弓なりとなっている。眼窩は視界のための最大の円弧を達成する部位にあり，巨大な眼球のサイズを反映している。頭頂孔は閉じている。神経頭蓋は背側が不完全であり，他の爬虫類のものと同様に十分に骨化し，唯一の軟骨は嗅嚢と眼窩間中隔の中篩骨にある。他の爬虫類のように，神経頭蓋は1つの後頭顆を持つ。

頭蓋は変化した双弓型であり，上側頭窩と下側頭窩の間の弓は消失している。その結果として，窩は後方へ広く開放し，前方で眼窩と一緒になっている。涙骨により眼窩から分けられた眼窩前窩が，他の恐竜でそうであったように，存在

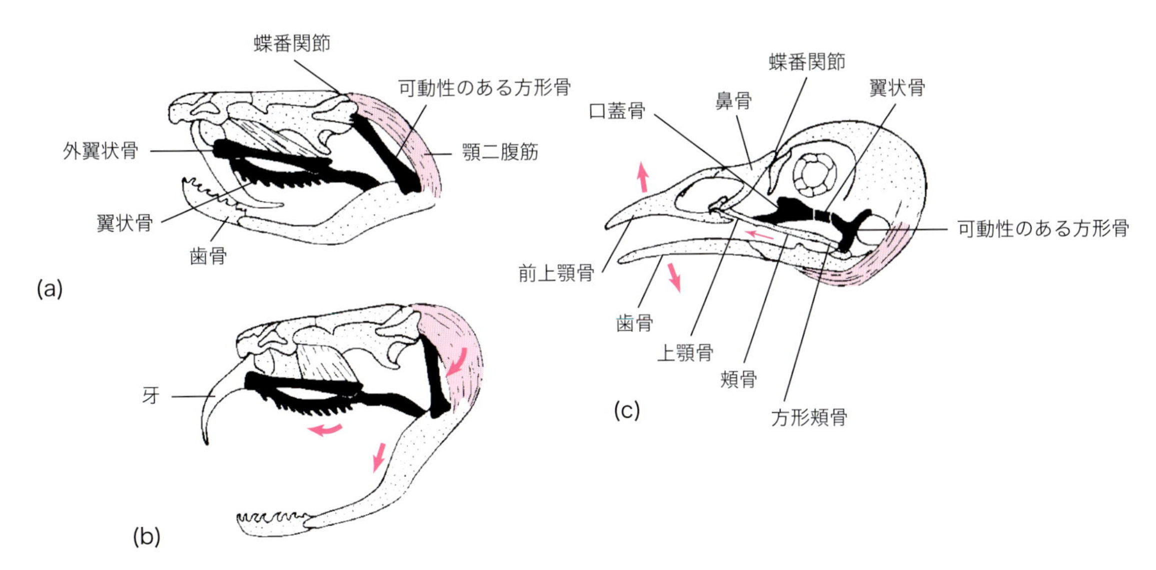

図9-21
ヘビ類（a，b）と鳥類（c）の口蓋における頭蓋可動性。矢印は構成要素の動く方向を示す。顎二腹筋（赤色）の収縮は下顎を下げる。

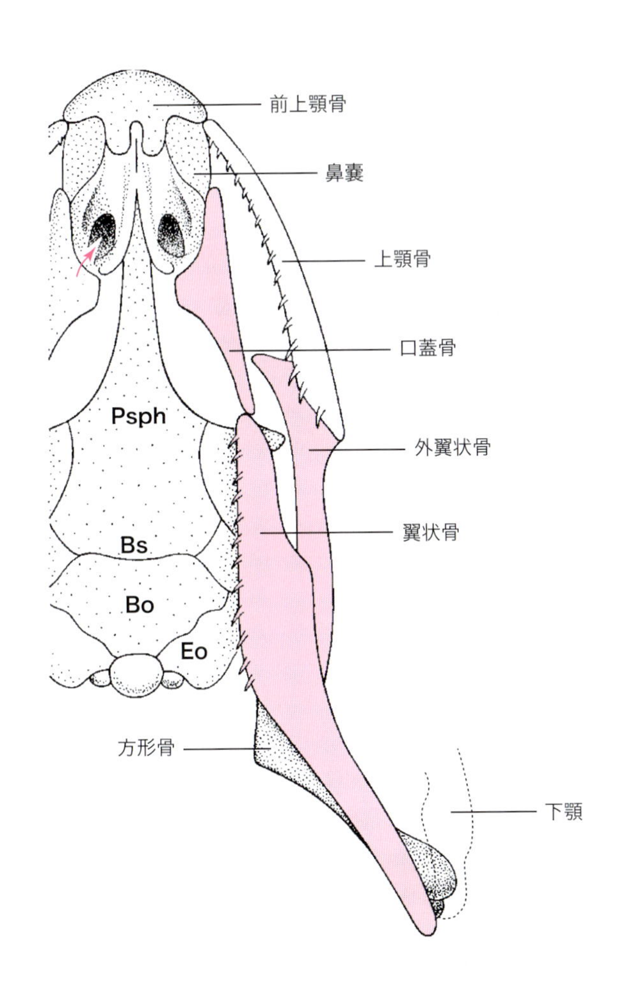

図9-22
ヘビ，ヨーロッパヤマカガシの可動性のある口蓋複合体。Bo：底後頭骨。Bs と Psph：一次口蓋の癒合した底蝶形骨と副蝶形骨。Eo：外後頭骨。鋤骨（ここではみえない）は副蝶形骨の前方にある。左右の口蓋骨と翼状骨は正中の口蓋裂の境界となっている。矢印は内鼻孔を指す。下顎の後半部は方形骨との関節部位を示すため透けるように描かれている。

する。頬骨および方形頬骨の原始的な補充物からなる下側頭弓は，損なわれていないが，とても細い（図9-23）。

可動性のある口蓋は，外翼状骨が欠失していることを除き有鱗類のものに似ている（図9-24)。可動的な口蓋を持つ鳥類が下顎を下げて口を開けるとき，方形骨は前方に押しだされ，可動性のある口蓋か，可動性のある頬骨弓か，その両方の組み合わせかのいずれかを介して，この動きは上嘴に伝えられる。副蝶形骨には可動性はなく，底蝶形骨と癒合している。嘴と口蓋の構造に多数の変異があり，それら相互の間および脳頭蓋との解剖学的な関係において多数の変異がある。この理由のため，口蓋の構造は主要な鳥類の分類群確定のための1つの基礎として利用されてきた。

鳥類の頭蓋のすべてが同じように可動的なのではない。嘴を荒っぽく使うキツツキのような鳥類は，可動性が最も少ない。神経頭蓋の篩骨部や眼窩間の天井構成骨の細い弓は，キツツキが硬い木に孔を開けるとき生じるショックに耐える。餌を獲得するときの嘴の適応のいくつかを図2-4に示した。

哺乳類

哺乳類の頭蓋を他の有羊膜類の頭蓋から区別する主要な特徴には，下顎の唯一の骨としての歯骨の出現，下顎と脳頭蓋との関節の位置変更，二次口蓋での変化，中耳腔内の3個の骨（耳小骨）の存在，がある。哺乳類は単弓類のメンバーとして，皮骨頭蓋の側頭部での変化で爬虫類と異なる。大脳半球が背側，側方，後方に膨張したため，頭蓋は背側に著しくドーム状に膨らんだ。

神経頭蓋は背側では不完全で（図9-4)，その結果，天井

表9-1 頭蓋の特徴に関する初期の四肢動物と現代の両生類，爬虫類との比較

	初期の四肢動物	現代の爬虫類	現代の両生類
神経頭蓋	十分に骨化	十分に骨化	大部分は軟骨
	後頭顆1個	後頭顆1個	後頭顆2個
一次口蓋	皮骨の完全な補填	比較的完全	少ない
	副蝶形骨は小さい	小さい	有尾類では大きい
	口蓋腔は小さい	小さい	無尾類では大きい
二次口蓋	なし	部分的または完全	なし
側頭窩	なし	カメ類以外で存在	なし
天井構成皮骨	完全に補填	いくらか減少	かなり減少
頭頂孔	存在	少数の種で存在	幼生のみ
辺縁骨	完全に補填	通常は完全	少ない
メッケル軟骨を覆う骨	多数	多数	少数

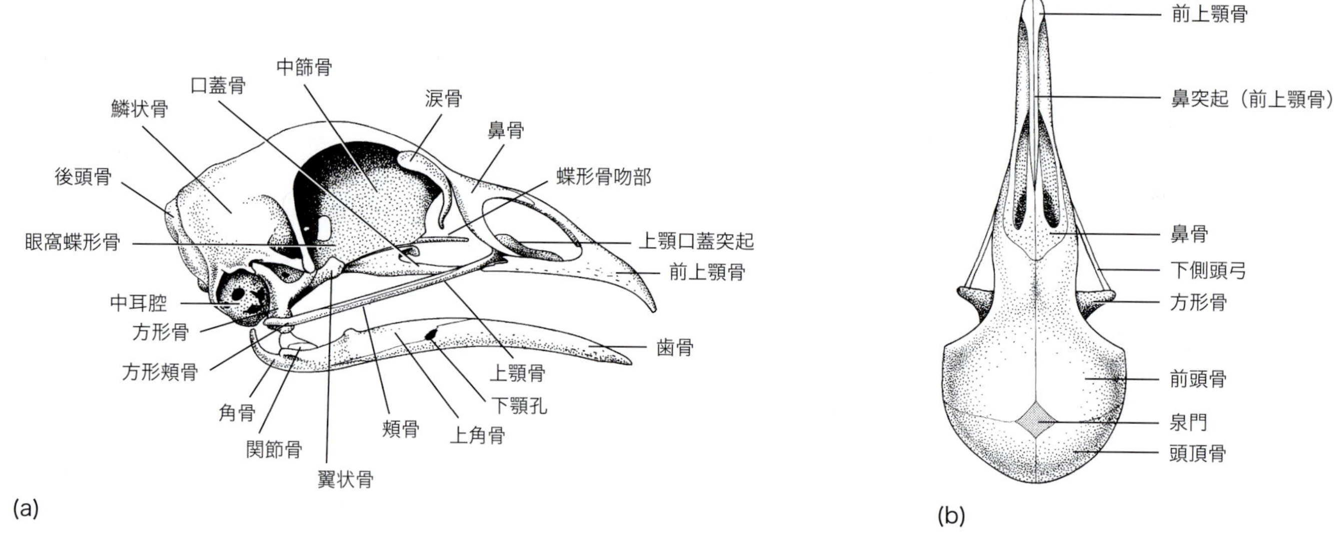

図9-23
(a) ニワトリ成体の頭蓋，外側観。(b) 若いハトの頭蓋，背側観。(b) の泉門（灰色）は膜内骨化が進行し，縫合は成熟したハトと同様に消失している。

構成骨の骨化が完了するまで，膜性の柔軟な部位である**泉門** fontanels にヒトの新生児の頭部で触れることができる（図9-25）。泉門は胎児の頭蓋が分娩時に狭い産道を通過するのに必要な変形を可能にしている。1個またはそれ以上の**前頂骨** bregmatic bones はいくつかの動物種では前頭泉門（大泉門）で骨化するようであり，1個の前頂骨はヒトの頭蓋で奇形として発達することがある。パラケルスス Paracelsus はこの骨が頭蓋腔内の圧を軽減するポップアップ弁 pop-up valve として働くと信じて，“抗てんかん骨”とよんだ。

ブタ胎子の神経頭蓋の骨化中心を図9-4に示す。底後頭骨，底蝶形骨，前蝶形骨は，脳がその上に載る床を形成し，外後頭骨，翼蝶形骨，前蝶形骨の外側伸長部は部分的に側壁を形成し，上後頭骨は底後頭骨，外後頭骨とともに椎骨に似た骨性の輪を完成する。篩軟骨と篩骨は嗅上皮を収め，脳の嗅球の下方に位置し，鼻中隔（中篩骨）の多くを構成し，嗅神経の束が通る孔がある（図9-4，9-6，9-30）。耳嚢の骨化中心は強固に結合し，哺乳類の大脳半球の大きくなりすぎた側頭葉の下方で側頭骨岩様部（耳周骨）を形成する。これらの骨はしばしば側頭骨複合体に統合される。個々の外後頭骨は，獣弓類の祖先から受け継いだ1個の顆を備える。一般的な哺乳類頭蓋の神経頭蓋の派生物を図9-26に示す。

哺乳類の連続する椎体様の底後頭骨，底蝶形骨および前蝶形骨とこれらの骨の背側の翼（外後頭骨，翼蝶形骨，前蝶形骨の外側面）は，3個の連続する背側が不完全な椎骨に似ている。これはゲーテ Goethe に頭蓋骨の椎骨起源説を思いつかせた。ゲーテの観察は部分的には正しいが，彼の結論を支えるデータは欠けている（第16章「有頭動物の頭部の分節性」参照）。

哺乳類では，皮骨頭蓋は有対の前上顎骨，上顎骨，頬骨，鼻骨，涙骨，鱗状骨，有対あるいは不対の前頭骨，頭頂骨，

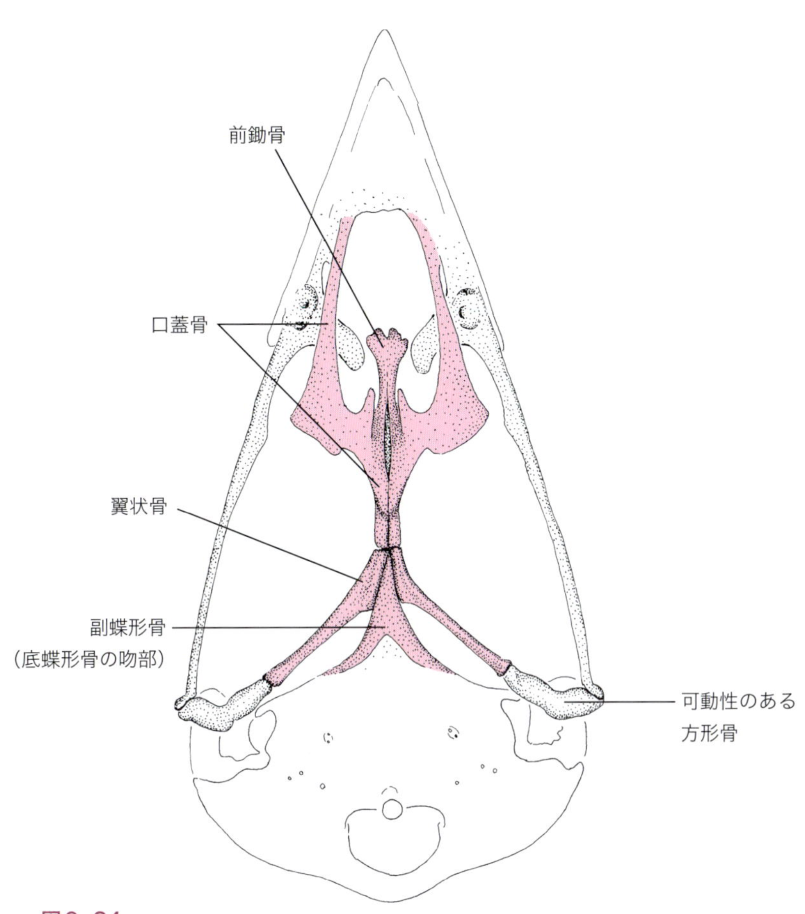

図9-24
鳥類（カザリドリ）の口蓋複合体，腹側観。副蝶形骨は不動。前鋤骨の相同性は推定。

そして不対の頭頂間骨よりなる。これらの骨すべては，胎生期では対をなし，ある種のものでは新生子でも対である。後頭頂骨（膜後頭骨）は直立原人（ヒトに直結する祖先）には存在し，いくつかの人種，主にモンゴリアンには今も存在する。この骨はインカ帝国のインディオによくみられるため，**インカ骨** Inca bone とよばれる（図9-27）。

前上顎骨は胎生期の初期に上顎骨と合体するから，ヒトの成体の頭蓋では識別できない。これは文人生物学者ゲーテによる発見で，彼にとって“言いようのない喜び”であった。頬骨弓は，それに付着する咬筋によって加えられる力の強度により，巨大なものからほっそりしたものまで様々ある。ある食虫類では，頬骨弓は極端に微細なものや，不完全なものさえあった。

哺乳類の側頭骨複合体は膜内骨化起源，軟骨内骨化起源の多数の構成要素からなる（図9-28）。**鱗部** squamous portion は下等な四肢動物の鱗状骨である。**鼓室胞** tympanic bulla（図9-29）は2つの部分，**鼓室部** tympanic portion と**鼓室内部** entotympanic portion からなる。鼓室輪は骨性の輪として鼓膜を囲む。オポッサムの胎子の所見によれば，それは非哺乳類の有羊膜類の角骨に由来する（無尾類の鼓室輪は相同物ではなく，口蓋方形軟骨に由来する）。鼓室胞の大きな部分が存在するとき，それは鼓室内部，すなわち軟骨が置換骨化したものであり，ある種の哺乳類では新たな構造である。

錐体部 petrous portion（癒合した前耳骨，後耳骨，上耳骨）は骨化した耳嚢である（図9-30）。これはまず内部構造として，外面的には乳突部の**乳様突起** mastoid process としてみられる。軟骨内骨起源の**乳突部** mastoid portion の大部分は哺乳類で新たに出現する（図9-28）。鼓室部および錐体部は哺乳類の何種かでは別々の骨であるが，ウサギのように，しばしば癒合して**錐体鼓室骨** petrotympanic bone を形成し，錐体鼓室骨は鱗状骨と合体して側頭骨を形成することもある。舌骨弓骨格の背側部はいくつかの種では側頭骨と癒合し，**茎状突起** styloid process となる（図9-28）。側頭骨の複合性を図9-31に示した。

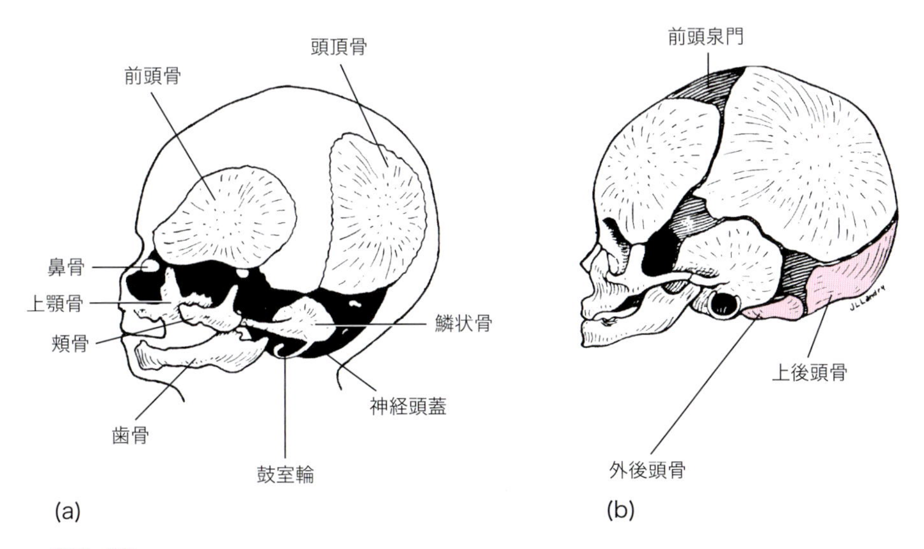

図9-25
ヒト頭蓋骨の発生の2段階。(a) 膜内骨化が進行中。軟骨性神経頭蓋（黒）は脳の側面と上方で不完全。(b) 膜内骨化は進むが，“軟らかい箇所”（泉門）は膜性骨のないまま残る。神経頭蓋の構成骨は赤色。

鱗状骨は哺乳類で下顎と頭蓋との新

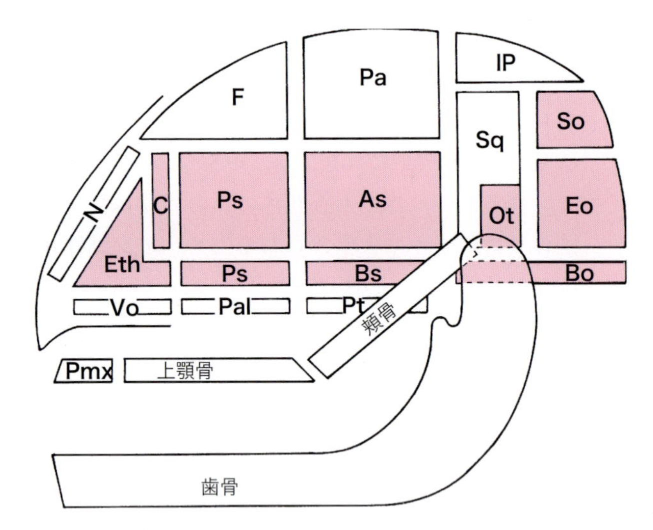

図9–26
一般化した哺乳類頭蓋の主要な軟骨内骨（赤色）。鋤骨，口蓋骨，翼状骨は一次口蓋の構成要素。前上顎骨，上顎骨，口蓋骨の突起は二次口蓋を作る。As：翼蝶形骨。Bo：底後頭骨。Bs：底蝶形骨。C：篩骨の篩板。Eth：篩骨の垂直板。Eo：外後頭骨。F：前頭骨。IP：頭頂間骨。N：鼻骨。Ot：耳骨（椎体部）。Pa：頭頂骨。Pal：口蓋骨。Pmx：前上顎骨。Ps：前蝶形骨。Pt：翼状骨。So：上後頭骨。Sq：鱗状骨。Vo：鋤骨。

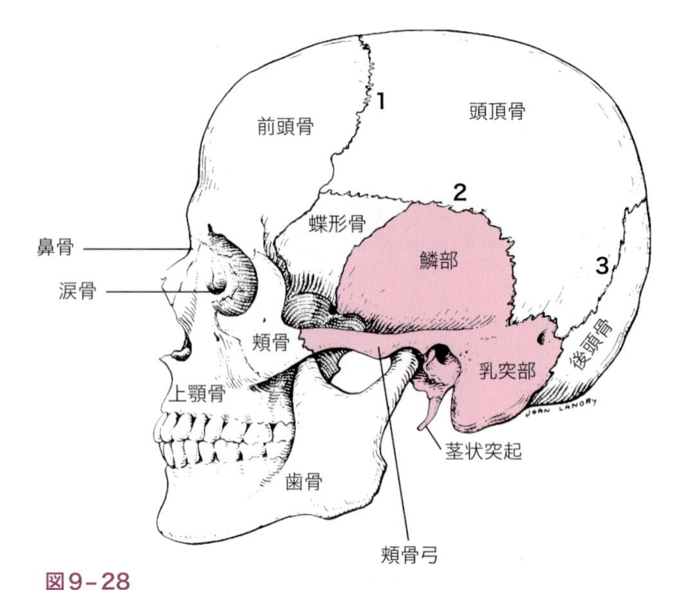

図9–28
ヒト頭蓋の側頭骨。1，2，3：それぞれ冠状縫合，鱗状縫合，ラムダ縫合。

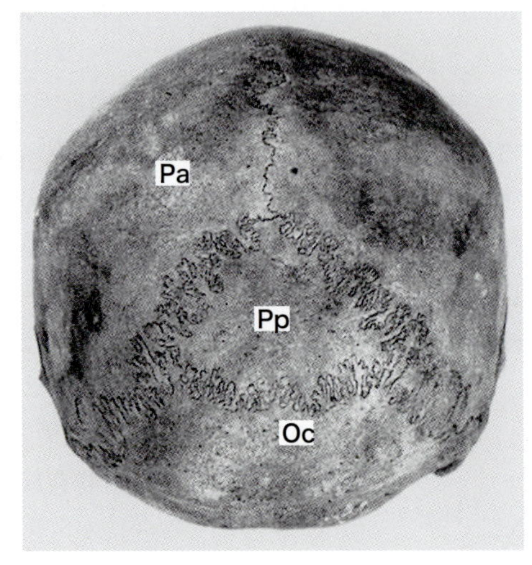

図9–27
アリューシャン列島から出土したヒト頭蓋の後頭頂骨（インカ骨）。Oc：後頭骨。Pa：頭頂骨。Pp：後頭頂骨。
Courtesy William S. Laughlin.

たな関節部位となった。他の脊椎動物での方形骨－関節骨関節からの変更は，哺乳類の進化の間での歯骨の拡大と関連する（図9–39）。

空気に満ちた**頭蓋洞** cranial sinuses は上顎骨，前頭骨，蝶形骨，篩骨の内部でしばしばみられる（図9–30f，s）。ヒツジやヤギの前頭洞は角の内部にまで広がる。雄ヤギが交配相手を求める儀式の1つとして時速60kmの速度で頭をぶつけ合うとき，前頭洞の弓なりの壁が骨性の装具として働き，頭蓋骨の骨を介して衝撃波を脊柱へそらし，脳から遠ざけている。前頭洞の炎症（副鼻腔炎）はヒトでは一般的な病気である。

受け継がれた一次口蓋のうち，不対の鋤骨は鼻中隔の基部にある（図9–30）。鼻中隔は中篩骨と多少の軟骨からなる。**口蓋骨鼻突起** nasal process of the palatine は鼻咽頭の側壁で発達して眼窩の壁に寄与し，口蓋骨の口蓋突起は二次口蓋に寄与する。翼状骨は縮小して，蝶形骨複合体の小さな**翼状突起** pterygoid processes となる。強力な翼突筋は他の脊椎動物の下顎内転筋の派生物であるが，翼状突起はこの筋の起始部となる。副蝶形骨と外翼状骨は失われている。哺乳類の二次口蓋を図9–18に示す。骨性の部分（硬口蓋）は前上顎骨，上顎骨および口蓋骨の口蓋突起から構成される。骨性部の後方は膜性の軟口蓋である（図12–3b，13–13a参照）。

哺乳類は3対の巻紙状の**甲介骨** turbinal bones（**鼻甲介** nasal conchae）を鼻道の内側壁に持つ（図13–13a参照）。腹鼻（上顎）甲介は独立した巻紙状の骨である。中鼻甲介と背鼻甲介は篩骨の付属物である。下方の2つの甲介は**鼻上皮** nasal epithelium に被われており，静脈叢が肺に入る空気を途中で暖める。背鼻甲介は**嗅上皮** olfactory epithelium で被われる。鼻甲介の巻紙状の構造はこれらの上皮の表面積を拡大している。カメを除くほとんどの爬虫類は1対の鼻甲介を，鳥類は2対の鼻甲介を持つ。

哺乳類に独特なのは，口蓋方形軟骨とメッケル軟骨の骨化した後端が中耳腔内に存在し，それらが小柱（アブミ骨）とともに耳小骨として働くことである。どのようにして中耳に

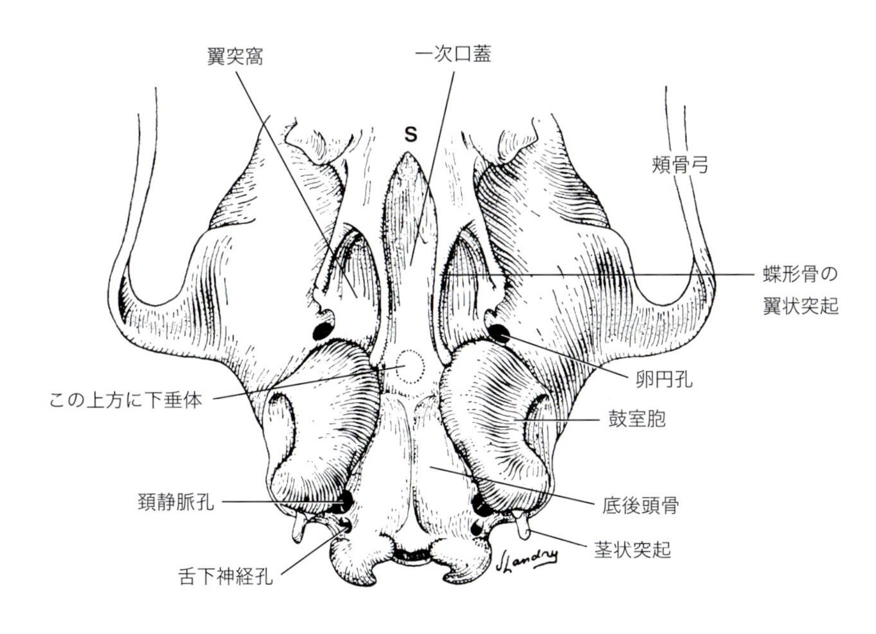

図9-29
ハムスター頭蓋，後部，腹側面。S：二次口蓋。一次口蓋は鼻咽頭の天井。

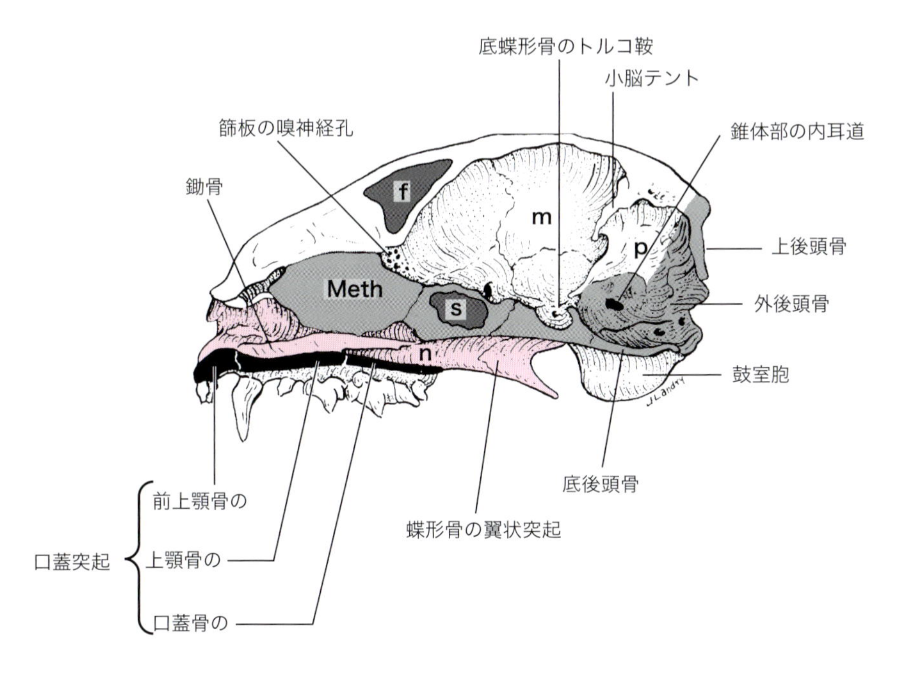

図9-30
ネコ頭蓋の正中矢状面，二次口蓋の骨部は黒色。Meth：中篩骨（鼻中隔の篩骨部の垂直板）。f：前頭骨の前頭洞。m：大脳半球を収める中頭蓋窩。n：鼻道，赤色。p：小脳を収める後頭蓋窩。s：前蝶形骨の蝶形骨洞。灰色は神経頭蓋の，篩骨，蝶形骨（前蝶形骨および底蝶形骨），耳骨（錐体部），および後頭骨部。鋤骨と中篩骨は鼻中隔を形成する。

入ったかについては後に解説する。

哺乳類の頭蓋の主要な孔および骨性管は表9-2に挙げた。

系統発生での頭蓋骨数の減少

個々の骨の数，特に哺乳類頭蓋の膜性骨の数は，四肢動物の進化の間に減少する傾向があった。図4-1を参照した場合，どの四肢動物のグループも矢の先端では，系統発生系列の早いグループよりも頭蓋の骨の数が少ない。迷歯類は扇鰭類よりも少なく，原始的な有羊膜類は迷歯類より少なく，現生の爬虫類はその祖先よりも少なく，哺乳類は初期の単弓類よりも少ない。現生の両生類はそれらの祖先である迷歯類よりも少ない。この一般化は，現生の爬虫類が現生の両生類よりも骨が少ないことを意味するのではない。事実，爬虫類は多数の骨を持つ。というのも，現生の爬虫類は現生の両生類から派生したのではないからである。

骨の数の減少は隣接する胚期の骨化中心の癒合の結果であり，骨化中心の系統発生上での欠失であり，若い動物での縫合の消失である。系統発生の間での下顎骨の膜性骨の減少はこの傾向を示す（表9-3）。

膜性骨はしばしば隣接する置換骨と合体し，起源が2つの1個の骨を生じる。後前頭骨と上側頭骨は，時に耳嚢の置換骨と合体し，蝶形耳骨や翼耳骨を作る。鱗状骨は耳やその他の部分と合体して側頭骨に寄与する。哺乳類の頭頂間骨は膜性骨で，上後頭骨と合体することがある。こうした統合は哺乳類の頭蓋の骨の数を減少させた。

内臓骨格

内臓骨格，すなわち内臓頭蓋は，咽頭弓のなかで発達する骨格である。それゆえ，魚類では，内臓骨格は顎と鰓弓の骨格である。四肢動物では，内臓骨格は陸上での新たな機能を果たすため変化した。

内臓骨格を生じる芽体は神経堤に由来し，最初に軟骨を生じる。その後，この軟骨が部分的あるいは全体的に硬骨に置

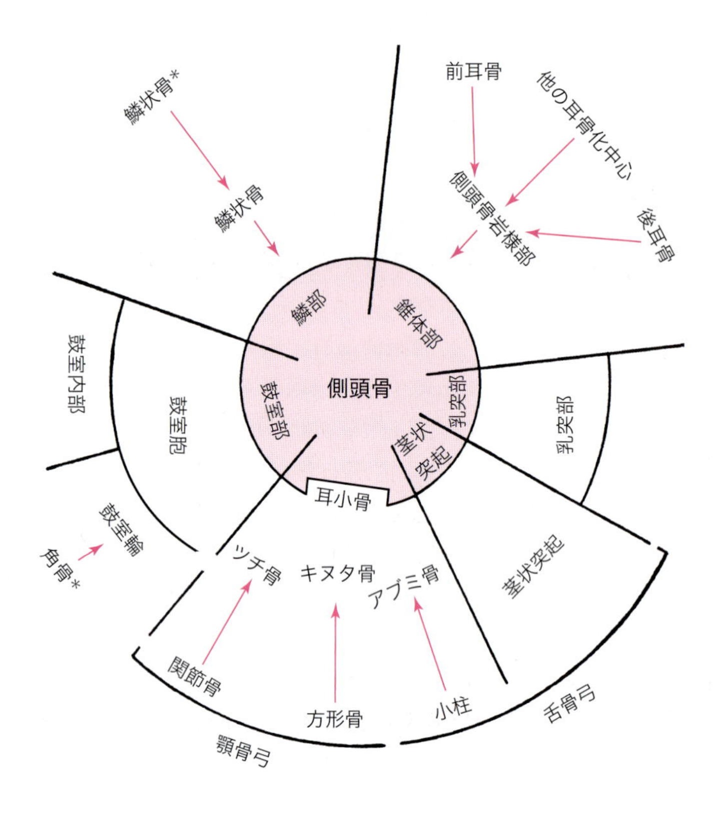

図9-31
哺乳類側頭骨の多面性。爬虫類の状態（外側の輪）から哺乳類の状態（内側の輪）への別々の構成要素の減少に注意。２つの皮骨要素には＊を付す。乳突部と鼓室胞（鼓室内部）は哺乳類での革新。

表9-2　哺乳類頭蓋の主な孔と管

孔または管	連絡および通過
切歯管（前口蓋管）	口腔から鋤鼻器に通ずる管
眼窩下孔	上顎神経の眼窩下枝および内頸動脈の眼窩下枝の通過
頸静脈孔	第IX～XI脳神経，頸静脈
破裂孔	内頸動脈
大後頭孔（大孔）	脊髄，椎骨動脈，第XI・XII脳神経の脊髄根
下顎孔	下歯槽動脈および下歯槽神経
オトガイ孔	オトガイ動脈，オトガイ神経
嗅神経孔	嗅糸
視神経孔	視神経，頸動脈叢からの眼動脈
眼窩裂	第III・IV・VI脳神経および第V脳神経の眼枝，ウサギでは第V脳神経の上顎枝も通る
卵円孔	第V脳神経の下顎枝
正円孔	第V脳神経の上顎枝，ウサギでは正円孔はない
茎乳突孔	顔面神経管の出口で，第VII脳神経が通過
顔面神経管	第VII脳神経が通過
耳道のための管	耳管は破裂孔のすぐ外側で鼓室胞に入る
舌下神経管	頸静脈孔の後壁に開口，第XII脳神経が通る
内耳道	顔面神経管に向かう第VII脳神経と内耳に向かう第VIII脳神経が通る
鼻涙管	眼窩から鼻腔に通ずる

換される。第一咽頭弓でのみ軟骨は膜性骨に囲まれる。

サメでは硬骨が形成されず，内臓骨格はその原始的な役割として，顎と鰓を支えているのかをみていこう。

サメ類

アブラツノザメは硬骨を欠くことを除けば，一般化した脊椎動物である。内臓骨格は各咽頭弓の軟骨（図9-1）と，咽頭床にある正中の**底舌軟骨** basihyal cartilage や**底鰓節軟骨** basibranchial cartilage（図9-32）から構成される。咽頭弓各々の骨格は基本的なパターンをかなり厳密に守り（図9-33a），ツノザメでは最初と最後を除く咽頭弓が鰓を支える。最初の咽頭弓と，ある程度２番目の咽頭弓も餌の獲得のため変化する。

顎骨弓の骨格は両側の２つの軟骨，背側の**口蓋方形軟骨** palatoquadrate cartilage と腹側の**メッケル軟骨** Meckel's cartilage からなる（図9-33b）。左右の口蓋方形軟骨は背側の正中線で会合して上顎を形成する。メッケル軟骨は腹側の正中線で会合して下顎を形成する。意義の不明な，細い**唇軟骨** labial cartilages（図には示していない）は，口角から唇の生じる位置のなかまで伸びる。舌骨弓の骨格は背側で有対の**舌顎軟骨** hyomandibular cartilages と側方で鰓を支持する**角舌軟骨** ceratohyals からなる（図9-1，9-33c）。

口角では，メッケル軟骨と口蓋方形軟骨がお互いに関節接合し，また舌顎軟骨とは，靭帯で結ばれた可動的な関節として接合している（図9-1）。舌顎軟骨の背側端は靭帯で耳嚢に結ばれ，顎と鰓骨格の全体とを神経頭蓋からつり下げている。これが**舌接型顎支持機構** hyostylic jaw suspension である。

魚類における顎の懸垂

魚類の顎－舌骨複合体は必ずいくつかの支持に固定されていなければならない。最も近いのが脳頭蓋である。大部分の板鰓類（図9-1）やほとんどの硬骨魚類では，舌顎軟骨は耳嚢に固定されており，口蓋方形軟骨の後端は舌顎軟骨に固定されている。この状態は舌接型顎支持機構，あるいは**舌接** hyostyly（間接連結）として知られている。もっと原始的な状態は古いサメ類でみられ，舌顎軟骨や口蓋方形軟骨の１個以上の突起が別個に脳頭蓋に固定されている。これは**両接** amphistyly（二重連結）として知られる。第三の変異は，

表9–3 メッケル軟骨を覆う皮骨数の減少（初期と後期の脊椎動物の比較）

魚類			四肢動物			
			基本形	現存種		
基本形	扇鰭類	真骨類	迷歯類	爬虫類	両生類	哺乳類
歯骨	歯骨	歯骨*	歯骨	歯骨	歯骨	歯骨
角骨	角骨	角骨†	角骨	角骨	角骨‡	
上角骨	上角骨		上角骨	上角骨		
下歯骨§	板状骨		板状骨	板状骨	板状骨‡	
下歯骨	烏嘴骨		烏嘴骨	烏嘴骨		
下歯骨	前関節骨	真皮関節骨‖	前関節骨			
下歯骨			間烏嘴骨			
下歯骨			前烏嘴骨			
下歯骨			後板状骨			

原始的な状態は子孫より骨の数が多い。爬虫類は他の現存する四肢動物よりも多くの骨を持つ。
＊：何種かの真骨類では軟骨内骨化起源のオトガイメッケル骨と歯骨が統合。
†：欠損することがある。
‡：しばしば角板状骨に統合。
§：数に変異あり。
‖：軟骨起源の関節骨を含むことがある。

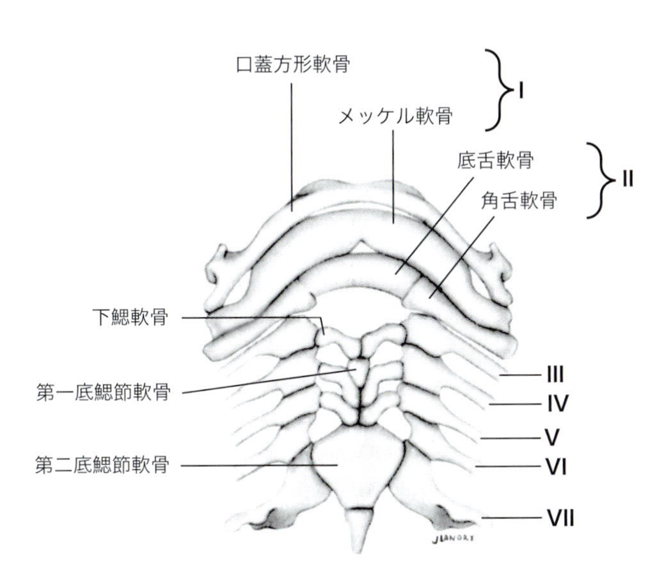

図9–32
アブラツノザメの内臓骨格，腹側面。
III～VII：第三～第七咽頭弓の角鰓軟骨。図9–1も参照。

おそらく最も古いと思われ，非常に初期のサメ類でみられるであろうもので，ギンザメや肺魚での変化をともなって独立に進化し，**自接** autostyly（自己連結）として知られている。ここでは口蓋方形軟骨は神経頭蓋に付着しており，舌顎軟骨は顎の懸垂に何の役割も果たしていない。

太古から現代までの魚類の間での顎の懸垂に関する構造的な詳細は，極めて多様で，こうした多様性のために拡大した専門用語が考案されてきた。口蓋方形軟骨と舌顎軟骨や神経頭蓋–皮骨頭蓋複合体との解剖学的な関係は，その種の食習慣（食性）と関連する。

硬骨魚類

硬骨魚類の内臓骨格は基本的な形態でサメの内臓骨格に似ている（図9–34）。主たる相違は，硬骨魚類では胚の口蓋方形軟骨やメッケル軟骨が発生の間に膜性骨で被われること，舌骨骨格が多数の部分から構成されていること，鰓弓の胚期の軟骨が最終的には硬骨で置き換えられることである。硬骨魚類の上顎と下顎の間での関節の部位と，哺乳類を除く他のすべての脊椎動物の上顎と下顎の間での関節の部位は，軟骨魚類と同じである。口蓋方形軟骨の後端は，最終的に硬骨に置換しようがしまいが，生涯を通してメッケル軟骨後端と，それが硬骨に置換するかどうかにかかわらず関節する。今に至るまで，哺乳類を除く有顎動物における古生代の内臓骨格の関係には，変化がなかった。

硬骨魚類の胚期の口蓋方形軟骨の運命の全体的な印象を得るために，図9–10をもう1度見るとよい。ほとんどの硬骨魚類では，(1)口蓋方形軟骨は2つの膜性骨，前上顎骨と上顎骨に被われるようになり，(2)口咽頭腔の天井の部位，すなわち口蓋の部位は，口蓋骨や外翼状骨を含む2，3カ所の真皮性骨化を発達させ（図9–9a），(3)口蓋方形軟骨の後端は骨化して**方形骨** quadrate bone になる。被覆骨と置換骨の総体としての複合体は，種によって様々な程度で皮骨頭蓋と統合する。

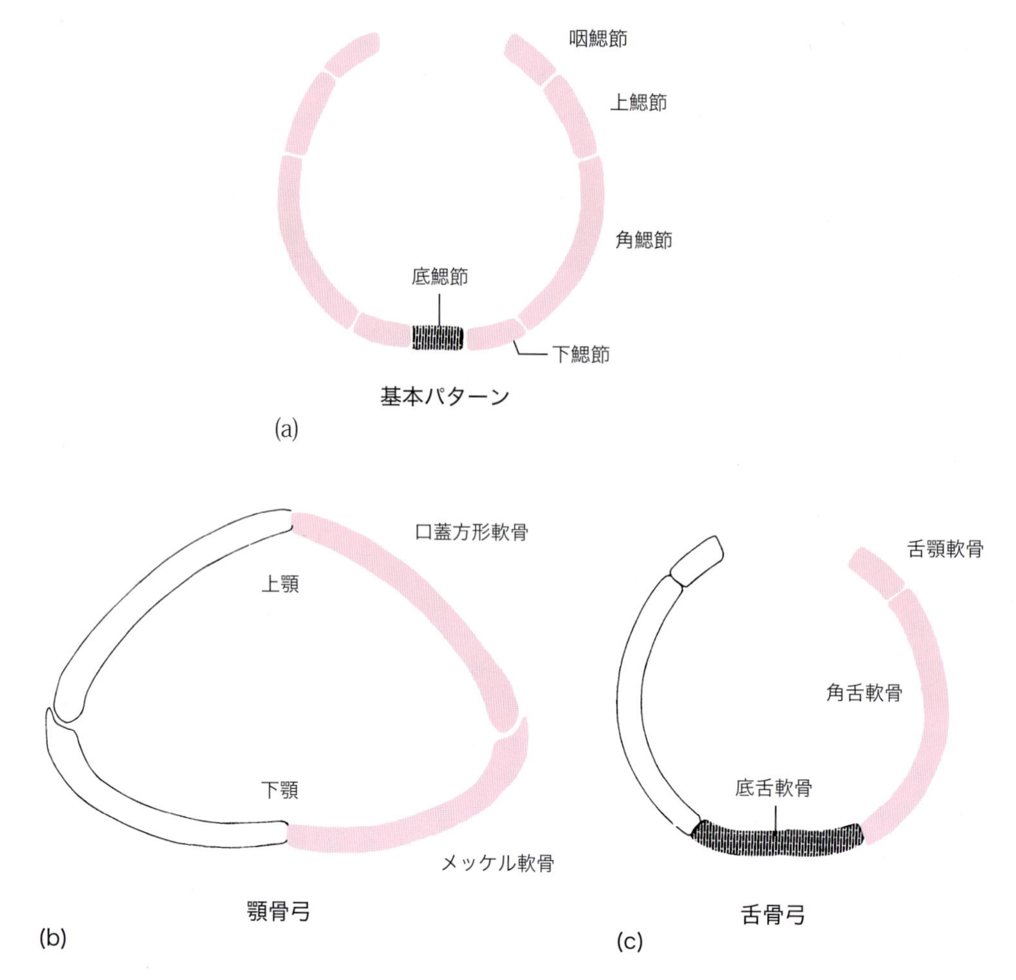

図9-33
一般化した鰓弓 (a) およびアブラツノザメの顎骨弓 (b) と舌骨弓 (c) の骨格要素。サメの底舌軟骨は胚では対になっている。

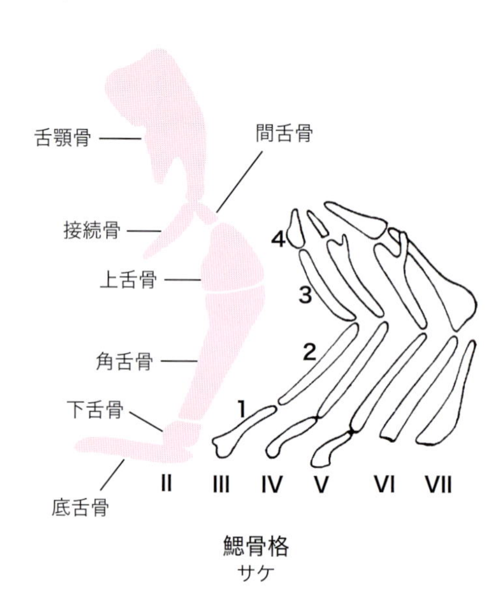

図9-34
サケの内臓骨格，顎は除去してある。舌骨軟骨は赤色。底舌軟骨は不対。1～4は，第三咽頭弓の下鰓節，角鰓節，上鰓節，咽鰓節。舌顎骨は耳嚢と関節する。

メッケル軟骨はその後端が骨化して，**関節骨** articular bones になる。この軟骨の残りは**歯骨** dentary bone や**角骨** angular bone を含むいくつかの膜性骨によって被われる。もっと原始的なアミアの下顎骨は歯骨，角骨，上角骨，**前関節骨** prearticulars および4対の**烏嘴骨** coronoids からなる。角骨と上角骨を除くすべては歯を備える。

真骨類でみられる相対的に原始的な状態の舌骨弓の置換骨を図9-34に示す。**接続骨** symplectic と**間舌骨** interhyal は舌顎軟骨内の骨化中心であり，**上舌骨** epihyal は角舌骨内の骨化中心である。接続骨は通常，方形骨と関節するか，あるいは方形骨と下顎の両方に関節し，そこで頭蓋可動性にかかわる。舌顎軟骨は肺魚では消失する。

典型的な骨性**鰓弓** gill arch の骨格は，サメ類の鰓弓と同様に4分節，すなわち**下鰓節** hypobranchial，**角鰓節** ceratobranchial，**上鰓節** epibranchial，**咽鰓節** pharyngobranchial からなり，咽鰓節は咽頭の天井にある。角鰓節と上鰓節だけが鰓を支える。鰓弓の咽頭の境界は平坦な，あるいは先のとがった歯状突起のある骨性の真皮板で被われる。この板および小歯のサイズと配列は，食性と咽頭内での餌の扱い方に関連する。

硬骨魚類の摂食機構

初期のむさぼり食う有顎魚類は幅広い口を持ち，顎の関節は頭蓋の下方でずっと後方にあり，上顎は脳頭蓋と癒合したため，独立した動きができなかった。その結果として，摂食において下顎は単純に下がり，サメ類のように素速く閉じて獲物を捕らえ，口鰓腔のなかに入った獲物を飲みこんでいた。

真骨類でみられる可動性の型の出現とともに，食物を獲得するより複雑な機械的手段が可能となった。こうした変化とともに，大きな下顎内転筋が下顎のより前方へと終止し，顎の筋の付加的な系列が発達し，口はより狭く，より楕円形となった。こうした変化の効果は，より高度に特殊化した真骨類の顎をぐっと前方に突きだすことが可能となり，慣性の吸引による摂食を採用できたことである。この機構は草食魚類と肉食魚類で同じようによく機能するが，正確に同じ方法ではない。

草食性の淡水生真骨類であるペトロティラピアでは，慣性吸引による採食はリーム Liem により記載された。その自然生息域では，この魚は水面下の物体に付着した藻を食べる。水槽のなかでは市販の餌を同じようにうまく食べる。舌顎骨の外転が口鰓腔を拡張し，下顎が開き，そして鰓蓋腔が拡張することがこの順に起こり，前方での吸引が生じる。結果として，直前にある水中の動物性プランクトンは口のなかにゆっくりと引き込まれる。下顎はそれから上がり，上顎は多少突出したままで，舌顎骨が内転して，腔を縮小する。咽頭ポンプの２相，拡張と縮小は，両方で約 0.6 秒である。筋の活動は筋電図により記録された。舌骨骨格と顎とを適切に操作することにより，突出した顎は表層の餌を採取するために上方に，底の餌をとるために下方に向けることができる。

同じような機構が肉食性の魚類でも働く。舌顎骨が前方に引きだされるとき，接続骨は上顎と口蓋の可動性の構成要素を前方にスライドさせ，前上顎骨と歯骨は獲物を捕らえるために閉じる。上顎骨の突起は通常，歯骨に靭帯で付着しており，それで一方の動きが他方の位置を変える。解剖学的な関係とその作業の詳細は，それらを示す分類群の数だけ多数ある。しかし，かみ取りと食いつきの動作が廃れたわけではないことには，注目すべきである。真骨類の半数以上は突出が不可能な顎を持つ。

脊椎動物の顎はそれ以前の鰓弓であり，栄養を採るための古い方法である濾過採食に代わって捕食性の採食を行うため，鰓弓は舌骨弓と一緒になって変化したという理論が展開されてきた。事実，⑴舌骨弓はツノザメでは片鰓を含み，⑵呼吸孔は，すべての鰓裂と同じように咽頭裂であり，⑶顎骨弓および舌骨弓の神経と動脈は，後の章でみる個々の鰓弓で繰り返される神経と動脈列の最も前位のものである。この理論は興味深い思弁である。正当と確認されたり反証されたりすることはありそうもない。

現生の無顎類

現存する無顎類の内臓骨格は有顎魚類のものとは全く違う（図9-35）。口蓋方形軟骨もメッケル軟骨も舌骨軟骨も鰓弓軟骨も認められない。V字形の**舌軟骨** lingual cartilage（歯板）は角質の歯を備え，頬腔の床に位置していて，頬ロートから出入りしてこすり取る舌様器官として働く。それは，そのすぐ下方で細く分節性の不動の基板軟骨に付着する前引筋と後引筋によって操作される（図には示していない）。

摂食装置と関連のある軟骨のどれも祖先の咽頭弓に由来するという証拠はない。舌軟骨，すなわち“舌”とその関連する軟骨は，現生の無顎類の独特の摂食方法と関係する。咽頭骨格の他のものは鰓籠を作るが，ヌタウナギでは発達が悪い。これは皮膚直下の単なる軟骨性の有窓性の枠組みである。ヤツメウナギでは，鰓籠の後端は心臓の高さである。

四肢動物

陸上生活とともに，内臓骨格は有顎魚類から重大な変化を遂げた。以前の機能的な部分のいくつかがなくなり，残ったものが新しい，時には予想外の機能を果たした。以下のページで私たちが調べるのは，何百万年にわたって生じた変化である。しかし，まず最初に，オタマジャクシでの変化をみることにしよう。そこでは変化は２，３日の間で生じる。

幼生のカエルは６対の内臓軟骨を持ち，後位の４対は鰓を支持する（図9-36a）。鰓弓の軟骨は**鰓下板** hypobranchial plate において腹側で会合する。変態（図9-36b）の間，第三，五，六内臓軟骨は退行する。鰓下板は拡大し，第一底鰓節軟骨とともに舌骨体に組み込まれる。その後，舌骨体は頬咽頭床の幅広い軟骨性板および骨性板となる。第二咽頭弓の角舌軟骨は，舌骨装置の細い前角となり，第四咽頭弓の軟骨は後角となる。こうした変化やその他の変化の結果，最初，鰓呼吸に適応していた内臓骨格は，２，３日の間に地上での生活に適応するように変化する。新たな役割のなかで，四肢動物の筋性の舌のために付着部を供給する。

幼生のサンショウウオの鰓骨格の構成要素を図9-37に示す。有尾類での鰓骨格の数は，カエルと同様に，変態の間に減少する。永続鰓性有尾類であるマッドパピーの鰓骨格を図9-41aに示す。次に，顎と鰓弓で生じた適応を，四肢動物，特に鰓のある自由生活の幼生期を捨てた有羊膜類で追う。

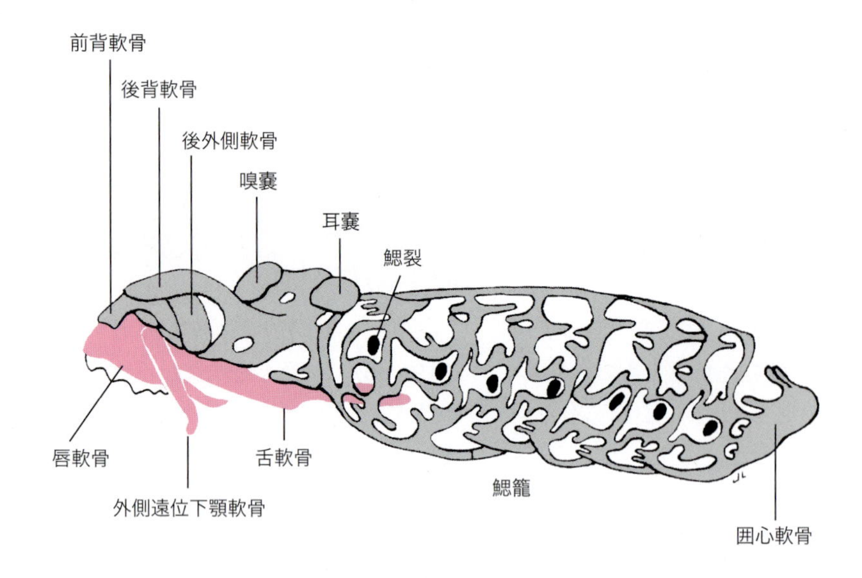

図9-35
ヤツメウナギの神経頭蓋，鰓籠および採食装置（赤色）。嗅嚢は正中線上の構造，耳嚢は対をなす。舌軟骨も舌として言及する。

口蓋方形軟骨とメッケル軟骨の運命

私たちは硬骨魚類で以下のことをみてきた。つまり胚期の口蓋方形軟骨が，側方を前上顎骨と上顎骨に，腹側を一次口蓋の皮骨で被われること，口蓋部が他の真皮性一次口蓋に寄与することがあること，また，口蓋方形軟骨の後端が骨化して，顎の蝶番関節で方形骨となることである。一次口蓋に寄与することを除き，このストーリーは両生類と有羊膜類でも同じである。非哺乳類のすべての四肢動物で，方形骨は頭蓋と下顎の関節部として残る。有鱗類や鳥類では，方形骨は頭蓋の可動機構の一部である（図9-21）。哺乳類の方形骨は中耳の小骨である**キヌタ骨** incus となる。

有羊膜類の胚期のメッケル軟骨は成長を続けて，カメ類（図9-38b）やワニ類でのように，成体の下顎内の重要な軟骨の芯となることがある（図9-38）。成体ではほとんど残らないことがもっと多い。しかし，メッケル軟骨は，本来両側で歯骨，角骨，**上角骨** surangular，**板状骨** splenial，1個以上の烏嘴骨，前関節骨（膜性関節骨）を含む皮骨に囲まれる。現生の有羊膜類では少数となり，哺乳類では歯骨だけである。哺乳類を除いて，両側のメッケル軟骨の後端は，硬骨魚類のように，骨化して顎の蝶番関節で関節骨となる。哺乳類では中耳の別の小骨である**ツチ骨** malleus となる。

哺乳類における歯骨の拡大と新たな顎関節

先に説明したように，側頭窩は単弓類の下顎内転筋を拡大し，再分割し，頭蓋の側頭部および頬骨弓に起始部を獲得することを可能にする。こうした新たな筋の増加には歯骨の拡大と，側頭筋が付着する下顎枝の形成が付随して生じる（図9-39，11-24c 参照）。最終的には下顎の他の皮骨は消失し，関節骨は耳小骨となり，哺乳類は両側の歯骨のみからなる下顎骨となる。

歯骨の拡大は歯骨を鱗状骨に近づけ，そこに頭蓋との新たな関節を作る（図9-28）。しばらくの間，下顎は，古い関節（方形骨に対する関節骨）と新しい関節（鱗状骨に対する歯骨の関節突起）の2カ所で頭蓋骨と関節する（図9-39）。哺乳類に近い外群である三畳紀のエオゾストロドンでは2つの関節は並んでいた。最終的には，関節骨と方形骨は中耳腔に“取り込まれ”，新しい関節だけが哺乳類では残った。下顎骨の関節突起の形，傾き，結びつきは，哺乳類の目の採食習慣により生じる要求によって様々である。

舌顎骨と顎骨から耳小骨へ

サメ類の舌顎軟骨は方形軟骨と耳嚢の間にあり，耳嚢は内耳を収めている（図9-1）。自接型支持機構の顎では，舌顎骨なしで支持することができ，それは肺魚類で生じたものである。舌顎骨は四肢動物まで残り，四肢動物の顎も自接型であるが，方形骨との関係を絶ち，その代わりに，鼓膜になる

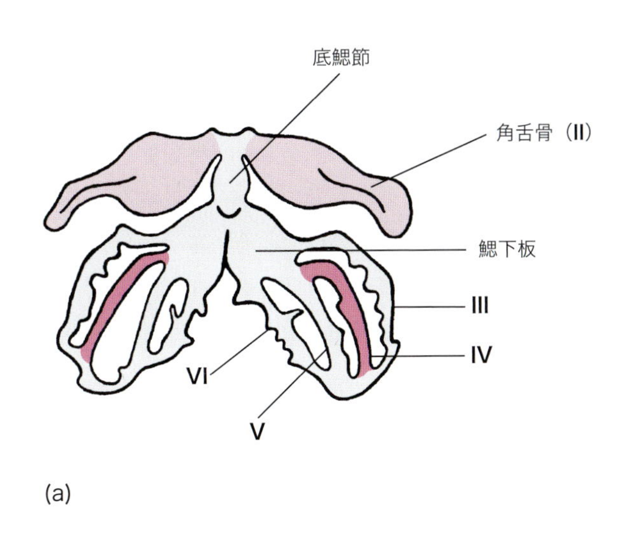

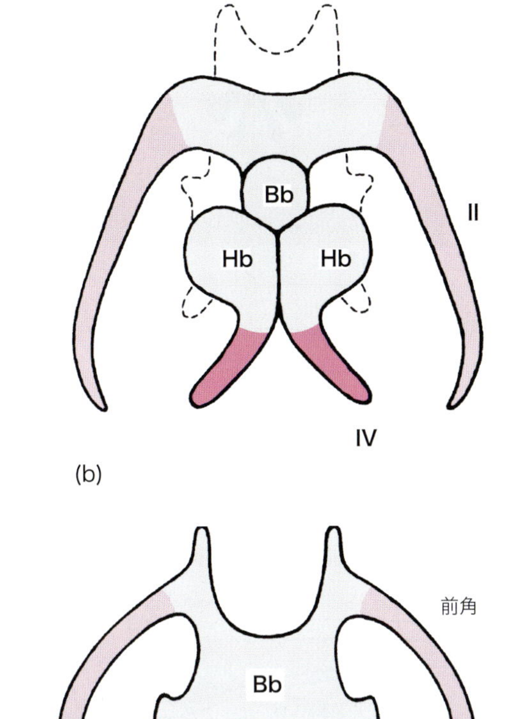

図 9–36
カエルの変態中での舌骨および鰓骨格における変化。(a) 幼生の骨格。II〜VIは第二〜第六咽頭弓の骨格。III〜VIは鰓を支える。(b) 変態後期。(c) 若いカエルの舌骨。Bb：底鰓節の寄与。Hb：下鰓節の寄与。(b) の破線は新しい軟骨のアウトライン。赤色は相同の角部。

予定のものに到達する。舌顎骨は耳嚢に隣接したままで，耳嚢は内耳を収める。舌顎骨は第一咽頭嚢の一部に囲まれるようになり，そこは中耳腔として知られる。その結果，舌顎骨は四肢動物の第一耳小骨，すなわち小柱（アブミ骨）になる。その後，この部位は音波を鼓膜から，中耳腔を横断して，内耳に伝える。図 9–12b は，中耳が痕跡的で鼓膜を欠く有尾類で，舌骨軟骨（Hy [II]）と小柱（Col [II]）が方形骨（Qu [I]）と前耳骨（Pro）の間に介在していることを示す。

獣弓類の歯骨が鱗状骨との関節を獲得したとき，関節骨と方形骨は新たな機能を果たすためか，あるいは消失するために遊離した。メッケル軟骨の後端が哺乳類のツチ骨になることは何の疑いもない。ある哺乳類の種から別の種へと，胎子のメッケル軟骨が，中耳腔形成が進む部位へ突出し（図 9–40），そして軟骨性の後端が分離して骨化し，ツチ骨になるのをみることができる。

単弓類の方形骨が哺乳類の中耳のキヌタ骨になる証拠は直接的ではないが，事実は(1)関節骨と方形骨は原始的な有顎魚類の時代から可動結合で関節し，獣弓型爬虫類でもそうであり，(2)関節骨は下顎から離れ，ツチ骨となり，(3)方形骨は上顎から消失し，(4)関節骨は骨（キヌタ骨；この骨が方形骨でないとしても不明の相同物である骨）と，可動結合で関節している（図 17–12 参照）。19 世紀に，C. ライヘルト C. Reichert は，哺乳類の耳小骨は顎から生じたとの説を提唱した。20 世紀初頭，この説は E. ガウプ E. Gaupp によって，アブミ骨の起源が舌骨弓の背側端から生じたことを含めるように修正された。それに続く古生物学と発生学からの知見は，ライヘルト – ガウプの説を強化し，今では一般的に受

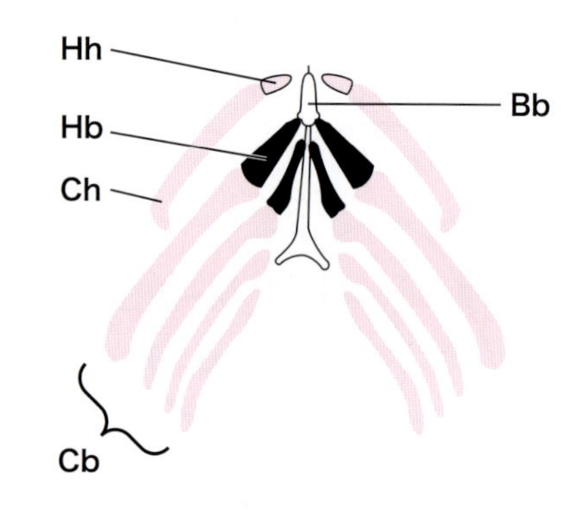

図9-37
アンビストマ幼生の舌骨と鰓骨格。Cb：角鰓節。Ch：角舌骨。Hb：下鰓節，黒色。Hh：下舌骨。Bb：底鰓節，白色。

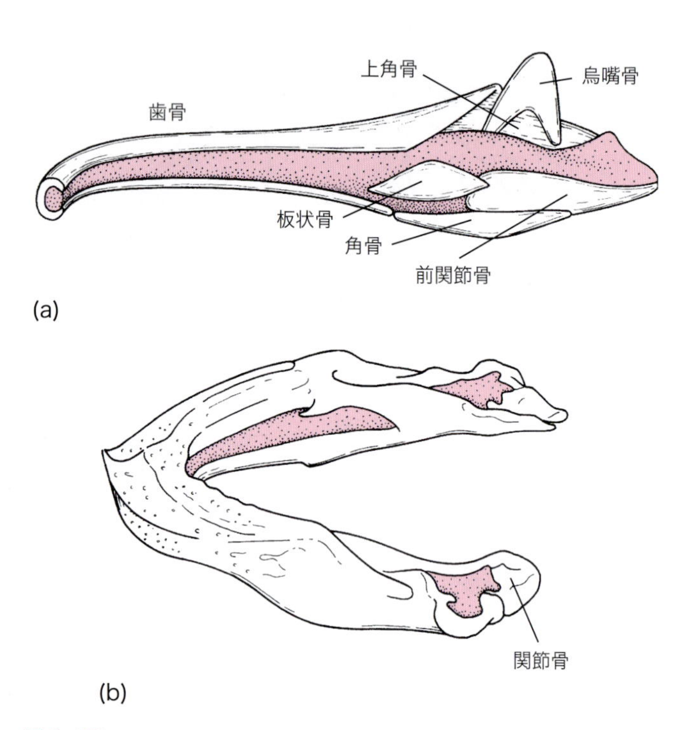

図9-38
(a) 胚期のトカゲでの下顎のメッケル軟骨（赤色）。(b) ウミガメ成体の下顎内側面と下顎内部。トカゲの軟骨は皮骨で包まれつつあり，顎のさらなる発達によりみえなくなる。後端は関節骨になる。前関節骨は (a) では部分的に軟骨内骨。

け入れられている（E. Jarvik, 1980: p.161 参照）。

有羊膜類の舌骨

有羊膜類の舌骨は，喉頭のすぐ前にある咽頭底の**舌骨体** body と，咽頭壁の２，３の**角部** horns（cornua）からなる（図9-41c〜h）。無尾類の舌骨は変態時に底鰓節軟骨と下鰓節軟骨，舌骨弓の骨格，そして幼生の鰓を支える鰓弓の１つから生じる（図9-36）。有羊膜類では舌骨は相同の原基から生じる。第二咽頭弓の軟骨は前角となり，第三咽頭弓の軟骨は時には第四咽頭弓も加わって付加的な角部となる。

トカゲ類や鳥類では（図9-41c，e），長く伸びた骨突起である**中舌骨** entoglossus が舌骨体から長く突出する舌のなかへ伸長する。何種かの雄のトカゲではよく似た突起が後方へ，喉袋，すなわち咽喉嚢のなかへ伸長する。ヘビ類は舌骨がなく，鰓骨格全体が痕跡である。

キツツキの中舌骨と後角は，舌とともにエサの虫を突き刺す注目すべき道具である（図9-42，12-6a 参照）。中舌骨の基部から，１対の長い柔軟な後角が頭蓋の後頭部の周りをまず後方に，次いで背側に向かって輪状となり，そして頭皮の下層を前方に向かい，眼と嘴の間の部位である**目先** lore に達し，そこで両角が右の鼻道のなかへ入り込んでいる。その後鼻道のなかをさらに前方へ短い距離続いて終わる。一方の鼻道内に両角が終わることは驚きであり，機能的な説明を欠いている。虫を突き刺すとき，角部は舌を餌食に撃ちだす加速筋により真っすぐになる。角部の弾性的な巻き戻しが突き刺された餌とともに直ちに口のなかに舌を引き込ませる。

哺乳類の舌骨は（図9-43，9-44），第二咽頭弓から生じた前角と，第三咽頭弓から生じた後角を持つ（図9-41g，h）。イヌやネコでは前角は長く（**大角** greater horns），４部からなる。最背側が**鼓室舌骨** tympanohyal（図9-43）で，鼓室胞の切痕に終わる（系統発生の過程で鼓室舌骨と分離したアブミ骨が鼓室胞内部にある）。ウサギでは前角は短く（**小角** lesser horns），鼓室舌骨は，茎突舌骨筋の後腹の終止腱に埋め込まれた細い茎状舌骨により示される。ヒトでもまた，前角は角舌骨に相当し，小角である。骨化していない茎状舌骨靭帯は上舌骨と茎状舌骨であり，鼓室舌骨は解剖学者には茎状突起として知られている側頭骨の部位に付着している（図9-28，9-45）。

四肢動物の極めて可動性のある舌に入り込んでいる舌骨は，無尾類で呼吸に用いる頬咽頭圧ポンプのための骨格であり，喉頭の外来筋の付着部となり，下顎の動きに微妙に作用し，嚥下にかかわる筋の付着部となる。有羊膜類の関連する鰓下筋や鰓節筋は多くの方向（下顎，喉頭，胸骨，鎖骨，頭蓋の側頭部や他の部位）から舌骨に向かう。こうした筋は舌骨を１つの位置に安定させ，あるいは前後，上下に動かす。

喉頭の骨格

ほとんどすべての四肢動物は**輪状軟骨** cricoid cartilage と**披裂軟骨** arytenoid cartilage，あるいはそれらの置換骨を持ち（図13-11 参照），哺乳類はさらに**甲状軟骨** thyroid cartilage または**甲状骨** thyroid bone を持つ（図9-44，9-45，13-13b 参照）。甲状軟骨は第四咽頭弓とおそらく第五咽頭弓の間葉から生じる。輪状軟骨と披裂軟骨は，おそら

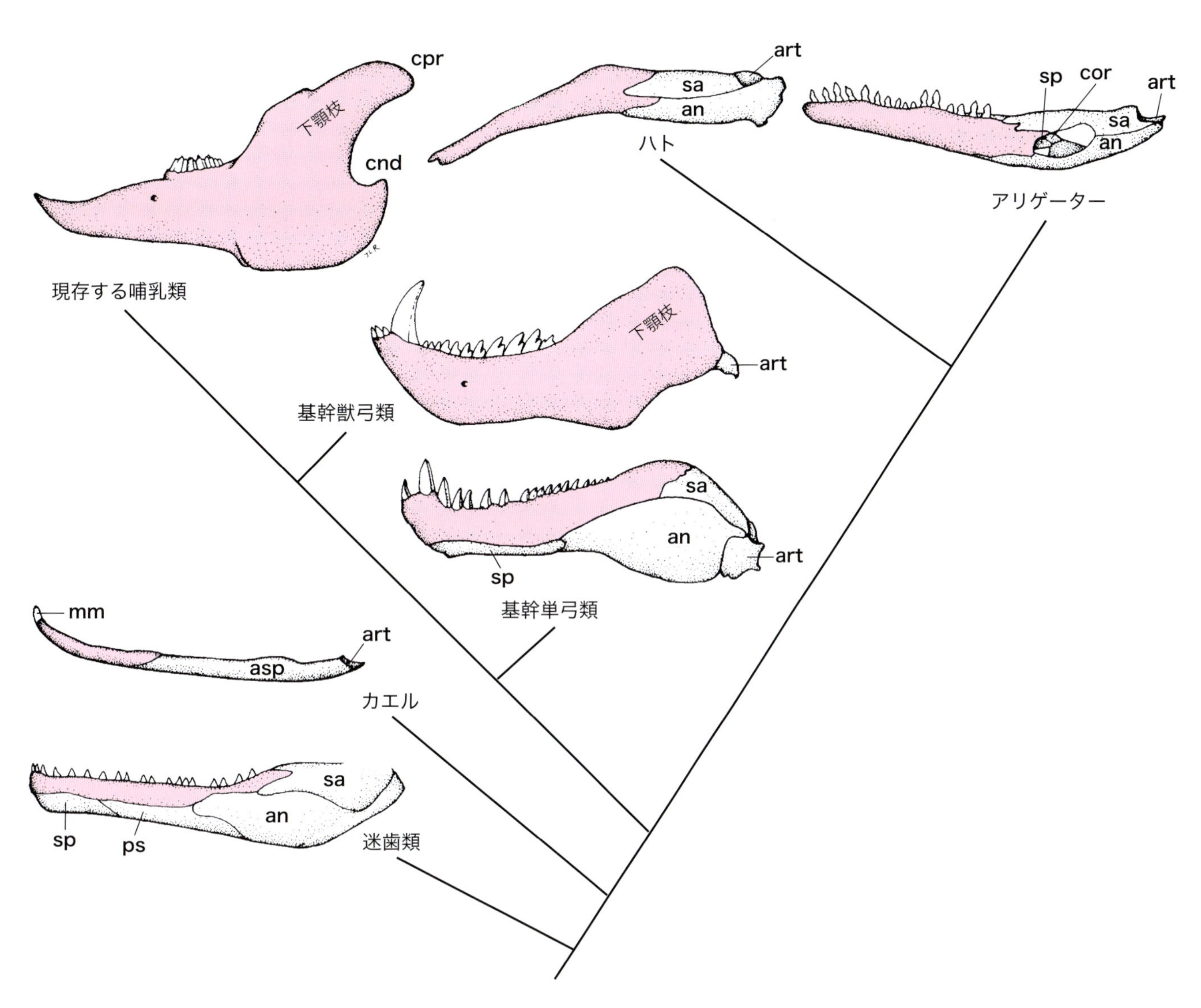

図9-39
四肢動物の下顎，左側観。代表的な分類群間の仮説的な類縁関係を分岐図に示す。歯骨（赤色）は単弓類内で大型化し，他の骨は縮小して，最終的にはなくなる。オトガイメッケル骨と関節骨を除き，すべて皮骨。an：角骨。art：関節骨（カエルでは軟骨）。asp：角板状骨。cnd：鱗状骨と関節する関節突起。cor：烏嘴骨。cpr：筋突起。mm：オトガイメッケル骨。ps：後板状骨。sa：上角骨。sp：板状骨。

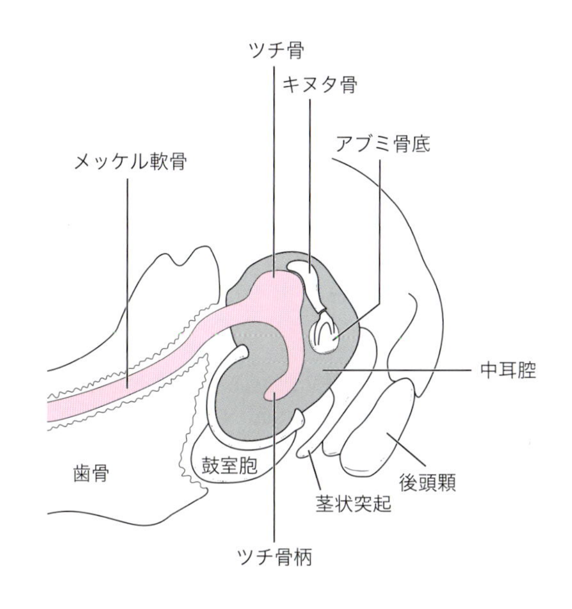

図9-40
哺乳類の胚で発達中の中耳腔によって取り囲まれたメッケル軟骨の後端。

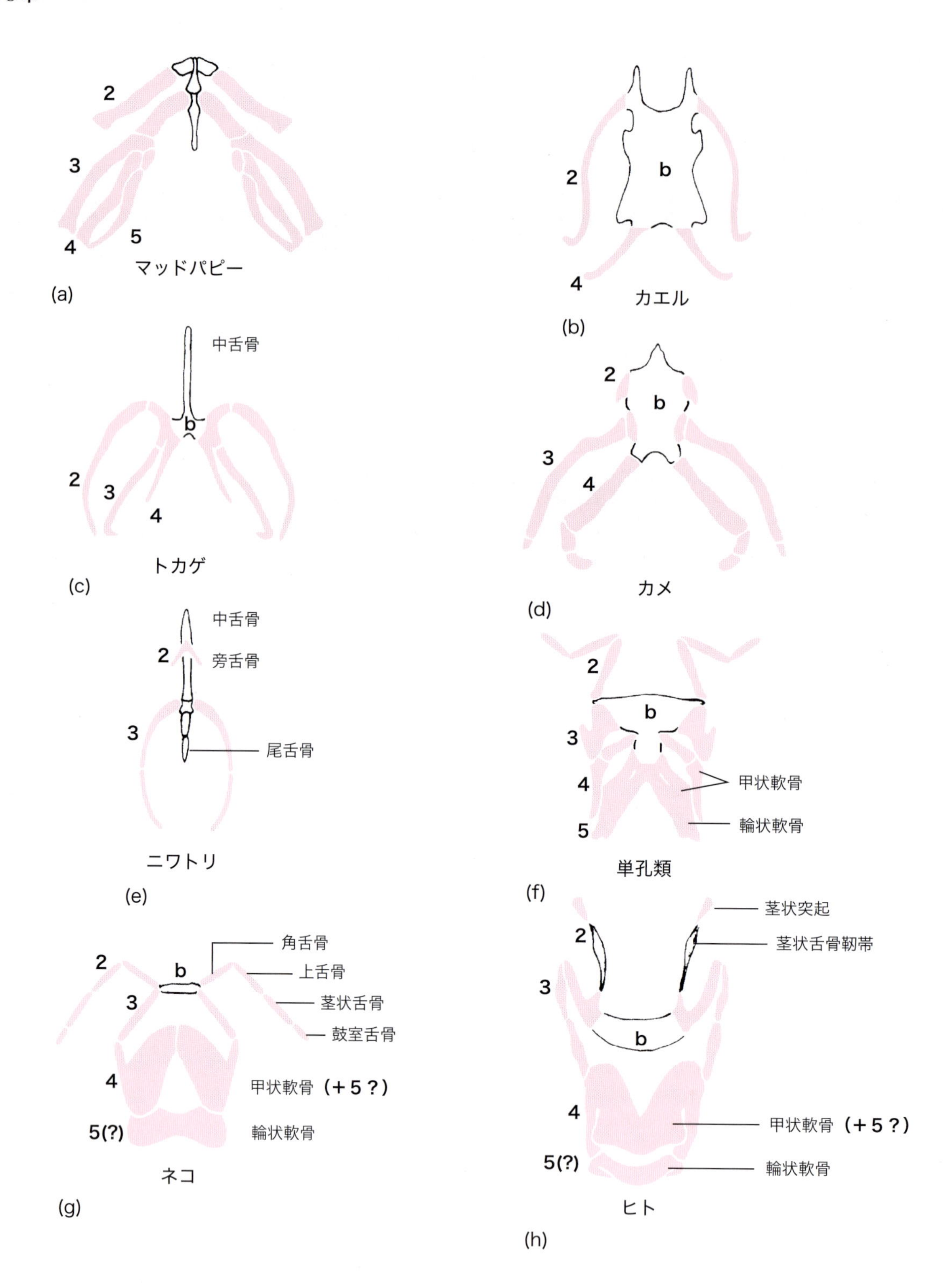

図9-41
何種かの四肢動物での第二〜第五咽頭弓からの骨格性派生物。b：舌骨体。2〜5：第二〜第五咽頭弓からの派生物（赤色）。(b) 〜 (h) において，舌骨体からの突起は舌骨の角。(e) では，舌骨体は中舌骨として前方（舌のなか）へ向かい，2つの旁舌骨と接している。

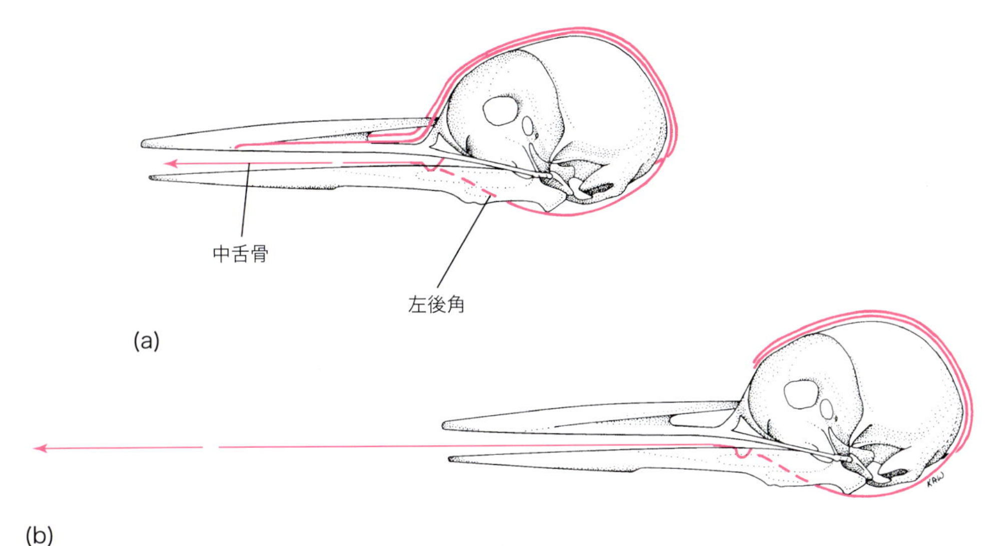

図9–42
セジロアカゲラの舌骨の後角と中舌骨。(a) 舌を引っ込めた状態。(b) 舌を伸ばした状態。対をなす後角は互いに非常に近く位置し，伸ばしたとき1つのようにみえる。

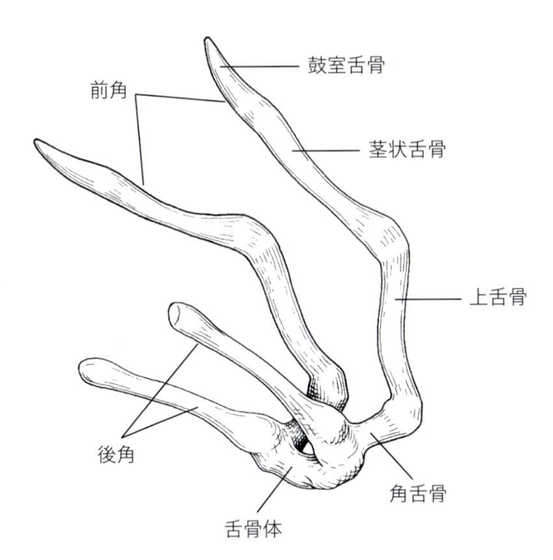

図9–43
イヌの舌骨。後角は甲状軟骨の前角と関節する（図13–12参照）。前角は鼓室胞に終わる。

く第五咽頭弓の産生物である。一連の咽頭弓列の後端は進化の間に縮小するため，最後位の喉頭軟骨がその種に特有な咽頭弓に関係するという問題に遭遇することは驚くに当たらない。喉頭の骨格は第13章で詳しく述べる。

展望

内臓骨格が本来摂食と鰓呼吸に関連した機能的な複合体であることは明らかである。四肢動物では空中を伝わる音の伝達や，舌筋の付着や，声帯の支持のため部分的に変化してきた。こうした適応は，どのようにして突然変異と選択の複合的な効果が祖先の構造を変化させ，新しい機能を生みだしたかを説明する。現存する代表的な脊椎動物で，咽頭弓の骨格性派生物のいくつかを表9–4に挙げた。

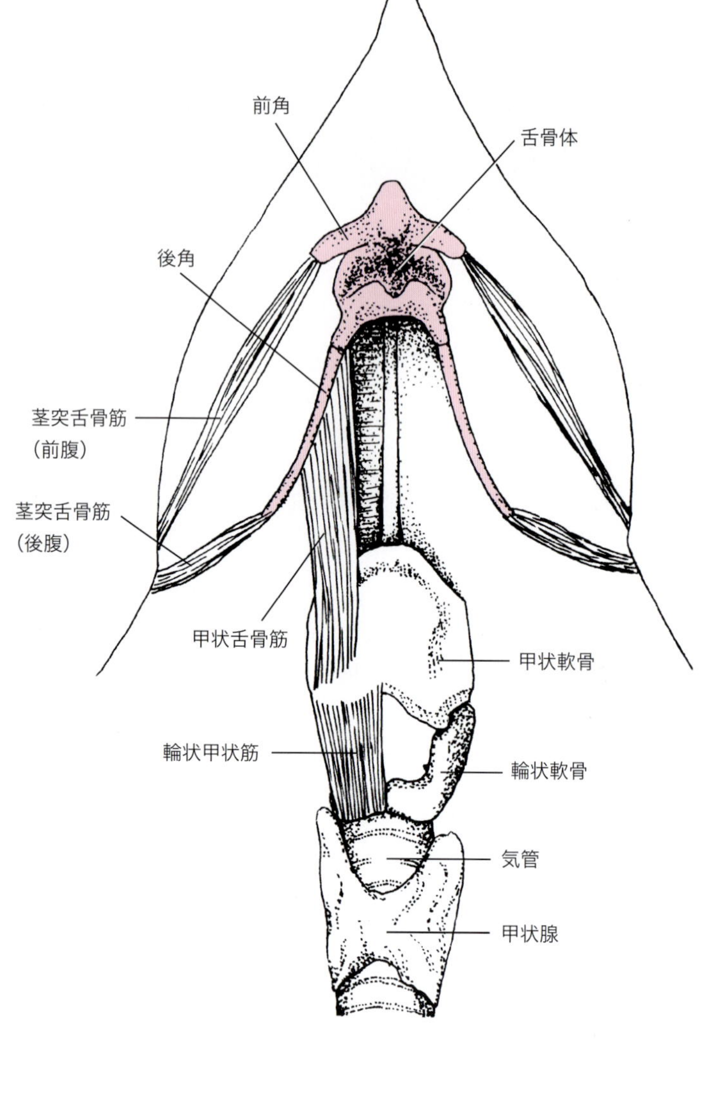

図9-44
ウサギの舌骨（赤色），喉頭，および関連する構造物。腹側観。

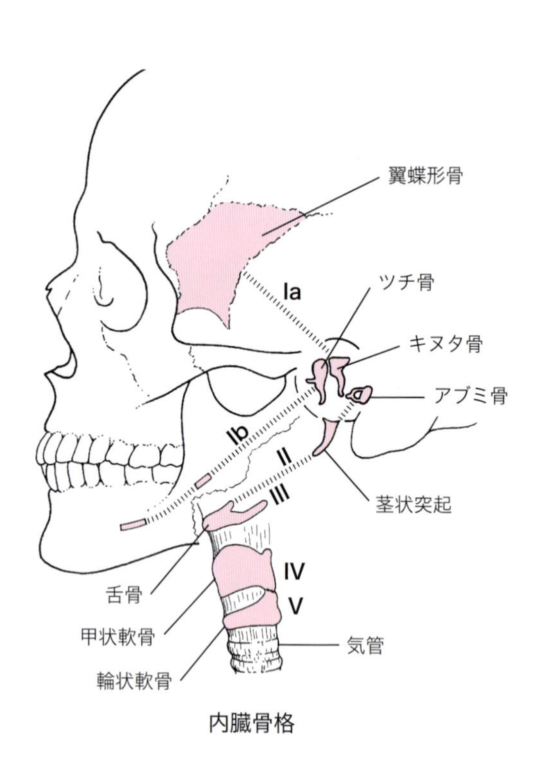

図9-45
ヒトの内臓骨格からの派生物（赤色）。Ia：破線は口蓋方形軟骨の派生物と結ぶ。Ib：破線はメッケル軟骨の派生物や痕跡と結ぶ。II：アブミ骨から茎状突起，さらに舌骨の小角へ至る破線は，舌骨弓の派生物を結ぶ。小角と茎状突起の間は茎状舌骨靭帯の部位。III～V：第三～第五咽頭弓からの派生物。III は後（大）角の先端。

表9-4　サメの咽頭弓から生じた骨格と硬骨性脊椎動物の推定される相同な骨格

<table>
<tr><th>咽頭弓</th><th>サメ類</th><th>真骨類</th><th>マッドパピー</th><th>カエル</th><th>爬虫類</th><th>哺乳類</th></tr>
<tr><td>I</td><td>メッケル軟骨
口蓋方形軟骨</td><td>関節骨＊
方形骨
上翼状骨
後翼状骨</td><td>関節骨
方形骨
口蓋軟骨</td><td>関節骨
オトガイメッケル骨†
方形骨
鼓室輪‡</td><td>関節骨
方形骨
上翼状骨</td><td>ツチ骨
キヌタ骨
翼蝶形骨</td></tr>
<tr><td>II</td><td>舌顎軟骨
角舌軟骨
底舌軟骨</td><td>舌顎骨
接続骨
間舌骨
上舌骨
角舌骨
下舌骨
底舌骨</td><td>痕跡
角舌骨
下舌骨</td><td colspan="3">小柱（アブミ骨）
哺乳類の茎状突起
舌骨の前角
舌骨体
爬虫類では中舌骨</td></tr>
<tr><td>III</td><td>咽鰓軟骨
上鰓軟骨
角鰓軟骨
下鰓軟骨</td><td>咽鰓骨
上鰓骨
角鰓骨
下鰓骨</td><td>上鰓骨
角鰓骨</td><td colspan="3">舌骨の第二角
舌骨体</td></tr>
<tr><td>IV</td><td>鰓骨格</td><td rowspan="4">鰓骨格</td><td rowspan="2"></td><td>舌骨第二角</td><td>爬虫類の最後角</td><td>甲状軟骨</td></tr>
<tr><td>V</td><td>鰓骨格</td><td colspan="3" rowspan="2">輪状軟骨と披裂軟骨‡</td></tr>
<tr><td>VI</td><td>鰓骨格</td><td></td></tr>
<tr><td>VII</td><td>鰓骨格</td><td colspan="4">存在しない</td></tr>
</table>

＊：しばしば真皮関節骨の一部。
†：いくつかの種では膜内起源。
‡：正確な相同性はわからない。

要約

1．（神経堤と中胚葉の二重起源の）個体発生の間に，神経頭蓋は，前索軟骨と旁索軟骨，脊索，軟骨性の嗅嚢と耳嚢から構成され，これらが１つに組み合い，軟骨性の壁によって完成する。原始的な有頭動物では脳の背方は穴の開いた天井になる。視嚢はその他の神経頭蓋から独立しており，時には強膜輪を作る。
2．現存する無顎類や軟骨魚類では，神経頭蓋は生涯を通して軟骨性のままである。硬骨性脊椎動物では１つ以上の部位で神経頭蓋は骨化する。
3．神経頭蓋の主要な骨化中心は，後頭骨，蝶形骨，篩骨および耳の骨化中心である。基本的な置換骨は，外後頭骨，底後頭骨，上後頭骨；底蝶形骨，前蝶形骨，眼窩蝶形骨，外側蝶形骨；中篩骨，篩板，篩骨甲介；前耳骨，後耳骨，上耳骨あるいは側頭骨岩様部であり，これらは癒合により数が減少することもある。
4．真骨類，無尾類，有羊膜類の神経頭蓋は十分に骨化する。肺魚類，原始的な条鰭類，大部分の両生類はかなりの数の軟骨を持つ。
5．１個の後頭顆は四肢動物の祖先や現生の爬虫類でみられる。現生の両生類や単弓類は後頭窩を２個持つ。
6．頭蓋の膜性骨は皮骨頭蓋を構成する。これは原始的な皮膚装甲の遺残である。
7．原始的な四肢動物の頭蓋の主要な皮骨は，⑴天井構成骨－鼻骨，前頭骨，頭頂骨，後頭頂骨；側頭間骨，上側頭骨，板骨，鱗状骨，方形頬骨；涙骨，前前頭骨，後前頭骨，後眼窩骨，眼窩下骨（頬骨）。⑵上顎の皮骨－前上顎骨と上顎骨。⑶一次口蓋構成骨－副蝶形骨，鋤骨，口蓋骨，内翼状骨，外翼状骨。⑷鰓蓋骨，であった。頭頂孔は存在した。
8．真骨類は皮骨頭蓋の骨数が最も多い。肺魚は大きな真皮性骨性板を持つ。他の硬骨魚類の皮骨頭蓋はデボン紀の祖先のものに似ている。

9．現生の両生類の頭蓋骨は多くの膜性骨を失っている。無尾類は大きな口蓋腔を持つ。無足類の頭蓋骨は変化が最も少ない。
10．現生の爬虫類は十分に骨化した神経頭蓋，1個の後頭顆，多数の膜性骨を持ち，トカゲ類では頭頂孔がある。特殊化には側頭窩，部分的あるいは完全な二次口蓋（カメ類，何種かのトカゲ類，ワニ類），頭蓋可動性がある。
11．側頭窩は双弓型（ワニ類とムカシトカゲ），単弓型（哺乳類），広弓型（魚竜類とプレシオサウルス類）の頭蓋を生じる。カメ類の頭蓋は無弓型で，トカゲ類，ヘビ類，鳥類の頭蓋は変形した双弓型である。
12．二次口蓋は前上顎骨，上顎骨，口蓋骨の水平な突起として生じる。これらは正中線で完成し，ワニ類と哺乳類でのみ後方に広がる。
13．頭蓋可動性は頭蓋内関節を持つ頭蓋でみられる。真骨類，ヘビ類，トカゲ類，鳥類でとりわけ特徴的である。それは食物の獲得様式と関連する。
14．鳥類の頭蓋は変形した双弓型である。皮骨が多く，縫合は平胸類を除き消失している。頭蓋は薄く，ドーム状で，大きな眼窩がある。顎は長くなって嘴を形成する。
15．哺乳類の頭蓋は1つの側頭窩を持つ。歯骨が下顎の唯一の骨で，下顎は鱗状骨と関節する。方形骨と関節骨は中耳の耳小骨になる。脳頭蓋は拡張し皮骨頭蓋の骨数が減少する。いくつかの癒合で神経頭蓋は完全に構成されている。側頭骨複合体は，他の脊椎動物では分離している多数の構成要素を結合している。
16．現生の無顎類の内臓骨格は独特である。口蓋方形軟骨またはメッケル軟骨がなく，鰓弓もない。軟骨性の鰓籠は咽頭部の皮下にある。
17．板鰓類の内臓骨格は口蓋方形軟骨，メッケル軟骨と舌骨軟骨，鰓軟骨と正中腹側の底舌軟骨，底鰓節軟骨から構成される。
18．魚類の顎の懸垂はほとんどが舌接型（間接連結）であり，何種かの昔のサメ類は両接型（二重連結）であった。ギンザメ，肺魚，四肢動物は自接型（自己連結）である。
19．硬骨魚類の舌骨骨格は，サメ類よりも多数の骨からなり，最後位の鰓弓骨格は縮小することがある。
20．硬骨性脊椎動物の胚の口蓋方形軟骨は膜性骨に被われる。哺乳類以外では，その後端は方形骨となる。メッケル軟骨は膜性骨に被われて，その後端は，哺乳類を除き，関節骨となる。
21．哺乳類を除くすべての有顎動物では，関節骨と方形骨が顎の関節を構成する（この関節は骨化している）。哺乳類では，それらの骨は中耳の耳小骨（ツチ骨とキヌタ骨）になる。
22．哺乳類以外の四肢動物では，舌顎軟骨は小柱（アブミ骨）になる。第二咽頭弓の骨格の残り，第三咽頭弓の残り，時には第四咽頭弓の一部が舌骨の角を生じる。第四咽頭弓の一部とおそらく第五咽頭弓が喉頭の骨格に寄与している。

理解を深めるための質問

1．頭部の骨格構造はどのような構成要素からなるか？　それぞれの要素について一例を挙げよ。
2．有頭動物は頭蓋があることでその名称がつけられた。すべての有頭動物は頭蓋を完全に発達させているか？　そうでなければ“完全な頭蓋”の系統発生学における発達での主要な段階は何か？
3．異なった分類群でよく似た骨に用いられる名称の基準は何か？
4．原始的な四肢動物で“頭蓋”の骨の構成（組織化）は何か？　一般に，真骨類と哺乳類を原始的な四肢動物とどのように比較するか？
5．神経頭蓋の骨化はどうなっているか？　骨化する部位の名を挙げ，それぞれの部位で少なくとも例を1つ挙げよ。
6．原始的な状態も含めた側頭窩の系統発生学的なパターンは何か？
7．ワニ類と哺乳類は独立に二次口蓋を発達させる。どのような機能的役割がこれらの構造の起源に関連しているのか？
8．哺乳類でみた側頭骨の系統発生学的な歴史はどのようなものか？
9．典型的な鰓弓骨格を記述せよ。鰓弓の構成要素の連続相同物は，顎骨弓と舌骨弓では何か？
10．サメの下顎とあなたの下顎を比較せよ。
11．単弓類の下顎の進化の傾向はどうなっているか？　単弓類の系列のなかで哺乳類に特有な下顎の特徴とは何か？
12．あなたの3個の耳小骨の系統発生学的な歴史はどうなっているか？

参考文献

Readings on feeding mechanisms will be found also in Selected Readings, chapter 12.

Allin, E. F.: Evolution of the mammalian ear, *Journal of Morphology* 147:403, 1975.

Carroll, R. L.: The hyomandibular as a supporting element in the skull of primitive tetrapods. In Panchen, A. L., editor: The terrestrial environment and the origin of land vertebrates. New York, 1980, Academic Press.

de Beer, G. R.: The development of the vertebrate skull. Oxford, 1937, The Clarendon Press. Reprinted with a foreword by Brian K. Hall and James Hanken by The University of Chicago Press, Chicago, 1985.

Drysdale, T. A., Elinson, R. P., Graveson, A. C., Hanken, J., Herring, S. W., Langille, R. M., Noden, D. M., Ramirez, F., Solursh, M., and Webb, J. F.: Development and evolution of the vertebrate head, a symposium, *American Zoologist* 33 (4):417, 1993.

Gans, C., and Parsons, T. S., editors: Biology of the reptilia, vol. 4. New York, 1973, Academic Press.

Goodrich, E. S.: Studies on the structure and development of vertebrates. London, 1930, The Macmillan Co., Ltd. Reprinted by The University of Chicago Press, Chicago, 1986.

Gorniak, G. C., Gans, C., Radinsky, L., Hylander, W. L., Herring, S. W., English, A. W., and Byrd, K. E.: Mammalian mastication: An overview, *American Zoologist* 25:289, 1985.

Greaves, W. S.: The mammalian jaw mechanism—the high glenoid cavity, *American Naturalist* 116:432, 1980.

Hanken, J., and Hall, B. K., editors: The skull, vols. 1–3. Chicago, 1993, The University of Chicago Press.

Herring, S. W.: Formation of the vertebrate face: Epigenetic and functional influences, *American Zoologist* 33:472, 1993.

Jarvik, E.: Basic structure and evolution of vertebrates, 2 vols. New York, 1980, Academic Press.

Kuhn, H.-J., and Zeller, U., editors: Morphogenesis of the mammalian skull. New York, 1987, Paul Parey Scientific Publishers. A monograph in the series Mammalia depicta, a supplement to the International Journal of Mammalian Biology. Included are special problems of the skulls of monotremes, marsupials, and whales.

Langille, R. M.: Formation of vertebrate face: Differentiation and development, *American Zoologist* 33:462, 1993.

Liem, K. F.: Adaptive significance of intra- and interspecific differences in the feeding repertoires of cichlid fishes, *American Zoologist* 20:295, 1980.

Lombard, R. E., and Bolt, J. R.: Evolution of the tetrapod ear: An analysis and reinterpretation, *Biological Journal of the Linnaean Society* 11:19, 1979.

Radinsky, L. B.: Patterns in the evolution of ungulate jaw shape, *American Zoologist* 25:303, 1985.

Reilly, S. M.: Ontogeny of cranial ossification in the eastern newt, Notophthalamus viridescens (Caudata: Salamandridae), and its relationship to metamorphosis and neoteny, *Journal of Morphology* 188:315, 1986.

Reilly, S. M., and Lauder, G. V.: Atavisms and the homology of hyobranchial elements in lower vertebrates, *Journal of Morphology* 195:237, 1988.

Rowe, T.: Co-evolution of the mammalian middle ear and neocortex, *Science* 273:651, 1996.

Schmalhausen, I. I.: The origin of terrestrial vertebrates (Translated from the Russian by Leon Kelso). New York, 1968, Academic Press.

Smith, K. K.: Integration of craniofacial structures during development in mammals, *American Zoologist* 36:70 (1996).

Stahl, B. J.: Vertebrate history: Problems in evolution. New York, 1974, McGraw-Hill Book Company.

Trueb, L: A summary of osteocranial development in anurans with notes on the sequence of cranial ossification in Rhinophrynus dorsalis (Anura: Pipoidea: Rhinophrynidae), *South African Journal of Science* 81:181, 1985.

インターネットへのリンク

Visit the zoology website at http://www.mhhe.com/zoology to find live Internet links for each of the references listed below.

1. The Skull Practical Exam. This is designed to teach you the bones and landmarks of the skull. You can toggle back and forth between question and answer mode.
2. Bones of the Skull. Clickable images of the bones, and then close up, labeled photographs. Foramina are well done.
3. Skull Collection. A myriad of vertebrate skulls, albeit small in size. These are not labeled.
4. Skull Module. A thorough treatment of the bones of the skull, combining labeled bones and descriptive text.
5. Axial Skeleton System Review. Good photos of bones of the skull, with nice enlargements for more detail, although unlabeled.
6. SkullSun Company. You can order skulls from this site, but better yet, see photographs of a wide variety of skulls, with dental formulas included. Ever wonder what the skull of a red breasted toucan looks like? Check it out!
7. Special Topics. Great images of skeletons, primarily skulls of mammals and dentition types.

第10章 肢帯，鰭，体肢と体の移動

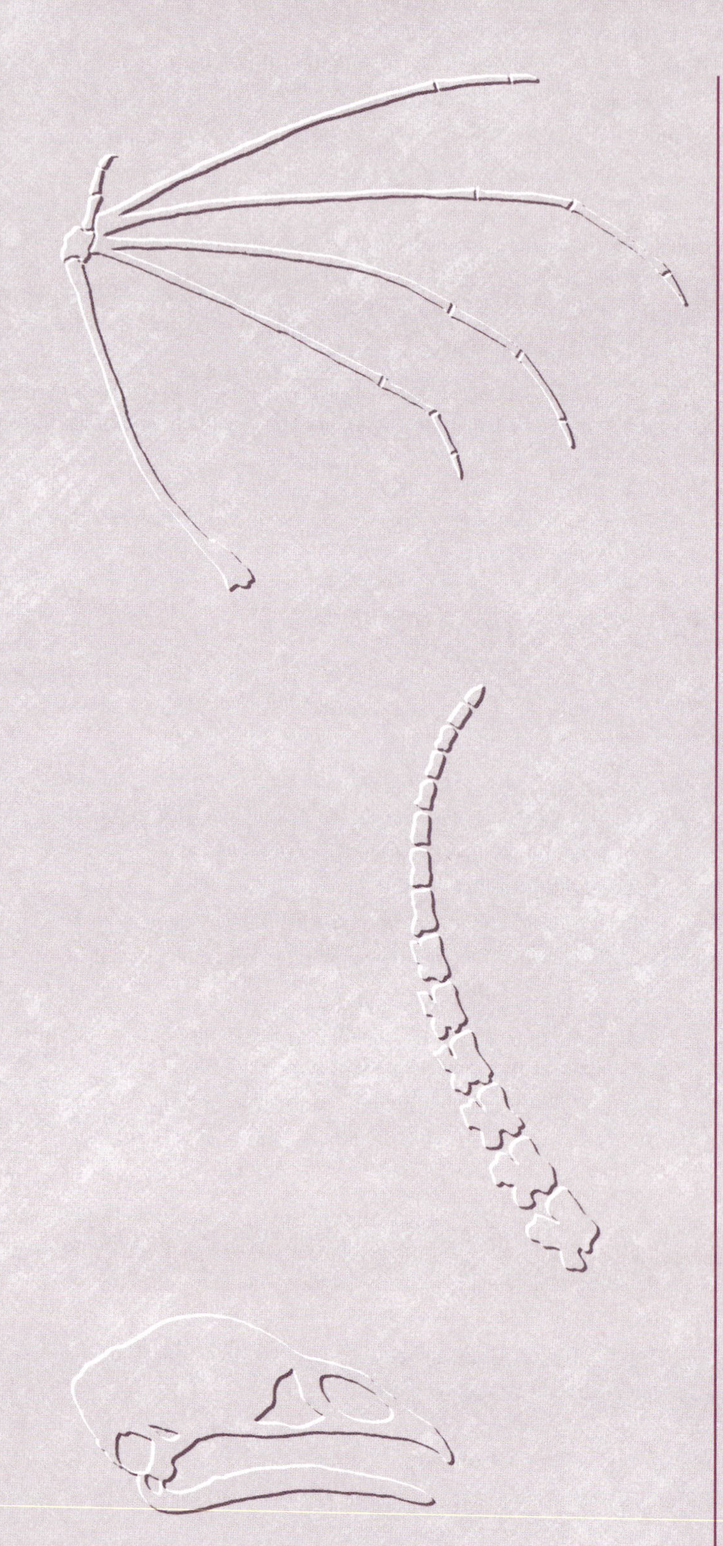

本章では，軸性骨格とともに体の移動に関与する骨格構造に焦点を絞る。硬骨魚類の肢帯がほとんど何の変化もなく最初の両生類に引き継がれたこと，また産卵あるいは出産を容易にするために鳥類や哺乳類の後肢帯がどのように変化したのかをみる。私たちはすべての鰭の骨格が最初は１つの共通する基本的パターンを示していたのに，やがてそれがいくつかの方向に分岐したこと，またすべての体肢の骨格は関節でつながれた５つの部分からなり，その遠位のものは水中生活，陸上生活，あるいは空中での生活のために変化したことを見いだすことができる。魚類と魚類に似た哺乳類の泳ぎ方がどのように違っているか，また体肢を失った有頭動物が陸上でどのように体を移動させるかを調べ，鰭の起源に関するいくつかの仮説，そして体肢の起源に関する理論を検証していく。

肢帯および後肢帯と鰭や体肢の骨格は，**付属肢骨格** appendicular skeleton を形成する。肢帯は付属肢（鰭，体肢）が水や地面から受ける抵抗に対して鰭や体肢を支える（物理の時間に‘すべての力はそれと等しい抵抗を引き起こす’と習ったことを思いだすとよい）。また逆に，肢帯は軸性骨格のいくつかの要素に支えられて安定性を得る。陸生有羊膜類では体肢が体を地面の上に持ち上げているので，一般に付属肢から肢帯へは最も大きな力が伝えられる。

無顎類，ウツボ，アシナシイモリ，ヘビ，ある種のトカゲ，そして1属を除くすべてのミミズトカゲは有対の付属肢を持たない。付属肢の頭側の1対のみを持つものはウナギ，その他多数の真骨類，有尾類の1科（シレン科），トカゲの1種（*Bipes*），クジラ類，海牛類である。また後肢のみを持つトカゲや鳥類もいる。付属肢の1対あるいは両方を欠く有頭動物は一般に細長い体を持ち，水生であるか穴のなかに生息している。体肢を用いない効果的な体の移動への進化は，後に述べる適応の結果もたらされた。

四肢動物の体肢は胚発生の間に有対の**肢芽** limb buds として生じる（図1-10参照）。鰭はこれと同じ仕方で生じ，**鰭膜** fin folds とよばれる。肢芽が体肢のない種の胚発生の間に一時的に出現したり，不完全に発達して一生の間機能のない痕跡として存続するのは珍しいことではない。このような効果を持つ遺伝子が伝えられているということは，その祖先が機能的な四肢動物の体肢を持っていたことを意味する。

前肢帯

前肢帯は体壁の骨格複合体で，頭部のすぐ尾側に存在し，頭側の鰭あるいは体肢と関節している。頭側の付属肢はある種の絶滅した甲皮類に存在していたが，これらの胸鰭と関連する前肢帯の本態については不明である。

デボン紀以降の魚類や四肢動物における前肢帯は，デボン紀の魚類の前肢帯が変化したものである。後者では前肢帯は内骨格の一部である3対の置換骨と，皮膚装甲から派生した少なくとも4対の膜性骨から構成されていた。これらの骨の名称は図10-1に挙げてある。原始的な条鰭類であるポリプテルスの前肢帯がこの原始的パターンのよい例になっている（図10-2）。

肩甲骨と烏口骨は鰭から体幹に伝えられる力を受け止め，後側頭骨は頭蓋の後角に向かって前肢帯を支え，鎖骨は腹側正中の線維軟骨結合において反対側の鎖骨で支えられてい

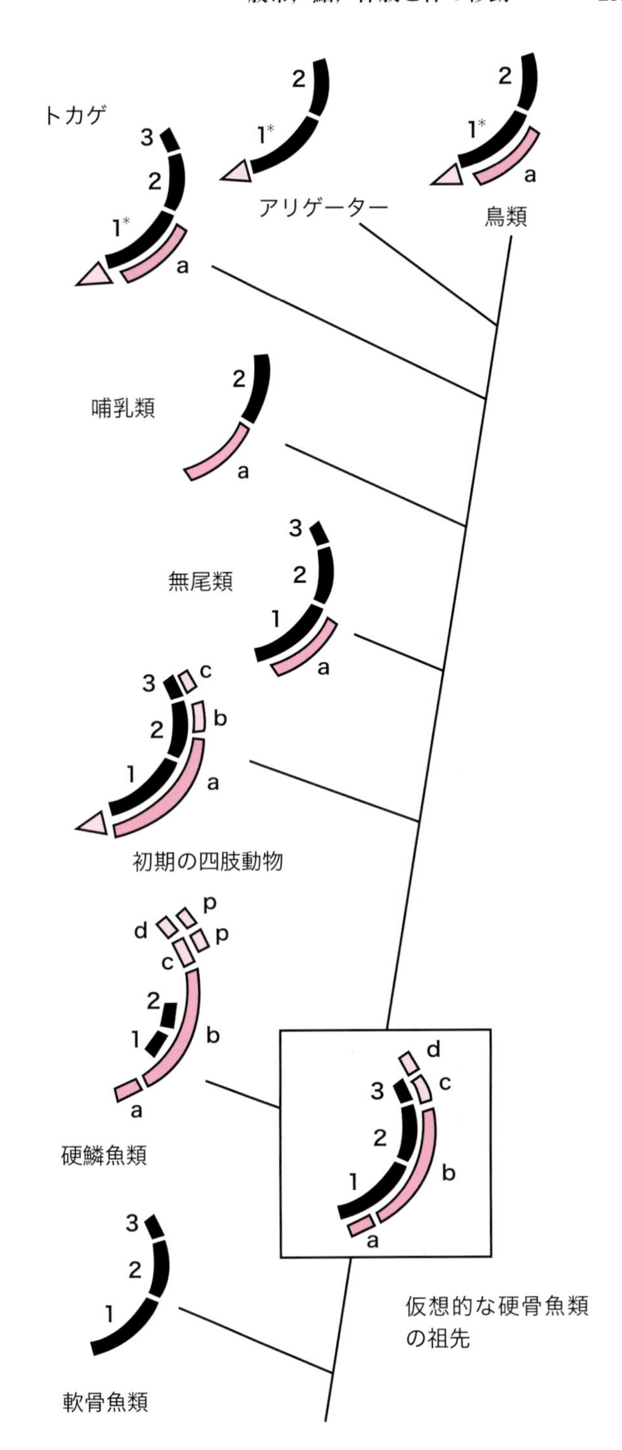

図10-1
代表的な系統発生のラインにおける前肢帯。皮骨は赤色，軟骨と置換骨は黒色で示してある。各前肢帯の片側だけが図示されており，その関係は相同性を強調する必要がある場合にはゆがめてある。
三角形：間鎖骨。a：鎖骨。b：擬鎖骨。c：上擬鎖骨。d：後側頭骨。p：後擬鎖骨。1：烏口骨。1*：前烏口骨。2：肩甲骨。3：上肩甲骨。

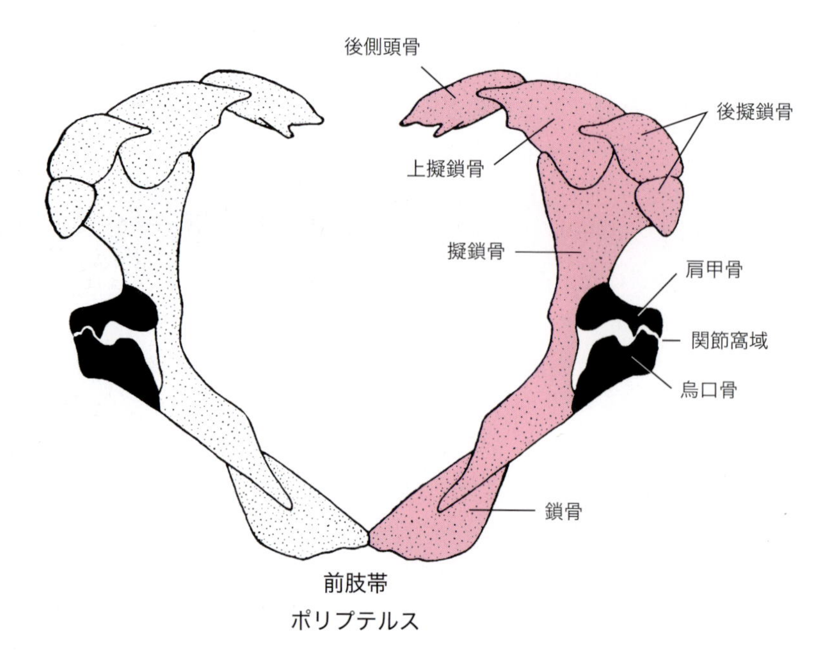

図 10-2
ポリプテルスの前肢帯。皮骨は赤色，置換骨は黒色で示してある。図 10-1 の硬鱗魚類と比較。

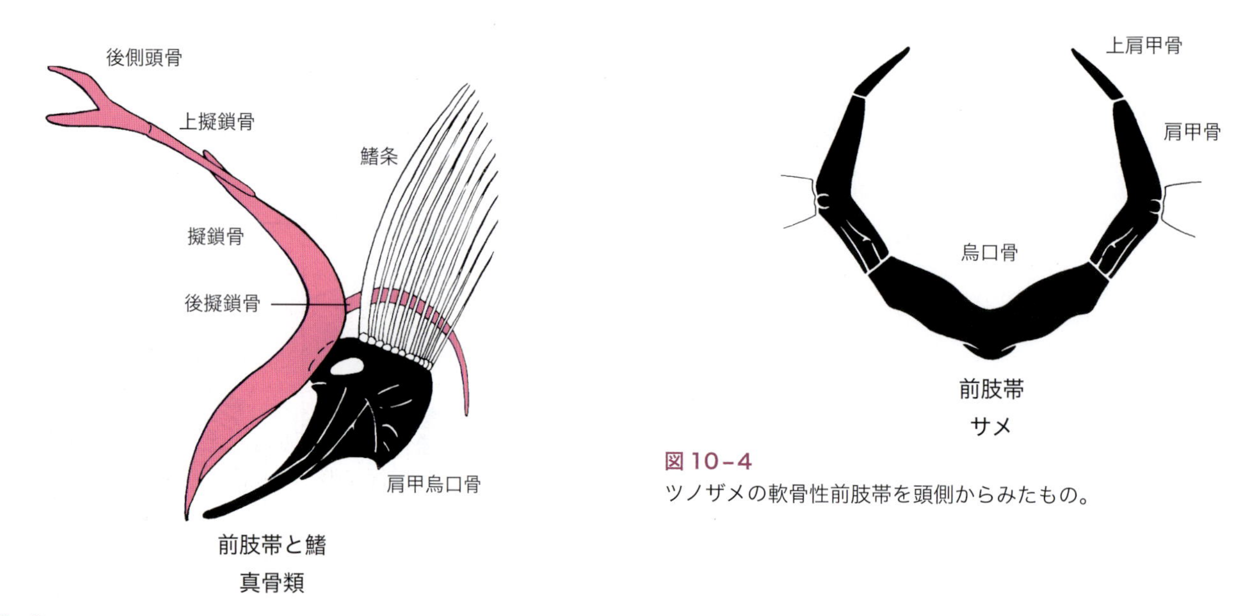

図 10-4
ツノザメの軟骨性前肢帯を頭側からみたもの。

図 10-3
タチウオ（真骨類）の前肢帯および鰭骨格の左半分。皮骨は赤色，置換骨は黒色で示してある。

る。こうして，鰭の運動によって生じた力は衝撃を減少させるような仕方で体中に分散される。

現代の硬骨魚類である真骨類では，擬鎖骨が前肢帯の主要な骨になっている（図 10-3）。彼らは鎖骨を失ってしまっている。他の点では，現代の硬骨魚類は一般に原始的な皮骨のすべての構成要素を備えている。胚の内骨格である烏口骨は，肩甲骨と癒合して肩甲烏口骨を形成する。一方，軟骨魚類は内骨格の要素のみを持ち，それらは軟骨性基質の石灰化により硬化するけれど，骨化はしない（図 10-4）。

原始的四肢動物の前肢帯は，原始的硬骨魚類のものとほとんど異なっていなかった。図 10-1 で原始的四肢動物と原始的硬骨魚類を比較してみれば，原始的四肢動物はもう1つの膜性骨である**間鎖骨** interclavicle を獲得し，また魚類の頭蓋に対して前肢帯を支えていた後側頭骨を失ったことがわかる。原始的両生類の前肢帯は図 10-5 に示してある。上擬鎖骨は失われている。擬鎖骨は原始的両生類には存在するけれども，いったん四肢動物が陸上で成立すると，もはや長くは存続しなかった。

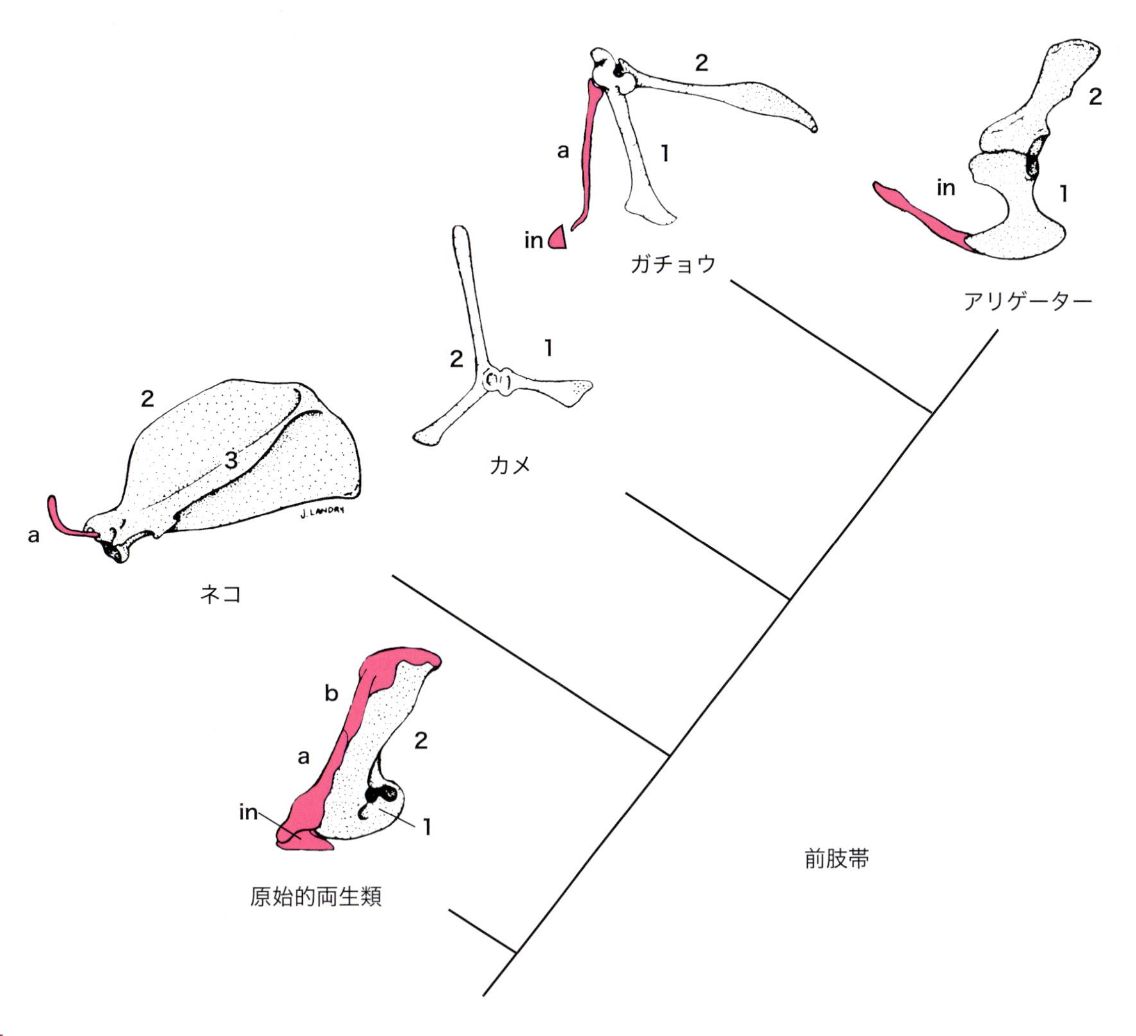

図 10-5
代表的四肢動物の前肢帯左半分を外側からみたものを分岐図の上に配置し，これら分類群間の仮想的類縁関係を示す。皮骨は赤色で示してある。1：烏口骨あるいは前烏口骨。2：肩甲骨。3：肩甲棘。a：鎖骨。b：擬鎖骨。in：間鎖骨。カメでは鎖骨と間鎖骨は甲羅と癒合している。ネコの鎖骨はほとんど痕跡的で，烏口骨は肩甲骨上の内側突起（図には示していない）としてのみ存在する。

基幹両生類の間鎖骨は，有羊膜類に通ずる系統に存続していたと思われる。これはアリゲーターでは2つの前烏口骨の基底部間に不対の骨としてみられる（図8-14参照）。鳥類ではこれは“叉骨”の先端の不対の軟骨あるいは骨である。爬虫類や単孔類で鎖骨あるいは烏口骨に腹側でつながっている有対の骨のいくつかも，間鎖骨と名づけられている。絶滅した獣弓類および現生単孔類の間鎖骨は図10-6に示されている。両生類から哺乳類にわたって間鎖骨と名づけられているすべての骨が相同であるか否かは，現在のところ研究データが不足しているため不明である。それではこれから，四肢動物の多様化の進展にともなう鎖骨，烏口骨，肩甲骨の運命をたどってみよう。

鎖骨 clavicle の運命は烏口骨の運命と相関している。鎖骨あるいは烏口骨はおそらく胸骨に対して肩甲骨を支持するものであり，時には両者がこの働きをする（図10-6b，10-7）。鎖骨は有尾類および無足類では失われ，またその痕跡が一時的にワニの胚で発達するものの，トカゲを除く爬虫類ではまれにしか存在しない。鳥類では鎖骨は**叉骨** furculum の長い骨である。鎖骨は哺乳類の大部分の目に存在する。

四肢動物では**烏口骨** coracoids は胚の外側体壁にある軟骨性の**烏口骨板** coracoid plate から生じ，これは肩甲骨の関節窩の領域から腹方に伸びる。この板の前骨化中心から**前烏口骨** procoracoid が生じ，後骨化中心からは烏口骨が生じる（図10-6）。前烏口骨も烏口骨も真獣類では発達せず，痕跡が存在するだけであり，その痕跡は**肩甲骨の烏口突起** coracoid process of the scapula として関節窩の上に張りだしている（図11-21b参照）。烏口骨と前烏口骨のいずれかまたは両者は，肩甲骨を胸骨に対して支持するために鎖骨の補助をし，あるいはその機能を鎖骨と置き換わっている（図8-28，イグアナ，ニワトリ参照）。

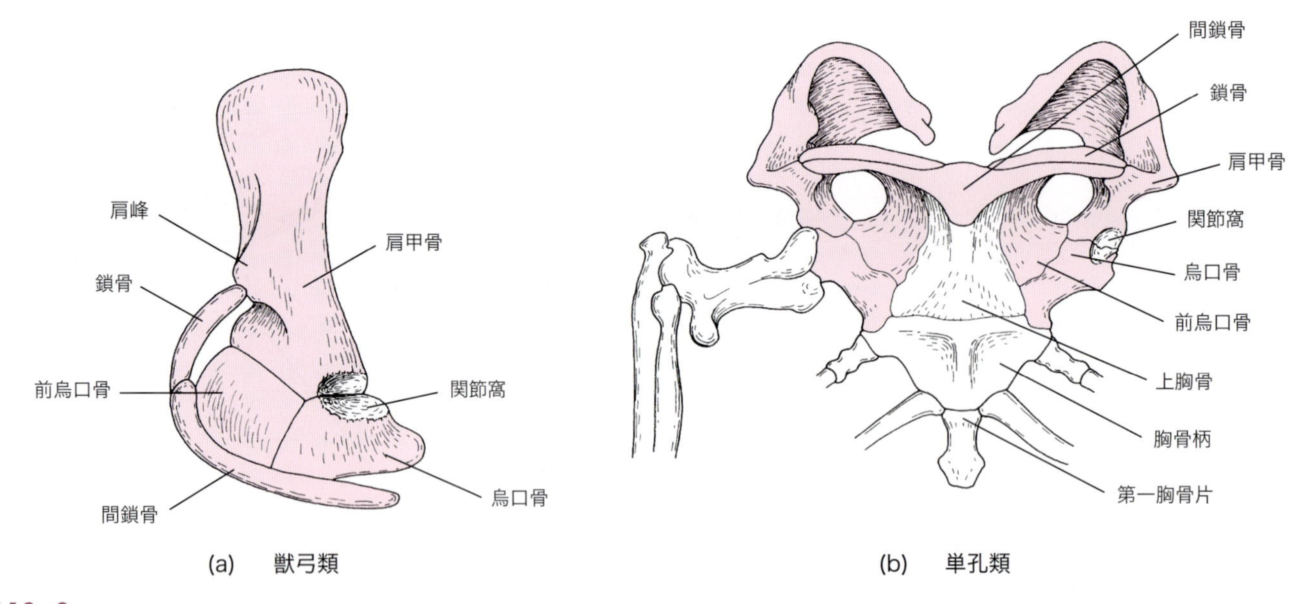

図 10-6
絶滅した哺乳類である獣弓類と原獣類（単孔類）の前肢帯（赤色），後者は腹側からみた図。(b) では烏口骨，前烏口骨，鎖骨および間鎖骨が胸骨に対して前肢帯を支持している。

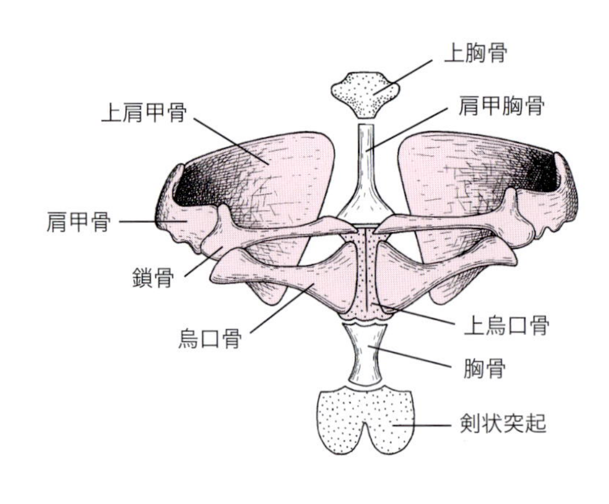

図 10-7
カエルの前肢帯（赤色）と胸骨を腹側からみた図。前烏口骨（図示せず）は鎖骨の背側にある。軟骨は点描してある。

肩甲骨 scapula はいかに痕跡的であろうと前肢を有しているすべての四肢動物に存在し，前肢帯が上腕骨頭と関節するための関節窩の一部あるいはすべてを提供する。**上肩甲骨骨化中心** suprascapular ossification centers は通常では肩甲骨骨化中心と合体し，１つの骨となるが，上肩甲骨は有尾類と無尾類では独立した骨として存続する（図8-28 サンショウウオ，10-７参照）。

哺乳類の前肢帯は，初期の獣弓類とその子孫の哺乳類を生じさせた進化上の変化の結果である。獣弓類の前肢帯は間鎖骨，鎖骨，前烏口骨，烏口骨，肩甲骨からなっていた（図 10-６a）。単孔類は現在でも同一の骨を有している（図 10-６b）。真獣類では前肢帯に残っている骨は肩甲骨，そして一般には鎖骨である。以前に述べたように，烏口骨の痕跡は肩甲骨の烏口突起として存続している。ヒトではこれは約 15 歳まで肩甲骨に付着しないままである。

哺乳類の肩甲骨 mammalian scapula の外面は**肩甲棘** scapular spine によって**棘上窩** supraspinous fossa と**棘下窩** infraspinous fossa に分けられる（図 10-５，ネコ）。これらの窩は上腕骨に終止する強力な諸筋の起始部となる。肩甲棘も脊柱から起こる前肢帯筋の終止部となる。筋の付着のための**肩峰** acromion process が関節窩の付近に形成される。ネコの肩峰を図 11-21 に示す。

哺乳類の鎖骨 mammalian clavicle は単孔類，食虫類，霊長類で大きく，後２者は哺乳類の原型を留めた動物である。鎖骨はまた穴を掘ったり，よじ登ったり，飛んだりするために使われる強力な前肢を持つ哺乳類で大きい。コウモリでは強大な鎖骨が肩甲骨を胸骨に対して支持している。一方，その骨格筋系の適応の結果，ネコ科の動物のように鎖骨が単なるかけらのようになってしまったり，クジラ類，有蹄類その他いくつかの哺乳類におけるように鎖骨が全く消滅してしまう場合もある。

ネコでは鎖骨は単なるかけらのような痕跡で，胸骨にも肩甲骨にも達していない（図 10-５）。このためネコは跳躍の後に前肢でまっすぐ着地する衝撃に耐えることができるが，それは最初の衝突を受け止める肩甲骨とその他のいかなる骨格の部分の間にもしっかりした結合が存在しないからである。衝突の衝撃は肩の筋組織や前肢の筋や関節のなかに分散してしまう。有蹄類では鎖骨がないため草を食べるのが容易

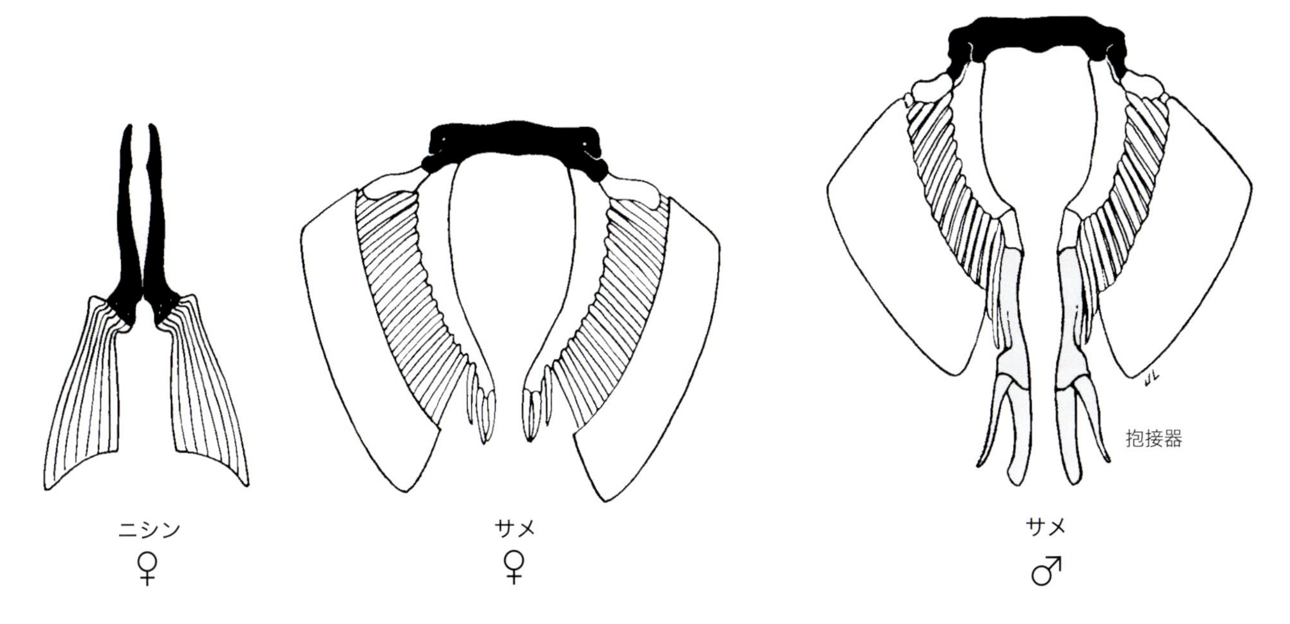

図 10-8
硬骨魚類および雌雄のサメの骨盤板（黒）と鰭。雄サメの鰭の基底軟骨は抱接器になっている。

になっている。

前肢帯の構成要素の系統発生学的歴史をみると，以下のことが述べられる。硬骨魚類の前肢帯では皮骨が優勢であり，四肢動物では置換骨が優勢である。皮骨は原始的魚類の骨性装甲からの派生物で，まるで家の羽目板のように，前肢帯の真の骨格（内骨格）である置換骨を覆っていたことを思いだしてもらいたい。そうすれば，前肢帯の皮骨が四肢動物の進化の間に減少したり消滅したりしたことは驚くに当たらないであろう。体の別の場所の真皮の装甲は同一の運命をたどったのである。この現象については第 6 章の「魚類の骨性真皮」で論じてある。

ここで 2 つのことに注目しておく必要がある。第一に，有尾類では前肢帯に，また頭部を除く全身において，いかなる皮骨も生じなかった。サンショウウオの前肢帯は図8-28 に示してある。第二に，四肢動物は前肢帯を頭蓋や脊柱に対してほとんど全く支持していない。このことは少数の翼竜類で起こったといわれている。この話は後肢帯に関しては全く異なっている。

後肢帯

大部分の魚類の後肢帯は 1 対の単純な軟骨性あるいは骨性の**骨盤板** pelvic plate（**坐恥骨板** ischiopubic plate）からなっており，これらは腹側正中の**骨盤結合** pelvic symphysis で会合し，腹鰭に支持を与える（図 10-8，ニシン）。軟骨魚類と肺魚類では胚のときの 2 本の軟骨が癒合して成体の 1 つの骨盤板を形成する（図 10-8，サメ）。体が短い真骨類では，骨盤板は前肢帯の直後，また時にはその腹方にあり，しばしば前肢帯に付着している。この理由により，腹鰭は胸鰭の辺りまで前方に移動し，また胸鰭の頭側に位置しているようにみえることさえある（図 10-16，スズキ）。魚類でも四肢動物でも，後肢帯に皮骨は存在しない。

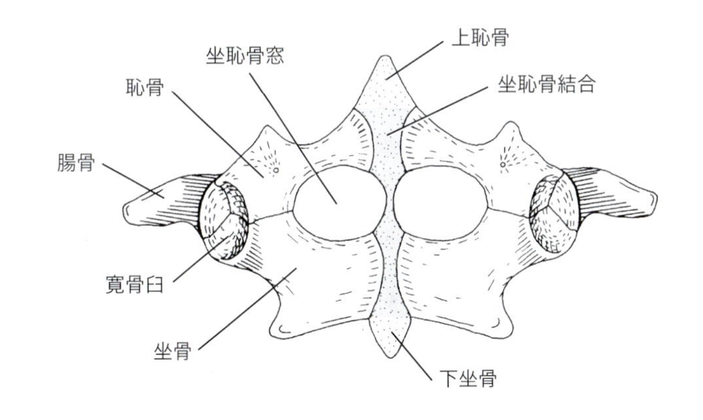

図 10-9
ムカシトカゲの後肢帯を腹側からみて坐恥骨結合を示す。

四肢動物の胚も軟骨性の骨盤板を発達させる。左右の骨盤板はそれぞれ 2 つの骨化中心で骨化し，**恥骨** pubis とその尾方の**坐骨** ischium を形成する（図 10-9）。しかし有尾類では骨盤板は小さな坐骨骨化中心を除いて軟骨のまま留まる場合がある（図 10-11，マッドパピー）。骨盤板の

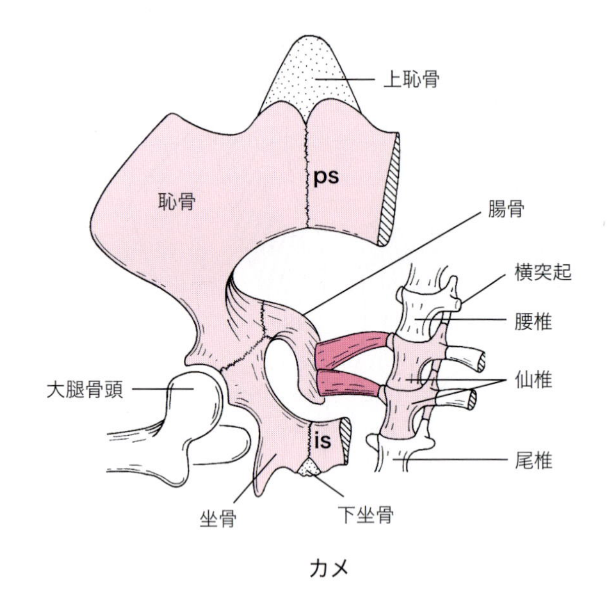

図 10-10
淡水産カメのスッポンにおける後肢帯，２つの仙椎と仙肋（濃赤色）。is：坐骨結合。ps：恥骨結合。椎骨と仙肋は骨盤腔を通して腹側から斜め背方にみたものである。

背側で，もう１つの芽体が腸骨を生じさせる（図 10-9～10-11）。恥骨，坐骨，腸骨の会合点で，関節窩である**寛骨臼** acetabulum が大腿骨頭を収容する。

背側では，四肢動物の腸骨は，両生類で１本，爬虫類で２本，鳥類と哺乳類でそれ以上の頑丈な仙椎横突起に支持されている。短い仙肋（仙部肋骨）が介在する（図 10-10）。仙肋はしばしば横突起に癒着し，そうなると仙肋は胚の時期以外では認めることができなくなる。

腹側では，鳥類を除き，左右の恥骨間（**恥骨結合** pubic symphysis），左右の坐骨間（**坐骨結合** ischial symphysis）のどちらか，あるいは両方に線維軟骨結合が形成される（図 10-9）。この結合は総排泄腔あるいはその派生物の直前の腹側正中の体壁にある。この骨格の枠組みは，重力（体重負荷）あるいは体の移動の結果として左右の寛骨臼に伝えられた力が２つの方向，すなわち背側では腸骨を経由して脊柱へ，そして腹側では坐骨と恥骨を経由して骨盤結合へ分配されるような構造になっている。それぞれの方向へ分配される力の比率は動物の姿勢によって決まる。

大腿骨頭と後肢帯の間の関節は関節包により，また反対方向から大腿骨に近づく諸筋によって安定させられている。有羊膜類の仙骨と後肢帯はしばしば強固に結合し，体腔の後端を取り巻く骨の囲いである**骨盤** pelvis を形成する。その結果生じる**骨盤腔** pelvic cavity は泌尿生殖器と大腸終末部を収めている。

姿勢と体の移動様式は腸骨，坐骨，恥骨の形状，これらの骨の解剖学的位置関係，そしてこれらの骨の相対的大きさと相関している。うずくまり，飛び跳ねるカエルの後肢帯に作用するベクトルは，鳥類，シカ，カンガルーあるいは海生のカメの後肢帯に作用するものとは異なる。カエルでは，腸骨（図 8-13 参照）は細くて非常に長く，仙椎から尾端骨の終端まで伸び，そこで坐骨および恥骨と会合し，またそこに寛骨臼が位置する。腸骨と仙椎との間の関節は，カエルが跳躍の始めに地面を蹴るときに自由に動くことができる。カエルが着地するときには，この関節は，脚の他の関節とともに衝撃力を分散させる助けをし，緩衝吸収装置として働く。多くの四肢動物ではこの**仙腸関節** sacroiliac joint は自由に運動することはできない。

一般に有尾類の後肢は弱いので，水の浮力なしではその垂れ下がった腹部を地面から持ち上げることはほとんどできない。したがって，有尾類が地面の上で動かずにじっとしている限りは，後肢帯はほとんど圧力にさらされることはない。先に述べた骨盤板は弱い腸骨によって１個の椎骨に対して支持されていることを除けば，魚類のものとほとんど相違はない。一般に鰓を失って肺を発達させる有尾類では，細い正中の**恥骨前軟骨** prepubic cartilage（**Ｙ字形軟骨** ypsiloid cartilage）が後肢帯から頭側へ白線のなかを２～３体節にわたって伸びる。この軟骨は呼吸に用いられるいくつかの筋のための付着部位を備えている。

爬虫類の後肢帯の構造はその様々な体構造や，ぎこちない歩行から俊足にまでわたる体の移動様式に関連している。腸骨はもう１つの椎骨に対して支持されている（図 10-10）。大部分の爬虫類では恥骨は坐骨から離れた方向を向き，その結果３放射状の後肢帯になる（図 10-11e, f, i）。しかし，鳥盤類恐竜やこれに関係なく鳥類では坐骨と恥骨は平行で，尾方を向いている（図 10-11g, h）。ある種の爬虫類では幅広い坐恥骨窓が体両側で坐骨と恥骨の間に発達する（図 10-9，10-11d）。これは図 10-11 にみられるアリゲーターやカルノサウルスの寛骨臼壁における開口部と混同してはならない。これらの開口部は関節窩壁が不完全なための結果である。

爬虫類の後肢帯に関連してしばしば**上恥骨** epipubic bone と**下坐骨** hypoischial bone が発達する（図 10-9）。このうちの一方あるいは両方が単孔類と有袋類にも存在する。上恥骨は有袋類では育児嚢を支えているので**袋骨** marsupial bone ともよばれる。

現生鳥類の腸骨と坐骨は著しく広がって複合仙骨と結合する（図 8-18，8-19 参照）。このような後肢帯は，二足立ちやある種のもので飛翔のための離陸に必要な突進に用いられる後肢筋に幅広い付着面を与える。恥骨は尾方へ向かって坐

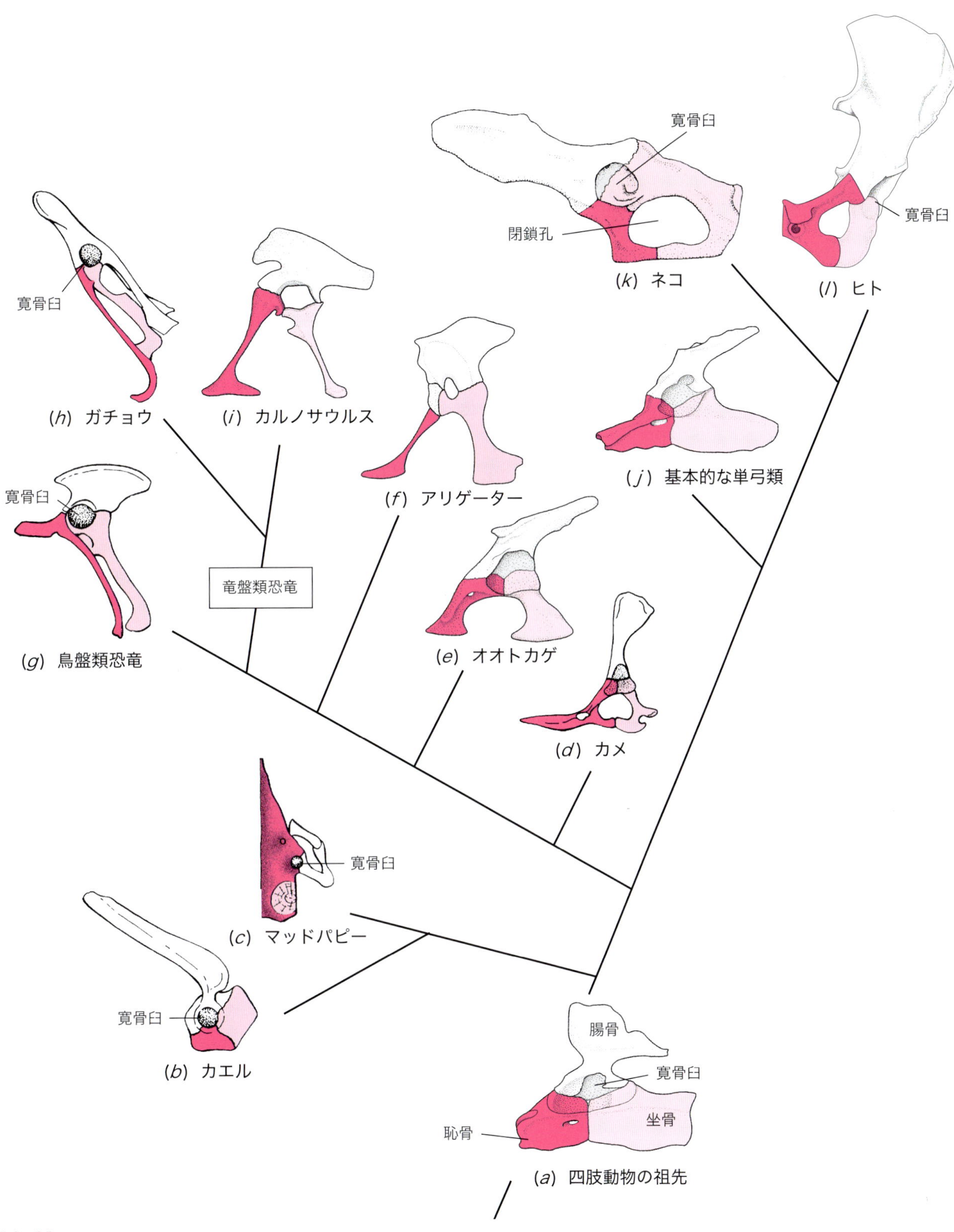

図 10–11
代表的四肢動物の後肢帯の左半分を分岐図に乗せ，これら分類群間の仮説的類縁関係を示す。(a)，(b) と (d) ～ (k) は外側からみた図で，頭部は左である。(c) 腹側からの図。(l) 前方から（腹側から）みた図，体は直立している。恥骨は濃赤色，坐骨は淡赤色，腸骨は無着色で示す。(f) の点描は軟骨である。マッドパピー (c) では坐骨は軟骨性の坐恥骨板の骨化中心であり，仙肋が腸骨の背側端に付着しているのがみられる。後肢帯には皮骨は存在しない。

骨と平行に走る細長い小片へと縮小し，これらは腹側で会合していない。それゆえ，坐骨結合も恥骨結合も存在しない。骨盤結合が存在しないため，骨盤腔は大きな卵黄に富む鳥類の卵を産むための広い出口を獲得する。鳥盤類恐竜とガチョウの後肢帯は**図10-11**に並べて示してある。このような骨盤の類似にもかかわらず，鳥類は現在ではある種の小型竜盤類恐竜の子孫であると考えられている（系統発生学的考察については第4章参照）。非常に原始的な始祖鳥（**図8-21**参照）の後肢帯は4個の仙椎に対して支持されており，複合仙骨は存在しない。

哺乳類では腸骨，坐骨，恥骨は生後早い時期に癒着して左右の**無名骨** innominate bone（**寛骨** coxal bone）を形成する（**図10-11 *I***）。背側では左右の腸骨は不動の**仙腸関節** sacroiliac joint で仙骨と癒着する。後腹側では恥骨と，またしばしば坐骨は**恥骨結合** pubic symphysis あるいは**坐恥骨結合** ischiopubic symphysis で会合して骨盤腔壁を完成させる。尾の基部の骨盤出口は外部への通路となる。

哺乳類の子は骨盤出口を通って分娩される。妊娠後期になると，骨盤結合の部分で諸骨を区切っている線維軟骨は卵巣ホルモンの1つである**リラキシン** relaxin によって軟化し，これは次に分娩のための骨盤出口の拡張を可能にする。妊娠6日のマウスでは，X線フィルムでみると，骨盤結合をしている諸骨の間の間隙はわずかに0.25mmであった。13日後，すなわち出生のときにはその間隙は5.6mmに広がっていた。

鰭

鰭は方向を変えるための舵取り装置，体が横揺れしたりぐらついたりするのを防ぐ安定装置，そして横たわった状態から泳ぎ去るときの体の傾き（傾斜）を調整するための装置として働いている。有対鰭も前進運動を緩めたり止めたりするためのブレーキとして働くが，一般に前進にはほとんど何の役割も果たしていない。しかし特殊化した胸鰭を前方への体移動に用いるものもある（例えばエイ）。大部分の魚類での前進は，体幹の後部，尾，尾鰭を側波状運動することによっ

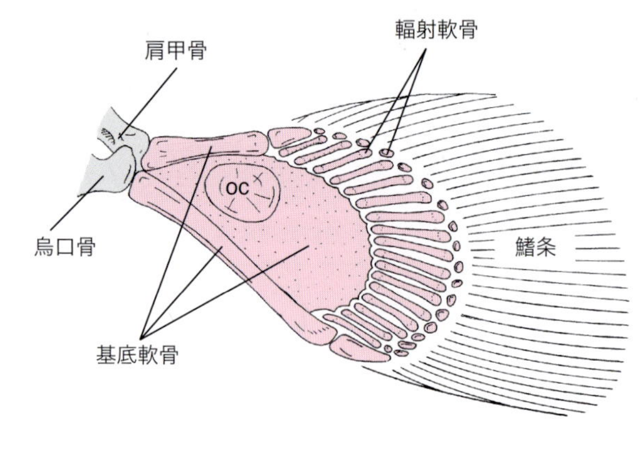

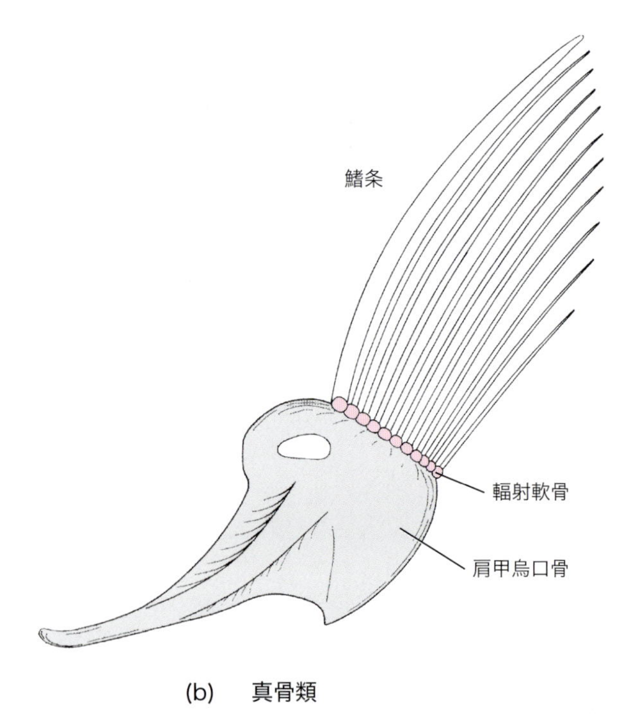

図10-13
2種類の条鰭類における胸鰭の骨格。(a)ポリプテルス(*Polypterus*)。oc：中心基底軟骨の骨化中心。その他の基底軟骨は完全に骨化している。(b) タチウオの特殊化した鰭。

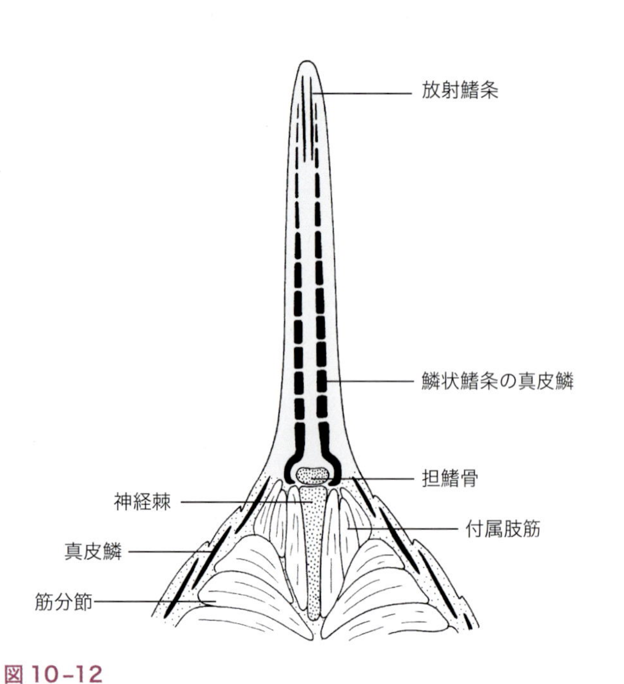

図10-12
真骨類の背鰭のなかの1対の鰭条（鱗状鰭条）の横断面模式図。担鰭骨は鰭条の基部にある軟骨あるいは骨である。

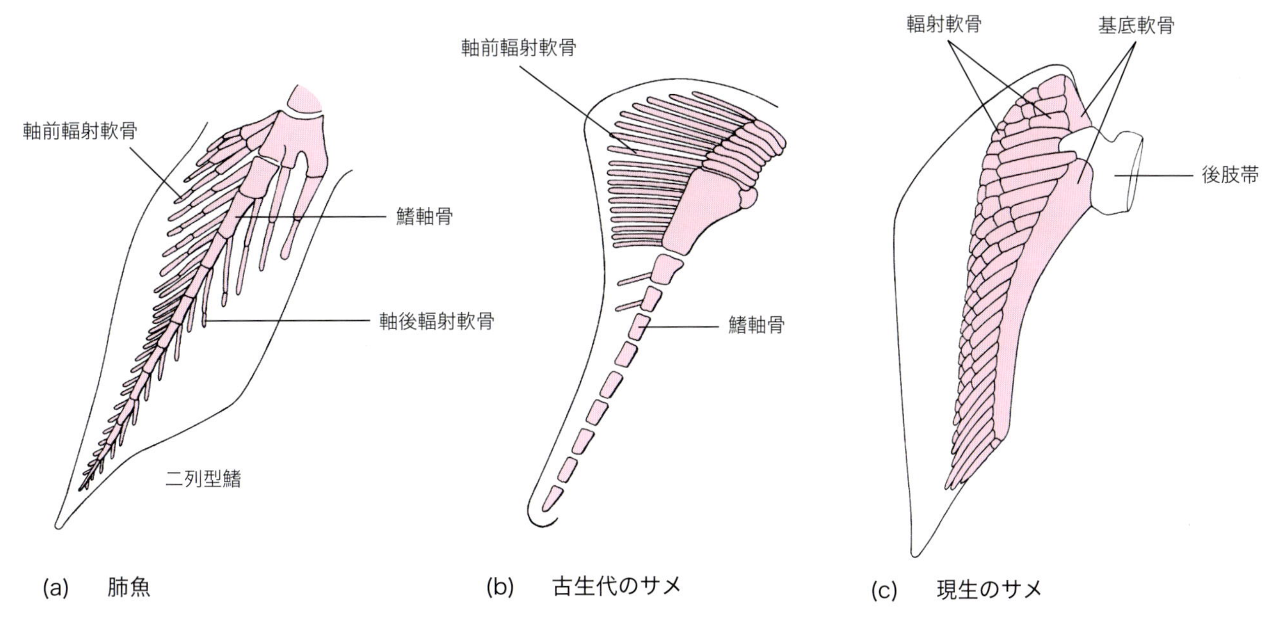

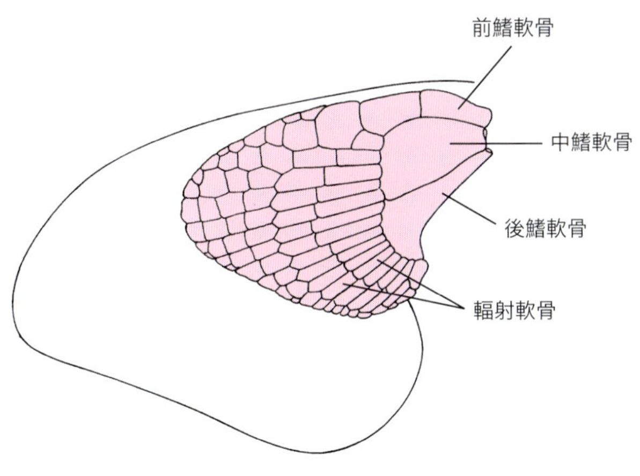

図 10-14
二列型葉鰭の骨格（a）と3つの褶鰭（b）～（d）。
（a）～（c）は腹鰭。（d）は胸鰭。

10

て起こる（図 11- 8 参照）。

鰭は，それが有対鰭，正中鰭，尾鰭のいずれかであっても，背中合わせになった2枚の皮膚からなり，基部の骨格から放射状に伸びる柔軟な鰭条によって強化されている（図 10-12）。鰭条は真皮のなかにあり，２種類ある。硬骨魚類の鰭条である**鱗状鰭条** lepidotrichia は端と端をつないで配列された骨性真皮鱗が継ぎ合わされてできている。軟骨魚類の鰭条である**角質鰭条** ceratotrichia はサメの背中の棘に似た材質からできた長い角質性の鰭条である。両者ともに遠位の部分には短くて細い**放射鰭条** actinotrichia が発達する。板鰓類やその他少数の魚類では，典型的な体の鱗が鰭の上にまで続き，遠位に向かうにつれて小さくなっていく。これらの鱗は鰭をさらに強化する。

典型的魚類の鰭条が生じるための骨格的基盤は，それが有対鰭であろうと正中鰭であろうと，１列の軟骨性あるいは骨性の**基底軟骨** basalia と１列以上の**輻射軟骨** radialia からなる（図 10-13 ～ 10-15）。この基部の特異的解剖形態は分類群によって様々である。軟質類であるポリプテルスは典型的な鰭条を有する魚類で，その胸鰭（図 10-13a）は３つの大きな基底軟骨と遠位２列の輻射軟骨を持つ。一方，最も特殊化した真骨類の有対鰭はすべての基底軟骨を失い，輻射軟骨の痕跡のみを保持する。背鰭の基底および輻射骨格は脊柱の上に乗っている（図 10-15）。肺魚やその他の扇鰭類は有対鰭と背鰭の双方において非常に様々な鰭の基部を示す。

連続する数体節からの横紋筋塊が鰭の基部内に伸びて手近な骨格要素に付着する。後世の軟骨魚類あるいは硬骨魚類の鰭に通ずる鰭の祖先型である**原鰭** archipterygium を同定しようと，過去に非常な努力が費やされたが，いまだに思弁の域を脱していない。それは形態学的変異があまりに著しく，また証拠があまりに乏しいからである。

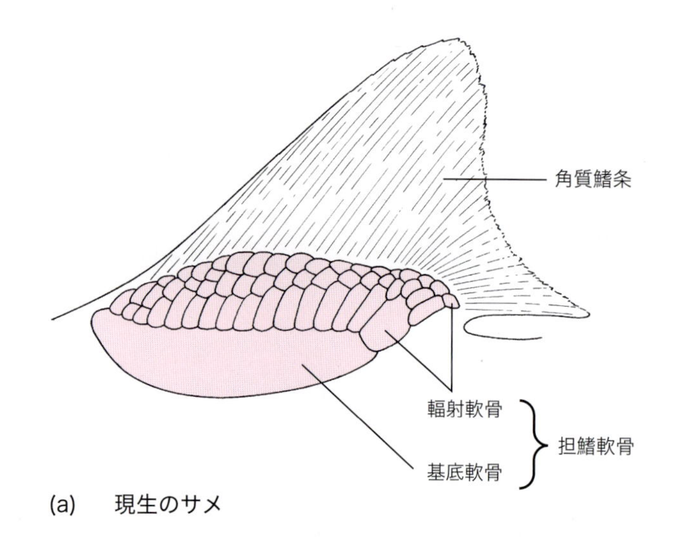

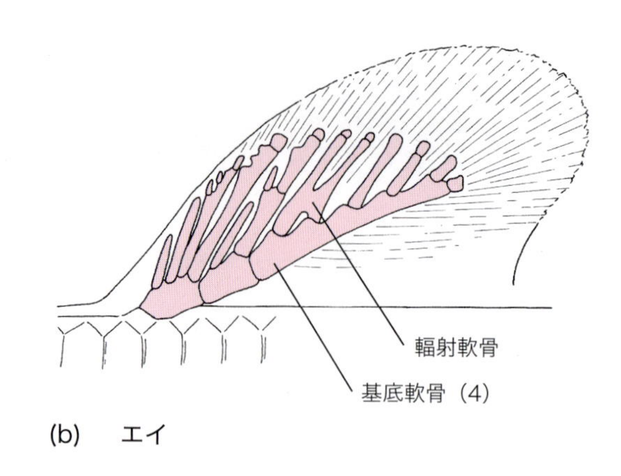

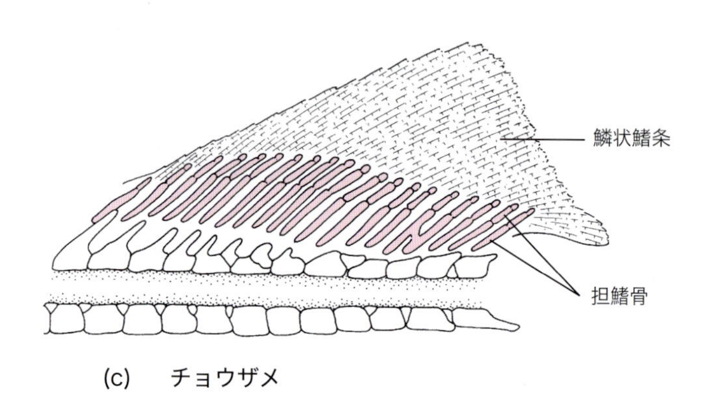

図 10–15
背鰭の骨格。鰭条基部の骨格要素である担鰭骨は脊柱の上に乗っている。

有対鰭

胸鰭は前肢帯の関節窩あるいは関節窩領域に対して支持されている（図 10–13a）。腹鰭は骨盤板の外側あるいは尾側の隆起に対して支持されている（図 10–８）。有対鰭は(1)**葉鰭** lobed fin，(2)**褶鰭** fin fold fins，(3)**条鰭** ray fins の３群に分類される。これらはデボン紀に出現して現在まで生き残っている３群の有顎魚類，すなわち(1)肉鰭類（空棘類と扇鰭類），(2)軟骨魚類（板鰓類とギンザメ），(3)条鰭類に対応する（アカンソジース類［棘魚類］に特徴的な**棘鰭** spiny fins は古生代の終わりまでに消滅した）。

葉鰭は鰭骨格とそれに付着する筋を含む肉質の近位葉と，鰭条によって強化された膜性の遠位部よりなる。鰭は狭い基部から生じ，櫂に似ている。肺魚であるネオケラトダス（図 10–14a）の有対鰭骨格は，その骨が**基底軟骨** basals のように機能する関節でつながった中心軸と，一連の軸前および軸後の輻射軟骨からなっている。このような鰭は２列の輻射軟骨があるために**二列型** biserial 鰭とよばれる。その他の扇鰭類には軸と輻射軟骨の関係がかなり乱されてしまったような変異もある（図 10–44）。

褶鰭は幅広い基底部を有する。これは現生のサメで幅広いが古生代にはもっと幅広かった。その他の魚類におけるのと同様に，３つの基底軟骨は**前，中，後鰭軟骨** pro-, meso-, metapterygia と名づけられる（図 10–14d）。雄の軟骨魚類では，腹鰭の基底軟骨は変化して挿入のための器官である**抱接器** clasper になる（図 10–８，雄のサメ）。

真骨類の条鰭はやがて基部骨格の要素を失っていくが（図 10–13a，b を比較），鰭は次第に柔軟性を増した。多数の条鰭類が腹鰭を持たない。大洋の最大魚類の１つであるマグロは，速くて持続的な遊泳のために作られた高度に特殊化した尾の側波状運動によって前進する。腹鰭の消失はマグロの体が流線型になることと関係しているのであろう。

ある種の魚類は，短距離に過ぎないけれど飛ぶことができる。熱帯の淡水に住む大食いの真骨類であるカラシンは，尾鰭を用いて水中から飛びだすと，魚類にとっては例外的に大きい付属肢筋を用いて翼のような胸鰭を羽ばたかせ，数メートルを飛翔する。この行動は魚が警報を受けた場合にのみ起こるといわれている。そうであるならば，これは逃走行動ということになる。

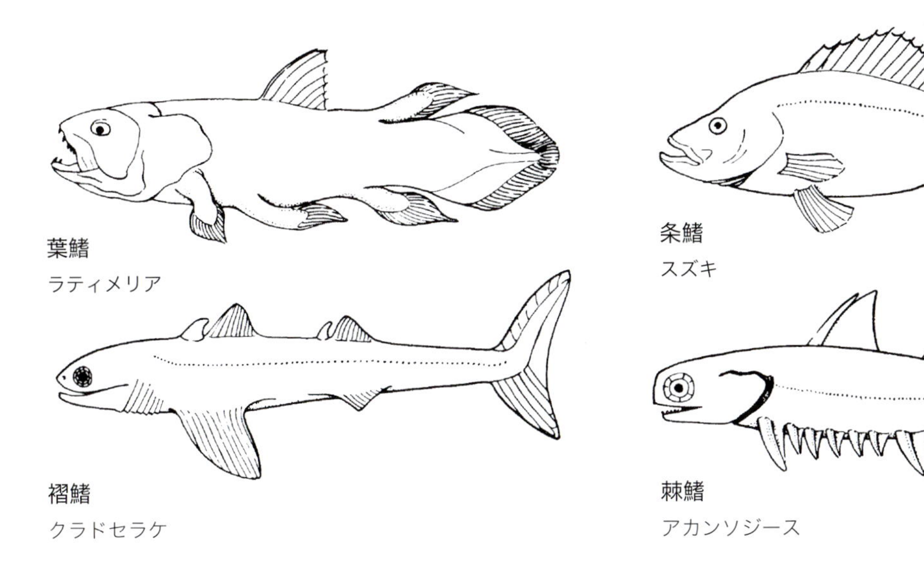

図 10-16
魚類の様々な鰭。

正中鰭

魚類は1，2個あるいは一連の**背鰭** dorsal fin を持ち，また多くのものは肛門あるいは排泄口の直後の腹側正中に**尻鰭** anal fin を持つ（ブリーク Blieck［1992］はこの尻鰭が甲皮類由来であると示唆している）。背鰭と尻鰭は図 10-16 に示してあり，また第4章には有対鰭と正中鰭の複数のパターンが図示してある。

正中鰭は竜骨のように作用し，動きの少ない魚が横揺れするのを防ぎ，またまれには体の移動にも用いられる。魚が泳いでいるときには，一般に正中鰭は尾の左右への運動による推力によって不可避的にもたらされる直線からの逸脱を最少限に留めるように作用する。何らかの安定装置がないとエネルギー消費の面で体の移動のコストが増えるだけでなく，その種は存亡の危機にさらされることになろう。しかし底魚は不利な立場にいるわけではない。エイ類の体形をみれば，安定装置はあまり必要がないようにみえる。それにもかかわらずアカエイを除くエイ類はずっと後方で尾の上に2枚の背鰭を持っている。しかし尻鰭はない。背鰭はヤツメウナギや硬骨魚類のウナギで長く，有対鰭の欠点あるいは欠如を補っている。

いくつかの胎生真骨類の雄の尻鰭は，尾方に長く伸びて精子を雌に送り込むように変化した。この**生殖肢** gonopodium は軟骨魚類の抱接器と相似のものである。

尾鰭

尾鰭はその形と脊索および脊柱の終末部が占める方向とに基づいて分類される（図 10-17a～c）。背葉と腹葉を持ち，そのなかで脊索が背側に曲がって大きな背葉のなかに入り込むような尾は**異尾（歪形尾）** heterocercal といわれる。これは古生代に優勢であった型で，古生代のサメである板皮類や何種類かのアカンソジース類に存在し，また現生のサメや2種類の残存軟質類であるチョウザメとヘラチョウザメにみられる（図4-13 参照）。またまれに**下異形尾** hypocercal といって，脊柱が腹側に曲がる場合がある。これは魚竜において顕著な特徴で，進化における収斂の一例であった。

異尾の状態からは無数の変異が派生したので，尾鰭の分類はあまり確実ではなくなった。慣例的に使われている2つの用語は**原正形尾** diphycercal tails と**正尾** homocercal tails である。両型とも外見的には上下相称であるが，脊索と脊柱の終わり方が両者で異なっている。原正形尾では，肺魚やラティメリアにおけるように，脊柱はごくわずか背側に曲がっただけで終わる（図4-13，10-17b 参照）。正尾では骨性の鞘のなかに収められた脊索あるいは**尾端骨** urostyle は，ずっと背側のほうへ曲がる（図 10-17c，10-18）。カエルで同じ名をつけられた構造のように，尾端骨は尾椎要素が独自に癒合したものである。図 10-18 にみられる真骨類では，数個の終末尾椎の構成要素（下尾骨）は変化して鰭の基本骨格になった。正尾は真骨類で普通にみられるが，真骨類にだけあるのではない。特殊化した真骨類は2つの下尾骨のみを持ち，上尾骨を持たない。

胚発生時に，正尾は最初は異尾である（図 10-17d）。フォン・ベアの法則を適用し，現生の尾鰭は異尾の状態が変化したものであると結論づけることができるかもしれない。この結論は，異尾は古生代に優勢であったという観察によっ

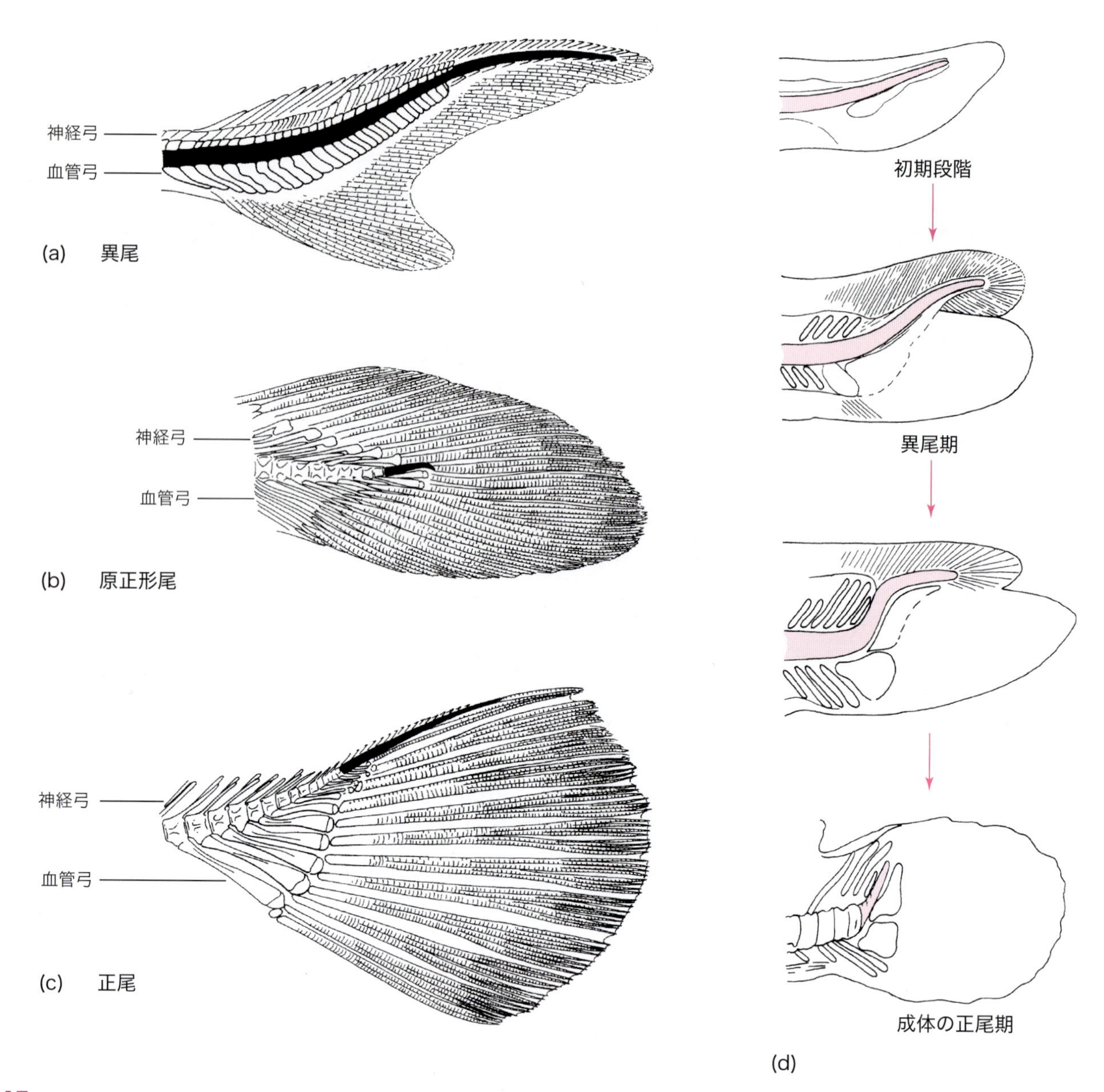

図 10-17
魚類の様々な尾鰭。(a) ～ (c) 主な形態的変異。脊索は黒色で示す。異尾（歪形尾）はおそらく最も原始的である。(d) 異尾から正尾への移行を示すカレイ類（ツノガレイ）における連続した発生段階。脊索は赤色で示す。

て強化される。

原始的魚類と後続の魚類の間の系統発生学的関係を解明するために尾鰭の形態学的特徴を用いようという試みがこれまでなされてきた。この研究法は著しい多様性，不完全な化石記録，そして類似性は収斂的進化の結果であるという認識によって挫折した。

尾鰭は少数の有羊膜類で水中生活への適応として発達してきた。魚に似た魚竜は尾鰭を発達させ，またクジラ類と海牛（マナティー）類は垂直な鰭よりもむしろ水平な尾を獲得した。脊柱は魚竜の尾鰭に内的支持を与え，腹方に曲がってその２葉の尾のうちの腹葉に入っていたが，鰭条はなかった。海生哺乳類の尾には鰭条も内骨格による支持もない。これは両生類の幼生の尾鰭についても全く同じである。

有対鰭の起源

有対鰭を生じさせた構造物の本態は何だったのであろうか？　この質問に答えるためには，原始的有頭動物についてさらに多くの知識を必要とする。私たちができる最善のことは，甲皮類と原始有顎魚類の間で見いだしうるいかなる手がかりをも探し，そして熟考することである。

鰭膜仮説 fin fold hypothesis によれば，有対鰭はナメクジウオの腹褶に類似した，外側体壁の１対の連続した肉性ヒダ

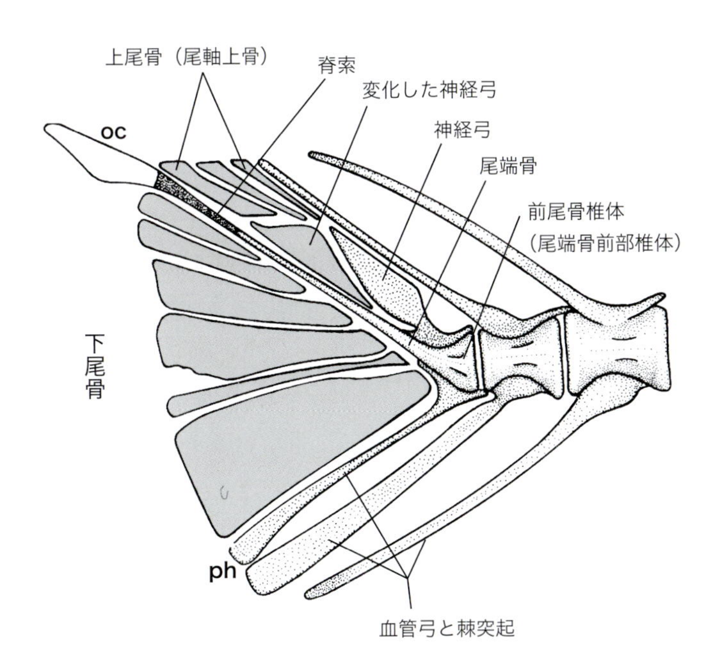

図 10-18
原始的な真骨類であるニシンの正尾の骨格。尾端骨は背方を向いた終末分節を除きすべての脊索を囲んでいる。鰭条は下尾骨（尾軸下骨）と上尾骨（尾軸上骨）から伸びている。変化した尾椎の構成要素は灰色で示してある。oc：後尾軟骨（尾軸後軟骨）。ph：旁尾骨（尾軸旁骨）。

に由来する。ある種の甲皮類はこのようなヒダを有していたが，それらは体壁のもっと背側にあった。もしこのような構造が体幹の半ばで中断され，残った部分の基部に筋芽が進入し，また内骨格が与えられれば，クラドセラケ類（枝鮫類）のもののような有対鰭ができるであろう（図 10-16）。しかしこのことが起こったという証拠は何もなく，この仮説は歴史的興味を引くだけである。

ゲーゲンバウアー C. Gegenbaur の**鰓弓仮説** gill arch hypothesis によれば，前肢帯と後肢帯は鰓弓が変化したものであり，鰭のなかの骨格は鰓条が伸長したものである。多数の比較解剖学者が博物館のガラス瓶のなかにつり下げられたサメの骨格を初めてみて，前肢帯が最後位咽頭弓の直後にあり，またそれがU字型をしていることから，前肢帯は咽頭骨格の一部であると考えたことは確かである。前肢帯はあたかも鰓弓であったかのようにみえはするが，それは全くありそうもないことである。

もう1つの仮説に**鰭棘仮説** fin spine hypothesis がある。原始的アカンソジース類（図 10-16，棘鰭）の，胸鰭と腹鰭は，体幹の全長にわたってその外側を伸びて肉性の膜を支持する一連の中空な棘鰭のうちで，最大のものであった。明らかにこれらは事実上不動で，また現生魚類の胸鰭にも腹鰭にも決して似ていなかった。時代が下がったアカンソジース類では，弱い鰭条が胸鰭と腹鰭の高さのみにある2対の膜のなかに存在し，そして小さな放射状の要素が膜をその基部で支持していた。やがてアカンソジース類は鰭条を含む2対以外はすべての棘鰭を失っていった。これは有対鰭の起源に関する手がかりとなるかもしれないが，アカンソジース類は後世の魚類の祖先だったとは考えにくい。板皮類では胸鰭と腹鰭の両方が存在し，分節的に配置された様々な数の基底軟骨によって支持されていた。いくつかの種では胸鰭は棘板と関連していた。板皮類では胸鰭は広がったエイのような鰭からサメのような水中翼（ダンクルオステウス，図4-9参照），さらには装甲した鰭（ボトリオレピス，図4-9参照）まで様々な範囲にわたる多様性を示している。板皮類は軟骨魚類のように体移動装置のデザインについて“実験中であった”ことは明らかである。

有対鰭の起源に関して1つの仮説を考慮する際には，入手しうる証拠と起源に関する相対的時間を精査することが重要である。胸鰭は最初に甲皮類で出現したが，腹鰭は有顎類の特徴として出現した。アカンソジース類の系統発生学的位置からは，その棘鰭状態は派生した特徴であることを示しているようである。鰭の系統発生に関する現在の仮説および化石の証拠の乏しさを考えれば，鰭の起源を解明するためには鰭の発達を理解することが最善の道であるかもしれない。

鰭膜説に変更が加わると，有頭動物の体幹に沿って潜在的四肢発達領域が存在することを示唆することになる。この領域の調節遺伝子による活性化は甲皮類の胸部で始まった。第二の活性化領域は有顎類の骨盤部で生じた。アカンソジース類における副鰭の起源は，潜在的褶鰭のより広範囲な活性化を表しているのかもしれない。この修正鰭膜説を考えれば，完全な鰭膜を備えた祖先を探す必要は全くない。あるいはまた，外群がこの問題に光を投げかけてくれるなら，それらを調べることを評価できる。

しかし，いかなる既知の原索動物も，有頭動物の有対鰭を生じさせうる構造を持っておらず，またいかに想像力を駆使しても，既知の最も原始的な有頭動物は有対鰭を持っていなかった。有対鰭の起源への信頼できる手がかりは，時間の経過のなかに永久に隠されたままであるのかもしれない。

四肢動物の体肢

四肢動物は一般には4本の体肢を持つが，あるものは前後肢のどちらかあるいは両方を欠き，また他のものでは前肢が翼や櫂に変化している。適切な変化をした体肢を用いることにより，四肢動物は敵を避けたり，食物や避難所を探したり，配偶者をみつけたりするために泳ぎ，這い，歩き，走り，跳ね，跳躍し，穴を掘り，よじ登り，滑空し，あるいは飛翔する。それぞれの生活様式は付属肢骨格がある程度変化することによって容易になっている。

原始的四肢動物の体肢は短く，第一分節は体幹からほぼ水平に伸び，第二分節は第一分節に垂直で，腹方を向いていた（図10–45d）。この姿勢は有尾類，カメ類，原始的トカゲ類でかなりの程度まで保持されている。その他の爬虫類や哺乳類では体肢全体の体のほうへの回転が起こり，その結果，上腕骨と大腿骨の長軸は脊柱に対してほぼ平行になり，肘は尾側を，膝は頭側方向を向くようになった（図10–31a）。このような方向に配置された四肢は優れた衝撃吸収装置である。これらはまた地面の上につり下げられた体によりよい支持を与え，また陸上での体の移動に対してより大きな梃子作用を及ぼす。

体肢のなかでの位置を記述する用語は，その対象とする生物の正常な解剖学的位置によっている。体の移動が水中から陸上へと移行するという仮説において，私たちは水平な構造物（鰭）から，回転しいくつかの関節で曲げられるもの（脚）への転換をみている。その他の移行としては，四肢動物における腹這いの低い姿勢から体幹を持ち上げた高い姿勢への変化がある。最後に，いくつかの系統において独立に起こった四足立ちから二足立ちへの移行がある。

ヒトの解剖学的体勢は一般とは異なっており，その直立姿勢では腕が回転して掌が前方を向き，したがってヒトの前腕の軸前筋は四足立ちの動物では軸後筋であり，水生の祖先では腹側筋である。解剖学的構造について読んだり，それを記載するときには，これらの相違を忘れてはならない。近位と遠位の関係は体勢とは関係がなく，分類群にまたがって適用可能である。

四肢動物の体肢骨格は，**基脚（近位脚）**propodium，**中脚（上足）**epipodium，**末脚（自脚）**autopodium の3分節からなる。前肢ではこれらはそれぞれ上腕骨，前腕骨，手の骨に対応する（図10–19）。**表10–1**には前後肢の位置的に等しい構成要素が列挙してある。様々な四肢動物における相同な分節のなかの骨格は，その外見にかかわらず驚くほど類似している。それはその方向性であり，関節の相対的可動性であり，また四肢動物の様々な体移動行動を可能にする体肢筋ならびに骨格自体の複雑さである。骨格における最も著し

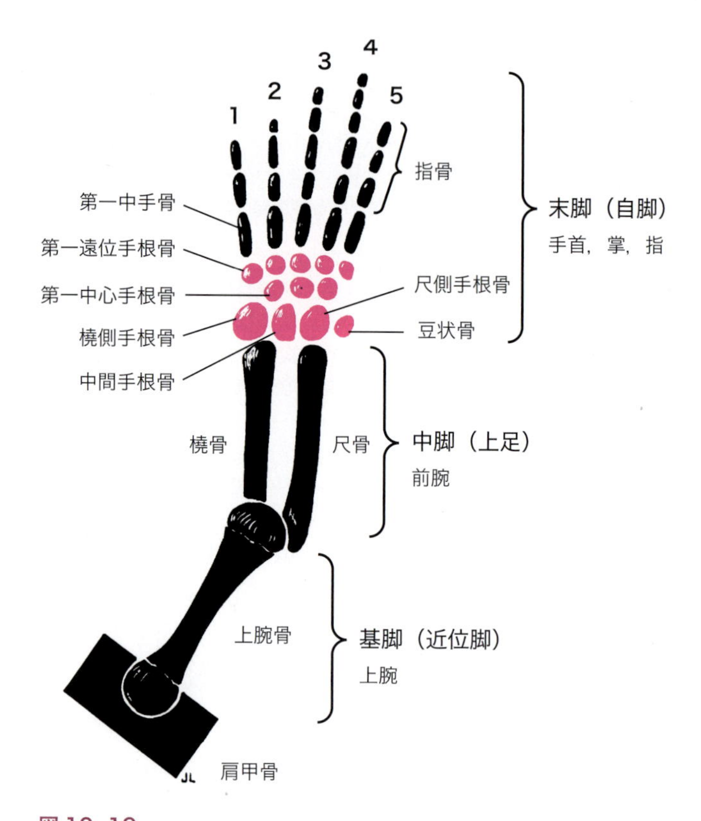

図10–19
一般化した（基本的な）右前肢の骨格構成。掌は下向き，手首は赤色で示してある。1～5：第一～第五指。

表10–1 前後肢の構成要素に関する対応部位

	分節の名称		骨格
前肢	1 上腕		上腕骨
	2 前腕		橈骨と尺骨
	3 手首	手	手根骨
	4 掌	手	中手骨
	5 指	手	指骨
後肢	1 大腿		大腿骨
	2 下腿		脛骨と腓骨
	3 踵	足	足根骨
	4 足の甲	足	中足骨
	5 趾	足	趾骨

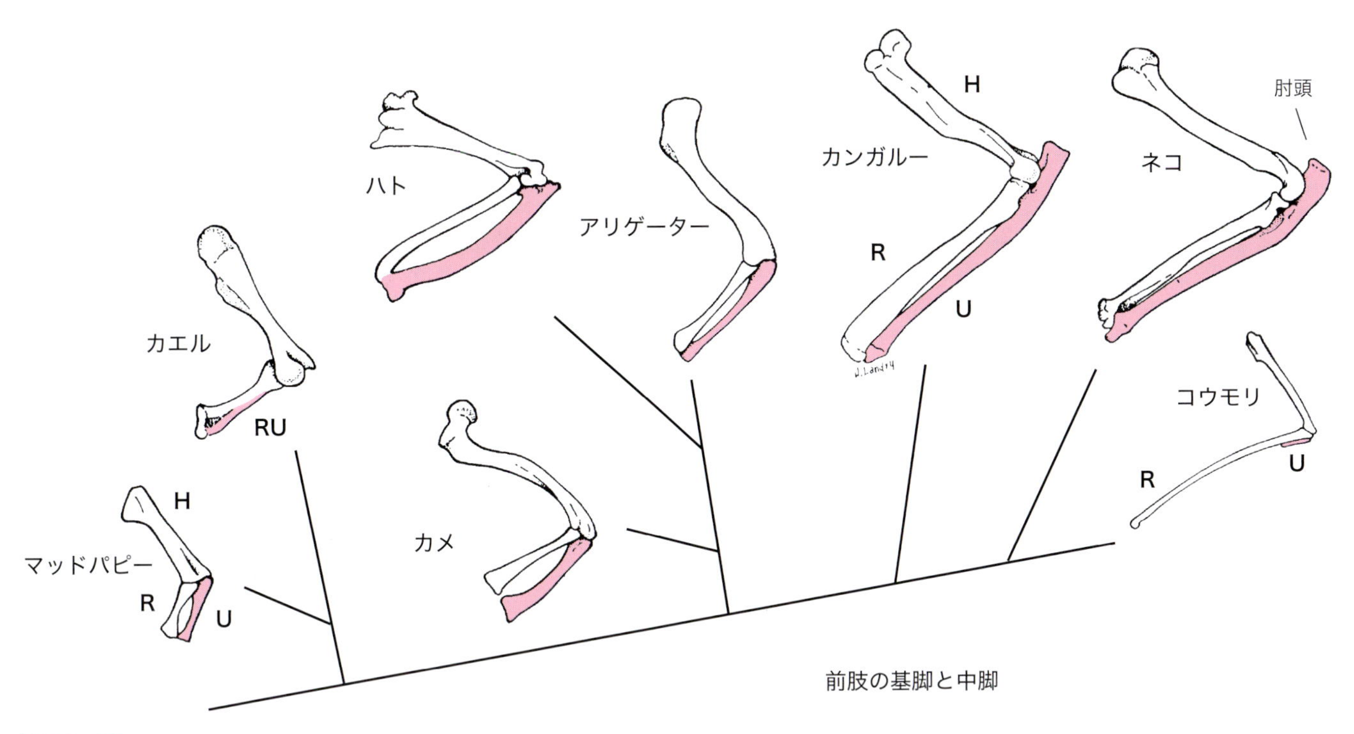

図 10–20
分岐図の上に左前肢（外側観）の上腕骨，橈骨，尺骨を配し，代表的な分類群間の仮説的類縁関係を示す。
H：上腕骨。R：橈骨。U：尺骨（赤色）。カエルでは橈骨と尺骨は癒合して橈尺骨（RU）を形成している。コウモリでは尺骨は痕跡的である。

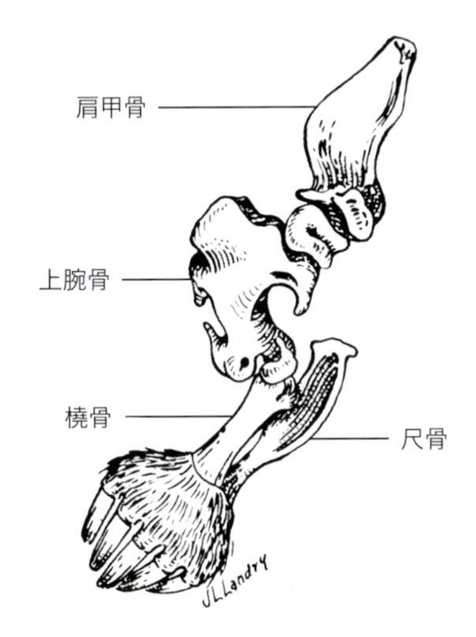

図 10–21
モグラの右前肢，内側観。穴を掘るための適応として，掌が外側を向いている。

い相違は付属肢の遠位端に現れる。

基脚（近位脚）と中脚（上足）

上腕骨は上腕の骨である。すべての四肢動物における上腕骨の類似性はいかなる相違よりも際立っている（図 10–20）。長さ，直径，形状における相違は適応的変化の結果である。例えば，モグラの奇妙な上腕骨（図 10–21）は穴を掘るための大量の肩の筋を付着させるために，あちこちが拡張している。深胸類（峰胸類）の上腕骨は，肺からの憩室である狭い中心腔を含んでいる。

橈骨と尺骨は前腕の骨である。橈骨は以前の軸前骨で，その方向を変えて近位では上腕骨と，遠位では手の親指側の手首の骨と関節している（図 10–45a，e，f を比較）。橈骨は手首から上腕骨に伝えられる力の大部分を担っている。尺骨は橈骨より長い，以前の軸後骨で，近位では上腕骨および橈骨と関節し，遠位では手の親指と反対側で手首の骨と関節している。尺骨は時に橈骨と癒合し，またカエルやコウモリにおけるように痕跡的になる場合もある（図 10–20）。

大腿骨は大腿の骨であり，脛骨と腓骨は下腿（すね）の骨である。この 3 つの骨は四肢動物間では比較的相違がみられない。種子骨の 1 つである**膝蓋骨** patella が鳥類と哺乳類で発達する。膝蓋骨は大腿の強力な伸筋の終腱内で骨化し，その腱は複雑な膝関節の上を越えて脛骨に終止する。膝蓋骨は関節を腱の研磨作用から防御する。腓骨（図 10–22，赤）は部分的にあるいは完全に脛骨と癒合して，カエルにおけるように**脛腓骨** tibiofibula を形成する場合がある。腓骨は鳥類では退化して小片になる。または，シカやその他の有蹄類のように消失することもある。鳥類では脛骨は足根骨近位列と癒合して**脛足根骨** tibiotarsus を形成する（図 10–39）。

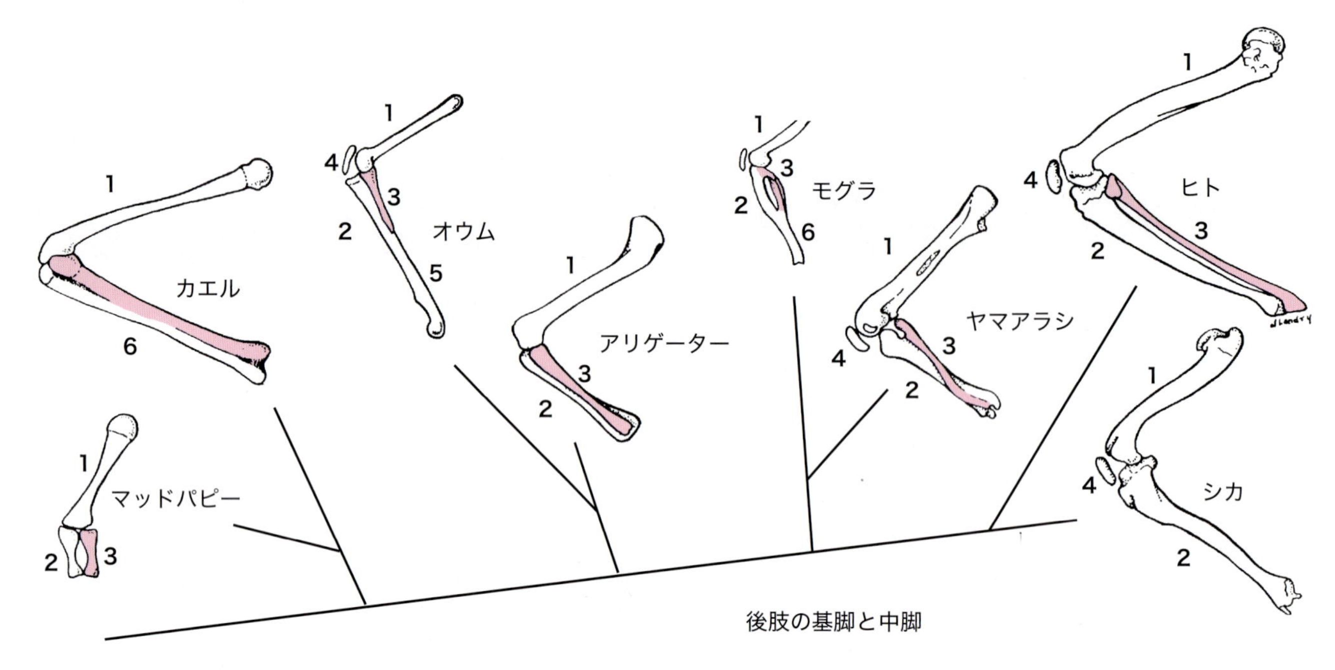

図 10-22
分岐図の上に代表的四肢動物の左大腿骨と下腿骨（外側観）を配し，それぞれの分類群間の仮説的類縁関係を示す。
1：大腿骨。2：脛骨。3：腓骨。4：膝蓋骨。5：脛足根骨。6：脛腓骨。腓骨要素は赤色で示している。

表 10-2　手根骨の名称の対比表

比較解剖学用語	解剖学用語*	英語名と同意語
橈側手根骨	舟状骨	scaphoid, navicular
中間手根骨	月状骨	lunate, lunar, semilunar
尺側手根骨	三角骨	triquetral, cuneiform
豆状骨	豆状骨	pisiform, ulnar sesamoid
中心手根骨（0～4）	中心手根骨	central calpal(s)
遠位手根骨 1	大菱形骨	trapezium, greater multangular
遠位手根骨 2	小菱形骨	trapezoid, lesser multangular
遠位手根骨 3	有頭骨	capitate, magnum
遠位手根骨 4 遠位手根骨 5	有鉤骨	hamate, unciform, uncinate

＊：ドイツのヴィースバーデンの第８回国際解剖学会議で採用された用語。

手：前肢

手首，掌，指は機能的単位である手を構成する。陸上の生活，空中や海中での生活に挑むために手が（そして足が）受けた多数の適応変化を考えると，手と足の骨格はカエルからワシまで，そしてモグラからアザラシまで，著しく類似している。

デボン紀後期の地層から発掘された既知の最古である３種類の四肢動物の前後肢には６～８本の指（趾）があった。その１つであるイクチオステガの完全な後肢には７本の趾があり，またアカントステガの完全な前肢には８本の指があった(Coates and Clack, 1990)。ソ連の古生物学者によって発掘された３番目のデボン紀の動物であるチュレルペトンは，その体肢に６本の指を持っていた。これら３種の動物のどの前後肢にも，指（趾）が５本しかないということはなかった。イクチオステガの３本の趾は後世の四肢動物の足の親指の位置にあったが，小さく，密接に付着して，おそらく**５指性肢** pentadactyl (five-digit) limb の足の親指と同じ役割を体の移動において果たしていたと思われる。これらの観察により，デボン紀後期の後，かつ有羊膜類の系統が確立する前のどこかの時点で，前後肢では５指性肢が優勢になったと推測される。この５指性肢は原始的体勢を留めた有羊膜類で今日まで維持されている。５本指の手足の原始的構造と，地質年代の経過のなかでこれらを変化させた適応とは，この項と次の項における主題である。

原始的な５指性肢の手首（**手根 carpus**）は多少とも規則的に並ぶ３列の手根骨からなる（図 10-19，末脚）。近位列では橈骨遠位端に**橈側手根骨** radiale，尺骨遠位端に**尺側手根骨** ulnare，両者の間に**中間手根骨** intermedium がある。大部分の爬虫類と哺乳類では近位列の尺側端に種子骨である**豆状骨** pisiform が存在する。手根中間列は**中心手根骨** centralia からなり，これは原始的四肢動物でしばしば３，４個，原始的爬虫類で２個あり，そのうちの１個は時々手根近位列あるいは遠位列に転置されている。遠位列は５個の**遠位手根骨** distal carpals からなり，これには親指側から１～５の番号がついている。表 10-２に手根骨の名称を列挙してある。

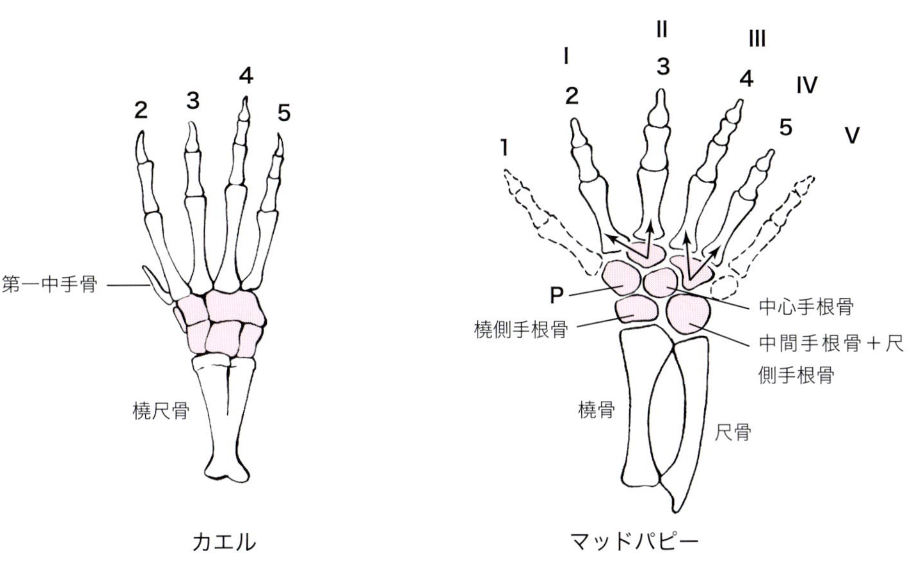

図 10-23
ウシガエルとマッドパピーの手，背側観。両者とも４本の指を持つ。マッドパピーではどの指が失われているのか？　破線は消失した原始的な骨を表している。アラビア数字はマッドパピーで，失われた親指（1），残存する小指（5）を示す。ローマ数字はマッドパピーで，残存する親指（I），失われた小指（V）を示唆し，最後の遠位手根骨および中手骨（破線）が失われたことを示している。手根骨は赤色で示してある。矢印は筋の付着を示し，Pはその解釈により前母指，あるいは原始的遠位手根骨（2）となる。ここに図示されたカエルでは，第一中手骨の基部にある骨の経緯は推測の域を出ない。

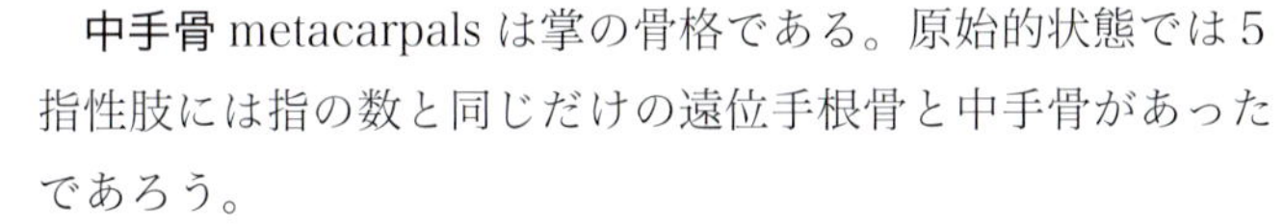

中手骨 metacarpals は掌の骨格である。原始的状態では５指性肢には指の数と同じだけの遠位手根骨と中手骨があったであろう。

各指は**指（趾）節骨** phalanges からなる。原始的な５指性肢の手の指節骨数は，親指から順番に２-３-４-５-３であったようである。後期獣弓類ではこれは２-３-３-３-３となり，５本指の現生哺乳類でもこの配列が普遍的である（図 10-24，ヒト）。

手の変化としては，ほとんど例外なく進化による消失あるいは融合に起因する骨数の減少が起きている。あまり一般的でない変化には，いくつかの骨の不釣り合いな伸長あるいは短縮がある。極めてまれには指骨の数が増加することもある。中心手根骨はしばしば手根近位列の骨の１つと結合するか消失する。その結果，大部分の爬虫類と多数の哺乳類は１個の中心手根骨しか持たず，またこれは時には手根近位列の骨の間に見いだされる。遠位手根骨４と５の融合は普通に起こり，その結果**有鉤骨** hamate bone が生じる。指骨あるいは指全体が失われることもある。指全体が失われると，それに対応する中手骨も痕跡的になったり消失したりする。

大部分の両生類は後肢に５本，前肢に４本の指を持つが，もっと少ないものもいる。異時性の有尾類であるアンヒューマに属するメンバーは１～３本の指を持つ。もともとはあったが失われた指に対応する中手骨は痕跡的になったり（図 10-23，カエル），失われたりする（図 10-23，マッドパピー）。手根骨の数も迷歯類より現生両生類のほうが少ない。個体発生の間にしばしば中間手根骨と尺側手根骨は合体し，また近位列の手根骨はしばしば隣接のものと合体し，また中心手根骨と近位列あるいは遠位列の手根骨との合体も普通にみられる。さらに，祖先の手根骨のいくつかも完全に失われたに違いない。

最も原始的な両生類から有尾類までの血統はたいていが推測的なので，有尾類のある手足の骨と最も原始的な迷歯類のものとの相同性を確証する方法は現在のところ存在しない。実際，有尾類のいかなる祖先が５指性肢の段階を経過したか確信することはできない。確かに，有尾類がその他の四肢動物とは関係なく扇鰭類の祖先から直接派生したという可能性，また有尾類が迷歯類やその子孫が受けた進化と多少とも平行な進化を受けたという可能性が存在する（第４章参照）。

マッドパピーの手の骨格が５指性肢の祖先から由来すると仮定してみると，３個の遠位手根骨は橈側から順に（図 10-23，Pから始める）遠位手根骨２，遠位手根骨３（２本の矢印がついている），そして有鉤骨（遠位手根骨４と５が融合，２本の矢印がついている）であると考えることができる。これは親指（1，破線）が失われたことを前もっ

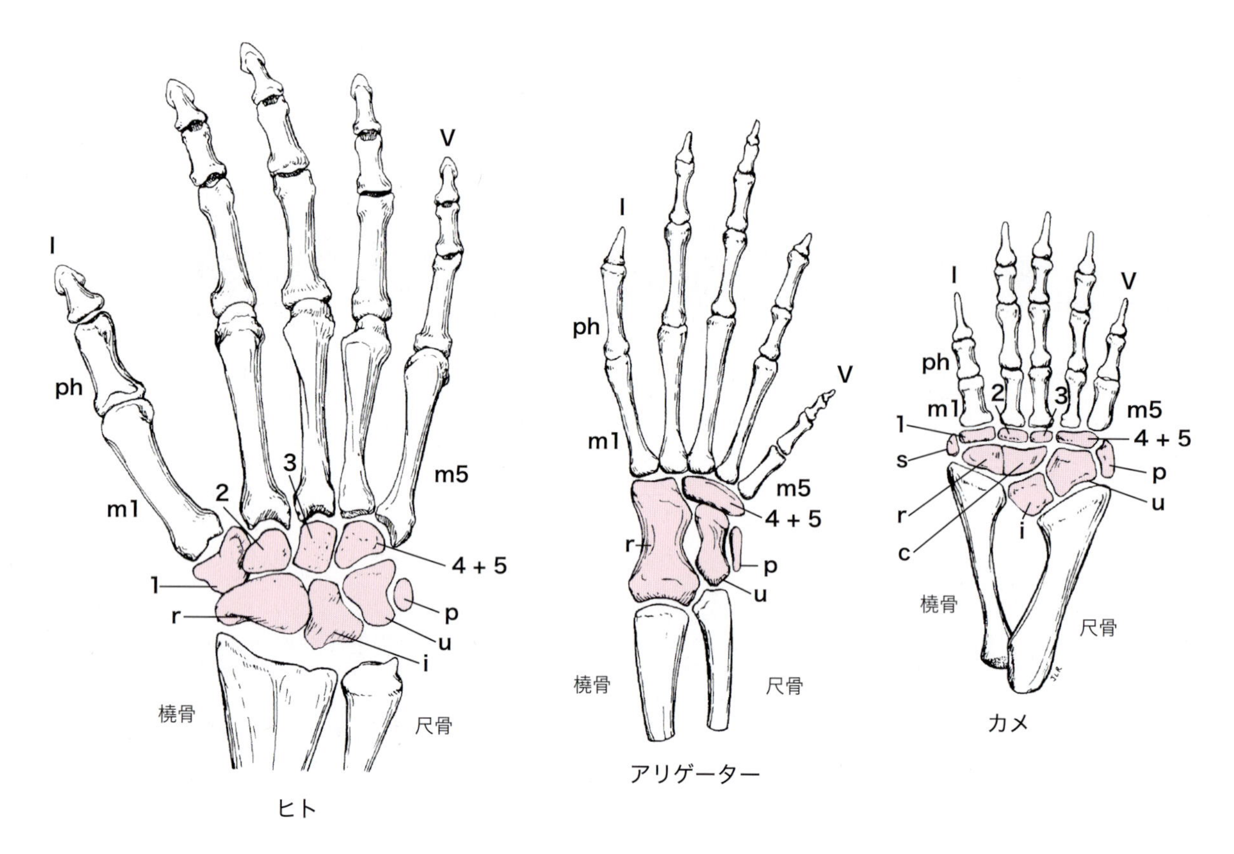

図 10-24
ヒト，アリゲーター，カメの右手（背側観，手根骨は赤色）。
c：中心手根骨。i：中間手根骨。m1，m5：第一および第五中手骨。p：豆状骨。ph：基節骨。r：橈側手根骨。s：橈側種子骨。u：尺側手根骨。1～5：遠位手根骨。Ⅰ，Ⅴ：第一指と第五指。アリゲーターにはこちら側からはみえないもう１つの手根骨がある。

て想定している。代わりの想定としては，親指ではなく第五指（V，破線）が失われたとするものである。その場合，Pで始まる３個の遠位手根骨は**前母指** prepollex（相同性不明の骨で，いくつかの種において親指，すなわち**母指** pollex の近くに発達する），手根骨１＋２，そして手根骨３＋４となる。手根骨５（破線）は失われたのであろう。この解釈は，Pとラベルされた骨がそれを指（矢印なし）と結びつける筋を持たないこと，そして図 10-23 で２および３と番号をつけられた指からの筋が３個の遠位手根骨の２番目のもの（２本の矢印）に付着していることを考慮に入れている。この手根骨にはまたしばしば２つの別々の骨化中心があるので，この指は複合物であることが示唆される。これは手足の骨の相同性を決定するための試みで用いられた１つの解釈である。アルバーチとゲール Alberch and Gale（1985）の仮説は指の減少を説明する別の機序を与えている。発生の切り捨て（最後の指の形成の幼形進化的消失）よりはむしろ発生中の肢芽における始原細胞数の減少が体肢内での再編成を引き起こし，結果的に指が減少する，と彼らは論じている。

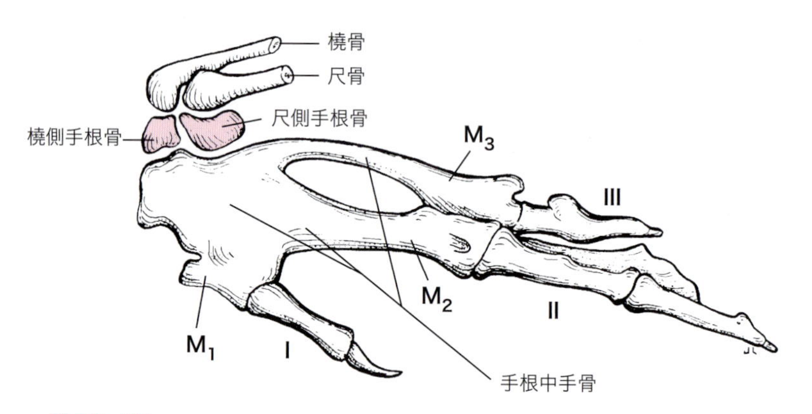

図 10-25
鳥類の左手，第一（Ⅰ）～第三指（Ⅲ）。第一（M_1）～第三中手骨（M_3）が遠位手根骨と融合して手根中手骨を形成。

有尾類の手や足に終止する筋は強力でもよく分化しているわけでもなく，また中脚と手首あるいは足首の間の関節，また手首や足首と中手骨あるいは中足骨との間の関節はほとんど運動性がない。したがって，有尾類の手も足も体の移動のための推進力を生じさせない。これらは主に土台のようなものであり，体肢の近位にある筋が脚を伸展させる間に地面を

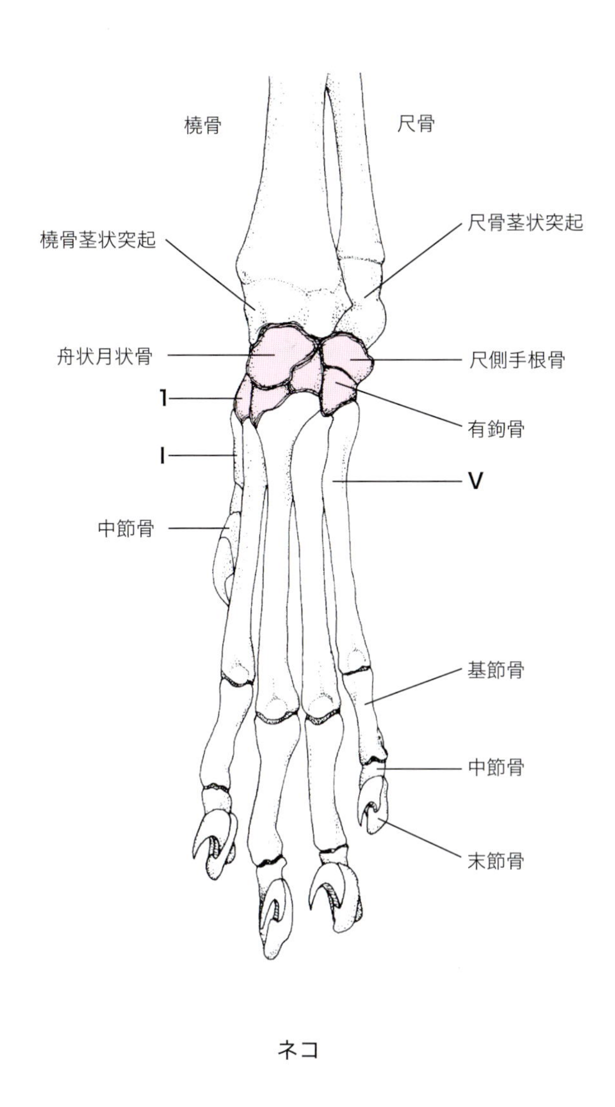

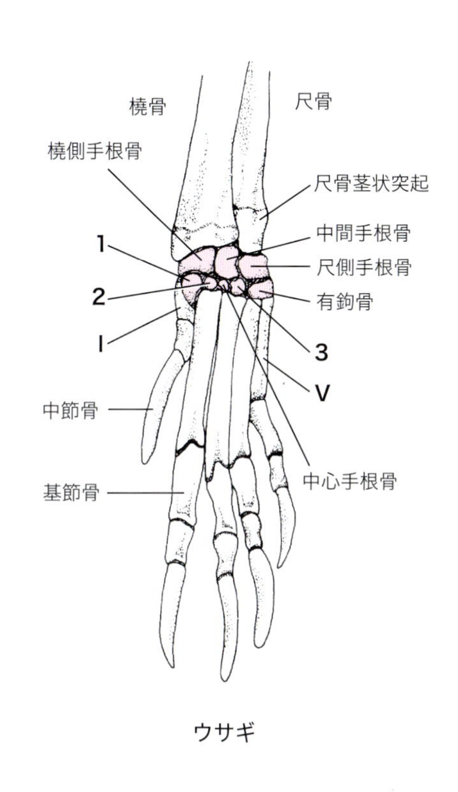

図 10-26
ネコとウサギの左手，前方観，手根骨は赤色。豆状骨は掌側にあってみることができない。ネコの舟状月状骨は橈側手根骨，中間手根骨，中心手根骨が結びついたもので，これらは子ネコでは別々の骨である。ネコもウサギも指節骨の配置は２－３－３－３－３である。
１～３：第一から第三遠位手根骨。Ｉ，Ｖ：第一および第五中手骨。有鉤骨は第四と第五遠位手根骨が合体してできたものである。

押し下げて摩擦を生じさせる。これは無尾類における手でも全く同様だが，足では事情が異なる。

現生の爬虫類の手や食虫類，霊長類などの哺乳類の手は５本指のままである傾向にあり，５本の中手骨と，中心手根骨を除くほぼすべての手根要素を備えている（図 10-24，カメ，ヒト）。しかしワニ類では手首は成体で５個の骨になり（図 10-24，アリゲーター），鳥類では手全体が退化している（図 10-25）。哺乳類に中心手根骨が存在する場合には，それはウサギにおけるように手根骨遠位列のなかにあるか，ネコのように橈側手根骨および中間手根骨と結合して３骨起源の舟状月状骨を形成する（図 10-26）。ヒトの胎児は妊娠３カ月までは中心手根骨を持っているが，この時期に橈側手根骨と融合する。手にみられる重要な変化としては飛翔，大洋での生活，快足，そして把握のための変化がある。

飛翔への適応

多くの鳥類において，空中での推進には手はほとんど何の独立した役割も演じていないが，翼の終端にあるときにはこれは気体力学的効果を持つ。骨の消失と融合により，手は固い先細りの構造になった（図 10-25）。それにもかかわらず，四肢動物の手の基本構成要素の大部分は鳥類の胚で同定できる。２個の手根骨（橈側および尺側手根骨）が近位列に生じ，３個が遠位列に生じる。発生が進むにつれ，３個の遠位手根骨は３個の中手骨と結合して頑丈な**手根中手骨** carpometacarpus を形成する。通常では３本の指が存在し，指骨の数は減少している（アジサシではしばしば胚期に４本の指があるが，残るのは３本だけである）。

指に鉤爪があることはまれで，手の残りの部分と同様に指は羽毛で被われる。南アメリカの樹上性狩猟鳥であるツメバ

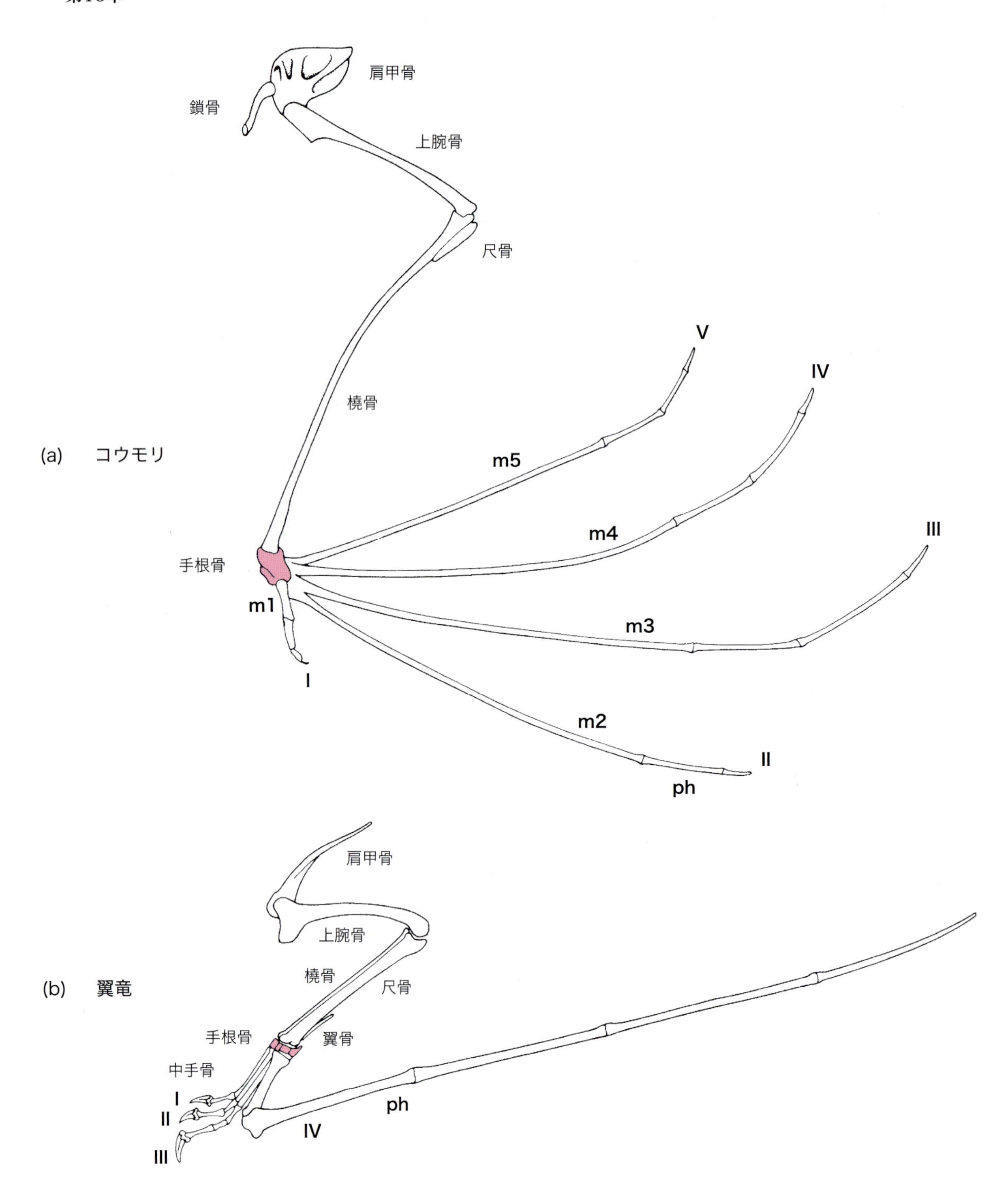

図 10-27
２種類の飛翔性脊椎動物の前肢帯と前肢。(a) コウモリ，右翼。(b) ジュラ紀の翼竜，左翼。m1 ～ m5：第一～第五中手骨。ph：基節骨。Ⅰ～Ⅴ：第一～第五指。

ケイのひなには鉤爪があり，木登りに使われる。鉤爪は成鳥では失われ，また始祖鳥のものと類似しているにもかかわらず，それらはおそらく二次的に生じた特徴であろう。

巧みに動き，木に止まり，限られた空間内で飛び立つ鳥類の第一指は長く伸び，突出し，独立して動くことができ，**小翼** alula とよばれる。鳴禽類は短く幅広い翼を持ち，羽毛に被われた小翼は鳥が木の枝の間を飛び回るときに翼の前縁で副翼として働く。猛禽類はゆっくりした速度での飛行と限られた空間への素早い着陸に適応した中等度に長い，幅広い翼を持つ。これらの鳥類が制動をかけるときには小翼が残りの翼から離れ，それにより空気が勢いよく通り抜けるための隙間が生じ，主翼と尾羽によってさらに制動がかけられるまで，安定した低速の前進を維持することが可能になる。

かなり柔軟性のある関節が肘にあり，またホバリングする

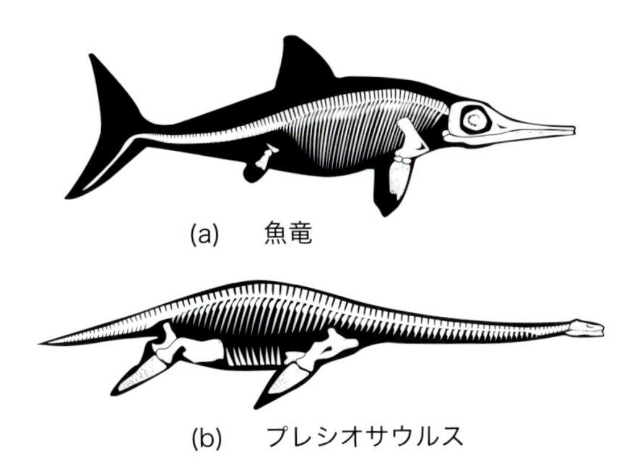

図 10-28
中生代の海洋生爬虫類。(a) イルカに似た爬虫類の魚竜で，体長 15 mに達するものもあった。(b) 鰭竜類のプレシオサウルスで，体長 12 mに達するものもあった。

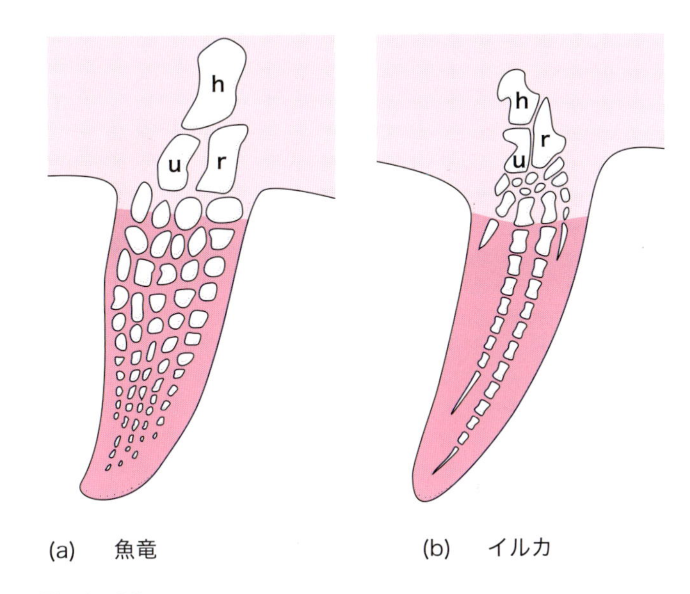

図 10-29
前肢における進化的収斂。
(a) 絶滅した，水中生活をする爬虫類。(b) 水中生活をする哺乳類。
h：上腕骨。r：橈骨。u：尺骨。

鳥類を除き，前腕と手首との間にもこのような関節がある。手首のところで屈曲させられると，手は，特に大きな翼幅を持つ鳥で，着陸するための強力な制動効果を発揮する。ホバリングする鳥は（ハチドリで1秒当たり 50 羽ばたきに達する）高速に羽ばたく翼を持ち，手は腕と同じくらいかそれより長く，また翼全体が非常に固い。

鳥類と異なり，翼竜類とコウモリの手は翼の主要部分であったし，現在もそうである。翼竜（図 10-27b）には4本の指があり，そのうちの3本は通常の指で，鉤爪が生えていた。4番目の指は翼の膜（**飛膜** patagium）のなかに埋まっていて，4個の著しく長い指骨からなっているので，この指は全身の長さと同じくらい長かった。関連する中手骨は長くなかったが，著しく太かった。コウモリは5本の指を持つ（図 10-27a）。親指は通常の大きさで，鉤爪が生えている。その他の4本の指は長く伸び，それぞれ著しく長い中手骨を備えている。4本の指の中手骨と指骨は飛膜の骨格を構成する。3個の近位手根骨は結合して1つの骨になっている。手を動かすことによりコウモリは離陸し，また飛翔する。翼竜が離陸するところをみた人は誰もいない。

ヒヨケザルは飛膜を持つが，これはコウモリや翼竜ほど発達せず，また指は飛膜のなかに埋まってはいるが長くない。ヒヨケザルは滑空するが真の飛行はできない。翼竜，コウモリ，ヒヨケザル，トビトカゲなど，互いに関係のない動物における飛膜は進化的収斂の実例である。

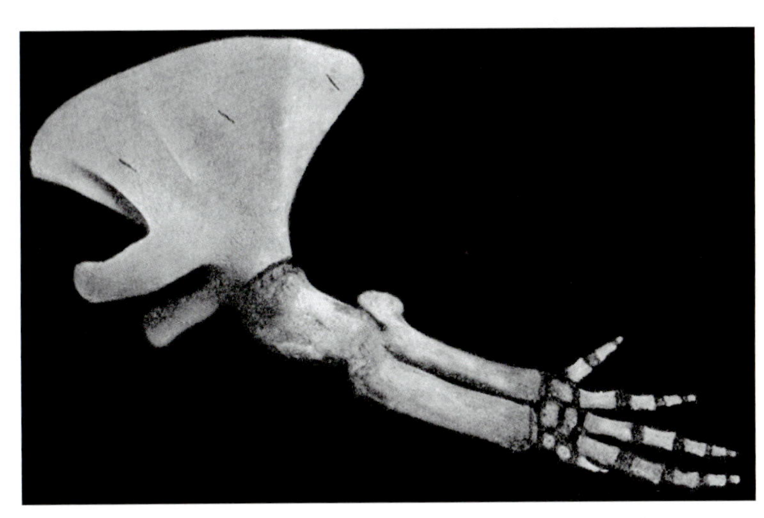

図 10-30
ハクジラの右肩甲骨と前肢。前肢は櫂状になっているが，四肢動物の基本的な骨格に対する顕著な類似性が残っている。

海洋生活への適応

よく適応した海生有羊膜類では，手は櫂のような鰭状足になっている。これらの動物にはアシカ類（図4-45 参照），クジラ類（図4-50 参照），海牛類（図4-49 参照），魚竜とプレシオサウルス（図 10-28），アザラシ，ペンギンなどがある。鰭状足は一般に平らで頑丈であり，いくつかの分類群では指骨の数が著しく増加している（図 10-29）。ある種の魚竜では1本の指につき 26 個，片手には 100 個以上の指骨

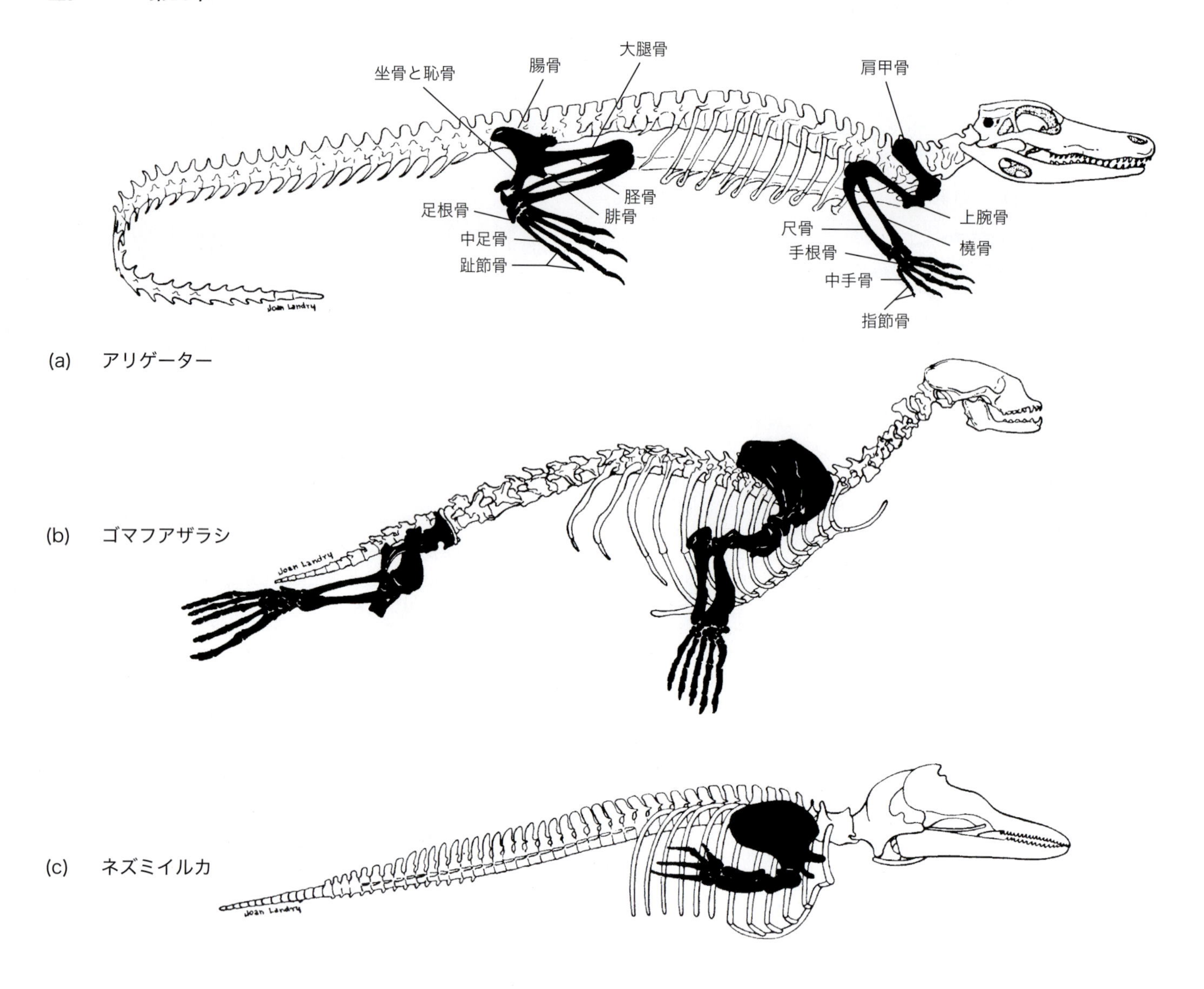

図 10－31
(a) 陸上生活をする有羊膜類の骨格。(b)，(c) 水中生活への体肢骨格の適応。体肢骨格は黒色で示す。(b) はゴマフアザラシ。アザラシとイルカでは手は櫂状になっていて，そのなかに指骨が埋まっている。

があった。しかしその他大部分の遊泳動物の鰭状足では，骨格は一般的な四肢動物のパターンに密接に従っている（図10－30)。ある種の水生哺乳類は後肢のすべての形跡を失っている（図10－31c)。

ペンギンは遊泳のための推進力を鰭状足様の翼のみから得ており，その水かきのある足は舵として働く。ウミガメ，オットセイ，アシカは長い前方の鰭状足で水を漕ぐようにして泳ぐ。しかしある種の海生哺乳類は，泳ぐときに体移動の推進力を得るために前方の鰭状足を使わない。このような動物にはアザラシ，セイウチ，クジラ類，海牛類がいる。彼らがどのように泳ぎ，また陸上では鰭脚類がいかに鰭状足を操るか，ということは，後肢について学んだ後で考察する。

快足への適応

５本指の手足（５指性肢）を持つ哺乳類は通常では**蹠行型** plantigrade の動物で，手首，足首，指，趾はすべて地面に乗っている。これは原始的な四肢動物の体勢で，俊足とは関係ない。特殊化していない哺乳類，例えば単孔類，有袋類，食虫類，霊長類は蹠行型の動物で，クマや樹上生のアライグマなどの特殊化した動物のいくつかも蹠行型である（図10－32，サル)。第一指のみが縮小したり失われたりしている哺乳類は**指行型** digitigrade になる傾向にあり，これらの動物は体重を手首，足首を挙上して弓形になった指で担っている（図10－32，イヌ)。指行型哺乳類にはウサギ，齧歯類，そして大部分の食肉類が属する。これらの哺乳類は蹠行型の動物より速く走り，静かに歩き，敏捷である。そのなかでもネコ科の動物が最速で，例えばチーターは時速約112kmで全力疾走できる（Hildebrand，1980）。食肉類にとって，速度が上がれば獲物を捕るのが容易になる。ウサギなどの草食動物にとっては，逃げ足が速ければ食べられる前に巣穴に飛び込むことができる。

指の数の減少と，残った指の先端での歩行という極端な変化は，有蹄類でみられる。**蹄行型** unguligrade 哺乳類は手首，足首を地面から十分に高く挙げて，1～4本の指で歩行する（図10-32，シカ）。鉤爪は分厚い蹄になり，蹄は体重を担うとともにつま先の生きている組織を地面による摩耗から守る（図6-21，蹄参照）。なくなった指に対応する中手骨と中足骨は痕跡的となったり消失したりし，残っているものは著しく長くなり，またしばしば癒合する（図10-33，ウマ，シカ，ラクダ）。この変化により体肢にもう1つの機能的部分が与えられる。全力疾走の速度においてはある種の肉食性の指行型哺乳類に凌駕されるかもしれないが，有蹄類はその速度をずっと長く持続させることができる。有蹄類の足は走行によく適するばかりでなく，岩だらけの山岳地形でも極めてよく機能する。しかしこの特殊化のため，彼らの指とつま先は他のいかなる目的にも使えなくなってしまった。これが特殊化の代償である。

最も特殊化した蹄行型の体勢へと通ずる連続的進化段階は，指と掌を卓上に平らに置き，前腕を卓上面と垂直に持ち上げてみると理解しやすい。この形はほぼ蹠行型の手と指の位置に対応する。指を平らにテーブルの上に置きながら掌を持ち上げてテーブルから離すと，ほぼ指行型の位置になる。蹄行型の位置は，指先だけをテーブルの上に置き，次いで親

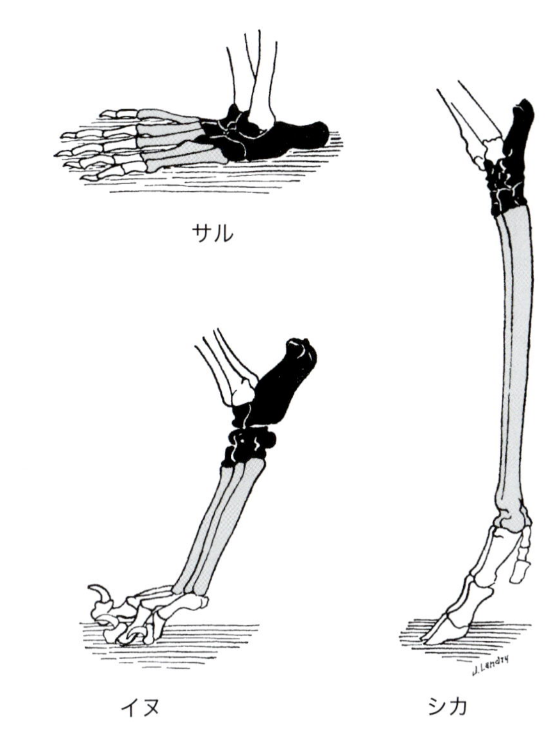

図10-32
蹠行型，指行型，蹄行型の足。踵の骨は黒，中足骨は灰色。

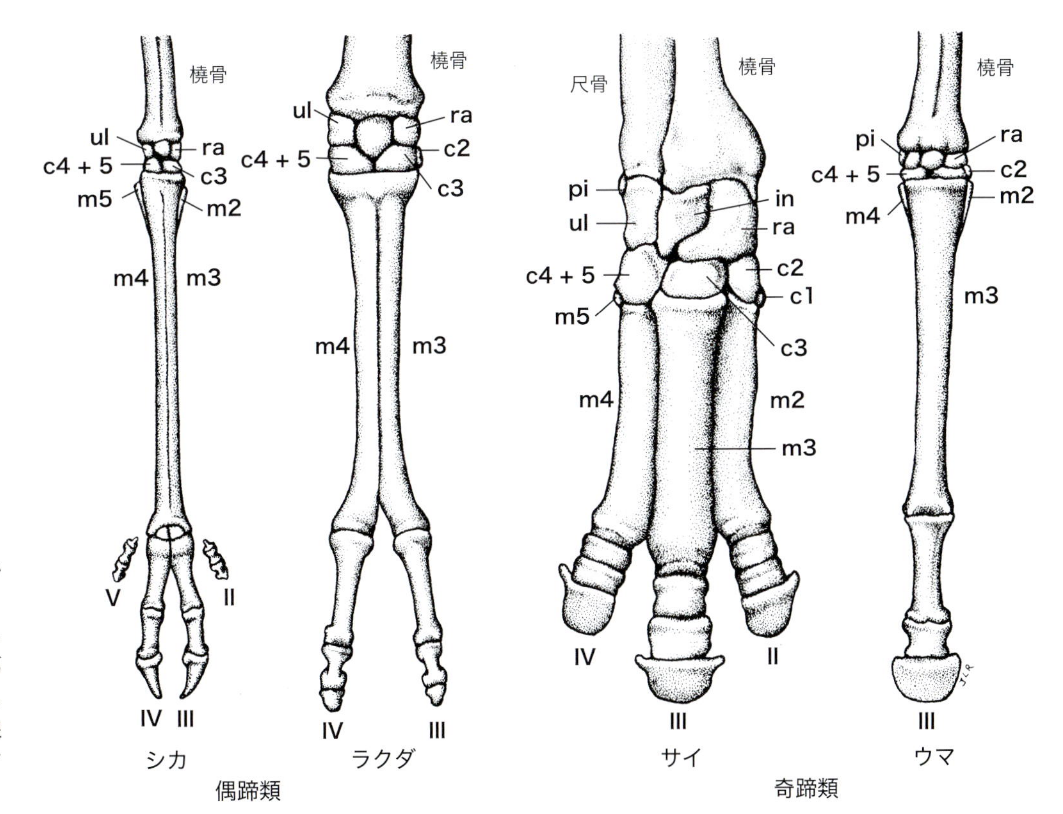

図10-33
有蹄類の右前肢端（手）を前方からみる。
c1～c5：遠位手根骨1～5。in：中間手根骨。m2～m5：第二～第五中手骨。pi：豆状骨。ra：橈側手根骨。ul：尺側手根骨。II～V：第二～第五指。ウマでは，m3は"管骨"である。

指，小指，第二指，そして最後に第四指と持ち上げていき，現生馬のように第三指だけで体重を支えるようにするとよくわかるであろう。テーブルに届かなくなった指は，有蹄類において次々に退化あるいは消失していった指に対応する。

ウマは手に４本の指を持つ原始的なエオヒップス（アケボノウマ）から始まるこれらの連続的変化を受け，１本指の現生のウマ属に達した。現生馬の手における極端な特殊化にもかかわらず，手根近位列（図10－34）は元のままであり，遠位列は第一手根骨を欠くのみである。第一，二，四，五指の消失にともない，中手骨１と５は欠如し，２と４は小片へと退化した。第三指と関連する中手骨３は長く伸びた。

有蹄類における進化は２つの別々の系列に沿って進行した。**偶蹄類** artiodactyls に通ずるラインでは，体重は第三指と四指の間に均等に分配される傾向にあった（図10－34，ラクダ）。かくして“分趾蹄”が生じた（図10－35）。このような足では体重は２本の平行軸によって担われるので，**パラゾニック肢** paraxonic といわれる。今日の偶蹄類は偶数本の指を持つ。**奇蹄類** perissodactyls に通ずる進化のラインでは，体重は次第に第三指，すなわち中指によって担われるようになった。これは**メサゾニック肢** mesaxonic（図10－33，10－34，ウマ）である。大部分の奇蹄類は奇数本の指を持つ。しかしバクは小さな第四指を前肢に持ち，後肢には３本の趾がある。奇蹄類の定義は足がメサゾニック肢であることであって，指の本数によるのではない。

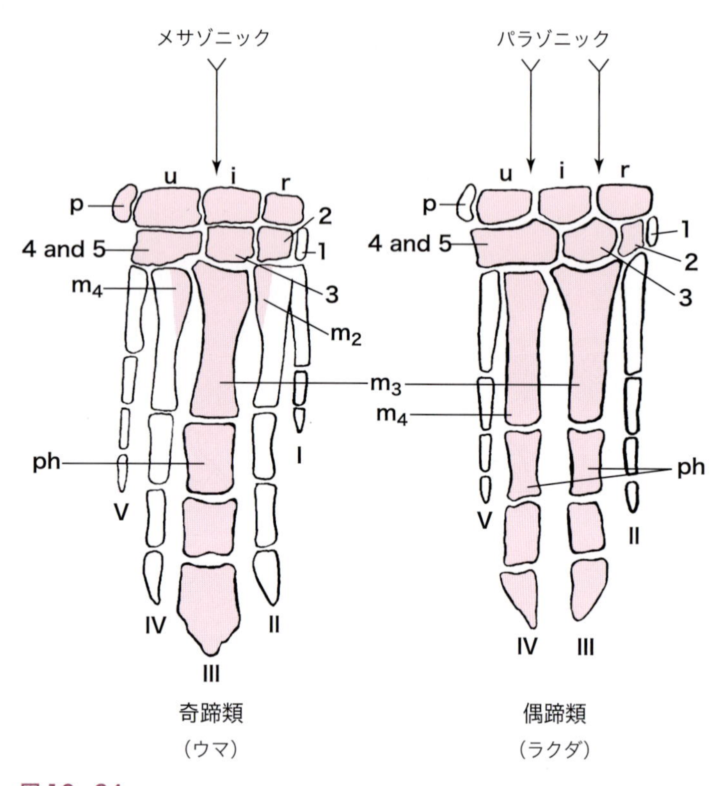

図10－34
代表的有蹄類のメサゾニック肢およびパラゾニック肢の前肢で失われた骨（白色）と保持された骨（赤色）を図示し，手根（手首）と指骨への体重のかかり具合いを示す。これらの動物については構成する骨の数は正確である。
i：中間手根骨。m_2～m_4：第二～第四中手骨。p：豆状骨。ph：基節骨。r：橈側手根骨。u：尺側手根骨。１～５：遠位手根骨。Ⅰ～Ⅴ：第一～第五指。

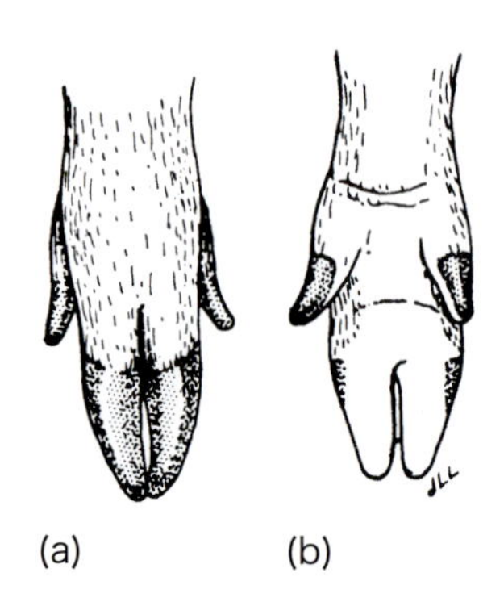

図10－35
ブタ胎子の蹄。体重を担う２本の指の間に割れ目がある。したがって，この蹄は“分趾蹄”である。(a) 正面からの図。(b) 後方からの図。

把握への適応

多くの哺乳類は掌と指の間の関節で手を屈曲することができる。例えば齧歯類はお尻をぺたりとついて座り，今述べたような仕方で曲げられ，お互いに向き合った両手の間に抱えた食物をかじって食べる。さらに特殊化が進むと，指を目的の物の周りに巻きつけ，これを片手でしっかりと保持することができるようになる。このことは指を各指骨間関節で屈曲させることによって可能になる。霊長類はこのことができる少数の動物の１つである。

哺乳類の手の進化におけるもう１つの段階は，向かい合わせにできる親指（対向性母指），すなわちその他の各指の先端に触ることのできる親指の発達であった。これは掌と会合する親指の基部に鞍関節が形成されたこと，親指と人さし指の間の角度がどんどん広がったこと，強力な第一指内転筋が進化したことによって可能となった。旧世界ザルでは本当の意味で向かい合わせにできる親指が発達するが，これらの動物の手でさえ，人類で進化したような機能的能力をすべての範囲で獲得しているわけではない。新世界ザルも類人猿も，完璧に向かい合わせにできる親指を持っているのではない。このような手を持つことによって，人類はますます洗練された器具を作り上げ，意図的に削られた岩から始まり電子の時代へと続いているのである。

原始的人類の用具はそれを作った手と同じほどよい（あるいは悪い）といわれている。もちろん，脳の進化は欠くことのできない随伴現象である。それでもなお，脳を持っている

表 10-3 前肢端（手）と後肢端（足）の骨格要素の対比

前肢端（手）＊	後肢端（足）	ヒトの同意語
橈側手根骨	脛側足根骨	距骨†
中間手根骨	中間足根骨	
尺側手根骨	腓側足根骨	踵骨
豆状骨		
中心手根骨（0～4）	中心足根骨（0～4）	舟状骨
遠位手根骨 1	遠位足根骨 1	外側楔状骨
遠位手根骨 2	遠位足根骨 2	中間楔状骨
遠位手根骨 3	遠位足根骨 3	内側楔状骨
遠位手根骨 4 } 有鉤骨	遠位足根骨 4 } 立方骨	
遠位手根骨 5 }	遠位足根骨 5 }	
中手骨（1～5）	中足骨（1～5）	
指（I～V）	趾（I～V）	

＊：同意語については表 10-2参照。
†：中間足根骨と 1 個の中心足根骨が合体した。

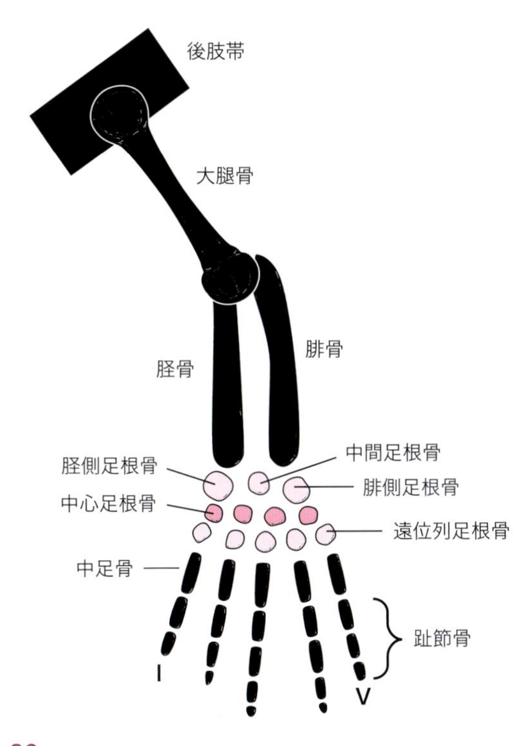

図 10-36
原始的な左後肢の骨格編成。足根骨（足首）は赤色，中心足根骨は濃赤色。IとVは第一趾と第五趾。

にしても，把握力のある手を持たない地上のいかなる生物種も，このように洗練された存在へと進化することは不可能と思われる。

足：後肢

一般的な足は手の骨と同様の骨であるが，豆状骨に相当する骨は存在しない（表 10-3）。多数の原始的四肢動物は足首に 4 個の中心足根骨を持っていた（図 10-36，10-37，迷歯類）。体移動様式が多様となるにつれ，中心足根骨の数は減少した。原始的状態（図 10-36）を図 10-37～10-39 の中心足根骨（濃赤色）と比較すれば，系統発生学的趨勢が理解できよう。その減少あるいは見かけ上の消失は，中心足根骨の初期骨化中心は，足根骨近位あるいは遠位列のものと癒合して中心足根骨の数が減少する傾向にあるという観察によって一部は説明できる。現生四肢動物の個体発生において，初期骨化中心のいくつかがいまだに一時的に出現する。

図 10-37 には 3 種の両生類の足が示されている。迷歯類と無尾類で**前母趾** prehallux と名づけられている骨は，すでに失われた祖先の趾と関連していた足根骨あるいは中足骨の痕跡であろう。5 指性肢の体肢は最も原始的ではないので，これらの特殊な痕跡が 5 本趾のどれかと相同であることはまずありえない。

無尾類の足首の骨の数は有尾類のものよりかなり少ない。しかし脛側足根骨と腓側足根骨は伸長して両端でしっかりと結合し，遠位で残りの足根骨と足根内関節で関節する。この状態は独特のものではないけれど，普遍的なものでもない。このような足首を持った足は，異常に長い，水かきのついた中足骨および趾節骨とともに，陸上で跳んで逃げるため，またもう 1 つの自然生息地である水中で泳ぐために，よく適応している。泳ぐときには，後肢は体に引きつけられて前方に引かれ，それから素早く後方に押しだされ，趾は開かれるので，幅広い扇型の足が水をけり，前方への推進力を与える。前肢は泳ぐときにある程度の助けにはなるが，基本的にはものを操作する際に用いられる。

現生爬虫類では足首の骨にかなりの消失と癒合がみら

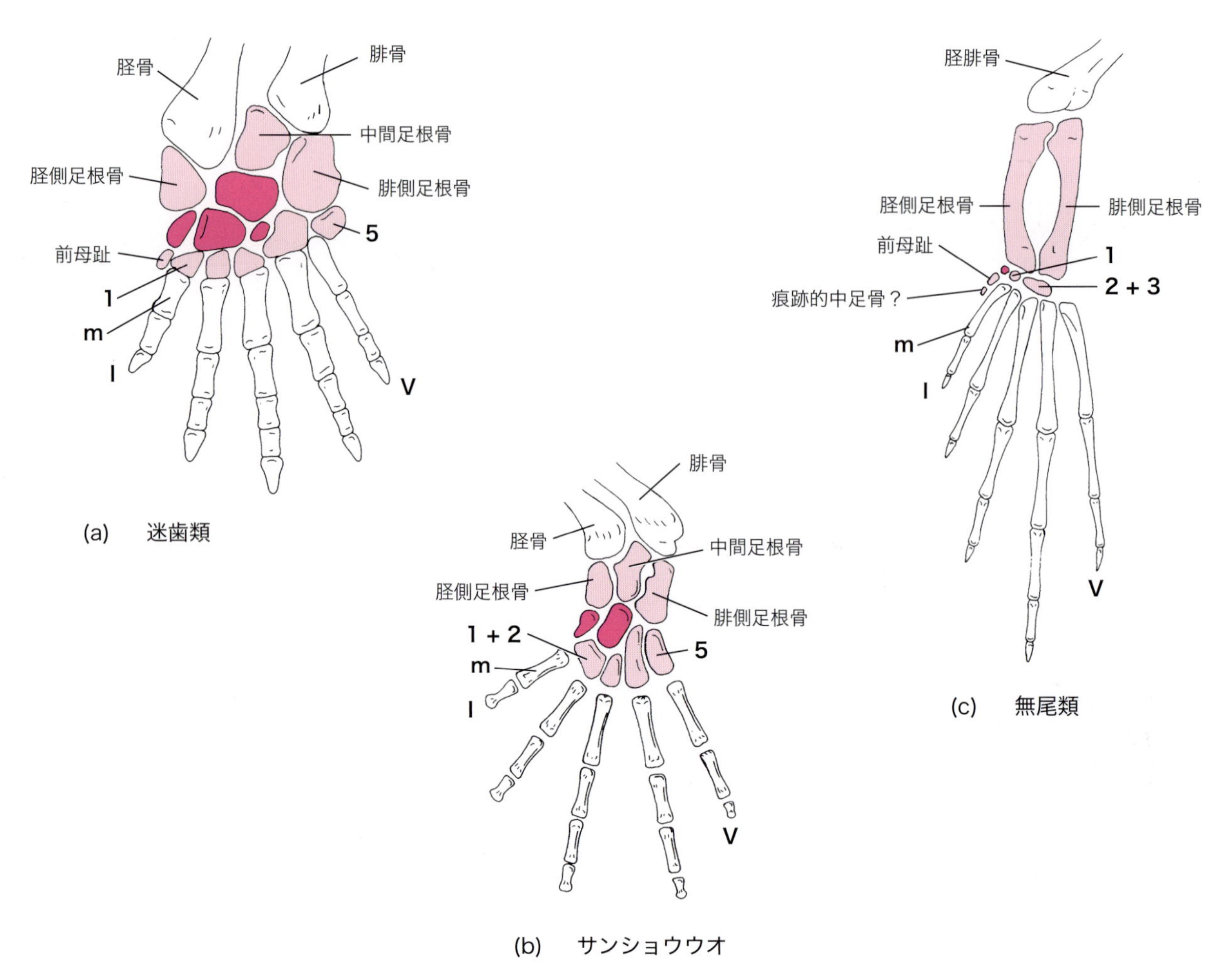

図 10-37
両生類の左足。(a) 迷歯類。(b) 原始的なプレトドン科のサンショウウオ。(c) ウシガエル。足根骨は赤色，中心列足根骨は濃赤色。Ⅰ，Ⅴ：第一趾と第五趾。1～3，5：遠位列足根骨。m：中足骨。

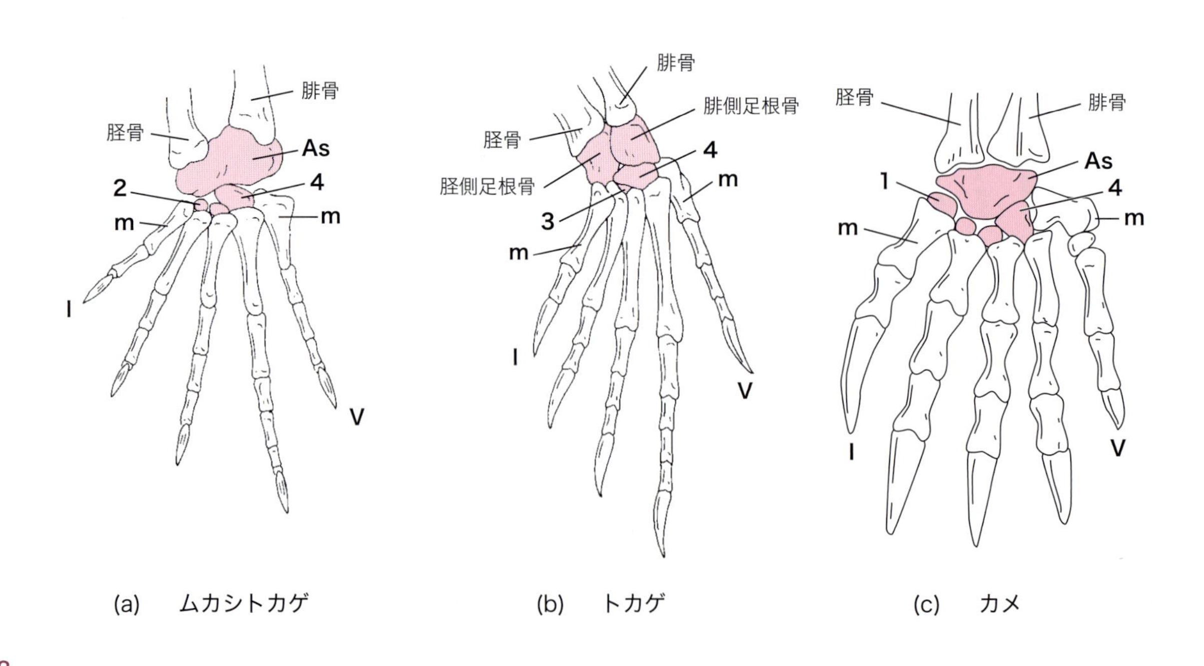

図 10-38
爬虫類の左足。(a) ムカシトカゲ。(b) トゲオアガマ属のトカゲ。(c) ケリドラ属のカミツキガメ。足根骨は赤色。Ⅰ，Ⅴ：第一趾と第五趾。1～4：遠位列足根骨。As：距踵骨。m：中足骨。独立した中心足根骨は存在しない。

れるが，カメではその程度が他のものより軽微である（図10–38）。足根骨近位列はムカシトカゲや多くのトカゲ類で癒合して1つの骨になり，**距踵骨** astragalocalcaneus という名前を与えられている。これはすべての足根骨近位列に1個の中心足根骨が加わってできることもある。足根骨近位列と遠位列の間の高度に屈曲可能な足根間関節により，二足歩行のトカゲは指行型動物のような仕方で素早く走ることができ，そのとき長い尾はバランスを保つのに役立つ。大部分の爬虫類は5本の趾を持つが，アリゲーターや何種類かのトカゲは4本趾，淡水生のカメのあるものは3本趾である。ムカシトカゲの趾節骨の配列である2–3–4–5–4は爬虫類の配列の原型である。これがアリゲーターでは2–3–4–4–0，カメでは2–3–3–3–2へと減少する。

鳥類の足は，その他の現生有羊膜類と比較して著しい変化を遂げている（図10–39）。足根骨近位列は脛骨の下端と結合して**脛足根骨** tibiotarsus となり，中心足根骨はなく，また足根骨遠位列は3本の癒合した中足骨の上端と結合し，長くて頑丈な**足根中足骨** tarsometatarsus となる。ある種の鳥類では痕跡的な第一中足骨が独立なまま残っている。脛足根骨と足根中足骨の間には足根間関節があり，足根中足骨と趾の間にも関節がある。後者の関節により鳥類は指行型動物の体勢を取ることができる（図4–28 参照）。膝のところで体肢を伸ばせば足根間関節が空中に浮かぶための最初の推進力を与えるので，鳥類はこの体勢で離陸の準備が“整っている”。飛翔中でないある鳥の大腿は極めて短く，また膝と一緒に翼の後にしまい込まれてしまうので，外からはみえない。

大部分の鳥類は4本の趾を持ち，少数のものが3本趾である。ダチョウのみは2本趾である。趾節骨の配列はムカシトカゲの最初の4本の趾のものと同一である。一般に3本の趾が放射状に前方を向き，1本が離れて足の後ろにくるが，キツツキやオウムなどの少数のものでは2本の趾が足の後ろにきているので，4本の趾がX状になる（**対趾足** zygodactyl）。このためキツツキは垂直な木の幹の上でざらざらした樹皮をしっかりつかみ，木に穴を開けている間，硬い尾羽で幹に対して踏ん張ることができる。鳥類は，下腿の屈筋の長い腱が足首の後面に沿って走り，鉤爪の生えた趾に終止するので，止まり木の上で眠ることができる。このとき体重が腱を引っ張るので，鉤爪は止まり木をつかんだままになる（図11–22 参照）。

哺乳類は祖先の獣弓類と同様に足根間関節を欠くが，脛骨と腓骨が足首と会合する場所に大きな蝶番関節を持つ（図10–32）。脛側足根骨が足首で体重を担う主体の骨となる（図10–40b）。もう1つの近位列足根骨である腓側足根骨は蹠行型動物では後方に，指行型と蹄行型の動物では背方に長く伸びる（図10–32）。これは蹠行型動物の踵の骨である。中心足根骨の数が減少したことを除けば，哺乳類の足首の骨は最初の獣弓類以来目立つほど変化していない。ヒト上

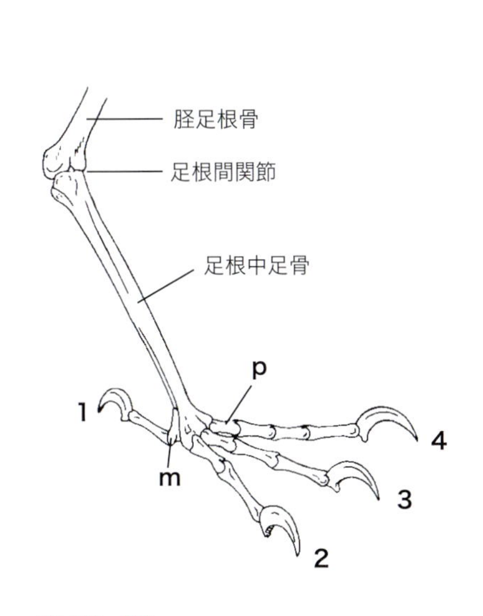

図10–39
スズメ目の鳥類の左足首と趾を内側からみる。頭は右方向。1～4：第一～第四趾。m：第一中足骨。p：趾節骨。鉤爪が末節骨をみえなくしている。

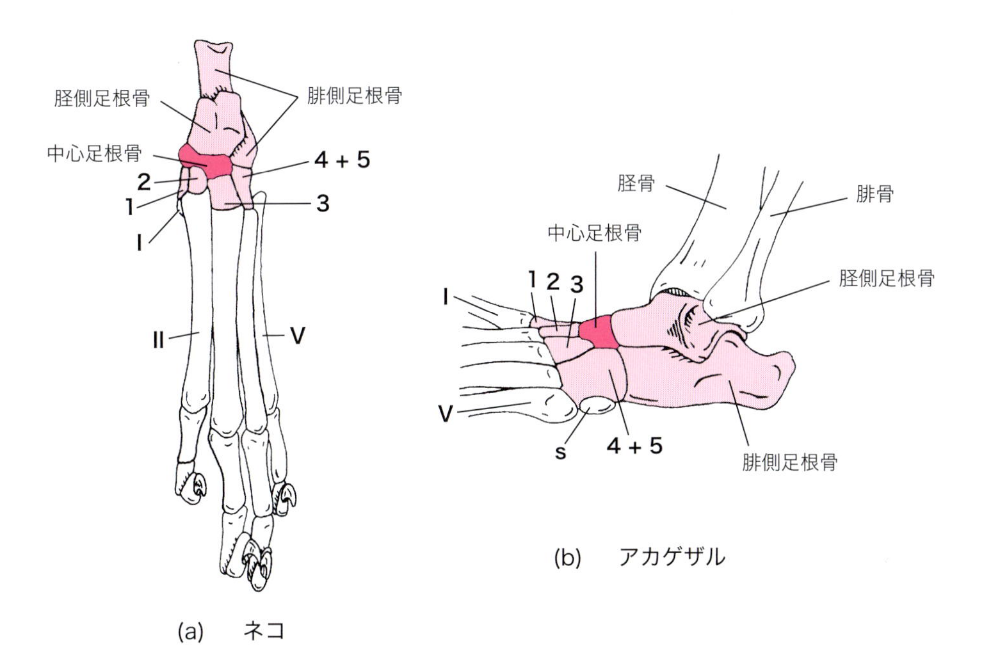

図10–40
(a) ネコの左足を前方からみる。足首の骨（足根骨）は赤色。趾節骨の配列は0–3–3–3–3である。(b) アカゲザルの左足首と関連する骨を外側からみる。1～5：遠位列足根骨。I，II，V：中足骨。s：長腓骨筋内の種子骨。

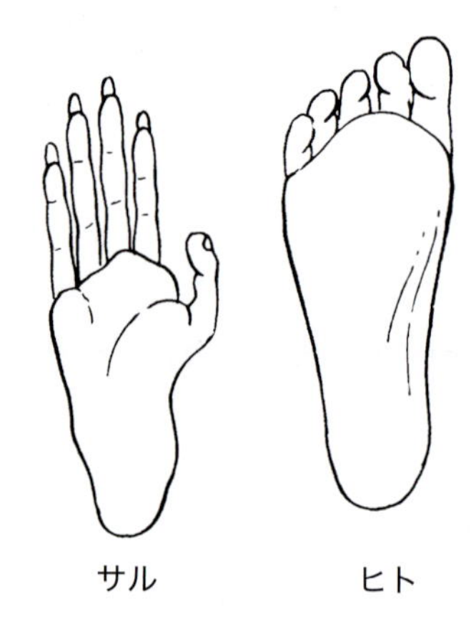

図 10-41
部分的に向き合うことのできる旧世界ザルの足の親趾と，向き合うことのできないヒトの親趾。

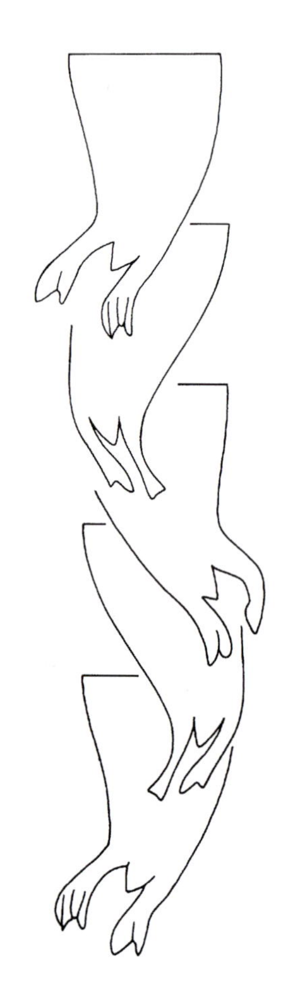

図 10-42
ゴマフアザラシの遊泳。
Source: Data from F. E. Fish, et al., "Kinematics and Estimated Thrust Propulsion of Swimming Harp and Ringed Seals" in *Journal of Experimental Biology*, 137:157, 1988.

科では**中足骨アーチ** metatarsal arch すなわち足の甲が体重を４つのしっかりした土台である両足の踵と親趾のつけ根の膨らみに分配する。この土台はエッフェル塔の４本足の建築様式と比較されてきた。中足骨アーチはまた二足歩行によって生じる衝撃のいくらかを吸収し，歩行や走行の際に“バネ”を与える。

図 10-43
子どものアシカの四肢で起つ体勢。

初期獣弓類の趾節骨の配列は２－３－３－３－３であったが，これは現生の５本趾哺乳類やヒトの典型的配列である。足の親趾，すなわち**母趾** hallux はヒト以外の多くの霊長類で他の趾と向き合うことができる（図 10-41）。これは腕渡りと関連している。

海生哺乳類の櫂こぎと速泳

アザラシ，セイウチ，クジラ類，海牛類は哺乳類としては普通でない泳ぎ方をし，それは体の大きさと形状および彼らが引き継いだ体肢の形態に左右される。このいずれにおいても前肢の鰭状足は泳ぎにおける前方への推進力を与えず，主として物を扱うために使われる。クジラ類と海牛類は後肢の鰭状足を持たない。それではこれらの海生哺乳類はどのようにして生き延びることができたのか。

アザラシは前肢の鰭状足を側方へ内転させ，首を引っ込め，体幹後部の側波状運動で泳ぐ。尾は短く，体の移動には役に立たない。後肢の鰭状足は脛骨を含む狭い結合部で体幹の側面にくっついて尾方を向いており，体を側波状運動の１サイクルごとに左右交互に打ち振らせる。これらの櫂こぎ運動は，漕ぎごとに大腿脛関節と足首の関節が同調してわずかに屈曲する動作と結びついて，この鰭脚類を前方に推進させる（図 10-42）。セイウチも櫂こぎによって泳ぐが，彼らは強力な泳ぎ手ではない。櫂こぎは類のない泳ぎ方ではあるが，アザラシやセイウチは進化が与えてくれたものを最大限に活用しているといえる。

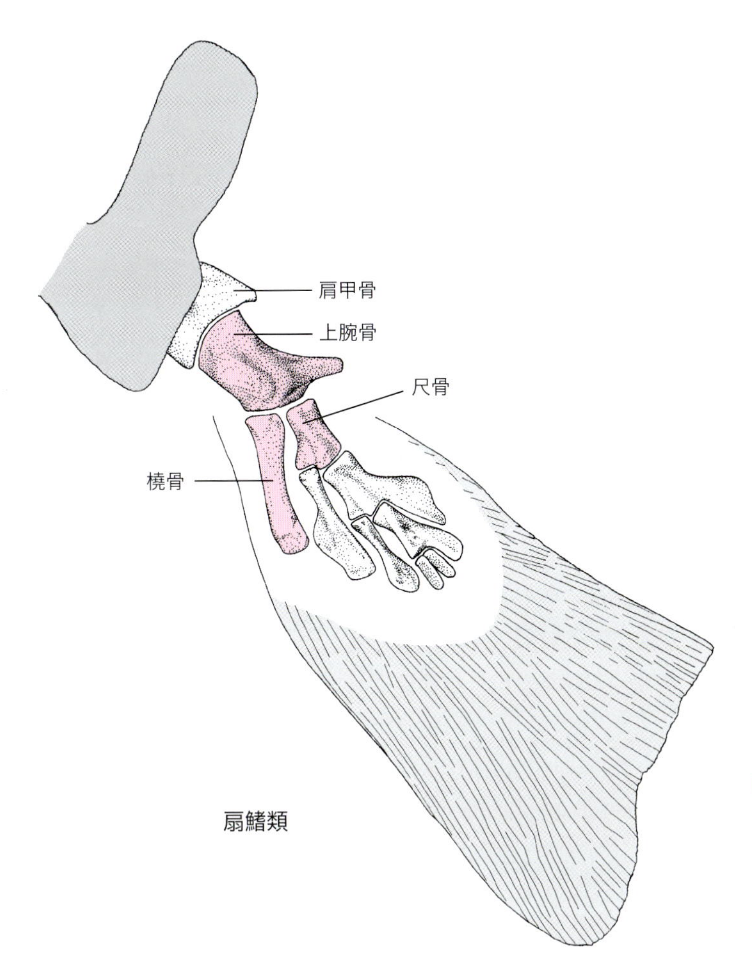

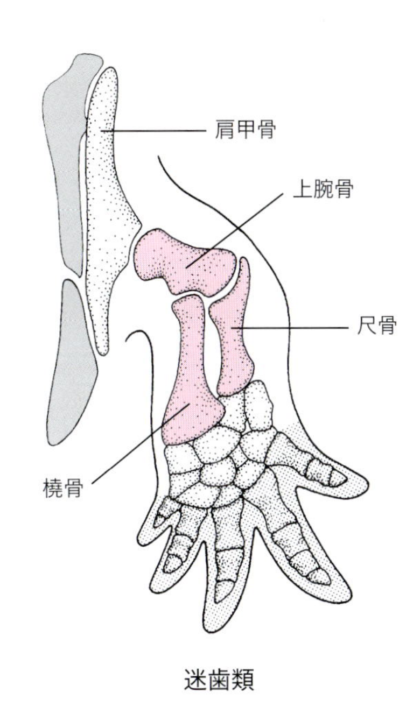

図 10-44
デボン紀の扇鰭類の左胸鰭および初期四肢動物の左前肢を同じ向きに並べ，内骨格の類似性を示す。灰色は前肢帯の皮骨を示す。鰭は背側から，前肢は正面からみたもの。

アザラシと異なり，クジラ類は前方への推力を，頑丈で水平な二またの尾から得ている。この尾は体幹の後部を外側へうねらせるというよりは，むしろ交互に背側および腹側にうねらせることによって操作されるので，体肢のない一種のギャロップ（速泳）となる。鰭脚類における櫂こぎとクジラ類におけるギャロップ，という泳ぎにおける2つの機能様式は，運動力学的研究によって調べられ，これらが高度に効果的な推進機構であることが明らかになった（Fish et al., 1988)。

海牛類も体移動の推力をクジラの尾のような尾部を背腹にうねらせることによって得ているが，この草食性で浅い水辺に住む生物はものぐさな泳ぎ手で（彼らの食物は逃げることができない)，ギャロップをするとはとても思えない。

鰭脚類の陸上における行動

オットセイ，アシカ，セイウチはアザラシよりもっと頻繁に上陸する。彼らは後肢の鰭状足を，泳ぐときの後方へ向いた位置から四肢動物の体勢に等しい位置へ，容易に変化させることができるような適応を受けている。後肢の鰭状足は泳ぐ位置から四肢動物の位置へ，またはその反対に，動物が水から出たり入ったりするときに体の下で簡単に回転する。(人類にはこのようなことはできない)。しなやかな手首の関節のため，彼らは陸上での体移動にも適応している。アザラシはこれほど恵まれてはいない。彼らの後肢は永久に尾に結びつけられており，そのため陸上で行動するときは**のたうつこと** wriggling によって前進する。そのため**ノタウチアザラシ** wriggling seals という名前がつけられた。

陸上での最初の1カ月間，子どものオットセイの体勢は鰭脚類というよりはむしろ四肢動物のものである（図10-43)。子どもの前後の鰭状足は成体のものと比べて不釣り合いに大きい。この大きすぎる鰭状足と回転する後肢帯とにより，オットセイの子は群生地で素早く敏捷に走ることができる。

体肢の起源

有対鰭の起源に関する問題は決して解決されないように思われるが，四肢動物の体肢の起源に関しては事情が異なる。ある種の古代魚の有対鰭が四肢動物の体肢の前駆者であったことは間違いない。すると，いかなる既知のデボン紀魚類の鰭骨格が，体肢になるための可能性をはっきり示していたのか，という疑問が生じる。それに答えるためには，頭蓋と鰭の骨格が最初の四肢動物のものと著しく類似している扇鰭類の葉鰭に戻る必要がある（図9－8，10－44 参照）。

四肢動物の体肢の起源に関する2つの仮説は，以前から存在していたものが変化したか，新しい構造が形成されたか，ということに集約される。この2つの仮説に共通するのは，体肢の近位要素の起源に関することである。扇鰭類の胸鰭では，私たちが上腕骨とよぶ1つの基底骨が，近位では肩甲骨と，また遠位では私たちが橈骨および尺骨とよぶ1対の輻射骨と関節する（図 10－44）。鰭条の消失と，橈骨および尺骨より遠位での輻射骨の変化により，最初の四肢動物の体肢が作りだされた。

第一の仮説では，体肢の軸が鰭の輻射骨を通って伸び，軸前，軸後の輻射骨が指を形成する。もう1つの仮説は，最近の発生学的研究に基づいている。四肢動物の体肢の発生は条鰭類におけるものとは異なる（現生の葉鰭類の発生は評価さ

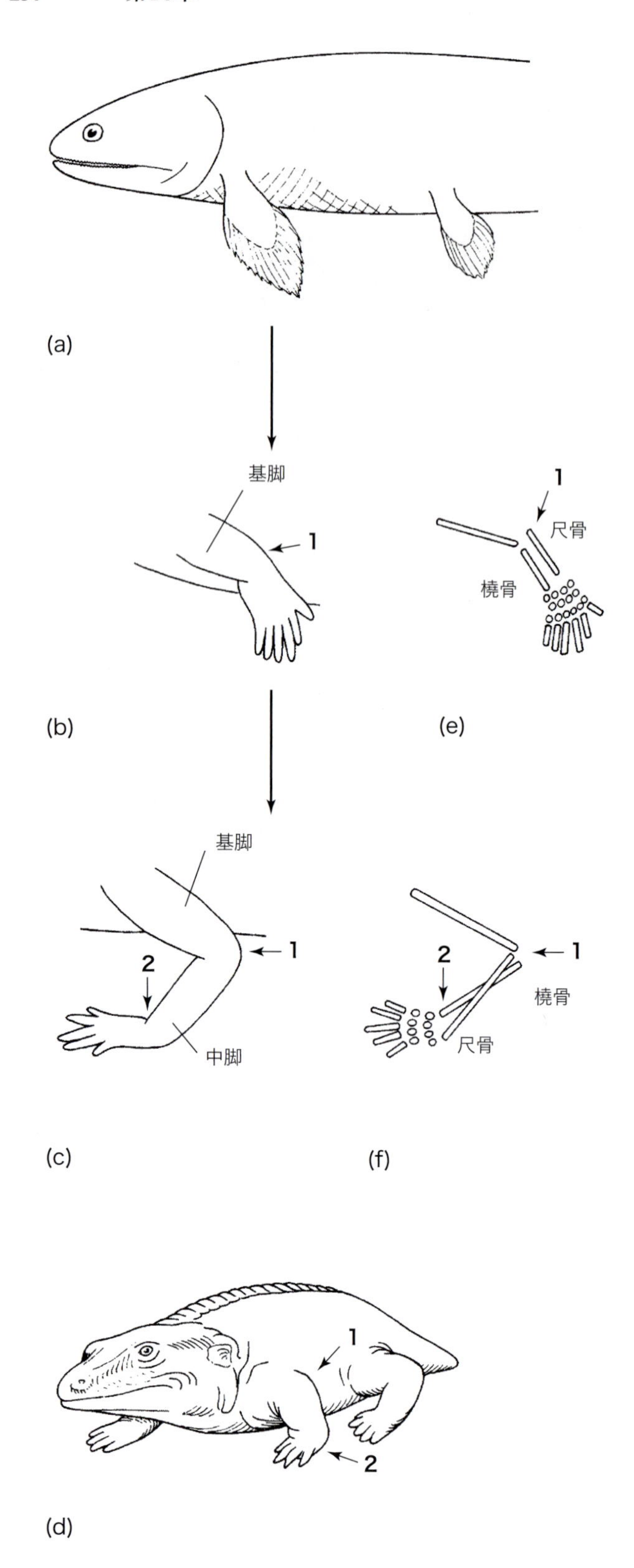

図 10－45
デボン紀での鰭から体肢への変遷。(a) 扇鰭類の魚類。(b) 仮想的移行段階。将来の肘関節（矢印 1）の位置に注意。(c)，(d) 切椎類の迷歯類。(c) では前腕の伸長と手首関節（矢印 2）の形成に注意。(e)，(f) は (b)，(c) の骨格要素の位置。(f) では，手が地面に平らに着くためには橈骨と尺骨に新しい方向づけが必要であったであろうことに注意。

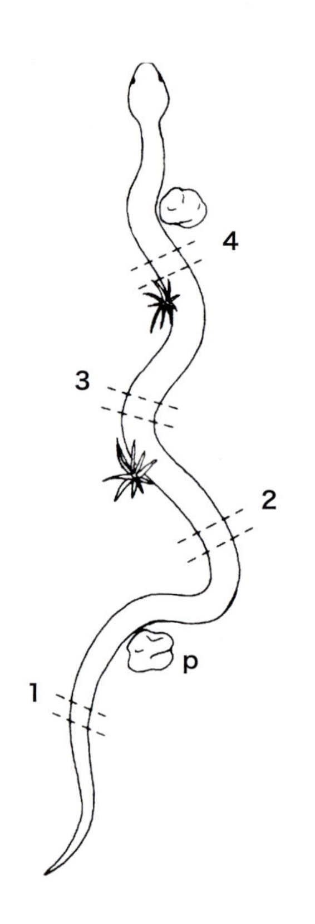

図 10－46
蛇行運動による移動。前進は進路上の接触地点あるいは支柱 p を圧迫することによって達成される。頭部は新しい接触地点を求めて前方に向かい，残りの体はすでに達成されたループ状の通路に沿って進む。接触地点に関してループが静止している間に，位置 1 にある体節は連続的に 2，3，4 へと進む。その結果，各ループは尾の末端にきて，新しいループが前方に形成される。ヘビの通った跡は必ず曲がりくねった波状になっている。

れていない)。2つの系統は最初は互いに平行である。しかし四肢動物の体肢は手首より遠位の体肢軸と直角な部分で，第二の細胞増殖期を持つ。指を生じさせるのはこの第二の増殖である。このパターンは，指は四肢動物の新しい構造であり，以前から存在していた構造が再構築された（輻射骨が変化して指を形成する）のではないことを示唆する。一方では，迷歯類の肢帯は魚類状のままであった。

鰭から体肢への移行によって必要になった外観の変化は図 10-45 に示されている。これらの変化には次のものが含まれるが，これらは必ずしも挙げた順番に起こったのでもなく，同時でもなく，また各付属肢に役立つすべての骨格筋系において付随的適応変化が必要とされた限り，確かに排他的にでもなく起こった。⑴中脚における2骨の伸長。⑵基脚と中脚の間の蝶番関節（今は肘関節と膝関節），また中脚と手首あるいは足首の間の蝶番関節の形成。⑶脊柱と平行になる方向への上腕骨と大腿骨の長軸の回転。⑷完全に発達した手と足の出現。この移行はデボン紀の間に起こったと思われる。

扇鰭類の鰭は水底で休んでいるときに用いられたというのはありそうなことである。水の浮力のため，鰭は感じられるほどの体重を担うことはなかったであろう。少しの変化により海岸近くのぬかるんだ海底での“歩行”が可能になったであろう。オーストラリア肺魚を含む数百種類の現生魚類が今日これを行っている。いくつかの現生魚類は，夜ごと胸鰭を使って内陸へ数フィート（1〜2 mほど）上がっている。あるものはほとんど房べりのない，著しく手に似た鰭を用いて傾斜面を登る。

有頭動物を陸上へと駆り立てた圧力は，必然的に推測的なものにならざるを得ない。それは陸上に捕食者がいないため，あるいは食物に対する競争が少ないため，あるいは単に食物が陸上で豊富だったためかもしれない。何者も侵略を阻止しないときにはいつでも隣接する環境へ侵入するという生物の傾向が現れたためだったのかもしれない。どのような理由であろうと，陸上生活によりよく適応した体肢が魚類の鰭から進化したのは必然的なことであった。

陸上における体肢を用いない体移動

体肢は陸上での体移動で梃子の作用をする。ヘビやその他の体肢のない四肢動物はこのようなやり方で前進することはできない。それにもかかわらずヘビは陸上で高度に繁栄しているが，それは脊柱，肋骨，体壁筋，皮膚などの変化により，四肢を用いる代わりの移動方法を獲得しているからである。

ヘビやアシナシトカゲにおける最も一般的な移動方法は，体を不規則なループ状に曲げ，その進路上にある木の茂み，岩，木の根，また単に表面の凹凸など，いかなる静止物体をも支えにし，また押し動かして前進するという方法である（図 10-46)。頭部が前方に押しだされている間，眼は次の接触地点を探して地上を走査する。あるものがぼんやり現れると，頭部がその方向に突き動かされる。接触すると，筋収縮の波が頭部に生じて尾の最後位の分節にまで伝わり，体幹と尾を頭部のほうへ引き寄せる。このパターンの体移動のためには少なくとも3カ所の接触場所が必要であり，また地面を押す力はほとんど働かない。このパターンの体移動は**蛇行運動** serpentine とよばれる。この移動において基本的に必要なのは，成体の骨格筋系において体が体節的になっていることである。**側波状運動** lateral undulation という言葉も蛇行運動に用いられたことがあるが，蛇行運動には魚類の側波状運動では作用しない機能的側面がある。

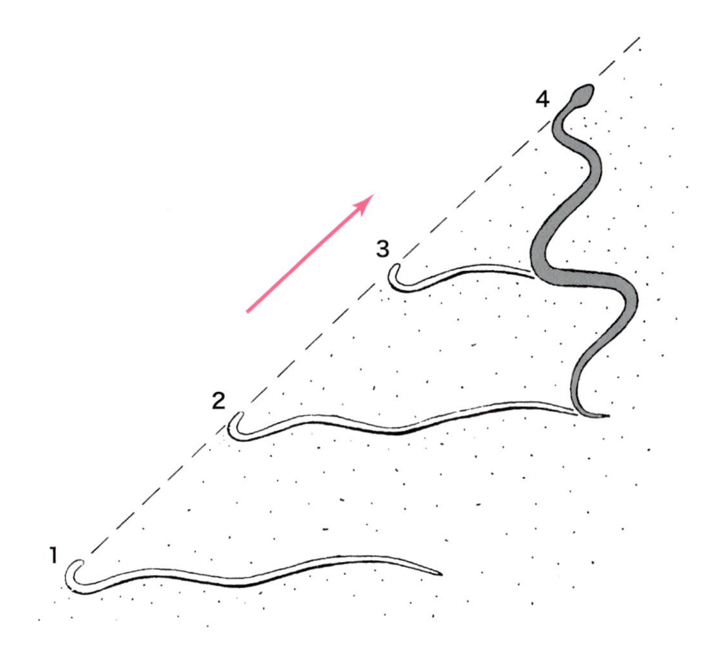

図 10-47
サイドワインダー（横這いガラガラヘビ）における移動。1〜4は，ヘビの頭と首が地面から持ち上げられ，前方にぐいと押しやられ，次の位置にしっかりと着地したときに砂の上に残された連続的な軌跡。各軌跡の間では体は地面に触れていない。体は新しい地点まで地面の上を“流れていく”。点線と矢印は運動の方向を示す。

ある種のヘビは全身を真っすぐにしたまま流れるように地表を滑っていく。腹側の皮膚がまるでコンベヤーベルトのように働き，その分節がそれぞれ停止したり前進したりする。これは**直進運動** rectilinear locomotion とよばれ，腹側の皮膚の分節と地表との間に生じる摩擦によって行われる。

接触地点にむけて外側に体を押しつけて梃子の作用により前進するヘビとは異なり，これらのヘビは地面に体を押しつけ，腹部の鱗甲の束になった一群を間欠的に止め金として用いる。短い停止の間に，もっと尾側にある鱗甲の群が追いついてくるが，その後，最初の群によって発揮された下方への圧力は解放され，これらの鱗甲は前方へ流れるように動き，伸び切って地面から持ち上がり，やがて前方にある鱗甲の群に追いつく。その間，すぐ尾側にある鱗甲の群はしっかりと地面に着いている。こうして鱗甲は前方に流れるように動いたり停止したりする律動的な波動を起こし，この波動は頭部から尾部まで全身を伝わっていく。

皮膚は，その他多くのヘビの皮膚のように，その下にある組織に緩く付着しているだけである。真皮には大量の弾性組織が存在し，鱗甲は体のほぼ１体節ほどの長さがあって互いに重なり合い，次の鱗甲とは運動の際には広がる皮膚膜のヒダによって結ばれている。これらの要素の組み合わせにより，各鱗甲は地面から解放され，その直後に前進運動を開始することができる。

直進運動には２組の横紋筋が関係する。１対の細い肋骨皮筋が各肋骨の背方から各鱗甲の縁の真皮へと，腹方および尾方へ伸びる。これらの筋が収縮すると鱗甲を地面から持ち上げるので，鱗甲は支柱の役目を失い，そして鱗甲間膜が伸長している間に筋が鱗甲を前方へ運ぶ。第二の，より強力な筋の１対が，鱗甲からより後位の肋骨の下端までほぼ水平に伸びる。この筋が収縮すると，皮膚の覆いのなかで体が前進する。ミミズトカゲは直進運動を行うが，そのときには腹側の皮膚だけでなく皮膚全体が動く。

ガラガラヘビやその他のヘビが砂だらけの荒れ地に住めるのは，**横這い運動** sidewinding（図 10–47）ができるからである。このような土地では蛇行運動を行うには静止した接触地点があまりに少なく，また直進運動のための持続的摩擦を生みだすにはその表面があまりに不安定である。多くのヘビは，その表面の性状のゆえにその他の体移動方法が無様な，あるいは無効な状況に一時的に置かれた場合には，横這い運動を行う。砂地では体は通常２，３本の軌跡を同時に占める。ヘビの体の前４分の１前後は前方に突きだされて，また新たな前進が始まる。

ヘビは巣穴のなかでは，Ｓ字状のループを作って巣穴の壁に押しつけ，頭部と前方の体を前に押しだす間，水平方向への力を生みだす，という蛇行運動の変形によって前進する。次いで，体の後部が前進する。この過程は演奏されているアコーディオン（コンチェルティーナ）の風袋を思いださせるので，**蛇腹様運動（コンチェルティーナ運動）** concertina movement とよばれる。ヘビは場所から場所へ移動する方法として，しばしばいくつかの体移動方法を組み合わせる。

ヘビの地上における体移動のすべての前進方法は，(1) 400 かそれ以上の高度に柔軟な椎間関節からなる脊柱，(2)環椎から尾の先端までの椎骨から伸びてほとんど腹部正中線にまで達する例外的肋骨，(3)椎骨間および椎骨と肋骨を結ぶ異常に多数の筋束，(4)ヒダのある膜によって相互に結びつけられた幅広く滑らかで重なり合う角質の腹部鱗甲，(5)真皮の例外的な弾力性，(6)皮膚とそれに包まれた体が独立して動くことを可能にするだぶだぶの皮膚，によって可能になる。

もちろん，四肢を持たずに地上を動き回る四肢動物はヘビとアシナシトカゲだけではない。ミミズトカゲは巣穴のなかで変形の蛇行運動を行う。四肢のない両生類は陸上では基本的に魚類の遊泳運動，すなわち，体と尾の側波状運動を用いる。この運動は大きな速度を出せないが，これらの両生類は水辺あるいは湿った生息地からあえて遠ざかることはない。最も特殊化した技術と最大数の適応はヘビにおいてみられる。

約 15 属のウミヘビがインド洋および太平洋の熱帯の海中に住んでいて，そのあるものは３m にも達する。これらのよく適応したウミヘビは，側面が平たい体を持ち，そのオールのような尾は海中で体を突進させる際にスカルのように用いられる。海生哺乳類における体移動についてはすでに論じてある。

要約

1．付属肢骨格は前肢帯，後肢帯，そして鰭あるいは体肢の骨格からなる。
2．すべての硬骨魚類の前肢帯は，初期の硬骨魚類でみられた原始的形態パターンの変形であり，３つの軟骨あるいは軟骨内骨と，皮膚装甲に由来する４つか５つの膜性骨からなる。
3．烏口骨，肩甲骨，上肩甲骨は内骨格である。烏口骨は成体の独立した構造としては獣亜綱哺乳類には存在しない。肩甲骨は前肢を欠く動物以外には普遍的に存在する。
4．鎖骨，擬鎖骨，上擬鎖骨，後側頭骨，後擬鎖骨は皮骨である。擬鎖骨と上擬鎖骨は魚類にのみ存在する。鎖骨は硬骨のある脊椎動物のすべての綱に存在するが，四肢動物で最もよく発達する。腹側正中にある間鎖骨は膜内骨化によって生じた四肢動物特有の骨で，現生の爬虫類や単孔類で保持されている。
5．現生の硬骨魚類は前肢帯の置換骨を失う傾向にある。四肢動物は皮骨を失う傾向にある。
6．後肢帯には皮骨は存在しない。
7．魚類の後肢帯は２枚の骨盤板（坐恥骨板）からなる。これらは外側で腹鰭と関節し，また通常は腹側で会合して線維軟骨結合する。これらの板はサメと肺魚では結合して１本の正中の棒になる。
8．四肢動物では各骨盤板の２つの骨化中心が坐骨と恥骨になる。腸骨は脊柱に対して後肢帯を支持する。
9．腸骨，坐骨，恥骨は哺乳類では結合して１個の無名骨（寛骨）を形成する。これは閉鎖孔を囲んでいる。
10．後肢帯の腹側正中には，ある種の有尾類で前恥骨軟骨，多くの爬虫類，単孔類，有袋類では上恥骨軟骨と下坐骨軟骨が存在する。
11．哺乳類およびある種の爬虫類では，仙骨と後肢帯が骨盤腔を囲む骨盤を構成する。
12．有対鰭は肉鰭類における葉鰭，軟骨魚類における褶鰭，条鰭類における条鰭の３タイプに分けられる。
13．一般的な鰭（有対鰭あるいは正中鰭）の骨格は，骨性あるいは軟骨性の基底骨（軟骨）と輻射骨（軟骨）の列が層状に配列してできる。
14．葉鰭は中心骨軸と軸前および軸後輻射骨あるいはその変化したものを持つ。条鰭は基底骨を失い，輻射骨も減少あるいは消失している。
15．軟骨魚類は線維性の鰭条（角質鰭条）を持つ。硬骨魚類の鰭条（鱗状鰭条）は皮骨が関節してできている。
16．背鰭と尻鰭は不対である。尾鰭はそのなかの脊索や脊柱が取る方向によって，原正形尾，異尾，正尾，下異形尾に分けられる。正尾の基本的骨格は変形した尾椎の神経弓，血管弓および棘突起の遺残構成要素からなる。正尾は尾端骨と下尾骨によってさらに強化されている。
17．鰭の起源は不明である。鰭膜仮説，鰓弓仮説，鰭棘仮説が提案されている。
18．四肢動物の体肢は扇鰭類の鰭が変化したものである。
19．体肢の骨格は基脚（上腕骨または大腿骨），中脚（橈骨と尺骨，あるいは脛骨と腓骨），末脚（手または足）からなる。
20．手と足の構造的変化には骨数の減少，各分節の不均衡な伸長あるいは短縮，そしてある種の海生四肢動物における指節骨数の増加などがある。
21．指（趾）は現生両生類では４本あるいはそれ以下，大部分の鳥類で３本，ある有蹄類ではたった１本に減少した。指（趾）の消失にともない，関連する手根骨と中手骨，足根骨と中足骨も消失あるいは減少した。
22．手の最も際立った変化は飛翔する四肢動物（翼竜，鳥類，コウモリ），水に適応した有羊膜類，そして有蹄類でみられる。
23．哺乳類の歩行様式は蹠行型，指行型，蹄行型に分けられる。有蹄類の足は蹄を備えており，メサゾニック肢（奇蹄類）あるいはパラゾニック肢（偶蹄類）である。
24．鳥類では，数の減った足首の指は脛骨および中足骨と癒合してさらなる長い分節を後肢に付加する。足根内関節は趾に屈曲性を追加する。
25．種子骨を除けば，鰭と体肢の骨はすべて軟骨内骨である。
26．大部分の魚類は側波状運動によって泳ぐ。海生の四肢動物は前方への推進力を前肢の鰭状足，側波状運動，櫂こぎ，クジラ類ではギャロップ（速泳）によって得ている。体肢のない陸生の四肢動物のなかでは，ヘビが体移動のために最も多くの適応を行っている。真の飛翔を可能にする適応のなかには手の変化も含まれる。

理解を深めるための質問

1．前肢帯はいつ生じたと考えるか？　またそれはなぜか？
2．原始的硬骨魚類の前肢帯をヒトあるいはネコの前肢帯と比較せよ。
3．有対鰭の起源に関する様々な仮説を比較せよ。
4．サメの鰭，条鰭，葉鰭の間で構造的パターンを区別せよ。
5．正中鰭と尾鰭はどのような機能を果たしているか？
6．前肢と後肢の構造的構成要素は何か？
7．手根骨および足根骨の原始的パターンは何か？　一般に，これらはどのように変化したか？　機能的に，何がこれらの変化の理由を説明するか？　一例を挙げよ。
8．指（趾）数の減少に関する２つの機構仮説を述べよ。
9．どのような体肢の変化が走行性に関係するのか？

参考文献

Additional references to locomotion will be found in Selected Readings at the end of chapter 11.

Alberch, P., and Gale, E. A.: A developmental analysis of an evolutionary trend: Digital reduction in amphibians, *Evolution* 39(1):8, 1985.

Blake, R. W.: Fish locomotion. New York, 1983, Cambridge University Press.

Blieck, A.: At the origin of chordates, *Géobios* 25:101, 1992.

Carrier, D. R.: The evolution of locomotor stamina in tetrapods: Circumventing a mechanical constraint, *Paleobiology* 13(3):326, 1987.

Coates, M. I., and Clack, J. A.: Polydactyly in the earliest known tetrapod limbs, *Nature* 347:66, September 1990.

Fish, F. E., Innes, S., and Ronald, K.: Kinematics and estimated thrust propulsion of swimming harp and ringed seals, *Journal of Experimental Biology* 137:157, 1988.

Gans, C.: Biomechanics: An approach to vertebrate biology. Philadelphia, 1974, University of Michigan Press.

Gerhart, J., and Kirschner, M.: Cells, embryos, and evolution, chapter 10. Malden, 1997, Blackwell Science.

Gould, S. J.: Bent out of shape, *Natural History*, 99(5):12, May 1990. A popular story of the discovery of the hypocercal tail of ichthyosaurs.

Gould, S. J.: Eight (or fewer) little piggies, *Natural History*, 100(1):22, January 1991.

Hildebrand, M.: The adaptive significance of tetrapod gait selection, *American Zoologist* 20:255, 1980.

Jarvik, E.: Basic structure and evolution of vertebrates, vol. 1. New York, 1980, Academic Press.

Nelson, C. E., and Tabin, C.: Footnote on limb evolution, *Nature* 375:630, 1995.

Padian, K.: The flight of pterosaurs, *Natural History*, 97(12):58, 1988.

Rackoff, J. S.: The origin of the tetrapod limb and the ancestry of tetrapods. In Panchen, A. L., editor: The terrestrial environment and the origin of land vertebrates. New York, 1980, Academic Press.

Romer, A. S.: Osteology of the reptiles. Chicago, 1956, University of Chicago Press.

Shubin, N., and Wake, D.: Phylogeny, variation, and morphological integration, *American Zoologist* 36:51, 1996.

Strathmann, R. R.: Why life histories evolve differently in the sea, *American Zoologist* 30:197, 1990.

Webb, P. W.: Body form, locomotion and foraging in aquatic vertebrates, *American Zoologist* 24:107, 1984.

インターネットへのリンク

Visit the zoology website at http://www.mhhe.com/zoology to find live Internet links for each of the references listed below.

1. Vertebrate Flight. Introduction to flight, origins and evolution of flight, gliding, and parachuting from the U.C. Berkeley Museum of Paleontology.
2. Airfoils and Airflow. The physics of avian flight.
3. Aerodynamics of Animals. An enormous amount of information on flight in birds, insects, bats, and underwater “flight” (= swimming).
4. Legs, Feet, and Locomotion. This site primarily addresses cursorial locomotion, but has links to digitigrade, unguligrade, and plantigrade information. Heavy emphasis on the adaptations of the skeleton and musculature to running.
5. Edweard Muybridge’ s Animations, by C. Lucassen. This site will be very interesting to biological history buffs. During the 1800s, Muybridge was one of the first to use photographic equipment to examine locomotion in humans, and a variety of other animals.
6. How Fish Swim. Diagrams, and an animation of fish locomotion.

第11章 筋

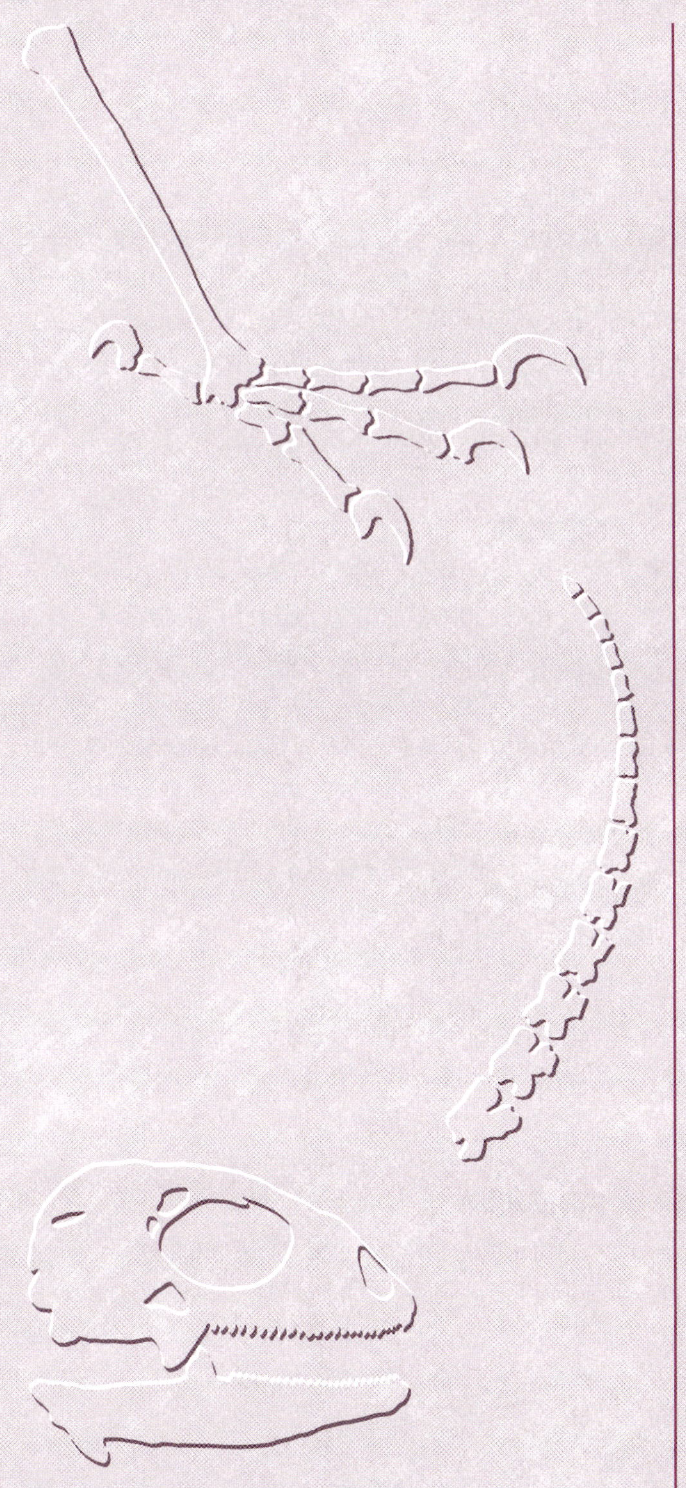

本章では筋組織と筋をいくつかの視点から分類し，次いで魚類と四肢動物の骨格筋を機能的グループとして調べ，その原始的パターンに注目し，それが陸上生活のためにいかに変化したのかをみる。

概要

筋は組織であり，器官である。この組織，すなわち器官は1つの機能，つまり刺激されると収縮し，その後回復するという機能だけを果たすために特殊化している。短縮はアクチンとミオシンという2つの筋タンパク質における化学的変化の結果である。十分な数の収縮単位が短縮すると，それに対応して全筋塊の短縮と拡大が起こる。

筋が腔所を囲んでいると，腔所が圧縮される。筋が2つの構造物の間に伸びていると，筋の収縮によりその一方は他方のほうへ引かれ，また他の筋が2つの構造物を引き離していれば収縮は抵抗を受ける。筋収縮のための通常の刺激は神経インパルスであるが，これは後述するように心筋では事情が異なる。

本章ではまず骨格を安定させたり動かしたりする筋について述べる。これらの筋は環境のなかで体の姿勢，移動および方向を最終的に決定するものである。

筋組織と筋の主要なカテゴリー

組織と器官については，有用な目的に役立ついかなる規準による分類もありうる。機能的ならびに記載形態学で用いられるような筋組織と筋の主要なカテゴリーは，以下の段落の主題である。

横紋筋，心筋，平滑筋

筋組織の分類において最も一般的に用いられる規準は組織学である。この規準を用いて，筋組織は横紋筋，心筋，平滑筋のいずれかに分類される。

横紋筋組織

横紋筋は長い円柱状の多核**筋線維** muscle fibers からなり，各筋線維は光学顕微鏡でみえる横と縦の線条を持つ（図11–1a）。縦の線条は筋線維内の平行な糸状の**筋原線維** myofibrils によってもたらされる。各筋原線維はその全長にわたる**サルコメア（筋節）** sarcomeres の反復からなる。各サルコメアは縦に並んだ2種類のタンパク質様のミオシンとアクチンという**筋フィラメント** myofilaments からなり，これらは光学顕微鏡ではみえない。筋線維の横紋は筋線維内のすべてのサルコメアが完璧に配列されていることによる。

横紋筋線維は1つの細胞ではなく，1個の機能的単位となる**合胞体** syncytium である。これは組織形成の際に筋芽細胞が縦につながり，核と細胞質が長い合胞体の形成に参加し，最終的に繊細な形質膜である**筋鞘（筋細胞膜）** sarcolemma に包まれて形成される。筋線維は集合して骨格筋を形成するが，骨格筋には結合組織，血管，神経組織もあって，筋に機械的支持，引っ張り強さ，代謝的要求，そして収縮のための刺激を与えている。

インパルスは運動神経終末に到達し，**運動終板** motor end plate（図11–2）に隣接する空隙に神経伝達物質のアミンを放出させる。運動終板は筋鞘の一部で，そこに神経伝達物質のための受容体が存在する。神経終末はここで筋鞘を押し下げるが，それを貫通することはない。運動終板が筋鞘に沿った刺激を開始することによって，アクチンとミオシンの間で生化学的反応が起こり，その結果サルコメアが短縮する。この反応によりアクチン分子がお互いのほうに滑り込むという仮説が立てられている。サルコメアが短縮すると筋原線維が膨らみ，したがって筋全体が短縮し厚みを増す（図11–1a）。

1個の神経細胞は，運動終板を1本ではなく多数の筋線維に与えているので，**運動単位** motor unit として知られる筋線維の機能的一群が同時に収縮する。刺激される運動単位の数が多ければ多いほど，収縮の効果も大きくなる。

心筋組織

心筋は横紋筋組織が独特の変化を遂げたものである（図11–1b）。心筋は筋原線維およびアクチンとミオシンのフィラメントを含み，これらは骨格筋線維におけると同様に配列されている。収縮のメカニズムは基本的に同一である。

心筋は次の点で骨格筋と異なる。⑴心筋細胞は一般に単核である，⑵細胞は独特の境界である**介在板** intercalated disks によって隔てられている，⑶心筋は神経刺激なしで収縮できる，⑷心筋は自律神経系の神経線維の分布を受けている。

介在板は隣接する細胞の細胞質をつないでイオン輸送を容易にし，それにより活動電位の素早い通過が可能になる。心筋組織は規則的に（筋原性に）自己脱分極し，それ自身の線維系を通じてインパルスを伝える。自律神経線維はこの筋原性活動の律動性を修飾する。

平滑筋組織

平滑筋細胞は紡錘形で単核，筋原線維を持つが横紋を欠く（図11–1c）。横紋筋組織とは異なり，平滑筋組織はある器官の一部としてしばしばシート状に出現する。心筋同様，平滑筋組織は自律神経系の支配を受ける。

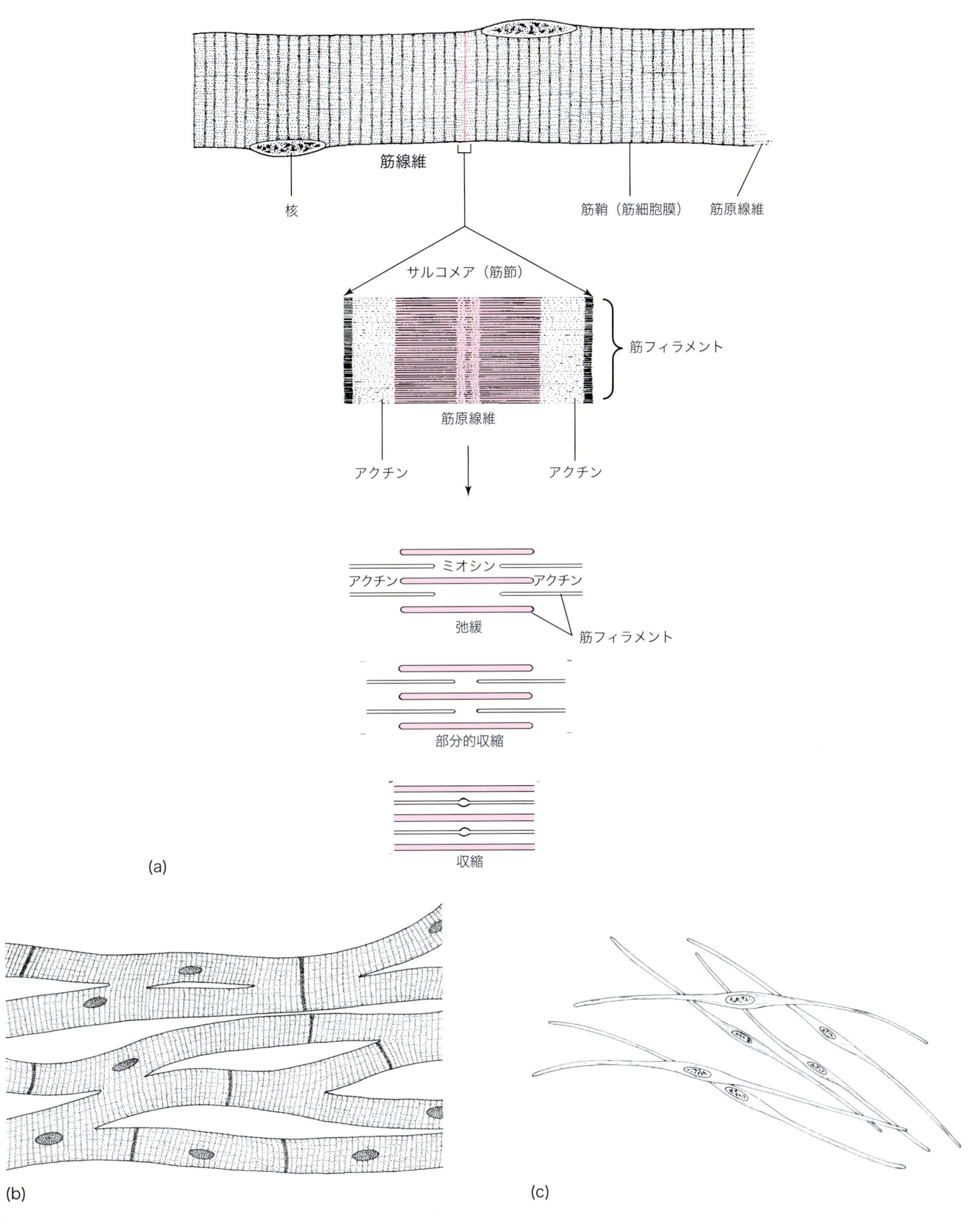

図 11–1
筋組織。(a) 横紋筋線維の断面を光学顕微鏡でみる（上）。ミオシン（赤色）とアクチンの筋フィラメントからなる１本の筋原線維の断面の模式図。筋フィラメントの滑り込み機能によって起こる筋収縮の模式的描写（下）。サルコメア（筋節）の左右の境界はあまりに微細で光学顕微鏡では観察できない。(b) 心筋組織。黒い棒は細胞境界の介在板である。(c) 腸管壁から分離された平滑筋細胞。

筋の主要なカテゴリー

体性筋

生物の生存のために筋が演ずる主要な役割に基づけば，筋は体性筋と内臓筋に分類することができる。体性筋は生物の体を外的環境に適応させる。体性筋は横紋筋で，軸性骨格の靭帯，腱，骨に，体肢骨格に，そして外側および腹側体壁の骨格要素に付着する。体性筋は四肢動物の舌を動かす少数の筋を除き，脊髄神経の支配を受ける。

一般に，体性筋は意志によって収縮される場合は**随意筋** voluntary muscles といわれる。このことは，例えば皮膚が不意にピンに接触する場合のように体が危険にさらされるとき，呼吸を止めることが体に有害になるとき，あるいは腱が不可避的に引き伸ばされるときのような反射性筋収縮を排除するものではない。

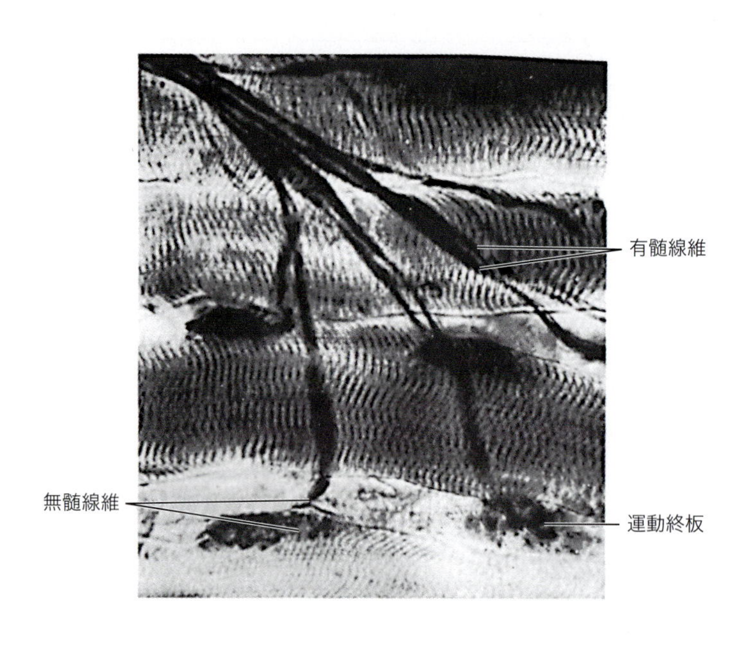

図 11–2
骨格筋線維の神経分布。
Courtesy Gerrit L. Bevelander and Judith A. Ramaley.

体性筋は個体発生的に，あるいは系統発生学的に，中胚葉体節の筋節から派生したものである（図5–9，11–6，11–7参照）。このため体性筋はしばしば**筋節性筋** myotomal muscles あるいは**体節筋** somitic muscles とよばれる。

内臓筋

内臓筋は一般に適切な内的環境を維持する。内臓筋は中空臓器，脈管，管，導管の平滑筋，眼球の固有筋組織，羽毛や毛の起立筋である。内臓筋には心筋も含まれる。内臓筋は主として内臓板中胚葉（図5–11，11–7参照）から派生し，自律神経系による支配を受けている。図16–35には少数の内臓臓器における神経分布を示してある。

内臓筋は有頭動物の歴史を通じて比較的わずかな進化的変化しか受けていないが，それは内臓筋が環境の変動にあまり支配されないからである。それゆえ本章では内臓筋についてはあまり触れないことにする。体性筋と内臓筋の対比については**表 11–1**に挙げてある。

鰓節性体性筋

鰓節性体性筋は魚類から人類に至るまで，咽頭弓とその個体発生的あるいは系統発生学的派生物に属する。これらは横紋骨格筋である。鰓節筋は筋節起源でもあるが，これらは最も頭側の体節と頭部の非分節性の沿軸中胚葉から派生する。沿軸中胚葉は不完全な分節性を示し，個々の部分は**体節球（ソミトメア）** somitomeres とよばれる。体の体節と異なり，体節球は十分な分節とならず，硬節と真皮節の要素を欠いている（これら失われた要素の派生物は，頭部では神経堤から派生する）。これらは脳神経の分布を受けている。これらについては後に本章で考察する。

本章の残りの部分では主として骨格筋に焦点を当

表 11–1 体性筋と内臓筋の対比と相違

体性筋*	内臓筋
横紋筋，骨格筋，随意筋	平滑筋，非骨格筋，不随意筋†
本来，分節的	非分節的
筋節由来	大部分が側板中胚葉から生じる
大部分が体壁と体肢に存在	大部分が内臓葉‡に存在
主として外的環境への適応	内的環境の調節
脊髄神経と第Ⅲ，Ⅳ，Ⅵ，Ⅻ脳神経による直接支配	自律神経系節後線維による神経支配

＊：鰓節筋は体性筋であるが，外的環境への体の適応には直接関係しないので，通常は別に扱う。
†：心筋には横紋がある。
‡：毛や羽毛を起立させたり血管を収縮させたりする平滑筋は皮膚に存在する。

てる。これらは最も原始的な四肢動物の出現当初から多様化を重ねてきた。骨格筋の配列の魚類から人類に至る基本的パターンの認識，それらの胚の時期における起源の共有性の発見，そして地質年代を通じて筋系に起こった進化的変化の解明は，ルネッサンス期に始まった。これは今日および将来の科学者の技術に助けられてこの21世紀に続いていくであろう研究によって達成されたものである。

骨格筋への序説

器官としての骨格筋

骨格筋は筋の部分と腱の部分からなる（図11–3）。筋を包んでいるのは丈夫で光沢のある線維鞘，すなわち筋膜あるいは**筋上膜** epimysium である。これは主として線維性結合組織と少量の弾性線維からなり，弾性線維の量は筋によって異なる。筋内の筋線維の主要な束（筋線維束）は**筋周膜** perimysium で包まれ，また筋周膜は筋束のなかに入り込んでより小さな筋束を包み込む。最小の筋線維束は比較的少数の筋線維からなり，筋の機能的単位を構成する。各機能的単位の筋，神経および脈管要素は非常に繊細なコラーゲン性の網状組織，すなわち筋周膜の延長である**筋内膜** endomysium によって支持されている。これは1本1本の筋線維を筋細胞膜の表面で取り囲んでいる。筋上膜，筋周膜，筋内膜は高度の引っ張り強さを持つ1つの連続体を構成して，筋のすべての収縮単位を包み込んでいる。

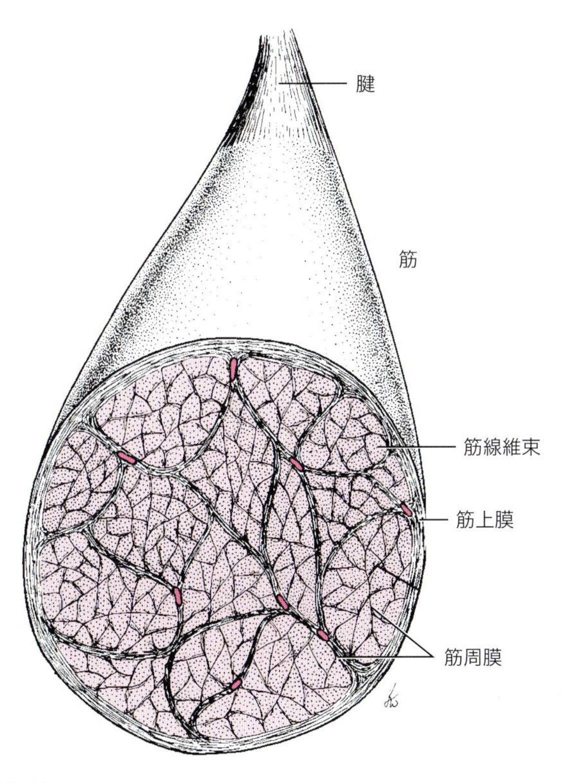

図11–3
哺乳類の紡錘形をした骨格筋の横断面。目にみえる細かな区画はすべて筋線維束である。最小の筋線維束と筋内膜はあまりに微細で目にみえない。

腱は筋線維束が終わる場所を越えて筋が延長した部分である。筋周膜と筋上膜のコラーゲン線維束は延長して腱の一部になる。同様に，腱が骨格に付着する部位で，腱のコラーゲン線維束は，腱が終止する骨の軟骨膜あるいは骨膜へ伸びてその一部になる。したがって，筋の収縮によって生じる張力は筋全体に伝達され，また1つの骨格付着部からもう1つの骨格付着部に伝達される。

単収縮性線維と強直性線維

骨格筋の線維にはいくつかの機能的変異があり，それらは例えば組織化学，収縮特性，神経分布のパターンあるいは細胞内の特徴に基づいて同定することができる。これらはまた，あまり正確ではないが，赤筋と白筋として識別されてきた。筋線維の色彩は外来性あるいは内在性要因（例えば，それぞれ筋内の毛細血管の増加，あるいはヘモグロビンに似た色素を持つ分子である**ミオグロビン** myoglobin の存在）のいずれかに起因するので，本書ではこれらの用語は使わないことにする。収縮性の線維タイプが全分類群を通じて最もよい分類を提供し，それには**単収縮性線維** twitch fibers と**強直性線維** tonic fibers がある（表11–2）。これらの線維タイプは大部分の分類群で見いだされ，その割合が異なる。

単収縮性線維は哺乳類で優勢な線維で，強直性線維は外眼筋と耳の筋に限られる。単収縮性線維は幅広い機能範囲を有し（表11–3），姿勢機能に対応する遅い単収縮性線維や，両生類や爬虫類における低疲労の強直性線維とともに機能を果たす。遅い単収縮性線維（遅筋線維）には豊富な血液供給と大量のミオグロビンがあるので，その色は暗調である。速い解糖型の単収縮性線維（速筋線維）は，激しい運動の間に酸素がない状態で大きな力を出すことができる。

魚類から人類に至るまで，大部分の筋は混合した線維タイ

表11–2 有頭動物における収縮性線維タイプの特性

単収縮性	強直性
速い収縮から遅い収縮	遅い収縮
遅い – 哺乳類の姿勢筋	両生類と爬虫類の姿勢筋
速い – 大部分の体移動筋	哺乳類の外眼筋と耳の筋
神経支配 – 1本の軸索	多数の軸索
活動電位 – 全か無	段階的収縮の一時的合計
様々な疲労程度	能率的に緊張を維持可能

表 11-3　単収縮性線維における線維タイプの変異

遅い単収縮性（哺乳類のⅠ型）	速い酸化型（哺乳類のⅡA型）	速い解糖型（哺乳類のⅡB型）
姿勢または遅い反復運動 ゆっくり疲労 多数のミトコンドリア 高酸素貯蔵タンパク質（ミオグロビン），“赤筋” 魚類と家禽の“赤黒い”肉	速い ゆっくり疲労 多数のミトコンドリア 酸化的リン酸化による ATP の形成 鳥類の飛翔筋	強力で速い 早く疲労 少数のミトコンドリア 解糖による ATP の形成－酸素負債が付随 家禽の“白っぽい”胸肉（ささみ）

プを示し，それぞれの線維タイプの比率は，その筋が生存のために果たす役割によって様々である。例えば，ラットの頭部を動かす筋は非常に高い割合で速筋線維を含むが，イエネコにおける対応筋では遅筋線維の割合がかなり高い。このことは，尻をぺたりとついて座るラットはイエネコより頻繁に，またもっと急速に頭部を動かして外界を監視しているという観察結果と相互に関連している。一方，イエネコとラットの双方の体肢筋は速筋線維に富んでいる。遅筋線維あるいは速筋線維を持続的に使用すると線維の太さが増大し，それゆえ筋の大きさと強さが増大する。

成体の哺乳類を解剖していると，骨格筋の大きさが雌雄で異なることにしばしば気づかされる。雄の優勢な性腺ホルモンであるアンドロゲンは，アミノ酸をつなげてポリペプチドとタンパク質にする。筋の 80%はタンパク質なので，アンドロゲンは統計的に有意差が出るほど大きな筋を雄で作り上げる。

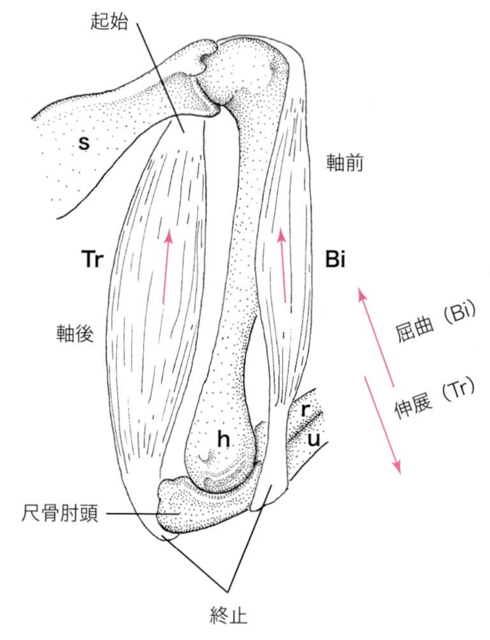

図 11-4
ウサギの右上腕の２つの筋の起始，終止およびこれらの筋による引っ張り力の方向を外側から示す（すなわち，頭部は右方向）。筋内の矢印は前腕での引っ張る方向を示す。右側の矢印は筋が収縮したときに前腕が動かされる方向を示す。Bi：上腕二頭筋。h：肘での上腕骨。r：橈骨。s：肩甲骨。Tr：上腕三頭筋長頭。u：尺骨。Tr は第一段の梃子に，そして Bi は第三段の梃子に起動力を与える。この２つの筋は協力的に働かねばならないが，それは前腕が負荷に対し滑らかに動くように中枢神経系への固有受容性フィードバックによって監視されている。

筋の起始，終止および形状

ある筋の**解剖学的起始** anatomic origin は，系統発生学的起源あるいは個体発生的起源 ontogenetic origin とは全く異なり，最も機能が盛んな状態でも固定されたままである筋の付着部位のことである。すなわち，その筋が起こる骨は，筋が収縮しても位置が変わることはない。例えば上腕二頭筋が収縮すると（図 11-4，Bi），前腕が屈曲される（つまり，上腕のほうに引かれる）。それゆえ上腕二頭筋の起始は肘のより近位にある。ある筋の**終止** insertion とは，一般的には筋の収縮によってその位置が変化するような付着部位のことである。上腕二頭筋は前腕に終止する。筋は終止骨が他の筋によって固定されている場合には，終止骨の代わりに起始骨の位置を変えさせることがある。例えばオトガイ舌骨筋は舌骨と下顎のオトガイとの間に伸びる筋であるが，このどちらの骨が収縮時に動かなくされているかによって，下顎を下げたり舌骨を前に引いたりする。

筋について考える場合，一般にはウサギの上腕二頭筋のように１つの筋腹と２つの腱でできている筋を思い浮かべるであろう（図 11-4）。このような筋は紡錘状筋である（この筋はネコやウサギでは１つの頭すなわち１つの起始腱しか持たないので，二頭筋という名称は適切ではない。ヒトではこの筋は二頭を持つ）。ある筋（二腹筋）は２つの筋腹を持つ。あるものは三頭あるいは四頭を持つ。多くの筋は，例えば四肢動物のオトガイ舌骨筋（図 11-15）や哺乳類の胸骨乳突筋（図 11-24c）のように革帯状を呈する。あまり多くないが，その構造が鳥類の正羽に似ているので羽状筋とよばれる筋もある。羽状筋は中心腱あるいは境界腱から多数の部位，例えば連続する椎骨に終止する“羽根のような広がり”をみせる。さらに別の外形を呈する筋，例えば中心腱を持ったドーム状の横隔膜（図 11–13）は哺乳類の解剖の際に観察できる。

哺乳類の腱および靭帯が丈夫で薄い膜状に広がったものは**腱膜** aponeuroses として知られている。その１つである**帽状腱膜** galea aponeurotica は哺乳類の頭皮の主要構成要素であり，外皮と密接して皮下にあり，前頭部，側頭部，後頭部の多数の薄くて幅広い皮筋の総終止腱となっている（図 11–25e，f）。指を自分自身の頭皮に当てて指を動かすと，帽状腱膜が動くのがわかる。**縫線** raphes は，例えば体幹腹側正中線上にある**白線** linea alba（図 11–14）のような，縫い目のような長い腱である。縫線に終止する筋はしばしば腔とそのなかの器官を圧縮させる。微細で非体節的な筋節中隔状を呈する**腱画** tendonous inscriptions が多くの革帯状あるいは幅広いシート状の筋を横切り，その筋に引っ張り強さを与える（図 11–15）。腱画はヒトの腹直筋や，有尾類および多くの有羊膜類腹部の幅のある斜筋および横筋で顕著である。

骨格筋の作用

骨格筋はその機能によって類別することができる。**伸筋** extensors は体肢あるいは脊柱の２部分を関節の部位で真っすぐにさせる。**屈筋** flexors は１つの部分を別の部分のほうに引きつける。**内転筋** adductors はある部分を正中線のほうへ引き寄せる。**外転筋** abductors は正中線から遠ざかる動きを起こす。**前引筋** protractors は舌あるいは舌骨のような部分を前方あるいは外側に押しやる。**後引筋** retractors はそれを引き戻す。**挙筋** levators はある部分を持ち上げる。**下制筋** depressors はそれを引き下げる。**回旋筋** rotators はある部分をその軸上で回旋させる。**回外筋** supinators は回旋筋の１種で掌を上に向けさせる。**回内筋** pronators は掌を伏せさせる（下に向ける）。**張筋** tensors は鼓膜のような部分をもっとぴんと張らせる。**収縮筋** constrictors は内部のものを圧縮する。**括約筋** sphincters は収縮筋の１種で，開口部を狭めさせる。**散大筋** dilators はその反対の作用をする。大部分の括約筋と散大筋は骨格に付着しない。

いかなる筋の作用もその筋の起始，終止および形状に依存しているが，少数の筋はこれらに関係なく作用する。しばしば，これらの筋は機能的グループとして作用し，そしてまた反対の作用をする他の機能的グループと協力的に働く。あるグループが収縮している間，反対のグループは同時にかつ同じ比率で弛緩しなければならない。さもないと，膠着状態は最少の効果しかもたらさない。それどころか，筋が断裂したり，腱や靭帯が伸び切ってしまうことがある。両方の筋グループが滑らかに動くためには，これらの筋は小脳の反射調節制御を受けなければならない。小脳はこれらの筋，その腱，そして関連する関節嚢あるいは関節包のなかに存在する固有感覚受容器から知覚性フィードバックを受けると，運動刺激を直ちに適切な筋へと発信する（第 17 章参照）。

骨格筋の名称と相同性

骨格筋は線維の方向（斜筋，直筋），所在あるいは位置（胸筋，棘上筋，浅筋），細分の数（四頭筋，二腹筋），形状（三角筋，円筋，鋸筋），起始あるいは終止（剣状上腕筋，アブミ骨筋），作用（肩甲挙筋，笑筋），大きさ（大筋，最長筋），これらの組み合わせを含むその他の特徴によって名づけられている。筋の名称の意義を洞察すれば，その筋についてのその他の情報を思いだすのに役立つ。

筋の名称はもともと相同性を考慮していない先行の規準の１つに従って与えられたものである。それゆえ，異なった動物種において同一の名称を持っていても，それはこれらの筋が相同であるということを保証するものではない。動物種の関係が遠ければ遠いほど，それらが相同ではないという可能性はますます大きくなる。筋の位置，起始と終止を出発点とすることはよい判断であるが，これも相同性を打ち立てるために信頼できる根拠ではない。その１つの理由として，進化の過程で筋が発達して新しい筋片を作りだすときに，筋が時々付着部位を変更するということがある。その一例として哺乳類の舌に終止するオトガイ舌筋がある。この筋は有羊膜類の共通の祖先から伝えられたものである。いくつかの鳥類では，おそらくこの筋と相同な筋は舌下の貯種子嚢に終止している。

この仮説を検証する方法は，それらの筋の胚発生と神経支配を含むその他の研究方法の組み合わせしかない。それゆえ，相同な筋を捜すための１つの研究方法としては，相同であると思われる２つの筋の発生の初期段階を比較することである。その原基は同一であるように思われるだろうか？　もしそうであれば，たとえ一方の動物種でその原基がどこかの方向に発達して新しい位置関係を取るのに対し，他方の種における原基がそうなっていなくても，２つの筋は相同であるに違いない。原基が類似している場合には，それらの筋は相同である可能性が高い。この前提に立てば，爬虫類の烏口肩甲筋は哺乳類の棘上筋および棘下筋と相同であると考えられる。

神経学的研究はしばしば重要な証拠を与える。相同と思われる２つの筋を神経支配しているそれぞれの運動神経細胞体が，脊髄あるいは脳内のそれぞれ相同な核に位置しているならば，これは重要な証拠である。もちろん，この２つの運動

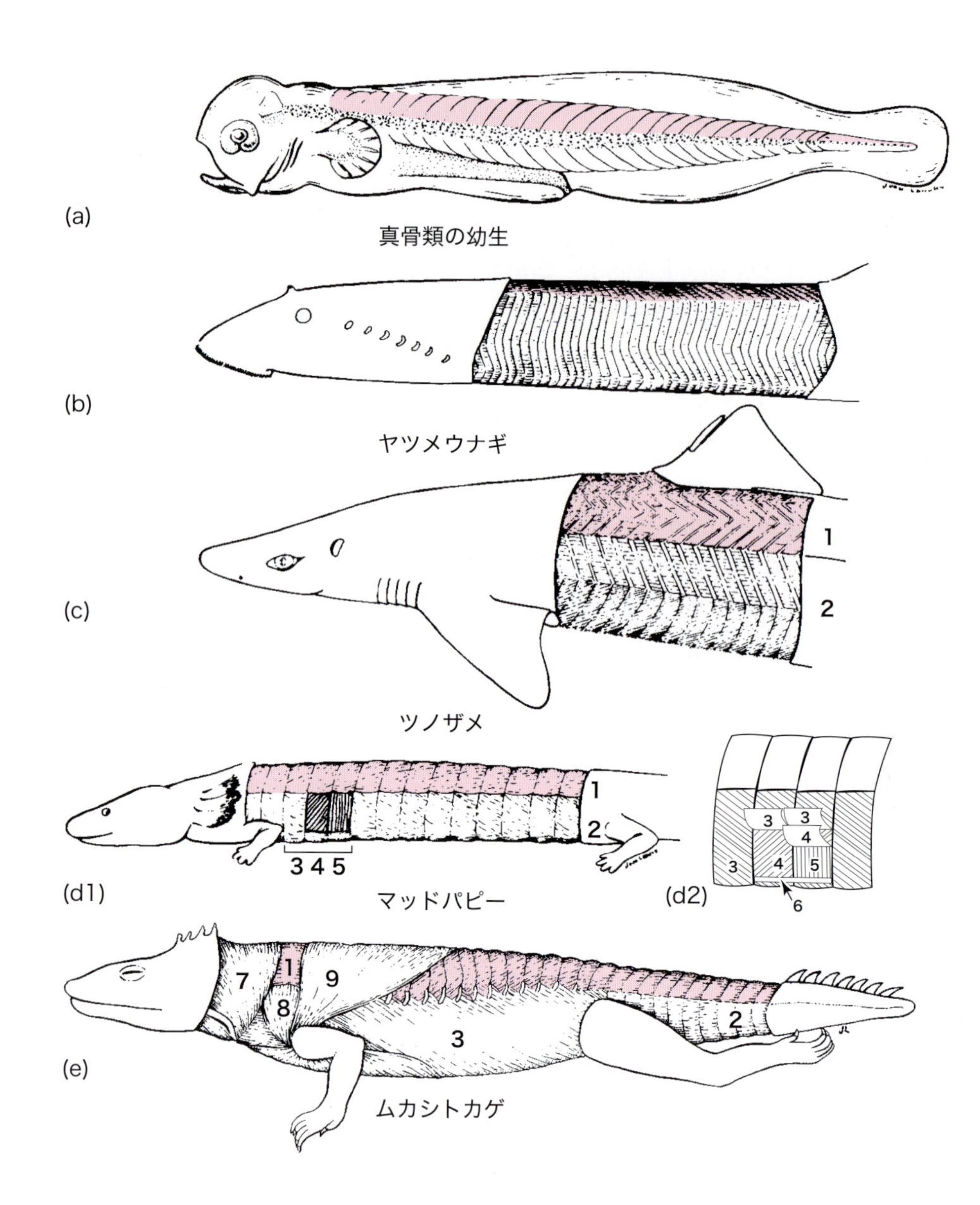

図 11–5
代表的脊椎動物の体幹筋。1：軸上筋（赤色）。2：軸下筋。3：外斜筋。4：内斜筋。5：腹横筋。6：腹直筋。7：僧帽筋。8：肩甲背筋。9：広背筋。(a) では，点描は脊索の位置を示す。(c) と (d) では1と2は水平骨格形成中隔によって隔てられている。(d2) は (d1) の筋分節を拡大し，層状の軸下筋を示す。(d) と (e) では軸上筋は背体幹の背筋である。(e) では体肢筋は7，8，9。

核が相同であるという何らかの確信もなければならない。この方法は，哺乳類の頸部と頭部の筋を魚類の鰓を動かす筋と相同であると同定することが可能である。なぜなら，鰓節筋 branchiomeric muscles の**運動神経細胞体** motor cell bodies の大部分は，その他のいかなる筋群を神経支配している運動神経細胞体が存在する運動柱とも異なる運動柱のなかに存在しているからである。

調節遺伝子の発現を含む発生学的証拠と神経学的証拠は，現在のところ筋の相同性を確立するために最も信頼できるものである。しかしこれらのデータは比較的少数の筋についてのみ入手可能である。一方，筋の機能的グループの間の相同性を推論するためには，はるかに高い程度の信頼性が必要である。

体軸筋

体軸筋は体幹と尾の骨格筋である。これらは頭側では鰓下筋（鰓弓下筋）として，有羊膜類では舌の筋として咽頭の腹側に伸びる。これらの筋には鰓節筋や体肢筋は含まれない。

魚類や原始的四肢動物の体軸筋における明らかな特徴は，体節制（分節性）である（図 11–5）。この原始的状態と屈曲可能な分節性の脊柱があるため，魚類やある種の水生四肢動物は側波状運動によって水中を前進することができる（図 11–8）。これらの筋は陸上に住む四肢を欠く両生類でも同じ機能を果たす。側波状運動による体移動が四肢による体移動に取って代わられていくにつれ，体軸筋の分節性は次第に不明瞭になっていった。それにもかかわらず，哺乳類においてさえ，分節性の痕跡は体軸筋に残っている。

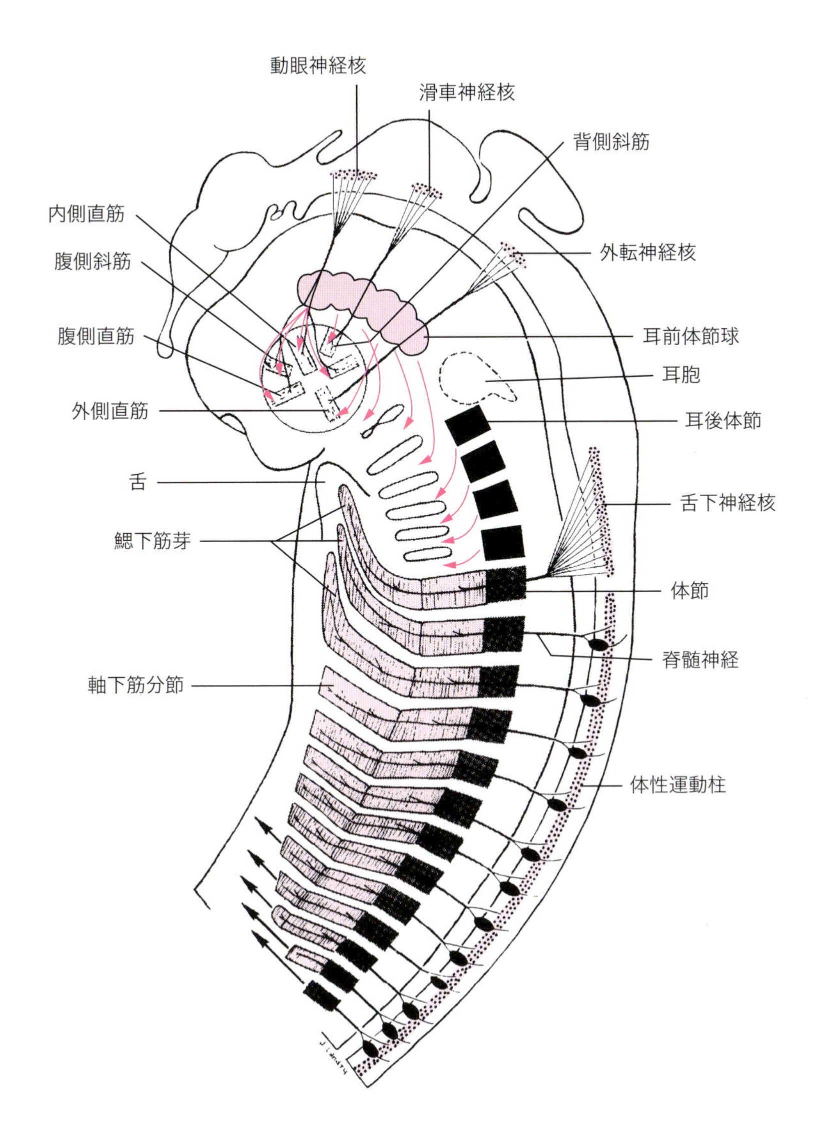

図 11-6
原始的な脊椎動物の胚における体軸筋の起源と神経支配（模式図)。眼球筋はそれぞれ動眼神経核，滑車神経核，外転神経核の高さで耳前体節球から生じる。体幹の分節性の筋は体幹体節から生じ，それぞれ対応する分節性神経の支配を受ける。鰓下筋は分布する神経（四肢動物以外では後頭脊髄神経，四肢動物では第XII脳神経）とともに頭側へ移動し，咽頭の床のなかに入り込む。筋節性筋を神経支配する運動神経は体性運動柱（脳で中断される）のなかに細胞体を持つ。鰓節筋の形成に貢献する耳後体節を示してある。中枢神経系は胚の上に投射される。赤色矢印は頭部における体節球と体節の移動を示す。

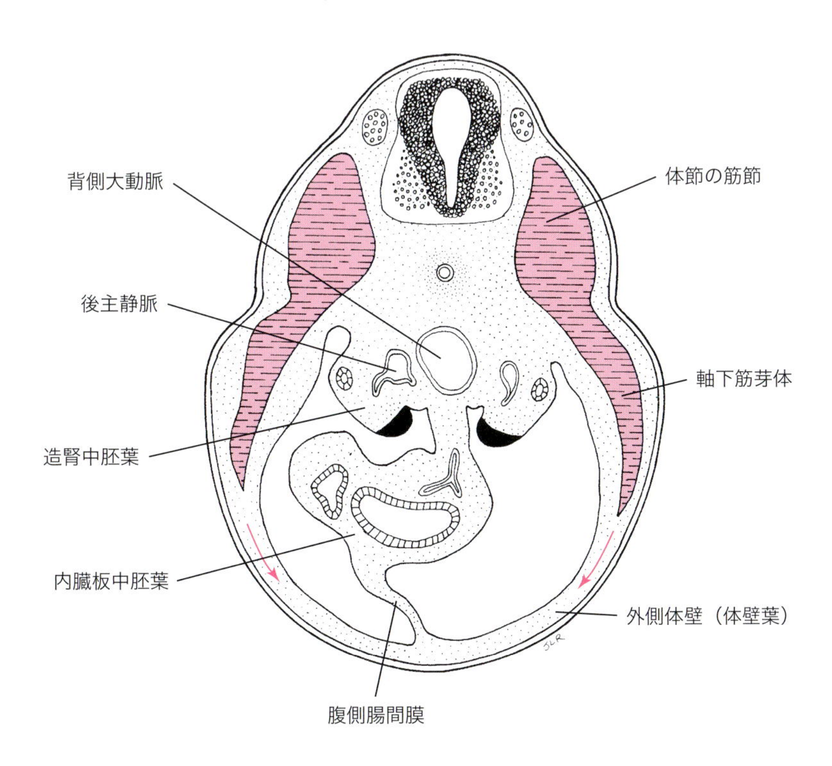

図 11-7
哺乳類の胚を横断し，筋節性細胞（赤）が外側体壁に侵入して軸下筋を形成する様子を示す。

体軸筋はその発生的起源から本質的に分節性である。これらは分節性の中胚葉体節から生じる（図11–6）。各体節の筋節から生じた間葉細胞は，胚の外側体壁に流れ込み，細胞分裂を繰り返しながら腹方へ移動する（図11–7）。これらの細胞は腹側正中線に達したときに移動をやめ，そこに白線が形成される。これらの筋節性細胞は体壁筋のための芽体を生じさせる。体節が分節性なので，芽体は最初は分節性である。芽体細胞は筋芽細胞となり，結合して横紋筋線維を形成し，体壁筋がその形を取り始める。体節の分節制は，**筋節中隔** myosepta, myocommata が筋を1つの体分節と次のものを隔てているような成体の動物で，筋分節としてみることができる。

筋節中隔は無尾類と有羊膜類の腹部では形成されない（図11–5d，eを比較）。その結果，これらの動物の腹部筋組織は腱画によって補強された幅広いシートから構成されることになる。それにもかかわらず，これらのシートは，これらを構成する体節が存在していたのと同数の脊髄神経による支配を受けている。

魚類の体幹および尾部の筋

魚類の体壁と尾部の筋は筋節中隔によって隔てられた筋分節からなり，筋節中隔には縦方向に走る筋線維が付着している（図11–5a，c）。この筋の役割はまず何よりも体移動を行わせることである。一般的には各椎骨に対して筋分節があり，各筋分節に対して脊髄神経がある（図11–6）。無顎類を除き，筋分節は線維性のシートである**水平骨格形成中隔** horizontal skeletogenous septum によって背側と腹側の筋，すなわち**軸上筋** epaxial muscle と**軸下筋** hypaxial muscle に分けられる。この中隔は肋骨が存在する場合には背側肋骨に固着し，体幹と尾の全長にわたって脊柱と皮膚の間に広がる（図8–5，11–5c参照）。大部分の魚類の外側体壁では，腹側肋骨が筋節中隔のなかに発達する。カワヤツメは水平中隔ばかりか筋節中隔も欠いている。

皮膚を除去すると，魚類の筋節中隔はジグザグにみえるが，体壁の深部では各ジグザグの角は頭側あるいは尾側に伸びて筋の円錐を形成し，これが積み重ねられた円錐形の紙帽子のように隣接の筋円錐の間にはまり込んでいる。円錐は尾に向かって長くなり，体幹の終わり近くでは尾方を向いた円錐の先端は，しばしば腱性の延長となって尾椎に終止する。それゆえ筋分節の収縮によって発揮される力は1つの体節以上に及び，尾部で最も強力になり，尾部ではまた脊柱の屈曲性も最大である。連続する脊髄神経の背側を尾方に向かい，体の左右を交互に伝わる運動刺激の波に応じて，連続する筋分節が脊柱を左右互い違いに引き寄せ，体幹と尾部に律動的な側波状運動を展開させる。これらの運動が魚類を前方に推進させる（図11–8）。

多くの魚類では**斜走線維** oblique fibers の薄いシートが主な軸下筋塊の腹外側でその表層にあり，またさらに表層の薄いヒモ状の線維が白線の両側を平行に走っている。後者は四肢動物の腹直筋に類似している（図11–15）。

ホンマグロは最も速く泳ぐことができる魚類の1つであり，体重は平均225kgに達する。水産業者はこの魚をしばしば“温血である”というが，それは大量の体軸筋の収縮によって発生する熱が，体温を周囲の海水よりはるかに高くしているからである。

魚類の軸下筋の体節性は，前肢帯と後肢帯が体壁に組み

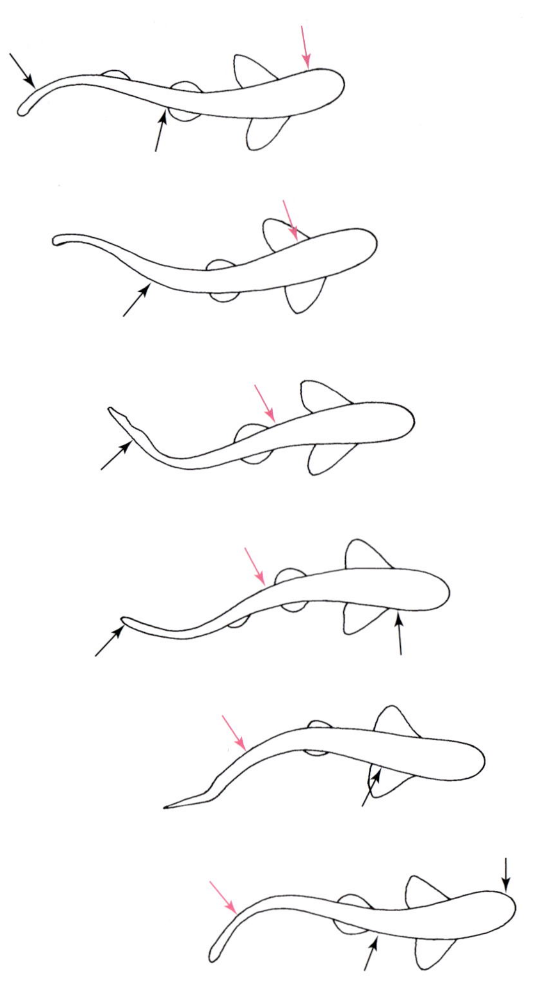

図11–8
魚類の側波状運動による推進。赤矢印は，1つの収縮の波が通過する間に体の一側に周囲の水によって生じる反発力が，頭部から始まって次第に尾方に伝わっていく様子を示している。黒矢印は同時に生じる別の反発力を示している。各矢印は魚を前方に推進させる角にある。反発力は波動する体が周囲の水に及ぼす圧力によって引き起こされる。
From Carl Gans, *Biomechanics: An Approach to Vertebrate Biology*, 2nd edition. Copyright © 1974. University of Michigan Press, Ann Arbor, MI. Reprinted by permission.

込まれる場所および鰓によって中断されている。鰓の背側で，軸上筋は**鰓上筋** epibranchial muscles として頭蓋へ続く（図 11-24a）。鰓の裏では軸下筋は**鰓下筋** hypobranchial muscles として下顎へ伸びるが，これについては後述する。

椎間孔を通過して脊柱から出現すると，脊髄神経は直ちに2本の主枝に分かれ，これらはその他の構造物があるなかで体軸筋に分布する。背枝は軸上の筋分節に分布する。腹枝はもっと多くの筋を支配しなければならないので太くなり，軸下の筋分節に分布する。もし胚発生の間に，ある体分節からの前筋段階の間葉が，その体節が分化する前にその分節の限界を越えて移動するならば，本来の体節からの脊髄神経の分

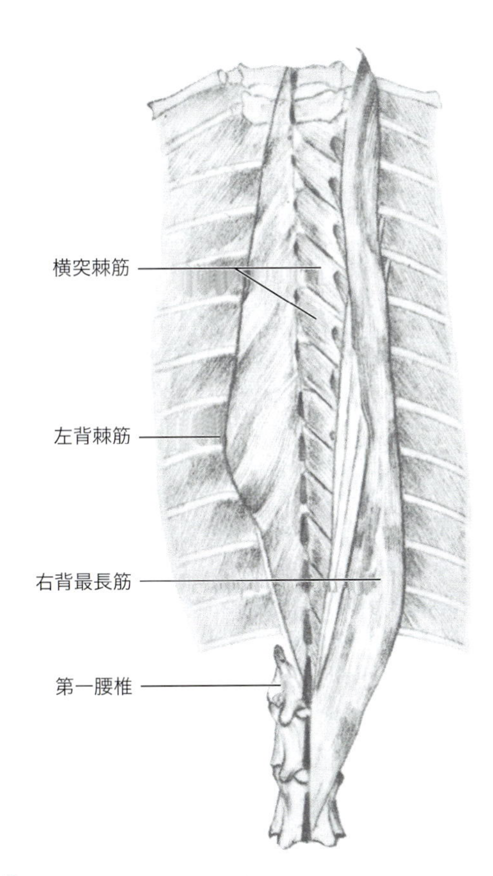

図 11-9
ハムスターの胸郭の3つの軸上筋を背側からみる。右の背棘筋はその下の横突棘筋を示すために除去されている。最長筋と棘筋との関係については図 11-12 を参照。

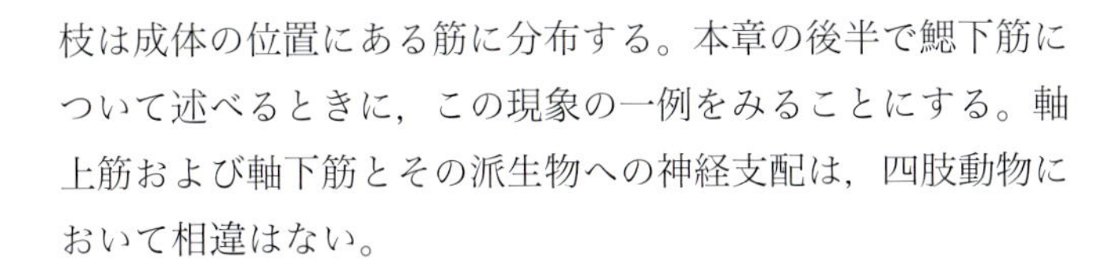
枝は成体の位置にある筋に分布する。本章の後半で鰓下筋について述べるときに，この現象の一例をみることにする。軸上筋および軸下筋とその派生物への神経支配は，四肢動物において相違はない。

四肢動物の体幹および尾部の筋

有尾両生類は軸上筋および軸下筋の原始的な体節性を保持してきた（図 11-5d）。このため水生の有尾類は魚のように体幹と尾部の側波状運動により泳ぐことができる。しかし，よく発達した体肢筋をともなわない厳密に体節的な体軸筋は，陸上での体移動に適していない。有羊膜類は次第に体軸筋の体節性の多くを失い，その代わりに陸上生活によく適応した複雑な体肢筋を発達させた。

有羊膜類で軸上筋の筋節中隔が消失すると，長い革帯状あるいは羽状の筋束が椎骨の横突起の背側に配置され，体節性の痕跡だけが最深部の筋束に残った（図 11-9）。同様な変化は横突起の腹側（すなわち，体腔の天井）の筋束にも起こった。脊柱の筋の構成が椎間関節の変化もともなってこのように修正されたことにより，爬虫類と哺乳類における脊柱の屈曲性は著しく増大し，哺乳類では背側に弓なりになることが可能となり，カメ以外の爬虫類では体幹の広範囲に沿った著しい側波状運動が可能になった。鳥類はこれらの利点を捨てて他のものを得た。鳥類の固い脊柱は，頸部より尾方では軸上筋をほとんど必要としないが，鳥類に飛翔を可能にしている。

体肢の出現にともなう変化は，脊柱の筋に限定されるものではなかった。外側体壁にも変化は生じた。その位置の軸下筋筋分節は次第に幅広い筋のシートの層によって置換され，その線維は各層ごとに異なった方向に配置されている。外側体壁の筋（体壁筋）におけるこのような変化は生存に否定的な影響を及ぼすことなく生じたが，それは四肢動物が体移動のための有対の体肢を進化させ，体壁筋をこの役目から解放したからである。新しい体壁筋は，地面から十分上方につり下げられた筋のつり革のなかに体幹の臓器を支えている。

体軸筋の体節性の消失および脊柱と体肢の適応により，四肢動物は陸上での住み処における競争によって強いられた体

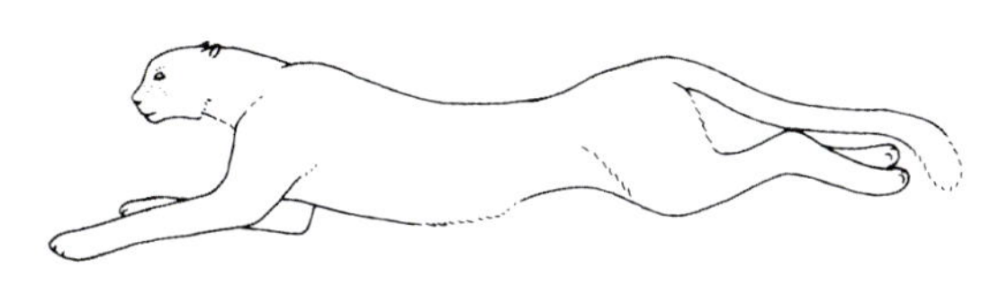
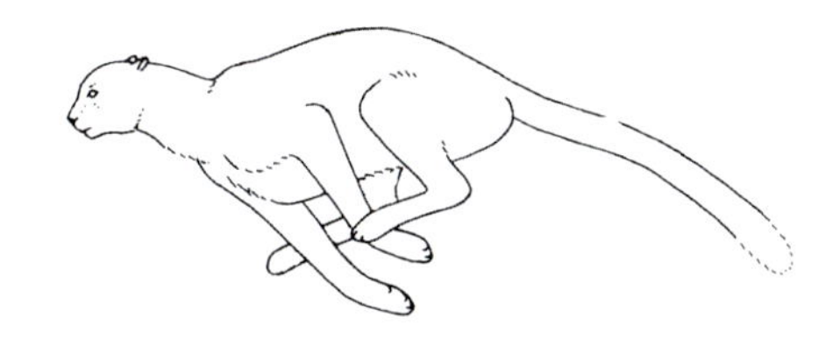

図 11-10
俊足の指行型哺乳類における脊柱の伸展と屈曲。

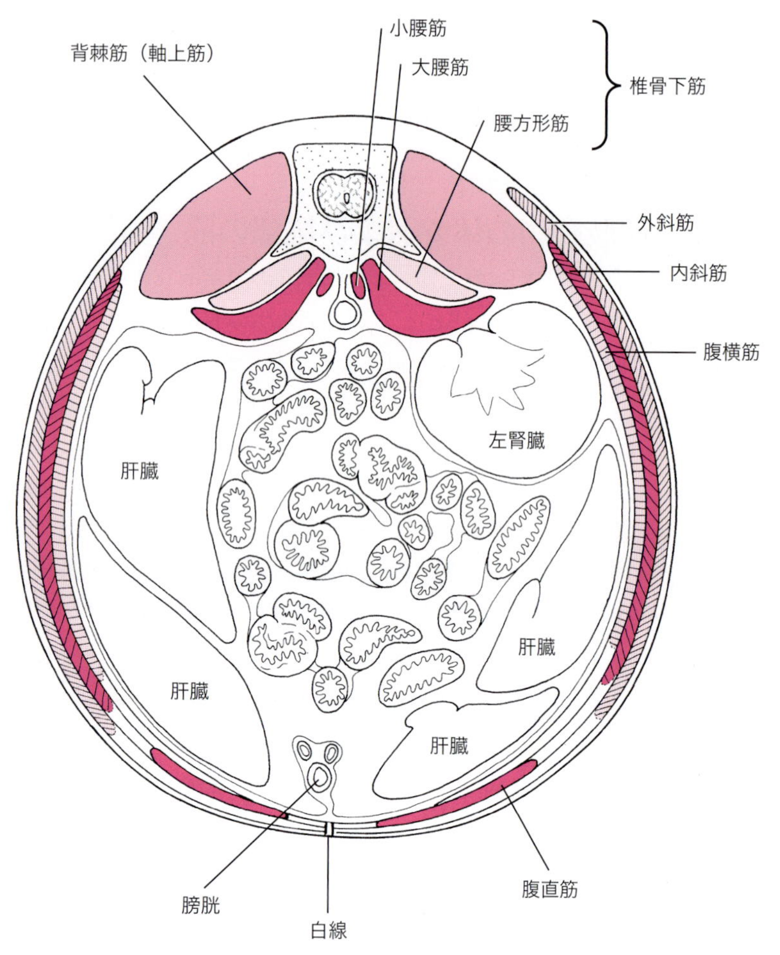

図 11-11
哺乳類の腹部における体軸筋の配置をウサギの横断面で示し，頭方からみる。体幹皮筋は除去してある。大腿骨小転子に終止し，それゆえ体肢筋である大腰筋も示されている。

移動の必要性によりよく対応できるようになった。この改善された体軸筋の体移動における有効性を四肢動物で最もよく示しているのは，敏捷なアノールトカゲ，食物を捕まえるために“背中を丸めて”（全力疾走で）走らなければならない俊足の指行型食肉哺乳類，あるいは捕まって食べられないように逃げ回らなければならないジャックウサギなどである（図 11-10）。

体幹と尾部の筋の陸上生活への適応において，中間的段階を示すのはマッドパピーとムカシトカゲである（図 11-5d, e）。マッドパピーは軸上筋と軸下筋の筋分節を保持しているが，各軸下筋の筋分節は3層に分かれている。ムカシトカゲは軸上筋の筋分節のみを保持しており，外側体壁の筋は幅広い重層のシートからなっている。体軸筋の体節性の消失にともない，水平骨格形成中隔も消失した。

図 11-11 には哺乳類の腹壁に配置された体軸筋の構成要素を示してある。

体幹の軸上筋

四肢動物の軸上筋は頭蓋底から尾部まで様々な距離にわたって伸びる（図 11-12a）。最も頭側にあるものは後頭部に付着する。無尾類を除く両生類では軸上筋はその原始的な体節性を保持し，筋節中隔と椎骨横突起に起始・終止し，全体として**背体幹筋** dorsalis trunci を構成する。喙頭類を除く有羊膜類では，大部分の軸上筋は長い束であり，そのいくつかは多数の体節にわたって伸びる。

軸上筋は脊柱を真っすぐにし（伸長させ），また体を側方に屈曲させる際に集合的に機能する。これらの筋は独立に作用するのではなく，他の筋と協力的に働き，またこのため，一定の範囲内で，これらの筋が特殊な効果をいかなる瞬間にも骨格に及ぼしうる，ということを覚えておいてほしい。また，二足歩行の動物におけるある体肢筋の作用は，四つ足で歩く動物における作用と同じではないだろうということにも注意してほしい。有羊膜類の軸上筋は適宜，**椎間筋** intervertebrals，**最長筋** longissimus，**棘筋** spinales，**腸肋筋** iliocostales の4グループに分けられる。

椎間筋は軸上筋の最深層にあり，原始的体節性を保持している唯一のものである。これらの筋は2つの連続する横突起間（**横突間筋** intertransversarii），2つの連続する棘突起間（**棘間筋** interspinales＊1），2つの神経弓間（**弓間筋** interarcuales），2つの連続する関節突起間（**関節間筋** interarticulares）に伸び，もっと長い軸上筋とともに，その瞬間に必要とされる適切な脊柱の姿勢を維持するために働く。

最長筋と棘筋は，それぞれ横突起の上の外側および内側に位置し，個々の筋束は存在する位置に従って名前がつけられている（表 11-4）。頭最長筋は頭蓋に終止し，頭部の運動を助ける。頚最長筋の筋束は頚部，背最長筋の筋束は体幹にある。最長筋は最長の軸上筋なのでこのように名づけられるが，これはその腱とともに多数の体節を越えて伸びる筋束からなる。これは哺乳類では主に伸筋として働き，側波状運動は最少限で，一般的な哺乳類の体移動には事実上何の役割も演じていない。哺乳類の腰部では，最長筋は3つの明瞭な筋

＊1 訳注：正確には，2つの連続する棘突起間を結ぶものが棘間筋，連続しない2つの棘突起間を結ぶものは棘筋である。

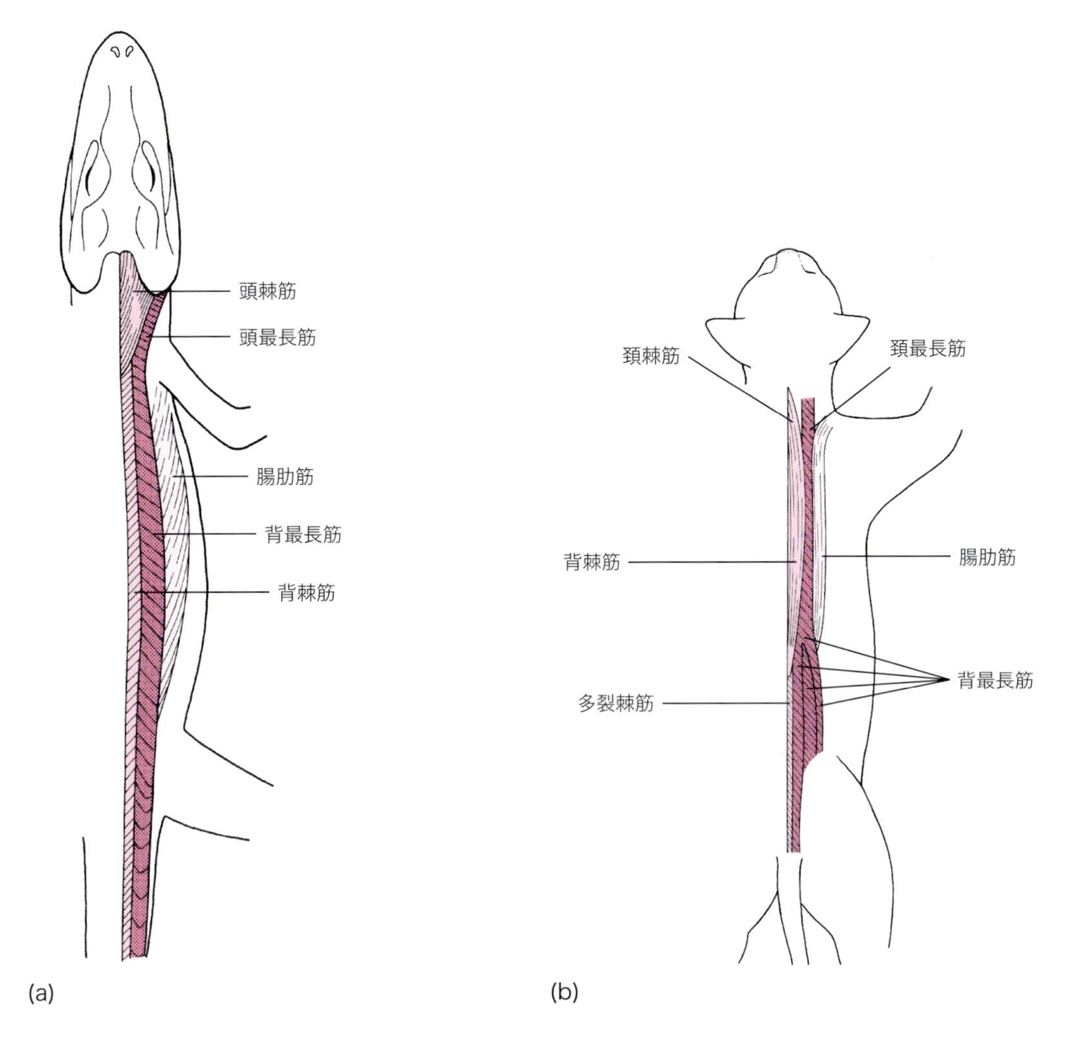

図 11-12
軸上筋の配置。(a) ワニ類。(b) ネコ。ネコでは椎間筋は多裂棘筋の一部だけを示してある。

束からなる（図 11-12b）。内側の筋束は尾へと続く。

棘筋には，棘突起あるいは横突起をその数体節あるいはそれ以上頭側にある棘突起と結ぶ長くて内側の筋束や，横突起と２つ前方の椎骨の棘突起とを結ぶ横突棘筋がある（図 11-9）。棘筋はしばしば腰椎間筋と一緒のグループを構成し，集合的に**多裂棘筋** multifidus spinae と名づけられる。哺乳類におけるその主要な役割は，脊柱が他の椎骨筋によっていかなる程度の伸展あるいは屈曲にさらされようと，脊柱の安定性（一時的強固さ）を維持する助けとなることである。ヒトでは，棘筋は立っているときに他の筋束を助けて真っすぐな姿勢を維持させる。

腸肋筋は最長筋の外側にある。これらは薄いシートで，腸骨から起こって頭側に伸び，肋骨および肋骨の鉤状突起に終止する。腸肋筋は爬虫類で主要な軸上筋であるが，それはこの筋が外側に位置して脊柱の全長にわたって終止するため，爬虫類の体移動における重要な要素である側波状運動に梃子の作用を与えるからである。ワニ類は側波状運動によって前肢帯を，また後肢帯はやや少ない程度に，垂直軸の周りに回旋させ，それによって前後肢の歩幅を増大させる。腸肋筋は頭方では頚部にまで伸びるが，尾方では尾に達しない。

カメ類と鳥類では脊柱が，またカメ類では肋骨も，複合仙骨あるいは背甲と癒合して不動になっているので，軸上筋は頚部でのみ顕著である。例えば，最長筋は体幹では大部分が靭帯である。しかしよく発達した頚部の軸上筋が，ハクチョウのような鳥類の長い首に著しい柔軟性を与える。鳥類の頚部軸上筋の１つである**錯綜筋** complexus は，頭頂間骨に終止し，孵化の際に嘴で卵殻を砕く力を与える。カメ類や鳥類とは対照的に，ヘビ類は背腹への屈曲や側波状運動など，様々な体移動方法を採用しているので，すべての軸上筋は大きくかつ複雑である。

有羊膜類では，軸上筋は体肢筋とそれにともなう腰背腱膜が背側へ拡大することによって，次第にこれらに隠されてし

表 11-4　哺乳類の頭部，体幹，前肢における代表的体節（筋節性）筋

	眼球筋	**眼球筋**	**鰓下筋**
頭頸部	背側斜筋 腹側斜筋 内側直筋 外側直筋 背側直筋 腹側直筋	オトガイ舌筋 舌骨舌筋 茎突舌筋 固有舌筋	オトガイ舌骨筋 胸骨舌骨筋 胸骨甲状筋 甲状舌骨筋 肩甲舌骨筋
	鰓節筋		
咽頭	下顎の筋 舌骨筋 その他の鰓弓筋		
	軸上筋		**軸下筋**
体幹	椎骨間筋 　横突間筋 　棘間筋 　弓間筋 　関節間筋 最長筋 　頭最長筋 　頚最長筋 　背最長筋 　外側尾伸筋 棘筋 　背棘筋 　頚棘筋 　頭棘筋 　横突棘筋 腸肋筋		椎骨下筋 　頚長筋 　腰方形筋* 　小腰筋 斜筋群（体壁筋） 　内・外肋間筋 　内・外腹斜筋 　精巣挙筋 　肋骨上筋 　　斜角筋† 　　背鋸筋† 　　肋骨挙筋† 　　肋横筋 　横隔膜 横筋群（体壁筋） 　胸横筋（肋下筋） 　腹横筋 直筋 　腹直筋 　錐体筋
	外来筋		**固有筋**
前肢	二次体肢筋‡ 　肩甲挙筋 　菱形筋 　腹鋸筋 一次体肢筋‡ 　広背筋 　胸筋		表 11-5 参照

*：二次体肢筋。
†：おそらく軸上筋由来。
‡：これらの用語については，本章「体肢筋」の「四肢動物」での考察参照。

まった（図 11-19a，c を比較）。

体幹の軸下筋

有羊膜類の体幹の軸下筋は，次の４群に分けられる。⑴**椎骨下筋** subvertebrals（体腔の天井における横突起の腹側の縦走筋束），⑵**斜筋** oblique 層，⑶外側体壁における**横筋** transverse 層（体壁筋），⑷**腹直筋** rectus abdominis（白線の両側にある革帯状の縦走筋）。これらは**表 11-4** に列挙し，図 11-11 に模式的に示してある。

椎骨下筋　椎骨下筋は帯状の縦走筋で，脊柱のかなり強力な屈筋を形成し，環椎から骨盤まで横突起の腹側を走る。鳥類

と哺乳類で頚部にある部分は**頚長筋** longus colli として知られる。椎骨下筋は胸郭では貧弱であるが，腰部で再び発達し，**腰方形筋** quadratus lumborum および哺乳類の**小腰筋** psoas minor に代表される。哺乳類の腰方形筋はいくつかの最後位胸椎の椎体，それらの肋骨基部および腰椎の横突起から起こり，腸骨翼腹角に終止するが，動物種により様々な相違がある。小腰筋は商業的にはテンダーロインとして知られ，腰椎と後肢帯を結ぶ。一般に椎骨下筋の作用は軸上筋の反対である。

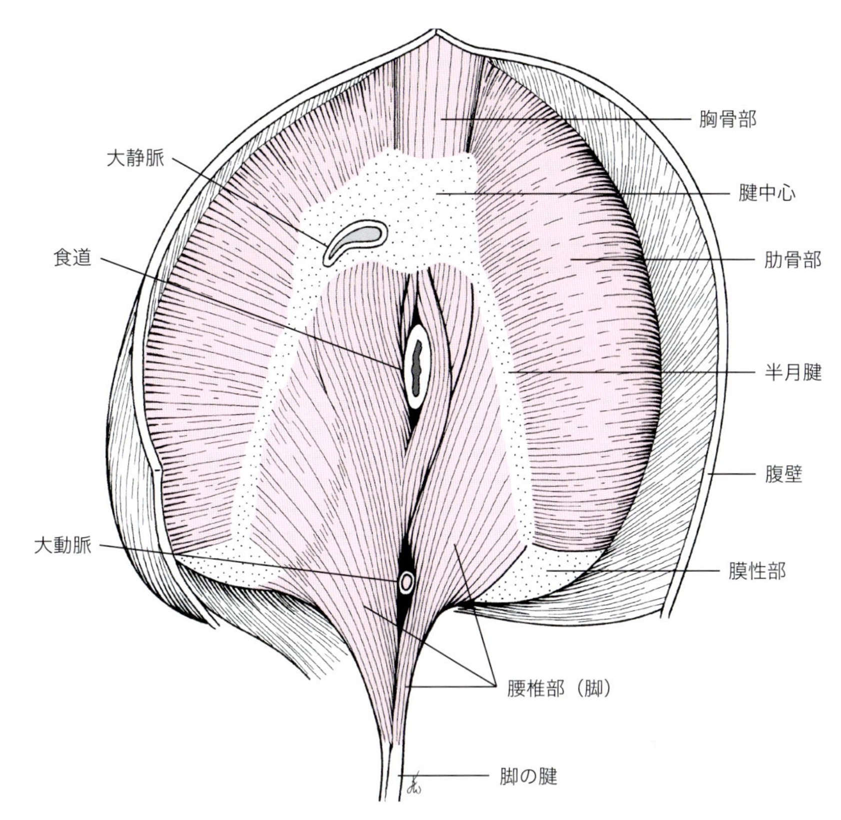

図 11-13[*2]
哺乳類のドーム型の横隔膜を腹腔側からみる。凹んだ部分は肝臓で占められる。下大静脈（あるいは後大静脈，腱中心に），食道（中央），背側大動脈（左右脚間）のための隙間が開いている。

斜筋と横筋　体壁筋は浅層と深層に分かれ，一般に**外斜筋** external oblique，**内斜筋** internal oblique，**腹横筋** transverse muscles of the abdomen がある。また有羊膜類では**外肋間筋** external intercostal，**内肋間筋** internal intercostal，**胸横筋** transverse muscles of the thorax がある。これらすべての筋の筋線維は，起始から終止まで多少とも斜めに走る。これらの筋層のいくつかは２つに分かれたり消失したりする。例えば，体壁筋を体移動に使用する水生有尾類では，外斜筋は浅部と深部に分かれる。ワニ類やある種のトカゲではこれらの３層すべてがそれぞれ２層に分かれる。無尾類では内斜筋は時に欠けており，鳥類ではすべての層が薄い。カメ類では薄いどころか痕跡的である。しかし頑丈な甲羅があるので，カメ類はいずれにしろそれらを使用することはできなかった（カメのスープがほしければ，それは頚部，尾部あるいは体肢の筋から取ることになるだろう）。

雄の哺乳類の内斜筋，また時に腹横筋の下縁から起こる筋の小片は**精巣挙筋** cremaster muscle を形成する（図 15-36 参照）。この筋は鼠径輪に始まる精索の周囲をループ状に走り，精巣の腹側で陰囊壁内の線維鞘に終止する。この筋は，ウサギのように終生開いたままの鼠径管を持つ哺乳類で最もよく発達するが，それはこれらの動物種ではこの筋が精巣を鼠径管のなかに引き上げるからである。

斜筋と横筋，特に肋間筋はカメを除く大部分の有羊膜類の外呼吸に主要な役割を，そして哺乳類では補助的な役割を果たす。肋間筋は**肋骨上筋** supracostal muscles が細分されたものによって補助されており，肋骨上筋は籠状になった肋骨の表面で主として**斜角筋** scalenus，**背鋸筋** serratus dorsalis，**肋骨挙筋** levatores costarum，**肋横筋** transversus costarum に分化する。その神経支配に基づき，これらの筋は原始的な体壁筋の斜筋層から派生したものと考えられている。直筋とともに斜筋と横筋は腹腔臓器を筋性のつり帯のなかで支持し，また産卵，哺乳類の分娩，消化管からの排便などの機能のために臓器を圧搾する。有羊膜類ではこれらの筋は分節性筋節中隔を欠いているが，それらがかつて体節性を示していたことは，胚期に連続した体節から生じること，また連続した脊髄神経の腹枝による神経支配を受けていることによって証明されている。

腹直筋　腹直筋は，白線の両側で恥骨結合と胸骨の間，有羊膜類では恥骨結合といくつかの肋骨胸骨部の基部の間を縦走する。この筋は体幹の屈曲を助け，また腹腔臓器を筋性のつり帯のなかで支持する助けともなる。有尾類ではこの筋は厳密に分節性である（図 11-15）。無尾類と有羊膜類では，この筋は不規則に横走する腱画を表す。

＊２訳注：横隔膜の図は本図と逆の構図（背側が上，腹側が下）が用いられる解剖書もある。

有袋類の育子嚢の腹側壁内にある錐体筋は，腹直筋の一片である。真獣類は種特異的に，あるいは奇形として錐体筋の痕跡を持つ場合がある。

哺乳類の横隔膜　哺乳類では，動物種によって異なるが，発達中の第三～第五脊髄頸神経の高さで，胚のいくつかの体節から間葉が体壁葉のなかを後方に移動して胚の横中隔のなかに侵入するので，横中隔は胸腔と腹腔を分けるドーム型をした筋性の横隔膜へと変化する（図 11-13）。完成時には，横隔膜は対になった半月形の延長部を備えた**腱中心** central tendon と**筋部** muscular portion とから構成されている。

筋部は，腹側では剣状突起から（**胸骨部** sternal portion），外側では最後位肋骨あるいはその肋軟骨から（**肋骨部** costal portion），そして背側ではいくつかの腰椎から（**腰椎部** vertebral portion）起こり，周辺部から腱中心へ収斂する。腰椎部は 1 対の三角形の筋である**脚** crura からなり，各脚は 1 本の短く頑丈で円筒形の腱によってしっかりと腰椎に固定されている。

哺乳類の横隔膜は呼吸において用いられる吸入ポンプ機能の主要な構成要素となり，肋骨と体壁筋を上回る働きをするが，機能的にこれらと全く置き換わったわけではない。横隔膜は脊髄頸神経腹枝による支配を受けているので，軸下筋由来である。

尾部の筋

四肢動物の尾部の筋は，体幹の軸上筋および軸下筋から続いたものである。このことは有尾類や原始的爬虫類で最も明らかである（図 11-5e）。この連続性，特に軸下筋束の連続性は一般的に有羊膜類で，ことに鳥類と哺乳類において，骨盤の高さで中断している。これは有羊膜類に特徴的である大きな骨盤の存在によって説明される（このことは有羊膜類の後肢における外来性体肢筋の量的増大と相関している）。もちろん，尾部の筋の量は様々である。例えば，ヘビは体移動のために尾を用い，軸上筋と軸下筋は尾の全長にわたってよく発達している。

椎間筋と短棘筋（全体で多裂棘筋）および最長筋は，それぞれ内側および外側伸筋として尾へ伸び，脊柱の背面に横たわる。尾部の最長筋である**外側尾伸筋** extensor caudae lateralis は仙椎および尾椎から起こり，多数の長くて細い腱によって遠位尾椎に終止している。一般に，これらの軸上筋は尾を伸ばし，また尾を弓なりに背方へ持ち上げる。

長い軸下筋束は軸上筋同様に腸骨翼の内側面と後縁から，最後位腰椎の横突起から，あるいは仙骨から起こり，脊柱に平行して走る長い筋束として尾に入る。これらの筋は尾のなかで起こり，長短の腱によって尾の先端のほうに終止する長短の屈筋によってその機能を補われている。軸下筋は尾を側方あるいは腹方へ曲げさせる。

有尾類と爬虫類では**尾大腿筋** caudofemoralis が尾の筋性部に貢献している。この筋は尾のつけ根付近のいくつかの尾椎を大腿骨と結びつけ，二次的に外来性体肢筋となる。この筋はトカゲやワニ類が体移動を行う際に後肢を強力に後方へ引っ張る。

尾椎の椎体，椎弓，突起は，特に哺乳類において，遠位に向かうにつれて次第に痕跡的になり（図 8-22 参照），すべ

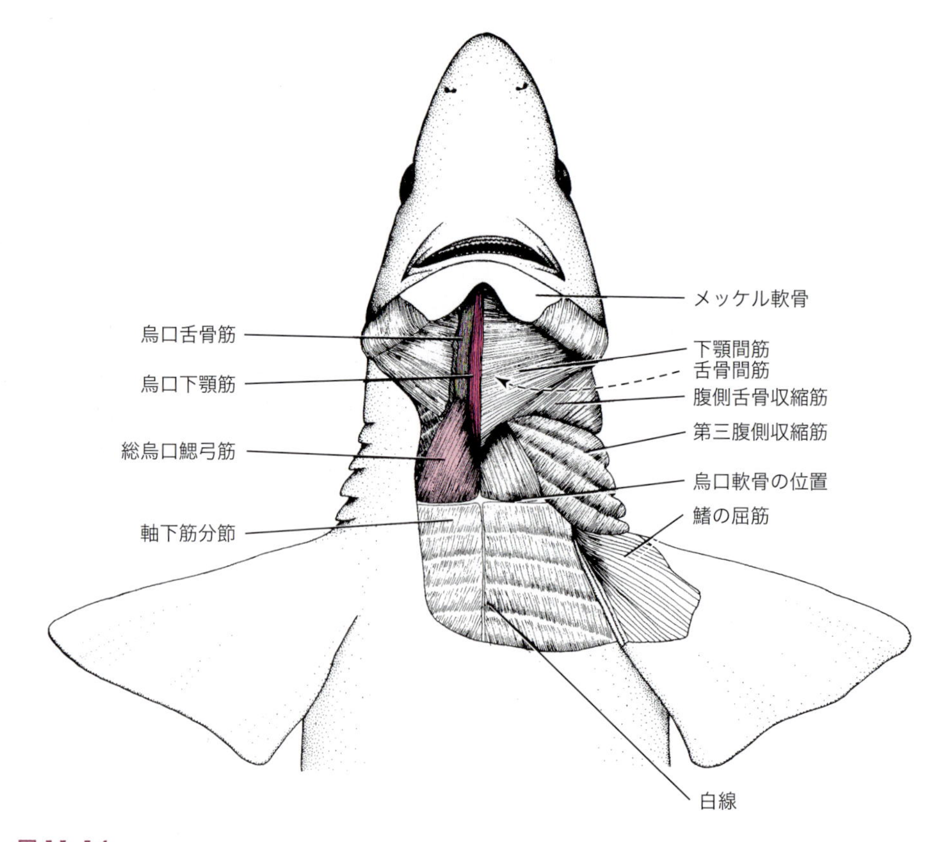

図 11-14
サメの鰓下筋（赤色）と腹側鰓節筋（正中線の右側）。下顎間筋と舌骨間筋は烏口舌骨筋および烏口下顎筋の浅層にある。これらは左側では反転してある。舌骨間筋は腹側舌骨収縮筋と連続し，下顎間筋の深層にある。烏口鰓筋は深層の鰓下筋で，図には示されていない。

ての筋束は徐々に小さくなっていき，最後には長い終腱が残るのみとなる。それゆえ哺乳動物の尾で筋に富むのは近位部だけである。遠位部では哺乳類の尾は大部分が皮膚，ヒモ状の腱，そして骨間靭帯で結ばれた円筒状の骨である。最も肉の味の濃いオックステール・スープは尾の近位部から得られる。

総排泄腔の散大筋と括約筋，そして肛門括約筋は，尾を骨盤につなぎ留める軸下筋に由来する。例えばカメでは，これらの筋は仙椎と近位尾椎から起こり，肛門を囲む皮膚に終止する。哺乳類ではこれらの筋は骨格への付着部を失っている。

鰓下筋と舌筋

鰓の後のいくつかの体節から生じる間葉は，鰓弓の下を前方に進んで咽頭の床に遊走し，鰓下筋と，存在する場合には舌筋を生じさせる（図 11–6）。これらの筋節筋は体幹の軸下筋が頭側に伸展したものである。魚類では，鰓下筋は前肢帯の烏口骨領域から（**烏口鰓弓筋群** coracoarcuales を経由して）起こり，メッケル軟骨（**烏口下顎筋** coracomandibularis），底舌骨（**烏口舌骨筋** coracohyoideus），そして鰓軟骨の最も腹側の分節（**烏口鰓筋** coracobranchialis，図 11–14）に終止する。これらは咽頭と鰓嚢を広げ，舌骨骨格の一部を動かし，下顎を押し下げることにより鰓節筋の呼吸および採餌行動を援助する。これらは無尾類と有尾類でも種によって関連する機能を果たす。有尾類の**頚直筋** rectus cervicis は鰓下筋の 1 つである（図 11–15）。

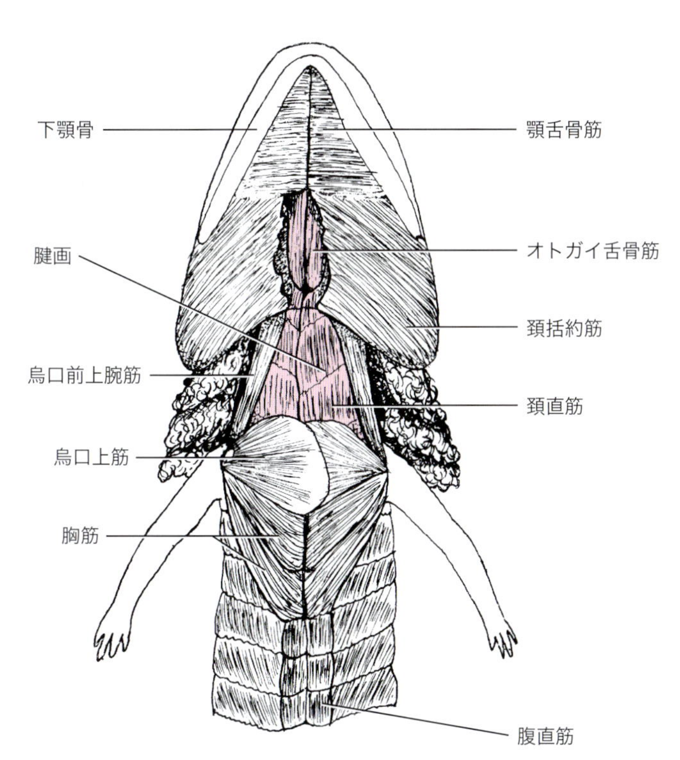

図 11–15
マッドパピーの前腹側筋。頚括約筋は非常に薄い筋性のシートで，強力な鰓舌骨筋の表面にある（図 11–24b 参照）。鰓下筋は赤色で示してある。

有羊膜類で頚部がさらに発達するにともない，鰓下筋はもっと長くなり，また革帯状になった。これらは舌骨装置と喉頭を安定させ，これらの同一構造物に終止するその他の筋との同時作用によって，これらを頭側あるいは尾方へ引く。これらは**胸骨舌骨筋** sternohyoid，**胸骨甲状筋** sternothyroid，**甲状舌骨筋** thyrohyoid，**肩甲舌骨筋** omohyoid，**オトガイ舌骨筋** geniohyoid などの名称を持つ。このうちの 1 つは図 9–44 のウサギで示されている。

有羊膜類の舌は本質的には舌骨骨格につなぎ留められた粘膜嚢で，そのなかに鰓下筋が詰まっている。前筋段階の間葉が前方の鰓下筋芽体から発達中の舌のなかへ移動する。このことは，コウモリではいくつかの舌筋が遠く離れた尾方の胸骨から舌内に伸びているという観察結果を説明する。哺乳類における主な外来性の舌筋は**舌骨舌筋** hyoglossus，**茎突舌筋** styloglossus，**オトガイ舌筋** genioglossus である。哺乳類やいくつかの爬虫類は内在性の舌筋である**固有舌筋** lingualis を発達させる。この筋は骨格への付着を持たない。

鰓下筋と舌筋は最も頭側の体幹体節から派生するので，これらの筋は脊髄頚神経の支配を，そして舌筋に関しては最後位脳神経（舌下神経）の支配を受ける。舌下神経は有羊膜類の頭蓋内に“取り込まれた”脊髄頚神経である。これらの筋に分布する運動線維の細胞体は，脊髄と脳において体の他の部分で筋節筋だけに分布するのと同一の体性運動柱に存在する。

体肢筋

体肢筋とは肢帯，鰭，体肢に終止する筋である。大部分の魚類は体移動のために体軸筋を用いる。その関連で，魚類の体肢筋は複雑化しておらず，ほとんど変異もなく，体積も小さく，そして限られた機能を果たすのみである。四肢動物の体肢筋は陸上生活への適応の結果，著しく数が増大し，また複雑になった。

魚類

有対鰭は胚期に外側体壁から突出する鰭膜として生

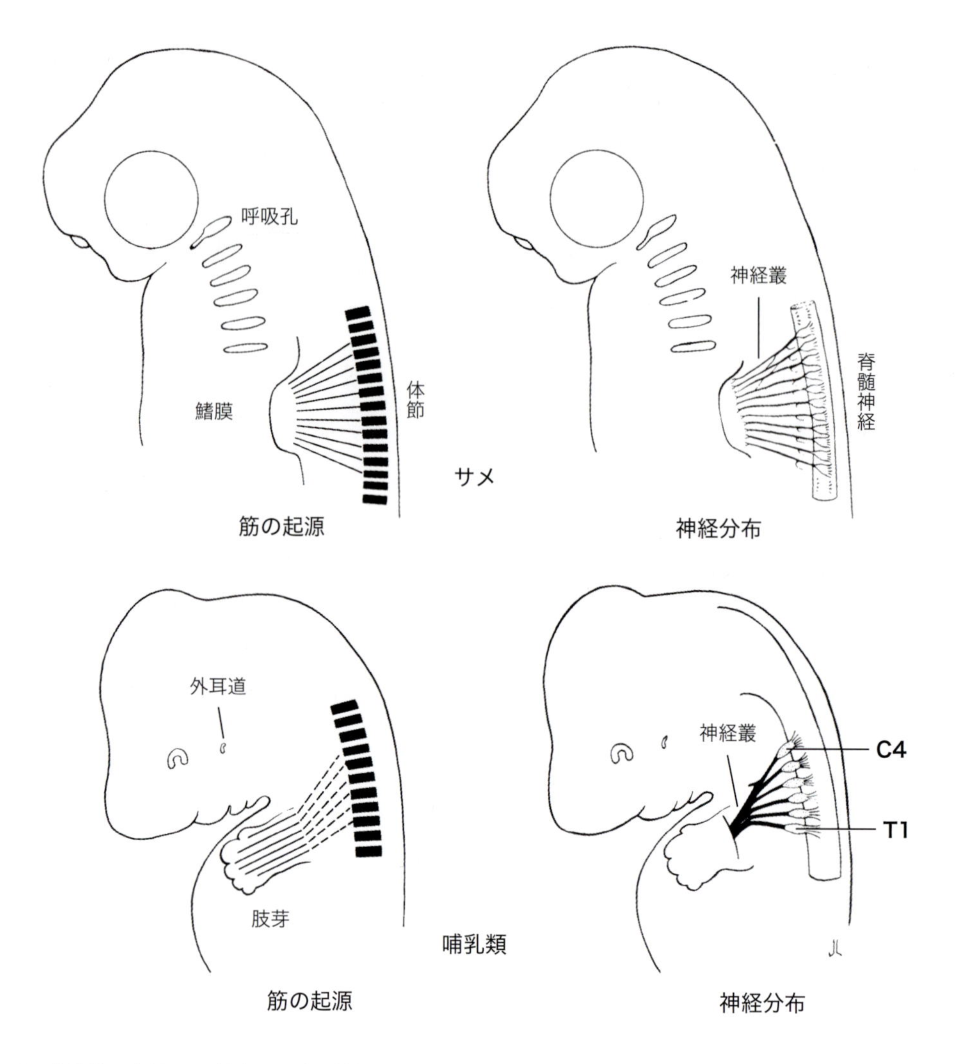

図 11–16
上段：各体節からのサメの体肢筋の起源と，対応する脊髄神経による神経支配。
下段：神経支配から推測される哺乳類の６体節からの体肢筋の系統発生学的由来。C4，T1：腕神経叢の第四頸神経と第一胸神経の背根神経節。

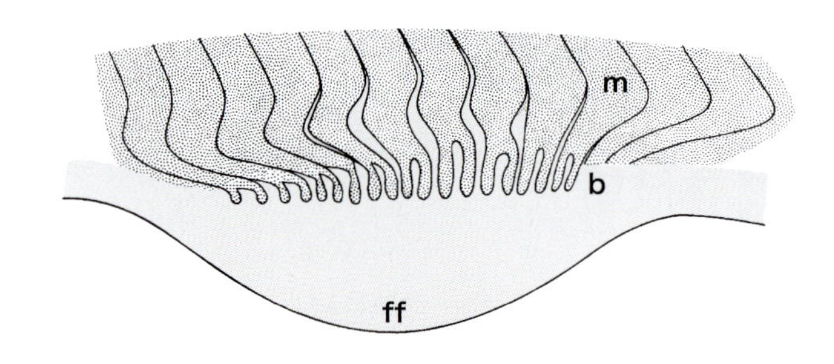

図 11–17
サメにおける胚期の体壁筋分節からの鰭の筋組織の出芽。シビレエイでは 26 筋分節が関与する。b：筋芽。ff：鰭膜ヒダ。m：筋分節。

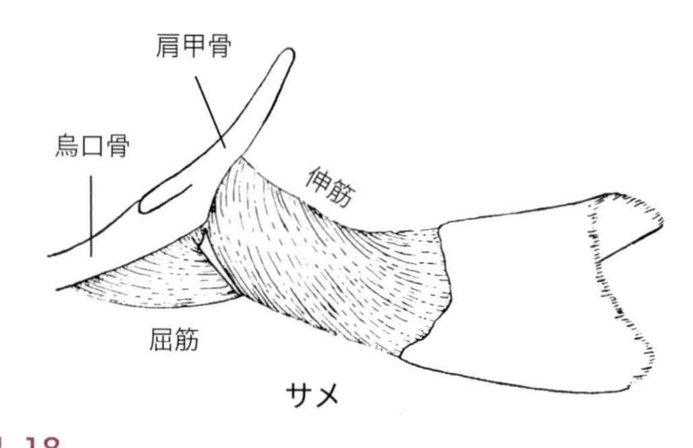

図 11–18
サメの胸鰭の筋。伸筋（挙筋）は背側にある。屈筋（下制筋）は腹側にある。

じる（図 11-16，サメ）。その後，各鰭膜の基部付近で一連の胚期の筋分節の下端から中空の**筋芽** muscle buds が発芽する（図 11-17）。筋芽は背側部と腹側部に分かれて発達中の鰭に侵入し，芽体を作り上げて，そこから背側および腹側の筋が形成される。背側芽体は鰭の伸筋（挙筋）を形成する。腹側芽体は屈筋（下制筋，図 11-18）を形成する。形成された筋組織は肢帯，基底軟骨，（存在するならば）輻射軟骨，そして鰭条の基部を覆う筋膜へ付着する。これらの筋より遠位で発達する筋は，雄の軟骨魚類の抱接器の筋，エイやガンギエイの波動する翼状の鰭の筋を除けば，取るに足らない筋である。

背側正中鰭の筋は，軸上筋間葉を生じさせる筋節性間葉から組織される。腹側正中鰭の筋は軸下筋節から生じる。正中鰭の筋組織は生殖肢となった尻鰭のものを除き貧弱である。

四肢動物

四肢動物の体肢には関節が存在するため，体肢筋は魚類のものよりはるかに複雑である。魚類の場合と同様に，四肢動物の体肢筋は対立するグループに配置されている。魚類では軸後（後方；背側）筋は有対鰭を伸ばし，軸前（前方；腹側）筋は有対鰭を屈する。体肢が体の体軸のほうへ回旋し，肘が後方を向き膝が前方を向いているときに（図 10-45 参照）これらの用語を体肢に適応すると，そのうちのいくつかは一般の人には無意味になる。体肢の分節とそのなかの骨が新しい方向に向けられるばかりでなく，筋もそうなっていて，筋はしばしば骨あるいは関節の周りをらせん状に走り，次の分節の反対表面に終止する。このため，四肢動物の体肢筋については，原始的な位置関係ではなく現在の解剖学的関係に関して考察する。

解剖学者たちは，記述の目的のために体肢筋を解剖学的起始に従って２群に分けるのが実用的であることを見いだした。**外来性体肢筋** extrinsic appendicular muscles は軸性骨格あるいは体幹の筋膜から起こり，肢帯または体肢に終止する筋である。**固有体肢筋** intrinsic appendicular muscles は肢帯あるいは体肢に起こり，もっと遠位の体肢に終止する筋である。大部分の哺乳類で前肢帯と体肢のすべての外来性筋を切断すると，両側の鎖骨，肩甲骨，体肢を体から１つのまとまりとして取り外すことができる。後肢帯は仙骨と不動の関節を形成しており，後肢帯を同様に取り外すことはできない。

四肢動物の体肢の大部分の外来性筋は，胚期の体壁内の芽体から発生を始める。これらの芽体からの筋芽は，肢帯あるいは体肢近位骨のほうに伸びてそこに終止する。このように発生する筋は二次体肢筋ともよばれるが，それは胚期の起源が体肢にとって固有ではないからである。肩甲挙筋，腹鋸筋，菱形筋（すべて筋節起源），そして僧帽筋，胸骨乳突筋，鎖骨乳突筋（すべて鰓節性筋節起源）はこのように発生する。外来性筋は最も原始的で，祖先の有頭動物の体移動筋が伸長したものである。

四肢動物の固有体肢筋は，軸下筋の筋分節からの筋芽としてよりはむしろ，発生中の体肢内の芽体から形成される。このように形成される筋は一次体肢筋ともよばれる。後者のカテゴリーには，芽体が体肢から生じて体幹に広がり軸骨格に付着するようになる少数の外来性筋も存在する。これらの筋には広背筋（図 11-19）や原始的哺乳類の後肢の腸腰筋がある。

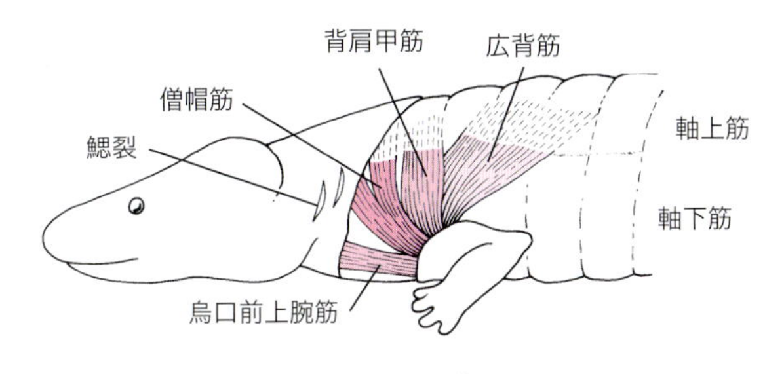

(a)

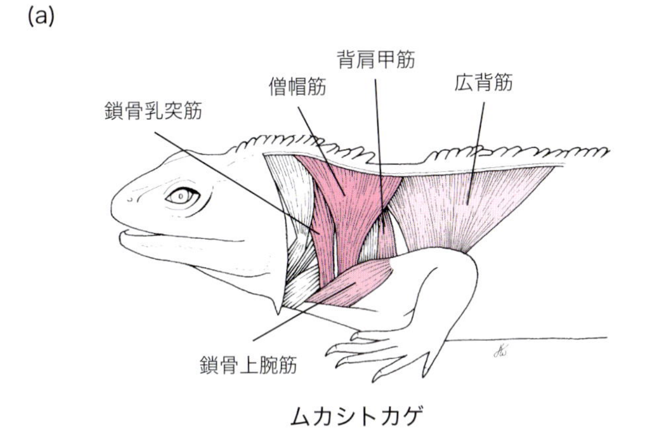

(b)

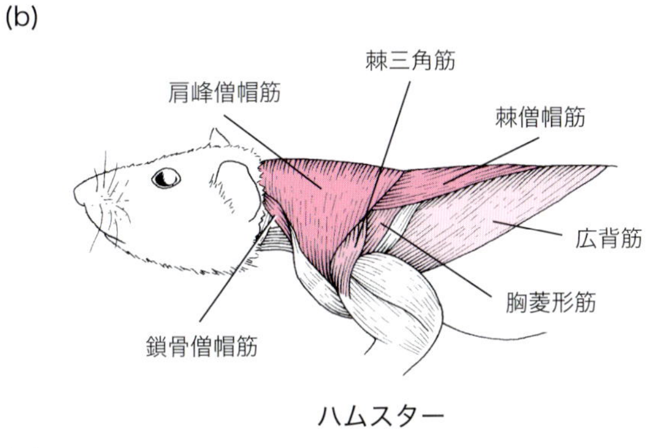

(c)

図 11-19
有尾類（a），原始的爬虫類（b），齧歯類（c）の肩浅層の筋により，肩の筋の拡大が四肢動物由来の特徴であることを示す。背肩甲筋と烏口前上腕筋は三角筋としても知られている。

固有芽体を作りだす間葉は体節に由来する。それゆえ体肢筋は胚期の起源により筋節性である。これらの筋が脊髄神経の腹枝を介して，脊髄の体性運動柱からの運動線維によって神経支配されていることは，これらが系統発生学的由来では筋節性であることに対応している（図11-16，哺乳類）。

前肢帯および前肢の外来性筋

背側群 四肢動物で最も恒常的に存在する背側外来性筋は**広背筋** latissimus dorsi である。この筋は一次体肢筋で，上腕骨に終止する。有尾類では（図11-19a），この筋はきゃしゃな三角形の筋で，肩部の軸上筋分節を覆う浅筋膜から起こる。爬虫類ではこの筋はもっと強力になった。この筋は背側方向に広がって棘突起につなぎ留められた頑丈な筋膜にしっかりと付着し，またずっと尾方に広がることによってその軸性起始を幅広くした（図11-19b）。哺乳類ではさらに幅広く背側に付着しようとする傾向が続いた。広背筋は最初のいくつかの胸椎から，尾方の大部分の棘突起から，そして腰椎を覆って尾の基部へと伸びる丈夫な線維性の腰背筋膜から起こる（図11-19c）。これらの後背側への拡張の結果，この筋が前肢に振るいうる力はますます増大した。

広背筋の（そして次に述べる僧帽筋の）深層には，大部分の有羊膜類で肩甲骨に終止する３つの外来性筋がある。すなわち，肩甲骨の２つの挙筋である**菱形筋** rhomboideus 群（現生爬虫類ではワニのみでみられる）と**腹鋸筋** serratus ventralis（前鋸筋）である。哺乳類では肩甲骨の挙筋は環椎の横突起あるいは底後頭骨（**腹側肩甲挙筋** levator scapulae ventralis あるいは肩甲横突筋）および後位頚椎の多数の横突起（**背側肩甲挙筋** levator scapulae dorsalis）から起こる。菱形筋群は後頭骨および一連の頚椎および前位胸椎の棘突起から起こる。腹鋸筋は多数に分かれた顕著な腱の小片によって肋骨・肋軟骨会合部付近で一連の肋骨から起こり（これが筋にノコギリのような外観を与える），またある種の哺乳類では一連の後位頚椎から起こる。上述のものは腹側肩甲挙筋を除いてすべて肩甲骨背縁に終止するが，腹側肩甲挙筋は関節窩付近で肩甲棘の突起に終わる（背側肩甲挙筋は時に腹鋸筋の一部と考えられる）。

咽頭弓は前肢帯の外来性筋に重要な貢献をする。肩部浅層の筋である**僧帽筋** trapezius（図11-19b）は魚類の**帽状筋** cucullaris muscle（図11-24a）が生き残ったものである。この筋は前肢帯へ付着するようになり，次いで広背筋と同一の拡大を受けた。僧帽筋はいくつかの要素に細分され，**鎖骨僧帽筋** cleidotrapezius（**鎖骨頚筋** cleidocervical），**肩峰僧帽筋** acromiotrapezius（**僧帽筋頚部** cervical trapezius），**棘僧帽筋** spinotrapezius（**僧帽筋胸部** thoracic trapezius）などを生じさせた。僧帽筋は鰓節神経を介する運動神経支配を受ける。その他の２つの筋である**鎖骨乳突筋** cleidomastoideus と**鎖骨後頭筋** cleido-occipitalis（図11-24c）は鎖骨へ付着するようになったが，体肢筋としては機能しない。これらが収縮すると頭部が動く。

腹側群 前肢の腹側外来性筋は“胸筋”という一般的用語の下に包含され，背側群に匹敵する拡大的変化を受けた（図11-20）。これらの扇型の筋はもともとは烏口軟骨あるいは烏口骨および関連する腹側正中の縫線から起こっていたが，次第にその起始を広げ，いくつかの動物種では烏口上骨，胸骨の全長，いくつかの肋軟骨，そして頚部腹側正中の縫線の一部からも起こるようになった。これらは様々な数の浅層および深層の筋に細分され，収斂して上腕骨近位端に終止する。有羊膜類のさらに強力な胸筋の終止部位は，圧力によってもたらされた顕著な稜と粗面によって際立っている。

２つの胸部筋である**胸筋** pectoralis と**烏口上筋** supracoracoideus は原始的状態で有尾類にみられる（図11-15，11-20a）。これらは上腕骨の別々の場所に終止するので前腕への作用も異なり，胸筋が主要な内転筋である。鳥類では烏口上筋は胸筋の深層にあり（図11-20c），両者は強力な飛翔筋として翼を下制したり（胸筋）挙上したり（烏口上筋）し，鳥類が空中にあるときにそれぞれ翼を上下に羽ばたかせる。烏口上筋は鳥類では前烏口骨の腹側に横たわり（図8-28，ニワトリ参照），その終止腱は上腕骨の背面へ通っているので，翼を挙上することができる（図4-28の骨格で上腕骨が尾方を向いていることに注意）。烏口上筋は哺乳類では前肢固有筋の１つになっている。

前肢帯および前肢の固有筋

背側群 有羊膜類の祖先から受け継がれた５つの軸後筋は現生哺乳類では肩甲骨から起こっている。これらは**三角筋** deltoideus あるいはその細分（**棘三角筋** spinodeltoideus と**肩峰三角筋** acromiodeltoideus），**大円筋** teres major，**小円筋** teres minor，**肩甲下筋** subscapularis（肩甲骨の内面上），**上腕三頭筋長頭** long head of the triceps である（図11-21）。上腕三頭筋を除き，これらの筋は上腕骨頭の少し遠位に終止して上腕骨と肩甲骨を１列に並べ，上腕骨をその長軸の周りに回旋させ，あるいは内転させる。上腕三頭筋には長頭の他に上腕骨から起こるさらに２つの頭があるが，上腕三頭筋は尺骨の肘頭突起に終止し，そこで肘頭を強力に引き寄せて前腕を伸展させる（図11-4）。自分自身の上腕三頭筋を試すためには，腕立て伏せをしてみるとよい。この運動は抵抗に逆らって腕を伸展させる。哺乳類では上腕三頭筋

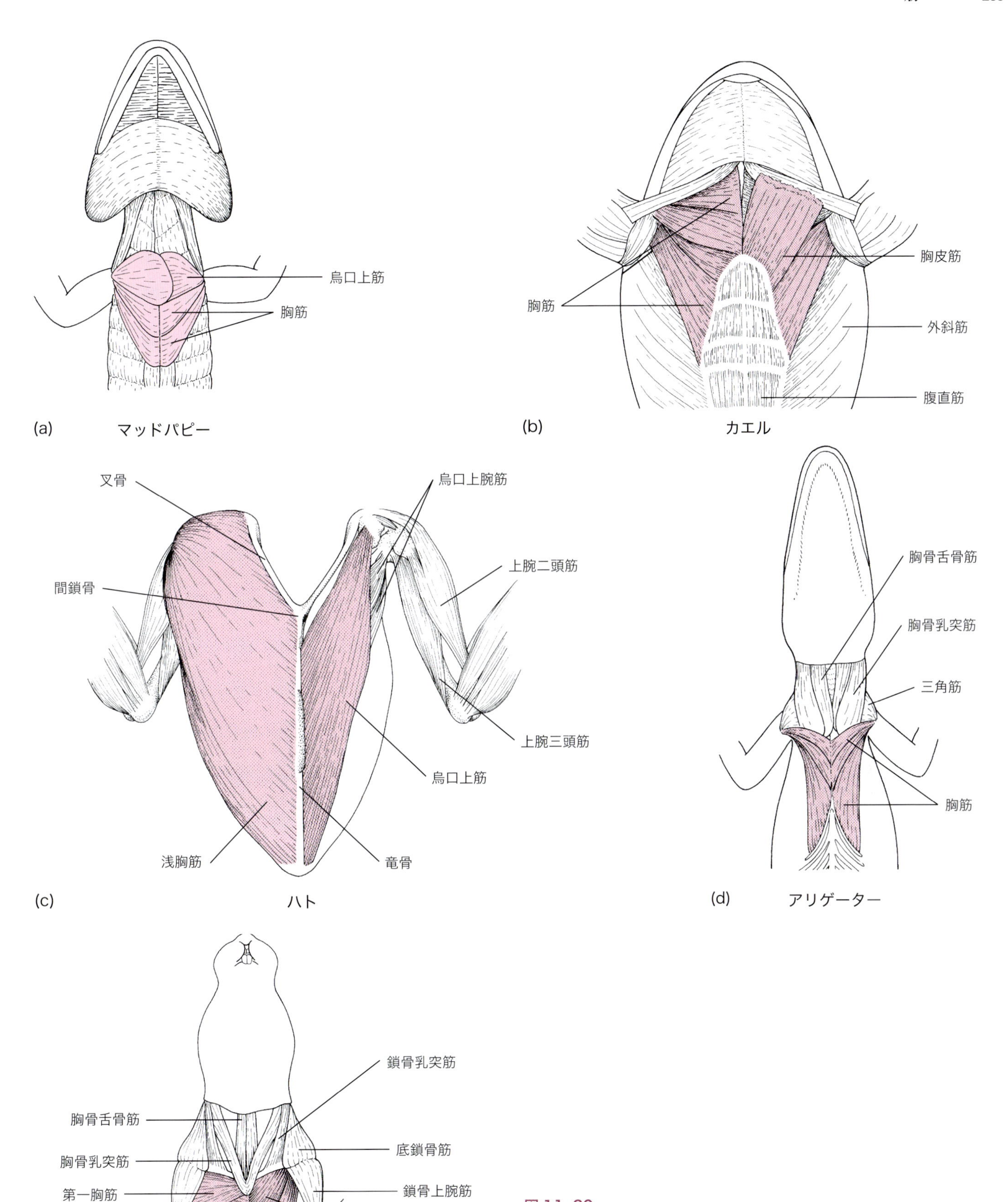

図 11-20

代表的四肢動物における胸筋（赤色）。(b) では，胸皮筋は胸筋が外皮へ向かった筋片で，左右前肢の間で皮膚への終止を獲得したものである。これは他の胸筋の浅層にある。(c) では，右側の胸筋を除去して烏口上筋を露出してある。(e) では，右側の第一胸筋と浅胸筋を除去してもっと深層の筋を露出してある。肩甲胸筋は深胸筋の前縁の深層にあってみえない。

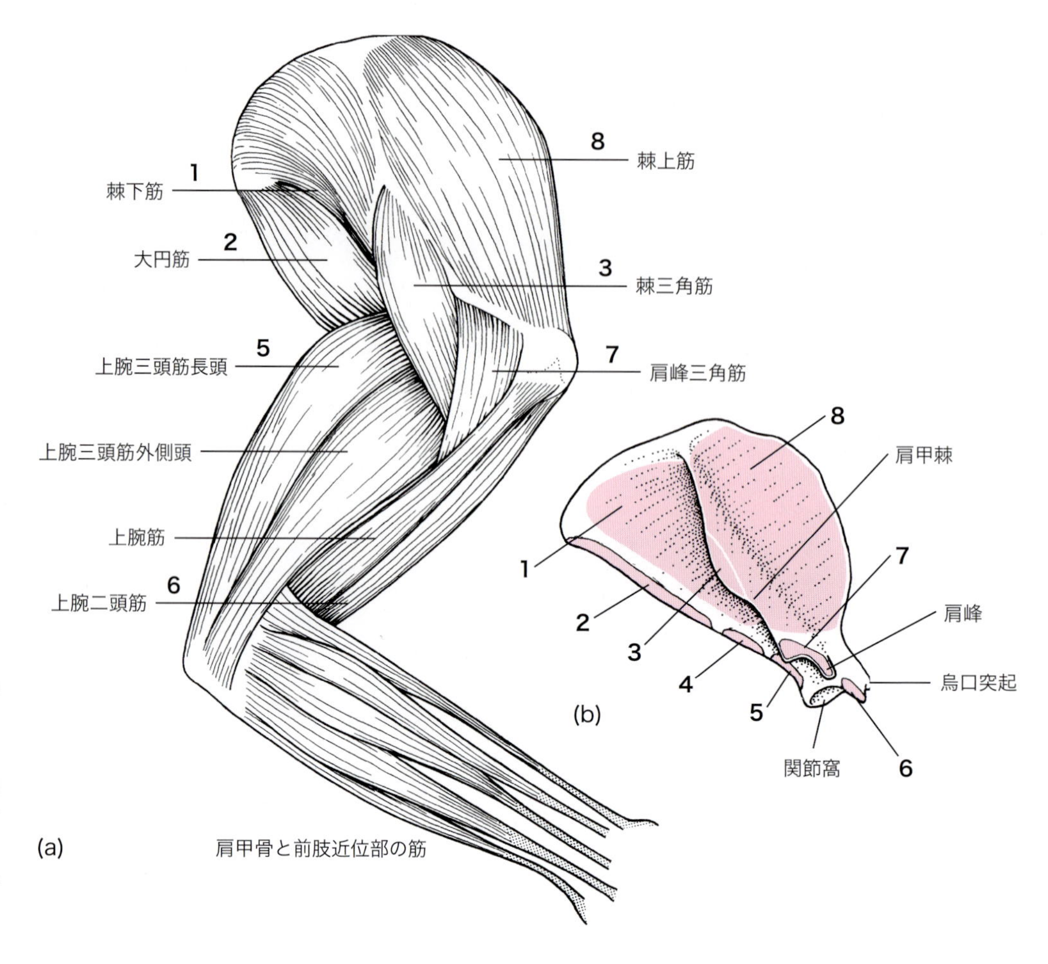

図 11-21
ネコの右肩甲骨と前肢近位部表層の筋を外側からみる。(b) は (a) で番号をつけた筋の起始。4 は (a) でみられない，深層にある小円筋の起始。同様にみられないのは肩甲骨内面の肩甲下筋と小さな烏口腕筋（起始は肩甲骨烏口突起）である。

の遠位に２つの**手の回外筋** supinator of the manus があり，上腕骨と橈骨を結ぶ。最後に，遠位に長い腱を持つ**手と指の伸筋** extensor of the hand and digits がいくつかあって，手根と指の骨格に終止し，あるものは遠位では末節骨にまで達する（図 11-21）。最短のものは手の固有筋である。

哺乳類の三角筋はおそらくその他の四肢動物の背肩甲筋あるいは肩甲三角筋と相同であり，大円筋は広背筋の一筋片であり，また小円筋はおそらく爬虫類で前肩甲上腕筋とよばれる筋である。哺乳類の肩甲下筋は爬虫類で同一の位置にある筋が拡大したものである。

腹側群　前肢帯と前肢の腹側にあった原始的な筋を代表するのは，肩甲骨の外側面にある２つの強力な筋，すなわち**棘上筋** supraspinatus と**棘下筋** infraspinatus（図 11-21），そして非常に短い深層の烏口腕筋（図示せず）である。棘上筋と棘下筋は**爬虫類の烏口上筋** supracoracoid of reptiles と相同で，この筋は幅広く，腹側の起始として，関節窩付近で前烏口骨の広範な領域から起こる。哺乳類における発生学的研究により，烏口上筋の芽体は哺乳類では爬虫類と同じ部位から生じるが，やがて胚の肩甲骨に向かって背方に広がり，発生中の三角筋の腹側を進んで肩甲棘の両側に位置を占め，成体の哺乳類における棘上筋と棘下筋になることが明らかになった。

哺乳類の**烏口腕筋** coracobrachialis は肩甲骨の烏口突起から起こるが，烏口突起は爬虫類の烏口骨の哺乳類における唯一の遺残である。烏口腕筋は爬虫類に存在し，烏口骨から上腕骨の骨幹まで走る。この筋は，その起始骨同様に，哺乳類で著しく小さくなっている。

上腕二頭筋 biceps brachii と**上腕筋** brachialis（図 11-21）は，爬虫類と哺乳類で前腕の主要な屈筋である。深層の小さな**肘筋** anconeus は（カエルの肘筋とは相同でない），上腕骨遠位端と尺骨近位端の間を伸び，小さな横走する**滑車上肘筋** epitrochleoanconeus は，内側で部分的に肘関節を取り囲む。これらの遠位では，**手の回内筋** pronator of the manus が橈骨に終止してこれを回旋させ，また主として上腕骨から起こる**手の屈筋** flexor of the manus は，長い腱によって手根骨，中手骨，指骨に終わる。手の固有筋は非常に短い指の屈筋である。

ある種の哺乳類には**鎖骨上腕筋** cleidobrachialis があって，鎖骨から上腕骨あるいは尺骨まで伸びる。ウサギと

表 11-5 哺乳類の前肢帯と前肢の主な固有筋と，爬虫類でそれと相同と思われる筋

	哺乳類	爬虫類
肢帯筋		
肢帯から上腕骨近位	三角筋	鎖骨三角筋 背肩甲筋
	肩甲下筋	烏口肩甲下筋
	小円筋	前肩甲上腕筋
	棘上筋 棘下筋	烏口上筋
	烏口腕筋	烏口腕筋
	大円筋	広背筋の筋片
上腕の筋		
上腕骨肢帯から橈骨または尺骨の近位端	上腕三頭筋	上腕三頭筋
	上腕二頭筋	上腕二頭筋
	上腕筋	上腕筋
	滑車上肘筋	滑車上肘筋
	肘筋	肘筋
前腕の筋*		
上腕骨および橈骨と尺骨の近位端から手	手根と指の伸筋と屈筋	
	手の回外筋と回内筋	
手の筋†	指の伸筋，屈筋，外転筋，内転筋	

*：しばしば長い終止腱を持つ。
†：指が減少した動物種で減少する。

ネコの鎖骨は痕跡的なので，鎖骨上腕筋はウサギでは**底鎖骨筋** basioclavicularis（**鎖骨後頭筋** cleido-occipital）（図 11-20e），ネコでは鎖骨僧帽筋の連続のようにみえる。しかし鎖骨の痕跡が埋まっている縫線が両者の境界である。これらの筋線維のいくつかがつながっているのは，介在する鎖骨の縮小にともなう二次的なものである。鎖骨上腕筋は脊髄神経の支配を受けるが，縫線より上方にある筋には鰓節神経が分布している。

鳥類の筋は基本的には爬虫類的である。鳥類の体重の大部分は前肢の外来性筋と後肢の固有筋によって代表されている。翼の固有筋は減少し，体幹の軸上筋は痕跡的であり，体壁筋は薄い。

表 11-5 には哺乳類の前肢帯と前肢の主な固有筋と，爬虫類でそれと相同と思われる筋を列挙してある。

後肢帯および後肢の筋

後肢帯は，特に有羊膜類で，独立して運動することができない。これらは鳥類以外では背側で脊柱と結合し，左右は腹側で骨盤結合により会合する。鳥類では，後肢帯は不動の複合仙骨と結合している。したがって，軸性骨格から起こって有羊膜類の後肢帯に終わる筋，すなわち後肢の外来性筋は体移動にはほとんどあるいは全く役に立たない。

有尾類と爬虫類の**尾大腿筋** caudofemoralis はいくつかの近位尾椎と大腿骨の間に伸びるが，これは有尾類では体移動のための筋ではない。これは尾を引き寄せる。これの一部は哺乳類では体移動の筋である梨状筋になる。

体移動のための後肢の筋は主として固有筋である。これらは後肢帯の骨，すなわち腸骨，坐骨，恥骨（このうちの1つ以上）と大腿骨，脛骨または腓骨の間に伸びる。現生爬虫類では，これらの筋の名称は通常ではその付着部を指す。すなわち，**恥坐大腿筋** puboischiofemoralis，**恥坐脛骨筋** puboischiotibialis，**腸大腿骨筋** iliofemoralis，**腸脛骨筋** iliotibialis，**腸腓骨筋** iliofibularis，**大腿脛骨筋** femorotibialis などである。これらの筋は哺乳類の後肢筋と同様，有羊膜類の共通の祖先から由来した。したがって，哺乳類と爬虫類の多数の後肢筋が相同である。残念なことに，ヒトの筋がまず最初に名づけられ，その名称はしばしば起始と終止とは異なる何かに基づいている。哺乳類の後肢の主要な筋は以下の考察の主題である。

腸腰筋 iliopsoas は，ヒトやいくつかの哺乳類では**腸骨筋** iliacus と**大腰筋** psoas major として別々に現れるが，これは爬虫類の**内恥坐大腿筋** puboischiofemoralis internus である。腸骨部は腸骨から起こり，大腰部は小腰筋を覆う筋膜の広範な領域と一連の腰椎から起こる。これらは結合し，強力な腱によって大腿骨頭付近の隆起である**小転子** lesser trochanter に終わる。この筋は大腿骨を前引し，また回旋

させる。

臀部の3筋の機能群である**殿筋** gluteus（爬虫類の腸大腿骨筋），**梨状筋** piriformis（爬虫類の**短尾大腿筋** caudofemoralis brevis），**双子筋** gemelli は，集合的に広く仙椎，尾椎および腸骨，坐骨から起こり，大腿骨頭付近の大きな隆起である**大転子** greater trochanter に終わる。この群のなかでは殿筋が最も強力であるが，これらの筋は大腿を外転させ，また腸腰筋のように大腿骨を回旋させて足を外側に向けさせる。殿筋と梨状筋は一次体肢筋で，後肢帯から軸性骨格まで拡がることによってその梃子作用を増大させた。例えばネコなどの四足歩行動物では，殿筋複合体は前方と後方から起こって大腿骨の中軸に終わる。前方からの線維は後肢を内側に回旋させるのに対し，後方からの線維はヒトにおけると同様に後肢を外側に回旋させる。相同な筋の機能は各分類群間で類似していることが多いが，その機能をすべての分類群に広げて一般的に記述することには十分な注意が必要である。

4つの筋（3つの**広筋** vasti と1つの**大腿直筋** rectus femoris）からなる**大腿四頭筋** quadricepus femoris は腸骨および大腿骨の大転子と小転子から起こり，膝蓋骨が埋没している靭帯に終わる。広筋は下腿を伸ばし，大腿直筋は大腿を内転して足を内側に向けさせる。大腿のその他の伸筋あるいは内転筋には**半膜様筋** semimembranosus，**大腿内転筋** adductor femoris，**長内転筋** adductor longus，**恥骨筋** pectineus，**縫工筋** sartorius，**薄筋** gracilis がある。これらの筋は腸骨，坐骨あるいは恥骨から起こり，大腿骨体，あるいは膝蓋靭帯と脛骨に終わる。縫工筋は人体で最長の筋であるが，これは革帯状に腸骨から起こり，大腿内面を対角線状に下方へ走る。昔の仕立屋は全身全霊を込めて手縫い仕事をする間，床にあぐらをかいて長い間座っていたが，慣れていない成人がこういうことをすればこの筋が痺れてしまうであろう。

2つの**閉鎖筋** obturator が大腿を屈曲，回旋，外転させる。これらは閉鎖孔の縁（図10–11k参照）および坐骨と恥骨から起こり，大腿骨近位端に終わる。

大腿二頭筋 biceps frmoris と**半腱様筋** semitendinosus はもともと下腿の屈筋であるが，また前者は大腿を外転させ，後者は大腿を伸ばす。これらは坐骨から起こり，膝蓋骨または脛骨に終わる。

腸腰筋に始まる上述の筋は大腿骨に終わるか，大腿骨と平行に走ってこれを越えて終わる。これらの筋の遠位には手の筋と同様に**足と趾の伸筋と屈筋** extensors and flexors of the foot and digits がある。これらのなかには**腓腹筋** gastrocnemius があるが，これはアキレス腱で有名な足の伸筋である。この筋の長くて幅広い腱は哺乳類では踵骨に終わる。鳥類では（図11–22），この筋は足根中足骨（これは踵骨と相同の骨を合体している）に終わり，また踵の後ろを通って趾節骨に終わる。止まり木に止まっているときには鳥の体重が腱を伸ばし，鉤爪の生えた趾を収縮させるので，眠っている鳥は筋を弛緩させ，最少のエネルギー消費によって止まり木を握っていることができる。

すでに述べたように，前肢帯と前肢は外来性体肢筋，血管，神経，そして皮膚のみによって体幹とつながれているが，後肢帯は軸性骨格に強固に結合している。このことはネコが跳躍するときには後肢で地面を蹴るが，着地は前肢で行うという事実の一部を説明する。すなわち，こうすれば着地の衝撃の大部分は前肢の外来性筋と固有筋によって吸収され

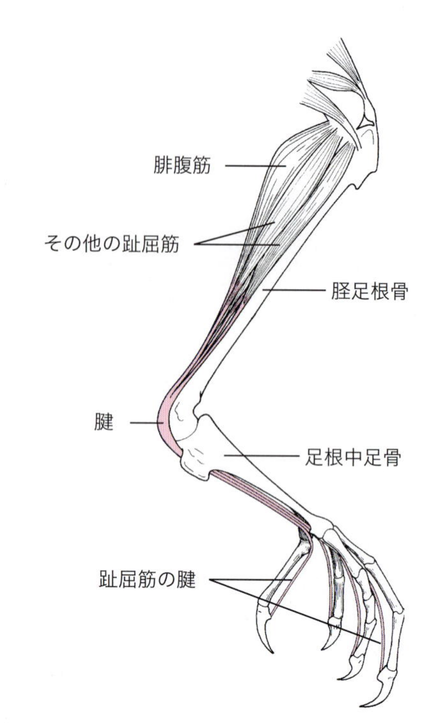

図11–22
鳥の枝止まり機構。体重が趾を屈曲させて止まり木を握らせている。

表11–6 体性筋の神経支配

筋	神経
体幹と尾の軸上筋 軸上筋由来の体肢筋	脊髄神経背枝
体幹と尾の軸下筋 軸下筋由来の体肢筋 鰓下筋 哺乳類の横隔膜	脊髄神経腹枝
舌筋	第XII脳神経

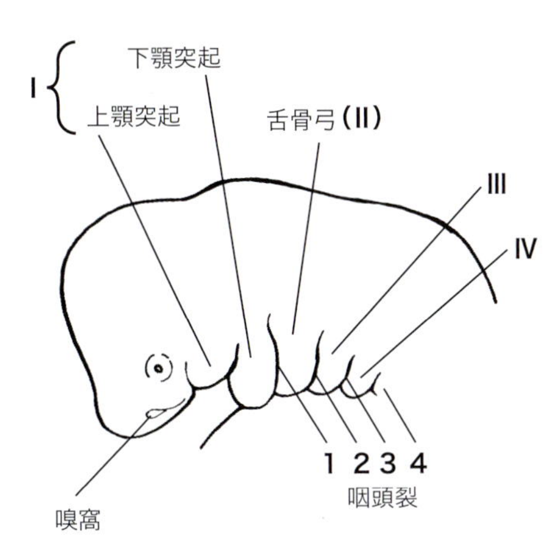

図 11-23
有顎類の胚の咽頭弓。

るからである。カエルがこのようなことをできない理由には，適切な骨格筋系を欠いていること，正確な着地を指示する小脳の構成要素がないこと，などが挙げられる。その結果，カエルはまず地面に触れた部分から着地する。有蹄類の後肢は優秀な衝撃吸収機能を備えているが，それは長い中足骨が末端にいわば余分の衝撃吸収関節を備えさせるからである。

いくつかの連続した脊髄神経の分枝が，魚類と四肢動物の体肢筋に分布している（図 11-16）。魚類では，これらの神経は筋芽を体肢に与えるのと同一の体節からきている。四肢動物の体肢のなかに入る脊髄神経の数は，系統発生学的に体肢に間葉を与える体節の数と等しいかもしれない。

体性筋の神経支配様式は表 11-6 に示してある。

頭部の体節球筋と体節筋

鰓節筋

第 1 章で，有頭動物の体の基本的構造パターンについて解説した。その解説の 1 つに咽頭弓（図 11-23）についての序論があった。本章の段階まで知識を積み重ねれば，咽頭弓についての解説は以前よりもっと豊富な意味を与えてくれるので，ここでぜひ第 1 章の解説をもう 1 度読み直してほしい。

第 9 章では，四肢動物における陸上生活への適応として，咽頭骨格がいかに変化したかについて解説した。ここでは四肢動物でこの骨格を操作する筋に起こった変化を調べる。

魚類であろうと四肢動物であろうと，胚の咽頭弓に由来する骨格を操作するのは一連の横紋筋性骨格筋で，これは鰓節筋と名づけられる。これらの筋の基本的パターンとその運動神経支配は，現生の有頭動物ではサメで最もよく例示されており，これらの筋はサメの上下顎と鰓弓を操作している。四肢動物でもこれらの筋は上下顎を操作しているが，鰓の消失にともない，サメの鰓弓の筋は陸上生活のために新たな機能を獲得した。

鰓節筋は横紋筋で骨格筋であるにもかかわらず，魚類では濾過摂食性の祖先から受け継いだ 2 つの原始的内臓機能，すなわち口咽頭腔内での食物処理と呼吸に関する機能を果たしている。これらの筋は過去においても現在でも外的環境に体（体幹）を適応させたことはなく，そういうことは体性筋の役割である。したがって鰓節筋はしばしば単独に，あるいは体性筋の特殊なケースとして考察されてきた。これらの筋に幹細胞を供給する間葉は，頭部の体節球筋と前位体節から由来する（図 11-6）。典型的な体性筋と同様，これらの筋は筋節由来であるが，運動ニューロンが中枢神経系において異なった運動柱にある点で異なっている（脊髄の体性運動柱に対する疑核と，第XII，VI，IV，III脳神経核へのその伸長；図 16-31，BSM，SM 参照）。

顎骨弓の筋

すべての有顎類において，第一咽頭弓の筋は主として顎の筋である。ツノザメでは**口蓋方形挙筋** levator palatoquadrati は耳嚢に生じて上顎軟骨の方形軟骨端に終わり（図 11-24a），強力な**下顎内転筋** adductor mandibulae は方形突起に起こってメッケル軟骨に終わり，**下顎間筋** intermandibularis は咽頭の床でメッケル軟骨と丈夫な腹側正中縫線の間に伸びる。上顎に終わる細い**呼吸孔筋** spiracularis（頭上顎筋）でツノザメの第一咽頭弓筋が出そろう。

口蓋方形挙筋は上顎を挙上するが，これはツノザメに舌接型顎支持機構があるからである。呼吸孔筋はこれを補助する。下顎内転筋は下顎を挙上し，それにより，呼吸孔が閉ざされ，口鰓腔壁の収縮により水が鰓の上に運ばれている呼吸サイクルの相の間，口を閉じさせる。下顎内転筋はまたサメに捕えられたいかなる獲物をも顎が万力のようにしっかりと保持することを可能にする。下顎間筋は腹側収縮筋で，呼吸と採餌の間，前方の咽頭床を挙上する（下顎は鰓下筋である烏口舌骨筋によって間接的に下制される）。

下顎内転筋はすべての有顎類で最も強力な第一咽頭弓の筋である。四肢動物ではこれは，ヘビでは多数，哺乳類では 3 つというように，いくつかの筋に分かれる。哺乳類における 3 つの筋とは**咬筋** masseter と**側頭筋** temporalis（図 11-24c）および**翼突筋** pterygoideus である（翼突筋はその他の筋の深部にあり，図示されていない）。これらの筋は 3

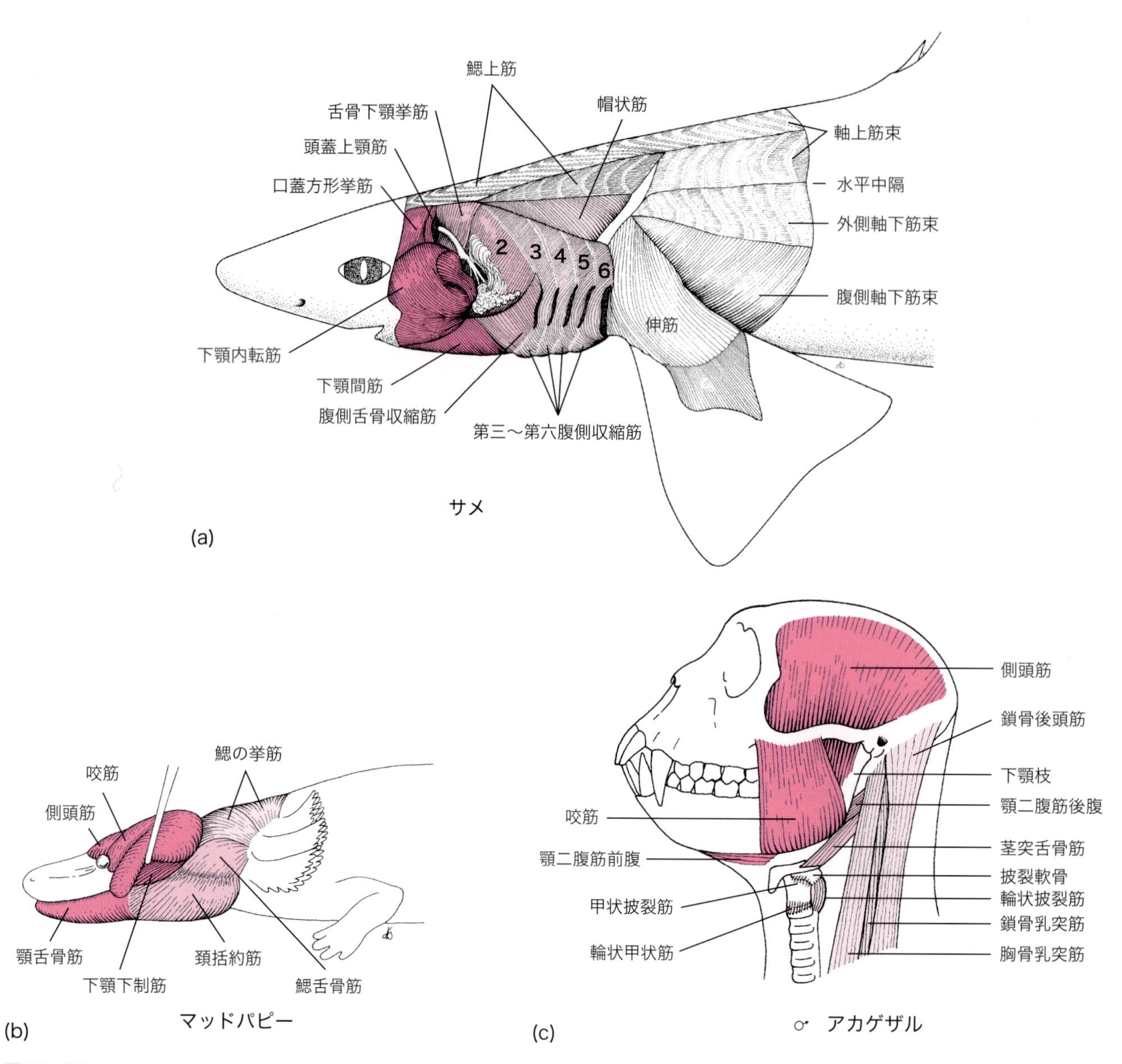

図 11-24
３種類の有顎類における代表的鰓節筋。第一および第二咽頭弓の筋はそれぞれ濃赤色および赤色。残りの咽頭弓の筋は淡赤色。(a）では，２～6は第二およびそれ以降の咽頭弓の背側収縮筋。(c）側頭筋は下顎枝の筋突起に終わる。図示されていない翼突筋は下顎結合を外し，歯骨を側方に引っ張って初めてみることができる。

つの方向に広がって，頬骨弓（咬筋），側頭骨（側頭筋），翼突窩（翼突筋）から起こるようになる（図9-29参照)。これら3筋は左右で下顎のための筋性のつり革となり，草食動物，食肉類，齧歯類など様々な哺乳類が咀嚼のために下顎を左右，上下，前後に動かしたり回旋させたりするための様々な方向への張力の大部分を与える。有羊膜類の咬筋，側頭筋，翼突筋の進化における側頭窩の役割（第9章参照）についてもこの際に復習しておくべきである。

魚類の下顎間筋は四肢動物の**顎舌骨筋** mylohyoideus と相同である（図 11-24b)。おそらくそのうちの一片が四肢動物の**顎二腹筋** digastricus（二腹がある場合は前腹，図11-24c）を生じさせた。また，獣弓類の関節骨に付着していた第一咽頭弓の筋片は，この骨がツチ骨になっても付着したままであった。この筋は**鼓膜張筋** tensor tympani であり，哺乳類の鼓膜を緊張させる。すべての有顎類の顎骨弓筋は第Ⅴ脳神経の運動枝の神経支配を受ける。

舌骨弓の筋

ツノザメの舌骨弓の主要な筋は，一部は呼吸と採餌の機能として舌骨弓を挙上するか咽頭腔を収縮させる。舌骨下顎挙筋 levator hyomandibulae と背側収縮筋 dorsal constrictor は神経頭蓋に起こり，舌顎軟骨と角舌骨軟骨に終わる。舌骨弓の腹側収縮筋は，腹側舌骨収縮筋（その他の鰓腹側収縮筋と同様の位置にある）と下顎間筋深部に見いだされる舌骨間筋とに細分される（図 11-14, 11-24a）。硬骨魚類では背側収縮筋は細分され，その一部が鰓蓋を操作する。上顎，下顎および舌顎軟骨の間に関節が存在するため，舌骨弓筋の収縮は上下顎の運動をもたらす。

四肢動物では，舌骨弓筋は魚類でみられる機能のいくつかを引き続き行うが，全く異なる機能も獲得する。マッドパピーでは舌骨弓の鰓舌骨筋 branchiohyoideus muscle が角舌骨軟骨から起こり，第一鰓の上鰓軟骨 epibranchial cartilage に終わる（図 11-24b）。この筋は挙筋とともに呼吸のために水中で鰓を前後に波打たせる。下顎下制筋 depressor mandibulae は有尾類や多くの爬虫類の口を開かせ，またある種の哺乳類では顎二腹筋の後腹 posterior belly of the digastricus が咀嚼運動に関与する（図 11-24c）。哺乳類では，細い茎突舌骨筋 stylohyoideus（二腹ある場合はその前腹）は頭蓋の茎状突起あるいは頸静脈突起と舌骨の前角あるいは舌骨体とを結ぶ（図9-44 参照）。

薄い襟巻き状の頸括約筋 sphincter colli は鰓舌骨筋の起始部の背側にあり，下等な四肢動物で頸部の皮膚に付着する（図 11-24b）。爬虫類ではこの筋は頭蓋の後部の周りを背方に広がり，頭部の皮膚に終わるので，広頸筋 platysma とよばれる。哺乳類では広頸筋は前方へ顔まで広がり，顔面筋 facial muscle（表情筋）となる（図 11-25c ～ f）。頸括約筋は魚類の舌骨間筋の一部から派生したと考えられている。

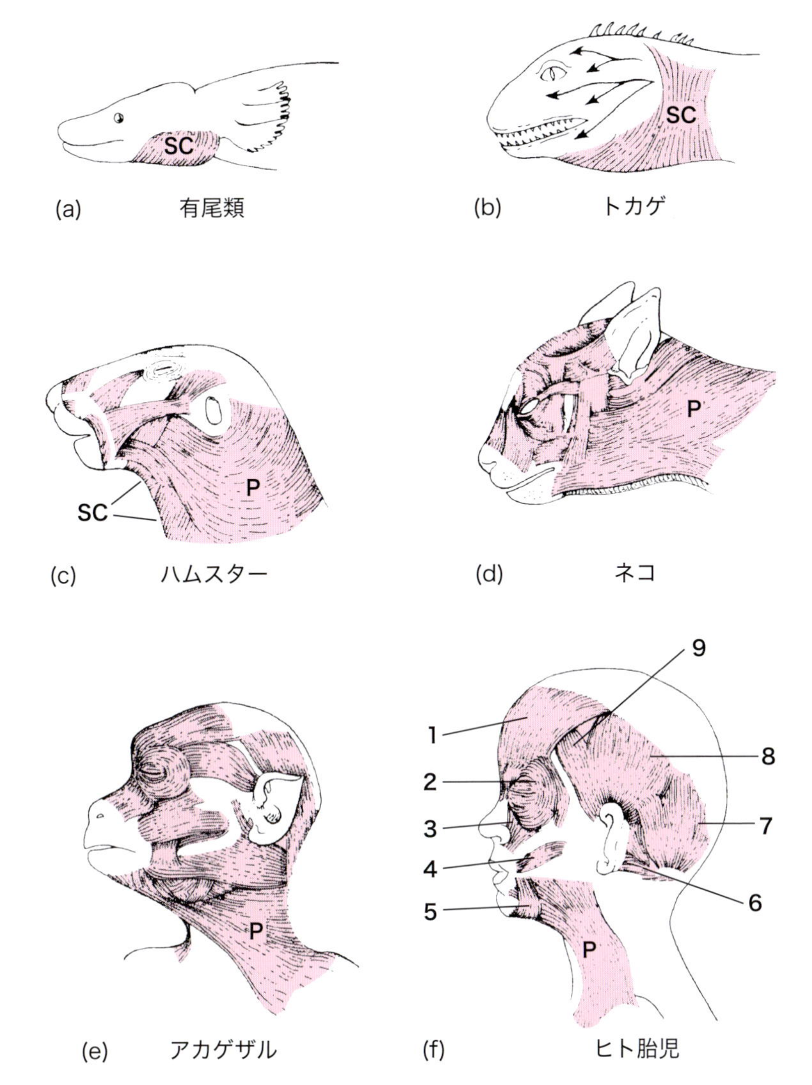

図 11-25
四肢動物の舌骨弓筋から哺乳類の顔面筋への進化。頸括約筋（SC）は有羊膜類で頸部のほうへ広がり，哺乳類で広頸筋（P）となる。この筋は次いで（b）における矢印で示すように，前方で頭部と顔へ広がり，顔面の表情筋となる。哺乳類では，図に示されているように，顔面筋が著しく分化していることに注意。1：前頭筋。2：眼輪筋。3：上唇方形筋。4：笑筋。5：口角下制筋。6：後耳介筋。7：後頭筋。8：上耳介筋。9：前耳介筋。(e) と (f) では，頭頂部の白い広がりは帽状腱膜である。

小さな**アブミ骨筋** stapedius は哺乳類の中耳腔の後壁に起こり，舌骨下顎軟骨と相同なアブミ骨に終わる。この筋は反射的に収縮して，蝸牛の繊細な有毛細胞を傷害しかねない大きな音の伝達を妨げる。

これらの舌骨弓筋はすべて顔面神経（第Ⅶ脳神経）による運動支配を受けているが，顔面神経は顔面筋に分布しているのでこの名前がついている。中耳の２つの筋が２つの異なる鰓節神経である第ⅤおよびⅦ脳神経の支配を受けていることは，ツチ骨とアブミ骨の系統発生学的歴史を考えれば驚くことではない。

第三咽頭弓以降の筋

魚類で舌骨弓より尾方の咽頭弓の筋は**収縮筋** constrictors（背側と腹側），**挙筋** levators，**内転筋** adductors，**背側および外側弓間筋** dorsal and lateral interarcuals であり，これらは呼吸の際に咽頭腔と鰓嚢を圧縮あるいは拡張させる。収縮筋はサメでは皮膚の直下にあり，剥がすのが容易でない丈夫な皮下筋膜に被われ，鰓嚢の背方と腹方にある強い筋膜に

表 11-7　ツノザメと四肢動物における主な鰓節筋とその神経支配

咽頭弓	ツノザメの咽頭骨格	主な鰓節筋		脳神経支配
		ツノザメ	四肢動物*	
第一咽頭弓（顎骨弓）	メッケル軟骨 翼突方形軟骨	下顎間筋 下顎内転筋 口蓋方形挙筋 呼吸孔筋	下顎間筋 　顎舌骨筋（前部） 　顎二腹筋（前腹） 下顎内転筋 　咬筋 　側頭筋 　翼突筋 鼓膜張筋	第Ⅴ脳神経
第二咽頭弓（舌骨弓）	舌骨下顎軟骨 角舌骨軟骨 底舌骨軟骨	舌骨下顎挙筋 背側収縮筋 舌骨間筋	アブミ骨筋 茎突舌骨筋（前部） 下顎下制筋 顎二腹筋（後腹） 頚括約筋 　広頚筋 　表情筋	第Ⅶ脳神経
第三咽頭弓	鰓軟骨	収縮筋 挙筋 内転筋 弓間筋	茎突咽頭筋 茎突舌骨筋（後部）	第Ⅸ脳神経
第四～第六咽頭弓	鰓軟骨	収縮筋 挙筋 内転筋 弓間筋	甲状披裂筋 輪状披裂筋 輪状甲状筋	第Ⅹ脳神経
		帽状筋（背側収縮筋３からも由来）	僧帽筋 胸骨乳突筋† 鎖骨乳突筋† 底鎖骨筋†	サメで後頭脊髄神経 有羊膜類で第Ⅺ脳神経脊髄根

＊：１字下がりにしたこのカラムの筋は，上記の筋からの派生物と思われる。
†：運動神経支配から鰓節筋と推定される。

付着する（図 11-24a）。これらの筋は鰓嚢を圧縮し，呼吸に用いた水を排出する。これらの咽頭弓の挙筋は強い膜状の筋である**帽状筋** cucullaris を形成し，この筋は第二咽頭弓の舌顎軟骨挙筋に補助されて咽頭壁を挙上する。

鰓弓深部の内転筋は上鰓軟骨と角鰓軟骨を結び，収縮の際には外側咽頭壁を外側にたわませ，咽頭腔を拡張させる。咽頭の天井で粘膜のすぐ上にある２対の弓間筋は，連続する咽頭鰓軟骨と個々の咽頭鰓軟骨および鰓上軟骨を結び，これらを一緒に引っ張る。その作用は咽頭がさらに拡張するのを助ける。咽頭の床の烏口鰓筋は鰓下筋であって鰓節筋ではない。硬骨魚類では，舌骨弓より尾方の鰓節筋は，鰓蓋が呼吸水を鰓の向こう側へ動かすという役割を果たす結果として，著しく退化している。

四肢動物では，鰓節筋は鰓を持つ咽頭弓にあったもののうち，非常に多数のものが消失している。第三咽頭弓から残ったものは嚥下の際に用いられる茎突咽頭筋 stylopharyngeus と，ある種の哺乳類では茎突舌骨筋の後腹 posterior belly of the stylohyoideus である（図 9-44 参照）。第四咽頭弓から残ったものは，哺乳類の固有喉頭筋である輪状甲状筋 cricothyroideus，輪状披裂筋 cricoarytenoideus，甲状披裂筋 thyroarytenoideus である（図 11-24c）。

以前に前肢帯の他の外来性筋とともに考察した有羊膜類の僧帽筋（図 11-19b，c）は，魚類の帽状筋から由来したものである。有尾類でこの名称を持つ筋が，有羊膜類の僧帽筋と相同であるかどうかは知られていない。胸鎖乳突筋群（胸骨乳突筋，鎖骨乳突筋，そしてウサギ類とその他いくつかの哺乳類では鎖骨後頭筋としても知られる底鎖骨筋）は，副神経脊髄根による神経支配を受けているために鰓節筋起源であると考えられてきた。しかし，第 16 章で考察されるように，この神経の構成要素の歴史は確定的ではない。主な鰓節筋とその神経支配については**表 11-7** に示してある。

外来性眼球筋

眼球を動かす外来性筋は横紋筋，骨格筋かつ随意筋で，眼窩壁に起こり，眼球の線維性強膜に終わる。板鰓類では，これらの筋は胚の頭部の耳前体節球 preotic somitomeres から起こる（図 11-6）。板鰓類で眼球筋を生じさせる最も頭側の 2 つの体節球は，第Ⅲ脳神経が中脳から生じる高さにある。この神経は 4 つの眼球筋である背側直筋 superior rectus，内側直筋 medial rectus，腹側直筋 inferior rectus，腹側斜筋 inferior oblique を支配する（**表 11-8**，図 11-26）。より尾方の体節球は，第Ⅳ脳神経が生じる高さにある。この神経は背側斜筋 superior oblique を神経支配する。最後の耳前体節球は第Ⅵ脳神経が生じる高さにある。この神経は外側直筋 lateral rectus を支配する。

表 11-8　主な外来性眼球筋および眼瞼筋とその神経支配

脳神経支配	外来性眼球筋	眼瞼筋
第Ⅲ脳神経（動眼神経）	背側直筋	上眼瞼挙筋
	腹側直筋*	
	内側直筋	
	腹側斜筋	
第Ⅳ脳神経（滑車神経）	背側斜筋	
第Ⅵ脳神経（外転神経）	外側直筋	眼の錐体筋
	眼球後引筋	眼の方形筋

*：ヤツメウナギでは腹側直筋は第Ⅵ脳神経に支配されている。

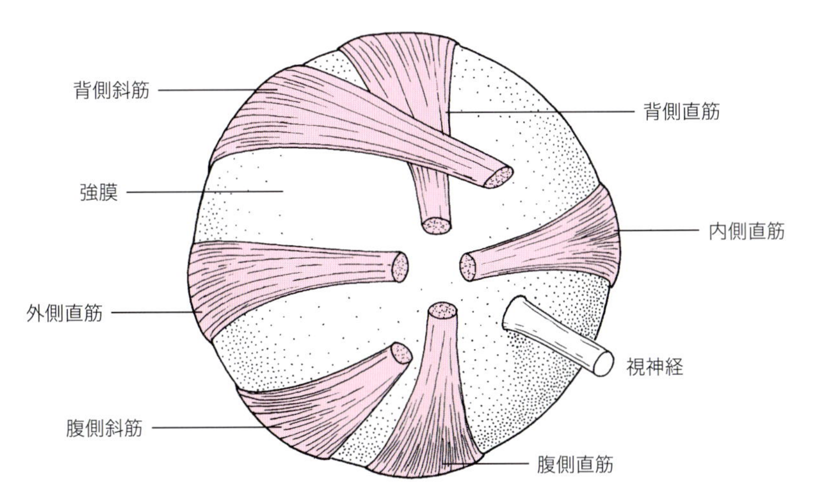

図 11-26
一般的な脊椎動物の左眼球の外来性筋を眼の後ろからみる。すべての脊椎動物の直筋は，視神経孔あるいは眼茎近くの眼窩壁の 1 つの場所から起こる。斜筋の起始は一般的にはより前方にある。

その他の有頭動物の眼球筋も板鰓類と同一の神経によって支配されており，その運動線維の細胞体は鰓下筋，舌筋および体幹と尾の体軸筋を支配する細胞体が存在するのと同一の運動柱に存在する。これらの観察から，すべての有頭動物の眼球の直筋と斜筋は，原始的な分節性体軸筋から由来し，頭部で外側視覚器を操作するために用いられたものであると考えられる。言い換えれば，板鰓類以外の有頭動物の眼球筋は，系統発生学的には筋節由来である。痕跡的な眼球を持つ有頭動物は，痕跡的な眼球筋を持つ。

多くの有羊膜類では，筋が上眼瞼と瞬膜に終わっている（爬虫類の錐体筋 pyramidalis，鳥類の方形筋 quadratus，爬虫類と哺乳類の上眼瞼挙筋 levator palpebrae superioris）。これらの筋芽細胞の供給源はいまだ特定されていないが，細胞体を体性輸出柱に置く体性運動線維によって神経支配されているため，これらの筋は体性筋であると考えられる（**表 11-8**）。爬虫類の**眼球前引筋および後引筋** protractors and retractors of the eyeballs，また存在する場合の**下眼瞼下制筋** depressors of the lower lids は，第Ⅴ脳神経に支配されているので，明らかに眼球筋とは異なる起源である。

外皮性筋

魚類と両生類では，鰓節筋あるいは軸性体性筋の筋片がどこかの真皮に終わり，これらの場所で皮膚をその下の筋と結びつける。ヘビの肋骨皮筋 costocutaneous muscles は体移動に用いられる軸下筋由来の外皮性筋である（第 10 章参照）。しかし外皮性筋がよく分化しているのは哺乳類のみである。ある種の哺乳類では皮筋層 panniculus carnosus（最大皮筋 cutaneous maximus）が体幹全体をくるんでいるので，アルマジロは危険にさらされると体を鞠のように丸めることができ，また有袋類では育子嚢の入口の周囲に括約筋が形成され，ウマはハエを激しく振り払うことができる（図 11-27）。これはおそらく胸筋の表層の筋片として出発し，これが皮膚の下面に付着して，頚長筋の場合のように広がったものである。この皮筋層はサルで発達が悪く，ヒトでは欠けている。膜状の胸筋である胸皮筋 cutaneuos pectoralis は，無尾類で胸郭壁へのその本来の付着を維持している（図 11-20b）。コウモリでは胸筋の筋片が飛膜筋 patagial muscle として翼膜の皮膚に終わる。これらはすべて脊髄神経の分布する筋節性筋である。

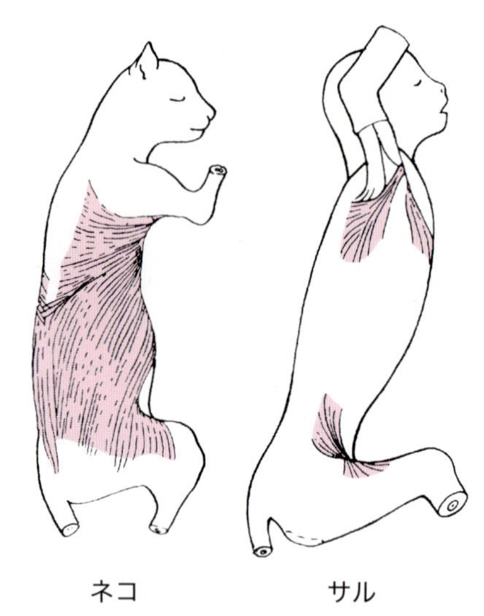

図 11-27
ネコと霊長類の皮筋層（最大皮筋）。2種の動物におけるこの筋の大きさの違いに注意。

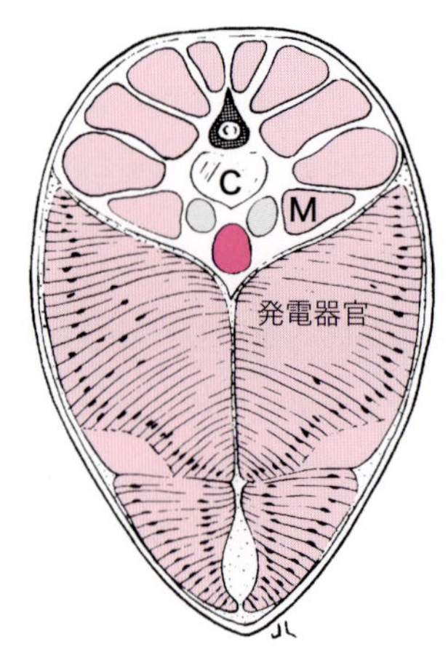

図 11-28
デンキウナギの尾部の発電器官。左右の有核の水平円板（発電細胞）は1つ1つが変化した軸下筋線維である。C：椎体。M：軸上筋筋分節。

最も注目に値する外皮性筋は，すでに述べた顔面筋である（図 11-25）。ヒトにおける 30 以上の異なった筋が，悲しいときには口角を下げ，笑うときには持ち上げ，額に皺を寄せ，からかうときに眉をつり上げ，瞼をしっかり閉ざし，口をすぼめ，受乳の際にはミルクを吸い，また鼻の穴を広げる。その他の哺乳類の顔面筋はこれより少ない。その1つである犬歯筋 caninus は，食肉類が肉を引き裂くときに用いる犬歯を隠している上唇の部分を持ち上げる。ヒトがこの筋を用いると，その人はせせら笑っているといわれる。ヒト以外の哺乳類では耳介筋 auricular muscles は，耳介をかすかな音がする方向へ向ける。顔面筋は鰓節神経の1つである第Ⅶ脳神経の支配を受ける。

これまで述べてきたものはすべて外来性の外皮性筋である。これらの発生学的起源と解剖学的起始は，真皮とは別のところにある。その終止部は真皮の下面に沿って存在する。固有外皮性筋は皮膚内，すなわち真皮内に発生する。これらは**立羽筋** arrectores plumarum と**立毛筋** arrectores pilorum で，羽包あるいは毛包に終わり，羽毛を毛羽立たせたり毛を逆立てさせたりする。これらはほとんどすべての動物種で平滑筋であり，交感神経系の支配を受ける。

発電器官

軟骨魚類および硬骨魚類のなかの少なくとも7科のうちの数百種類では，ある種の筋が電気を産生・貯蔵し，放出するように変化している。**シビレエイ** *Torpedo* では発電器官は鰓の近くの左右の胸鰭のなかにある。これは鰓節性起源で，第Ⅶおよび第Ⅸ脳神経の運動線維による支配を受けている。エイ類のガンギエイおよび南アフリカのデンキウナギ *Electrophorus* では，発電器官は尾部にあり，変化した軸下筋である（図 11-28）。デンキウナギでこの器官によって産生される電位は 600 ボルトに達し，これは獲物を麻痺させたり殺したり，あるいは他の生物を撃退するために用いられる。他のある魚類はもっと低い電位の発電器官を持っていて，これをレーダーのようなメカニズムのために，あるいは交信のために役立てている。ある種の神経小丘器官（第17章参照）はこれらの信号の受容器である。

発電器官はシビレエイの尾部では 20 万にも達する多数の電気円板からなり，これらが垂直あるいは水平の円柱のなかに詰め込まれている。各円板，すなわち発電細胞 electroplax は変化した多核筋線維で，結合組織に囲まれた脈管性のゼリー状の細胞外マトリックスのなかに埋まっている。各円板に終わる神経終末が放電を誘導する。

発電器官は魚類の間で体系立って分布しているのではなく，おそらく独立に何度も進化したものと思われる。ナイル川の淡水生ナマズであるデンキナマズ *Malapterurus* の発電器官は，筋間ではなく皮下に位置するゼリー状の塊のなかにあり，頭部，体幹，尾などほとんど全身を包んでいる。この器官は筋組織というよりは変化した皮膚腺からなっているように思われる。

要約

1. 組織学的には筋組織は横紋筋，平滑筋あるいは心筋である。
2. 機能的には，筋は体性筋，内臓筋あるいは鰓節筋に分類されうる。
3. 体性筋は生物を環境に適応させる。内臓筋は内的環境を調節する。鰓節筋は咽頭弓とその派生物を操作する。
4. 体性筋は横紋筋かつ骨格筋である。これらはその起源あるいは由来が筋節であり，脊髄神経の支配を受ける。
5. 内臓筋は大部分が平滑筋あるいは心筋である。一般にこれらは内臓葉から生じ，自律神経系による支配を受けている。
6. 鰓節筋は横紋筋で，咽頭弓の骨格筋である。これらはまた筋節由来で，頭部の体節球と前位体節から形成される。これらは鰓節神経による運動支配を受ける。
7. 筋は体のある部分を屈曲，伸展，外転，内転，前引，後引，挙上，下制，回旋（回内，回外），収縮，散大させ，あるいは空間的位置関係または形状を変化させる。
8. 骨格筋は線維の方向，位置，構成部分の数，形状，付着，作用，大きさ，これらの組み合わせ，そしてその他様々な理由によって名づけられている。
9. 有顎魚類の体幹および尾部の筋は体移動のための筋で，筋分節として配置され，水平骨格形成中隔によって軸上筋と軸下筋に分けられる。大部分の四肢動物では筋節中隔の消失により，本来の体節性がわかりにくくなっている。
10. 魚類と有尾類の体軸筋にみられる分節性は，胚の体節の分節性を表したものである。
11. 軸上筋と軸下筋はそれぞれ脊髄神経の背枝と腹枝の支配を受けている。
12. ある種の四肢動物で，軸上筋はその派生的特徴として縦走する筋束として配置され，そのいくつかは多数の体節にわたって伸びる。外側体壁の軸下筋は，長い肋骨がある場所を除いて体節性を失い，斜走あるいは横走する層として配置される。
13. 有羊膜類では横突起のすぐ腹側の軸下筋は長い（椎骨下の）筋束として配置される。腹側正中線に平行に走るこれらは，長い革帯状の筋を形成する。
14. すべての有頭動物において，軸下筋は咽頭の腹方を鰓下筋として頭側に伸びる。有羊膜類ではこれらは頭側に続いて舌のなかに入る。
15. 哺乳類の横隔膜と精巣挙筋は軸下筋であり，脊髄神経をともなって移動したものである。
16. 有頭動物の尾部の筋は，体幹の椎骨にかかわる軸上筋および軸下筋が尾部へ連続したものである。
17. 眼球筋は板鰓類およびその他の有頭動物で耳前体節球から生じる。これらは第Ⅲ，Ⅳ，Ⅵ脳神経に支配され，系統発生学的にも個体発生的にも筋節由来である。
18. 外来性体肢筋は軸性骨格に解剖学的起始を有し，肢帯あるいは体肢に終止する。固有体肢筋は肢帯あるいは体肢骨格の近位分節に起こり，もっと遠位の分節に終止する。
19. 魚類の体肢筋は主に外来性である。これらは胚の体幹のなかの芽体から生じ，発生中の鰭膜のなかに広がって腹側（軸前）の屈筋と背側（軸後）の伸筋として配置される。一般に四肢動物の体肢の再配列により，これらの本来の関係が不明瞭になった。
20. 四肢動物の体肢筋は外来性筋あるいは固有筋である。外来性筋を生じさせる芽体は次の２つの異なった場所に発生する。⑴魚類におけるように，胚の体壁内に生じ，次いで肢帯のほうへ広がって発生中の肢芽に入る（二次体肢筋）。⑵肢芽のなかに発生し，次いで体幹のほうへ広がって軸骨格へ付着する（一次体肢筋）。
21. 四肢動物の固有体肢筋は，胚の体肢のなかで発生する芽体から生じる。
22. 第一咽頭弓の筋は顎を操作する。哺乳類ではその派生物はツチ骨に終わり，第Ⅴ脳神経の支配を受ける。
23. 第二咽頭弓の筋は舌骨骨格，下顎，そして魚類では鰓蓋に付着する。哺乳類ではその派生物がアブミ骨に終わる。下等四肢動物の頚括約筋は有羊膜類の頭部へと広がり，広頚筋と顔面筋になる。これらの筋は第Ⅶ脳神経の支配を受ける。
24. 第三咽頭弓およびそれ以降の咽頭弓の筋は，魚類では鰓を操作し，四肢動物では新しい機能を果たす。第三咽頭弓の筋は第Ⅸ脳神経に支配され，残りの咽頭弓の筋は迷走神経（第Ⅹ脳神経）の支配を受ける。
25. 魚類の鰓節筋である帽状筋は，有羊膜類の僧帽筋と胸鎖乳突筋群を生じさせた。
26. 外来性の外皮性筋は，皮筋層（最大皮筋）および霊長類の顔面筋として発達のピークを迎えた。羽毛および毛の起立筋は平滑筋で，鳥類と哺乳類の真皮の固有筋である。
27. 発電器官は体軸性筋，体肢筋あるいは鰓節筋が変化したもので，その線維（発電細胞）は電位を産生・貯蔵し，放出することができる。そのうちの少数のものは皮膚腺が変化したものであると思われる。

理解を深めるための質問

1. 筋のカテゴリーは何か？　これらのカテゴリーを比較せよ。
2. （特異的な）体性筋と内臓筋の胚における供給源は何か？
3. 鰓節性体性筋と体性筋を別々のグループとするのはなぜ

か？　これらの筋に関する知識があれば，あなたはこれらの筋を別々に分類するか？　なぜそうするのか，あるいはなぜそうではないのか？
4．横紋筋の機能的タイプを比較せよ。
5．軸上筋とある種の軸下筋はそれぞれ脊柱の背方と腹方に位置している。各グループが両側性に収縮した結果を別々に記載せよ。もしも右側の軸上筋と軸下筋が同時に収縮すると何が起こるか？
6．体移動の際に軸上筋と軸下筋を交互に収縮させるように特殊化した動物の名前を挙げることができるか？
7．舌筋の胚における起源は何か？
8．６つの外来性眼球筋は何か？　これらの数が減少するだろうとあなたが予想するのはどのようなタイプの生物か？
9．ヌタウナギにおける眼球筋の減少をどのように説明するか？　あなたは２つの仮説を提出できなければならない。
10．一次および二次体肢筋の胚の起源は何か？
11．前肢と後肢において，各関節（肩関節－股関節，肘関節－膝関節，手根関節－足根関節）の伸筋と屈筋の名称を挙げよ。
12．鰓節筋の胚における２つの起源は何か？
13．私たちは人間の頭部と頚部で舌骨筋のどんな派生物を見いだすか？

参考文献

Alexander, R. M.: Functional design in fishes, ed. 2. London, 1970, Hutchinson University Library.

Allen, E. R.: Development of vertebrate skeletal muscle, *American Zoologist* 18:101, 1978.

Armstrong, R. B., and Phelps, R. O.: Muscle fiber type composition of the rat hind limb, *American Journal of Anatomy* 171:259, 1984.

Bennett, M. V. L.: Electric organs. In Hoar, W. S., and Randall, D. J., editors: Fish physiology, vol. 5. New York, 1971, Academic Press.

Carlson, B. M.: Human embryology and developmental biology. St. Louis, 1994, Mosby.

Cundall, D.: Activity of head muscles during feeding by snakes: A comparative study, *American Zoologist* 23:383, 1983.

Gans, C: Biomechanics: An approach to vertebrate biology. Philadelphia, 1974, J. B. Lippincott Co. (Copyright now held by University of Michigan Press.)

Gans, C., and DeGueldre, G.: Striated muscle: Physiology and functional morphology. In Feder, M. E., and Burggren, W. W., editors: Environmental physiology of the amphibians, chapter 11. Chicago, 1992, Chicago University Press.

George, J. C., and Berger, A. J.: Avian myology. New York, 1966, Academic Press.

Jayne, B. C.: Muscular mechanisms of snake locomotion: An electromyographic study of lateral undulation of the Florida banded water snake (*Nerodia fasciata*) and the yellow rat snake (*Elaphe obsoleta*), Journal of Morphology 197:159, 1988.

Lauder, G. V.: On the relationship of the myotome to the axial skeleton in vertebrate evolution, *Paleobiology* 6:51, 1980.

Morgan, D. L., and Proske, U.: Vertebrate slow muscle: Its structure, pattern of innervation, and mechanical properties, *Physiological Reviews* 64:103, 1984.

Sacks, R. D., and Roy, R. R.: Architecture of the hind limb muscles of cats: Functional significance, *Journal of Morphology* 173:185, 1982.

Wardle, C. S., and Videler, J. J.: Fish swimming. In Elder, H. Y., and Truman, E. R., editors: Aspects of animal movement. Cambridge, England, 1980, Cambridge University Press.

インターネットへのリンク

Visit the zoology website at http://www.mhhe.com/zoology to find live Internet links for each of the following references.

1. Master Muscle List Home Page. Muscles of the human body from the Loyola University Medical Education Network (LUMEN).
2. The Muscular System. A site with nice diagrams of the musculature of the entire body, and many links to other sites with information on the muscular system.
3. Complete Muscle Tables of the Human Body. This site contains comprehensive information on human muscles. More than you'd ever want to memorize!
4. Somite Lineages. Development of the musculature of a vertebrate.
5. Histology—The Web Laboratory. Links to units on many systems of the body, including muscle tissue. Extensive coverage of microstructure of all three types of muscles, from Ohio State University.
6. Jay Doc Histo Web. The University of Kansas Histology site. You can click on cartilage and bone to view photomicrographs and electron micrographs of histological sections. Expanded views show much detail.
7. Muscle. Clickable index of histological sections of muscle tissues, and accompanying informative text. The text includes an innovative clickable quiz for interactive learning.
8. Muscular System. Great photos of cat musculature.

第12章 消化器系

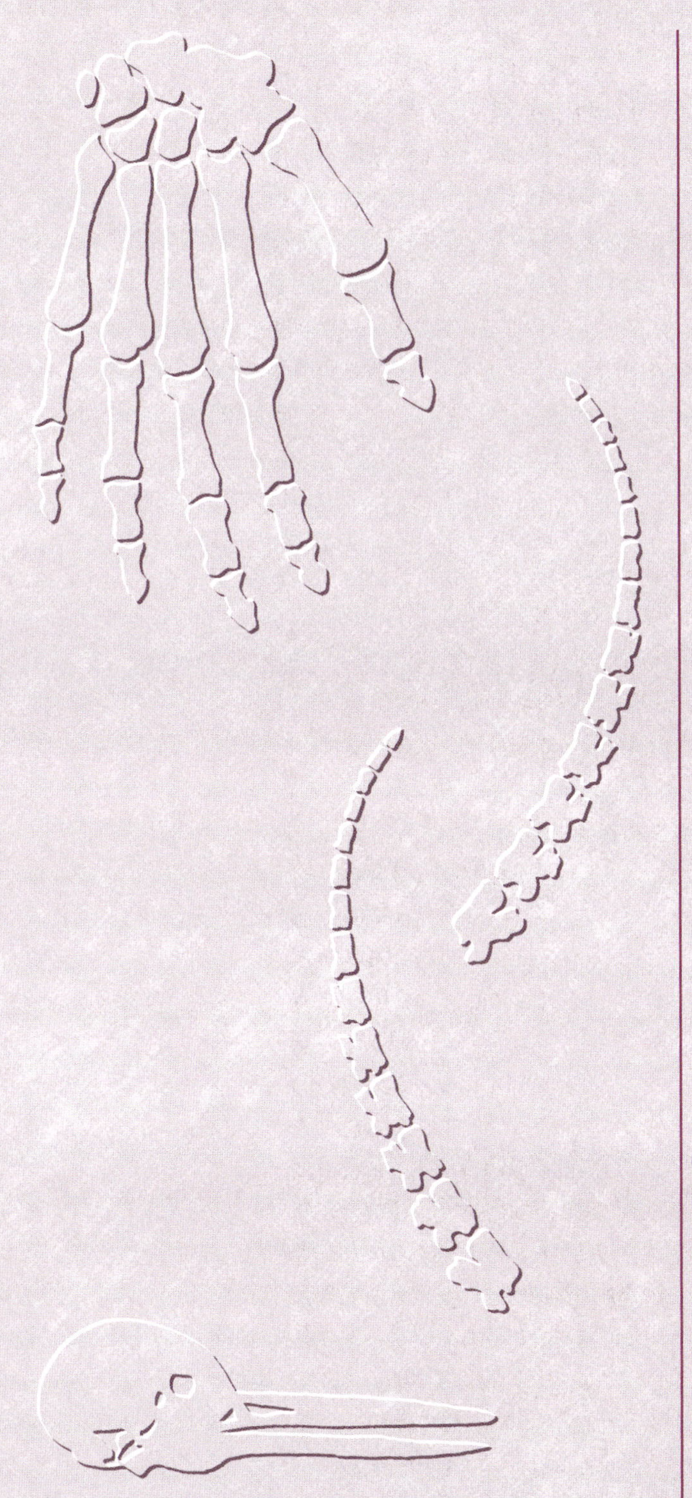

本章では消化管，そこから生じる腺やその他の膨出物，そして様々な食習慣（食性）にともなう目覚ましい変化，例えば頭皮の下に蓄えられた舌，軟体動物をかみ砕く歯板，食物をふやかしてやわらかくさせる砂嚢，食い戻しを口腔に戻す胃，セルロースを消化する細菌の住み処である盲腸などを調べていく。環境から食物の形でエネルギーを得るために有頭動物が用いるいくつかの手段を思いだすことから始めていく。

概要

先の脊索動物とヤツメウナギの幼生は濾過採食者である。しかし，有対の外部感覚器の起源とその頭部への集中を考えると，原始的な魚類の成体は活発に捕食したり，微粒子の食物を活発に獲得したりしていたという仮説を立てるのがふさわしいと思われる。

水生動物のみが行うことのできた濾過採食の原始的過程とは，流入してくる呼吸のための水流から有機物を受動的に濾過し，この食塊を咽頭の後ろに送って飲みこむ，ということからなっている。ホヤ，ナメクジウオ，そして現生の無顎類の幼生における濾過採食については第3章で述べてある。濾過採食の（別々に由来した）もっと活発なバージョンはある種の魚類，例えばヘラチョウザメ，イワシ，ウバザメなどでみられる。これらの魚類では，プランクトンあるいは小型魚類は，鰓弓から咽頭腔のなかに垂れ下がっている長い線維状の鰓耙によって呼吸水流から漉しだされる。最大の哺乳類であるヒゲクジラは，毎日何トンもの小型魚類や，クラゲやその他の無脊椎動物を，口腔内に垂れ下がっている鯨鬚（クジラヒゲ）の篩を通して海水から漉しだしている。しかしクジラは鰓で呼吸するのではなく，食物を採取するためにのみ海水を口腔内に取り込むので，海水は口からこぼれだして海に戻る。

顎を持ち，体移動と追跡のために使用できる筋性の体壁を備えた魚類が出現したことにより，食物を得るための，より攻撃的な方法が可能になった。顎は，最初は歯状の骨性皮膚装甲を与えられていたが，最終的には，私たちの歯という概念に合致する，小さく，しばしば鋭い，均一の小歯を備えるようになった。その結果，多くの生物が特殊化した捕食者となり，彼らの採餌方法は，現生のサメにおけるように，かみつき（引き裂き）飲みこむという，舌も口腔のさらなる特殊化も必要としないやり方であった。

頭蓋と舌骨弓のさらなる適応の結果，よりエネルギー消費の少ない方法が進化した。いくつも修正を受けて，ある種の真骨類は，飲みこめるほど小さな生物に接近し，突きだすことのできる顎を伸ばし，吸い込み，口を閉じ，顎を後ろに引き，飲みこむ，ということが可能になった。キンギョが魚の餌の薄片を採餌しているところを注意深く観察すれば，この食べ方をみることができるであろう。寄生性のヤツメウナギは異なる採餌技術を持っている。彼らは宿主の体の組織をとげのある“舌”でこすり取るが，この舌は角質の歯を備えた肉質かつ軟骨性の棒で，これが力強く突きだされ，そして組織の落屑が咽頭のなかに吸い込まれていく。

陸上では，長く，ねばねばした舌は両生類，有鱗爬虫類，そして多くの鳥類と哺乳類でみられる。ある種のヘビは獲物を上顎の歯で刺し貫く。有翼の四肢動物は地虫，種子，穀物などをつまみ上げ，またちょうどよい形をした嘴でその他の採餌行動を行い（図2－4参照），岸辺の鳥は嘴で魚を突き刺し，あるいはペリカンのように，海中から魚をすくいだす。吸血性のコウモリは全血を吸い取り，凝固を防ぐために唾液中の抗凝固剤を使い，また哺乳類の赤ん坊は筋性の頬と唇を用いて乳を飲む。

草食性の有蹄類は草を食い，肉食性の哺乳類は獲物にかみつき，それをかみ切り，引き裂くが，このときしばしばサーベル状の歯の突き刺す行為も加わっている。手首や指の関節がよく発達しているので，霊長類は食物を手でつかんで口に運ぶことができ，齧歯類は食物を両手の間に挟んでこれをかじって食べることができる。その他の採食方法を思いつくこともまだあるだろう。

採食行動は食物をみつけることに依存している。このことは外的環境を監視する感覚器によって達成される。嗅覚器のような化学受容器，魚類と両生類の内耳と側線器のような機械受容器，ある種のヘビにおける**目先小窩** loreal pits のような温度受容器，ブタの敏感な鼻先にあるような被嚢された触覚受容器，視覚器，そして電気受容器，これらのうちの1つあるいはそれ以上のものが様々な有頭動物に食物の存在と位置を気づかせる。エネルギーを含む食物がいったん体内に入ると，消化管はこれを処理し，必要とされた栄養物を取りだし，消化吸収されなかった物質を外界に戻すことができる。

消化管：概観

消化管は1本の管であり，真っすぐなことはめったになく，しばしばうねうねと曲がりくねり，口から始まって出口となる総排泄腔内に開くか，肛門を介して直接外界に開く（図12－1）。消化管は食物の消化と吸収，そして消化されない廃物の除去に働く。食物は消化管壁内の平滑筋組織によって，咽頭から排泄口あるいは肛門まで進められる。この過程は**蠕動** peristalsis とよばれる。

消化管は大まかに口腔と咽頭（魚類では口咽頭腔），食道，胃，腸に分かれ，腸は四肢動物では小腸と大腸に分かれる。消化管には付属器官，主に膵臓，肝臓，胆嚢からの導管が開口する。これらの器官とその導管は胚期の消化管からの膨出として生じる。**盲腸** ceca として知られるもう1つの膨出は消化管に共通に存在する。消化管とその付属器官は**消化器系** digestive system を構成する。

魚類，両生類および大部分の爬虫類の消化器は，体腔の

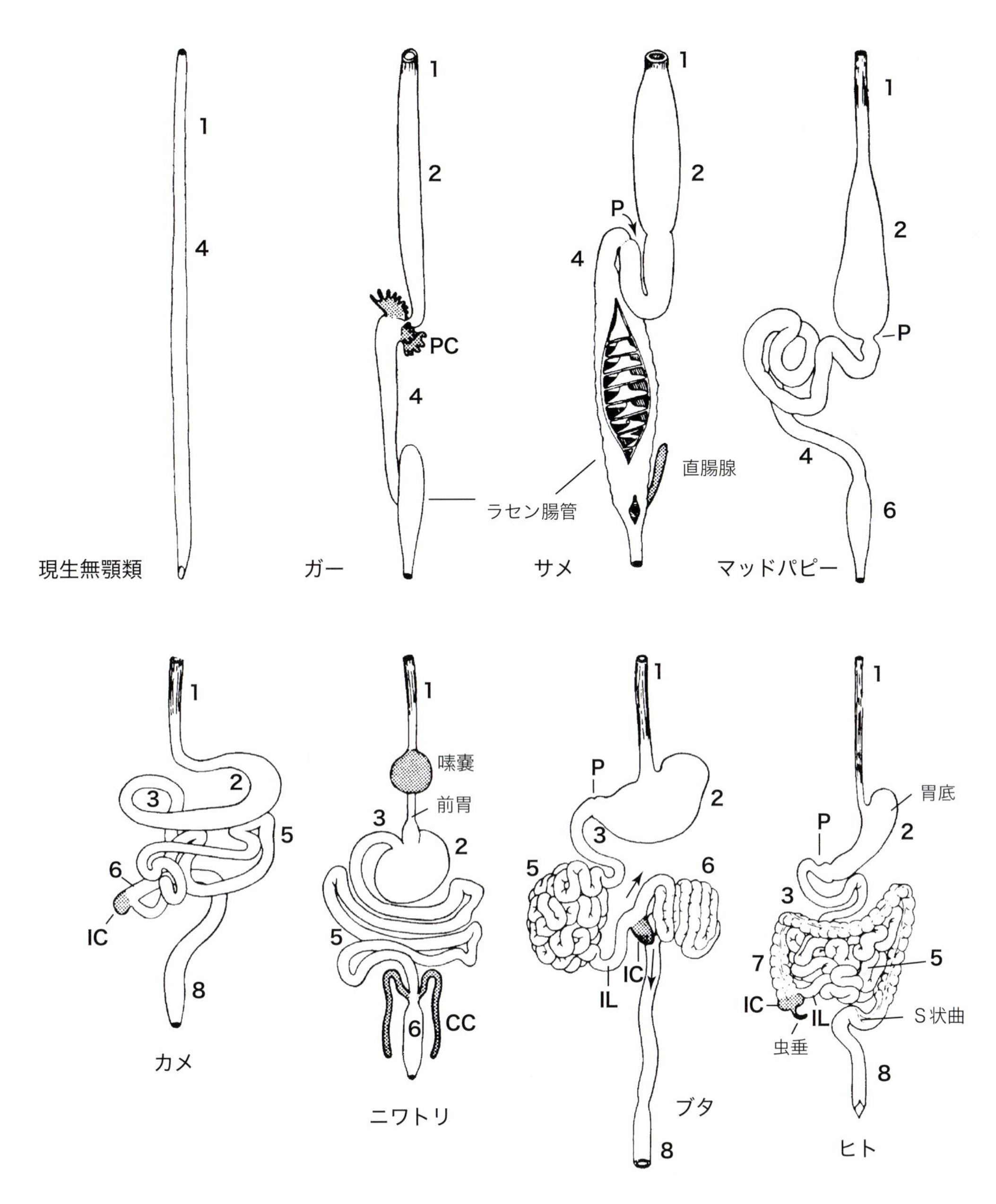

図 12－1
いくつかの有頭動物の消化管。獣亜綱哺乳類以外では腸は総排泄腔に開く。1：食道。2：胃。3：十二指腸。4：腸。5：小腸。6：大腸（ヒトでは結腸）。7：結腸。8：直腸。CC：鳥類の対になった盲腸。IC：回結腸盲腸。IL：回腸。P：幽門括約筋。PC：幽門盲嚢。盲腸，盲嚢は点描で示してある。

主な構成要素である**胸腹膜腔** pleuroperitoneal cavity のなかに，四肢動物では肺とともに収まっている（図1–12，魚類，両生類参照）。哺乳類，鳥類，少数の爬虫類では，肺は独立した**胸腔** pleural cavities 内に収まり，消化器は食道を越えて**腹腔** abdominal cavity（**腹膜腔** peritoneal cavity）に収まる（図1–12参照）。体腔は，初期の側板中胚葉が体壁板中胚葉と内臓板中胚葉という２つの層に裂けることによって生じる（図5－9d参照）。２つの層の間の腔所が**体腔** coelom になる。

胚期の大部分の消化管は，内胚葉性の内張りを除き，頭索類と有頭動物で内臓板中胚葉から生じる（図5－3c参照）。消化管の外側の覆いは**臓側腹膜** visceral peritoneum である（図1–2，6参照）。これは体壁を内張りする**壁側腹膜** parietal peritoneum につながっている（図1–2，5参照）。胚期の初期には，壁側腹膜と臓側腹膜は背側および腹側腸間膜経由でつながっており，このときには体腔は独立した左右の腔所に分かれている。背側腸間膜は基本的には一生を通じてそのまま残っており，血管と神経を体腔の天井から消化器へと導く。腹側腸間膜は肝臓と膀胱以外の部位では消失する。肝臓の腹側腸間膜の運命については，肝臓を勉強すると

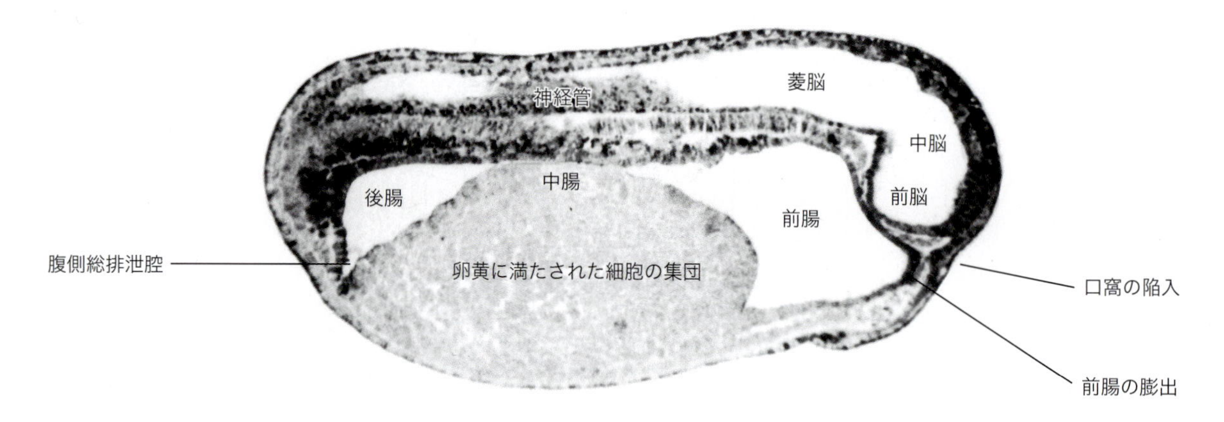

図 12－2
3.5mm のカエルのオタマジャクシの矢状断。口板が口窩の陥入を咽頭から隔てている。
From Phillips, JB: *Development of Vertebrate Anatomy* 1975 (Fig. 13-1, page 284).

きに述べる。

胚期の消化管は３つの領域からなる。卵黄があるときには卵黄を含む部分，またはそこに卵黄嚢が付着する部分は**中腸** midgut である（図５-13b，12－２参照）。中腸の後方には**後腸** hindgut があり，中腸の前方には**前腸** foregut がある。前腸は長く伸びて口腔の一部，咽頭，食道，胃，そして小腸のほとんどを形成する。後腸は残りの腸と総排泄腔になる。中腸は成体ではほとんど残っていない。

口腔の，あるいは魚類の口咽頭腔の前部は，頭部の外胚葉の腹側正中の陥入である**口窩** stomodeum として生じる（図１-１，12－２参照）。薄い膜である**口板** oral plate は初期胚の前腸を一時的に外部から隔てる。これは間もなく破れて消化管への前方の入り口となる。同様の陥入である**肛門道（肛門窩）** proctodeum は**排泄腔板** cloacal plate が破れたときに後腸からの出口になる（図１-１参照）。それゆえ，すべての脊索動物同様，ヒトを含む有頭動物は後口動物（新口動物）である。

咽頭より後方の消化管の解剖学的相違は，その動物が陸上で暮らすか水中で暮らすかということよりむしろ食物の性質と豊富さに関連する。食物は，吸血コウモリにおけるように，摂取したときに容易に吸収できるのか，あるいは食肉類におけるように，広範な酵素の働きまたは機械的咀嚼を必要とするのか？　食物は絶えず供給され，動物が空腹なときにはいつでもそこにあるのか，あるいは，動物は食物に忍び寄らねばならないのか？　後者の場合，食事はおそらくかさばったものであるので，それが消化されるまで，適切に拡張可能な胃のなかにそれを収めておくための余地がなければならない。そして動物の体の形はどうであろうか？　もしそれがナメクジウオやヘビのように細長いものであれば，消化管はおそらく真っすぐであろう。体幹がカメや無尾類のように短ければ，腸は十分な吸収領域を与えるために渦巻き状に巻いていなければならない。ある種の魚類は吸収領域を増大させるための特別な膜を持っている。

口と口腔

口は消化管への入り口である。有顎魚類では，口は種によって様々な歯を備えた**口咽頭腔** oropharyngeal cavity に開き，その壁は鰓裂によって穴が開いている。口咽頭腔は短い食道に終わる。四肢動物では口は歯と舌を収めた**口腔** oral cavity（buccal cavity）に開く。口腔は咽頭に通じる。

魚類の口咽頭腔および両生類の口腔の天井は一次口蓋である。これは肺魚類と両生類では前方に内鼻孔が開いている（図 12－３a）。大部分の爬虫類は不完全な二次口蓋を持つ。この口蓋には天井に深い裂け目である**口蓋裂** palatal fissure が残っていて，後鼻孔（有羊膜類の内鼻孔）と咽頭の間で呼吸気の通路になる（図 12－４）。ワニ類と哺乳類の二次口蓋では，口から咽頭までの口腔全体にわたって裂け目のない天井がある（図９-19，12－３b 参照）。

無尾類では，咽頭底の下に位置する反響室である１対の**鳴嚢** vocal sacs が，下顎角の付近で口腔に開いている。すべての四肢動物において，様々な口腔腺あるいはその導管が口腔に開いている。

哺乳類では，**口腔前庭** oral vestibule とよばれる深い溝が，歯肉，すなわち**歯槽堤** alveolar ridge を，頬や口唇から隔てている。多くの齧歯類では口腔前庭の左右それぞれで開口部が**頬嚢** cheek pouch に通じ，ハムスターなどはそこに穀物を入れて野外から巣穴に運んで貯蔵する。ハムスターの頬嚢は第一臼歯から後方へ，眼窩の下へ，耳の下へ，そして前肢

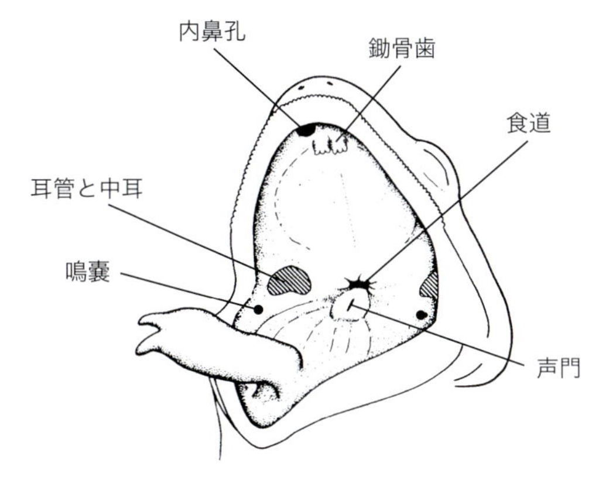

(a) 雄のカエル

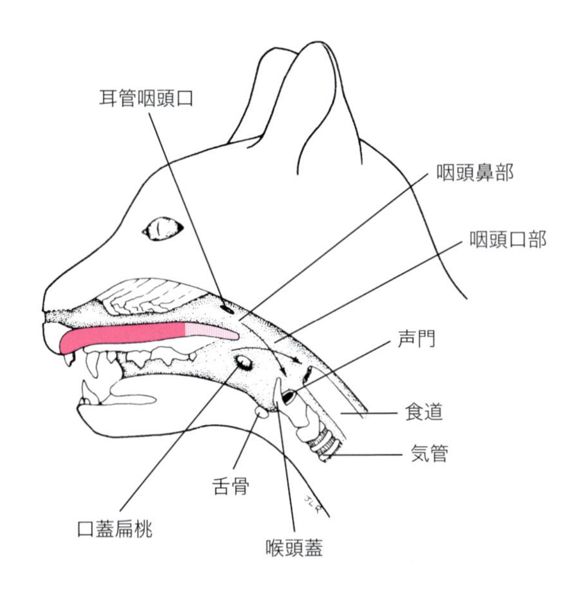

(b) ネコ

図 12－3
両生類と哺乳類の口腔。カエルでは口腔の天井は一次口蓋である。ネコではこれは二次口蓋（赤色）である。二次口蓋は硬口蓋（濃赤色）と軟口蓋（淡赤色）からなる。矢印は，食物と気流が交叉する咽頭交叉を示す。

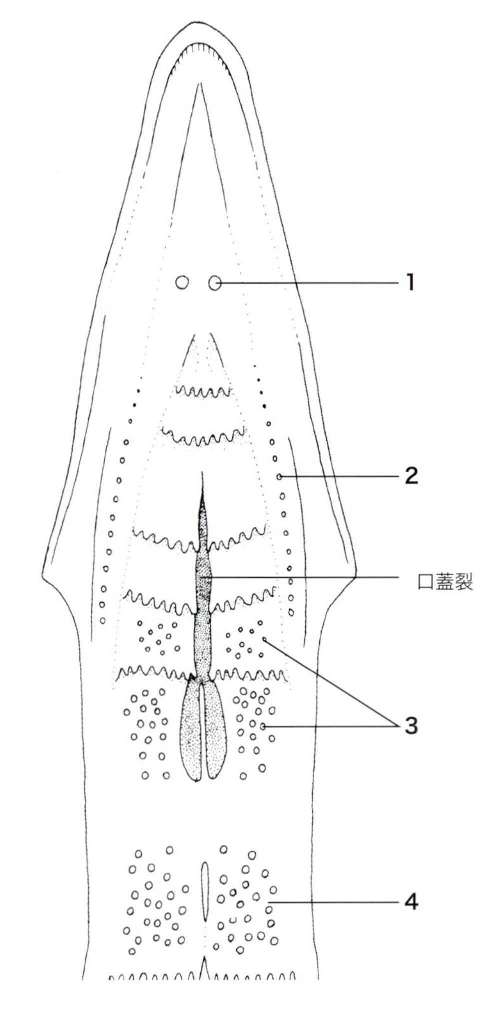

図 12－4
雌のニワトリの口蓋。1～4 は以下の腺の開口部。
1：1 対の上顎腺。2：外側口蓋腺。3：内側口蓋腺。4：蝶形翼状腺。内鼻孔（後鼻孔）は口蓋裂の前端で口蓋ヒダの上にある。

の近位では肩甲骨の外側の位置まで伸びる。頬嚢のコラーゲン性結合組織の壁はやや低い角化扁平上皮に裏打ちされて擦り傷から守られている。この壁には後引筋として働く顔面の筋である頬筋の小片が終わっている。その表面にある皮膚は緩く，頬嚢の拡張を可能にするので，頬嚢が一杯になったときには，ハムスターが悪性のおたふく風邪（流行性耳下腺炎）にかかったような印象を与える。

種子食や穀物食のある種の鳥類は，頬嚢と同様に使われる**貯種子嚢** seed pouch を舌下の正中に持つ。この嚢は口腔の底で顎舌骨筋の後部の背側にあり，哺乳類のオトガイ舌筋と相同であろう筋によって後引される。一杯になると，この嚢は顎舌骨筋からなるつり帯に入って口腔の後ろで垂れ下がる。嚢は頭部を激しく振って空にされる。

舌，口腔腺，および歯について，次に述べる。

舌

板鰓類，硬骨魚類，永続鰓性の両生類では，舌は口咽頭腔底の単なる三日月形あるいは三角形の隆起で，口咽頭腔底の骨格を構成する底舌軟骨と角舌軟骨によって形作られている。この貧弱な舌骨の隆起は**一次舌** primary tongue（図 12－5，成体のマッドパピー）である。一次舌には筋組織がないので，独立に動くことはできない。一次舌は，獲物が飲みこまれるまで口咽頭腔内に獲物を捕らえておくために，特に舌の表面が歯のような小歯突起で被われている場合，顎の補助をすることができる。しかし，一次舌は四肢動物の舌の前駆体である。

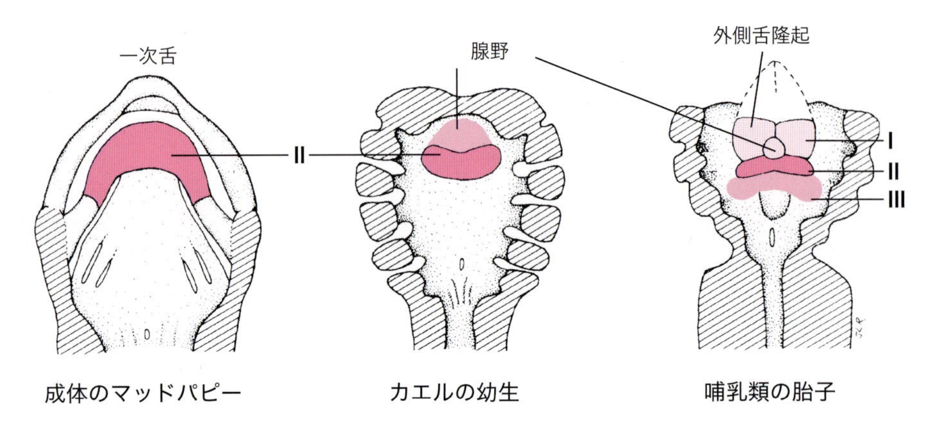

図 12－5
口腔底での舌の進化を図示する。Ⅰ，Ⅱ，Ⅲ：第一～第三咽頭弓の派生物。哺乳類の胎子における破線の輪郭は外側舌隆起の最終的な範囲を示す。

陸生の有尾類および無尾類の舌は一次舌と，口の外にはじきだすことのできる舌の延長部からなっている。有尾類，無尾類の両者において，一次舌は舌骨弓の間葉から発達し，その延長部は舌骨弓の前方の咽頭底にある胚期の**腺野** glandular field から発達する（図 12－5，カエルの幼生）。成体の舌が突然口の外へ押しだされたときに昆虫を絡みとるねばねばした粘液を分泌するので，この領域は腺野とよばれる。食虫性両生類の舌の先端は，通常は幅広くねばねばした肉性の拡張部として終わり，これによって獲物が捕らえられ，口腔内に運び込まれる可能性が増大している。陸生有尾類の舌根は咽頭底の底舌軟骨と角舌軟骨につなぎ留められるようになる。無尾類の舌根は，他の四肢動物とは異なり，下顎結合の直後の口腔底につなぎ留められるようになる。ヒキガエルの科の１つであるピパ科には舌は存在しない。

爬虫類と哺乳類の舌は３つの著しい特徴を持つ。(1)顎骨弓の間葉によって形成された１対の**外側舌隆起** lateral lingual swelling，これは有羊膜類以外にはみられない。(2)腺野を発生させる舌骨弓由来の一次要素。(3)第二咽頭弓の間葉を越えて前方に広がる第三咽頭弓由来の間葉（図 12－5，哺乳類の胎子）。舌の感覚上皮（一般知覚と味覚）はこのように第一～第三咽頭弓由来の間葉によって形成されるので，３つの異なる脳神経，すなわち第Ⅴ，Ⅶ，Ⅸ脳神経によってそれぞれ支配を受ける。鰓下筋組織が舌複合体全体に侵入し，第Ⅻ脳神経からの体性運動性支配を受ける。哺乳類の舌の神経支配については，第 16 章において「哺乳類の舌の神経支配：解剖学的遺産」として詳述している。

原始的四肢動物におけるように，有羊膜類の舌は舌骨弓の骨格要素につなぎ留められている。しかし，カメ類，クロコダイル類，アリゲーター類，ある種のヒゲクジラ類の舌は口腔底にも付着している。それゆえ突きだすことができない。それにもかかわらず，ヒゲクジラの不動の舌は食物を処理する際に極めて重要な役割を果たす。ガーターヘビやその他いくつかのヘビ類は舌を持たない。

鳥類では，猛禽類以外では外側舌隆起は発達が悪いので，舌は固有舌筋をほとんど欠いている。それゆえ，舌の唯一の運動は，舌がつなぎ留められている舌骨骨格を筋が動かすことによってもたらされる。キツツキが舌を口の外に“打ちだす”際の舌骨後角の独特な使用方法については，第９章において「有羊膜類の舌骨」としてすでに述べてある。

無顎類の“舌”は有顎類の舌のいかなる構成要素とも相同関係にない。これは単に，相同関係が未知な棍棒状の舌軟骨に過ぎず，角質のとげ状突起に被われ，前引筋および後引筋によって操作される（図9–35，13–1b 参照）。

舌は食物を捕らえたり集めたりする際に広く使用される。サンショウウオからコウモリやアリクイまで，食虫性あるいは蜜を吸う四肢動物の長くてねばねばした舌は，電光石火の速さで出し入れされる。体長約 120 cm のオオアリクイのねばねばした舌の長さは約 60 cm もある。ヒキガエルが口を閉じているときには，舌は後ろ向きに折り畳まれているので，その先端は食道のほうを向いている。舌が口の外に突きだされるときには，舌の先端まで伸びている内側オトガイ舌筋の長い筋線維が硬直して固有の棒状複合体を形成し，舌のつなぎ留められた前端の下でくさびを形成している底オトガイ舌筋が突然膨張する。これらが組み合わさって，硬直した舌が下顎結合の上に突きだされる。舌は舌下筋の収縮によって口のなかに戻る（Gans and Gorniak, 1982）。

キツツキはトゲのついた舌を持っていて，これを木の幹の暗い割れ目に矢のように突きだして幼虫を突き刺し，口のなかへ運ぶ（図 12－6a）。ハチドリの小さな舌は花と口の間を素早く何度も往復し，蜜の小滴を中空のほぐれた舌の先端に集める（図 12－6b）。

オウムの舌はシードカップの壁内にしなやかな角質の２枚の盾を備えていて，シードカップが固く被われた種子の殻をむいたり穀物を飲下しやすくする際に役立つ（図 12－7）。この盾は指の爪のように角化上皮細胞から構成されていて，この細胞は舌の上を後ろに半分ほど戻った爪床のようなところから前方に伸びている。その前端は常に擦り切れて置換されている。

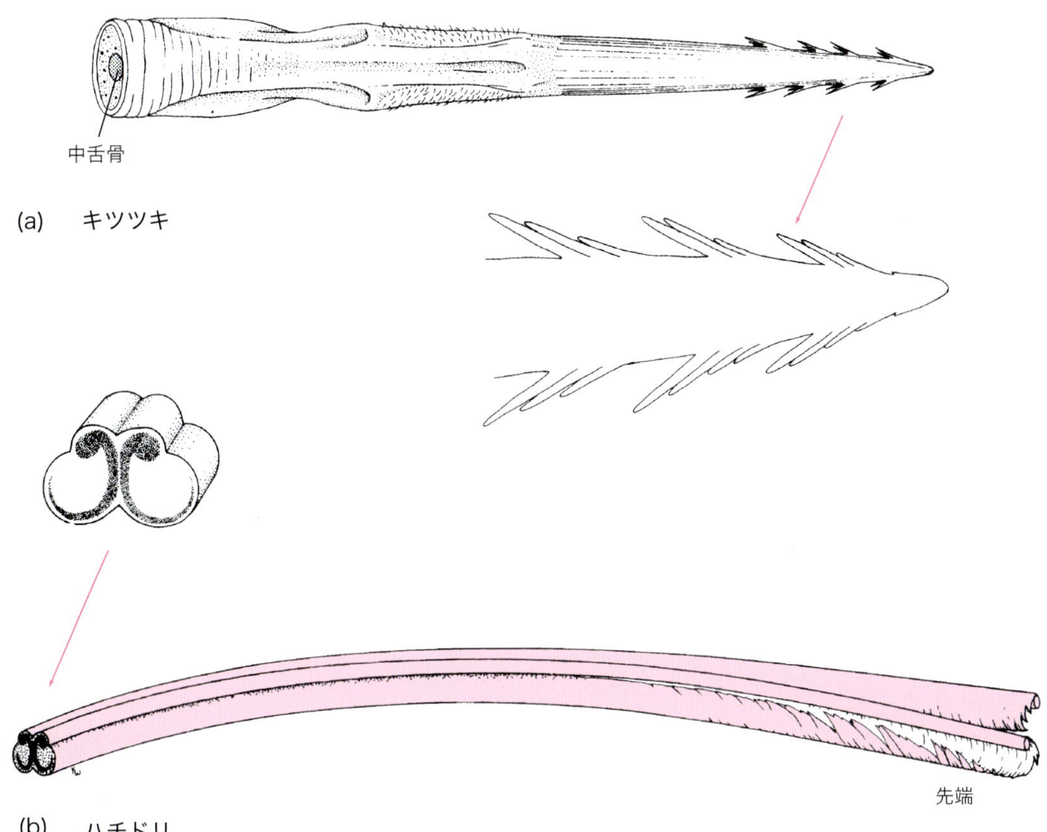

図 12－6
異なる採餌様式を持つ２種類の鳥類の舌の適応。(a) 幼虫を食べる鳥の舌を腹側からみたもの。(b) 蜜を吸う鳥の舌を外側からみたもの。

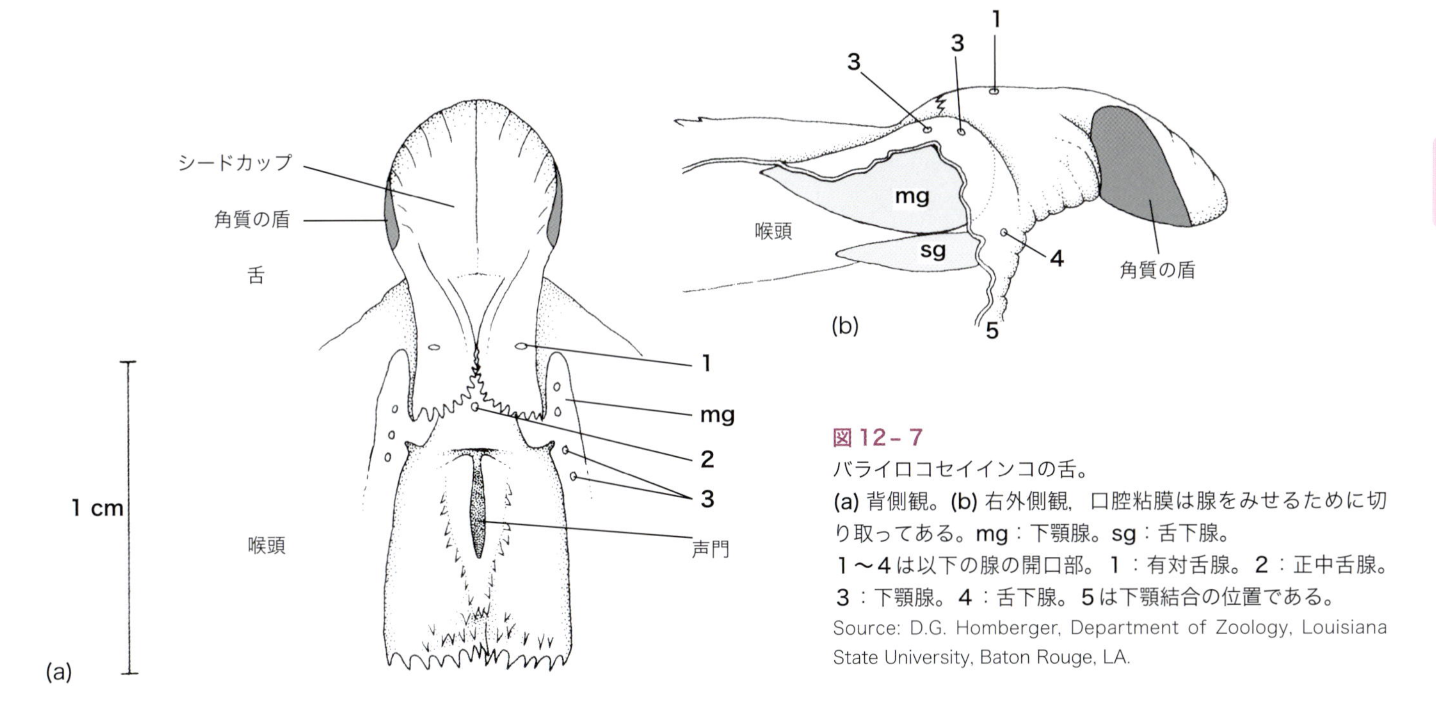

図 12－7
バライロコセイインコの舌。
(a) 背側観。(b) 右外側観，口腔粘膜は腺をみせるために切り取ってある。mg：下顎腺。sg：舌下腺。
１～4は以下の腺の開口部。１：有対舌腺。２：正中舌腺。３：下顎腺。４：舌下腺。５は下顎結合の位置である。
Source: D.G. Homberger, Department of Zoology, Louisiana State University, Baton Rouge, LA.

鳥類とトカゲ類の舌のなかには中舌骨，すなわち舌骨の前方に向いた突起が存在する（図 12－6a）。多くの鳥類で，１対の長い旁舌骨が舌先端付近で中舌骨に付着し，その縁に埋まって後方に伸びる。

ある種のヒゲクジラの不動の筋性の舌は，流れ込んでくる何トンもの海水を喉と胸の下にある巨大な貯蔵所に送り込む。その壁が収縮して貯蔵所が空になると，水は鯨鬚の擦り切れた薄膜を通って漉し戻され，海水から漉しだされた生物は深い溝のある舌の上に溜まって，やがて飲みこまれる。生まれたばかりのヒゲクジラには未発達な鯨鬚しかないので，新生子の口腔のなかには可動性の舌を入れるための腔所があり，この舌は約6カ月間乳を飲むために使われてから不動になる。その他のほとんどの哺乳類の舌は外に突きだすことができるが，**舌小帯** frenulum linguae という靭帯によって口腔底につなぎ留められている。ヒトでは，舌小帯が舌先端の運動を妨げると，その人は“舌足らず”になる。それを解消するため，舌小帯の前端を切り取る場合もある。

舌粘膜には，味覚の受容器だけでなくその他の刺激，例えば有羊膜類では**立体認知** stereognosis（固い物体を触ったり，いじったり，持ち上げたりして，その形，重さ，触感を認識する）のための受容器がある。舌先端に，被膜で包まれたこれらの神経終末があるので，食虫類は暗いくぼみを舌で探って食物のありかを突き止めることができる。種子食の鳥類は，シードカップのなかで殻をむかれた種子を扱う際に立体認知の情報を使用する。

食物や水を手に入れるために使われない舌は，口腔内の固体や液体を扱い，大部分の四肢動物の舌は飲みこむ際にも使われる。体が熱くなった哺乳類では，ハアハア息をするときに，長い舌は表面から唾液を蒸発させて血液を冷やす場所として働く。トカゲ類は自分のスペクタクル（透明な眼瞼）を舌できれいにする。舌表面のとげのような乳頭は，食肉類では骨から食物をこすり取るときに使われ，また多くの哺乳類では毛繕いのために使われる。この毛繕いのため，しばしばネコの胃のなかに毛球が形成される。また，舌なしではヒトは話をすることができない。

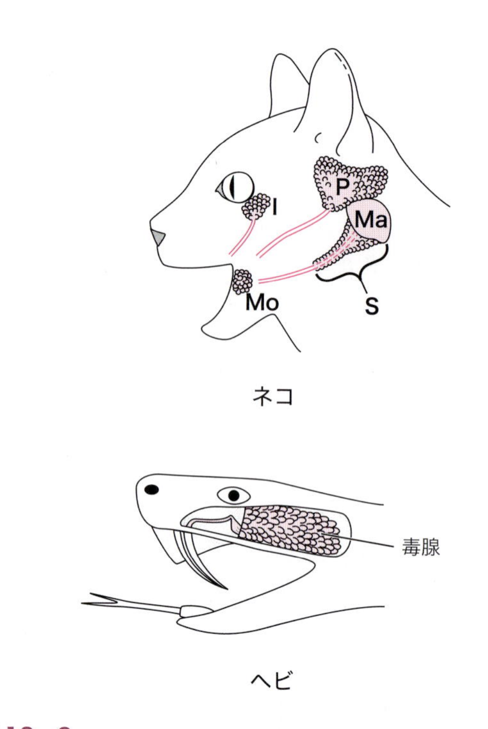

図12－8
ネコとヘビの口腔腺。P：耳下腺。Ma：下顎腺。S：舌下腺。Mo：臼歯腺。I：眼窩下腺。下顎管の近位部（破線）は舌下腺に取り囲まれている。臼歯腺と舌下腺の導管は小さすぎてみえない。毒腺からの導管は上顎歯の溝のなかに毒液を注ぎ込む。

口腔腺

陸生四肢動物は，水のような，あるいはねばねばした液体を口腔内に分泌する様々な多細胞腺を持っている。その主な成分は，通常は様々な粘り気と化学組成を持つ粘液である。この粘液は，舌が扱えるように食物を湿らせてやわらかな食塊にし，また乾燥した食物を滑らかにして，食物が咽頭を通って食道のなかを下っていけるようにする。湿り気は味蕾が機能するためにも不可欠であるが，それは味覚のための刺激物は，味覚反応を引き起こすためには液体に溶けていなければならないからである。図17－23には味蕾を図示してある。いくつかの動物種では，分泌物に漿液，毒素，デンプンを解かす酵素などが含まれるが，最後の酵素は哺乳類以外ではまれである。舌がねばねばしていなければならない動物種では，粘性の分泌物が舌をねばねばにし，また毒は獲物を麻痺させ，あるいは即座にとどめを刺す。

口腔腺は，通常，位置によって名づけられている。口唇腺は口唇の基部で口腔前庭に開口し，臼歯腺は臼歯のそばに位置し，眼窩下腺は眼窩底にあり，口蓋腺は口蓋に開口し，舌下腺と下顎腺は共通の乳頭を介して舌の下に開口する。（自分の口のなかでこれらの乳頭を観察するためには，鏡をみながら口を開き，舌を持ち上げ，舌の根元で下顎結合の直後にある2つの乳頭をよくみなさい。懐中電灯を使うのもよい）上顎間腺（鼻骨間腺）は前上顎骨の付近にある。カエルは25にも達する小さな上顎間腺を持ち，それぞれがそれぞれの導管によってねばねばした分泌物を口蓋の上に分泌する。4科の毒蛇の大きな毒腺は口蓋腺である。その導管は上顎歯の基部に開口し，毒液は歯（牙）の溝あるいは管のなかににじみだしていく（図12－8，ヘビ）。唯一の有毒トカゲであるドクトカゲ属では，舌下腺が毒素を分泌する。

唾液は口腔腺の分泌物の混合であるが，唾液という用語は普通は哺乳類の口腔腺の分泌物のために用いられる。哺乳類の耳下腺は四肢動物の最大の唾液腺で，デンプンの消化を開始させる酵素であるプチアリン（アミラーゼ）は必ずその分泌物の1つである。哺乳類はいくつかの唾液腺を持っているが，唾液腺のすべてがプチアリンを産生するわけではない。哺乳類の様々な唾液腺で産生される粘液，漿液性分泌物，そしてプチアリンの特定の混合物は種によって異なり，また食習慣と相関している。耳下腺管は咬筋を横切って1本の上顎臼歯の付近で口腔前庭に開口する（図12－8，ネコ）。爬虫類の毒腺は組織学的に耳下腺と類似している。鳥類は多量の唾液を出すわけではないが，鳥類のいくつかの口腔腺の開口部は図 12－4 と 12－7 に示してある。

水生の有頭動物は味蕾が機能するために口腔内を適切な湿度に保っているが，消化酵素を分泌する腺はエネルギーの浪費に過ぎない。酵素を含むいかなる分泌物も希釈され，洗い流されてしまう。粘液を産生する**杯細胞** goblet cells は，おそらく口腔内分泌物の唯一の供給源である。粘液は食道を滑らかにする。

少数のナマズにおいて，杯細胞は雄の個体で特別な機能を果たす。雄のナマズは，受精卵を口蓋腺の粘膜にある一時的なヒダあるいは小窩（**孵卵嚢** brood pouches）のなかに持ち運び，卵から孵化した稚魚を約 2 カ月間，何も食べずに保護する。孵卵嚢にある杯細胞は栄養豊富な大量の分泌物を産生し，この分泌物は卵の発生のための適切な環境を維持し，後には孵化した稚魚に栄養を与える。孵化した稚魚が離れていくと，ホルモン比率の変化に応じて孵卵嚢は萎縮する。水生有頭動物における多細胞性口腔腺のまれな例として，ナメクジウオの抗凝固腺がある。この腺は類ロートの入り口のすぐそばで舌の下から口腔に開口する。その分泌物はナメクジウオが食餌をしている間，獲物の血液が凝固するのを妨げる働きをする。

歯

骨性の歯はごく少数の例外はあるが，有顎魚類，両生類，爬虫類，哺乳類にみられ，また最も原始的な鳥類にも存在した。哺乳類では骨性の歯は部位的な特殊化においてそのピークに達した。骨性の歯を欠くものはチョウザメ，タツノオトシゴを含む多数の真骨類，少数の両生類，すべてのカメ類，現生の鳥類である。哺乳類ではヒゲクジラ類，南アメリカのアリクイ，センザンコウ，そして単孔類のハリモグラである。歯のない種のなかでも多くのものは胚期に歯のセットを持つが，それらは単に伸びださないか，伸びだした後で消失する。歯は頭部を覆う皮膚装甲にみられる小歯に由来し，初期の魚類の口咽頭腔内に広がったものである（図 6－29a 参照）。歯を持たない比較的少数の有顎類は，歯の形成誘導あるいは発生完了に必要な遺伝コードを失っている。

真皮由来の骨性の**歯板** dental plate は，初期の魚類の顎の内骨格構成要素を覆っている。多くの歯板はとがった，丸い，あるいはギザギザした表面の突起を持っていて，生きた食物が口咽頭腔から逃げるのを防ぎ，あるいは貝を砕き，肉にかみつき，植物を削り取るために用いられた。板皮類における顎に関連した真皮構造のパターンについては不完全にしか知られていない。板皮類の顎は皮膚のなかにある被覆性の小歯に関連した骨化していないメッケル軟骨から，メッケル

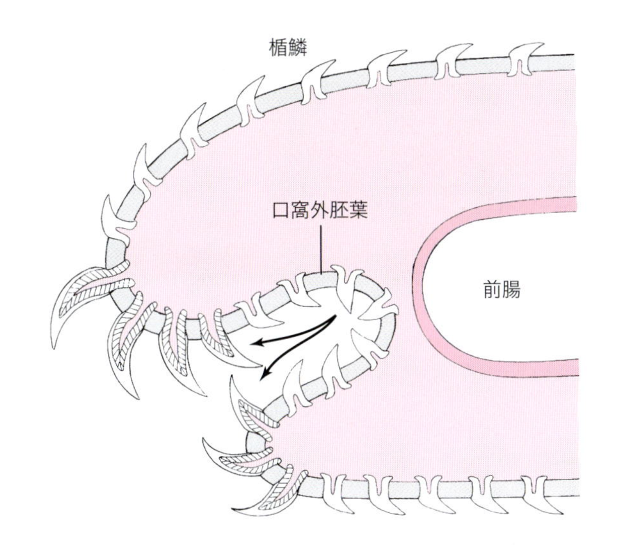

図 12－9
サメにおける楯鱗，口窩小歯，歯の本体の描写。矢印は顎の縁において成長中の歯から機能的な歯へと移動する方向を示す。

軟骨を覆う，あるいはその近傍にある十分に骨化した歯板まで，様々な発達段階を示している。板皮類は歯を持たなかった。しかし歯板の表面は硬化し，歯のような機能を果たす形になっていた。歯板の咀嚼面の形態は，その推定される機能に関連している。平らな表面は押しつぶすため，鋭い縁は切り裂くため，大きなスパイクは獲物を刺し貫くため，形の違う多数の咬頭は獲物を捕まえておくためであり，濾過採食性動物では特殊化した咀嚼構造は失われている。1 つの，あるいは対になった上顎の歯板は左右で下顎に向き合っていた。

アカンソジース類では，各小歯は普通は幅広い基部を持ち，あるものは円錐形，あるものは細くて弯曲し，またあるものは渦巻き状に配列したいくつものとがった咬頭である。これらは歯板の上に生えているのではなく，現生動物の歯のように顎の内骨格に直接付着しており，顎の側面はしばしば追加的な小歯によって被われている。ある種のアカンソジース類は歯を持たず，あるいは下顎の歯のみを持っていた。初期の魚類におけるこれらの骨性小歯は，現生の有顎類の歯の前駆体である。

板皮類，アカンソジース類，そして後の軟骨魚類と硬骨魚類の間の系統発生学的類縁関係が確定されるまでは，後の脊椎動物の歯の系統発生に関しては極めて大ざっぱな一般化しかできない。すなわち，歯は骨性の皮膚装甲に由来する。その証拠は古生物学から得られるだけでなく，装甲と歯の比較組織学，そして現生動物においてさえ，真皮性小歯と楯鱗は，顎の先端に近づくにつれて徐々に歯に移行するという観察からも得ることができる（図 12－ 9，12－10）。

歯は楯鱗と同様に骨の一種である**ゾウゲ質** dentin からで

図 12-10
ネコザメの顎。真皮性小歯から楯鱗様の歯への部位的変遷を示す。丸い歯は軟体動物をかみ砕くために用いられる。
Courtesy Ward' s Natural Science Establishment, Inc. Rochester, NY.

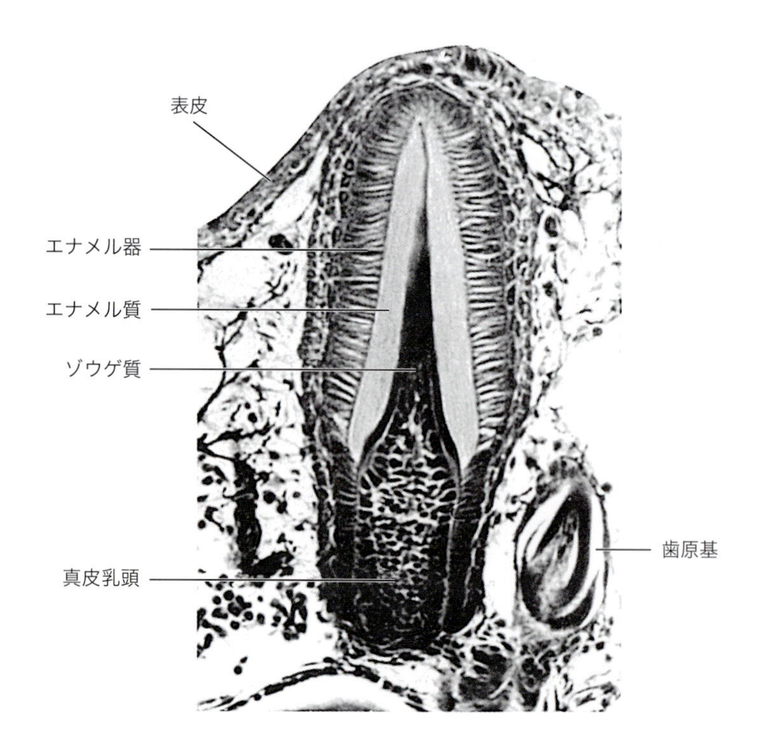

図 12-11
ガーの伸びでていない歯。原基は発生中の置換歯である。

きており，**エナメル質** enamel あるいは**類エナメル質** enameloid の歯冠を頂いている（図 12-11）。槽生歯の発達を最初に示すものは外胚葉の縦ヒダの真皮のなかに入り込むもの，すなわち**歯堤** dental lamina であり，これは多少とも顎の全長にわたって広がっている（図 12-12c，2）。歯堤の下（または，上顎では歯堤の上）では一連の線状に並んだ真皮乳頭が，各々は将来の歯（図 12-12c，1）の位置を示しながら間隔を置いて形成されて歯堤にギザギザをつけ，歯原基の将来の発達のために必要な血管を作り上げていく。

各真皮乳頭周縁の細胞は**ゾウゲ芽細胞** odontoblasts の最終的な層へと配列され，ゾウゲ質の蓄積を開始する。ゾウゲ質の蓄積が進むと，ゾウゲ芽細胞はゆっくりと原基中心部のほうへ後退し，この中心部は真皮乳頭の構成要素を含む歯髄腔となる。後退しているゾウゲ芽細胞は，後退の証拠をゾウゲ芽細胞の細胞質突起を含む**ゾウゲ細管** dentinal tubules の形で後に残す（図 7-6 参照）。ゾウゲ芽細胞は歯が存在する限り生き続ける。

一方，歯堤の外胚葉は，ゾウゲ質の表面にエナメル質を蓄積するエナメル芽細胞からなる**エナメル器** enamel organ を形成する（図 12-11，12-12d）。無細胞骨（第 7 章参照）の一種である**セメント質** cementum の薄層が歯を顎の骨へコラーゲン性線維によってつなぎ留める。血管と神経を含む真皮乳頭の生きている残りは，歯髄腔（歯根管）がどの程度残っていようとも，歯が残存する限り歯髄腔のなかに留まっている。血管と神経はともに歯を健康な状態に保つために不可欠である。歯の発生と出現，異なるステージの開始時期，そして伸びだした歯の最終的な運命は種によって様々である。

アルマジロや他のいくつかの脊椎動物では，エナメル器は存在するが機能しておらず，それゆえ歯にエナメル質がない。少なくとも哺乳類では，エナメル質は外胚葉起源のエナメル芽細胞によって蓄積される。その他の脊椎動物，特に魚類の類エナメル質はその物理的特性が異なり，それらを仕上げる骨片形成細胞（図 7-1 参照）の最終的な供給源は，緻密なゾウゲ質を形成するゾウゲ芽細胞になることが決まっている。楯鱗と哺乳類の歯の発生における類似性は図 12-12 に示してある。

有顎類の歯は数，口腔内の分布，顎の高さに関連する位置，永久性の程度，形において様々である。歯は現生魚類では多数あって，口咽頭腔に広く分布し，顎，口蓋の諸骨，そして咽頭骨格にさえも発達する。例えばブルー・サッカーは最後位鰓弓に 35 〜 40 本の歯を持つ。初期の四肢動物でも，歯は口蓋に広く分布し，今日に

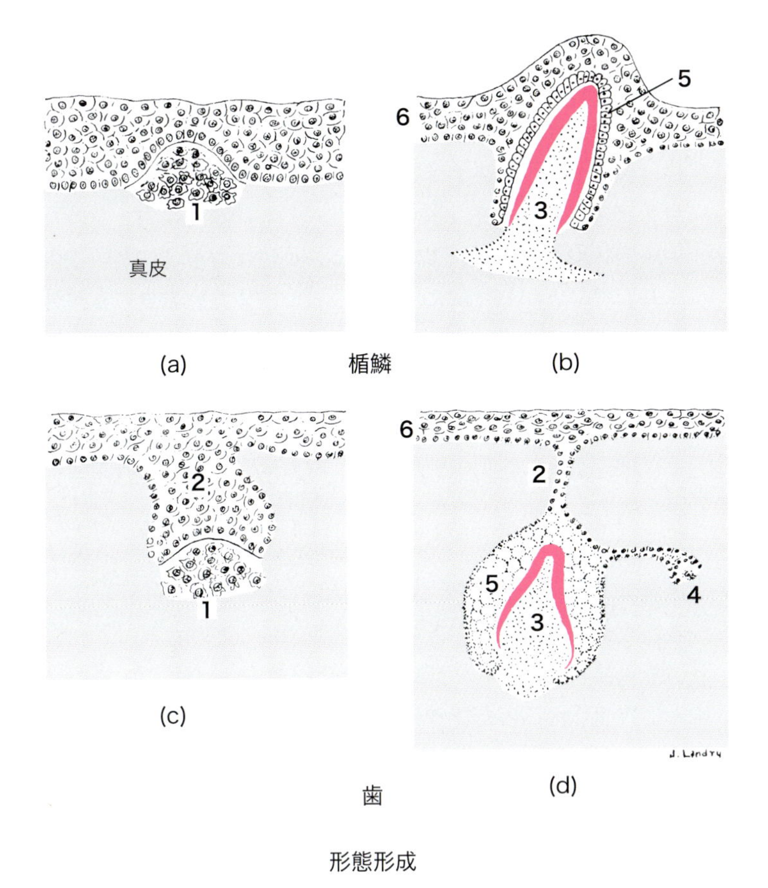

図 12－12
楯鱗（a, b）と哺乳類の歯（c, d）の発生。灰色は真皮を示す。赤色は類エナメル質／エナメル質を指す。
1：真皮乳頭。2：歯堤の断面。3：ゾウゲ質。真皮乳頭で作られる。
4：置換歯の原基。5：エナメル器。6：表皮。

おいてさえも，大部分の両生類と多数の爬虫類では，歯は鋤骨，口蓋骨，翼状骨，時には副蝶形骨に生えている。ワニ類，歯のある化石鳥類，哺乳類では歯は顎に限られており，その数は哺乳類で最も少ない。それゆえ歯は，皮膚装甲のように，時が経つにつれて分布が限定されていく傾向にある。

上下顎の歯は，多くの真骨類におけるように顎骨の外表面あるいは頂上に付着することもある（**端生歯** acrodont dentition，図 12－13）。歯は無尾類，有尾類，多くのトカゲにおけるように顎骨の内側面に付着することもある（**面生歯** pleurodont dentition［側生歯］）。あるいは歯は歯槽に収まることもある（**槽生歯** thecodont dentition）。槽生歯は多くの魚類，ワニ類，歯のある絶滅鳥類，哺乳類にみられる。歯槽は哺乳類で最も深い。

有羊膜類を通じて大部分の有顎類は歯の更新を行い，生涯における置換の回数は不定だが多数である（**多代性歯** polyphyodont dentition）。年取ったワニは前歯を 50 回換歯することもあるという。ワニやこれまで調べられた非哺乳類型有顎類では，換歯は波状に行われ，顎全体にわたってその他すべての歯を一掃する。そのため少なくとも四肢動物では，ある波で偶数代の歯が失われ，次の波では奇数代の歯が失われる。一方，次に伸びだす波のための歯胚が形成されつつある。消失と置換の波が後ろから前に進むのか，その逆なのか，現在のところ統一見解はない。これらは種が違えばその方向も違うという証拠がある。この波は生涯にわたって歯が顎に沿って調和よく配置されることを保証している。サメでは，歯胚は顎の口咽頭腔側で真皮内に形成され，成長する間に顎の先端へと移動し（図 12－9，

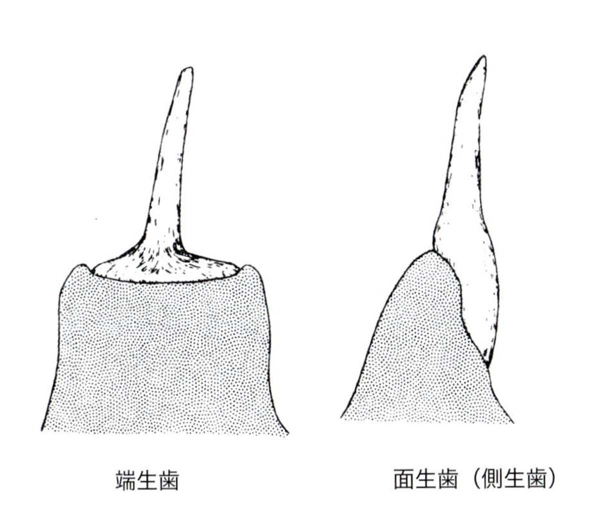

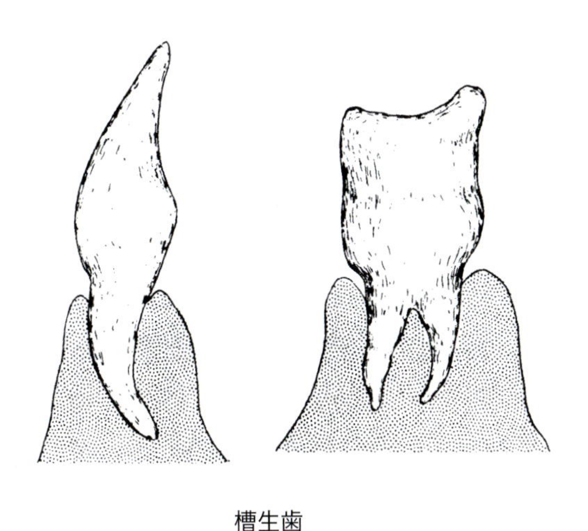

図 12－13
歯と顎の様々な関係。端生歯は顎の外表面，あるいは図のように頂上に付着する。面生歯（側生歯）は顎内側の舌面に付着する。槽生歯は歯槽を占める。

矢印)，置換されつつある歯が抜け落ちる前に先端を越える。この移動の原因は知られていない。

哺乳類でのみ，1つの種には，まれな例外を除いて一定の数の歯がある。大部分の哺乳類は2セットの歯，すなわち**脱落歯** deciduous teeth である**乳歯** milk teeth と永久歯（**二代性歯** diphyodont dentition）を発達させ，歯が伸びだすには順番がある。例えば，ヒトの永久歯のセットに前から後ろへ1～8まで番号をつけると，その伸びだす順番は6，1，2，4，5，3，7，8となる。第8番の歯，すなわち最後位の臼歯が伸びだすのは高等霊長類では遅れ，この“親知らず”は時には不完全だったり，伸びださなかったり，なくなっていたりする。初めの歯のセットは，絶えず変化している幼児の顎に，幼児の食事に適した小さな一時的な歯を生えさせ，顎がもっと構造的に安定し，粗大な食物を咀嚼する大きな歯を収めるために十分に長くなるまで，初めのセットを提供する。

いくつかの哺乳類は最初のセットのみ（**一代性歯** monophyodont dentition）を発達させる。カモノハシでは脱落歯のセットは**角質性表皮歯** horny epidermal teeth に置き換わる。ヒゲクジラでは，初めのセットは下顎骨のなかに形成されるが伸びださず，また伸びだしても通常は抜け落ちてしまう。アマゾン川の淡水生マナティーやオーストラリアのイワワラビーは“セット”を持たず，一生を通じて歯は顎の後ろで形成される新しい歯の前方への移動によって置き換わられる。マナティーでは，歯の移動は月に1～2 mm の割合である。薄くて骨性の歯槽が連続する歯根を隔て，骨性の中隔は移動する歯からの圧力によって再吸収される。マナティーによって食べられる草は歯が前進するために必要な研磨剤を含んでいるようで，実験的にマナティーの赤ん坊をミルクで育てると，歯の前方への移動は起こらない。長鼻類では臼歯はゆっくりだが持続的に後ろから前方へと連続的に移動する。

魚類における形態的変異

大部分のサメは魚類を常食とし，その多数の歯列の上下顎の歯は平らであったりとがっていたり，切れ込みのある三角形をしていて獲物を切断するために用いられ，あるいは1つまたはいくつかの尖頭を持つ牙で，これは咽頭のほうへ弯曲し，暴れる獲物を丸ごと飲みこむまで捕まえている。サメの歯の1本1本には，真皮内に埋め込まれた幅広い骨性の**基底板** basal plate がある。少数のサメは貝類を食べるが，口の入り口にある歯が後ろ向きの弯曲した棘を備えている一方で，残りの歯は丸い小歯の列を形成して貝を砕くのに用いられる（図12-10)。ある種のサメでは小さな口窩小歯が咽頭に沿って並んでいる。顎の近くでは，これらのサメは小歯と歯の間の移行的形態を示す。

今日の全頭類や現生肺魚の歯の装甲は初期の有顎魚類のものに似ており，類エナメル質またはエナメル質で被われたゾウゲ質の少数の大きな板からなり，そこに様々な大きさの丸い小丘状の小歯が生えている。この小歯は通常は口咽頭腔の入り口ではとがった棘になっている。軟体動物を食べる軟骨魚類であるギンザメは，上顎の左右に前方の1つの大きな，そして後方の1つの小さな歯板を備えており，これらは一緒になって上顎全体を覆っている。その下には左右に1つの大きな歯板がある。現生肺魚では，歯板は口蓋と下顎内側面に限られている。

条鰭類，両生類，そして大部分の爬虫類の上下顎の歯は単純なとがった円錐形で，1つ以上の膜性骨に付着している。大きな歯の間に小さな歯が散在することがあり，これらのうち前方にあるものは時には他のものより大きく，やや後方に弯曲している。特殊化した形状の歯が上顎あるいは下顎に出現することがある。例えばガーは，先端が矢の形をした牙のような歯を持っており，また毒蛇の毒牙は上顎に生えていて，弯曲したり刃のような形で，後面には毒を注入するための溝があったり，管状を呈したりしている。すべての歯が基本的に類似した形をしている場合，その歯列は**同形歯** homodont とよばれる。

哺乳類における形態的変異

ごく少数のものを除くすべての哺乳類は**異形歯列** heterodont dentition を持つ。すなわち，歯は前から後ろへ様々な形状を呈し，切歯，犬歯，前臼歯，後臼歯となる。前臼歯と後臼歯は“臼歯”である。異形歯列は後期単弓類で出現した。今日の大部分の海生哺乳類（クジラ類，海牛類，その他いくつかの海生食肉類）は同形歯列に逆戻りしているが，白亜紀の祖先は異形歯列だった。

切歯 incisors は，下顎結合の左右にあり，1つの水平な切断縁と1本の歯根を持っている。切歯は草食性哺乳類で最も発達し，草をつかんだり，挟み切ったり，かみ切るために用いられる。齧歯類の1対の大きなのみのような切歯とウサギ類の大きな前方の1対の切歯は，前面のみにエナメル質を有する（ウサギ類は前方の対の外側にではなく後ろに，小さな1対の第二の切歯を持つ)。ゾウゲ質はエナメル質よりやわらかいので，かじることによりゾウゲ質は早く摩耗する。このため切歯の切断縁は鋭いままに保たれる。これらの切歯は一生の間成長する。切歯は，ウシのように（図12-14，雄ウシ）上顎でのみ欠けていたり，吸血コウモリのように下顎でのみ欠けていたり，またナマケモノのように全く欠如して

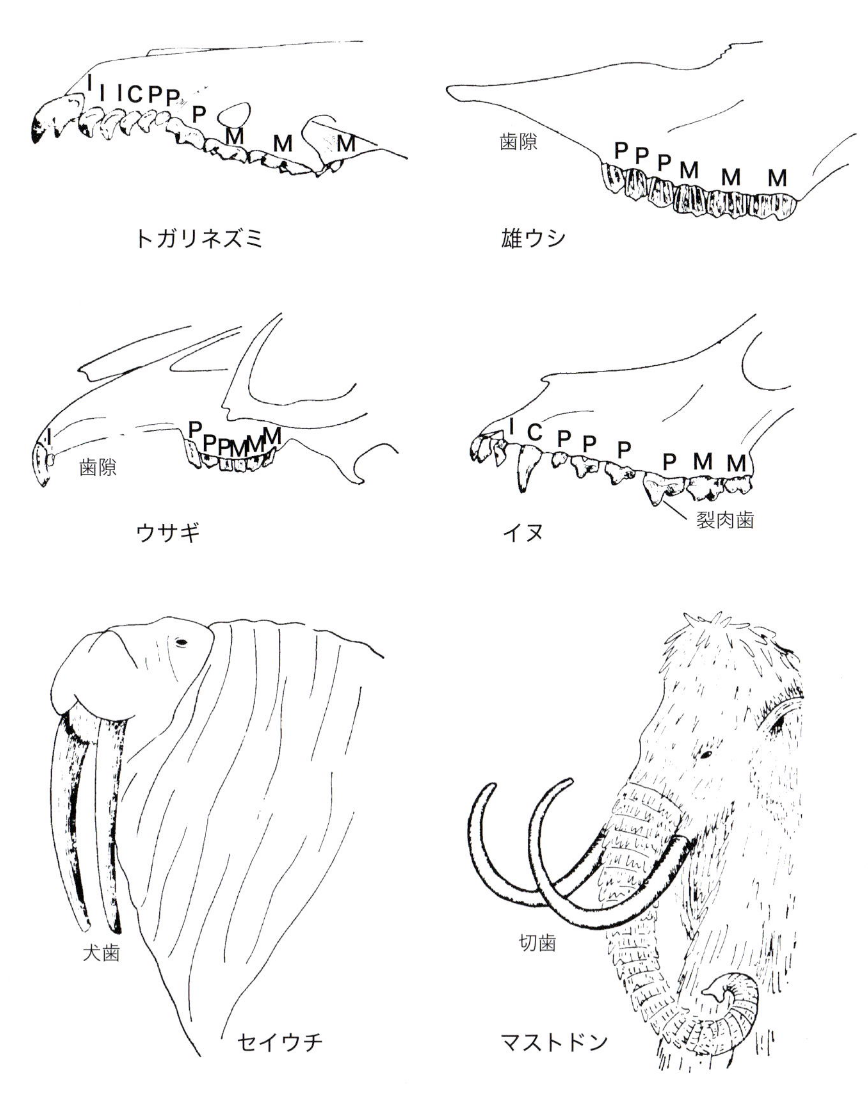

図 12-14
哺乳類の上顎の歯。一般化したパターン（トガリネズミ）と草食動物（雄ウシ），かじる動物（ウサギ），食肉類（イヌ）における特殊化を示す。著しい特殊化はセイウチの犬歯とマストドンの切歯でみられる。I：切歯。C：犬歯。P：前臼歯。M：後臼歯。

いたりする。ゾウとマストドンの牙は変化した切歯である（図 12-14）。切歯の牙は時には他の少数の哺乳類の目でもみられる。齧歯類の切歯のような牙は，摩耗を補うために一生涯伸び続ける。セイウチの牙は切歯ではなく犬歯である。

犬歯 canine は切歯の隣に並んでいる（図 12-14，イヌ）。一般化した哺乳類では，切歯と犬歯は外見上ほとんど相違がない（図 12-14，トガリネズミ）。食肉類では犬歯はやりのようで，肉を突き通すために用いられる（図 12-15d）。犬歯はセイウチの牙である（図 12-14）。犬歯はウサギ類では欠けているので，切歯と第一臼歯の間には歯のない隙間である**歯隙** diastema がある（図 12-14，ウサギ）。齧歯類では前臼歯も失われているので，歯隙はもっと長くなっている（図 12-15，マウス）。犬歯は現在では絶滅している剣歯虎（サーベルタイガー）の上顎で最長に達した。犬歯は剣歯虎では口を閉じているときでも下顎より 20 cm も下に伸びていた。下顎の犬歯はそれに応じて短くなっていた。

有蹄類以外の大部分の哺乳類では，**前臼歯** premolars は２つの顕著な咬頭を持つ。それゆえ前臼歯は二咬頭歯である。これらはまた１本あるいは２本の歯根を持ち，歯根の数は上顎と下顎，またヒトを含む同一種においても，個体によって異なる。

後臼歯 molars は３つ以上の咬頭を持つ。それゆえ後臼歯は三咬頭歯である。後臼歯は，通常では３本の歯根を持つが，時には４本あるいは５本の歯根を持つ後臼歯もある。後臼歯は第二セットによって置換されることはない。実際，後臼歯は第一セットで遅く生じた歯である。

歯冠 crown は歯肉線より上の部分で，エナメル質に被われている。食肉類および草食性有蹄類の臼歯（前臼歯と後臼歯）の歯冠は，極端な形態的相違を示す。食肉類の臼歯は肉を裂き，骨を砕くのに適している。有蹄類やその他いくつかの草食動物の臼歯は，植物を磨砕するのに適している。

食肉類の臼歯の歯冠は外側に圧迫され，２つあるいは３つの咬頭がエナメル質のとがった稜によって結びつけられている。これらの臼歯は長い歯根を持つ。これらは**切縁歯** secodont teeth として知られる（図 12-15f）。これらは顎の上で，上顎の臼歯の尖頭が下顎の臼歯の尖頭の間にかみ合うように配置されている。したがって，顎が閉じるときには，歯冠の鋭いエナメル質の稜が，動物の組織を切り裂くために必要な剪断力を生じさせる。上顎の最後位の前臼歯と下顎の第一後臼歯，すなわち**裂肉歯** carnassial teeth は，隣接する臼歯より大きく，長く，イヌが骨にかみついているときのように，特に大変な剪断作業を行わなければならないときに用いられる。

有蹄類の臼歯は植物をすりつぶすために特殊化している。それらは食肉類のものより幅広くかつ長いので，すりつぶすための広い面を提供し（図 12-15g，h），また歯冠は丈が高いのでたくさん摩耗しても大丈夫である。歯冠は，それぞれがエナメル質で囲まれた三角柱状のゾウゲ質からなり，三

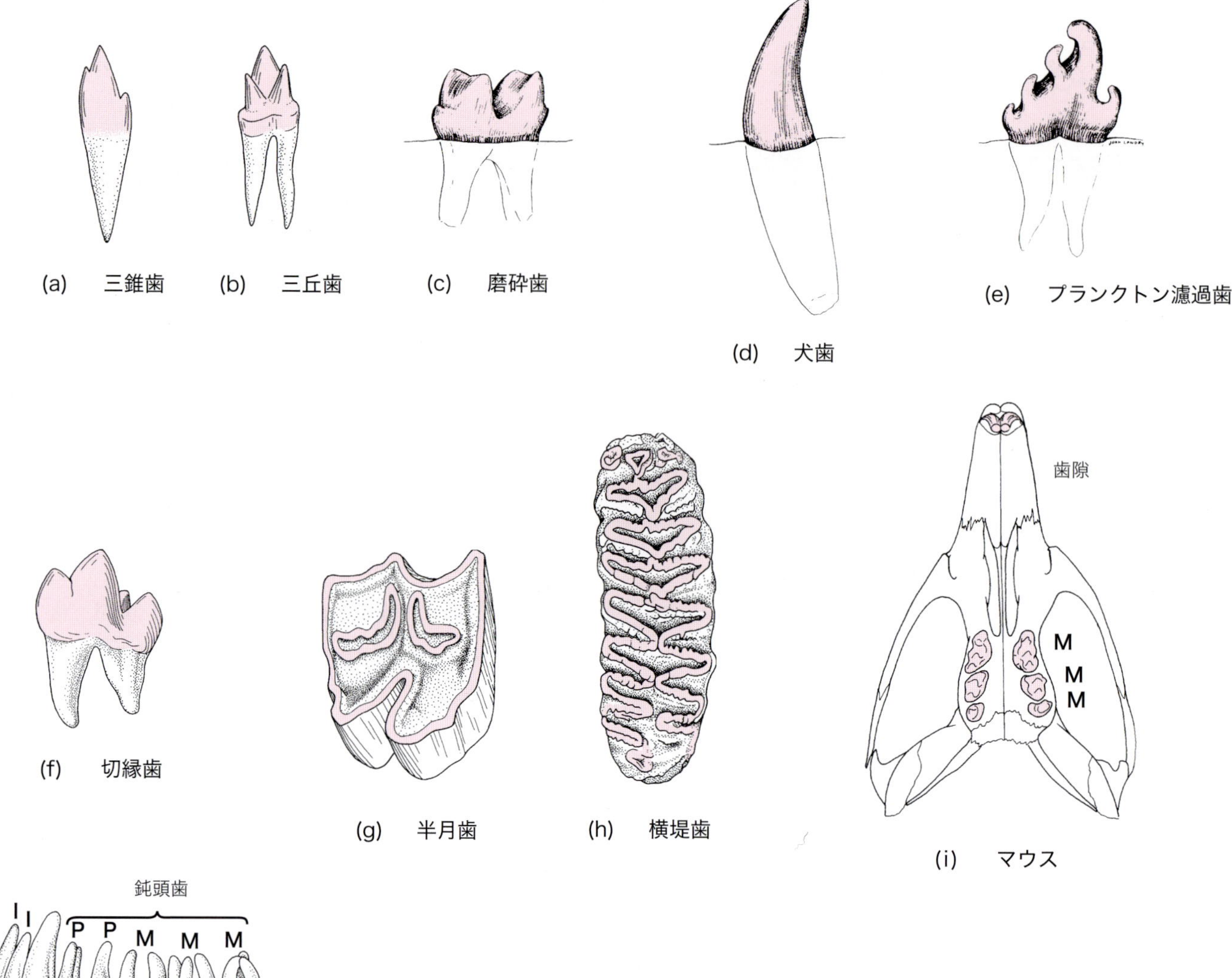

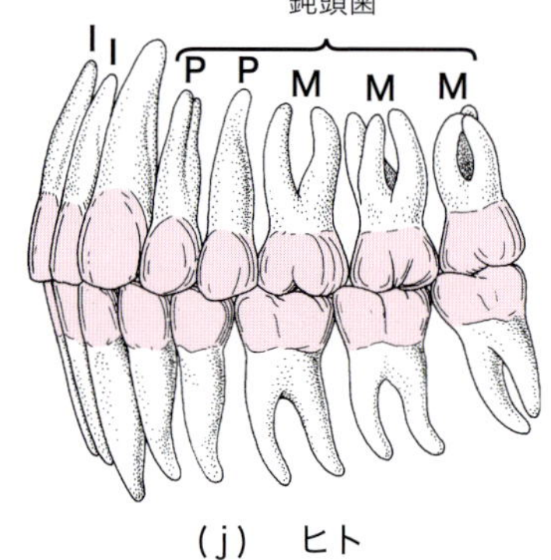

図 12-15
哺乳類の歯の変異。**(a)(b)** 初期原獣類と獣亜綱哺乳類の歯。**(c)** 葉と小枝を常食にする若いバクの下顎後臼歯。**(d)** ジャガーの下顎左の，肉を裂く犬歯。**(e)** カニクイアザラシの，一連の類似した下顎右の後臼歯。**(f)(g)(h)** それぞれイヌ，ウマ，ゾウの臼歯。**(i)** マウスの上顎歯列。後臼歯は鈍頭歯である。**(j)** ヒトの永久歯の完全な歯列。赤色はエナメル質。

角柱はエナメル質の覆いのない付加的なゾウゲ質に埋め込まれている。ゾウゲ質はエナメル質よりやわらかいので早く摩耗し，様々な配列の鋭い三角柱状のエナメル質稜ができる。これらの稜は，上下顎の複雑な左右および前後にかむ運動の間に植物を磨砕する。切断面が三日月状なので，これらの歯は**半月歯** selenodont といわれる（その由来については，巻末の用語解説を参照)。ウシの臼歯は半月歯であるが，上顎では臼歯の前方には歯がない。臼歯は食い戻しをかむために用いられる。

すりつぶすための適応は長鼻類で極端に発達し，その歯は**横堤歯** lophodont（ヒダ歯）とよばれる（図 12-15h)。エナメル質とゾウゲ質は相互に複雑に折り込まれ，エナメル質はむきだしのゾウゲ質の巨大な台の上に稜（隆線）を表す。横堤歯は最大のゾウでは長さ約 30 cm 以上，幅約 10 cm に達する。

その他の哺乳類の臼歯は様々な形状（臼歯型）を呈する。雑食動物およびいくつかの草食動物の臼歯は，鋭い切断縁ととがった咬頭を欠き，その代わりに，ヒトを含む高等霊長類のように低く丸い咬頭を持つ（図 12-15 j)。これらは**鈍頭歯** bunodont teeth である。その他の哺乳類のなかで鈍頭歯

白亜紀の真獣類		$\frac{3-1-4-3}{3-1-4-3}$		
食虫類	ソレノドン	$\frac{3-1-3-3}{3-1-3-3}$	モグラ	$\frac{3-1-4-3}{3-1-4-3}$
有袋類	アメリカオポッサム	$\frac{5-1-3-4}{4-1-3-4}$	フクロアリクイ	$\frac{4-1-3-5}{3-1-3-6}$
霊長類	メガネザル	$\frac{2-1-3-3}{1-1-3-3}$	狭鼻猿類	$\frac{2-1-2-3}{2-1-2-3}$
食肉類	イヌ科	$\frac{3-1-4-2}{3-1-4-3}$	ネコ科	$\frac{3-1-3-1}{3-1-2-1}$
ウサギ類	イエウサギ	$\frac{2-0-3-3}{1-0-2-3}$	ナキウサギ	$\frac{2-0-3-2}{1-0-2-3}$
齧歯類	ハムスター	$\frac{1-0-0-3}{1-0-0-3}$	リス	$\frac{1-0-2-3}{1-0-1-3}$
すべてのウシ科動物		$\frac{0-0-3-3}{3-1-3-3}$		

を持つのはサイ，いくつかのブタ，いくつかの原始的な反芻類，いくつかの齧歯類（例えばシロアシハツカネズミ）である。

齧歯類は哺乳類で最大の目で，最も変化にとんだ食性を示し，また最も様々な形態の歯を持つ。例えばリスは低い歯冠と長い歯根，またモリネズミは高い歯冠と短い歯根を持つ。哺乳類の最も珍しい歯としてはカニクイアザラシの歯（図12-15e）があり，その食餌は主に甲殻類である。その歯は，口一杯に含んだ海水を海にこぼし戻すときに，小さな甲殻類やその他のプランクトンを漉しとるために用いられる。

初期の原獣類の臼歯は**三錐歯** triconodont で，その歯冠は一直線に並んだ3つの円錐状の突起を持っていた（図12-15a）。初期の獣亜綱哺乳類（図4-31参照）では，円錐は三角形状に並んでいた（図12-15b）。これらの歯は**三丘歯** trituberculate とよばれる。原獣類と獣亜綱哺乳類の起源に関する化石の記録が不十分なので，三丘歯が三錐歯から由来したのかどうかは知られていない。しかし，三丘歯が今日の三咬頭歯の前駆体であることは確実だろう。様々な形状で三丘歯の円錐を結びつけるエナメル稜の形成は，半月歯および横堤歯の由来を説明していると考えられる。哺乳類の進化に関する私たちの知識の大部分，そして化石哺乳類の分類に関する多くのものが，化石の臼歯型の研究に基づいているのはもっともなことである。多くの場合，こうした知識は臼歯を備えた絶滅哺乳類の化石によるしかないからである。

最初に出現した真獣類は3本の切歯，1本の犬歯，4本の前臼歯，3本の後臼歯を上下顎の左右に持っているので，合計44本の歯を持っていた。これは，$\frac{3-1-4-3}{3-1-4-3}$という歯式で表される。今日のいくつかの原始的哺乳類の成体はこの歯式を保持している。様々な食性を持つ哺乳類の歯式を例示すると上のようである。歯は，舌および舌骨とともに機能的な三つ組を構成し，これは食料を調達し，操作し，そして哺乳類では，消化管の入り口で食料を咀嚼して，食塊を消化部位へと送りだす。

表皮歯

角化した（角質の）歯は時に骨性の歯のように機能する。現生の無顎類は頬ロートのなかと舌の上に角質歯を持ち，これらをおろし金のように使う。無尾類のオタマジャクシは発達の悪い顎にかぶさる一時的な唇に，数列の角質歯を備えている。これらは，オタマジャクシの食餌である藻やその他の植物をこすり取るために使われる。変態の際には，無尾類の角質歯は抜け落ちて，骨性歯に置き換わる。孵化の前には，カメ類，ワニ類，ムカシトカゲ，鳥類，単孔類は一時的な角質の**卵歯** egg teeth を持ち，卵殻を割るために用いる。赤ん坊のカモノハシが骨性歯の第一セットを失った後は，角質歯がそれに置き換わり，生涯存続する。カメ類と現生鳥類の角質の嘴は，歯の機能の一部を担う鋸歯状の縁をしばしば持っている。

咽頭

成体の四肢動物の咽頭は，胚期には咽頭嚢を持つ消化管の一部である。消化管の機能的な一部として，咽頭は食道に開く。魚類の咽頭は呼吸器系の機能的部分であり，これについては次章で考察する。

四肢動物の咽頭で最も不変な特徴には，喉頭に開く裂隙である**声門** glottis，中耳腔に通じる1対の**耳管咽頭口** opening of the paired auditory tubes，そして**食道口** opening into the esophagus（図12－3a，b）がある。哺乳類の咽頭にはさらなる特徴があり，咽頭は軟口蓋背方の**咽頭鼻部** nasal pharynx と，口腔と声門の間の**咽頭口部** oral pharynx からなる。鼻道は後鼻孔（内鼻孔）を介して咽頭鼻部に開き，有対の第一咽頭嚢に由来する耳管は，咽頭鼻部の側壁に開口する。食道への開口部が声門より尾方にある哺乳類では，狭い**咽頭喉頭部** laryngeal pharynx は喉頭の背側に位置する（図13－13a 参照）。

口腔は哺乳類では咽頭口部に通じる。その移行部は狭い通路の**口峡峡部** isthmus of the fauces である。口峡の左右側壁には2つの**口峡ヒダ** pillars of the fauces がある。ヒダは筋性で，舌の側面から軟口蓋へと背方に向かうアーチ（舌口蓋弓）と，咽頭壁から軟口蓋に向かうアーチ（咽頭口蓋弓）がある。ヒトやその他いくつかの霊長類のヒト由来の状態として，肉性の**口蓋垂** uvula が軟口蓋後縁から咽頭口部に垂れ下がっている。鏡をみて“アー”と声を出せば，口腔の終端にこれらの口蓋弓と口蓋垂を容易にみることができる（十分な照明が必要である）。

口峡ヒダの間のくぼみには，リンパ性器官である**口蓋扁桃** palatine tonsil が左右にある。口蓋扁桃は胚期の第二咽頭嚢の壁に発生する。咽頭嚢の遺残はしばしばポケット状の陰窩として残り，その壁内に扁桃を入れている。**咽頭扁桃** pharyngeal tonsil（**アデノイド** adenoids）は咽頭鼻部の粘膜内に生じ，**舌扁桃** lingual tonsils は舌の舌骨への付着部付近で舌の上に生じる。リンパ性組織の集塊がこのように取り囲むように配置されることにより，これは口や外鼻孔に入った病原体（感染因子）に対する防御の第一線となる。

哺乳類では，線維軟骨性の弁である**喉頭蓋** epiglottis が，咽頭交叉の腹側で咽頭の床にある（図13－13参照）。これは舌骨に付着している。多くの哺乳類では，嚥下という行為は喉頭蓋に対して喉頭を前に（ヒトでは上に）引っ張り，声門を閉じ，その結果，液体や食物の小片が肺へ入ることを阻止する。その他の哺乳類では，喉頭蓋と喉頭の一部とが咽頭鼻部のなかに引き込まれるので，肺への空気の通路は妨げられず，一方，食物は喉頭の周囲を迂回して食道に入る（図13－15参照）。これらの配置の利点については次章で論じる。

その他の四肢動物は空気の通路または食物の通路，あるいはその双方で，適切な位置に肉性の弁を備えていて，これが咽頭内の空気と食物の交通を調節する。そのなかには，例えば水生四肢動物におけるように，外鼻孔への入り口を開いたり閉ざしたりする弁もある。

いくつかの真骨類では1対の長い筋性の管である**上鰓器官** suprabranchial organ が食道のそばで咽頭の天井から左右に膨出し，頭蓋の尾側で咽頭の膜性天井の背側を頭側に伸び，そして尾方に曲がって盲嚢として終わる。最後位2つの鰓弓からの長い鰓耙がロート状のカゴを形成し，これが管の入り口のなかに伸び，各管は軟骨性の被膜に囲まれ，そこに管の横紋筋が付着する。盲端の部分の上皮は多くの杯細胞を持ち，そして嚢は大量のプランクトンを含み，これらは時に丸い食塊に圧縮されている。これらの嚢の機能はおそらく流れ込んでくる呼吸用の水流からプランクトンを取りだし，粘液に富んだ飲みこみやすい食塊へと濃縮することである。少なくとも空気を飲みこむ真骨類の一種では，嚢の腔は空気で満たされ，高度に血管に富んだ内張り上皮は補助的な呼吸膜として働く。

腸管壁の形態

食道に始まり総排泄腔あるいは肛門に至る腸管壁の構造は，基本的には全長にわたって同一で，4つの組織学的層構造，すなわち**粘膜** mucosa，**粘膜下組織** submucosa，**外筋層** muscularis externa，**漿膜** serosa（図12－16）からなる。どの部分の組織学的詳細における相違も，主にその層構造の厚みや腺の性質における相違である。これらの相違は各部分の特定の役割を反映している。

粘膜は主として以下のものからなる。⑴内胚葉由来の腺上皮の内張り。⑵陰窩状の上皮腺の基部，様々な大きさのリンパ小節，そして腺上皮のために働く毛細血管と毛細リンパ管を支持する，あまり緻密でない（疎性の）結合組織からなる下層。⑶平滑筋線維の薄い被膜（粘膜筋板，ある部位では欠ける）。粘液腺は至る所に存在し，その他の役割もあるが，主に蠕動運動の際に腸管内容物の通過を容易にするための潤滑液を供給する。

粘膜下組織は粘膜より厚い結合組織層で，複合胞状腺の基部を支持し，また極めて重要なことに，細動脈（小さな直径の動脈），細静脈（細い静脈）およびリンパ管の豊富な叢を

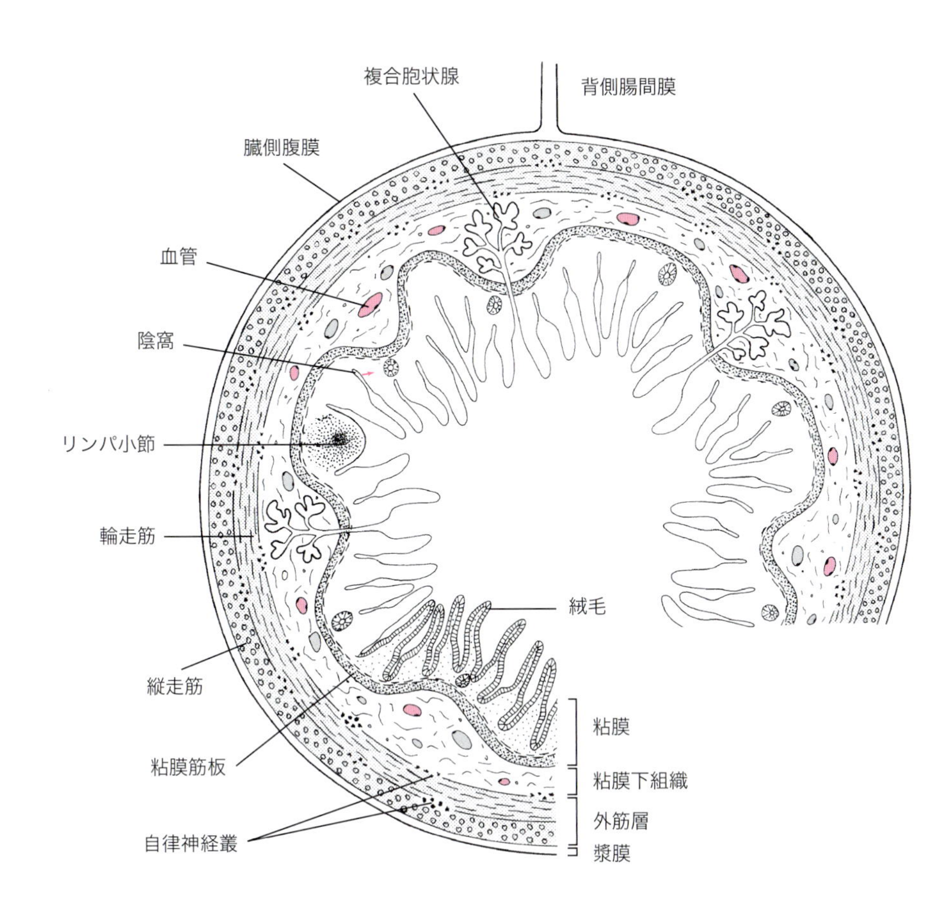

図 12-16
哺乳類の消化管（小腸）の断面。図の下部に示された４層は食道から総排泄腔あるいは肛門まで存在する。絨毛は小腸に限局して存在する。

含む。これらは粘膜の毛細管床として栄養物，酸素，そして腺の分泌物を合成するための原料をもたらし，また代謝老廃物や吸収された消化産物を運び去る。

外筋層は明瞭に区別される２層の平滑筋組織からなる。**内輪層** inner circular layer では平滑筋線維が腸管を取り囲み，神経の指令によって内腔を圧縮する。**外縦層** outer longitudinal layer の筋線維は腸管の短い分節を収縮させる。２つの層の連携作用により，腸管の膨潤運動，蠕動運動，そして哺乳類の結腸では分節運動が起こる。収縮のための神経刺激は，外縦層と内輪層の筋層の間，そして内輪層と粘膜下組織の間に位置する自律（内臓）神経叢から与えられる。

漿膜は疎性結合組織（外膜）と臓側腹膜の被膜からなる。漿膜は少量の漿液をにじみだし，この漿液は，内臓表面を滑らかにし，臓器が互いにこすれあったときに生じる摩擦を軽減させる。漿膜の炎症（腹膜炎）が起こると大量の漿液が滲出してくる。

食道と腸最後部は一般に体壁に接している。そのためこれらは体腔内に膨出する面のみを漿膜に被われている。

多くの有頭動物の幼生では，全消化管は線毛に被われており（原索動物のように），多くの真骨類の胃，いくつかの成体の両生類の口腔，咽頭，食道，胃，そして様々な種でその他の部位に線毛がある。線毛はヒトの胎児の胃にも一時的に存在する。しかし，有頭動物の消化管に沿って食物を移動させるのは，主に蠕動運動による。

食道

食道は膨張可能な筋性の管で，魚類と首のない四肢動物で最も短く，咽頭と胃の間に伸びている。魚類では，水が鰓を横切っている呼吸相の間は胃への通路を閉ざす括約筋として働く。魚類や四肢動物におけるその他の食道の機能は，食物を胃に送り込むことのみである。食道の粘膜のなかにある腺は粘液のみを分泌する。長い食道の頭側端の横紋筋は後方に行くと，反芻類以外では，次第に平滑筋に置き換わる。これらのかみ戻しをする哺乳類では，横紋筋組織は第一胃の壁まで続いている。しかし第一胃の粘膜は食道のものと似ており，消化酵素は産生しない。反芻類の消化管の構造については本章で後に触れる。

食道は重層扁平上皮で内張りされており，この上皮は陸生ガメ，鳥類，少数の哺乳類では角質化していて，食餌のなかの粗剛なものによる磨耗に耐えることを可能にする。ウミガメの食道は後ろ向きに生えた角質性の乳頭で内張りされていて，ぬるぬるした海藻を飲みこみやすくし，また吐き戻しを防ぐ。

鳥類における食道の数少ない特殊化として**嗉嚢** crop がある（図 12-20）。これは有対か不対の膜性憩室あるいは嚢で，主に穀物食の鳥類にみられ，種子や穀物を胃に入れるまでの間貯蔵するために用いられる。下垂体のプロラクチンからの刺激により，嗉嚢の内張りの腺性領域の細胞は脂肪変性を起こし，全分泌の分泌物として剥がれ落ちる。これは部分的に消化された食物とともに吐き戻され，ひなに“ピジョンミルク（鳩乳）”として与えられる。ひなが巣立つとプロラクチン濃度は低下し，腺性領域は退行する。

吸血コウモリの食道の内腔は非常に狭く，液体のみが通過できる。これは血液を食餌にしていることと関連している。この適応については，以下の疑問が生じる。すなわち，食道の内腔が狭かったために，コウモリは哺乳類の血液（大部分の哺乳類が必要とするすべての栄養物を含む，入手可能な唯一の液体）を食餌とせざるを得なかったのか，あるいは，食道を固い食物のための通路として使わなくなったために食道の内腔が狭くなったのか（第２章獲得形質の遺伝学説，参照），ということである。遺伝機構に関する現在の見解では，体の一部の使用あるいは不使用がいかにして生殖に必要な配偶子を変化させるかということは説明できない。コウモリにおける観察は，獲得形質遺伝説を疑わしく思わせるが，論駁はできない。

胃

胃は筋性の一室，あるいは一連の室で，飲みこんだばかりの食物を受け止める場所として働き，また消化酵素と潤滑性粘液を分泌し，食物を胃液と混合して膨潤させる。粘液と消化酵素は，固い食物が小腸のなかに送り込まれる前に，これを部分的に液状化する。胃は**幽門** pylorus として終わるが，幽門は胃から十二指腸へと通じる開口部である。幽門は平滑筋の輪である**幽門括約筋** pyloric sphincter に取り巻かれている。

胃が，両生類や胃を持たない現生無顎類を除く大部分の有頭動物の綱でみられるように，複数の室によって構成されている場合，第一室は，通常は単に，飲みこんだばかりの食物を一時的に保持するための場所として働く。その上皮は食道の上皮と異ならず，多数の粘液腺を持つが後方の部分でみられるような胃腺は持たない。

胃は胚期で最初に分化するときは真っすぐであり，いくつかの原始的な脊椎動物では生涯を通じて真っすぐなままである。しばしば胃には屈曲が起こり，Ｊ字型あるいはＵ字型の胃ができる（図12－17～12－19）。その結果，胃はくぼんだ縁である**小弯** lesser curvature と凸状の縁である**大弯** greater curvature を表し，大弯は，哺乳類では胚期の背側縁で，背側腸間膜（**胃間膜** mesogaster）によって体腔の天井に結びつけられている。大部分の胃が屈曲するだけでなく，哺乳類では背側腸間膜の一部に沿って胃のねじれが起こり，胃と腸間膜が体幹のなかで多少とも交叉するようになる。

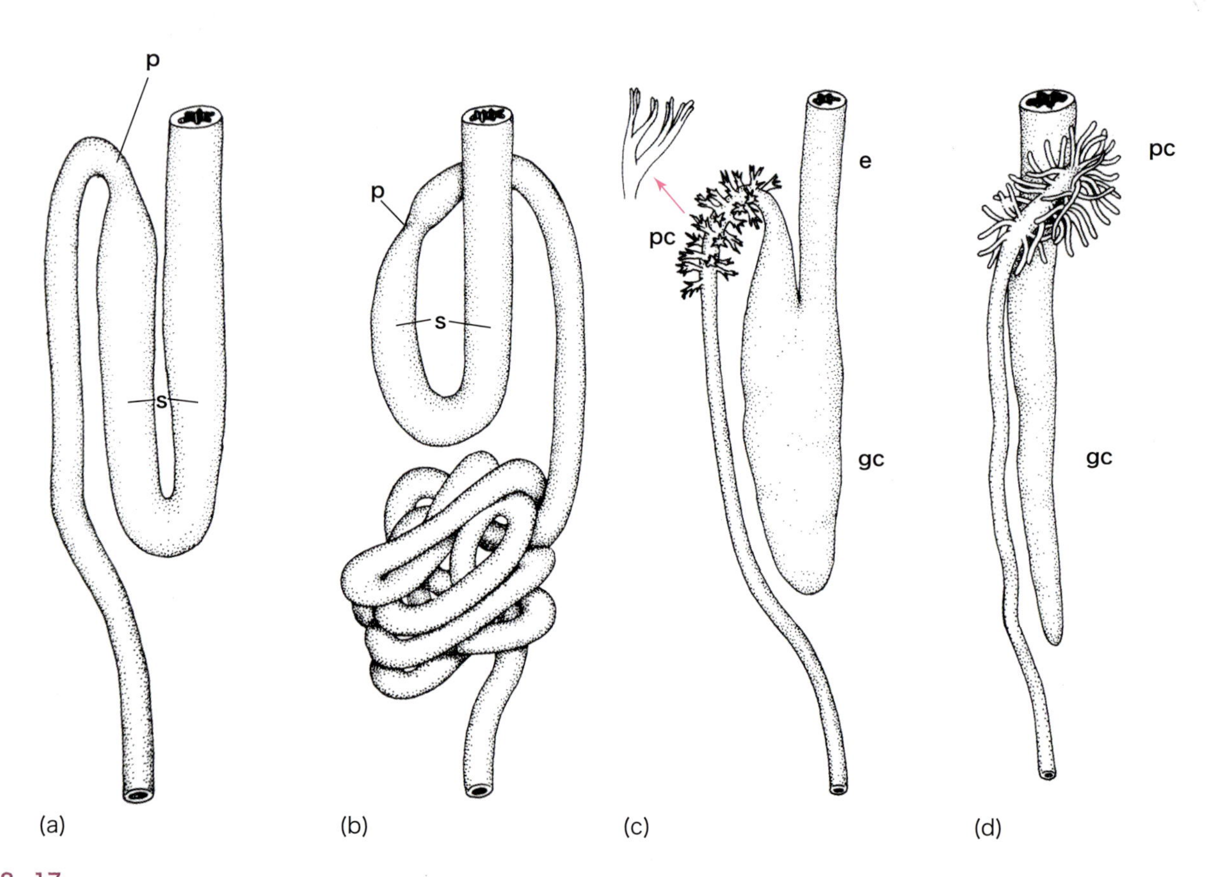

図 12－17
４種類の真骨類の消化管。(a) タップミノー。(b) メダカ。(c) カライワシ。(d) タチウオ。
e：食道。gc：盲嚢状の胃。p：幽門。pc：幽門盲嚢。s：胃。

長く，そして大彎に付着している腸間膜は，腹側体壁と腸の間をカーテンのように覆い，そこで**大網** greater omentum を構成する。ヒトでは大網は腹腔臓器をエプロンのように覆っている。大網の二重壁の間には体腔の小部分である網嚢（**小腹膜腔** lesser peritoneal cavity）があり，これは胚期の胃と背側腸間膜が体腔における成体での方向を取る過程で，背腹軸の周りを回転するときに落とし穴のように形成される。この内腔は小さな通路である**網嚢孔** epiploic foramen によって主腹腔とつながっている。

現生の無顎類ははっきりとした胃を持たない。その消化管は口から排泄口に至る1本の長い管で，食道，胃あるいは小腸などが肉眼的に分化していない（図12–1）。無顎類の消化管の上皮は単層の細胞からなり，そのなかには粘液を分泌する杯細胞や，タンパク質分解酵素を合成するフラスコ型の細胞が含まれる。各細胞の基底部は，粘膜の下にある血管に富んだ層に接していて，細胞はそこから栄養物を受け取る。

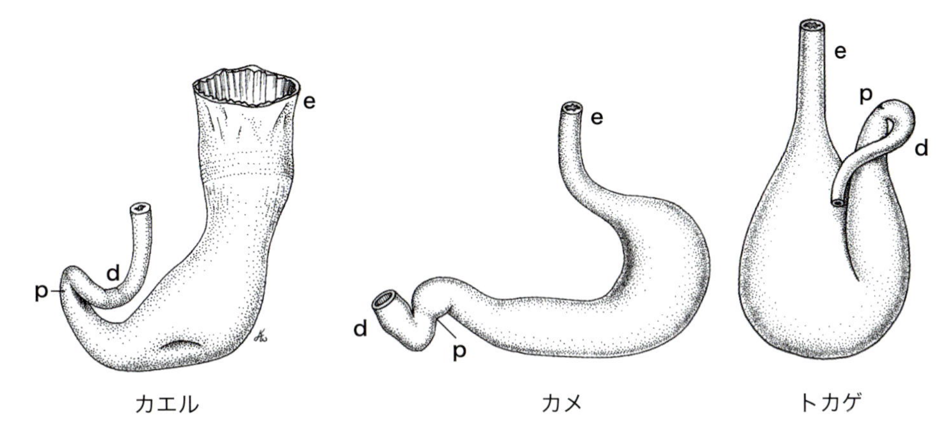

図12–18
カエル，カメ，トカゲの胃。
d：十二指腸。e：食道。p：幽門。胃の形は内容物の量によって変化する。

魚類の胃は非常に様々な形状を呈し，上皮は時に線毛を持つ。ガーの胃はほぼ真っすぐである。サメではJ字型を示す（図12–1）。いくつかの真骨類の胃は全体が1つの大きな盲嚢である（図12–17c，d）。ギンザメと肺魚ははっきりした胃を持たないというか，あまり分化しておらず，消化腺を欠いた胃を持つ。

カエルの胃（図12–18）は肉眼的に食道と区別できない。どちらも極度に膨張できる。有尾類（マッドパピー）は図12–1に示してある。

ワニ類と鳥類の胃は**前胃** proventriculus と**砂嚢** gizzard の2部に分けられる（図12–19，12–20）。前胃は消化酵素を分泌する。角質の膜で内張りされた砂嚢は単なる粉砕器で，食物を胃腺分泌物と混ぜてすりつぶした状態にする。飲みこまれた小石は通常，砂嚢のなかに保持され，食物を粉砕するのに役立つ。猛禽類の前胃と砂嚢はあまりよく分化していない。

人体解剖学に由来する用語が，時には不適切に，その他の脊椎動物の胃の領域に適用されてきた。ヒトでは（図12–21e），食道の基部にある領域は，心臓の近くに位置するために**噴門部** cardiac portion とよばれる。ヒトでは噴門の側面にあるのは**胃底** fundus である。これは，胃腺が独特に配置されていることが特徴である。大彎と小彎の間の領域が**胃体** body であり，幽門の前にあるのが**幽門部** pyloric portion である。

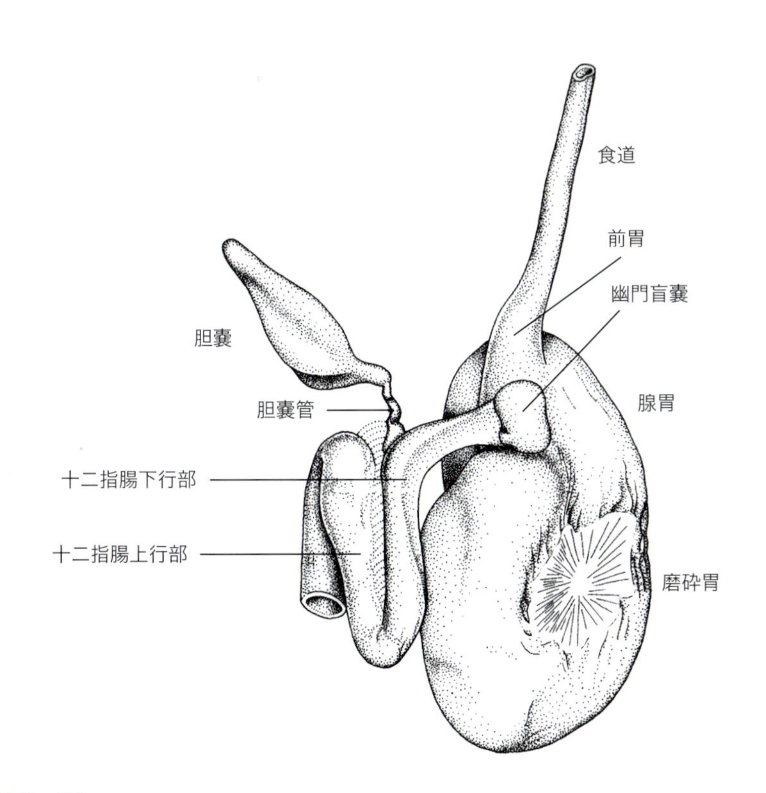

図12–19
カイマンの胃と関連構造，腹側観。胆嚢は，胃と十二指腸下行部の間の正常な位置から持ち上げてある。磨砕胃は，光沢のある線維膜が存在する中間部を除いて，厚い筋性壁を持つ。

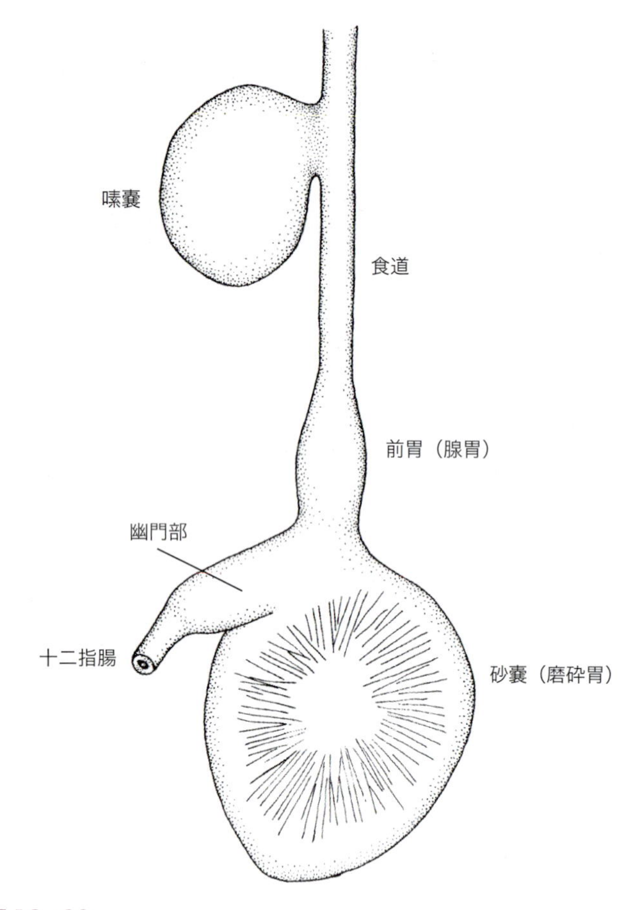

図 12-20
穀物食の鳥類の食道と胃。

これは**幽門管** pyloric canal を収めている。X線撮影を行うと，ヒトの胃の形と方向は，生きている状態では死体のものほど横向きでなく，その形は姿勢，内容物の量，そして胃が乗っている腸の活動によって変化することがわかる。

胃底腺は細長い単一管状腺で，その多くは1本の終末導管に開口する2本の細管を持つ。上皮には数タイプの細胞があり，そのなかには前酵素である**ペプシノーゲン** pepsinogen を合成放出する酵素原細胞（**主細胞** chief cells），**塩酸** hydrochloric acid を分泌する**壁細胞** parietal cells，主として細管の頚部にみられる**杯細胞** goblet cells がある。塩酸は，胃の内腔に放出されると，大きなペプシノーゲン分子を活性酵素であるペプシン（胃のプロテアーゼ）に分割し，ペプシンは最終的に吸収可能なアミノ酸を生みだすタンパク質消化の過程を開始する。粘液細胞は胃の内張りを潤滑にし，蓄積していく消化産物を輸送しやすくする。

ヒトの胃の噴門部と幽門部は，そこにある腺の組織学的特徴に基づいてその他の領域から区別される。そこには酵素原細胞は存在しない。噴門部の粘膜は食道下端のものに似ていて，その腺は多くの杯細胞を含む複合管状腺（図6-10d参照）である。少数の壁細胞も存在する。幽門腺は単一分岐管状腺（図6-10c参照）で，この腺は他のタイプの腺より深く粘膜内に伸びている。この腺は多数の杯細胞と比較的少数の壁細胞を含む。胃底と幽門部の間では，粘膜は胃底腺に似た典型的な胃腺を持ち，その下部3分の1では徐々に幽門粘膜に移行する。これら様々な胃粘膜の変異は，必ずしも他の哺乳類と同じではない。

前にも述べたが，草と穀物を食べる哺乳類のように，食物を処理するために長い過程を必要とする動物では，胃はいくつかのはっきりした部屋に分けられる。セルロースを処理するために適応した反芻類の胃はその極端な例である（図12-22）。草は口のなかに取り込まれ，こね回されたり，処理されることなく飲みこまれる。食物は食道を下って**第一胃** rumen に入る。そこで食物は粘液と**セルラーゼ** cellulase と混合される。セルラーゼは植物の細胞壁の主要構成要素であるセルロースを消化する。セルラーゼは第一胃によって分泌されるのではなく，そこに住んでいる多数の嫌気性細菌によって産生される。この酵素はセルロース分子をより単純な炭水化物に分解し，動物自身の胃液によってさらに消化できるようにする。第一胃の筋性壁は胃の内容物（粘液，酵素，植物）をこね合わせる。間隔を置いて，内容物は**第二胃** reticulum に送られる。この胃の粘膜は稜と深い窩によって蜂の巣状になっているので，蜂の巣胃ともよばれる。ここではセルロースの発酵が続き，発酵中の小さな食塊，すなわち食い戻しは歯でさらに咀嚼されるために吐き戻される。咀嚼，嚥下，吐き戻しの過程は数回行われる。最終的に，完全に咀嚼されてどろどろになった食物は**第三胃** omasum に送られる。ここは食物が**第四胃** abomasum に送られる前の一時的な収容場所である。第四胃は真の腺胃で，そこで胃の酵素がどろどろの食塊に加えられる。第四胃以外の胃の粘膜は食道のものに非常によく似ている。

有頭動物の食餌の成分は，水を除いて，胃ではほとんど吸収されない。胃の活動によって蓄積される産物はスープ状の混合物，すなわち**糜汁** chyme である。幽門管内の糜汁のpHが適切な酸性になっていると，内臓の受容器がこれを感知して反射弓を作動させ，これによって幽門括約筋が弛緩して糜汁を十二指腸内に注入する。図12-21は様々な食餌を取る哺乳類の胃における胃腺の位置を示している。

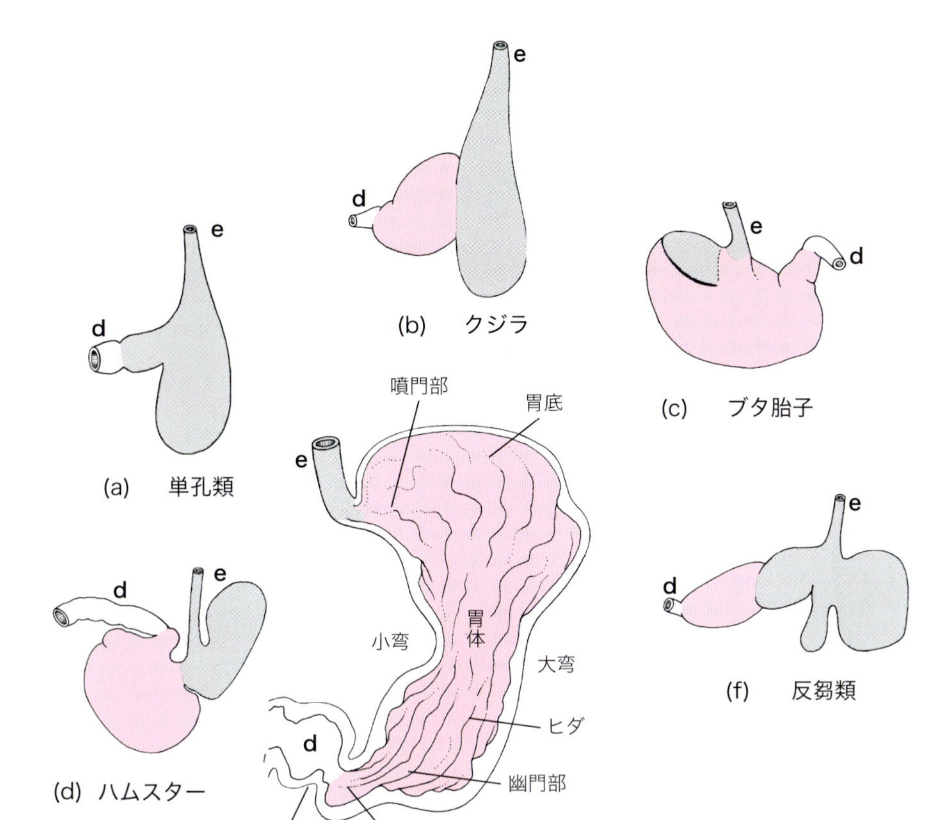

図 12-21
哺乳類の胃における食道様上皮（灰色）と腺上皮（赤色）の分布，腹側観。d：十二指腸。e：食道。ブタ胎子の胃は，食道基部の近くで突出している胃憩室を示すために背側からみている。

腸

腸は幽門括約筋のところから始まり，総排泄腔への入り口，あるいは肛門で終わる。腸の形態は，魚類からヒトまで，食餌の成分を消化し吸収する過程に応じて非常に異なり，食物のサイズ，種類，そして採食の頻度と量によって様々である。四肢動物の腸は大小の部分からなり，それぞれが独特の上皮を持つ。魚類の腸はこのような分化をしていない。

魚類

現生無顎類，軟骨魚類，原始的硬骨魚類の腸はほとんど真っすぐである（図 12-1，現生無顎類，ガー，サメ）。少数の真骨類，例えばメダカでは腸が渦巻き状に巻いているが，これはまれである（図 12-17b）。内腔に**ラセン弁** spiral valve，すなわち**腸内縦隆起** typhlosole がつり下げられているので**ラセン腸管** spiral intestine とよばれる腸は，真骨類以外の多数の魚類に存在する（図 12-1，サメ）。これは腸の渦巻きと全く同じ機能を果たし，吸収に役立つ上皮の領域を増大させる。ラセン腸管を過ぎると，短い**後ラセン弁腸管** postvalvular intestine が総排泄腔に通じる。現生無顎類は腸内縦隆起を持つが，これは腸内腔に突出した単なる隆起である。これはその全長で少数回渦を巻くに過ぎない。

腸盲腸は真骨類の吸収面積を増大させるための主要な適応である。最もよくみられるのは**幽門盲嚢** pyloric ceca で，これは幽門近傍の憩室である（図 12-17c，d）。サバは 200 もの幽門盲嚢を持つ。

盲嚢に似た，指状の**直腸腺** rectal gland の導管がサメの短い後ラセン弁腸管に開口しているが，これは何の消化機能も持たない。これは血液から過剰な塩化ナトリウムを抽出し，排泄する。

四肢動物：小腸

四肢動物は小腸と大腸を持つ。短い弯曲した十二指腸は小腸の最初の部分である。小腸の残りの部分は，有尾類と無足類を除き，ある程度渦巻き状になっている。

トカゲ類，鳥類，哺乳類では，小腸は指状あるいは葉状の**絨毛** villi で内張りされており，絨毛は鳥類では低く，哺乳類では丈が高いが，これは非常に密に存在するので，腸管粘

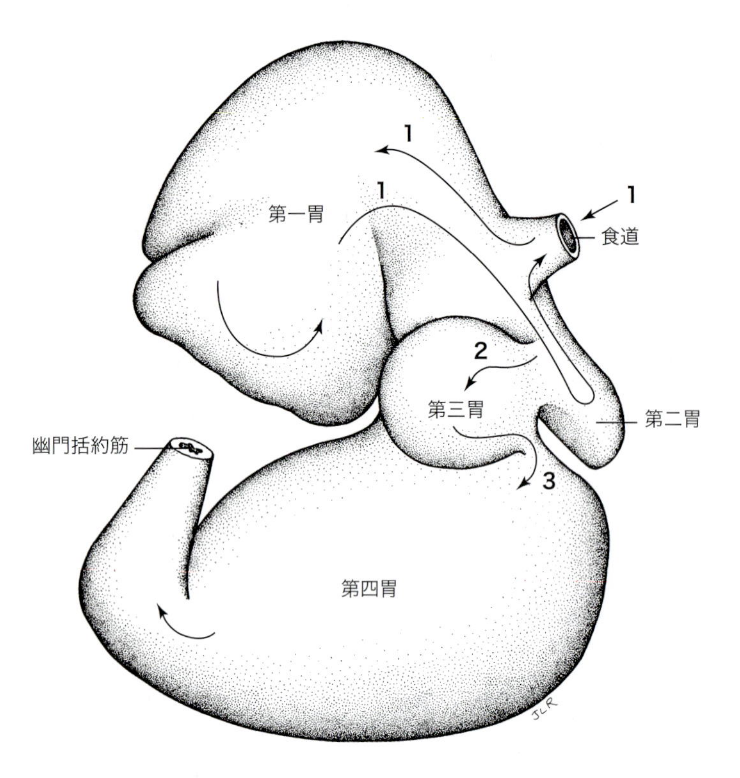

図12-22
子牛（反芻類）の胃。1：咀嚼されていない食物と吐き戻された食塊の経路。2：発酵中のどろどろの食塊の経路。3：どろどろの食塊の腺胃への入り口。

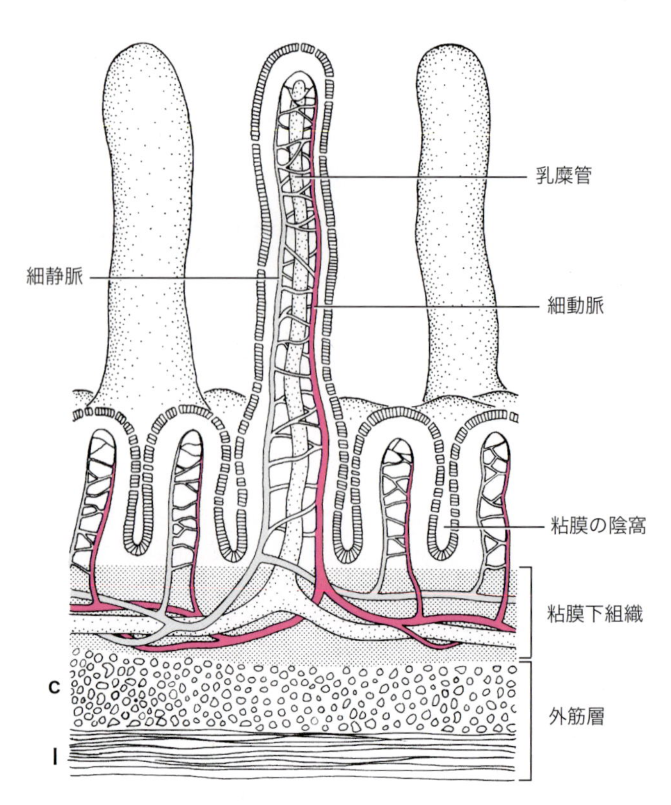

図12-23
絨毛の血液供給とリンパの流れ。c：輪走筋。l：縦走筋。

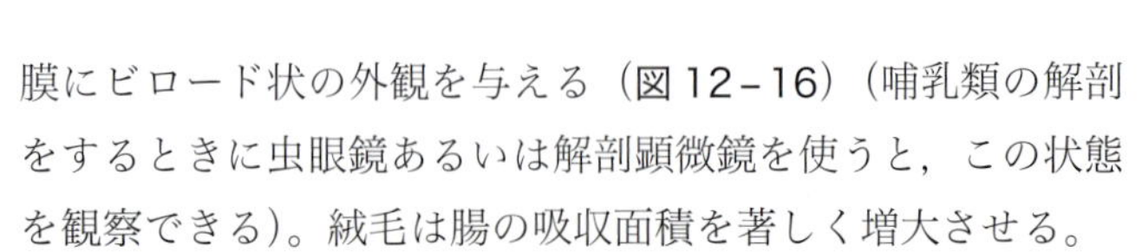
膜にビロード状の外観を与える（図12-16）（哺乳類の解剖をするときに虫眼鏡あるいは解剖顕微鏡を使うと，この状態を観察できる）。絨毛は腸の吸収面積を著しく増大させる。

上皮で消化・吸収された（加水分解された）脂肪は，絨毛のなかにある盲端のリンパ管である**乳糜管** lacteals（図12-23）に入る。乳糜管は突然短くなることで，ミルク状の液体である**乳糜** chyle をもっと太いリンパ管に注入し，太いリンパ管は最終的に心臓近傍の主要な血管に注ぐ（図14-41，哺乳類の胸管参照）。脂肪はそれから血流によってコレステロールやその他のステロールや脂肪の主要な合成の場である肝臓に運ばれ，また主に貯蔵のためにその他の組織に運ばれる。

哺乳類では，十二指腸の後の小腸は，絨毛の形，上皮の内張りの性質，粘膜内のリンパ小節の大きさに基づいて，**空腸** jejunum と**回腸** ileum に分けられる。小さなリンパ小節は腸の全長にわたって普通にみられるが（図12-16），回腸ではこれらは集合して，**パイエル板** Peyer's patches として知られる大きな塊になる。有羊膜類の小腸は**回結腸括約筋** ileocolic sphincter（図12-24）に終わり，この括約筋が回腸内容物を大腸に放出するのを調節する。

小腸は栄養物の消化と吸収の主要な場であるが，これまでみてきたように，いくつかの動物種の胃では，プチアリン，ペプシン，セルラーゼ（これは共生細菌由来）がデンプン，タンパク質，セルロースを分解する。しかし，吸収可能な栄養物をもたらす消化の最終ステージは，腸液と膵臓酵素の存在下で，小腸内で起こる。

腸液 intestinal juice の酵素は，陰窩を内張りする上皮内の腺と幽門近傍の複合胞状腺によって分泌される（図12-16）。これら酵素はポリペプチドをアミノ酸に分解し，また二糖類を単糖類に分解する。アミノ酸と単糖類は吸収可能な分子である。**膵液** pancreatic juice は炭水化物に作用する**アミラーゼ** amylase，脂肪を消化して吸収可能な脂肪酸とグリセロールを作る**リパーゼ** lipase，ペプシンによって開始された消化を継続する**タンパク質分解酵素** proteolytic enzyme を含んでいる。消化過程は小腸で最高潮に達する。回腸の内容物が回結腸括約筋に達するときまでに，以前摂取された回収可能な栄養物は血流のなかに吸収される。いくつかの反芻類を除き，残っているものは主に水と消化できない食物残滓である。大部分の水は結腸で吸収される。

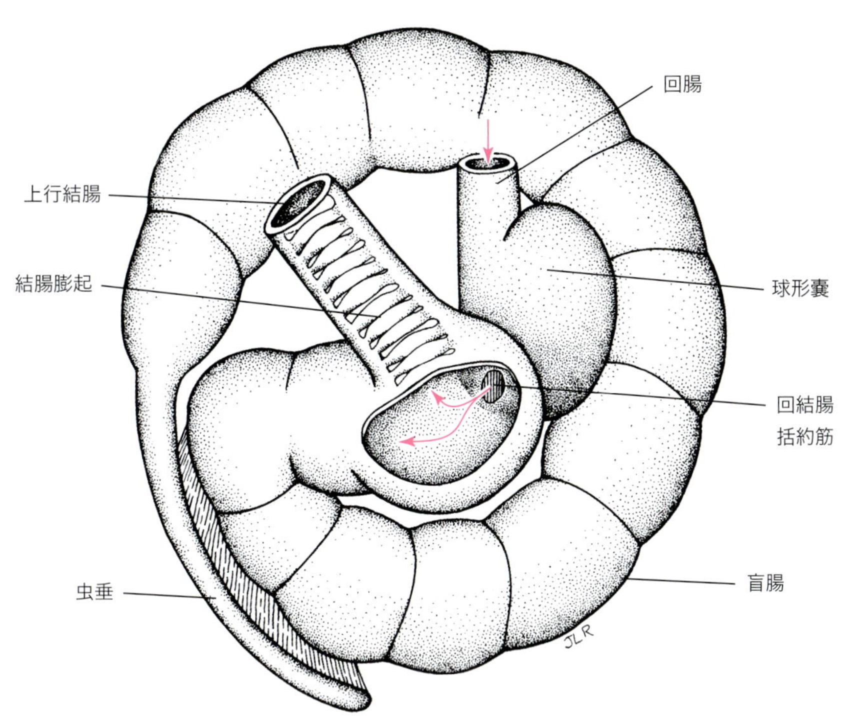

図 12–24
ウサギの回結腸結合部，盲腸と虫垂。結腸膨起は大腸の嚢状構造で，ウマやブタにもみられる。

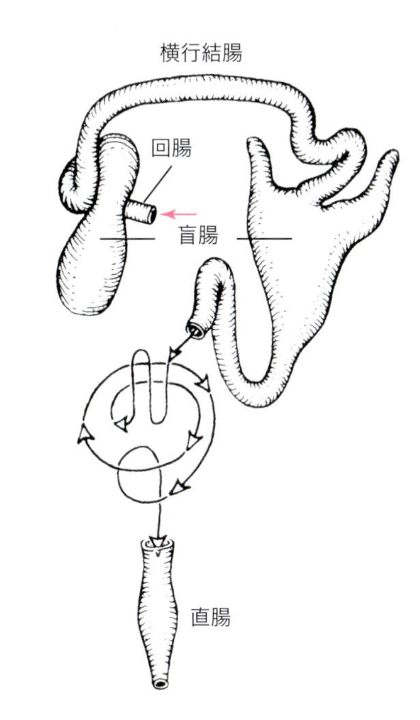

図 12–25
ハイラックスの大腸。矢印は切り取られた大腸の走行方向を示す。

大腸

大腸はあまり渦巻き状にならないが，盲腸は共通して存在する。哺乳類やいくつかの爬虫類，鳥類では，大腸は回結腸括約筋のところで始まる**結腸** colon と，骨盤腔内の真っすぐな終末部である**直腸** rectum とに分けられる。

いくつかの哺乳類の結腸は，上行部，横行部，下行部を持ち，それぞれの間に顕著な屈曲を表す。ヒトでは，下行結腸は**S 状曲** sigmoid flexure で終わる（図 12–1，ヒト）。魚類と両生類では盲腸は十二指腸より後方ではめったにみられないが，有羊膜類では盲腸は回結腸括約筋（**回結腸盲腸** ileocolic ceca）の直後に普通にみられる。鳥類は通常 2 つの盲腸を持つ（図 12–1，ニワトリ）。もっぱら線維性植物，果実，穀物，種子を摂取する哺乳類では，回結腸盲腸はその容積で大腸を凌駕する。盲腸と同じ内腔と組織構造を持つ**虫垂** appendix が類人猿，齧歯類，その他多くの哺乳類で盲腸の末端にある。ウサギの盲腸と虫垂は**図 12–24** に示してある。食肉類の回結腸盲腸はヒトのものと同様に極めて短くなっている。

コアラは 60～75 cm の体長の有袋類で，もっぱらユーカリの葉を食べ，ユーカリの樹皮，芽，未熟な木の実はあまり食べないが，約 180 cm の長さに達する盲腸を持つ。このことは，コアラの食餌は栄養価が低く，大きな腸の容量を必要とする，という観察と関連している。完全にかみ砕かれた葉は小腸に送られ，そこですべての細胞質性栄養物が吸収され，それから回結腸括約筋を通過して盲腸に入る。そこで，共生嫌気性細菌によって産生された酵素による一週間以上に及ぶ発酵過程の間に，（植物の細胞壁由来の）セルロースは，有蹄類の第一胃におけるように，吸収可能な炭水化物に変えられる。

ハイラックスも種子，果実，葉を主食とし，回結腸盲腸，結腸曲，双角盲腸を腸の走行に沿って表し，直腸に達する前に腸は渦巻き状の回転を示す（図 12–25）。

すべての四肢動物において，結腸は腸の残余内容物（糞便）から水分を回収する。陸生動物では，消化過程のために前もって組織から“借りていた”水分を返済するために，水分の再利用が必要である。水分の回収に失敗すると脱水症になり，場合によっては死ぬこともある。

12

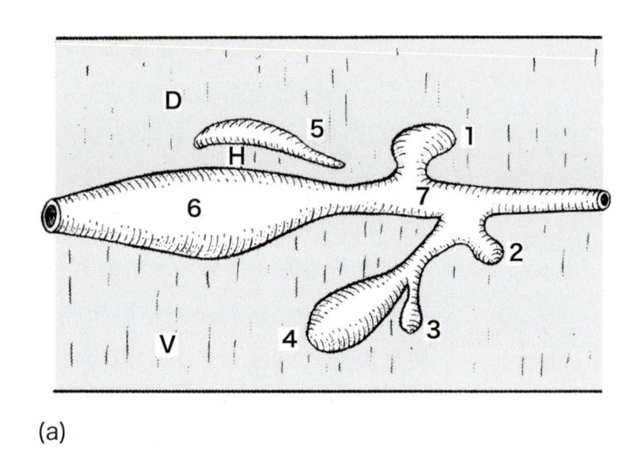

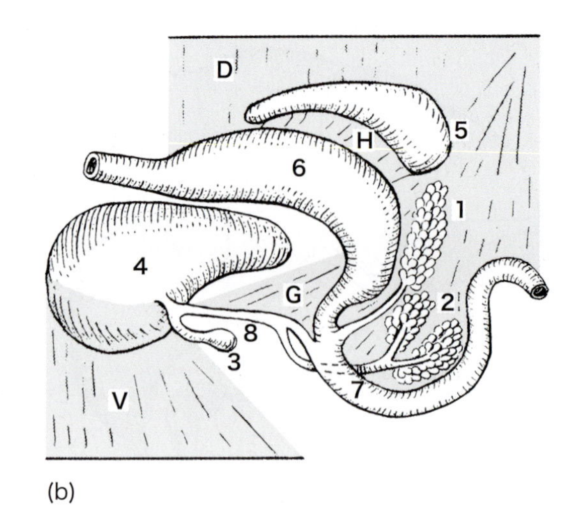

図 12-26
肝臓，膵臓，脾臓，胃および関連する腸間膜の発生。
(a) 初期の段階。(b) もっと後の段階。1：十二指腸由来の背側膵芽。2：腹側膵芽。3：胆嚢。4：(a) で肝芽，(b) で肝臓。5：脾臓。6：胃。7：十二指腸。8：総胆管。D：背側腸間膜。G：小網。H：胃脾間膜。V：(a) で腹側腸間膜，(b) で鎌状間膜。

肝臓と胆嚢

肝臓は，中腸の正中腹側面から中空の盲嚢様憩室である**肝芽** liver bud（図 12-26a）として生じる。肝芽は胃の腹側腸間膜のなかで頭側へ伸びる。成長中の肝芽の先端から，肝臓および胆嚢になる多数の萌芽が生じる。肝臓の頭側極は，最終的に**冠状間膜** coronary ligament によって胚期の横中隔（図 1-12 参照）につなぎ留められる。

成体の肝臓の葉は数本の**肝管** hepatic ducts を，そして胆嚢は**胆嚢管** cystic duct を持つ。これらの管は胆嚢基部で合流するが，肝臓からの胆汁が胆嚢管を通って貯蔵される胆嚢に入る角度をとっている。肝管と胆嚢管が合流するのは，十二指腸に開く**総胆管** common bile duct（図 12-26，8）の始まる場所である。総胆管の短い終末部は十二指腸壁内に埋没し，そこで**ファーテル膨大部** ampulla of Vater（大十二指腸乳頭）を形成する。

胚期の腹側腸間膜の大部分はその後の発生の間に消失するが，十二指腸と胃の腹側にあって肝芽が侵入した腸間膜は，十二指腸と肝臓をつなぐ**肝十二指腸間膜** hepatoduodenal ligament，胃幽門部と肝臓をつなぐ**胃肝間膜** gastrohepatic ligament として残る。これら 2 つの間膜は**小網** lesser omentum を形成する。これは総胆管を十二指腸に，そして肝動脈と肝門脈を肝臓に到達させる橋として役立つ。肝臓の腹側にある胚期の腸間膜は，成体で**鎌状間膜** falciform ligament として残存する（この用語はヒトにおける形状を表している）。肝臓の形状は，体腔内で利用可能な空間に従って決まる。ウナギのような体を持つ動物では肝臓は細長くなる。短い体幹の動物では，ヒトにおけるように短く幅広になる。

肝臓はたくさんの役割を果たしている。肝臓は**胆汁** bile を産生し，胆汁は胆汁酸塩を含むアルカリ性の液体で，小腸内で脂質を乳化させ，消化のために必要なアルカリ性を脂質に付与する。乳化されないと，食物中の脂肪のごく一部しか消化されないであろう。脂質は肝細胞や全身の脂肪細胞に蓄えられる。

肝臓の細胞のいくつかは老化した赤血球を貪食し，ヘモグロビン分子を分解して鉄を遊離させる。分子の残りは，胆汁の一部として排出される赤と緑の色素（**ビリルビン** bilirubin と**ビリベルジン** biliverdin）に変換される*（赤血球は脾臓と赤色骨髄でも貪食される。これらの場所からの色素は肝臓で血流から抽出され，胆汁の産生に用いられる）。胚期の肝臓は赤血球供給源の 1 つであるが，その役割は後に他の組織によって引き継がれる。

肝臓は循環血液から，組織に直ちに必要ではない過剰なグルコースを取り去る。グルコースはグルコース－6－リン酸に変換され，それからグリコーゲンとして肝臓に蓄えられる。グリコーゲンは循環血液中の適切な濃度を保つ必要があるときには，グルコースへと逆変換される。

肝臓は摂食されたアミノ酸を肝門脈系から取り去り，脱アミノする。脱アミノの副産物にはアンモニア，尿酸および尿

*：打撲傷を受けた皮膚の青アザは，外傷を受けた場所で貪食された，傷ついた赤血球から放出された色素によって生じる。

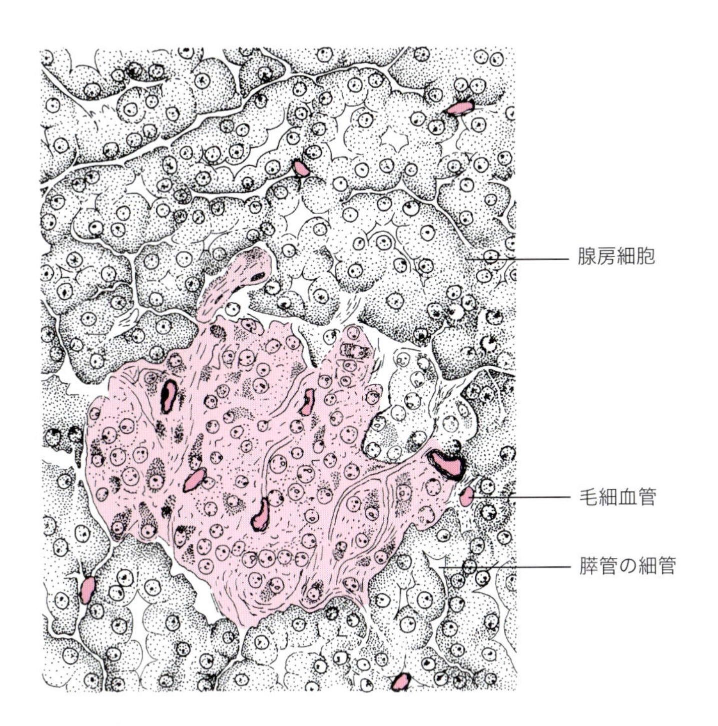

図 12–27
哺乳類の膵臓におけるランゲルハンス島（淡赤色）と周囲の腺房（腺胞）。

素が含まれる。これらは動物種によって様々な形で尿のなかに排出される（第 15 章「窒素性廃棄物の排泄」参照）。

フィブリノーゲン fibrinogen や**プロトロンビン** prothrombin を含むいくつかの血液タンパク質が肝臓で産生されるが，これらは血液凝固に不可欠なものである。肝臓は，生理学の教科書で取り扱われるべきその他の役割をまだ持っている。

胆囊は大部分の有頭動物で生じる。ヤツメウナギ，少数の真骨類，多くの鳥類，奇蹄類，クジラ類，そしてラットを含むいくつかの齧歯類には胆囊は存在しない。胆囊を持たない有頭動物は，その食餌のなかにほとんど脂肪を含まない動物種のなかにみられる。ヒトは胆囊がなくても生きていけるが，摂取する脂質の量には注意しなければならない。消化過程に関連する胃腸ホルモンについては第 18 章で論ずる。

膵臓外分泌部

膵臓は組織学的に異なり，機能的に独立した 2 つの構成要素からなる。外分泌部は消化酵素を**腺胞** alveoli（**腺房** acini）内で産生する。酵素は**膵管** pancreatic ducts を介して十二指腸に運ばれる。内分泌部は**膵島** pancreatic islets（**ランゲルハンス島** islands of Langerhans）を持ち，導管を欠き，それゆえそのホルモン産物であるインスリンとグルカゴンを血流内に分泌する（図 12–27）。外分泌部と内分泌部という 2 つの構成要素は，必ずしも常に同一の器官の一部ではない（第 18 章「膵臓内分泌部」参照）。

膵臓は分散している場合と密集している場合がある。真骨類やその他多くの有頭動物におけるように分散している場合は，膵組織は胃と十二指腸の腹側腸間膜のなかの血管に沿って分布している。密集している場合は，膵臓はいくつかの葉からなる。現生無顎類においてははっきりした膵臓は存在せず，外分泌部と内分泌部の細胞は空間的に隔てられていて，多くの外分泌細胞は腸管上皮内に留まっている。

膵臓は通常，肝芽から分かれた 1 つあるいは 2 つの**腹側膵芽** pancreatic bud と，胃の直後の前腸に由来する 1 つの背側膵芽として生じる（図 12–26a）。腹側膵芽は十二指腸と胃の腹側腸間膜に侵入し，次第に合体して膵臓の腹葉（**体** body）を形成する（図 12–26b，2）。背側膵芽は膵臓の背葉（**尾** tail）になる。このパターンには変異がある。サメでは，全膵臓は背側膵芽から発生し，また大部分の哺乳類では膵臓は 1 つの腹側膵芽と 1 つの背側膵芽から発生する。

有頭動物は胚期の膵芽と同数の膵管を持つこともあるが，しばしばそのうちのいくつかが，総胆管あるいは自身が膨出してきた腸との連絡を失い，膵臓は残りの 1 本の膵管あるいは複数の膵管を持つことになる。例えばヒツジでは，背葉は腸との連絡を失い，全膵臓は総胆管へ膵液を流し込む。ブタとウシでは，腹葉の膵管は総胆管との連絡を失い，全膵臓は直接十二指腸に膵液を送り込む。他の哺乳類では，両方の膵管が残っている。ネコやヒトにおけるように，一方のものが他方より太いと，他方は**副膵管** accessory pancreatic duct という立場に引き落とされてしまう。哺乳類の膵臓における様々な膵管の分布パターンをみると，原始的なパターンは系統発生が進む間にいくつかの方向のどれかに変化したのだということを再度教えてくれる。

総排泄腔

多くの魚類と獣亜綱哺乳類を除く大部分の四肢動物では，消化管は共通の室である総排泄腔（ラテン語で“下水道”）に終わり，そこに尿路と生殖路も開口する。総排泄腔は外界に出口を与えられる。ナメクジウオ，ギンザメ，現生の雌のシーラカンスと条鰭類では，胚期の総排泄腔は，発生が進むにつれて次第に浅くなったり消失したりして，消化管は最終的に独立で外界に開く。獣亜綱哺乳類では，総排泄腔は胚発生の間に 2，3 の別々の通路に仕切られ，その 1 つが肛門に通じる直腸となる（図15-49参照）。図15-48には，解剖学的構造が異なる哺乳類，すなわち単孔類と雌の齧歯類における消化管からの出口を示してある。

要約

1．水生環境における濾過採食は，有頭動物の最も古い食料獲得の方法である。この方法は，ヤツメウナギの幼生や，多少の変化はあるが，少数の有顎魚類やヒゲクジラ類でいまだに用いられている。
2．早期の胚の消化管は前腸，中腸，後腸からなる。上皮の内張りを除けば，腸は内臓板中胚葉から生じる。上皮は内胚葉起源である。
3．口窩と肛門窩が入口（口）と出口（排泄口または肛門）を作る。
4．腸管は背側腸間膜により体腔内につり下げられている。背側腸間膜は体壁（体壁葉）を内張りする壁側腹膜に連続し，内臓臓器の表面を覆う臓側腹膜と連続する。
5．胚期の腹側腸間膜は2つの位置以外では消失し，その残った1つが肝臓の鎌状間膜である。
6．口は消化管への前方開口部である。成体の消化管の主要な区分としては，口咽頭腔または口腔，咽頭，食道，胃，腸がある。主な付属器官としては舌，歯，口腔腺，膵臓，肝臓，胆嚢がある。
7．鼻道は葉鰭類では口咽頭腔に開き，一次口蓋を持つ四肢動物では口腔に開く。多細胞性の口腔腺はこれらの腔の天井，側壁，床に開くが，魚類ではごく少数である。
8．有顎魚類と永続鰓性の両生類は，舌骨骨格の最も腹側の構成要素を覆う一次舌を持つ。両生類における派生的状態として，舌に腺野が加わり，有羊膜類では有対の外側舌隆起が加わる。中舌骨がトカゲ類と鳥類の舌を硬くする。
9．歯は皮膚装甲の遺残である。歯は真皮乳頭内のゾウゲ芽細胞によって形成されたゾウゲ質，エナメル質あるいは類エナメル質の硬い外層，そしてセメント質からなる。類エナメル質はゾウゲ質同様，ゾウゲ芽細胞によって形成される。エナメル質は外胚葉起源で，エナメル器のエナメル芽細胞によって形成される。原始的な脊椎動物では，歯の数が多く，口腔内により広範に分布し，しばしば生え変わり，また口腔全体でその形が類似している。あらゆる綱において，少数の有頭動物には歯がない。少数の種は角質の歯を持つ。
10．歯列には一代性歯，二代性歯，多代性歯がある。端生歯，面生歯（側生歯），槽生歯がある。同形歯と異形歯がある。切縁歯，半月歯，横堤歯，鈍頭歯がある。原始的な哺乳類の臼歯は三錐歯と三丘歯だった。
11．咽頭は胚期に咽頭嚢を持つ前腸の一部である。四肢動物の咽頭は中耳腔，喉頭，食道への開口部を持つ。有羊膜類は咽頭鼻部と咽頭口部を持つ。いくつかの哺乳類は咽頭喉頭部を持つ。
12．咽頭より後方の消化管壁は粘膜，粘膜下組織，外筋層，漿膜（疎性結合組織膜を覆う臓側腹膜，外膜）よりなる。
13．食道は咽頭を胃と結ぶ。鳥類では，食道は嗉嚢という憩室を持つ。食道は粘液腺で内張りされている。
14．胃は鳥類では前胃と砂嚢に区画され，反芻有蹄類では真の腺胃（第四胃）は食道が特殊化した第一胃，第二胃，第三胃と合体して複胃を形成し，その他の脊椎動物では区画の程度はもっと単純である。胃は幽門括約筋のところで終わる。
15．腸は消化と吸収の主要な場である。腸内縦隆起，らせん，盲腸，絨毛が吸収面積を増大させる。四肢動物は小腸と大腸を持ち，大腸は有羊膜類では結腸と直腸からなる。哺乳類では，小腸は十二指腸，空腸，回腸からなる。
16．肝芽と膵芽は前腸からの膨出物として生じる。胆嚢は肝芽からの膨出物である。
17．腸は大部分の有頭動物で総排泄腔に開く。総排泄腔は出口（排泄口）を介して外界に開く。成体で総排泄腔がない場合には，大腸は肛門を介して外界に開く。
18．消化酵素は各種の動物で唾液腺，胃，腸（有羊膜類では小腸），膵臓において合成される。肝臓由来の胆汁酸塩は，消化の準備として，摂取された脂質を乳化する。
19．有頭動物は，複合炭水化物であるセルロースを消化するためのいかなる既知の酵素も産生しない。この酵素は共生細菌により，有蹄類では胃，その他大部分の草食動物では結腸盲腸で供給される。

理解を深めるための質問

1．食物を獲得し，処理するために，消化器系以外のいかなる器官系が用いられるか？
2．哺乳類の気道と食物路は交叉している。鼻から呼吸しながら食物を咀嚼している場合，嚥下をすると食物はいかにして正しい通路に送られるか？
3．どの分類群が完全な二次口蓋を発達させるか？　これらの分類群では，二次口蓋はいかなる生物学的役割を演ずるか？
4．水生真骨類と陸生両生類がいかにして微細な食物を獲得するか比較せよ。
5．特定の生物の習性について，歯の形態に基づいてどのようなことがいえるか？　例を挙げよ。
6．腸管壁の断面を描写せよ。腸管の胚期における最初の供給源は何か？

7．食道の特殊化構造物を1つ挙げ，その特殊化した構造物を持つ生物をその機能とともに説明せよ。
8．胃を持つ生物とはっきりした胃を持たない生物はいかに区別できるか？
9．ウシでは消化管にどのような変化が起こっているか？
10．典型的な哺乳類の消化管における機械的または化学的消化過程の概要を述べよ。
11．ウサギでは，細菌による消化は小腸（栄養物吸収の場）の遠位で起きる。消化管を通じる一方向の流れを考えると，このことをどのように説明できるか？
12．消化器系内での栄養物の拡散を改善するために，どのような進化的適応が起きたのか？

参考文献

Bramble, D. M., and Wake, D. B.: Feeding mechanisms in lower tetrapods. In Hildebrand, M., and others, editors: Functional vertebrate morphology, p. 159. Cambridge, MA, 1985, Harvard University Press.

Butler, P. M., and Joysey, K. A., editors: Development, function, and evolution of teeth. New York, 1978, Academic Press.

Domning, D. P.: Marching teeth of the manatee, *Natural History* 92:5, May 1983.

Gans, C., and Gorniak, G. C.: How does the toad flip its tongue? Test of two hypotheses, Science 216:1335, 1982.

Gorniak, G. C.: Trends in actions of mammalian masticatory muscles, *American Zoologist* 25:331, 1985.

Lauder, G. V.: Patterns of evolution in the feeding mechanisms of actinopterygian fishes, *American Zoologist* 22:275, 1982.

Moss, M.: Enamel and bone in shark teeth; with a note on fibrous enamel in fishes, Acta Anatomica 77:161, 1970.

Osborn, J. W.: The evolution of dentitions, *American Scientist* 61:548, 1973.

Pivorunas, A.: The feeding mechanisms of baleen whales, *American Scientist* 67:432, 1979.

Pough, F. H.: Feeding mechanisms, body size, and the ecology and evolution of snakes, *American Zoologist* 23:339, 1983.

インターネットへのリンク

Visit the zoology website at http://www.mhhe.com/zoology to find live Internet links for each of the following references.

1. Histology—The Web Laboratory. Links to units on many systems of the body, including the digestive system. Extensive coverage of microstructure of all parts of the GI tract, from Ohio State University.
2. Digestive Physiology of Herbivores. Links to other pages on subjects such as digestion in ruminants and non-ruminants.
3. Digestive Physiology of Birds. A description of the unique features of the digestive tract of birds, including a photograph and links.
4. The Digestive System. A series of slides with information on the function of the parts of the GI tract.

第13章 呼吸器系

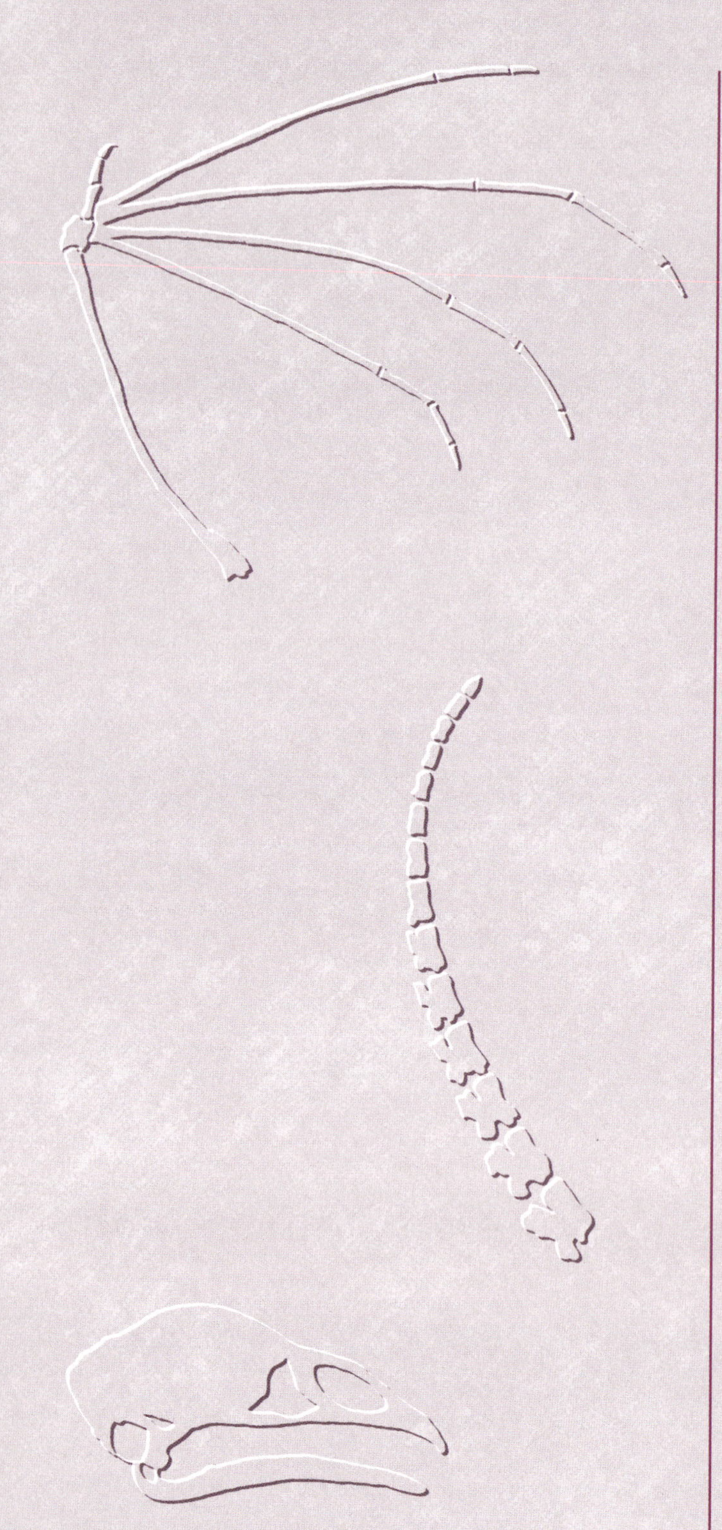

本章では，有頭動物の胚，幼生，成体が，水中および陸上において酸素を取り込み，炭酸ガスを排出する方法とメカニズムをみる。多くの魚類が空気呼吸であり，肺は四肢動物の体肢よりも古いことを知るだろう。ワニ類あるいはクジラが口のなかに水を満たしてどのように呼吸をするか，なぜミルクを飲んでいる子ネコは吸気の間も飲むことを中断する必要がないか，ヒトの喉頭の位置が，話をすることにどのように影響を及ぼしているかをみていく。

概要

環境から酸素（O_2）を得て，炭酸ガス（CO_2）を排出するといったプロセスは，**外呼吸** external respirationである。外呼吸は，胚を除き，いくつかの器官の一部である呼吸膜を介して行われる。外呼吸に不可欠な器官をまとめて呼吸器系を構成する。

外呼吸は**内呼吸** internal respirationに先行する。内呼吸は毛細血管の血液と組織液の間での酸素と炭酸ガスの交換と通常定義されている。炭酸ガスは素早く細胞の活性を阻害するため，細胞周辺からの炭酸ガスの絶え間ない排除，そして生物体からの排除は不可欠である。呼吸の全体的なプロセスでの循環系の役割は，それゆえに重要である。

外呼吸は呼吸膜を介して行われる。半透性の膜を介してガスが拡散するのを促進するため，非常に早期の胚を除き，この膜は血管が豊富で，上皮は薄くなければならず，表面は湿気を帯びているべきだし，外鰓でのように環境と直接接しているか，さもなければ，肺でのように環境のほうが呼吸面と接触しにこなくてはならない。

有頭動物の成体での外呼吸の主たる器官は，外鰓と内鰓，口咽頭粘膜，気嚢または肺，および皮膚である。あまり一般的でない成体の呼吸装置には，雄のレピドシレンでのように，胸鰭の叢状あるいは細線維性の突出や，アフリカモリアオガエルでのように，体幹後部や大腿の叢状あるいは細線維性の突出が含まれ，総排泄腔，直腸，肛門の上皮や，様々な種での食道，胃の上皮，あるいは腸の上皮さえも含まれる。胚は胚体外膜を含む様々な呼吸面を用いる。

水中と空気中の両方で，皮膚を介した呼吸は現生の両生類により広く採用されている。皮膚呼吸を行う魚類があり，特に鱗のない魚がそうで，そのために表層近くに毛細血管床を持つ。水生の有尾類は，皮膚装甲や影響のある角質層を欠き，必要な酸素の4分の3を皮膚を介して水中から獲得する。アマガエルはこのルートで獲得するのは，わずか4分の1だけであるが，陸生種のカエルは3分の1を獲得する。両生類の酸素取り込みの皮膚および肺での役割の比率と関係なく，炭酸ガスのほぼ90％は皮膚を介して排出される。皮膚呼吸は有羊膜類では重要ではない，なぜなら厚い角質層が大気と毛細血管を隔てているからである。

拡散の原理

呼吸器系と循環系は別々に述べられるが，両系は酸素の取り込みと代謝老廃物の排泄のため統合した1つの系を務める。生物と環境との境界を通過する拡散は，ガス交換面の多くの特性に影響される。私たちは，進化において交換器を通過する分子の正味の拡散を高めるこうした系の個々に独立した変化，および相互に関連した変化の両面をみていく。

$$拡散 = \frac{表面積 \times 拡散勾配}{厚さ \times 物質の特性}$$

鰓弁，肺胞あるいは小嚢のような進化を通し，表面積を拡張し，対向流循環の創始をともなう外ポンプ（換気）と内ポンプ（心臓）の導入により，拡散勾配は増加する。有頭動物では毛細血管の内皮に隣接するほとんどのガス交換膜が単層の上皮からなることにより，ガス交換膜の厚みは減少した。最後に，ガス交換器を作る素材は，適切な分子が容易に拡散しうるものでなくてはならない。一例として，ナメクジウオの大動脈弓は呼吸機能を担わず，咽頭弓のコラーゲン性骨格のなかに囲まれている。これとは対照的に，有頭動物の大動脈弓は咽頭弓を越えて伸長し，ガス交換のための毛細血管床を形成する。すでに栄養素の吸収のための消化器系（第12章参照）の進化において，類似した関係をみてきたが，泌尿生殖器系（第15章参照）で窒素性廃棄物の排除を考えるとき，同じような関係が生じる。

鰓

魚類の内鰓は，胚期咽頭の対をなす膨出である咽頭嚢の壁で生じる（図1-6参照）。これらの嚢は外胚葉の陥入である溝と会合する（図1-7参照）。薄い膜である鰓板が嚢と溝を隔て，その後この膜が破れて咽頭から外部への呼吸水の通路が完成する。有顎魚類の鰓は咽頭骨格で支持されている。魚類からヒトまでの咽頭嚢と咽頭弓の発達と運命は第1章で述べた。

無顎類

ホソヌタウナギ属*Myxine*のヌタウナギは咽頭に関連して5，6対の，まれに7対の血管に富んだ鰓嚢を持つ（図13-1a）。ホソヌタウナギ属とは別の属のヌタウナギ*Eptatretus*の多様な種は，5～15対の鰓嚢を持っている。**入鰓管** afferent branchial ductsは呼吸水を咽頭から鰓嚢へ運び，**出鰓管** efferent branchial ductsは鰓嚢から外部に通じる。通常，個々の出鰓管は外部へそれぞれの孔を持つ（図1-9，ヌタウナギ参照）。しかし，ヌタウナギ類では出鰓管は統合し，両側で1個の共通した外部への裂孔（総外鰓孔）を介して開口する（図13-1a）。

ヌタウナギでは呼吸水は正中不対の外鼻孔から入り，**鼻咽**

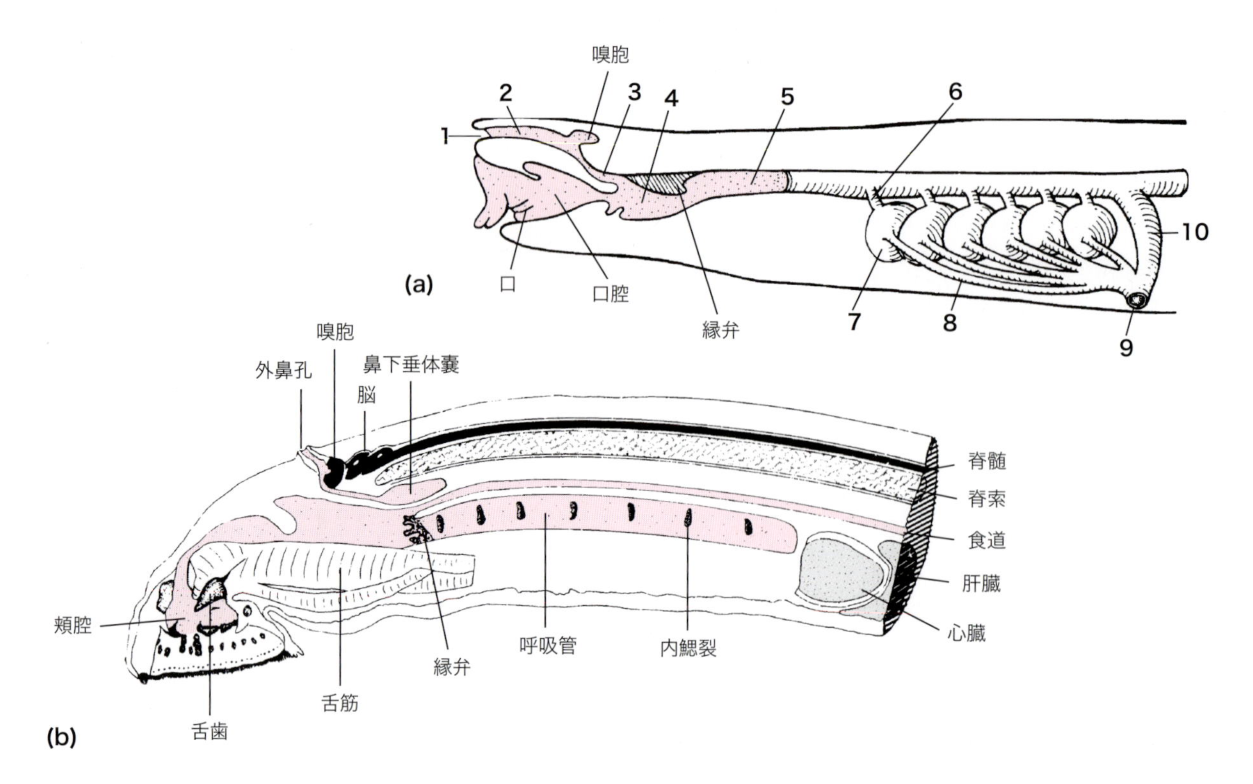

図 13－1
ヌタウナギとヤツメウナギの頭部と咽頭部。
(a) ヌタウナギ。1：外鼻孔。2，3：鼻咽頭管。4：縁弁室。5：咽頭。6：入鰓管。7：鰓嚢。8：出鰓管。9：総外鰓孔（両側に存在）。10：咽皮管（左側のみ存在）。(b) ヤツメウナギ，矢状断。外鼻孔と鼻下垂体嚢を結ぶのは鼻下垂体管。

頭管 nasopharyngeal duct を通って咽頭の前端にある**縁弁室** velar chamber に行く（図 13－1 a）。この縁弁室の壁は拍動性の筋である縁弁で，縁弁室から後方の咽頭内に水を送りだし，ある観察者によれば鰓嚢内へ送りだすことで縁弁室を陰圧にする。この陰圧が新たな呼吸水を外鼻孔から縁弁室へと取り込む。鰓嚢壁の筋組織は呼吸水を外部へ押しだす。縁弁は咽頭軟骨により支持され，睡眠中の動物で 1 分間に 50 ～ 100 回拍動する。左側でのみ，入鰓管より径の太い**咽皮管** pharyngocutaneous duct が咽頭と最後位の出鰓管をつなぐ（ホソヌタウナギ属）か，あるいはある種のヌタウナギでは外部に続く。入鰓管に入るには大きすぎる断片あるいは粒子は，咳をするのと同じような方法で，周期的に咽皮管を通して外部に強制的に排除される。咽皮管は最後位の鰓嚢が変化したもののようである。

呼吸機構はヌタウナギと比べてヤツメウナギではかなり異なる。ヤツメウナギの頬腔は宿主の肉に強く押しつけられ，不対の外鼻孔からの管（**鼻下垂体管** nasohypophyseal duct）は咽頭に開かず，**鼻下垂体嚢** nasohypophyseal sac に盲端として終わる（図 13－1 b）。それゆえ，鼻を経るルートも頬腔を経るルートも呼吸水の鰓への通路には使えない。適応として，咽頭嚢と鰓嚢の筋の拍動により，呼吸水は外鰓裂を通って咽頭嚢に出入りする。外部への孔は，2 方向性の弁として働く皮膚の薄片で守られている。さらなる適応として，ヤツメウナギの咽頭は変態時に縦状に細分して，胃に続く食道と腹側の盲端に終わる呼吸管になる（図 13－1 b）。成体での呼吸管の入口は弁様の縁弁で守られ，宿主からこすり取った栄養素が呼吸管に入るのを妨げ，呼吸水によって薄められたり外鰓裂を通って失われたりするのを阻止している。

7 対の膨大な鰓嚢は鰓弁で裏打ちされ，入鰓管や出鰓管が介在することなく，呼吸管や外部と直接交通する。ウミヤツメ属 *Petromyzon* の外鰓裂は図 1－9 でみることができる。

ヌタウナギやヤツメウナギの呼吸系は有顎魚類のものと構造的に共通するところはほとんどない。ヌタウナギとヤツメウナギは生物寄生に 2 つの異なる適応を示す。しかし，適応とは以前のどんな状態からか？　有顎魚類の鰓装置は非常に異なっている。それは咽頭弓機構である。ヤツメウナギとヌタウナギの系統発生史や，無顎類と有顎類の共通の祖先はわかっていない。しかし，無顎類のようなシステムが有顎類の祖先のシステムを垣間みせることは全くありそうもない。

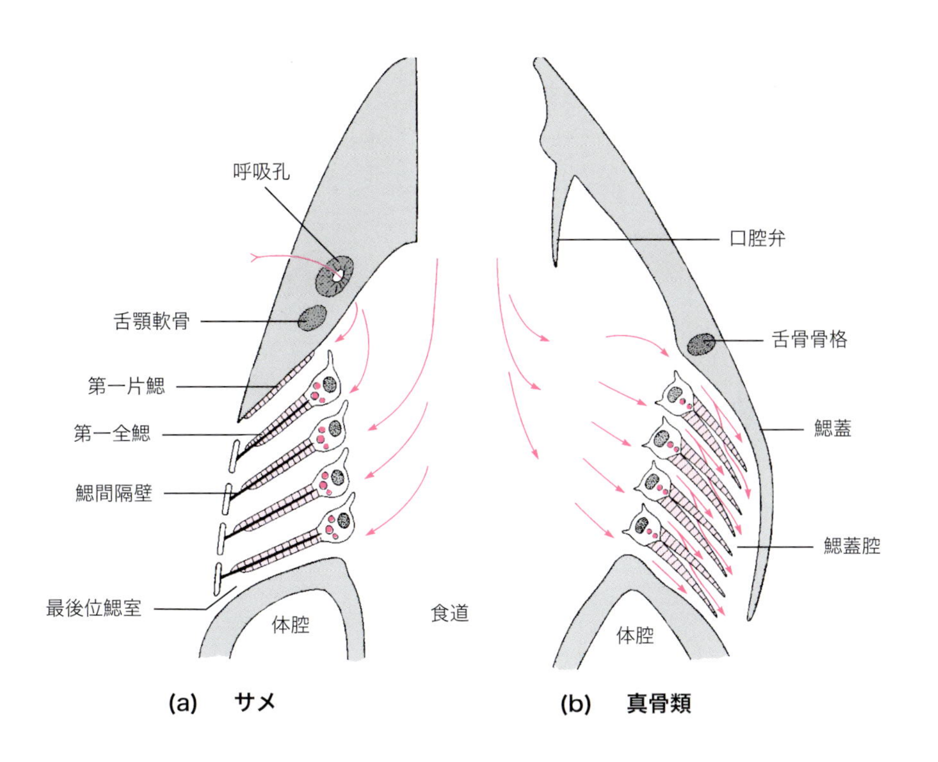

図 13－2
5鰓嚢性のサメ類と真骨類の鰓，前頭断，模式図。矢印は呼吸水の経路を示す。

軟骨魚類

ほとんどの板鰓類（サメ類，ガンギエイ，エイ類）は5鰓嚢性で，5対の鰓嚢を持ち，鰓嚢のそれぞれには内鰓裂と外鰓裂があり，舌顎軟骨の直前で背側に位置する1対の機能的な**呼吸孔** spiracles を持つ（図 13－2a）。カグラザメは例外的で1対の呼吸孔と6対の鰓嚢がある。別のサメであるヘプタンクスは1対の呼吸孔と7対の鰓嚢があり，有顎類のなかで最も数が多い。最後位の嚢の後壁には鰓面は発達しない。サメ類の外鰓裂は頭部の両側で，エイ類では下面にみることができる（図 13－7）。他の有顎類と違って鰓蓋がないため，鰓裂は“むきだし”といわれる。胚では，呼吸孔と鰓裂は同じサイズで，1列に並んでいるが，呼吸孔は成長では他の裂と同じペースではない（図 1－7 参照）。小さな鰓様構造，すなわち**偽鰓** pseudobranch は血管網からなり，呼吸孔の前壁で発達する。この血管網は眼球の血圧を調節しているようである。

呼吸孔は一方向性の取り込み弁を備え，エイ類では唯一の呼吸水の流入孔であり，サメ類では，速く遊泳する貪食性のものを除き，ずっと多くの呼吸水のための流入孔となっている。速く泳ぐ貪食性のサメ類は呼吸孔が皮膚の膜で二次的に塞がれている。エイ類の呼吸孔の位置は背部にあり，こうした底住性の種の咽頭に泥が混じり残骸の混じった水が入るのを最少限にしている。

もし鰓裂を探るならば，探り棒は**鰓室** gill chamber に入るだろう（図 13－3）。前位4室の前壁と後壁は鰓面すなわち**片鰓** demibranch を持つ。最後位の鰓室は後壁の片鰓を欠く。角舌軟骨は第一鰓室の前壁の片鰓を支持し，上鰓節軟骨と角鰓節軟骨は残る8個の片鰓を支持する。鰓室の前壁にある片鰓は，**裂前片鰓** pretrematic demibranch であり，後壁の片鰓は**裂後片鰓** posttrematic demibranch である。1個の鰓弓の2つの片鰓を分けるのは**鰓間隔壁** interbranchial septum で，多数の長く先の細い，種によっては分岐した軟骨性の**鰓条** gill rays が支持しており，鰓条は鰓軟骨から鰓間隔壁のなかへ全長にわたって放散している。1個の鰓弓の2個の片鰓は，これと関連する鰓間隔壁，軟骨，血管，鰓節筋，神経および結合組織とともに，**全鰓** holobranch を構成する（図 13－3，上図の白色部）。個々の鰓弓の咽頭端から突出する切り株状の**鰓耙** gill rakers は，咽頭腔から鰓室へのスリット状の入口を守り，機械的な障害から鰓を保護している。

個々の片鰓の機能的な表層は，多数の横断する棚状のヒダである鰓粘膜の鰓弁からなり，その上皮は非常に薄い。ヒダはガス交換の表面積を増加させる。鰓弁上皮の下層は毛細血管網が豊富で，腹側大動脈から血液を受ける入鰓動脈を経て入鰓細動脈により供給されている（図 14－17b 参照）。腹側大動脈の血液は酸素が少ないため，毛細血管床に入る血液も酸素が少ない。酸素を含んだ呼吸水は確実に鰓弁を横切って流れるので，毛細血管を流れる酸素の乏しい血液と反対方向に流れる。結果的には，血液の酸素添加は増すけれど，水中の酸素分圧は常に血液の酸素分圧を上回っている。血液と呼

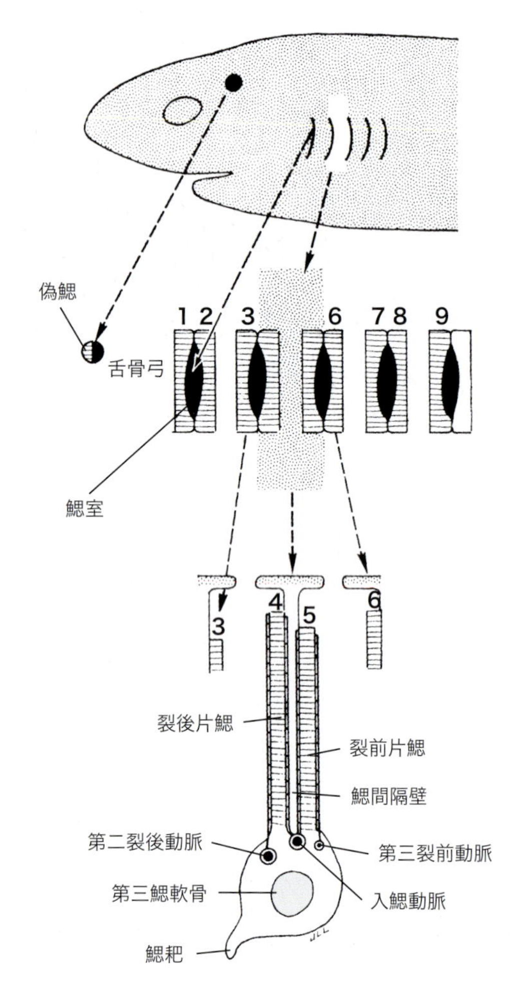

図 13－3
ツノザメの鰓室（黒色）と9個の片鰓（線部）。全鰓（図の上段に白で示す位置）の横断図は下段にある。

吸水との**対向流** countercurrent flow はガス交換の効率を最大にし，血液が酸素獲得の機会を最大限利用できるようにしている。毛細血管から酸素を取り込んだ血液は，出鰓細動脈を通り，裂前あるいは裂後動脈に入り，そして出鰓動脈から背側大動脈に流れる（図 14－17b 参照）。ここから血液は体のすべての組織に分配される。

ほとんどの板鰓類で，呼吸水が口および呼吸孔の両方を通り咽頭腔に入ることはすでに述べた。サメ類の呼吸孔から入った水の大部分は最前位の2つの鰓嚢内に流れ込むのに対し，口から入った水は後位の3つの鰓嚢に入る。鰓節筋が外鰓裂を収縮させ，咽頭腔を拡張して，この室内を陰圧にするときに，水は呼吸孔および開いた口から吸い込まれる。この吸水相は速度を落とし，その後，咽頭腔が水で一杯になると中止する。それから口が閉まり，挙筋や鰓下筋の作用により鰓室が拡張して水で一杯になる。呼吸の第三相（排水）では，水は収縮筋により外鰓裂を通り，鰓室から押しだされる。排水と次の吸水の合間では，口と鰓裂の両方が一時的に開く。実験ではほとんど常に水圧は咽頭腔のほうが鰓嚢よりも高いことを示した。これは潮の満ち引きよりも安定して中断することのない鰓弁上の水の流れを確実にする。サメ類の休息時には，呼吸のリズムは1分間におよそ35回である。口を開けて泳ぐサメ類は体の前方への移動を，水を咽頭内に蓄積することに利用し，それによりエネルギー消費に関して外呼吸のコストを少なくする。

全頭類のギンザメはわずか4鰓嚢を持ち（図 13－4），呼吸孔は個体発生の初期には閉じていて，鰓間隔壁は短く，皮膚まで届かず，肉質の弁である**鰓蓋** operculum は舌骨弓から後方に広がり，鰓を隠し，流出する水の流れを後方へ曲げている。こうしたいくつかの特徴で，ギンザメは真骨類に似ている。

硬骨魚類

軟骨魚類と硬骨魚類の鰓装置は基本的なパターンは同じである。一連の咽頭弓は全鰓を支え，呼吸水の流れは咽頭腔から外部へ向かう途上，片鰓の表層を流れる（図 13－2b）。主要な相違は，硬骨魚類では鰓蓋と鰓蓋腔があり，鰓間隔壁がより短いことにある。

鰓蓋 operculum は舌骨弓に始まる骨質の弁で，後方に伸び，両側の鰓室を覆う。両側の鰓蓋の腹側端から伸びているのがアコーディオン状の**鰓条膜** branchiostegal membrane で，真骨類では多数の長い骨質の**鰓条** branchiostegal ray により支持されている。これより短い**咽喉骨** gular bone は，古代からの年代物で（図 9－10 a 参照），もっと原始的な条鰭類にみられる鰓条膜を支持する。2つの鰓条膜は鰓の下層の腹側正中で癒合し**鰓蓋腔** opercular chamber を囲む。鰓蓋腔は，呼吸水が鰓の表層を流れた後に注ぎ込むところで，鰓蓋の後端で裂（鰓蓋裂）を通って押しだされる前の部位である。裂のサイズは様々である。ウナギでは，裂が格別に小さく，丸い。真骨類では，まれに鰓蓋腔が腹側正中の孔を介して外に開くことがある。鰓間隔壁は非常に短く，その結果，各々の全鰓の片鰓は遠位で分離し，水が毛細血管により一層自由に近づくことを許している（図 13－5）。

口を開け，鰓蓋を閉じて咽頭の床を下げることにより，水が咽頭内に吸い込まれる。それと同時に，鰓条膜のヒダが伸びることで鰓蓋腔を拡張することにより，流入する水が鰓を横切って鰓蓋腔に引き込まれる。その後，口を閉じ，水は鰓蓋裂を通って外部に押しやられる。このことは咽頭の床を持ち上げ，鰓蓋腔を圧縮することで成し遂げられる。口のすぐ後の口咽頭の前端にある**口腔弁** oral valve は，口から水がもれるのを阻止している。このように，リズミカルに作動する

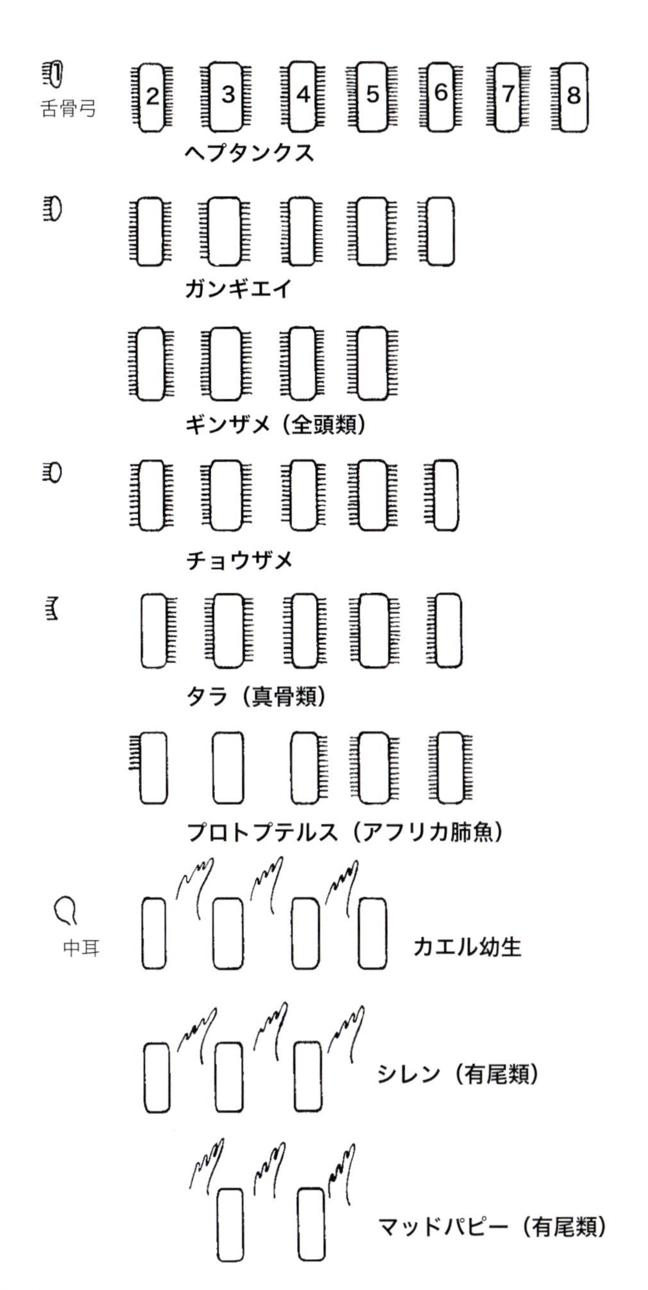

図 13－4
数種の水生脊椎動物の開いた咽頭裂と魚類の片鰓（線部）の分布。ヘプタンクスは原始的な現存するサメ。タラでは呼吸孔は閉じているが顎骨弓に血管網が残っている。
1～8：咽頭裂。外鰓の位置は３種の両生類で示す。

吸入ポンプと圧縮ポンプは，酸素の豊富な水に浸っている鰓を維持する。サバやマグロを含む少数の真骨類は，鰓節筋が不足しており，鰓上に適切な水の流れを作るために口を開けて泳がねばならない。

肺魚，軟質類やガーを除き，ほとんどの硬骨魚類は４つの全鰓と５つの鰓室を持ち，第一鰓室の前壁にある片鰓は失われた（図 13－4，タラ）。肺魚では片鰓がさらに失われた（図 13－4，プロトプテルス）。事実，プロトプテルスやレピドシレンの鰓は役立たずで，水中に無理に沈めると窒息死する。呼吸孔は軟質類に存在するが（図 13－4，チョウザメ），他の硬骨魚類では胚期に閉じる。

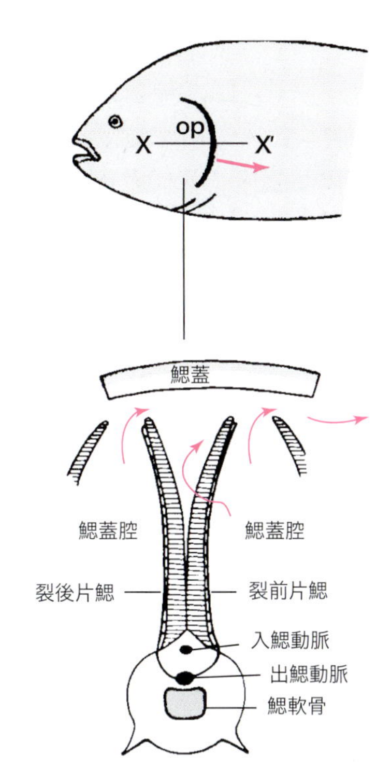

図 13－5
真骨類の鰓蓋（op）と全鰓。全鰓（下段）は前頭断での観察（X－X'）。矢印は流出水の流れる方向を指す。

幼生の鰓

幼生の鰓は３種ある。**外鰓** external gills は１つあるいはそれ以上の鰓弓の外表面からの膨出である。**内鰓の細線維状突起** filamentous extensions of internal gills は鰓裂を通って外部に突出する。**内鰓** internal gills は無尾類のオタマジャクシの後期にみられるもので，幼生期の鰓蓋の陰に隠れている。

外鰓は通常鰓裂の開く前に，どの鰓蓋ヒダが発生を始めるよりも早く発達する。外鰓は鰓筋により揺らしたり，引っ込めることができる。大部分の肺魚，すべての両生類，チョウザメやポリプテルスといった少数の条鰭類では，外鰓は胚期または幼生期に発達する（図 13－6 a）。外鰓は幼生の構造であるが，永続鰓性の有尾類やプロトプテルスのような永続鰓性の肺魚もいる（図 14－18b 参照）。プロトプテルスは幼生の鰓を４対持ち，縮小した３対の鰓を生涯にわたって持つ。

外鰓は無尾類のオタマジャクシで第三～第五咽頭弓で発達する。その後，第二～第五咽頭嚢が外部へ開口するとき，咽頭嚢上皮は折れ曲がり内鰓のセットを作る。その結果，肉質の鰓蓋が，舌骨弓から鰓部を越えて後方へ成長し，外鰓と内

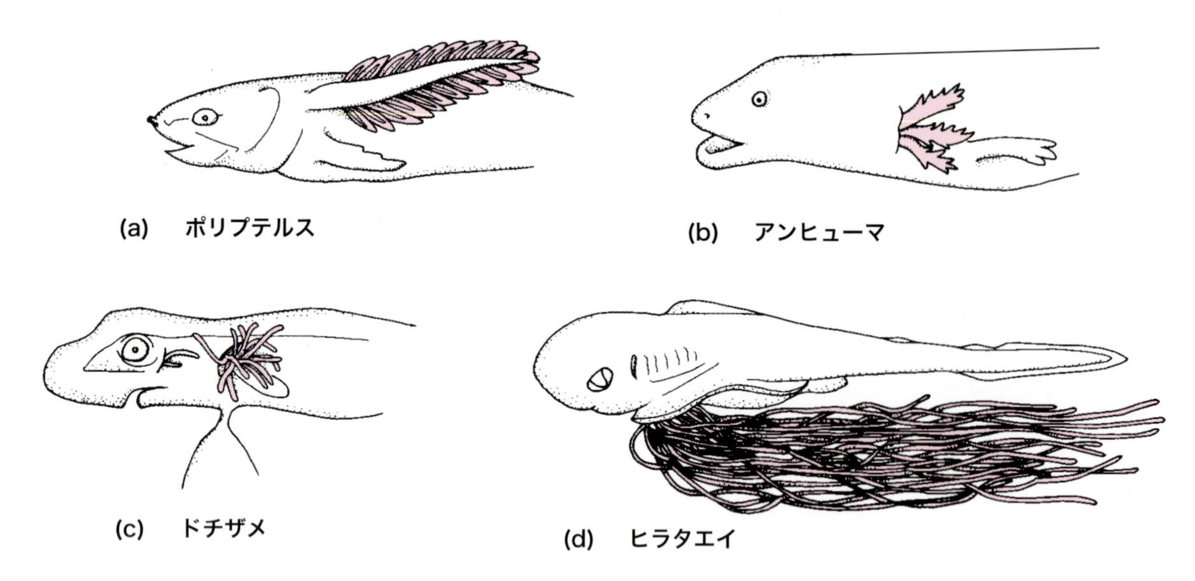

図 13－6
幼生の外鰓。(a) ～ (d) 原始的な条鰭類，両生類，サメ，エイ。アンヒューマでは，幼生が卵外被から出る前に鰓は吸収される。ヒラタエイの呼吸孔は，この時点では眼の後方だが，最終的には背側の位置となる。エイ類に特徴的な胸鰭は鰭膜としてちょうど現れたところである。

鰓を鰓蓋腔のなかに閉じこめるが，鰓蓋腔は左側鰓蓋の後端にあるただ 1 個の出水孔を持つ。その後，外鰓は徐々に萎縮し，内鰓は変態まで機能する。変態時に，内鰓と鰓蓋は幼生の尾とともに吸収される。もちろん，すべてのこうした構造物は変態する無尾類では非常に小さい。

板鰓類は，水中の植物に付着した卵黄を持つ卵のなかで発達するか，あるいは母の子宮のなかで発達する。初期の発生の間，発達中の内鰓の細線維状突起は，外鰓裂を通って卵あるいは子宮のなかの液中に突出し，そこで一時的な呼吸器官として働く（図 13－6c，d）。胎生の種では，子宮液から栄養も吸収する。胎生の軟質類の少数の種と真骨類の幼生は，細線維状の外鰓をこれに似た方法で利用する。子宮あるいは他の母体の液からの栄養の吸収は，**組織栄養性栄養摂取** histotrophic nutrition として知られている。

鰓の排泄機能

呼吸器官として考えられているが，鰓は実質的な排泄機能を果たしている。海洋生の魚類は，主に鰓弁上にある塩類分泌腺を介して海塩を排泄する（淡水魚は過剰な塩類のほとんどを腎臓を介して排出する）。ヤツメウナギや，海水と淡水の間で回遊する海産魚の鰓は，海水にいるときは塩類を排出し，淡水にいるときは塩類を吸収し，それによって恒常性を維持するのを助けている。窒素性廃棄物も，腎臓を介して排泄する四肢動物と異なり，魚類では例外なく大部分を鰓を介して排泄する。

気嚢のなかの空気から酸素を獲得する魚類は，炭酸ガスの大部分を鰓の表面を流れる水に放出する。炭酸ガスは空気よりも水に容易に溶け込む。それゆえに，鰓の表面を流れる水のなかの炭酸ガス分圧は，循環血から炭酸ガスを絶えず放出することを確実にするほど十分に低い。

硬骨魚類の空気呼吸

有頭動物は水のなかの環境で生じ，水は酸素の最初の供給源であった。しかし，遅くともデボン紀の間に，空気は多くの魚類にとって酸素の供給源となった。この時代の水は温かくどろどろしていて，そのことからも溶け込んでいる酸素は少ない。これに反して，空気は酸素が飽和した水よりも 20 倍の酸素を含んでいる。そのため，デボン紀の魚類の多くは酸素の一部あるいはすべてを，水面よりも上から得ていた。

現在の空気呼吸する魚類は，肺魚，原始的な条鰭類，ガー，アミアおよび多くの真骨類である。これらの魚類は空気の小泡を水面すぐ上から取り込み，それから空気は口咽頭の上皮，あるいは鰾（浮袋）を肺として用いる魚類では鰾の上皮と接する。鰾についてはこの後で説明する。少数の真骨類は泡を飲みこみ，胃または腸で酸素を取りだす。酸素は大気から獲得するけれど，過剰な炭酸ガスの大部分は鰓を介して水に放出される。

鼻孔と鼻道

軟骨魚類および条鰭類の 1 対の鼻孔，すなわち**外鼻孔**

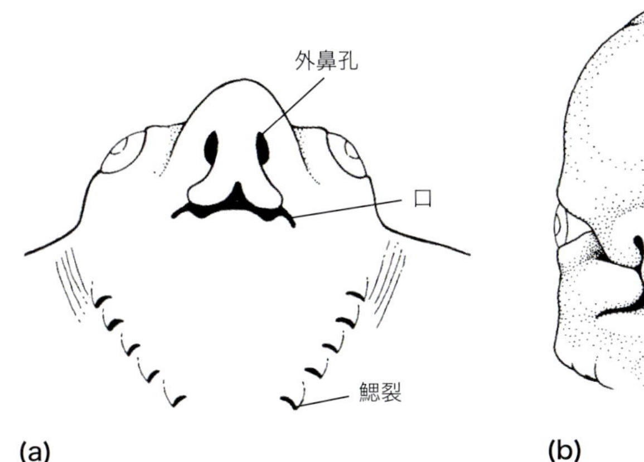

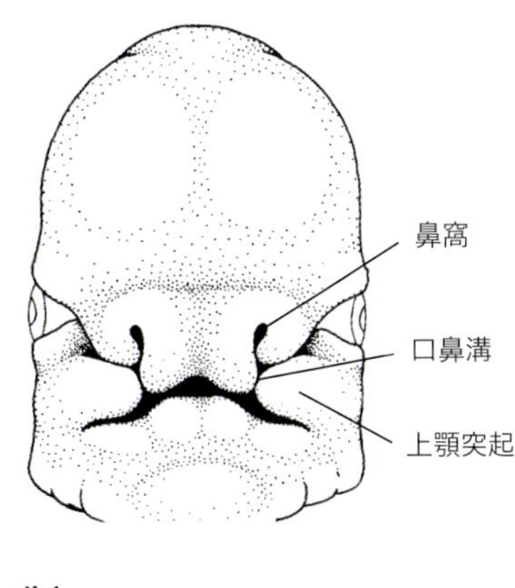

図 13-7
ガンギエイ成体 (a) と，
6週齢ヒト胎児 (b) の口鼻の関係。

external nares は盲端となっていて，匂いの感覚上皮を含む嗅胞に直接開く。個々の外鼻孔は前方に向いた**入水孔** incurrent aperture，すなわち魚が前方へと泳ぐときに水が入る孔と，外側または腹側に向いた**排出孔** excurrent aperture，すなわち嗅上皮を浸した後，水が出ていく孔に分かれる。

葉鰭類では，外鼻孔は呼吸水を運ぶ対をなす鼻道によって口咽頭腔と連絡している。鼻道の口咽頭腔への入口が**内鼻孔** internal nares である。先に学んだように，無顎類の鼻道は不対で，ヌタウナギでのみ咽頭まで伸長する。酸素を空気中から得る魚類を含めて，現存する魚類では，外鼻孔を呼吸に用いることはない。外鼻孔は，環境の一成分（周囲の水のなかに溶けた化学物質）をモニターするための感覚系の一部である。

迷歯類の祖先である扇鰭類が外鼻孔を呼吸に使っていなかったとするなら（使っていたかどうかわからない），迷歯類にとって好都合であった。なぜなら彼らは飲みこむ空気を口腔に入れるのに外鼻孔を使い始めたからである。有羊膜類でのその後の二次口蓋の発達とともに，内鼻孔がさらに後方で開き，すでにみてきたように，二次口蓋が長くなるほど内鼻孔はより尾方の位置になる。哺乳類では内鼻孔は軟口蓋の背側の咽頭鼻部に開く（図 12-3，ネコ参照）。

鼻道（**後鼻孔** choanae，巻末の用語解説参照）は，対をなす**鼻窩** nasal pits と**口鼻溝** oronasal grooves から生じ，背外側の壁を巻き込んで管を作る（図 13-7b）。板鰓類は鼻道を欠くが，口鼻溝は作られて終生残る（図 13-7a）。哺乳類では嗅上皮は鼻道の上方の腔に限局される。下方の腔は線毛を持つ腺性の鼻上皮を持つ。哺乳類の鼻道の入り口の毛は，流入する空気中の昆虫や粗い粒子をトラップする。甲介骨を覆う粘膜下組織の静脈叢は冷たい空気を暖める。哺乳類の鼻道の上方にある空洞は（図 13-13a），部分的に発声の共鳴箱として働く。

肉質で部分的に軟骨性の長吻（鼻）は哺乳類のいくつかの種で発達し，外鼻孔を種特有の位置に移動する。狭鼻猿類の外鼻孔の位置（図 4-40 参照）をゾウの外鼻孔の位置と比べてみなさい。クジラは鼻がない。外鼻孔は後方の頭部の頂点にあり，**噴水孔** blowhole として知られている。噴水孔は，クジラが潜っている間孔を閉じる弁を備えている（クジラの胎子では外鼻孔はもっと前方にある）。何種かのクジラでは，2つの外鼻孔が発生時に癒合して正中の1個の噴水孔を作る。

鰾（浮袋）と肺の起源

ほとんどすべての硬骨魚類からヒトまでの動物は，前腸から不対の膨出を発達させ，直接的あるいは間接的に大気に由来するガスに満ちた1個あるいは1対の気嚢 pneumatic sac（鰾または肺）を作る。気嚢を持たない唯一の成体の硬骨魚類（おそらく祖先が失ったのであろう）は，少数の海洋生真骨類と何種かのカレイやラティメリア（気嚢は浮力のための脂肪で満たされたものに置き換わっている）のような底住魚であり，サンショウウオの知られた種の半分以上となる有尾両生類の1分岐群である（地下，水中，地上，樹上生のプレトドン科）。これらのあるものは胚では一時的に気嚢を発達させる。デボン紀後期の板皮類では，導管をともなう1対の気嚢の跡が残されており，この証拠については論議はあるが，それは独立した起源を示す。

気嚢 air sac（pneumatic sac）という用語は機能を暗示するものでなく，一方，鰾や肺という用語はそれぞれ浮力や呼吸の機能を示唆する。これは気嚢をこの2つの役割から排除するものではない。魚類のなかで，気嚢の存在は浮力に影響し，鰾の用語が通常適用される。これに対して，四肢動物の気嚢は肺とよばれる。今後は鰾と肺の用語を用いることにする。

鰾になる芽状の原基が前腸から突出した後，結果として生じた導管は前腸との連絡を保つこともあれば，導管がその後の発生で閉鎖することもある。魚類は導管が通じて残るとき，**喉鰾型** physostomous（鰾と消化管が連絡する）とよばれる。軟質類，原始的な新鰭類，現存する３種の肺魚，真骨類の何種かでは導管が通じている。導管が閉鎖する魚類は，多くの真骨類のように，**閉鰾型** physoclistous（鰾と消化管の連絡がない）といわれる（図13–8）。

鰾は対のこともあれば，不対のこともある。軟質類と肺魚では，不対の導管が食道の腹側面から出る。これは新鰭類では背側に向かって移動している。まれには導管が咽頭あるいは胃から出ることもある。

鰾は腎臓の近くにあり，腎臓と同様に後腹膜性である（図15–18参照）。胚での原基が長く成長するとき，原基は胚の体腔の天井で，壁側腹膜と体壁の間を後方へ押し分けながら進む。しかし，成体の鰾が体腔の天井のなかに膨出することもある。

様々な種で，鰾は静水圧器官 hydrostatic organs として，呼吸器官として，音を検出する器官として，あるいはコミュニケーションの器官として働く。鰾の壁は弾性組織と平滑筋組織を含むため，ガスの容量をその役割により増加したり減少したりできる。

真骨類での鰾は，主に静水圧器官として働く。水中の適切な深さで留まったり，特定の場所をうろついたりするために，魚は体の密度，すなわち比重を，選択した深さで押しのけた水の比重にできる限り近づけなければならない。これは鰾のなかのガスの量を調節することで成し遂げられる。密度のいかなる違いも浮力に影響し，魚をゆっくりと上昇させ，下降させる。しかし，水中での撹乱が，刻一刻と完全な安定性を排除するので，うろついている魚はこうした撹乱を埋め合わせるために，対鰭と不対鰭を優しく波打たせねばならない。魚類の全群が深さを毎日変えるものもいる。それゆえに体の密度も時刻と関連して変わる。

静水圧器官である鰾のなかのガスは通常，血液から生じ，鰾上皮の局所的な小動脈の怪網である**赤腺** red gland から，鰾の内腔に能動的に送られる。怪網内の血液が赤腺の用語を思いつかせる。ガスは鰾の後端近くで，上皮の変化したポケット状の領域において，鰾の血流中に吸収される。鰾の内腔へとガスが通っている間，括約筋によって主たる腔所からこのポケットは遮断され，ガスが吸収されている間は弛緩する。喉鰾類では，ガスは泡として口から体外へ出されることもある。

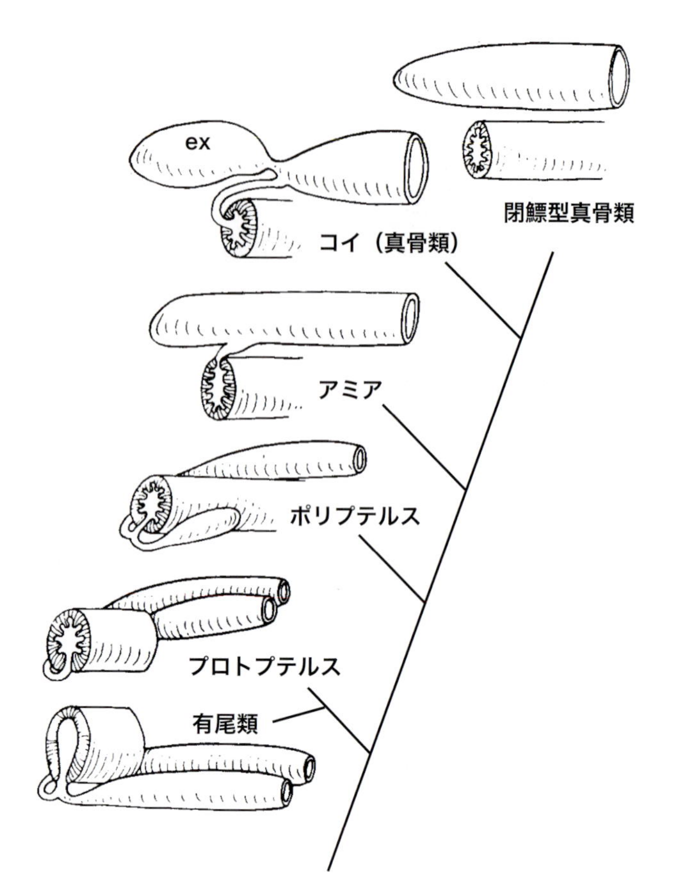

図13–8
鰾と有尾類の肺。真骨類では導管は通常閉塞している。コイは，鰾の前方への伸長を有する喉鰾型真骨類。ex：ウェーバー小骨との連絡（図17–7参照）。プロトプテルスは肺魚，アミアは原始的な新鰭類，ポリプテルスは原始的な条鰭類。

鰾のなかのガスは魚類の間で異なる。いくつかの魚類はほとんど純粋な窒素（99%）を含み，他のいくつかは87%の酸素であり，すべての魚類で少なくとも微量の炭酸ガスとアルゴンを含んでいる。深海魚では，大気の10倍の窒素分圧に抗して，血液から鰾内腔に窒素は運ばれる。

鰾は，喉鰾類では，肺として様々な程度で機能している。空気は水面で飲みこまれ，口咽頭のポンプ機能で口咽頭腔から鰾内へと送られる。酸素が消費された空気は，口と外鼻孔を閉じて口咽頭の床を下げることで生じる陰圧により，鰾から口咽頭へ排出される。排出は鰾壁の弾性と平滑筋と体壁周囲の水圧によって促進される。口咽頭の酸素を使い果たした空気は，口から水中へ泡となって出る。

真の肺魚３属の内の２属，プロトプテルスとレピドシレンは，鰓（プロトプテルスでは３対の外鰓，図14–18b参照）が通常の代謝で必要とする十分な酸素を供給する能力がないため，生存のために空気を絶えず飲みこむことを必要とする。こうした魚類を水中に十分長い時間沈めるとおぼれる。沼が干上がる熱帯の夏を穴のなかで生存するこうした魚類の能力は，鰾が肺として働く事実に部分的に依存している。しかし，こうした魚類はこのような時期には皮膚によっても酸素を吸収している。

他に，現存する唯一の肺魚であるネオケラトダスの鰾，アフリカ淡水産の条鰭類２種，ポリプテルスとカラモイクチス（時には不適切に“肺魚”とよばれる）の鰾，および遺残種である原始的な新鰭類（アミアとガー）の鰾は，水の酸素容量が低く，鰓だけでは必要とする酸素を満たすことができないときに限り，肺として機能する。ポリプテルスとカラモイクチスの鰾の上皮はほとんど平滑である。真の肺魚では低い仕切りがあり，何千という小さな気嚢を示す（図 13–9）。他の魚類と異なり，ポリプテルス，アミア，肺魚の鰾は，四肢動物と同じように，胚期の第六大動脈弓（図 14–18b 参照）から生じた血管により血液供給されている。四肢動物と同様，肺魚の静脈は直接左心房に戻る。これは他のどんな魚類でもみられない。

静水圧器官として働くことに加え，ある種の真骨類では鰾は音の検出にかかわる。コイ類（キンギョ，コイ，北アメリカのナマズ，ミノウなど）では，一連の小骨，**ウェーバー小骨** weberian ossicles は鰾の前端と不対洞，すなわち内耳の外リンパ隙の伸張である洞とを結ぶ。真骨類の他の目，ニシン類では，鰾の薄い壁が頭側へ伸張し，内耳と直接接触している（図 13–10）。これらの魚は音を聞くことができる。

少数の魚類では，鰾に付着する横紋筋の収縮はドンドンという音を出させ，鰾のなかの括約筋によって分けられた室の間で空気を進めたり戻したりして，コミュニケーションのためグーグーといった音を生じる。

鰾は通常，海底で採食する魚類では退化している。静水圧器官の排除は体の密度を最適にし，エネルギー消費を最少で餌の近くをうろつくことを可能にしている。鰾の退行は底住性への対応と思われるが，この原因となる本来の選択圧の本性について知ることは決してないだろう。相似的な状態は山岳の急流に住むサンショウウオでもみられ，それらの肺はわずか数 mm の長さか，欠失している。肺によって与えられるいかなる浮力も有害であろう。最適な体密度とエネルギーの節約は利点である。しかし，プレトドン科の動物はどれも肺を持たず，すべてが急流に住んでいるのではないことに注意すべきである。こうした有尾類は皮膚を介して呼吸している。

鰾と肺との驚くほどの類似は，特に鰾が第六動脈弓から血液供給されていることは，これらが同じ器官であるかもしれないと示唆する。デボン紀では，沼の淡水が温かくなり周期的によどみ，そしてそれにより溶解している酸素が少なくなるとき，空気呼吸は生存と絶滅の差を生じたのであろう。同様の論議は海洋辺縁の潮間帯でもできる。これは四肢動物の海洋起源を支持し，既知の魚類の外群から四肢動物までが海洋堆積物に発見されることと一致する（例えば，パンデリクチスとエウステノプテロン）。この時代，ほとんどの扇鰭類は気嚢を持っていた。私たちはただ，鰾が呼吸と静水圧のどちらのために最初に現れたのか推測できるだけである。しかし，こうした２つの結論はまちがいなさそうである。気嚢は有頭動物が地上に出るはるか以前から空気呼吸の機能を果た

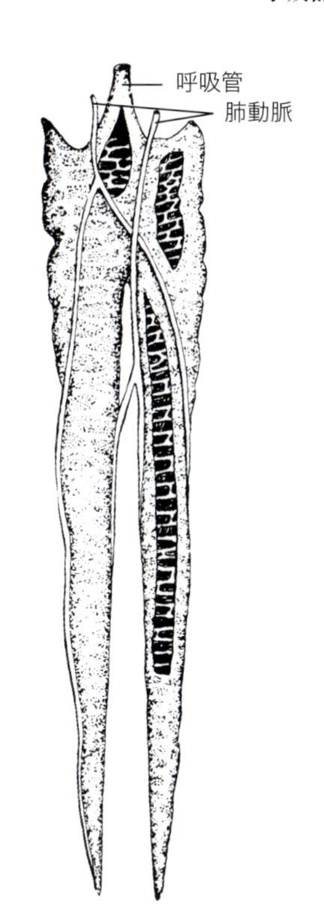

図 13–9
肺魚プロトプテルスの鰾（浮袋）。

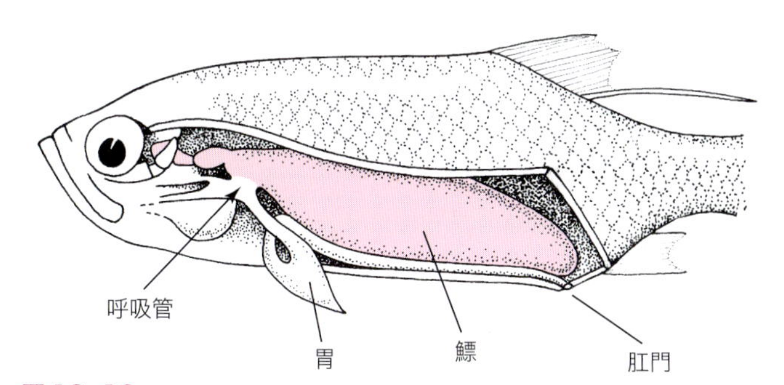

図 13–10
喉鰾型真骨類であるターポンの不対の鰾。
頭蓋への伸長が内耳と接する。
Source: Data from J.S. Kingsley, *Outline of Comparative Anatomy of Vertebrates*, 1920. The Blakiston Company, Philadelphia, after de Beaufort.

し，閉鰾類（鰾と消化管が連絡しない魚類）での導管の閉鎖は，もっと原始的な通管状態に由来するものであろう。

肺と気道

四肢動物の肺は不対の膨出，**肺芽** lung bud として最後位咽頭嚢のすぐ後で，咽頭の後方の床から生じる（図1－6参照）。咽頭床の開口は縦の裂すなわち**声門** glottis になる（図13－13a）。不対の肺芽は分岐して気管支や肺を形成する前にわずかに伸長する（図13－22）。肺原基は前腸の腹側で，それが心臓の側方で腹腔に突出するまで尾側に押し進む。肺原基は体腔内へ成長する際に，腹膜の覆いをともない，これが臓側胸膜 visceral pleura になる。声門と肺との間の肺芽の部分は，喉頭，気管および気管支に発達する。

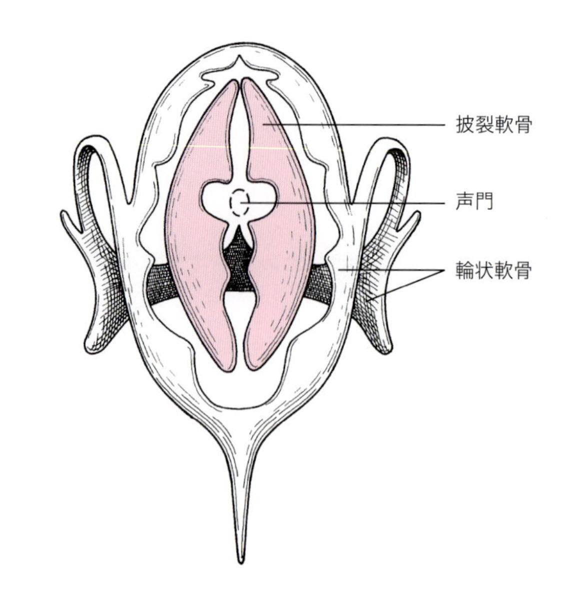

図13－11
カエルの喉頭骨格。

喉頭と発声

喉頭は，四肢動物の声門と気管上端との間の短い空気の通路で，その壁は最後位数本の咽頭弓の軟骨性派生物によって支持されている（表9－4参照）。声門とそれに関連する軟骨は，声帯が発達する動物種での発声によるコミュニケーションのための道具となった。

有尾類では，喉頭は1対の外側軟骨からなる原始的な構造で，声門を囲み，支持することが唯一の役割である。非哺乳類の四肢動物のほとんどは，2対の喉頭軟骨，**披裂軟骨** arytenoids と**輪状軟骨** cricoids を持ち（図13－11），哺乳類は第三の対である**甲状軟骨** thyroid を持つ。付加的な小さな軟骨（**楔状軟骨** cuneiforms，**小角軟骨** corniculates，**輪状前軟骨** procricoid など）が発達する哺乳類もある（図13－12）。哺乳類の胎子で対をなす輪状軟骨と甲状軟骨は，個体発生の間に腹側正中線を越えて癒合する傾向にある（図13－13b）。喉頭軟骨は靭帯と喉頭固有の筋により相互に結びつけられる。外来性の喉頭筋，特に哺乳類の胸骨甲状筋と甲状舌骨筋は，嚥下の間に必要な可動性のある喉頭を作る。

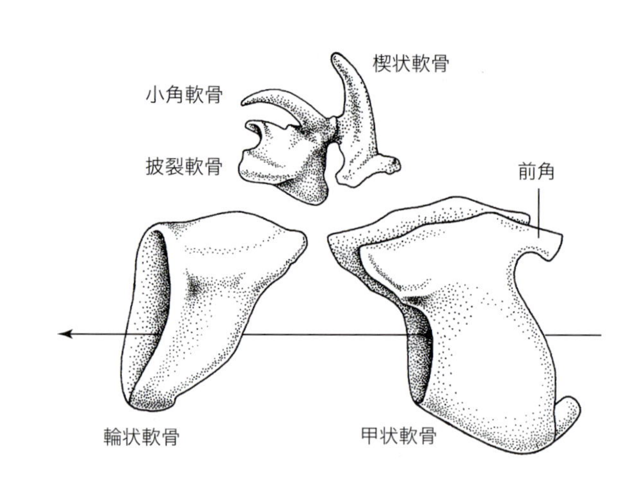

図13－12
イヌの喉頭軟骨を分離して示す。披裂軟骨は本来の位置より高く置いている。甲状軟骨前角の舌骨後角との関節を図9－43に示す。矢印は気管への呼吸路。

無尾類，ある種のトカゲ類およびほとんどの哺乳類で，喉頭室のなかに折り畳まれているか喉頭室を横断して伸びるのが**声帯ヒダ** vocal folds である。これはしばしば**声帯** vocal cords とよばれ，種内の他のメンバーと発声によるコミュニケーションをとる可能性をその種に与えている。声帯は，無尾類でのように声門を囲み，披裂軟骨や輪状軟骨に付着する単なる肉質のヒダから，矢状面の両側で披裂軟骨と甲状軟骨の間に張られた丈夫な帯状の弾性靭帯を含む哺乳類の1対のヒダまで多様である。

肺から出された空気はヒダの間の狭い隙間である声門を通る。発声に用いないとき，声帯は弛緩し，排出される空気は声帯の間を静かに通過する。緊張の下では，声帯は振動し音を生じる。発声の間，喉頭固有の筋は甲状軟骨と披裂軟骨の位置を互いに変え，それにより声帯の緊張を調節する。ヒトの声のピッチ（振動の頻度）は声帯内の張力の総量の作用である。哺乳類のなかでは，カバや他の少数のものは声帯を欠き，バセンジー犬は発達の悪い声帯を持ち，吠えることができない。これとは対照的に，ホエザルの甲状軟骨とこれと関連する舌骨は大きく，頚に甲状腺腫様の膨らみを生じる（図13－14）。こうした軟骨と骨は大きな共鳴室を取り囲み，共鳴室はこの動物の不気味な遠吠えをジャングルの奥深くまで

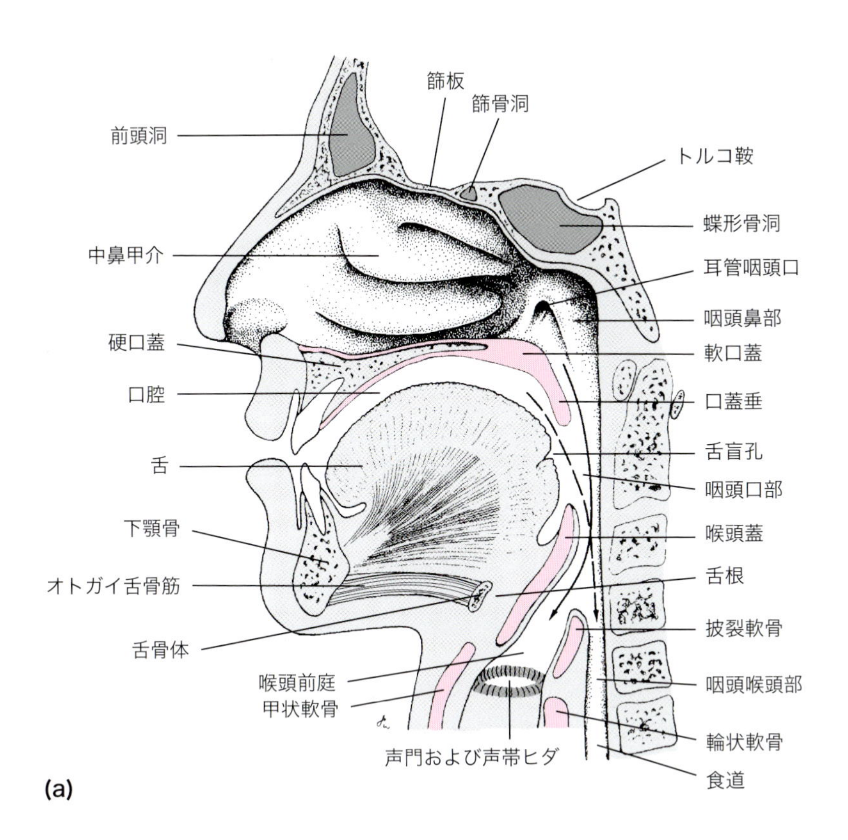

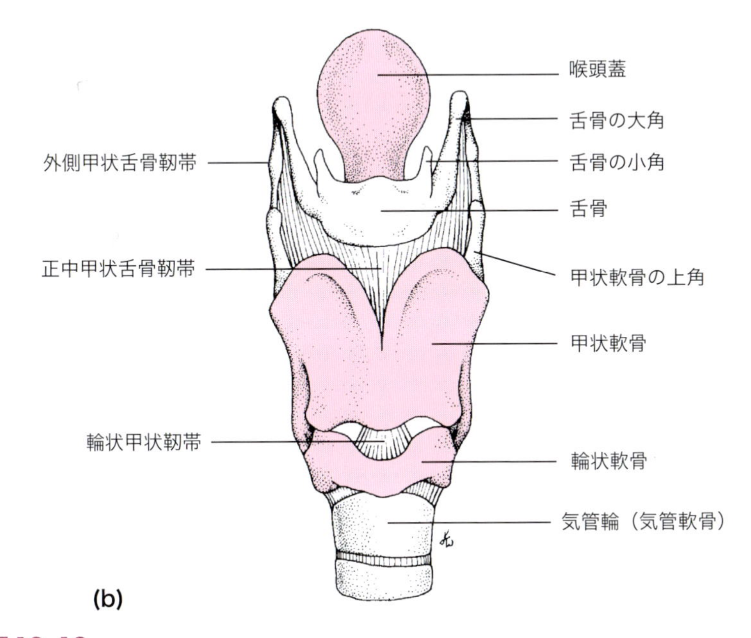

図 13–13
(a) ヒトの上部呼吸道，矢状面。矢印は咽頭交叉を示す。(b) 舌骨と喉頭，正面。

行き渡らせることができる。

鳥類や哺乳類を除き，発声は四肢動物の間のコミュニケーションでは意味のある方法ではない。無足類や有尾類の両生類は，ほとんどの爬虫類のように，声を出さない。無尾類の雄は肺から空気を声帯ヒダの表面へ押しだし，口や外鼻孔を閉じて口咽頭腔へ送り，ここから**鳴嚢** vocal sacs へ送る。鳴嚢は満ちたりしぼんだりするたびに鳴き声を生じる（図 12– 3a 参照）。雄のヒキガエルの降雨直後のやかましい鳴き声は求愛の鳴き声である（適度な雨の後，雌が産み落とした卵は池や溝を満たす。精子は卵が放出されている間に降りかけられる）。どの種もそれ自身の求愛の鳴き声を持つ。別の鳴き声もまたあるのだろう。鳥類は声帯を欠く。鳴き声は鳥の発声箱，すなわち気管の基部の鳴管により生じる。

ほとんどの哺乳類は偽の声帯を真の声帯と同様に持つ。いくつかの種では，ネコのゴロゴロと鳴らすような，普通でない音を生じる。偽の声帯は，真の声帯のすぐ上方に位置する前室である**喉頭前庭** vestibule of the larynx の入り口にある肉質のヒダである。ホエザルの前庭は先に述べたように巨大な共鳴箱となった。

解剖学的な適応は，潜水する水生四肢動物で声門に液体が入るのを阻止している。その主たるものが外鼻孔の入り口の弁である。ワニ類は，さらに肉質の弁である**口蓋帆** palatine velum を持ち，これは内鼻孔の直前で長い口蓋の後端から垂れ下がる 2 つの大きな横ヒダからなる。舌の基部の相対するヒダが口蓋帆に向かって引き上げられるとき，結果として生じる仕切りが咽頭交叉への水の通過を阻止し，外鼻孔から肺への空気が連続して通過するのを可能にする。結果として，ワニ類は，水面より突出するただ 2 つの小山状の外鼻孔と 2 つの盛り上がった眼を持って潜水でき，（口のなかは水が一杯のままで）呼吸し，獲物をみつけるため水面より上の周囲を観察する。これは特に空気呼吸する獲物，例えばラットを捕まえた後で有効である。獲物は水中に運ぶか引き込まれて，おぼれるまで食いしばった顎で水面下に保持される。一方，ワニ類は肺に水を吸い込むことなく，呼吸を続ける。ワニが全身を水中に没するとき，外鼻孔への入り口の弁は気道が水であふれるのを阻止する。

ほとんどの哺乳類では，陸生も水生も，喉頭は咽頭口部では高く，水を飲む間，喉頭を咽頭鼻部内へ組み込むことができる。これは，成体のネコ，サル，および多数のその他哺乳類が水飲みと同時に呼吸することを許している。なぜなら喉

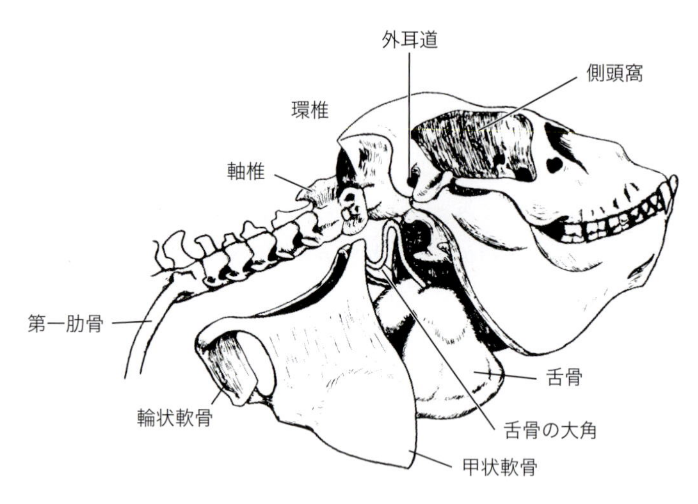

図 13-14
ホエザルの舌骨と喉頭。

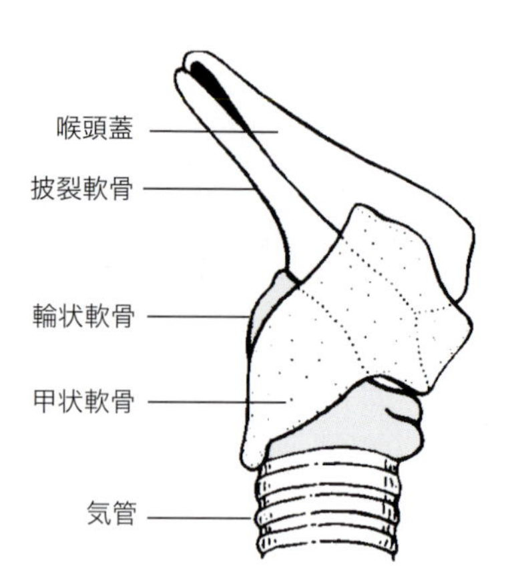

図 13-15
クジラの喉頭骨格。喉頭蓋と披裂軟骨は咽頭鼻部内へ挿入できる。

頭外側の 1 対の咽頭陥凹は，液体のための食道へのバイパスとして働くからである。

それはまた，こうした動物の赤ん坊が受乳しながら呼吸することを可能にしている。ヒトの赤ん坊の喉頭は，18 カ月齢まで喉のなかで高く，その頃から喉のなかで低くなり始め“子どもが呼吸し，飲みこみ，発声する方法を変える”(Laitman, 1984)。サルあるいは類人猿では，喉頭は下がることなく，高いままで残る。有袋類では，赤ん坊の口は乳首から離れないが，高い喉頭は，母親の乳腺から赤ん坊の食道のなかに押しだされるミルクが，赤ん坊が呼吸するときに肺へ吸い込まれることを妨げている。水面上で呼吸をするクジラでは，喉頭の嘴状の頭側端（図 13-15）を咽頭鼻部内に伸ばすことができ，大きな口に海水が流入している間も，噴水孔を通して新鮮な空気を長く吸気するのを可能にしている。

ヒトや低い喉頭を持つ他の哺乳類では，飲みこむ行為は，喉頭蓋に対して喉頭を前方に引き（ヒトでは上方に），喉頭の入り口を瞬間的に閉鎖し，それによって食物が低い気道に入ることを阻止する。しかし，個々の閉鎖はただ瞬間的にのみ可能である。あなたは鼻をつまんだままハンバーガーを食べることはできない。

もちろん，哺乳類は喉頭が咽頭鼻部に突出しているならば口によって呼吸できず，肺から戻る空気を明瞭に聞き取れる言葉に利用することはできなかった。言葉は，唇，舌および腔所，すなわち出生後の成長で喉頭が下降するとき舌根と声門の間に獲得される腔所の，参加を必要とする。このように，最終的な喉頭の位置はヒトが言語を話すことを容易にする。

ある種のトカゲの雄の喉頭の前壁は嚢状の膨出である**咽喉嚢** gular pouch または喉袋を喉の皮膚直下に持つ。この嚢が空気で満たされるとき，喉は膨張し，日光が血管の豊富な壁を照らすとき，赤みがかった嚢は性的な誘引物となる。嚢は動物が邪魔をされたとき，音もなくしぼむ。舌骨の突起が膨らんだ嚢を支持する。

気管，鳴管，気管支

気管 trachea は通常，頚と同じ長さがある。それゆえ，両生類で短く，有羊膜類で長い。鳥類やある種のカメ類では，頚が伸長し，ねじれ，ループ状になることが可能で，頚にある気管の部分はこれに応じるので頚よりも長い。ハクチョウの頚が休息状態のとき，あるいはカメ類が頚を甲羅に引っ込めたとき，気管は S 字状になる。ワニ類でも，何種かで気管が頚より長い。

気管の壁は吸気の陰圧でつぶれるのを，壁内の軟骨性あるいは骨性の輪または板で阻止する。この輪は通常背側では不完全な馬蹄状で，両端は平滑筋で結ばれている。この平滑筋は，1 回の換気量が多いか少ないかの必要に応じて管径を変化させる。しかし，ワニ類や鳥類では気管の軟骨性の輪はすべて完全な環になっている。有尾類を除き，気管は分岐して同じような強度の 2 本の**一次気管支** primary bronchi になる。

鳥類は気管の分岐部に特殊な発声箱である**鳴管** syrinx を持つ（図 13-16）。**気管－気管支型鳴管** bronchotracheal syrinx は共鳴箱からなり，その壁は気管軟骨輪の後位の数個と最初の気管支軟骨で壁が強化されている。粘膜ヒダは共鳴箱内に突出し，骨性の**カンヌキ骨** pessulus を特別の半月状の膜性ヒダのなかに作ることもある。**気管型鳴管** tracheal syrinx では，気管軟骨輪の後位の数個が欠落し，気管自体

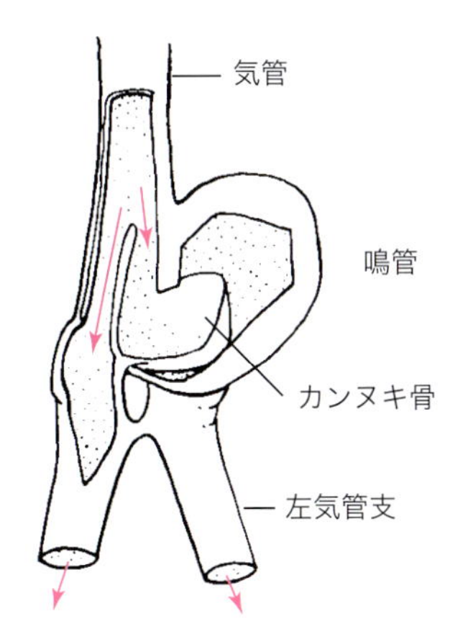

図 13-16
オオホシハジロの非対称性の気管 - 気管支型鳴管。
矢印は吸入した空気の通路を示す。

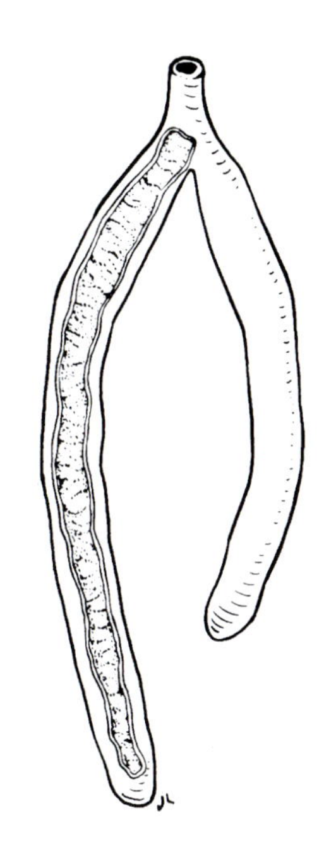

図 13-17
マッドパピーの肺。

の膜性壁が振動することができる。**気管支型鳴管** bronchial syrinx では，気管支軟骨 2 個の間の膜性壁が共鳴箱のなかにヒダとなっていて，軟骨が一緒に引っ張られるときにこのヒダが空気の流れにより振動する。

両生類の肺

両生類の肺は単純な嚢で，胸腹膜腔の形に合わせて，有尾類では長く（図 13-17），無尾類では球状である。内面の上皮は全体的に平滑で，単純な小嚢形成が近位部にあるか，上皮全体がポケット状のくぼみとなっていることがある。アシナシイモリの左肺は痕跡的であり，山中の急流に生息するサンショウウオの肺はわずか数 mm である。プレトドン科のサンショウウオは肺がない。

水生を常態とする有尾類の肺は，そのほとんどが静水圧器官として働き，鰓を失った種の呼吸は主に咽頭食道上皮と皮膚で行われる。マッドパピーの正常な生息域である水中では，酸素のわずか 2 %だけが肺を介して取り込まれる。他の永続鰓性であるシレンは，酸素の多い水中ではマッドパピーに似た鰓呼吸者で，空気で呼吸せざるを得ないときは，鰓裂を通して頻繁に空気を送る。静水圧器官や呼吸器官として肺を用いる有尾類は，肺魚と同じ方法で肺を満たす。すなわち，呼吸用の空気は，外鼻孔でなく口から入り，口咽頭の筋性の床が働いて肺へ送る。肺の弾力性はおそらく空気を空にする主要な役割を演じているのであろう。

ウシガエルの呼吸の詳細はガンス，デジョンとファーバー Gans, DeJongh & Farber (1969) によって記載された。呼吸している間，口は閉じたままである。要するに，声門を閉じ口咽頭腔の床を下げることで，外鼻孔を通して空気が引き込まれ，空気が保留される咽頭口部の腹側尾方の深い伸長部へ送られることを彼らは見いだした。その結果，声門が開き，すでに肺のなかにある空気が外鼻孔より外に出る。肺を空にすることは肺の柔軟性と肺壁の平滑筋の結果であると思われる。第三相では，外鼻孔が再び閉じて口咽頭の床が持ち上がることにより，咽頭口部の床に溜められた新鮮な空気は肺へ押しこまれる。第四相では，保留空気の貯蔵所は再び満たされる。1 度この順序が完結して声門が閉じると，咽頭口部の筋性の床が振動を始める。

どんなカエルでも，下顎の後方の喉の速いリズミカルな拍動をみることで，この現象を観察できる。この振動は，外鼻孔を通って口咽頭腔に入ったり出たりする新鮮な空気の確実な流れを維持する。口咽頭腔の上皮は補助的な呼吸上皮である。この振動はまた，以前に肺が空になることを免れて残った空気を押しだすのであろう。空気は口咽頭腔から圧力ポンプによって強制的に肺に入れられ，肺の弾力性によって押しだされる。しかし，吸引ポンプが口腔を新鮮な空気で満たす。

爬虫類の肺

現存する両生類の陽圧ポンプと異なり，有羊膜類は胸腔に空気を引き込むのに（吸気に）陰圧を利用する。吸気呼吸を達成するメカニズムは有羊膜類のグループの間で異なる（後述）。ムカシトカゲの肺（図 13-18a）やヘビ類の肺は単純な嚢であるが，ヘビで後部 3 分の 1 の上皮は隔壁で分けられて残存する空気を入れている。トカゲ類（図 13-18 b）や

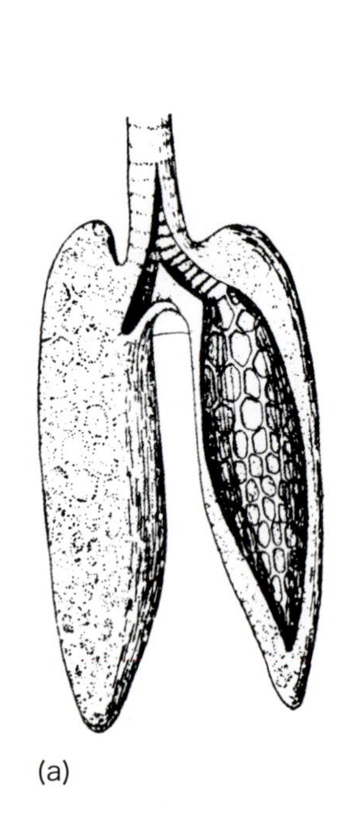

(a)

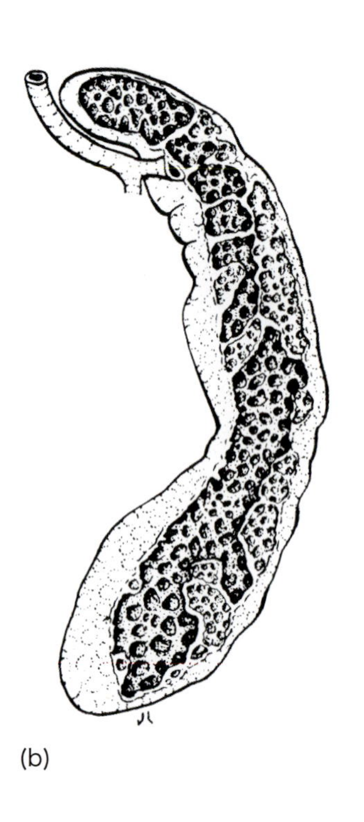

(b)

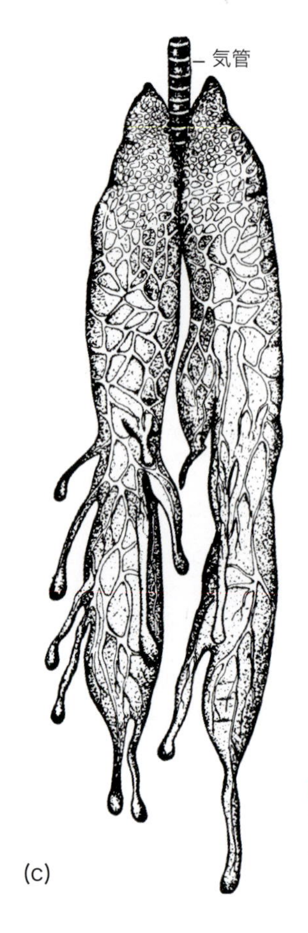

(c)

図 13–18
爬虫類３種の肺。(a) ムカシトカゲ。(b) 大型トカゲであるメキシコドクトカゲ。(c) カメレオン。

ワニ類やカメ類では，隔壁は肺を非常に多数の室に分ける。こうした肺は，取り込んだ空気を含む無数のポケットのために，いくらかスポンジ状である。両側の肺の非対称は四肢動物では普通であるが，体肢を欠く爬虫類ではそれが明白であり，左肺が他方よりも圧倒的に短くなり，時には萎縮し，まれには全く欠損している。

クサリヘビの左肺の巨大な憩室は頚にまで伸長している。この気嚢の膨張は頚部を膨らます。同様の**気嚢** air sacs は，ある種のトカゲ類で腹腔臓器や骨盤腔臓器の間にまで伸長している（図 13–18c）。恐竜や翼竜は気嚢を持っており，現在の鳥類と同じように，こうした爬虫類では気嚢が椎骨の椎体内まで進入していた。体を膨張させるのに気嚢を用いた爬虫類では，気嚢は威嚇の方策として，あるいは別の防御の目的で用いられる。鳥類では，気嚢は呼吸機構の不可欠な部分となっている。

大部分の爬虫類の肺は，両生類の肺と同様で，他の臓器とともに胸腹膜腔を占める。カメ類では，肺はそうした臓器の背側にあって，前肢帯直後の両側で背甲に対して平坦となっていて，尾側端を除くすべてが腹膜より後ろにある。ワニ類や少数の有鱗類の肺は，体腔の別に細分された区域，すなわち１対の**胸膜腔** pleural cavities を占める。胸膜腔は体腔の残りから腱性の**斜隔膜** oblique septum によって区切られる（鳥類の斜隔膜は図 13–19 でみられる）。斜隔膜は呼吸では何ら能動的な役割をしないが，斜隔膜を圧迫する腹腔臓器が腹筋により頭側あるいは尾側に位置を変えられるときには，受動的に呼吸に加わる。

有鱗類は肋間筋を用いて肋骨を前方および側方に回転させ，胸腹膜腔の容積を増すことで吸気する。この動作は肺や他の臓器の周囲に陰圧を生じ，大気圧が環境の空気を外鼻孔内に押しやり，そして全気道を通って，薄い壁の弾性に富む肺を酸素に富む空気で膨らませる。肋骨が静止位置に戻ると，またいくつかの種では腹壁の筋が収縮すると，これは肺やその他の臓器を圧縮する。この作用は肺壁の復元力による援護もあり，その結果，排気する。

ワニ類は肋骨をある程度は呼吸に用いることもあるが，肺に空気を取り込むのに独特の方法を持っている。肺は爬虫類のなかでも特殊で，大きな２葉の肝臓の頭側にある。肝臓は，次に２つの器官を隔てる斜隔膜に密接している。体壁の軸下筋に由来する１対の長い横紋筋性の**横隔膜筋** diaphragmatic muscle は，後肢帯と肝臓の線維性被膜の間に広がる。この筋が収縮するとき（おそらく，哺乳類横隔膜の収縮を起こすのと同じ反射刺激に反応しての動き），肝臓

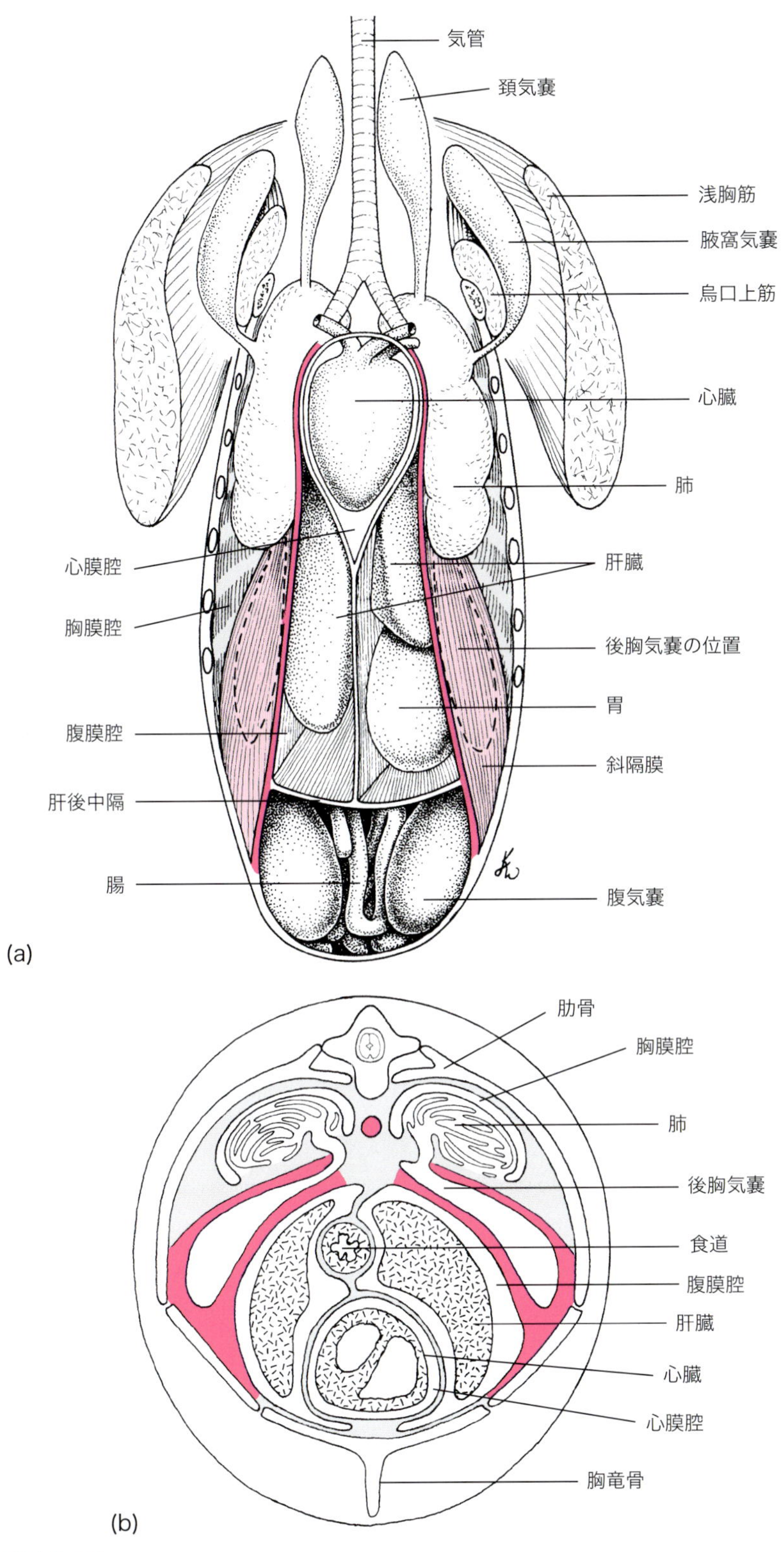

図 13–19
鳥類での斜隔膜（赤色）と体腔の細区分。**(a)** 腹側面，鎖骨間気嚢と前胸気嚢は肺を示すために除去。後胸気嚢（破線）は斜隔膜内に埋め込まれる。**(b)** 胸郭の横断面。
Source: Data from E.S. Goodrich, *Studies on the Structure and Development of Vertebrates*, 1930, Macmillan and Company, Ltd., London.

と斜隔膜は後方に引っぱられ，胸膜腔に陰圧を生じる。大気圧は気道を通って肺を拡張し，空気は肺に入る。呼気は，腹横筋が収縮するとき，体腔を縮め，内臓の位置を強制的に変えるときに生じる。圧は体腔臓器から肺に伝えられ，酸素を失った空気が押しだされる。このように，体壁の筋はワニ類では呼吸の主要な役割を果たしているが，独特の方法である。

カメ類の呼吸の過程は複雑で，肋骨が背甲に癒合しているため呼吸の動きに加わることができない。そして腹壁は硬直し，腹壁の筋が痕跡的であるため，この筋も加わることができない。しかし，すべてが絶たれたわけではない。前肢帯の反射的な動きは，体腔の体積を変えることにより，肺の換気で主要な役割を果たしている。

鳥類の肺と気道

鳥類の肺は，他の体腔から腱性の斜隔膜で区分された，対をなす胸膜腔を占める（図 13–19 a，b）。斜隔膜は肺のなかの圧の変化に積極的な役割を果たさないが，肋骨と胸骨を動かす筋の作用で腹膜腔内の内臓の位置が変わるときには，カメ類でのように受動的にはかかわる。

鳥類の肺は形態学的に独特である。流入する空気は気管から**一次気管支** primary bronchus を経て肺に入り，肺の実質をノンストップで通過して**中気管支** mesobronchus のなかへ続き，肺に戻る前に広い気嚢に入る（図 13–20a，b）。

気嚢は容量が大きく，薄い壁で，膨張性の肺の憩室である。鳥類は以下の 5，6 対の気嚢を持つ（図 13–20a）。

(1)頚の基部の頚気嚢。(2)叉骨の背側にある鎖骨間気嚢で，時には正中線を越えて合体する。(3)心臓外側の体腔で独自の区域にある前胸気嚢。(4)斜隔膜の 2 層の間にある後胸気嚢。(5)腹腔臓器の間にある腹気嚢。(6)翼の主要な挙筋（烏口上筋）と主要な下制筋（浅胸筋，図 11–20c 参照）の間にあるあまり一般的でない腋窩気嚢（図 13–19a）。

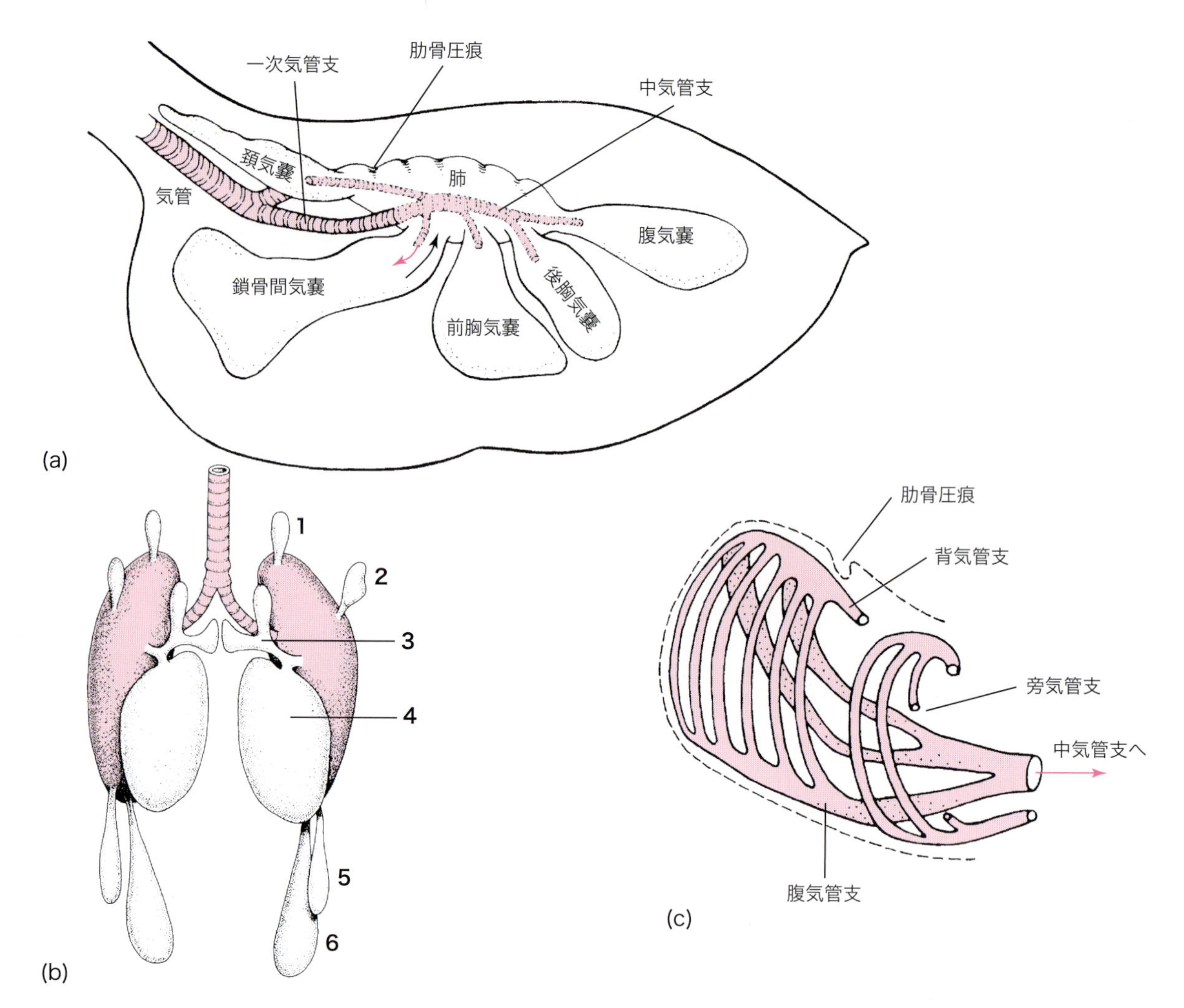

図 13-20
鳥類の下部呼吸道。(a) 成体の気嚢。空気は反回気管支（黒矢印）を介して気嚢から戻る。(b) 孵卵 12 日の鶏胚の気嚢（1 ～ 6)。
気管，一次気管支，肺は赤色で示されている。(c) 旁気管支とその連結。
1：頚気嚢。2，3：鎖骨間気嚢の外側および内側原基。4：前胸気嚢。5：後胸気嚢。6：腹気嚢。
Source: Data from K.F. Locy and O. Larsell, "Embryology of the Bird's Lung" in *American Journal of Anatomy*, 19:447, 1916.

平胸類を除き，気嚢からの憩室は体の骨の大部分を貫いている。**気孔** pneumatic foramina を介して椎体に入るものも含まれる。この理由のため，鳥類は時に空洞性の骨（含気骨）を持つといわれる。

鳥類の気嚢は以下のパターンで機能する。鳥類が飛翔中，胸壁の飛翔筋の 1 セットの収縮は体腔を拡張する。これは周辺を陰圧とし，それゆえに，気嚢のなかに陰圧を生じ，大気圧が新鮮な空気を中気管支を介して気嚢に押しこむ。それに続く飛翔筋と拮抗するセットの収縮は気嚢を圧縮し，酸素に富む空気を気嚢から**反回気管支** recurrent bronchus を介して，肺のなかの管系へ押しだし，呼吸上皮を通過し，外部へと送る。この筋性の"ふいご"(陰圧－圧縮－陰圧－圧縮）は，鳥が飛翔している限り，肺に入ったり出たりする空気の流れを中断することなく維持している。

鳥類が休息しているとき，胸壁は陰圧を生じるように作用するが，体腔を広げるのは肋間筋や他の非体肢筋である。胸壁は壁組織の弾性の結果として弛緩するのであって，筋の収縮によるのではない。休息している鳥類の外呼吸は，鳥の飛翔を維持するのに必要なエネルギー消費を要求しない。

肺のなかの**背気管支** dorsobronchi と**腹気管支** ventrobronchi は，**旁気管支** parabronchi によって連絡する（図 13-20c)。旁気管支の壁（図 13-21）は**含気毛細管** air capillaries の吻合したネットワークで構成される。個々の含気毛細管は直径 2 ～ 3 μm で，**毛細血管** blood capillaries に囲まれている。呼吸上皮を構成するのは含気毛細管の内張りである。

含気毛細管は 3 次元的に相互に連絡している。空気は，この網状組織を自由に流れ，流入してきた旁気管支に戻り，呼気として中断することなく中気管支に続く。肺の管系を通る

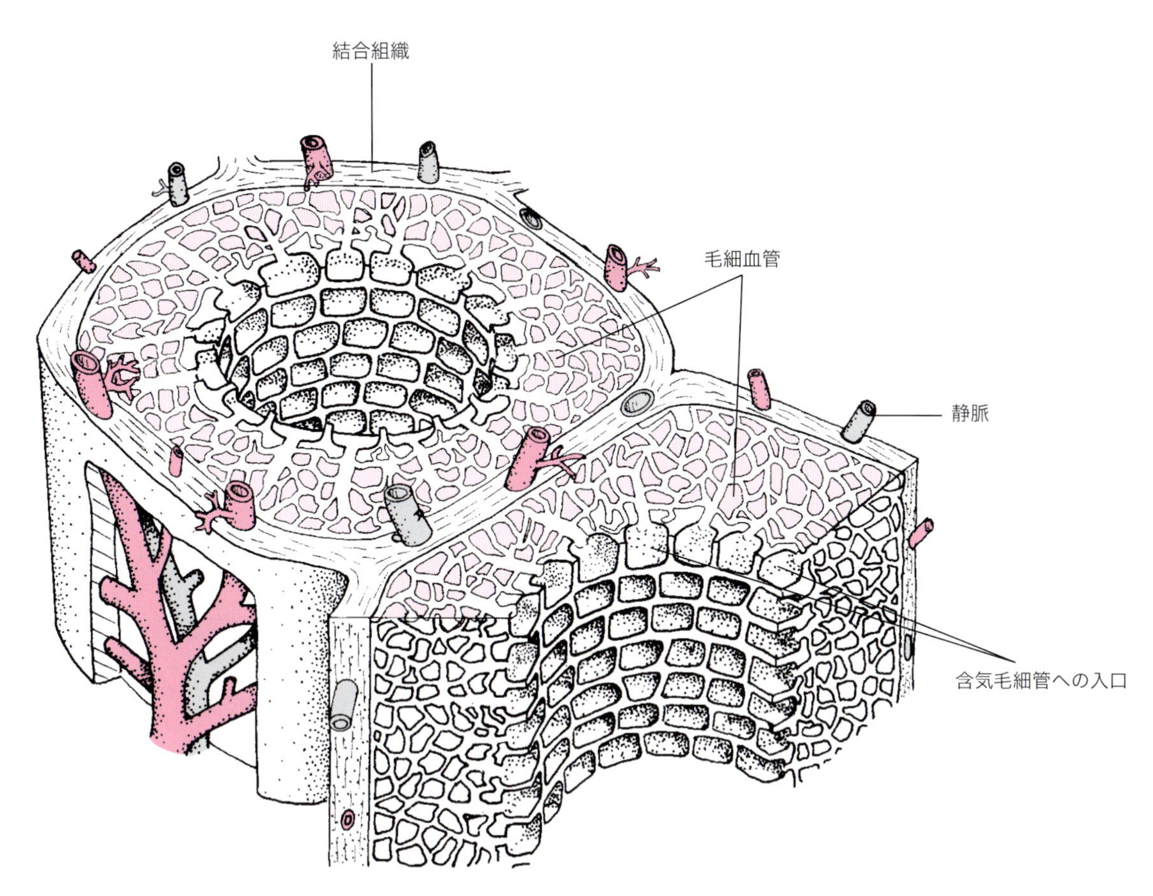

図 13-21
鳥類の肺の旁気管支と含気毛細管。

空気の流れのさらなる詳細は不明である。

鳥類の気嚢や肺のなかの末端が開放している管系は，“ふいご”の膨張－圧縮サイクルにより，肺の空気の完全な置換を生じる。結果として，他の四肢動物と異なり，鳥類の肺は残余する空気を含まない。

気嚢は温度調節性で，飛翔中に筋によって生じた過剰な熱を消す。気嚢は相対的に血管分布が貧弱なため，熱は血流を介するよりも，むしろ組織から直接気嚢に運ばれる。休息状態では，過剰な熱からの鳥類の主たる防御は，反射的な呼吸数の増加である。休息中のハトでは，過剰な熱は格別に血管が豊富な食道粘膜から，隣接する気管の排出される空気に移行する。

気嚢は鳥類に特有なものではない。ある種のトカゲ類やヘビ類にもみられ，また骨の気孔から明らかなように恐竜や翼竜にもあった。始祖鳥では，気孔は椎骨に限られる。鳥類の長骨の気孔は派生的な特徴のようである（白亜紀の鳥類に存在しないことは明らか）。気嚢の骨内部への伸長は，鳥類の体の密度を低下させ，空気中にもっと浮きやすくすることにより，飛翔中のエネルギー節約をもたらす。気嚢のなかの空気が暖かければ暖かいほど，鳥類の浮力は増加する。

哺乳類の肺

哺乳類の肺は，流入する空気が樹木の枝のように分岐と再分岐する通気システムに入ることにより，鳥類の肺とは異なる。最も小さな通路の末端で，呼吸上皮により裏打ちされた**肺胞** alveoli がガス交換の場である。酸素が使い尽くされて炭酸ガスが豊富な空気は，代謝水とともに，空気が流入したのと同じ通路を通って排出される。

哺乳類の肺は通常，いくつかの葉からなり，非対称的に右側で1葉多い（図 13-22a，14mm 胎子）。水生および陸生哺乳類には肺の分葉しないものがあり（例えば，クジラ，シレン，ゾウ，ウマ），右側のみ分葉するものもある（単孔類やラットが含まれる）。

左右の肺は，**縦隔** mediastinum により正中で分離した別々の胸膜腔を占める。縦隔は，食道，心膜内の心臓，主要な上行および下行大動脈，リンパ管，神経および気管の下端を包む疎性結合組織の中隔である。

気管は2本の一次気管支に分岐し，それぞれは**肺門** hilus で肺に進入し，葉がある場合，各葉に向かう**二次気管支** secondary bronchus を分岐する。これは**三次気管支** tertiary bronchi を生じ，分岐，再分岐してますます細い細気管支 bronchioles になり，最後の細気管支は数本から 12 本の壁の薄い**肺胞管** alveolar ducts に開く（図 13–22b)。肺胞管の壁は膨出し，肺胞すなわち呼吸ポケットの集塊を作る。肺胞はヒトの各肺で 3 億を超す数が推定されている。ガス交換が行われるのは肺胞においてである。

気管支と太い細気管支の壁は平滑筋線維，結合組織，形の多様な軟骨板を含み，上皮は**多列（偽重層）円柱線毛上皮** ciliated pseudostratified columnar epithelium（丈の高い線毛細胞の単層で，異なる高さにある核を持ち，重層の印象を与える）である。分枝が細くなるに従い，線毛はなくなり，上皮は扁平となり，軟骨は消失し，そして最終的には平滑筋細胞もなくなる哺乳類もある。肺胞は**単層扁平上皮** simple squamous epithelium で内側が被われ，その下層には細網線維の密な網工に支えられた豊富な毛細血管網がある。毛細血管内の赤血球は酸素を取り込んで酸化ヘモグロビンを形成し，炭酸ガスや代謝水が血漿から肺胞内へ入って放出される。

各胸膜腔の壁側上皮は，**壁側胸膜** parietal pleura として胸壁の内側を覆い，横隔膜の頭側面を**横隔胸膜** diaphragmatic pleura として覆う（図 13–22)。一次気管支や肺血管が出入りする両側の肺の**根部** root では，壁側胸膜は肺の表層となる臓側胸膜に連続する。壁側胸膜と臓側胸膜の間の間隙は胸膜腔である。それは肺門部を除いて肺を取り囲む。

胸膜腔内の圧は外気圧より低く，外鼻孔を介して入る正常な外気圧は肺の弾性に富む壁を胸壁に常に密着させ，漿液性の潤滑液の薄い層を間に置くだけである。潤滑液は胸膜で産生される。胸壁は呼気と吸気で挙上したり下降したりするので，潤滑液が肺と胸壁の間の摩擦を最少にする。胸膜の炎症，すなわち胸膜炎は胸腔液の増加を引き起こす。胸壁や壁側胸膜の穿孔（例えば銃弾による傷）は，外気が胸腔に入ることになり，傷ついた側の肺の収縮，気胸として知られる状態となる。

哺乳類の肺の換気は，第一に哺乳類に特有の吸引ポンプとして働くドーム状の筋性横隔膜によって成し遂げられる（図 11–13 参照)。横隔膜は腹側では胸骨剣状突起に，側方では最後位 6 本ほどの肋骨および肋軟骨に，背側ではもっと前位のいくつかの腰椎につなぎ留められる。緊張していないとき，ドームは胸腔内へ頭側に突出する。横隔筋の収縮は横隔膜を平坦にする。これは胸膜腔内の外気より低い圧をさらに下げる。その結果，正常な外気圧が真空を満たすように空気を肺のなかへ押しこむ。これが吸気として知られる現象である。

哺乳類の呼気は，次に挙げる要素に起因する主として受動的な現象である。⑴横隔膜の弛緩でドーム状の位置に戻り，胸郭の容積を減少し，肺周囲の圧を高める。⑵横隔膜が平坦なときに圧迫されていた腹腔臓器の弾性によって，横隔膜に働く頭側への圧力。⑶腹腔臓器が圧迫されていたとき，突出していた腹壁の弾力性。⑷肋骨筋の弛緩による肋骨の休止位置への回復。⑸以上の変化に対応しうる肺の柔軟性。結果として，空気は肺から圧縮されて出される。あえいだり吠えたり咳き込んだり歌ったりするような力強い呼気の間，腹壁は空気の排出に加わる。

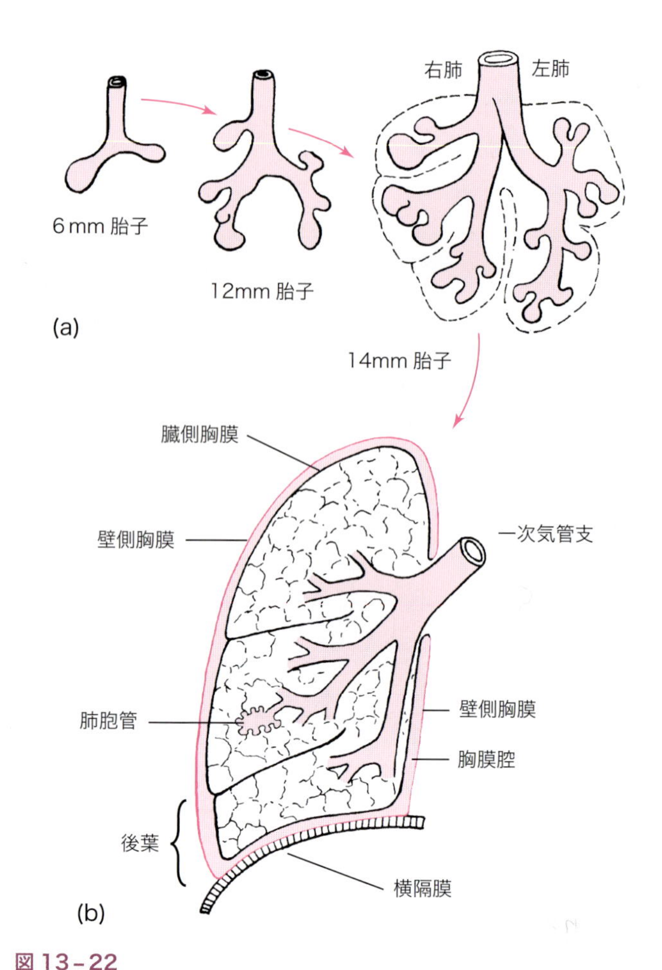

図 13–22
(a) ブタ胎子肺の発生。発生段階は同じ長さのヒト胎児に大まかに適用できる。成体の 5 肺葉のすべての原基は 14 mm ステージまでに確立された。(b) 壁側胸膜（赤線）と臓側胸膜，胸膜腔，横隔膜の関係。胸膜腔の幅は強調されている。

大洋の深海で餌をとる海洋生哺乳類は，例外的な筋肉質の横隔膜を持つ。例えば，呼気のサインであるクジラの噴水は 3〜5 分間続く。また，深海で餌をとる哺乳類は，潜水を予期して肺に酸素を溜めておくことができない。なぜなら潜水で動物が深度を増していくと肺がつぶれるから。その代わりに，潜水に先立って獲得した酸素は体幹の怪網に貯蔵される（第 14 章「怪網」を参照)。動物は潜水を開始する直前に息を吐き，海面に戻るまで 2 時間ほど呼吸を再開しない。

要約

1. 外呼吸は生体と環境の間でのガス交換である。それは，薄く，湿った上皮を持つ血管の極めて豊富な膜で行われる。
2. 内呼吸は毛細血管血液と組織の間でのガス交換である。
3. 成体の呼吸での主要な器官は咽頭鰓，口咽頭粘膜，鰾または肺，皮膚である。
4. 皮膚呼吸は水生の有尾類や数種の鱗を欠く魚類での主要な方法である。
5. 内鰓は咽頭嚢の壁に生じ，無顎類を除き咽頭弓の骨格によって支持される。無顎類では周辺に配置する鰓籠が鰓嚢を支持する。
6. 典型的な鰓，すなわち全鰓は2個の片鰓と鰓間隔壁からなる。この隔壁は鰓蓋を持つ魚類では短い。
7. 呼吸水は通常では口から入るが，数種の板鰓類では呼吸孔から，ヌタウナギでは不対の外鼻孔から，ヤツメウナギでは外鰓裂から入る。
8. 板鰓類は独立して外部に開く鰓を持ち，それぞれの孔は垂れぶた状の弁で保護されている。ギンザメ，硬骨魚類，無尾類幼生の鰓裂は，舌骨弓に付着する1個の鰓蓋で被われる。
9. 鰓条膜は，硬骨魚類では個々の鰓蓋の腹側端に付着し，咽喉骨または鰓条により支持される。鰓の表面を通過する水を受け入れる鰓蓋腔を鰓条膜は取り囲む。その後，水は外部に排出される。
10. 胚の第一咽頭裂は呼吸孔として成体の板鰓類や軟質類で残る。いくつかの種では，第一咽頭裂は偽鰓をその前壁に収納している。
11. 機能的な舌骨弓の片鰓は軟骨魚類で生じるが，真骨類では消失する傾向にある。片鰓の数は肺魚類ではさらに減少する。
12. 幼生の鰓は外鰓と内鰓がある。肺魚類や少数の原始的な条鰭類や両生類では外鰓である。無尾類の幼生はその後内鰓を発達させる。幼生の板鰓類や少数の硬骨魚類の細線維状の内鰓は，体外に突出する。
13. 魚類の鰓は塩分の恒常性の維持と窒素性廃棄物や炭酸ガスの排出にも働いている。
14. 外鼻孔は，肺魚以外の現存する有顎魚類では盲端の嗅胞に続く。肺魚類や四肢動物では，外鼻孔は鼻道を経て口咽頭腔あるいは咽頭に続く。外鼻孔は四肢動物では呼吸にのみ使われる。ヌタウナギでは呼吸水を運ぶ鼻咽頭管を持つ。ヤツメウナギの鼻下垂体管は盲端に終わる。
15. 内鼻孔（後鼻孔）は肺魚類や両生類の口腔の前方にあり，二次口蓋があるときはもっと後方になる。内鼻孔があるにもかかわらず，肺魚や水生両生類は呼吸の空気を口から取り込んでいる。
16. 気嚢は胚の前腸の床から正中の膨出として生じる。それらは魚類では鰾となり，四肢動物では肺となる。
17. 鰾と消化管が連絡する魚類である喉鰾類では，鰾の胚期の導管が生涯にわたって開いたまま残る。鰾と消化管が連絡しない魚類である閉鰾類，主として真骨類では，この管は最終的には閉じる。
18. 魚類の鰾は，本来は静水圧器官である。これは肺魚や少数の喉鰾型条鰭類では呼吸に用いられる。ある種の真骨類では，これらは音の検出や発声を行う。
19. 声門は，どちらかの側で肉質の弁によって液体や固体の流入から守られている。そして哺乳類では時に咽頭鼻部の位置にあることで，あるいは喉頭蓋によって守られている。
20. 喉頭は有尾類では1対の外側軟骨によって，無尾類と爬虫類では披裂軟骨，輪状軟骨によって支持されている。哺乳類では甲状軟骨が加わる。他の小さな軟骨が哺乳類では発達する。
21. 声帯ヒダ（声帯）は主に哺乳類に存在するが，無尾類と少数のトカゲ類にもみられる。
22. 気管壁は軟骨性または骨性の板か環か半環により補強されている。気管はほとんどの場合，2本の一次気管支に分岐する。ほとんどの鳥類では気管の基部に鳥類の発声箱である鳴管がある。
23. 対をなす肺は咽頭床の不対の膨出として生じる。両生類とほとんどの爬虫類では胸腹膜腔を占める。ワニ類，鳥類，哺乳類では，両肺はそれぞれの胸膜腔を占める。
24. ワニ類と鳥類では，線維性の斜隔膜は胸腔を体腔の他の部位から分けている。哺乳類では筋性の横隔膜がそれを行っており，縦隔が左右の胸腔を分けている。
25. 肺は，両生類とほとんどのヘビ類で浅いポケット状の上皮でできた小嚢であり，他の爬虫類では中隔によりさらに区画化し，哺乳類では何百万もの盲端の憩室（肺胞）のため，高度にスポンジ状となっている。四肢を欠く四肢動物の片方の肺はしばしば痕跡的である。
26. ある種のトカゲ類や鳥類の肺にある小嚢状の憩室（気嚢）は内臓の間に広がっている。鳥類では，中空の骨のなかにまで広がっている。
27. 鳥類では吸気はノンストップで肺を通過し気嚢へと流れる。その後反回気管支を経て肺に戻り，中断されることなく末端の開放している含気毛細管を流れ，そこでガス交換をしてから排出される。
28. 鳥類での含気毛細管の安定した空気の流れの維持に加えて，気嚢は体温調節と飛翔鳥類での骨格の軽量化を助けている。
29. ほとんどの有羊膜類での吸気は吸入ポンプ（吸気呼吸），主に胸郭壁（肋骨と肋骨筋）の作用による。飛翔中の鳥類では，特定の飛翔筋が吸入ポンプとなる。哺乳類では横隔膜が加わる。無尾類では，口咽頭の床が吸入ポンプと圧縮ポンプとして交互に働く。

30. 有羊膜類で，努力を必要としない呼気は，主として肺の柔軟性と胸壁と臓器の復元力に起因する。飛翔中の鳥類では，飛翔筋のいくつかは圧縮ポンプとして作用する。

理解を深めるための質問

1. 呼吸器系と循環系はどのように関連しているか？
2. ヤツメウナギは食事の間，口腔を閉じている。この所見が正しいとすると，どのように呼吸するのか？
3. 典型的な真骨類とサメ類の全鰓およびその外部への開口部を比較せよ。
4. 海洋生の真骨類は，環境の海水から得た過剰な塩分をどのように排出しているか？
5. どのような機能が気嚢と関連しているか？　少なくとも3つを挙げよ。
6. 深海魚および速く連続して泳ぐ魚では，気嚢の減少あるいは欠失をみる。この所見を機能的に説明できるか？
7. 鳥類の気嚢の役割は何か？
8. 哺乳類と鳥類の間で，空気の流れるパターンを対比せよ。
9. 有羊膜類では吸気の際の陰圧はどのように生じるか？
10. 発声のための構造はどうなっているか？　発声はどのようなグループで意味のある役割を演じているか？

参考文献

Alexander, R. M.: The chordates. Cambridge, England, 1975, Cambridge University Press.

Brainerd, E. L.: The evolution of lung-gill bimodal breathing and the homology of vertebrate respiratory pumps, *American Zoologist* 34:289, 1994.

Brainerd, E. L., Liem, K. F., and Samper, C. T.: Air ventilation by recoil aspiration in polypterid fishes, *Science* 246:1593, 1989.

Britt, B. B., Makovicky, P. J., Gauthier, J., and Bonde, N.: Postcranial pneumatization in *Archaeopteryx, Nature* 395:374, 1998.

Brodal, A., and Fänge, R., editors: The biology of *Myxine*. Oslo, 1963, Universitetsforlaget (Norway).

Feder, M. E., and Burggren, W. W.: Skin breathing in vertebrates, *Scientific American* 253:126, November 1985.

Gans, C., DeJongh, H. J., and Farber, J.: Bullfrog (*Rana catesbeiana*) ventilation, How does the frog breathe? Science 163:1223, 1969.

Graham, J. B.: An evolutionary perspective for bimodal respiration: A biological synthesis of fish air breathing, *American Zoologist* 34:229, 1994.

Hughes, G. M., and Morgan, M.: The structure of fish gills in relation to their respiratory function, *Biological Reviews* 48:419, 1973.

Laitman, J. T.: The anatomy of human speech, *Natural History*, p. 20, August 1984.

Laitman, J. T., and Reidenberg, J. S.: Specializations of the human upper respiratory and upper digestive systems as seen through comparative and developmental anatomy, *Dysphagia* 8:318, 1993.

Liem, K. F.: Form and function of lungs: The evolution of air breathing mechanisms, *American Zoologist* 22:739, 1982.

Randall, D. J., and others: The evolution of air breathing in vertebrates. New York, 1981, Cambridge University Press.

Wood, S. C., and Lenfant, C. J. M.: Respiration: Mechanics, control, and gas exchange. In Gans, C., editor: Biology of the reptilia, vol. 5. New York, 1976, Academic Press.

インターネットへのリンク

Visit the zoology website at http://www.mhhe.com/zoology to find live Internet links for each of the following references.

1. Respiration. A series of slides and nice diagrams describing the human respiratory system.
2. Histology—The Web Laboratory. Links to units on many systems of the body, including the respiratory system. Extensive coverage of microstructure of all parts of the respiratory tract.
3. U. Wisconsin Histology Atlas. A ton of pictures related to the respiratory system. And really neat ways to display them–try them with each of the three options. Not overly intuitive, but very well done. You can also check out their other system sites that are linked.
4. Avian Respiratory Dynamics Shockwave Animation. A very cool animation, a bit of text, and just a few diagrams. But seeing respiration through the avian system animated is worth a thousand words.
5. Fish Respiration. A lengthy description of fish respiration, including great graphics.

第14章 循環系

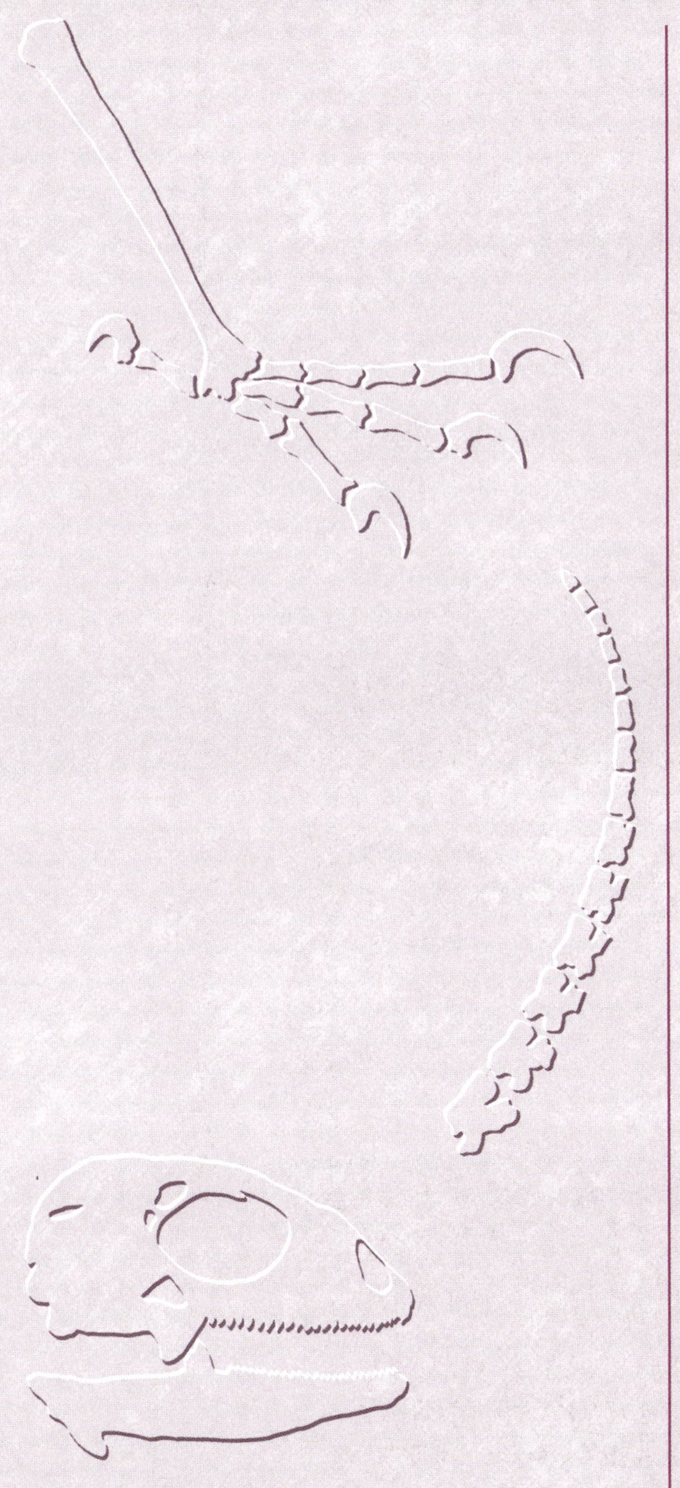

本章では，魚類から人類までの有頭動物の心臓，血管，リンパ管をみていく。胚発生と構造と機能においてそれらが基本的なパターンに従っており，血液循環系に関してそのパターンは現生種が進化する間にどのように変化していったのか，そしてヒヨコや哺乳類の胎子が羊水中の生活から空気呼吸の生活へと移るときの急激な変化を解説する。その過程で，対向流，血管網，有頭動物の心臓のペースメーカーなどいくつかの例について述べる。

概要

有頭動物の循環系は，心臓，動脈，静脈，毛細血管あるいは類洞（洞様血管）と血液（**血管系** blood vascular system）およびリンパ管とリンパ（**リンパ系** lymphatic system）からなる。血液は呼吸器より酸素を運び，胚体外膜や消化管や貯蔵場所から栄養素を運び，恒常性や免疫にかかわるホルモンやその他の物質を運び，排泄器官から代謝老廃物を運ぶ。また血液は熱交換する皮膚やその他の表層へ，あるいは皮膚や表層から熱を運び，それによって体内の温度を調節し一定にする。リンパ管は血流に戻らない組織間液を集め，小腸の絨毛から脂肪を集める。リンパ管は静脈に終わる。

動脈 arteries は血液を心臓から運びだす。動脈は，血液の流入による拡張に対応しうる筋性で弾性のある管壁を持つ（図14-1a，14-2）（脈拍を感じてみなさい）。最も細い動脈は，径が0.3mm以下の**細動脈** arteriole である。細動脈は反射的に拡張と収縮を行い，それにより血圧調節を補助している。細動脈は毛細血管へ続く。**静脈** veins は毛細血管（鰓の呼吸性毛細血管を別にして）に始まり，血液を心臓に運ぶ。静脈は動脈に比べて筋と弾性組織が少なく，線維性組織が多く，そのため拡張性や収縮性がわずかである。最小の静脈は**細静脈** venules で，毛細血管と直接つながっている。動脈と静脈は，他のほとんどの器官と同様に，疎性結合組織の被膜である**外膜** adventitia を持つ。

毛細血管 capillaries（図14-3）は，一般に内皮のみからなる。ある種の毛細血管は微細な間葉組織の覆いや散在する平滑筋線維を持つこともある。毛細血管の内腔は赤血球が1列に並んで通過するのに対応した太さとなっている。実際，毛細血管から最も細い細静脈にスポッと抜けでるまで，赤血球は一時的に変形して進まねばならないこともしばしばある。

1つの毛細血管床あるいは毛細血管網は，1本の細動脈から続くすべての毛細血管を意味する。細動脈から毛細血管が始まる部位には，毛細血管壁の短い区画，**前毛細血管括約筋** precapillary sphincter が平滑筋線維を持ち，適切な神経性の刺激あるいはホルモン性の刺激を受けて，この部位で血液が毛細血管床へ入るのを遮断する。括約筋の弛緩が血液を毛細血管に再び入れる。ヒトの皮膚が赤くなったり白くなったりするのは，こうした括約筋の収縮と拡張の結果である。最も細い細動脈と細静脈は短い**毛細血管迂回路** capillary shunts によって直接つながり，他の毛細血管が収縮しているとき，毛細血管床の動脈側と静脈側の途切れることのない循環を保証する。

門脈系 portal system は毛細血管床に挟まれた静脈系である（図14-4）。ほとんどの有頭動物で，尾部の毛細血管からの血液は**腎門脈系** renal portal system を経て腎臓の毛細血管を通り，心臓に続く。消化管，膵臓および脾臓からの血液は，**肝門脈系** hepatic portal system を経て，肝臓の毛細血管を通り，心臓に続く。下垂体調節ホルモンを運ぶ視床下部からの血液は**下垂体門脈系** hypophyseal portal system を経て，腺性下垂体を通り，心臓に続く。

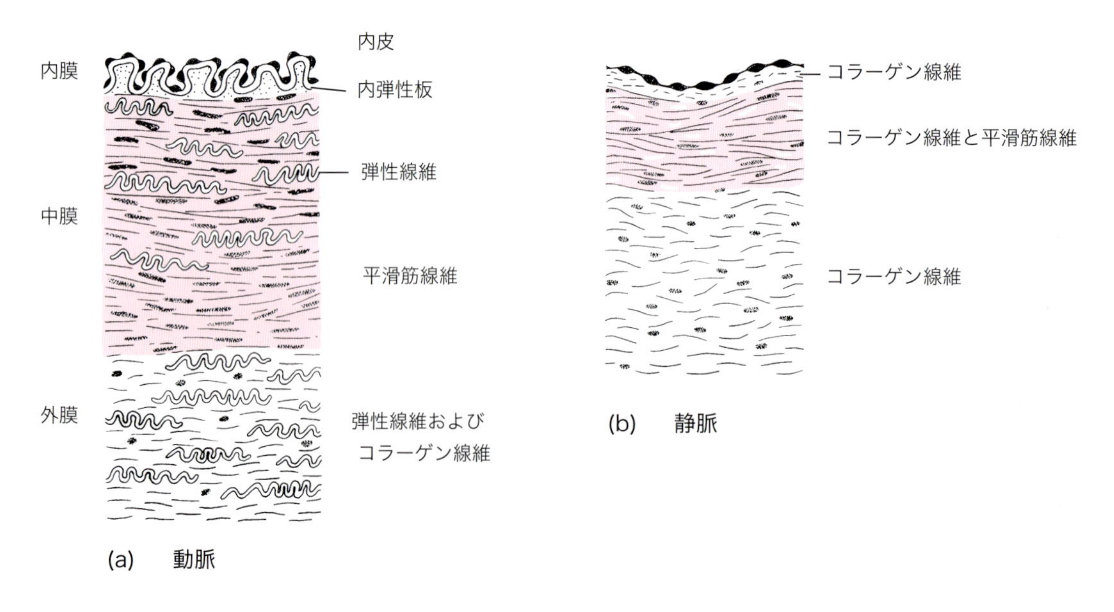

図14-1
中型の動脈とそれに伴行する静脈の構造。筋層（赤色）の厚さの違いと静脈には弾性線維がないことに注意。

発生

循環系の形成には，血管の形成のメカニズムである血管新生と，血管形成に関する遺伝的な調節と環境的な調節との複雑な相互作用がかかわる。血管新生 vascularization は，おそらく血流が開始する前に生じる血管潜在能による内皮前駆細胞からの血管形成の過程である。これに対して，血管形成 angiogenesis は，既存の血管の改造で，新生物（例えば腫瘍）の血管新生でみられるように，出生前も出生後にも生じることができる。

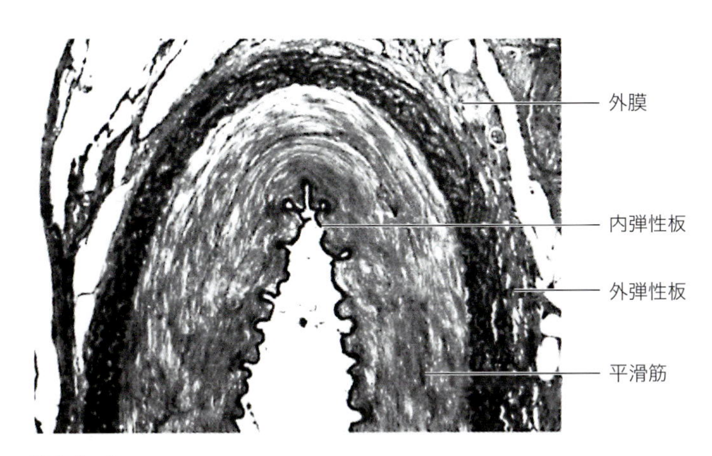

図 14-2
中等大の動脈の顕微鏡写真。
Courtesy Gerrit L. Bevelander and Judith A. Ramaley.

血管の形成パターンは様々である。異なる動物種の同じ血管はある血管叢からかなりの改造で作られることもある（ある種の鳥類と哺乳類の軸性血管）。一方，ある動物種は血管新生の開始から完成した管を発達させる（多くの両生類とある種の魚類で軸性血管にみられる）。血管新生が周辺の組織との誘導的相互作用であることには，かなり確かな証拠がある。脊索はその背側にある中空の神経索の発生に影響することは実証されているが，軸性の背側大動脈の形成にも影響を与えているようである。後主静脈は体幹の内胚葉と密接に関連して生じ，局部的に生産される成長因子の影響を受ける。

血管のパターンは，発生や遺伝的な制約にもかかわらず，種内で様々な程度に変異する。血管は出現の統計的なパターンを示す。例えば，ヒトではほとんどの血管は典型的なパターンに従うが，限られた変異は頻度が増えるとともにみつかる（外科医にとって主要な関心）。循環系の理解の進展は

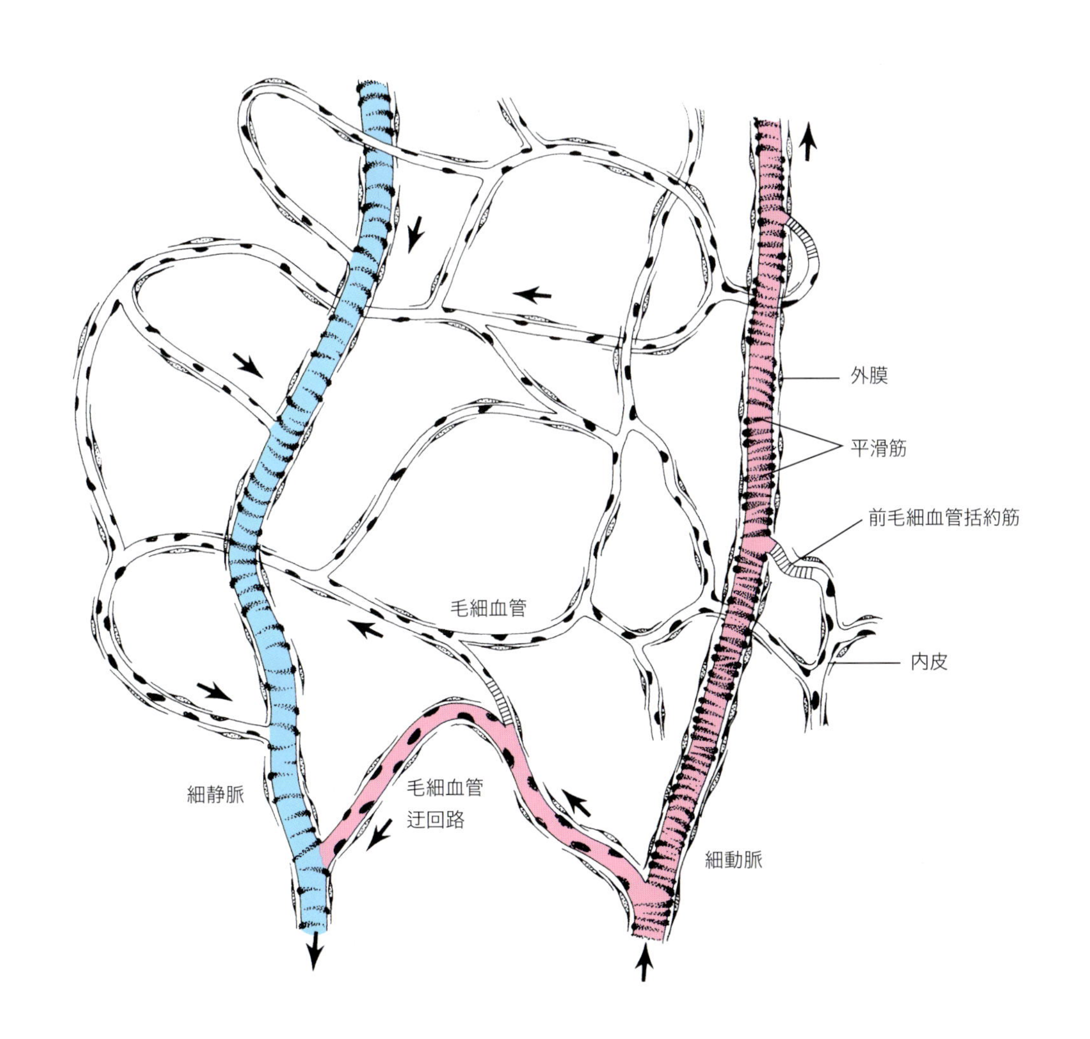

図 14-3
毛細血管網とその接続。平行線を入れた3カ所は前毛細血管括約筋の部位。矢印は血液の流れを示す。

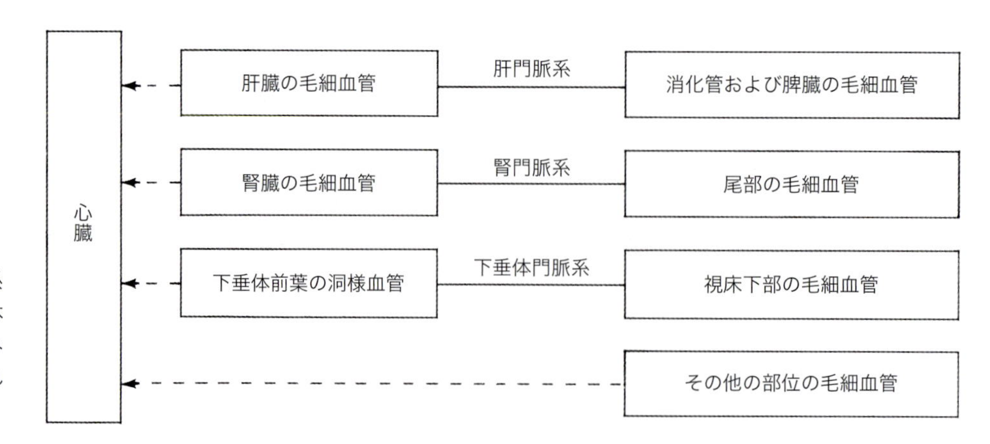

図 14-4
有頭動物の主要な門脈系。腎門脈系は一般的な哺乳類にはなく，下垂体門脈系はほとんどの硬骨魚類にはみられない。破線は門脈系には含まれない。

臨床上重要な意味を持つ。近年の研究は，血管形成を腫瘍を攻撃する手段（血管形成を阻害する誘導により）として，また心臓疾患を救う手段（心臓での血管形成を促進することで）としてみている。

血液

血液は循環系を構成する組織の1つである。血液は**血漿** plasma と**有形成分** formed elements からなる（図 14-5 a)。血漿は，ヒトでは血液の 55％を占める粘性のある液体で，90％の水分とこれに溶解した 10％の物質からなる。溶解した物質とは，血液タンパク質（血清グロブリン，血清アルブミン，フィブリノーゲン)，全身の生きた細胞が必要とする物質（グルコース，脂質や脂質様物質，アミノ酸，必要な塩類のイオン)，生きた細胞から合成された不可欠の産生物（酵素，抗体，ホルモン）および細胞の代謝老廃物である。**血清** serum は，血漿からフィブリノーゲン（凝固因子）を除いたものである。

血漿中に浮遊して血流に流されるのが有形成分で，**赤血球** erythrocytes，**白血球** leukocytes，**血小板** thrombocytes からなる。有形成分は遠心分離によって血漿から分離される。適切に染色して顕微鏡下でみると，以下の細胞が同定できる（図 14-5)。

赤血球
白血球
　顆粒白血球（多形核白血球)
　　・好酸球
　　・好塩基球
　　・好中球
　無顆粒白血球
　　・リンパ球
　　・単球
血小板

造血

造血 hemopoiesis とは血液細胞の形成である。魚類から人類までのほとんどの有頭動物の胚で，最も早い造血の徴候は卵黄嚢の壁でみられ，そこでは多数の**血島** blood islands が最初の血液細胞と血管を作っている（図5-8参照)。

まず，間葉の集塊として始まった血島が**血球芽細胞** hemocytoblasts を作る。血球芽細胞は幹細胞で，この細胞からすべての血液細胞が生じる。血島はまた血球芽細胞の周辺に内皮細胞に裏打ちされた間隙の広範なネットワークを作り，血球芽細胞を血管に閉じこめる。胚の他のどこかで，他の血管と心臓が作り始められ，血島にある血管とつながる。この連結作業は初期の循環系となって，胚が直ちに必要とする卵黄に蓄えられた栄養，その時点で機能する胚体外の呼吸膜からの酸素を，胚に供給する。たとえ初期の胚が卵黄によって栄養供給されないとしても（これは有頭動物のごく少数にのみ当てはまる)，卵黄嚢は依然として血液細胞の最初の供給源である。

胚の発生が進むと，血球芽細胞の子孫は，胚体内の組織，最終的には肝臓，腎臓，脾臓，骨髄（しかし，こうした組織に限定されない）で作られるが，動物の目や綱によって様々である。造血性骨髄は扁平骨の海綿状の芯や長骨の海綿状の近位骨端部でみられる。すべての有頭動物で成体の赤血球は肝臓，腎臓，脾臓で様々な比率で作られ，有羊膜類では赤色骨髄が重要な供給源である。顆粒白血球は，ほとんどの有頭動物では脾臓で，真骨類では腸の粘膜下組織で，有羊膜類では骨髄で，また少数の顆粒白血球は別のどこかで作られる。リンパ球は本章で後に述べるリンパ組織で形成される。

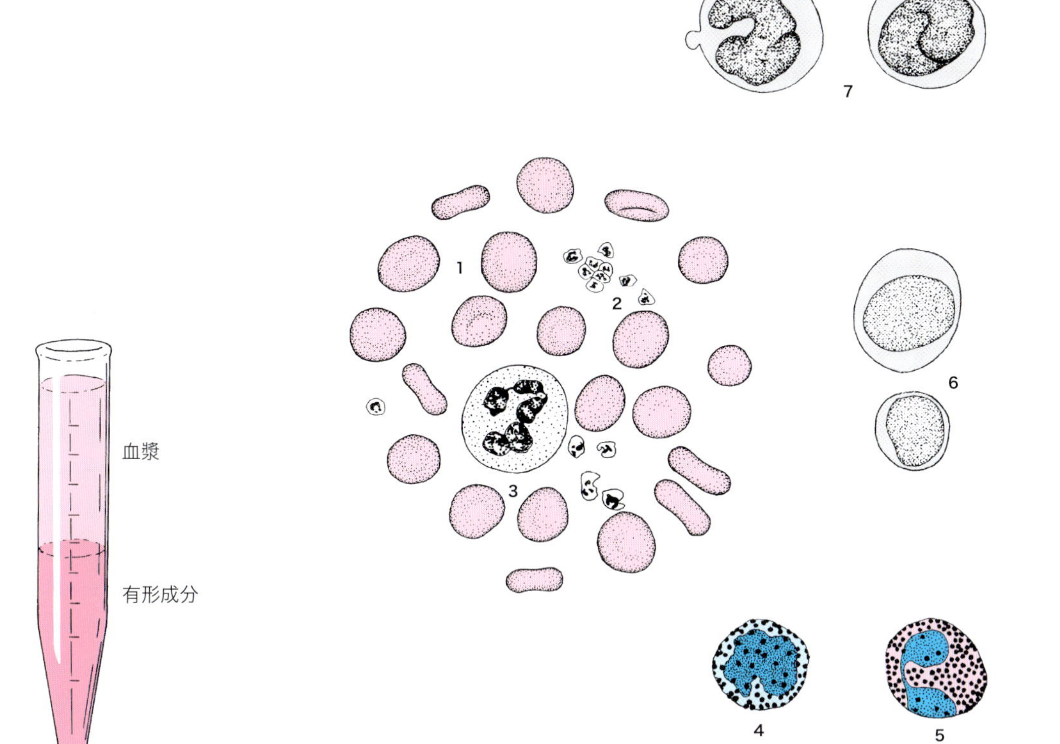

図 14-5
血液の細胞構成。(a) 遠心分離した全血。血漿はわずかに黄色を帯びた液体。有形成分は暗色の沈殿物となっている。(b) 赤血球，白血球および血小板。1：赤血球。2：血小板。3〜5：顆粒球のうち，好中球，好塩基球，好酸球。6：リンパ球。7：単球。

14

一般に有頭動物の血液で劣化した有形成分は，主として脾臓，肝臓および骨髄の類洞（洞様血管）で循環系から除かれる。そこには無顆粒性の**マクロファージ** macrophages が配置され，血液細胞を貪食（取り込みと消化）する。血液細胞やその他の成分は，生体の損傷した組織のどこででもアメーバ状の白血球によって貪食される。ヘモグロビンの胆汁色素への分解は第 12 章で述べた。

有形成分

大部分の有頭動物では，赤血球は卵円形で核がある。哺乳類の赤血球は両凹円盤状で，毛細血管を形状をゆがめて進むちょうどの大きさで，無核であり，赤血球が形成される場である造血組織から出る前に核を失う。ラクダの循環赤血球は例外で，もっと原始的な有頭動物の卵円形で有核の赤血球に似ている*[1]。

赤血球の機能的な構成成分はヘモグロビンで，1つの簡単なタンパク質グロビンと，鉄を含む色素ヘムからなる複合タンパク質であり，取り込んだ酸素と直ちに緩く結合して**オキシヘモグロビン** oxyhemoglobin（HbO_2）を作る。それゆえに鉄は生命に不可欠である。毛細血管のどこででも，周辺組織の酸素分圧が毛細血管内よりも低いところで，酸素はヘモグロビンから遊離される。その結果，**還元ヘモグロビン** reduced hemoglobin となる。

ヒトの赤血球の寿命は3〜4カ月である。およそ 25 兆個の赤血球が人体にあるため，造血組織が非常に活発なことは明らかである。

白血球は赤血球や血小板よりもはるかに少ない。顆粒白血球と単球はアメーバ状で，隣接する内皮細胞の間で毛細血管壁を通過して組織間隙に入り，そこでは貪食細胞として，破壊された組織の掃除屋として働く。こうした細胞はさらなる機能を持つ。リンパ球は，リンパ節や脾臓やその他のリンパ組織に多く存在する。

血小板はフィブリノーゲンと一緒になって血液の凝固にかかわる。血小板は骨髄にみられる幹細胞（**巨核球** megakaryocyte）の小さな細胞断片である。これらは膜に囲まれた細胞質で核を欠いている。

先に述べたことのほとんどは哺乳類の血液を参照している。有羊膜類では血液は体重の5〜10%であるのに対して，魚類では体重のわずか 1.5〜3%である。血液の構成比は有頭動物の目の間で，個々の動物が対応しなければならない環境条件への適応により異なる。

＊1 訳注：ラクダ類の赤血球は卵円形であるが，平坦で核を欠く。

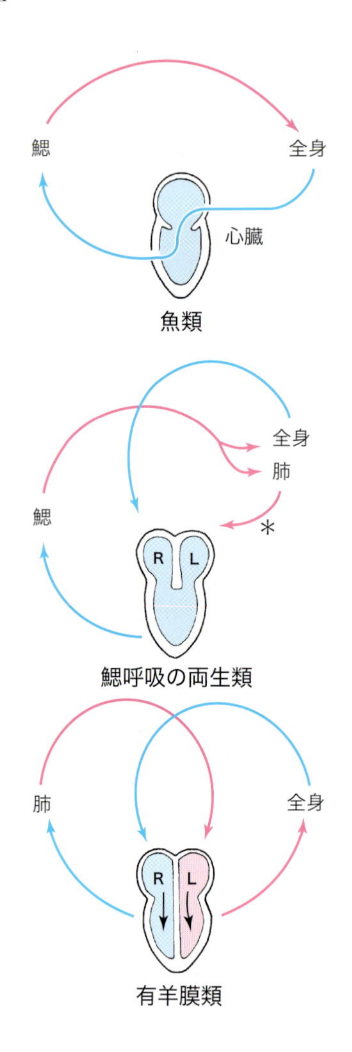

図 14-6
鰓呼吸の魚類，永続鰓性両生類，有羊膜類の一般的な血液循環経路。赤色は酸素に富んだ血液。鰓呼吸の両生類は空気呼吸を強いられると，酸素に乏しい血液は鰓を迂回して（この経路は図には示していない），肺で酸素が添加され，肺静脈（*）の酸素濃度が上昇する。

心臓とその進化

有頭動物の心臓は，まず第一に筋性のポンプで心膜腔（囲心腔）を占める。心臓の壁は**心内膜** endocardium，**心筋層** myocardium，**心外膜** epicardium から構成されていて，それぞれ動脈の内膜，中膜，外膜に相当する。しかし，第11章で述べたように，心筋層は心筋であり，動脈のような平滑筋ではない。心筋層は心室壁で特に厚い。心外膜を覆って**臓側心膜** visceral pericardium があり，これは体腔の臓側腹膜または臓側胸腹膜と同等のものである。壁側心膜と臓側心膜は互いに連続し，心臓に出入りする血管上で反転している。壁側・臓側心膜間の間隙が**心膜腔** pericardial cavity となる。

心臓の組織は**冠状動脈** coronary arteries によって動脈血を供給され，**冠状静脈** coronary veins によって静脈血が排出される。心筋は心臓を流れる血液中の特殊な電解質に反応して拍動する。拍動のリズムは，後で簡単に紹介するように，すべての有頭動物が内因的なコントロールを持つけれど，脊椎動物では自律神経系による支配を強いられる。

単回路心臓と二回路心臓

魚類では血液は心臓から鰓に向かい，鰓から全身のすべての部位に直接送られ，その後心臓に戻る（図 14-6，魚類）。このように単回路を循環するものでは，血液はポンプに押しだされ，酸素を積み込まれ，分配され，そしてポンプに戻る。すべての血液は酸素積み込みを避けることはなく，毛細血管床に入るのに失敗することもなく，そこでは組織の要求する酸素を放出する。

完全に鰓を捨てた有頭動物の集団である有羊膜類では，**肺循環** pulmonary circuit は通常酸素の乏しい血液を心臓から肺に送り，酸素の豊富な血液を心臓に戻す。そして**体循環** systemic circuit が酸素を積み込んだ血液を体の別の器官に送り，酸素の欠乏した血液を心臓に戻す（図 14-6，有羊膜類）。自然選択 natural selection が水中あるいは空気中での呼吸に適応する循環系を創出していた長い期間が，二回路心臓の進化に先行した。さらなる適応変化が二回路心臓を完成させた。これが有羊膜類を水中から解き放したが，大気中の酸素に拘束されることになった。以下の項でこうした移行の段階をみていく。

鰓呼吸をする魚類の心臓

肺魚類を除く魚類の心臓は，一続きの４つの区画，**静脈洞** sinus venosus，**心房** atrium，**心室** ventricle，**動脈円錐** conus arteriosus（**総動脈幹** truncus arteriosus），からなる。血液はこれらの区画をこの順に流れる。こうした心臓はサメやヌタウナギでみられる（図 14-7，14-8）。魚類の心臓を“２区画”とすると，区画として心房と心室のみが認められる。この用語法は確定したものではないため，本書では用いない。

サメの心臓は一般に有顎魚類の典型である（図 14-7）。静脈洞は壁が薄く，筋はわずかで，線維質が多い。静脈洞の後壁は横中隔の前面にしっかりつなぎ留められている。静脈洞はいくらか収縮性があるが，主として全身から戻る静脈血を集める小室である。静脈洞は心室の収縮と弛緩のたびに吸引によって満たされる。静脈洞から出た血液は，心房が空になって弛緩し始めるや否や洞房孔を通り，２つの一方向弁の間にある心房内へ流入する。

心房は大きな薄い筋性の嚢で，鰓に向かって押しだす心室に入る血液の集結地のようなところである。心房からの血液

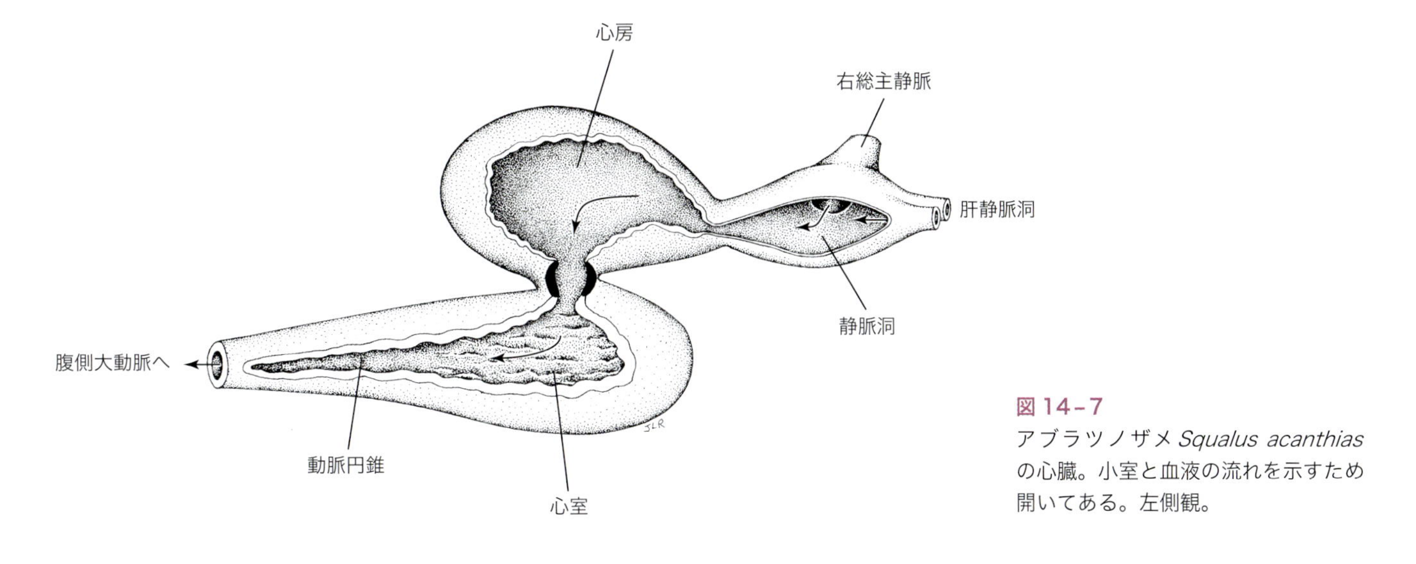

図 14-7
アブラツノザメ *Squalus acanthias* の心臓。小室と血液の流れを示すため開いてある。左側観。

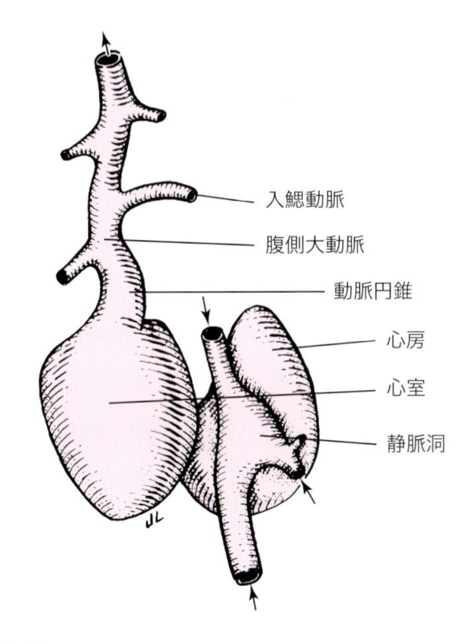

図 14-8
無顎類の心臓と関連の血管。ヌタウナギ *Myxine glutinosa* の腹側観。矢印は血液の流れる方向を示す。

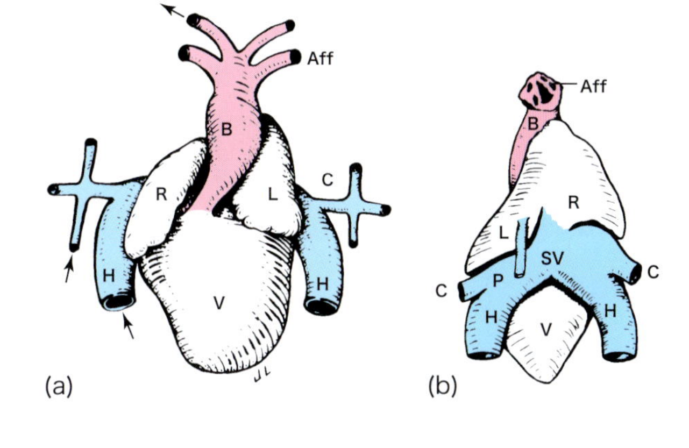

図 14-9
マッドパピーの心臓と関連する血管。(a) 腹側観。(b) 背側観。Aff：第四，第五入鰓動脈へ導く共通の血管（図 14-18d）。B：腹側大動脈の動脈球。C：総主静脈。H：肝静脈洞。L：左心房，(b) では肺静脈を受ける。P：肺静脈。R：右心房。SV：静脈洞。V：心室。(a) では短い動脈円錐が心室と動脈球をつないでいる。矢印は血液の流れる方向を示す。赤色は動脈，青色は静脈を表すが，必ずしも酸素濃度を表しているわけではない。

は，1 対の一方向弁で保護された房室孔を通り，弛緩した心室に注ぎ込まれる。これらの弁は，心室が収縮したときに血液が心房に押し戻されるのを阻止している。

心室は非常に厚い筋性の壁で，心臓のポンプの本体である。その前端は引き伸ばされた小さな径の筋性の管，すなわち動脈円錐として心膜腔の頭側端にまで伸び，そこから腹側大動脈に続く。動脈円錐は主として心筋と弾性結合組織からなる。動脈円錐内で前方に向いた一連の半月弁は，血液が心室へ逆流するのを阻止している。その弾性のために心室の血液の排出のたびに動脈円錐は膨らみ，そしてゆっくりと収縮する。それにより心室の拍動のリズムにかかわらず，腹側大動脈の動脈圧を一定に保つことで，鰓フィラメント上を対向流する呼吸水の流れと同じように，鰓の毛細血管を通る血流を安定させる。

真骨類の動脈円錐はサメ類よりも短いが，腹側大動脈の基部にある筋性の膨大である**動脈球** bulbus arteriosus が同じ役割を果たしている。それにより鰓上の血液の流れを一定に保っている。動脈球はマッドパピーやその他の永続鰓性の両生類の何種かにも存在する（図 14-9a）。

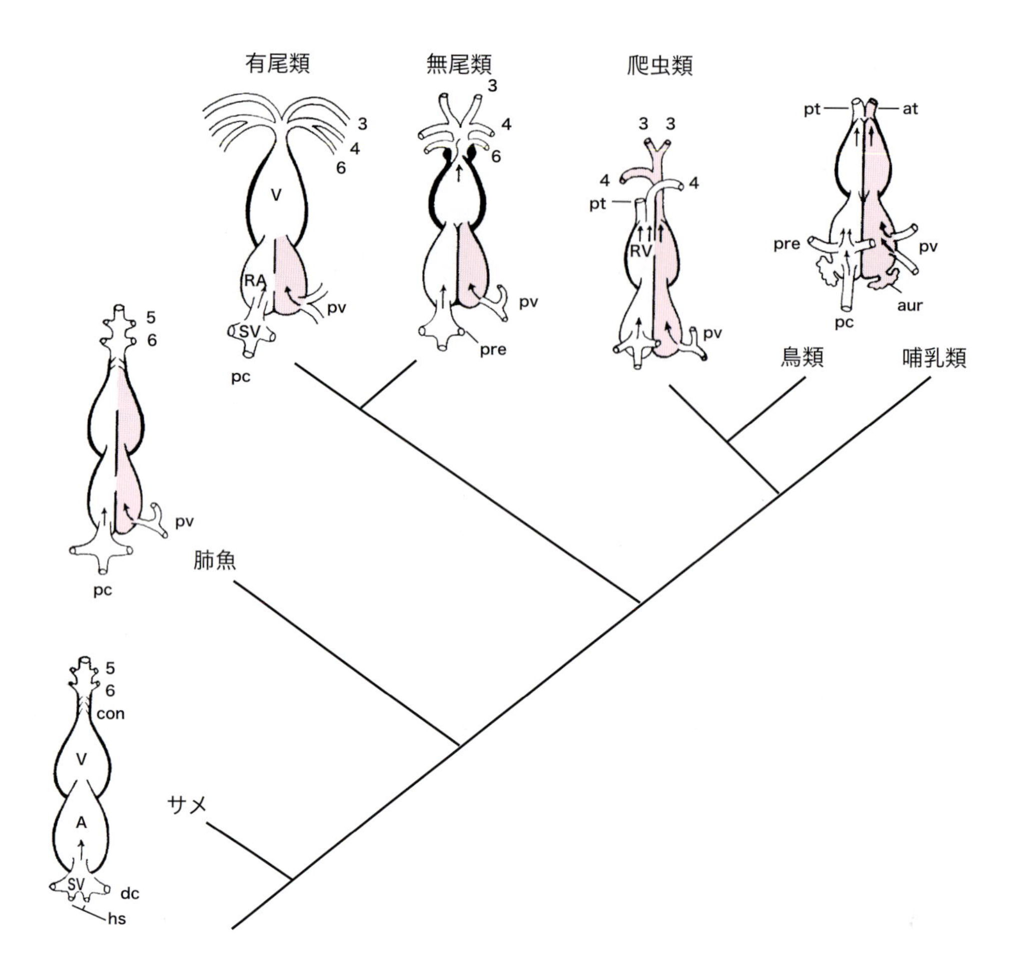

図 14-10
一般化した有頭動物の心臓での小室と，酸素に富む血液の流れ（赤色）。肺魚類，有尾類，爬虫類では種と生物の生理的な需要により，酸素に富む血液が心室を越えて分布する。心臓の各部は A：心房，RA：右心房，V：心室，RV：右心室，SV：静脈洞，con：動脈円錐，aur：哺乳類心臓の心耳，3～6：第三～第六大動脈弓を示す。その他の血管は，at：大動脈幹，dc：総主静脈，hs：肝静脈洞，pc：上行大静脈，pre：下行大静脈（総主静脈），pt：肺動脈幹，pv：肺静脈である。

肺魚類と両生類の心臓

肺魚類と四肢動物では，心臓とそれに関連する動脈の変化は空気呼吸と関係する。その変化は，鰾または肺から戻った酸素に富んだ血液を，心臓内で他の器官から戻った酸素の乏しい血液から分けることを可能にしている。空気呼吸する条鰭類は，酸素に富む血液が体循環の静脈系に戻り，結果として心臓に到着する以前に混合する点で異なる。こうした動物種での空気呼吸は，環境中の酸素が欠乏するときの鰓呼吸を補強する二次的な機構であることを思いだすべきである。一方，現存する肺魚類（南アメリカやアフリカの肺魚）や四肢動物は空気呼吸を義務づけられている。

肺魚類や両生類での変化の 1 つは，部分的あるいは完全な**心房中隔** interatrial septum の成立で，それにより部分的あるいは完全な**左右の心房** right and left atrial chambers が生じた（図 14-9a，14-10，肺魚，有尾類，無尾類）。この中隔は無尾類と一部の有尾類で完璧である。ネオケラトダス（肺魚）を除き，鰾または肺から出る静脈は左心房に直接注ぎ込む。それゆえ，左心房にある血液は酸素に富む。静脈洞は右心房に注ぐので（図 14-9b），右心房の血液は酸素に乏しい。肺を欠く有尾類では，心房は未分割のままである。

2 番目の変化は，部分的な**心室中隔** interventricular septum（主に肺魚類。有尾類のシレン）あるいは**心室小柱** ventricular trabeculae（無尾類）の形成である。小柱は心室壁から心室に突出する棚あるいは稜で，ほとんどが頭尾方向に走る。心室中隔と心室小柱は同じ機能をなす。これらは左右の心房で始まる酸素に富む血液と酸素の乏しい血液との分離を維持する。

3 番目の変化は，肺魚類と無尾類で動脈円錐のなかの**ラセン弁** spiral valve の形成である。肺魚類のラセン弁は動脈円錐の上皮の腸内縦隆起様の 1 対の縦状のヒダからなる（図 14-11）。無尾類では，ラセン弁は 1 個の垂れ片である（図 14-12）。この弁は酸素の乏しい血液を鰓あるいは肺に続く大動脈弓に向かわせ，（図 14-11，青色，14-12，14-18b，青色），酸素の豊富な血液を他の器官に続く大動脈弓に導く（図 14-11，赤色，14-12，14-18b，赤色）。

4 番目の変化は腹側大動脈の短縮で，腹側大動脈は胚発生が進むにつれて実質的に存在しなくなる（図 14-11，14-12）。結果として血液は動脈円錐から直接適切な血管のなかへと移動する。しかし，有尾類は顕著な腹側大動脈を持っている（図 14-9）。

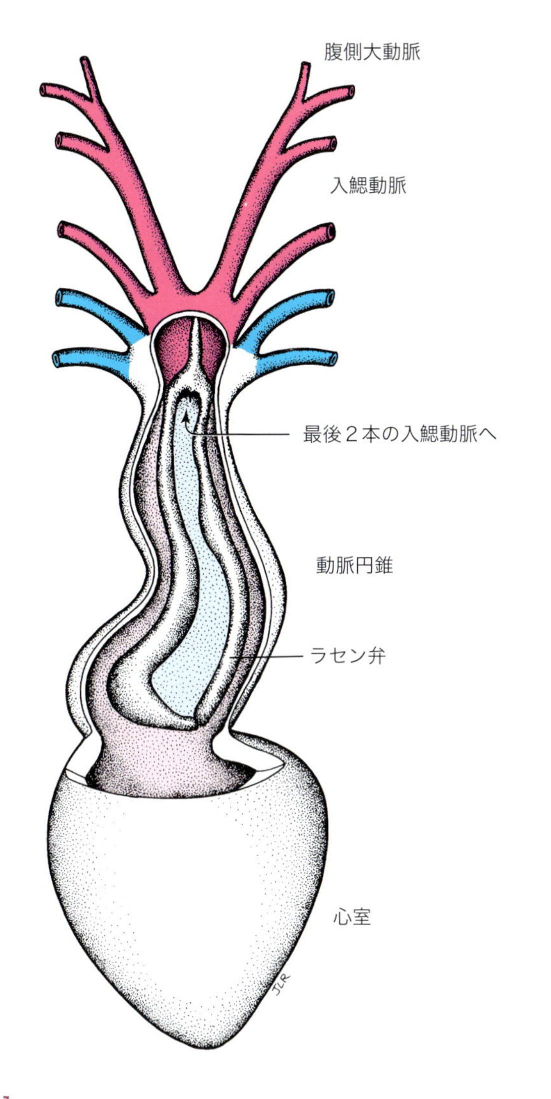

図 14–11
肺魚プロトプテルスの動脈円錐と入鰓動脈。ラセン弁が酸素に富んだ血液（赤色）を最初の３本の入鰓動脈に，酸素に乏しい血液（青色）を最後の２本の入鰓動脈に分配する。最後の２本は呼吸性の鰓と内鰓に血液を供給する（図 14–18b）。

肺魚類や幼生期を終えた両生類で空気呼吸を可能とする多くの適応は，有羊膜類でもみられる。

有羊膜類の心臓

有羊膜類の心臓は２心房と２心室を持ち（カメと有鱗類では独特の第三心室がある），成体の鳥類と哺乳類を除いて静脈洞を持つ（図 14–13b，14–24）。他の爬虫類とは異なり，ワニの静脈洞は部分的に右心房の壁に組み込まれている。鳥類と哺乳類は発生初期に静脈洞を持つが，静脈洞が注ぎ込む右心房の成長とペースが合わず，最後は独立した小室として区別できなくなる。その後，静脈洞に注ぎ込む血管は右心房に直接注ぎ込むようになる。静脈洞の胚での位置は，成体での神経筋組織の**洞房結節** sinoatrial node (SA node) となる。この結節が心臓の神経支配で重要な役割を演じることは後述する。

有羊膜類の左右の心房は，心房中隔で完全に分けられている。それにもかかわらず，胚発生時には**心房間孔** interatrial foramen すなわち**卵円孔** foramen ovale を介して合流しており，この孔は孵化や出生の頃に塞がる。閉鎖したこの孔の部位は，哺乳類の成体の心臓で窪み，すなわち**卵円窩** fossa ovalis として右心房の内側壁に残る。

爬虫類の右心房（図 14–24）は静脈洞からの血液を受け，鳥類や哺乳類の右心房は系統発生の初期や胚発生の間は静脈洞に注いでいた血液を直接受ける（図 14–26）。左心房は肺静脈からの血液を受ける。哺乳類だけは，それぞれの心房は耳状の盲端の垂れぶた，すなわち**心耳** auricle を持つ（図 14–39）。哺乳類の心耳の機能的な利点はまだ明らかにされていない。

２つの心室は，ワニ類，鳥類，哺乳類では完全に分けられている（図 14–26）。しかし，カメ類や有鱗類では特異な第三心室，すなわち**静脈腔** cavum venosum が心室中隔の上端に発達する（図 14–24）。これは酸素の豊富な血液や酸素に乏しい血液を心臓から出る特殊な動脈のなかに送ったり，迂回したりの切り替えに働く。その役割の詳細は後述する。

哺乳類の心室を覆う筋性の壁は，頑丈で相互に吻合する筋稜や筋柱である**肉柱** trabeculae carneae を示す。これは力強いポンプの壁を強化し，それによって生じる力を増強する。

一方向弁は，有頭動物で心房から心室への通路を保護する。有羊膜類では個々の弁は１枚以上の線維性の垂れヒダである**弁尖** cusps（ワニ類や鳥類の心臓の右側では筋性）からなり，主として哺乳類では，腱性の索（**腱索** chordae tendineae）により心室壁から突出する**乳頭筋** papillary muscles につながれている（図 14–26）。心室が弛緩する間（**拡張期** diastole），心房からの血液は弁尖を自由に通りすぎて心室に流入する。心室が収縮する間（**収縮期** systole），弁尖は前方または上方へ房室路のなかへ向き，血液が心房へ逆流するのを阻止している。爬虫類ではそれぞれの弁は１，２枚の弁尖を持つ。ほとんどの哺乳類では，左の弁は２枚の弁尖（**二尖弁** bicuspid valve または**僧帽弁** mitral valve）を，右は３枚の弁尖（**三尖弁** tricuspid valve）を持つ。**半月弁** semilunar valves は肺動脈や大動脈に向かう心室の出口にあり，心室が弛緩するとき，心室への逆流を阻止している（図 14–26）。

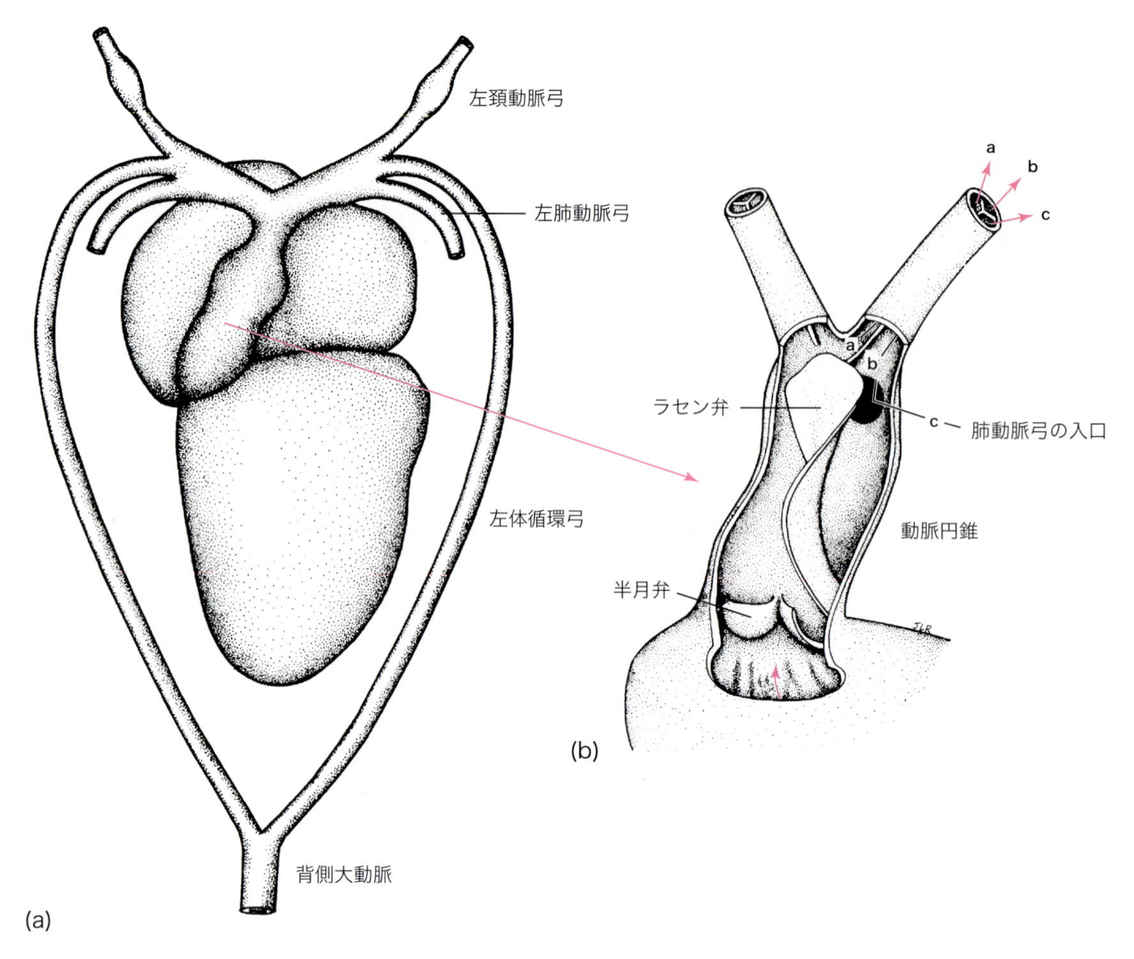

図 14-12
カエルの心臓と大動脈弓，腹側観。(b) 動脈円錐は左頚動脈弓への経路（矢印 a-a）と左体循環弓への経路（矢印 b-b）を示すために開けている。矢印 c は，左右の肺動脈弓へ向かう共通の経路に入り，その後左肺動脈弓への経路に入るため方向を変える。

心臓の神経支配

ヌタウナギの心臓は外部からの神経支配を全く欠いている。変化した心臓固有の細胞が循環シグナルに対応すると思われる。胚期の脊椎動物の心臓は神経線維が到達する前に拍動を開始し，成体の心臓組織は，適切な生理学的な溶液に浸されると，外来の神経が切断された後も拍動を続ける。20世紀の初め，フランスの研究室で，鶏胚の心臓からの組織とその子孫細胞が生存し，拍動するのが何年も維持された。それゆえ，心筋の収縮は自発的で，その開始に外部からの神経刺激を必要としない。

拍動は，心筋を浸す組織液のなかのある種の電解質，特にナトリウム，カリウム，カルシウムイオンの適切な濃度に依存している。神経を除去した静脈洞の自発的な拍動は，特殊心筋線維（**プルキンエ線維** Purkinje fibers）からなる刺激伝導系を介して心房や心室に現れる。特殊心筋線維は伝導能力の高い伝導ネットワークを構成する。

しかし，動物の生理学的な要求に応じて，中枢神経系により反射的に早めたり遅くしたりできる安定した拍動を生みだすのに，外部からの神経刺激は必要である。その結果として，胚発生の間に神経線維がいったん静脈洞に到達すると，神経線維はその小室の心筋の収縮速度を支配する。その後，魚類，両生類，爬虫類では，拍動は固有の刺激伝導系によって心房に伝えられ，そして心室に伝わり，最後に動脈円錐があればここに伝わる。このように静脈洞は冷血脊椎動物の心臓のペースメーカーである。魚類の静脈洞は迷走神経（第X脳神経）のみが支配する。無尾類と有羊膜類では，心臓は交感神経幹からの線維の支配も受け，神経線維の2セットが心臓の拍動にそれぞれ反対の効果を持つ（迷走神経を介する抑制線維，交感神経幹から心臓神経を介する促進線維，図16-35参照）。

鳥類と哺乳類では，胚の静脈洞は右心房の壁に組み込まれて，変化した心筋と結合組織の結節状の集塊となって残存し，洞房結節（SA結節）として知られる。この結節は自律神経系からの入射線維の受容を続け，鳥類や哺乳類の心臓の

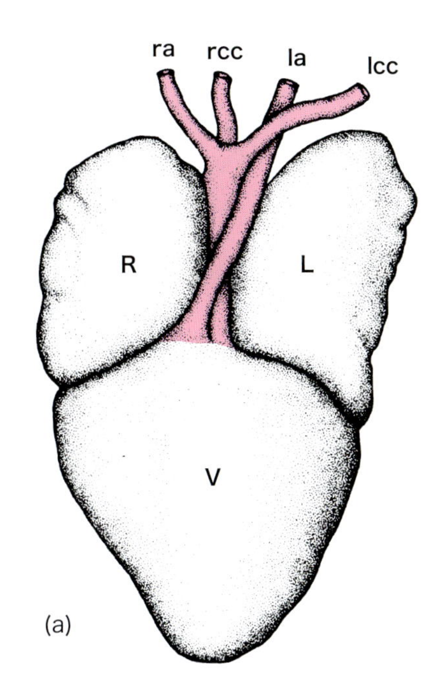

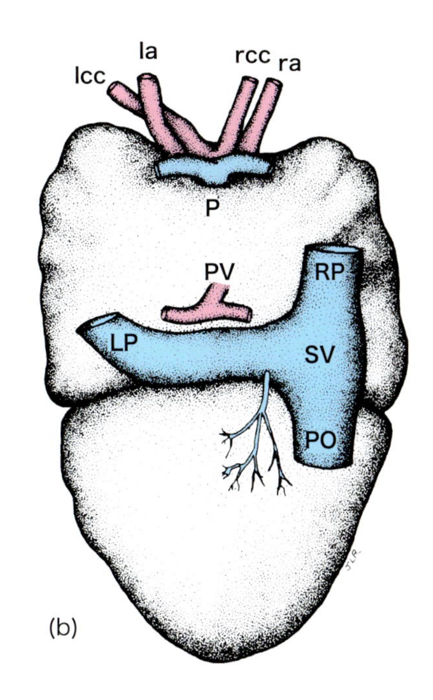

図 14–13
ムカシトカゲの心臓とそれに関連する血管。(a) 腹側観。心室は内部で2小室に分かれている。(b) 背側観。L：左心房。R：右心房。V：心室。赤色の血管は酸素に富んだ血液を含む。la：左大動脈幹。lcc：左総頚動脈。PV：左心房に入る肺静脈。ra：右大動脈幹。rcc：右総頚動脈。青色は酸素に乏しい血液を運ぶ。LP：左下行大静脈。P：右心室から出る肺動脈幹。PO：上行大静脈。RP：右下行大静脈。SV：静脈洞。

ためのペースメーカーとして働く。洞房結節からのインパルスはプルキンエ線維を介して左右の心房の心筋層に伝わり，収縮を引き起こす。

この刺激は，右房室弁近くで心臓に組み込まれた**房室結節** atrioventricular node（AV node）にも伝わる。房室結節は鳥類と哺乳類に特有である。房室結節（AV 結節）からプルキンエ線維の**房室束** atrioventricular bundle が心室中隔に伸び，並行する2束に分岐し，中隔の全長にわたって伸びる。これらの線維束からプルキンエ線維の細束が左右の心室の心筋層全域に分岐し，心房が収縮したほんの一瞬後に心室の収縮を起こす刺激をもたらす。心筋層が一般にそうであるように，プルキンエ線維もまた自律神経系によって直接神経支配される。

心房の収縮と心室の収縮の短い間隔の間に，心房の血液は拡張した心室内に注ぎ込まれる。心室の収縮は心室内の血液を心臓から出る動脈に送りだす。

心臓の形態形成

有頭動物の胚で心臓が最初に認められるとき，魚類や両生類では心臓はほぼ直線状の拍動する1本の管（図 14–14a），有羊膜類では1対の管である（図 14–14d）。この管は流入する血液を尾側端で受け入れ，頭側端で胚期の腹側大動脈につなぐ。サメ類や原始的な硬骨魚類や両生類の不対の管は，側板中胚葉に由来する咽頭下の間葉組織からなる不対の凝集から構築される（図 14–15a）。有羊膜類の1対の管は，同じ前駆組織から組織化するが，対をなす側板中胚葉が腹側正中線で会合する前に管が構築されることが異なる（図 14–15b，c）。有羊膜類の1対の管は，最終的に1本に癒合する（図 14–14e）。この管のなかに取り込まれた間葉細胞が血球芽細胞（血液幹細胞）になる。

発生が進むとともに，この管は動物体の右側に曲がり，それからねじれ，そのため最初に尾側端にあった心房部が頭背側に移動し，成体の位置に達する。サメ類の心房の位置を図 14–7に示す。ねじれて曲がるのは，急速に発達する心臓が狭い心膜腔に限られることと関連する。

両生類と有羊膜類では，ねじれは魚類よりも極端で，そのため心房部は最終的に心室部よりも頭側になる（図 14–14)。これに続き心房小室は拡長し，両側性の嚢を作る。心房小室のなかにある正中背側ヒダは腹側に成長し，この嚢を左右の心房に分ける。有羊膜類での最後の主要な段階として，心室中隔が心室小室を左右に分けることを始める。中隔の部位は，外部からも心室の表面に折れ目となる縦走する**室間溝** interventricular groove によってマークされる（図 14–14i）。

鳥類では孵化が近づくと，静脈洞はほぼ完全に右心房の壁に組み込まれる。これは哺乳類ではもっと早く起こる。酸素と栄養素の循環が発生のできるだけ早い時期から必要なため，心臓は最も早く機能する器官である。まだリズムを支配する神経の到達前というのに機能している。

サメ類や両生類の心臓となる最初の真っすぐな管は，体壁板中胚葉および内臓板中胚葉に由来する間葉系組織の対をなす集塊から組織化し，咽頭下の正中線で凝集し，1本の内皮

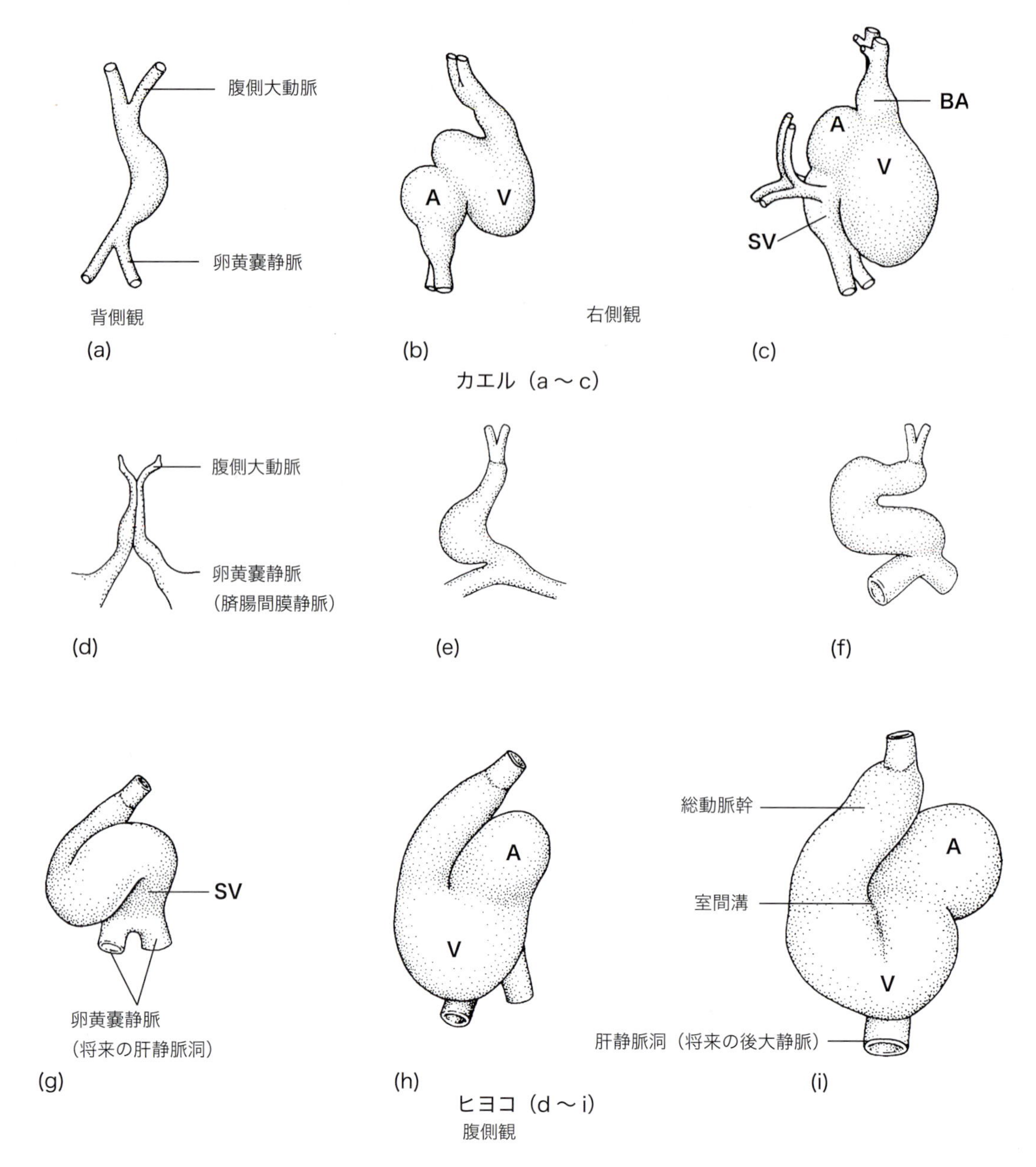

図 14–14
無尾類の心臓（a ～ c，背側観と側面観）と鳥類の心臓（d ～ i，腹側観）の発生。A：心房。BA：動脈球。SV：静脈洞。V：心室。屈曲と回旋が最も顕著な方向からみる。初期の鶏胚心臓の本来の位置は図 16–6 を参照。

性の管を形成する（図 14–15a）。有羊膜類では，1 対のすでに形成された内皮性の管は，咽頭の下層で一緒になり，融合し，1 本の管となる（図 14–15b，c）。どちらの場合も心臓は側板中胚葉の両側からの寄与による。

動脈系とその変化

動脈系は，酸素に富む血液をほとんどの器官に供給するが，酸素のない血液を呼吸器官にも運ぶ。有顎類の原始的なパターンでは（図 14–16），主要な動脈系を構成するのは，⑴心臓から出て咽頭の腹側を頭側に走る 1 本の**腹側大動脈** ventral aorta（胚発生の初期では対をなす），⑵咽頭の背側でのみ対をなし，体腔の天井を尾側に走る**背側大動脈** dorsal aorta，⑶腹側大動脈と背側大動脈をつなぐ 6 対の**大動脈弓** aortic arches（現存する無顎類の大動脈弓の数は鰓弓の数とともに変異する）である。こうした主要な血管の分枝が体のすべての部分に血液を供給する。引き継がれてきた基本的なパターンの胚発生時の変化の最も顕著なものは大動脈弓で，その動物種の生活史の間で呼吸のために使われる手段により

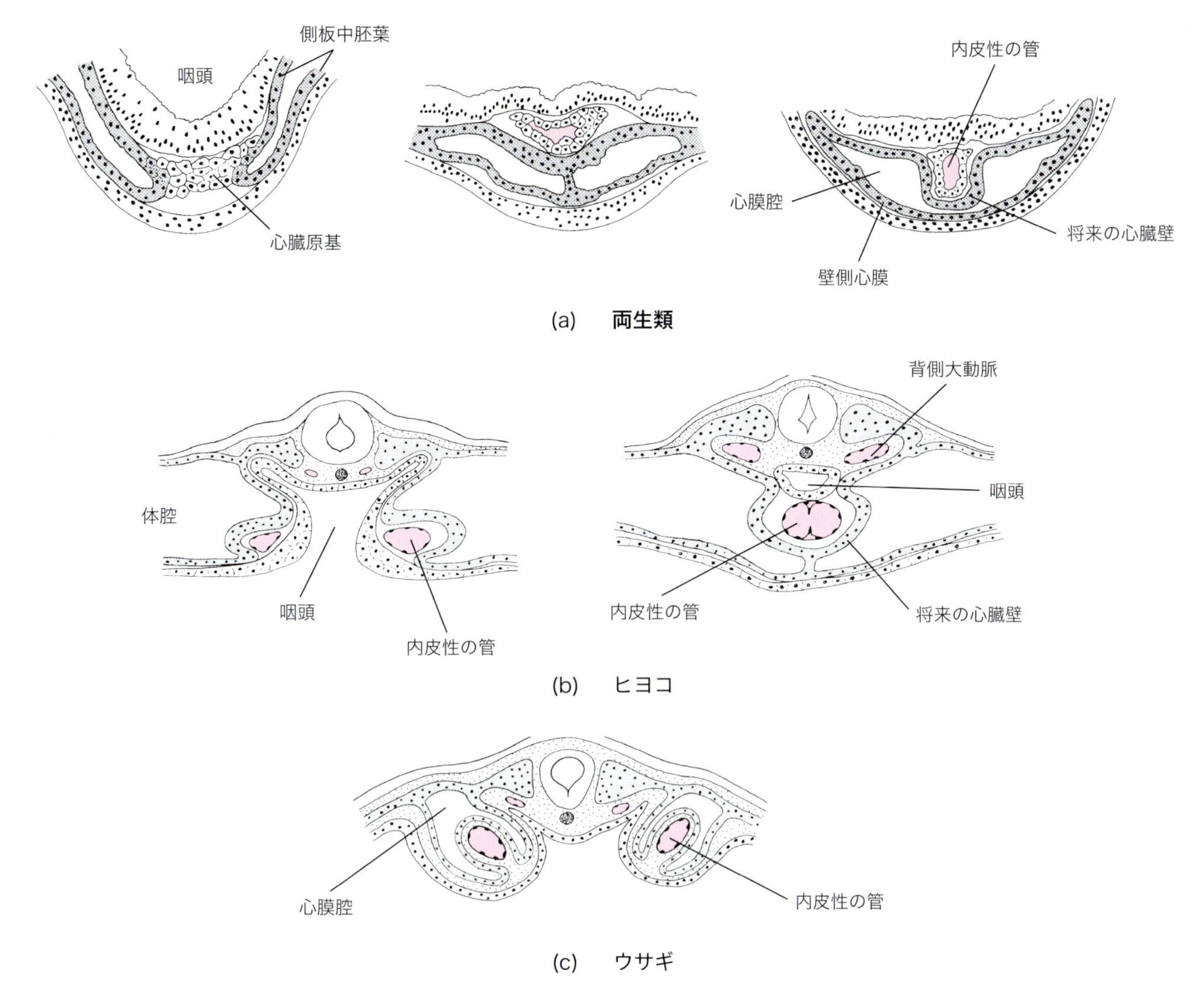

図 14-15
側板中胚葉から発生する心臓の起源。両生類（a）では，心臓は両側性に生じる間葉組織の正中の集塊から作られる。有羊膜類（b）と（c）では，内臓板中胚葉の２本の内皮性の管は心臓の原基を作るため接合する。

変化する。

魚類の大動脈弓

成体での鰓呼吸のための６対の胚大動脈弓の適応変化を，発生中のサメで図示する（図 14-17）。ツノザメの腹側大動脈は咽頭の腹側を頭側に伸び，発達中の大動脈弓と連絡する。顎骨弓にある大動脈弓が最初に発生する。その後すぐに他の５対が現れる。６対が完全になる前に，大動脈弓第一対の腹側部が消失し，背側部が輸出呼吸孔動脈になる。第二対は第一裂前動脈となる血管の出芽を生じる。他の出芽は第三〜第六大動脈弓から生じ，裂後動脈となる。裂後動脈は横断動脈を出し，これが全鰓のなかを尾側に成長し，さらに出芽することによって後位４対の裂前動脈を構築する。大動脈弓二〜六は，１カ所ですぐに閉塞する（図 14-17a，破線）。

閉塞部より腹側の部分は**入鰓動脈** afferent branchial arteries となる。背側の部分（三〜六）は**出鰓動脈** efferent branchial arteries となる。その間に，毛細血管床は９個の片鰓（半鰓）のなかで発達する。入鰓細動脈は入鰓動脈を毛細血管に接続する。出鰓細動脈は酸素に富んだ血液を毛細血管から裂前動脈や裂後動脈に戻す。こうした変化の結果，腹側大動脈から大動脈弓に入る血液は，背側大動脈に進む前に鰓の毛細血管を通過しなければならない。

同様の発生時の変化は，硬骨魚類の胚の大動脈弓を入鰓動脈，出鰓動脈に変える。変化した鰓動脈の具体的な数は機能的な鰓の数を決める。ほとんどの真骨類では，第一大動脈弓と第二大動脈弓は消失する傾向にある（図 14-18a）。プロトプテルス（図 14-18b）では第四咽頭弓は外鰓を備えているけれど，胚期の第三大動脈弓と第四大動脈弓は鰓の毛細血

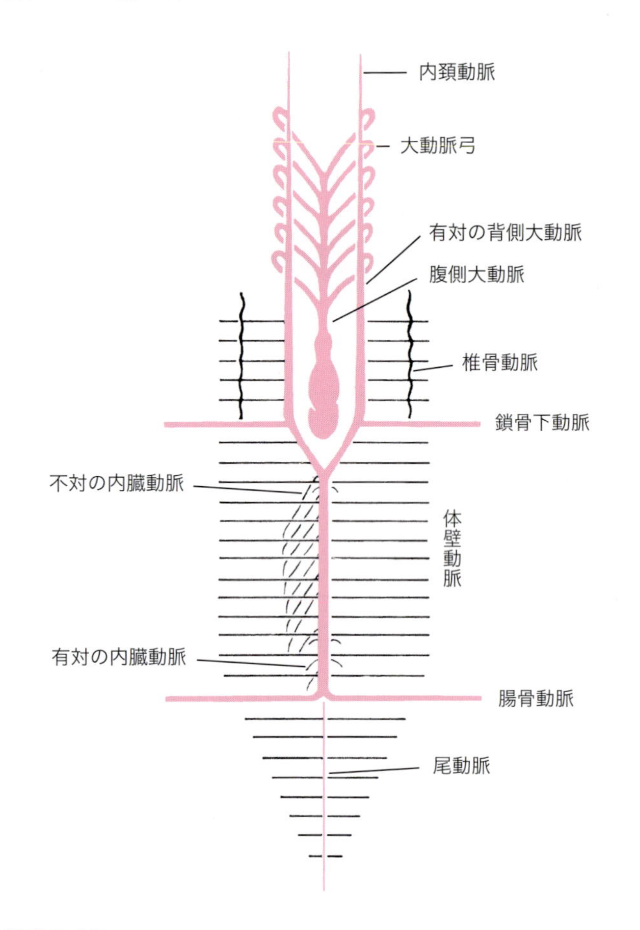

図 14-16
有顎類の主要な動脈の基本パターン。このパターンは本来大動脈弓の数の違う原始的な有頭動物にも適用しうる。

管によって中断されることはない。

肺魚類では，肺動脈が左右の第六大動脈弓から出芽し，鰾に血管を分布させる。これは2種の条鰭類，アミアやポリプテルスでも生じる。このことは，どのように四肢動物の肺に血管が分布したかを正確に示す（その他のほとんどの条鰭類では，鰾は背側大動脈から血液供給されている）。

四肢動物の大動脈弓

四肢動物の胚は，魚類と同様に6対の胚期の大動脈弓を構築する（図1-6参照）。第一および第二大動脈弓は一時的で，かなり早く退行する（図14-19，14-20）。第一大動脈弓と第二大動脈弓が消失した後，第三大動脈弓（頸動脈弓）とこれより前位の1対の背側大動脈は，内頸動脈を構成する（図14-18c，14-19，14-20）。

有羊膜類は，原始的なトカゲ類のような例外もあるが，胚発生時に第五大動脈弓を失う（図14-18f～h，14-19e～h）。カエル（図14-18e，14-19d）や何種かのサンショウウオはそれぞれ独立して第五大動脈弓を失う（原始的なパターンが変化したマッドパピー，図14-18d，14-21を比較）。肺動脈は第六大動脈弓から出芽し，肺芽に血管が分布する（図1-6，14-20d参照）。四肢動物の大動脈弓とこれに関連する血管のその他の変化は以下の項で解説する。

両生類

ほとんどの陸生有尾類は4対の大動脈弓を保持している（図14-18 c）。永続鰓性の有尾類は，胚発生時に第五大動脈弓を消失するか，第四大動脈弓と部分的に癒合するので，一般に3対を保持する（図14-18d，14-21）。

永続鰓性の幼生の入鰓細動脈と出鰓細動脈は，血液を大動脈弓から鰓に送ったり大動脈弓に戻したりして，生涯にわたって機能し，第三～第五（マッドパピーでは第六に癒合）大動脈弓の短い部分が**鰓側副路** gill bypass になる（図14-18d）。鰓側副路は，動物が鰓を使っている間は収縮しているが，動物が空気を飲みこむほど池のなかに融解している酸素が少なくなると，鰓が縮んで側副路がより多くの血液を運ぶ。同様に，シレンの鰓の吸収を甲状腺ホルモンの注射により引き起こすと，動物は空気を飲みこみ，側副路は大動脈弓に入る血液のすべてを運ぶようになる。永続鰓性有尾類の腹側大動脈では，大動脈球（図14-9）は鰓での安定した拍動のない動脈圧を維持する。

無尾類の胚は，陸生の有尾類のように，幼生期（発生6 mm ステージ）に入るとき，4対の大動脈弓（第三～第六）を持つ。第三～第五大動脈弓は幼生の外鰓が機能している5，6日間は外鰓に，その後変態するまで内鰓に血液を供給する。第六大動脈弓は発生中の肺芽に血管分布する肺動脈を出す。

変態時に鰓を失うとともに，以下の3つの変化が無尾類の大動脈弓とそれに関連する血管に影響を及ぼす（図14-18e）。⑴第五大動脈弓が消失し，⑵第三－第四大動脈弓の間の背側大動脈（**頸動脈管** ductus caroticus）が消失する。以上の2つの変化の結果として第三動脈弓（**頸動脈弓** carotid arch）に入る血液が頭部にのみ向かう。最終的に⑶第六大動脈弓の肺動脈より背側の部分（**動脈管** ductus arteriosus）が消失する。無尾類では第六大動脈弓（**肺動脈弓** pulmonary arch）に入る血液は，肺と皮膚にのみ向かうことができる。第四大動脈弓（**体循環弓** systemic arch）は両側で背側大動脈につながり，残った体の区域に血液を送る（図14-12，14-19d）。

先に述べたように，左心房からの酸素の豊富な血液と右心房からの酸素の乏しい血液は，両生類で心室を通るとき極めてよく分離されている。このことは，無尾類では心室小柱と，右心房の血液が心室から最初に排除されることと，動脈

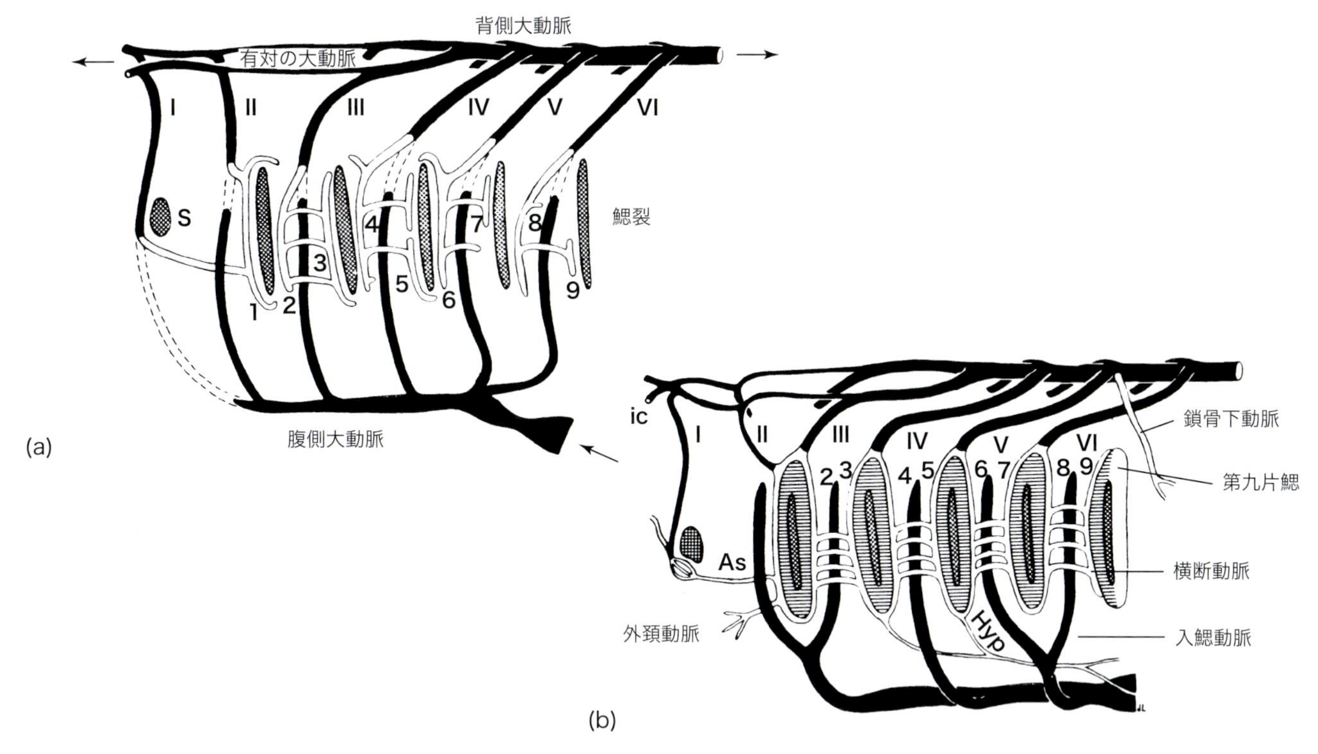

図 14-17
ツノザメの大動脈弓 I 〜VIの胚発生時の変化，外側観。(a) では大動脈弓 II 〜VIからの出芽（白色）が裂前動脈，裂後動脈，横断動脈を形成する。破線は閉鎖していく大動脈弓の部位で，血液を腹側大動脈から入鰓細動脈（図にはない）を経て片鰓に押し込む。1，3，5，7，9は裂前動脈，2，4，6，8は裂後動脈。(b) では大動脈弓 I は輸出呼吸孔動脈，II は輸出舌骨動脈となり，III〜VIは出鰓動脈になった。
As：輸入呼吸孔動脈。Hyp：下鰓動脈。ic：内頚動脈。S：呼吸孔。

円錐のラセン弁の作用によって行われる。心室の収縮期が始まると，弁が反転して体循環弓と頚動脈弓の入口を閉じる位置になり，それによって２本の肺動脈弓に導く共通の孔へ酸素の乏しい血液をそらす（図 14-12b）。次いで，肺毛細血管が満たされることにより肺動脈内での逆圧が高まるので，ラセン弁が逆の位置に反転し，酸素に富む血液を体循環弓や頚動脈弓に向かわせる（心室の収縮期の後期に，残った酸素に富む少量の血液が肺動脈弓に入ることもある）。ラジオアイソトープの注入と血管心臓造影法を用いて研究されたオオヒキガエルでは，心臓や大動脈弓での酸素に富む血液と酸素に乏しい血液の混合はわずかであった。

無足類の成体は３本の完全な大動脈弓（第三，第四，第六）と頚動脈管を持つ。しかし，動脈管と頚動脈管は径が小さく，血液をほとんど運ばない。

爬虫類

一般的な爬虫類の成体は，３対の大動脈弓，第三，第四大動脈弓および第六大動脈弓の基部を持つ。動脈管と頚動脈管は通常なくなる（図 14-19e）。例外は原始的なトカゲ類や四肢のない有鱗類の数種でみられる。

新たな変化は爬虫類の腹側大動脈に導入された。酸素に富む血液と酸素を欠く血液を適切な大動脈弓に分流させるラセン弁を発達させる代わりに，爬虫類は，胚の腹側大動脈を３本の通路，すなわち**２本の大動脈幹** two aortic trunks（**左右の体循環弓** left and right systemic arches）と１本の**肺動脈幹** pulmonary trunk に分割する，発生時の一連の変化を受けた（図 14-18f, arv, alv, prv, 14-19e, 14-22, 2, 3, 4）。こうした変化の結果の１つをワニ類で示すことができる。

ワニ類では，⑴肺動脈幹は右心室から起こり，左右の肺動脈弓に続く（図 14-19e，青色の血管）。それゆえ，酸素に乏しい血液は肺に送られる。⑵１本の大動脈幹が左心室から起こり，酸素に富む血液を右体循環弓と頚動脈弓に運ぶ（図 14-23）。⑶第二の大動脈幹は右心室から起こり，左体循環弓に続く。左体循環弓内の血液は右心室から運ばれたため，酸素が乏しいと推測されるかもしれない。しかし，動物が呼吸をしているときにはそうではない。**パニッツア孔** foramen of Panizza（図 14-23a，カーブした矢印）が２つの大動脈幹をその基部で連絡している。正常な呼吸の間，右心室から大動脈幹への出口の弁が閉じたままで，右心室からの血液は肺にのみ流れる。左心室からの酸素に富んだ血液のいくらかはパニッツア孔を通って左体循環弓へと分流する（図 14-23a）。この左から右への分流は，酸素に富む血液を全

14

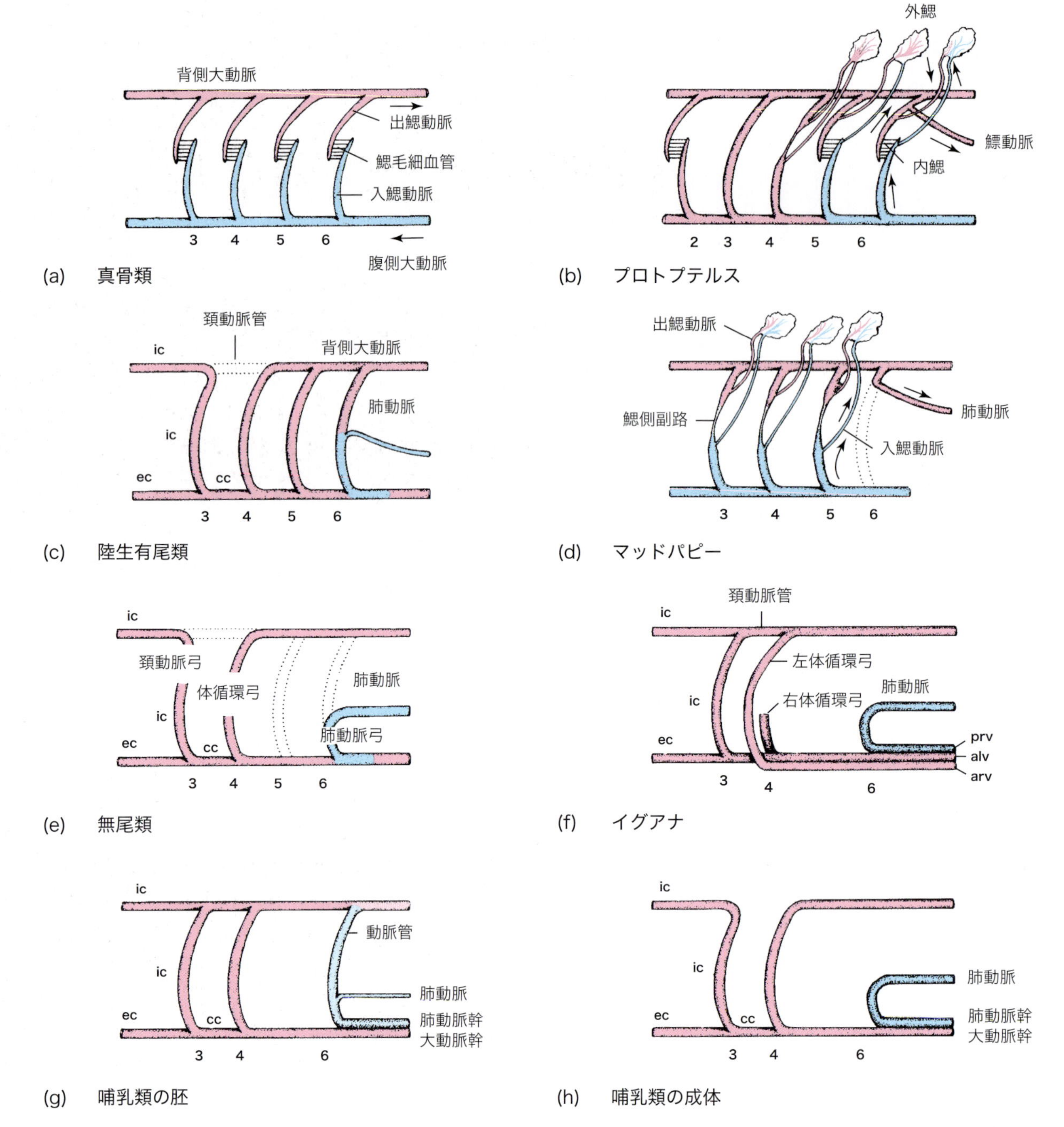

図 14-18

代表的な有頭動物での残存する左大動脈弓。2～6は発生期の第二～第六大動脈弓。(c) の破線は何種かには存在することを示す。(d) では破線は発生での消失，(e) では幼生で機能している血管を示す。矢印は血液の流れる方向を示す。alv：左心室からの大動脈幹。arv：右心室からの大動脈幹。cc：総頸動脈で発生期の腹側大動脈の有対部分。ec：外頸動脈。ic：内頸動脈。prv：右心室からの肺動脈幹。(b)，(c)，(e) では，腹側大動脈は1回の心室収縮のある段階で静脈血（青色）を運び，次の段階に動脈血（赤色）を運ぶ。(b) では，各血管の酸素量は，鰾に比較して鰓を経て獲得される酸素量の程度による。(c) では，第六大動脈弓は，肺動脈が酸素に乏しい血液で満たされるようになった後は，酸素に富む血液だけを運ぶ。(d) では血管の色は動物が酸素の豊富な水中にいる状態を示す。(g) では大動脈弓のすべての血液は混合しており，色はその優勢な状態を表している。大動脈幹の血液は胎盤では酸素を添加される。

身のすべての部分に配布するのを確実にする。

ワニ類はかなりの時間を水中に沈んで過ごす水生の動物である。この状態でワニ類は呼吸ができず，血液の酸素量がゆっくりと落ちる。それに応じて，肺動脈は反射的に収縮し，右心室に血液が滞留する。右心室と大動脈幹の間の弁はそれにより押し開けられ（図 14-23b），右心室の血液のい

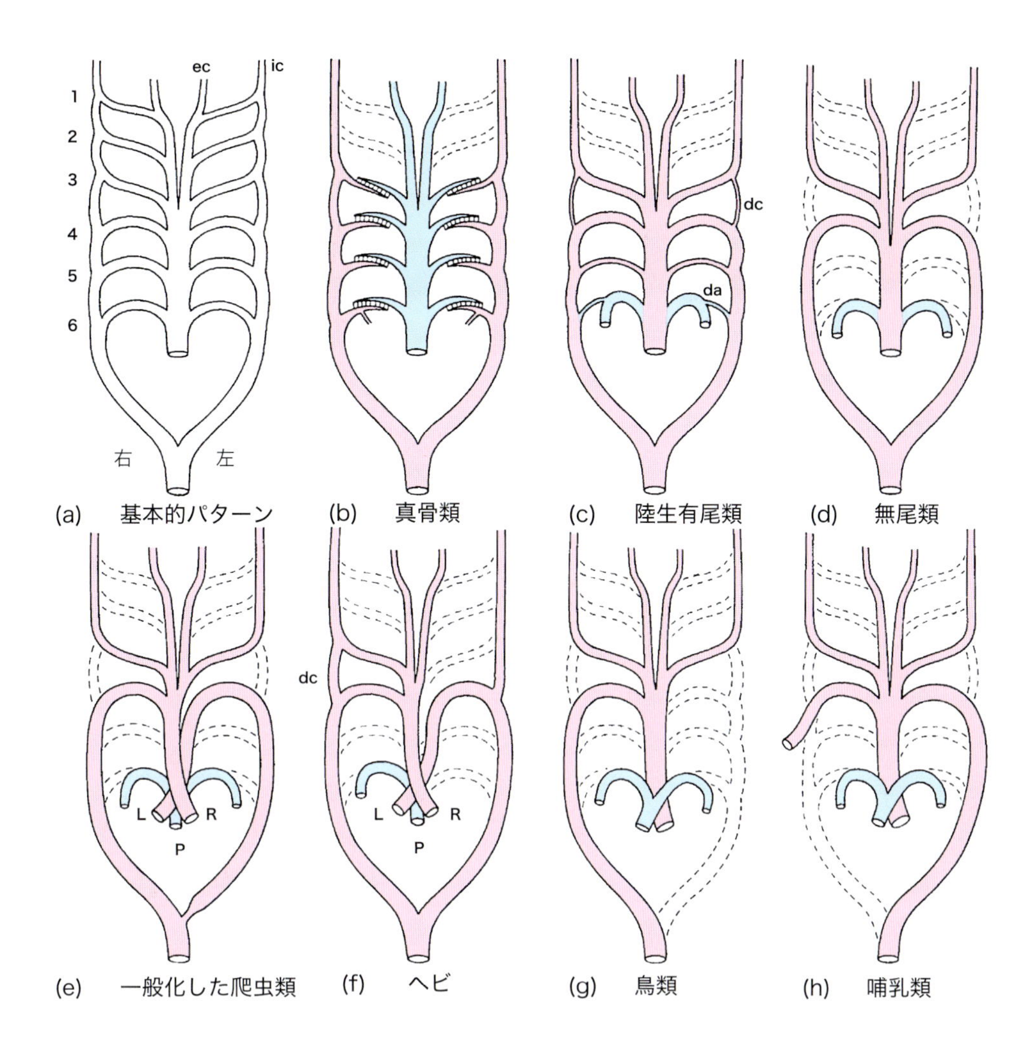

図 14–19
代表的な有頭動物の成体での大動脈弓（1〜6）の腹側からみた図。ヘビは左肺を欠く1種を図示。L：左体循環弓に向かう大動脈幹。P：肺動脈幹。R：右体循環弓に向かう大動脈幹。da：動脈管。dc：頸動脈管。ec：外頸動脈。ic 内頸動脈。
Source: Data from J. S. Kingsley, *Outline of Comparative Anatomy of Vertebrates*, 1920, The Blakiston Company, Philadelphia.

くらかはパニッツア孔を通って左心室から出る大動脈幹へと分流する。この右から左への分流は，かなりの血液を肺を迂回して体循環に送る。この迂回路の利用は左心室の血圧を緩やかに下げることを促す。結局は，動物は呼吸のために水面にこざるを得ず，それで肺循環は空気呼吸をする有羊膜類の肺循環に戻る。

すでに述べたように，カメ類と有鱗類は心室中隔の上端に静脈腔を持ち，ここで右心房からの酸素に乏しい血液を受け，左右の心室が合流する（図 14–24）。こうした爬虫類は，どのようにして酸素に富む血液と酸素に乏しい血液が心臓で混ざることを避けるのだろうか？

蛍光像映画撮影法，いくつもの小室内や血管内の血圧の同時読み取りや，血液ガスのアッセイやその他の心臓血管系のテクニックを用いた一連の研究は，その答えを出した。心室の拡張期の間，右心房からの血液（静脈血）は静脈腔を通って右心室に入る。これらの爬虫類では右心室は**肺動脈腔** cavum pulmonale としても知られている。次の心室収縮が血液を肺動脈腔から肺動脈幹内に，そして肺に送りだす。左心房からの血液は心室拡張期に左心室（**動脈腔** cavum arteriosum）に入る。静脈腔が酸素の乏しい血液を肺動脈腔に排出するまでに，心室の収縮が始まる。心室収縮期の筋の活性は中隔壁をずらし，静脈腔から右心房と肺動脈腔への通路を閉鎖し，静脈腔と動脈腔の間の通路を開ける。その結果，動脈腔から血液が静脈腔に押しだされ，静脈腔から2本の大動脈幹に送られて，左右の体循環弓に導かれる（図 14–24，2，4）。この循環パターンが働いているとき，肺のガス交換時のように，酸素に乏しい血液が肺に送られ，酸素に富んだ血液が体の他の部位に送られる。

水生種での空気取り込みが水中への潜水により中断しているときのように，生理的な状態が血流の迂回を始めるとき，肺動脈は収縮し，静脈腔の酸素に乏しい血液は肺動脈腔を迂回して左大動脈弓に流れる。同様の反応は，輻射熱が爬虫類

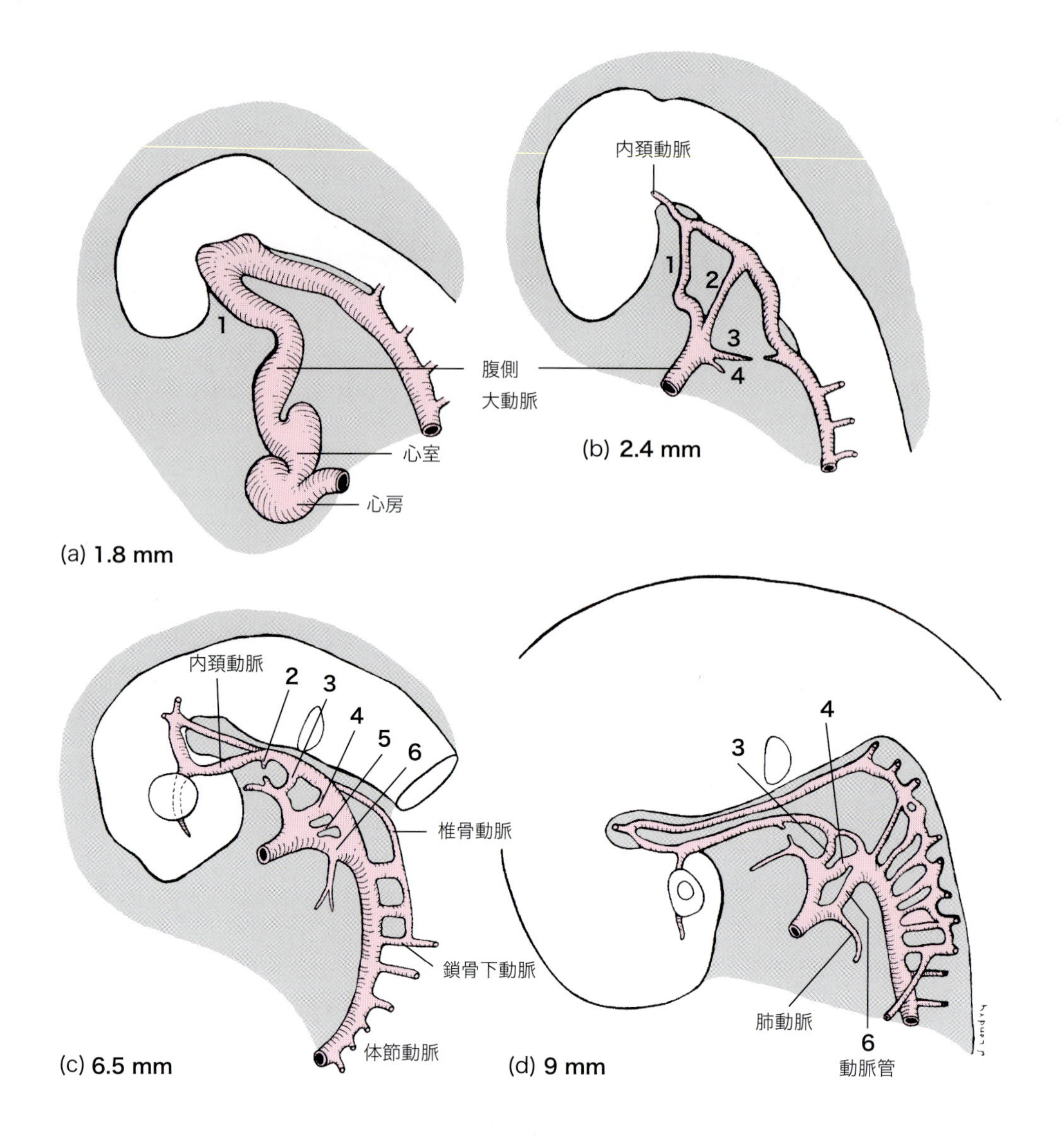

図 14-20
ヤマアラシ左大動脈弓（1～6）の胚での変化。(c) と (d) では，大動脈弓３は内頚動脈の基部。
From P. H. Struthers, "The Aortic Arches and Their Derivatives in the Embryonic Porcupine" in *Journal of Morphology and Physiology*, 50:361.

の体に当てられたときに引き起こされた。爬虫類の反応は，肺では呼気の際に熱が失われるため，日光浴で暖められた血液が肺を迂回することを可能とする，寒い天候時での熱調節かもしれないことが示唆されてきた。潜水中でこれらの爬虫類にとって酸素が不十分なときは，もう１つの適応が加わり，無酸素状態で解糖によって代謝に必要なエネルギーが供給される。

原始的なトカゲ類は第五大動脈弓と頚動脈管を両側に保持している。左の肺が退縮している四肢を欠いたトカゲ類やヘビ類では，左の第六大動脈弓がなく，ただ１本の肺動脈を持つ。ヘビ類には左の第三大動脈弓をなくすものもいる。しかし，ヘビ類では頚動脈管が生涯残存し，血液はこの経路で左側の内頚動脈と脳に到達する。原始的な６対の大動脈弓のうち，成体のヘビ類では右の第三大動脈弓，左右の第四大動脈弓，頚動脈管，および右の第六大動脈弓の右肺動脈が生じる腹側部だけを持つものもいる（図 14-19f）。

爬虫類の左から右への迂回路と右から左への迂回路，頚動脈管の存続，第五大動脈弓の保持，および様々な爬虫類を特徴づける心臓血管系のその他の特性は，その動物が住む特殊な環境での生存を可能にしている。

鳥類と哺乳類

鳥類と哺乳類は酸素に富む血液と酸素に乏しい血液を，出生後あるいは孵化後の心臓のなかで混合しない最初の四肢動物になる（図 14- 6，有羊膜類）。これは完全な心室中隔による左右の心室の区分の結果，および胚の腹側大動脈の

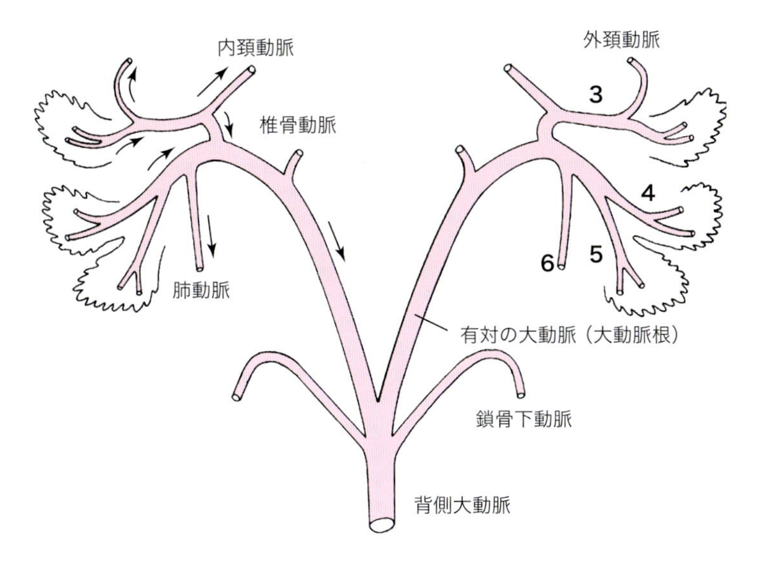

図 14–21
マッドパピーの出鰓動脈（3～6），鰓の上方よりみる。数字は胚の第三，～第六大動脈弓の背側部を指す。矢印は血液の流れる方向。

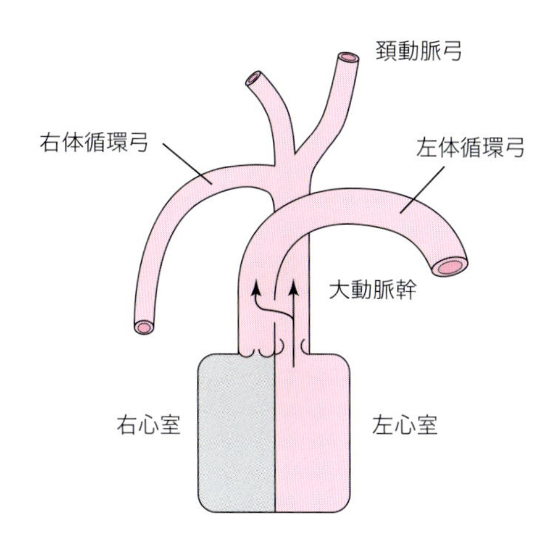

(a)　空気呼吸時の左から右への分流

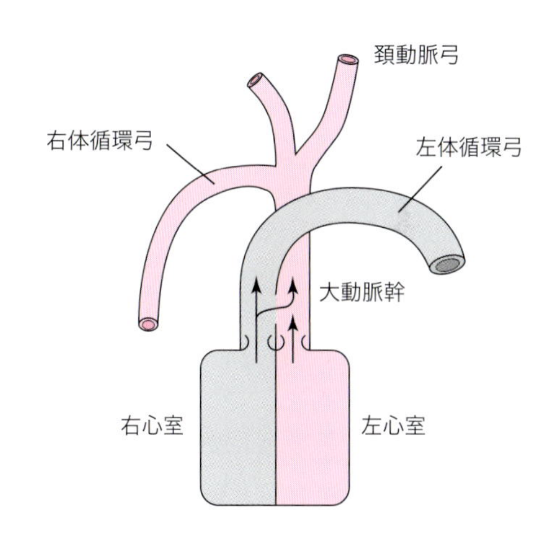

(b)　潜水時の右から左への分流

図 14–23
ワニのパニッツア孔，模式図。曲がった矢印はパニッツア孔を通過している。空気呼吸の間 (a) と，肺が吸排気していないとき (b) の，酸素に富む血液の流れ。

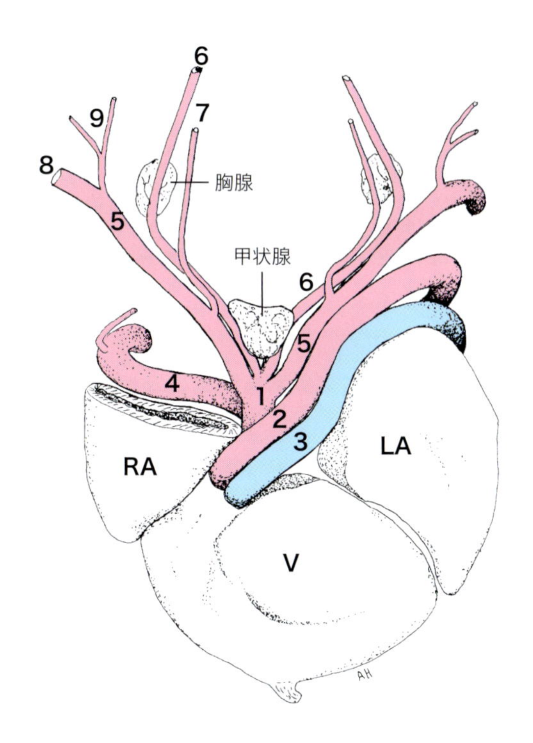

図 14–22
カメの心臓と伸びだす大動脈弓，腹側観。LA：左心房。RA：右心房。V：心室。1：腕頭動脈。2：左第四大動脈弓。3：肺動脈幹。4：右第四大動脈弓。1と4は共通の幹から生じる。5：鎖骨下動脈。6：総頸動脈。7：腹側頸動脈。8：腋窩動脈。9：胸筋と肩筋への動脈。
赤色は酸素に富む血液。青色は酸素に乏しい血液。

わずか2本の動脈幹，すなわち右心室から出る1本の肺動脈幹と左心室から出る1本の大動脈幹への区分の結果として生じた（図 14–19 g, h）（有羊膜類で心臓から早期の大動脈弓に血液を送る血管は**総動脈幹** truncus arteriosus や**心球** bulbus cordis のように様々に呼称される）。

肺動脈幹は第六大動脈弓にのみ通じ，大動脈幹は第Ⅲおよび第四大動脈弓に通じる。左の第四大動脈弓は系統発生学的に鳥類では失われ，哺乳類では右の第四大動脈弓は基部を除き失われる。結果として，鳥類の体循環弓（大動脈弓）は右に向かい（図 14–25），一方，哺乳類では左に向かう（図 14–26）。哺乳類の成体で残った右第四大動脈弓の一部は，右鎖骨下動脈の近位部になる。

それゆえ，鳥類と哺乳類では6対の大動脈弓は胚期に

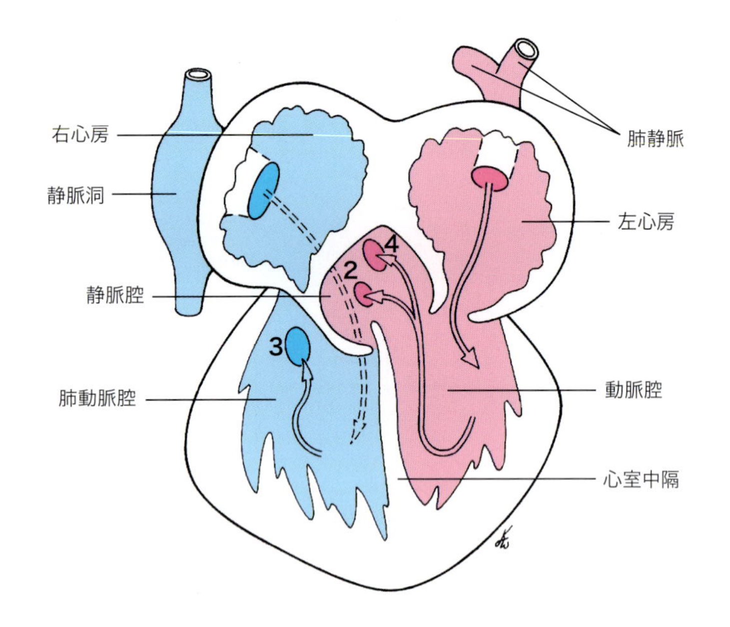

図 14-24
カメの心臓。肺が換気の状態で心室が収縮を始めるとき，酸素に富む血液と酸素に乏しい血液の位置を示す。数字は図 14-22 と同じ。2：左第四大動脈弓（左体循環弓）への開口。3：肺動脈幹への開口。4：右第四大動脈弓（右体循環弓）と腕頭動脈への開口。心室収縮に先行する心房収縮時，酸素に乏しい血液は右心房から静脈腔（破線）を通り，肺動脈腔に達する。

発達し，第一，第二，第五および左第四（鳥類）または右第四の大部分（哺乳類）が消失する。頚動脈管はなくなり，動脈管は鳥類では孵化前に閉塞し，哺乳類では肺に最初の空気を飲みこむとともに閉塞する。開通している間は，動脈管は血液に肺を迂回させ，背側大動脈へ送る（図 14-39，矢印)。背側大動脈は胚の呼吸膜（尿膜または胎盤）に血液を供給する。したがって，血液を肺からそらさせるこのような右から左への迂回路は，孵化前のヒヨコや哺乳類の胚で，爬虫類の成体におけるように機能する。哺乳類でこの迂回路の閉鎖にともなう循環系の調整は後に述べる。

哺乳類の左第四大動脈弓は解剖学者により，単に大動脈弓とよばれる。左右の総頚動脈と外頚動脈は対をなす胚期の腹側大動脈から発達し，内頚動脈は胚の第三大動脈弓と有対の背側大動脈から発達する（図 14-19h)。成体の哺乳類において大動脈弓から生じる血管の個体差や種差を図 14-27 に示す（図 14-26 と 14-27a を比較せよ)。

大動脈弓とフォン・ベアの法則

咽頭派生体に呼吸面が発達するときにはいつでも，最も近い大動脈弓からの出芽がその呼吸面に血管を新生する。咽頭弓が外鰓あるいは内鰓を発達させるとき，咽頭弓の大動脈弓は鰓に血管を新生する。咽頭の床が肺芽を形成するために膨出するならば，最も近い大動脈弓からの出芽が肺芽に血管を新生する。

呼吸のための咽頭派生体への血管新生は，最初の脊索動物までさかのぼる系統発生学的な根源を持つ。外部環境は咽頭に入り，食料を欠く水が 2 つの咽頭弓の間を通過し，そして酸素が大動脈弓から出芽した血管に取り込まれる（これに反して，ナメクジウオは皮膚呼吸を利用する)。有頭動物のすべての胚で 6 対の動脈弓の発達と，新しい環境のニッチ（生態的地位）への適応としていずれかの血管のその後の変化あるいは消失は，フォン・ベアの法則として知られる 19 世紀の概念の表現である。この法則は簡単に第 2 章で記載した。

背側大動脈

背側大動脈は胚の頭部や咽頭上部で対をなし，成体の魚類や鰓呼吸の両生類でもある程度はそうした対をなしている。背側大動脈はすべての成体の頭部で内頚動脈として対のままである。体幹では不対（1 本）となり，そこで体壁や付属肢に向かう一連の有対の壁側枝を，そして一連の有対あるいは不対の臓側枝を生じる。背側大動脈は尾動脈として尾まで続く。

壁側枝

鎖骨下動脈 subclavian arteries は太い分節性動脈である（図 14-16，14-20)。この動脈は胚で有対あるいは不対の背側大動脈の分枝として，あるいは第三大動脈弓（何種かの鳥類）または第四大動脈弓（何種かの哺乳類）から背側大動脈の近くで生じるが，これらの胚期の関係はその後の発生の間に不明瞭となる。四肢動物では鎖骨下動脈は**腋窩動脈** axillary artery として腋窩を横断し，**上腕動脈** brachial artery として上腕と平行して走り，前腕で**尺骨動脈** ulnar artery と**橈骨動脈** radial artery に分岐する。多くの有羊膜類では，両側で 1 枝，**椎骨動脈** vertebral artery が頚部を頭側に向かい，血液を**大脳動脈輪** circle of Willis（ウィリス動脈輪）に供給する（図 16-27 参照)。椎骨動脈は鳥類や何種かの爬虫類ではあまり発達しない。

一連の有対の分節性動脈が，体幹の全長に沿って背側大動脈より生じる。これらの動脈は背側に向かう短い**椎骨筋枝** vertebromuscular branch を軸上筋，皮膚，脊柱へ出し，体壁を腹側正中線まで取り囲む長い**体壁枝** parietal branch（巻末の用語解説参照）を出す。有羊膜類で長い肋骨のあるところでは，体壁枝は**肋間動脈** intercostal arteries とよばれる。**腰動脈** lumbar arteries と**仙骨動脈** sacral arteries はそれぞれの部位での体壁枝である。頚部の分節性動脈は椎骨動脈か

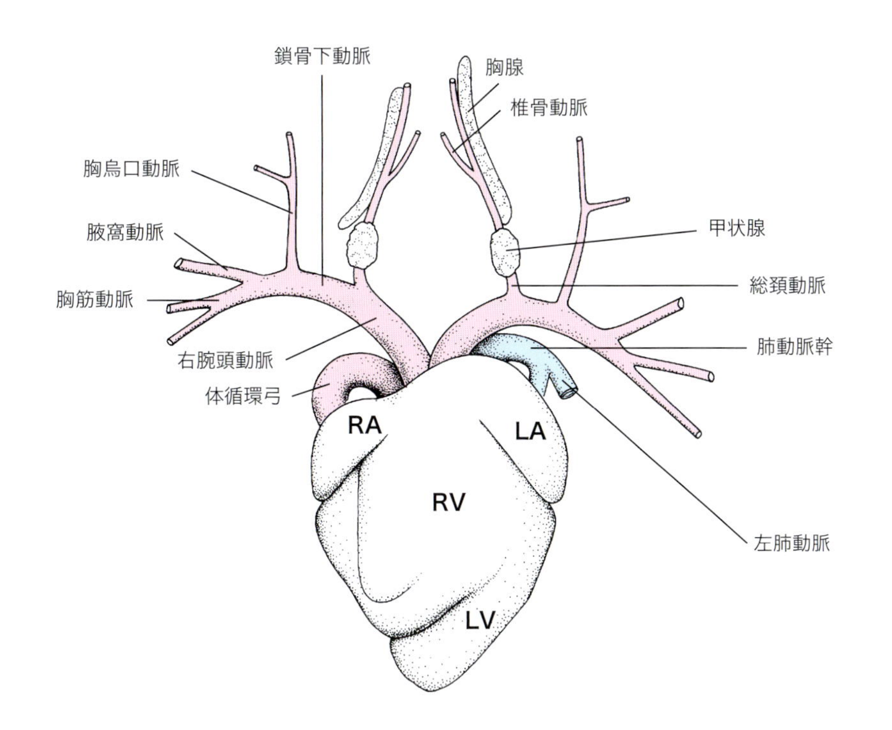

図 14-25
鳥類の心臓と関連する動脈弓，腹側観。LA，RA：左および右心房。LV，RV：左および右心室。体循環弓は右第四動脈弓。有対の腕頭動脈は第四動脈弓基部より遠位の胚の腹側大動脈。成体ではこの動脈は，体循環弓も生じる大動脈幹から共通の幹より生じる（図 14-19g）。

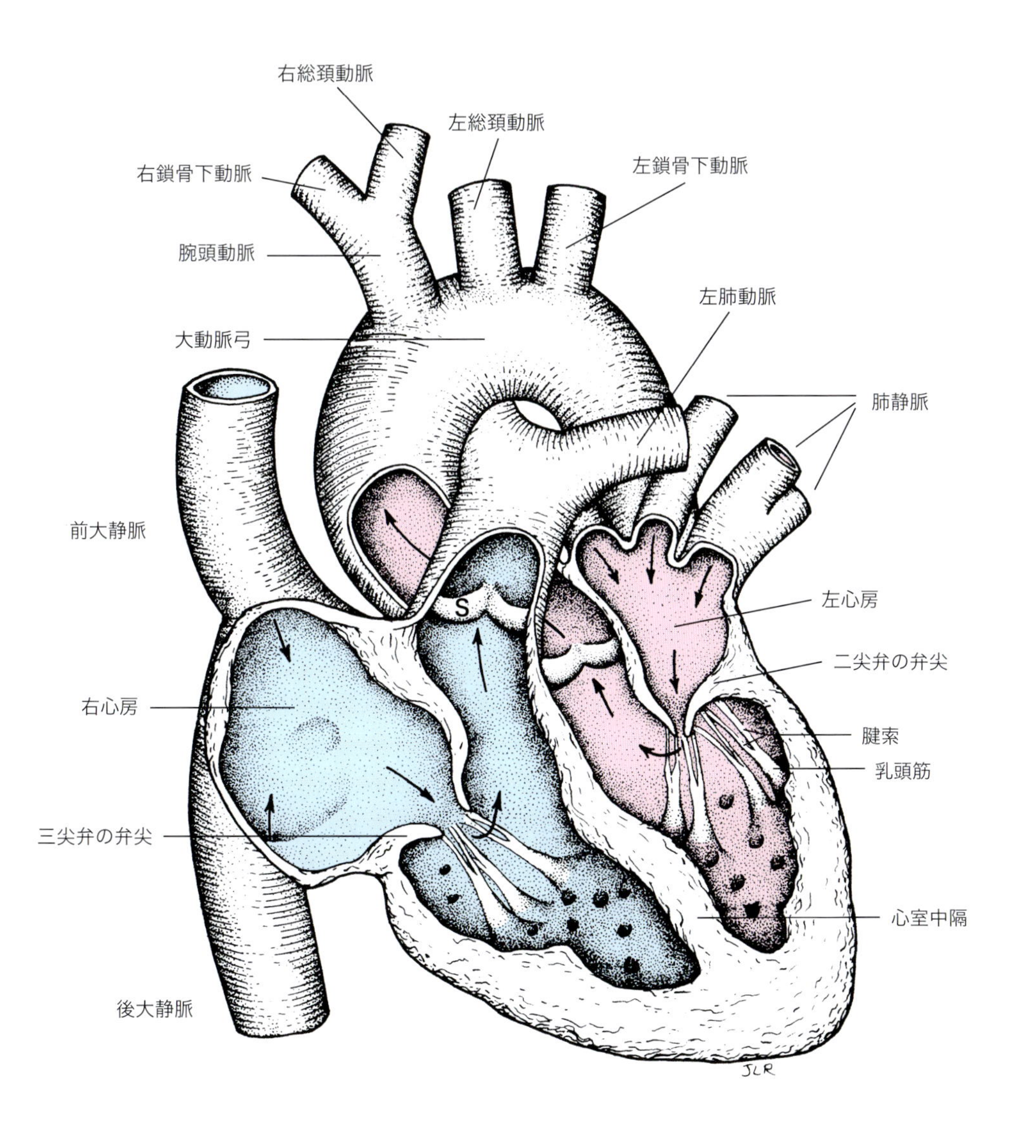

図 14-26
ヒトの心臓，心耳は除去してある。S：肺動脈幹入口の半月弁。同様の弁が大動脈弓の入口にみられる。三尖弁の３番目の弁尖は除いてある。静脈洞は右心房の壁のなかに組み込まれている。

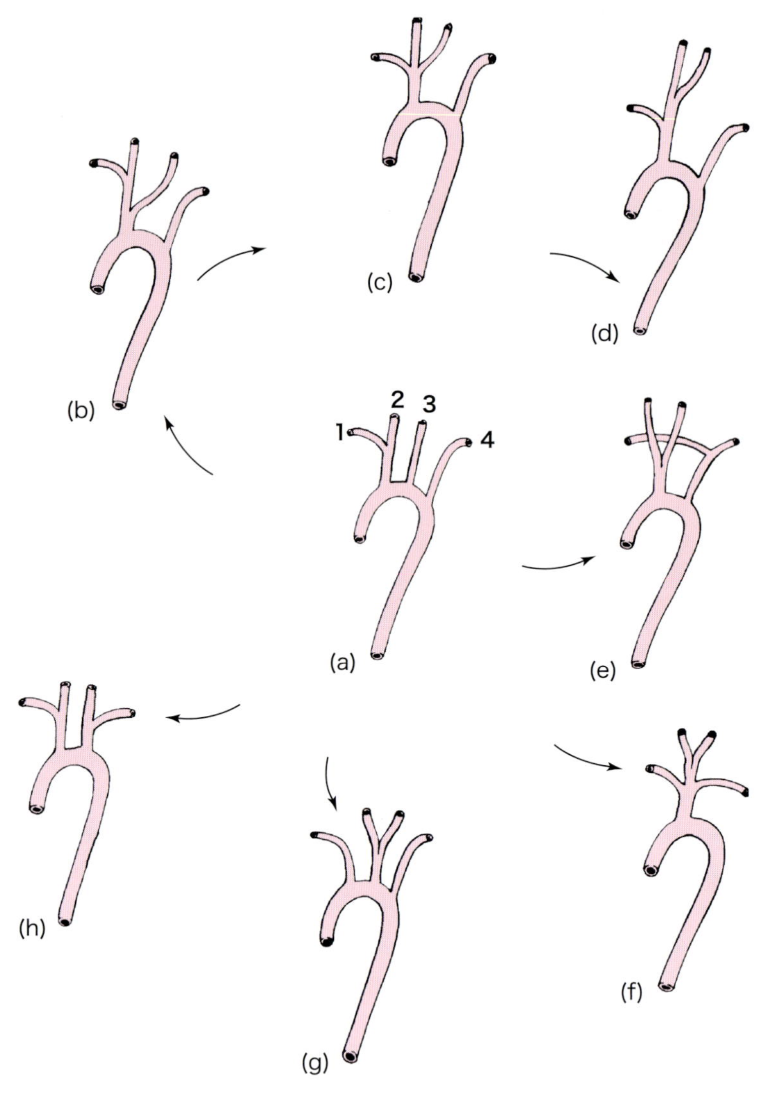

図 14-27
哺乳類の総頚動脈と鎖骨下動脈の分岐に関する種差および個体差。(a) 基本パターン，ヒト，ヤマアラシ*，ウサギ*，ブタ*。(b) ネコ，イヌ*，ブタ*，ヒト*，ウサギ。(c) と (d) ウサギ，イエネコで，(d) の出現頻度は低い。(e) ネコ，ヒト，ラットで，特異な右鎖骨下動脈。(f) 奇蹄類の多く。(g) セイウチ。(h) ヒト，ヤマアラシ，ウサギ。星印（*）は示した動物種で優勢なものを指す。星印のないものは，よくみられるが，優勢ではない。1：右鎖骨下動脈。2：右総頚動脈。3：左総頚動脈。4：左鎖骨下動脈。(e) で示した特異な状態は，ラットの胎子への放射線照射で実験的に誘導された。これらの変異のどれもが，哺乳類のどの種にも生じるかもしれない。

ら生じる。

腸骨動脈 iliac arteries は腹鰭や後肢に血液供給する分節性動脈である。四肢動物では腸骨動脈は大腿では**大腿動脈** femoral artery，膝では**膝窩動脈** popliteal artery，下腿では**脛骨動脈** tibial artery となる。

前方および後方のある分節性動脈からの分枝，特に鎖骨下動脈の分枝と腸骨動脈の分枝は体壁を縦走し吻合する（末端同士がつながる）。**吻合** anastomoses は，ある部位でもし一方の血管が閉塞しても，反対側からの血管が閉塞を越えて影響を受けた動脈枝に血液を供給することを確実にする。吻合は体全体を通して普通にみられる。

臓側枝

一連の**不対の臓側枝** unpaired visceral branches は背側腸間膜を経由して不対の内臓，主として消化器である体腔にぶら下がる臓器に向かう。こうした血管は，マッドパピーのような一般化した種で数が最も多い。3本の不対の動脈幹（**腹腔動脈** celiac artery, **前［上］腸間膜動脈** cranial [superior] mesenteric artery，**後［下］腸間膜動脈** caudal [inferior] mesenteric trunks）は有頭動物に生じることがある（例えば，ツノザメ，鳥類，哺乳類）。

連続する2本の臓側枝の間の吻合は腸管の全長にわたって生じる。哺乳類の吻合する臓側枝には，腹腔動脈の分枝である前（上）膵十二指腸動脈と前腸間膜動脈の分枝である後（下）膵十二指腸動脈との吻合，前腸間膜動脈の分枝である中結腸動脈と後腸間膜動脈の分枝である左結腸動脈との吻合，後腸間膜動脈の分枝である前直腸動脈と内腸骨動脈の分枝である中直腸動脈との吻合がある。吻合はまた胃の大弯や小弯でもよくみられる。

背側大動脈の**有対の臓側枝** paired visceral branches には膀胱，生殖道，生殖腺，腎臓，副腎への動脈が含まれる。一連の生殖腺動脈と腎動脈は原始的な有頭動物に生じ，爬虫類で数対，哺乳類で1対生じる。

有羊膜類の尿膜動脈

有羊膜類の初期の胚における背側大動脈は，将来後肢となる部位で終わり，尿膜に血液を運ぶ左右の**尿膜動脈（臍動脈）** allantoic (umbilical) artery に分岐する（図 14-38）。**内腸骨動脈** internal iliac artery は，肢芽が発達すると臍動脈より出芽し，臍動脈は内腸骨動脈または外腸骨動脈の分枝になる。胚の外腸骨動脈，内腸骨動脈および臍動脈の種特異的な分化成長が，こうした血管の成体での関係の種差を生じる（図 14-28）。

冠状動脈

すべての動脈と静脈の壁は，最も細いものを除き，**脈管の血管** vasa vasorum によって血液が供給される。心臓も例外

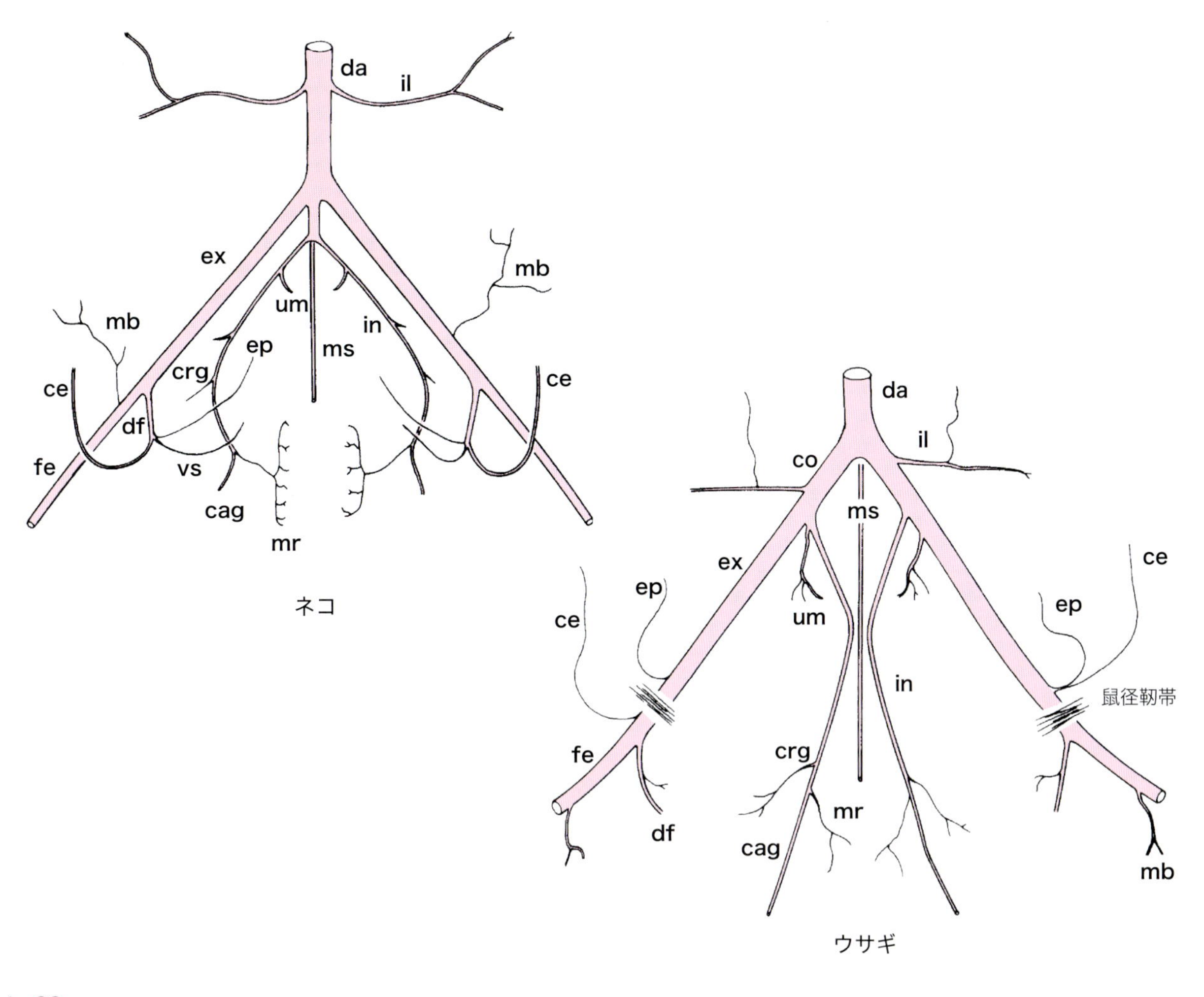

図 14-28
哺乳類の２目での背側大動脈の対照的な終末部。ネコには鼠径靭帯はない。有対血管の起始はしばしば非対称である（ここに示すウサギの図で左右の後腹壁動脈を比較せよ）。
cag：後殿動脈。ce：後腹壁動脈。co：総腸骨動脈。crg：前殿動脈。da：背側大動脈。df：大腿深動脈。ep：外陰部動脈。ex：外腸骨動脈。fe：大腿動脈。il：腸腰動脈。in：内腸骨動脈。mb：筋枝。mr：中直腸動脈。ms：正中仙骨動脈。um：臍動脈。vs：膀胱動脈（ウサギでは欠く）。

でなく，ここの血管は冠状動脈と冠状静脈である。板鰓類では冠状動脈は鰓下動脈より生じ，鰓下動脈は鰓室周囲の数本の動脈ループから酸素に富む血液を受ける（図 14-17b）。カエルでは冠状動脈は頚動脈弓から生じる。爬虫類では右第四動脈弓へ続く大動脈幹から，あるいは腕頭動脈から生じる。哺乳類では半月弁のすぐ上の上行大動脈の基部から起こる。有尾類では冠状動脈への供給は多くの小動脈からなる。

怪網

動脈は，走行過程で著しく曲がりくねり，そこを過ぎると再び真っすぐになる部分を発達させることがある。こうした部分が**怪網** retia mirabilia（単数では rete mirabile）である。怪網は有頭動物のいくつかの群で頭部，頚部，あるいは体幹に存在する。有頭動物の腎臓の糸球体（図 15-2 参照）も，サメ類の偽鰓の動脈網も，同様に怪網である。怪網は異なる部位では異なる機能を果たす。

クジラ類や鰭脚類は体幹の分節状の動脈に多数の怪網を持ち，これらは椎骨の横突起の下や脊髄を収める骨質の脊柱管のなかで保護された場所にある。怪網は合流し，脳に向かう途中の椎骨動脈によって排出される。動物が潜水するとき，内臓は周囲の水圧に圧縮され，血液は内臓から怪網へと押しだされ，怪網は骨性の囲いで圧縮から保護される。怪網は潜水する直前に酸素を取り込んだ赤血球の貯蔵所となる。酸化ヘモグロビンは動物が潜水している間，脳に酸素を供給する。

この曲がりくねった動脈はしばしば同じように曲がりくねった静脈と関連があり，動脈と静脈が伴行し，血流は互いに反対方向となっている。冷たい水中を歩いて渡る鳥類では，大腿の上部にある怪網での対向流は，足に向かう温かい動脈血が体幹に戻る冷えた静脈血に熱を伝えることになる。

戻る血液を体温まで温める間に冷たい水への熱の損失を阻止することで，体温を保存し，それゆえ，エネルギーを節約する。ホッキョクグマや北極海のアザラシは同様の機能を果たす怪網を持つ。

一方，放散しなければならない過剰な熱を遊泳で生じるペンギンや，他の極地の動物の四肢へ向かう動脈の途中には，怪網は生じない。陰嚢に精巣を収める哺乳類は怪網，**蔓状静脈叢** pampiniform plexus をそれぞれの鼠径管に持つ。熱は精巣動脈から精巣静脈に伝わり，陰嚢内の温度を精子の生存に必要な体温よりも下げることを確かにする。

魚類の鰾にある**赤腺** red gland は怪網である。鰾は腹腔動脈の分枝によって血液が供給され，肝門脈系によって一部が排出される。鰾の腔内の高い酸素ガス分圧のため静脈の赤血球に入った酸素を，怪網を去る静脈血は運び去る。怪網のガス分泌域に向かう動脈によってこの酸素は取り戻される。それゆえに怪網は鰾内でのガス状酸素の適切なレベルを維持するのを助ける対向流を備える。

静脈系とその変化

一般化された静脈系は以下のような主要な流れから構成される。**主静脈** cardinals（前主静脈，後主静脈，総主静脈），**腎門脈** renal portals，**外側腹部静脈** lateral abdominal，**肝門脈** hepatic portal，肝静脈洞，冠状静脈（図 14－29a）。

肝門脈系は胚の腸下静脈と卵黄嚢静脈の遠位部に由来し，肝静脈洞は肝臓と心臓の間の卵黄嚢静脈に由来する。さらに２つの静脈系が肺魚と四肢動物で加わる。肺からの**肺静脈流** pulmonary stream と腎臓からの上行大静脈である。これら８静脈路とその支流が全身，つまり頭部，体幹，尾部，付属肢から静脈血を排出する。発生の進行とともに，ある血管の消失と別の血管の形成によりゆっくりと静脈系は変化していく。変化は基幹有頭動物ではほとんどなく，個々のクレード内で派生した特徴としてもっと多い。

基本パターン：サメ類

成体のサメは，有頭動物の基本的な静脈経路の生きた設計図である。発生後期の間にはサメ類の胚期静脈系の変化はほとんど生じないので，サメ類の静脈系の知識，それがどのように発達したかを知ることは，他の有頭動物の静脈系のよい導入になる。

主静脈系

サメ類の心臓に戻るすべての血液を静脈洞は受ける。この血液のほとんどは，消化器からのものを除き，１対の**総主静脈** common cardinal veins によって静脈洞に入る（図 14－29b）。総主静脈は横中隔を外側体壁から心臓への橋として利用する。総主静脈は発生の初期に出現し，基本的にはその後も変化なく留まる。

下顎を除く頭部からの血液は，鰓の背側を走る１対の**前主静脈** anterior cardinal (precardinal) veins に集められ，前主静脈は尾側に走り総主静脈に注ぐ。胚の前主静脈は，総主静脈と同様に，基本的には変化なく生涯残る。

胚で最も早く出現する**後主静脈** posterior cardinal (postcardinal) veins は尾静脈につながる（図 14－29a）。胚の後主静脈は発生中の腎臓の外側を頭側に走り，その経路で腎臓からの一連の腎静脈を受け，総主静脈に注ぐ。その頭側端は，成体のサメ類では拡張して**後主静脈洞** posterior cardinal sinuses になる。

胚の後主静脈が機能している間，主下静脈叢から後主静脈の新たな１対を腎臓の間に形成する（カメでの同様の静脈叢を図 14－35 に示す）。これらの新たな静脈は古い後主静脈と腎臓の前端で合流し，これもまた腎臓から静脈血を排出する。腎臓からのますます多くの血液が新たな静脈に流入するので，古い後主静脈は腎臓より頭側ではなくなる（図 14－29b）。その後，後主静脈の名称は新たな血管に当てられる。成体では，これらは主として腎臓，体壁，性腺から血液を排出する。

腎門脈系

サメ類の発生の初期に，尾静脈からの血液の一部は消化管から血液を排出する腸下静脈として腸の下層を頭側へ続く（図 14－29a）。その後尾静脈は腸下静脈との連絡がなくなる（図 14－29b）。古い後主静脈が腎臓より頭側でなくなると，尾部からのすべての血液は，その後，尿細管を取り囲む毛細血管（**尿細管周囲毛細血管** peritubular capillaries）に入る。この結果が腎門脈系である。

外側腹部静脈系

腹鰭に始まり，そこで**腸骨静脈** iliac vein を受けて，両側の外側体壁を頭側に走るのが**外側腹部静脈** lateral abdominal vein である（図 14－29b）。これは胸鰭で**上腕静脈** brachial vein を受け，その後心臓に向かって急に曲がり，総主静脈に入る。上腕静脈と総主静脈の間の腹部静脈路の部分が**鎖骨下静脈** subclavian vein である。有対鰭からの血液を集めるのに加えて，腹部静脈は**排泄腔静脈** cloacal vein，外側体壁から体節性の**体壁静脈** parietal veins の一群および小さな支流を受ける。この基本的な静脈路はその後の発生の

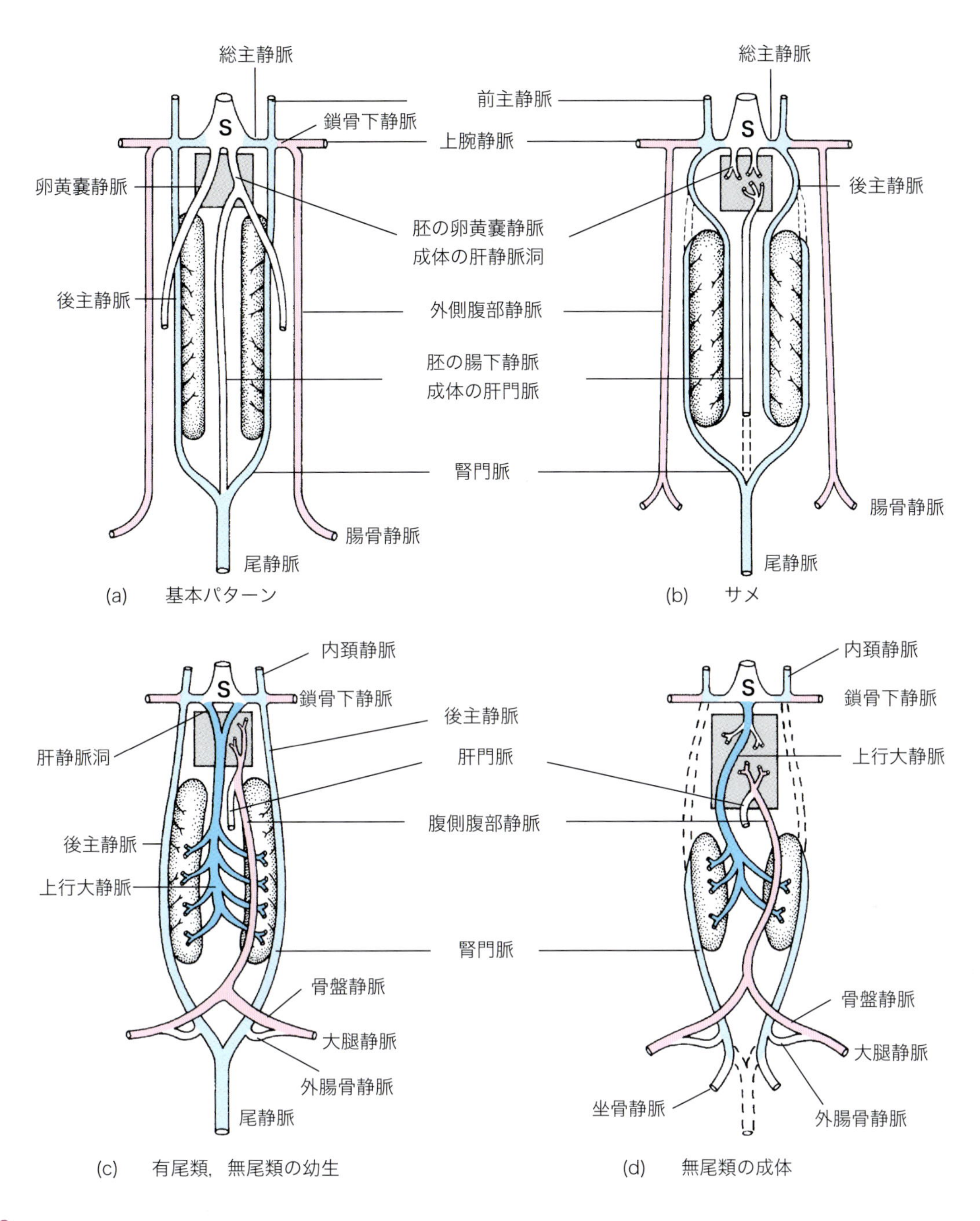

図 14-29
サメ類と両生類での基本的な静脈パターンの変化。破線はなくなった部分を示す。淡青色は主静脈と尾静脈系（腎門脈系）。濃青色は腎静脈を受ける上行大静脈。赤色は腹部静脈系。S：静脈洞。腎臓を斑点で，肝臓を灰色で示す。(b) ～ (d) で腎臓の内側の静脈路は，胚の主下静脈叢から発達する。

間も変化なく残存する。

肝門脈系と肝静脈洞

有頭動物の胚に現れる最初の血管のなかに，卵黄嚢が機能的であろうとなかろうと，卵黄嚢から心臓へ向かう対をなす**卵黄嚢静脈** vitelline veins，すなわち**臍腸間膜静脈** omphalomesenteric veins がある（図 5-12，16-6 参照）。卵黄嚢静脈の 1 本は直ちに胚の**腸下静脈** subintestinal vein に接続し，消化管の静脈血を排出する（図 14-29a）。発生中の肝臓が大きくなるので，腸下静脈は卵黄嚢静脈を取り囲み，多くの洞様血管に分かれる。肝臓の尾側で 1 本の卵黄嚢静脈が消失し，別の 1 本が腸下静脈とともに肝門脈系となり，体腔の消化器や脾臓からの血液を排出する。肝臓と静脈洞の間で 2 本の卵黄嚢静脈は**肝静脈洞** hepatic sinuses となる（図 14–29b）。

その他の魚類

その他の魚類の静脈はサメ類のものとよく似ている。現存する無顎類では腎門脈系がなく，胚には２本の総主静脈が発達しているが，成体では左総主静脈はない。腹部静脈はほとんどの条鰭類で欠けており，腹鰭の血液は後主静脈により排出される。肺魚類では腹鰭の血液は静脈洞に終わる不対の腹側腹部静脈により排出され，右後主静脈は欠損する。条鰭類の鰾からの血液は肝静脈，肝門脈，後主静脈へ注がれるか，あるいは総主静脈へ注がれる。肺魚類では左心房に注がれる。冠状静脈はすべての魚類で静脈洞に注ぐ。

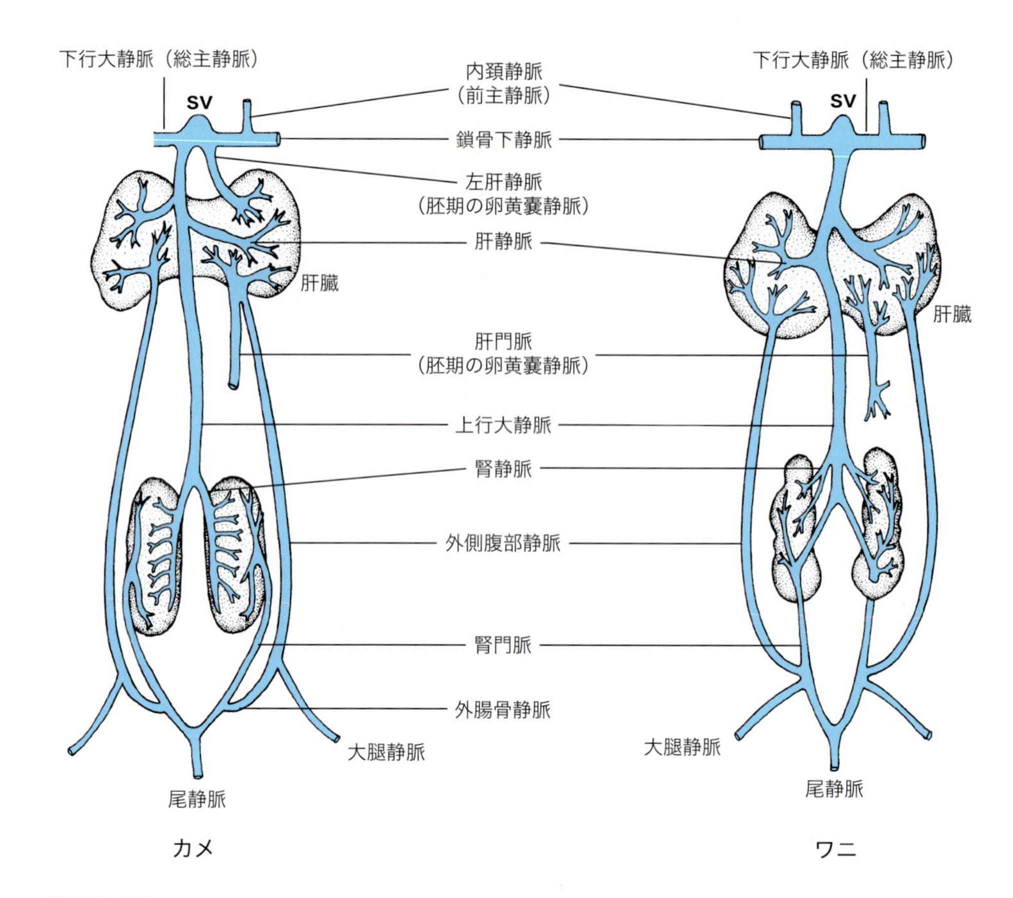

図 14–30
爬虫類２種の静脈系。基本パターンの血管だけは図 14–29a に示した。ワニ類の腎門脈系の主枝は毛細血管に終わることなく腎臓を通って続く。sv：静脈洞。

四肢動物

四肢動物の発生初期の静脈はサメ類の胚のものと基本的に同じである。私たちは，ある血管が加わり，ある血管がなくなることにより，どのようにしてサメ類の胚の基本的なパターンが成体のサメの静脈に変化するかをみてきた。ここでは，胚での同じパターンが四肢動物の成体の静脈にどのようにして変化していくかをみる。

主静脈と下行大静脈

四肢動物の胚は後主静脈，前主静脈，総主静脈を持つ。有尾類では胚の後主静脈が尾静脈と総主静脈の間に生涯残存する（図 14–29c）。この点においてマッドパピーはサメよりも変化していない。無尾類では，胚の後主静脈の腎臓よりも頭側の部分は発生の進行とともになくなり（図 14–29d），後主静脈と尾静脈の連絡は変態時になくなる。有羊膜類では新たな血管，上行大静脈が徐々に多くの支流を獲得していくため，腎臓より頭側の後主静脈はほとんどの場合，胚発生の間に消失する（図 14–30，14–31）。しかし，哺乳類では右後主静脈の前方部分は**奇静脈** azygos の名称で存続し，左後主静脈の一部は**半奇静脈** hemiazygos として残る（図 14–32，14–33）。これら２本の血管は肋間隙の血流を排出する（図 14–34）。奇静脈は古い右総主静脈（下行大静脈）に注ぐ。この静脈は半奇静脈から横行側副路を受ける。

有羊膜類の総主静脈は**下行大静脈** precavae として，また前主静脈は**内頸静脈** internal jugular veins として知られる。ほとんどの哺乳類は左右の下行大静脈を持つけれど（図 14–33），ネコやヒトを含むある種のものは左の下行大静脈（左総主静脈）の大部分を胚期に失う（図 14–32）。横行血管，すなわち左腕頭静脈は，左頭部や左前肢からの静脈血を右下行大静脈に迂回させる（図 14–32）。左下行大静脈の遺残は**冠状静脈洞** coronary sinus として残る。冠状静脈洞は心臓表層の洞様血管で，数本の冠状静脈を受けて右心房に注ぐ。ヒトで残存する右下行大静脈は**上大静脈** superior vena cava（哺乳類の前大静脈）として知られる。下行大静脈は爬虫類では静脈洞に，鳥類や哺乳類では右心房に注ぐ。

上行大静脈

上行大静脈は胚発生時に腎臓から腎静脈を受ける主下静脈叢 subcardinal venous plexus で生じる（図 14–35）。1 本の主下静脈（通常は右側）が優勢で，肝臓が発達中の腸間膜のなかへと成長していき，肝静脈洞と合流する。この血管が

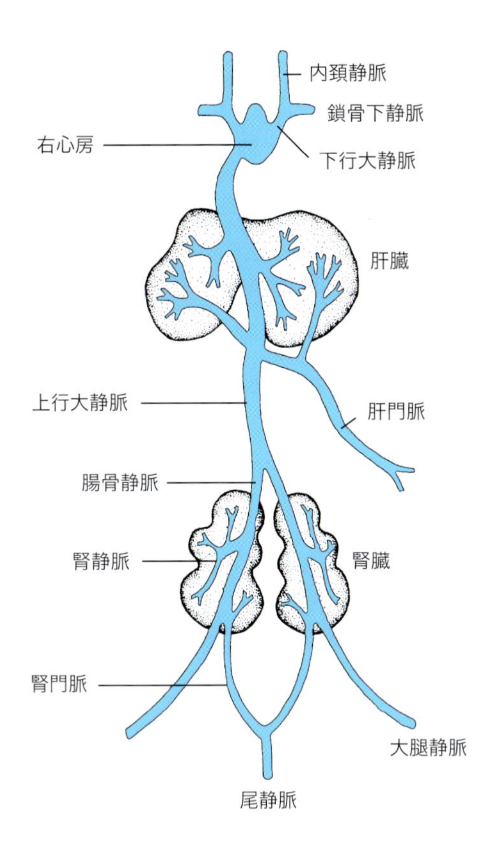

図 14－31
鳥類の主要な静脈系。

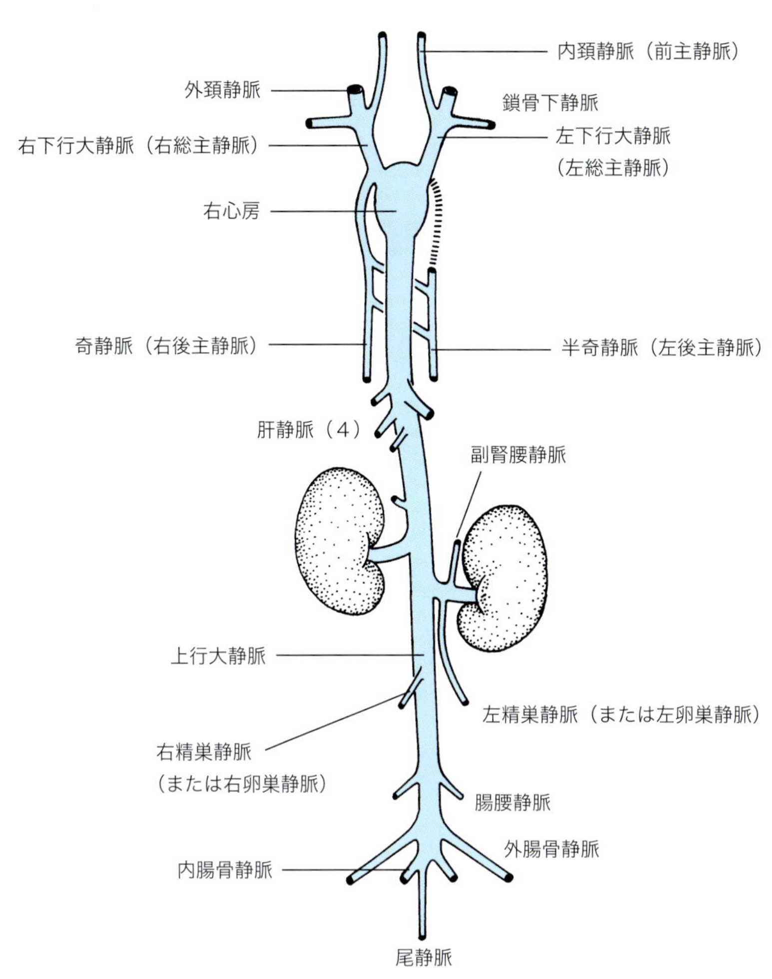

図 14－33
ウサギの主要な静脈系，腹側観。破線は左後主静脈の消失した部分を示す。精巣静脈または卵巣静脈の１枝が腎静脈内へ入るのはウサギではあまりみられず，ネコでよくみられる。

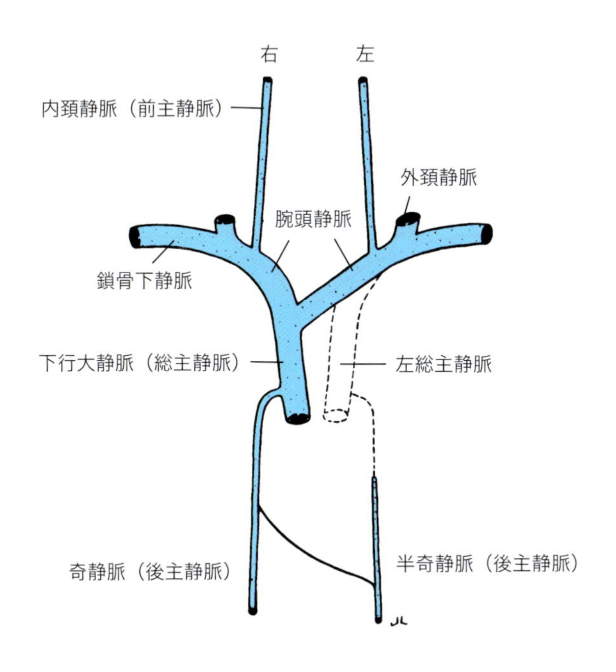

図 14－32
ネコ，ヒトでの頭側の基本的な静脈，腹側観。破線は個体発生中に消失した血管を示す。こうした血管はネコやヒトを含む哺乳類の成体でも奇形として残ることがある。内頸静脈と外頸静脈は時々合流する。

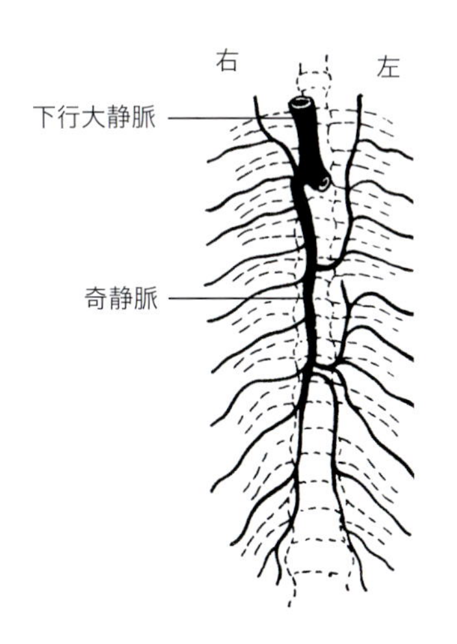

図 14－34
アカゲザルの奇静脈（右側）と半奇静脈（左側），腹側観。この状態はこの動物種の数多い変異の１つ。同じような変異はヒトでもみられる。

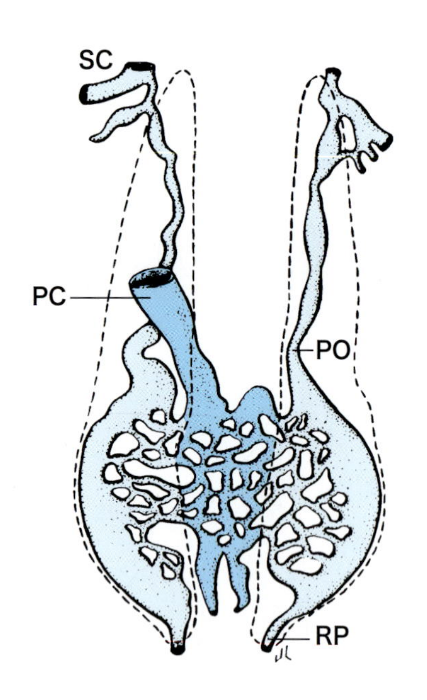

図 14－35
カメ *Chrysemys* の胚の主下静脈叢と上行大静脈（濃青色）の起源，腹側観。中腎は破線で外形を示す。PC：上行大静脈。PO：左後主静脈。RP：腎門脈。SC：鎖骨下静脈。

上行大静脈 postcava となる。拡大する肝臓がこれを囲むが，毛細血管にまで細分することはない。このように上行大静脈は腎臓から肝静脈洞を経由して心臓に至る高速路となる（図 14－29c，d）。四肢動物のほとんどで，2 本の肝静脈洞は最終的には癒合して 1 本の正中の血管を構築し，上行大静脈の一部となる（図 14－29d，14－30，14－31）。哺乳類では上行大静脈は**後大静脈** caudal vena cava（**下大静脈** inferior vena cava）ともよばれる。

ワニ類では，腎門脈に入る後肢からの血液の一部は腎臓の毛細血管を迂回して，直接，上行大静脈に注ぐ（図 14－30，ワニ）。すべてではないがほとんどの鳥類と哺乳類では，後肢からのすべての血液が上行大静脈に直接注ぐ（図 14－31，14－33）。

上行大静脈の完成により，以前は腎臓から後主静脈を経て心臓に戻っていた血液は，今や上行大静脈を使い，後主静脈は縮小して肋間隙を排出する。

腹部静脈系

初期の四肢動物の胚では，対をなす外側腹部静脈は将来の後肢の位置で体壁に始まり，外側体壁を頭側に向かって走り，発達中の前肢からの静脈を受け，総主静脈または静脈洞に終わる（図 14－29a）。四肢動物で発生が進むにつれ，この静脈は経路を変える。

両生類では 2 本の胚の外側腹部静脈は，腹側正中線の両側を互いに近くを並行して走り，かなり前方の正中腹側壁で，腹側体壁と発達中の肝臓を結ぶ胚の鎌状間膜の地点で合流して 1 本となる（図 14－29c，d）。**腹側腹部静脈** ventral abdominal vein となったこの静脈内の血液は，鎌状間膜内の静脈路と連絡し，この静脈路の 1 つが拡大し，間もなく腹側腹部静脈のすべての血液は鎌状間膜を横切り，肝臓に注ぐ（図 14－29c，d）。その後，肝臓の頭側の外側腹部静脈の無用となった部分は消失する。この結果，発達中の後肢の毛細血管と肝臓の毛細血管との間にある門脈路が両生類で確立する。これがすでに確立された肝門脈系，すなわちすべての有頭動物で消化器と脾臓の血液を排出する門脈系につけ加えられる。この経路変更は腹部静脈系を前肢から分離する（図 14－29d）。

爬虫類では，2 本の外側腹部静脈は 1 本に融合しない（図 14－30）。その代わり，2 本の静脈は両生類と同じ変化をし，鎌状間膜を体腔を横断して肝臓の毛細血管へつなぐ橋として用い，総主静脈との連絡を失う。外側腹部静脈は腹側体壁に沿って通過するとき，一時的な分枝，すなわち 2 本の**尿膜静脈** allantoic veins を獲得する（図 5－13b の尿膜は孵化前の爬虫類の呼吸膜の一部である）。尿膜血管は，孵化に先立って尿膜の胚体外部分が消失するときに退行する。鳥類では胚の腹部静脈路は成体には全く残存しない（図 14－31）。

腹部静脈系は哺乳類でも役割を果たすが，胚期に限られる。胎子の体内で臍に始まり，鎌状間膜を横断し，肝臓に入る**臍静脈** umbilical vein（**尿膜静脈** allantoic vein）の一部が，腹部静脈系で残されるすべてである（図 14－38）。臍静脈は他の有頭動物の外側腹部静脈のように，胚発生の初期に腹外側体壁の 1 対の血管として始まるが，後肢の血液排出路との連絡は発達しない。この非常に早期の血管からの分枝が臍帯に出芽し，胎盤に血管を形成する。直ちに対をなす胚性の血管は合体して 1 本の臍静脈を形成する。哺乳類での腹部静脈路は胎盤からの血液排出以外の役割はない。出生時，臍静脈は臍帯とともに切断され，臍と肝臓の間に残る部分にも血液はもはや流れず，この部分は**肝円索** round ligament of the liver となり，臍と肝臓の間に広がる鎌状間膜の遊離縁に線維性の肥厚として認められる。このように，哺乳類の祖先での変化の歴史は，かつては後肢，体壁，前肢の血液を排出した極めて古い腹部静脈路を変化させてきた。今や胎盤から血液を排出するのは厳密に胚の血管である。

哺乳類の胚の臍静脈は，大量の血液を肝臓の実質を通って上行大静脈のなかへと送る太い血管である**静脈管** ductus venosus を形成する（図 14－38，3）。出生後，この血管は靭帯，すなわち**静脈管索** ligamentum venosum になる。

腎門脈系

両生類の腎門脈系は支流である**外腸骨静脈** external iliac vein（**横腸骨静脈** transverse iliac vein）（有羊膜類の腸骨静脈とは異なる）を獲得し，この静脈が後肢から一部の血液を腎門脈系へ運ぶ（図 14－29c，d）。この血管は後肢から心臓へのもう 1 つの経路をなす。この連絡は爬虫類にも存在する（図 14－30）。これは，哺乳類で尿膜静脈より先の腹部静脈路が実質的に欠損することに対応する要素の 1 つであったのかもしれない。

ヘビ類は後肢がない。そのため腎門脈系はその根本的な関係がみられる（図 14－36）。ワニ類では腎門脈系を経て腎臓に入る後肢からの血液の一部は，腎臓の毛細血管を迂回し，腎臓を通り抜け上行大静脈に向かう（図 14－30，ワニ）。鳥類では，これは後肢から心臓への重要な経路になる（図 14－31）。獣亜綱の哺乳類では腎門脈系は消失する。

先に述べたことから，四肢動物の後肢は連続する血管，すなわち腹部静脈系，腎門脈，最後に上行大静脈によって血液を排出されてきたことが理解できる（図 14－37）。哺乳類の腎臓の胚発生における造腎中胚葉の尾側端の置換は（第 15 章参照），哺乳類で腎門脈系が進化の過程で欠損する要素の 1 つかもしれない。

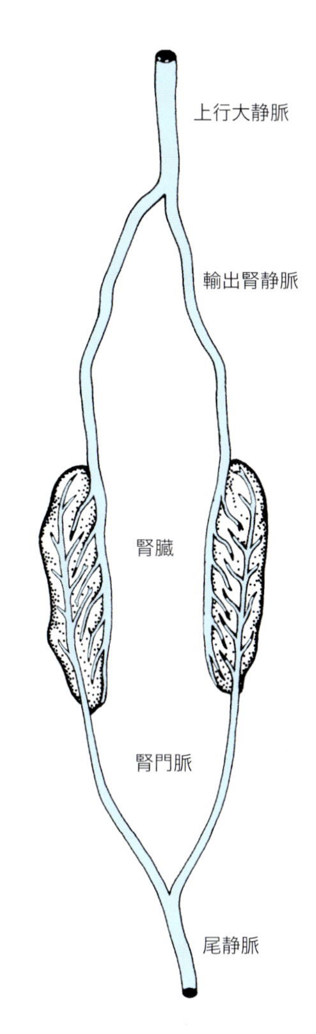

図 14－36
ヘビの腎門脈系と腎臓からの静脈血の排出路。

肝門脈系

肝門脈系はすべての有頭動物で類似している。主に胃，膵臓，腸，脾臓から静脈血を排出し，肝臓の毛細血管に終わる。サメ類で胚の卵黄嚢静脈と腸下静脈からの起源についてはすでに述べた。四肢動物でも同じパターンで生じる。腹部静脈系（哺乳類では臍静脈）は両生類を初めとする肝門脈の支流となる。鰓からの静脈はしばしば硬骨魚類で肝門脈の支流となる（閉鰓型の鰓を持つ真骨類でみられる）。

冠状静脈

多くの両生類では明瞭な冠状静脈系を欠くようである。カエル類では 1 本の冠状静脈が左下行大静脈に入り，もう 1 本は肝臓の近くで腹側腹部静脈に注ぐ。爬虫類と哺乳類では数本の冠状静脈が冠状静脈洞または直接右心房内へ注ぐ。冠状静脈洞は左心房と心室の間の溝である**冠状溝** coronary sulcus 内で心臓の表面にある。

哺乳類胎子の血液循環と出生時の変化

哺乳類の胎子の血液は背側大動脈の尾側端から臍動脈に入る（図 14－38）。この動脈は臍帯を通り胎盤に向かう。胎盤から酸素に富んだ血液は臍静脈を経て胎子に戻り，鎌状間膜を横切って肝臓に入る。酸素と同様に栄養物を含むこの血液の一部は，処理のために肝臓の毛細血管に入る。血液の大部分はノンストップで静脈管を経て上行大静脈に直行し，最終的に右心房に入る。右心房から，血液は心房間孔（心臓の卵円孔）を通過し，肺への循環を回避して左心房に入る。卵円孔は垂れ幕状の弁により一方通行となっている。左心房から血液は左心室に入り，次の収縮期に体循環弓へ押しだされる。このように酸素に富む血液は胎子の頭部，体幹，四肢に送られる（図 14－38）。

肺から左心房に戻った酸素の乏しい血液は，その量が，卵円孔を通って注ぎ込む血液と比較して，分娩直前を除けば非常に少なく，両者は混ざるが酸素に富む血液をわずかに薄めるに過ぎない。

主要な静脈系から右心房に戻る血液の大部分は右心室に入り，次の収縮期に肺動脈幹に押しだされる。しかし，動脈管が開通していて機能し，この血液の少量を除くすべては肺を

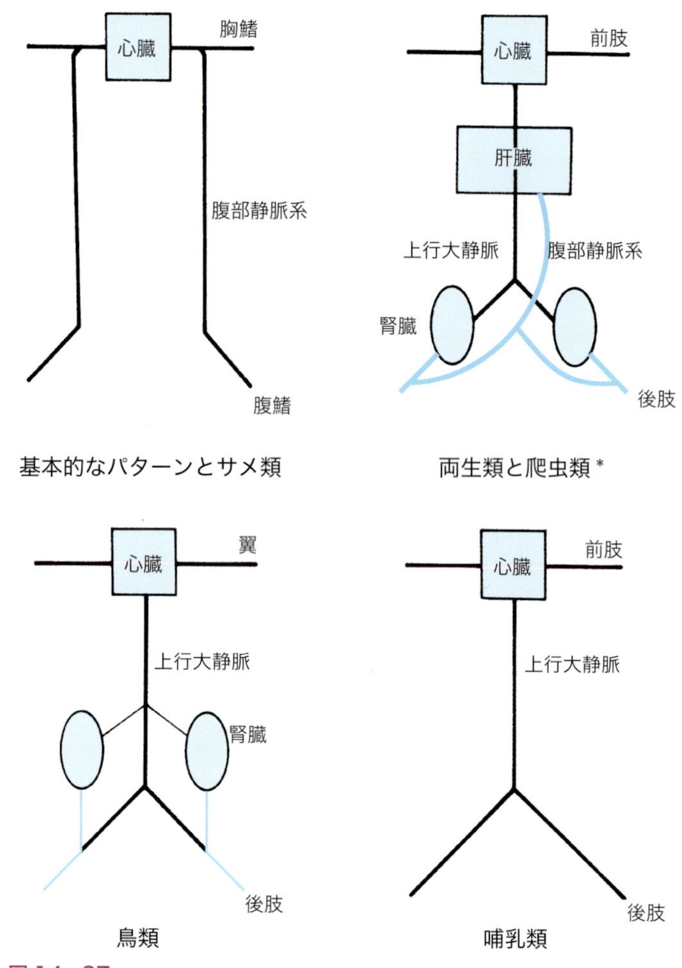

図 14－37
有対鰭や有対肢からの静脈経路，模式図。鳥類で細い線で描かれた血管は相対的に少ない量の血液を運ぶ。青色の血管は門脈系を示す。
＊：爬虫類の腹部静脈系は有対。

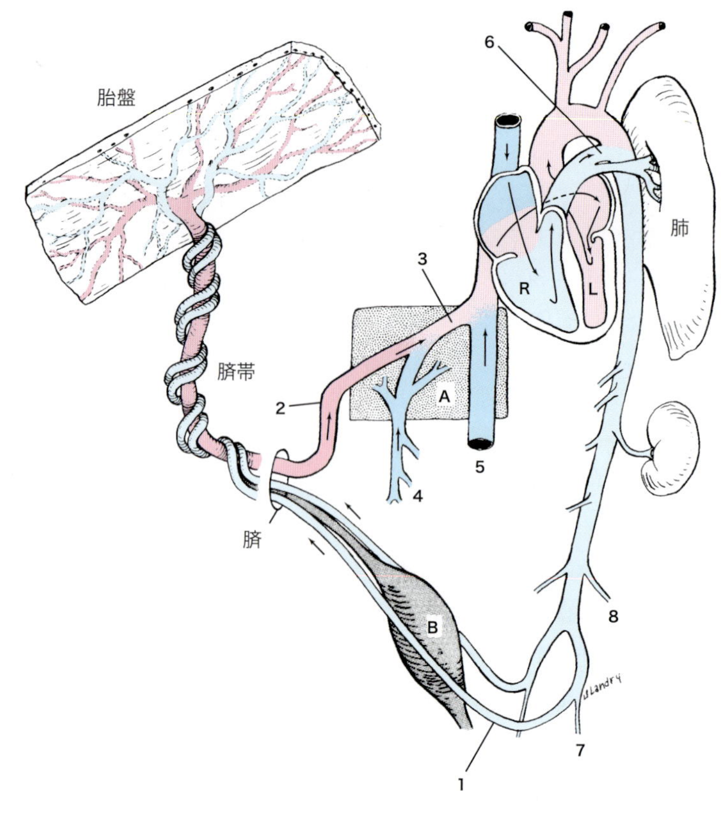

図 14－38
哺乳類胎子の血液循環。濃赤色は酸素に富む血液，濃青色は酸素が乏しい血液，淡赤色はかなり酸素を含む混合血，淡青色は混合血。
1：臍動脈。2：鎌状間膜内の臍静脈。3：静脈管。4：肝門脈。5：上行大静脈（下大静脈）。6：動脈管。7：内腸骨動脈。8：肢芽内へと成長中の外腸骨動脈。灰色は尿膜。A：肝臓。B：尿膜の基部，尿膜は膀胱内へ発達中。L：左心室。R：右心室。出生後膀胱より遠位で尿膜の収縮した部位は尿膜管になる。胎盤から右心房に戻る血液の多くは卵円孔（図にはないが，破線の流れ線で示す）を通って左心房内に入り，左心室を経て頭部や前肢に供給される。

迂回して背側大動脈に入る（図 14－39，青色）。胎子の酸素需要を満足させる十分な量の血液は，臍動脈を経て胎盤に達する。

この説明から，胎子を循環中の血液は，酸素に富む臍静脈を除き，酸素が少ないか，様々な程度で混ざっていること，臍動脈は酸素の取り込みが必要な血液を受け入れること，脳や体幹は酸素が最も豊富な血液を受けていることがみて取れよう。基本的に全く同じ尿膜循環が孵化前の鶏胚でみられる。

胎子の血液循環は，２つの独立した心室が発達するまでは，正確には前述したようではないことを指摘しておかねばならない。ヒトでは，こうした循環は胎生第８週の初めまでない。

出生時，血液循環の４つの主要な変化が生物を肺呼吸に適応させる。

1．動脈管は，その筋壁へ伝わる神経刺激の結果，閉鎖する。この刺激は，分娩後最初の呼吸で肺が空気で満たされると，反射的に始まる。鳥類では通常，これは孵化の前日にあり，閉じこめられたひなは胚体外膜に孔を開け，この膜と卵殻の間に取り込まれた空気で呼吸を開始する。卵殻内でひながぴーぴー鳴き始めるとき，ひなは肺のなかにすでに空気を入れている。その後間もなく，肺動脈幹に入る血液のすべてが肺に入り，鳥類や哺乳類の動脈管は**動脈管索** arterial ligament（ligamentum arteriosum）に変わる。
2．垂れ幕状の心房間の弁は，肺から入る血液量の著しい増加の結果として左心房からの圧が急激に増すことで，卵

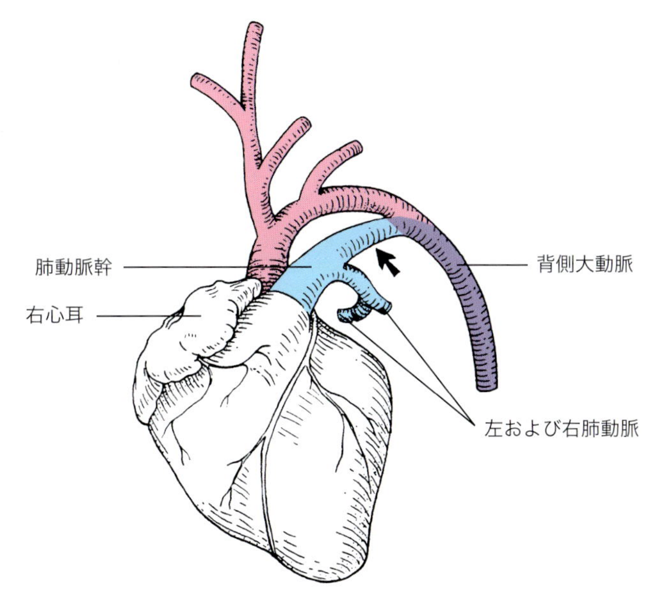

図 14－39
ブタ胎子の動脈幹（矢印）。左心耳は肺動脈をみせるために除去。背側大動脈の血液は混合している。

円孔に向かって押しつけられる。この弁は右心房内の酸素に乏しい血液が，今や肺からの酸素に富む血液だけを含む左心房に入ることを阻止する。2，3日の間に卵円孔は永久に閉ざされ，単なる瘢痕である卵円窩として残る。

3．出生時に，臍動脈と臍静脈は臍で切断される。その後臍動脈を通って膀胱より遠位に向かう血液はなく，膀胱への供給は続けられる。その結果，膀胱から臍への臍動脈は，膀胱の腹側腸間膜の自由縁で**臍動脈索** lateral umbilical ligament に変わる。
4．その源が切断されたため，血液はもはや臍静脈へは流れなくなる。その結果，この血管は肝円索となり，静脈管は静脈管索になる（静脈管索はクジラ類の妊娠の半ばで生じ，臍静脈の血液を右心房に行く途中に肝臓毛細血管を通過するように強いる）。こうした変化の結果として，胎子期の哺乳類（または鳥類）は，尿膜呼吸生物あるいは胎盤呼吸生物から空気呼吸ができる生物に変わる，そして実際そうするように強いられる。

卵円孔の閉鎖不全，あるいは動脈管の圧搾不全は，外皮毛細血管内の赤血球のヘモグロビン量減少により，チアノーゼ（ヒトでは皮膚，唇，爪床の紫色）を起こす。この状態は，もし左心房内の血圧が卵円孔の弁をこの孔に押しつけるに十分にあれば，短絡路の流れが阻止され，この状態は改善される。

呼吸と循環の体系的な要約

第 13 章の初めに記したように，呼吸器系と循環系は，酸素要求に応じ，代謝老廃物を排除するためによく似た役割を受け持つ。進化における画期的な変化の多くは，拡散（伝播）効果の改善を示し，呼吸器系と循環系の両者を巻き込む。図 14－40 はガス交換と関連する主要な共有派生形質を要約する。

こうした構造がどのようにして種間で異なり，同一種内でも異なる呼吸を達成するのに使われるのか？　同じような構造は 1 つ以上の機能を持つことがある。ナメクジウオでは，心房壁の横筋（図 3－7c 参照）は，濾過食の間に引き込んだ砂の粒子を追い払うため“咳反射”を起こす。先に述べたようにナメクジウオは皮膚呼吸を利用する。現存する無顎類では，水は咽頭の鰓節性収縮筋の筋収縮により押しだされる。水は咽頭内へ軟骨性鰓籠の弾性拡張で引き込まれる。このように，これらの動物群は単相の筋性ポンプを持つ。

これに反して，有顎類は複雑な，関節する咽頭骨格を持ち，鰓の上に水を押しだす吸気性筋と呼気性筋の両者を必要とする（二重の筋ポンプ）。硬骨魚類の鰾の起源とともに，水中環境での低い酸素レベルの間，大気中の酸素は鰓呼吸を補強することができる。こうした分類群では，水を鰓の上に押しだすポンプとして使われるのと同じ類咽頭筋が，飲みこんだ空気を鰾内へ押しこむポンプとして使われる（陽圧ポンプ）。肺の柔軟性と周辺の体組織の抵抗に勝るように，空気に十分な圧をかけるために，生物には機械的なコストがかかる。拍動ポンプ生物での適応には，こうした抵抗する組織の減少も含まれる（例えば，カエルの肺は背側に位置し，その上の肋骨が非常に縮小した）。

他方，吸引呼吸では，胸腔は拡張して胸腔内を陰圧にし，大気を取り込む。鰓呼吸と拍動ポンプに利用される筋は，胸腔を拡張する他の筋に置き換わる（例えば，胸郭の肋間筋や哺乳類の横隔膜）。

図 14－40 における呼吸戦略は重なり合い，ある生物では 1 つ以上の作業を利用することができる。魚類の二重の筋性ポンプは空気を鰾に送るように作業的に変化できる。生息環境の低い酸素分圧にさらされた鰓呼吸の魚類は，拍動ポンピングに移行できる。このパターンは，利用できる溶解酸素の日々の変化や川が干上がる季節的な夏眠期間に直面する熱帯の肺魚類でみられる。それとは別に，ある 1 種はその生涯の間に戦略を変更することもある（例えば，鰓呼吸の幼生が変態で拍動ポンピングに移行）。拍動ポンピングの機械的なコストのため，吸引モードへの移行はなんであれ潜在的にエネ

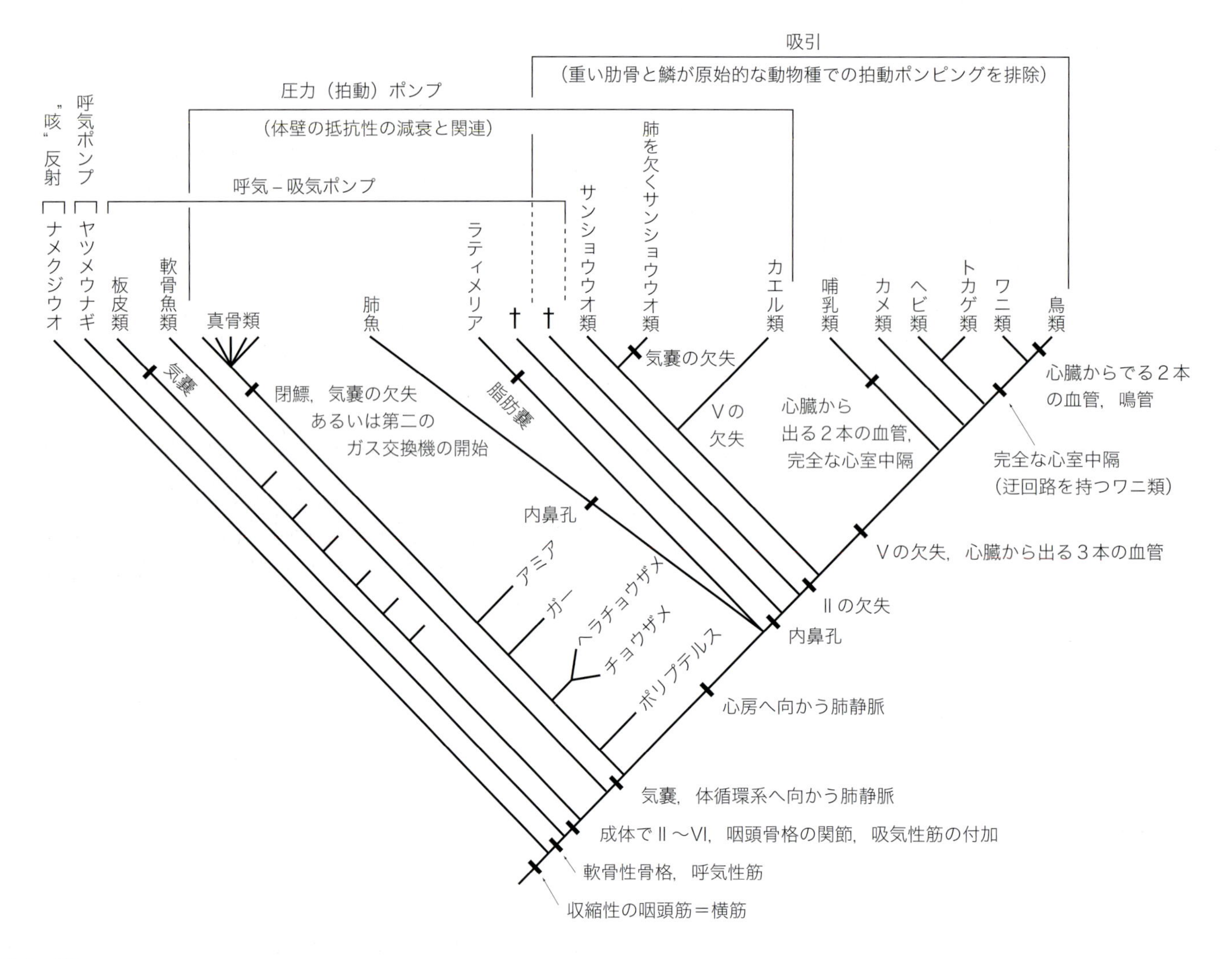

図 14－40
呼吸と血液循環の構造と作用の体系的なまとめ。共有派生形質は分岐図に沿って太い印で示し，呼吸戦略は（ ）で示す。戦略の重なりは複数の能力を表す（例えば，肺魚は鰓と拍動ポンピングの方法で呼吸する）。他の動物種は日により，季節により，あるいは生活史により移行する。ナメクジウオの“咳”は実際の呼吸ではないが，濾過食の間の砂粒を排除するための反射である。気嚢の１事例がデボン紀後期の板皮類の１種で報告されている。その他のより原始的な動物群（分岐図に記載なし）は気嚢を欠く。多くの真骨類は気嚢を単独で失ったか，閉鰾を発達させたか，あるいは第二のガス交換機構を発達させた。内鼻孔の起源は肺魚との類縁関係（この分岐図では未解決）に関する論争のためはっきりしない。心臓から出る血管の数は，肺動脈と，１または２本の体循環弓に帰する。II～VIは大動脈弓二～六。†は絶滅した分類群。

ルギーを節約する。すべての有羊膜類の吸引呼吸の起源は，化石の証拠に基づけば四肢動物より以前にさかのぼる。肺を持つ扇鰭類の多くは，それを覆う重い肋骨と相互にかみ合う鱗の覆いのために，拍動ポンピングができなかった。初期の四肢動物の大きなbody size（体の大きさ）と肋骨もまた拍動ポンピングを不可能としたのだろう。南アメリカの１魚種は，鰓呼吸と胸部の呼吸筋により増強した拍動ポンピングを使うようである。もし確認できるなら，吸引呼吸への進化的な移行のモデルとなるかもしれない。

吸引呼吸の早期の起源が提唱されるなら，“なぜカエルのような滑皮両生類が拍動ポンピングを利用するのか？”と尋ねるだろう。進化において重要なことは，ある生物が繁殖しその遺伝子を伝えることを可能とするのは申し分のない設計図（構造）ということを思いだすことが重要である。最高の設計図は，生きていこうと企てている生物が，その他に必要とするものとバランスが取れていなければならない。拍動ポンピングのコストがわかっているならば，なにがそれとバランスを取るのか？　カエルの発声はテリトリーの主張と交尾行動の両方で非常に重要である。拍動ポンピングのコストと発声の利点との間のバランスは，カエルにとって進化上での成功であった。最終的に，滑皮両生類での呼吸パターンが根本的なものか，あるいは独立して生じたかの疑問がある。これは今のところ，まだ答えはない。

リンパ系

リンパとリンパ管はすべての有頭動物にみられる（図14–41，14–42）。リンパ系は壁の薄い**リンパ管** lymph channels，**リンパ** lymph（通過する液），系統発生学的に鳥類の胚までに限られる**リンパ心臓** lymph hearts，鳥類と哺乳類の**リンパ節** lymph nodes，**孤立あるいは集合リンパ小節** solitary or aggregated masses of lymph nodules（最大のものが脾臓）から構成される。血液と異なり，リンパは組織から心臓への一方通行のみである。リンパ管は繊細でつぶれやすいため，解剖実習で観察することはめったにない。リンパ節はもっと簡単に観察できる（図14–41）。

リンパ系は**毛細リンパ管** lymph capillaries または**リンパ洞** lymph sinusoids から始まる。毛細リンパ管は壁が1層の内皮細胞からなる管で，リンパ洞は毛細リンパ管の拡張したものである。毛細リンパ管は毛細血管よりやや太く，分岐し吻合する管であり，標準的な径であるよりもむしろ収縮したり拡張したりしている。毛細リンパ管とリンパ洞は，肝臓や神経系を除く体の軟組織のほとんどを貫通している。骨格組織には存在しない。

毛細リンパ管とリンパ洞は間質液を集める。1度管腔内に入ると，液は無色または淡黄色でリンパとよばれる。この液は内皮に裏打ちされた1つの管から次の管へ送られ，最終的に静脈に注ぐ。この出口にある弁は静脈血がリンパ管に流入するのを阻止している。リンパ管網は，わずかな平滑筋を壁に持つ長く細い不連続な管から構成されていて，鳥類と哺乳類にのみみられる。一連の弁がこの管を裏打ちし，重力の作用に拮抗するのを，とりわけ四肢において助けている。

摂食の後，小腸から腸絨毛のリンパ管に吸収された脂肪の収集は，有頭動物内の1つの派生形質である（図12–23参照）。食事に特に脂肪分が多いと，こうした管のリンパはミルク様になる。このため，こうした特別のリンパ管は**乳糜管** lacteal とよばれ，そのなかのリンパは**乳糜** chyle である。現存する無顎類や軟骨魚類やヒトでも，特定のリンパ管は若干の赤血球を含んでいる。こうしたリンパ管の液が**血リンパ** hemolymph である。

有頭動物の体壁や四肢や尾を走行するリンパ管は尾の基部で，体幹あるいは頚部で，通常は近傍にある静脈内に注ぎ込む。内臓からリンパを排出するリンパ管はほとんどの有頭動物で対をなしているが，哺乳類では1本の**胸管** thoracic duct が腹部の太いリンパ洞である**乳糜槽** cisterna chyli に始まり，腕頭静脈か左鎖骨下静脈に，あるいは外頚静脈か内頚静脈に注ぐ（図14–41）。哺乳類の胸管は頭部，頚部の左側

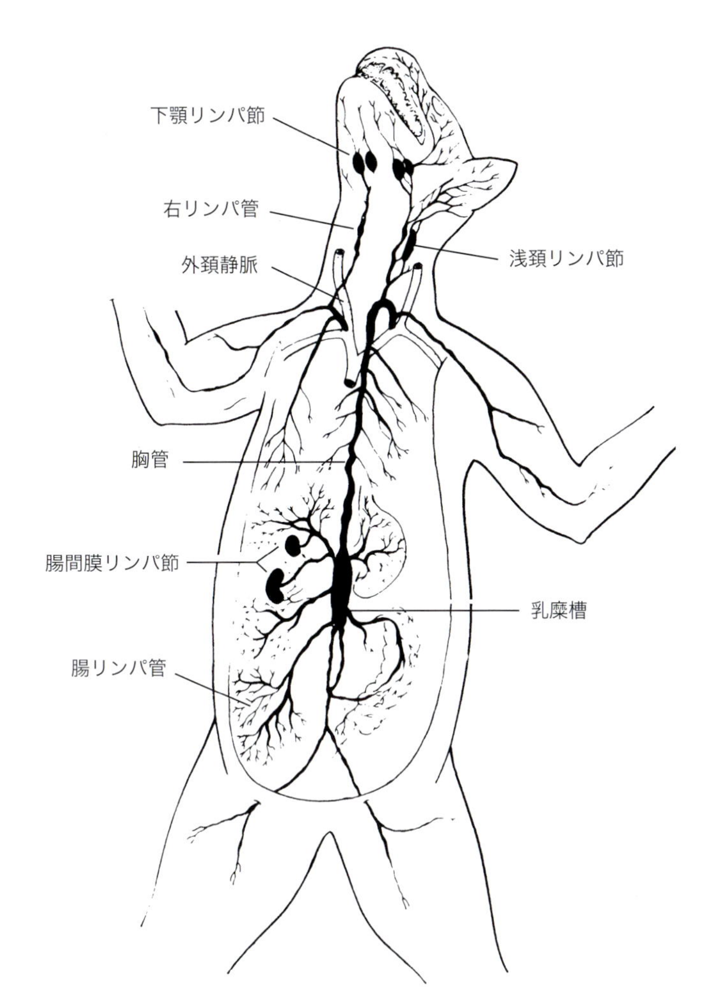

図14–41
ネコの表層および深層リンパ管の一部。

と左前肢からのリンパ管も受ける。1本以上の主要なリンパ管が加わって体の右側を流れるリンパを前方（の静脈）に排出する。

無尾類のリンパ管系は，何カ所かで多数のリンパ洞が毛細リンパ管に取って代わるために，注目に値する。体全体の皮膚の下層でとりわけ顕著で，そこでは大きなリンパ貯蔵庫（リンパ嚢）を形成し，皮膚と下層の筋とをその部位でのみ付着させる結合組織の中隔に区切られている（図14–43）。皮膚は非常に薄く，リンパ嚢 lymph sacs はカエルが水の外にいるとき，下層の筋が乾燥するのを緩和するようである。こうした皮下のリンパ嚢のため，カエルの皮膚は容易に体から剥ぐことができる。液中に保存したカエルを解剖した者は誰もが，この嚢を液体で膨らますとき，皮膚がどれくらい膨張するかをみたことがあるだろう。

リンパの流れは多くの要素の結果として生じる。それには魚類，両生類や爬虫類（孵化後の鳥類は除く）では，リンパ経路のなかで都合のよい位置にあるリンパ心臓も含まれる。

リンパ心臓はリンパ管系の拍動する洞様の膨らみで，発生学的な起源の不明な横紋筋線維を含む薄い壁を持つ。カエルは2対のリンパ心臓を持ち，有尾類は16対，アシナシイモリは100ものリンパ心臓を持つ。カエルのリンパ心臓の前方の対は，第三椎骨横突起の直後に位置し，リンパを椎骨静脈に送りだし，リンパは椎骨静脈から内頚静脈に運ばれる。尾端骨の両側にある後方のリンパ心臓は外腸骨静脈に注ぐ。両生類，特に水生および半水生両生類は，コントロールする組織液を他の有頭動物より多く持つため，リンパ心臓は液量に比例して，他の大部分の有頭動物のリンパ心臓よりも時間当たり大量の液を動かす。半月弁はリンパ心臓の出口にあり，逆流を阻止している。

リンパ心臓は，鳥類の胚には最後位仙椎の両側に1対あるが，孵化後にはない。哺乳類では記載がない。こうした有頭動物では，骨格筋や内臓の動き，呼吸による胸腔内圧のリズミカルな変化によってリンパの流れが維持されている。こうした要素のいくつかは他の有頭動物でも働いている。

リンパ節は，鳥類と哺乳類でリンパ管系の経路に介在する造血組織の集塊である。極めて小さいこともあれば，その径が数cmになることもある。ヒトでは頚，腋下，足のつけ根で，そこのリンパ節がリンパを集める流域で炎症があるときに，触ることのできる“腫れ上がった腺”となる。

リンパは数本の輸入リンパ管を介してリンパ節に入り，リンパ節で濾過され，1本の大きな輸出リンパ管によって出る。リンパ節内の洞様の経路の内皮には多数の貪食細胞がいて，細菌やその他外来の異物を取り込む。結合組織の基質に取り込まれているのは多数の小リンパ球である。それゆえ，リンパ節は皮膚を通して取り込まれた細菌感染に対する防衛の第二線で，第一線は侵入場所に結集する顆粒球である。

他の**リンパ性の集塊** lymphoid masses はあちらこちらで発達する。それらのなかで最も大きいのは**脾臓** spleen である。これは血流中に介在することで独特である。その循環系への寄与は先に述べた。他の集塊には**胸腺** thymus（ヌタウナギには欠ける），若い鳥類の**ファブリキウス嚢** bursa of Fabricius，有羊膜類の小腸壁にある孤立リンパ小節や集合リンパ小節（**パイエル板** Peyer's patches），哺乳類の**扁桃** tonsils や**咽頭扁桃** adenoids がある。

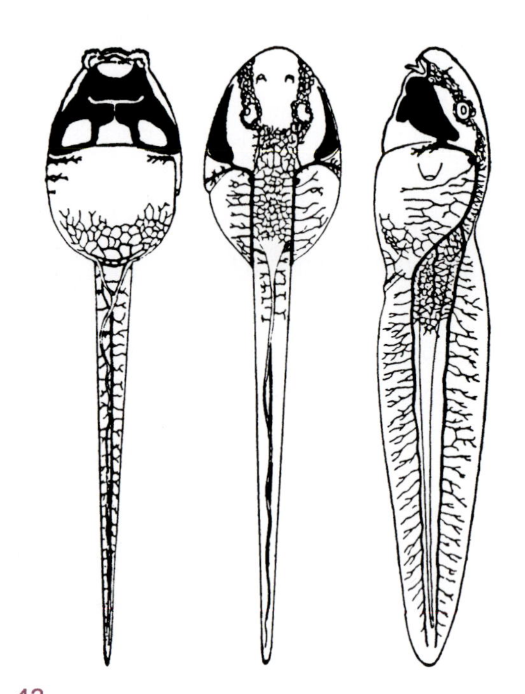

図14-42
オタマジャクシ（カエル幼生）の表層リンパ管。
Source: Data from J. S. Kingsley, *Outline of Comparative Anatomy of Vertebrates*, 1920, The Blakiston Company, Philadelphia, after Hoyer and Udziela.

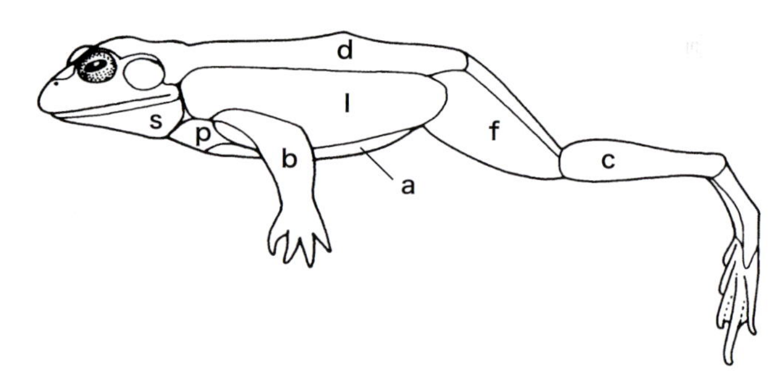

図14-43
カエルの皮下リンパ嚢。リンパ嚢の外形は，皮膚と筋の間に広がる中隔の部位を意味する。
a：腹部リンパ嚢。b：外側上腕リンパ嚢。c：下腿リンパ嚢。d：背側リンパ嚢。f：大腿リンパ嚢。l：外側リンパ嚢。p：胸リンパ嚢。s：下顎リンパ嚢。

要約

1. 循環系は血管系とリンパ系からなる。
2. 血管系は全血，心臓，動脈，毛細血管，静脈からなる。
3. 血液は血漿と有形成分からなり，有形成分は赤血球，顆粒白血球，無顆粒白血球（リンパ球も含む），血小板である。
4. 血球芽細胞は血液細胞すべての前駆体で，その最初の供給源は卵黄嚢の血島である。最終的には，血液細胞は肝臓，腎臓，脾臓，骨髄で作られる。
5. リンパ系は，いくつかの主要な動物群で，リンパ，毛細リンパ管とリンパ管，リンパ心臓，リンパ節，種々のリンパ性集塊からなる。乳糜は腸管の絨毛で集められたリンパである。リンパ管は体循環系の静脈に終わる。
6. 魚類は単回路心臓を持つ。静脈血は静脈洞に入り，心房，心室，動脈円錐を縦断する。心室と動脈円錐は腹側大動脈に血液を排出するポンプである。腹側大動脈は血液を大動脈弓に運び，鰓に供給し，そこで血液は酸素を添加される。そして血液は動脈を介して全身の毛細血管を通り，酸素を放し，炭酸ガス（CO_2）を受け取り，静脈洞に戻る。
7. 肺でのみ呼吸をする有頭動物では，肺循環は血液を肺に運んで心臓に戻し，体循環は酸素に富む血液を他の場所に運び，酸素に乏しい血液を心臓に戻す。これが二回路心臓である。
8. 二回路心臓は2つの心房，1つまたは2つの心室を持つ。右心房は体循環から酸素に乏しい血液を受け取り，左心房は肺循環から酸素に富む血液を受け取る。
9. 二回路心臓の心室での酸素に富む血液と酸素に乏しい血液の混合は，いくつかの適応で避けられる。それには1心室の場合のラセン弁や小柱や心室の隔壁が含まれる。ワニ類や鳥類や哺乳類では，完全な心室中隔が血液を分離する。
10. （肺を避けた）血液の右から左への迂回（分流）は，呼吸をせずに長い時間潜水することを含む，ある行動パターンにより強いられる代謝要求を満たすために，有羊膜類に存在する。
11. 静脈洞は魚類，両生類，爬虫類に存在する。ワニ類では静脈洞は部分的に右心房の壁に組み込まれている。鳥類や哺乳類では，洞ではなく右心房にある局所的な細胞の集塊で，洞房（SA）結節として知られる。
12. 心臓の拍動は自発的で，外因性の神経刺激を必要としない。しかし，拍動の速度は自律神経系によって支配される（ヌタウナギを除く）。魚類や両生類や爬虫類での刺激は静脈洞の筋から広がる。鳥類や哺乳類では，洞房（SA）結節と房室（AV）結節から発せられる。
13. 真骨類や永続鰓性有尾類では，腹側大動脈が膨張し，動脈球となる。
14. 爬虫類の大部分では，腹側大動脈は縦方向に分裂し，2本の大動脈幹と1本の肺動脈幹になる。2本の大動脈幹は心室の静脈腔から出て，肺動脈弓を除くすべての機能している大動脈弓に血液を送る。肺動脈幹は右心室（肺動脈腔）から出て肺循環に血液を送る。左心室は動脈腔とよばれてきた。
15. 鳥類と哺乳類の腹側大動脈は2本の幹に分かれる。体循環動脈幹は左心室から出て肺を除く全身に血液を送り，肺動脈幹は右心室から出て肺に血液を送る。
16. 6対の大動脈弓は有顎類の胚で発達する。個体発生の間，大動脈弓は数が減少し，第三（頚動脈弓），第四（体循環弓），第六（肺動脈弓）が最もよく残っている。
17. 第三大動脈弓と第四大動脈弓の間の対をなす背側大動脈は，これが残存する場合，頚動脈管となる。
18. 左第六大動脈弓の背側部は，鳥類や哺乳類で孵化や誕生まで存在する。この部位は動脈管で，血液を肺から迂回させ，胚の呼吸膜（哺乳類では胎盤）へ送る。出生後は靭帯になる。
19. 体幹の不対の背側大動脈は，体壁と付属肢に向かう対をなす分節性の分枝（壁側枝）と，体腔内の消化器と脾臓に向かう不対の臓側枝と，泌尿生殖器と副腎に向かう有対の臓側枝を出す。有羊膜類の胚の背側大動脈は，尿膜あるいは胎盤に向かう尿膜（臍）動脈に血液を送る。
20. 怪網は局所的な動脈網あるいは細動脈と細静脈とが非常に接近している部位で，存在する部位と動物種により機能は異なる。局所の体温交換あるいはガス交換はそうした機能である。
21. 基本的な静脈系は前主静脈，後主静脈，総主静脈，腹部静脈，腎門脈，肝門脈，肝静脈洞，冠状静脈である。肺静脈と上行大静脈は肺魚類や四肢動物で加わった。胚の腸下静脈と卵黄嚢静脈は肝門脈系の形成にかかわる。尿膜（臍）静脈は，有羊膜類の胚で尿膜または胎盤から血液を排出する。
22. 腎門脈系は魚類では尾部のみから排出する。両生類では腎門脈系は後肢との連絡を獲得する。ワニ類や鳥類ではこの連絡は腎臓を迂回して，直接上行大静脈に行く。単孔類を除き哺乳類の成体には腎門脈系はない。
23. 上行大静脈は，四肢動物で次第に重要性が増す。腎臓から心臓への別の経路（代替経路）として始まり，最終的には尾部，後肢，体幹の大部分からの血液排出を行う。
24. 哺乳類の成体で，胎子の血管の遺残は，肝円索（左臍静脈の遺残），静脈管索（静脈管の遺残），動脈管索（左動脈管の遺残），臍動脈索（膀胱から臍までの有対の臍動脈の遺残），卵円窩（胎子期に心房間にあった卵円孔が閉鎖した跡）がある。

理解を深めるための質問

1. 循環系を構成する要素は何か？
2. 単回路心臓と二回路心臓の区分を記述せよ。
3. 酸素に富んだ血液と酸素に乏しい血液は二回路心臓でどのように隔てられているか？
4. ワニ類と哺乳類は，心臓の小室内に左右の潜在的な連絡を残している。こうした連絡とは何か？　それらの機能は何か？
5. 脊椎動物の心臓への神経分布のパターンは何か？　ヌタウナギとどのように違うか？
6. 有頭動物のなかで大動脈弓の減少がある。こうした動物で循環路が最も少ないものは何か？　こうした循環路とは何か？
7. 原始的な有顎類の成体での大動脈弓のパターンは何か？成体の状態は成体前の状態とどのように異なっているか？
8. どの動物群が酸素に富んだ血液と酸素に乏しい血液との完全な分離に到達したか？
9. 腎動脈を探すと腎臓に入る血管が３本あることに気づく。この所見を説明できるか？
10. 門脈系を定義し，３つの例を挙げよ。
11. 出生時に哺乳類の循環系にはどのような変化が起きるか？
12. リンパ系の機能は何か？

参考文献

Barker, M. A.: A wonderful safety net for mammals, *Natural History* 102:8, August 1993.

Berg, T., and Steen, J. B.: The mechanism of oxygen concentration in the swim bladder of the eel. *Journal of Physiology* 195:631, 1968.

Burggren, W. W.: Form and function in reptilian circulation, *American Zoologist* 27:5, 1987.

Gatten, R. E., Jr.: Cardiovascular and other physiological correlates of hibernation in aquatic and terrestrial turtles, *American Zoologist* 27:59, 1987.

Goodrich, E. S.: Studies on the structure and development of vertebrates. Chicago, 1986, The University of Chicago Press.

Heatwole, H.: Adaptations of marine snakes, *American Scientist* 66(5):594, 1978.

Jollie, M.: Chordate morphology. Huntington, NY, 1973, Robert E. Krieger Publishing.

Jørgensen, J. M., Lomholt, J. P., Weber, R. E., and Malte, H., editors: The biology of hagfishes. London, 1998, Chapman & Hall.

Kampmeier, O. F.: Evolution and comparative morphology of the lymphatic system. Springfield, IL, 1969, Charles C. Thomas, Publisher.

Nandy, K., and Blair, C. B.: Double superior venae cavae with completely paired azygos veins, *Anatomical Record* 151:1, 1965.

Ottaviani, G., and Tazzi, A.: The lymphatic system. In Gans, C., and Parsons, T. S., editors: Biology of the reptilia, vol. 6. New York, 1977, Academic Press.

Simons, J. R.: The heart of the tuatara, Sphenodon punctatus, *Journal of Zoology* 146:451, 1965.

Struthers, P. H.: The aortic arches and their derivatives in the embryo porcupine (Erethizon dorsatus), *Journal of Morphology and Physiology* 50:361, 1930.

Weinstein, B. M.: What guides early embryonic blood vessel formation? *Developmental Dynamics* 215:2, 1999.

インターネットへのリンク

Visit the zoology website at http://www.mhhe.com/zoology to find live Internet links for each of the following references.

1. Circulatory System Lecture Notes. A very complete description of the circulatory system from a semester-long class of the same name, from the University of Tasmania. At the level of a medical student.
2. Circulatory System. Excellent photographs and quizzes on cat circulation and sheep hearts.
3. Histology—The Web Laboratory. Links to units on many systems of the body, including the cardiovascular system and blood cells. Extensive coverage of microstructure of all parts of the circulatory system.
4. The Heart: An Online Exploration. This site covers a variety of heart-related topics.
5. Cardiovascular Physiology Class Notes from Kings College in London.
6. Heart Embryology. A lengthy discussion of the development of the human heart.

第15章 泌尿生殖器系

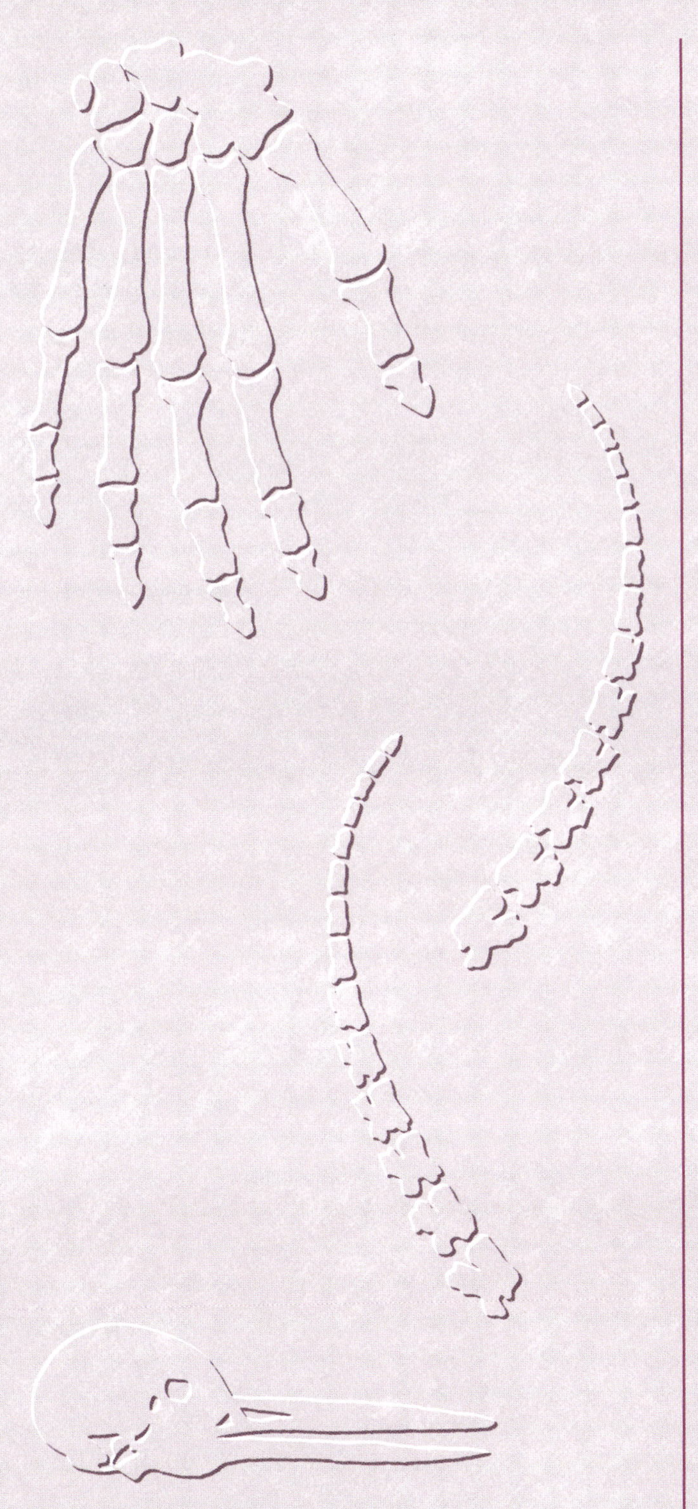

本章では，泌尿器系と生殖器系を学ぶ。これらの器官が，魚類から人類まで１つの基本的な構築パターンに従って発達してきたことをみていこう。海洋生の魚類や四肢動物がどのようにして水を保存し，淡水生の有頭動物がどのようにして水を排除するかを，そして泌尿器が血液によって運ばれてきた溶質を保存あるいは排除するのを助けているのをみていく。生殖と泌尿の通路がどのように発生的に関連するか，そして，有頭動物での生殖戦略の多様性をみる。胚期の後方の単純な小室である総排泄腔が，有頭動物によってどのように泌尿器系，生殖器系，消化器系の通路に細分されていくかを記述する。

概要

腎臓の機能は性腺の機能とは異なるが，有顎類の泌尿器系と生殖器系は発生的にも構造的にも相互に関連しており，いずれも他方を参照することなく述べることはできない。このため，泌尿器と生殖器は同一の章で論ずる。**泌尿生殖** urogenital という用語は，ギリシャ語で尿にかかわる ouro- と，ラテン語に由来する英語で繁殖にかかわる genitalis の合成語である。

腎臓と導管系

腎臓の浸透圧調節機能

有頭動物の生命は水のなかで始まり，腎臓の進化の初期段階は水を媒体とするなかで起こった。淡水中に住む有頭動物は鰓，口咽頭膜あるいは皮膚を介して水を吸収することにより，また食物とともに水を飲みこむことにより，水分を取り込む。それゆえ，組織液をこの媒体のなかでの存在に適応できる浸透圧状態に保つため，淡水生の生物が水分を排出し塩分を保存することは重要である。

海水のなかに住む魚類は別の浸透圧の問題に直面する。豊富すぎる水分を蓄積する代わりに，こうした動物は過剰な塩分の蓄積という危険にある。海水での生存は，水分の保存と塩分の排出に依存する。陸上の環境に住む有頭動物は脱水状態となる可能性に直面する。腎臓の主たる役割は，**浸透圧調節** osmoregulation，すなわち生物が水中であれ陸上であれ，自然生息域で生きていけるような体液の塩分と水分の量的な比率の維持である。浸透圧調節は生理機能の1つの局面，**恒常性** homeostasis（細胞の化学的な環境の無意識の調節）である。

腎臓は過剰な水分を排除し，必要なときに水分が出ていくのを阻止し，ある種の塩類などの排出を調節することによって，体組織の水分と塩分を適切な濃度に維持する。塩類排出の役割では，腎臓は後に説明する腎臓以外の浸透圧調節器官の助けを受ける。窒素性廃棄物の生成は代謝の当然の結果である（表15-1）。こうした副産物の排除のメカニズムは動物種の間で様々である。魚類では，窒素性廃棄物が可溶ならば，外界に露出した膜を介して単純な拡散により排出できる（ほとんどが鰓により，時には皮膚を介して）。このように，多くの魚類では腎臓は窒素性廃棄物を排除する第一義的な器官でなく，水分と塩類のバランスを維持することで恒常性をつかさどる。陸上での生活への移行にともない，四肢動物の腎臓には窒素性廃棄物の排除が新たな第一義的な機能として加わる。有頭動物の腎臓の機能的な構成要素とそれらの適応は次の主題である。

最初の有頭動物，それゆえその腎臓が，淡水で進化したか海水で進化したかは決着していない。淡水を起源とする提唱者は，過剰な水分排出のための能力における有頭動物の腎臓のデザイン（計画）を指摘する。先に記載したように，淡水での生活の結果は過剰な水分の蓄積と塩類の喪失である。海洋生起源の提唱者は現在化石での証拠を指摘する。

以前は淡水に起源すると考えられていた多くの堆積物は，今では海洋周辺の起源として知られている。近年記載されたカンブリア紀前期の有頭動物の化石は，明らかな海洋生無脊椎動物相とともに発見された（Shu et al., 1999）。こうした新たな発見は，他の化石としてよく知られた有頭動物の出現を2,000万～5,000万年さかのぼらせ，有名なカナダのバージェス頁岩よりも古い。シュタール Stahl（1974）は，論争の両側の歴史的なレビューを示している。どちらの観点が正しいかにかかわらず，有頭動物の腎臓の機能的な要素は，地質年代の間での環境の変化にさらされるとき，海水で，淡水で，陸上で，そして砂漠ですら，そこでの生活に適応できるほどであった（表15-2）。

基本パターンと原腎

有頭動物の腎臓は，**糸球体** glomeruli，**尿細管** renal tubules，1対の**縦走排出管** longitudinal excretory ducts からなる基本的な構築パターンに従って形成される（図15-1）。

表15-1 有頭動物の窒素性廃棄物の比較

窒素の形態	エネルギーコスト[1]	毒性	溶解性	水分要求[2]
アンモニア	最少	高毒性	高溶解	最大（300～500 ml/1g N）
尿素	中間	小	溶解	中間（50 ml/1g N）
尿酸	最大	無	難溶解 pH変化で沈殿	最少（10 ml/1g N）

1：窒素性廃棄物形成コストの相対比較を参照。アンモニアは代謝で生じる自然副産物で，尿素と尿酸は産生にエネルギーを必要とする。
2：水分要求は，過剰の窒素を様々な形で排出するのに必要な水分の相対量を示す（窒素1g当たりの水のml）。数字の値はEckert et al. (1988) による。

表 15－2　環境の浸透圧課題と有頭動物の進化的解決

環境	本来の浸透圧課題	解決	分類群例[1]
淡水	・環境は低浸透圧 　・水分の過剰な摂取 ・過剰な水分を排出して塩類を保存しなければならない	・廃棄物はアンモニアとして排出 　・過剰な水を溶媒として使用 ・溶質を能動輸送（保持のため）	・淡水生の真骨類，水生および半水生両生類
海水	・環境は高浸透圧 ・過剰な水分の排出 ・塩分の過剰な摂取（食物と飲み水で） ・水分を留めて塩類を排出しなければならない	・等浸透圧 ・糸球体の欠失（↓水分喪失） ・環境に対して高浸透圧 　・そのための尿素保持 　・水分摂取の増加 　・水分排出の糸球体保有 ・塩類分泌腺 　・直腸腺 　・鰓の塩類腺	・ヌタウナギ ・海洋生真骨類 ・板鰓類，ラティメリア ・板鰓類 ・真骨類
陸上	・環境は乾燥 ・水分と塩類は限られる 　・水分と塩類の両方を保存しなくてはならない ・二次的に水域に戻る 　・上記の水域の項目	・窒素を三形態のすべてで排出 　・コスト対利益のバランス 　・分類群での変異 　・生活史での変異 ・糸球体の減少 ・溶質の回収 ・ヘンレのワナまたは同質な器官 ・塩類腺（排出）	 ・乾燥した環境の爬虫類と無尾類 ・鳥類と哺乳類 ・海洋生の分類群[2]

1：分類群が適応した進化上での解決は隣の行で示される。
2：海洋へ戻ったあるいは海洋から食料を得る陸生の分類群は，食物から得られる過剰な塩類の排出に適応する補助的な構造を進化させた。

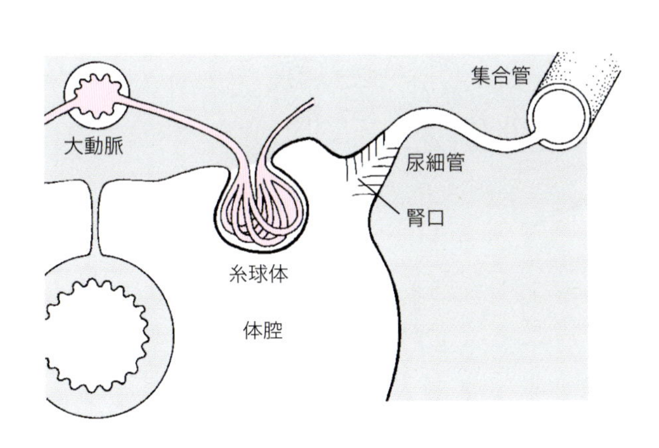

(a)　外糸球体

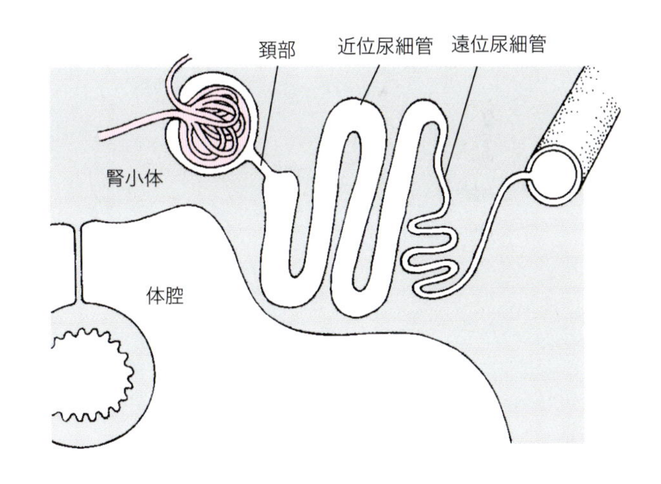

(c)　内糸球体
腎口が閉鎖

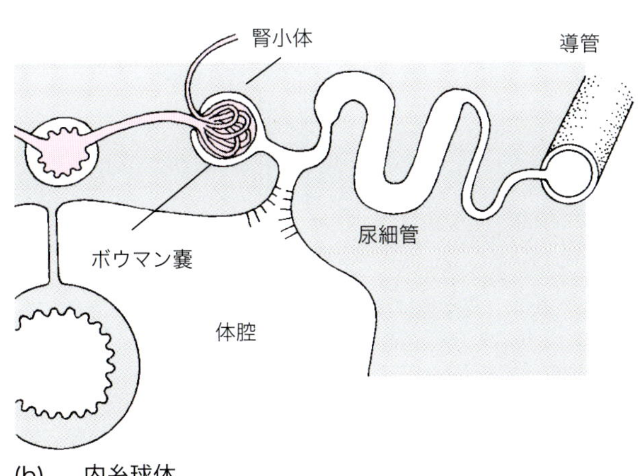

(b)　内糸球体
腎口が開口

図 15－1
有頭動物の腎臓の基本的な構成。(a) ヌタウナギ幼生の分節性腎臓の頭側端の外糸球体と尿細管。(b) 無足類の腎臓でのように内糸球体と開口する腎口をともなう尿細管。(c) 淡水生魚類，有尾類，無尾類の一般化した非分節性の尿細管。海洋生魚類の尿細管はしばしば糸球体を欠く。

魚類から人類までの詳細な点での変異は，主として糸球体の数と配置ならびに尿細管の相対的な複雑さである。

糸球体は，細動脈の経路における顕微鏡レベルの毛細動脈性ループの房あるいは怪網で，そこで水分，イオン，代謝老廃物やその他の成分が血流から除去される部位である。数種の魚類では，糸球体は裸眼あるいは虫眼鏡で十分みることのできるほど大きいものもある。その他の魚類では，糸球体は顕微鏡レベルである。

最も原始的な糸球体は腹膜によって囲まれ体腔につり下げられている。糸球体は濾液を体腔液中に放出し，体腔液は腹腔ロート，すなわち**腎口** nephrostome へ押しだされて，尿細管へと続く（図15-1a）。これが**外糸球体** external glomeruli である。現存する有頭動物では，外糸球体は胚と幼生に限られる。

成体の糸球体は背側体壁内に埋め込まれており（そのため後腹壁糸球体とよばれる），**ボウマン嚢** Bowman's capsule, すなわち腎の尿細管から突出する薄い二重壁に囲まれる（図15-1b，15-2）。ボウマン嚢の内壁は血管ループの表面に張りついている。嚢の腔所は糸球体の濾液を集め，濾液は尿

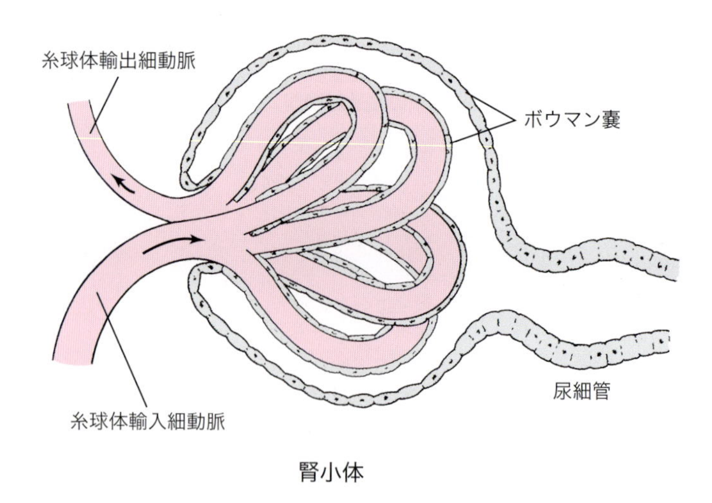

図15-2
糸球体（赤色）とボウマン嚢（灰色）からなる腎小体。

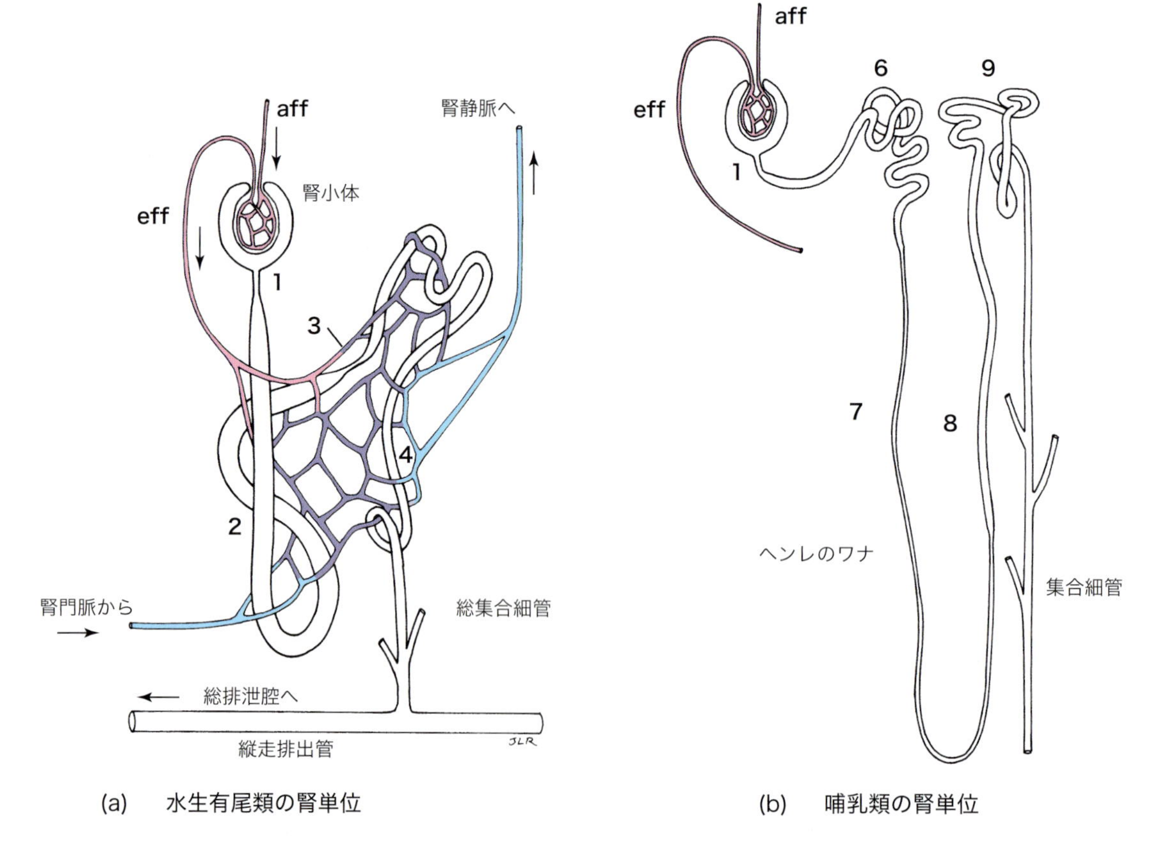

図15-3
無羊膜類と哺乳類の腎単位。(b) では尿細管周囲毛細血管を除去。(a) では，1：尿細管頚部。2：尿細管近位部。3：尿細管中間部。4：尿細管遠位部。(b) では，1：尿細腎頚部。6：近位曲尿細管。7：ヘンレのワナ，下行脚。8：上行脚。9：遠位曲尿細管。aff：糸球体輸入細動脈。eff：糸球体輸出細動脈。獣亜綱哺乳類の尿細管周囲毛細血管は腎門脈の血液を受けない（縮尺は図によって異なる）。

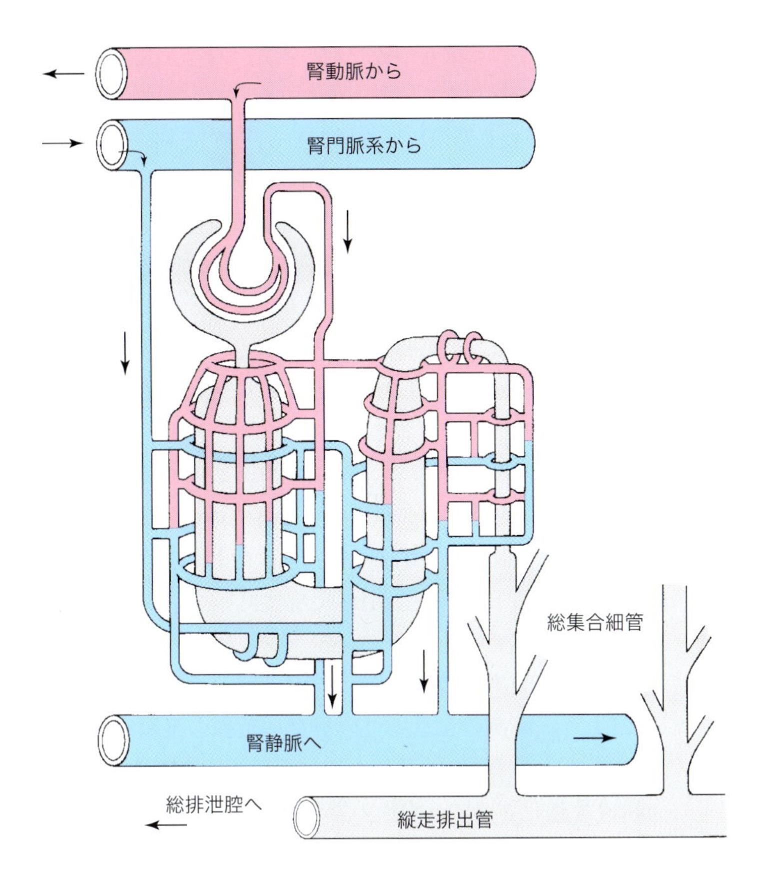

図 15－4
一般化した腎単位における尿細管周囲毛細血管への血液供給と排出を示す模式図。赤色は動脈血，青色は静脈血。

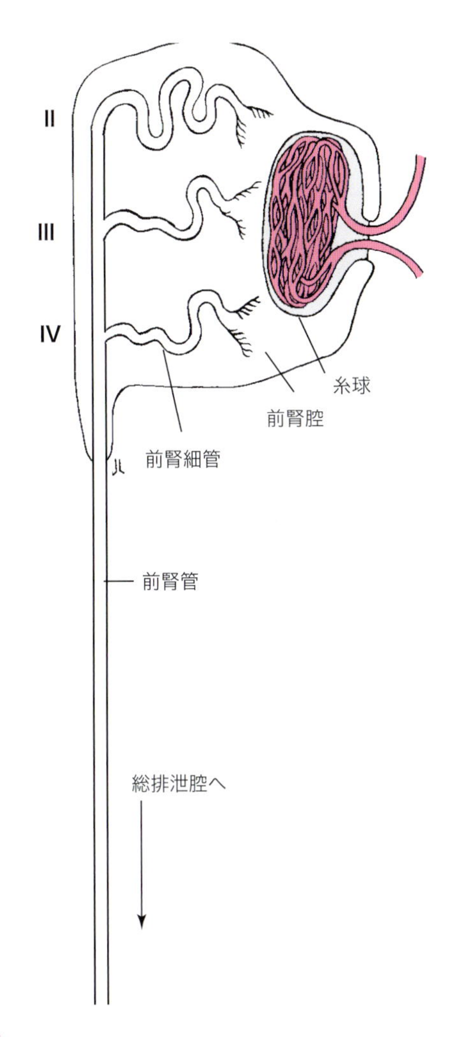

図 15－5
体長 15 mm のカエル幼生の前腎細管。II，III，IVは第二，第三，第四体節の位置。糸球は3個が癒合した外糸球体。前腎腔は体腔のポケット。次に作られる尿細管が第七体節の高さで中腎管を作る。

細管に入る。これが**内糸球体** internal glomeruli である。糸球体とボウマン囊は**腎小体** renal corpuscle を構成する（図 15－2）。腎小体，尿細管，これに関連する尿細管周囲毛細血管が**腎単位（ネフロン）** nephron，すなわち有顎類の腎臓の機能的単位を構成する（図 15－3）。

糸球体に血液供給するのは**糸球体輸入細動脈** afferent glomerular arteriole で，糸球体から出るのが径の小さい**糸球体輸出細動脈** efferent glomerular arteriole である。このことは糸球体内での血圧を高める効果がある。無顎類の輸入細動脈は直接背側大動脈から体節動脈により供給される。有顎類では，輸入細動脈は腎動脈の終末枝である。糸球体輸出細動脈は血液を，腎門脈系からの血液とともに尿細管周囲毛細血管に送る（図 15－3a，15－4）。糸球体輸出細動脈は，獣亜綱哺乳類では腎門脈系を欠くため，尿細管周囲毛細血管に血液を送る唯一の供給源である。尿細管周囲毛細血管は細静脈によって排出され，腎静脈に送られる。無顎類だけは尿細管周囲毛細血管を欠くが，その代償として縦走排出管が異常に豊富な毛細血管網によって囲まれ，その機能を取って代わる。

尿細管は，胚の体節の外側で頭部の直後から総排泄腔までの体幹の長さに伸長するリボン（細長い片）である**造腎中胚葉** nephrogenic mesoderm（**中間中胚葉** intermediate mesoderm）から分化する（図 5－9d，15－8 参照）。最初の尿細管はこのリボンの前端に現れ，それに続く尿細管が胚体幹の伸長に合わせて増える。有対の縦走排出管は最初の尿細管の後方へ向かう伸長として発達する（図 15－5）。2 本の管は総排泄腔に達するまで後方へ成長し，そこに開口する。この管は，これ単独ではないが，体長が伸びるのに合わせて尿細管の増加を誘導する。成体の腎臓は生涯を通じて後腹膜に留まるが，ヤツメウナギやマッドパピーでは腹膜腔内にあり，哺乳類では体腔の天井に突出する。

原始的な分節性の腎臓を除き，数本の尿細管は 1 本の**総集合細管** common collecting tubule に注ぎ，集合細管は 2 本の縦走排出管の 1 本に注ぐ（図 15－6）。縦走排出管はすべての総集合細管からの液を集め，総排泄腔またはその派生

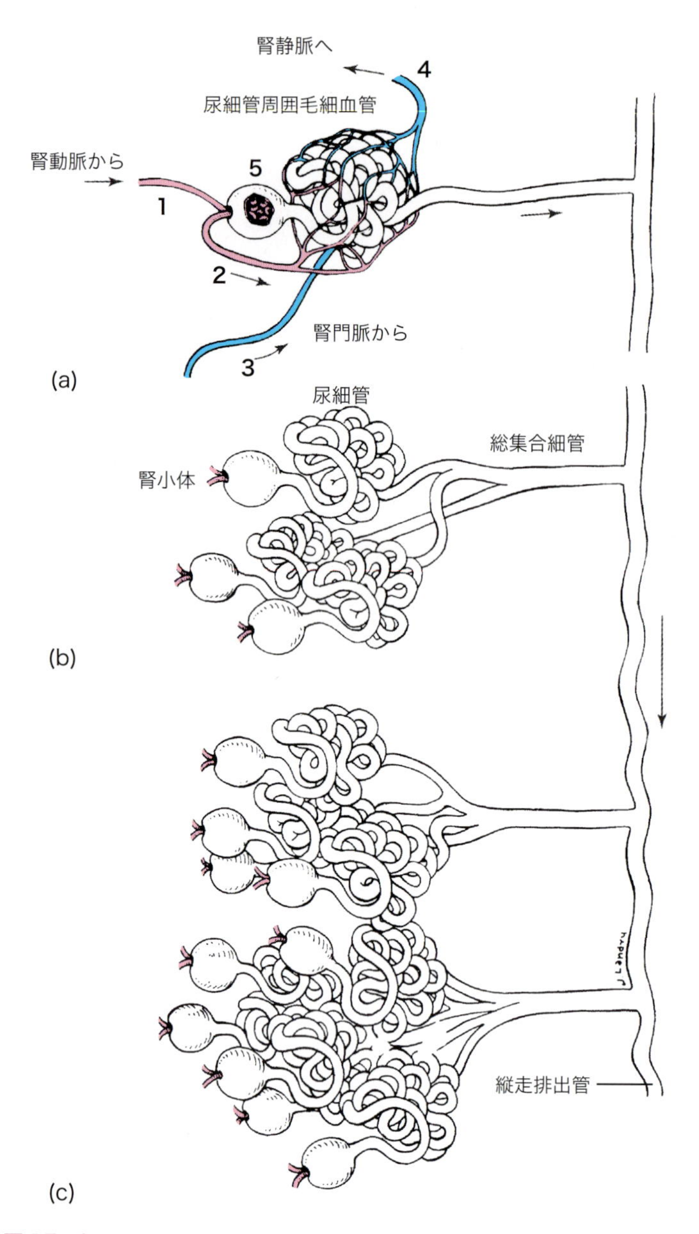

図 15－6
1つの体節における複数の腎単位の作用。(a) 腎小体，尿細管，尿細管周囲毛細血管からなる分節性の腎単位。1：糸球体輸入細動脈。2：糸球体輸出細動脈。3：腎門脈系からの細静脈。4：腎静脈への輸出細静脈。5：腎小体。開かれたボウマン嚢は糸球体を示す。(b) 1体節での二次，三次腎単位。(c) 1体節での腎単位の増加が腎臓の原始的な分節性を破壊。

物に注ぐ。

尿細管は有頭動物の綱の間で複雑さが増し，尿細管の走行に沿って組織学的および機能的な特殊性の程度が増す。尿細管は，無顎類では短く真っすぐで，哺乳類では最も長く部位的な特殊化が最大である（図 15－1，15－3）。

多くの海洋生真骨類の腎小体は，血管の分布に乏しいか，嚢胞状か，あるいは痕跡的である。他の海洋生真骨類では，尿細管の遠位部は短くなるか，あるいは消失している。水分を除く主要な部位である糸球体の欠損は，保有する水分の増加をもたらす。尿細管の遠位部の短縮は塩類の再吸収の主要な部位をなくする。両方ともに海水において生存価（適応度を高める効果）に効果がある（表 15－2）。

しかし，同じ特殊性を備える淡水生真骨類がいる。こうしたものでは，水の排出は主に尿細管により，こうした淡水生魚類は塩類の不足を鰓を介して積極的に取り込むことで埋め合わせているようにみえる。これらが以前は海水生種で，季節的に淡水に移動し（昇河性，用語解説参照），最終的に完全に淡水の生息域に適応した種であると信じる理由である。

板鰓類は例外的である（表 15－2）。この種は異常に大きな糸球体を持つが，魚としては異常に長い尿細管も持っている。板鰓類は尿素を保持し，生涯にわたり海水中で生存するものはその海洋環境に対して高浸透圧となる可能性がある。このアンバランスは代謝過程に用いるためと老廃物放出のための水の流入の備えとなるのだろう。海洋の生息域での摂食は過剰の塩類を取り込み，それを埋め合わせるために板鰓類は**直腸腺** rectal gland を進化させて，大量の塩化物を腸の末端へ分泌する。板鰓類の糸球体，尿細管，鰓，直腸腺の活動の総合的な効果は，淡水中であれ海水中であれ，生存を確かにする浸透圧状態に，サメ類の体液を維持できるようにすることである。

海洋生の魚類と同様に，乾燥した環境に住む陸生の爬虫類や無尾類は，非常に小さい糸球体を持つか，糸球体を全く持たず，これは水分を保有するための適応である。脱水は，四肢動物で糸球体の濾液から水分の再吸収を誘導する下垂体ホルモンの放出に重要な刺激となる。同じホルモンが，必要とするときに両生類や爬虫類の膀胱から水分の再吸収を誘導する。

何種かの魚類の成体，四肢動物の多くの胚あるいは幼生の最も前方の腎尿細管のいくつかは腎口を持ち（図 15－1a，b），内腔を欠く痕跡的な腎口がしばしば鳥類や哺乳類の胚で認められる。腎口は，各体節に1つの外糸球体，1つの腎口，1つの迂曲しない尿細管が体腔の全長に沿って存在したとされる仮想される祖先の原索動物の腎臓の痕跡かもしれない。この仮想的な祖先の腎臓は**原腎** archinephros と名づけられた（図 15－7）。

現存する有頭動物でのこうした腎臓に最も近いものは，ヌタウナギの幼生でみられ，そこでは一時的な分節性の外糸球体や腎口や尿細管が，造腎中胚葉の広がりのほぼ全域にわたって形成される（図 15－1a）。しかし，体の伸長するこのステージでは腎臓はまだ伸びつつある。閉鎖した腎口を持つ分節性の尿細管や腎小体はさらに後方へ発達する。この一

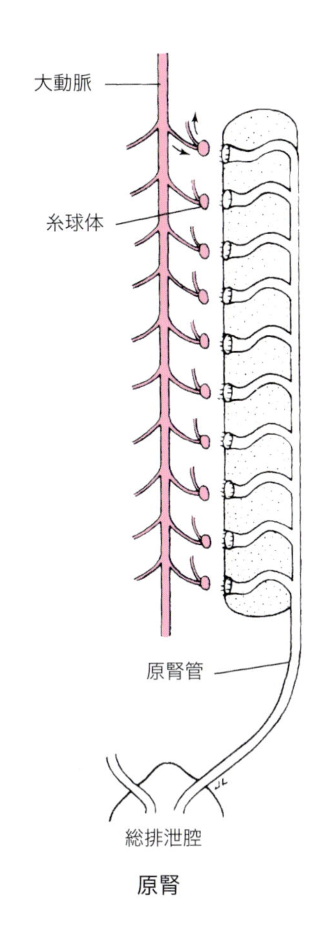

図 15−7
体節当たり１つの外糸球体，１つの腎口，１つの尿細管を持つ仮想的な原腎。図 15−1 a も参照。

時的なヌタウナギの幼生の腎臓は**全腎** holonephros と称される。ヌタウナギの成体の腎臓は中腎である（後述）。

液性老廃物の排除のために体腔液を集めるのは有頭動物に限らない。海洋生の環形動物で体節のすべてにある腎口は，体腔液を集め，排出する。

糸球体と尿細管の役割

尿産生の作業では主要な３つの過程，糸球体濾過，尿細管再吸収，尿細管分泌がある。糸球体の機能は単純なフィルターに非常によく似ている。糸球体輸出細動脈がサイズの小さいことが部分的に招く糸球体内の血圧上昇のため，血漿中の水分，ある種の塩類，グルコースおよびその他の溶質がボウマン嚢の内外壁間の間隙に濾過される。

糸球体の濾液のなかには再利用できるものがあり，それらは尿細管の特定の部位を通過するとき，選択的に再吸収される。結果として，濾液の組成は通過中に変わる。例えば，グルコースのすべては通常再吸収される。グルコースはすぐに利用できる唯一の循環中のエネルギー源で，容易には獲得できず，１度獲得されるとすぐに肝臓に蓄積されるため，血中に過剰にあるのは通常でない。水分とある種の塩類は環境によって過剰なこともあれば，そうでないこともある。過剰なとき，水分は尿細管の全長を通過し，再吸収されることなく排出管に入る。脱水に向かう状況では，水分は尿細管の部位から再吸収される。ある種の塩類もまた適切なときに選択的に再吸収される。

最後に，尿細管の分泌物は，濾過では除去できない無用のあるいは有害な物質を循環血から除去する。そうしたもののなかには，例えば四肢動物のタンパク質分解廃棄物（窒素性廃棄物）がある（ほとんどの魚類での窒素性廃棄物や Na^+ や Cl^- は腎臓以外の方法で排出される）。海洋生の魚類では，ある種の塩類（Mg^{2+}，Ca^{2+}，SO_4^-，リン酸）は尿細管の分泌物で，糸球体での濾過はわずかである。

糸球体濾過，尿細管再吸収，尿細管分泌は，最終的な排泄物である尿を産生する。環境や動物種により尿の水分，塩類およびその他の組成の量が変異する。尿の組成は一個体においても，分単位では変わらなくとも時間単位では変わることがある。

異なった生息域を占める種での糸球体のサイズと数の変異により，水分は大量にあるいは控えめに排出される。尿細管の長さの変異により，塩類あるいは水分を必要に応じて糸球体濾液から回収したり，塩類を大量に排出できる。一般に，淡水魚や水生両生類では糸球体は大きく，海洋生魚類や四肢動物，特に乾燥した環境に生きる四肢動物では糸球体は小さい。

窒素性廃棄物の排泄

窒素性廃棄物 nitrogenous wastes（表 15−1）は，淡水生真骨類，水生および半水生両生類により，主にアンモニアとして排泄される。それはアンモニアが水に非常に溶けやすく，水が豊富にあるためである。それゆえ，こうした動物はアンモニア排泄動物 ammonotelic animals である。これらの廃棄物は板鰓類を除く大部分の海洋生魚類ではアンモニアとして排泄されるが，こうした種で溶媒となる水分は飲みこんだ海水から塩分を急激に排泄することで供給される。窒素は板鰓類や哺乳類では尿素として排泄される（尿素排泄動物 ureotelic animals）。爬虫類や鳥類のように水分が豊富でない環境に暮らす動物種では，窒素は尿酸として半固形の尿中に排泄される（尿酸排泄動物 uricotelic animals）。排泄される窒素複合物の性状は，排泄のための媒体として供給される溶媒（水）の入手しやすさに幾分かは影響を受ける。

前腎

胚発生において最も早期の尿細管は造腎中胚葉の頭側端で

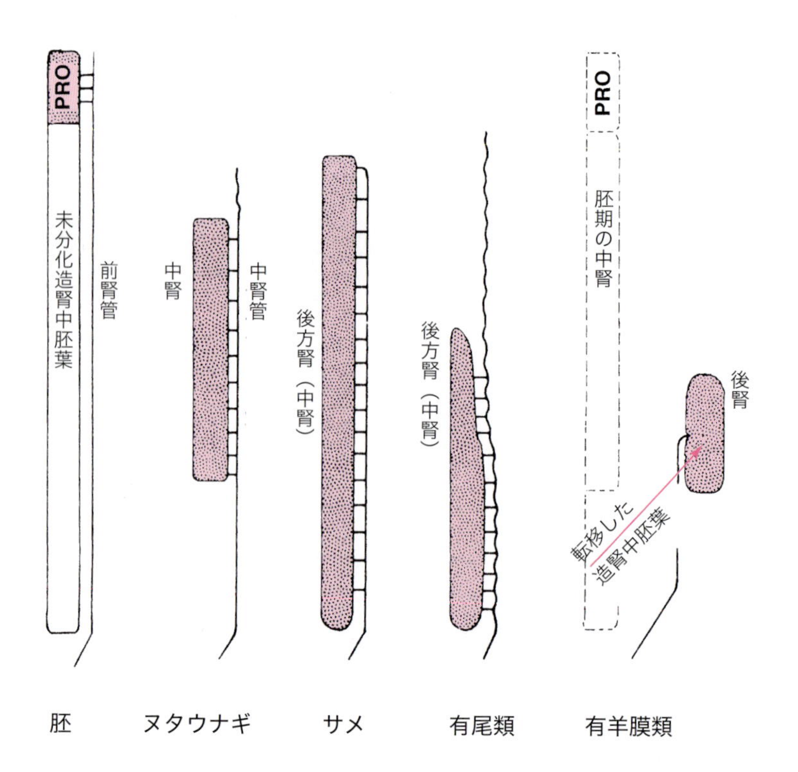

図 15-8
代表的な有頭類での造腎中胚葉（赤色）の運命。PRO：前腎。前腎管は無羊膜類の成体で腎臓から排出するため，存続している。

生じる。これらは最初に現れる尿細管で，前方に位置するため**前腎細管** pronephric tubules とよばれ，造腎中胚葉のこの部位が**前腎** pronephros である（図 15-8，胚）。尿細管は分節状で，より前方の体節で各々のレベルに 1 対ある。前腎細管は造腎中胚葉性細胞のかたまりとして生じ，腔所を形成し，しばしば腎口（鳥類と哺乳類を除く）を作る。無羊膜類で個々の前腎細管に関連するのが外糸球体であろう。ある種の肺魚や，有尾類や無尾類の幼生では，最初の 2，3 の外糸球体は合体して 1 つの大きな糸球を形成する。この糸球体は体腔から隔離されたくぼみである前腎腔に収まっている（図 15-5）。

かなりよく分化した前腎細管の数は決して多くない。カエルの幼生で体節二～四のレベルで 3 本，ヒトの胚で体節七～十三のレベルで 7 本，体節五で始まる鶏胚で約 12 本である。新たに痕跡的な分節性の尿細管が現れて，完全に発達することなく退行する。

前腎細管の最初の数本の遠位端は尾側に曲がり，末端同士が癒合して尾側に向かう 1 本の管を作り，最終的に総排泄腔へ開口する。これが**前腎管** pronephric duct（原腎管 archinephric duct）である（図 15-5）。

前腎細管は一時的なものである。一層複雑な新たな尿細管をさらに尾側に作るので，前腎の糸球体は背側大動脈との連絡を失い退行する。尿細管はもっとゆっくり退行し，痕跡が魚類の成体に残ることもある。真骨類では胚期の前腎の部位はリンパ性器官に変わり副腎複合体を収める（図 18-9，真骨類参照）。前腎管は退行しない。後方に形成する中腎細管からの排出を続ける。

前腎細管はすべての有頭動物で発達するが，胚期の条鰭類や，無顎類，肺魚，両生類の幼生でのみ機能し，幼生後期と同等の時期の間に退化する。カメ類やワニ類の胚でも一時期機能すると報告され，一方有羊膜類の胚では痕跡的か，あるいは失われている。

中腎

誘導原として働く前腎管の刺激の下で，新たな尿細管が造腎中胚葉のなかで前腎部の後方に順々に発達し，既存の前腎管への入口を確立する。これらは**中腎** mesonephros を生じることになる。前腎の退縮と中腎の発達にともない，前腎管はこれ以後**中腎管** mesonephric duct とよばれる。

通常は胚の前腎領域の特徴を示す尿細管から，中腎を定義づけるより複雑な腎単位（ネフロン）の特徴を示す尿細管へと徐々に移行する。移行する領域では，尿細管は分節性に配置するようであり，魚類，両生類，爬虫類では尿細管は開口した腎口を持つ。この腎口は通常発生の後期に閉鎖する。しかし魚類のなかには腎口が成体でも生涯を通じて開いているものもいる。鳥類や哺乳類の胚ではこの移行領域で腎口は開口しない。

各々の体節において最初の分節性尿細管からの出芽として形成される二次および三次尿細管を見いだす場所でなければ，前腎と胚期中腎の間の明確な境界となる基準はほとんどない（図15-6）。こうした二次および三次尿細管は大きくなり，お互いに侵入するので，発生中の腎臓の分節性は最初ぼんやりしているが，その後全く消失する。中腎細管は魚類や両生類では生涯にわたって残り，成体の腎臓（中腎）として機能し，有羊膜類では胚期の腎臓として機能する。

有顎魚類や両生類の成体の腎臓は**後方腎** opisthonephros とよばれるが，それは無羊膜類の尿細管が総排泄腔にまで尾側へ発達する観察を考慮したものである。一方，有羊膜類では，総排泄腔より前方にある未分化の造腎中胚葉の部位は，有羊膜類の最終的な腎臓（後腎）を生じる（接頭辞 *opistho* の由来は巻末の用語解説参照）。

無顎類

ヌタウナギの成体の腎臓は幼生の全腎の表現で，変更をともなう。すべての腎口は閉じている。糸球体の部分は，退行する前腎の少し後方に始まり，造腎中胚葉に 10 cm の分節を占め，総排泄腔の幾分前方に終わる。この分節は，径 1.5 mm にもなる 30 ～ 35 の大型の腎小体からなり，厳密に分節性で，非常に短い尿細管で縦走排出管に接続している。尿細管周囲毛細血管はなく，腎門脈系もない。退行した前腎と糸球体分節の間には，様々な数の腎小体があり，腎小体は糸球体を欠くか，縦走排出管との連絡を失っている。糸球体分節の尾側には，さらに無糸球体の腎小体がある。腎小体の総数は，典型的なものと非典型的なものを含めて，おおよそ 70 あり，それらはすべて厳密に分節性である。

ヤツメウナギの成体の腎臓は，体腔の長さのおおよそ半分ほどに伸びた長く薄いヒダで，他のほとんどの腎臓と異なり，体腔のなかにぶら下がる。その遊離端にそって中腎管が走る。大きな腎小体と体節よりも多い尿細管があるが，尿細管周囲毛細血管はなく，腎口もない。

有顎魚類と両生類

魚類や両生類の雄のより前方の中腎尿細管のあるものは，精巣から中腎管まで腎臓実質を通って精子を運ぶのに利用されるようになる。このことは，こうした尿細管が糸球体とかかわる代わりに，精巣を生じる胚の生殖隆起のすぐ隣に成長することに起因する（図15-9）。そこで尿細管は発生中の精巣のなかで精子通路と連絡を確立し，最終的に尿細管は精巣から精子を集める。こうした中腎尿細管は**精巣輸出管** vasa efferentia である。成体の雄の腎臓のこの部分は，それゆえに，精子の運搬に取って代わり，**生殖腎** sexual kidney として知られる。生殖腎から排出する中腎管の渦巻き状の部分が**精巣上体** epididymis である（図15-9，15-10a）。雄の腎臓の尾側部分が主要な輸尿部位である。精子が腎臓に運

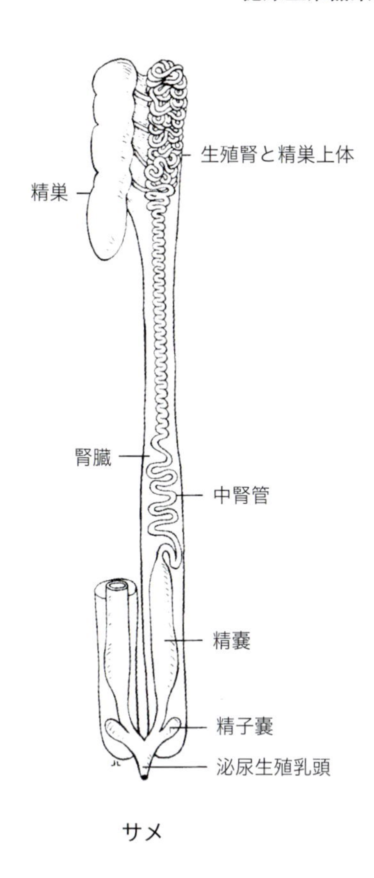

図15-9
雄サメの泌尿生殖器系。副尿管（図示していない）はさらに尾側の尿細管から排出する。

ばれないため，真骨類の雄には生殖腎はない（図15-25f）。

副尿管 accessory urinary ducts はしばしば補助的であるか，あるいは尿の運搬者として中腎管に置き換わることさえある。このことは特に板鰓類で当てはまる。副尿管の変異については図15-10b, ct 参照。

有羊膜類

中腎は有羊膜類の胚あるいは胎子の一時期における機能的な腎臓である（図15-11）。ヒヨコの胚では中腎は孵卵11日目（胚期全体の中間）にそのピークに達する。獣亜綱哺乳類ではピークはもっと速い（ヒトで妊娠9週）。ヒトでは最初の中腎細管は胚期の4週目に現れる。分化の波は造腎中胚葉に沿って進み，中腎を確立するが，最後の中腎細管が形成される前に，最初に形成された細管はすでに退行している（図15-12）。結果として，ヒトの中腎は，80もの腎小体が形成されることは知られているが，そのピークで約30の機能的な腎小体からなる。

中腎が有羊膜類で機能している間に，新たな腎臓である後腎が組織化される。後腎が機能するようになると，遺残を別にして中腎は退行する。しかし，ある種のトカゲでは最初の

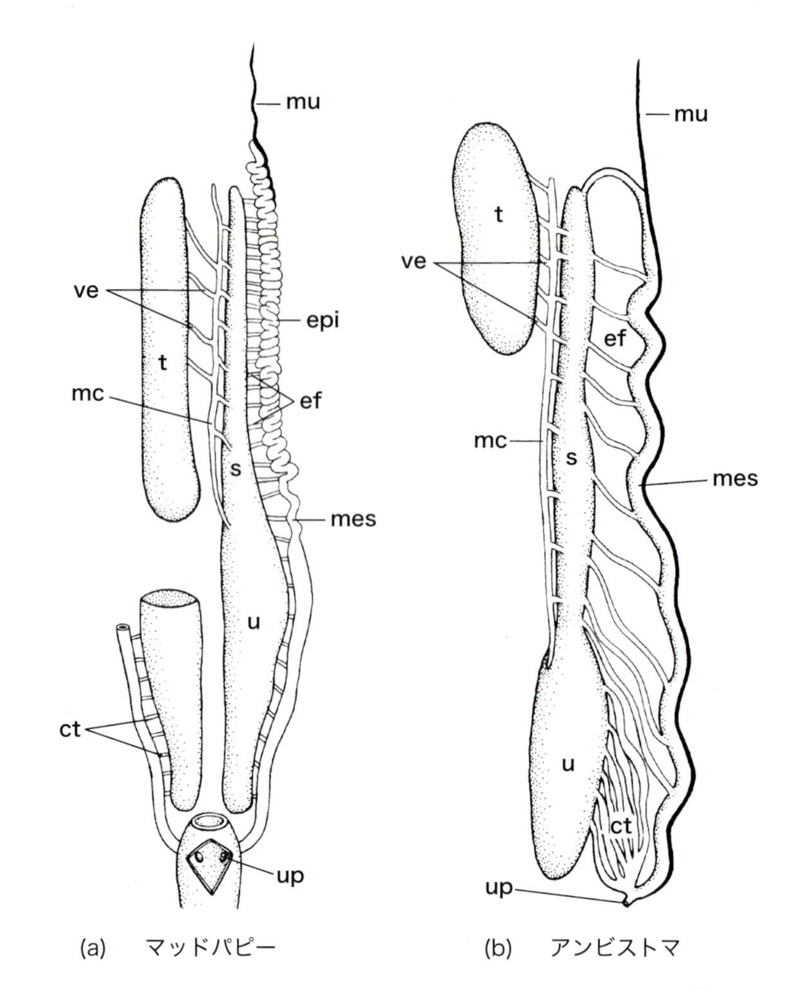

図 15-10
有尾両生類２種の雄の左側中腎（後方腎）および関連する生殖構造（腹側観）。精巣は内側，中腎管は側方に移動している。腎臓の生殖部は，精巣と中腎管の間で精子輸送のみに働く。ct：集合細管。ef：精巣上体輸出管。epi：精巣上体（アンビストマでは高度に回旋していない）。mc：精子収集のための縁管。mes：中腎管。mu：卵管の痕跡（ミュラー管）。s：腎臓の生殖部。t：精巣。u：泌尿腎臓。up：総排泄腔への泌尿生殖乳頭開口部。ve：精巣輸出管。

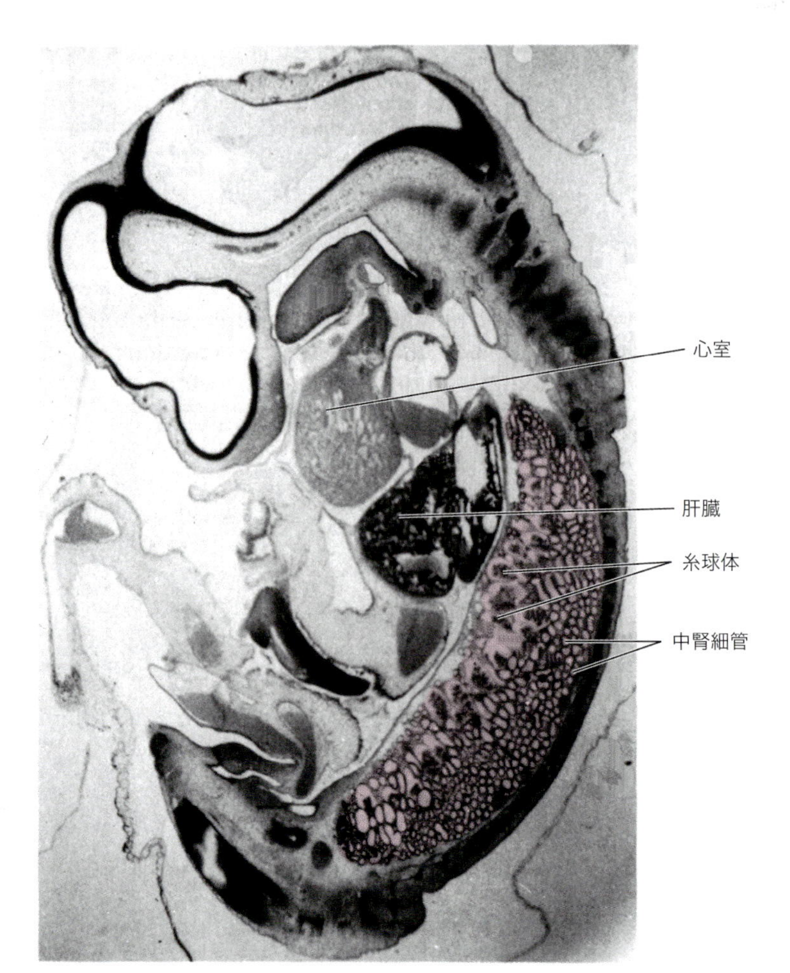

図 15-11
20 mm のブタ胎子の中腎（赤色）（旁矢状面）。
From Phillips, J. B.: *Development of Vertebrate Anatomy* 1975 (Fig. 18-7, page 440)

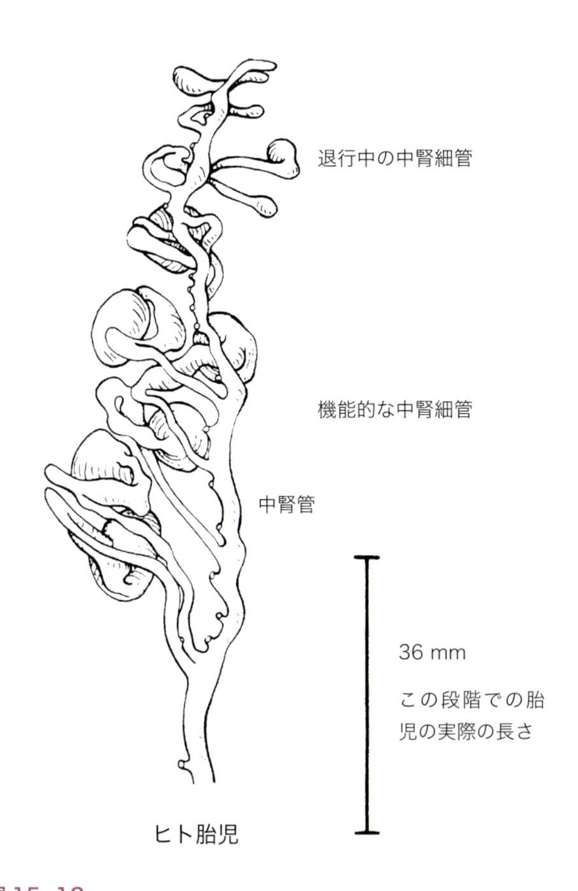

図 15-12
36 mm のヒト胎児の機能的な右側中腎。
From M. D. Altschule, "The Change(s) in the Mesonephric Tubules of Human Embryos Ten to Twelve Weeks Old" in *Anatomical Record*, 46:81, 1930. Copyright © 1930 American Association of Anatomists. Reprinted by permission of John Wiley & Sons, Inc.

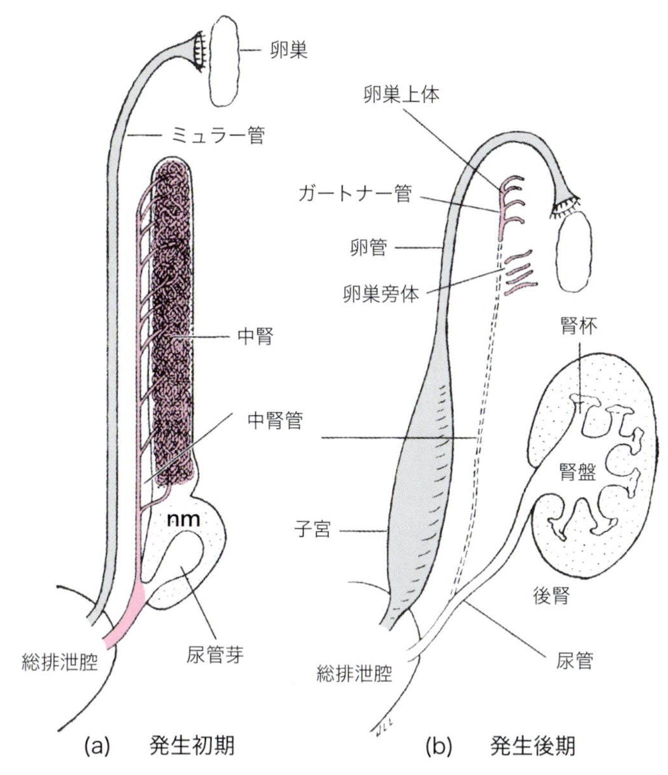

図 15-13
哺乳類雌の泌尿生殖器系の発生時の変化。発生初期 (a) では，中腎と中腎管が存在し（赤色），後腎芽が造腎中胚葉 (nm) の尾側端に形成されている。ミュラー管（卵管）は中腎管と平行している。発生の後期 (b) では，中腎と中腎管が遺残（赤色）を残して退縮し，ミュラー管が分化して雌の生殖管を形成している。

冬眠まで，ヘビでは最初の脱皮までのように，遅くまで中腎は機能し，単孔類や有袋類では出生時まで機能している。

有羊膜類の成体における中腎の遺残

胚期の中腎の痕跡は，哺乳類の成体にも盲端に終わる2種の細管群として残る。雌では卵巣の背側腸間膜にある**卵巣上体** epoophoron と**卵巣旁体** paroophoron（図 15-13）として残り，雄では**精巣旁体** paradidymis と**精巣上体垂** appendix of the epididymis として，ともに精巣上体の近くで精巣の背側腸間膜にある（図 15-24)。中腎管は有羊膜類のすべての雄で精管として残る。雌では中腎管の遺残は，哺乳類卵管の腸間膜にある短い盲端の**ガートナー管** Gartner's duct となる（図 15-13)。胚の中腎管の盲端をなす遺残は，ある種の下等な有羊膜類では卵巣と関連してみられる。

後腎

後腎 metanephros，すなわち有羊膜類の成体の腎臓は，発生の間に造腎中胚葉の後端から組織化され，頭側および外側へ移動する（図 15-8，有羊膜類)。これは魚類や両生類の成体で腎臓の最後端部を生じるのと同じ中胚葉である。

後腎の分化は，中空の**尿管芽** metanephric bud が中腎管の後端から出芽するときに始まる（図 15-13a)。この尿管芽を造腎中胚葉が取り囲む。尿管芽は後腎芽体をともなって前方に発達する。最終的に後腎の基本的な構成要素は移動し，まだ大きくなりつつある造腎中胚葉内で形成される。後腎を胚期の中腎管につないでいた中空の茎は**尿管** ureter になり，発生中の芽体に囲まれたこの茎の末端は，腎臓のなかで総集合細管までの尿路を生じる。その一方，S 状の尿細管はこの芽体のなかで形成される。各尿細管の一方の端は糸球体に向かい，これを包み腎小体となる。他方の端は総集合細管に向かって成長し，そのなかへ開口する。この連結に失敗すると液体を満たす腎嚢胞となることがある。哺乳類の腎臓では，ロート状の拡張（**腎杯** calyxes）を持つ**腎盤** renal pelvis が総集合細管から尿を集める（図 15-13b，15-14)。

哺乳類の腎臓の尿細管は径が狭く，非常に薄い上皮に裏打ちされた長い U 字型の**ヘンレのワナ** loop of Henle を持つ。

このワナは尿細管の近位曲部と遠位曲部の間に介在する（図15－3b）。発達するにつれ，ワナは糸球体が分布する腎臓の辺縁域から離れ，腎盤に向かって成長する。それゆえに腎臓は糸球体，曲尿細管およびヘンレのワナの上端が収まる**皮質** cortex と，ワナと集合細管からなる**髄質** medulla で構成される（図15–14，15–15）。ワナと関連するのは，個々のワナと平行する同じような形状の尿細管周囲毛細血管，すなわち**直血管（直細動脈）** vasa recta である。直血管のなかの血液とヘンレのワナのなかの濾液は反対方向に流れる。この配列の価値（適応値）は生理学の教科書に記述のある対向流増幅理論で説明される。

ヘンレのワナ，直血管および集合細管は，線条を示す**腎錐体** pyramids に集合する。各腎錐体（哺乳類の種によって20もある）は，鈍端すなわち**腎乳頭** renal papilla へ次第に細くなる。腎乳頭は他の腎乳頭数個とともに腎杯に突出する。各腎乳頭の先端には，多数の小さな開口部があり，この孔を通って尿は集合細管から腎杯に入り，尿管へ向かう。個々の集合細管は数本の尿細管（ヒトで7～10本）からの排出を受ける。鳥類の腎臓は哺乳類のヘンレのワナに似たワナを持つが，ほとんどの哺乳類のものよりずっと短い。

糸球体の濾液は，ある濃度の塩類と水分からなり，ヘンレのワナに入る。ヘンレのワナの役割は，塩類や水分の保有か排出かの必要性に応じて，曲尿細管や集合細管とともに尿細

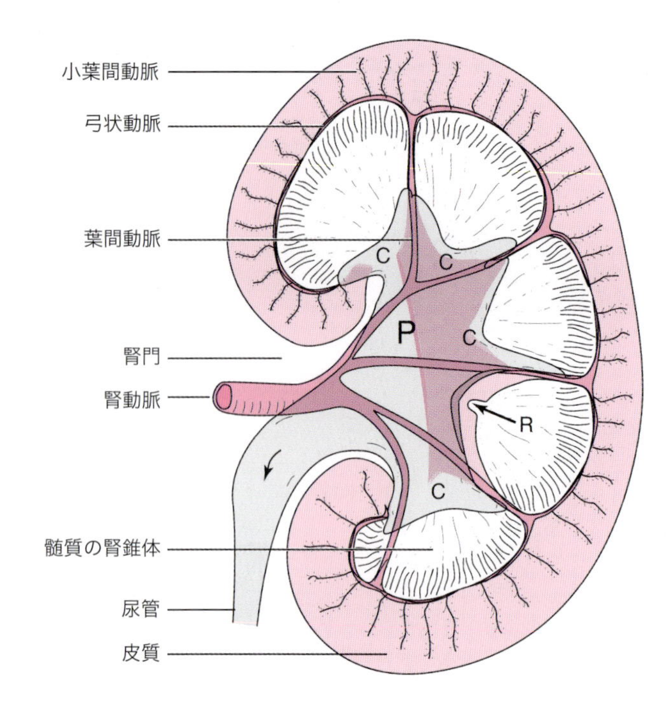

図15–14
哺乳類の腎臓（前頭断，腎静脈は除去）。糸球体は皮質（赤色）に限局し，小葉間動脈による血液供給を受ける。ヘンレのワナ，直血管，総集合細管が腎錐体を構成する。腎杯の1つを開き，腎乳頭（R）を露出している。P：腎盤。C：腎杯。

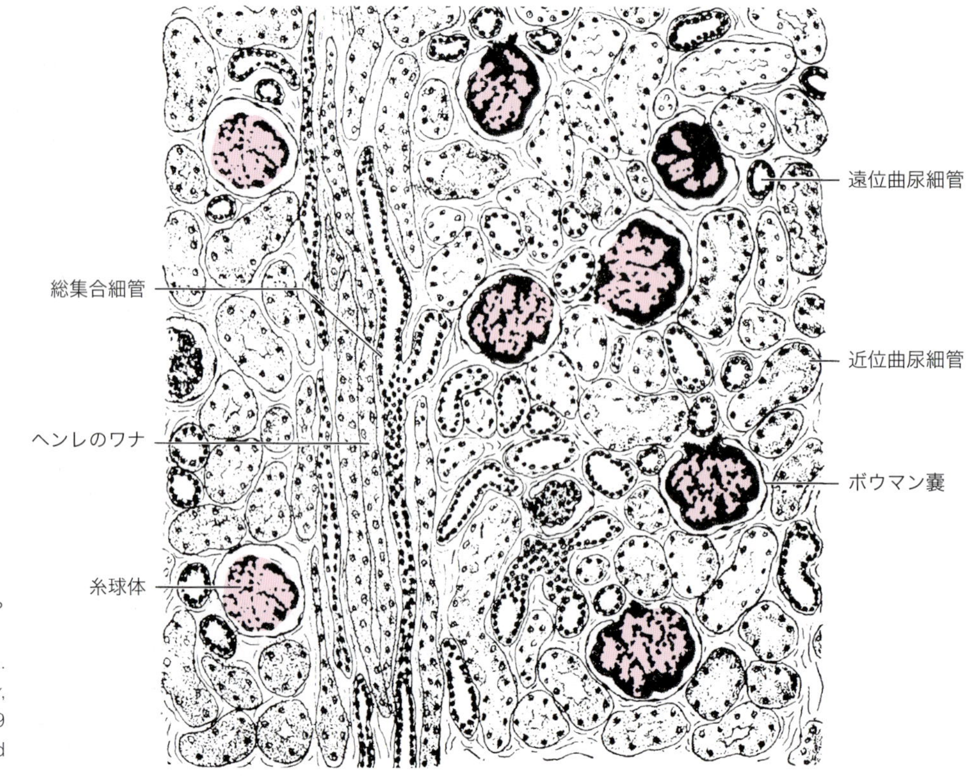

図15–15
哺乳類腎臓の皮質（前頭断）。上方が腎臓の表面。
From G. Bevelander and J. A. Ramaley, *Essentials of Histology*, 8th edition. Copyright © 1979 Mosby-Year Book, Inc. Reprinted by permission of G. Bevelander.

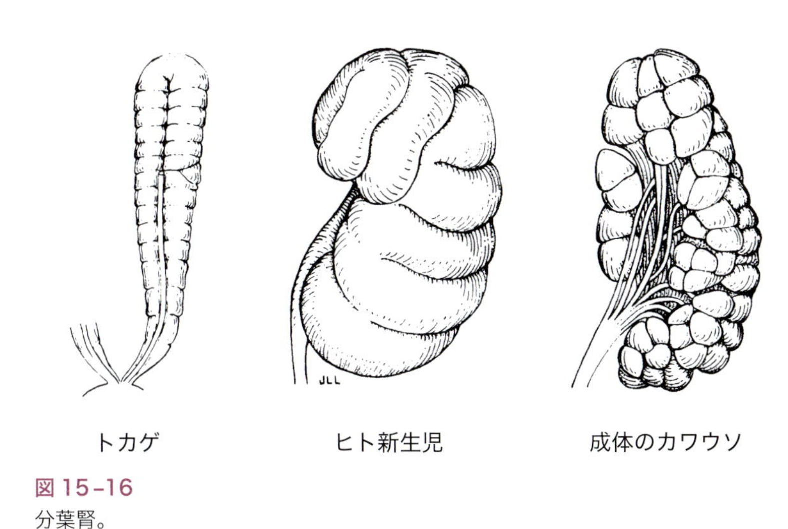

図 15-16
分葉腎。

管のなかの浸透圧を変えることであり，分泌される尿を血液に比較して高張（溶質の濃度が高い）あるいは低張にする。尿細管頚部から集合細管までの部分はそれぞれの役割を持つ。これらの全体としての活動は循環する血漿を，生命を維持する狭い範囲内で一定の浸透圧の状態に維持する。

塩類はヘンレのワナから出て周囲の間質液へ移動するか，間質液からヘンレのワナへ移る。2つの部位での浸透圧の相違と尿細管の選択的透過性は，結果として塩類の一方向あるいは反対方向への受動的な動きとなる。必要となると，ホルモンは浸透圧勾配に抗して塩類をヘンレのワナへ運ぶ，あるいはワナから引きだす能動輸送を起こす。水分は必要とされるとき，集合細管の濾液から回収される。希釈された尿は体から過剰な水分を取り除く。

爬虫類やある種の哺乳類の腎臓は分葉状であり，それぞれの葉は多数の尿細管の塊からなる（図 15-16，15-28，15-29）。ヘビ類やアシナシトカゲや無足類の腎臓は長く伸びて，細長い体型に合わせている。鳥類の腎臓は仙骨や腸骨の形に合わせてぴったり収まっている。ほとんどの哺乳類では，腎臓は滑らかで豆状をしており，動脈や静脈や神経，尿管が正中側の刻みめである**腎門** hilus から出入りする。

中腎管からの出芽としての胚起源のため，尿管は最初は中腎管に終わり，雄のムカシトカゲやトカゲでは生涯を通じて中腎管に終わる（図 15-26）。他の爬虫類や鳥類，単孔類では，尿管は最終的に総排泄腔に開口する。後で説明するが，獣亜綱哺乳類では胚期の総排泄腔を構成する要素の成長が異なるため，尿管は膀胱内に開く（図 15-30，15-31）。

腎臓外での塩類の排出

塩分の多い環境のなかに生きる有頭動物，あるいは乾燥した環境に住み，蓄積した塩分を排出するための体液をほとんど持たない有頭動物は，この役割で腎臓を補完する腎臓外の構造物を持つ。海洋生の真骨類は鰓に塩類分泌腺を持つ。板鰓類やシーラカンス類は塩類分泌の直腸腺を持ち，これはほとんど水分を利用せずに腸の後端に排出する（淡水で捕獲されたオオメジロザメの直腸腺は，海水で捕獲したものよりも小さく，退行性の変化を示す）。

海洋生のカメやヘビは塩類腺を持つ。海岸の樹林に住むが海草を食べるイグアナも塩類腺を持つ。海洋から魚を捕る鳥類もまた塩類腺を持つ。乾燥した環境に住む陸生のトカゲやヘビも塩類腺を持つ。これらのトカゲやヘビは萎縮した糸球体を持ち，これは水分を保存する。爬虫類の塩類腺は充実性でしばしば分葉しており，豊富な管状の腺窩から構成され，1本の管で排出される。

トカゲの塩類分泌腺は眼窩の下方で嗅嚢のすぐ外側に位置し，その導管は鼻道に注ぐ。塩化ナトリウムとカリウムの白っぽいかさぶたを外鼻孔でみることができる。海鳥の塩類分泌腺は大きく，両眼窩の上に位置する。その長い導管は嘴の基部で外鼻孔のすぐ外側に開口する。嘴上の溝がこの開口部から嘴の先端まで伸びる。ナトリム塩やカリウム塩を含む水を飲んで15分以内に，これらを含むわずかな水滴が溝を流れてぽたぽた落ちるか，あるいは嘴から振り落とされる。海洋生のカメの塩類腺は眼窩に開口し，海洋生のヘビの塩類腺は唾液腺と同じように口腔に開口する。

ヌタウナギの大量の粘液の覆い，これがヌタウナギ（粘液ウナギ）slime eel という名を想起させるのだが，これにも塩類が豊富であることが示された。しかしヌタウナギは生息環境に対して等張のように思われる。ヌタウナギは非常に短い尿細管を持ち，これが塩類排出のための1つのルートを尿細管から奪っている。外皮性の粘液腺がこうした無顎類での浸透圧調節で主たる役割を果たすのかもしれない。

哺乳類の汗腺は塩分を排出するが，このルートによる塩分の消失は，蒸発による冷却効果のための水分の分泌に付随するものである。一方，別のルートによる塩類の排出はホルモン調節によるのであり，汗腺を介する塩分の喪失は調節できない。事実，このルートによる塩分の喪失は，組織内で過剰に失われるならば，食事による塩分摂取で取って代わらねばならない。

膀胱

膀胱は地上での生活への適応である。膀胱は後で必要となるかもしれず，それゆえに廃棄されるべきでない水分の貯蔵場所である。膀胱は胚発生時に胚期の総排泄腔の腹側壁の膨出として生じる。両生類（図15-17，15-38），カメ類や原始的なトカゲ類（図15-26，15-27b，15-40，15-41），単孔類（図15-43）など獣亜綱哺乳類以外の四肢動物で，少数の平胸類を除き膀胱を持つ動物では，膀胱は生涯を通じて総排泄腔に開口している。こうした四肢動物では尿管も総排泄腔に開口するので，そこの出口（排泄口）が開いていないと，尿は総排泄腔から膀胱へ逆流する。

獣亜綱哺乳類の膀胱は，他の四肢動物と同様に，胚期の総排泄腔からの膨出として発達するが，獣亜綱の膨出は**尿膜** allantois とよばれ，尿管が膀胱に注ぎ，膀胱は尿道につながる。

獣亜綱哺乳類の膀胱の遠位端は**正中臍索** middle umbilical ligament，すなわち**尿膜管** urachus によって臍に結ばれている。これは，出生後も膀胱より遠位の体腔に残存する胚期の尿膜の一部で，線維性の遺残である（図14-38参照）。哺乳類の種（例えば霊長類）によっては別の種（例えばネコ）よりも，臍と尿膜管はもっと顕著なこともある。尿膜管は機能を失った臍動脈とともに膀胱の腹側腸間膜の前縁を占める。両生類の膀胱も永続する腹側腸間膜となるようである。この腸間膜と小網と肝臓の腹側腸間膜（鎌状間膜）は，胚期には体腔の全長に広がっていた腹側腸間膜の成体有頭動物での唯一の遺残である。

膀胱からの活発な水分の再吸収，すなわち水分保存の適応は**抗利尿ホルモン** antidiuretic hormone によって惹起される。これは視床下部の神経分泌ホルモンで，脱水の兆候があると下垂体後葉から放出される（図18-2参照）。様々な動物種で，貯蔵された尿は別途利用される。淡水産のカメ類には大きな膀胱や，時には副膀胱を持つものがあり，雌で卵を産む巣を作るときに土をやわらかく湿らせる水を運ぶのに使われる（図15-27，15-41）。哺乳類の膀胱は，尿中のフェロモンの貯蔵を可能にし，そこで種内の他の動物，雄あるいは雌への情報伝達手段として機能することができる（例えば，イヌの電信柱への排尿など）。原始的な有頭動物では，特定の環境では乏しい必須イオンが貯蔵された尿から再利用される。

膀胱の平滑筋層は消化管のものとは逆の，内縦走，外輪走の配列をしている。多くの弾性組織が筋線維の間に介在し，管腔を覆う上皮細胞は相互に重なり合い，膀胱が満たされているときは薄くなり，空のときは厚くなる。このため内腔のサイズは常に尿の量，どんな量にでも順応する。

魚類で膀胱とよばれる器官があるとき，それは総排泄腔よりもむしろ造腎中胚葉から生じる。この器官は四肢動物の膀胱と相同ではない。条鰭類では不対の膀胱を持つものがあり，２本の中腎管が後方で合流する部位で，時には２角を持つ洞様の拡張となっている。**管状膀胱** tubal bladder とよばれる長く伸びた嚢を発達させる種もある（図15-18）。葉鰭類は総排泄腔の背壁からの小さな憩室を持ち，これは膀胱とよばれてきた。現存する無顎類と軟骨魚類にはそうした構造物はない。

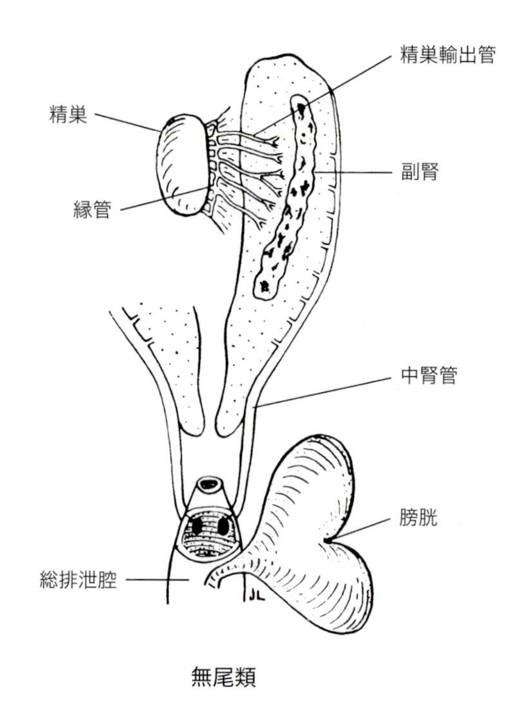

図15-17
カエル雄の泌尿生殖系と副腎（腹側観）。

生殖器

性腺原基

性腺は２つの主要な役割，⑴配偶子（生殖子）を産生し，⑵ステロイドホルモンを合成する役割を持つ。ホルモンは**副生殖器** accessory sex organs（生殖道とその腺）の分化，成長，維持や**二次性徴** secondary sex characteristics（例えば，鳥類での性特有の羽装）や性行動に不可欠である。

性腺は，中腎のすぐ内側の体腔中皮の肥厚である１対の**生殖隆起** genital ridges として生じる（図15-19，黒色）。生殖隆起は最終的に成熟する性腺よりも長く，一時期，性腺は，現存する無顎類のように，胸腹膜腔の長さにまで伸長していたであろうことを示唆する。**始原生殖細胞** primordial germ cells（精子や卵の前駆体）は生殖隆起内に移動し，腹

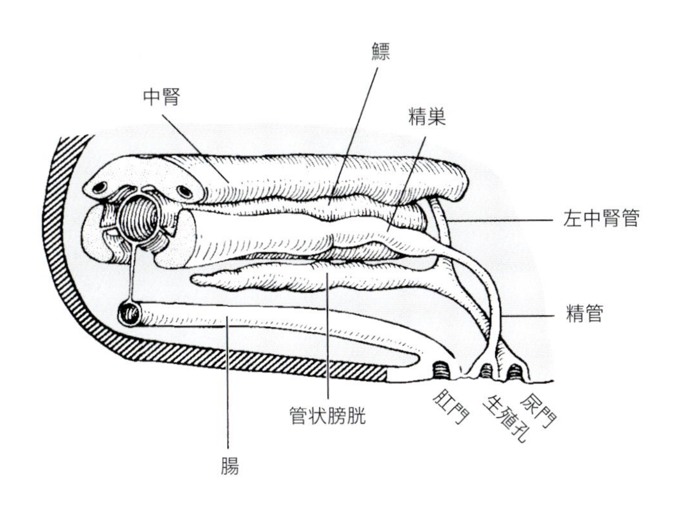

図 15-18
真骨類雄（カワカマス）の泌尿生殖器系の尾側端（左側観）。不対の膀胱が２本の中腎管の合一した尾側端の出芽として生じる。総排泄腔の欠失に注意。
Source: Data from E. S. Goodrich, *Studies on the Structure and Development of Vertebrates*, 1930, Macmillan and Company, Ltd., London.

膜のすぐ内側に定着する（図 15-20）。その結果，性腺原基のこの部位は**胚上皮** germinal epithelium になる。始原生殖細胞は，最初胚上皮で観察されるが，その前駆体は生殖隆起が発達するまで，卵黄嚢の内胚葉などに存在する。そうした場所から，始原生殖細胞は生殖隆起に移動する。

初期の分化の間は，性腺は卵巣あるいは精巣のいずれにもなる潜在能力を持つ。遺伝子やホルモンやまだ完全に同定されていない因子の下で，この両性的な性腺は特定の性の性腺に発達する。性腺は大きくなるので，一般に背側腸間膜，雄での**精巣間膜** mesorchium，雌での**卵巣間膜** mesovarium を獲得する。

精巣になる性腺原基では，**一次性索** primary sex cords は生殖隆起の深層に侵入し，胚上皮に裏打ちされた**精細管** seminiferous tubules になる（図 15-20a ～ d，15-21，15-22）。こうした精細管は精子を作る。一次性索は雌でも作られるが，卵の供給源にはならない。卵母細胞は胚上皮から生じる**二次性索** secondary sex cords から作られる（図 15-20b，e，f）。こうした性索は髄質へと深く成長することはない。その結果，ある種の真骨類の例外はあるが，卵は卵巣の表層直下で作られ，成熟すると卵巣外へ放出される（図 15-35）。雌の一次性索は退行するが，卵巣髄質の深層に遺残が残り，髄索とよばれる。

少数の有頭動物の成体は１つの性腺を持つが，それはヤツメウナギやある種の真骨類のように，２つの生殖隆起が正中線を越えて癒合するためか，あるいは未成熟な性腺，通常卵巣がほとんどであるが，その一方が分化しないことによる。１つの機能的な卵巣を持つ有頭動物には，ヌタウナギ，ある種の胎生板鰓類，少数の爬虫類，鳥類のほとんどの種がある。カモノハシやある種のコウモリを含む少数の哺乳類の雌も，ただ１つの卵巣を持つ。

自然の，あるいは実験的な性転換の例を，多くの有頭動物でみることができる。無尾類の胚の精巣は，前方の**ビダー器官** Bidder's organ と，機能的な精巣になる後方の部分から構成される。ビダー器官はカエルでは性成熟前に消失する。ヒキガエルの雄の成体ではビダー器官が残り（図 15-23），未成熟な卵に似た未分化の大きな細胞を含んでいる。実験的

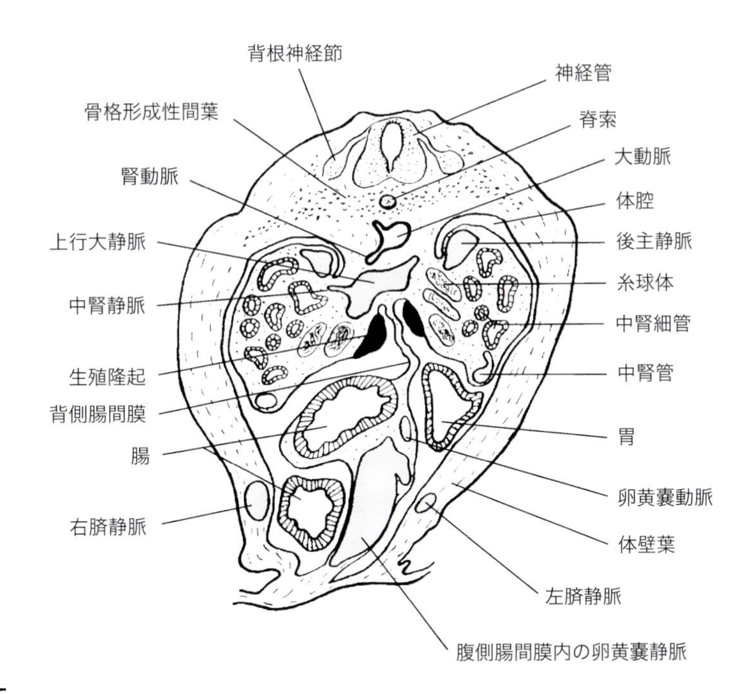

図 15-19
卵割 6.5 日のオポッサムの胚（横断面）。性腺原基を黒色で示す。

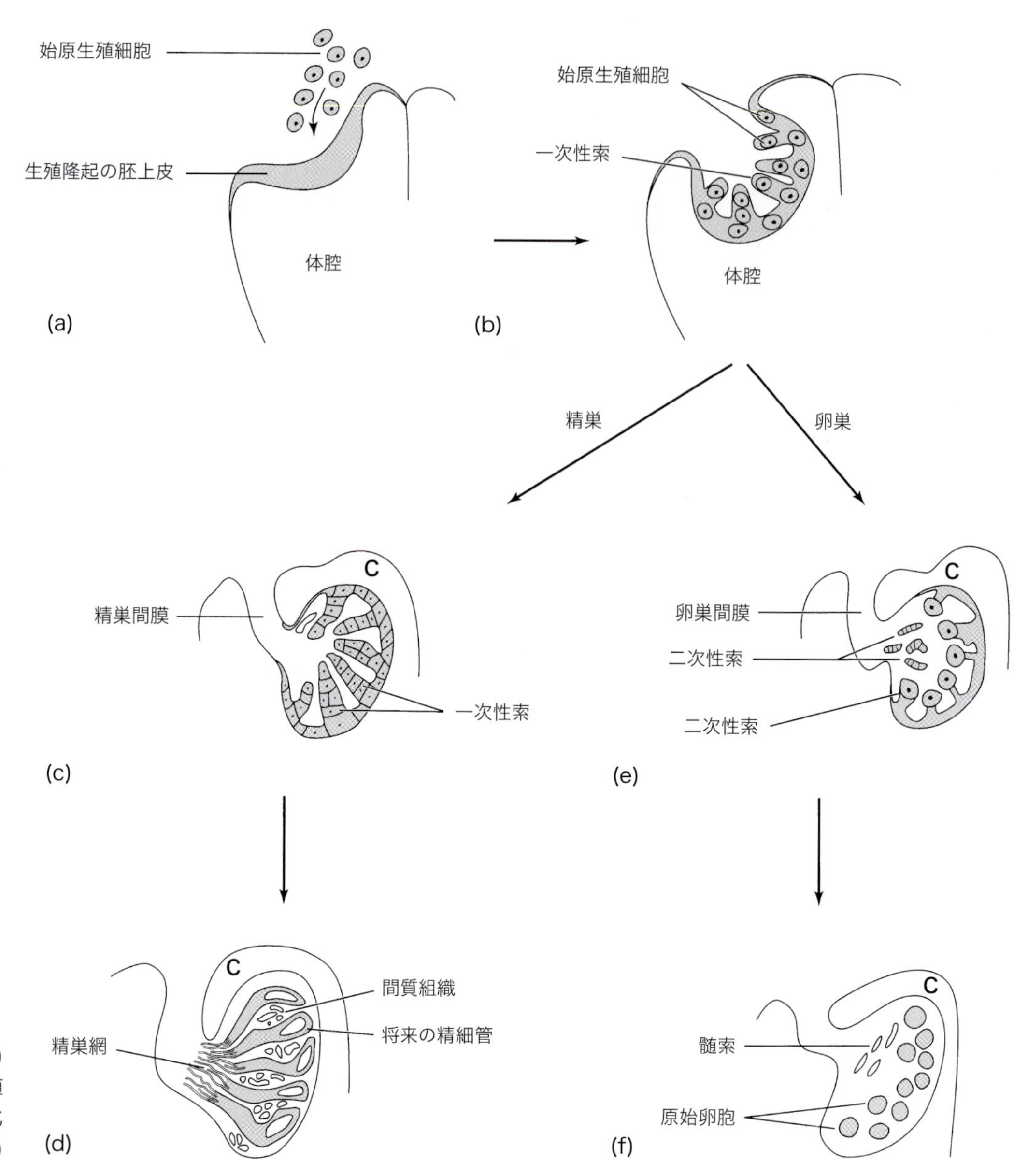

図 15-20
哺乳類性腺の初期の発生。(a) 性的に未分化な原基である生殖隆起の胚上皮。(b) 雌雄未分化な時期の一次精索。(c) ～ (f) 精巣と卵巣の分化。C：体腔。

にヒキガエルの精巣を取り除き，ビダー器官を血液供給も含めて残すようにすると，ビダー器官は機能的な卵巣に発達し，痕跡的な雌の生殖管系が，新たな卵巣で産生されたホルモンにより大きくなる。何の処置も受けない雌鶏が産卵をやめて，コケコッコーと鳴き，他の雄の特徴を発達させることが知られている。これは左側の卵巣が萎縮し，鳥類では痕跡的な右側の卵巣が大きくなって雄性ホルモンを産生するときに生じる。しかし，こうした鳥が精子を産生したかどうかはわからない。

すべての有頭動物で，成熟した卵は卵管に侵入する前に，体腔内あるいは体腔の一区画に放出される。これに反して精子は，現存する無顎類を除き，閉鎖した管系に誘導され，体腔に入ることなく精巣から外部へ運ばれる。すべての現存する無顎類の配偶子は体腔内に放出される。

精巣と雄の生殖管

有頭動物の精巣は，少数の例外はあるが，基本的に同じである。胚上皮は精細管を裏打ちし，そこで精子を形成する。成熟した精子は顕微鏡レベルの大きさで数が多い（雄鶏で35億／ml）。精子は精細管の上皮から離れ，鞭毛状の尾で進み，精細管の全長を遊泳して精巣輸出管に達する。精巣輸出管は精管へと続く。哺乳類では精子は，精巣輸出管に入る前に，まず最初，細い回路のネットワークである**精巣網** rete testis に集められる（図 15-22）。精巣輸出管は糸球体との

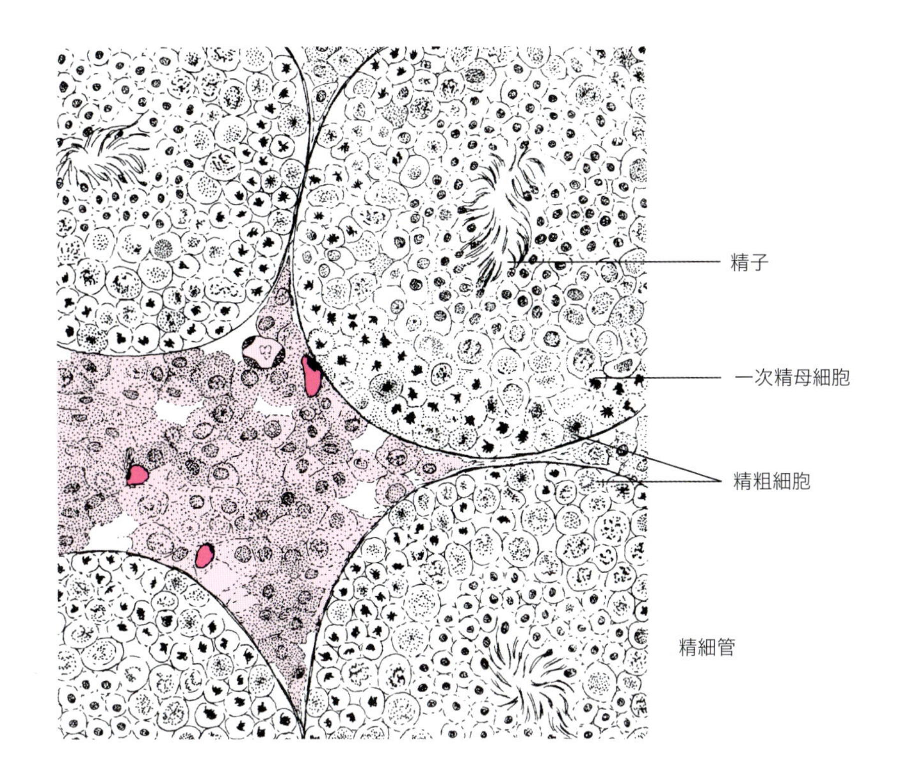

図 15-21
哺乳類精巣の組織像。4 本の精細管を示す。間質細胞（淡赤色）は雄性ホルモンの供給源（第 18 章参照）。濃赤色は毛細血管。

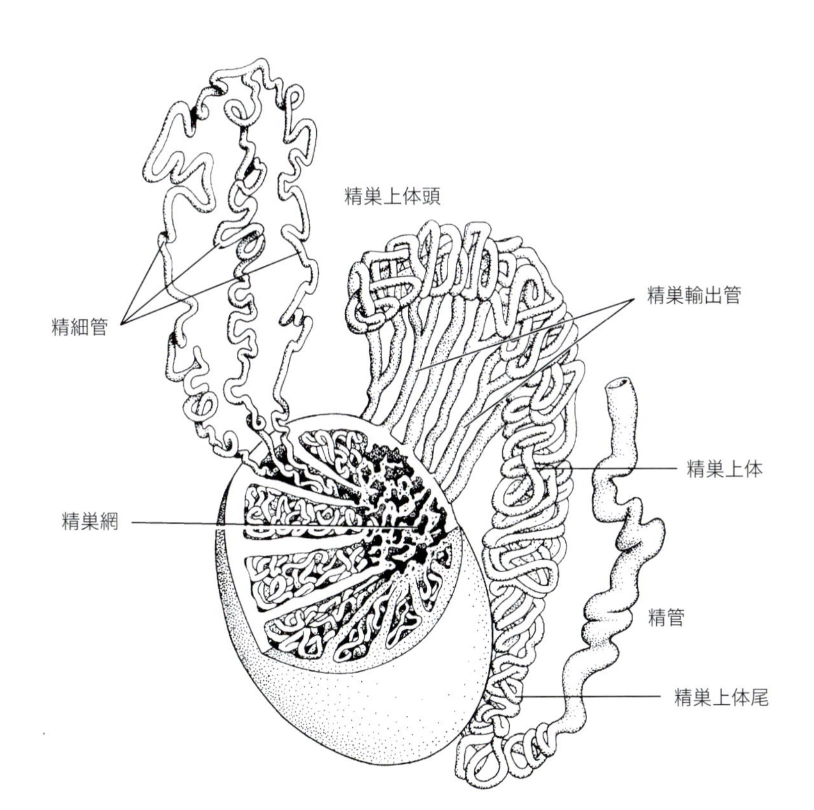

図 15-22
哺乳類の精巣。
精巣輸出管は中腎細管の変化したもの。

関連を持つ代わりに発達中の精巣内に侵入した中腎細管である（図 15-24）。**精巣輸出管** vasa efferentia（哺乳類では通常**精巣輸出管** efferent ductules とよばれる）は精子を精管に導く（図 15-24）。精巣輸出管はヒトでおおよそ 12 本である。**中腎** mesonephric kidneys を持つ有頭動物のほとんどで，中腎管は尿と精子の両方の通路となる（図 15-25a, d）。

ヌタウナギ，ヤツメウナギ，ある種の有顎魚類，および有尾類は精細管を欠く。こうした有頭動物では，胚上皮は精巣の表面にあったり，精巣内に深くあったりすることがあり，始原生殖細胞は胚上皮から嚢胞状の**造精膨大部** seminiferous ampullae に遊走し，放出されるまでそこで成熟する。産卵期の末期には，数十万もの精子がこの膨大部から放出され，嚢胞はしぼむ。

魚類や有尾類のなかには，精子の輸送管として中腎管の代わりに新たな精管を作る傾向があった（図15-10，**縁管** marginal canal，15-25d，e）。この傾向は一切精子を運ぶことのない中腎管として，真骨類でその頂点に達した（図15-25f）。その他のすべての魚類や両生類では，そして爬虫類からヒトまで，胚期の中腎管は成体の雄に残り，精子の通路となる。精子だけを運ぶ管は**精管** vas deferens (ductus deferens) とよばれる。

獣亜綱哺乳類を除く有頭動物では，精管は一般に総排泄腔あるいはその派生物に開口する（図15-26～29）。獣亜綱哺乳類では精管は前立腺の部位で尿道に開口する（図15-30）。このことは，胚期の総排泄腔が尿生殖洞と直腸に完全に分離した結果である（図15-49e，f，黒色の管）。

胎生期の後期に哺乳類の精巣が尾側に移動した結果として，精管は尿管に“引きずられる”ことになり，そのため，精管はその後尿道に達するまで尿管に絡まる（図15-30，15-31）。

多くの多細胞腺が有羊膜類の精液に寄与する分泌物を産生する。こうした腺は哺乳類で最も多く，１つ以上の腺が精管と尿道の結合部かその近くで生殖道に開口する（図15-31）。これらのものには**膨大腺** ampullary glands，いくつかの正中あるいは対をなす**前立腺** prostate glands，**精**

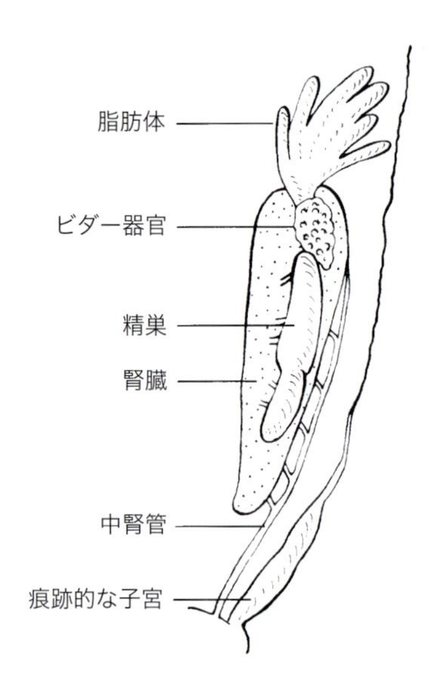

図15-23
若い雄ヒキガエルのビダー器官と痕跡的な雌の生殖管。腹側面。左の器官のみ図示。中腎管と痕跡的な子宮が総排泄腔に開口。

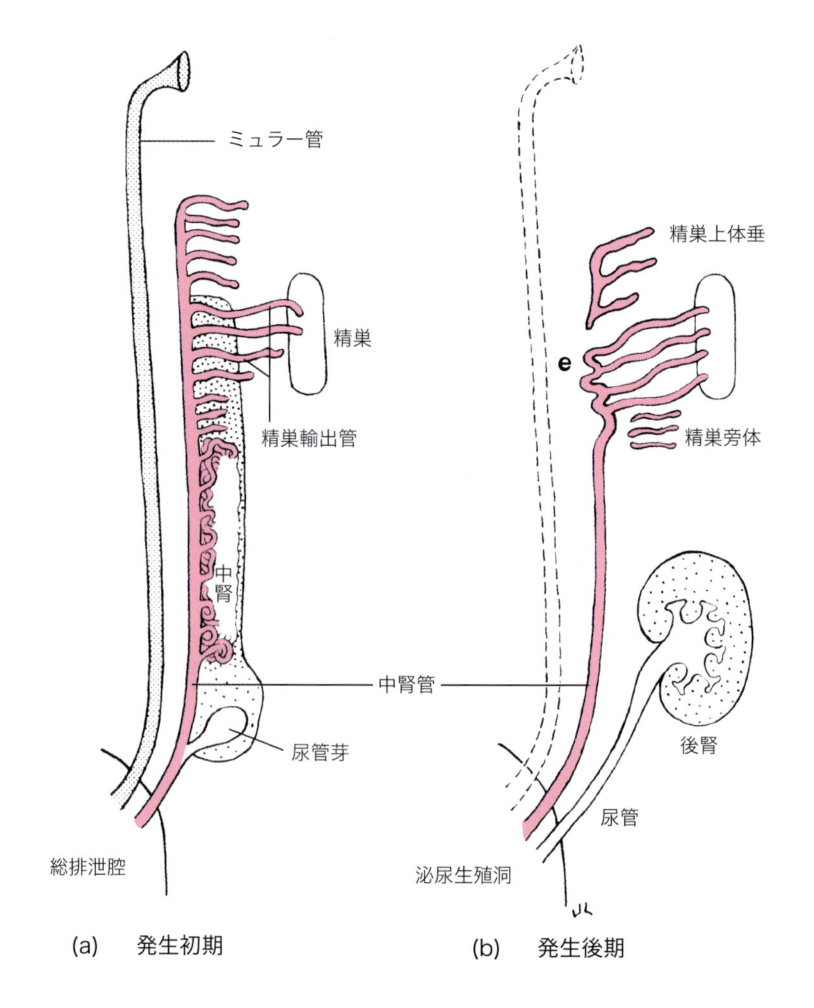

図15-24
哺乳類の雄の泌尿生殖器系における発生変化。発生初期（性未分化）の段階では，未発達な雌の生殖管（ミュラー管）と中腎がある。中腎細管は生殖隆起（精巣）に侵入するものがあり，精巣輸出管になる。発生後期（右側）では，ミュラー管は退行し（破線），中腎は遺残（精巣上体垂，精巣旁体）を除いて退行し，中腎管が精子を運ぶために残る。e：中腎管の精巣上体部。

囊 seminal vesicles，**凝固腺** coagulating glands，**尿道球腺** bulbourethral glands（**カウパー腺** Cowper's glands）がある。これらのすべてが哺乳類のあらゆる目にあるとは限らない。精囊は，他の有頭動物では精子の貯蔵場所であるけれど，哺乳類では腺としての役割だけである。凝固腺は精液を膣内で固まらせる。これは数時間あるいは数日間，別の交尾を排除する**膣栓** copulation plug となる。他の腺は粘液，栄養性分泌物，あるいは膣内容物のわずかな酸性を中性とする液を産生し，それによって運動性のある精子により適した環境を用意する。

哺乳類の雄の尿道は，前立腺が開口する**尿道前立腺部** prostatic urethra，前立腺から陰茎の基部までの**尿道膜性部** membranous urethra，陰茎内の部分である**尿道海綿体部** spongy urethra に分けられる（図 15－30）。

交接器

受精が体内で行われる種では，雌の生殖道に精子を導くために，雄は少数の例外を除き，**交接器** intromittent organ（**交尾器** copulatory organ）を発達させる。交接器は，体内受精する魚類にも，オガエル科の無尾類（鼓膜を欠くカエル）にも，爬虫類や少数の鳥類にも，そしてすべての哺乳類に存在する。体内受精する有尾類やほとんどの鳥類では，精子の輸送を補助するように，総排泄腔が裏返しになることができる。体内受精と体外受精に関しては第 5 章で論じた。

板鰓類の交接器は溝のある指状の**抱接器** claspers で，腹鰭の変化したものである（図 10－8 参照）。抱接器の基部で両側の鰭に埋められているのが筋性の**水管囊** siphon sac で，エネルギーに富んだおびただしい量の粘液多糖類を精液に加える。多くの真骨類では，変化した尻鰭である**生殖肢（性脚）** gonopodium が精子の輸送に働く。オガエル科のカエル

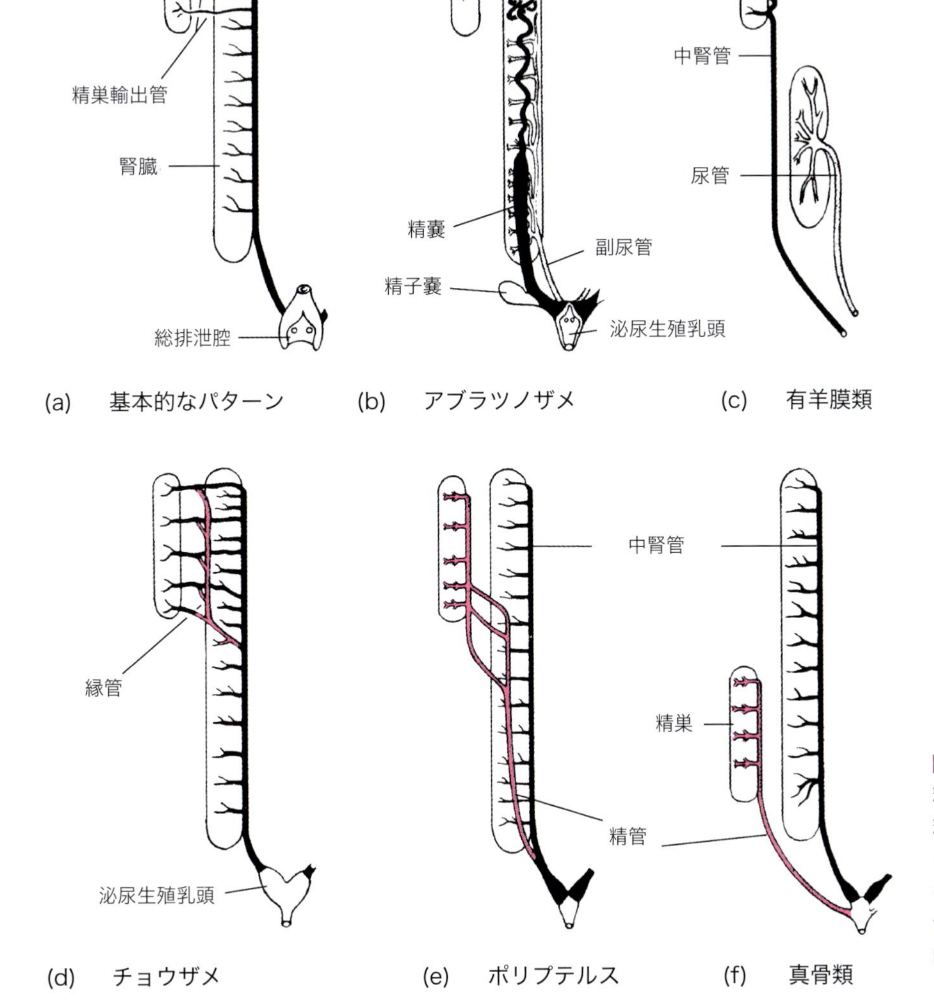

図 15－25
精子と尿の通路としての中腎管（黒色）。(a) 精子と尿の両方を運搬。(b) 腎臓の前方部からの尿のみを運搬し，主には精管。(c) 精子のみを運搬。(d) ～ (f) 条鰭類では精管（赤色）を分離する方向に向かう。中腎管は最終的に尿のみを運ぶ。有羊膜類とは逆であることに注意。

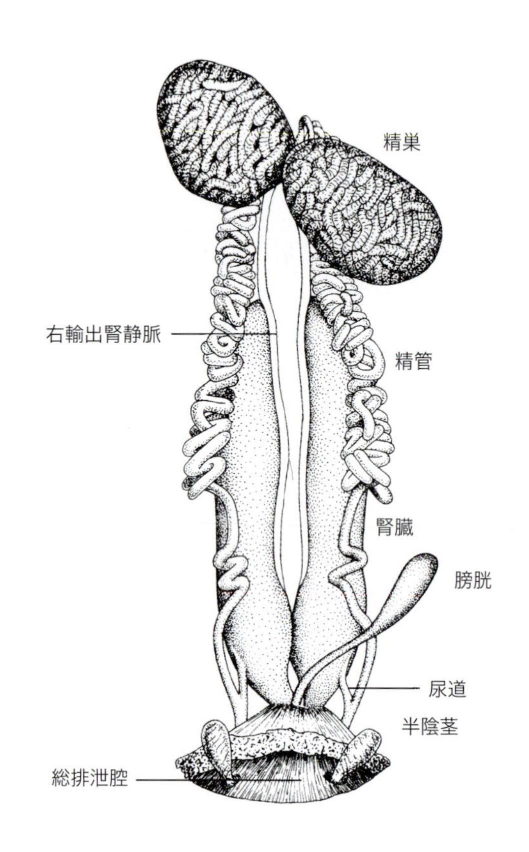

図 15–26
雄トカゲ，グリーンアノールの泌尿生殖器。腹側面。精管は存続する中腎管。半陰茎は反転した（勃起）位置。

では，交接器は恒久的に管状で，尾のような総排泄腔の伸長である。

ヘビやトカゲの雄は半陰茎 hemipenis，すなわち総排泄腔の入口で皮膚の下にポケットの裏返った位置に収まった1対の突出可能な嚢状の憩室を持つ（図 15–26）。それらは後引筋によりポケットのなかに収まっている。半陰茎の各々は表面に深いらせん状の溝を持つ。交接の間，後引筋は弛緩し，嚢は裏表が逆になり，表層に突出し，精液を溝に沿って雌の総排泄腔内に流す。痕跡的な半陰茎は雌にもある。

カメ，ワニ，少数の鳥類（ダチョウやアヒルなど），単孔類の雄は不対の勃起性の**陰茎** penis を持つ。その最も単純な形は，爬虫類でみられるように，陰茎は総排泄腔の床の肥厚で，主に海綿状の勃起性組織，すなわち**尿道海綿体** corpus spongiosum からなり，表層に**尿道溝** urethral groove を持ち，**亀頭** glans penis に終わる（図 15–27，15–28）。海綿性組織は多孔性の洞様血管からなり，充血すると亀頭を総排泄腔の穴から押しだす。亀頭は知覚終末が豊富で，これが反射的に射精を刺激する。尿道溝は精子を総排泄腔に向かって導く。単孔類の陰茎は爬虫類のものに似ていて，総排泄腔の床にあるが，背側表面の溝は，管を形成するように海綿体のなかへと包まれ，精子のみを運び，尿は別の通路で総排泄腔に運ばれる。

獣亜綱哺乳類の陰茎は胚期の1つの**生殖結節** genital tubercle と1対の**生殖ヒダ** genital folds から発達する。生殖ヒダは両性の胚で泌尿生殖洞を境界する（図 15–48b）。生殖ヒダが互いに正中腺に向かって成長して溝を作り，最終的に閉鎖した管を形成する。この管のなかに泌尿生殖洞が収まる。この管は海綿体に囲まれ，陰茎内で尿道海綿体部となる。これは最終的に尿と精子を運ぶ。亀頭，すなわち海綿体の拡張した末端は，勃起時以外は皮膚のヒダでできた鞘である**包皮** prepuce に囲まれている。さらに2つの勃起性の集塊，**陰茎海綿体** corpora cavernosa が獣亜綱哺乳類の陰茎内で発達する（図 15–32）。

雌の生殖結節は，一般に泌尿生殖洞（数種の霊長類では派生的状態として陰門前庭）の床に埋もれた，海綿体の陰茎様突出，すなわち**陰核** clitoris へ発達する。陰茎のように陰核は勃起性があり，触覚刺激に敏感で，包皮に囲まれている。

齧歯類とハイエナの雌の陰核の運命は少し異なる。齧歯類では陰核は，雄と同じように閉鎖した管に発達し尿乳頭になる（図 15–48c）。陰茎のように尿道の末端部を取り囲み，尿を体外に導く。ハイエナの雌で陰核は管になるが，ほとんどの哺乳類で泌尿器系と生殖器系の両者共通の最終通路となる泌尿生殖洞（図 15–49c）の拡張を，ハイエナの陰核は囲んでいる。それゆえに，ハイエナでは陰核は尿を運び，交接を可能にし，産道となる。まさしく厳密に雄の陰茎と似ている。

卵巣

卵巣はサメや獣亜綱哺乳類のように詰まった充実性の器官と考えられているが，それは有頭動物の雌の多くでは事実ではない。多くの真骨類の卵巣は中央に腔所がある（図 15–33）。無尾類や有尾類の卵巣は折れ曲がった薄い壁の嚢で，ある種の爬虫類や鳥類や単孔類の卵巣は，内部に多数の不規則で液が満たす小窩を持つ。一方，真骨類以外の魚類の卵巣は，カメやワニや獣亜綱哺乳類の卵巣のように一般に充実性である。

真骨類の中空の卵巣は，発達中の卵巣のなかに体腔の小部分を取り込んだことによる（図 15–34）。このため，腔所（体腔の独立した小嚢）は胚上皮によって裏打ちされ，小さな卵が，あるいは胎生の真骨類では孵化した稚魚が腔所に放出される。この腔所は直接卵管につながることもあるが（図 15–33），管を形成するように配列する腹膜ヒダからなる卵管ロートにより部分的に囲まれることもある。他の真骨類の卵巣も中空であるが，異なる理由による。これは排卵のたび

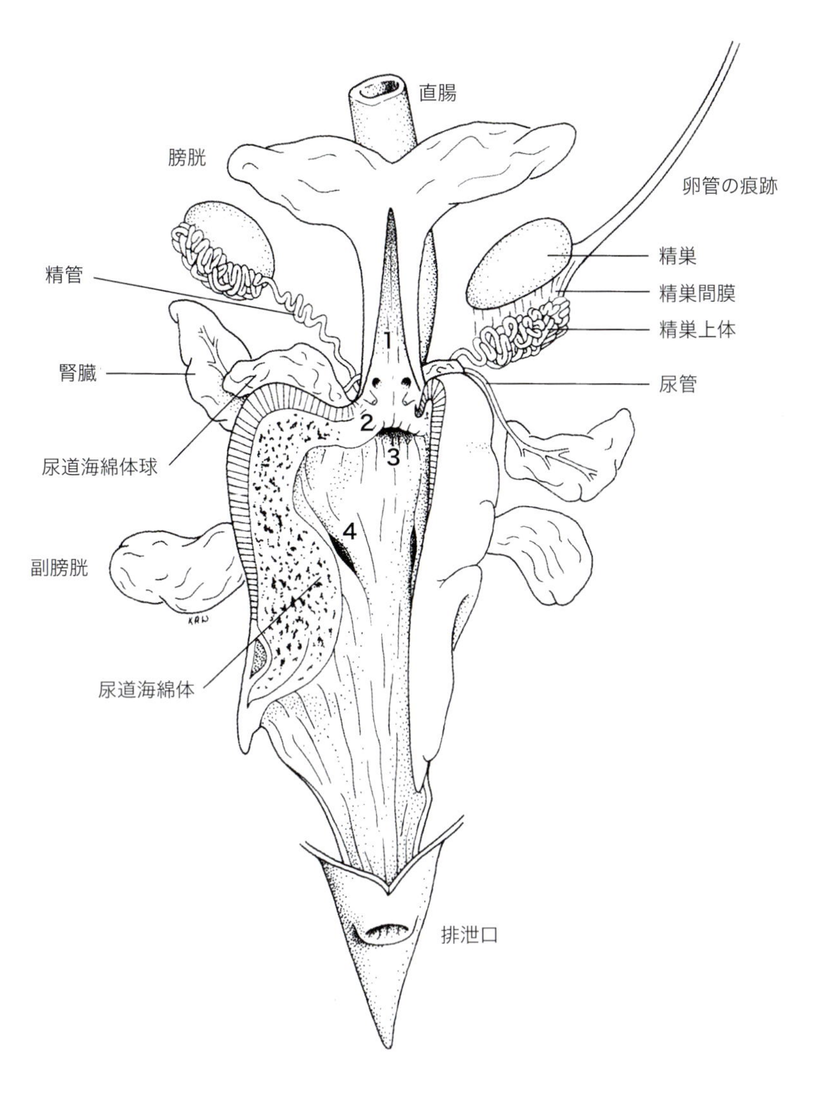

(a)

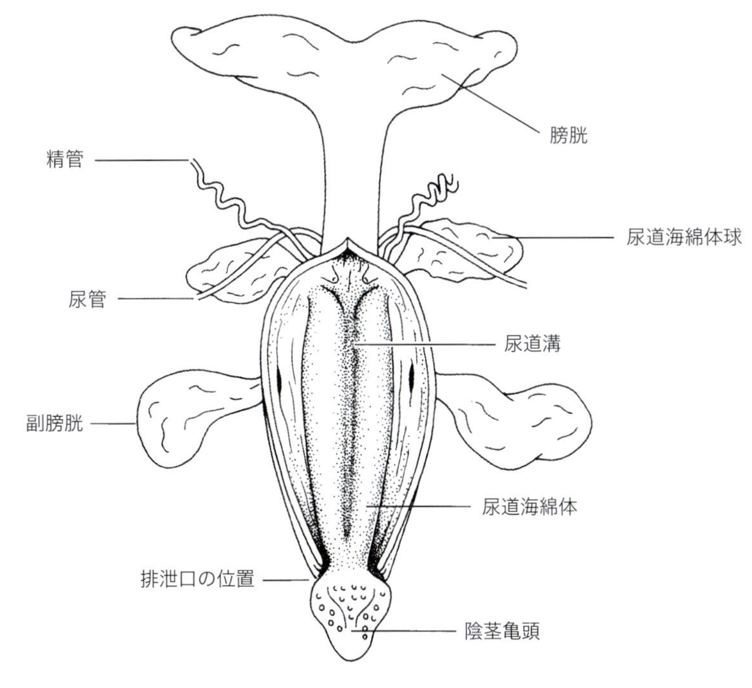

(b)

図 15-27
雄カメの泌尿生殖系。(a) 腹側面。総排泄腔の床を縦に開き，こちらからみて左へ反転。膀胱の腹側壁は総排泄腔との結合部で開いている。腎臓は精巣の背側にある本来の位置から尾側に移動している。1：尿管からの開口部。2：精管からの生殖乳頭。3：直腸の出口。4：副膀胱からの開口。
(b) 背側からみた総排泄腔の床で，突出した陰茎を示す。直腸は除いてある。

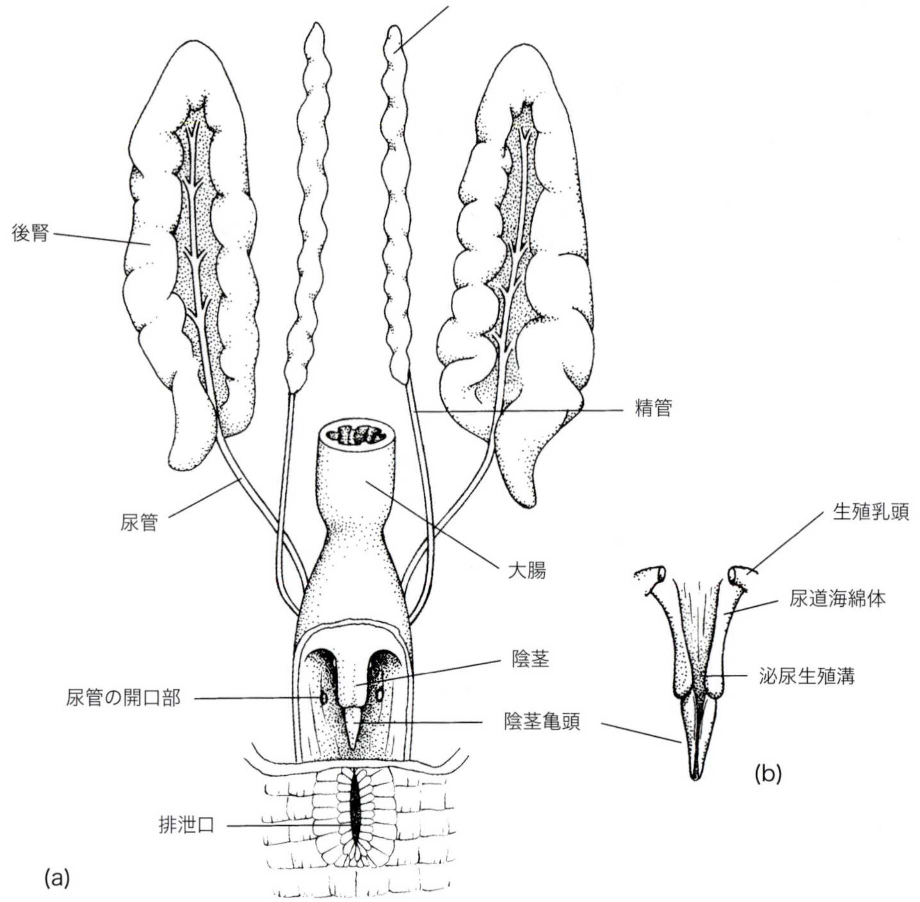

精巣
後腎
精管
生殖乳頭
尿管
大腸
尿道海綿体
陰茎
尿管の開口部
泌尿生殖溝
陰茎亀頭
(b)
排泄口
(a)

図 15-28
雄アリゲーターの泌尿生殖器系。(a) 腹側面。総排泄腔の床は除いてある。(b) 陰茎の背側面。精管が生殖乳頭として開口。

精巣上体
精巣
後腎
直腸
尿管
精管
糞道
尿管の開口部
生殖乳頭
尿生殖道
排泄口

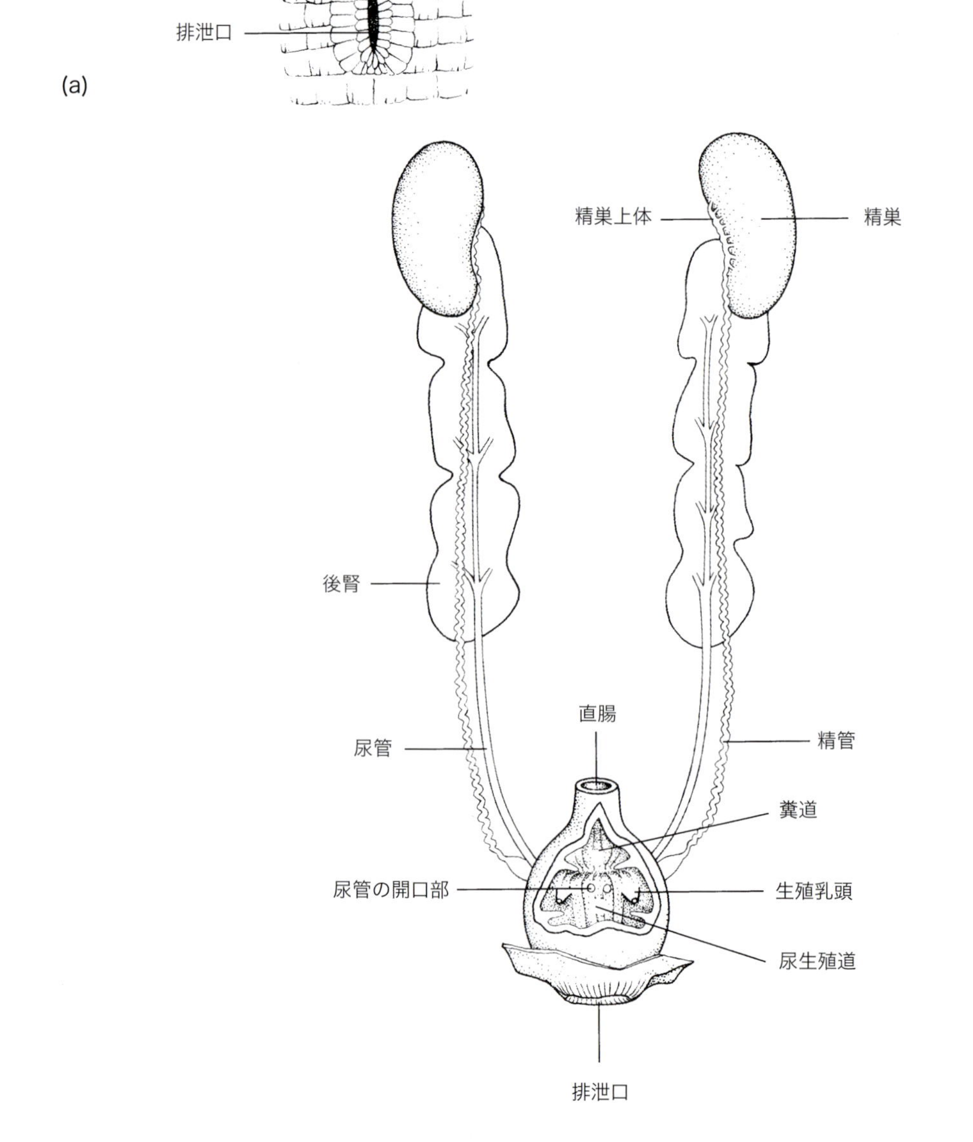

図 15-29
雄鶏の泌尿生殖器系。

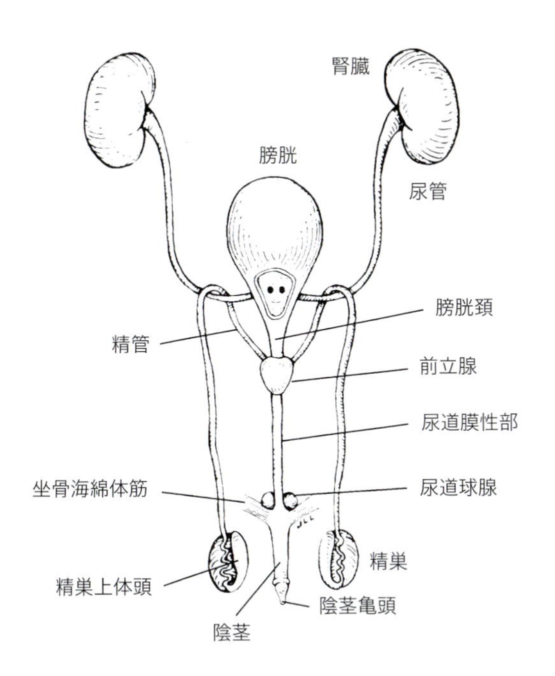

15–30
雄ネコの泌尿生殖器系。腹側面。

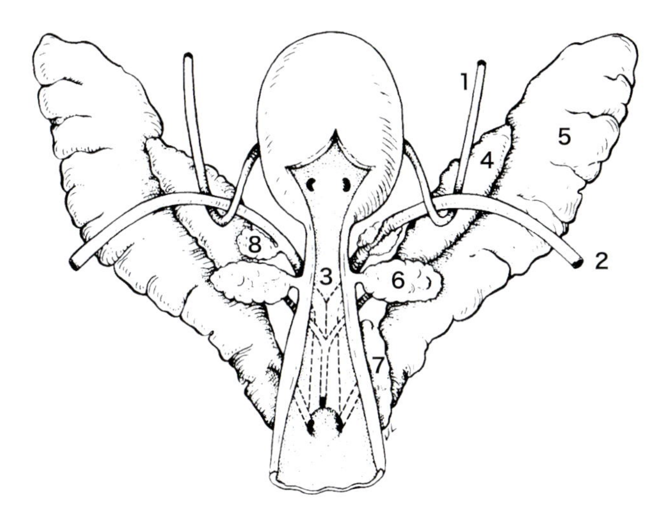

図 15–31
雄ハムスターの二次生殖腺（副生殖腺）。腹側面。膀胱と尿道は管の入口を示すために開いてある。
1：尿管。2：精管。3：尿道前立腺部。4：凝固腺。5：精嚢。6：前立腺前部。7：前立腺後部。8：膨大腺。尿道球腺はさらに後方で尿道に開口する。

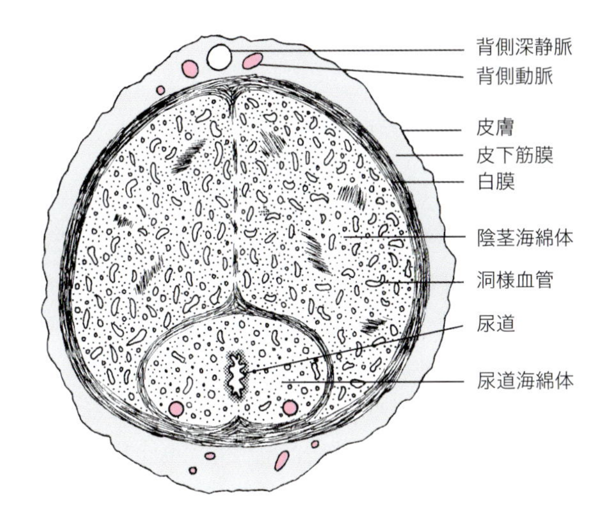

図 15–32
霊長類胎子の陰茎の近位での横断面。

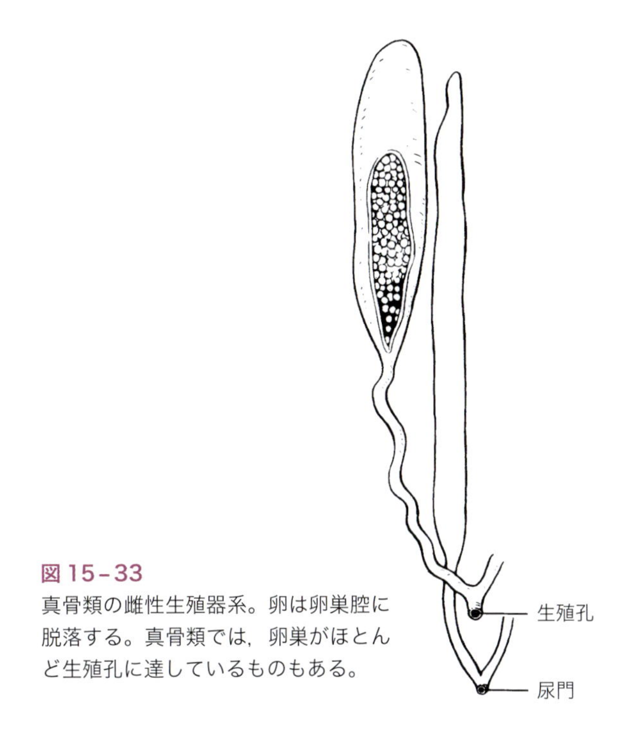

図 15–33
真骨類の雌性生殖器系。卵は卵巣腔に脱落する。真骨類では，卵巣がほとんど生殖孔に達しているものもある。

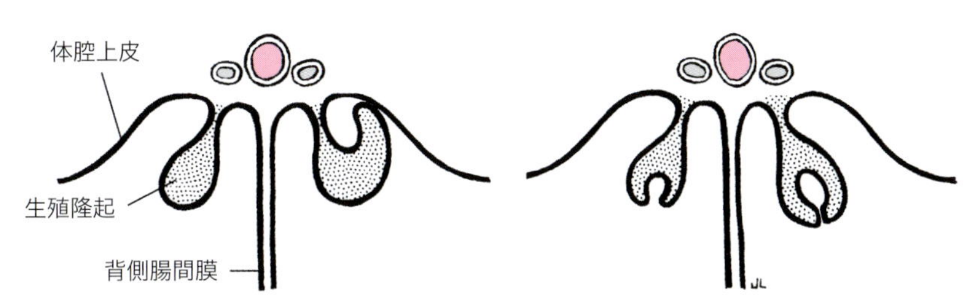

図 15–34
真骨類で恒久的な中空の卵巣を形成するための体腔取り込みの２つの方法。生殖隆起が横断面で示されている。

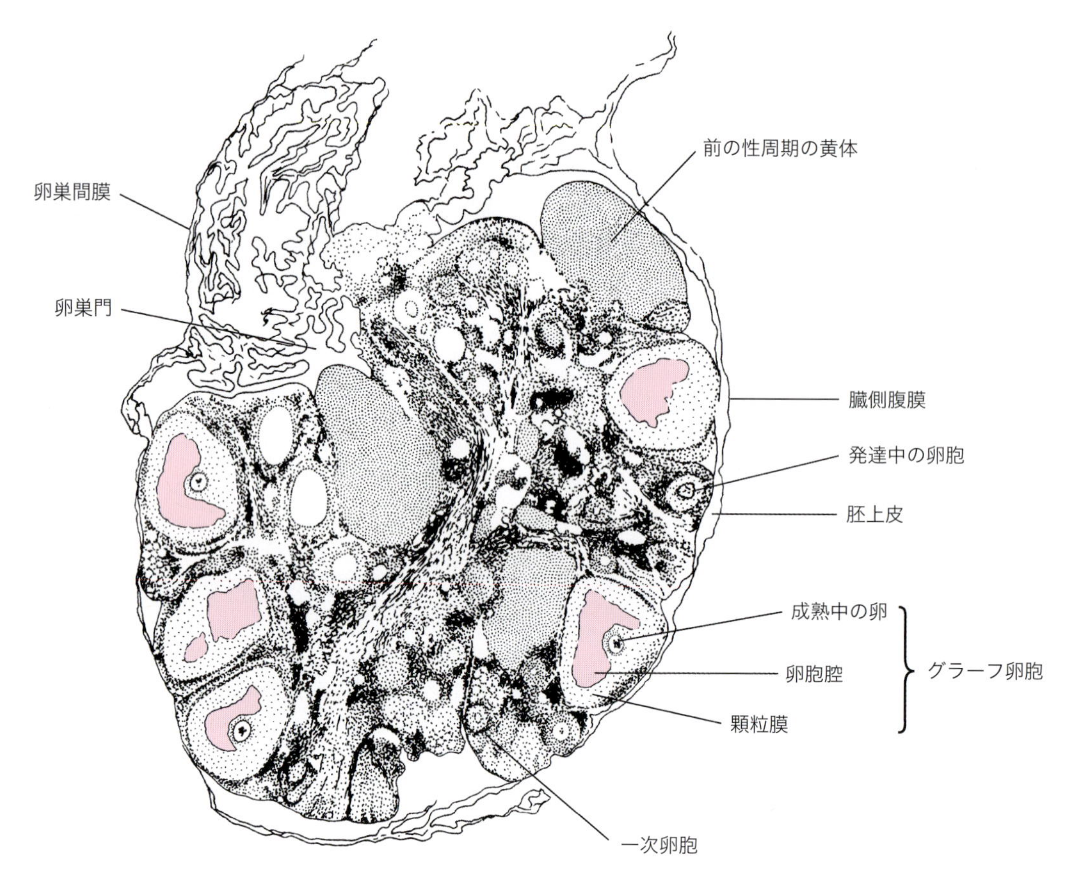

図 15-35
発情，排卵に近いハムスター卵巣の組織像。発情は妊娠がない場合に４日ごとに生じる。卵胞は胚上皮にある。

に，卵巣の内部が二次的な腔所となることによる。しかし，卵は同じ方法で放出される。

他の有頭動物のほとんどの胚上皮は，卵巣が充実性，嚢状あるいは小窩状のいずれであろうとも，臓側腹膜直下の皮質にあり，卵は臓側腹膜の破れた部分を通って体腔に放出される。繁殖期の終わりには，獣亜綱哺乳類を除くほとんどの有頭動物の卵巣は，未成熟な卵巣に似た状態に退行する。

獣亜綱哺乳類の卵巣（図 15-35）は充実し，唯一の空洞化は排卵の近づいた卵胞（**グラーフ卵胞** graafian follicles）内にある液の満たす**卵胞腔** antra である。排卵される卵の数は哺乳類では多くなく，一般に１～３個である。ただ，食肉類の一部や小型の齧歯類では排卵数は多い。南アフリカのハネジネズミは特別多く，２個の卵が着床して分娩まで発生するスペースしかないが，50 以上の卵を排卵する。ほとんどの種で，排卵される成熟した卵の平均的な数は着床する卵の平均的な数よりわずかに多く，着床する平均的な数は生まれてくる平均的な数より多い。ちょうど何百万もの卵が放出されるが，はるかに少ない数が受精する真骨類でのように，自然は生前に起こりうる損失を補償する。

完全に成熟した哺乳類のグラーフ卵胞は，卵巣の表層に突出する。卵胞の壁は排卵直前に非常に薄くなり，最後は破裂する。卵胞細胞の放線冠に囲まれた卵は，卵胞壁の狭い裂け目を通って体腔液中へと抜け出る。体腔液への脱出が**排卵** ovulation である。排卵に続いて，排卵後に残る多くの細胞は，下垂体からの黄体形成ホルモンの刺激の下で，組織学的にも生理学的にも変化し，**黄体** corpus luteum を構成する（図 15-35）。その後，黄体は妊娠の維持に必要なプロゲステロンの主要な産生部位となる。排卵前には，こうした細胞の主な分泌物はエストロゲンである。

黄体は哺乳類に限らない。黄体は，排卵された卵あるいは胚を雌の生殖道にある期間保持する動物種を含む有頭動物のすべての綱に認められる。性腺の内分泌学的な役割については第 18 章で述べる。

哺乳類の性腺の移動

胚の性腺の尾側端は靭帯によって，胚期の体腔の浅い膨出である**陰唇陰嚢隆起** genital swelling で体腔の床に結合している（図 15-48b）。この隆起はさらに膨出して，雄では**陰嚢腔** scrotal sac，雌では**大陰唇** labia majora（**陰門** vulva の大唇，または外生殖器）となる（図 15-36）。一部にはこの靱帯の伸長が胚の体幹の伸長とペースが違うことによるのと，また一部には胎子期の後半で靱帯が実際に短くなる結果，体腔の尾側の床につながれている性腺は雄では陰嚢腔に向かい，雌では大陰唇に向かって，尾側に移動する。精巣は卵巣よりも一層尾側になり，一般に陰嚢腔に入り，一時的あるいは永続的に留まる。陰嚢腔は体腔の腹膜に裏打ちされ，この部位では腹膜は**内精筋膜** internal spermatic fascia となる（図 15–36，雄）。

雄では，精巣を陰嚢腔の床に結びつける靱帯は**精巣導帯** gubernaculum で，雌では靱帯は卵巣と子宮の間で**卵巣索** ovarian ligament となり，子宮と大陰唇の床の間では**子宮円索** round ligament of the uterus となる（図 15–36）。精巣導帯は精巣の下降に働くようにみえるが，精巣導帯の除去が必ずしも下降を阻止するわけではない。

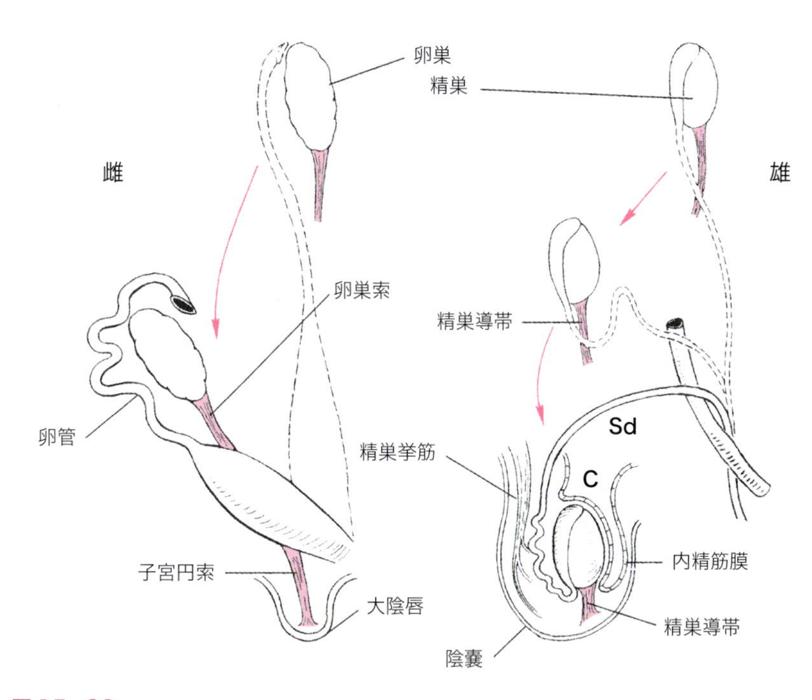

図 15–36
哺乳類の性腺の後方移動。腹側面。卵巣索および子宮円索はまとめて雄の精巣導帯と相同である。矢印は右側性腺の移動の道筋を示す。C：体腔の陰嚢陥凹。Sd：尿管を弓なりに越える精管。内精筋膜は体腔腹膜の一部。

精巣は，有蹄類，食肉類，有袋類の数種を含む多くの哺乳類やある種の霊長類で生じる状態のように，陰嚢腔内に永続的に収まっている。その他の哺乳類では，精巣を意識的に陰嚢腔内へと下降したり，引き上げたりできる（ウサギ，コウモリ，数種の齧歯類，原始的な霊長類の数種など）。腹腔と陰嚢腔との間の通路が**鼠径管** inguinal canal で，鼠径管への入口が**鼠径輪** inguinal ring である（図 15–37）。精巣を引き上げる種では，鼠経管は体腔へ広く開いている。精巣が恒久的に**陰嚢** scrotum（２つの陰嚢腔）内に閉じ込められる種では，鼠径輪は最終的に精索が通るのに十分な広さだけになる。異常に広い鼠経輪は鼠径ヘルニアの部位となる。

精索 spermatic cord は，精管，精巣動脈，精巣静脈，リンパ管，神経からなる複合構造で，すべてが内精筋膜で包まれ，精巣とともに陰嚢腔内へと引きずり込まれる。陰嚢は単孔類，ゾウ，クジラ，あるいはその他の少数の哺乳類で発達しない。こうした動物では精巣は恒久的に腹腔内に留まり，後腹膜の位置にある（すなわち壁側腹膜と体壁筋との間）。下降する精巣は腹膜（内精筋膜，図 15–36）の後

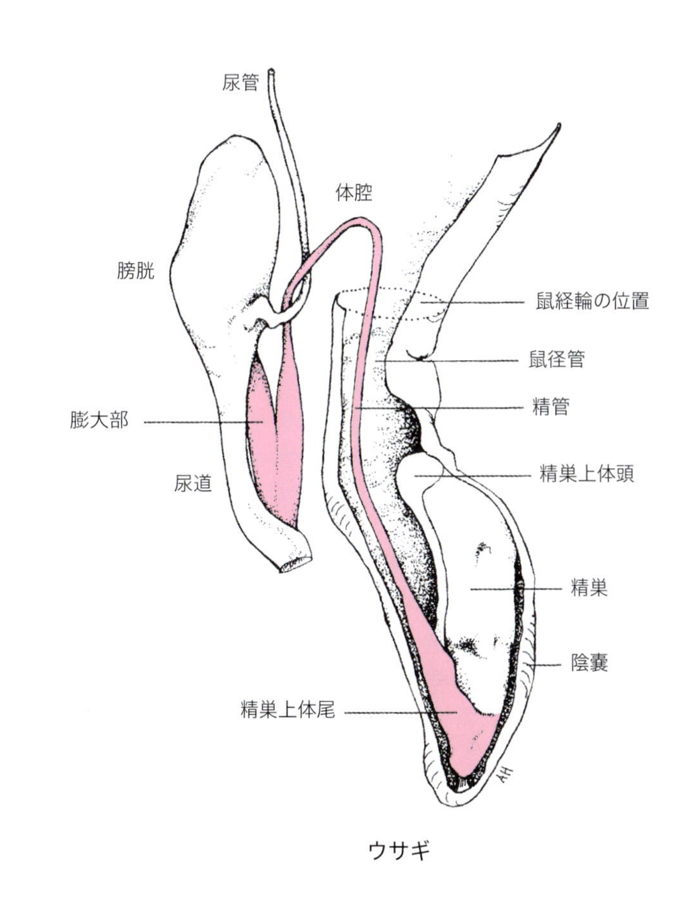

図 15–37
陰嚢腔内にあるウサギの精巣。鼠径管が鼠径輪で体腔へ広く開いている。それゆえ精巣は引き上げられる。精巣から尿道までの精子の通路を赤色で示す。

15

方を滑って下る。

陰嚢は，ほとんどの精子が生存できない腹腔内の温度よりも低い温度で精子を維持する適応である。さらなる適応には，精巣に出入りする精巣動脈と精巣静脈の間の関係がある。こうした血管は，血管網である**蔓状静脈叢** pampiniform plexus と密接に関連し，動脈血から静脈血に熱が移行する。結果として，精巣に入る血液は静脈叢で冷やされ，体幹に戻る血液は温められる。この静脈叢は熱の形で体のエネルギーを節約する。

有頭動物の雌の生殖道(獣亜綱哺乳類を除く)

生殖管を持たない無顎類や，雌の生殖道が異常な条鰭類の例外も含めて，獣亜綱哺乳類を除く有頭動物の雌の生殖管系は，構造の一般化したパターンを反映する。生殖管は対をなす筋性で腺性の**卵管** oviducts からなり，卵管は体腔への開口で，**卵管ロート** oviducal funnel（infundibulum）に導く**卵管腹腔口** ostium に始まる（図 15-38）。卵管は総排泄腔またはその一区域に終わる。生殖道の全長にわたる長さでのどのような相違も，種特異的な機能を支援する部位的特殊化の程度による。種特異的な機能とは，体腔から卵を集めることであり，保護物質あるいは栄養物質による卵の被覆であり，一時的に卵，胚あるいは幼生を収納し，卵や産子を放出するまでの維持であり，卵や産子の放出であり，雄の交接器があればその受け入れであり，交接時に卵が成熟していないのが正常な種では生きた精子を収納することである。

条鰭類を除く有頭動物では，雌の管系は胚期の 1 対の**ミュラー管** muellerian ducts から分化する（図 15-13）。ミュラー管は両性で発達するが，雄では存続しない。板鰓類や両生類のミュラー管は前腎管が縦に裂けることによって生じ，その開口は前方の 1 個あるいは数個の前腎の腎口から発達する。その他の有頭動物では，ミュラー管は中腎管と平行な体腔上皮の縦溝として生じる。その後この溝は前端部を除いて管となり，前端部では開口（卵管腹腔口）が卵巣を少なくとも部分的に包むようになる。最終的にミュラー管は中腎と分かれるが，背側腸間膜である**卵管間膜** mesotubarium によって体壁との接触を維持する。

雌サメのミュラー管は**卵殻腺** shell gland や**子宮** uterus が発達する卵管を生じる（図 15-39）。卵殻腺の頭側の半分は卵白を分泌する。尾側の半分は卵殻を分泌し，胎生種の卵殻は極めて薄く，卵生種では卵殻は革様で丈夫であり，しばしば卵を海草に付着させる巻きひげを持つ。胚期の 2 つの開口（卵管腹腔口）が癒合して 1 つの開口を卵管ロートの頚部に形成する。サメの卵管ロートは鎌状間膜で支持される。

サイズの大きな成熟したサメの卵をみた後，学生はしばしばこんな大きな卵がどのようにして小さな卵管腹腔口から入ることができ，卵管上部の狭いところを移動できたかを質問する。私たちは鶏でどのように起きるかを知っているので，その答えをだすことができる。卵が卵巣から放出されるとき，卵は形のはっきりしない流れるような卵黄の集塊で（卵白はなく），新鮮なニワトリの卵の卵黄のようにやわらかな細胞膜のなかに入っている。

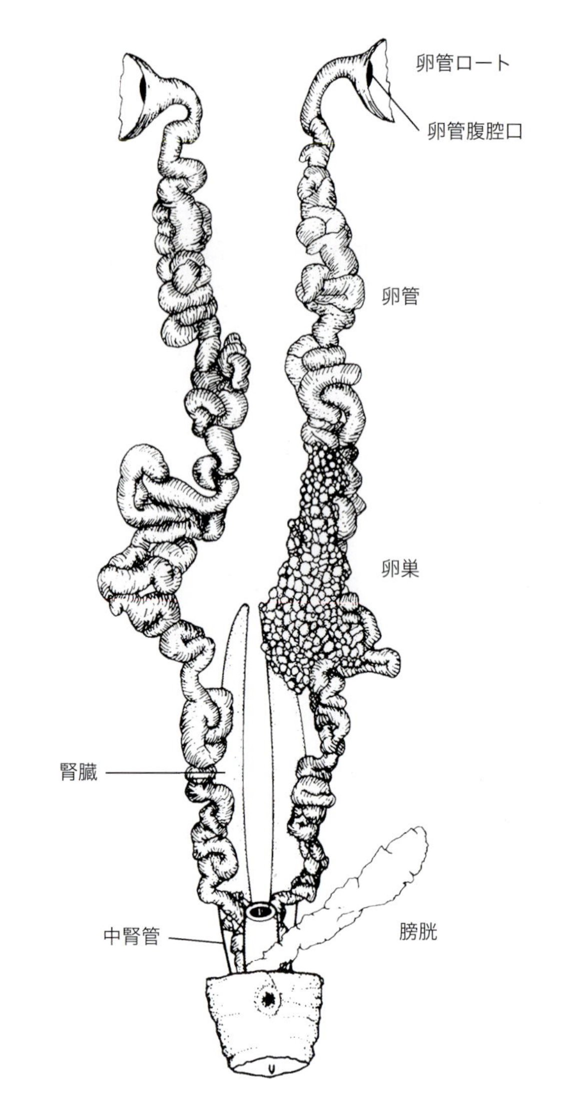

図 15-38
一般化した雌の生殖管（マッドパピー）。

排卵ホルモンの影響下で，卵管ロートのヘリ（**卵管采** fimbria）はやわらかに波状にうねる。卵管采が形のはっきりしない集塊に接触すると，卵黄がまだ卵巣内か卵巣から離れたかにかかわらず，卵管采は初め優しく，その後もっとしっかりと卵黄を包み込み，卵が完全に飲みこまれるまで卵黄を卵管ロート内に引き込む（図 15-39）。ロートの筋収縮は形のはっきりしない塊を卵管腹腔口を通して卵管へ注ぎ込む。その後，卵管壁の蠕動が卵黄を後方へ移動させる。線毛

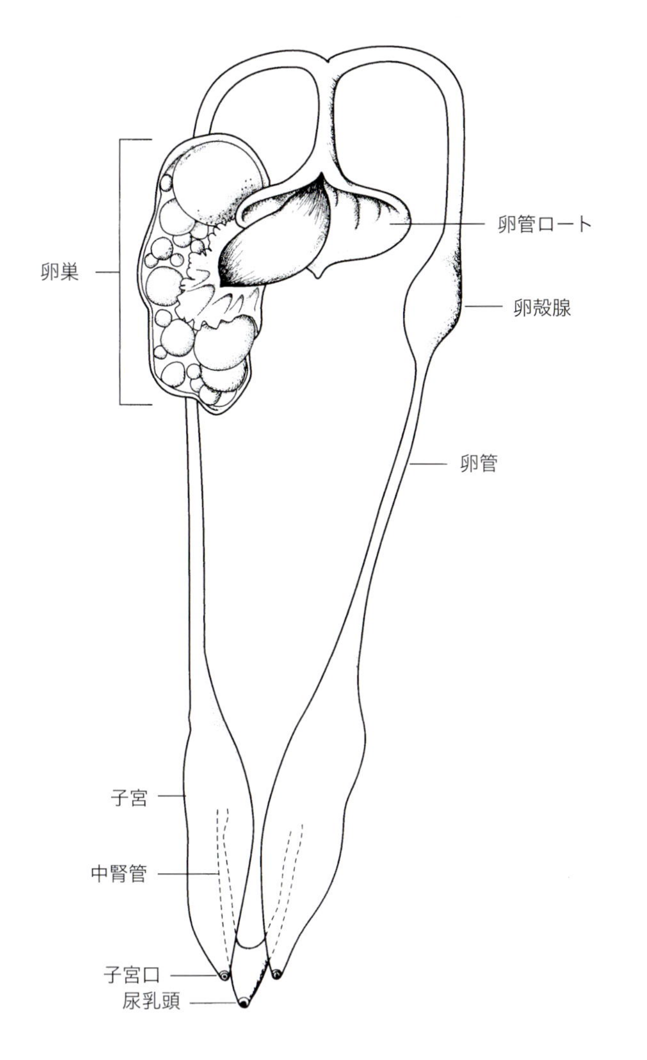

図 15-39
ツノザメの雌の生殖器系。腹側面。
左側卵巣は除去してある。右側の卵巣は卵管ロートへ排卵している。成体の卵巣は様々な成熟段階の卵胞を持つ。尿洞は尿乳頭に続く。

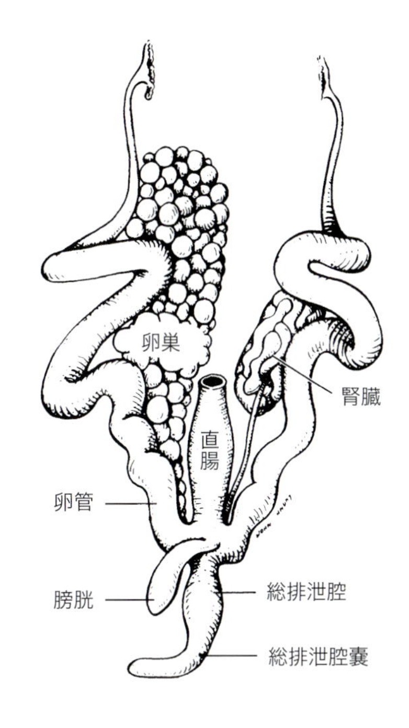

図 15-40
水生ガメ，メソポタミアハナスッポンの雌の泌尿生殖器系。腹側面。左側卵巣は除去している。
Source: Courtesy of Mohamad S. Salih, University of Baghdad.

は多黄卵を体腔から回収するのにほとんど役に立たない。しかし獣亜綱哺乳類では少黄卵であるため，線毛は卵管ロートの蠕動とともに非常に重要である。

真骨類の卵管は他の有頭動物の卵管とは相同ではない。中空の卵巣を形成するため，生殖隆起が体腔を取り込むので，尾側に向いた体腔腹膜のヒダとして卵管は生じる（図 15-34）。その結果，卵管は通常生涯を通じて卵巣腔と連続している（図 15-33）。この卵管は短いロートで，有対あるいは不対の外生殖乳頭へと開く。ある種の真骨類では不対の外生殖乳頭が伸長して，管状の**産卵管** ovipositors を作り，産卵管を通って卵は外部に押しだされる。いくつかの種では卵管の卵巣腔との連続は二次的に失われ，卵は体腔内に押しだされる。

両生類の卵管上皮には腺が豊富にあり，卵がこの管を下る際に腺から卵の周囲を取り巻く防護的ゼリー層を数層分泌する。無尾類の卵管後部は広くて壁の薄い**卵嚢** ovisacs となり，そこには排卵された卵が放出されるまで貯蔵される。陸生の無尾類では，こうしたことが，抱接（交尾）の間に産卵するのに適した水たまりを大雨が作った後に生じる。卵胎生の有尾類では同様の嚢はこれから生まれる子をかくまう。肺魚類の卵管は卵生有尾類の卵管に似ている。

爬虫類や単孔類の雌の生殖道は基本的なパターンと一致する（図 15-40 ～ 15-43）。しかし，ワニやほとんどの鳥類のように，胚期の２つのミュラー管の１つだけが分化する。鳥類の痕跡的な右側のミュラー管を図 15-42 に示す。卵白腺は卵管の一部を裏打ちし，顕著な卵殻腺が総排泄腔の直前にある（図 15-42，15-43）。湿度の高い環境で卵が発生する動物種では，卵殻は革状であり，乾いたところで発生する卵では卵殻は壊れやすくなる。この相違は分泌物の性質による。卵胎生の爬虫類は，卵生のものと同様に，卵は卵殻で被われる。

鳥類の生殖道は爬虫類のものと似ているが，解剖学的な名称がいくつか異なる。鳥類の卵白分泌域は**卵管膨大部** magnum，卵殻腺は**卵管子宮部** uterus，総排泄腔への入口にある短い腺性で筋性の部位は**卵管膣部** vagina となる。膣部は卵殻の穴をふさぐ粘液を分泌して，**絨毛尿膜** chorioallantoic membrane への酸素の補給に影響すること

15

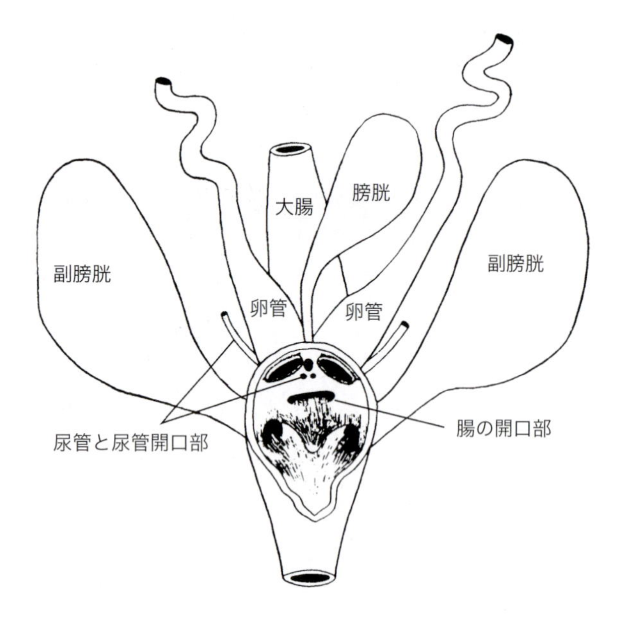

図 15–41
陸生ガメの雌の総排泄腔と関連構造。腹側面。陰核は除去している。

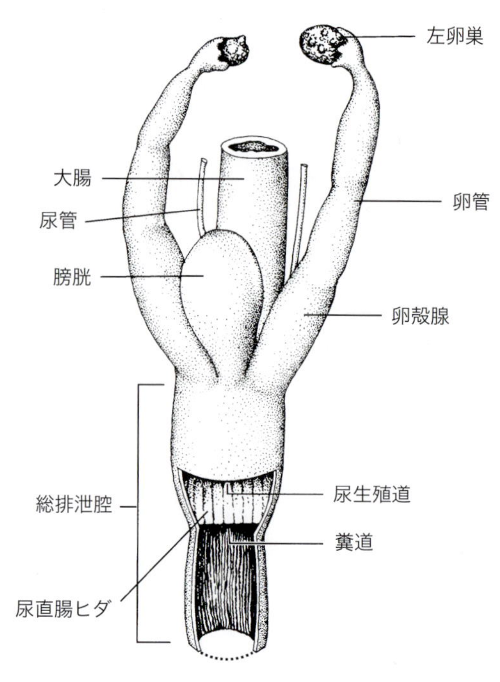

図 15–43
単孔類の雌の生殖道と総排泄腔。腹側面。
右側卵巣は通常は小さいか痕跡状。総排泄腔の前半部は尿直腸ヒダにより尿生殖道と糞道に分かれる。排泄口の外観は図 15–48a 参照。

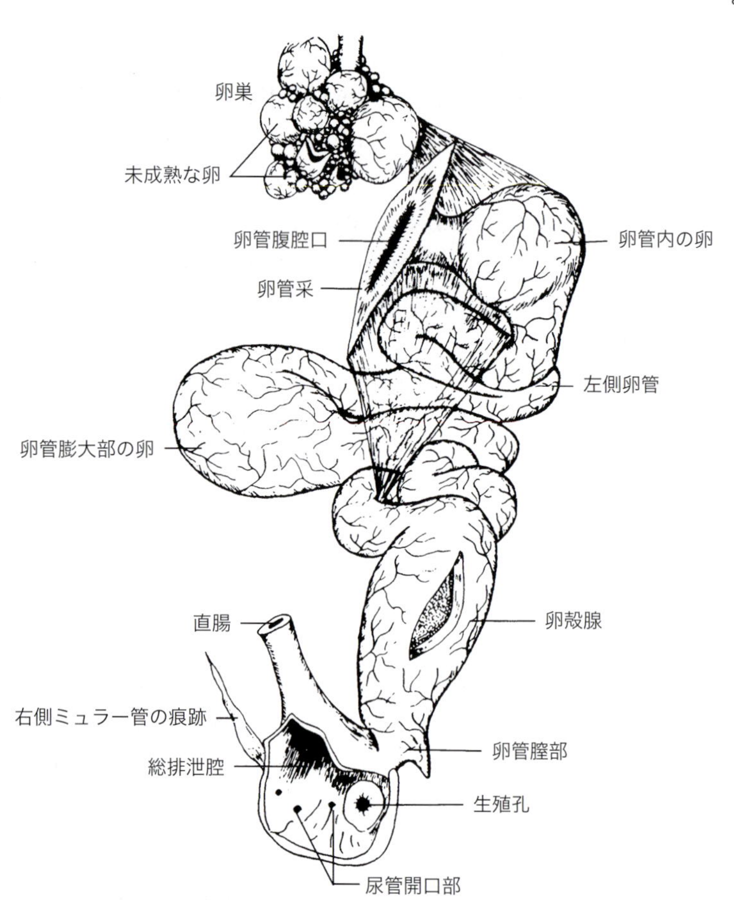

図 15–42
雌鶏の生殖道。2 個の卵が卵管内にあるのはまれである。

なく，卵殻内から生命の維持に必要な水分が蒸発するのを阻止する（図 5–13 参照）。そして膣部は卵を外部に放出する。

貯精嚢 spermathecae は，雌の総排泄腔の背側憩室あるいは卵管上皮の管状の陰窩で，有尾類の多く，トカゲ，ヘビ，家禽に存在する。貯精嚢は交尾の際に受け取った精子を蓄える。これは次の排卵時，動物の種によっては交尾後数週間または数カ月後になるが，それまで生きた精子を確保する。

獣亜綱哺乳類の雌の生殖道

他の有頭動物のように，哺乳類の対をなすミュラー管は卵管腹腔口から始まる雌の生殖道を生じる。しかし，真獣類のミュラー管は尾側端で様々な程度に結合する。結合の広がりは哺乳類の目により様々である。それゆえ，真獣類の生殖道は 2 本の卵管と子宮角を持ったり持たなかったりする 1 つの子宮と 1 つの膣からなる。

卵管

卵管は哺乳類で**ファロピウス管** fallopian tubes ともよばれるが，比較的短く，径が小さく（少黄卵に適合して)，迂曲し，線毛で被われる。卵管ロートの端は房になっている。

多くの哺乳類では，腹膜の膜性のヒダである**卵巣嚢** ovarian bursaが卵巣と卵管ロートを囲み，これらと体腔の小さな盲嚢を取り込んでいる。卵巣嚢は排卵された卵が体腔液のなかで失われておそらく体腔のどこかに着床するよりも，卵管に入る可能性を増す。卵巣嚢は，ネコやウサギでのように体腔に広く開口することもあれば，食肉類のほとんどやラットでのように体腔とは単なる裂隙で連絡することもあり，あるいはハムスターでのように体腔とは完全に隔離されていることもある。ヒトでは卵巣嚢はない。

胎子が腹側腹壁に着床する異所的な妊娠が解剖学実習でのネコやウサギでしばしばみられ，ヒトで生じることもある。もちろん胎子は生まれない。

子宮

有袋類のミュラー管は，胚期総排泄腔の一区画である泌尿生殖洞までの全長にわたり対をなす（図15–44)。それゆえ，有袋類は完全に分離した2つの子宮（**重複子宮** duplex uterus）と2つの膣を持つ。真獣類の子宮は遠位で様々な程度の癒合があり，結果として最も頻繁に生じるのが**双角子宮** bicornuate uterus（胎子が発生する部位である子宮角が2つある子宮）である（図15–45，15–47b)。

子宮角を2つ持つ子宮は，子宮体のなかに2つの完全に分離した通路を持つこともあるが，外部からはそうと認識できない（図15–46，ウサギ，15–47a)。そうした場合，子宮はより正確には**両分子宮** bipartiteとよばれる。哺乳類の一部では，一方の子宮角が他方の子宮角よりも大きく，両側の卵巣から生存能のある卵が作られても，胚盤胞は大きい子宮角（インパラでは右側）に着床する。

ミュラー管の癒合の最大のものは，アルマジロ，ある種のコウモリ，サル，類人猿，ヒトで生じ，癒合は短い卵管の末端に始まり，子宮角はない。これが**単子宮** simplex uterusである（図15–46，サル，15–47c)。胚盤胞は子宮体に着床し，通常は1回の妊娠で1胎子のみである。アルマジロは例外で，常に一卵性四つ子を産む。

獣亜綱哺乳類の子宮の狭い頚部，すなわち**子宮頚** cervixは，**子宮頚膣部** lips of the cervixとして膣に突出する。これらは子宮の膣への開口部である**子宮口** os uteriを囲む（図15–47c)。膣に溜まった精子は子宮頚膣部を通過し，卵管

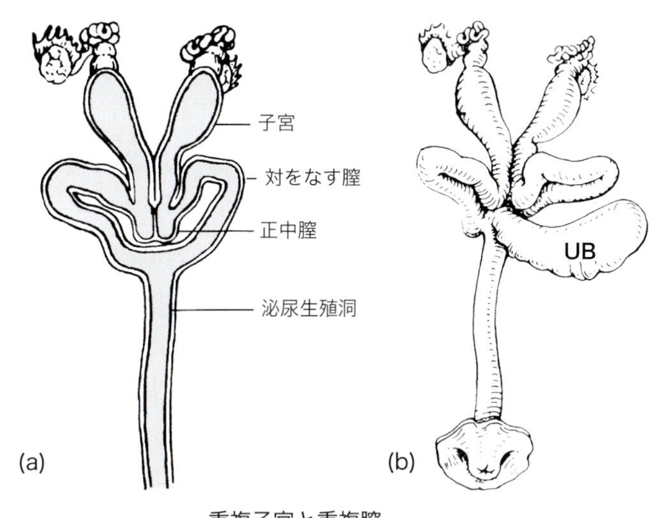

図 15–44
雌オポッサムの生殖道。
UB：膀胱。(a) 内部構造を示す断面。膀胱は除く。(b) 外観。

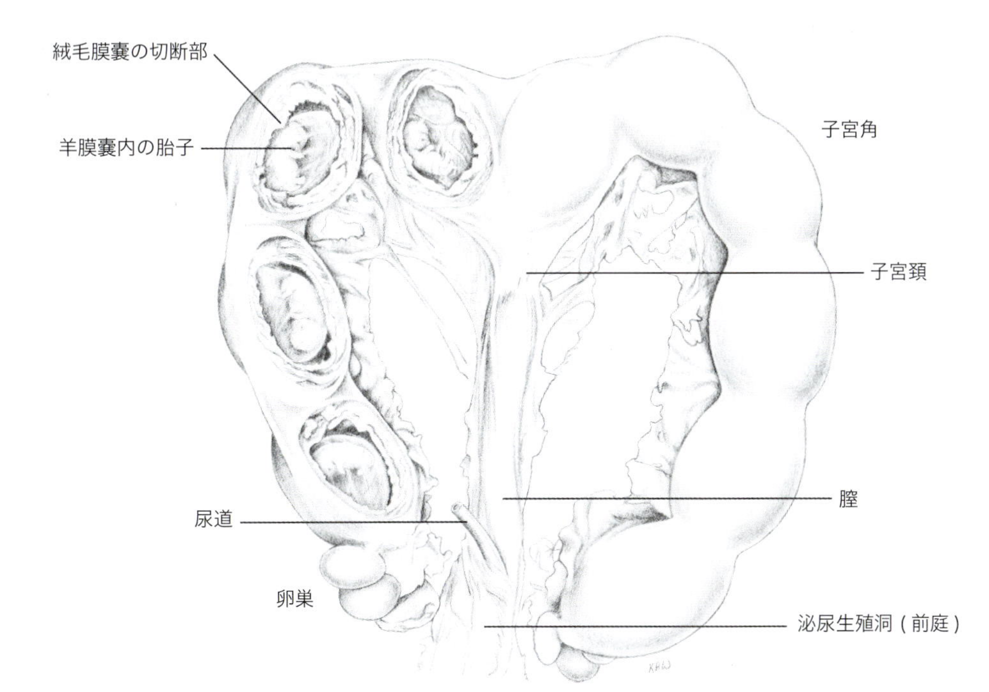

図 15–45
妊娠中のイヌの双角子宮。羊膜嚢内の胎子を露出するため絨毛膜嚢の一部を切除。子宮体は妊娠時のイヌでは重要ではない。

の上端に至り，そこで受精する。

獣亜綱哺乳類の子宮上皮（**子宮内膜** endometrium）は，胚盤胞の着床前にホルモンの刺激の下で血管が豊富になる。子宮壁の厚い筋層（**子宮筋層** myometrium）は，内分泌的に準備ができているなら，出産時に子を押しだすのを助ける。分娩の前に，子宮頚は産子が通過するのに十分な大きさの通路となるよう拡張しなければならない。拡張は卵巣からのホルモンである**リラキシン** relaxin の影響下で起きる。恥骨結合へのリラキシンの作用の概要は第 10 章の「後肢帯」を参照されたい。

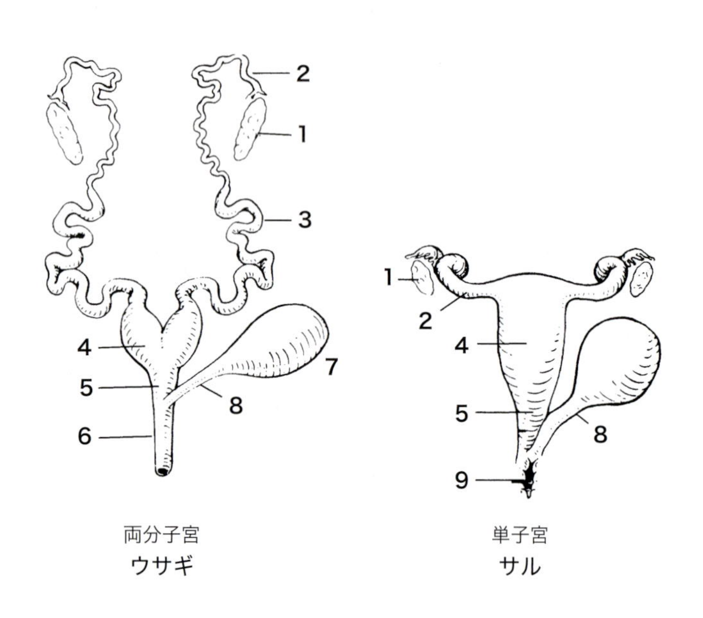

図 15−46
両分子宮と単子宮。
1：卵巣。2：卵管。3：子宮角。4：子宮体。5：膣。6：泌尿生殖洞。7：膀胱。8：尿道。9：膣前庭。
ウサギの子宮には膣まで続く２つの完全な経路がある。

膣

獣亜綱哺乳類の膣は，胚期のミュラー管の不対の終末部である（図 15−47b）。ある種の哺乳類では総排泄腔が膣に寄与している（図 15−47a，c，赤色）。齧歯類を除き，また霊長類の一部では派生的特徴として，膣は胚期の総排泄腔の派生物である**泌尿生殖洞** urogenital sinus に開く（図 15−44，15−45，15−46，ウサギ，15−47b）。多くの齧歯類では，膣は直接外部に開く（図 15−48c）。類人猿やヒトでは，膣は浅い**膣前庭** vestibule of the vulva に開く。そこでは尿道も受ける（図 15−46，サル）。

膣前庭は２つの肉質のヒダ，すなわち生殖ヒダに由来する**小陰唇** labia minora により境界されている（図 15−48b）。膣前庭にはさらに２つのヒダ，陰唇陰嚢隆起に由来する大陰唇がかぶさっている。大陰唇は雄の陰嚢と相同である。陰茎の受け入れのため，膣は角化上皮に被われる。

有袋類の**正中膣** median vagina の２つの袋状の区画（図 15−44）は，泌尿生殖洞に向かい合い，薄い中隔で泌尿生殖洞から分けられている。出生時，胎子はこの中隔を通って直接泌尿生殖洞に押し込まれ，こうしてできた通路は生涯にわたって残るようである。対をなす膣への対応として，有袋類の雄には分岐した陰茎を持つものもいる。

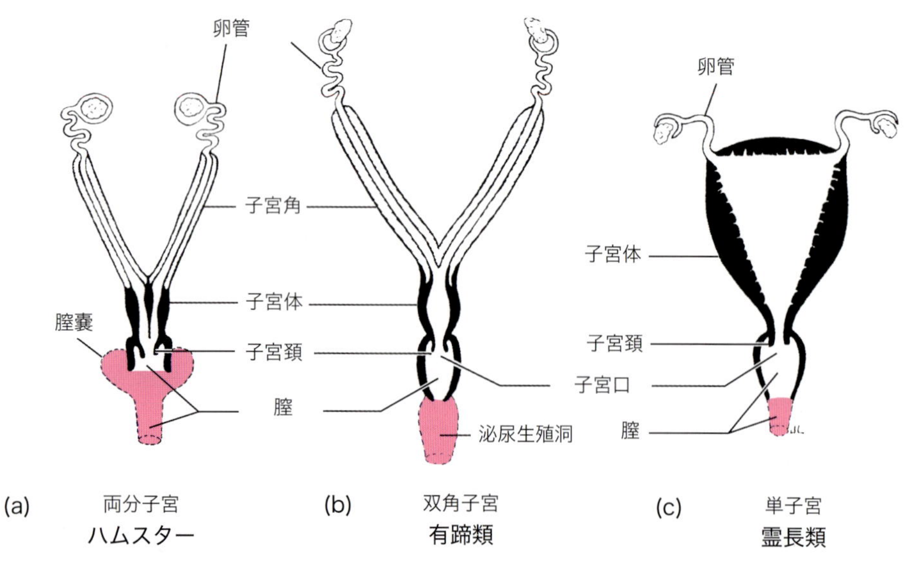

図 15−47
多様な哺乳類の子宮。
黒色部はミュラー管の癒合した尾側端を示す。赤色は総排泄腔の派生物。両分子宮では子宮体に２つの腔所がある。有蹄類の泌尿生殖洞は，大部分の哺乳類と同様，膣と尿道を受け入れる。

成体の雄における ミュラー管の遺残

ミュラー管は雄では発達しないが，痕跡は一般的に認められる。サメでは，１対の痕跡的な卵管が鎌状間膜のところで卵管腹腔口より始まり，肝臓の前端のあたりで冠状間膜の表層をカーブし，その後結合組織のなかへと消失する。サメの雄の対をなす精子嚢はミュラー管後部の遺残である（図 15−9）。程度の差はあれ，もっと完全であるが痕跡的なのが，両生類の多くの雄に残るミュラー管である（図 15−23）。無尾類では，雄の性ホルモンの供給源である精巣の除去は，痕跡的なミュラー管を

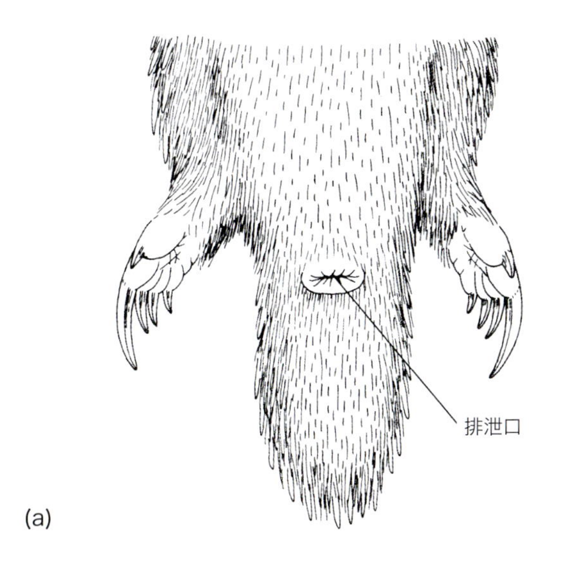

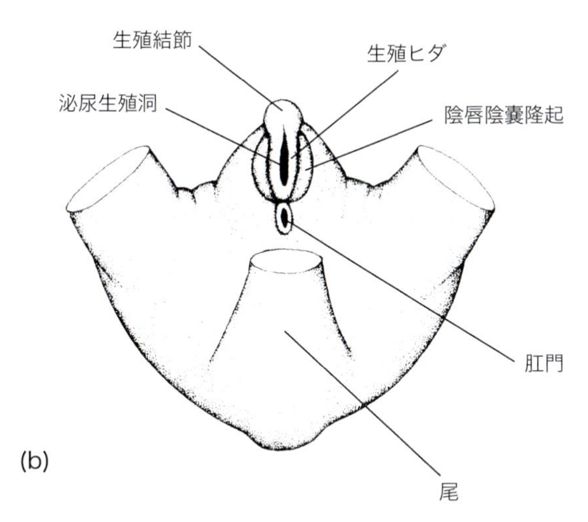

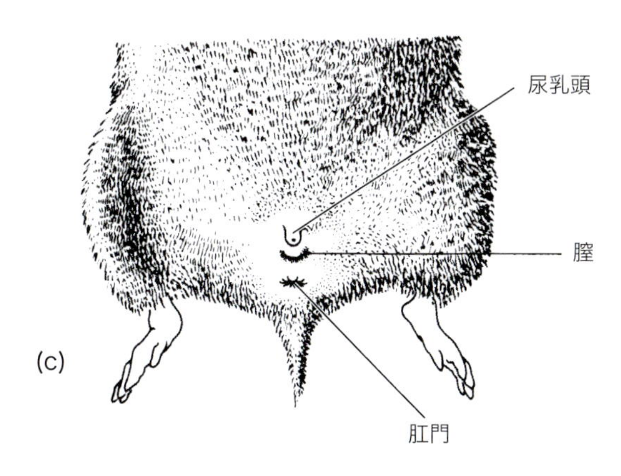

図 15-48
哺乳類の総排泄腔およびその派生物から外部への開口。
(a) 単孔類ハリモグラの総排泄腔の開口。(b) 性未分化段階のヒト 75 mm 胚（約 12 週齢）の外生殖器。この段階の総排泄腔は泌尿生殖洞と直腸に分かれている。こうした生殖器の成体での派生物は表 15-3 参照。(c) 雌ハムスターの会陰部。尿乳頭の先端に尿道口がある。

機能的な子宮と卵管に発達するように誘導するのがみられた。

ミュラー管の痕跡は他の有頭動物の雄でも一般にみられる。哺乳類の雄ではミュラー管の遺残として**精巣垂** appendix testis（精巣上体垂と混同してはいけない）がある。これは卵管ロートと相同の小さな嚢胞状の小結節で，上皮に被われた内腔を持つ。**前立腺洞** prostatic sinus（**雄性膣** vagina masculina）もミュラー管の癒合した末端部の不対の袋状遺残で，膣と相同であり，前立腺の近くで雄の尿道に開く。

総排泄腔

両生類と魚類（成体の総排泄腔が浅いか欠落するものを除く）では，泌尿と生殖の導管は総排泄腔に開く。総排泄腔が浅いか欠落する魚類（ほとんどが真骨類）では，生殖と泌尿の導管は直接外部に開く（図 15-18，15-33）。爬虫類の一部でも，生殖と泌尿の導管は総排泄腔に開口する。

他の爬虫類や鳥類や単孔類では，水平な**尿直腸ヒダ** urorectal fold は総排泄腔の頭側端を 2 つの経路，泌尿生殖管を受ける**尿生殖道** urodeum と消化管を受ける**糞道** coprodeum に仕切る（図 15-29，15-43）。総排泄腔の末端部（仕切りがない）は，しばしば**肛門道** proctodeum とよばれるが，胚の外胚葉性の肛門窩とは相同ではない。

獣亜綱哺乳類

生きた胎子を分娩する哺乳類（すなわち有袋類と真獣類）では，尿直腸ヒダは総排泄腔と外部を仕切る排泄腔膜に達するまで後方へ成長する。この変化は総排泄腔を泌尿生殖洞と**直腸** rectum に完全に分ける（図 15-49a ～ c，e）。胚期の排泄腔膜の 2 カ所での断裂は，外部への 2 カ所の開口，**肛門** anus と**泌尿生殖口** urogenital aperture を作る（図 15-48b）。胚期の泌尿生殖洞は雌雄ともに中腎管，ミュラー管および将来の膀胱（尿膜，図 15-49b）を受ける。

雄では発生の進行とともにミュラー管は退行し，泌尿生殖洞と直腸が引き伸ばされる（図 15-49b，e を比較）。泌尿生殖洞は，最終的に陰茎で発達した尿道海綿体につながる（図 15-49f）。泌尿生殖洞と尿道という用語は，この段階では，雄に適用される場合は同義語となった。成長の違いにより，尿管は膀胱に開口するように再構築され，中腎管（精管）は泌尿生殖洞内に注ぎ続ける（図 15-30，15-49f）。これがすべての雄での状況である。

雌では発生の進行とともに中腎管が退行し，ミュラー管

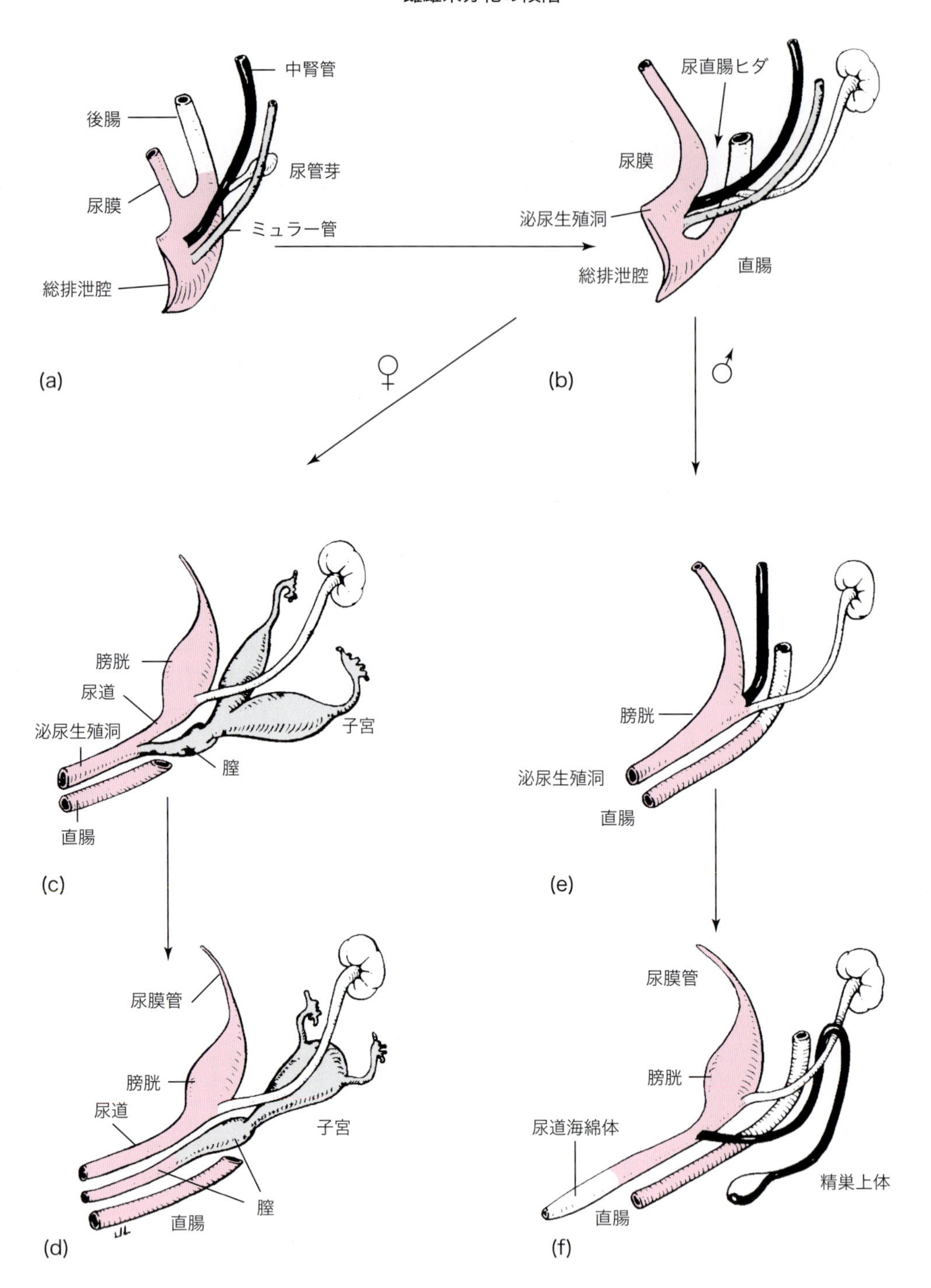

図 15-49
獣亜綱の総排泄腔，尿膜（赤色），ミュラー管（灰色），中腎管（黒色）の運命。
(a) と **(b)** は雌雄未分化の段階。左のミュラー管と中腎管のみ示す。(b) では総排泄腔は尿直腸ヒダで腹側の泌尿生殖洞と背側の直腸に細分される。**(c)** 典型的な哺乳類成体雌。**(d)** 霊長類の雌。(c) と (d) では，左右のミュラー管の寄与を示す。**(e)** 発達中の雄。中腎管と後腎管の再配列の途中段階。**(f)** 成体の雄。

表 15-3 哺乳類雌雄での泌尿生殖構造の相同性

未分化の構造	成熟雄	成熟雌
中腎管	精管	ガートナー管
	精巣上体	
中腎細管	精巣輸出管	
	精巣上体垂*	卵巣上体*
	精巣旁体*	卵巣旁体*
ミュラー管	精巣垂*	卵管
		子宮
	前立腺洞（雄性膣*）	膣
生殖隆起	精巣	卵巣
	精巣網	卵巣網*
精巣導帯	精巣導帯	卵巣索
		子宮円索
陰唇陰嚢隆起	陰嚢	大陰唇
生殖結節	陰茎	陰核
生殖ヒダ	陰茎に寄与	小陰唇
泌尿生殖洞	尿道，尿道前立腺部，膜性部	尿道
		泌尿生殖洞
		齧歯類，霊長類の膣前庭

*：痕跡的。

がその末端部で癒合して子宮体と膣を作る（図 15-49c，灰色）。膀胱と膣の入口との間の泌尿生殖洞の部分は，**尿道** urethra となる。こうした発生の結果，哺乳類の成体の雌のほとんどは後方に2つの外部への開口，泌尿生殖口と肛門を持つ。

類人猿，サル，ヒトの雌や齧歯類の雌は，胚期の総排泄腔に新たな仕切りを発達させる。その仕切りは泌尿生殖洞を尿道と膣に分ける（図 15-49d）。その結果，こうした哺乳類の雌の胚期の総排泄腔は，尿道，膣，直腸に細分され，それぞれが出口を持つ。サルや齧歯類では3つのすべてが外部への直接の出口となる（図 15-48c）。類人猿やヒトでは，先に述べたように膣と尿道は浅い膣前庭に別々に開口し，肛門は直接外部に開口する。それゆえ，こうした雌では泌尿生殖系は雄のものよりさらに進化している。これらの雌の膣は二重起源で，前方部分はミュラー管から，後方は総排泄腔に由来する（図 15-47a，c）。

本章の記述から，すべての有頭動物の胚は雌雄両性であり，いずれの性の泌尿生殖器にもなりうる胚構造であることが明らかになったであろう。遺伝子とおそらく他の未知の要素の初期作用およびその後の性腺ホルモンの刺激の下で，未分化な胚の原基が一方の性の成体の生殖器の構造になるように分化するか，あるいは原基のままか，痕跡となるか，消失する。雌雄いずれか一方あるいは両方の器官系の異常で不完全な発生は，染色体異常か胎生期のホルモンのアンバランスのいずれか，あるいはその両方の結果である。

真の**雌雄同体** hermaphroditism*，すなわち同一個体による卵と精子の産生は，現存する無顎類や硬骨魚類の一部で普通にみられるが，その他の有頭動物では極めてまれであるか，あるいは先天的奇形を示すものである。こうした種では性染色体を欠いている。そのため性の分化は非遺伝的な要素によって決定される。研究された雌雄同体の真骨類では，支配的な雄または雌が消失するような社会環境が，動物の性的な発達を方向づけるのが一般的である。

単為生殖 parthenogenesis，すなわち無性的な繁殖をするトカゲがいる。例えばハシリトカゲ類では，性的に典型的な雄と雌の行動を交互にとって個体は交尾行動をするが，遺伝的な雄はいない。デービッド・クルー David Crew（1994）は，単為生殖動物の間での性的な相互作用は，単独でよりも多くの卵を産むことを示した。

表 15-3は哺乳類の胚の性的に未分化な主要な泌尿生殖原基の成体の雄と雌とでの運命をまとめた。

*：Hermaphroditus はギリシャ神話で，ヘルメスとアフロディーテの美しい神話上の息子であった。神話上のサルマキスの泉で沐浴している間に彼は泉のなかのニンフと一体になった。

要約

1．腎臓の最初の役割は水中の環境における浸透圧調節であった。窒素性廃棄物の排除が，四肢動物において重要となる新たに加わった排泄機能となる。腎臓はこの機能を鰓と置き換わった。
2．腎臓の基本的かつ機能的な構成要素は，糸球体，毛細血管に囲まれた尿細管，総排泄腔またはその派生物に注ぎ込む1対の縦走排出管である。
3．糸球体は動脈性の網状構造で，水分とある種の溶質を動脈血から濾過する。外糸球体は体腔液中に分泌し，その後，腎口によって尿細管のなかへと一掃される。内糸球体は体壁にあり，尿細管の拡張であるボウマン嚢内へ濾過する。一般に数本の尿細管が集合細管に注ぎ，集合細管は縦走管に終わる。
4．糸球体とその被包が腎小体を構成する。腎小体とその尿細管が腎単位（ネフロン）を構成する。
5．浸透圧調整は尿細管によって影響を受け，生物の代謝要求に応じて尿細管は糸球体濾液への分泌もしくは濾液からの回収を行う。
6．腎組織は中間中胚葉（造腎中胚葉）のリボン（細長い片）から生じる。原始的な前腎細管はリボンの前端で形成され，その後，分化の波はリボンに沿って広がり，複雑さを増した尿細管を生じる。尿細管はさらに後方へと形成されていくので，早く出現した尿細管の多くは退行する。
7．原腎は仮想的な古い腎臓で，外糸球体，腎口，体幹の全長にわたる分節性の単純な尿細管を持つ。ヌタウナギ幼生の全腎は原腎に最もよく似ている。
8．最前端の尿細管はすべての有頭動物の胚で一時的な前腎を構成し，その後退行する。中腎は前腎に続いて，その後方へと発達する。前腎の導管は中腎の2本の縦走管として役割を続ける。
9．中腎は魚類や両生類の成体での機能的な腎臓であり，有羊膜類の胚での一時的な機能的腎臓である。無羊膜類の成体では，中腎は後方腎ともよばれる。
10．中腎細管のより前方の何本かは，発生中の精巣に侵入して精巣輸出管となり，精子を中腎管に誘導する。中腎管は一般的な魚類や両生類で精子と尿の両方を運ぶ。この管は有羊膜類で存続し，精管として働く。
11．造腎性のリボン（細長い片）の後端は，頭外側へと位置を変えて，有羊膜類成体の後腎を形成する。その後，中腎は退行する。
12．後腎は皮質，髄質，腎盤から構成される。腎小体は皮質に集まり，尿細管の長いワナ（ヘンレのワナ）や尿細管周囲毛細血管が髄質の多くを構成する。尿細管は腎盤に注ぎ，そこから尿管に送られる。
13．過剰な塩類を取り込む有頭動物（海洋生有頭動物，海洋から食料を取る鳥類，乾燥した環境に生きる爬虫類）は，鰓を介して，あるいは直腸や鼻腔，眼窩，口腔，外皮の塩類腺を介して，塩類を体外に排出する。
14．ほとんどの魚類の膀胱は，中腎管の末端の結合に由来する。膀胱は現生無顎類や板鰓類にはない。肺魚類の膀胱は総排泄腔の背側への膨出として生じる。
15．四肢動物の膀胱は総排泄腔の床から生じ，獣亜綱哺乳類を除き，総排泄腔に直接注ぐ。獣亜綱哺乳類の膀胱は総排泄腔の派生物である尿膜の基部から発達し，泌尿生殖洞に注ぐか，あるいは霊長類の雌で派生した特徴のように，外部に放出される。膀胱は尿道につながる。
16．獣亜綱哺乳類を除く四肢動物の膀胱の主要な役割は，尿の貯蔵場所であり，尿の水分は体の組織が必要とするときに再利用される。
17．性腺は発生中の腎臓に隣接する対をなす生殖隆起から生じる。胚上皮は生殖隆起の表面に生じ，そこに留まるか，あるいはもっと深層へ移動する。
18．成熟した卵は卵管に入る前に体腔内に放出される。精子は精巣内に始まる閉鎖された管系のなかを運ばれる。
19．ほとんどの有頭動物の雄では，胚上皮が精細管を裏打ちし，精細管は精巣網に注ぎ，精巣輸出管により排出される。こうした管は精子を精管に導く。
20．少数の哺乳類では精巣は腹腔内に留まる。恒久的に下降するものもあるが，その他では引き上げができるものもある。
21．数種の魚類と有尾類を除き，中腎管は成体の雄では精管となる。精管は，獣亜綱哺乳類を除き，総排泄腔があるときは，総排泄腔に開く。獣亜綱哺乳類では精管は尿道に開く。
22．魚類の雄の交接器は腹鰭（抱接器）か尻鰭（生殖肢）の変化したものである。ヘビやトカゲは対になった半陰茎を持つ。カメ，ワニ，鳥類の一部，単孔類は総排泄腔の床に海綿体を含む不対の陰茎を持つ。獣亜綱哺乳類は尿道海綿体と2つの陰茎海綿体を備えた外陰茎を持つ。
23．雄が陰茎を持つ爬虫類や鳥類の雌，哺乳類の雌では，陰核が発達する。これは雌での陰茎相同物である。
24．真骨類の卵巣には胚上皮が裏打ちする中央の腔所がある。この腔所は卵管の腔所と続いている。無尾類や有尾類の卵巣は薄い壁の嚢で，鳥類や爬虫類の多くと単孔類の卵巣には液が満たす不ぞろいの小腔がある。その他の卵巣は一般に充実性で，表層に胚上皮がある。排卵に続き，哺乳類の卵胞（グラーフ卵胞）は黄体を組織化し，妊娠の維持を助けるプロゲステロンの供給源となる。
25．哺乳類の雌雄の外生殖器は，正中の生殖結節と対をなす陰唇陰嚢隆起と生殖ヒダから分化する。生殖結節は，陰茎あるいは陰核を生じ，陰唇陰嚢隆起は，陰嚢あるいは大陰唇を生じる。生殖ヒダは陰茎に寄与するか小陰唇となる。

26. 哺乳類では靭帯が胚期の精巣と陰嚢腔の床を結び，胚期の卵巣と大陰唇を結ぶ。雄の靭帯（精巣導帯）の短縮は，陰嚢へと向かう精巣の後方への移動を助ける。雌の靭帯（卵巣索，子宮円索）の短縮はわずかな卵巣の位置変更を起こす。
27. 卵管腹腔口から総排泄腔あるいは総排泄腔の派生物までの雌の生殖道は，真骨類を除き，胚期の雌雄両性に存在するミュラー管から分化する。雄ではミュラー管は退行する。真骨類の雌では生殖道はミュラー管でなく腹膜ヒダから生じる。
28. 一般的な雌の生殖道は，ロート状の卵管腹腔口を持つ卵管からなり，総排泄腔に終わる。一般的な卵管の区分は，卵を包むものの分泌，卵あるいは発生中の子の一時的な保管，卵あるいは産子の放出など，種特異的な機能に特殊化する。
29. 獣亜綱哺乳類の雌の生殖道は，ファロピウス管（卵管）と子宮（重複，両分，双角あるいは単子宮）と子宮頚および膣からなる。膣は哺乳類の雌のほとんどで泌尿生殖洞に開くが，サル，類人猿，ヒトでは膣前庭に開く。
30. 獣亜綱哺乳類では卵巣が卵巣嚢，すなわち主たる体腔から部分的あるいは完全に分離した体腔内の盲嚢を占めるものがある。これは排卵された卵が異所的に着床しないことを確実にする。
31. 成体の総排泄腔は大腸，膀胱（これが存在するとき），尿管，生殖管を受ける。魚類の多くでは総排泄腔は浅いか欠落する。1個の孔が外部に開口する。
32. 爬虫類や鳥類や単孔類では，尿直腸ヒダが胚期の総排泄腔の前方部を，尿管や生殖管を受ける尿生殖道と直腸を受ける糞道に分ける。総排泄腔の後方は細分されないまま留まる。
33. 獣亜綱哺乳類の雌では，サル，類人猿，ヒトを除き，胚期の総排泄腔が泌尿生殖洞と直腸に完全に分かれ，外部へ開口する2つの孔を持つ。
34. 齧歯類の雌の一部とサル，類人猿，ヒトの雌では，胚期の総排泄腔は膀胱から出る尿道，膣および直腸に分かれ，それぞれが独立して外部に開口する。

理解を深めるための質問

1. なぜ，浸透圧調節と生殖の構造が1つの系（泌尿生殖器系）のなかに統合されるのか？
2. どのような溶質や溶媒が浸透圧の調節を維持するか？　この維持にはどんな構造が使われるか？
3. 有頭動物で窒素性廃棄物の様々な形状を比較せよ。
4. 全腎，中腎，後方腎，後腎を比較せよ。
5. 有顎類の腎単位（ネフロン）の構成要素は何か？
6. 海洋，淡水，陸上での生活のための有頭動物の腎臓の特殊化を1つ挙げよ。
7. 前腎管（原腎管）の機能は何か？　その機能は動物により異なるか？　どのように異なるか？
8. サバクカンガルーネズミは食物中の水分のみで生存でき，哺乳類のなかで知られている最も濃度の高い尿を作る。このことをどのように説明できるか？
9. 有頭動物で腎臓以外の塩類排泄器官には何があるか。どんな動物種が持っているか？
10. なぜほとんどの魚類では膀胱がないのか？　膀胱の機能とは何か？
11. 雄と雌とでの配偶子の通路を比較せよ。
12. サメ，ヘビ，獣亜綱哺乳類の交接器は何か？
13. ヒトで致死的な状態となる異所性妊娠（子宮外妊娠）は発生中の胚が腹腔に着床する。どうして生じるか？
14. 獣亜綱哺乳類の卵管の後方での癒合はどのような構造を作るか？
15. 真獣類の雌雄未分化の段階で，1個の総排泄腔が形成される。発生の間に雄と雌とでこの構造はどのように分化するのか？

参考文献

Crews, D.: Animal sexuality, *Scientific American* 271:108–14, 1994.

Dawley, R. M.: An introduction to unisexual vertebrates. In Dawley, R. M., and Bogart, J. P.: Evolution and ecology of unisexual vertebrates. Albany, New York, 1989, Bulletin 466, New York State Museum. An introduction to parthenogenesis and other forms of reproductive unisexuality in all-female fishes, amphibians, and reptiles. Knowledge of genetics recommended.

Eckert, R., Randall, D., and Augustine, G.: Animal physiology, mechanisms and adaptations. New York, 1988, W. H. Freeman and Company.

Fox, H.: The amphibian pronephros, *Quarterly Review of Biology* 38:1–25, 1963.

Fox, H.: The urinogenital system of reptiles. In Gans, C., and Parsons, T. S., editors: Biology of the reptilia, vol. 6. New York, 1977, Academic Press.

Moffat, D. B.: The mammalian kidney. New York, 1975, Cambridge University Press.

Mossman, H. W., and Duke, K. L.: Comparative morphology of the mammalian ovary. Madison, 1973, The University of Wisconsin Press. Informative, clearly written, richly illustrated.

Pang, P. K. T., Griffith, R. W., and Atz, J. W.: Osmoregulation in elasmobranchs, *American Zoologist* 17:365, 1977.

Peaker, M., and Linzell, J. L.: Salt glands in birds and reptiles, Monographs of the Physiological Society. New York, 1975, Cambridge University Press.

Prosser, C. L., editor: Comparative animal physiology, ed. 4, vol. 2. Philadelphia, 1990, W. B. Saunders Co.

Rankin, J. C., and Davenport, J: Animal osmoregulation. New York, 1981, John Wiley and Sons.

Rupert, E.E.: Evolutionary origin of the vertebrate nephron, *American Zoologist* 34:542–53, 1994.

Shapiro, D. Y.: Differentiation and evolution of sex change in fishes, BioScience 37:490–97, 1987.

Stahl, B. J.: Vertebrate history: Problems in evolution. New York, 1974, McGraw-Hill Book Co.

Vincent, A.: A seahorse father makes a good mother, *Natural History*, p. 34, December, 1990. Courtship, mating, and true pregnancy in male seahorses, and a rare photograph of their elaborate filamentous dermal appendages.

Wourms, J. P., and Callard, I. P.: Evolution of viviparity in vertebrates, *American Zoologist* 32:251, 1992.

インターネットへのリンク

Visit the zoology website at http://www.mhhe.com/zoology to find live Internet links for each of the following references.

1. Anatomy: The Pelvis. A description of the male and female reproductive systems in humans. Definitions of terms.
2. Anatomy: The Pelvis. Development of the urogenital region.
3. Histology—The Web Laboratory. Links to units on many systems of the human body, including the male and female reproductive systems and the urinary system. Extensive coverage of microstructure of all parts of these systems.
4. The Basics of the Kidney. A good introduction to the basic function of the kidney is presented at this site.
5. Reproduction: A Last Hope for Some Endangered Species. This is a page from the National Zoological Park. It explains the importance of reproductive technologies for some rare animals and the importance of a large gene pool for a population.

第16章 神経系

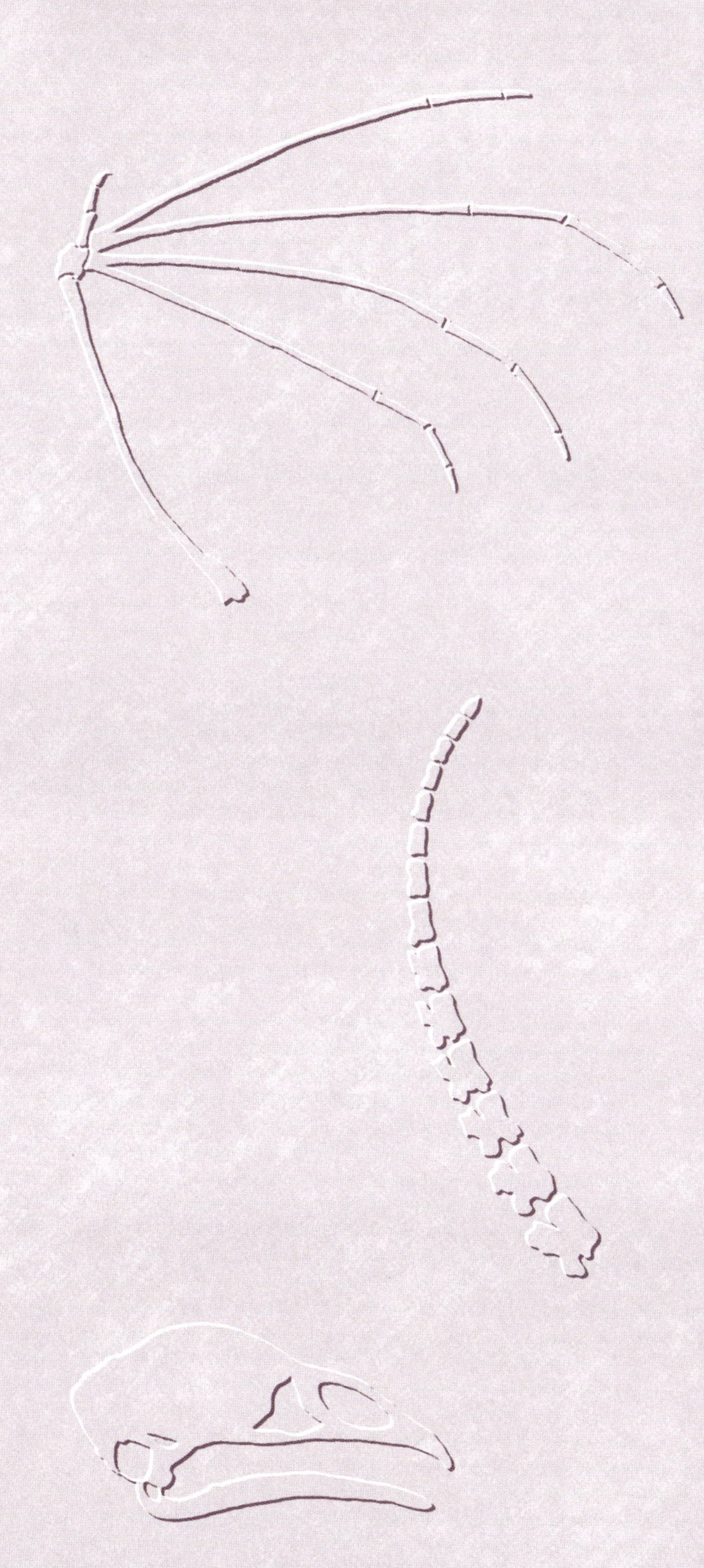

本章では，神経系とその各部分について述べる。各構成要素がいかに集合し，そして生存を確保するために何を行うかをみる。特に，神経系の実際の伝導作用と分泌作用を行う生きた細胞であるニューロンに注意を注ぐ。

概要

頭動物の神経系は3つの基本的役割を果たす。神経系は生物に外的環境を知らせ，その環境にうまく適応できるように生物を刺激する。神経系は内的環境の調節に関与し，そして情報蓄積の場として働く。これらの機能は神経，脊髄，脳が**受容器** receptors（感覚器）および**効果器** effectors（主に筋と腺）と共同して成し遂げられる。

生物は常に外的環境を監視していなければならない。情報は感覚器に始まる**求心性（知覚）神経** afferent（sensory）nerves によって供給される。反応（体の運動）は**遠心性（運動）神経** efferent（motor）nerves を伝わる神経インパルスによって引き起こされ，このインパルスが体の骨格筋を刺激し，その結果，魚が泳いだり四肢動物が這い回ったり，走ったり，飛んだりする。外的環境からの情報は内分泌，例えば生殖ホルモンの季節的放出の調節にも用いられる（図18-5参照）。

生物は絶えず監視され制御されなければならない内的環境を有している。臓性受容器からの求心性神経は，情報を神経インパルスの形で中枢神経系に運ぶ。遠心性神経は中枢からのインパルスを主として平滑筋，心筋および腺からなる臓性効果器へ運ぶ。

記憶（情報の蓄積）は神経系の1つの機能である。情報の蓄積と想起がないと，動物は経験に基づいて行動を調節することができなくなり，すべての状況があたかも初めてのもののように受け止められる。経験が増すと情報が蓄積され，過去の誤りによる罰と成功による報酬に応じて行動を変化させる。

神経系は便宜的に中枢神経系と末梢神経系に細分される。**中枢神経系** central nervous system（CNS）は脳と脊髄からなる。**末梢神経系** peripheral nervous system は脳神経，脊髄神経，自律神経からなる。脳神経は脳から，脊髄神経は脊髄から出る。

ニューロン

神経系の解剖学を理解するためには**ニューロン** neuron，すなわち生きた神経細胞について知らなければならない。ニューロンの神経系に対する関係は筋細胞の筋系に対する関係に等しい。ニューロンは神経系特有の機能を果たす。この場合，それは神経インパルスの伝達である。

ニューロンは多様な形態を取るが，すべてのニューロンは**ニッスル物質** Nissl material（盛んなタンパク質合成の場）を含む細胞体と1本以上の突起を持つ（図16-1，16-2）。最も長い突起は**軸索** axon であり，ニッスル物質を含んでいないという特色がある。軸索は神経インパルスを他のニューロンあるいは効果器へ伝達する。軸索は脂肪性の**ミエリン** myelin の層で包まれており，ミエリンの厚さは軸索の役割に従って分厚いものから微細なものまで様々である（図16-3）。軸索とそのミエリンは**神経線維** nerve fiber を構成する。中枢神経系の外部では神経線維の表面に生きた細胞の鞘である**神経鞘** neurilemma がある。神経鞘はその下にあるミエリンを産生し維持する。

中枢神経系内の神経線維は脊髄を上行あるいは下行し，また脳内で長短の距離を走り，**線維路** fiber tracts（図16-4，T）とよばれる機能的な束へと集合する。末梢神経系では神経線維が神経を意味する（図16-3）。実際，**神経** nerve とは中枢神経系の外にある神経線維の1つあるいはそれ以上の束で，線維鞘（**神経上膜** epineurium）に包まれ，血液供給を受けている。

ニューロンのその他の突起は**樹状突起** dendrites である（図16-2）。樹状突起は細胞体の短い延長で，他のニューロンから入ってくるインパルスを受容するための表面領域を増加させる。その細胞質は細胞体のものと同様にニッスル物質を含んでいる。ニューロンがいかに末梢神経系に適合しているかを観察するため，1つの知覚神経，1つの運動神経，そして2つの混合神経を調べてみよう。

典型的な知覚神経は図16-4aの模式図に示されている。その線維は感覚器（この場合は膜迷路）に始まり，脳（本例）あるいは脊髄に終わる。知覚神経線維の細胞体は，ごく少数の例外を除き，神経の経路上の**知覚神経節** sensory ganglion に見いだされる。**神経節** ganglion とは中枢神経系の外にある細胞体の集合である。知覚神経節は知覚性細胞体を含む。原始的有頭動物では知覚性細胞体が神経に沿って散在することもある。

典型的な運動神経は図16-4bの模式図に示されている。脳神経と脊髄神経では，運動神経線維の細胞体は中枢神経系の内部で**運動核** motor nucleus にある。神経学的にいうならば，**核** nucleus とは脳あるいは脊髄のなかの細胞体の集合である。運動核は運動神経線維の細胞体を含む。第XII脳神経の運動線維は末梢で横紋筋に終わる。体性筋に分布する大部分の神経は，その筋からの固有受容のための知覚線維を持つので，有頭動物では，純粋の運動神経はごく少数である（図17-26参照）。

混合神経は知覚と運動両者の線維を持つ（図16-5）。その知覚神経細胞体は知覚神経節内にあり，自律神経系のいくつかの神経を除き，その運動神経細胞体は運動核内にある。混合神経内の異なる線維は，インパルスを同時に反対の方向

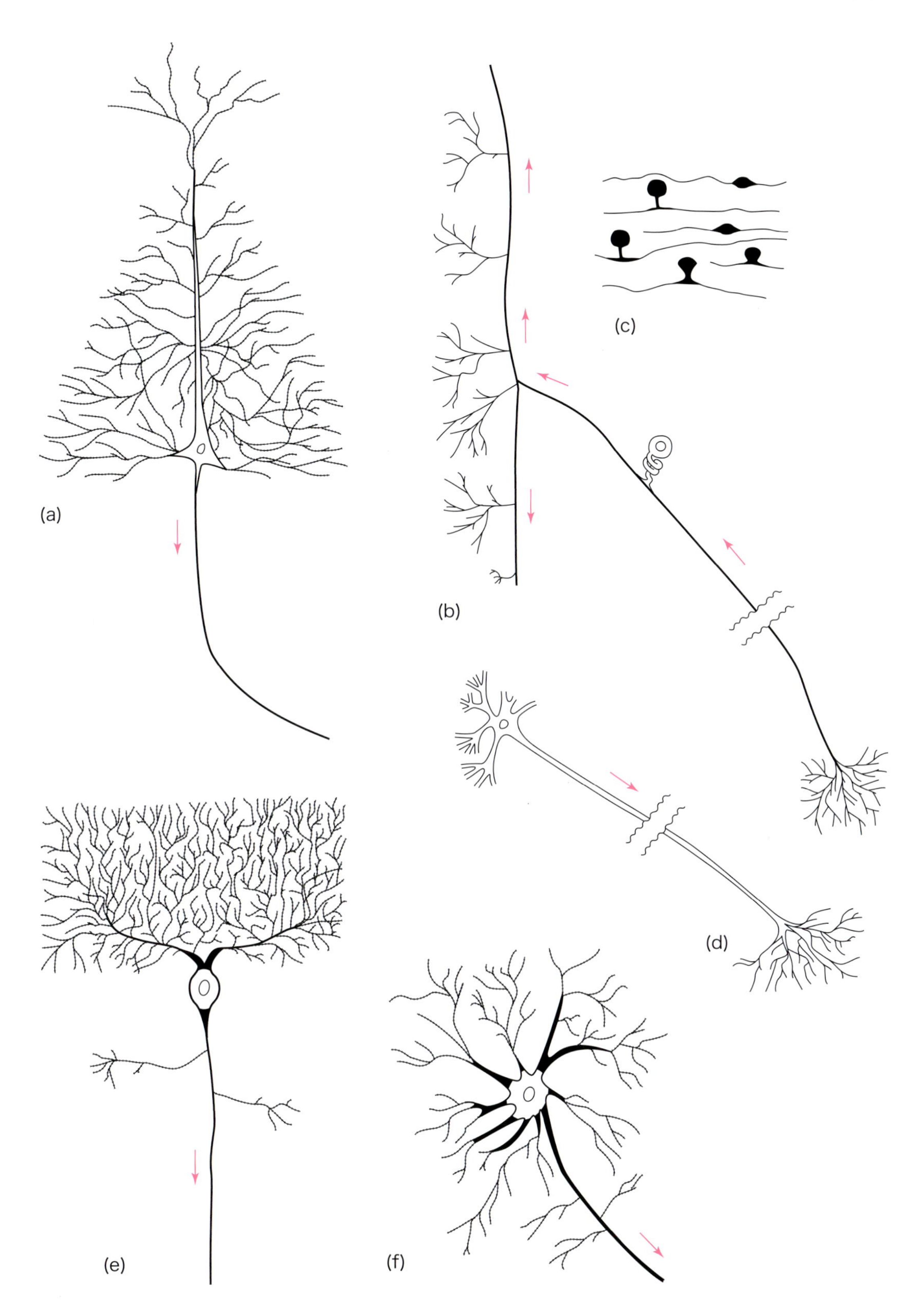

図 16-1
ニューロンのいくつかの形態的タイプ。(a) 運動皮質の錐体細胞。(b) 背根神経節細胞，偽単極性。１本の突起は軸索である[*1]。上行枝と下行枝は脊髄の線維路内にある。(c) 双極性から偽単極性へ移行中の胚期の背根神経節細胞。(d) 脊髄または脳幹の運動神経細胞体。軸索は運動終板に終わる（図 11-2 参照）。(e) 小脳のプルキンエ細胞。(f) 交感神経節の運動ニューロン。矢印はインパルスの向かう方向を示す。

＊1 訳注：偽単極性ニューロンでは，末梢から細胞体に向かう突起が樹状突起，細胞体から中枢に向かう突起が軸索である。

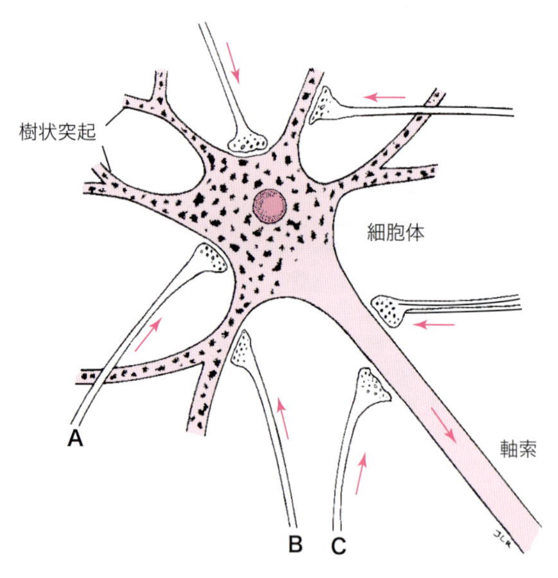

図 16–2
運動ニューロン上のシナプス終末。A：シナプス小頭と細胞体の間のシナプス。B：シナプス小頭と樹状突起の間のシナプス。C：シナプス小頭と別の軸索の間のシナプス。樹状突起と細胞体の黒い斑点はニッスル物質である。シナプス小頭は神経伝達物質を含んでいる。

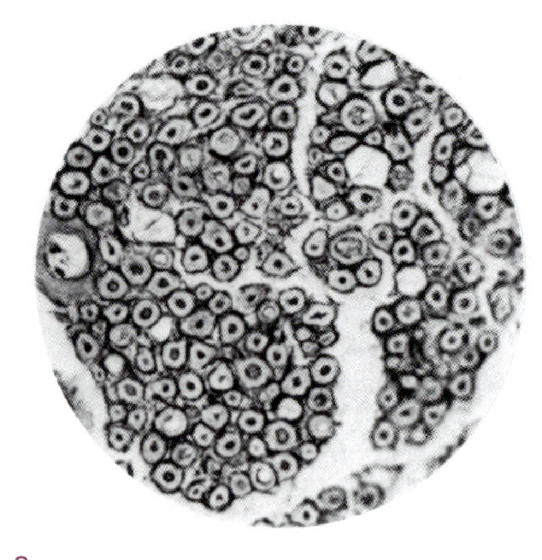

図 16–3
神経の一部の断面。軸索（黒い点）は様々な厚さのミエリン鞘（白）に囲まれている。ミエリン周囲の黒い輪は神経鞘である。

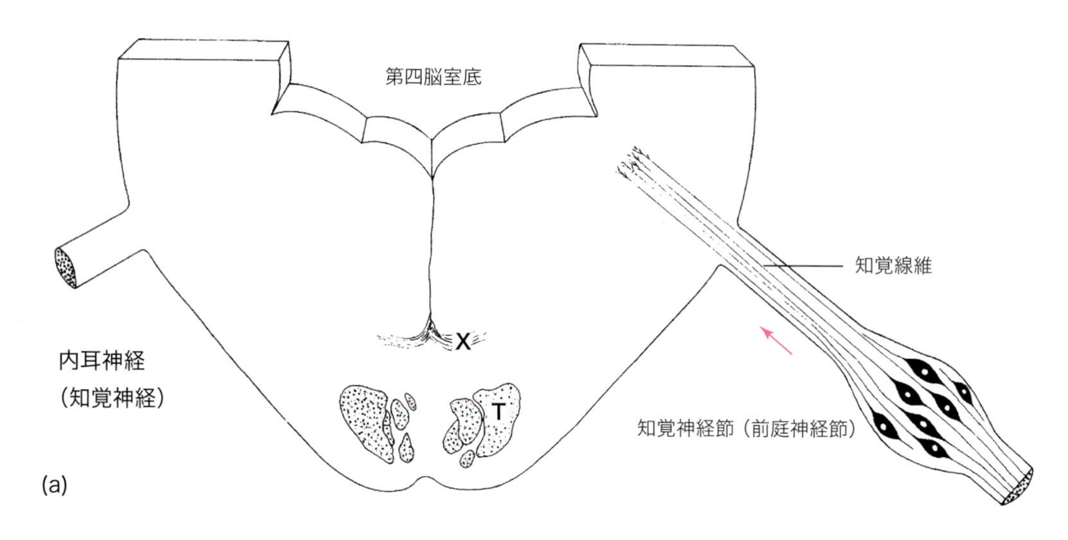

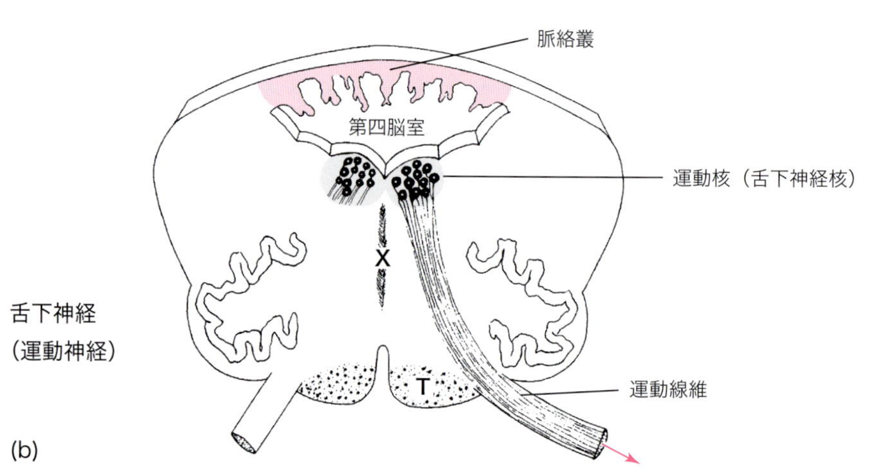

図 16–4
知覚線維と運動線維の細胞体（黒色）の一般的な位置。(a) 知覚神経節内に細胞体を持つ知覚神経。脳に入ると線維は分岐していくつもの方向にあるシナプスへ向かう。(b) 脳内の運動核に細胞体を持つ運動神経（舌下神経）。T：下行線維路（皮質脊髄路）。X：交叉線維。矢印は神経インパルスの方向を示す。前庭神経節内にある例外的な双極性の細胞体に注意。知覚神経節内の細胞体は図 16–5 に示すように大部分が偽単極性である。

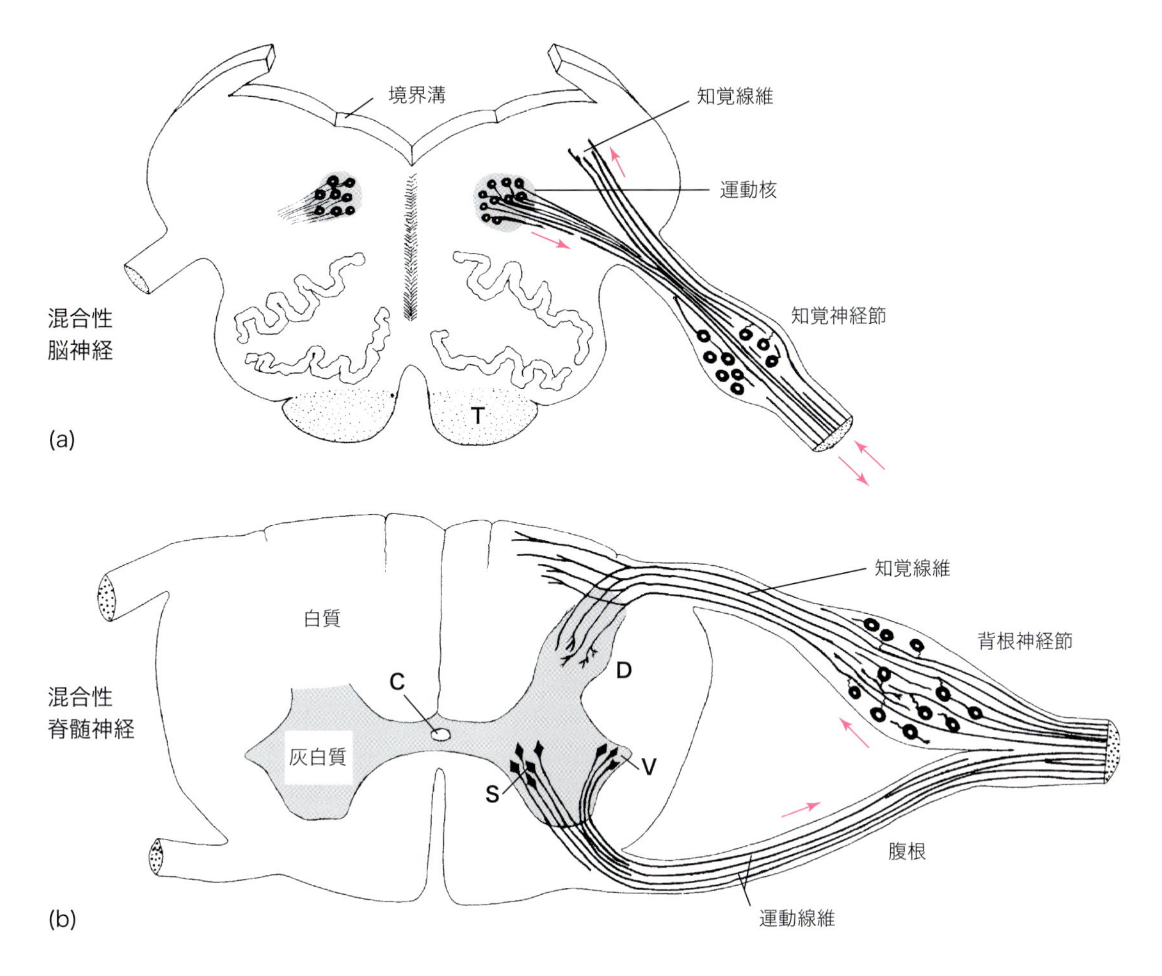

図 16-5
混合神経の細胞体の位置。(a) 知覚神経細胞体を神経節に，運動神経細胞体を脳の運動神経核に持つ脳神経。T：下行線維路。(b) 知覚神経細胞体を神経節に，運動神経細胞体を脊髄腹角の灰白質に持つ脊髄神経。C：中心管。D：灰白質の背角。S：腹角の体性運動核。V：側角の臓性運動核。矢印は神経インパルスの方向を示す。

へ異なる速度で運んでいる。有頭動物の大部分の神経は混合神経である。

神経インパルスが1つのニューロンから別のニューロンに伝達される場は**シナプス** synapse である。軸索がシナプスに近づくと，軸索は多数の微細な分枝，すなわち**終末分枝** telodendria に分かれ，そのそれぞれが，次のニューロンの細胞体，樹状突起あるいは軸索と接触している**シナプス小頭** synaptic knob（**終末ボタン** terminal button）に終わる（図 16-2）。

神経インパルスは寿命の短い分泌物によってシナプスを越えて伝達される。この分泌物は例えばノルアドレナリン，アセチルコリン，セロトニン，メラトニンなど，主としてアミノ酸あるいはアミンであり，電気神経インパルスが到達するとシナプス小頭から放出される。これらのアミノ酸とアミンは**神経伝達物質** neurotransmitters である。神経伝達物質は効果器に接触している軸索終末からも放出され，効果器（筋，腺，色素細胞）を反応させる（図 11-2 参照）。神経伝達物質の寿命が短いことは，1つの神経インパルスからの応答が遅延することを防いでいる。

中枢神経系内の大部分の長い軸索は，その経路に沿って**側副枝** collateral branches を出し，これにより1つのインパルスを時には何千ものニューロンに分配する。側副枝は図 16-1b に示されている知覚ニューロンの上行枝と下行枝にみられる。

中枢神経系内に細胞体を持ついくつかのニューロン（**神経分泌ニューロン** neurosecretory neurons）は，軸索終末から小さなポリペプチドを分泌する。これらのポリペプチドは**神経ホルモン** neurohormones（神経分泌）である。大部分の神経分泌線維は，シナプスあるいは効果器に終わる代わりに洞様血管に終わり，そのなかに分泌物を放出する（図 18-1 参照）。下垂体後葉で放出される抗利尿ホルモンは，このような分泌物の1つである（図 18-2，神経分泌線維参照）。

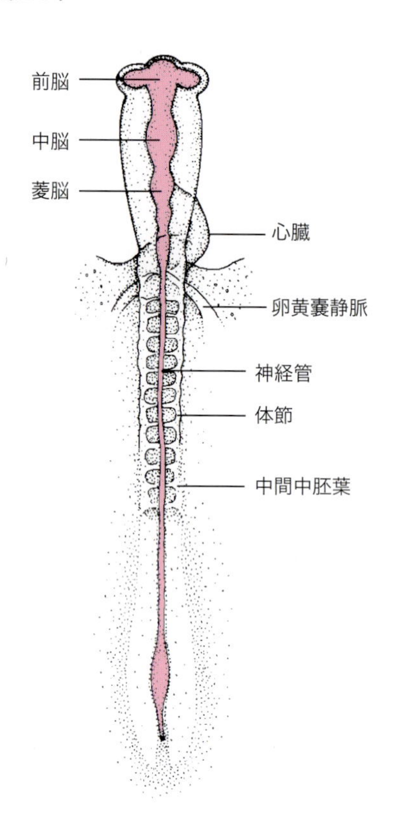

図 16-6
透明にした組織を通してみた孵卵 33 時間の鶏胚の神経管（赤色）。前脳から眼胞が膨出し始めている。

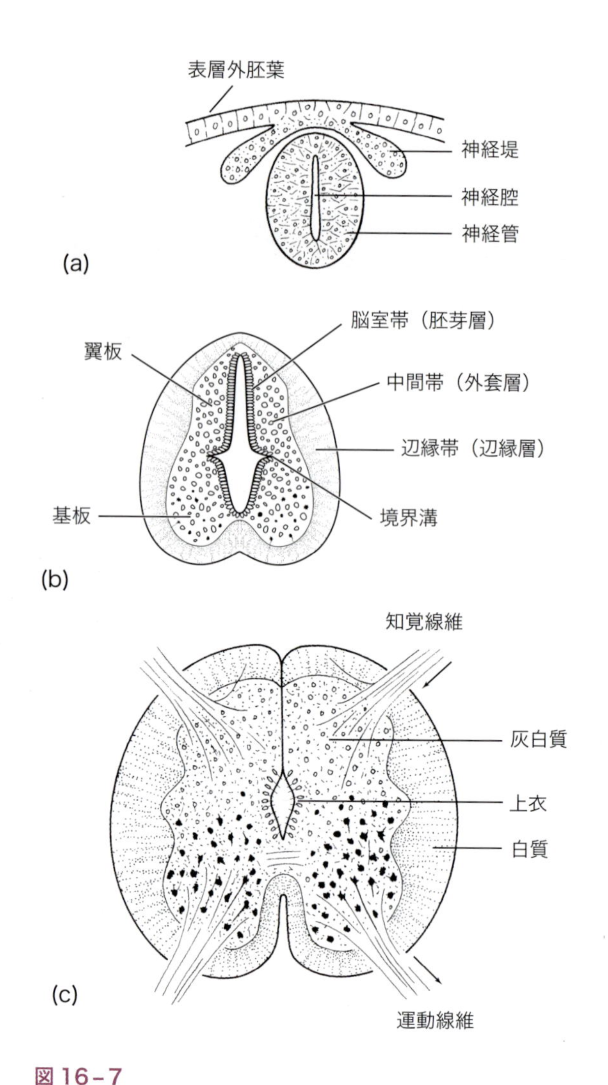

図 16-7
脊髄の高さでの神経管の分化。(a) 脳の後部での神経管の断面。(b), (c) その後の発生段階。(c) では，背根神経節からの知覚線維が翼板に入って二次知覚ニューロンとシナプスし，運動線維は基板の神経芽細胞から生じて横紋筋に分布する。

神経系の発生と分化

神経系の構成についてよりよい洞察を得るためには，神経系の構成要素がいかにして発生するかを理解することが重要である。神経系形成の最初の段階である**神経胚形成** neurulation と，その誘導を統御するモルフォゲンについては第 5 章で述べてある（読者はこれらのモルフォゲンの源であるホメオティック遺伝子について興味があるかもしれない）。神経胚形成の結果，背側に位置する中空の神経管が形成される。その中心の腔所は**神経腔** neurocoel である（図 16-7 a）。次は神経管の成熟と運動ニューロンおよび知覚ニューロンの胚期における起源について述べる。

神経管

神経胚形成の初期段階は図 5-9 a〜c に示されている。より後期の段階は図 16-6 に示されている。神経管の頭側端は脳になる。残りは将来の脊髄である。この段階における胚期の脊髄の横断面は図 16-7 a に示されている。そのすぐ後で（図 16-7 b），脊髄は 3 領域を現すが，それは活発に分裂する細胞からなる**脳室帯** ventricular zone（胚芽層），胚芽層から増殖した細胞からなる**中間帯** intermediate zone（外套層），および実質的に核を欠く**辺縁帯** marginal zone（辺縁層）である。

脳室帯（胚芽細胞の場）は中間帯の細胞の供給源である。基幹胚芽細胞は何度も有糸分裂を繰り返し，2 つの細胞系列，すなわち神経細胞と神経膠細胞の系列を生じる。前者は**神経芽細胞** neuroblasts の供給源であり，樹状突起と軸索を伸ばしてニューロンになる。後者は脳と脊髄の支持細胞である様々な**神経膠** neuroglia を形成する。神経芽細胞と神経膠が分化するときに，これらは中間帯の体積を増加させ，また分化中の神経芽細胞の軸索は辺縁層のなかに伸びてこれを増大させる。軸索は最終的に脂質性のミエリンに被われるので，辺縁層は白くみえるようになり，**白質** white matter と

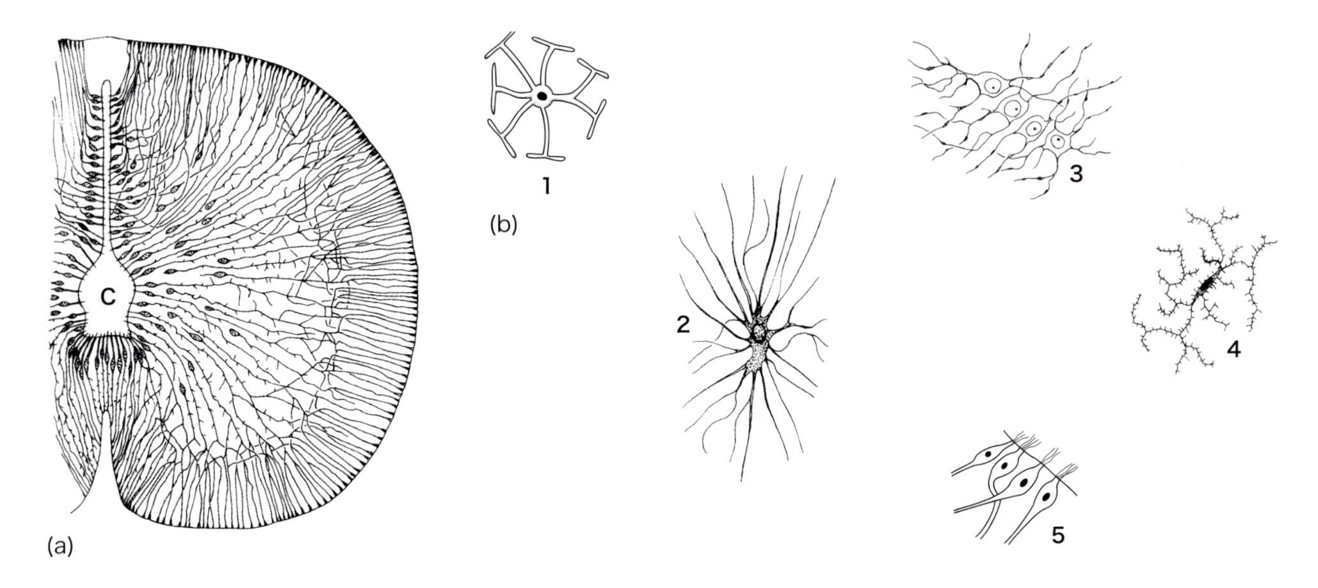

図 16－8
神経膠。**(a)** ヒトの胎齢 10 週間の胎児の神経管で，胚芽層，外套層，辺縁層における神経膠前駆細胞を示すために染色されている。出生時に胚芽層に留まっている細胞は，将来は上衣細胞になる。C：神経腔。**(b)** 分化した神経膠細胞。1：原形質性星状膠細胞。2：線維性星状膠細胞。3：希突起膠細胞。4：小膠細胞。5：上衣細胞。
(a) Source: From Cajal, *Histologie du Systeme Nerveux de L' Homme et des Vertebres*, Vol. 1, 1909, A. Maloine, Paris.

よばれる。中間帯は主として細胞体から構成されていて細胞質が優勢なので，この領域は灰色がかってみえ，その名前が**灰白質** gray matter となる。

胚期の脊髄，菱脳および中脳は，それぞれ**境界溝** sulcus limitans の上と下に位置する**翼板** alar plate と**基板** basal plate からなる（図 16－7b，16－31）。翼板で成長する細胞体は脳神経と脊髄神経の知覚性インパルスを受け，そのインパルスを脊髄または脳の他の場所に分配する。基板のなかにある細胞体は運動ニューロンの細胞体となる（図 16－7c）。

最終的に，脳室帯の細胞は分裂を止め，その後新たなニューロンはほとんど追加されなくなる。神経腔に隣接して留まっている未分化な細胞は，その後**上衣細胞** ependymal cells になる。**上衣** ependyma は成体の神経腔の非神経性の内張りである（図 16－7c，16－8b，5）。

神経の運動性要素の発生

基板の神経芽細胞から伸びる軸索の大部分は，神経管から出て神経管を離れ，横紋筋細胞と接触する。これらの軸索は脳神経と脊髄神経の運動線維となる。これらは中枢神経系内にある神経芽細胞から伸びだすので，これらの運動線維の細胞体は成体の脳あるいは脊髄のなかにある（図 16－4b，16－5）。

基板の神経芽細胞から伸びだす他の線維は，神経管を出て自律神経節の神経芽細胞と接触する（図 16－36，交感神経節）。自律神経節の神経芽細胞は**節後線維** postganglionic fibers（図 16－36，Post）を出し，これは平滑筋と腺に向かって伸び，そこに分布する。したがって，1 つの例外（細胞体を自律神経節のなかに持つ自律神経系の節後ニューロン）を除き，すべての運動ニューロンは細胞体を脊髄または脳のなかに持つ。自律神経節の神経芽細胞は神経堤に由来し，自律神経節に移行してきたものである（後述）。

神経の知覚性要素の発生

神経溝が閉鎖して神経管を形成するときに，縦走する帯状の外胚葉が発生中の神経管からその背外側の左右で分離し，すぐに分節して対をなす一連の体節状に並ぶ**神経堤** neural crest を形成する（図 5－9b，16－39 参照）。ある神経堤細胞は神経芽細胞となって脊髄神経と脳神経の知覚ニューロンを生じる。その際に，知覚ニューロンは一方の突起を脊髄または脳の翼板に伸ばし，他方を感覚器に伸ばす双極性の段階を経る（図 16－1c）。こうして，感覚器と中枢神経系の間の神経連絡が成立する。

ある脳神経と関連する神経節細胞は外胚葉プラコードに由来する。神経堤（脳神経と脊髄神経）と外胚葉プラコード（いくつかの脳神経）は，多数の知覚神経細胞体を生じるので，その結果として脊髄または脳に近いところで膨らみ，知覚神経節ができる。

細胞体を知覚神経節内に持つニューロンは**一次知覚ニューロン** first-order sensory neurons である。これらは感覚器からのインパルスを中枢神経系に伝達する。翼板内部でこれらのニューロンは，インパルスを中枢神経系の他の場所に分配する**二次知覚ニューロン** second-order sensory neurons（**連合ニューロン** association neurons）とシナプスする。一次知覚ニューロンの細胞体は神経堤と外胚葉プラコードから生じるので，次のような一般化が可能である。脳神経と脊髄神経の知覚ニューロン細胞体は，一般にその神経の経路上の知覚神経節内にある。

一次知覚ニューロンの細胞体はその神経の経路上の神経節内にあるという規則には，３つの大きな例外がある。

⑴嗅神経線維は胚期の嗅上皮内にある（外胚葉プラコード由来の）神経芽細胞から生じ，その長い突起は最も近い脳の部位，すなわち嗅球内に伸びる。それゆえ，嗅神経の細胞体は嗅上皮内にある（図16－28a，17－21参照）。

⑵視神経の知覚線維を生じさせる神経芽細胞は，胚期の網膜の神経層内で分化し，長い突起は眼茎に沿って脳のほうへ伸びる（図17－6b参照）。それゆえ，視神経線維の細胞体は網膜内にある。網膜は間脳からの膨出として生じ，間脳から切り離されることは１度もないので，網膜は実際には脳の一部である（図17－6b参照）。

⑶第XI脳神経と第XII脳神経を除く脳神経内の**固有受容線維** proprioceptive fibers（骨格筋の活動を監視する知覚線維）の細胞体は神経節内にはない。胚期の中脳の翼板内にある神経芽細胞は長い突起を出し，この突起がこの神経に支配されている筋と腱へ伸びて固有受容神経支配を与える（図17－26参照）。それゆえ，第XI脳神経と第XII脳神経を除く脳神経内の固有受容線維の細胞体は中脳の中脳路核内にある（第XI脳神経と第XII脳神経に関連するその他の固有受容線維の細胞体は知覚神経節内にある）。

嗅覚ニューロンと網膜の杆体，錐体はすべて一次知覚ニューロンとして働き，**神経感覚細胞** neurosensory cellsと名づけられる。なぜなら，これらの細胞は一般に感覚刺激の変換器として働く介在上皮細胞を経由することなく刺激を直接に受容するからである。神経感覚細胞の軸索突起はインパルスをシナプスに伝達する。多くの二胚葉性の無脊椎動物において，神経感覚細胞は唯一の輸入性ニューロンである。

二胚葉性の体制のレベルを有頭動物のものと比較することは不可能ではないにしても，有頭動物に対する三胚葉性の外群（例えばナメクジウオ）を考慮しないことには困難である。頭索類は表皮性神経叢と脊髄内の知覚ニューロン（**ローハン－ベアード細胞** Rohon-Beard cells）を持つが，嗅覚や有対眼に相当する感覚構造を欠いている。ヤツメウナギにはローハン－ベアード細胞（有羊膜類とヌタウナギでは失われている）と神経堤あるいは外胚葉プラコード（胚期の頭部外胚葉，第５章参照）由来の感覚細胞がある。さらに，ヤツメウナギは嗅覚と視覚を含む有対の外部感覚器を持つ。これまでに表皮性神経叢を神経堤あるいは外胚葉プラコードと相同とみなすための努力が払われてきたが（総説としてNorthcutt and Gans, 1983を参照），今では神経堤，外胚葉プラコード，そして有対の外部感覚器は有頭動物における新しい構造と考えられている（Northcutt, 1996）。

神経膠と神経鞘

胚期の神経管の未分化な細胞がすべて神経芽細胞になるわけではない。脳と脊髄の体積の約半分は神経膠細胞として知られる様々な間質性の細胞からなっており，これらの細胞は神経膠前駆細胞から発生する（図16－8a）。これらは一般に大部分のニューロンより小さく，非神経性の樹状突起を持ち，脳や脊髄でニューロンや血管に占められていないすべての間隙を満たす。

系統発生学的に最も古い神経膠要素は**上衣細胞** ependymal cellsである。これらは脊髄と脳の神経腔を裏打ちする。各細胞は髄液内に突出する線毛と，時には神経管の周辺にまで放射状に伸びる１本の長い突起を持つ（図16－8a）。ナメクジウオと無顎類では上衣細胞が唯一の神経膠要素であり，他の有頭動物では上衣細胞は神経膠細胞への分化の段階にある。ナメクジウオでは血管は脊髄に進入しないので，上衣細胞の長い突起が神経腔からニューロンへ栄養素を供給していると考えられている。

神経膠細胞の多様性の漸進的増加は現生無顎類から真骨類，そして両生類から有羊膜類でみられる。ある上衣細胞は神経管周囲との連絡を失い，神経細胞体とその突起の間で孤立し，機能的に特殊化する。他の神経膠細胞は脊髄と脳の表面に**神経膠膜** glial membraneを形成する。様々な神経膠細胞のなかに星状膠細胞，小膠細胞，希突起膠細胞がある。

星状膠細胞 astrocytesは光を放つ星のような形状を呈するのでこのように名づけられており，毛細血管と隣接ニューロンの細胞体との間に介在する。星状膠細胞は血流から栄養素を得てこれをニューロンに移送する（図16－8b）。

小膠細胞 microgliaは貪食性で，細菌や細胞の破片を飲みこみ，消化する。他の神経膠細胞と異なり，小膠細胞は中胚葉起源である（そして血管が脳の実質内に侵入した後にならないと発生中の脳には見いだせない）。

希突起膠細胞 oligodendrogliaの細胞質突起は脳と脊髄のなかで裸の軸索を包み，ミエリンを作り上げる。神経インパルスが軸索に沿って走るときに，軸索表面で電位の変化が起きる。脂質性の鞘が隣接線維内の活動電位に対して軸索を絶縁し，軸索内の神経インパルスの伝導速度を速める。

神経形成の初期の段階において，運動軸索が基板から伸びだし，知覚ニューロンが翼板に到達するときに（図 16–7 c），発生中の脊髄と脳に隣接する神経堤が発生中の神経根に沿って外方へ移動し，成熟し，裸の軸索を取り囲み，軸索上にミエリンを堆積させる。これらの希突起膠細胞に類似した細胞は**神経鞘細胞** neurilemmal cells（もともとは発見者の名前から**シュワン細胞** Schwann cells と名づけられた）として一生存続する。

厚いミエリンに包まれた線維は薄く包まれたものよりも速く神経インパルスを伝達する。最も厚い神経鞘は触覚の有被膜神経終末（第 17 章参照），固有受容線維，そして骨格筋に分布する運動神経線維にある。この鞘は臓性神経線維で最も薄い。ありのままの生命が穏やかなことはほとんどないので，内臓からの脅威と比べて，環境からの脅威に素早く反応することは，生存の機会を増大させる。

脊髄

脊髄は椎骨の椎体と連続する神経弓によって形成された骨性の脊柱管を占有している。これは無顎類では平たいが，ある種の四肢動物では由来する状態の結果として丸くなったり四角形を呈したりする。一般に中心管の管腔（神経腔）は有頭動物で比較的大きいが，哺乳類ではいろいろな高さで狭くなっていたり，塞がっていることさえある。

大部分の魚類では，脊髄と脳の神経膠膜の外層に密に接して，繊細な結合組織膜である**原始髄膜** meninx primitiva が存在する。非哺乳類の有頭動物では胚発生の間に類似の髄膜が出現するが，これは内層の血管に富んだ**軟髄膜** leptomeninx と緻密な外膜である**硬膜** dura mater に分化する。哺乳類は内層の**軟膜** pia mater，ごく薄い網状の**クモ膜** arachnoid，そして丈夫な線維性の硬膜という 3 つの髄膜を持つ。

硬膜は他の髄膜を緩く取り巻いている。軟膜は脊髄の膠膜に接着し，また脳脊髄液に満たされたクモ膜下腔を横切る線維性のひもの網工によってクモ膜に付着している。同様の硬膜下腔がクモ膜と硬膜を隔て，脂肪組織で満たされた硬膜周囲腔が脊髄とその髄膜を骨性の脊柱管から隔てている。脳脊髄液と脂肪のクッションが哺乳類の脊髄を機械的損傷に対して緩衝している（同一の髄膜が脳を取り巻いているが，硬膜周囲の脂肪は存在せず，硬膜は頭蓋の骨膜と幾分異なった関係にある）。

脊髄は大後頭孔（大孔）に始まるが，脊髄と脳は突然移行

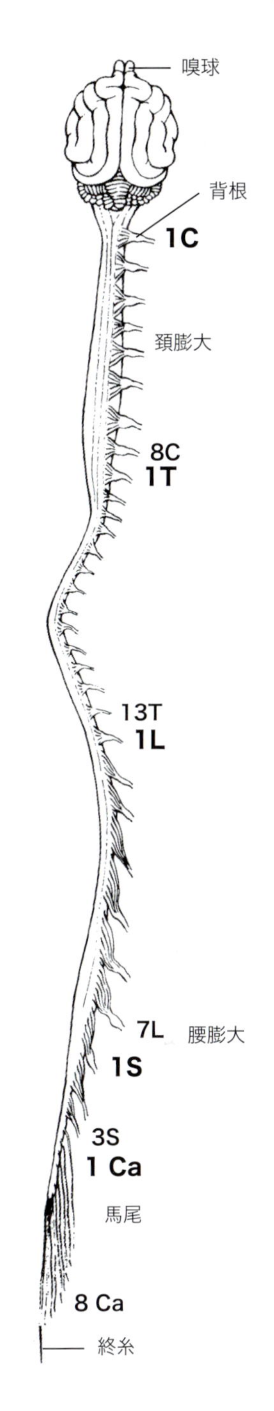

図 16–9
ネコの脳，脊髄および脊髄神経の背根。硬膜周囲脂肪と硬膜は除去されている。領域別に同定される脊髄神経は C：頚神経。T：胸神経。L：腰神経。S：仙骨神経。Ca：尾神経である。各領域の最初と最後の神経には番号をつけておいた。

するのではない。その代わりに，移行領域で灰白質が徐々に再配列される。脊髄では，灰白質は中心管を取り巻く領域に限定される。脳幹（大脳半球と小脳を除いた脳）では，灰白質は線維路によって隔てられた多数のばらばらの灰白質塊，すなわち核に分かれる。哺乳類では脊髄から脳への移行は約 1 体節の長さの間で完了する（図 16–10a，b を比較）。

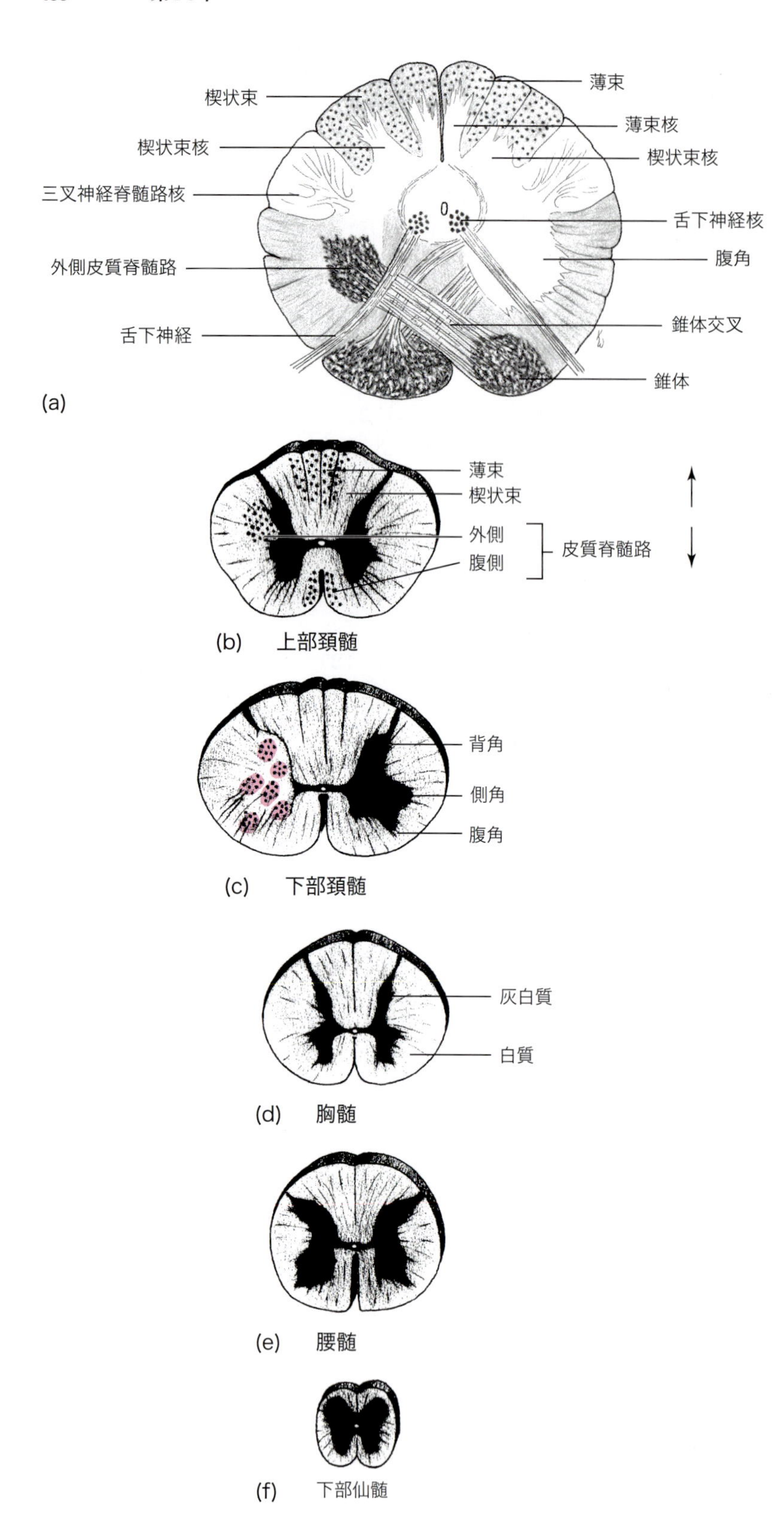

図 16–10
ヒト脊髄の主要な断面。(a) ヒト延髄と脊髄の移行部。錐体路内の下行線維は交叉して反対側を外側皮質脊髄路として後方へ続く。三叉神経脊髄路核はこの神経の神経核が後方へ連続したものである。脊髄腹角がみえ始めている。(b) では，2つの上行性および2つの下行性線維路（矢印）が示されている。(c) では，灰白質の6つの核が赤色で強調されている（a はいくつかの顕微鏡用連続染色切片から主要な特徴を合成した図である）。

その他の有頭動物では移行領域はもっと長く，移行領域にある神経（後頭脊髄神経，図 16–32）は非定型的である。

ある種の有尾類におけるように，豊富な尾部の筋組織を持つ有頭動物では，成体の脊髄は脊柱と同じ長さである。これらの種では，各脊髄神経は脊髄から出たのと同じ高さで**椎間孔** intervertebral foramen を経由して脊柱管から現れる。しかし，一般に胚期の脊柱は脊髄より速く伸長するので，成体の脊髄は脊柱より短いという結果になる。その結果，体幹後部の脊髄神経は椎間孔から外に出る前に脊柱管のなかを尾方に走行しなければならなくなる。こうする際に，脊髄神経は神経の束である**馬尾** cauda equina を構成する（図 16–9）。

脊髄の上衣と髄膜が馬尾を囲み，それを結合組織の鞘のなかに収める。最後の神経が出ていった後は，この鞘のみが糸状の**終糸** filum terminale としてしばらくの距離を走るが，これもまた結局は終わる。成体の脊髄は，ヒトでは第二腰椎の上端，ネコとウサギでは仙骨のほぼ中央，そしてカエルでは尾端骨の前方で終わる。少数の硬骨魚類では，脊髄は実は脳より短い。

脊髄は前肢と後肢の高さで頚膨大と腰膨大を現す。これらの膨大は，体肢を神経支配するために多数の細胞体と線維が必要になった結果である。巨大な恐竜の後肢のように，体肢の 1 対が非常に筋肉に富んでいる場合には，対応する脊髄の膨大は顕著である。恐竜では，膨大はしばしば脳より大きかった。反対に，カメでは甲羅の内部にある体壁筋の大部分が痕跡的であるので，脊髄は体幹では非常に細い。多くの魚類の脊髄はその後端付近で神経内分泌性の膨らみである**尾部下垂体** urophysis を現す（図 18–4 参照）。

脊髄の断面を適切に染色すると，灰白質，白質，核，線維路，その他の特徴が明らかになる（図 16–10）。核は灰白質を構成する。神経線維は脊髄の周縁を占め，神経膠とともに白質を構成する。上行性および下行性線維路（図 16–10b，矢印）は類似した機能のインパルスを，脊髄の上方あるいは下方へ，そして脳へ向けてあるいは脳から外へ伝達する。例えば**薄束** fasciculus gracilis は触覚と固有受容のための厚くミエリンで被われた線維からなる。これらの線維は**薄束核** nucleus gracilis 内でシナプスを形成する。インパルスはここから他の線維のなかを運ばれて**体性感覚皮質** somesthetic cortex（図16-26）に到達し，そこで特定の感覚を引き起こす。**皮質脊髄路** corticospinal tracts は随意筋収縮のための運動インパルスを随意運動皮質から伝達する。

哺乳類の脊髄のなかには多数の線維路が存在する。無顎類の運動系と知覚系は比較的単純なので，脊髄における線維路は比較的少数である。ヒトの下部頚髄においては線維路と核が大きいが，それは一部には霊長類の手を神経支配する知覚および運動線維が多いことを反映している。

脊髄神経

神経根と神経節

脊髄神経は，各体節において脊髄から途切れなく連続した背側および腹側の**小根** rootlets として起こる（図16-9，16-30）。背小根はまだ脊柱管のなかにあるうちに合体して背根神経節のすぐ近位で**背根** dorsal root を形成し，腹小根は合体して**腹根** ventral root を形成する（図16-12）。ヤツメウナギ以外では，背根と腹根は合体して1本の脊髄神経を形成する。

背根は圧倒的に，あるいは全面的に知覚性であり，腹根は純運動性である。最も初期の有頭動物では以下のことが明らかである。(1)背根と腹根は合体していなかった。(2)背根は知覚線維とともに臓性運動線維も含んでいた。(3)背根神経節は存在せず，双極性の知覚神経細胞体は神経の全長に沿って神経内に散在していた。(4)知覚神経細胞体が最初に神経節内に集合したときには，それらはまだ双極性だった。

有頭動物の神経系が進化すると，(1)背根と腹根が合体した。(2)背根は圧倒的にあるいは全面的に知覚性になった。(3)知覚性細胞体は背根内で集合して神経節を形成した。(4)背根神経節細胞体は次第に偽単極性になった。

ヤツメウナギでは背根と腹根は脊髄から交互に出て，合体していない。ヌタウナギではこれらは体幹で合体しているが，尾部では合体していない。ある知覚神経細胞体は神経節内にあり，あるものは神経に沿って散在し，また大部分は双極性である。背根は知覚線維とともに臓性運動線維を含む。腹根は完全に運動性である。

有顎類では背根と腹根が合体する。多くの硬骨魚類の背根は臓性運動線維を含むが，軟骨魚類や四肢動物では臓性運動線維の大部分あるいはすべてが背根から失われている。一次知覚ニューロンの細胞体は軟骨魚類では双極性である。硬骨魚類では双極性，中間型あるいは偽単極性である。両生類ではほとんどが偽単極性で，そして有羊膜類ではほぼすべて偽単極性である。

ナメクジウオでは脊髄神経は1種類の根のみを持ち，これは原始的有頭動物の混合性の背根に相当する。これは各筋節中隔の位置で脊髄から起こり，筋節中隔に入る。次にこれは外皮（知覚性）と内臓（臓性運動性）に分布する。臓性運動線維の細胞体は脊髄内にあり，知覚線維の細胞体は脊髄内にあるか，線維の走行に沿って散在している。背根神経節は存在しない。知覚神経細胞体は双極性である。

ナメクジウオでは腹根に著しく類似したものが2つの筋節中隔の間で脊髄から現れ，筋分節に入る。電子顕微鏡で調べると，これらの腹“根”は神経線維を含んでいない。その代わり，これらは筋分節から伸びる横紋筋線維のフィラメント状の伸長からなっている。これらの筋フィラメントは脊髄に入り，そこで中枢神経系内のニューロンから直接に運動神経支配を受ける。こうして，ナメクジウオの体性筋は刺激を受けるために実際に“脊髄にやってくる”。同様な状態は棘皮動物や他のいくつかの無脊椎動物でみられる。

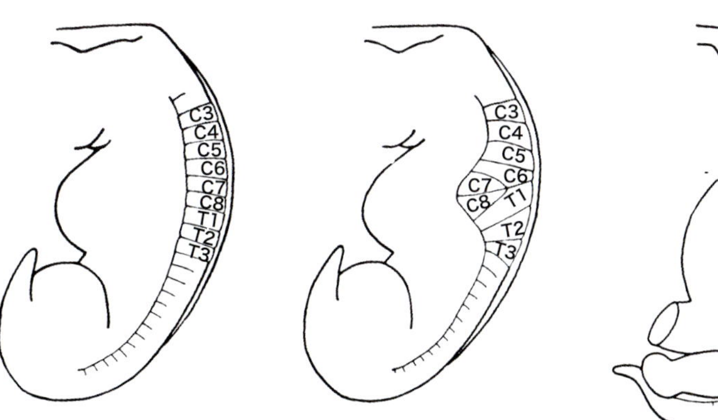

図16-11
哺乳類の前肢の皮膚における体節的神経支配。C：頚部体節。T：胸部体節および皮膚領域は関連する脊髄神経の分布を受ける。

後頭脊髄神経

多くの魚類と両生類で，1対以上の**後頭脊髄神経** occipitospinal nerves が最後位脳神経と典型的脊髄神経の最初の1対との間で生じる（図16－32）。これらは次第に背根を失い，舌筋が存在する場合には舌筋をも含む鰓下筋に分布する。胚期のカエルは最後位脳神経と最初の脊髄神経の間に後頭脊髄神経を持ち，脊髄神経は舌に分布するが，後頭脊髄神経はその後の発生の間に抑制される。有羊膜類の第XI，XII脳神経は背根を欠き，一部は後頭脊髄神経から派生したように思われる。

脊髄神経の体節性

ヤツメウナギとヌタウナギを除けば，脊髄神経は尾の末端以外では脊髄の各分節から生じる。これらの神経における線維は，内臓に行くもの以外は体壁と尾部の皮膚と筋に体節的に分布している。鰭あるいは体肢が発生する場所では，神経はこれらの位置で付属肢に分布する（図16－11）。

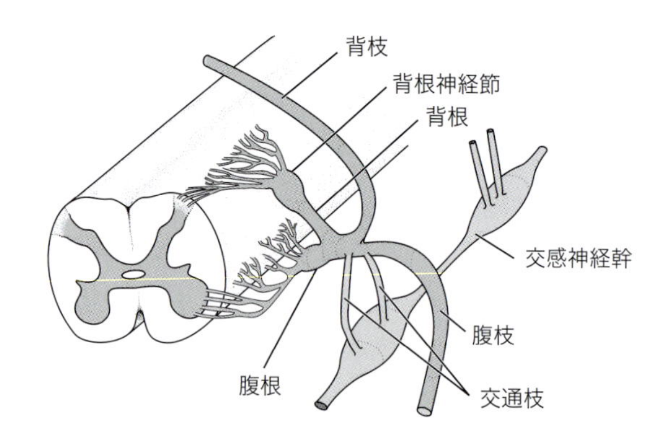

図16－12
哺乳類の胸神経と腰神経における一次分枝。

魚類では体壁筋の体節性が非常に明瞭なので，脊髄神経の分節的分布は魚類で最もよく観察される。側波状運動による遊泳を可能にするのはこの体節性であり，体節性は適応的変化を受けながら魚類から人類に至る四肢動物に受け継がれている（図11－8参照）。

オタマジャクシは魚のように泳ぎ，また40対もの脊髄神経を持っている。しかし変態の際に尾が吸収されて四肢動物の体肢が発生すると，脊髄神経は最初の10対以外は失われる。

分枝と神経叢

脊柱管から出現するとすぐに，脊髄神経は2本あるいはそれ以上の分枝に分かれる（図16－12）。**背枝** dorsal ramus は背部の軸上筋と皮膚に分布し，もっと大きな**腹枝** ventral ramus は外側体壁に入り，軸下筋と腹側正中の縫線（白線）までの皮膚に分布する。哺乳類の胸部と腰部では，**白交通枝** white rami communicantes および**灰白交通枝** gray rami communicantes が脊髄神経を交感神経幹の神経節と結ぶ（図16－12，16－35）。これらの交通枝は臓性機能のインパルスを伝達する。

鰭あるいは体肢を持つ有頭動物の連続した脊髄神経の腹枝は，結合して**脊髄神経叢** spinal nerve plexuses を形成する。そこでは2本あるいはそれ以上の神経または神経の分枝が収斂して，その線維が1つ以上の共通の神経幹に混じりあってから分布を始める。これらの神経叢は魚類では比較的単純だが，四肢動物では徐々に複雑になる（サメと哺乳類を比較，図11－16参照）。

主な脊髄神経叢は**腕神経叢** brachial plexus と**腰神経叢** lumbar plexus である（頸椎，胸椎，腰椎，仙椎を持つ四肢動物では**頸腕神経叢** cervicobrachial plexus と**腰仙骨神経叢** lumbosacral plexus）。神経は脊髄神経叢から起こって鰭あ

表16－1　典型的脊髄神経の線維要素＊1

要素＊2	神経支配
知覚性	
体性知覚性（求心性）線維（SS）	一般皮膚受容器（触覚，痛覚，温度覚，圧覚）；横紋筋，腱および関節包の受容器（固有受容性）
臓性知覚性（求心性）線維（VS）	内胚葉の一般受容器を含む内臓
運動性＊3	
体性運動性（遠心性）線維（SM）	筋節性筋
臓性運動性（遠心性）線維（VM）	平滑筋，心筋，腺（自律神経節経由）

＊1：これらの要素はいくつかの脳神経にも見いだされる。
＊2：いくつかの教科書では，脊髄の臓性（VSとVM）および体性知覚性（SS）要素は脳神経に見いだされる“特殊”要素と区別するために“一般”線維として分類されている。
＊3：運動線維は筋の神経支配に限られるのではなく，腺と血管の支配あるいは受容器の調節をすることもできる。

るいは体肢に分布する。骨盤臓器にも分布する線維を持つ高度に複雑な脊髄神経叢は，ヒトを含む哺乳類の骨盤に存在する。

脊髄神経の機能的要素

ある典型的脊髄神経の線維は，知覚性（求心性）あるいは運動性（遠心性）であり，またそれが神経支配する構造に合わせて体性あるいは臓性である。それゆえ，脊髄神経の線維は神経線維の４つの機能的多様性，すなわち体性知覚性（求心性：SS），臓性知覚性（求心性：VS），体性運動性（遠心性：SM），臓性運動性（遠心性：VM）を表す。これらの線維は体全体に広く分布し，いくつかの脳神経にも存在する。これらの線維は，脳神経のみに見いだされる特殊線維と区別するためにしばしば一般線維とよばれる（表 16–5 の区別的用語と比較）。表 16–1 にはこれらが分布する構造の種類を記載してある。

脳

魚類からヒトまですべての有頭動物の初期胚で，神経管

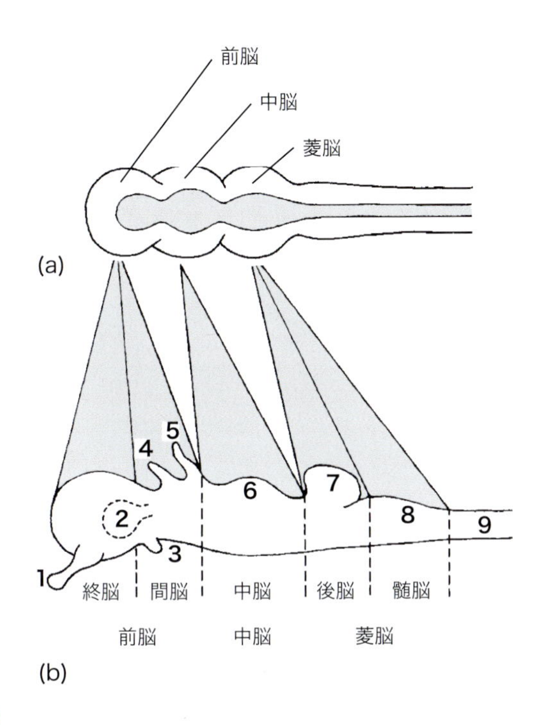

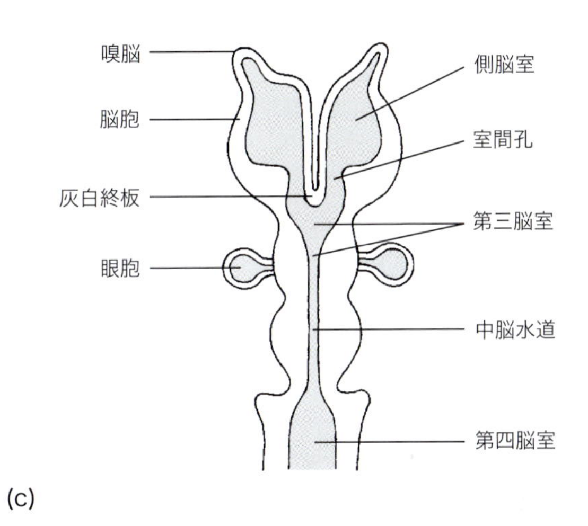

図 16–13
一次脳胞と分化の初期段階の一般化した模式図。(a) ３脳胞の段階，矢状断。(b) 初期の分化，外側観。１：嗅球。２：将来の眼胞の位置。３：下垂体神経葉。４：副松果体。５：松果体。６：視葉。７：小脳。８：延髄。９：頭蓋の後ろの神経管。(c) 条鰭類以外での大脳半球の最初の形成，前頭断。

表 16–2　脳の区分と主要構成要素

区分		主な構成要素
前脳	終脳	大脳半球
		側脳室
	間脳	視床上部
		視床
		視床下部
		第三脳室
中脳		中脳蓋
		中脳被蓋
		中脳水道
菱脳	後脳	小脳
		被蓋
		第四脳室
	髄脳	延髄
		第四脳室

＊：本章で論じられるすべての構成要素の一覧については章末の「要約」を参照。

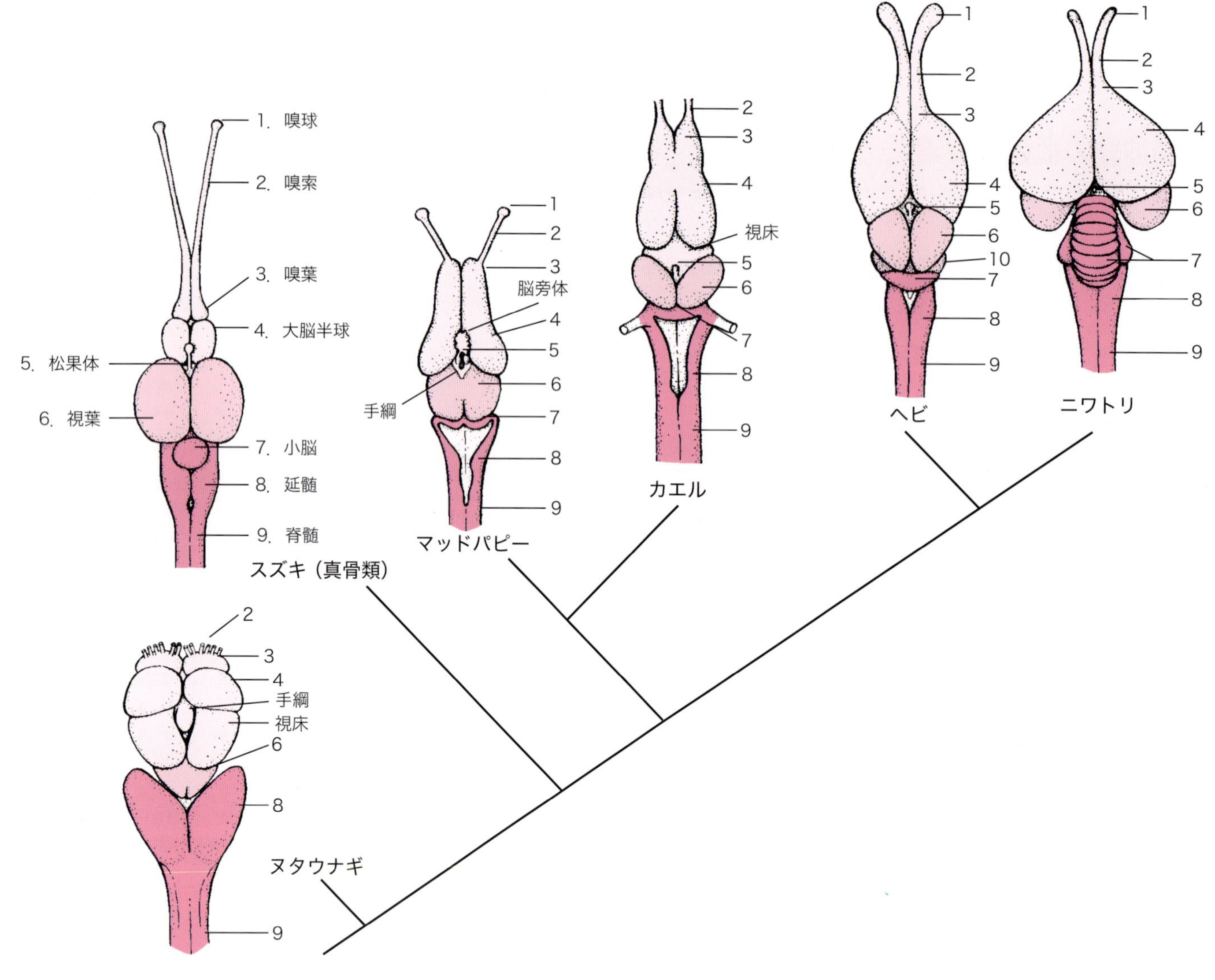

図 16-14
有頭動物の脳，背側観。マッドパピー，カエル，ヘビでは第四脳室の天井は除去されている。前脳，中脳，菱脳には３段階の赤色をつけてある。手綱，視床，松果体は間脳の一部である。1 〜 9 についてはスズキを参照。10：有羊膜類の聴葉。哺乳類の脳は図 16-23 に示してある。

図 16-15
ヒツジの脳幹。大脳半球と小脳はその下にある構造を示すために切除してある。1：視床の外側膝状体の位置。2：内側膝状体。3 〜 5：前，中，後小脳脚。小脳脚は小脳を除去するために切断された。6：第四脳室底の舌下神経三角（舌下神経核の位置）。7：背索（固有受容のための上行線維）。視葉と聴葉が四丘体を構成する。手綱は松果体の覆いの下にある。１対の線維路である髄条が視床の表面で手綱のほうに走るのがみえる。3 段階の赤色は前脳，中脳，菱脳を示す。

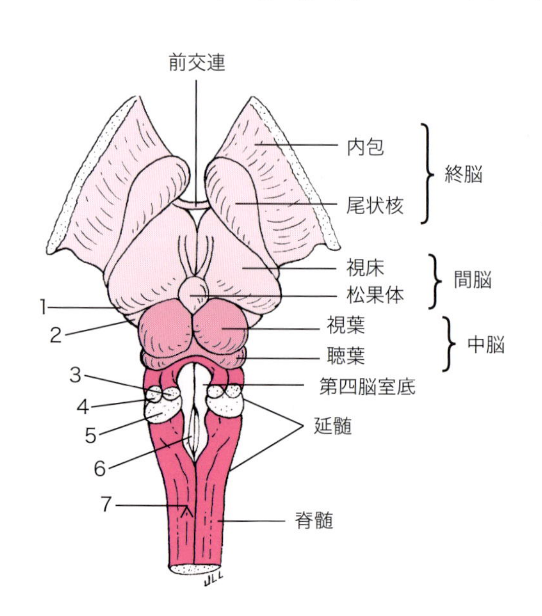

の頭側端は3つの一次脳胞，**前脳** prosencephalon（将来の前脳 future forebrain），**中脳** mesencephalon（将来の中脳 future midbrain）および**菱脳** rhombencephalon（将来の菱脳 future hindbrain，図16–13a）を現す。菱脳はその形から名づけられた。一次脳胞は間もなく分化して成体の脳の主要な5区分，**終脳** telencephalon，**間脳** diencephalon，中脳，**後脳** metencephalon，**髄脳** myelencephalon の原基を形成する（図16–13b）。

成体の脳を形成するための一次脳胞の分化は，(1)いくつかの脳胞の側壁と床の局所的肥厚，および(2)他の脳胞における正中あるいは左右の背側，外側，腹側への膨出，によって完了する。すべての有頭動物で発達する表面構造は相同であることが容易にわかる（図16–14）。哺乳類の巨大な大脳半球と小脳が他の構造の上に横たわっているので，その下にある構造を背側からみるためには大脳半球と小脳を除去することが必要である。これらを除去して残ったものが**脳幹** brain stem である（図16–15）。

胚期の前脳は翼板と基板に分かれていないことで他の部位の神経管と異なる。発生の初期に，鰭条を持つ魚類以外では，前脳は2対の膨出，すなわちその壁が大脳半球となる**終脳胞** telencephalic vesicles と，眼球の網膜となる**眼胞** optic vesicles を現す（図16–13c，17–6参照）。眼胞は間脳と結合する。中脳は細分されない。菱脳は後脳と髄脳になる。

成体の脳はすでに述べた髄膜に取り巻かれている。脳の主要な構成要素は表16–2に挙げてある。最も特殊化されていない領域である菱脳から解説する。

後脳と髄脳：菱脳

髄脳は主に**延髄** medulla oblongata によって代表され，延髄は境界なく脊髄に移行する。移行領域の内部では線維路，すなわち白質の再配置が徐々に行われることが特徴である（図16–10a）。その結果，脊髄では灰白質が中心部に位置するのに対し，脳では灰白質は大小の核集塊に分散し，線維路の間に散在するようになる。

菱脳の顕著な特徴として，後脳の背側への膨出である**小脳** cerebellum が存在する（図16–14，16–16，16–23，16–32）。哺乳類では，小脳は求心性および遠心性線維路からなる3対の**小脳脚** cerebellar peduncles によって脳幹と結合している（図16–15，3～5）。小脳は膜迷路，魚類の側線系，筋，関節および腱における固有受容器からの入力，そして脳幹および前脳の反射運動中枢および随意運動中枢からの入力に対する骨格筋の反応を調整する。

小脳の大きさは横紋筋の活動の複雑さと相関する。小脳は両生類より魚類のほうが大きいが，それは遊泳が群泳，垂直

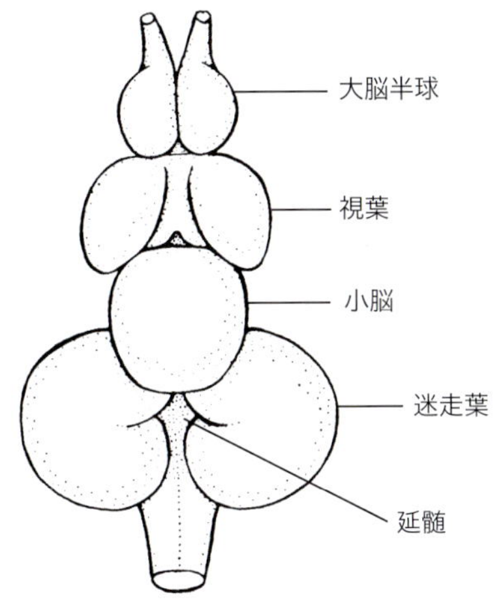

図16–16
バッファローフィッシュ *Carpiodes velifer* の脳。延髄翼板にある異常な膨らみ（迷走葉）に注意。ここには底住採餌者に特徴的な多数の味覚入力線維が終わっている。

運動，水流への順応，体の背部がひっくり返らないようにすることなどを含み，腹部を地面に沿って引きずったり，水に浮かんだ大きな睡蓮の葉の上にうずくまることよりはるかに共同的な筋運動を必要とするからである。水生の有尾類は大きな小脳を持たないため，遊泳の際には筋の協調運動を行うために脊髄反射と菱脳の原始的核に大きく依存している。小脳は鳥類と哺乳類で大きく発達している。それは鳥類や哺乳類が飛翔，疾走，よじ登る，バランスを取る，あるいはヒトの場合ではピアノの演奏などの様々な行動において，頭部，頚部，体幹や体肢の筋を調整するためにコンピューターのような大きな神経中枢を必要とするからである。小脳の細胞体はその表面にある。現生の無顎類では小脳は発達が悪く，脳を膨らませることはない。

菱脳のその他の局所解剖学的特徴として，下にある核がもたらす様々な隆起，また表層の線維路による隆起した梁あるいは横索がある。これらの局所解剖学的特徴は哺乳類で最も顕著である。

魚類は体の表面全体に味蕾を持つので，翼板の1つの知覚核（**孤束核** nucleus solitarius）が巨大になる。その結果生じる隆起，**迷走葉** vagal lobe（図16–16）には味覚のための多数の入力知覚線維が終わる。孤束核は二次知覚ニューロンを含み，その線維は脳の他の場所にある反射中枢および中継中枢に投射している。

哺乳類の菱脳における腹側の隆起のなかには**錐体** pyramids（図16–10a，16–17）があり，これは随意性の運動インパルスを大脳皮質から脊髄へと伝達する皮質脊髄

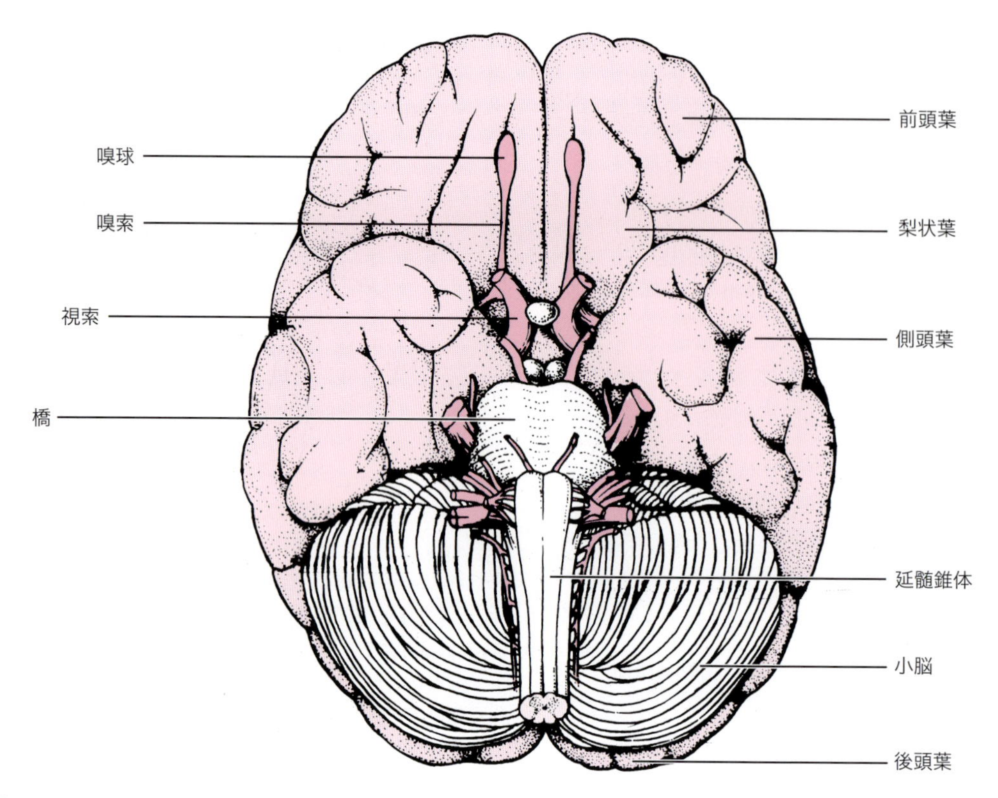

図 16–17
ヒトの脳，腹側観。
From David Shier, et al., *Hole's Human Anatomy and Physiology*, 7th edition. Copyright © 1996 Times Mirror Higher Education Group, Inc., Dubuque, Iowa. All Rights Reserved. Reprinted by permission.

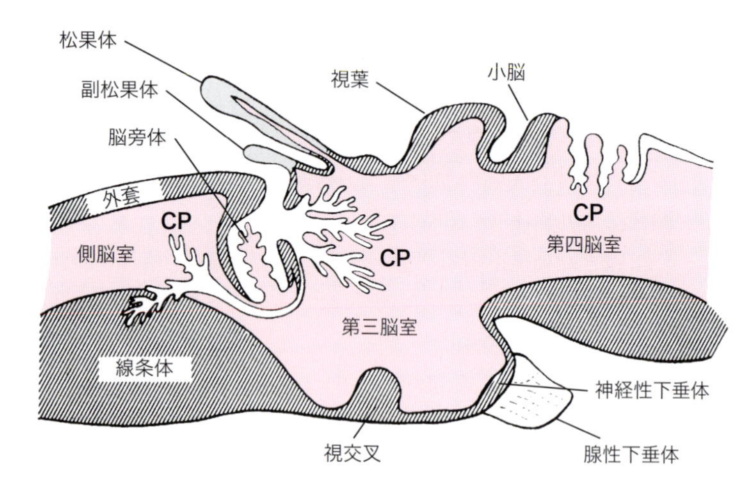

図 16–18
無尾類の幼生の間脳と近接領域，矢状断，左が前端。CP：側脳室，第三脳室，第四脳室の脈絡叢。側脳室の脈絡叢は室間孔を経て第三脳室に入る。赤色は脳室を示す。

路，また比較的大きな小脳を持つ哺乳類における**橋の腹側交叉** ventral decussation of the pons（錐体交叉）を含む（図 16–17）。菱脳は正常な血圧を維持する反射性血管運動中枢や，肺呼吸を維持するために不可欠な反射性呼吸中枢を持っている。

菱脳の腔は第四脳室であり，小脳はその天井の一部である（図 16–18，16–24）。小脳の前後にある残りの天井は薄い膜で神経管の上衣を含み，また後方には血管に富んだ軟膜の層があって，そこから血管の房が第四脳室内に垂れ下がっている。この房は**第四脳室脈絡叢** choroid plexus of the fourth ventricle を構成する。

中脳

中脳の天井，すなわち**中脳蓋** tectum はすべての有頭動物において 1 対の顕著な**視葉** optic lobes を現す（図 16–14，16–15）。これらの膨らんだ灰白質塊は，一部では，網膜で生じたインパルスを受け取る反射および中継センターとして働く。鳥類は大きな眼球を持ち，また環境に関する多くの情報を視覚刺激に依存しているので，視葉は特に大きい。有羊膜類では中脳蓋で視葉の後方に 1 対の**聴葉** auditory lobes があり，これら 4 つの構造（左右の視葉と聴葉）が**四丘体** corpora quadrigemina を構成する（図 16–15）。魚類はこの場所に聴神経核を持つが，それらは表面に盛り上がるほど大きくはない。聴葉は振

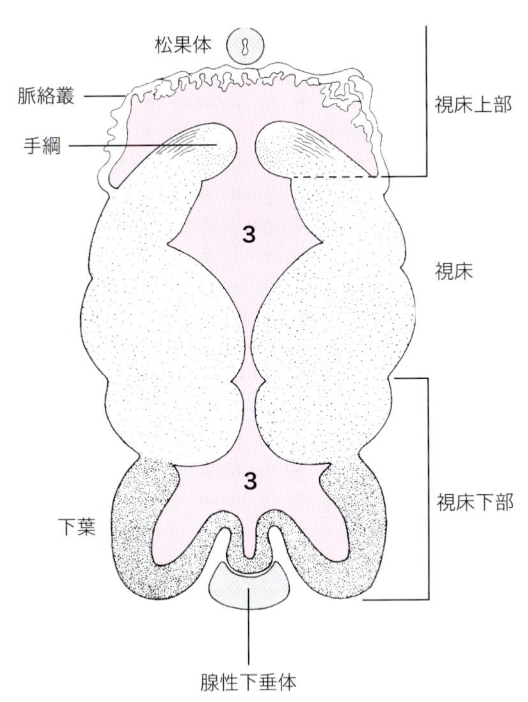

図 16－19
サメの間脳の主要領域，横断面。第三脳室は赤色の 3。

動刺激に感受性のある膜迷路の部分からの入力，そしてまた他の供給源からの入力を受ける。系統発生学的には，聴葉は音に対する受容器が拡大するにつれて大きくなる。**三叉神経中脳路核** mesencephalic nucleus of the trigeminal nerve は翼板にある顕著な灰白質塊である。この核は固有受容線維を持つ脳神経の，すべてではなくとも大部分の固有受容線維の細胞体を含んでいる。

中脳の基板である**被蓋（中脳被蓋）** tegmentum は，核および線維路の集合体により著しく肥厚し，線維路は高次のレベルの脳を菱脳と脊髄に結びつける。哺乳類ではこれらの核と線維路のいくつかは極めて大きい。その 1 つが**赤核** red nucleus で，これは大きな灰白質塊であり，取りだしたばかりの脳ではピンクの色合いを呈する。その求心性線維の大部分は小脳からくる。またあるものは 1 対の大きな線維路である**大脳脚** cerebral peduncles を経て大脳皮質から入ってくる。赤核からの遠心性インパルスは直接に，あるいは中継を経て延髄と脊髄の運動機能に影響を与え，こうして横紋筋組織の調節に関係する。

中脳の脳室は魚類と両生類で極めて大きく，背側方向で中空の視葉のなかに伸びる。しかしもっと高等な動物では視葉は中空でなく，この場合中脳の脳室は狭窄して狭い通路，すなわち**中脳水道** cerebral aqueduct（aqueduct of Sylvius）になる（図 16－13c，16－16，16－22，ヒト）。

間脳

間脳は 3 つの主要な構成要素である**視床上部** epithalamus，**視床** thalamus，**視床下部** hypothalamus からなる（図 16－19）。その神経腔は第三脳室である。

視床上部

視床上部は間脳の最も背側の要素であり，したがって第三脳室の天井を構成する。視床上部は**松果体** pineal あるいは**副松果体** parapineal，あるいはその両方，第四脳室と同様の脈絡叢，そして 1 対の隆起した（ヌタウナギでは正中にある）肥厚部である**手綱** habenulae からなる（図 16－19）。

松果体は棍棒状あるいはこぶ状の器官で，時には糸状あるいは嚢状を呈し，間脳の上に突出する（図 16－18）。これはしばしば第三脳室の延長を含む茎によって間脳と結ばれている。ヤツメウナギでは松果体は光受容器である。有顎類では松果体は内分泌器官として働き，一部は網膜を通して最初に体に入ってくる光によって刺激される。網膜から松果体への神経路，そして松果体の内分泌的役割については第 18 章の「松果体」で述べる。松果体はヌタウナギ，ワニ類，そして少数の生涯水生の哺乳類を含むいくつかの有頭動物では痕跡的あるいは欠如しているが，霊長類やヒツジでは比較的大きい（図 16－15）。

正中眼 median eye はデボン紀の硬骨魚類や板皮類，そして両生類や有羊膜類の祖先で常にみられる特徴であった。現生のサメ類や真骨類は内分泌性の松果体を有しており，化石魚類と初期四肢動物の正中眼も，（光感受性であるか不明であるが）松果体からなっていることを示唆している。ヤツメウナギと対照的に，ムカシトカゲ（図 17－19 参照）とトカゲの副松果体は光感受性器官，すなわち**頭頂眼** parietal eye として働く。光受容器として機能する場合にはこれは半透明な皮膚小片の下にある。頭頂眼の構造と神経連絡については第 17 章の「正中眼」で述べる。

手綱はその下にある 1 対の手綱核の隆起で，嗅覚と関連する原始的な機能を持つ。手綱は嗅覚関連諸核，視床下部，その他前脳諸核からの線維を受け，視床と中脳へインパルスを放出し，嗅覚刺激に対する反射応答を引きだす。その 1 つの入力路である**髄条** stria medullaris は図 16－15 でみられ，視床から起こり，後方に走って松果体の下でみえなくなるが，松果体はヒツジでは手綱の上に覆いかぶさっている。手綱はサメやブラッドハウンド（鋭い嗅覚を持つ欧州原産の猟犬）のような種で最大であるが，これは食物のありかを突き止める嗅覚の発達に大きく依存している。手綱は大部分の鳥類では目立たない構造であり，これらの鳥類の多くで嗅覚の発達は悪い。手綱は生涯を水中で過ごす哺乳類で発達

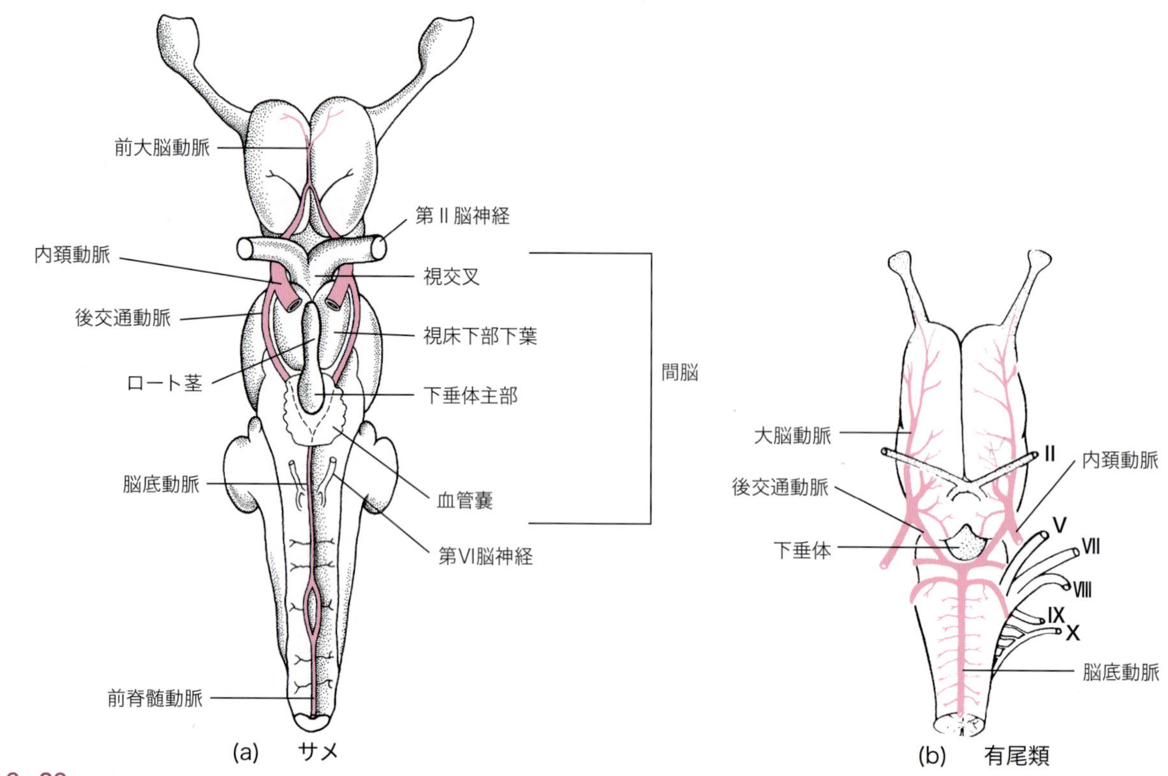

図 16-20
ツノザメ (a) とマッドパピー (b) の脳の腹側面。(b) における数字は脳神経根を示す。

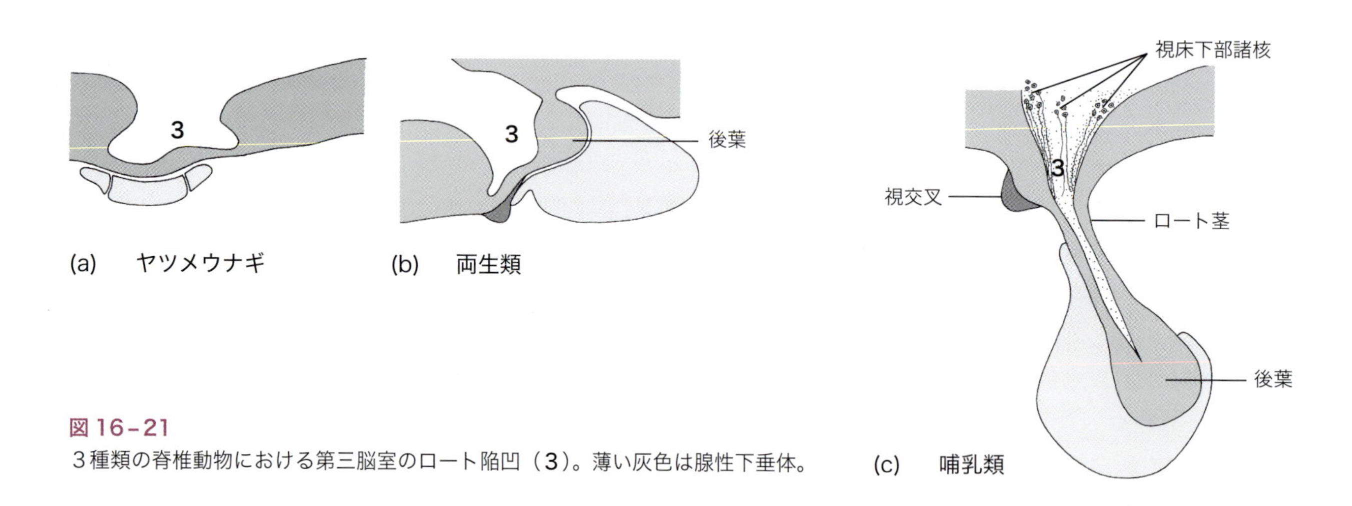

図 16-21
３種類の脊椎動物における第三脳室のロート陥凹（３）。薄い灰色は腺性下垂体。

が悪く，これらの哺乳類は食物を探すために嗅上皮を用いないが，それは，そんなことをすればおぼれてしまうからである。ヌタウナギの手綱は正中にある１個の隆起（図 16-14）であるが，その下にある核は１対になっている。

視床

視床は間脳の最大の構造物である。これは第三脳室外側壁にある多数の核の１対の集塊であり，大脳半球の直後で背側に膨れ上がっている（図 16-14，ヌタウナギ，カエル）。有羊膜類では視床は大脳半球の後極によって隠されており，脳幹標本でしかみることができない（図 16-15）。

脊髄，菱脳あるいは中脳から終脳へ上行するすべての知覚路は，終脳へ向かう前に１個の視床核でシナプスを形成する。哺乳類では新皮質の発達にともなって視床核が非常に多数になるので，左右の視床は第三脳室のなかに膨れて入り込み，１カ所で会合して灰白質の卵形の橋，すなわち**中間質** massa intermedia（視床間橋），あるいは偽交連を形成する（図 16-24）。偽交連という用語は，これが真の交連のように交叉する線維路からなっているのではないという事実を反映している。

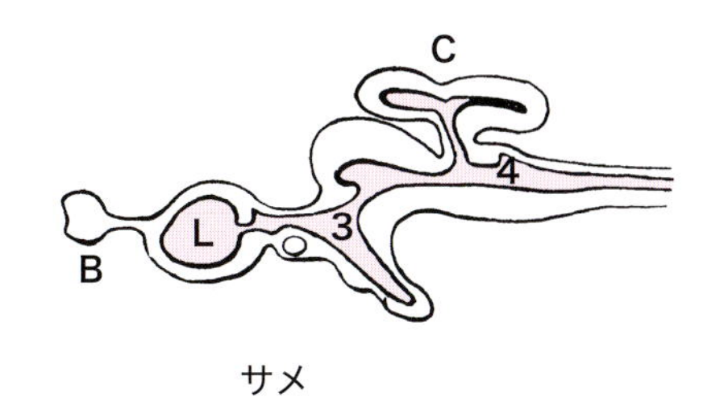

サメ

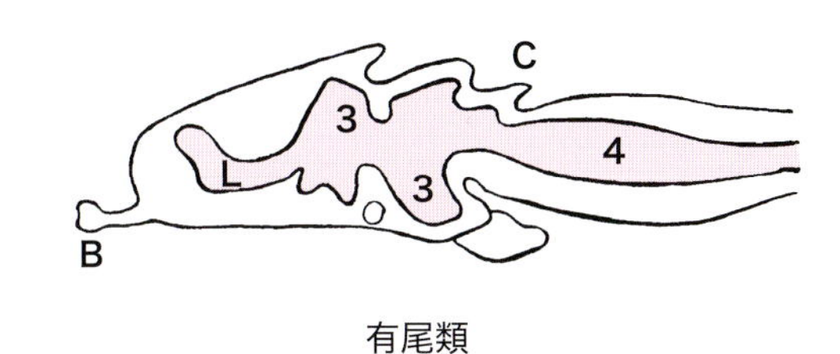

有尾類

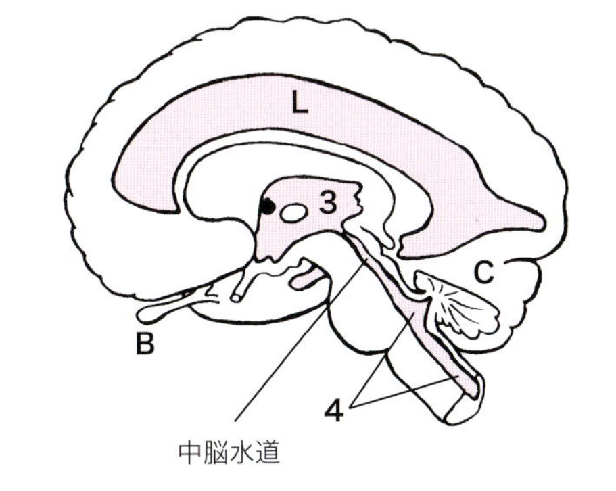

ヒト

図 16-22
脳の矢状断で，脳室を赤色で示す。B：嗅球。C：小脳。L：側脳室。3：第三脳室。4：第四脳室。ヒトの脳の第三脳室における黒い孔は室間孔である。その直後（卵形）のものは中間質（視床間橋）である。

視床下部と関連構造

脳を腹側からみると，視交叉，視床下部の下葉あるいはその他の構成要素，魚類のみでは血管嚢，そして下垂体がある（図 16-17，16-20a）。

視交叉 optic chiasma は腹側における間脳の頭側の境界である。視神経が脳に到達する場所であり，ここで一部あるいはすべての視神経線維が反対側へ交叉する。視交叉の後方には視床下部の諸構成要素があり，間脳の後方の境界に下垂体がある。

間脳の床は腹側正中で膨らみ，そのなかに第三脳室の**ロート陥凹** infundibular recess がある（図 16-21，3）。その膨らみは伸びて**ロート茎** infundibular stalk となる（図 16-21c）。間脳の床は，ロート陥凹あるいはロート茎の終端で下垂体の**後葉** posterior lobe（**神経葉** neural lobe，**神経部** pars nervosa）となる。これと密接に関連するのは腺性下垂体であり，これは胚期に口窩の天井から生じる（図 18-6 参照）。

視床下部は第三脳室の床と腹外側壁となる（図 16-19，16-21c，視床下部諸核）。軟骨魚類では**下葉** inferior lobes が巨大なので，間脳の腹側面で顕著であり，下葉は小脳と連絡している（図 16-20a）。すべての有頭動物において視床下部は恒常性，すなわち臓性機能の重要な神経中枢である。

視床下部諸核は自律神経系に対して主要な反射調節を行い，下垂体と性腺を調整する神経ホルモンを産生し，血中の塩化ナトリウムとグルコースの濃度を監視する。ここには食欲調節中枢があり，また内温（定温）動物では体温調節中枢がある。一般に，前方にある諸核は副交感性機能に関連し，後方にある諸核は交感性機能に関連する。視床下部諸核はまた線維路を介して視床，1つ以上の大脳基底核（図 16-25f），そして哺乳類では大脳半球の側頭葉の下にしまい込まれている古い嗅皮質である**海馬** hippocampus と連絡している。これらの相互連絡（**大脳辺縁系** limbic system）は，霊長類における感情的応答をよび起こすことに関係し，臓性機能と感情との密接な関連を示している。

血管嚢 saccus vasculosus は板鰓類と条鰭類の間脳底から腹側に膨出した，著しく血管に富んだ薄壁の嚢で，下垂体の直後にある（図 16-20）。そのなかには液体に満たされた第三脳室の陥凹がある。血管嚢は感覚器であり，次章で述べる。

第三脳室

第三脳室は後方では中脳水道と連続し，前方では左右の**室間孔** interventricular foramen によって各大脳半球の側脳室に続く（図 16-13c，16-22，ヒト）。第三脳室は視床の正中線方向への拡大にともなって側方から圧縮される。視交叉陥凹は視交叉のほうへ伸長し，ロート陥凹はロート茎のなかに伸び，狭い導管が松果体茎のなかへ上方に伸びる。脈絡叢は第三脳室の天井に存在する。

終脳

条鰭類以外のすべての有頭動物において，終脳は胚期の1対の終脳胞の側壁，床およびある領域の天井で発達する脳の部分である（図16-13c）。それゆえ，典型的な有頭動物の終脳はそれぞれ脳室を持つ有対の左右大脳半球からなる。これらの半球は解剖学的に鏡像であり，**大脳** cerebrum と総称される。

各半球から前方へは**嗅索** olfactory tract と**嗅球** olfactory bulb が伸びている（図16-14）。哺乳類ではこれらは背側からみると，何百万年にも及ぶ半球の拡大の結果である，半球の巨大な過成長によって隠されている（図16-23，16-24）。嗅球は篩軟骨あるいは篩骨に接しており，嗅上皮の嗅細胞から軸索様突起を受けている。哺乳類で突起が通過して嗅球に到達する孔は図9-4，9-6にみられる。

嗅覚に捧げられた大脳の領域（嗅球，嗅索，嗅葉，嗅覚情報を処理する核）は生存のために嗅覚刺激に依存する有頭動物で顕著である。例えばサメは残りの大脳よりも大きな嗅葉を持つ（図16-32）。一方，多くの海生哺乳類で嗅覚要素は発達不全あるいは痕跡的なままであり，また腐肉を食べるもの以外の鳥類で発達が悪い。嗅覚はまた，コウモリやヒトを含む霊長類で，環境情報の供給源として比較的わずかである。

間脳と終脳の境界で，胚期の神経腔の薄い天井が，すべての有頭動物の綱のいくつかのメンバーで背側方向に膨出し，皺の寄った薄壁の嚢である**脳旁体** paraphysis を形成する（図16-18）。しかし，ムカシトカゲ以外の有羊膜類では脳旁体は胚に限られている。脳旁体は壊れやすくて容易に裂けてしまうため，サメを解剖してもまれにしか観察されない。その機能についてはほとんど知られていない。脳旁体は脈絡叢に似ているが，異なった役割を有しているように思われる。これは恣意的に終脳あるいは間脳のどちらにも所属させられる。

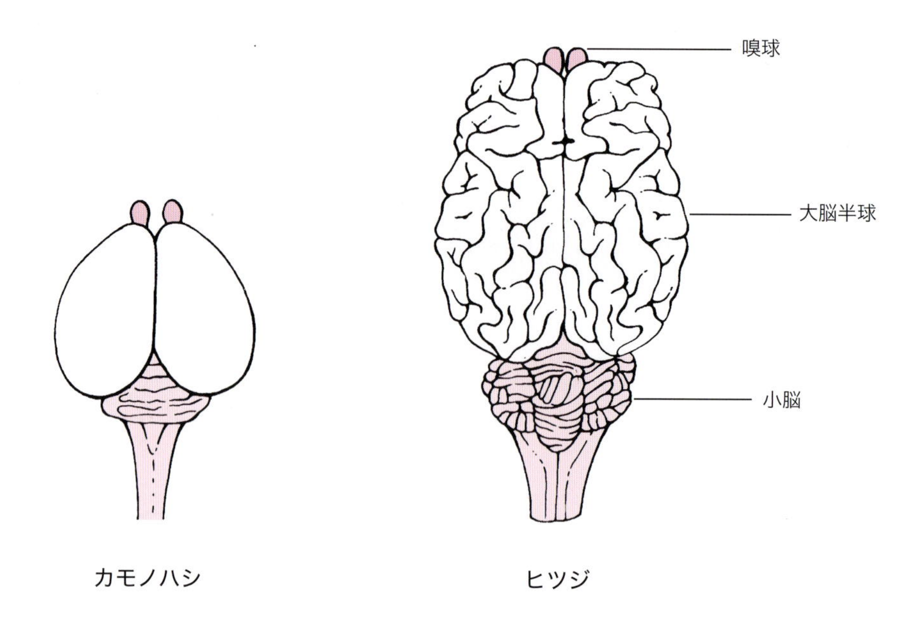

図16-23
単孔類（カモノハシ）とヒツジの脳。

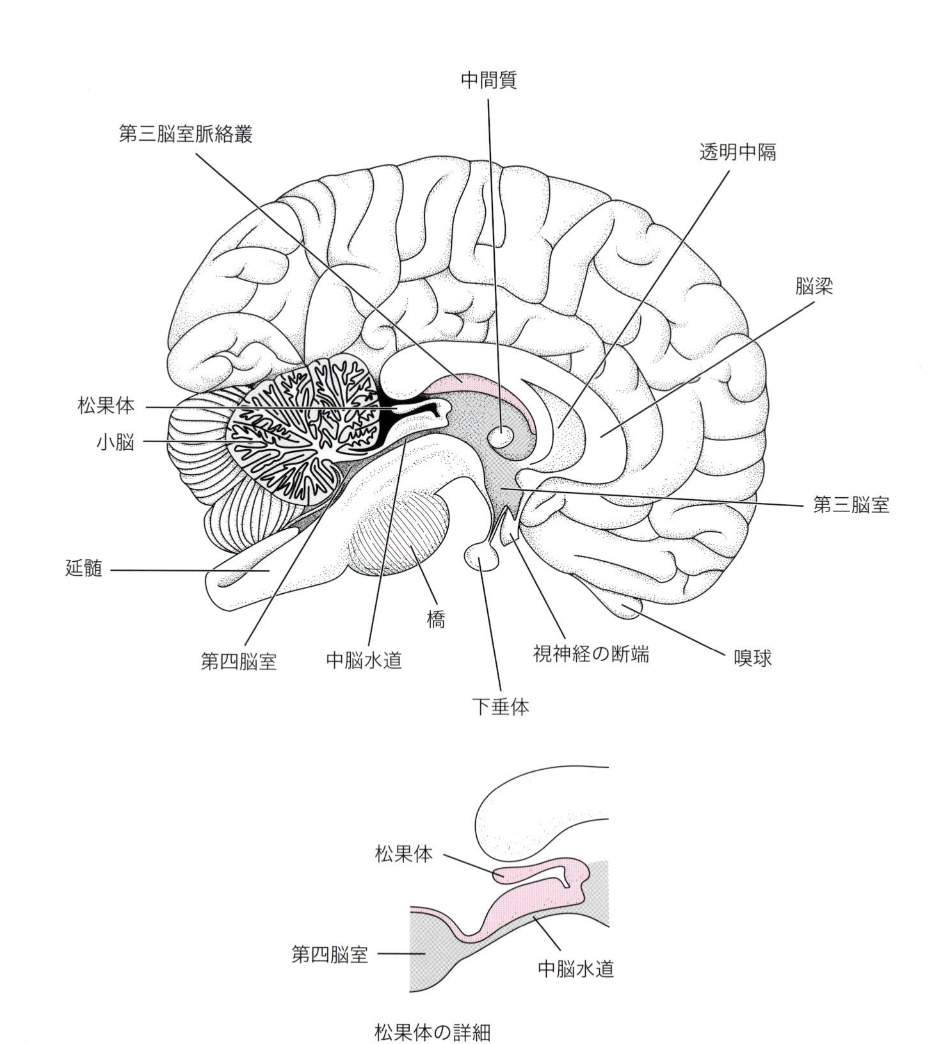

図16-24
ヒトの脳，矢状断。

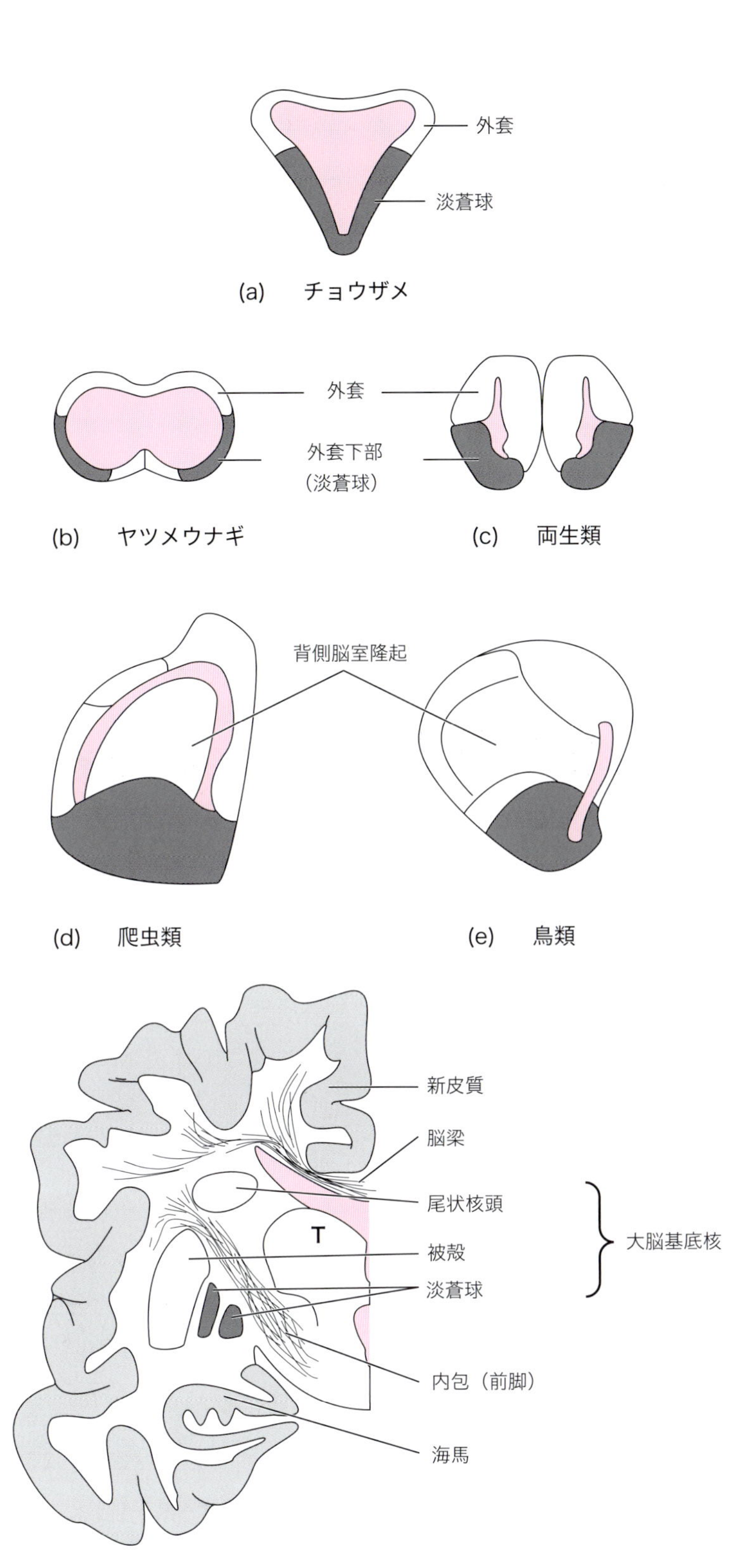

図 16-25
魚類からヒトまでの淡蒼球。(d) ～ (f) 左大脳半球のみを示す。脳室は赤。T：視床。縮尺は図によって異なる。

胚期の1対の脳胞から由来するため，条鰭類を除くすべての有頭動物において，大脳の神経腔は1対の側脳室からなっている。各側脳室は室間孔を介して第三脳室とつながっており，室間孔が胚期において最初に大脳が膨出する場所である。哺乳類では，垂直の壁である**灰白終板** lamina terminalis が2つの室間孔を隔て，胚期の神経管の本来の頭部の境界を示す（16-13c）。

条鰭類はやや異なった仕方で大脳を形成する。終脳の神経腔は不対のままで留まるため，脳室は1つであり，室間中隔は存在しない。他の有頭動物同様に，脳室壁内に有対の核が形成されるが，増殖する際に背側壁と外側壁は外に向く（“外反”している）。

魚類

魚類の大脳は以下のものからなっている。⑴嗅上皮から，そして少ないが視床からの入力を受け取って処理する原始的な知覚および連合野（**外套** pallium，図16-25a，b）。⑵運動野，すなわち外套下部の**淡蒼球** globus pallidus，これは外套および視床からの投射を受け，脳神経と脊髄神経の運動核に分布する下行路内に遠心性線維を投射する。淡蒼球からの遠心性インパルスは反射を引き起こし，これにより運動および採餌のための筋が動物の生存のために反応する（淡蒼球は有羊膜類では**線条体** striatum として知られる線条を持った核塊の一群である。この領域を通過する線維路の配列により線条が形成される）。外套と淡蒼球の核は四肢動物で存続するが，結局はより最近に進化した核に従属するようになる。

両生類

魚類で機能している原始的な外套と淡蒼球は両生類でも依然として際立ち，これらは類似した関係において機能する（図16-25c）。進化の過程で両生類の外套下部に新しい核が追加されたため，大脳は入ってくる知覚情報を調整したり，体肢筋を含むために魚類よりずっと複雑になった体性筋組織に対する適切な応答を指揮したりすることに，より広範に関与することができるようになった。

爬虫類

爬虫類の大脳は両生類のものと比べて巨大になった。大脳半球は間脳を越えて外側，背側，後方に膨れ上がったため，視床は背方からはみえなくなった（図16-14，ヘビ，ニワトリ）。この要因の1つに，大脳半

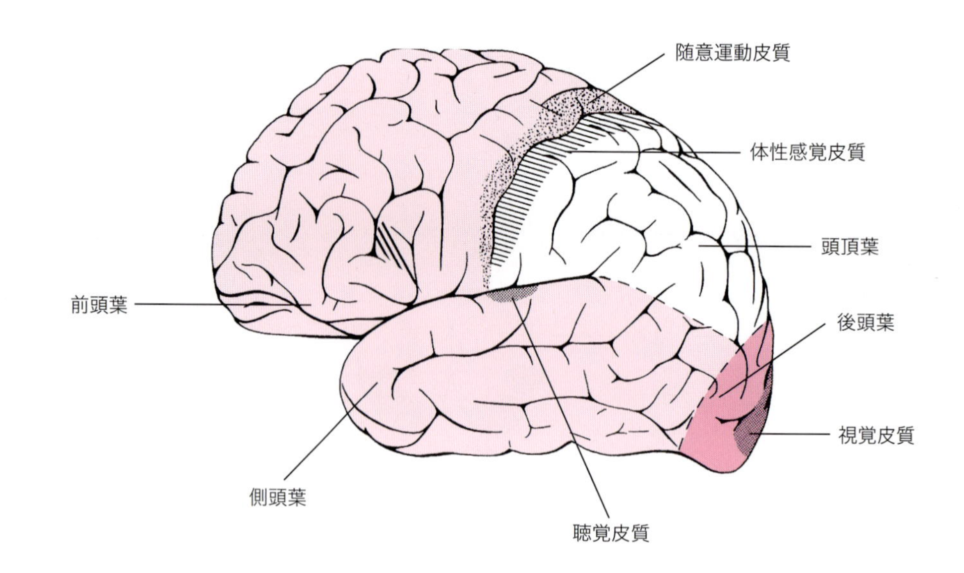

図 16－26
ヒト大脳半球の葉の局所解剖学的関係と，随意運動支配，聴覚，視覚，体性感覚のための皮質領域。視覚皮質と聴覚皮質の大部分はなかに折り込まれた大脳回にあり，表面からはみえない。味覚および嗅覚の皮質中枢はあまり局在的ではない。

球外側壁のなかにある連合ニューロンの新しい巨大な領域である**背側脳室隆起** dorsal ventricular ridge がある。これは大脳の体積をかなり増加させ，側脳室のなかに膨出して側脳室を狭い裂隙に変えてしまっている（図 16－25d）。この隆起は視床から中継されてきた視覚，聴覚，体性知覚の刺激を受け（表 16－1），この情報を処理し，そして淡蒼球や集合的に線条体を構成する外套下部のその他諸核に線維を投射する。これらから下行線維路が出て遠心性インパルスを脳幹や脊髄の運動核に伝え，環境上の緊急事態に適切に対応するための体性運動行動を引き起こす。

有羊膜類の半球の大きさに寄与するものとしては，より上位のニューロンの増加もあり，これらは頚部（有羊膜類の間で改良された四肢動物の新機軸），そして特に体肢の筋組織が必要としたものである。有羊膜類が出現して以来，有羊膜類の体肢は体の他の部分を地上から持ち上げ，体肢のない子孫を除き，多数の爬虫類が多くの哺乳類と同等の，あるいはそれ以上の運動能力を備えるに至った。

鳥類

鳥類の大脳は基本的に爬虫類型である。背側脳室隆起は祖先の爬虫類から引き継がれたが，別のニューロン層が追加され，この隆起を覆った（図 16－25e）。これらのニューロンの供給源は知られていない。鳥類の眼球，特にタカやワシのような猛禽類の眼球は独特な特殊化を遂げ（第 17 章「視覚器：側方眼」参照），視神経を介する知覚入力は極めて複雑である。鳥類の背側脳室隆起はこの情報を照合し，処理する。

鳥類のこの隆起が持つかもしれないその他の能力については憶測の域を出ない。この隆起は渡り，帰巣，巣作りのような型にはまった行動においてある役割を持つかもしれないと示唆されている。しかし，ヤツメウナギや多くの硬骨魚類が，遺伝的に受け継いだ非常に単純な脳でもって同じように注目すべき行動を示すということに注意しなければならない。

哺乳類

哺乳類の側脳室の側壁と天井は，可能な限りあらゆる方向に拡大して哺乳類の新皮質を形成する。新皮質は，ヒトでは約 130 億のニューロンの細胞体から構成されている。新皮質の位置を論ずるのに都合がよいように，新皮質は局所解剖学的に，そして便宜的に，**前頭葉** frontal lobe，**頭頂葉** parietal lobe，**側頭葉** temporal lobe，**後頭葉** occipital lobe に分けられている（図 16－26）。

大部分の哺乳類では皮質が非常に多量であるため，皮質は折り畳まれて稜（**脳回** gyri）と溝（**脳溝** sulci）を形成して半球の活動領域を増大させている。これらのヒダは単孔類（図 16－23），少数の有袋類，そして多くの齧歯類にはみられない。

新皮質が形成されると，白質の太い帯である**内包** internal capsule ができて，皮質と脳幹を結びつける（図 16－15，16－25）。内包は次のもののための唯一の通路である。

(1)視床外側核から前頭葉の皮質へ放射状に広がる求心性線維。(2)皮質から下行して赤核，脳幹のその他の諸核，そして脊髄の運動核に至る大遠心路。

遠心路のなかにはすでに述べた皮質脊髄路がある。これらの遠心路は橋の直前で中脳被蓋に入る。単孔類と有袋類以外では，脳室の天井に交叉線維の幅広い層である**脳梁** corpus callosum が横走し，左右半球の新皮質を結ぶ（図 16－24，16－25f）。左右の側脳室は 2 層の薄膜である**透明中隔** septum pellucidum によって仕切られている。

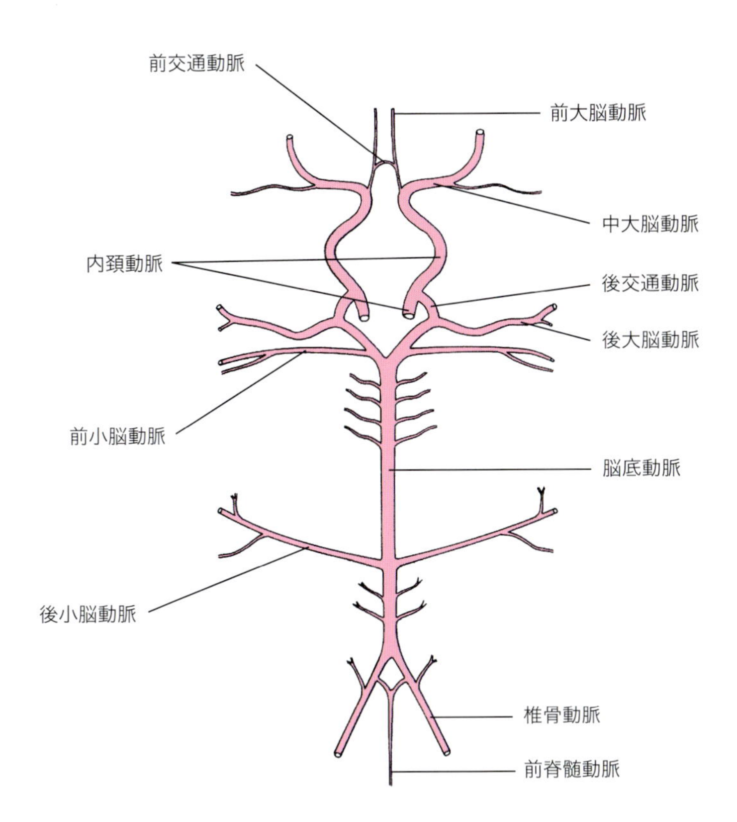

図 16-27
イエネコの脳への動脈供給。前後の交通動脈が脳底動脈と内頚動脈をつなぎ，間脳底の周囲に大脳動脈輪（ウィリス動脈輪）を形成する。

哺乳類に残っている原始的な嗅外套野である海馬は，新皮質が過度に成長した結果，大脳半球の側頭葉の下にたくし込まれるようになった。海馬は先に記載したように，哺乳類の大脳辺縁系の一部だといわれていた。記憶の貯蔵は哺乳類の海馬の機能とされていたが，進行中の神経研究はこの仮説を確証できていない。脳のなかでつかの間の活動が起きている間にこれを同定するための最新の技法は，多くの皮質機能の局在を決めるための異論のない証拠を与えてくれることを期待させる。

哺乳類の大脳に追加された多くの新しい要素が発達した結果，淡蒼球は半球の深部の位置に転置された（図 16-25f）。淡蒼球は隣接の線条体核である**尾状核** caudate nucleus（図 16-15）（長い尾部を持つのでこうよばれる），**被殻** putamen（図 16-25f），**扁桃核** amygdaloid nucleus（図示せず）と会合した。これら連合核の原始的な相同物は非哺乳類型有羊膜類に存在する。これらの核はひとまとめにして**大脳基底核** basal ganglia として知られているものを構成する。

淡蒼球は魚類におけると同様に下行運動線維の起源であり，この線維は脳神経と脊髄神経の体性運動線維の細胞体とのシナプスに終わる。この役割は他の核とも共有されているが，その全体的な機能はいまだに確かめられていない。しかし，淡蒼球によって行われる運動調節は，その大部分が赤核や脳幹で新たに進化したその他の核，そして前頭葉の随意運動皮質からの刺激によって取って代わられた（図 16-26）。

大脳基底核に病理学的変化が起きると，パーキンソン病（振戦麻痺）の老齢患者にみられる律動的振戦のような，ある種の運動機能不全（運動障害）になる。哺乳類では半球が拡大したので，背側からみると大脳基底核，視床，中脳は隠れてしまっている。大きな小脳は脳幹の残りのほとんどすべての上に横たわっている（図 16-23）。脳幹を上方からみると，最も疑り深い観察者でさえ，ヒトを含む哺乳類の脳は，その他の有頭動物の脳と同一の構築パターンに従って作られていることを確信せざるを得ない。

哺乳類の新皮質は以下の３つの基本的役割を持つ。(1)新皮質は体的感覚を通じて外界に対する自覚を引き起こすために投射された特殊および一般受容器からの感覚インパルスのための中枢である。一般受容器は，手に取った物体の温度，手触り，重量などの相違を知覚するような識別（**判別性** epicritic）の感覚を引き起こす。(2)随意運動皮質は随意的運動行動が開始される場所である。(3)外界から知覚情報を受け取ると，新皮質は情報を照合し，次いでそれを記憶として貯蔵するために大脳のどこかへ転じさせる。“どこか”というのは現在活発な研究の主題になっている。系統発生学的に最も新しい前前頭皮質（前頭前野）は適切な貯蔵情報の一部を回収し，これを，電話番号を思い出すときのような作業記憶として用いる。意思決定の過程ははるかに複雑であるが，社会的問題を解決する際の新皮質の用いられ方は，文明が人間の支配下にある限り，文明の将来を決定するであろう。

脳への血液供給

内頚動脈と前（腹側）脊髄動脈が大部分の有頭動物の脳に血液を供給し，脊髄動脈は脳底動脈（図16-27）として脳の腹側面へと続く。多くの爬虫類と哺乳類では椎骨動脈が主要な供給路となり，大後頭孔（大孔）の直前で脳底動脈に注ぐ。哺乳類や他のいくつかの有頭動物では，交通動脈が脳底動脈と内頚動脈をつなぎ，間脳底の周囲に大脳動脈輪（ウィリス動脈輪）を作る（図16-27）。内頚動脈は主に大脳半球に血液供給し，脳底動脈は主に脳幹に血液供給する。大脳動脈輪の特定の配置については，ヒトの間でもかなりの変異がある。

脳の血液は，静脈性洞様血管および主に内頚静脈に流れ込む小さな静脈によって脳から流れ去る。哺乳類の海綿静脈洞は2層の硬膜の間に位置し，そのうちでは**上矢状静脈洞** superior sagittal sinus が最大である。脳にも脊髄にもリンパ管は侵入しない。

脈絡叢と脳脊髄液

脳室，脊髄中心管，クモ膜下腔は，**脳脊髄液** cerebrospinal fluid に満たされている。これは透明で比重の低い水様液で，拡散と分泌によって血液から取りだされる。その大部分は脈絡叢によって脳室内に分泌されるが，哺乳類では少なくとも少量は直接血流からきている。**脈絡叢** choroid plexuses は血管分布の豊富な軟膜と上衣の房からなり，第三脳室と第四脳室にぶら下がっている。第三脳室の脈絡叢は室間孔を経由して側脳室内に伸びている（図16-18）。室間孔が閉塞すると側脳室内に脳脊髄液が蓄積する。この状態が胎子期あるいは新生子の哺乳類に存在すると，未熟な頭蓋の泉門によって頭部が拡大し，水頭症として知られる状態になる。第四脳室の脈絡叢は延髄の天井にある。

脳脊髄液は第四脳室からゆっくりと後方へ流れて脊髄中心

表16-3　ヒトの脳神経*1

記号	名称
0	終神経
I	嗅神経
II	視神経
III	動眼神経
IV	滑車神経
V	三叉神経
VI	外転神経
VII	顔面神経
VIII	内耳神経
IX	舌咽神経
X	迷走神経
XI	副神経
XII	舌下神経

＊1：ヒトで用いられている脳神経の伝統的な番号づけ。終神経（0）は肉眼解剖では見いだせないし，神経学的検査項目にも入っていないが，確かに存在し，ヒトでは13番目の脳神経に相当する。

表16-4　有頭動物の脳神経*1

記号	用語	神経支配
0	終神経	鼻腔上皮
I	嗅神経	嗅上皮
VN	鋤鼻神経	鋤鼻器
II	視神経	網膜
E	上生体複合体神経	松果体，頭頂眼
III	動眼神経	固有眼筋，外眼筋
P(V_1)	深眼神経	口吻の皮膚
IV	滑車神経	外眼筋
V ($V_{2,3}$)	三叉神経	顎の筋，顔面の皮膚，口吻
VI	外転神経	外眼筋
VII*2	顔面神経	顔面（舌骨）筋，唾液腺と涙腺，味蕾
ALL（3神経）	前側線神経	側線器官
VIII	内耳神経	前庭器官と蝸牛器官
PLL	後側線神経	側線器官
IX*2	舌咽神経	咽頭，唾液腺，味蕾
X*2	迷走神経	胸腹腔の内臓器官，喉頭，咽頭，味蕾
XI	副神経	胸鎖乳突筋群と僧帽筋群
XII	舌下神経	舌，鳴管

＊1：有頭動物に見いだされる脳神経の包括的リスト。個々の動物種では特定の神経あるいはその要素が存在したりしなかったりする（例えば陸生の有頭動物は側線神経を欠く）。
＊2：第VII，IX，X脳神経の味覚要素を別々の脳神経と考える研究者達もいる（例えば，Butler and Hodos, 1996）。

管内に入る。哺乳類では，脳脊髄液は小脳に被われた第四脳室の天井にある1つの正中孔と2つの外側孔からクモ膜下腔にも入る。哺乳類の脊髄を取り巻いているクモ膜下腔は，脳脊髄液が正常な状態で貯留しているいくつかの槽を形成する。ヒトではこのうちの1つが腰仙骨部で馬尾を囲み，脳脊髄液の内容物を調べたり病気の診断をするために，ここで脊椎穿刺を行って脳脊髄液を吸いだすことがある。

クモ膜下腔から脳脊髄液は，脊髄と脳の実質に出入りする血管にともなう狭い血管周囲腔に沿って流れ，脊髄神経と脳神経の小根がクモ膜下腔と硬膜を貫通して脊髄から現れるところまで小根に随行する。そして脳脊髄液は膜迷路を囲む腔所のなかににじみだして外リンパに混ざる。

非哺乳類型有頭動物の脳と脊髄の脳脊髄液は，拡散によって隣接の静脈路に入る。哺乳類では，軟膜クモ膜の束である**クモ膜顆粒** arachnoid granulations の房が大きな硬膜下静脈洞内に突出し（多くの有頭動物における派生状態），脳脊髄液はクモ膜顆粒から拡散して静脈洞の静脈血に入る。

脳脊髄液は機械的外傷に対して脳と脊髄を守り，脳脊髄液に浸っている組織と選択的に代謝老廃物を交換する。

脳神経

伝統的に12対の脳神経が提示されており，これらはローマ数字で順番に番号が振られている。これはヒトに用いられている慣例である（表16－3）。しかしこれは不完全な説明であり，これでは有頭動物における複雑かつ複合的要素からなる脳神経の本態を正しく認識することはできない。有頭動物では25もの脳神経が認められているが，その正確な数については議論が分かれている（表16－4）。いかなる特定の種における番号も，脳神経あるいはその要素が獲得されたり失われたり癒合したりするので，系統発生学的に様々に変化してきた。

脳神経は数字によって提示することができるが，これは脳神経の重要な発生学的，機能的側面を無視することになる。脳神経を完全に理解するためにはその発生を正しく評価する以外に道がない。このことによってある脳神経の独特の起源や，他の脳神経の複合的な性質についての情報を得ることができる。発生学を概観すると，機能的グループ分けによって論じられる個々の脳神経を規定することができる。本書で用いられるような機能的カテゴリーには知覚性，運動性，混合性の脳神経が含まれる。

“脳神経をグループ分けするための伝統的な番号を捨てたらいかがですか？”と言われるかもしれないが，そうしないことには2つの理由がある。まず第一に，脳神経に番号を振れば，解剖学者は脳神経の構成についてより明瞭な画像を描くことができ，また有頭動物の頭部の進化（本章の分節性に関する解説を参照）をよりよく理解するための根拠を得ることができる。第二に，神経学的検査をいかに行うかを学んでいる学生にとって，脳神経への番号振りは，ある脳神経の罹患した要素と一定の臨床所見との関係を説明するのに役に立つ。現在のヒトの状態というものは消失，融合あるいは獲得の系統発生史を表しているということを理解すれば，学生たちは個々の神経の機能に関する変動を正しく理解することができる。

脳神経が脳の表面から出現する部位，あるいは脳内に進入する部位は，その線維の深部からの起始と区別して，**脳神経出入部位** superficial origin という。線維は深部では，脳幹内で互いに間隔を置いて位置する多数の核において起始したり（運動線維）終止したり（知覚線維）する。第III，VI，XII脳神経は基板から生じ，腹根だけを持つ脊髄神経に類似している。第IV脳神経は，核が基板にありながら脳の背側から出現するという点で独特である。鰓節神経は外側根のみを持つ（図16－30，第X脳神経）。知覚性神経は脳神経出入部位を

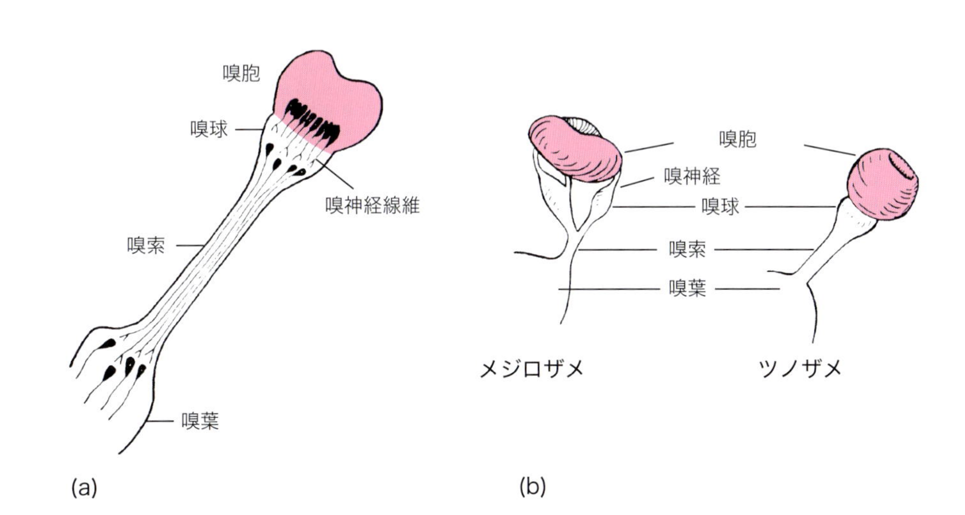

図16－28
(a) ツノザメの嗅胞（赤色，嗅上皮を含む），嗅球，嗅索。嗅神経線維の細胞体は嗅上皮内にある。これらの線維は嗅球内で二次知覚ニューロンとシナプスを形成し，この二次ニューロンの軸索が嗅索を構成する。嗅索は嗅葉の灰白質に終わる。
(b) 2種類のサメの嗅胞と嗅球との空間的位置関係の対比。メジロザメにのみ分離した脳神経があることに注意。

持つが，これについては後述する。

脳神経あるいはその要素は3つの胚組織，すなわち脳からの神経外胚葉，神経堤，外胚葉プラコードのすべてもしくはいずれかに由来する。2つの脳神経，すなわち眼の網膜と上生体複合体（松果体と副松果体）は，中枢神経系が外に伸びだしたものである。外胚葉プラコードは終神経，嗅神経，鋤鼻神経，側線神経および内耳神経の神経節細胞，第Ⅶ，Ⅸ，Ⅹ脳神経の味蕾要素に寄与する。神経堤は第Ⅴ，Ⅶ，Ⅸ，Ⅹ脳神経に関連する神経節細胞を形成する。神経堤と外胚葉プラコードの正確な寄与については，研究がなされている最中である。

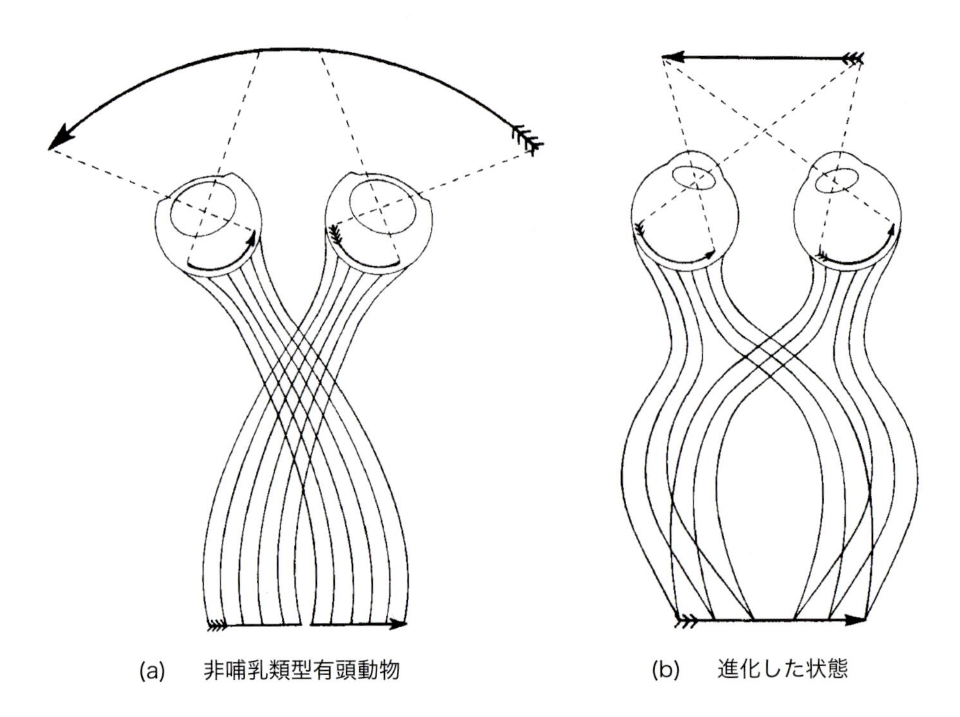

図16-29
非哺乳類型有頭動物の視交叉における視神経線維の交叉を，ある種の霊長類における進化した状態と対比させる。非哺乳類型では矢印の半分のみが反対側の網膜に投射されている。ある種の霊長類では，矢印の全部が左右の網膜それぞれに投射されて，やや異なった視角から深度知覚（遠近感）が可能になる。

知覚性脳神経

知覚神経（第0，Ⅰ，VN，Ⅱ，E，P，ALL，Ⅷ，PLL脳神経）は個体発生において，発生中の頭部の一連の外胚葉プラコードに関連している。これらのうちのいくつかについては，神経堤もその形成に関与している可能性がある。

第0脳神経（終神経）

終神経 terminal nerve は嗅神経とは別の神経で，大部分の有顎類（おそらく有顎類の共有派生形質）の典型において嗅球と嗅索の近傍にある。この神経は前脳の腹側表面から生じ，知覚線維と，少なくともある場合には鼻粘膜の限定された領域に分布する血管運動性線維からなる。これらの線維は生殖行動においてある役割（おそらくフェロモン受容器としての役割）を演ずると信じられている。この神経はヒトに存在するが，人体解剖学実習ではめったにみられない。

第Ⅰ脳神経（嗅神経）

嗅神経線維の細胞体は嗅上皮内に位置し，線維は嗅球に終わる（図16-28a）。ツノザメでは嗅上皮が嗅球の非常に近くにあるので，嗅神経は解剖学的実体として区別することができない。別のサメであるメジロザメやいくつかの真骨類では，嗅上皮を含む嗅胞は嗅球から十分に離れているので，嗅神経を明白に剖出することができる（図16-28b）。大部分の有頭動物では，多数の短い別個の嗅神経線維の束，すなわち**嗅糸** filia olfactoria が嗅上皮と嗅球の間に伸び，頭蓋の嗅嚢によってのみ隔てられている。これらの動物種では，嗅糸は集合して嗅神経を構成する。

哺乳類では，嗅上皮は鼻道の上部にあり，嗅球とは篩骨の篩板によって隔てられている。篩板の小孔（図9-4，9-6参照）は嗅糸を通す。頭蓋腔から脳を持ち上げると嗅神経束はちぎれ，断端のみが脳に付着して残る。鳥類では嗅覚線維の数は少ないが，これは前に述べたように嗅覚系の発達が悪いからである。カモノハシでも嗅覚線維は少ないが，これはカモノハシが生涯の大部分を小川，河川，あるいは穴のなかで過ごすからである。そのため，陸上でカモノハシに天敵はほとんどいない。カモノハシの嘴にある触覚器官と電気受容器は，カモノハシが食物を求めて水底を掘るときに嗅覚の代わりをする。多くの海生哺乳類では嗅神経は痕跡的である。

VN神経（鋤鼻神経）

鋤鼻器を持つ四肢動物には**鋤鼻神経** vomeronasal nerve が見いだされ，その線維は副嗅球に終わる。化学受容器である鋤鼻器については第17章で論ずる。

第Ⅱ脳神経（視神経）

視神経線維の細胞体は網膜のなかにある。この神経は眼球の背後から起こり，視交叉に伸びる。これを越えると**視索** optic tract となる。哺乳類以外では，すべてのあるいはほとんどすべての視神経線維は視交叉で交叉して，反対側の脳に入る（図 16-29a）。いくつかの霊長類では，進化の結果として眼は前方を向き，鼻側の網膜からの線維のみが交叉する（図 16-29b）。これら相互に関連する霊長類の特徴の結果，視野の重複とこれに付随する深度知覚（両眼視）が可能になる。第Ⅱ脳神経は脳から網膜に向かう多数の遠心性線維を含んでいる。これらの線維は受容器を調整しているようである。

網膜は1対の眼胞から起こり，眼胞が前脳から切り離されることは決してないので，視神経という用語は発生学的見地からは間違った名称である（図 16-13）。視索（中枢神経系内の神経線維束）という用語は，視交叉から中脳蓋に至る伝導路の名称として適切であり，中脳蓋には視索内の多数の線維が終わっている。外胚葉プラコードのある要素が眼の水晶体の形成に寄与している。

E 神経（上生体複合体神経）

視神経同様，松果体と副松果体は脳の神経外胚葉の膨出である。これらはさらに眼に並行的に発達するので，水晶体（図 17-20c 参照）は，存在する場合には外胚葉プラコードから由来すると思われる。

P 神経（深眼神経）

深眼神経 profundus nerve は三叉神経との融合に関して様々な経緯を持つ。融合した状態は有頭動物にとって原始的な状態であり，分離した神経は有顎類にとって共有派生形質のように思われる。融合は肉鰭類（葉鰭類とその四肢動物の子孫。しかしラティメリアでは深眼神経は二次的に分離している）で再度起こる。深眼神経については後述の三叉神経（混合神経）とともにさらに述べる。

ALL / PLL 神経（前および後側線神経）

有頭動物の側線は機械受容器である（第 17 章参照）。これらは陸生生物にはみられず，水生無羊膜類に限られている。**側線神経** lateral-line nerves の線維は他の脳神経に伴行する傾向があるので，側線神経を明瞭な神経と認識することはこれまで難しかった。しかし細胞レベルの技術が向上した結果，6つまでの側線神経があることが明らかである（3つは耳の前，3つは耳の後ろに分布）。

ヌタウナギは2つの耳前神経である前側線神経のみを持つ。ヤツメウナギや有顎類の多細胞性神経小丘とは対照的に，ヌタウナギの側線機械受容器は単細胞性である（この特徴が原始的であるのか二次的減少を表しているのかは不明である）。

第Ⅷ脳神経（内耳神経）

すべての有頭動物において，第Ⅷ脳神経は第Ⅴ，Ⅶ脳神経の神経根の非常に近くで延髄に起こり，膜迷路に分布する。魚類では内耳神経は2つの主要な一次分枝からなり，一方は前（垂直）半規管と外側（水平）半規管の膨大部および卵形嚢に分布する。他方は後（垂直）半規管の膨大部，球形嚢およびラゲナに分布する（図 17-4，サメ参照）。

四肢動物ではラゲナは伸長して最終的に蝸牛管（図 17-4 参照）となり，その後，この領域に分布する分枝は**蝸牛神経** cochlear nerve として知られることになる。またもう1つの分枝は**前庭神経** vestibular nerve となる。これらの神経はその経路に**蝸牛神経節** cochlear ganglion あるいは**前庭神経節** vestibular ganglion を持つ。これらの神経節のなかにある細胞体は，原始的な双極性ニューロンの状態に留まっているという点で一次知覚ニューロンとして例外的である。蝸牛神経節は哺乳類の蝸牛のなかでラセン状に走るので，**ラセン神経節** spiral ganglion ともよばれる。眼の網膜における場合と同様，いくつかの遠心性線維が存在して受容器を調整しているようである。

いくつかの哺乳類（ラットとマウス，しかしネコやコウモリは除く）では，大きな偽単極性知覚細胞体が第Ⅷ脳神経内の全長にわたって分布している。これらは二次知覚ニューロンの細胞体である。これらは入力線維の側副枝によって刺激され，その軸索は延髄の蝸牛神経核の別の二次知覚ニューロンに終わるので，受容器からの刺激を増強（増大）させる。

運動神経

運動神経（第Ⅲ，Ⅳ，Ⅵ，Ⅺ，Ⅻ脳神経）は，主として運動（遠心性）線維を頭部と咽頭の筋（あるいはその相同物）へ運ぶ。第Ⅲ，Ⅳ，Ⅵ脳神経は外眼筋に分布する（第Ⅲ脳神経は固有眼筋への自律神経線維も運ぶ）。第Ⅺ，Ⅻ脳神経は四肢動物で明瞭に定義され，頚部と肩の筋および舌にそれぞれ分布する。

第Ⅲ，Ⅳ，Ⅵ脳神経（動眼神経，滑車神経，外転神経）

第Ⅲ，Ⅳ，Ⅵ脳神経は，背側斜筋（第Ⅳ脳神経），外側直筋（第Ⅵ脳神経），残り4つの外眼筋（第Ⅲ脳神経）およびいくつかのその他眼球の筋節性筋（表 11-8 参照）に分布する。これらの眼球筋神経は，背根を失った脊髄神経に似ている。これらの神経は，体性運動線維に加えて，分布した筋か

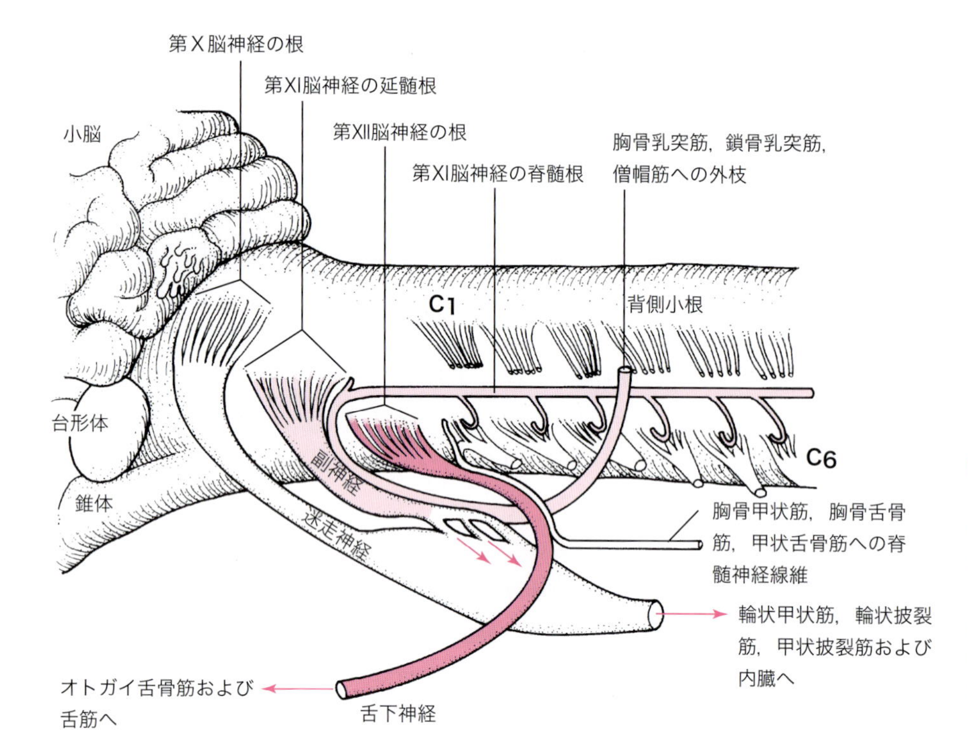

図 16–30
一般化した哺乳類における迷走神経，副神経（淡赤色），舌下神経（濃赤色）の脳神経出入部位。詳細は哺乳類の目により様々である。第XII脳神経の小根は脊髄神経の腹側小根と連続している。C_1：第一脊髄頸神経の背側小根。C_6：第六脊髄頸神経の腹側小根。第XI脳神経は内枝（矢印）を迷走神経に送っている。

らの固有受容知覚にかかわる知覚線維を含む。

第Ⅲ脳神経は中脳腹側から起こる。第Ⅳ脳神経は脳の背側（第四脳室の前方の天井）から起こる唯一の神経で，脳から起こる前に交叉する運動線維を含む数少ない神経の１つである。第Ⅵ脳神経は菱脳前端腹側から起こる。第Ⅳ，Ⅵ脳神経は脳神経のなかで最小の神経で，最も少数の線維しか持たない。これらの神経におけるすべての線維の細胞体は，運動線維および固有受容線維ともに，中枢神経系内の核にある。それゆえ，これらの神経は知覚神経節を持たない。

第Ⅲ脳神経は臓性運動線維も含み，これらの線維は自律神経系の毛様体神経節に終わる（図 16–35）。この神経節からは節後線維が出て，瞳孔を収縮させる虹彩の筋（瞳孔括約筋）および眼の毛様体筋（図 17–18 参照）に至る。これらは視覚調節のために水晶体の位置あるいは厚さを支配するが，そのパターンは種によって異なる。

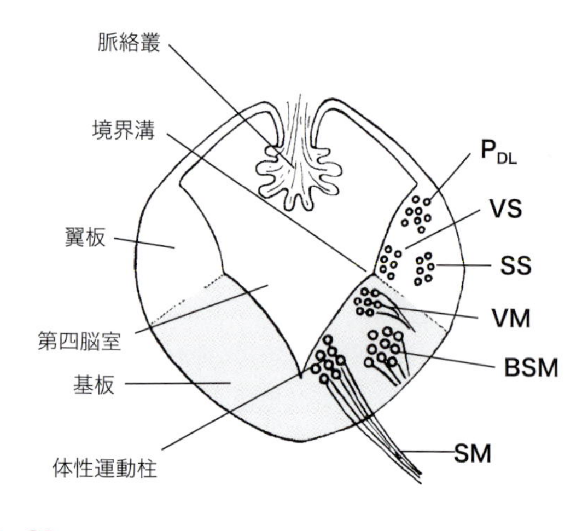

図 16–31
一般化した有羊膜類延髄の横断面で，脳神経の知覚核および運動核の柱の位置を示す。知覚核は翼板に，運動核は基板にある。SM：体性運動柱の核に細胞体のある体性運動線維。VS：嗅覚を除くすべての一般および特殊臓性求心性核のための柱。残りの核には以下のものが含まれる。BSM：鰓節性体性運動性核。P_{DL}：側線の背外側プラコードに関連するニューロン。SS：体性知覚性核。VM：臓性運動性核（表 16–1，16–5）。

第XI脳神経（副神経）

副神経は四肢動物で第XI脳神経を構成する。この神経は純運動性である。その構成要素の集合と分布は爬虫類と哺乳類で様々である。両生類における副神経の存在は，副神経が局所解剖学的に迷走神経と密接に関連しているために不明瞭であった。現代の技術はこの神経が四肢動物の特徴であることを明瞭に示した（現在まで，いくつかのサンショウウオとカエルで同定されている）。

哺乳類では，副神経の小根は，迷走神経の根の直後だが異なる位置で延髄から起こる（図 16–30）。これらの小根の少数の線維は，軟口蓋の後縁（口蓋帆）にあるような咽頭の小筋に分布する。大多数の線維は，迷走神経に加わって体腔の自律神経節に分布する。哺乳類の用語法では，後者の線維は**副神経内枝** internal ramus of the accessory nerve を構成する。

哺乳類では，副神経の別の小根が様々な数の脊髄頚神経の腹側小根とともに脊髄から起こる。副神経の脊髄小根は結合して1本の神経幹を形成し，脊髄の近傍を頭側に走り，大孔を抜けて頭蓋腔に入る。頭蓋内でこの神経幹はわずかな距離だけ第XI脳神経の延髄根に加わり，その後大部分の副神経脊髄小根は副神経から離れてその**外枝** external ramus となる。外枝は第IX，X脳神経とともに頚静脈孔を抜けて頭蓋腔を出る。外枝は大部分が僧帽筋および胸鎖乳突筋群に分布する線維から構成されている。爬虫類（鳥類を含む）でこれに相当する神経は，脊髄よりむしろ延髄根から起こる。

有羊膜類の第XI脳神経の経歴はどんなものだろうか？　この神経の構成要素は新しくなく，それらが集合する仕方のみが新しい。爬虫類でこれらが脊髄から起こる線維の細胞体の位置をみてみると，これらが筋節性筋に神経を出す体性運動柱にも鰓節筋に神経を出す鰓節性体性運動柱にもないことがわかる（図16-31）。その位置は様々であるが，鰓節神経線維を第X脳神経に与える鰓節性体性運動柱に非常に近いところにある。哺乳類では，鰓節性体性運動柱は脊髄のなかに伸びず，その細胞体は体性運動柱の近くにあるが，明らかにその一部ではない。本来，第XI脳神経の細胞体は体性運動柱や鰓節性体性運動柱の一部だった可能性がある。

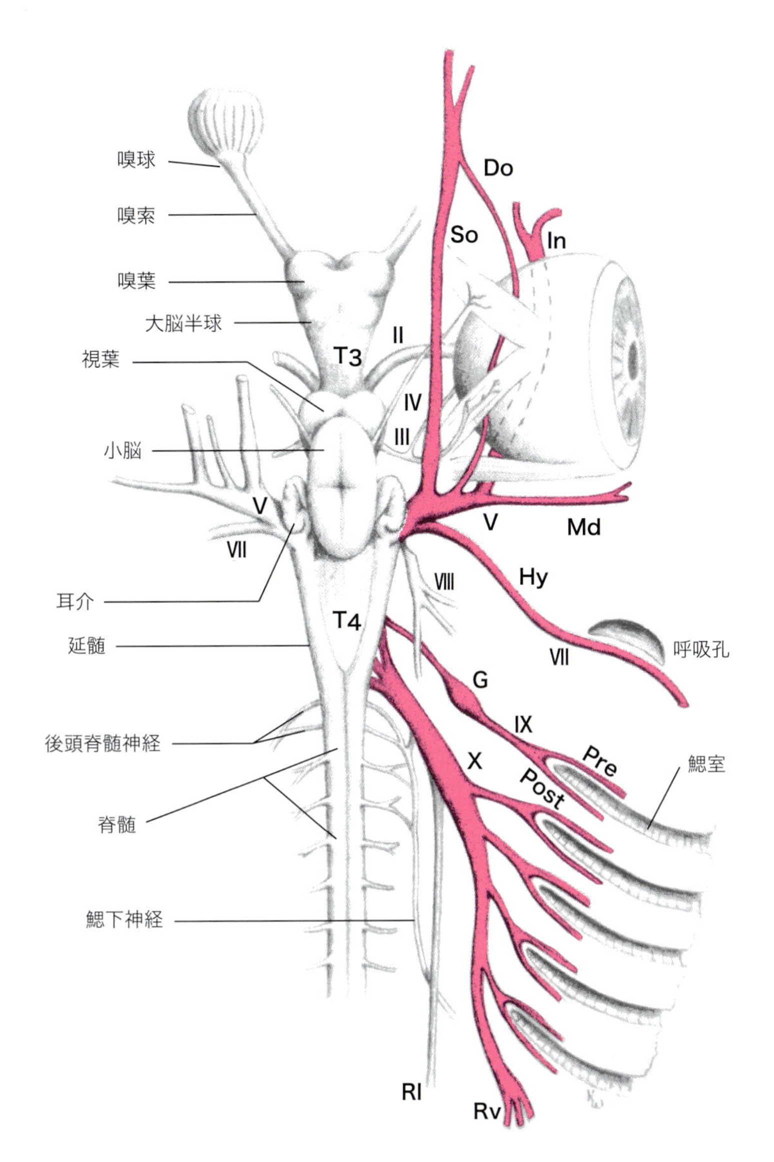

図16-32
アブラツノザメの脳と第II～X脳神経（第VI脳神経はみえない），背側観。鰓節神経は赤色で示す。Do：深眼神経。G：錐体神経節。Hy：舌骨下顎神経。In：眼窩下神経。Md：下顎神経。Pre：裂前神経。Post：裂後神経。So：浅眼神経。Rl：迷走神経外側枝（近位部では迷走神経とともに走る後側線神経）。Rv：迷走神経臓側枝。T_3，T_4：第三および第四脳室の脈絡組織。松果体は除去してある。示されている3つの眼球筋は前方から順に背側斜筋，背側直筋，外側直筋である。

すでに述べたように，基本となる有頭動物の迷走神経と第一脊髄頚神経の間には，一連の後頭脊髄神経が存在する。これらの神経は有羊膜類では失われているか，第XI脳神経の一部になっている。実際のところわずかではあるが，入手できる所見に基づくと，有羊膜類の第XI脳神経の線維は，魚類の最も後方の鰓節神経および祖先の後頭脊髄神経による貢献を受けていると考えるのが合理的である。

第XII脳神経（舌下神経）

四肢動物の第XII脳神経は，固有受容線維を除き運動性であり，陸上での採餌における舌の発達に関連する。この神経は一連の腹側小根によって延髄の**舌下神経核** hypoglossal nucleus から起こり，舌の基部に達し，そこから分枝を舌骨舌筋，茎突舌筋，オトガイ舌筋，固有舌筋に送る（図11-6，16-4b，16-30参照）。

哺乳類では，舌下神経孔から現れると，この神経には種によって異なる数の前位脊髄頚神経からの線維が加わる。これらの脊髄神経線維のいくつかはオトガイ舌骨筋に分布する。残りの脊髄神経線維は第XII脳神経を去って頚部の鰓下筋（胸骨甲状筋，胸骨舌骨筋，甲状舌骨筋，あるいはそれらの相同筋）に分布する脊髄頚神経のまばらな神経叢に加わる。

舌下神経が脊髄神経ではなく脳神経であるということは，

大後頭孔（大孔）の位置によってのみ決められている。実は，舌下神経は脳頭蓋内に“閉じ込められた”脊髄神経である。いくつかの哺乳類の舌下神経は，脊髄神経のように，胚期に背根と背根神経節（**フロリープ神経節** Froriep's ganglion）を生じさせる。この背根と背根神経節は後に消失する。

第XII脳神経は魚類の一連の後頭脊髄神経の派生物であり，このことは以下の観察から推論される。(1)後頭脊髄神経は魚類以降の動物で数が減るが，脳神経の数は増えている。(2)第XII脳神経は多くの後頭脊髄神経同様に背根を欠いている。(3)四肢動物を除く有頭動物の後頭脊髄神経は鰓下筋に分布するが，舌は鰓下筋である。

混合神経

混合神経（第Ｖ，VII，IX，Ｘ脳神経）は，知覚性（求心性）および運動性（遠心性）の両方の線維を運ぶ。三叉神経（第Ｖ脳神経）は，体性運動線維および体性知覚線維を運び，味覚線維を欠くことで他の混合神経と異なる。残りの混合神経は体性および臓性の両方の構成要素を運ぶ。

咽頭弓は半索類と脊索動物が血流中に酸素を取り込むために到達した独特の解決策だった。有頭動物の咽頭弓はそれらを動かすための筋を必要としたので，一連の関連する神経（第Ｖ，VII，IX，Ｘ脳神経）がこの機能を果たしている。これらは有頭動物の混合神経で，鰓弓とその筋を支配している。

混合神経（鰓節神経）の分布の原始的パターンは，現生のサメの第IX，Ｘ脳神経をみせる解剖において容易に示すことができる（図 16–32）。第IX脳神経は２つの主要な分枝，すなわち第一鰓裂の前で咽頭弓に入る**裂前神経** pretrematic nerve（図 16–32，Pre）と，その後ろで咽頭弓に入る**裂後神経** posttrematic nerve（図 16–32，Post）によって連続する２つの咽頭弓に分布する。裂後神経はそれが入る咽頭弓の筋を操作する運動線維を含む。この神経は第一鰓室後壁にある鰓フィラメントの状態を監視する知覚線維も持つ。この神経は横紋筋への運動線維を含む唯一の分枝である。裂前神経は鰓室の前壁にある鰓フィラメントを監視する。第三の分枝である**咽頭枝** pharyngeal branch は，裂前神経の分枝として口蓋に伸び，味蕾が存在する場合にはいかなる味蕾も含め，咽頭粘膜を監視する。第Ｘ脳神経は全く同じパターンを示すが，これを４回繰り返す（分枝が４つある）。第Ｖ，VII脳神経は顎骨弓および舌骨弓へ運動線維を送るが，これについては後述する。

魚類の咽頭弓あるいは四肢動物の咽頭弓派生物を支配することに加え，鰓節神経は呼吸と無関係な機能を有する。第Ｖ脳神経を除いた鰓節神経は，自律神経系の構成要素である臓性運動線維といくつかの感覚器を支配する知覚線維を持つ。各運動分枝は固有受容性線維を持つ。ツノザメの鰓節神経の分布は咽頭弓への原始的分布パターンを示している。四肢動物における改変は，主として鰓の消失と陸上生活へのその他の適応の結果である。

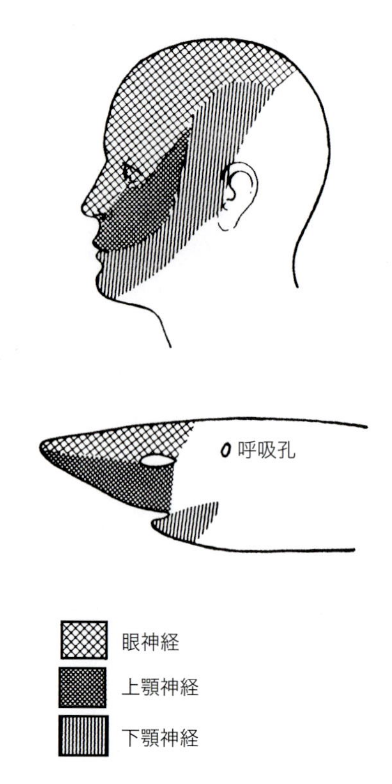

図 16–33
ヒトおよびサメにおける三叉神経の皮膚への分布。

第IX，Ｘ脳神経の基本的分布パターンに気づくと，サメにおける第Ｖ，VII脳神経を理解するのがもっと容易になる。そして四肢動物は一部変更されたこれらすべての神経を受け継いでいるので，四肢動物の鰓節神経の分布と役割はもっとわかりやすくなろう。

第Ｖ脳神経（三叉神経）

第Ｖ脳神経はすべての四肢動物において菱脳の前端から起こり，**上顎神経**（V_2）maxillary nerve（魚類の**眼窩下神経** infraorbital nerve）と**下顎神経**（V_3）mandibular nerve の２つの分枝を出す。第三の分枝である**眼神経**（V_1）ophthalmic nerve は現生無顎類，葉鰭類，四肢動物（肉鰭類）および多数の条鰭類においてそれぞれ独立にみられる。原始的な有顎類の状態では，眼神経は別の脳神経である深眼神経に相当する。すべての分枝は知覚線維を含む。下顎神経は魚類では裂後神経であるが，この神経のみが運動線維を含

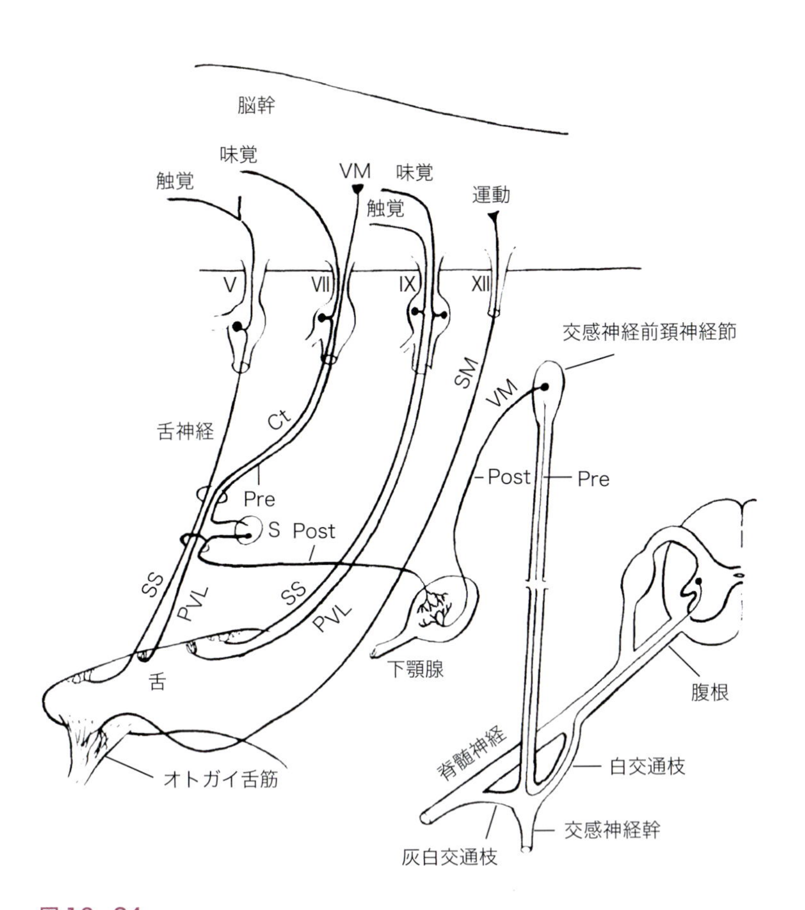

図 16-34
哺乳類の舌と下顎腺の神経支配（ネコとヒトによる）。V，VII，IX，XII：脳神経。Ct：鼓索神経。Pre，Post：自律神経系の節前線維と節後線維。S：自律神経系の下顎神経節。線維要素への説明は表 16-1，16-5参照。

む。

この３つの分枝のどれかにより，第Ｖ脳神経は，眼の結膜，外耳道の内張りおよび鼓膜の外胚葉性表層を含む頭部全体の皮膚（図 16-33）の一般知覚を担う。これはまた上下顎の歯，口腔粘膜，鼻道および舌前半の表皮の一般知覚を担当する。この神経のすべての知覚線維の細胞体は，固有受容線維のものを除き，またいくつかの原始的有顎類におけるように眼神経にそれ自身の神経節があるのでないならば，三叉神経節内に存在する。

下顎神経は顎骨弓に由来する筋に運動線維を送る。これらは主として顎の筋である。下顎神経は，耳小骨の１つであるツチ骨に付着する鼓膜張筋も支配する。ツチ骨は胚期の下顎の後端が転置されたものであるため，鼓膜張筋を下顎神経が支配することは驚くに値しない（図9-40 参照）。表 11-7にはツノザメと四肢動物において三叉神経の分布を受ける筋を挙げてある。この神経の線維要素は表 16-5 に挙げておいた。

第VII脳神経（顔面神経）

第VII脳神経は第Ｖ脳神経と密接に関連して菱脳の前端から起こる。サメでは第Ｖ脳神経と第VII脳神経は共通の三叉顔面神経根を持つ。

第VII脳神経は魚類の外胚葉における味蕾の知覚神経で，味蕾は尾の先端に至るまで広く分布している。魚類では，咽頭枝（**口蓋枝** palatine branch）は第二咽頭弓の位置で咽頭粘膜の味蕾に分布している。四肢動物では，舌前部の味蕾は同様に第二咽頭弓に由来し，顔面神経の支配を受け続ける。一般に，側線神経線維は第VII脳神経線維と同行して頭部の最終的分布域に達する。魚類の第VII脳神経は第二咽頭弓の内胚葉からの一般知覚のための知覚線維も含む。第VII脳神経における知覚線維のための細胞体は，固有受容のためのものを除き，顔面神経節にある。この神経節は，哺乳類の側頭骨内にある顔面神経管のなかでひざのように曲がるので膝神経節ともよばれる。

顔面神経は，すべての有頭動物において舌骨弓の筋に対して運動性である。これらの筋のリストは表 11- 7に示してある。これらの筋のなかには哺乳類の顔面筋やアブミ骨筋があり，アブミ骨筋は胚期の舌骨弓の舌顎軟骨に由来する耳小骨の１つであるアブミ骨に付着する。

哺乳類の顔面神経は，自律神経系の下顎神経節と蝶形口蓋（翼口蓋）神経節（図 16-34，16-35）への臓性運動性線維も含む。これらの神経節は節後線維のための細胞体を含み，節後線維は下顎腺，舌下腺，涙腺，鼻粘膜に分布する。

第IX脳神経（舌咽神経）

第IX脳神経は延髄から起こる。サメでは３つの主枝，すなわち**裂前神経** pretrematic nerve，**裂後神経** posttrematic nerve，**咽頭神経** pharyngeal nerve を持つ。これらの分枝の役割については混合神経への導入的段落で論じてある。１本の側線神経の分枝が第IX脳神経に同行し，頭部と体幹の会合部で小さな**側線枝** lateral-line branch となる。舌咽神経はすべての有頭動物において，第三咽頭弓由来の筋に対して運動性である（表 11-7 参照）。これらの筋のうち，茎突咽頭筋のみが哺乳類に残存している。筋枝は固有受容線維を含む。

鰓の消失にともない，四肢動物で第IX脳神経は多くの線維を失った。この神経は哺乳類では舌の後部表面の味蕾と，同じ場所の粘膜にある一般受容器（触覚，痛覚，温度覚）に分布する。

第IX脳神経には自律神経系の節前線維が存在する。これらの線維はすべての有頭動物において十分に調べられているわけではないが，哺乳類では耳神経節でシナプスを形成し，そこから節後線維が耳下腺に分布する。

第IX脳神経の知覚性細胞体は，固有受容性のものを除き，無羊膜類と爬虫類では**錐体神経節** petrosal ganglion に，鳥類と哺乳類では**舌咽神経の上舌咽（錐体）および下舌咽神経節** superior（petrosal）and inferior glossopharyngeal ganglia 内にある。上舌咽神経節は主に体性であり，神経堤に由来する。下舌咽神経節は主に臓性で，大部分が外胚葉プラコードに由来する。

第X脳神経（迷走神経）

迷走神経は外側の小根によって延髄から起こる。ツノザメ（図16-32）では，これは鰓節性機能に役立つ4本の**鰓神経** branchial trunks（サメで鰓室が増えれば鰓神経もそれだけ増える）と体腔臓器に分布する1本の**臓側枝** ramus visceralis からなる。その他の脳神経でみたように，側線神経線維は迷走神経と密接に関連し，側線管系への**側線枝** ramus lateralis を形成する。

ツノザメの各鰓神経は裂前枝，裂後枝，咽頭枝を持つ。裂後枝は第四咽頭弓および残りの咽頭弓に対して運動性で，それゆえ，魚類の主たる呼吸神経である。これは最後4鰓室の後壁に対して知覚性でもある。裂前枝はこれら鰓室の前壁の片鰓に対して知覚性である。咽頭枝は第四咽頭弓と食道の間で口蓋の一般知覚と味覚に対して知覚性である。

臓側枝とその分枝は自律神経系の節前線維を体腔の自律神経節へ運ぶ。自律神経節は体腔臓器を神経支配する。また，臓側枝の分枝は臓性求心性線維を含む。

陸生有頭動物の台頭にともない，迷走神経は鰓室からの知覚線維を失った。迷走神経の残りの部分は魚類と同様の機能を維持している。臓側枝は迷走神経の主枝となり，胸腔および腹腔の自律神経節を経由して心臓や大部分の内臓に分布する（図16-35）。臓性知覚性線維が運動線維に伴行する。

四肢動物の迷走神経は，第四咽頭弓およびそれに続く咽頭弓に由来する筋への分布を維持する。有羊膜類では，これらの筋は主として輪状甲状筋，輪状披裂筋，甲状披裂筋，そして嚥下の際に活動する，軟口蓋と咽頭壁のいくつかの小さいが重要な筋である（例えば口蓋舌筋は通常の哺乳類の解剖ではめったにみることができない）。

最後に，魚類におけると同様に，四肢動物の迷走神経は一般知覚のための線維と，咽頭粘膜からのあらゆる味覚線維を運ぶ。この咽頭粘膜は四肢動物では咽頭口部の粘膜である。

固有受容線維を除くすべての知覚線維の細胞体は知覚神経節内にある。ある種の板鰓類では鰓に至る4あるいはそれ以上の分枝のそれぞれが上鰓神経節を持つ。鳥類と哺乳類の迷走神経は，第IX脳神経のように，その根に2つの知覚神経節を持ち，そのうちの**上迷走神経節** superior vagal ganglion は主として体性であり，**下迷走神経節** inferior vagal ganglion は主として臓性である。上迷走神経節は神経堤に，下迷走神経節は上鰓プラコードに由来する。

口腔と咽頭の粘膜が，魚類からヒトに至るすべての有頭動

表16-5 脳神経と脊髄神経の機能的分類*1

A*2	B*2
脊髄神経	
知覚性	
GSA	SS
GVA	VS*3
運動性	
GSE（SE）	SM*4
GVE	VM
脳神経	
知覚性	
SSA（II，VIII，LL）	脳（II，E） P_{DL}（VIII，LL）
SVA（IおよびVII，IX，Xの味覚線維）	プラコード性（0，I，VN） P_{VL}（VII，IX，Xの味覚線維）
GVA（VII，IX，X）	VS*3（VII，IX，X）
GSA（SS）（深眼神経 [V_1]）	SS（深眼神経 [V_1]）
運動性	
SVE（EB）（V，VII，IX，X，XI）	BSM*4（V，VII，IX，X）
GSE（SE）（III，IV，VI）	SM*4（III，IV，VI，XI，XII）
GVE（III，VII，IX，X）	VM（III，VII，IX，X）

*1：Aは伝統的用語法を示す。求心性－知覚性と遠心性－運動性はしばしば入れ替えられる。"一般"と"特殊"は脊髄神経および脳神経のそれぞれ異なる機能を区別するために用いられる。Bは本書で用いられる用語を示す。3つの外胚葉プラコードの分類が区別されている。(1) P_{DL}－側線と関連する背外側プラコード，(2) P_{VL}－味覚と関連する腹外側プラコード，(3)そしてプラコード性（前脳と関連する外胚葉板）。Aの特殊臓性遠心性(SVE)すなわち遠心鰓性(EB)はBSM（鰓節性体性運動性）に置換されている。鰓節筋は，本来は側板中胚葉（下分節，したがって本来は臓性）に由来すると考えられていたが，現在ではこれらはすべての筋節筋のように沿軸中胚葉（体節球と体節）に由来することが明らかである。

*2：その他の略語には次のものがある。GSA；一般体性求心性，GVA；一般臓性求心性，GVE；一般臓性遠心性，GSE（SE）；一般体性遠心性，SM；体性運動性，SS；体性知覚性，SSA；特殊体性求心性，SVA；特殊臓性求心性，VM；臓性運動性，VS；臓性知覚性。

*3：VS（GVA）線維は大部分のVM（GVE）線維に伴行する。

*4：固有受容線維はSM（SE）線維とBSM（SVE）線維に同行する。

物において，第Ⅴ，Ⅶ，Ⅸ，Ⅹ脳神経によって，前方から後方へこの順番で神経支配されているということは，魚類と四肢動物の間に遺伝的絆があることの証拠であり，また陸上の生活環境は，常に湿っている粘膜の知覚神経支配に対して無視できるほどの影響しか及ぼさないということの証拠でもある。

ツノザメの第Ⅸ，Ⅹ脳神経の裂前枝，裂後枝，咽頭枝は，第Ⅴ，Ⅶ脳神経にその対応分枝を持つ。第Ⅴ神経の眼神経（深眼神経）と下顎神経はそれぞれ機能的にさらに後方の裂前枝と裂後枝と同等である。第Ⅴ脳神経は咽頭枝を持たない。第Ⅶ脳神経の裂前枝は第Ⅴ脳神経の知覚線維と一緒になって眼窩下神経幹を形成する。呼吸孔の後方にあって第二咽頭弓に分布する舌顎神経は第Ⅶ脳神経の裂後枝である。そして口蓋神経は咽頭枝である。最初の２つの咽頭弓は食物を入手し処理するために特化しているので，基本パターンからのいくらかの逸脱がこれらの咽頭弓で起こることがある。

哺乳類の舌の神経支配：解剖学的遺産

哺乳類の舌の神経支配をみると，ある１つの器官がその部分の個体発生学的ならびに系統発生学的歴史によって，いかに多数の神経支配を受けるようになるかがわかる（図16－34）。舌前部の粘膜は第一咽頭弓と関連するので，一般知覚のために第Ⅴ脳神経の支配を受ける。舌のこの部分の味蕾には第Ⅶ脳神経が分布し，この神経は魚類では第一および第二咽頭弓の味蕾に分布する。舌後部の粘膜は第三咽頭弓から起こるので，この粘膜は一般知覚と味覚のために第Ⅸ脳神経の支配を受ける。舌の筋は筋節性筋由来で，第Ⅻ脳神経の支配を受ける。

舌は４つの脳神経の支配を受けているが，味覚線維を運ぶ第Ⅶ脳神経の分枝（鼓索神経，図16－34）は，第Ⅴ脳神経の舌枝が舌に達する直前でこの舌枝と合体してしまうので，３つの脳神経しか舌のなかへ追跡することはできない。

脳神経の機能的構成要素

すでに述べたように，脊髄神経の線維はSS，VS，SM，VMという４つの機能的カテゴリーに分類される。各カテゴリーの線維は一般受容器あるいは一般効果器に分布する（表16－1）。これらの構成要素のいくつかは脳神経に見いだされることがある。一般線維に加えて，脳神経は脊髄ではみられない線維を含んでおり，そこには以下の５つのカテゴリーがある（表16－5）。⑴ P_{DL}（有毛細胞受容器），⑵ P_{VL}（味覚），⑶プラコード性（嗅覚性；0，I，VN），⑷ BSM，⑸脳の膨出（光受容性；II，E）。

脊髄の機能的カテゴリーは，その特定の機能に役立つ核からなる灰白質柱を形成し，そのうちの運動柱は基板のなかにあり，知覚柱は翼板のなかにある（図16－31）。純粋に脳神経の機能的カテゴリーは脊髄機能柱の連続した，あるいは，よりしばしば不連続な延長に相当する。また，その核は脳に限局される（例えば，BSMあるいは有対の外部感覚器に関連する核）。**表16－4**には有頭動物一般における脳神経の主要な分布を要約してある。

自律神経系

自律神経系は腺や平滑筋，心筋を支配し，主として自律神経，自律神経叢，自律神経節からなる（図16－35）。しかし自律神経系は解剖学的に独立した構造を構成しない。すなわち，自律神経系の構成要素は中枢神経系のなかで始まり，脳神経あるいは脊髄神経を経由して現れるので，自律神経系を他の神経系から完全に切り離すことはできない。これは全くの臓性運動性神経系である。しかし内臓からの知覚線維は，自律神経系の通路を使用して脳神経と脊髄神経に達する。

自律神経系は以下の２つからなる。⑴脊髄から起こり，体幹の大部分の脊髄神経を経由する**交感神経系** sympathetic system（哺乳類では**胸腰神経系** thoracolumbar system）。⑵脳および仙髄から起こる**副交感神経系** parasympathetic system（**頭仙神経系** craniosacral system）。皮膚にあるものを除く大部分の臓性効果器は，両神経系の線維の分布を受けている（図16－35，虹彩，心臓，胃，膀胱）。一方の神経系の刺激的効果は，他方の神経系の抑制的効果を調整し，適切な反応をもたらす。腸に分布する交感神経系および副交感神経系からのインパルスは，腸管の外筋層に位置する繊細な神経叢（**マイスナー神経叢** Meissner's plexusおよび**アウエルバッハ神経叢** Auerbach's plexus）に届けられる（図12－16参照）。腸のニューロンから構成されるこの**腸筋神経叢** enteric plexusは腸の蠕動運動をつかさどる。

薄い髄鞘を有する２つの連続したニューロンが，脳あるいは脊髄からインパルスを内臓器官に伝える（図16－36）。第一ニューロン（節前ニューロン）の細胞体は脳あるいは脊髄のVM柱内にあり，その節前線維は自律神経節に終わる。第二ニューロン（節後ニューロン）の細胞体は自律神経節内にある。その線維は効果器に伸びる。自律神経節は**交感神経節** sympathetic ganglion（**旁脊椎神経節** paravertebral ganglion），**側副神経節** collateral ganglion，**終神経節** terminal ganglionの３カテゴリーに分類される。

交感神経節は，脊柱のすぐそばで**交感神経幹** sympathetic trunkを形成する自律神経線維によって相互に結ばれている

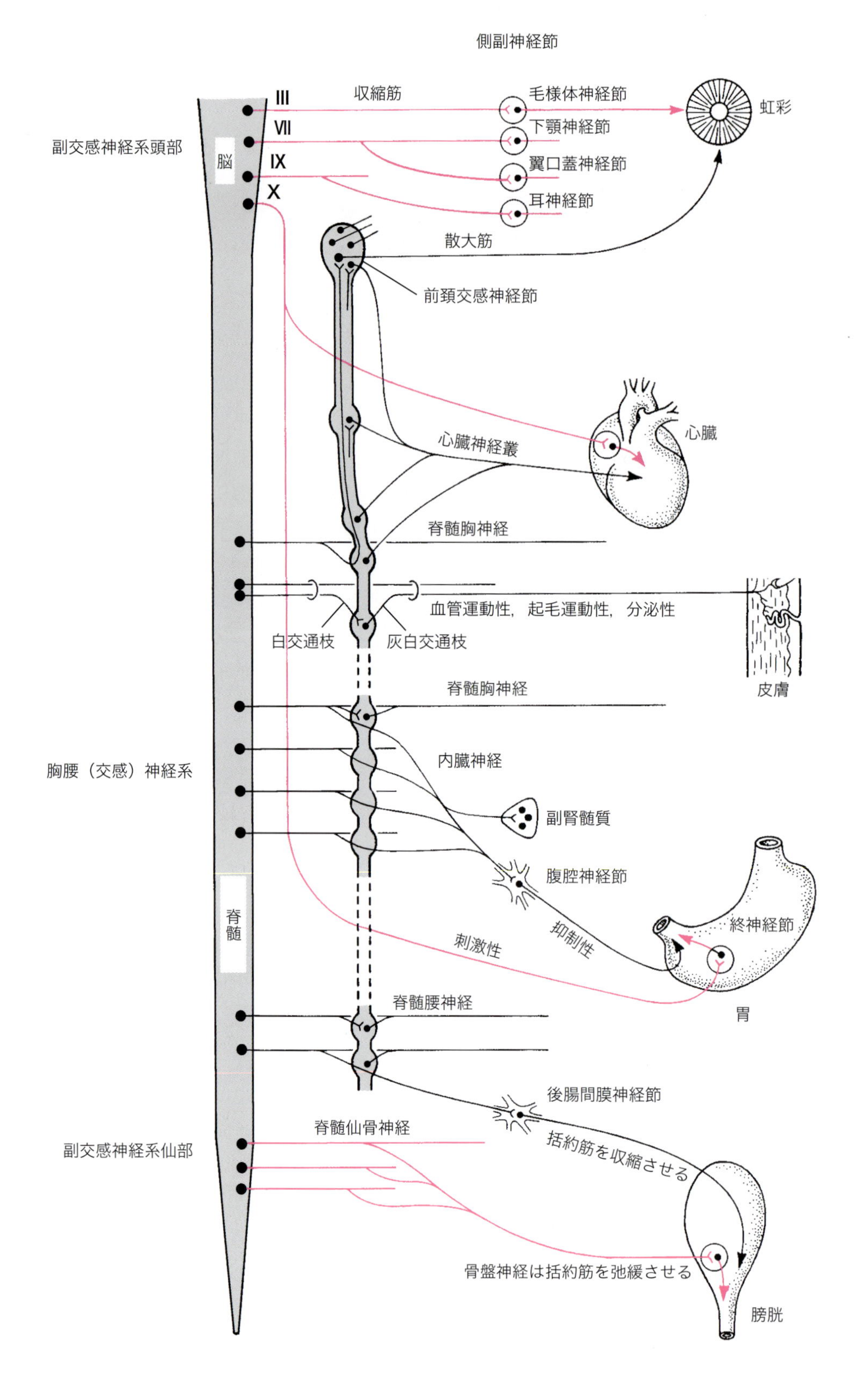

図 16-35
哺乳類自律神経系の代表的構成要素。交感神経幹は灰色で示す。自律神経線維は示されている脊髄神経に限局されているわけではない。矢印は頭仙系と胸腰系による内臓の二重支配を強調している。節前線維の細胞体（黒丸）は脳または脊髄のなかにある。節後線維の細胞体は交感神経節，側副神経節あるいは終神経節のなかにある。副交感性神経支配（皮膚と副腎で欠く）を赤色で示す。

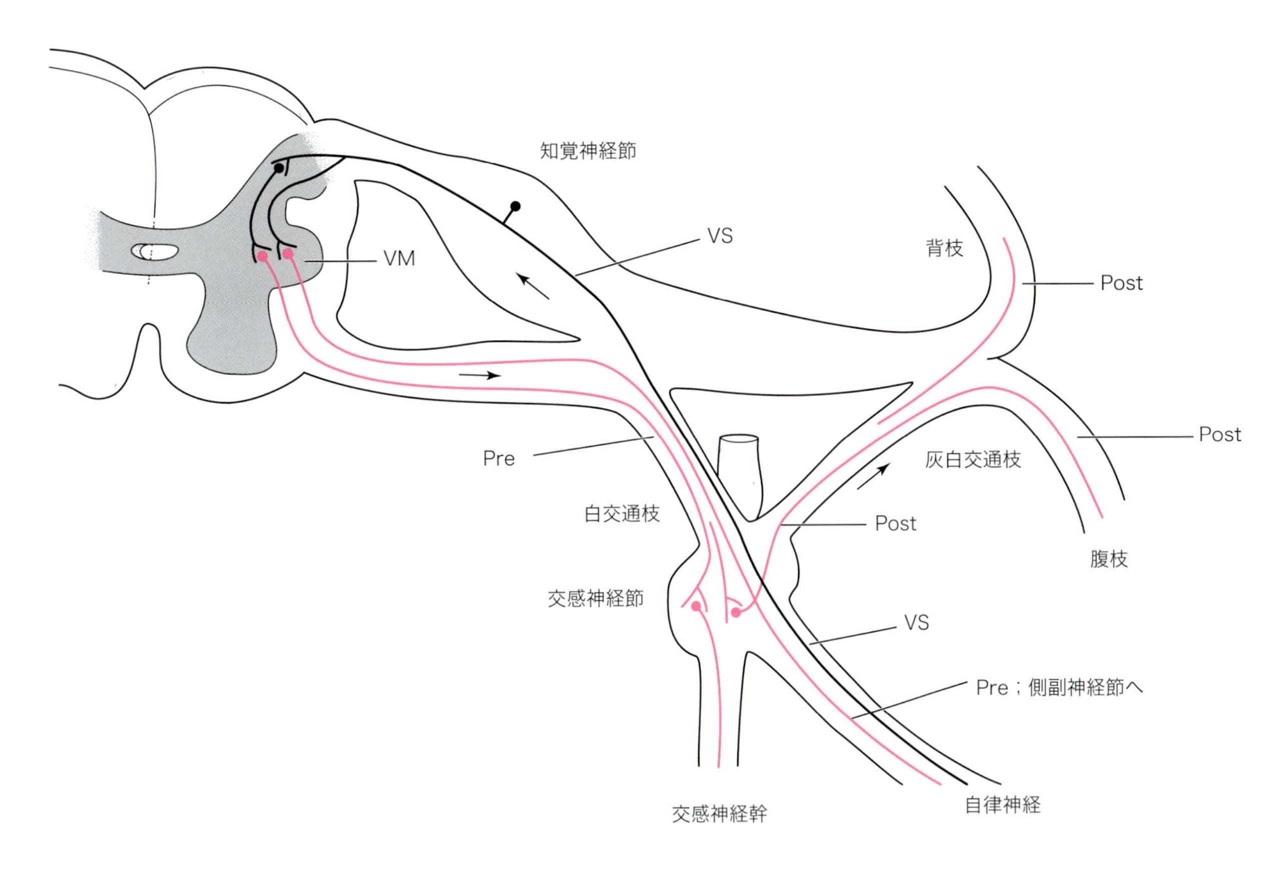

図 16－36
脊髄胸神経内の自律神経系運動線維（赤色）。背枝および腹枝のなかの線維は血管運動性，起毛運動性あるいは分泌性である。神経節より遠位の自律神経の赤い線維は腹腔神経節のような側副神経節でシナプスを形成する（内臓神経，図 16－35）。VS：臓性知覚性線維。VM：側角の臓性運動性細胞体。Post, Pre：節後線維と節前線維。

(図 16－35，16－37)。一般に各脊髄神経には 1 つの神経節があるが，頚部ではその数は少なく，仙骨部には 1 つもない。体幹の交感神経節は白交通枝と灰白交通枝によって脊髄神経と結ばれている（図 16－36）。白交通枝は脊髄からの節前線維と，背根神経節に細胞体のある求心性臓性線維を含む。灰白交通枝は皮膚への節後線維を含む。

一般に，交感神経幹の頚神経節に細胞体のある線維は頭部，頚部，胸郭の内臓臓器に分布する。その他の交感神経節に細胞体のある線維は，灰白交通枝と脊髄神経を介して血管運動性，起毛運動性および分泌性の線維を皮膚に送る（**血管運動線維** vasomotor fibers は皮膚の細動脈へ，**起毛運動線維** pilomotor fibers は毛を動かす筋へ，**分泌線維** secretory fibers は皮膚の腺に分布する）。冷血の有頭動物では，皮膚線維はある種の色素胞にも分布し，また鳥類ではこれらの線維は羽根を動かす筋に**立羽運動線維** plumomotor fibers を送る。交感神経幹に入る大多数の節前線維は，シナプスを形成せずに交感神経節を通過して内臓神経のような**自律神経** autonomic nerve に入り，腹腔内の腹腔神経節や他の側副神経節に終わる。

細胞体が頭部の側副神経節（**毛様体神経節** ciliary ganglion，**下顎神経節** submandibular ganglion，**蝶形口蓋神経節** sphenopalatine ganglion［**翼口蓋神経節** pterygopalatine ganglion]，**耳神経節** otic ganglion）にある節後線維は，頭部の臓性効果器に分布する。それらの神経連絡は**表 16－6** に示してある。細胞体が腹腔神経節や後腸間膜神経節など体腔の側副神経節にある節後線維は，腹部の臓器に分布する。腹部の側副神経節は腹大動脈の主要な動脈枝の上にある自律神経叢の一部である（図 16－38）。

終神経節は体腔内の臓器壁に埋没している。これらの神経節内の細胞体は，それらが支配する臓器に非常に短い節後線維を送る。

大部分の自律神経線維は，交感神経幹を通過した後に，その目的地への途中で**自律神経叢** autonomic plexuses に加わる。これらの神経叢は血管，脊柱，頚部での気管を含むその他手近な構造物に絡みつく（図 16－37）。

交感神経系，副交感神経系両者のすべての節前線維の終末から，そして副交感神経系の節後線維の終末から放出される神経伝達物質は，主に**アセチルコリン** acetylcholine である。

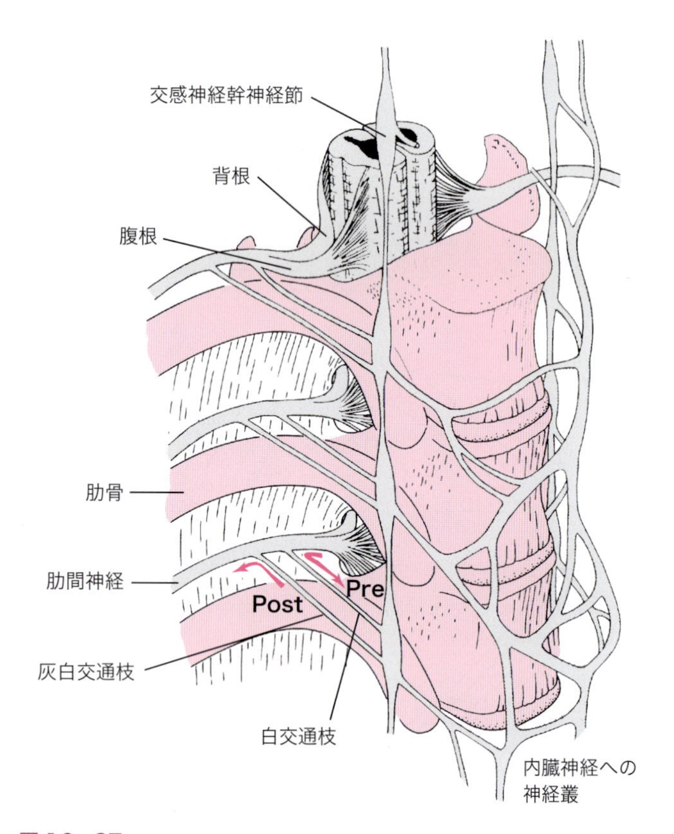

図 16-37
ネコの胸部における交感（旁脊椎）神経節とそれらの相互関係。斜め腹側からみる。矢印は節前性（Pre）および節後性（Post）インパルスの方向を示す。

それゆえ，これらの線維は**コリン作動性** cholinergic とよばれる（アセチルコリンはまた，体性運動性線維から骨格筋細胞へのインパルスの伝達を仲介する）。交感神経系の節後線維終末から放出される神経伝達物質は，主に**ノルアドレナリン** noradrenaline（ノルエピネフリン norepinephrine）と少量の**アドレナリン** adrenaline（エピネフリン epinephrine）である。これらの線維は**アドレナリン作動性** adrenergic とよばれる。

副腎髄質 adrenal medulla（図 16-35）は機能的には交感神経節と同等である。髄質の細胞は交感神経節の細胞と同様に神経堤から生じ，節前線維の分布を受け，アドレナリンとノルアドレナリンを合成し，放出する。両者の相違は副腎髄質が軸索を伸ばさないことである。その結果，副腎髄質の分泌物は血流によって運ばれる。

自律神経系は不随意性である（だれも赤面することを止められない）が，バイオフィードバックによっていくつかの随意性調節を行うことができる。自律神経系はすべての有頭動物に存在する。無尾類は有羊膜類自律神経系の基本的構成要素を持っている。

表 16-6　哺乳類頭部の自律神経節の神経支配と末梢分布

神経節	輸入線維	線維の投射先
毛様体神経節	動眼神経	眼の毛様体筋 虹彩の収縮筋
下顎神経節	顔面神経	下顎腺 舌下腺
蝶口蓋神経節 （翼口蓋神経節）	顔面神経	涙腺 鼻と咽頭粘膜の腺
耳神経節	舌咽神経	耳下腺

有頭動物の頭部の分節性

これまで有頭動物の頭部を構成する主要な組織と器官系の大部分を扱ったので，ようやく分節性に関する疑問に取り組むことができる。有頭動物は祖先形質の体節性パターンを保持している。これは大部分の無羊膜類の軸性骨格（椎骨）と体の筋（筋分節）に明瞭にみられる。筋のパターンは多くの有羊膜類で不明瞭になる。

歴史的に，頭部における分節性のパターンを明らかにしようとする1つの試みがあった。初期の仮説は，頭蓋は一連の変化した椎骨として，体の体節性パターンは頭方に延長できると提唱された。脳神経は分節的な脊髄神経の延長と解釈された。咽頭の骨格構造と軟組織構造も分節的パターンを示すので，この頭方に分節的な動物に重ね合わされた。この説明は表面的なレベルでは合理的にみえるが，それほどわかりやすくない。

実際のところ，頭部のどの構造が分節性を示しているだろうか？　菱脳は菱脳節とよばれる様々な数の肉眼でみえる分節を示す（図 16-39，中枢神経系の番号を振った分節）。このパターンは中脳や前脳で実証されてきたが，一次的にはこの領域における調節遺伝子の発現にみられる。第11章では，頭部の沿軸筋は前方では体節球として，後方では体節として分節的であることを示した。多数の咽頭弓（顎骨弓から様々な数の鰓弓まで）からなる咽頭は，各咽頭弓を構成する様々な構造（骨格，筋，大動脈弓，図 16-39）とともに明瞭な分節性を示す。本章で略述したように，脳神経またはその構成要素の前方から後方への編成がある。それで，確かに，頭部の構成部分の間にはある分節性のパターンがある。

しかし，このパターンについて理解するには多数の疑問が残されている。これらの構成部分はいかにして現れるのか？　これらの部分の間の発生学的関係は何か？　言い換えれば，このパターンはいかにして決定され，また組織と組織の間の（誘導的あるいはその他の）関係は何か？　これらの疑問

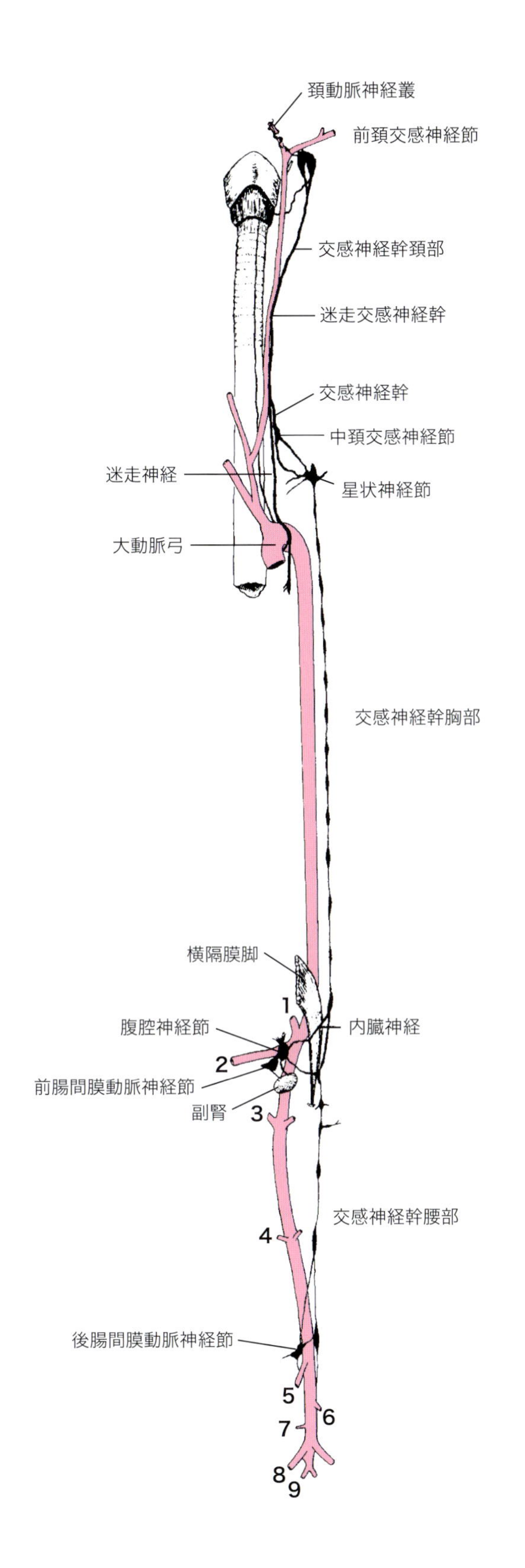

図 16–38
ネコの左交感神経幹と関連構造。1～9：腹大動脈の主要な枝。1：腹腔動脈。2：前腸間膜動脈。3：腎動脈。4：精巣動脈または卵巣動脈。5：後腸間膜動脈。6，7：左右の腸腰動脈。8：外腸骨動脈。9：内腸骨動脈。ネコでは，その他いくつかの哺乳類と同様に，迷走神経と交感神経幹は頸部では共通の鞘のなかにあって，迷走交感神経幹を形成する。頸動脈神経叢のなかの線維は，前頸交感神経節内に節後神経細胞体を持つ。

は本書の範囲をはるかに超えており，最新の広範な研究のための根拠であるが，比較解剖学を勉強する学生にとっては，この物語をこの時点であるがままに知ることが大切である。

遺伝子

背側–腹側のパターンと頭方–尾方のパターンは調節遺伝子によって決定される。左右相称生物にみられる基本的パターンは極めて古い。同様の遺伝子がショウジョウバエ *Drosophila melanogaster* や有頭動物のように多様な生物のパターン形成をつかさどっている。これらの相同なホメオティック遺伝子は前後パターンの登録を行う。他の遺伝子へシグナルを出す発生的ドメインを確定するのはこの登録である。このカスケード的な遺伝的支配（多形質発現性および多因性）は各分節の独特な性質を確定する。

有頭動物への進化的移行において常に生じる疑問は，有頭動物の共有派生形質が新しい構造なのか，あるいは祖先の特徴の部分的変更を表しているのかということである（これは有頭動物の頭部の分節性に関係する構造を含む）。この疑問にはこれらの新しい構造を生じさせる発生過程が関連し，ここにはそれらの発生過程における調節遺伝子も含まれる。上述したように，調節遺伝子の間にはある程度の保守性がある。有頭動物とその外群に発現するホメオボックス遺伝子をみると，遺伝子複製の様々な過程を通じて複雑さが増大していることがわかる（図16–40）。これは有頭動物の頭部の発生に対する遺伝的調節の源なのだろうか？　複製を通じて，遺伝子は“自由”になり，表現型に悪影響を与えることなく変更を加えられることなどが論議されている。最新の研究はこれらの疑問のいくつかに意見を述べることができる地点に到達しようとしている。

頭蓋

耳の後ろの後頭部（図9–26参照）のみが椎骨と連続相同である。椎骨におけるように，後頭骨の個々の要素は硬節に由来する。後頭骨の背側要素（上後頭骨），腹側要素（底後頭骨）および有対の外側要素（外後頭骨）は脊髄を取り囲み，椎骨における主要要素の構成に匹敵する。このパターンを後頭部より前方へ伸ばそうとすると失敗する。前方の空間的構成パターンははるかに複雑で，単純な1対1の比較は役に立たない。頭蓋前部は神経堤に発生学的起源があることで椎骨から明瞭に区別される。頭蓋では部分的な連続的パターンがみられるに過ぎない。

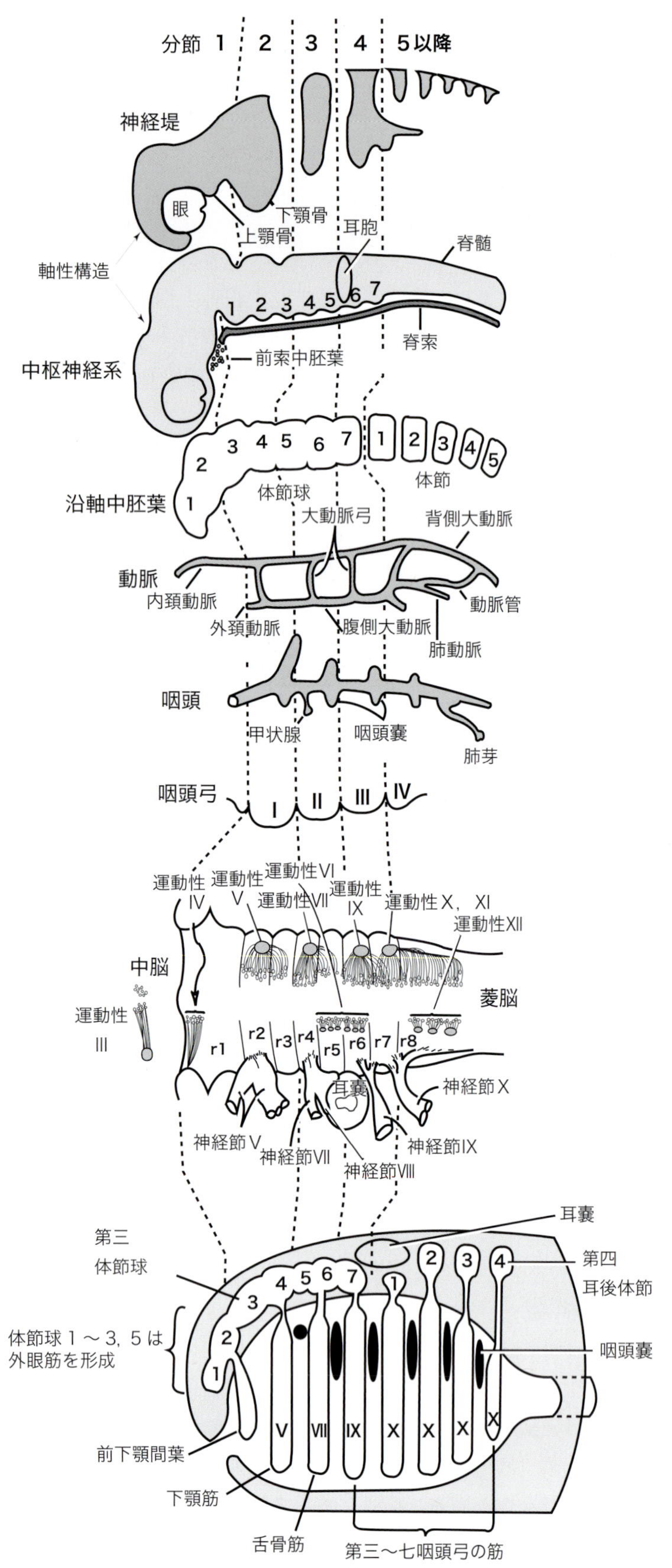

表 16－7　仮想的頭部分節の構成要素

分節	1	2	3	4	5
神経					
背側＊1	P	$V_{2,3}$	VII	IX	X
VL＊1	—	—	VII_{VL}	IX_{VL}	X_{VL}
DL	LL	LL	LL	LL	LL
腹側	III	IV	VI	—	XI＊2, XII
体節球	1, 2	3, 4	5, 6	7	—
体節	—	—	—	—	1

DL：背外側，VL：腹外側，VII_{VL}：第VII脳神経の味覚要素。
＊1：背側および腹外側（VL）要素は混合性脳神経を代表する。
＊2：四肢動物の脊髄副神経は第XII脳神経の核と重なっている。

咽頭

咽頭内の連続的パターンは咽頭弓とその構成要素を簡単に調べてみれば明らかである（図 9－1，16－39 参照）。咽頭骨格は著しく変化した顎骨弓および舌骨弓と順次に相同な連続性を示す。典型的な鰓弓（例えばツノザメでみられるようなもの）の5つの構成要素は，その他の鰓弓要素と前方の舌骨弓および顎骨弓と相同になりうる。

咽頭鰓節－咽頭鰓節。上鰓節－上鰓節－舌顎（軟）骨－口蓋方形（軟）骨。角鰓節－角鰓節－角舌骨－メッケル軟骨。下鰓節－下鰓節。底鰓節－底鰓節－底舌（軟）骨。

咽頭骨格の形成では，神経堤は初期発生の間に分節的に移動して各咽頭弓に入り込む。各咽頭弓のなかでは同様に分節的な軟組織が関係する（筋，動脈弓，神経，図 16－39）。

脳神経と脳

咽頭弓に分布する脳神経（第V，VII，IX，X脳神経）は明らかに分節的な様相を呈する。これらの神経やその他の神経は，脊髄神経の頭方への連続であると

図 16－39
30 日齢の胚に基づく頭部の構成。1番下の図は鰓節性体節球の移動が始まった，より遅い発生段階を示す。分節の配列は破線で示されている。頭部分節は Butler and Hodos（1996）（本章の「分節の登録：仮想的分節か？」を参照）の提案に基づき，Carlson（1994）と Northcutt（1990）による再描図に上書きしてある。

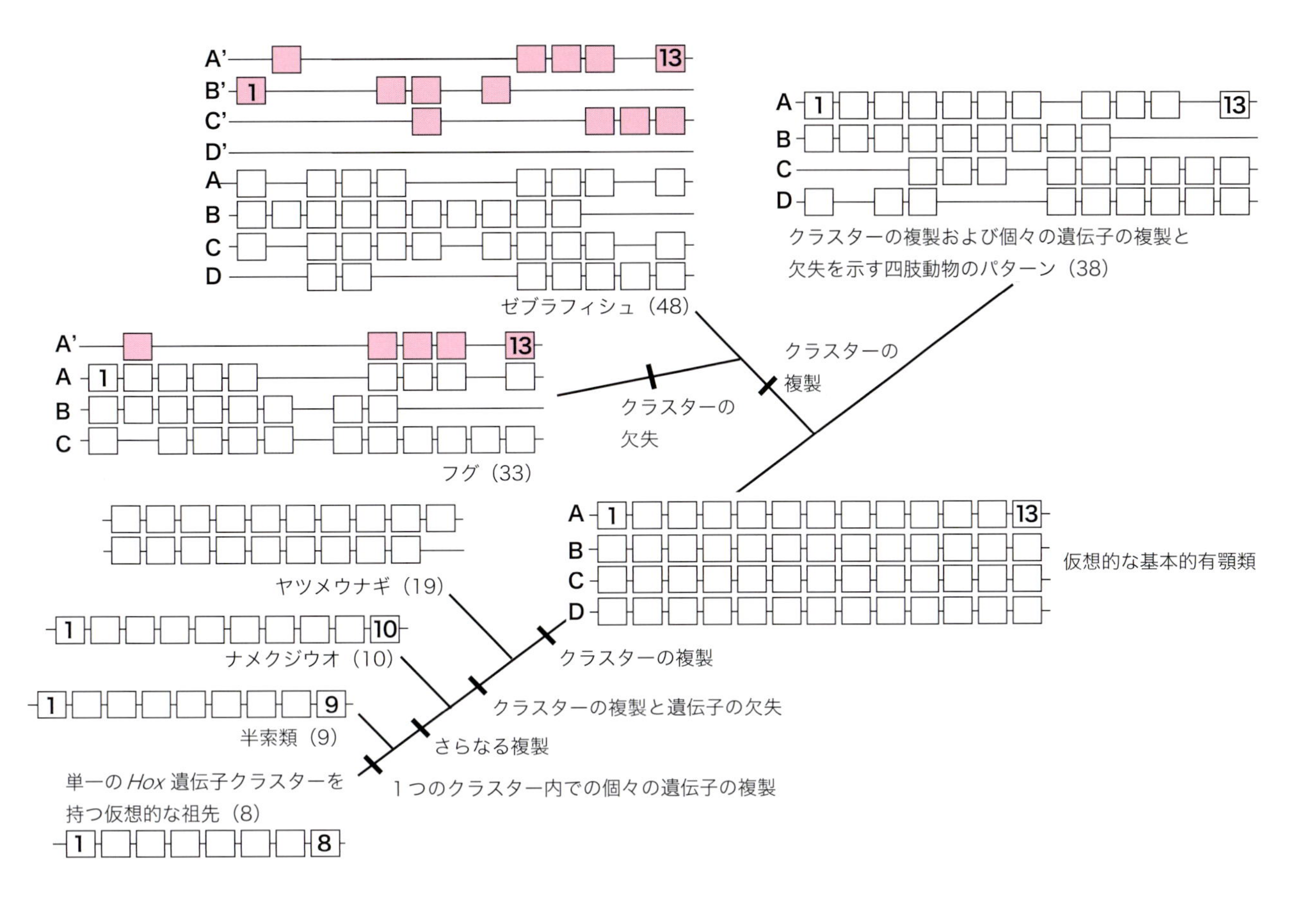

図 16-40
有頭動物における *Hox* 遺伝子の進化に対する仮説。原始的な分節性のパターンは保持されているが，クラスターが複製されると，新しい組織と構造を導入し調節するための遺伝物質が供給される（例えば，有頭動物の頭部における神経堤の起源の可能性や分節性のパターン）。全 *Hox* 遺伝子数は括弧内に示されている。マウスのパターンは四肢動物を代表させるために用いられており，これは基本的な有顎類のパターンを保持しているように思われる。真骨類は明らかに基本的な有顎類のパターンを複製してきた（淡赤色）。このパターンはゼブラフィシュにみられ，ゼブラフィシュは7，おそらく8のクラスターを持つ。フグはクラスターの二次的減少を示す（4基本クラスターのうちの3クラスターと1つの真骨類複製クラスターを保持している）。これらのパターンの詳細は *Hox* 遺伝子のパターンに関する知識が急激に増加しているために変化を余儀なくされている。真骨類のパターンは Amores et al. (1998) および Aparicio (2000) による。

いう仮説が立てられている。個々の神経を脊髄神経の背根および腹根と同一視しようという多数の試みがこれまでになされてきた。

すでに述べたように，脳は多数の神経分節に分けられる（前から後ろへ；前分節，中分節，菱脳節）。これらの分節は脳を去る様々な脳神経に関係している。

分節の登録：仮想的分節か？

今日の多大な研究努力は，頭部内の個々の構成要素における分節性のパターンとプロセスを解釈する研究に集中している。これとともに，構成要素間の関係を決定しようとする努力もなされている。図 16-39 は現時点での見解を要約している。仮想的な分節は神経堤，4つの脳神経要素とそれらそれぞれの中枢神経分節（神経分節），沿軸中胚葉（体節球または体節），咽頭分節（表 16-7）に関連するその他の組織からなるのかもしれない。すべての分節が各構成要素を含むわけではない。

神経堤は各分節の結合組織を形成する。神経頭蓋後部（後頭部）は椎骨に対する連続相同物ではあるが，内臓頭蓋のみが分節的なパターンを表しているようにみえる。

1つの分節の神経要素は背側，腹外側，背外側および腹側神経要素を含む。無羊膜類の脊髄背根に類似して，背側神経は BSM，VM，VS，SS からなる（脊髄神経は BSM 線維を持たないことに注意）。腹外側神経は腹外側プラコードに由来し，味覚のための線維を形成する。背外側プラコードに由来する背外側神経は，側線神経のための線維を供給する。腹側神経は，脊髄神経の腹根に平行な体性運動性線維を形成する。

背側および腹外側要素は混合性脳神経を代表する（第Ⅶ，Ⅸ，Ⅹ脳神経。第Ⅴ脳神経は味覚線維を欠くことに注意）。

背外側要素は側線脳神経（ALL，PLL）を形成し，腹側要素は体性運動性脳神経（第Ⅲ，Ⅳ，Ⅵ，Ⅺ，Ⅻ脳神経）を形成する。体性運動性要素は各分節における体節球（場合によっては体節）からの派生構造を神経支配する。

仮想的分節における体節球は一般に有対である。第一頭部分節の左右の体節球は第Ⅲ脳神経に支配される外眼筋を形成する。第二および第三分節においては，前部体節球は眼筋（それぞれ第Ⅳ，Ⅵ脳神経に支配される）を形成し，後部体節球は鰓節筋（それぞれ下顎筋と舌骨筋）を形成する。第四分節では，前部体節球は失われているようで（この分節に関連する眼筋は存在しない），1つの体節球が第一鰓弓の鰓節筋（第Ⅸ脳神経に支配される）を形成する。それに続く分節は残りの鰓節筋（第Ⅹ脳神経に支配される）を形成する1つの体節に関連するように思われる。

上記の分節性パターンに上書きされているのは咽頭弓の構造である（図16-39における大動脈弓と咽頭）。これらのパターンの下には，個々の分節の発生ドメインを決定するように思われる調節遺伝子の発現があるということを忘れてはいけない。これがいかにしてなされるかというメカニズムはいまだに知られていない。さらに，1つの分節内の各組織間の関係は不明瞭である。背側の中空な神経索の発生において，脊索（脊索中胚葉）はその上にある外胚葉に誘導的なシグナルを与える。このシグナルがなければ神経索は形成されない。これら組織と組織の間の関係は頭部ではいまだに不明であるが，このことは研究の刺激的な領域の基礎をなしている。

要約

1．ニューロンは神経系の機能的単位である。これは1つの細胞体と1つ以上の突起からなる。長い突起は軸索，短い突起は樹状突起である。
2．神経線維とは軸索とその髄鞘である。
3．神経とは中枢神経系（CNS）の外にある神経線維の束である。線維路（伝導路）とはCNS内の神経線維の束である。
4．CNSは脳と脊髄からなる。末梢神経系はCNSの外にあるすべてのニューロンとその突起を含む。
5．核はCNS内にある類似した機能を持つ細胞体の一群である。核は脳と脊髄の灰白質を構成する。
6．神経節はCNSの外にある細胞体の一群である。神経節は知覚性であるが，自律神経系のものは運動性である。
7．神経伝達物質は神経インパルスのシナプス通過を促進したり抑制したりするアミンである。神経分泌物はポリペプチドホルモンである。これらは神経分泌ニューロンによって分泌され，血中に運ばれる。
8．運動性ニューロンの細胞体は1つの例外を除き脊髄あるいは脳の内部にある。自律神経系の節後線維の細胞体は自律神経節内にある。
9．一次知覚ニューロンの細胞体は脳神経および脊髄神経の知覚神経節内にあるが，3つの大きな例外がある。嗅神経線維の細胞体は嗅上皮内にあり，視神経線維のものは網膜内にあり，脳神経の固有受容線維のものは中脳内にある。
10．知覚神経節は主に神経堤から生じる。頭部にある少数のものは外胚葉プラコードから生じる。
11．嗅覚ニューロンと網膜の錐体および杆体は，時に神経感覚細胞とよばれる。
12．前脳より後方にある胚期の神経管は，それぞれ知覚性および運動性である翼板と基板からなる。翼板は二次知覚ニューロンを生じる。基板は節後ニューロン以外の運動性ニューロンを生じる。
13．CNS内の神経膠細胞は上衣細胞，希突起膠細胞，小膠細胞，星状膠細胞からなる。
14．シュワン細胞は末梢で神経線維を取り巻く神経堤細胞である。これらは生きている膜である神経鞘を形成する。この鞘は（CNSの希突起膠細胞と同様に）髄鞘を形成する。
15．脊髄は中心管を取り巻く核と線維路からなり，線維路は脊髄を上行，下行，あるいは一方から他方へ横行する。脊髄は1つ以上の髄膜に囲まれている。
16．原始髄膜は魚類の脳と脊髄を取り囲む。硬膜と軟髄膜は原始的な四肢動物に存在する。後者はいくつかの鳥類や哺乳類一般で軟膜とクモ膜に分化する。
17．脊髄は有対肢の位置で頸膨大と腰膨大を持つ。脊髄が脊柱より短いと，脊髄は馬尾をともなう終糸に終わる。魚類は尾の基部に不対の神経内分泌性の膨大部である尾部下垂体を現す。これは神経内分泌細胞を収容する。
18．脊髄神経は起始と分布において体節的である。大部分の脊髄神経は背側および腹側の小根と根，そして背枝，腹枝，交通枝を現す。腹枝はしばしば合体して神経叢を形成する。
19．大部分の脊髄神経は背根に知覚神経節を持つ。第Ⅴ，Ⅶ～Ⅹ脳神経も知覚神経節を持つ。
20．後頭脊髄神経は知覚根を欠き，鰓下筋に分布する。この神経は第Ⅹ脳神経と第一脊髄神経の間で生じ，無羊膜類に共通に存在する。後頭脊髄神経は有羊膜類では第Ⅺ，Ⅻ脳神経に相当する。
21．脊髄神経は次の線維要素を持つ；SS，SM，VS，VM。脳神経はこのうちの1つ以上と次のうちの1つ以上を含むことがある；プラコード性，P_{DL}，P_{VL}，BSM。

22. 無羊膜類は 14 ～ 20 の脳神経を持つ。有羊膜類は 15 の脳神経（ヒトでは一般に 13 の脳神経のみが認められる）を持つ。第 0，I，VN，II，E，P，ALL，PLL，Ⅷ脳神経は嗅上皮，鋤鼻器，網膜，上生体複合体，吻鼻の皮膚，前後の側線および膜迷路に対して純知覚性である。第Ⅲ，Ⅳ，Ⅵ脳神経は眼球の筋節性筋に分布する。第Ⅴ，Ⅶ，Ⅸ，Ⅹ脳神経は運動線維と知覚線維を持って咽頭弓に分布する。
23. 第Ⅴ脳神経は頭部および口腔外胚葉部の皮膚知覚に対する主要な神経である。第Ⅶ，Ⅸ，Ⅹ脳神経は味蕾にも分布する。
24. 第Ⅺ脳神経は延髄根と脊髄根を持つ。この神経は鰓節神経の後端および後頭脊髄神経に由来する。内枝は迷走神経とともに分布する VM 線維を含む。外枝は僧帽筋と胸鎖乳突筋に分布する。
25. 第Ⅻ脳神経は後頭脊髄神経に相当する。この神経は舌の筋に分布する。
26. 自律神経系は平滑筋，心筋および腺を支配する。頭仙部（副交感神経）の節前線維は第Ⅲ，Ⅶ，Ⅸ，Ⅹ，Ⅺ脳神経を介して脳から，そして脊髄仙骨神経を介して仙髄から起こる。胸腰部（交感神経）の節前線維は脊髄胸神経および腰神経を介して脊髄から起こる。
27. 自律神経節には旁脊椎神経節（交感神経系），側副神経節（頭部あるいは腹大動脈近傍），終神経節（体幹で自律神経が分布する器官の近傍あるいは内部）がある。
28. 頭部の自律神経節とその関連する神経には，毛様体神経節（第Ⅲ脳神経），蝶形口蓋神経節（翼口蓋神経節）（第Ⅶ脳神経），下顎神経節（第Ⅶ脳神経），耳神経節（第Ⅸ脳神経）がある。これらは副交感性神経節である。
29. 大部分の内臓は交感神経系および副交感神経系線維の分布を受けている。皮膚の臓性効果器は交感神経の支配のみを受けている。
30. 脳脊髄液は側脳室，第三脳室，第四脳室の脈絡叢によって分泌され，脳室と脊髄中心管を満たし，第四脳室の天井にある孔を介して髄膜下腔に流出する。この液は脳と脊髄の静脈路によって直接に，またこれを脳の主要な静脈洞に戻すクモ膜絨毛によって回収される。
31. 脳は前脳，中脳，菱脳という 3 つの主要な区画を持つ。哺乳類におけるこれらの区画の重要な構成要素を以下に挙げる（表 16-8）。

理解を深めるための質問

1. 神経系の細胞性要素は何か？　これらを記述せよ。
2. 中枢神経系の外にある神経系細胞は，中枢神経系の内部でみられるものとどのように異なっているか？
3. 中枢神経系は内部から外へ成長するといわれている。この観察を神経管の内部にみられる層区分によって説明せよ。
4. 感覚細胞にはどのようなタイプがあり，またどのように異なるか？
5. 脳と脊髄の被覆パターンは系統発生学的にどのように変化したか？
6. 哺乳類の典型的な脊髄胸神経を図示せよ。小根，根，分枝，交感神経幹を示し，ニューロンを 4 つの機能群（VM，VS，SM，SS）に分けて描け。
7. 脳の 5 つの領域とは何か？　各区画に関連する最も重要な構造を 1 つ挙げよ。
8. 小脳にはどのような機能が関連するか？　その大きさの相違は何を示唆しているか？
9. 中脳蓋は感覚入力に関連している。中脳蓋ではどのような感覚が処理され，また中脳蓋は系統発生学的にいかに変化したか？
10. 脳室の起源は何か？　脳室に関連する機能は何か？
11. 哺乳類の新皮質にはどのような機能が関連しているか？

表 16-8　前脳，中脳，菱脳の重要な構成要素

前脳		中脳	菱脳	
終脳	間脳		後脳	髄脳
嗅球	視床上部	視葉 } 中脳蓋	小脳	延髄
嗅索	手綱	聴葉 } 中脳蓋	橋	迷走葉
大脳半球	松果体	被蓋	第四脳室	錐体路
新皮質	視床	大脳脚		第四脳室
大脳基底核	中間質（視床間橋）	赤核		
脳梁	視床下部	中脳水道		
内包	視交叉			
灰白終板	ロート茎と下垂体			
側脳室	第三脳室			
	大脳動脈輪（ウィリス動脈輪）			

12. 典型的な無羊膜類における脳神経は何か？　それらを省略形，名称，そして主な機能によって列挙せよ。
13. 有羊膜類の脳神経はどのように異なるか？
14. 自律神経系を分類せよ。位置，節前および節後線維のパターン，神経伝達物質および機能も述べよ。
15. 有頭動物の頭部は分節的か？　私たちはこのことに関してどのような証拠を持っているか？

参考文献

AAriens Kappers, C. U., Huber, G. C., and Crosby, E. C.: The comparative aznatomy of the nervous system of vertebrates, including man, 2 vols. New York, 1936, The Macmillan Co. (Republished by Hafner Publishing Co., 1960, New York.)

Braun, C.B., and Northcutt, R.G.: Cutaneous exteroreceptors and their innervation in hagfishes. In Jørgensen, J.M., Lomholt, J.P., Weber, R.E., and Malte, H., editors: The biology of hagfishes. London, 1998, Chapman & Hall.

Bullock, T. H., and Horridge, G. A.: Structure and function in the nervous systems of invertebrates, 2 vols. San Francisco, 1965, W. H. Freeman and Co., Publishers.

Butler, A.B., and Hodos, W.: Comparative vertebrate neuroanatomy: Evolution and anatomy. New York, 1996, Wiley-Liss.

Finger, T. E.: What' s so special about special viscera? Acta Anatomica 148:132, 1993.

Finley, B. L., and Darlington, R. B.: Linked regularities in the development and evolution of mammalian brains, Science 268:1578, 1995.

Fritzsch, B., and Northcutt, R. G.: Cranial and spinal nerve organization in amphioxus and lampreys: Evidence for an ancestral craniate pattern, Acta Anatomica 148:96, 1993.

Hopkins, W. G., and Brown, M. C.: Development of nerve cells and their connections. New York, 1984, Cambridge University Press.

Jacobson, M.: Developmental neurobiology, ed. 2. New York, 1978, Plenum Press.

Morell, P., and Norton, W. T.: Myelin, Scientific American 242(5):88, 1980.

Myers, P. Z.: Spinal motorneurons of the larval zebrafish, Journal of Comparative Neurology 236:555, 1985.

Nichol, J. A. C.: Autonomic nervous system in lower chordates, Biological Reviews 27:1, 1952.

Norris, H. W., and Hughes, S. P.: The cranial, occipital, and anterior spinal nerves of the dogfish, Squalus acanthias, Journal of Comparative Neurology 31:293, 1920.

Northcutt, R. G.: Ontogeny and phylogeny: A re-evaluation of conceptual relationships and some applications, Brain Behavior Evolution 36:116, 1990.

Northcutt, R. G.: The origin of craniates: Neural crest, neurogenic placodes, and homeobox genes. In Gans, C., Kemp, N., and Poss, S., editors: The lancelets (Cephalochordata): A new look at some old beasts (IVth International Congress of Vertebrate Morphology), Israel Journal of Zoology 42:273, Supplement, 1996.

Northcutt, R. G., and Bemis, W. E.: Cranial nerves of the coelacanth Latimeria chalumnae (Osteichthyes: Sarcopterygii: Actinistia) and comparisons with other craniata, 1993. Reprint of Karger, S.: Brain, Behavior and Evolution 42. Basel: Medical and Scientific Publishers.

Northcutt, R. G., and Gans, C.: The genesis of neural crest and epidermal placodes: A reinterpretation of vertebrate origins, The Quarterly Review of Biology 58(1):1, 1983.

Pearson, R., and Pearson, L.: The vertebrate brain. New York, 1976, Academic Press.

Rovainen, C. M.: Neurobiology of lampreys, Physiological Reviews 59:1007, 1979.

Shuangshoti, S., and Netsky, M. G.: Choroid plexus and paraphysis in lower vertebrates, Journal of Morphology 120:157, 1966.

Szekely, G. The morphology of motor neurons and dorsal root fibers in the frog' s spinal cord, Brain Research 103:275, 1976.

インターネットへのリンク

Visit the zoology website at http://www.mhhe.com/zoology to find live Internet links for each of the following references.

1. Whole Brain Atlas Top 100 Brain Structures.
   Actually 106 structures, with photographs and MR images, CT scans etc., of the structures, including pathology.
2. Histology—The Web Laboratory. Links to units on many systems of the human body, including the nervous system. Many interesting histological photomicrographs.
3. The Cranial Nerves. An overview, then specific information on each of the 12 cranial nerves from LUMEN.
4. The Nervous System and Special Senses. The cat nervous system and sheep brains in photographs. Allows an interactive quiz to identify structures.
5. Comparative Mammalian Brain Collection. This site compares the anatomy of many different mammalian brains.

第17章 感覚器

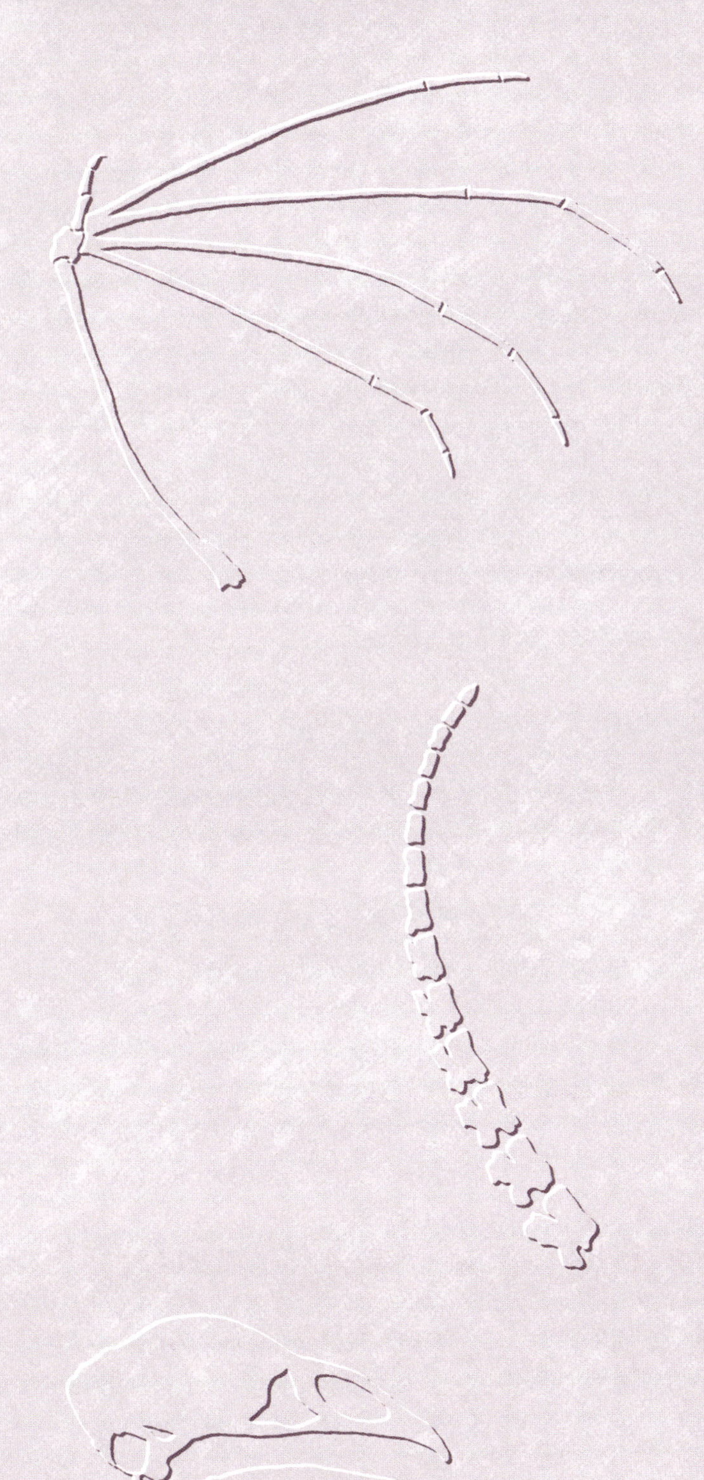

本章では有頭動物が外部環境と内部環境を監視できるようにする器官について解説する。外部環境はその時々の安寧に大きな影響を及ぼすので，それに比例して多くの時間を周囲の環境に対する監視装置，すなわち外受容器のために割くことにする。その途中で，骨格筋がいかなる刺激にも反応できるようにするための感覚フィードバック機構にも注目する。

概要

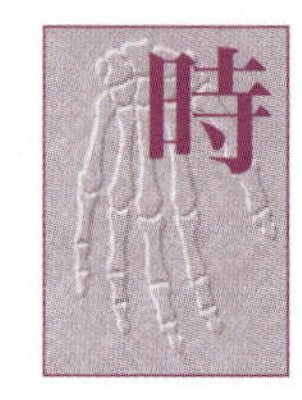

時間の経過とともに，外的および内的環境を監視するための多様な感覚器が進化した。感覚器（受容器）は特殊な形状の運動エネルギーの変換器である。これらは機械的，電気的，温度的，化学的あるいは放射エネルギーを感覚ニューロンの神経インパルスに変化させる。

有頭動物は情報を処理するための一連の不可欠な感覚器とそれに必要な中枢神経系伝導路とともに生じた。これらは機械的に刺激される側線管系，聴覚を併せ持つこともある機械受容性前庭系，光受容器（側方眼と正中眼）とその中枢性伝導路，嗅覚系，嗅覚以外の化学受容器，一般体性知覚系，そして一般臓性知覚系である。電気受容器は脊椎動物とともに生じた。

受容器の多くは容易に化石となる骨格性被嚢によって保護され，あるいは，それらは化石化した皮膚装甲に消えることのない圧痕を残している，あるいは紛れもない孔があるため，これらすべての系は既知の最古の脊椎動物である甲皮類に存在したと確信を持って言うことができる。それに続く脊椎動物の進化の間に，受容器は突然変異を受けた（あるものは他のものよりもっと著しい変異を受けた）。側線管系のようなものは陸生脊椎動物で消失した。一方では，赤外線領域の温度受容器のような新しいシステムが出現して，陸上での生存にある役割を果たしている。

体性受容器 somatic receptors は外的環境（**外受容器** exteroceptors）および骨格筋系の活動（**固有受容器** proprioceptors）に関する情報を与える。その知覚線維は脳と脊髄の翼板にある体性知覚柱の核に終わる（図 16–31，SS，P_{DL} 参照）。この情報に反応して，動物は適切な骨格筋の応答を起こす。例えば，潜在的な敵の接近による刺激は移動あるいは姿勢の変化を引き起こし，魚群のなかで周囲の魚からの入力は，群れにおける個々の魚の方向性を反射的に維持する。体性受容器というカテゴリーには味や匂いなどのための化学受容器は含まれない。

臓性受容器 visceral receptors は動物の体内環境に関する情報（**内受容器** enteroceptors）と環境からの嗅覚および味覚情報を与える。その知覚線維は，嗅覚のものを除き，脳と脊髄の臓性知覚柱の核に終わる（図 16–31，VS 参照）。臓性受容器からの情報の結果，適切な内的環境が反射的に維持される。嗅覚刺激は，特に有羊膜類において，体性と臓性両者の応答を引き起こすが，嗅覚刺激は多少とも恣意的に臓性と分類されている。

多くの知覚神経線維，特に臓性線維の末梢終末は直接に刺激されるけれど，**非神経性中間受容細胞** intermediary nonnervous receptor cells あるいはそのグループは，しばしば刺激によって始動させられたエネルギーの変換器として働き，そして受容細胞は刺激を知覚神経線維に伝える。

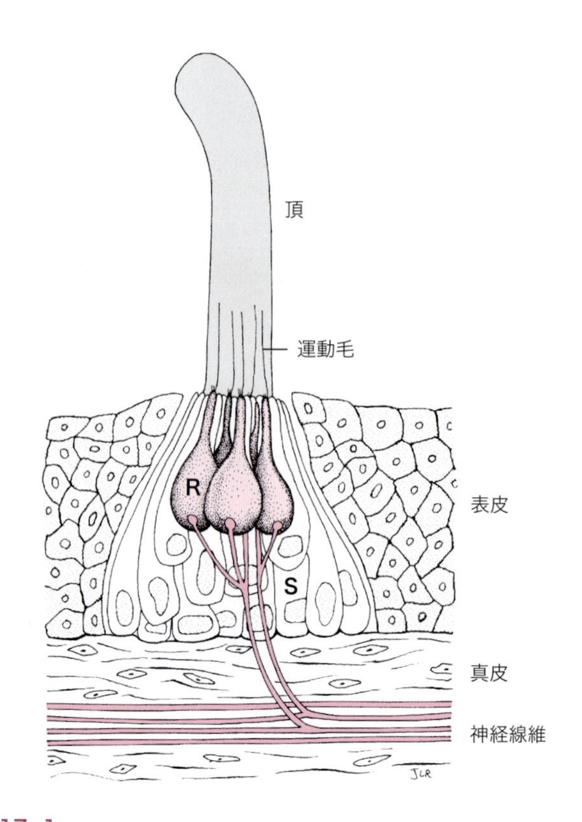

図 17–1
マッドパピーの表皮の神経小丘器官。R：1本の運動毛と3，4本の短い繊細な不動毛（運動毛の基部にある）を頂のなかに伸ばす有毛細胞（受容細胞）。有毛細胞の基部には厚い髄鞘に包まれた知覚神経線維が接触している。S：支持細胞。

有毛細胞 hair cells は受容細胞の1種である（図 17–1）。この細胞は様々な数の短い不動毛と通常は1本の長い運動毛を備えた細長いあるいは球根状の上皮細胞で，不動毛と運動毛は感覚上皮を浸している液のなかに突出している。線毛は時にはゼラチン状の集塊である**頂** cupula に埋没している。線毛の代わりに細胞質性の突起を遊離縁に持った受容細胞は味蕾に存在する（図 17–23）。

便宜上，感覚器は一般受容器と特殊受容器に分類することができる。**一般受容器** general receptors は皮膚と体内に広く分布している。**特殊受容器** special receptors の分布域は限られている。これらは魚類と水生両生類を除いて頭部に限局している。本章では，一般および特殊受容器のいくつかを取り上げる。

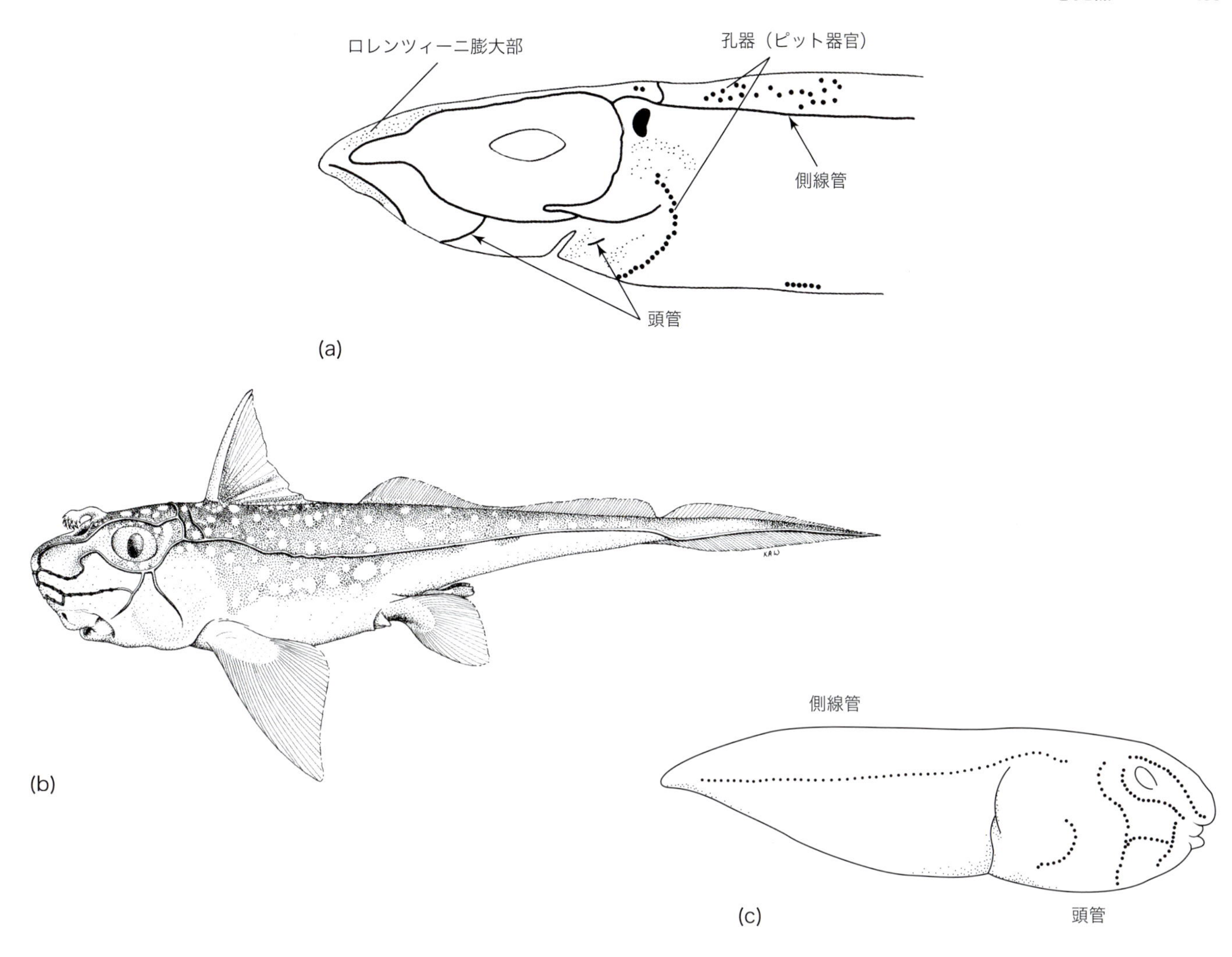

図 17-2
水生有頭動物における神経小丘器官の分布。
(a) ツノザメにおけるいくつかの外部への開口部。(b) ギンザメの盛り上がった管系。(c) 無尾類のオタマジャクシ。

特殊体性受容器

魚類と水生両生類の神経小丘器官

神経小丘は上皮性受容器で，有毛細胞の集団と，一般に液のなかに突出した頂からなる（図 17-1）。有毛細胞に関連して**支持細胞** supportive（sustentacular）cells が存在する。神経小丘はその位置と種によって単独であるいは群れをなして配置されている。

魚類と水生両生類では神経小丘は主に池や海水における機械的刺激を監視するが，そのあるものは電気的受容器や化学受容器として働くこともある。最も単純な神経小丘は表皮における浅い穴や溝に入っており，頂を池や海水に突出させている。これらの**外神経小丘** external neuromasts は無顎類，両生類の幼生および水生有尾類に特徴的である。魚類からヒトまでの有頭動物の膜迷路（内耳）に存在する**内神経小丘** internal neuromasts はさらに特殊化している。

いくつかの有顎魚類では神経小丘は液に満たされた穴のなかにあり，この穴は表皮の下にあって孔によって表面に開いている。これらは**孔器（ピット器官）** pit organs である。その他の神経小丘は長い導管を持った小嚢あるいは膨大部のなかにあり，導管がこれらを表面と結んでいる。これらのなかにはシビレエイの**サヴィ器官** vesicles of Savi やサメの**ロレンツィーニ膨大部** ampullae of Lorenzini がある（図 17-2 a)。小嚢や膨大部のなかのゼリー状の液は，これらの器官を裏打ちする腺細胞によって分泌される。原始的な新鰓類（条鰭類）であるアミアは，頭部のみに 3,700 もの膨大部を有する。孔器（ピット器官），サヴィ器官，ロレンツィーニ膨大部は，例外はあるが主に頭部に見いだされる。

最も一般的にみられる神経小丘器官は，液体に満たされた**側線管系** lateral-line canal system と**頭管系** cephalic canal system である（図17-2）。最も単純な形態では，これらは線状に連なった神経小丘で，頭部表面の多数の浅い管状の溝のなかおよび体の側線に沿って尾の先端にまで伸びる溝のなかに位置する。化石のアカンソジース類や板皮類の皮膚装甲における同一の溝は，元来この系は全身を覆う表層の管の回路網であったことを明らかにしている。

この回路網は後世の魚類では多数の分枝の消失や管の遮断によって減少した。サメでは管は頭部と体幹の皮膚のなかに沈んだが，尾部では開いた溝のままである。ギンザメでは管は表面に盛り上がった隆起を形成し，そこで管を容易に認めることができる（図17-2b）。神経小丘が閉ざされた管のなかにある場合には，一定の間隔で孔が表面に開いている。現代の硬骨魚類では，管は外的環境からさらに隔離され，しばしば外皮の下にある皮骨のなかに埋まっている（図17-3）。ある種の真骨類では管は頭部に限られている。

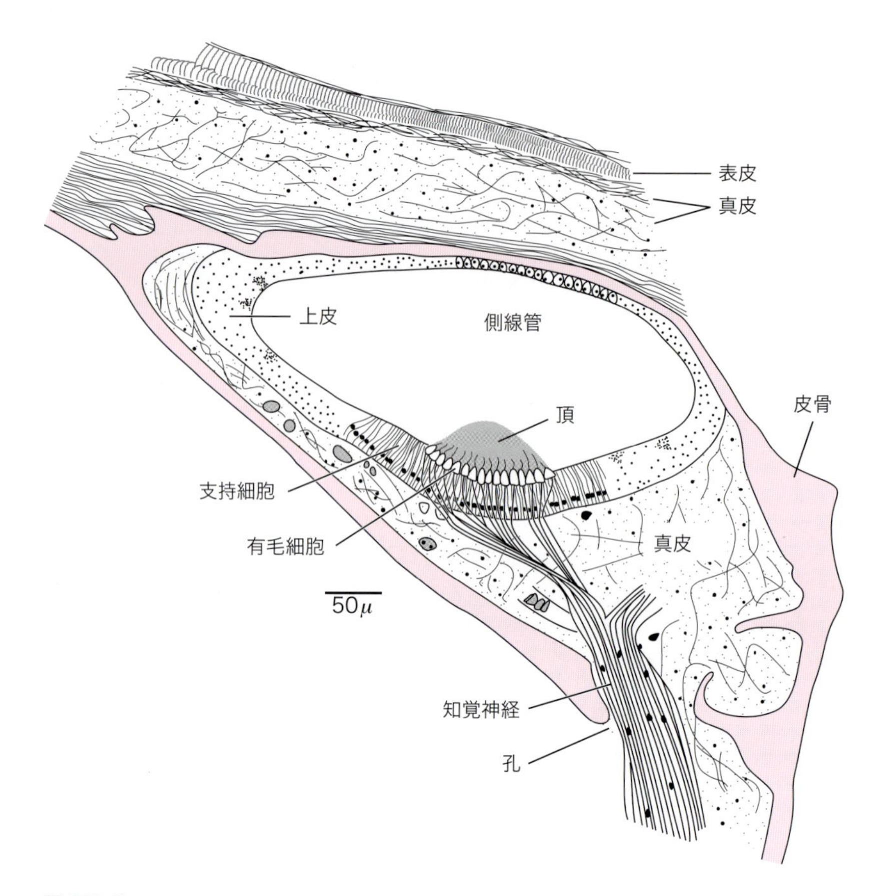

図17-3
硬骨魚類の側線管における神経小丘器官，横断面。側線管は骨（赤色）のなかに埋没している。知覚神経が孔を通って骨を貫通する。

自由遊泳をする両生類の幼生，特に無尾類のオタマジャクシは，通常は変態の際に側線管系と頭管系を失う。両生類の幼生でそうならないものは有尾類であるブチイモリの幼生である。これらの幼生がレッドエフトへと変態して陸上に移ると神経小丘器官は増殖中の角質層の下に埋没する。後に（場所によっては数年後）エフト（陸生段階の未成熟イモリ）が性成熟したイモリとして水に戻るときに，角質層は剥がれ落ち，管系が再び露出する。

魚類の管系の主要部分は水中の低周波の圧縮波，水流，そしておそらく水圧などの機械的刺激に反応する。ある種の魚類では，ある部分が低電位に反応する。例えば，水流には流れのなかで生じたもの，近くの魚の移動運動に引き起こされたもの，静止した対象から反射した波などがある。低周波数の圧縮波への反応は，魚類は内耳を介して音を聞くことができるという信念の初期の根拠だった（後に簡単に触れるが，少なくともある種の魚類は音を聞くことができる）。機械的受容器からの入力により，魚類は水流のなかで適切に方向付けしたり（**流走性** rheotaxis），群泳に参加したり，潜在的な敵を避けたりすることができる。暗黒の洞窟に住む盲目の食肉魚類は，食物の位置をこの入力によって突き止める。管系の役割はその種の生息地（例えば山間の急流に対する大洋の深海），食習慣（捕食者と植物食者），群泳の傾向，その他環境的および行動的相違によって様々である。

電気知覚は，最初は脊椎動物の1つの特徴であったが，板鰓類の膨大部の神経小丘器官および大部分の硬骨魚類の頭管系あるいは側線管系で証明されている。1匹の魚の呼吸筋および運動筋の単なる収縮が十分な電位を発生させ，その電位の存在は短い射程距離で他の魚の電気受容性神経小丘によって検出される。電気知覚は魚類で独立に数回明らかに生じた。電気受容器からの線維は脊髄と脳の核に終わり，その核は機械受容性入力を受けるものとは全く異なっている。また，真骨類の核は他の魚類の核と同じ位置は占めない。電気受容器はまた有尾類の幼生，ある種の水生無足類および水生単孔類にも存在し，これらの動物は水面下の獲物をみつけるために電気受容器を用いる。

側線管系の神経小丘器官は頭部から尾の先端まで伸びる

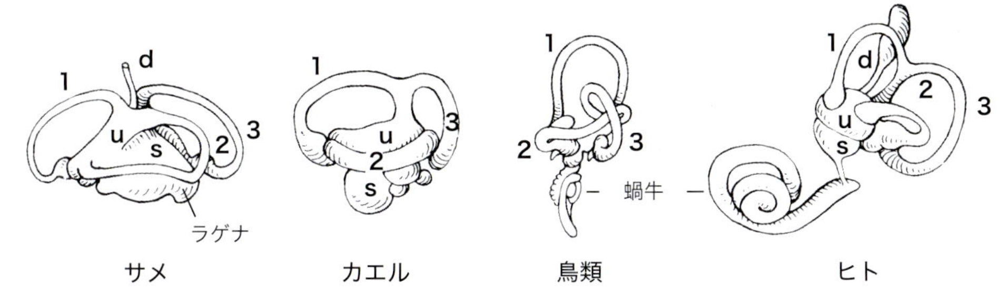

図 17-4
代表的有頭動物の左の膜迷路。1：基部に膨大部を持つ前半規管。2：外側半規管。3：後半規管。d：サメで内リンパ管，ヒトで内リンパ管と内リンパ嚢。サメでは内リンパ管は外部に開く。s：球形嚢。u：卵形嚢。

胚期の一連の**外胚葉プラコード** ectodermal placodes から生じる（第５章参照）。菱脳外側にあるこれら外胚葉プラコードのうちの１対が頭部のなかに沈んで，内耳の膜迷路となるが，内耳は神経小丘器官の複合体である。魚類の膜迷路と側線系はひとまとめに**聴側線系** acousticolateralis (octavolateralis) system の受容器を構成し，第Ⅷ脳神経，前および後側線神経に支配される（後者の２つはまとめて６つの側線神経を代表する）。幼生を脱した陸生の両生類および有羊膜類では，神経小丘器官は第Ⅷ脳神経に支配されるものだけである。

膜迷路

すべての有頭動物は液体に満たされた１対の膜迷路（**内耳** inner ears）を持つ。これらは神経頭蓋の耳嚢の一部で，膜迷路と類似した形状の，軟骨性あるいは骨性の迷路のなかに位置する（図 17-4）。膜迷路は神経小丘機械受容器の高度に特殊化した複合体である。多くの魚類では，膜迷路は主に平衡感覚に働く。ある種の魚類と四肢動物では，これらは音の受容器でもある。

膜迷路は骨迷路の壁から**外リンパ** perilymph に満たされた**外リンパ隙** perilymphatic space によって隔てられている（図 17-11，淡赤色）。この液は膜迷路の軟骨性あるいは骨性管のなかで膜迷路を衝撃から守っている。骨迷路と膜迷路の間の間隙を横切って微細な結合組織のひもが伸びて，これが膜迷路を安定させ，また定位置に継ぎ留めている。外リンパはいくつかの経路によってこの間隙内に漏れだした脳脊髄液からなっている。膜迷路のなかの液は**内リンパ** endolymph である。これは体内の他の場所にある間質液に似ている。内リンパと外リンパはいかなるところでも混じりあうことはない。

有顎類の各膜迷路は３本の**半規管** semicircular ducts と２つの膜性嚢である**球形嚢** sacculus および**卵形嚢** utriculus からなっている。魚類と両生類では，各球形嚢の床あるいは壁に小さな膨出部である**ラゲナ** lagena が存在する（図 17-4，サメ）。哺乳類と鳥類ではラゲナは拡張して**蝸牛** cochlea になった。

半規管の内腔は卵形嚢の内腔と連続しており，それぞれの半規管は卵形嚢との会合部付近に拡張部である**膨大部** ampulla を持つ。卵形嚢の内腔は球形嚢の内腔と連続している（図 17-4）。前半規管と後半規管はお互いに直交する垂直面内にある。第三の外側半規管は水平面内にある。したがって半規管はそれぞれ空間の３平面内にある。

ヤツメウナギでは各迷路は２本のみの半規管，すなわち前後の垂直半規管を持つ。ヌタウナギは後垂直半規管のみを持ち，特徴的なことにこの半規管には両端に膨大部がある。またある種の無顎類では球形嚢と卵形嚢はほとんどあるいは全く区別できない。これらの動物の迷路が原始的なものというよりむしろ変化した有頭動物の状態を先取りしているのかどうかについては，憶測を巡らせられるに過ぎない。

少数の真骨類以外では，ほぼ球形嚢と卵形嚢の会合する場所から背側に**内リンパ管** endolymphatic duct が生じ，これは通常では盲端の**内リンパ嚢** endolymphatic sac に終わる（図 17-4，17-11）。特徴的なことに，板鰓類では内リンパ管は盲嚢に終わるのではなく，頭頂部にある２つの内リンパ孔を通って外界に開く。哺乳類では，内リンパ嚢は側頭骨の下で脳のクモ膜下腔にある。大部分の有頭動物では１対の**外リンパ管** perilymphatic duct が外リンパ隙から生じ，これらも通常はその付近の小嚢に終わる。サメではこれらは内リンパ管と平行に走り，内リンパ窩（２つの耳嚢の間で神経頭蓋の正中背側面にある陥凹）のなかの小嚢に終わる。哺乳類では，外リンパ管は脳の上にあるクモ膜下腔に直接開き，脳脊髄液と外リンパを結ぶ回路を形成する。大部分の有頭動物で外リンパ管の役割はほとんど知られていない。

膜迷路は単層扁平上皮に裏打ちされた結合組織複合体である。膜迷路の各構成要素，すなわち球形嚢，卵形嚢，膨大部，そして鳥類と哺乳類のラゲナまたは蝸牛のなかのこの上皮には，１カ所以上の神経小丘域がある。各小丘域は多数の有毛細胞を含み，これらの細胞は第Ⅷ脳神経の知覚線維の支配を受けている。膨大部のなかの神経小丘域は膨大部稜である。他の部位の神経小丘域は平衡斑である。

膨大部稜と平衡斑は構造的詳細が異なっている（図 17-

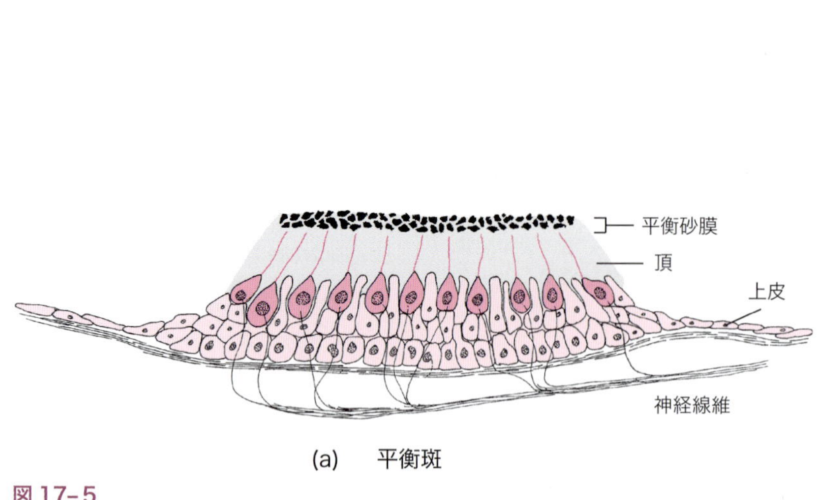

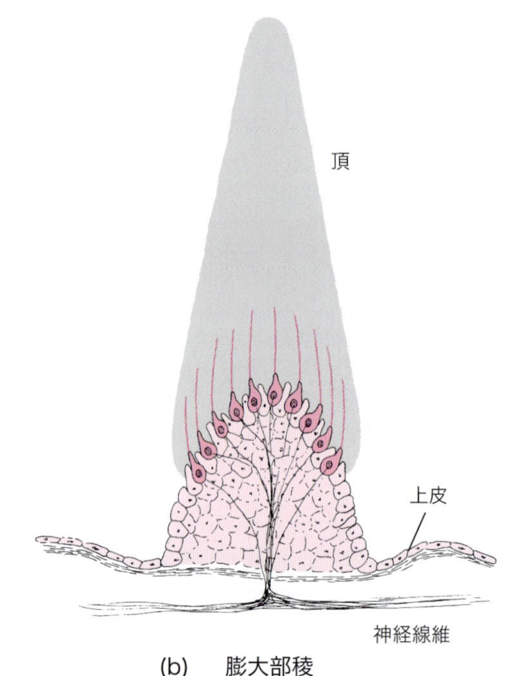

図 17–5
基本的有頭動物の膜迷路の神経小丘器官を一般化して示す。(a) 平衡砂膜を持つ平衡斑。(b) 半規管膨大部にのみ見いだされる膨大部稜。濃赤色は有毛細胞。

5）。**膨大部稜** crista は有毛細胞を載せた上皮細胞の乳頭である。有毛細胞の運動毛は内リンパのなかに突きでた背の高いゼラチン状の頂のなかに埋没している。自動運動を行わない内リンパが頭部の回転運動に応答したときに，線毛は機械的に位置をずらされる。大部分の無羊膜類における**平衡斑** macula は平らな頂を備えた小丘で，通常は小丘の表面に平衡砂の層があり，**平衡砂膜** otolithic membrane を構成している。（鳥類を含む）大部分の爬虫類と哺乳類の平衡斑は頂を欠き，有毛細胞の上に横たわっているのは蓋膜である（図17–10，2）。

軟骨魚類，アカンソジース類および硬骨魚類にのみ見いだされる**平衡砂** otoliths（**聴砂** otoconia）はタンパク質と結合した炭酸カルシウムの結晶である。これは堆積成長する。多くの魚類では，1個の大きな平衡石が球形嚢をほとんど満たしている。その他の魚類では平衡砂は顕微鏡的で，多数存在し，無構造の集塊を構成する。サメの解剖の際に球形嚢を破ってしまうといつでも，結晶は球形嚢からこぼれでてしまう。これらは虫眼鏡で容易にみることができ，その結晶的性状は透過光のなかで観察できる。平衡砂の形態には種差があるので，魚をみなくても取りだした平衡砂からなんという種類の魚のものか特定できる。平衡砂は四肢動物では一般に平衡砂膜に限局されている。

すべての有頭動物の膜迷路は発生の際に菱脳外側の頭部で1対の外胚葉性**耳プラコード** otic placode として生じる。魚類では，このプラコードは側線管系の神経小丘を生じさせるプラコードと連続している。耳プラコードは胚の頭部のなかに沈み込んで1対の液体で満たされた小胞，すなわち**耳胞** otocysts となる（図17– 6）。耳嚢は発生中の迷路の周囲に堆積する。

球形嚢，卵形嚢，半規管はもともと平衡（広い意味のバランス）器官である。しかし，少なくともある種の魚類では平衡斑はある程度聴覚のために機能する。

迷路の平衡覚機能

球形嚢，卵形嚢，半規管は空間における頭部の位置を，それが静止して（静的平衡）いようと動いて（動的平衡）いようと監視している。これらの器官からの情報は反射的に骨格筋に取り入れられ，骨格筋はその瞬間ごとに生存に適した姿勢を体に維持させる。しかしこれらの各器官の平衡覚における役割とは何であろうか？

1群としての有頭動物における球形嚢と卵形嚢に関してこの質問に答えることは，いくつかの有頭動物の綱で十分な実験的証拠が欠如していることが主な理由で，最も一般的な用語を用いてのみ可能である。私たちが確信しているいくつかの事実がある。球形嚢と卵形嚢の平衡斑は異なった平面上にある。1つの神経小丘の位置ですべての運動毛が同一の方向を向いているのではない。運動毛の向きは内リンパの運動と平衡砂膜あるいは平衡砂を持たない蓋膜の運動とによって影響を受けている。運動毛の転置は神経インパルスに翻訳され，脳内でシナプスによって伝達される。したがって，異

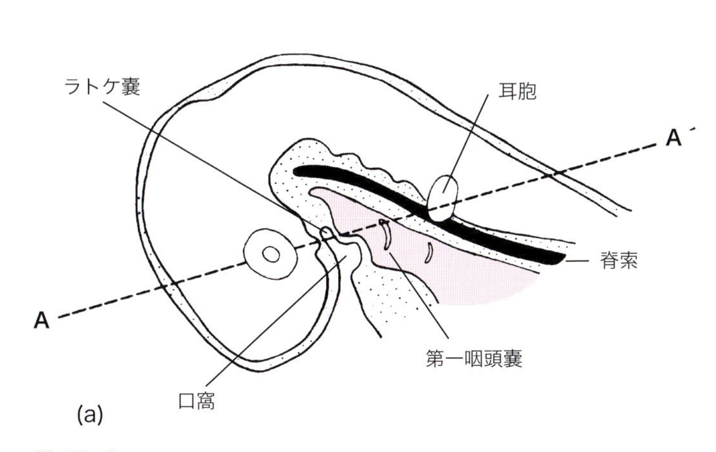

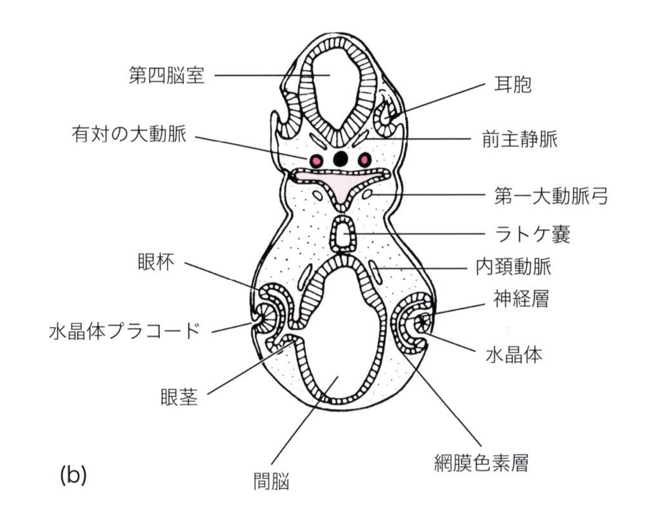

図 17-6
有羊膜類の内耳（耳胞），網膜（眼杯），水晶体（水晶体プラコード）の原基。(a) 胚の頭部，矢状断。(b) A----A' の高さにおける頭部の横断。(b) では左側に描かれた構造は発生のやや早い段階を示している。赤色は前腸。

なった平衡斑と，同一の平衡斑のなかの異なった有毛細胞は，内リンパが頭部の運動によって移動されるときに異なった刺激を受ける。それゆえ，球形嚢と卵形嚢は魚類の直線状の速度における変化に反応する。つまり，魚が直線的に泳いでいるときに，頭部の加速度の結果として刺激を受けると，ちょうどよい方向を向いた有毛細胞が発射を起こす。

ある解釈では，線加速度は運動毛に沿って伝わる傾向にあるが，平衡砂膜はその慣性のため最初は加速度に抵抗すると提案されている。その結果，覆っている膜に接しているいくつかの運動毛は加速度の方向と反対方向に曲がり，これが有毛細胞の基部にある知覚神経終末を刺激する。頭部をかしげると，一方の平衡斑が他方の平衡斑を全く異なって刺激するということも考えられている。

頭部の回転による刺激は，半規管の領域を有頭動物における誘導された状態にしているようである。膨大部稜の頂は内リンパのなかへ遠く突出し，ここで頂は頭部がどちらかに傾くときに内リンパに発生した剪断力（流体の移動に対する抵抗力）による転置に従う。その結果，頂のなかに閉じ込められた運動毛の曲がりは神経インパルスに翻訳される。

半規管，球形嚢，卵形嚢で発生した感覚インパルスは脳幹および小脳の核へ伝達され，そこで 1 つの結果として眼球の反射運動が開始される。その結果，眼は常に頭部の位置に適合した方向を見続ける。真っすぐに前を凝視し続けながら頭部を素早く横に向けるには意識的な努力が必要である。

眼球反射のインパルスは第Ⅷ脳神経の前庭根を伝わって延髄の前端に達し，そこでそれらは前庭神経核とシナプスする。この核からの二次知覚線維は上行路に入り，第Ⅲ，Ⅳ，Ⅵ脳神経の運動核に分布する。これらの核から運動線維が外眼筋を神経支配する。これは迷路の刺激によって引き起こされるいくつかの前庭反射の 1 つである。

迷路が反射的眼球運動を調節しているということは，誰かを回転椅子に座らせて何度も急激に回転させ，それから突然椅子を止めることで証明できる。その人は目が回り，みている人はその人の眼球が急激で発作的な側方への振動（左右に交互に動く運動；眼球振盪）を続けていることに気づくであろう。この眼球振盪は自力で運動できない内リンパが半規管の膨大部稜に剪断力を与えるのを止めたときに停止する。眼球振盪は目が回る原因である。

有羊膜類における迷路の平衡覚要素からの入力は，頭部と前肢の位置を変更させる反射運動行動をもたらし，それによりこれらの体部分は残りの体および重力に向いているように保たれる。例えば，逆さまになって高みから落ちたネコは足で着地するであろう。これは胸骨乳突筋や頸部のその他の筋に終わる前庭頸反射の結果であり，また前庭脊髄路によって腕神経叢を支配する運動核に終わる反射路の結果である。四肢動物は独立に動くことのできる多数の体部分を有しており，濃密な媒体のなかに浮いているわけでもないため，平衡の維持は四肢動物でより容易に証明できるが，これは水中の魚の生存にとっても等しく不可欠である。平衡を維持するという役割において，迷路は固有受容器の助けを借りているが，これについては後に簡単に述べる。

迷路の聴覚機能と蝸牛の進化

迷路は，ある種の魚類で聴覚機能を有する。この場合，平衡斑は音の振幅と周波数の縦の正弦波に反応する（低振幅，高周波）。ナマズ，キンギョ，コイなどを含み，大部分が淡水生の真骨類のグループであるコイ目では，水中の音波は膨らんだ鰾のなかの気体に類似の周波数の波を引き起こし，これらの波は**ウェーバー小骨** weberian ossicles によって迷路へ伝達される（図 17–7）。ウェーバー小骨は体幹椎骨の前位３個（時には４または５個）の一連の横突起が変化したもので，鰾と**不対洞** sinus impar，すなわち外リンパ隙の延長との間に伸びる。これらの魚類は音を聞くことができるが，この機構ではおそらく音がやってくる方向に関する情報は得られないであろう。これらの音を検出する特異的な平衡斑は知られていない。しかし，原始的四肢動物では音に反応する平衡斑がラゲナ近くの球形嚢に存在することが知られている。真骨類であるニシン目では，鰾の前方への延長が迷路と直接接触しているが，これが音波を伝達する経路であるかどうかは知られていない。音波を検出するための十分に低い閾値を備えた平衡斑を持つその他の真骨類がいることに関しては疑いがない。魚類における聴覚現象の範囲とこれに関係する受容部位についてはいまだ知られていない。

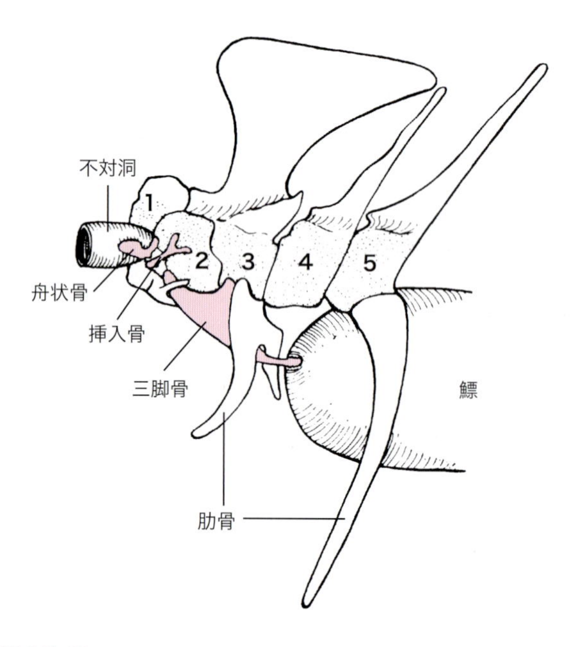

図 17–7
コイ目真骨類のウェーバー小骨(赤色)。1～5：前位5椎骨の椎体。不対洞は外リンパ隙の後方への延長である。小骨は変化した椎間靭帯によって互いに結ばれている。

有羊膜類の蝸牛の進化に関する記述は両生類に始まる。魚類の球形嚢とラゲナに関連する通常の平衡斑に加えて，両生類は頂の代わりに**蓋膜** tectorial membrane を有する２つの受容部位を持つ（哺乳類の蓋膜は図 17–10 に示されている)。両生類の受容部位の１つは球形嚢の**両生類乳頭** amphibian papilla であり，これはその他のいかなる有頭動物にも見いだされないのでこのように名づけられている（図 17–８a)。もう１つは**基底乳頭** basilar papilla であり，これは球形嚢の壁の陥凹のなかに存在する。これら２つの乳頭は両生類における音の受容器である。

大部分の爬虫類や鳥類では，ラゲナは球形嚢からつり下げられた顕著な嚢となる（図 17–８b)。これはいまだにラゲナ斑を収納しているが，その機能については知られていな

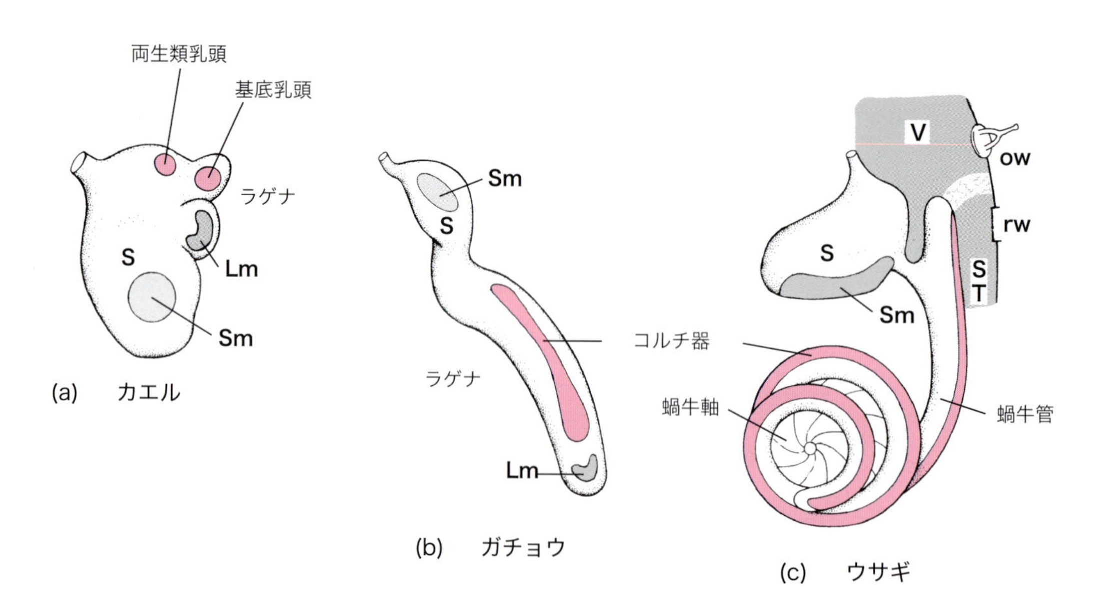

図 17–8
四肢動物における音の受容部位（赤色）と蝸牛管の進化。Lm：ラゲナ斑。ow：卵円窓。rw：正円窓。S：球形嚢。Sm：球形嚢斑。ST：鼓室階底。V：蝸牛前庭。鳥類と哺乳類のコルチ器は両生類の基底乳頭に由来する。蝸牛内の蝸牛管の方向については図 17–９，17–10，１（蝸牛管）参照（縮尺は図によって異なる)。

い。基底乳頭は，ワニ類，鳥類，単孔類ではその上皮性の内張りを組み込んで，唯一の音受容器である**コルチ器** organ of Corti となる（図 17–8b）。ラゲナが伸長するにつれ，周囲の外リンパ隙もそれに応じて伸長した。

有胎盤哺乳類（後獣類と真獣類）では，ラゲナはさらに伸長して**蝸牛管** cochlear duct，すなわち**中央階** scala media となる（図 17–8c）。その上皮の床のなかにコルチ器がある。蝸牛管は側頭骨岩様部の骨性の柱である**蝸牛軸** modiolus（図 17–8c）の周囲をらせん状に走り，これに，その位置から**前庭階** scala vestibuli と**鼓室階** scala tympani と名づけられる外リンパ隙が伴行する（図 17–9）。中央階，前庭階，鼓室階はひとまとめになって哺乳類の蝸牛を構成するが，これがそのように名づけられるのはカタツムリのらせん状の殻に似ているからである。らせんは種によって 1 ～ 5 回回転する。蝸牛軸のなかには蝸牛神経のラセン神経節が埋まっている。

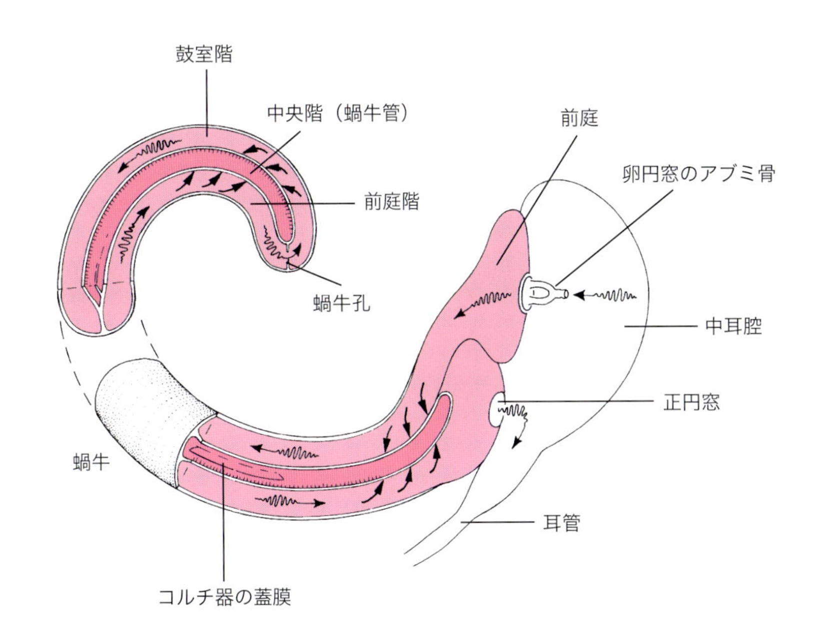

図 17–9
哺乳類の蝸牛において，中耳腔から前庭階を上行し，鼓室階を下行し，中耳腔に戻る音波の通路（矢印）。

前庭階（“前庭のはしご”の意味）は外リンパの小室である前庭（図 17–9）から始まり，前庭でアブミ骨からの音波が蝸牛に入る。前庭階はらせん状に上行して蝸牛頂に達し，そこで小孔である**蝸牛孔** helicotrema を介して鼓室階に続く。鼓室階はらせんに沿って下行し，耳嚢の外側壁にある**正円窓** round window（fenestra rotunda）に張った膜に終わる。

哺乳類のコルチ器は長い平衡斑様の神経小丘で，蝸牛管の床の上皮内にある（図 17–10）。これは蝸牛軸に沿ってらせん状に走る骨性の棚状の突起に付着する**基底板** basilar membrane の上に載っており，内リンパ内に突出している。基底板からの連続が前庭階と鼓室階を隔てる。コルチ器の上にあって内リンパ内につるされているのは蓋膜であり，その一端は蝸牛管の内張りに付着している。神経小丘の各有毛細胞は数列に並ぶ長さが異なる不動毛を持ち，その先端は蓋膜に埋まっている。コルチ器と反対側の蝸牛管壁は薄い上皮である**ライスナー膜** Reissner’s membrane となる。これは中央階の内リンパと前庭階の外リンパを隔てる。

アブミ骨底の振動によって前庭の外リンパ内へ誘導された音波は，前庭階を上行し（図 17–9），鼓室階を下行し，そしてライスナー膜と基底板を介して中央階の内リンパ内に伝えられてこれを通り抜け，らせんのすべての階層で外リンパ

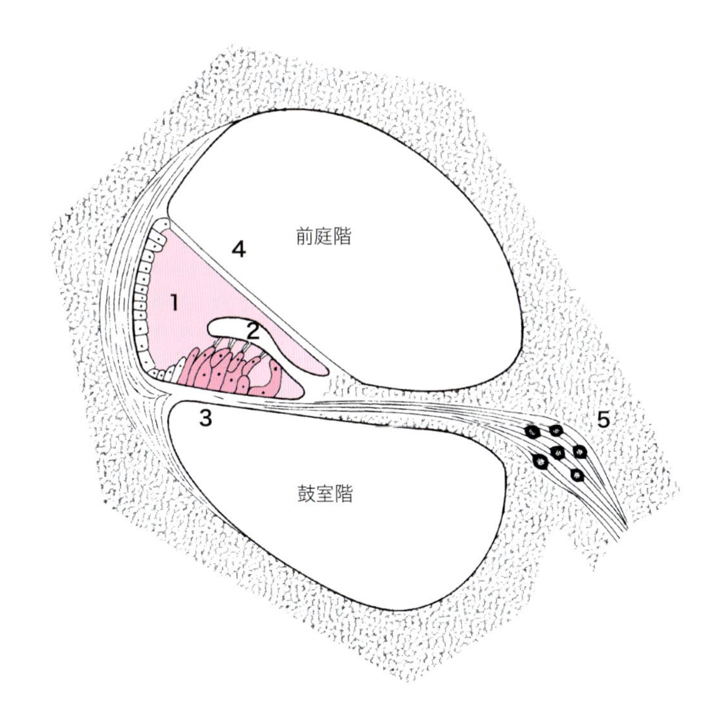

図 17–10
哺乳類の蝸牛のある回転における横断面。1：内リンパ（赤色）を含む蝸牛管（中央階）。2：蓋膜。3：基底板（左端で蝸牛軸のらせん状の棚に付着），および基底板上に載っているコルチ器（濃赤色）。4：ライスナー膜。5：ラセン神経節と蝸牛神経線維。鼓室階と前庭階は外リンパ隙である。ヒトの蝸牛の直径は 1 mm 以下である。

に戻る。内リンパ内に導かれた膨張波および圧縮波は，同じ周波数でコルチ器を蓋膜のほうへずらし，有毛細胞は機械的刺激をコルチ器に分布する知覚線維における神経インパルスの一斉放出へと変換する。らせんの第一回転にある有毛細胞は高い周波数，すなわち高音に最大限反応し，中央階の先端近くにある有毛細胞は低周波のみに反応し，これらの間にある有毛細胞は段階的な反応をするということが確かめられてきた。外リンパ内の振動は即座に正円窓で中耳腔へ逆に放出される。原始的四肢動物も哺乳類も，耳嚢内に卵円窓と正円窓を持つ。

基底乳頭が拡張してコルチ器になることにともない，脳内の聴覚伝導路の中継核はますます大きくなった。有羊膜類は聴覚性核が中脳蓋から膨出し，聴葉となる最初の有頭動物であった（図16–14，ヘビ，16–15 参照）。大脳半球の側頭葉（図16–26 参照）における聴覚皮質の分化にともない，音を伝える中枢性伝導路の複雑さがさらに増大した。

中耳腔

四肢動物において，**鼓膜** tympanic membrane から内耳に音波を伝達する通常の経路は，1つ以上の小骨を介して音波を中耳腔（**鼓室** tympanic cavity，cavum tympanum）を横切って耳嚢の**卵円窓** oval window（fenestra ovale）にある**第二鼓膜** secondary tympanic membrane＊1へ伝える（図17–11）。この機能を果たす，あるいは助けるために，すべての四肢動物は**小柱** columella を持ち，これは哺乳類では**アブミ骨** stapes として知られている。両生類と爬虫類の小柱は，鼓膜に付着する**外小柱** extracolumella を含む軟骨性あるいは骨性複合体の一部である。小柱，すなわち哺乳類のアブミ骨は，胚期の舌骨弓の最背側の分節に由来し，それゆえ，魚類の舌顎（軟）骨と相同である。

小柱の進化におけるある段階は，有尾類のサンショウウオの1種である *Ranodon* に見いだされる（図9–12b 参照）。この動物の中耳腔はその他の有尾類同様に未発達であり，鼓膜を欠いている。この有尾類においては，小柱は舌骨弓骨格の最背側の分節としていまだに胚期の原始的な位置を占めており，その他の四肢動物で卵円窓が形成される場所で前耳骨（耳嚢）に接している。一方，無尾類の小柱は強力な棍棒状の置換骨で，大きな鼓膜にしっかりと付着し，広く開いた中耳腔を横切り，前耳骨の卵円窓の膜に終わっている。

哺乳類には**ツチ骨** malleus と**キヌタ骨** incus というさらに2つの耳小骨があり，これらはそれぞれ祖先の単弓類の関節骨と方形骨に由来する（図17–12）。哺乳類の3つの耳小骨の歴史については，証拠とともにより詳細に第9章の「舌顎骨と顎骨から耳小骨へ」に述べられている。四肢動物の鼓膜の表面積は卵円窓の膜の表面積の20倍に達するので，鼓膜に当たる振動刺激は蝸牛の前庭に伝わる前に何倍にも増幅されている。哺乳類の耳小骨間の一連の非線状関節によって達成される梃子作用はこの効果を強化している。

哺乳類の中耳腔には2つの小さな筋が存在する。**鼓膜張筋** tensor tympani は第一咽頭弓に由来して第Ⅴ脳神経の支配を受け，ツチ骨（かつては下顎の骨）に終止する。これ

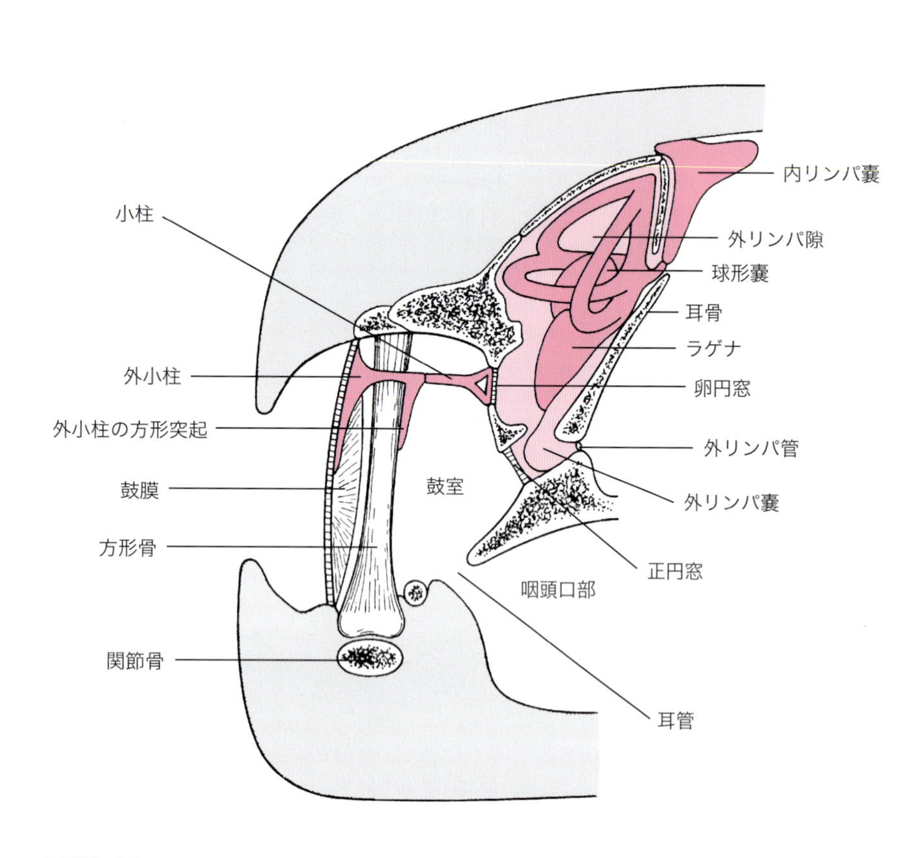

図17–11
トカゲの小柱複合体，外リンパ隙，膜迷路の模式図。
Source: Data from J. S. Kingsley, *Outline of Comparative Anatomy of Vertebrates*, 1920, The Blakiston Company, Philadelphia, after Versluys.

＊1 訳注：ここは原文の誤り。第二鼓膜は正円窓にあり，卵円窓は小柱（哺乳類ではアブミ骨底）によってふさがれている。

は鼓膜の緊張を調節する。**アブミ骨筋** stapedial muscle は第二咽頭弓に由来して第Ⅶ脳神経の支配を受け，アブミ骨に終止する。この筋はアブミ骨の運動を抑制する。非常に大きな音が耳に達すると，鼓膜張筋とアブミ骨筋が収縮し，これがある程度まで耳小骨の振動を弱め，コルチ器の有毛細胞を保護する。しかし，自然環境において正常でない大きな音の反復に対しては防御とならない。

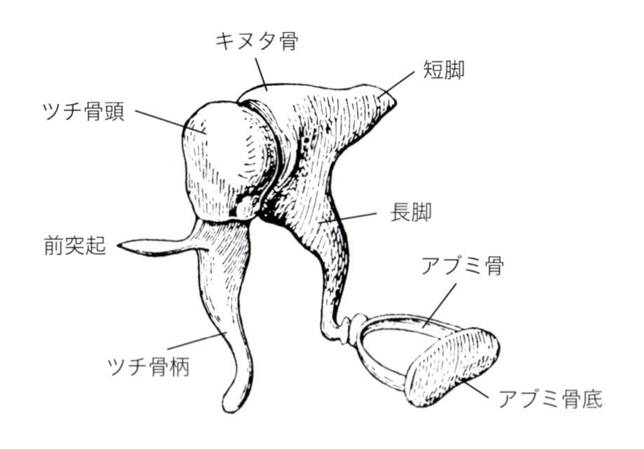

図 17–12
ヒト中耳の耳小骨。ツチ骨柄は靭帯によって鼓膜に付着し，その前突起は靭帯によって側頭骨岩様部につながれ，アブミ骨底は卵円窓にある膜に載っている。
From B. A. Schottelius and D. D. Schottelius, *Textbook of Physiology*, 17th edition. Copyright © 1973 Mosby-Year Book, Inc. Reprinted by permission of D. Schottelius.

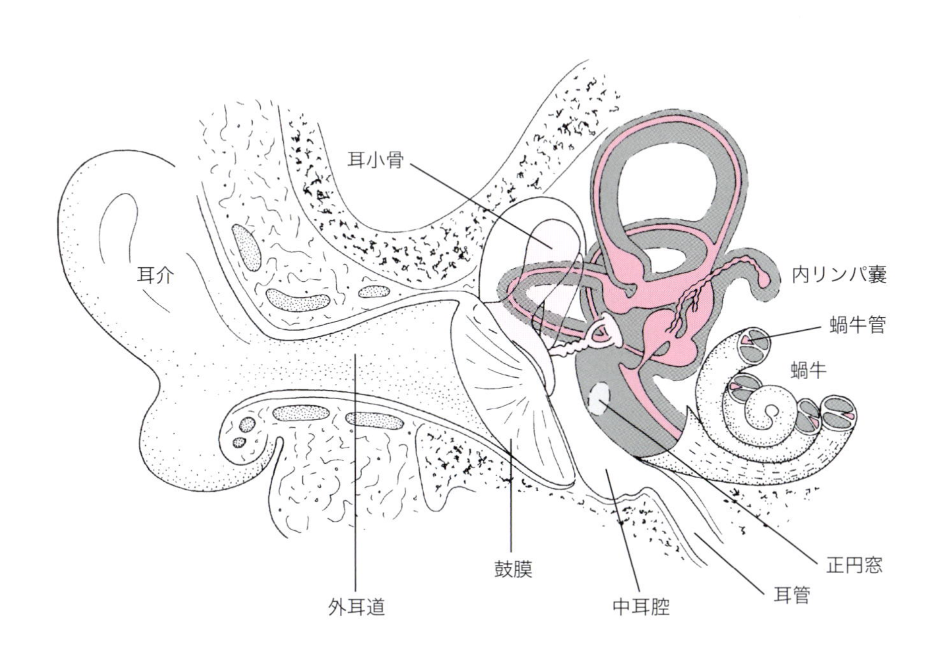

図 17–13
哺乳類の耳複合体。濃赤色：膜迷路，淡赤色：耳小骨，灰色：骨迷路内の外リンパ隙。アブミ骨底は卵円窓に載っている。

中耳腔は個体発生的には第一咽頭（呼吸孔）嚢の膨出として生じ，これは発生中の耳小骨のほうへ伸び，これらを一部取り囲んでその他の組織から切り離す。その空洞化過程はこれらの骨を取り囲むすべての残存間葉が侵食されることによって完成する。

中耳腔は**耳管** auditory tube（**ユースタキー管** eustachian tube）を介して生涯にわたって咽頭と連絡を保ち，そのため鼓膜の両側の気圧は等しいことが保障されている。無尾類といくつかのトカゲ類は，頬咽頭腔に開く，幅広くて短い耳管を持つ（図 12– 3 a，17–11 参照）。ワニ類，鳥類，哺乳類の耳管はもっと長く，細く，そしてワニ類と哺乳類では二次口蓋の上方に開く（図 13–13a，17–13 参照）。哺乳類の耳管は嚥下行動の間以外は鼻咽頭開口部で閉じたままである。耳管が慢性的に閉塞したことにより中耳内の気圧が高まれば，聴覚が影響を受ける。頻繁に嚥下して耳管開口部を開くと鼓膜の両側の気圧が等しくなって，こうした症状から解放される。

外耳

鼓膜は四肢動物で耳小骨への入り口にある。無尾類，カメ類，原始的トカゲ類では鼓膜は多かれ少なかれ頭部表面と同一面上にある（図 17–14）。もっと進化したトカゲ類，ワニ類，鳥類，哺乳類では，鼓膜は**外耳道** external auditory meatus の終わりにあり，外耳道は短い場合も長い場合もあるが，下顎角の後方で頭部側面にその入り口がある（図 6 –16a，17–13 参照）。

陸生哺乳類では，線維軟骨性の付属物である**耳介** auricle（pinna）が音波を集めて外耳道内に導く。クジラ類，鰭脚類，海牛類，いくつかのモグラ類は非常に小さな耳介を持つか，アザラシのように耳介を全く持たない。クジラ類の外耳道の直径は非常に小さいが，クジラ類は非常に優れた聴覚を有していて，それを超音波による種内の情報伝達や反響定位（エコーロケーション）のために用いている。

鼓膜がない場合の四肢動物の聴覚

鼓膜と中耳腔は四肢動物の聴覚受容器への通常の通路であるが，これ

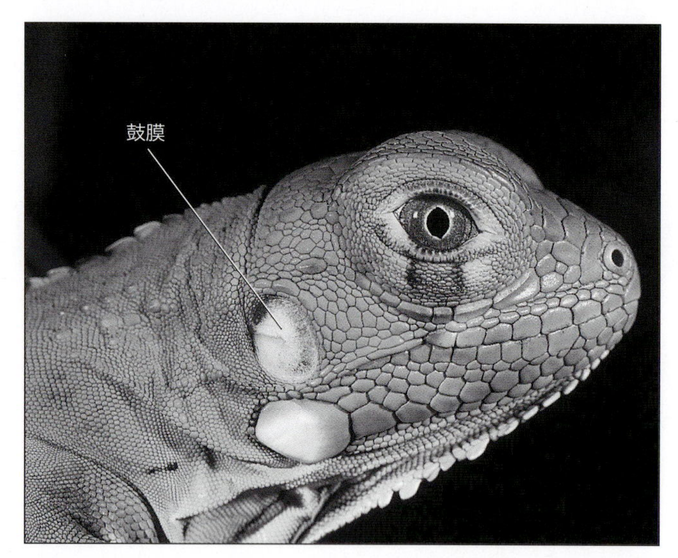

図 17-14
イグアナの頭部で，下顎角の直後にあるやや凹んだ鼓膜を示す。
©Thomas Gula/Visuals Unlimited.

らは常に存在するわけではない。有尾類，無足類，少数の無尾類（例えばオガエル），ムカシトカゲ，そして四肢のない大部分の爬虫類は鼓膜を持たず，中耳腔と耳管は痕跡的で，またヘビとミミズトカゲを除いて小柱は未発達である。それでも，これらの四肢動物は空気を伝わる，あるいは大地を伝わる（振動性の）音波のどちらか，あるいは両方に敏感である。

無尾類と多くの有尾類は特殊な**鰓蓋骨** opercular bone を持つが，これは平らな板状で，卵円窓内の膜に接している。**鰓蓋筋** opercular muscle が肩甲骨と鰓蓋骨の間に伸びる。前肢と肩甲骨によって検出された大地の振動は，鰓蓋筋を介して鰓蓋骨に伝えられる。このことは内リンパ内に音波を引き起こす。両生類の鰓蓋複合体は魚類の鰓蓋とは何の関係もない。

ミミズトカゲ（地中の穴に住む有鱗類）では，非常に長くて細い外小柱が，頭部の両側で下顎の皮膚の直下を前方に伸びる。これは地中の振動波，また空気を伝わる音に反応して振動する。ある種のものではこれは前方で幅広く平らな皮下板として終わり，振動にさらされる表面積を増加させる。外小柱は卵円窓に終わる巨大な小柱と関節する。ミミズトカゲの聴覚複合体は地下の生息地への適応のように思われる。

多くのトカゲとヘビでは，振動信号は大地から下顎を介して受容される。大蛇のボアは鼓膜と中耳腔を欠くが，小柱複合体が方形骨と卵円窓を結んでいる。方形骨は下顎の関節骨を介して振動を検出する（図9-17c 参照）。あるトカゲにおける外小柱と方形骨の関節結合は図 17-11 に示してある。ヒトにおける多数の聴覚補助構造は，不動になった中耳の耳小骨を迂回するために骨伝導を利用している。

反響定位（エコーロケーション）

超音波性の周波数を持つ音声を音あるいは組織化したパルスの特殊なパターンで発し，飛んでいる昆虫のような小さな遠い対象物からのこれらの反射を探知する能力はソナー（音波探知機）のような現象である。この能力は，自然環境がその他の種類の感覚入力，特に嗅覚と視覚が十分な監視情報を与えられないような種類の哺乳類で示される。

反響定位がなければ食虫性のコウモリは餓死してしまうであろう。大きな喉頭，怪異な耳介，大きくて極めて敏感な蝸牛が結びついてコウモリにこの能力を与えている。狭い範囲で収集された情報には昆虫の大きさ，形，距離，そして逃げる速度が含まれる（Novacek, 1988）。果実あるいは果汁を食べるコウモリでは反響定位はあまり発達せず，これらのコウモリでは反響定位の主な役割は障害物を回避することである。

反響定位はトガリネズミや少数のその他の哺乳類でも用いられている。クジラは航行のために反響定位を用い，また種内の連絡のために超音波を発する能力を備えている。少数の鳥類も反響定位を活用する。

血管嚢

肺魚を除く有顎魚類では，極めて血管に富む薄壁の，第三脳室腹側からの膨出，すなわち血管嚢が下垂体直後で間脳底からぶら下がっている（図 16-20a 参照）。いくつかの動物種では，血管嚢はほぼ脳幹全体の下に横たわっている。

血管嚢は有毛細胞に内張りされ，その線毛は脳脊髄液のなかに突出している。その知覚線維は視床下部やその他の脳の中枢に達する。その機能は不明である。血管嚢は，潜水深度によって変化する魚類の脳脊髄液の圧を監視し，その情報を鰾のなかの気体の容積を調節するために用いているのかもしれない。しかし板鰓類は，血管嚢を持つが鰾は持たない。血管嚢は深海に住む魚類で最大で，浅い淡水に住む魚類ではよく発達せず，現生の無顎類では痕跡的，そして肺魚には存在しない。

視覚器：側方眼

多くの冷血有頭動物は２種類の光受容器，すなわち有対の（側方）眼と不対の（正中）眼を持つ。側方眼は環境内の対象物からの光を光感受性の上皮である網膜に焦点を合わせ，そこで像が形成される。この情報によって引きだされる最も原始的な反応は，個体の一瞬一瞬の生存のために，みえた対象物に関して体の向きを変えることである。ヌタウナギは二

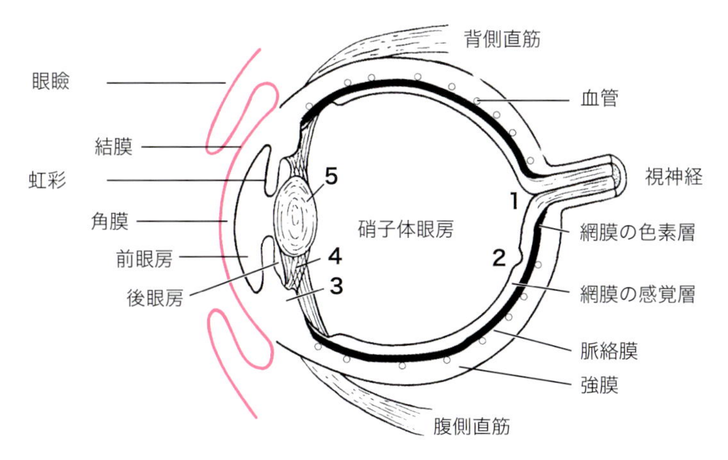

図 17–15
一般化した球状の眼球の矢状断。1：盲点。2：中心窩。3：毛様体。4：提靭帯。5：水晶体。赤色は眼球結膜（角膜上）と眼瞼結膜（眼瞼下面）を示す。

次的に退化した眼を持ち，これはある種の深海魚や洞窟に住む魚類でもみられる。

正中眼は像を形成しない。捉えられた光はバイオリズムを維持する神経内分泌反射弓を刺激する（図 18– 5 参照）。松果体正中眼と副松果体正中眼は成体のヌタウナギにはみられず，これらの構造の発生は，存在するにしても知られていない。

網膜

網膜は側方眼の受容器部位である。これは神経組織に富んだ膜で，眼球の液体で満たされた**硝子体眼房** vitreous chamber の後ろに位置している（図 17–15）。網膜は胚期の前脳から外側への膨出，すなわち**眼胞** optic vesicles として生じる（図 16–13b 参照）。眼胞はじきに二重壁の**眼杯** optic cups になる（図 17– 6 b）。眼杯は**眼茎** optic stalks を介して脳への付着を保持している。光が最初に当たる眼杯の陥入層は網膜の神経層あるいは感覚層となる（図 17–15,

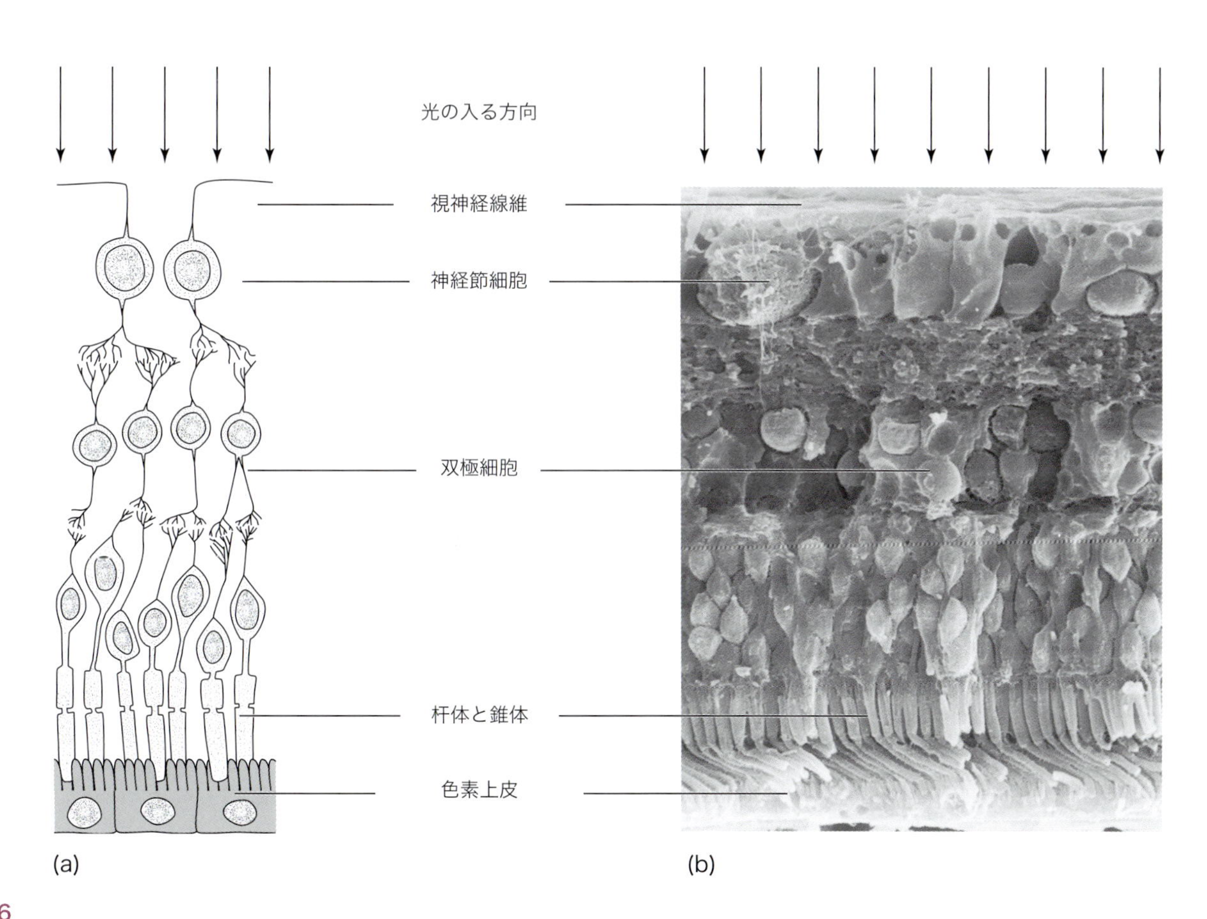

図 17–16
網膜。(a) シナプス領域，模式図。(b) 顕微鏡写真。光は全層を通過して細胞性光受容器である杆体と錐体に達する。色素上皮は暗調の脈絡膜を形成する。
(b) SEM From *Tissues and Organs: A Text Atlas of Scanning Electron Microscopy* by Richard G. Kessel and Randy H. Kardon.

17–16)。網膜の細胞のあるものは光受容器である杆体あるいは錐体となる。他のものは双極性連合ニューロンとなり，さらに他のものは視神経線維の細胞体となる。これらのニューロン（神経節細胞）は眼茎内の溝（**眼杯裂** choroid fissure）に沿って伸びる長い突起を出し，脳内でシナプスを形成する。突起は視神経を構成する。ここまでの考察から，網膜は脳から生じ，脳から完全に離れることはないのがわかる。

杆体と錐体は神経感覚細胞で，細胞体が知覚神経節内よりむしろ上皮内にあるためにこのようによばれる。杆体はそのなかにある色素である**ロドプシン** rhodopsin（視紅）が視覚スペクトルの全範囲にわたって光を吸収するので，色彩には無反応である。杆体は白黒の像のみを与え，比較的弱い光の強度，例えば日陰，薄暮，あるいは夜に最も有効に働く。その色素は光にさらされると漂白されてしまうが，この点で杆体を含む網膜の部分は写真のフィルムに類似している。錐体には3つのタイプがあり，それぞれのなかにある色素は視覚スペクトルの一部，すなわち青，緑，赤でのみ光を吸収する。錐体はこれらの波長の光を出す源からの十分な放射があるときにのみ機能する。

すべての有頭動物が，すべての哺乳類が，色覚を持つわけではない。深海では光線はだんだんと弱まるので，深海に住む魚類では錐体は一般に少数であるか欠けている。同じことは暗い洞窟に住むある種のサンショウウオ，穴のなかに住むモグラやある種の齧歯類，あるいはコウモリやある種の鳥類のような夜行性のものなど，多くの陸生有頭動物にも当てはまる。

一方，多くの昼行性鳥類の網膜では錐体が優勢であり，杆体が全く存在しないこともある。彼らが食物を求めて争う環境は太陽によく照らされているので，杆体の生存価（適応度を高める効果）はほとんどない。その他の昼行性有頭動物は杆体と錐体を併せ持っており，時に錐体は**中心窩** fovea に集中している（図 17–15）。

獲物を捕食する鳥類（フクロウ，タカ，ワシ，その他猛禽類）やある種のトカゲは，1つの眼に2つの中心窩を持つ。中心窩のグランド・チャンピオンはおそらくタカのものであり，タカはヒト並の大きさの眼球で，各中心窩に 1 mm^2 当たり約 100 万個の錐体を持つ。各眼球に2つの中心窩を持つその他少数の鳥類として，飛んでいる昆虫を捕食する昼行性鳥類がいる。

中心窩の周辺では杆体が最も密集している。このことは夜にかすかな光の星をみることで実証できる。この星を直接みると中心窩に光はほとんど当たらないので，星はみえない。しかし，視線をこの星の一方にずらすと光は中心窩の周辺に当たるようになるので，杆体が刺激されて星がみえるようになる。夜行性の動物は昼行性の動物よりはるかに大きな比率で杆体を持ち，中心窩を持たない場合もある。

網膜には盲点，すなわち**視神経円板** optic disc があり，その上皮には杆体も錐体もない。ここでは視神経線維が網膜を去り，血管が出入りする（図 17–15）。

脈絡膜，強膜，瞳孔

眼杯を取り囲む胚期の間葉からは，著しく血管に富んだ**脈絡膜** choroid coat と，網膜の外にある丈夫な線維性の**強膜** sclerotic coat（sclera）が生じる（図 17–15，17–18）。脈絡膜の血管は補助的な栄養物と酸素を網膜に供給し，色素は網膜の“スクリーン”のための真っ暗な背景を保証する。脈絡膜には前方で**瞳孔** pupil による穴が開いており，眼球内部には光がないので瞳孔は黒くみえる。瞳孔を取り巻く色素を持つ輪状構造物は**虹彩** iris diaphragm で，これは脈絡膜の変化したものである。

瞳孔の大きさは大部分の魚類では固定されているが，サメ，ある種の真骨類，四肢動物では虹彩に散大筋と収縮筋があり，これらは主に光の強度に反応して瞳孔の大きさを反射的に変化させる。これらの**固有眼球筋** intrinsic eyeball muscles は両生類と哺乳類では平滑筋，大部分の爬虫類や鳥類では横紋筋である。光の効果は，暗さに慣れたヒトの眼をフラッシュライトで照らすと，瞳孔が収縮することで示すことができる。

瞳孔は多少とも輪状であるが，ヘビや昼夜を問わず活発なネコなどの哺乳類では，収縮して垂直な裂隙状になることができる。クジラを含む少数の哺乳類では，瞳孔は横長の長方形である。**散大筋線維** dilator fibers はすべてのタイプの瞳孔で放射状に配置されており，交感神経系による支配を受け

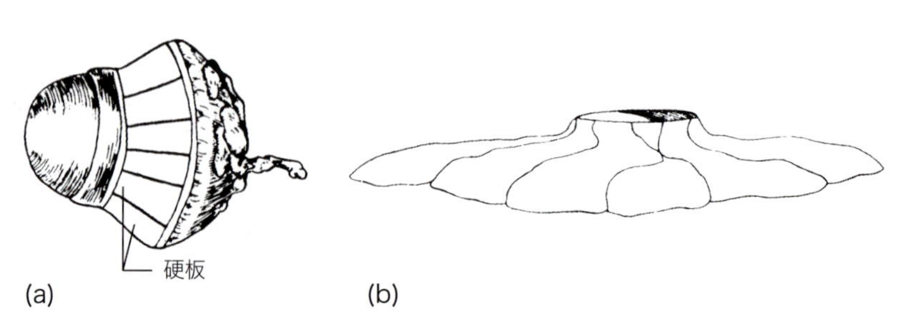

図 17–17
眼の強膜の小骨。(a) フクロウの眼，決まった場所にある硬板を示す。(b) トカゲの眼を覆う小骨の強膜輪。

ている。**収縮筋線維** constrictor fibers は輪状の瞳孔の周辺に同心円状に配されているが，垂直あるいは水平な裂隙状の瞳孔ではその裂隙に平行に配されている。この筋は動眼神経の支配を受ける（図 16–35 参照）。

眼の“白目”の部分である強膜は，しばしば軟骨あるいは骨によって多少とも強化されているのでこのように名づけられる。爬虫類や鳥類では骨が**硬板** sclerotic plates の形態を取り，眼球の形状を維持するのに役立っている（図 17–17）。虹彩と瞳孔の前面では，強膜は透明で強く穹曲する。強膜のこの部分は**角膜** cornea である。角膜を通して虹彩と瞳孔をみることができる。強膜の外面には外眼筋が終止して，眼窩内で眼球を回転させる（図 11–26 参照）。外眼筋は魚類からヒトまで基本的に類似しているが，鳥類では非常に発達が悪く，役に立たない。その結果，鳥類は視線の方向を変えるためには頭部全体を動かさなければならない。

水晶体

透明な**水晶体** lens は，タマネギの皮のように互いに重なり合った薄い上皮細胞の多数の層からできている（図 17–18）。水晶体はやや弾性で回復力があるので，変形させられても元の形に戻ることができる。水晶体は瞳孔の後ろで**提靭帯** suspensory ligament を形成する微細な線維系によって，眼球内の液体中につり下げられている。提靭帯は毛様体に付着し，毛様体は角膜周辺を完全に取り巻いている。水晶体の役目は網膜に光線の焦点を合わすことである。

水晶体は胚期に外胚葉性の**水晶体プラコード** lens placode として生じ，これは眼杯の直前に沈下する（図 17–6b）。水晶体プラコードの形成は，発生中の網膜からの誘導物質によって一部誘導される。このことは，両生類の胚において，将来大腿部になる領域から採取した未分化な外胚葉を，水晶体が生じるであろう部位の外胚葉と交換した実験で証明された。水晶体プラコードは頭部に移植された外胚葉で誘導されたが，網膜の影響から除かれた潜在的な水晶体外胚葉には誘導されなかった。眼杯を除去すると，水晶体プラコードは形成されないことになる。

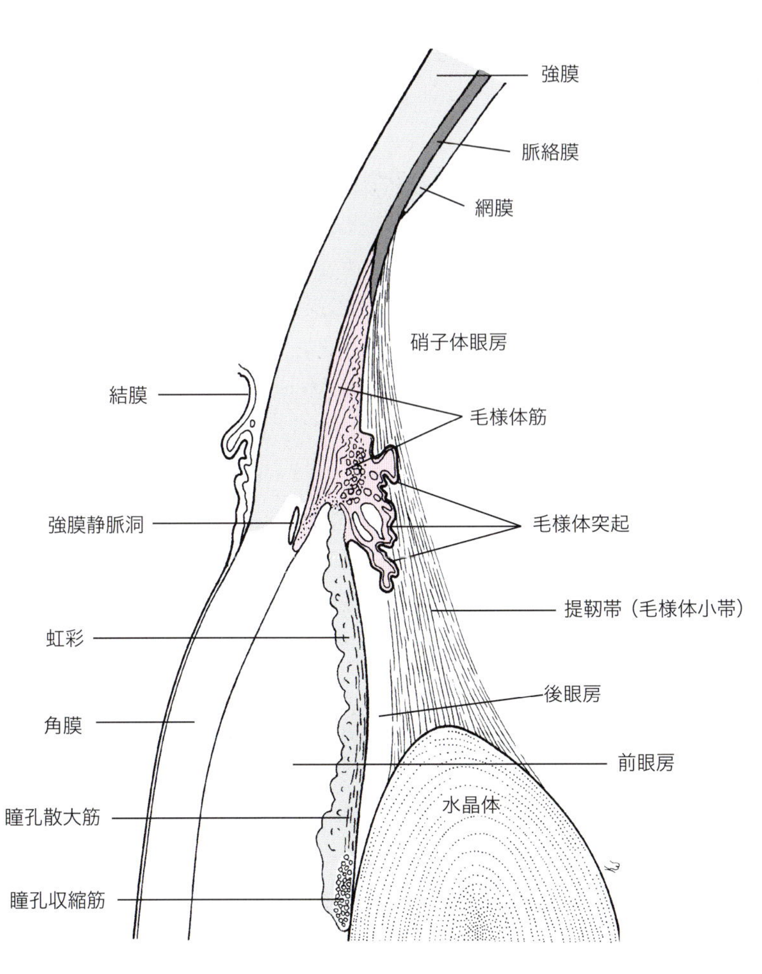

図 17–18
ヒトの眼の毛様体（赤色）と関連構造。

硝子体眼房と眼房

硝子体眼房（図 17–18）は，ゼリー状で粘着性の屈折物質である**硝子体液** vitreous (glassy) humor に満たされている。2つのより小さな眼房は水のようなリンパ性の**眼房水** aqueous humor で満たされている。これらが**前眼房** anterior aqueous chamber と**後眼房** posterior aqueous chamber で，一方は虹彩の前方，そして他方は虹彩の直後にあり（図 17–18），虹彩が水晶体に接する部位で互いに交流している。

真骨類，有鱗類，鳥類では，脈絡膜の幾分色素を帯び，極めて血管に富んだヒダが盲点の付近から硝子体眼房内に突出する。魚類では，これは**鎌状突起** falciform (sickle-shaped) process である。これは爬虫類では円錐状の乳頭（**乳頭円錐** papillary cone），鳥類では（櫛状をした）**網膜櫛** pecten である。これらは非常に血管に富んでいるので，血流と硝子体液の間の代謝交換に関与し，網膜に栄養物と酸素を供給し，代謝老廃物を除去することができる。爬虫類の乳頭円錐は水晶体近くまで伸びているので，動いている影を網膜に投げかけることによって，すぐ近くを動いているものに気づかせるのであろうと考えられている。

毛様体：眼房水の供給と排出

眼球内で，虹彩の辺縁部には**毛様体** ciliary body がある。これは血管に富んだ房状へりを持つ低いくさび形の筋輪で，後眼房内に突出している（図17–18，赤色）。毛様体と水晶体の間には前述の提靭帯が伸びている。ヘビ以外の有羊膜類では，毛様体筋と提靭帯が，近くあるいは遠くをみるために，水晶体の彎曲を調節する際に主要な役割を果たしている。

毛様体の房は繊細な**毛様体突起** ciliary processes からなり，これは後眼房内に突出して眼房水を分泌する。眼房水は虹彩が水晶体に接する虹彩縁の周囲に染みだして前眼房に入り，そこで角膜に栄養を与える。角膜には血管がないので，これ以外に栄養物と酸素の供給源を持たない。もしも血管があれば，これは視覚のための光線を網膜に行く途中でゆがめたり遮ったりするであろう。眼房水の分泌の度合いは反射的に調節され，眼房内の眼圧を適正に保っている。眼房水は小さな通路（シュレム管）を通じて前眼房からゆっくりと排出され，この管から強膜静脈洞内へと拡散する。ヒトで眼房水の排出が妨げられることは緑内障の主要な原因であり，眼房内圧が病的に亢進する。

眼球の形

眼球の形は内部の構成要素，特に網膜と水晶体の大きさ，形および空間的関係に依存している。一般に，眼球は哺乳類や多くの有頭動物では球形，深海魚や猛禽類では管状（図17–17a），大部分の昼行性鳥類では卵円形である。その形は自然選択の産物であり，類似した生息地と習性を持つ種における進化上の収斂を明示している。眼球の形が変化に富んでいることは，ある祖先の器官に付加された適応を説明している。

調節

光はある屈折率を持つ媒体（水あるいは空気）から，より高い屈折率を持つ媒体（眼球内部）に入る。このことは光の速度を減らし，光線を屈折させる（光波の物理的特性はホイヘンスの原理と屈折の法則に要約されている）。光が遠い対象からこようと近い対象からこようと，光は方向を向け直されて明瞭な焦点を網膜上に結ばなければならない。水晶体と硝子体液，そして（海水魚を除く）角膜を合わせた屈折効果が光線の方向に必要な補正を果たす。

異なる距離にある対象を異なる光の強度においてみるための反射調節，すなわち眼の調節の機序は，動物の綱および目によって様々である。近いところ，あるいは遠いところをみるための眼の調節については，初歩的な物理学において教わった光の屈折に関する法則をそのまま適用すればよい。これらは，カメラのレンズは近い対象のためにはフィルムから遠ざけ，遠い対象のためには近づけることを指令するのと同一の原理である。

遠い対象からの光は，水面下では深さが増大するにつれてますます減少する。しかし，近距離視覚は通常はどのような深さにおいても有効であり，それは特に藻や小魚など通常の餌は常に魚のすぐそばにあるからである。それゆえ，大部分の水生有頭動物の水晶体は著しい凸面を呈し（球状で），角膜の近くにあり，多少とも網膜から遠ざかって近いところにある対象に焦点を合わせる（近視眼）ようになっている。休んでいる真骨類の眼はこのようなやり方で焦点を合わせ，遠くをみるときには**後引筋** retractor muscle が水晶体を網膜に向けて後方に引く。板鰓類と両生類の眼は遠方に焦点が合っており（遠視眼），近くをみるときには**前引筋** protractor muscle が水晶体を前方に引く。無羊膜類においては水晶体の彎曲を変化させるよりも，水晶体を動かすほうが眼の一般的な調節方法である。

ヤツメウナギは近視なので，水晶体を後方に動かすために角膜を用いる。これは外来性の**角膜筋** corneal muscle を収縮させることによって行われ，角膜筋は皮膚のなかに生じ，結膜の直後で角膜に終止する。この筋が収縮すると，筋は角膜を側面から引き寄せ，そのため角膜は水晶体のほうに押しつけられ，常に水晶体とほとんど接触したままになる。このため水晶体は網膜に接近し，遠いところにある対象からの光が正しく焦点を結ぶようになる。角膜筋が弛緩すると，水晶体は以前の近視的な位置に戻る。

海洋生魚類の角膜の屈折率は，海水の屈折率とあまり違わないので，屈折において重要な役割は果たしていない。これと関連して，多くの魚類の水晶体は，角膜が屈折に関与する大部分の陸生有頭動物の水晶体に比べてより凸状（球状）である。もしもあなたがサメの水晶体を調べたら，それが著しく球状であることに驚くであろう。

ヘビでは，他の有羊膜類とは異なり，虹彩の近くにある筋によって硝子体液への圧力が高まると，水晶体は前方に押しだされて近くをみるための調節を受ける。ヤツメウナギの場合と同様に，水晶体を転置させた力がなくなると水晶体は休止の位置へ受動的に戻る。

眼の調節の過程はその他の有羊膜類では著しく異なる。爬虫類と哺乳類の休止状態の眼は遠くに焦点を合わせており，ヘビの場合を除けば，水晶体の彎曲は毛様体筋の作用によって変化させられている。休止した水晶体の凸状の度合いが爬虫類より低い哺乳類における，近くの対象への眼の調節について次に述べる。

哺乳類の眼が休止状態にあるときは，水晶体と毛様体および脈絡膜の間に伸びている提靭帯のなかに緊張がある（図17–18）。このため水晶体は前後に平べったくなり，遠くに焦点が合うことになる（ヒトでは遠くとは網膜から6.5m以上離れた距離である）。近距離視覚のための調節は毛様体筋の収縮によって行われ，毛様体筋は脈絡膜を前方かつ下方に，水晶体に近いほうへ引っ張る。このため提靭帯のなかの緊張が減少し，水晶体はより球状になる。こうして凸状態が増大すると屈折力も増し，近くにある対象が網膜上に焦点を結ぶことになる。

爬虫類の毛様体筋は横紋筋であるが，両生類と哺乳類の毛様体筋は横紋筋ではない。このため爬虫類は，遠距離視覚から近距離視覚へ，またその逆への変換を，私たちやその他の哺乳類よりもっと素早く行うことができる。大部分の有頭動物におけるように，光の強さに対する調節は瞳孔の収縮筋および散大筋の反射作用によってもたらされる。

眼球，角膜，水晶体の形状，杆体および錐体の数，割合と配置，２つの中心窩の存在，横紋筋からなる毛様体筋その他の適応により，タカの眼の解像力はヒトの眼のものより少なくとも８倍はあるといわれている。スタジアムの最上部の席から試合をみるときには，このような眼があればさぞや便利なことだろう。

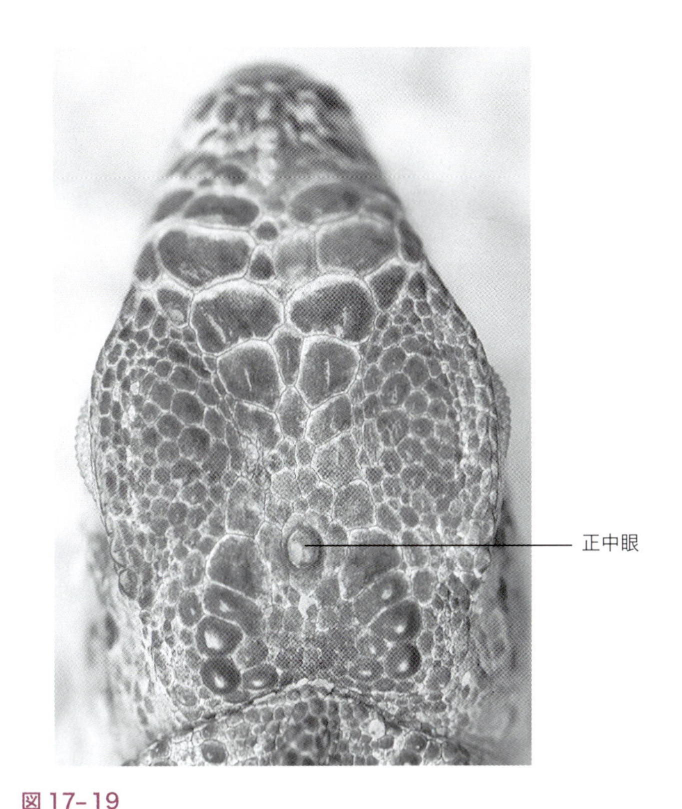

図 17–19
イグアナの副松果体眼。
©Times Mirror Higher Education Group, Inc./Bob Coyle, photographer.

結膜

眼瞼が開いているときに触ることができる眼球表面は，透明な皮膚である**眼球結膜** bulbar conjunctiva によって被われている。これは眼瞼の内面にある**眼瞼結膜** palpebral conjunctiva と連続している（図17–15）。ヘビやある種のトカゲ類では，眼瞼は常に閉ざされているが，これは透明なので，**スペクタクル** spectacle（眼鏡形斑紋）となる。ヘビやトカゲが脱皮するたびに，スペクタクル表面の表皮は他のところの皮膚とともに剥がれ落ち，こするとすぐに脱げてしまう。

加湿および潤滑腺

陸生四肢動物では表皮腺が角膜表面を潤し，滑らかにする。これらの腺は魚類では不要である。上眼瞼の後ろにある顕著な**涙腺** lacrimal gland の導管は，外眼角のなかに開口して少し塩辛い液（**涙液** lacrima；ヒトでのみ大量に作られたときに涙という）を分泌する。涙腺はある種の爬虫類や鳥類では発達が悪いが，ウミガメでは巨大になり，塩分の排出腺として機能する。

多くの哺乳類では**ハーダー腺** Harderian gland が内眼角に開口する。これは**瞬膜** nictitating membrane（第三眼瞼）を滑らかにする粘り気の強い液を分泌するが，瞬膜はある種では他の種におけるより顕著である（ヒトでは結膜半月ヒダへと退化する）。ハーダー腺は霊長類やその他いくつかの哺乳類，特に生涯水中で過ごすもので欠けている。

ある種の哺乳類には**眼窩下腺（頬骨腺）** infraorbital (zygomatic) gland もあり，これは**眼瞼裂** palpebral fissure（両**眼瞼** palpebrae の縁の間の裂隙）の底部に開口する。眼瞼裂のなかに分泌された液は一般には鼻腔に通じる**鼻涙管** nasolacrimal duct（涙管）のなかに排出される。

機能的眼球の欠如

洞窟やその他の暗い凹所に暮らす動物種（例えば，ある種の魚類，ホラアナオナガサンショウウオ，アシナシイモリ，モグラ）はしばしば盲目で，眼球は痕跡的である。しばしば，眼瞼は開かない。ヌタウナギでは，そもそも眼球自体が分化してこない。これらの種では，生存に必要な情報は，その他の受容器によって外界から獲得される。

正中眼

非鳥類および非哺乳類の有頭動物の多くは，頭部の頂上に機能的な第三眼を持つ（図17–19）。これらのなかにはヤツ

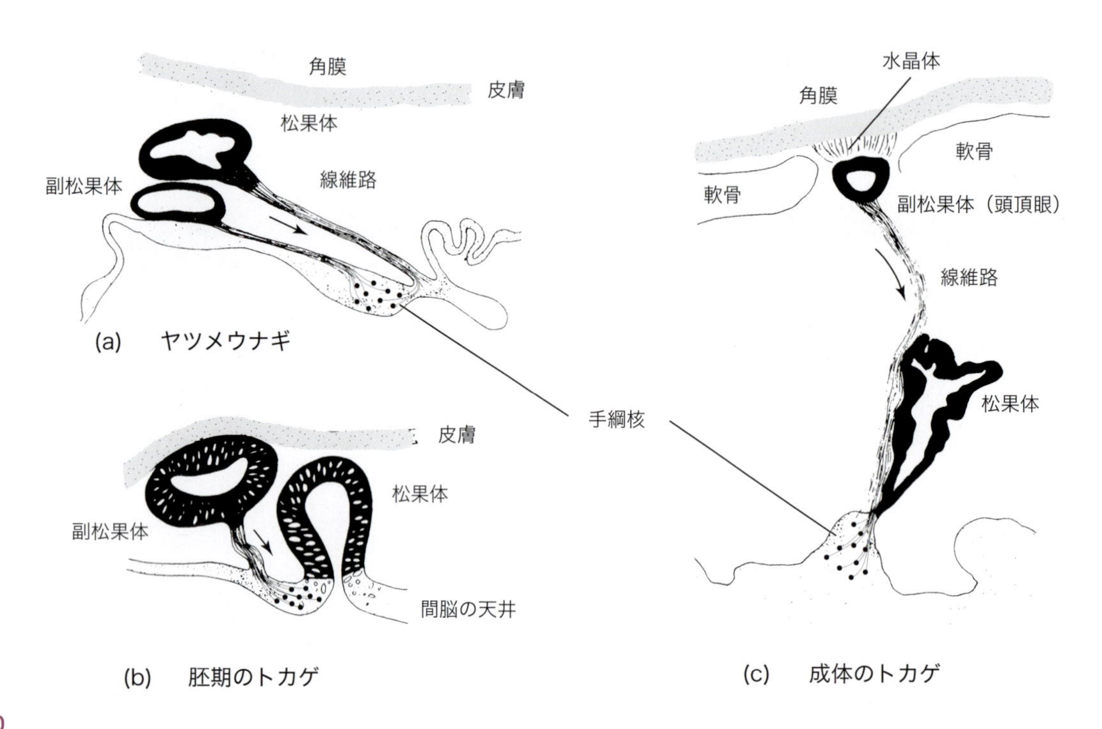

図 17-20
ヤツメウナギおよび胚期と成体のトカゲにおける上生体複合体。トカゲの副松果体は頭蓋の頭頂孔を占める。
Source: From M. Novikoff, "Untersuchungen uber den Bau, die Entwicklung und die Debeutung des Parietalauges von Saurien" in *Zeitschrift fur eissenschaftliche Zoologie*, 96:118, 1910.

メウナギ，硬鱗魚類，少数の真骨類（特に幼生），無尾類の幼生，ある種の成体の無尾類，ムカシトカゲ，ある種のトカゲ類がある。正中眼は間脳の天井が膨出したものである。元来，正中眼は**上生体複合体** epiphyseal complex を構成する2つの膨出のうちの1つであった（図 17-20）。より前方にある膨出は**副松果体** parapineal で，後方のものは**松果体** pineal である。一般的には副松果体が光感受性だが，ヤツメウナギでは両者が光感受性である。

ヤツメウナギ（図 17-20a）では，松果体は中空の球形突起物として角膜の下で終わるが，そこは左右の側方眼の間で皮膚が色素を欠いた領域である。球形突起物の上壁は水晶体を形成する数層の細胞からなっている。下壁は光感受性細胞を含み，これらの下には神経節細胞があって，松果体茎を通過させて長い突起を間脳右側の知覚核に送っている。ヤツメウナギの副松果体も同様であるが，その線維は間脳左側に終わっている。

トカゲの副松果体，すなわち**頭頂眼** parietal eye は頭部正中線上で1個の透明な表皮鱗の直下にある頭頂孔のなかにある（図 17-20c）。これは角膜，水晶体，有頭動物の網膜の細胞に類似した光感受性細胞を持つ網膜，神経節細胞，そして知覚性線維路からなり，この線維路は上生体茎を下って間脳の天井に入る。

カエルの幼生では，第三眼は**前頭器官** frontal organ (stirnorgan) とよばれる。これが上生体複合体の松果体部であるか副松果体部であるかは不明である。変態の際には，この器官の光感受性部は退行し，ホルモンであるメラトニンを産生する腺部のみが残る。しかし，少なくとも1種のアマガエルでは，機能的な第三眼が生涯存続する。メラトニンの役割については第18章の「松果体」で述べられる。

側方眼と異なり，正中眼は網膜像を形成しない。その代わりに，正中眼は外界の光周期の長さを監視し，その情報は毎日の自発運動活性や性腺の季節変化など，内部のバイオリズムに影響を及ぼす。正中眼はまた，おそらく太陽熱放射の強さを監視している。代謝率は体温と相関し，体温もどれだけ多くの太陽エネルギーが受け取られたかに依存している。第三眼は後代の有頭動物の大部分で失われてしまうまでは，デボン紀魚類のすべての主要グループや最初期の両生類および爬虫類に存在していた。

ヘビの赤外線受容器

マムシ類（マムシ亜科の毒蛇で，ガラガラヘビ，アメリカマムシ，ヌママムシなど）は，眼と鼻孔の間で頭部の両側にある深い穴のなかに赤外線受容器を持っている。穴は赤外線（熱）放射に感受性の有毛細胞を含む上皮に内張りされて

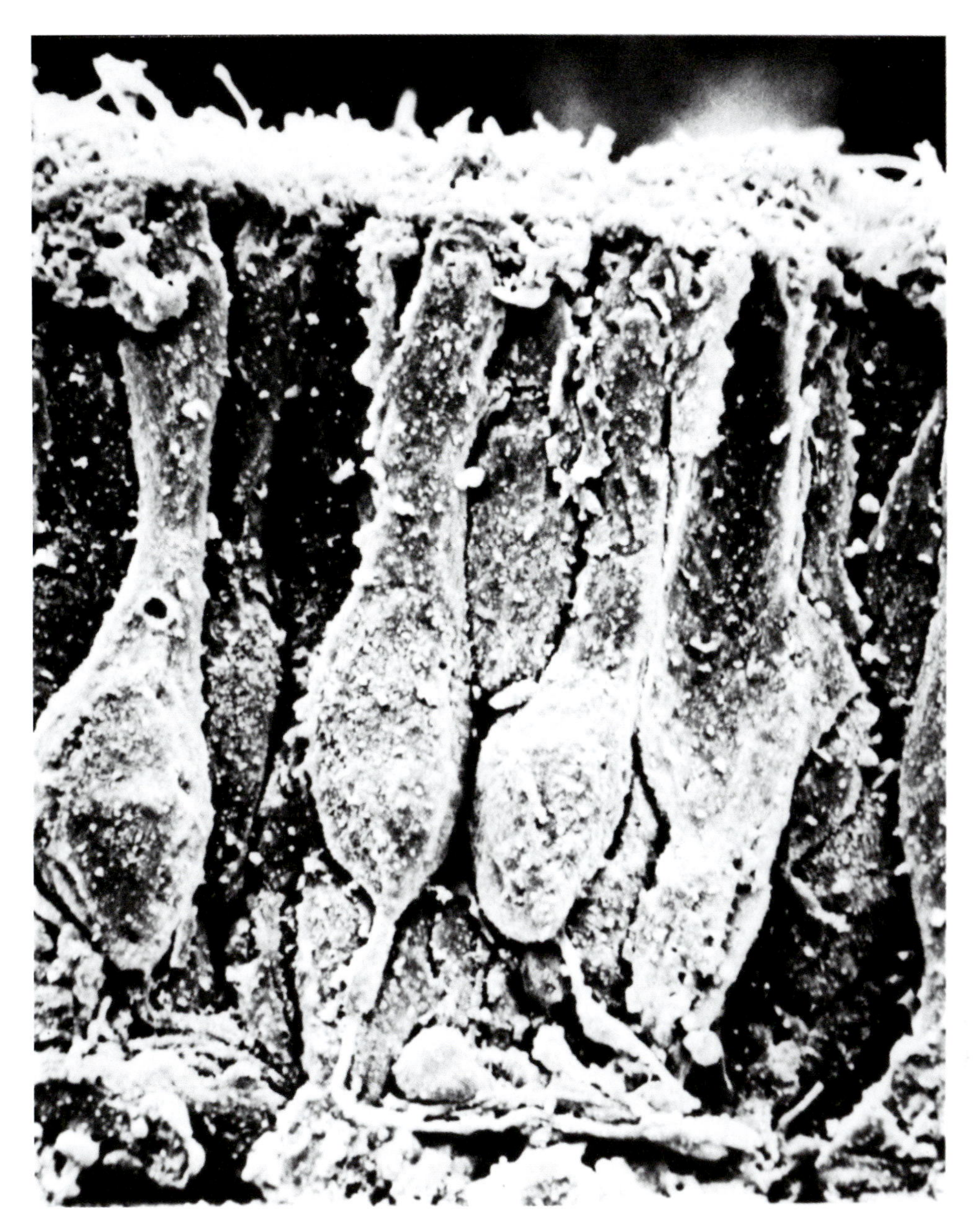

図 17-21
ブチナマズの嗅上皮の断面。３つの嗅細胞の軸索が容易に同定できる。嗅細胞先端にある１本の線毛が上皮表面の液体のなかに突出している。この断面の高さは約 20 μm。
From Caprio, J., and Raderman-Little, R.: *Tissue and Cell*, Vol. 10(1):1, 1978. ©Churchill Livingstone.

いる。上皮の下にある組織は血管に富んでいる。これらの穴は**目先** lore（爬虫類において眼の先の領域）にあるので，**目先小窩** loreal pits とよばれる。これらは容易にみつけられ，幅は数 mm，深さはその２倍ほどで，前方を向いている。

生理学的および行動学的研究により，目先小窩は２m ほどの距離で最小 0.001 度もの温度変化を感知できることが明らかになっている。このためマムシ類は，外界の温度が獲物の体温より低い限り，何かの下に隠れていたり，巣や巣穴のなかに入っているネズミや小鳥などの温血有頭動物を，夜でも日中でもみつけだすことができる。この受容器により，マムシは暗闇のなかで正確に攻撃ができる。またマムシは外界の気温より冷たい対象をみつけることもできる。

ニシキヘビ類（ニシキヘビ科）やある種のボア（ボア科）には，目先小窩と類似しているがより小さく感受性も劣る一連の**唇小窩** labial pits がある。これは裂隙状の開口部を持って，口を囲む鱗の間にみられる。ある種のニシキヘビは 30 ものこれら赤外線受容器を持っている。ヘビの頭部にあるすべての温度受容器には第Ⅴ脳神経（眼神経枝）の知覚線維が分布している。これらの線維は，機械受容器の入力を受ける三叉神経核とは別であるが，密接に関連しているある脳神経核に終わる。

上顎骨の上にある爬虫類の孔器の進化により，上顎骨が孔器を収容するように再構築され，同時に上顎骨は毒牙を支えかつ動かす機能を維持するようになった。孔器は食物を探すときに視覚，機械受容，化学受容の補助を行う。

特殊化学受容器

特殊化学受容器には（匂いのための）**嗅覚器** olfactory と（味のための）**味覚器** gustatory の2種類がある。両者はある種のイオンおよび分子に感受性がある。嗅覚受容器は味覚受容器より特異性の低い化学構造に反応する。味覚と嗅覚が関連する現象であることは，鼻風邪を引いた人が食物を十分に賞味できないことからも明らかである。

特殊化学受容器は体性および臓性の両方の反応を引き起こす。体性反応は横紋筋の作用からなり，これはその環境にいる生物を新たに適応するように仕向ける。真骨類の味蕾への刺激に対する無条件の臓性反応は，食材のなかによくみられるアミノ酸であるアルギニンを味蕾に適用し，消化器に分布する迷走神経の分枝に引き起こされたインパルスを記録することによって明らかになった。嗅覚刺激および味覚刺激による無条件の，あるいは条件づけられた流涎と消化液の分泌は哺乳類にも起こる。

嗅覚器

有顎類の嗅覚器は，胚の口窩の直前に形成される1対の外胚葉性**嗅プラコード** olfactory placodes として生じる。嗅プラコードは頭部のなかに沈んで1対の**鼻窩** nasal pits を形成し（図13-7b参照），その上皮性の内張りは嗅細胞，支持細胞，粘液細胞に分化する。嗅細胞は，杆体や錐体のような神経感覚細胞で，上皮内で分化して脳のなかに伸びる突起を生じさせる（図17-21）。これらの突起は嗅神経線維である。ヒトには約5千万個の嗅細胞がある。ある物質が匂い物質として作用するためには，嗅細胞の細胞膜上にある結合物質に適合した化学構造を持たねばならず，またそれは溶解していなければならない。

葉鰭類以外の魚類では，分化中の嗅上皮は盲端に終わる嗅胞を作る間葉に取り囲まれる。各外鼻孔は流入および流出用の孔に仕切られていて，魚の前進運動が水流を一方の孔から入れて他方の孔から出させるようになっているので，嗅胞へ出入りする水流は確保されている。嗅上皮を含む粘膜はヒダ

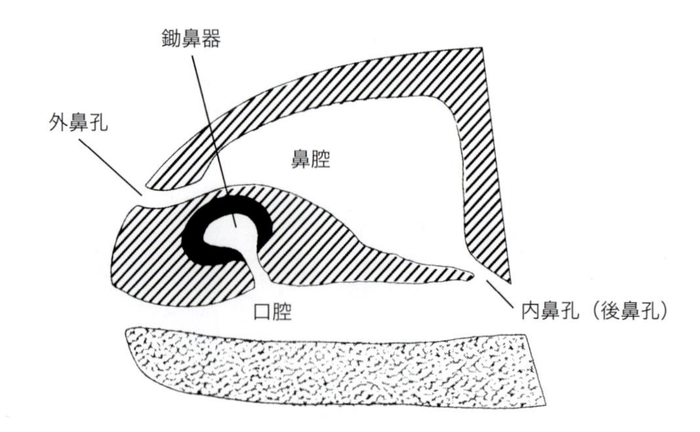

図17-22
一般化したトカゲにおける鋤鼻器の位置。左側だけを示している。斜線は旁矢状面を示している。

を作って表面積を増大させることがある。嗅細胞は水流を監視し，潜在的な食物，仲間，あるいは敵から生じる匂い物質によって刺激される。嗅覚刺激に対する最も原始的な体性反応は運動筋の反射的収縮であり，これによって魚は匂い物質の源に近づいたり，そこから遠ざかったりする。

肺魚や四肢動物では嗅窩は頭部深く沈んで，口腔あるいは咽頭への開口部を獲得する。開口部は内鼻孔（後鼻孔）である。こういう状態になると，嗅上皮は鼻道の内張りの一部に限られるようになるので，嗅上皮を鼻道の残りの鼻上皮と区別するのが適切であろう。四肢動物の嗅上皮は魚類の場合と同様に嗅細胞を含んでいるが，四肢動物では嗅上皮は水流の代わりに気流を監視する。複合管状粘液腺（**ボウマン腺** Bowman's gland，図6-10d参照）が上皮を湿らせている。気流のなかの匂い物質は湿った嗅上皮の上で溶けて嗅細胞を刺激する。

嗅上皮は魚類ではよく発達するが，鳥類では発達が最も悪く，そのため鳥類は嗅覚が劣っている。ある種のクジラの嗅神経は発生の途中で消失する。しかし，哺乳類は水中で息を吸い込もうとすると溺死してしまうので，進化の過程において嗅神経が失われたことはクジラにとって不利にはならなかったに違いない。

鋤鼻器

多くの四肢動物において，嗅上皮の腹側の区画が多少とも鼻道から隔離され，副次的な嗅覚受容器として働くようになる。この器官は鋤骨のそばにあるので鋤鼻器と名づけられ，副嗅球および鋤鼻神経を経由して感覚入力を受容する[*2]。

＊2訳注：鋤鼻器への入力が鋤鼻神経を介して副嗅球に伝えられる。

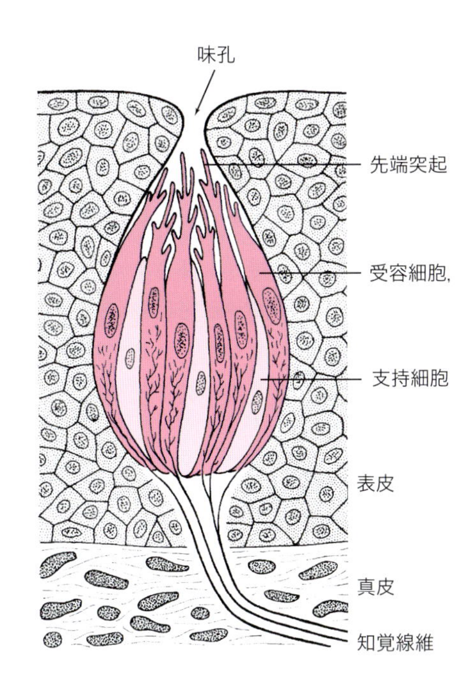

図 17-23
味蕾の受容細胞と神経分布。

副嗅球および鋤鼻神経の大きさは鋤鼻器の大きさと釣り合っている。

有尾類では，鋤鼻器は鼻腔底部腹内側*3の1対の深い溝である。無尾類と無足類では鋤鼻器は盲嚢で，鼻道に開口する。有鱗類では鋤鼻器は鼻道との連絡を失い，2つの湿ったポケットとして口腔前方部の天井に開口する（図 17-22）。鋤鼻器は舌が口から出入りするごとに，その二股に分かれた先端を受け止めて，外界を監視する。

鋤鼻器は疑いもなく化学受容器であるので，その役割は適切な食料を化学的に検出することであると長い間信じられてきた。しかし，ヘビの舌の二股に分かれた先端を除去すると，供試ヘビは同種の他のメンバーが残したフェロモンの嗅跡をたどることができなくなった。そこで，フェロモンの嗅跡の追跡という機能は，少なくともヘビにおいては鋤鼻器の機能の1つである。ガーターヘビでは，オートラジオグラフィーによる研究で，食料となるかもしれない獲物に由来する口唇上の化学物質は，拡散によって鋤鼻器に到達することが示されている。鋤鼻器は胚期のワニや鳥類に出現するが，その後退行する。これは祖先における機能に関する無言の証拠である。鋤鼻器はカメでは見いだされていない*4。

大部分の哺乳類は硬口蓋の真上に鋤鼻器を持つ。鋤鼻器は，多くの齧歯類におけるように鼻道の床に開口するか，あるいはネコにおけるように，鼻口蓋管から切歯孔を通って硬口蓋に開口する。鋤鼻器は単孔類，有袋類，原始的食虫類，そして多くの食肉類で特によく発達する。鋤鼻器はある種のコウモリ，下等でない霊長類の成体，クジラ類では欠けている（太古に感覚器が陸上での生活環境へと特殊化したので，クジラ類が水生の生活様式に戻ったときに，その有効性が妨げられたのかもしれない）。鋤鼻器と鋤鼻神経はヒトの胎児で発生し，妊娠5カ月で最大の大きさになるが，その後退行する。

味覚器

味蕾は，細長い**味細胞** taste cells（非神経性感覚受容細胞）と**支持細胞** supportive cells が樽形の集団になったものである（図 17-23）。感覚受容細胞の先端には顕著な先端突起があり，これは湿った上皮内の**味孔** taste pore のなかに突出している。先端突起は微絨毛に被われている。各受容細胞の基部には知覚神経終末が密に分布している。味覚受容細胞の機能的な寿命はわずか10日に過ぎず，そのとき細胞は“擦り切れて”死滅する。味細胞は支持細胞に置き換えられるが，この支持細胞は予備の受容細胞である。支持細胞は上皮基底層から絶え間なく補充されている。

魚類では，味蕾は咽頭の天井，側壁，床に広く分布し，流入する呼吸用の水を監視している。ナマズ，コイ，サッカー（コイの仲間）など，水底に住んだり腐肉をあさる魚類では，味蕾は頭部と体部の全表面にわたって尾の先端にまで分布している。味蕾はナマズの触鬚（触毛）にたくさんある。このような魚類において味覚線維を受け取る知覚核を誇張したものを図 16-16 に示してある。

大部分の四肢動物では，味蕾は湿った舌，口蓋後部，咽頭口部に限局している。爬虫類の舌では味蕾は哺乳類におけるより少なく，またヒトの胎児では失われた味蕾は回復されないこともあるので，胎児の味蕾は7歳児のものより多い。

魚類からヒトまで，味蕾は第Ⅶ，Ⅸ，Ⅹ脳神経によって，口から咽頭口部の終わりまで，この順番で支配されている。それゆえ，ヒトの舌の前方表面にある味蕾は第Ⅶ脳神経，舌の後方表面にある味蕾は第Ⅸ脳神経，声門付近の味蕾は第Ⅹ脳神経によって支配されている。第Ⅶ脳神経はまた，尾の先端までの魚類の皮膚に分布しているすべての味蕾を支配している。

＊3 訳注：他の動物と違って，有尾類では鋤鼻器は鼻腔外側の憩室である。
＊4 訳注：現在では，カメにも鋤鼻器があるという見解が主流である。

一般体性受容器

一般体性受容器は2つのカテゴリーに分けられる。(1)軽い接触，痛み，温度，圧力（表面をへこませるのに十分な接触）の**皮膚受容器** cutaneous receptors および，(2)骨格筋，関節，腱にみられる固有受容器である。

皮膚受容器

自由神経終末

すべての有頭動物の皮膚は知覚神経線維の自由終末を含んでおり，これは表皮細胞の間で枝分かれし，接触によって刺激される（図17–24，表皮の自由神経終末）。これらは有頭動物における最も原始的な皮膚神経終末であり，無顎類ではこれが唯一の皮膚神経終末である。これらは，これまで**原始感覚** protopathic sensation とよばれてきたものを生じさせる。これは粗雑で，その位置がはっきりせず，系統発生学的に古い知覚であり，また純粋に防御的である。魚類は自分に触れたものの肌触りや，それが温かいか冷たいかを知る必要はない。単に接触したという事実は危険があるという可能性を示している。インパルスが視床に達すると，反射運動が引き起こされて，動物は刺激を回避する。哺乳類では，自由神経終末は漠然とした，その位置がはっきりせず，そして時には歯痛におけるような，あるいは刺されたときのような痛みを含む不快な感覚を生じさせる。接触のための自由神経終末は各哺乳類の毛の基部周囲にまつわりついている。腕にある毛の1本を動かして，その感覚に注意してみなさい。刺激の位置の特定は大脳皮質の機能である。

ある種の哺乳類の表皮のなかには，知覚神経線維の独特な三日月状の終末が個々の表皮細胞の下面に分布している（図17–24，触覚円板）。これらの**触覚円板** tactile discs は最も単純な受容器で，そのなかでは1個の上皮細胞が1本の神経線維の終末と組み合わさって機能的な受容単位を形成している。これらはモグラやブタの敏感な鼻面の胚芽層，齧歯類の触毛の基部を囲む表皮性の鞘，その他の敏感な部位で群となって見いだされる。

有被膜神経終末

皮膚で分枝する自由神経終末に加え，四肢動物は球状の有被膜神経終末を獲得した。これは局所的な外皮性刺激を検出する受容器のレパートリーを拡大した（図17–24）。これらは結合組織性の被膜に包まれた上皮様細胞とそこに分布する

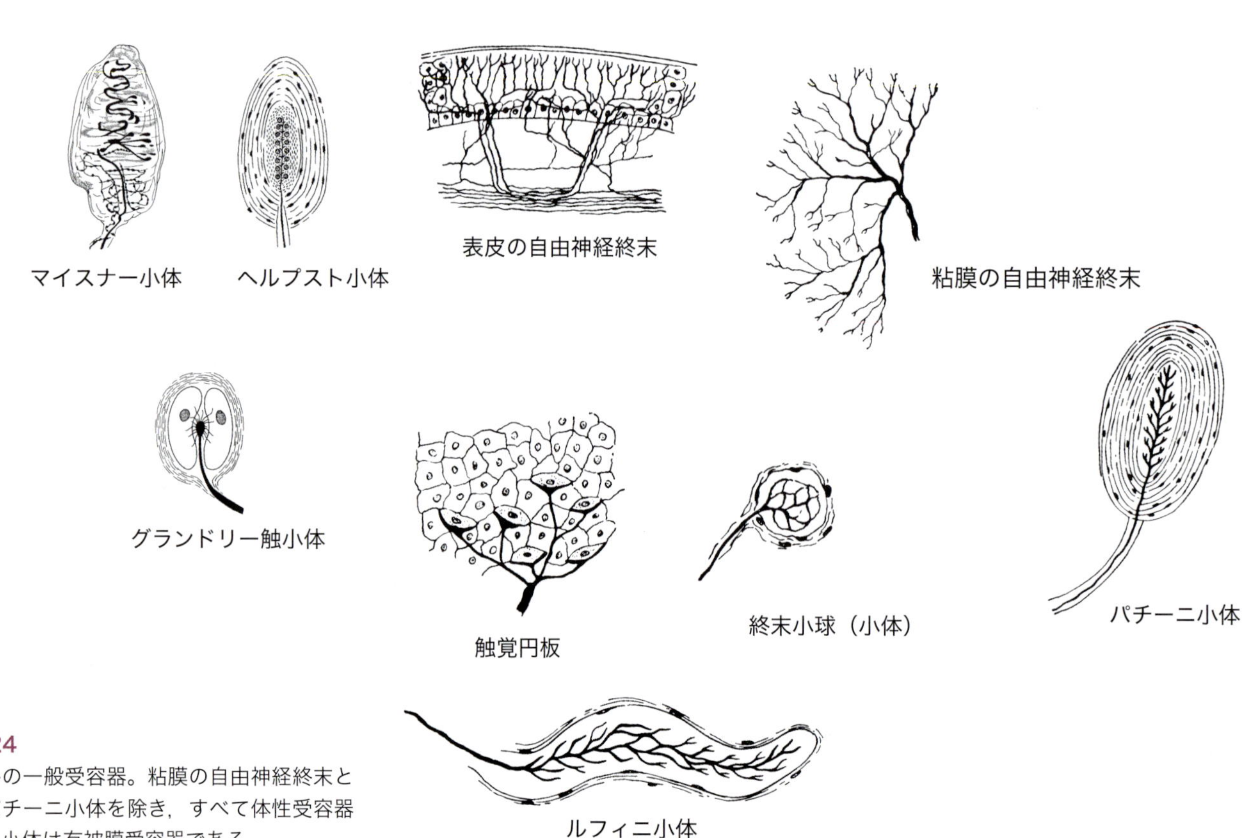

図17–24
いくつかの一般受容器。粘膜の自由神経終末と内臓のパチーニ小体を除き，すべて体性受容器である。小体は有被膜受容器である。

神経終末からなり，そして１つの例外を除き，表皮と真皮の境界付近で真皮乳頭内に位置する（触覚小体，図6–12参照）。

グランドリー触小体 Grandry's corpuscles は多くの磯鳥や淡水生水鳥の嘴の縁に沿ってみられ，薄い被膜に包まれた１本の神経終末と２つの上皮細胞からなる。**ヘルプスト小体** corpuscles of Herbst は水鳥の嘴，舌，口蓋上にあり，厚い層板性の被膜と中心の上皮様細胞の芯を持つ。**陰部神経小体** genital corpuscles は哺乳類の外生殖器，特に亀頭と陰核，そしてヒトではその他の性感帯にも分布する。哺乳類の**クラウゼ終末小体** end bulb (corpuscles) of Kraus と**ルフィニ小体** Ruffini corpuscles は温度受容器かもしれない。霊長類にのみあり，主として足指，足裏，手のひら，そして特に指先など，毛のない領域に見いだされる**マイスナー小体** Meissner's corpuscles は，おそらく触覚受容器である。その他にもまだいくつかの小体が，哺乳類や鳥類の様々な種の皮膚で報告されてきた。温度覚（熱や冷たさ）とは異なり，接触の感覚は，いかなる既知の有被膜神経終末にも確信を持って帰することはできない。これまでに述べられたものはすべて真皮乳頭内にある。

パチーニ小体 pacinian corpuscles は最大の有被膜受容器で，真皮深部あるいは真皮下結合組織内（図6–12参照）にあり，ここで圧縮による刺激を受けたり，あるいはある物に手を触れた場合には立体認知（後述）に関与する。しかしパチーニ小体は皮膚受容器のカテゴリーに限られるものではない。これらは可動結合の関節包内にも存在して固有受容に関与し，また体腔腸間膜や，心膜腹膜を含む腹膜に存在し，漠然とした臓性機能に役立つ。後者の位置では，パチーニ小体が意識する感覚を引き起こすかどうかは知られていない。

哺乳類の皮膚における外受容性の有被膜終末は，識別性感覚に関与する。すなわち，物体の暖かさや冷たさの小さな相違を区別し，手触りを識別し，皮膚の表面にあって非常に近接し同時に刺激された２つの針先のような部位を別々の位置として認識し，さらに手に触れた物の形や重さを認識することができる感覚であり，最後のものは**立体認知** stereognosis である。視床でシナプスを形成した後，識別性刺激は哺乳類の脳の**体性知覚皮質** somesthetic cortex に投射される（図

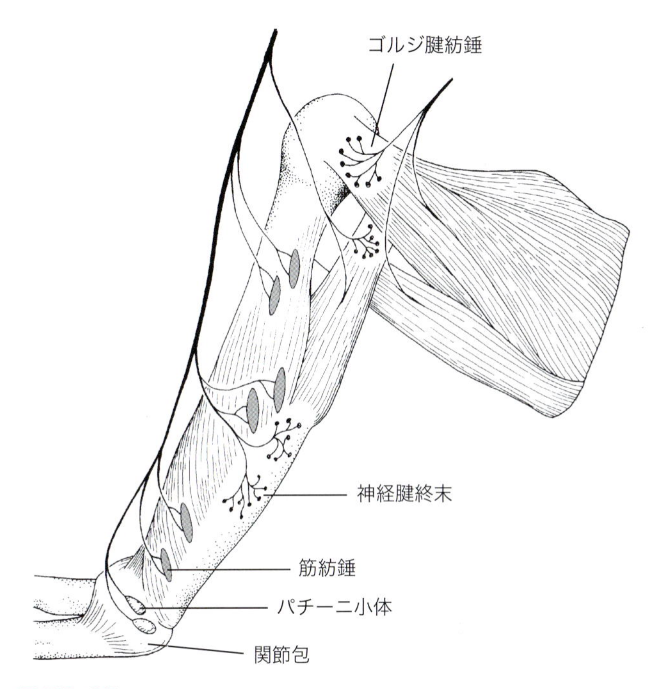

図 17–25
筋，腱，関節包に生じる代表的な固有受容器の位置（誇張してある）。

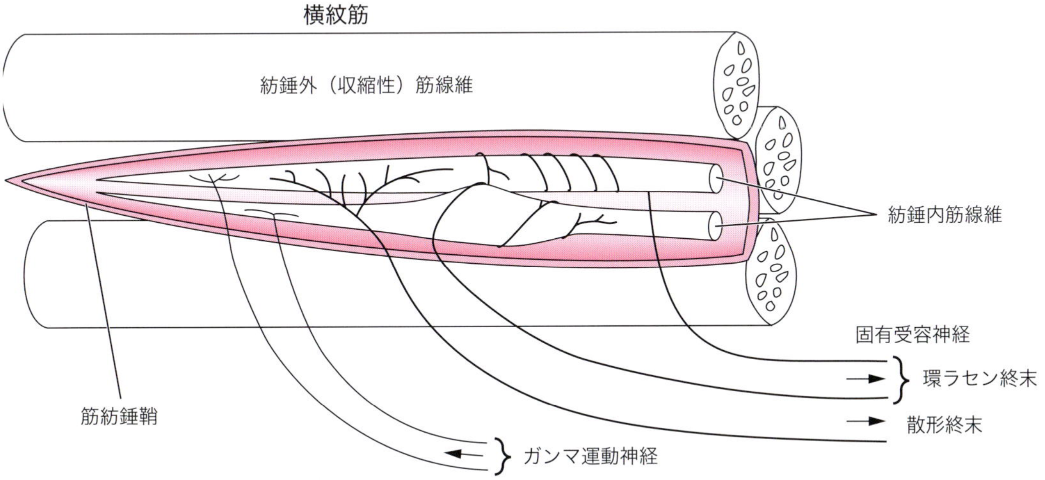

横紋筋
紡錘外（収縮性）筋線維
紡錘内筋線維
固有受容神経
環ラセン終末
散形終末
筋紡錘鞘
ガンマ運動神経

図 17–26
変化した筋線維である２本の紡錘内筋線維を持つ筋紡錘（赤色）の断面。筋の緊張を監視する２つのタイプの固有受容（知覚性）神経が示されている。これらの神経は中枢神経系内で紡錘外筋線維を刺激するニューロンとシナプスを形成する。

16–26 参照）が，ここが識別知覚能の皮質中枢である。

少数の単純な外受容性小体が両生類や爬虫類で見いだされているが，その数や多様性は鳥類と哺乳類で最大である。

その他の皮膚受容器

トカゲは体表全体にわたって広く分布する機械受容器と温度受容器を持っている。このうち最も多いのは**頂小窩** apical pit を占め，これは１～７個の受容器が表皮鱗の後方遊離縁にある尖部に分布している。トカゲのもう１つ別の皮膚受容器としては，毛状の剛毛である**原始触毛** protothrix があり，これは鱗の間で表面に突出し，触覚刺激を小窩内の受容細胞に伝える。これらのような受容器は鱗に被われた表皮において外受容性刺激の入力の部位を提供するものであり，これらが存在しなければ，通常の触覚刺激あるいは温度刺激が表皮に貫通することは困難である。

ある種のヘビ（例えばクロヘビ）は，腹部を除く体幹と尾部全体にわたって，鱗の間に機械受容器を持つ。これらの受容器の大多数は高い閾値を持ち，同一周波数域内で（800 ヘルツ以下）振動刺激に感受性があり，そのため，これらの種における蝸牛の潜在能力が引き起こされる。

固有受容器

骨格筋，その腱，関節包には知覚性終末が分布して，絶えず筋や関節の活動状態を監視している。これらの固有受容器は外的環境を監視する外受容器や臓性効果器を監視する内受容器とは区別される。固有受容器は休止している筋で反射的に緊張を維持し，また筋の機能群が負荷に逆らって働く際にはこの機能群の活動における協調を保証する。

大部分の哺乳類の骨格筋，特に体肢筋における知覚性終末は**筋紡錘** muscle spindles（図 17–25）に見いだされる。哺乳類では，これらは３～20 の特殊な横紋筋線維からなる小さな紡錘形の束で，結合組織の鞘に包まれ，筋の末端近くで，紡錘のなかにない紡錘外筋線維の間で，それと平行に散在している。

各々の変化した筋線維（**紡錘内筋線維** intrafusal fiber）には少なくとも１つの**環ラセン終末** annulospiral が分布している（図 17–26）。紡錘内筋線維は**散形終末** flower spray も現し，これは筋線維に沿って分岐する。これらは運動性の神経分布を持ち，**ガンマ運動ニューロン** gamma motor neurons の分布を受けている。この用語は紡錘内にない横紋筋線維に分布する**アルファ運動ニューロン** alpha motor neurons と区別するために用いられている。成熟した紡錘内筋線維の分化には知覚性，運動性両者の神経分布が必要である。筋紡錘は**伸張受容器** stretch receptors であり，筋の長さにおける非常に小さな変化，それゆえ筋の活動に極めて敏感である。

いくつかの哺乳類の筋は他のものより筋紡錘が少ない。体肢筋は単位体積当たり最多の筋紡錘を持ち，外眼筋には１つも存在しない。外眼筋では環ラセン終末は通常の横紋筋線維に見いだされる。

筋紡錘は両生類ではありふれたものではなく，魚類ではこれまで報告がない。これら有頭動物の筋における固有受容終末は通常の筋線維の上にあり，比較的単純な各種の樹状突起の分散模様を表す。

１つの動的状態である筋緊張を維持する際に，筋紡錘は以下のように機能する。筋紡錘の結合組織の被膜は筋内膜（筋周膜の線維，図 11–３参照）と連続しており，これは筋紡錘を越えて紡錘外筋線維を包むので，筋の長さにおけるいかなる変化も筋紡錘に作用する。筋が休止して長く伸びているときには筋紡錘はやや伸張し，固有受容神経線維は興奮する。固有受容線維は中枢神経系内でアルファ運動ニューロンとシナプスを形成するので，筋紡錘からの発射は一定数の紡錘外筋線維群の収縮を引き起こし，これが筋の緊張を増加させ，筋はやや短縮する。この短縮は筋紡錘内の緊張をある程度軽減し，その結果，固有受容線維の興奮が弱まる。その結果，筋は再度伸長しようとし，これが筋紡錘からの新たな発射を引き起こす。こうして，筋から中枢神経系へのフィードバックは，筋が休止しているときに反射的に筋を動的緊張状態に保っている。

筋が負荷に逆らって働いているときの筋紡錘の役割はもっと複雑である。脊髄の運動核のなかのアルファおよびガンマ運動ニューロンは，脳のなかに細胞体がある運動神経線維に刺激され続けている。多数のガンマ運動ニューロンを刺激すると１つ以上の筋で紡錘内筋線維が収縮し，その結果，多くの固有受容インパルスが高頻度で発射される。その結果として起こるアルファ運動ニューロンの安定した反射的な興奮は，多数の紡錘外筋線維の安定した収縮を維持し，これは，有頭動物が移動していようがピアノを弾いていようが，脳の支配に従って続く。

腱の固有受容終末（神経腱終末）は散形終末で，筋が収縮するときに腱に生じた力に反応する。哺乳類の関節包における固有受容器は主としてパチーニ小体である（図 17–25）。おそらく固有受容入力のための知覚性自由神経終末がヤツメウナギの筋節中隔で記載されている。

大部分の固有受容刺激は自覚中枢には到達せずに小脳や他の場所へとそらされ，そこで反射連結を作る。意識的な固有受容を実証するためには，まず目を閉じて，それから腕あるいは脚を伸ばすとよい。あなたが位置の変化に気づくことは自覚的固有受容の一例であり，運動覚，あるいは筋知覚ともいわれる。行動が滑らかに行われるということは，自覚のレベルに達しなかった固有受容刺激の斉射への反射反応の結果である。

一般臓性受容器

一般臓性受容器は大部分が自由神経終末で，体の管，脈管，器官の粘膜，心筋，血管を含む平滑筋，被膜，腸間膜，内臓の髄膜にみられる（図 17-24，粘膜の自由神経終末）。パチーニ小体は腸間膜，いくつかの内臓の結合組織性支質，体腔の腹膜において臓性機能に働く。

一般臓性受容器は主として伸張受容器および化学受容器であるが，少数の圧受容器と浸透圧受容器も含まれる。その他の役割のなかで，化学受容器は血液の pH（酸素および炭酸ガス濃度を含む）を監視し，これは心肺機能に影響を及ぼし，また胃や近位腸管の内容物の pH を監視し，これは消化機能に影響を及ぼす。圧受容器は血圧を監視し，視床下部その他の場所にある浸透圧受容器は血流中のある種の溶質を監視する。一般臓性受容器は咽頭内の触覚刺激および温度刺激によって刺激されるが，それ以上には及ばない。このような入力は生存のために役立つ情報ではない。健康な中空の内臓臓器からの大部分の内臓痛は拡張（伸張）に由来し，自由神経終末によって検出される。

肉眼で観察できる3つの脈管監視装置が有羊膜類に存在する。これらは**頚動脈小体** carotid bodies，**大動脈小体** aortic bodies，**頚動脈洞** carotid sinuses である。1対の頚動脈小体は総頚動脈あるいは内頚動脈の壁に近接して存在するか，あるいはその壁のなかに埋没している。大動脈小体は哺乳類にのみ存在し，大動脈弓上にある。頚動脈小体と大動脈小体は化学受容器である。頚動脈小体は舌咽神経，大動脈小体は迷走神経により，豊富な知覚性終末の分布を受けている。これらは血中の酸素の不足，あるいは炭酸ガスの過剰により刺激される。この刺激は知覚性インパルスを放出させ，これは反射的に呼吸の深さと頻度を増大させる。呼吸中枢は延髄にある。

頚動脈洞は総頚動脈からの内頚動脈起始部におけるわずかな膨大部である。これは圧受容器で，血圧の上昇による壁の拡張に反応する。知覚性神経インパルスは舌咽神経を経由して最終的に延髄の心臓抑制中枢と血管収縮中枢に到達する。そこからは，迷走神経内の自律神経線維（図 16-35 参照）が反射的に心臓の拍動を緩め，末梢の動脈を拡張させ，血圧を減少させる。

一般臓性受容器からの知覚性入力の大部分は自覚的意識を生じさせないが，反射的応答はこれを生じさせることがある。内臓を監視する同じような受容器のいくつかは，水中，陸上にかかわらずすべての有頭動物において必要であるため，臓性受容器は魚類からヒトまで一般的に類似している。

要約

1．受容器は機械，電気，温度，化学あるいは放射エネルギーの変換器である。一般受容器は体内に広く分布している。特殊受容器の分布範囲は限られており，大部分が有対である。
2．体性受容器は外的環境に関する情報（外受容器）および骨格筋の活動に関する情報（固有受容器）を伝える。臓性受容器は内的環境を監視する（内受容器）。
3．神経小丘器官は有毛細胞，知覚性神経終末，支持細胞からなる。これらは魚類および水生両生類に最も豊富に存在し，浅い窩，溝，膨大部，管のなかに収まっている。これらは主に機械刺激の受容に働き，電気受容あるいは化学受容に働くことは少ない。側線管系および頭管系は神経小丘器官である。
4．膜迷路（内耳）は神経小丘系で，半規管，球形嚢，卵形嚢，内リンパ管，外リンパ管，内リンパ嚢，外リンパ嚢，ラゲナあるいは蝸牛からなる。膜迷路は内リンパで満たされ，外リンパに取り囲まれている。
5．膜迷路の原始的機能は平衡覚であった。蝸牛を用いる聴覚機能は後から発達した。
6．膨大部稜と平衡斑は膜迷路における受容部位である。平衡砂は一般に無羊膜類の平衡斑に関連している。鳥類と哺乳類のコルチ器は最も特殊化した平衡斑複合体である。
7．ある種の魚類は鰾とウェーバー小骨を介して音波を検出する。頭管系と側線管系は大部分の魚類と幼生の両生類において類似の機能を補助する。
8．小柱複合体を収容している中耳腔（鼓室）は非哺乳類型四肢動物の特徴である。哺乳類はさらに2つの耳小骨，ツチ骨とキヌタ骨を持つ。哺乳類の小柱はアブミ骨とよばれる。横紋筋の鼓膜張筋とアブミ骨筋はツチ骨とアブミ骨に付着する。
9．四肢動物において，空気を伝わる音は一般に鼓膜によって検出され，耳小骨によって膜迷路に伝達される。ある種の両生類と爬虫類において，土中の振動波は前肢あるいは顎の骨格によって伝達される。
10．鼓膜は無尾類では頭部の表面と同一平面にある。これらは有羊膜類では浅いあるいは長い外耳管（外耳道）の終わりにある。鼓膜と中耳腔は有尾類，無足類および大部分の脚のない爬虫類では発達が悪いか欠如している。
11. 集音を行う耳介は大部分の哺乳類の頭部に見いだされる。
12. 機能不明な血管嚢が魚類の第三脳室の床から膨出している。これは脳脊髄液のなかに突出する有毛細胞によって裏打ちされている。
13. 側方眼のための受容部位は網膜である。これは，血管に富み光を吸収する脈絡膜により栄養を供給され，また防御されている。線維性で時には骨性の強膜は眼球外側の覆いである。
14. 遠近の視野の調節は一般に無羊膜類では水晶体と網膜の間の距離を変えることにより，また有羊膜類では水晶体の形を変えることにより行われる。有羊膜類の毛様体は距離の調整に関与する。
15. 光の強度のための調節は，虹彩の収縮筋と散大筋の役目である。
16. 正中眼（頭頂眼）は光受容器であるが，網膜に像は結ばない。これは不対で，松果体あるいは副松果体のいずれか，または両方を含む。これは最も原始的な魚類でみられ，また無顎類，ある種の硬骨魚類，幼生および少数の成体の無尾類，ある種のトカゲでいまだにみられる。
17. 嗅上皮と鋤鼻器は特殊化学受容器で，胚期の鼻窩から生じる。神経感覚細胞が刺激を受容する。
18. 味蕾は特殊化学受容器である。魚類では，味蕾は体表のほとんどに分布し，また頬咽頭粘膜全体に分布する。味蕾は四肢動物では頬咽頭腔に，また哺乳類では舌と咽頭口部に限られる。
19. 赤外線受容器（孔器）はマムシ，ニシキヘビ，ある種のボアに見いだされる。これは熱刺激を検出する。
20. 皮膚受容器は自由神経終末あるいは有被膜神経終末で，皮膚に広く分布する。これらは体表の触覚，温度，圧力を探知し，原始感覚と識別性感覚を補助する。頂小窩は皮膚機械受容器でトカゲのみにみられる。
21. 固有受容器は横紋筋，腱，関節包にみられる。これらは骨格筋の活動を監視する。
22. 一般臓性受容器は大部分が自由神経終末で，消化管内では化学受容に働き，あらゆる部位での平滑筋の活動を監視する。頚動脈小体と大動脈小体は血液の酸素および炭酸ガス濃度を監視する化学受容器を容れている。頚動脈洞は血圧を監視する機械受容器である。浸透圧受容器は血中におけるある種の溶質を監視する。

理解を深めるための質問

1．感覚器は外部環境に関する情報を与える。動物の生存にはどのようなタイプの情報が必要か？
2．有対の外的感覚器は主として頭部に限局し，頭部は分節性パターンを示す。頭部の感覚器は連続相同の構造か？なぜそうなのか，あるいはなぜそうでないのか？
3．水中および陸上の環境における個々の感覚器の使用について比較せよ。
4．ヘビは多数の感覚器を他の有頭動物と共有しているが，ある種のヘビは赤外線検出器を進化させた。あなたはヘビについて，この進化上の新規さを説明しうる何を知っているか？
5．神経小丘はいくつかの種類の感覚のための基本的単位であるようにみえる。これは何か？　そしてこれは異なる種類の感覚においていかに機能するか？
6．環境から聴覚のための感覚上皮へ音を伝達するための２つの進化上の新規さについて述べよ。
7．ある動物が側方眼を持っている場合，正中眼はどのような働きをするのか？
8．ヒトは鋤鼻器と鋤鼻神経をなぜ発生中にのみ持っているのか？
9．深部腱反射を説明できるか？（膝をハンマーで叩くときに経験する膝蓋反射が一つの例である）

参考文献

Adams, W. E.: The comparative morphology of the carotid body and carotid sinus. Springfield, IL, 1958, Charles C. Thomas, Publisher.

Berger P. J.: The reptilian baroreceptor and its role in cardiovascular control, *American Zoologist* 27: 111, 1987.

Bullock, T. H., Bodznick, D. A., and Northcutt, R. G.: The phylogenetic distribution of electroreception: Evidence for convergent evolution of a primitive vertebrate sense modality, *Brain Research Reviews* 6:25, 1983.

Buning, T. d' C.: Thermal sensitivity as a specialization for prey capture and feeding in snakes, *American Zoologist* 23:363, 1983.

Finnell, R. B., editor: Symphony beneath the sea, Natural History, p. 36, March 1991. Eleven articles on echolocation and communication sounds of marine mammals, including illustrations of the ear complexes. Fascinating reading.

Gaskell, W. H.: On the structure, distribution, and function of the nerves which innervate the visceral and vascular systems, *Journal of Physiology* (London) 7:1, 1986.

Gilbertson, T. A.: The physiology of vertebrate taste reception. *Current Opinion in Neurobiology* 3:532, 1993.

Gregory, E.: Tuned-in, turned-on platypus, *Natural History*, May 1991.

Jones, D. R., and Milsom, W. K.: Peripheral receptors affecting breathing and cardiovascular function in non-mammalian vertebrates, *Journal of Experimental Biology* 100:59, 1982.

Levine, J. S.: The vertebrate eye. In M. Hildebrand, and others, editors: Functional vertebrate morphology. Cambridge, MA, 1985, Harvard University Press.

McLaughlin, S., and Margolskee, R. F.: The sense of taste, *American Scientist* 82:538, 1994.

Northcutt, R. G.: The brain and sense organs of the earliest vertebrates: Reconstruction of a morphotype. In Foreman, R. E., Gorbman, A., Dodd, J. M., and Olsson, R., editors: Evolutionary biology of primitive fishes. New York, 1985, Plenum Publishing.

Northcutt, R. G.: Distribution and innervation of lateral line organs in the axolotl, *The Journal of Comparative Neurology* 325:95, 1992.

Novacek, M. J.: Navigators of the night, *Natural History*, October 1988. FM listening in bats.

Parker, D. E.: The vestibular apparatus, *Scientific American* 243:98, 1980.

Purves, E., and Pilleri, G. E.: Echolocation in whales and dolphins. New York, 1983, Academic Press.

Tavolga, W. N., Popper, A. N., and Fay, R. R., editors: Hearing and sound communication in fishes. New York, 1981, Springer-Verlag.

Ulinski, P. S.: Design features in vertebrate sensory systems, *American Zoologist* 24:717, 1984.

Weaver, E. G.: The amphibian ear. Princeton, NJ, 1985, Princeton University Press.

インターネットへのリンク

Visit the zoology website at http://www.mhhe.com/zoology to find live Internet links for each of the following references.

1. Seeing, Hearing and Smelling the World. A full text reprint of a Howard Hughes Medical Institute report on “making sense of our senses.”
2. Webvision. The organization of the vertebrate retina.
3. The Physiology of Taste. Much anecdotal information on human taste.
4. Sensation and Perception. Information from the Monell Chemical Senses Center.
5. The Physiology of Taste. Information on taste, and links to other sites on chemoperception.
6. Auditory Physiology. Information and nicely done, labeled graphics on the mammalian ear.
7. Seeing in the Dark and Tuning in Bat Detectors. A lengthy description of bat echolocation with a few interesting links.

第18章 内分泌器官

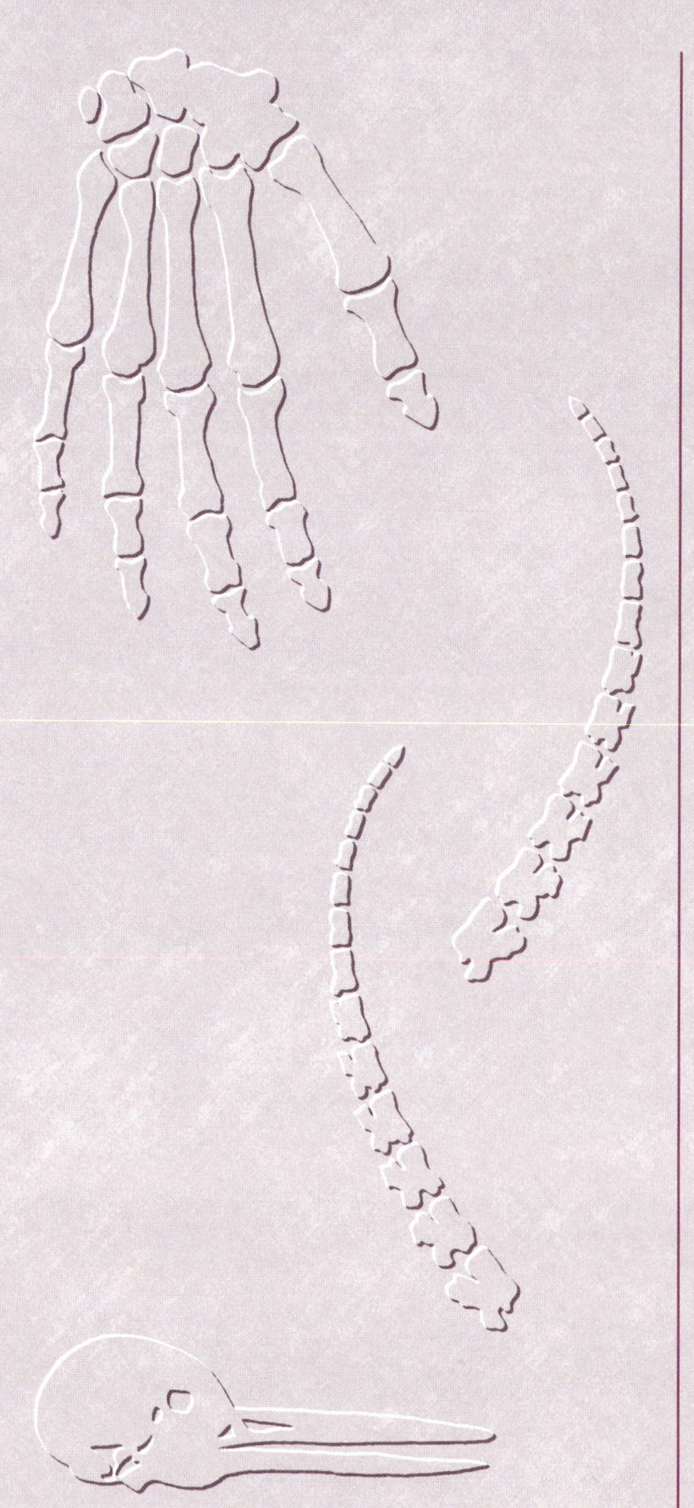

本章では，外部環境における日々の変化や季節的な変動に有頭動物を適応させるホルモンを産生する器官，あるいは主要な代謝活性のいくつかを生存に最適なレベルで維持する器官をみていく。脳はこうした器官の１つで，周期的な環境入力をホルモン性の情報に翻訳する。

魚類からヒトまでの有頭動物が同じ配列のこうした器官を持ち，胚期の同じ前駆体から形成され，基本的に同じ分子を合成すること，そして系統発生の間に生じた解剖レベルおよび分子レベルでの変化を知り，バイオリズムのための内分泌学的な基礎について学ぶ。

概要

内分泌器官はホルモンを合成する。ホルモンは他の細胞，しばしば標的細胞とよばれる細胞に対する調節作用を持つ有機分子である。標的細胞はホルモンの供給源のすぐ隣のこともあるが，通常は遠く離れており，ホルモンは血流を介して届く。

標的細胞という用語は，ホルモンが標的だけに運ばれるとの誤った考えに導くかもしれない。このことは本当ではない。ほとんどのホルモンは血流に運ばれ，血流の液体成分は体の至るところで毛細血管から脱けだしてあらゆる生きた細胞を浸す。適切な分子レベルの受容部位を生体膜に持つ細胞だけがホルモンの作用を受けることができる。

例えば，下垂体から分泌される甲状腺刺激ホルモンは，親指の細胞にも標的とする甲状腺の細胞と同じ濃度で届くが，甲状腺のある種の細胞だけが反応できる。インスリンやサイロキシンのような少数のホルモンは，体のすべての細胞が受容部位を持つ。こうしたホルモンは**全身性代謝ホルモン** general metabolic hormone である。

最も初期のホルモンは，おそらく局所的な作用だけを持っていて，閉鎖した循環系によって離れた器官に運ばれるよりも，供給源から拡散することで近隣の細胞に作用したのだろう。このことは腔腸動物（例えばヒドラ）では，循環系を欠くため，必然的なことである。

しかし，拡散によって局所的に作用するホルモンは有頭動物では珍しくはない。例えば，ある性ホルモンは局所作用と遠隔作用の両方を持つ。

ほとんどのホルモンはアミノ酸の組み合わせ（主としてポリペプチド，タンパク質，糖タンパク質）か，あるいは脂質の一型であるステロイドである。わずかだがアミンもある。

こうした化合物のすべては，有頭動物だけでなく，多くの無脊椎動物や植物でも生化学的に合成される。例えば，ステロイドは酵母や緑色植物や無脊椎動物でみられ，甲状腺の産生物であるサイロキシンは，海草，環形動物，軟体動物やその他の無脊椎動物で認められる。

有頭動物におけるホルモンの合成は内分泌器官に限らない。内分泌細胞は肝臓，腎臓，胃，小腸，脳を含むその他の多くの部位にもある。

本章では内分泌のみを行う器官，あるいはホルモン産生を主要な機能の1つとする器官についてのみ述べる。まず神経系の内分泌の機能について述べ，その後，外胚葉，中胚葉，内胚葉に由来する内分泌組織をこの順に簡単に述べる。

神経系の内分泌機能

すべての有頭動物の脳および魚類の脊髄の後端では，**神経分泌ニューロン** neurosecretory neuron の細胞体によりホルモンが産生される。こうした**神経分泌物** neurosecretions（**神経ホルモン** neurohormones）は小さなポリペプチドで，他のニューロンの興奮を誘導する神経伝達物質と混同されるべきではない。神経分泌物は腔腸動物に始まる動物界でみられる。

神経分泌ニューロンの細胞体は中枢神経の**神経分泌核** neurosecretory nuclei にある（図18－1）。分泌物は軸索（**神経分泌線維** neurosecretory fiber）に沿って運ばれ，化学的にはタンパク質（**ニューロフィジン** neurophysin）に結合し，洞様血管へ反射的に放出されるまで軸索終末に蓄積される。軸索終末と洞様血管とで**神経血液器官** neurohemal organ を構成する。有頭動物の主要な神経血液器官には，**下垂体後葉** posterior lobe of the pituitary gland（図18－2），視交叉直後の間脳床の**正中隆起** median eminence（図18－2，18－3），板鰓類，原始的な条鰭類，真骨類の脊髄末端の**尾部下垂体** urophysis（図18－4）がある。

染色される小滴（細胞小器官）を含むニューロンが魚類の脊椎の後部で，20世紀の初期にはみつかっていたが，その

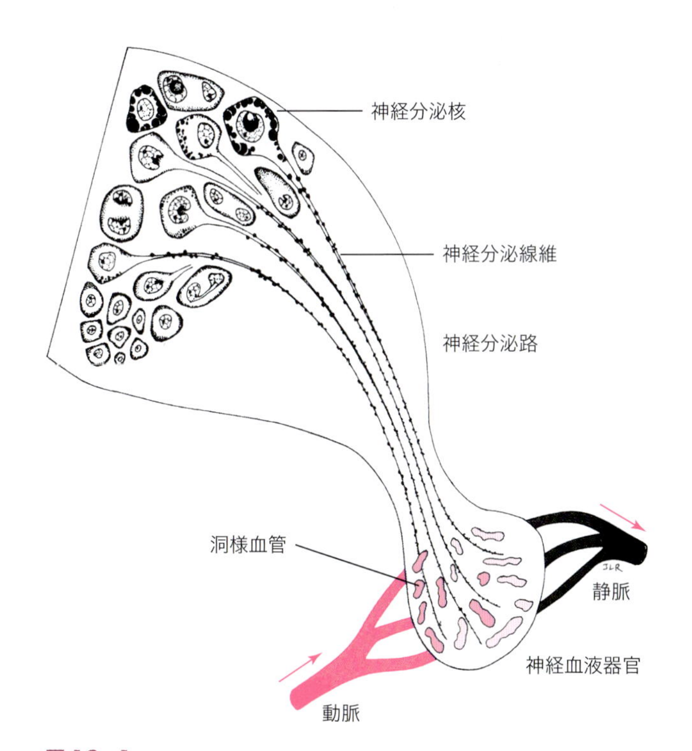

図18－1
機能的な神経分泌単位での神経分泌ニューロン。神経血液器官は洞様血管からなり，ここへ神経分泌物が放出される。

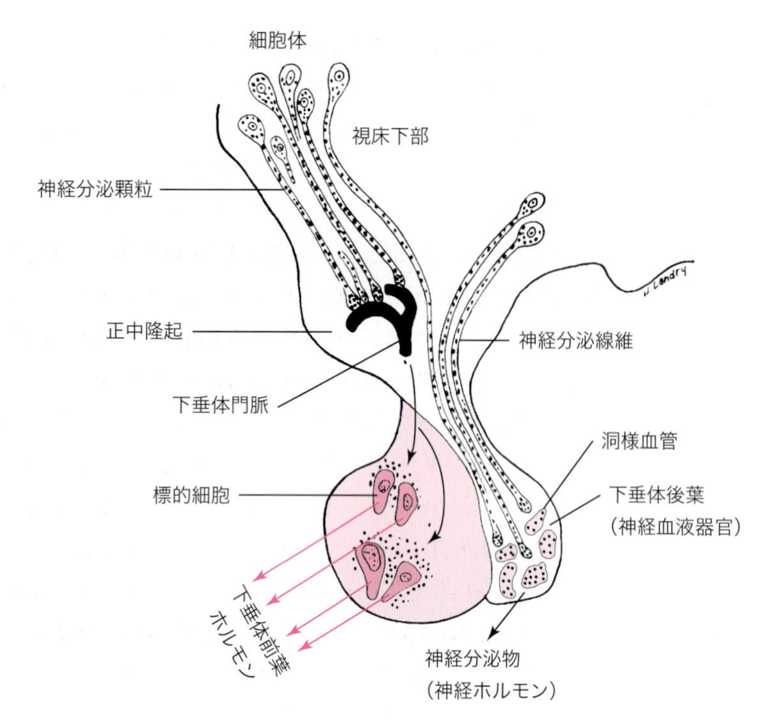

図 18-2
視床下部の神経分泌ニューロン。視床下部核の細胞体は神経分泌物（黒色の顆粒）を合成する。分泌物は軸索（神経分泌線維）に沿って流れ，下垂体門脈あるいは下垂体後葉の洞様血管に放出される。下垂体門脈に放出された神経分泌物は前葉のホルモン産生細胞（濃赤色）の調節を補助する。矢印は血流の方向を示す。後葉で放出された分泌物は下垂体から離れた組織に作用する。

意味はわからなかった。その後，同様の細胞体が視床下部のある核で報告された。これらが分泌細胞であることは理論的に推測されていたが，適切な染色法が発達するまで確かめられなかった。このように，魚類の脊髄におけるニューロンの研究は，神経生物学の最も重要な発見の1つ（視床下部の内分泌機能）を導いた。

視床下部の神経分泌物のほとんどは正中隆起の洞様血管に放出され，**下垂体門脈系** hypophyseal portal system により標的細胞の分布する下垂体前葉に運ばれる（図 18-3）。そこで，特殊な化学構造の神経分泌物（例えば甲状腺刺激ホルモン放出ホルモン）は，特異な下垂体前葉ホルモン（この例では甲状腺刺激ホルモン）の放出を促す。下垂体門脈のその他の神経分泌物（例えばソマトスタチン）は特異な下垂体前葉ホルモン（この例では成長ホルモン）の分泌を抑制する。それゆえに，下垂体門脈の視床下部神経分泌物は，**放出ホルモン** releasing hormones（放出因子），あるいは**抑制ホルモン** inhibiting hormones（抑制因子）である。脳内のどこかから視床下部の神経分泌ニューロンに送られた神経刺激は，神経インパルスを引き起こし，このインパルスが神経分泌線維を下り，神経分泌物を下垂体門脈系に放出する。

こうした放出ホルモンや抑制ホルモンの合成と放出は，一部には周期的な外部環境により，また一部には影響を受けた離れた部位の内分泌腺からのフィードバックにより調節されている。明らかな環境の影響には，変わりやすいもののなかでとりわけ，明暗の概日周期，気温，日長，雨期の季節変化や水中環境での塩分濃度が含まれる。これらは感覚器官で監視されている。この入力の結果から，産子の生存に最も適した環境条件となる1年のぴったりと合う時期に，配偶子形成

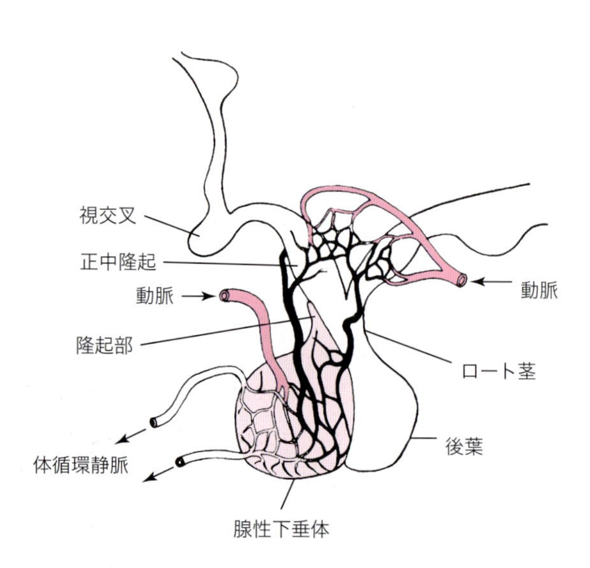

図 18-3
哺乳類の下垂体門脈系（黒色）の模式図。矢印は血流の方向を示す。

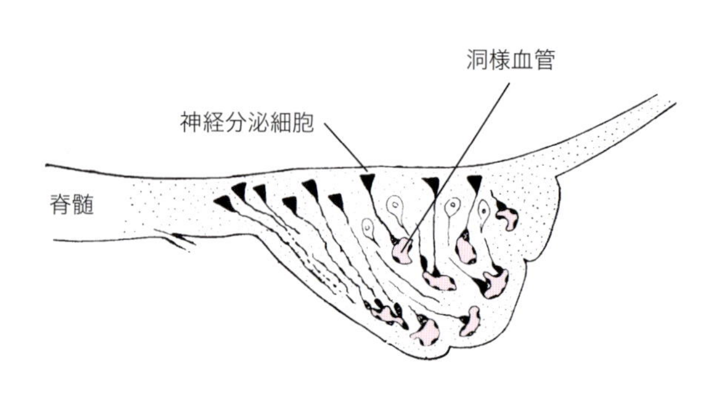

図 18-4
コイの尾部下垂体（尾部神経血液器官）。種によってこの器官がもっとぶら下がった状態にある。

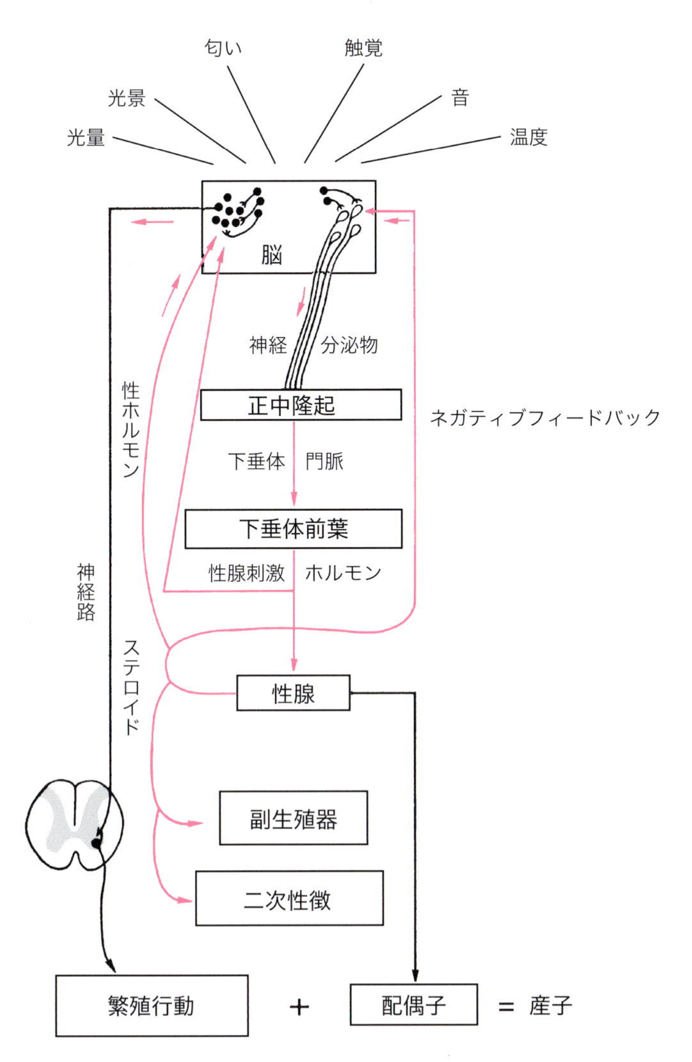

図 18-5
繁殖における環境の調節作用。ホルモンの血流輸送を赤線で示す。

や適切な繁殖行動（テリトリーの防御，交尾行動，巣作り，抱卵や産子の世話）を促す（図 18-5）。こうした適応性の**神経内分泌反射弓** neuroendocrine reflex arc（受容体－知覚神経－脳内の連合路－視床下部－放出ホルモン－正中隆起－下垂体門脈系－前葉ホルモン－効果器）は自然選択の結果である。

視床下部のその他の核からの神経分泌物は下垂体後葉にある洞様血管に直接放出される（図 18-2）。こうしたいわゆる下垂体後葉ホルモンは体循環内を標的器官まで輸送される。こうした神経ホルモンの役割は後述する。

魚類は尾の基部にある脊髄に神経分泌細胞を持つ（図 18-4）。その軸索は尾部下垂体に終わる。尾部下垂体は神経血液器官で，脊髄の目立たない膨らみ程度からぶら下がった器官まで動物種によって様々に変異する。この神経分泌器官の神経分泌物は真骨類の血圧を上げ，そのため**ウロテンシン** urotensin とよばれてきた。ウロテンシンの厳密な標的はわかっていない。実験的な証拠は，ウロテンシンの観察結果が浸透圧調節での役割に帰することを示唆している。

外胚葉由来の内分泌器官

下垂体

下垂体は間脳の下方にぶら下がり，有顎類ではトルコ鞍に収まっている。下垂体は発生学的な起源が異なる2つの主要な構成要素，すなわち間脳の床から生じた非腺性の神経性下垂体と，胚の口窩の天井から生じた腺性下垂体からなる（図 18-6）。これらの構成要素は以下のようになる。

神経性下垂体
　正中隆起
　ロート茎
　神経部（後葉，神経葉）
腺性下垂体
　中間部
　主部
　隆起部

神経性下垂体

神経性下垂体は間脳の床から形成される（図 18-6，濃灰色）。これは第三脳室の陥凹，無羊膜類では浅く哺乳類で最も深い陥凹を含む（図 18-6，18-7）。哺乳類では間脳の床は引き伸ばされて長い**ロート茎** infundibular stalk となり，その末端は神経血液器官である後葉（**神経部** pars nervosa）となる（図 16-21，18-7，ネコ参照）。視交叉のすぐ後方には，もう1つの神経血液器官である**正中隆起** median eminence を持つ（図 18-2）。

後葉はホルモンを合成しない。ここに放出される視床下部の神経分泌物は，全身へ分配するために心臓に送られる。どこにでもある最も一般的で，おそらく最も古いホルモンは，後葉から放出される**アルギニンバソトシン** arginine vasotocin で，現存する無顎類やその他の有頭動物のすべての綱で認められる。哺乳類では胎生期でのみ分泌される。アルギニンバソトシンは現存する無顎類での唯一の神経ホルモンである。肺魚類を除く魚類でのこのホルモンの機能はわかっていないが，陸生の有頭動物の多くでは抗利尿ホルモンで，腎臓で糸球体の濾液からの水分回収を起こし，そして膀胱からの水分吸収を誘導することによって脱水を防ぐ。夏眠中の肺魚や乾燥した状況で湿った場所を探す両生類では，このホルモンは皮膚を介して土壌から水分を吸収するのを誘導

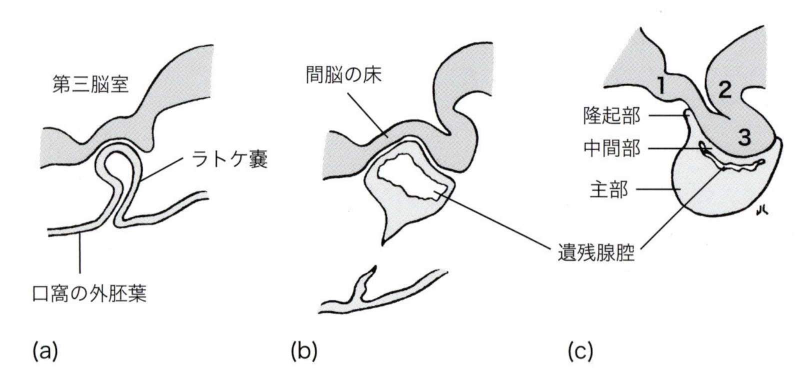

図 18-6
有羊膜類下垂体の胚発生。(a) ラトケ嚢の段階。(b) 間脳の床と接触する分離状態の腺性下垂体原基（淡灰色）。(c) 腺性下垂体（淡灰色）と神経性下垂体（濃灰色）からなる若い下垂体。1：正中隆起。2：ロート茎。3：神経部（後葉）。腺性下垂体の小区分は図中に示す。

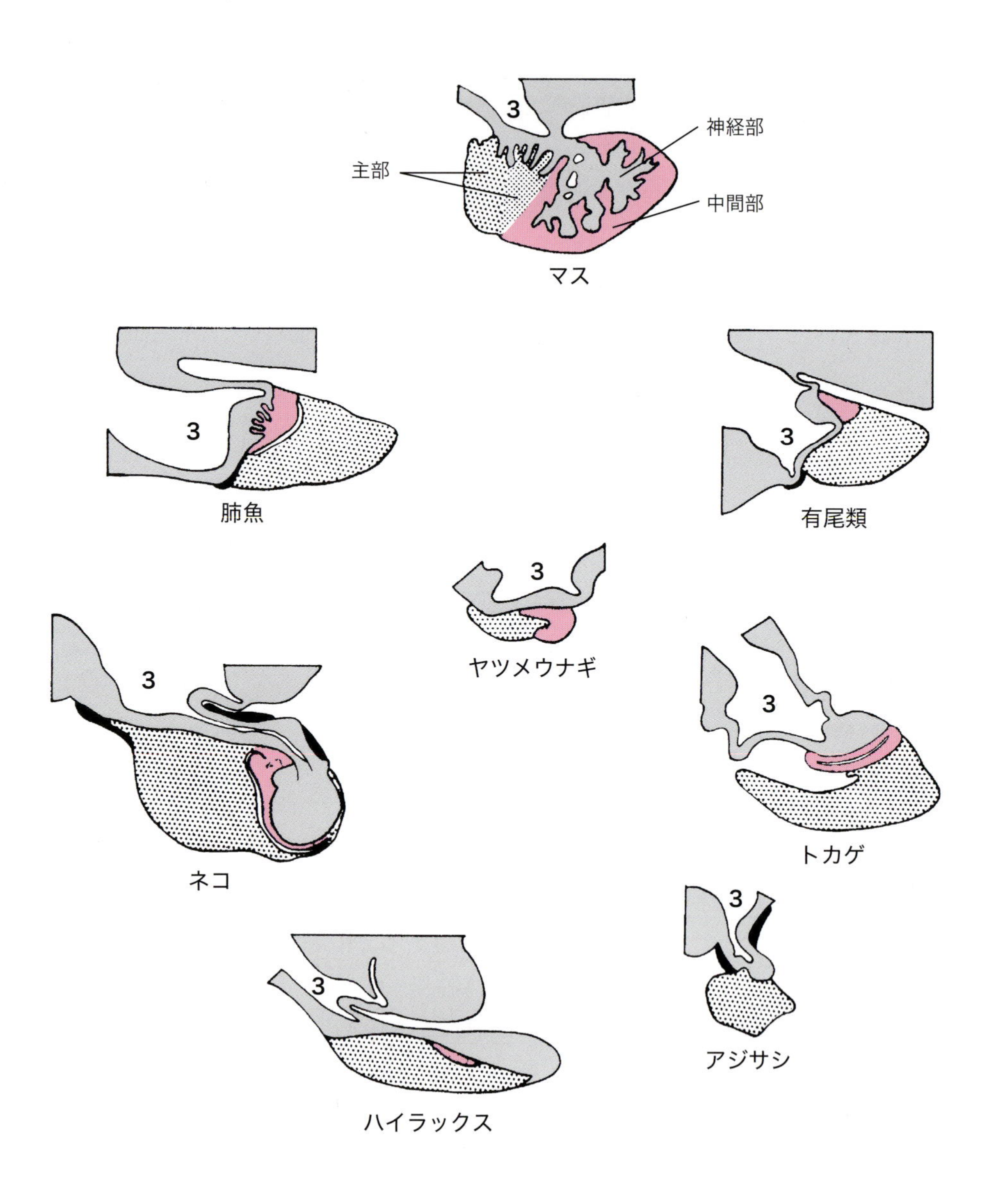

図 18-7
代表的な有頭動物の下垂体。矢状断で左が吻側。3：第三脳室。灰色は神経性下垂体および連続する脳幹，赤色は中間部，斑点部は主部（前葉），黒色：隆起部を示す。真骨類の主部は，マスで図示されているように2つの細胞学的な領域，吻側部（粗い斑点）と近位部（細かい斑点）を持つ。

する。

アルギニンバソトシンの化学的変異体の多くは，有頭動物の系統発生の間に，ペプチド分子の1個あるいはそれ以上の位置において別のアミノ酸への置換によって，進化してきた（図18-8）。**ヒト抗利尿ホルモン** human antidiuretic hormone（アルギニンバソプレッシン）はこうした変異体の1つで，他の哺乳類と同様に水分と塩類の排出を調節する。

オキシトシン oxytocin は別の変異体である。オキシトシンは，カメで卵管の収縮を起こし，ヒトでは出産時に子宮の強い収縮を招き，泌乳中の哺乳類で乳汁分泌腺胞を取り囲む平滑筋線維を刺激することで，ミルクを乳頭内へ降下させる。

正中隆起に放出される視床下部の神経分泌物は下垂体門脈に入り，腺性下垂体に運ばれる。そこでは，前葉で合成されるホルモンの放出を刺激したり抑制したりする。四肢動物や魚類の一部では，下垂体門脈は別々の門脈である（図18-3）。真骨類では，多数の毛細血管様の血管が1つの血管叢を作って，別個の門脈を作らないが，前葉の毛細血管網に注ぐことで同じ機能を果たしている。こうした血管の配列は，真骨類での神経下垂体と腺性下垂体との解剖学的な異常に緊密な関係と関連して

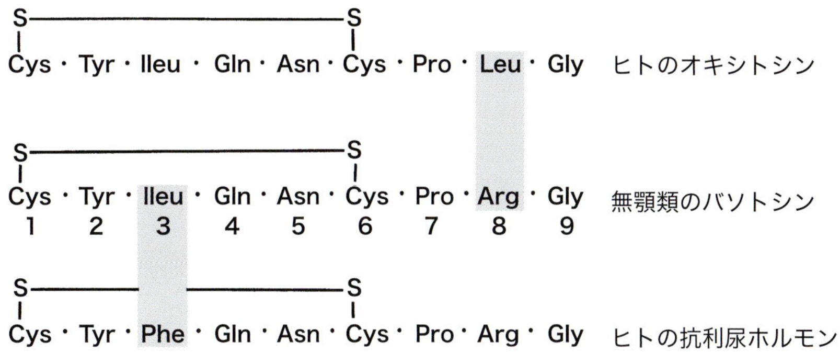

S—S
Cys・Tyr・Ileu・Gln・Asn・Cys・Pro・Leu・Gly　ヒトのオキシトシン

S—S
Cys・Tyr・Ileu・Gln・Asn・Cys・Pro・Arg・Gly　無顎類のバソトシン
1　2　3　4　5　6　7　8　9

S—S
Cys・Tyr・Phe・Gln・Asn・Cys・Pro・Arg・Gly　ヒトの抗利尿ホルモン

図18-8
アルギニンバソトシン（無顎類のバソトシン）の進化での多数の変異体のうちの２つ。灰色の帯は，無顎類とヒトの後葉神経分泌物の違う部分のみを示す。ヒトの抗利尿ホルモンはアルギニンバソプレッシンである。

いるのであろう（図18-7，マス）。

腺性下垂体

腺性下垂体は口窩の天井から外胚葉細胞の出芽として生じる。有羊膜類やサメや原始的な硬骨魚類のいくつかでは，この出芽は中空で**ラトケ嚢** Rathke's pouch として知られる（図18-6a）。他の魚類や両生類では，出芽は充実性である。腺性下垂体の原基が脳の床と広い領域で密に接するとき，口窩と出芽の間の連絡は通常はなくなる（図18-6b）。しかし，カラモイクチスやポリプテルスや原始的な真骨類の一部では，**口咽頭腔** oropharyngeal cavity に続く中空の線毛を有する管として残る。ラトケ嚢は成体の腺では遺残腺腔として残ることがある（図18-6c）。

口窩からの腺性下垂体の起源は，腺性下垂体はもともと口咽頭腔内に分泌していたのではないかと示唆する。下垂体はかつて喉に流れる痰（pitua）の供給源と考えられていた。痰の供給源であることは誤りだったが，下垂体の分泌の原始的な部位については正しかった。

腺性下垂体には２つの主要な部位，**中間部** pars intermedia と**主部** pars distalis がある（図18-7）。１対の薄く狭い伸長である**隆起部** pars tuberales（単数では pars tuberalis）が，少数の魚類とほとんどの四肢動物（有鱗類を除く）で発達する。隆起部はロート茎の表面を上方に広がるか，あるいは両生類では間脳の腹側表面を前方へ広がる。隆起部は間脳から容易に分離できる。何か機能があるとしてもわかっていない。

中間部

中間部は神経性下垂体と密に接着している（図18-7，赤色）。ここは**インテルメジン** intermedin としても知られる**メラニン細胞刺激ホルモン** melanophore stimulating hormone（MSH）の合成と分泌を行う。MSH は外温動物のいくつかの色素胞内の色素顆粒の拡散を生じ，こうして皮膚を暗くする。鳥類やクジラ類や海牛類では別個の中間部はないが，MSH 産生細胞は主部の細胞の間にみられる。哺乳類では MSH は毛包で生じるメラニン形成に不可欠である。α–MSH（MSH の１つ）の 13 ペプチド分子全体が主部で産生される副腎皮質刺激ホルモンの分子に組み込まれる。

主部

主部は，哺乳類での位置から一般に前葉として知られる。しかしこの用語は常に適切とはいえない（図18-7）。前葉は以下のホルモンを合成する。ソマトトロピン STH（成長ホルモン GH）。サイロトロピン（甲状腺刺激ホルモン TSH）。副腎皮質刺激ホルモン ACTH。ゴナドトロピン（卵胞刺激ホルモン FSH，黄体形成ホルモン LH，間質細胞刺激ホルモン ICSH）。プロラクチン PRL（黄体刺激ホルモン LTH）。

ソマトトロピン somatotropin は全身性代謝ホルモンである。全身でのタンパク質合成を刺激することで成長を促進する。骨端板（図7-5参照）が骨化する前の若い個体に投与すると，ソマトトロピンは身長（体長）を増加させる。**サイロトロピン** thyrotropin は甲状腺を刺激してヨードを蓄積し，甲状腺ホルモンを合成し，これを循環中に放出する。**副腎皮質刺激ホルモン** adrenocorticotropin は糖質コルチコイドを分泌する哺乳類の副腎皮質層を制御する。**卵胞刺激ホルモン** follicle stimulating hormone は卵胞の成長とエストロゲンの分泌を刺激する。雄では精子の形成を促進する。**黄体形成ホルモン** luteinizing hormone は成熟した卵の排卵とグラーフ卵胞の黄体への転換を誘導する。雄では精巣の間質細胞におけるアンドロゲンの合成を誘導する。雄では通常**間質細胞刺激ホルモン** interstitial cell stimulating hormone とよばれる。

プロラクチン prolactin は魚類からヒトまで様々な作用がある。少なくとも作用のいくつかは副腎皮質ステロイドあるいは別の協調ホルモンにより前もって組織が反応することで初めて生じる（後述の「バイオリズムのホルモン制御」を参照）。プロラクチンは広塩性の魚類（広い範囲の塩分濃度に

対応する魚類）での主要な淡水適応ホルモンであり，真骨類の一部では孵化したばかりの稚魚を養う母体皮膚粘液の分泌を刺激する。プロラクチンは顕著な脂質産生作用があり，多くの有頭動物で脂肪の周期的な蓄積を誘導し，鳥類の嗉嚢からのピジョンミルクや哺乳類の乳腺によるミルクの産生を刺激する。ミルク産生への作用がこのホルモンの名称プロラクチンを着想させた。同期化ホルモンにより感じやすくなった組織に作用して，プロラクチンは性成熟が近づいたある種の有尾類を池に移動させ，鳥類では巣作りや孵卵や転卵，ひなの防衛といった親としての行動を誘導し，ラットでは黄体を活性化する（黄体刺激作用）。

多様なプロラクチンの作用は，基本的に同じホルモンに対する新たな受容体がどのように生じてきたかを説明する。自然選択は現存する有頭動物でのプロラクチン受容体を今までずっと維持してきた。こうした多様な作用は，初めて観察するとき，関連がないようにみえる。しかし，現在も進行中の基礎的な研究は，こうした所見のすべてを説明する統一された原理をみつけることは疑いない。その後に，応用研究が人類に利益をもたらす知識を利用する方法を考案するだろう。

主部のホルモンの最も明らかな機能だけを今まで述べてきた。それぞれのホルモンは他にも，もっと繊細であるが，同じように重要な機能を持つ。それらについては内分泌学の適切な書物でみることができる。

松果体

脳からの膨出としての松果体は，動物種によっては，視神経のように脳神経と考えることもできる。松果体は，哺乳類でその形が松かさのようであることから名づけられ，間脳の天井の膨出で**メラトニン** melatonin を合成する。

メラトニンはアミンであり，脳の別のアミンであるセロトニンから合成されるが，暗闇でのみ合成される。セロトニンN-アセチルトランスフェラーゼはメラトニン合成の律速段階で触媒する酵素であるが，光はこの酵素の活性を阻害することでメラトニンの合成を妨げることが実験的に確かめられた。松果体への光の効果は，多くの有頭動物でのように，松果体が透けてみえる皮膚の下にあるときは直接的である。そうでないときは，光の効果は視神経，視床下部核，脳幹と脊髄の下行線維路，脊髄胸神経，前頚交感神経節（図16-35参照），および神経節から松果体に走る**松果体神経** nervi conarii の経路を介して伝わる。

哺乳類のメラトニンは，現存する無顎類，両生類の幼生，および多くの魚類で，真皮のメラニン細胞のメラニン顆粒を凝集し，その結果皮膚は白くなる。この作用はMSHの作用と逆である。正常な松果体を持つ両生類の幼生は，暗黒中で成長すると白っぽくなる。松果体除去を行うとこの反応はない。

メラトニンはある種の哺乳類の器官に繁殖活動のための準備をさせる役割を果たすが，その作用は直接的ではないようである。メラトニン分泌の期間（分泌総量よりも）は，おそらく視床下部により監視されていて，明らかに日照時間の長さを伝え，そのシグナルが神経分泌刺激に変換され，それが繁殖周期に影響する。この調節機構の詳細はいまだ明らかにされていない。松果体のその他の特徴は第16，17章で述べた。

ある種のバイオリズムでの松果体の役割は本章でこの後解説する。

アミン産生組織と副腎髄質

四肢動物の副腎は完全に異なる2つの構成要素からなる。(1)カテコールアミンである**ノルアドレナリン** noradrenaline（ノルエピネフリン norepinephrine）や**アドレナリン** adrenaline（エピネフリン epinephrine）を産生する**アミン産生組織** aminogenic tissue と，(2)ステロイドホルモンを産生する**ステロイド産生組織** steroidogenic tissue である。これら2つの組織は多くの魚類では位置的にも離れているが，有羊膜類では両者は凝集し1つの被膜に包まれている。

私たちは副腎複合体を2つの別の腺として述べる。このことはアミン産生部が神経堤に由来するという所見により強められている。まず，哺乳類で髄質を構成するアミン産生要素について述べる。染色反応からアミン産生組織は**クロム親和性組織** chromaffin tissue ともよばれる。クロム親和性組織はほとんどの有頭動物で体腔のどこにでも広く分布するが，すべてがアミン産生性ではない。小結節は体幹の交感神経節近傍や性腺，腎臓，心臓やその他内臓で生じる。

魚類と両生類

ヤツメウナギと板鰓類では，アミン産生細胞は集塊をなして後主静脈の全長に沿ってみられる（図18-9，エイ）。ヌタウナギではクロム親和性細胞は動脈や静脈と関連し，（少なくともクロム親和様細胞は）ヌタウナギの心臓とも関連している。肺魚では，クロム親和性細胞は体幹の背側大動脈に沿って散らばっている。この細胞の集塊は交感神経節の近くにあり，神経節の細胞体も同じアミンを合成している。真骨類ではアミン産生細胞は一般に腎臓の前端で前腎の痕跡のなかにあり，そこでは副腎複合体の他の構成要素と入り混じっている（図18-9，真骨類）。

無尾類では2つの構成要素は両側の腎臓の腹側表面上のびまん性の腺のなかに混在する。有尾類では，小さな明るい斑

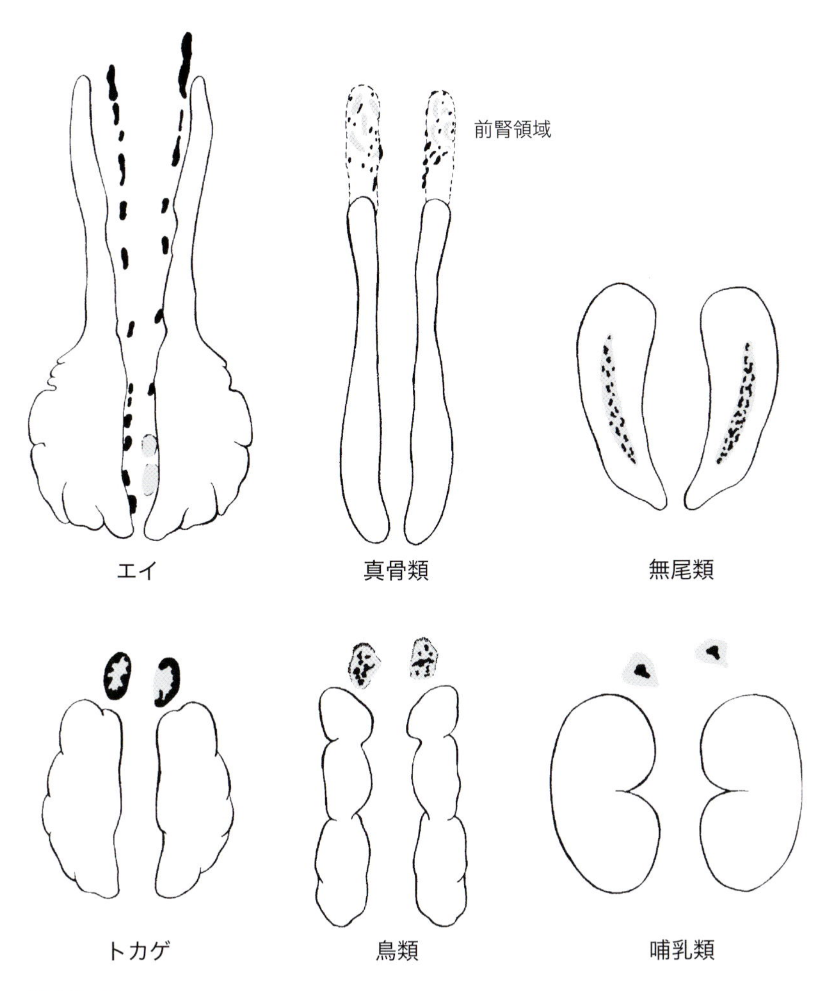

図 18-9
有頭動物の副腎の構成。アミン産生組織（哺乳類の髄質）を黒色で，ステロイド産生組織（哺乳類の皮質）を灰色で示す。腎臓は輪郭線で示す。トカゲと哺乳類では２つの構成要素が逆の位置にあることに注意。エイの腎臓後端の間にあるステロイド産生組織の２つの集塊は腎間体である。

点や小結節を上行大静脈に沿って形成しており，拡大鏡なしでみつけるのは難しい。

有羊膜類

有羊膜類では，独立した組織としての副腎は，両側の腎臓の頭側端かその近くに位置し，２つの腺性要素は通常，ワニや鳥類のように，１つの被膜に包まれて入り混じっている（図 18-9，鳥類）。しかしトカゲでは，アミン産生組織はステロイド産生組織の周辺にほぼ完全な被覆層を形成する傾向にある（図 18-9）。哺乳類ではヒトを含めて，ちょうど逆の状態，ステロイド産生組織が**副腎皮質** cortex を形成し，アミン産生組織が**髄質** medulla を形成する。しかし哺乳類のなかには，ステロイド産生組織が均質な皮質を形成しないものもいる。例えばアシカでは，皮質組織は髄質のなかにも散在し，髄質細胞の塊が皮質の全域に分散している。副腎はその位置が二足歩行のヒトでの位置から，**腎上体** suprarenal gland ともよばれる。

副腎のアミン産生細胞と交感神経系の節後ニューロンの細胞体は同じ細胞系列に属する。両者は神経堤から生じ，交感神経の節前神経線維により神経支配され，ノルアドレナリンとアドレナリンを合成する。副腎のアミン産生細胞は，突起を伸ばし損なった交感神経系の節後ニューロンの細胞体であると考えることができる。

アドレナリン

ノルアドレナリンはアドレナリンの前駆体である。メチル基がつくことによりアドレナリンに転換する。一般にこの転換は節後ニューロンの細胞体よりも副腎髄質でより多く生じる。その結果，アドレナリンは副腎の優勢なアミンとなり，一方，ノルアドレナリンが交感神経系の節後ニューロンで優勢なアミンとなる。それぞれの組織で両者の割合はどんな動物種でもほぼ一定である。

多くの役割のなかで，並外れたストレス刺激の際に放出されるアドレナリンは，肝臓での**糖原分解** glycogenolysis（グリコーゲンのグルコースへの分解）を刺激する。この作用はグルコース（グルコース－6－リン酸）を直ちに循環血中へ放出することである（筋肉に貯蔵されたグリコーゲンはグルコースには直接変換できない。まず乳酸に転換し，次いで肝臓に運ばれ，そこで再度グリコーゲンに変わり，それからグルコースに変換する）。血中グルコースレベルの上昇は，ストレスの間の心臓や骨格筋での代謝要求の増加を満たす。

アドレナリンとノルアドレナリンは，ある受容体部位では同じような作用をするが，その部位の特定の受容体の数により，相対効力は異なる。ノルアドレナリンは強力な血管収縮能があるため，末梢循環の毎日の管理において重要な役割を持つ。アドレナリンとノルアドレナリンはともに気管支や気管の平滑筋を弛緩し，それによって肺への酸素の出入りを高める。副腎髄質に分布する節前神経線維は，一部内臓神経も入る神経叢を経て副腎に到達する（図 16-35 参照）。視床下部にある自律神経のコントロールセンターはこうした入射する神経刺激を開始する（図 18-10）。

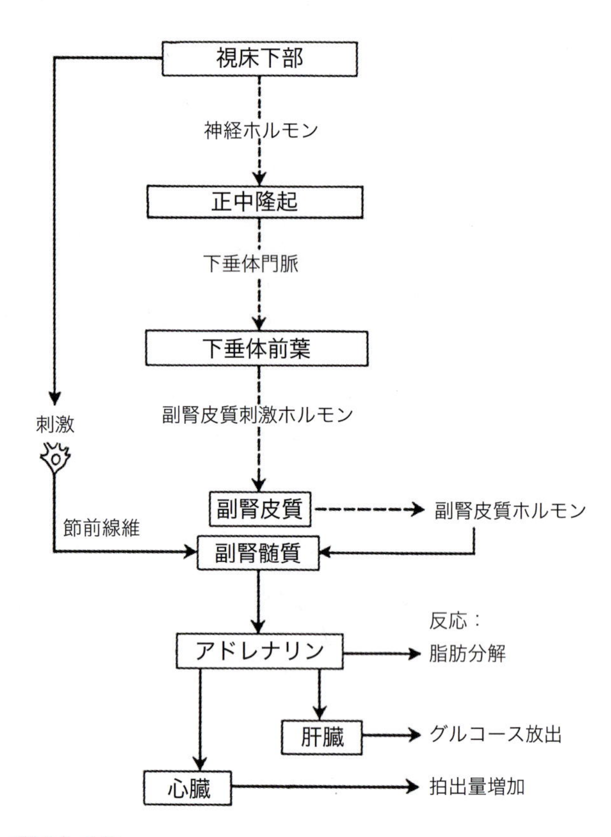

図 18-10
副腎髄質の調節機能の一部。適切な神経刺激（左端）があると，交感神経系の節前ニューロンが髄質を刺激してアドレナリンを放出させる。アドレナリンは多くの反応を誘発する。そのなかの3つを右側に示す。

中胚葉由来の内分泌器官

ステロイド産生組織と副腎皮質

副腎複合体が２つの完全に異なる構成要素，アミン産生要素とステロイド産生要素から構成されることをみてきた。２つの構成要素は密接に関連することもあれば，位置的に離れることもある。アミン産生の構成要素は哺乳類では髄質になり，ステロイド産生の構成要素は皮質になる。一方，アミン産生組織は運動神経の支配を受け（図 16-35 参照），ステロイド産生組織はホルモンによって調節される。

ステロイド産生構成要素は，生殖隆起の上皮やその下層の造腎中胚葉から生じた中胚葉細胞に由来する（図 15-19 参照）。サメやエイでは，ステロイド産生細胞は１ないし数個の充実した**腎間体** interrenal bodies を形成しており，この名称は腎臓後端の間にあることからつけられた（図 18-9，エイ）。真骨類のステロイド産生細胞は一般に痕跡的な前腎の部位に集まり，アミン産生細胞の間に散在している。こうしたステロイド産生細胞の集塊はすべて哺乳類の副腎皮質と相同である。皮質組織の名称は哺乳類の組織にのみ適切であるが，他の有頭動物でもコルチコイド，すなわち哺乳類の皮質のものに似たステロイドを産生する組織に適用されることがある。

哺乳類のコルチコイドには２つの主要なカテゴリー，**糖質コルチコイド** glucocorticoids と**鉱質コルチコイド** mineralocorticoids がある。その他のステロイドには，作用の不明なものがいくつかあり，哺乳類の副腎皮質で合成されているが，その量は非常に少ない。

糖質コルチコイドは非糖質のグルコースへの変換，**糖新生** gluconeogenesis として知られる過程を刺激する。糖質コルチコイドはその他の役割も行う。哺乳類の糖質コルチコイドには，**コーチゾル** cortisol や**コルチコステロン** corticosterone や**コーチゾン** cortisone がある。

コーチゾルは主要なコルチコイドであり，ヒトの副腎皮質で作られるほか，類人猿，サル，その他の哺乳類の何種かや魚類で作られる。コルチコステロンは鳥類やウサギやラットでの主要なコルチコイドである。ハムスターはコーチゾルとコルチコステロンをほぼ同じ量生産する。コーチゾンは哺乳類のコルチコイドとしては重要でないが，原始的な有頭動物のあるものでは重要な作用を持つ。長時間のストレスの間，こうした糖質コルチコイドが副腎髄質でのアドレナリンの合成を刺激する。またある程度のナトリウム調節能力も持っている。糖質コルチコイドの分泌は副腎皮質刺激ホルモンにより調節されている。

アルドステロン aldosterone は四肢動物で最も強力な鉱質コルチコイドである。その機能はヘンレのワナで糸球体濾液からナトリウムを回収することにある。アルドステロンの分泌は**アンギオテンシン** angiotensin によって刺激される。アンギオテンシンは，腎臓で産生された酵素**レニン** renin の触媒により血中で作られるホルモン様化合物である（レニンを，哺乳類の胃の酵素で牛乳を凝固させる**レンニン** rennin と混同してはならない）。

副腎皮質組織と性腺だけが有頭動物でステロイドホルモンを産生する。哺乳類の副腎皮質はおよそ 50 種もの異なったステロイドを産生する。あるものは中間生成物であり，あるものは最終生成物であり，またあるものは生存価（適応度を高める効果）がわかっていない。微量の雄性ホルモンや雌性ホルモンも含まれる。髭を生やした婦人は，女性の副腎皮質が最終生成物として雄性ホルモン（アンドロゲン）を過剰に産生したときに何が生じるかの一例である。

内分泌器官としての性腺

性腺は腎臓の内側にある１対の生殖隆起として体腔上皮

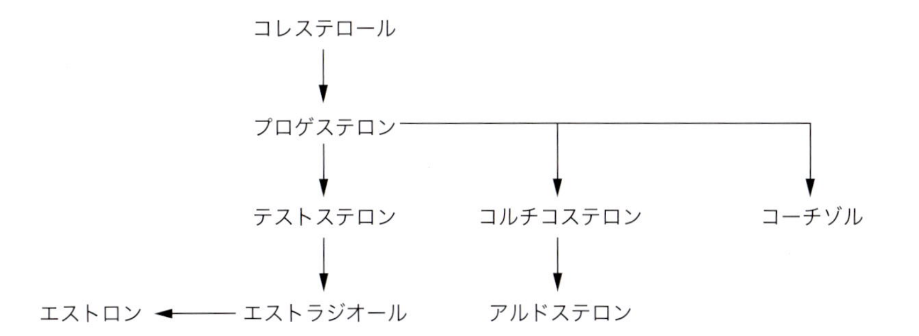

図 18-11
主要なステロイドホルモンの合成。示した大部分のホルモンの間に1つ以上の中間分子が生じる。

から生じる（図 15-19 参照）。ほとんどの有頭動物で卵巣と精巣は3種のステロイドホルモン，すなわち**エストロゲン（発情ホルモン）** estrogen，**アンドロゲン（雄性ホルモン）** androgen，**プロゲストーゲン** progestogen を産生する。

卵胞で作られるエストロゲン（図 15-35 参照）と，精巣の間質細胞で作られるアンドロゲン（図 15-21 参照）は，本来，**副生殖器** accessory sex organs（生殖管とその腺）の分化，発達，維持と**二次性徴** secondary sex characteristics（一方の性に関連する特徴，例えば雄鶏の肉垂や哺乳類雌の乳腺）にかかわる。魚類から哺乳類にわたって特有の性行動にもかかわる。ほとんどの副生殖器と二次性徴は性腺の切除により萎縮するが，適切なアンドロゲンまたはエストロゲンの投与により萎縮は阻止できる。性ステロイドの欠損により繁殖行動も消失する。

アンドロゲンは，魚類からヒトまでのすべての有頭動物で，エストロゲンも含む性ホルモン生合成での中間段階である。**テストステロン** testosterone は，哺乳類での最も強力なアンドロゲンであり，**17 β-エストラジオール** 17 β-estradiol が最も強力なエストロゲンである。先に述べたようにアンドロゲンは副腎皮質でも合成されており，過剰な生産は性的な異常を招くことがある。

プロゲステロン progesterone はプロゲストーゲンの1つであるが，有頭動物の全綱を通して，アンドロゲン，エストロゲン，皮質ステロイドの生合成の前駆体である（図 18-11）。しかし，非哺乳類でのプロゲステロンの役割は，一般的にステロイド生合成の一段階であることを除き，確かめられていない。

哺乳類の雌では，成熟したグラーフ卵胞からの微量のプロゲステロンは，排卵と着床のための子宮の排卵前準備に必須である。黄体（図 15-35 参照）からの大量のプロゲステロンは着床のための子宮の最終的な準備に不可欠である。黄体からのプロゲステロン，最終的には胎盤からのプロゲステロンが，動物種にもよるが，分娩まで妊娠子宮を健康な状態に維持する。プロゲステロンの名称はこの機能によるもので，妊娠を促すステロイド promotion gestation steroid を意味する。視床下部へのネガティブフィードバックにより，プロゲステロンは，妊娠を見込んで，排卵後の卵胞形成の新たな波を阻止する。妊娠中，プロゲステロンは新たな卵の成熟を阻止する。妊娠は哺乳類での交尾の予想される結果である。

哺乳類の卵巣はペプチドホルモンである**リラキシン** relaxin も産生する。妊娠中に作られるリラキシンは，分娩前に母親の恥骨結合の靭帯や仙腸関節の靭帯を緩め，胎子排出のための産道を広げる。

スタニウス小体

条鰭類の中腎の後部に埋もれるか，あるいは中腎管に接して，球状の類上皮小体である**スタニウス小体** corpuscles of stannius がある。これは腎間体と間違えられやすいが，胚での起源が異なり，前腎管の膨出として生じる。ほとんどの真骨類では2個であるが，アミアでは 40 ～ 50 ある。大型のサケでは，スタニウス小体は直径が 0.5 cm に達することもある。

スタニウス小体の除去により，原始的な新鰭類や真骨類で組織液のカルシウム濃度が増加する。その生理学的な理由はわかっていない。

内胚葉由来の内分泌器官

有頭動物のすべてで，胚の咽頭または咽頭嚢の内胚葉は甲状腺，上皮小体，鰓後体を生じ，胸腺を生じる。胸腺はホルモンを産生することもしないこともあるが，有頭動物の免疫系の確立に重要な役割を果たす。胚の咽頭のすぐ後ろの内胚葉は，膵臓の内分泌構成要素を生じ，胃腸ホルモンを産生する細胞を生じる。少数の原始的な有頭動物を除き，咽頭派生物は咽頭上皮から離れて周囲の間葉内に沈み，元の場所から距離を置いた位置に変わる。まず胚の咽頭より生じる内分泌器官を解説する。

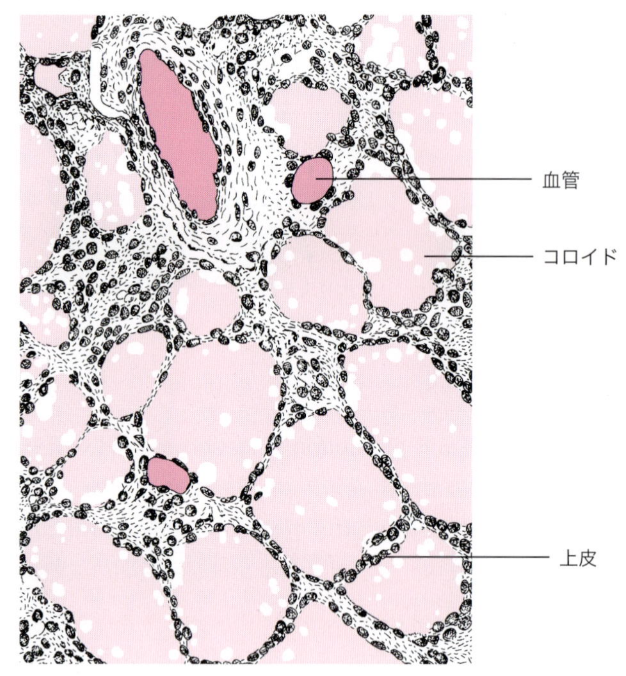

図 18–12
活発に分泌している甲状腺濾胞。濾胞は無細胞性のコロイドとそれを取り囲む上皮細胞からなる。

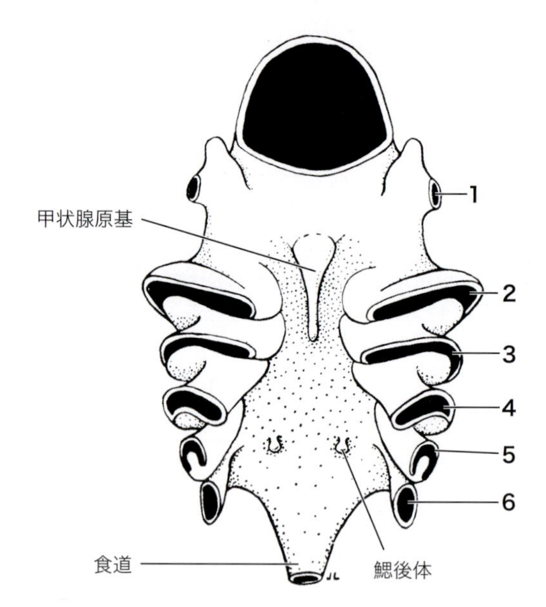

図 18–13
サメの胚の咽頭。腹側からの観察。1：噴水孔。2〜6：鰓裂。

甲状腺

脊索動物の咽頭床の上皮の細胞はヨードを蓄積する能力があり，またヨードをアミノ酸の1つであるチロシンに結合する能力があり，それによってヨード化タンパク質である**サイロキシン** thyroxine を産生する。

原索動物とヤツメウナギの幼生の鰓下溝（内柱）の細胞はサイロキシンを合成する。サイロキシンは藻類や分節性の蠕虫にも，昆虫や軟体動物でもみられる。有頭動物ではサイロキシンの合成は腺性下垂体からの甲状腺刺激ホルモンによって刺激される。末梢組織ではサイロキシン（T_4）は甲状腺ホルモンの生物学的活性体である**トリヨードサイロニン** triiodothyronine（T_3）に転換する。サイロキシンは全身性代謝ホルモンで，細胞の酸素負荷を調節し，恒温動物（温血動物）の熱産生を刺激し，有尾類幼生の変態を誘導し，標的組織での他のホルモンの作用を助ける。

哺乳類の甲状腺は第二のホルモンである**カルシトニン** calcitonin を合成する。カルシトニンは，他の部位でカルシウムが必要とされないときに，骨やその他の組織のカルシウムが失われることを防ぐ。少なくとも四肢動物では循環血中のカルシウムを貯蔵するのにホルモンは必要ない。カルシウムを貯蔵状態から放出するのはホルモンの作用である（後述の「上皮小体」参照）。カルシトニンは濾胞間にある**旁濾胞細胞** parafollicular cell（**C 細胞** C cell，C はカルシウムを意味する）で合成される。C 細胞は胚期に発生中の鰓後体から哺乳類の甲状腺内に移動した。

サイロキシンは**甲状腺濾胞** thyroid follicle の上皮で合成される（図 18–12）。濾胞は上皮とコロイドで満たされた内腔からなり，サイロキシンを大きな分子である**サイログロブリン** thyroglobulin として，一時的に内腔に貯蔵する。代謝での必要に応じて，上皮からのプロテアーゼは，サイログロブリンが濾胞壁を通過して循環血中に入れるように，より小さな分子にサイログロブリンを分解する。

甲状腺は第二咽頭嚢の位置で咽頭の床の正中の膨出として生じる（図 18–13）。通常，四肢動物の正中の膨出は有対の腺に発達する（図 18–14，マッドパピー，鳥類，若いネコ）。正中の甲状腺はヘビ類，カメ類，少数の鳥類，単孔類のハリモグラの特徴である。サメ類では正中の甲状腺が下顎結合の後方の烏口下顎筋の終止部近くにある。

ヤツメウナギ幼生の甲状腺（内柱，すなわち咽頭下腺）は変態まで咽頭の床に開口している（図 18–15）。ヨード化タンパク質は咽頭腔に分泌され，その先の消化管で吸収される。変態時に導管が閉鎖した後，サイロキシンは濾胞に蓄積され血流によって運ばれる。

真骨類では，甲状腺濾胞は通常1つずつまたは小さなグループで咽頭床の下方を腹側大動脈に沿って散在する。甲状腺濾胞は入鰓動脈の何本かとともに鰓弓に入ることもある。少数の真骨類では，甲状腺濾胞は背側大動脈に従って尾側に向かい，腎臓にまで侵入する。さらに他のものでは，濾胞は1つか2つの充実した集塊を第一鰓嚢の基部の間に作る。

両生類では，2つの腺は咽頭の床にある。有羊膜類では，甲状腺は様々な間隔で尾側へ移動し，気管の近くで総頚動脈に近い位置を占め，豊富な動脈供給を受ける（図 18-14b ～ d）。この腺の名称は哺乳類で甲状軟骨の近くにあることから名づけられた。

膨出した器官が最終的な場所に到達した後，甲状腺濾胞が組織化され，甲状腺と咽頭床をつないでいた胚期の柄は通常消失する。しかし，ラブカ科のサメでは甲状腺管は残存する。哺乳類では，舌根の小孔である**舌盲孔** foramen cecum が，甲状腺の膨出する位置を示す（舌盲孔，図 13-13a 参照）。ヒトでは胚期の柄の短い部分が 1 つまたはそれ以上の甲状舌管嚢胞として残存することがあり，しばしば外科的に除去される。嚢胞は舌盲孔と甲状腺の間の頚部でどこにでも生じうる。

上皮小体

上皮小体は咽頭嚢からの膨出として生じ，パラサイロイドグランド parathyroid gland（旁甲状腺）と称せられているように，通常，甲状腺の近くにあるか，あるいは甲状腺内に埋め込まれている（図 18-14c，d）。上皮小体は魚類，両生類の幼生や異時性の両生類には存在しない。少数の爬虫類には 3 対あり，第二～四咽頭嚢から内胚葉性の膨出として生じる。しかし，大部分の四肢動物は 2 対のみで，第二咽頭嚢の原基が通常は成熟しないためである。少数の有尾類，ワニ類，数種の家禽，およびいくつかの哺乳類でのように 1 対のときは，上皮小体は第三，あるいは四咽頭嚢のいずれかから生じるが，それは動物種による。時にはそれぞれの側の 1 個の腺は 2 つの咽頭嚢から形成される。

上皮小体は**上皮小体ホルモン** parathyroid hormone を産

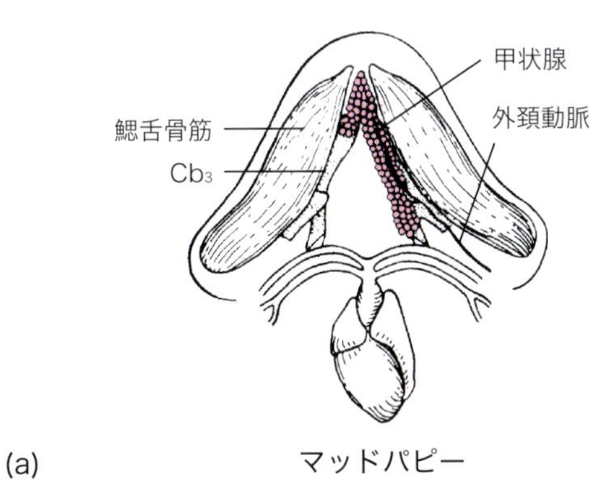

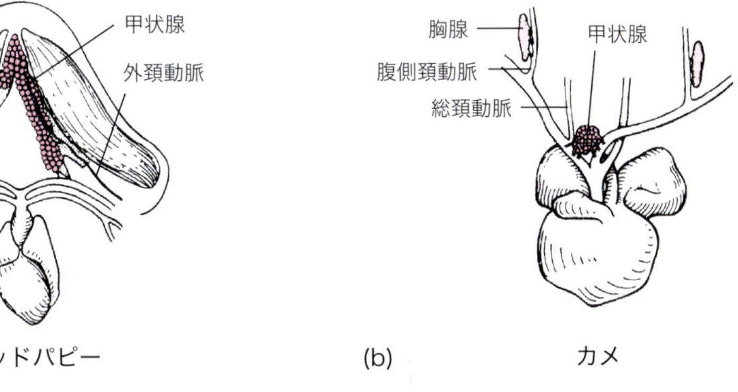

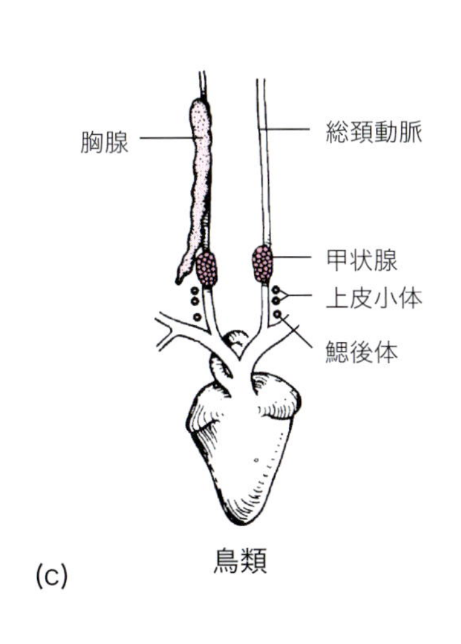

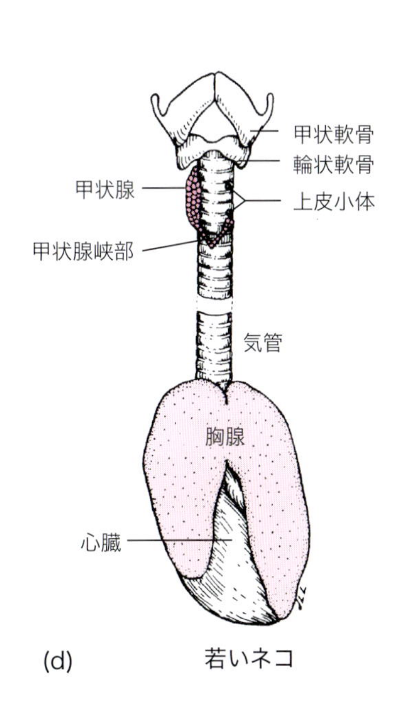

図 18-14
有頭動物の胸腺（淡赤色），甲状腺（濃赤色），上皮小体，鰓後体。
Cb_3：第三咽頭弓の角鰓軟骨。カメの上皮小体は胸腺のなかに埋もれている。鳥類の胸腺と哺乳類の甲状腺は対をなすが，一方のみを図に示す。

18

生する。血中カルシウム濃度の正常値は動物種によって様々であるが，正常範囲よりもカルシウム濃度が低いと上皮小体ホルモンの放出を喚起する。上皮小体ホルモンは骨やその他の貯蔵部位からカルシウムの放出を起こし，血中カルシウムレベルを正常範囲に戻す。

鰓後体

鰓後体は咽頭嚢の最後位の1対の上皮より発達する。この腺はカルシトニンを合成する。鰓後体は，哺乳類の成体を例外として，すべての有顎類で独立した腺として生涯を通じて存在する（図18-13，18-14c，18-16）。板鰓類では左の鰓後体のみが発達する。それは元の位置からそれほど遠くない咽頭の後端と壁側心膜との間にある。真骨類では，種によって鰓後体は正中であったり対であったりし，食道の腹側の横中隔内にある。爬虫類では甲状腺の近くにある。

哺乳類の成体では鰓後体はなく，おそらくセンザンコウが例外であろう。哺乳類の第四咽頭嚢は珍しく，その後壁から小さな余分の嚢が膨出する。こうした余分の嚢が哺乳類の鰓後体の原基である。将来のカルシトニン細胞はこうした嚢の肥厚した上皮から移動し，発達中の甲状腺の実質内に入る。そこでカルシトニン産生細胞の集塊（旁濾胞細胞）となり，甲状腺濾胞の間に位置する。哺乳類のこうした最後位の嚢が，他の有頭動物の第五咽頭嚢と相同であるか否かは確かめられていない。現存する無顎類には鰓後体はなく，血清中にカルシトニンは検出されていない。

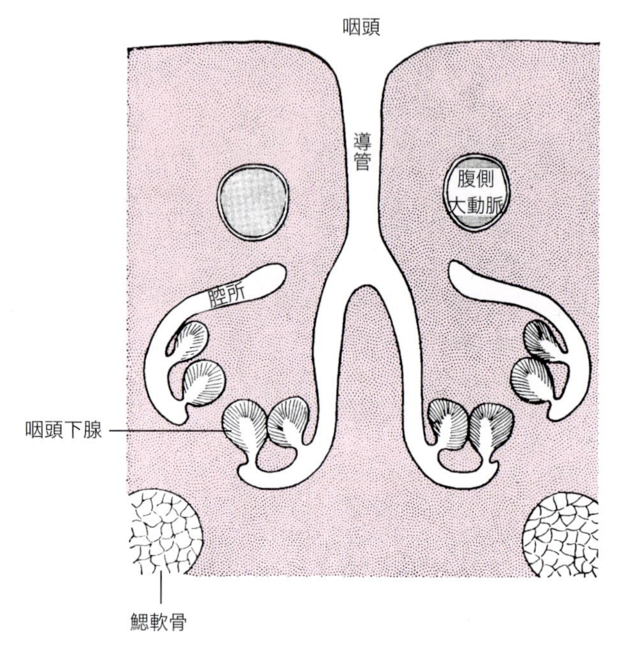

図18-15
ヤツメウナギ幼生の内柱（咽頭下腺）横断像。すべての腔所は導管に開く。変態では導管が閉じ，腺細胞のいくつかが甲状腺濾胞を作る。

胸腺

胸腺はリンパ性器官である。鳥類と哺乳類では，少なくとも胎生期および若齢期でのみ機能している。こうした期間，胸腺は個体のその後の生涯にわたって機能する免疫系の確立に極めて重要である。免疫系なしでは生物は生存できない。

本来，胸腺組織はすべての咽頭嚢の上皮で肥厚として生じる（ヌタウナギでは，分離した胸腺様細胞は存在することもあるが，胸腺は確認されていない）。こうした肥厚の役割はわかっていない。有頭動物の進化が進むとともに，胸腺にかかわる咽頭嚢がどんどん少なくなった。ヤツメウナギで

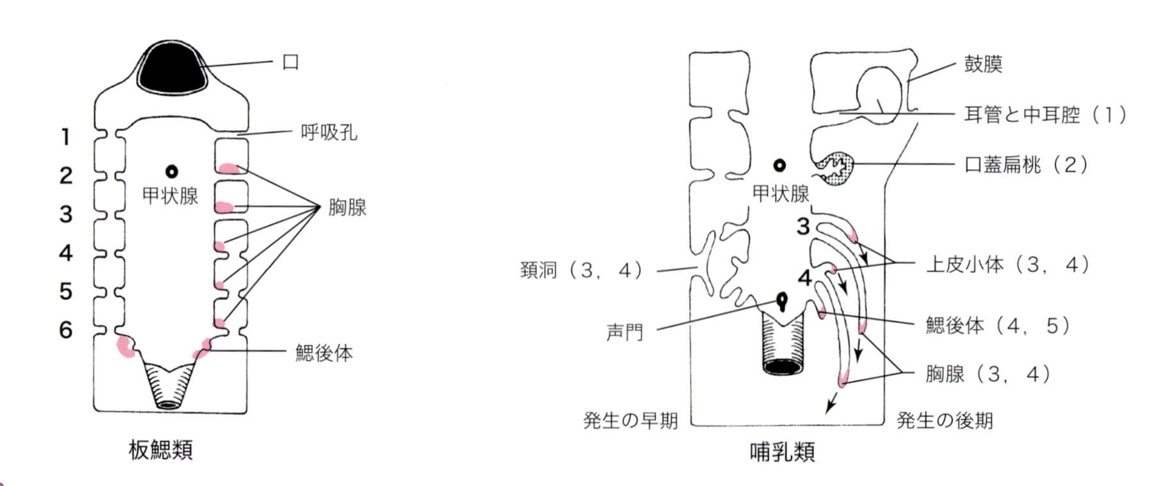

図18-16
サメ（板鰓類）と哺乳類の咽頭派生器官（咽頭の床を見下ろす前頭断の模式図）。それぞれの図で，左側は個体発生で右側よりも早期を示す。数字は外胚葉の溝あるいは咽頭嚢の数と同じ。矢印は原基の尾側への成長を示す。哺乳類の鰓後体が第四咽頭嚢から生じたか，あるいは第五咽頭嚢の痕跡から生じたかは確かめられていない。内分泌の原基は甲状腺を除き，赤色で表示。

は胸腺組織は7個の咽頭嚢のすべての壁で発達し，有顎魚類のほとんどでは第一咽頭嚢を除くすべての咽頭嚢から（図18–16），無足類では前方の6つの咽頭嚢から，有尾類では第三〜五咽頭嚢から，無尾類では一般に第二咽頭嚢のみから，胸腺組織が発達する。大部分の有羊膜類では，第三，四咽頭嚢が唯一の供給源で（図18–16），多くの哺乳類はヒトも含め，第三咽頭嚢のみから胸腺は生じる。

一連の原基は発生の間に統合する傾向がある。硬骨魚類では，すべてが融合して鰓室の上部に1つの長く伸びた腺を形成する。少なくとも板鰓類の一種（*Heptanchus cinereus*）の幼生では，最初の6葉からの導管は咽頭腔に開く。この管はしばしば若齢の成体でも存続している。

分化過程の哺乳類の胸腺上皮は，間葉の侵入により網状組織に変わる。胚の骨髄から移入した細胞は網状組織の隙間に進入し，そこで増殖する。こうした移入細胞は幹細胞で，その子孫細胞は発達中の免疫系の**Tリンパ球** T lymphocytes（**T細胞** T cells）に分化する。成熟したT細胞は全身の循環血中に入り，リンパ節，脾臓および全身にある他のリンパ性器官に収まる。若齢の胸腺ではT細胞の増殖は集中的なペースで続き，この間に胸腺は大きく容積を増す（図18–14d）。胸腺は他のリンパ組織へのT細胞の播種が完了すると，脂肪変成を経て用済みとなる。その後T細胞は他のリンパ性組織で形成される。T細胞はエイズ（後天性免疫不全症候群AIDS）で壊され，それにより疾病に対する免疫能を失う。T細胞は心臓や肝臓のような移植器官（外来タンパク質）の拒否にもかかわる。胸腺が内分泌因子を産生するか否かは論争の余地がある。

鳥類のファブリキウス嚢

多くの若い鳥類では，胸腺の機能は**ファブリキウス嚢** bursa of Fabricius によって補われている。ファブリキウス嚢は胚の総排泄腔の背側正中の膨出として生じ，骨盤腔に広がり，大腸と複合仙骨に挟まれたリンパ性器官である。ファブリキウス嚢は構造が若い胸腺に似ており，性成熟時には完全に退行する。その機能は胸腺に似ている*[1]。

膵臓内分泌部

膵臓は副腎と同様，機能的に異なる2つの構成要素からなる。**腺房** acini は消化酵素を合成し，**膵島** pancreatic islets（**ランゲルハンス島** islands of Langerhans）は，**インスリン** insulin と**グルカゴン** glucagon を合成する（図12–27参照）*[2]。これらは四肢動物では混在している。しかし，有顎魚類の多くでは，外分泌組織と内分泌組織は分離しており，現存する無顎類では両組織は離れていて膵臓とよぶことのできる器官はない。ヤツメウナギでは，インスリンを分泌する細胞は頭側端近くの腸管壁の粘膜下組織にある。ヌタウナギでは，胆管の基部あるいは胆管を取り巻くようにして，インスリン分泌細胞が小葉あるいは小島を構成する。一方，消化酵素分泌細胞は腸のかなりの長さにわたって粘膜下組織に散在し，肝臓の組織内にもある程度分布している。

板鰓類では，内分泌細胞は腺房からの分泌物を排出する導管である膵小管の上皮内にある。大部分の真骨類では，内分泌細胞は肉眼でみえる数個の充実した小結節に凝集し，しばしば2，3個が，びまん性に分布する外分泌要素を支持するのと同じ腸間膜にある。インスリン分泌細胞の凝集が容易に摘出できる2，3の小結節を作ることから，真骨類は初期のインスリン研究のためのよい研究対象となった。四肢動物では外分泌と内分泌の構成要素はより密接に関連しているけれど，膵臓は多くの種でむしろびまん性のままで，主に内分泌組織の凝集，あるいは主に外分泌組織の凝集は珍しくない。

内分泌細胞の外見上無秩序な配置は，有頭動物の群として個体発生の視点からみるともっと理解しやすいかもしれない。外分泌細胞と内分泌細胞は前腸の上皮から生じる。この上皮が膵芽や肝芽の形成によって壊されるとき，上皮細胞のいくつかは新たな位置に運ばれる（図12–26参照）。芽を作らずに細胞が腸管の壁に留まるか（無顎類でのように），芽の一部となるが小管の上皮から分離することがないか（板鰓類でのように），あるいは上皮との連絡をすべて失って孤立した小島となるかは，その間に誘導物質が合成される個体発生での段階と幾分は関連するのかもしれない。最終的な解析では，成体でのそれらの位置は継承されてきた遺伝的方向の発現である。

インスリンはすべての生きた細胞によるグルコース摂取を刺激し，ほとんどの組織でのグルコースの利用を調節し，糖原生成（肝臓や骨格筋での貯蔵のためのグルコースからグリコーゲンへの変換）を促進し，そして炭水化物の代謝にかかわるその他の役割を果たす。また，脂質生成（脂肪合成）作

＊1訳注：ファブリキウス嚢は鳥類のみにみられる器官で，胸腺が細胞性免疫に働くT細胞の分化増殖を誘導する場であるのに対して，液性免疫に働くB細胞の分化増殖を誘導する場である。性成熟後，B細胞は脾臓など他のリンパ性器官で増殖する。哺乳類のB細胞は骨髄で分化増殖する。ファブリキウス嚢が内分泌因子を産生することはないとされている。

＊2訳注：膵臓ホルモンにはインスリン，グルカゴン，ソマトスタチン，膵ポリペプチドがある。本書ではインスリンとグルカゴンについての記載だけなので，膵臓の詳しい内分泌機能については，生理学および内分泌学の書物を参照のこと。

用を持つことがわかっているホルモンのなかで，インスリンが最も強力である。

グルカゴンは本来インスリンとは逆の機能を持つ。グルカゴンは肝臓での糖原分解（グリコーゲンからグルコースへの分解）により血中グルコースを上昇させる。横紋筋での糖原分解はなく，そこではグリコーゲンはグルカゴンの作用から保護されている。

系統発生学的に，インスリンとグルカゴンは最も古いペプチドホルモンである。哺乳類と魚類のインスリンはよく似ているので，哺乳類のインスリンを無顎類や有顎魚類に投与すると血糖値の低下を引き起こす。薬学の研究室でヒトと同じインスリンが合成されるまで，ヒツジやウシやブタの膵臓はヒトの真性糖尿病のためのインスリンの主要な供給源であった。インスリンは胃酸によって破壊されるので，経口投与はできない。

血中グルコースの協調的調節

インスリンとグルカゴンは協調して毎日の血中グルコースレベルを，過剰のときは蓄積し，正常な組織要求に応じるときに血中に放出することで一定に保つ。ストレスの際には，アドレナリンが肝臓からの急激なグルコース放出を引き起こす（図18-10）。ストレスが持続するような状況では，糖質コルチコイドが糖新生を刺激する。

胃腸ホルモン

胃，膵臓，胆嚢の活動に作用する数種の胃腸ホルモンは，胃や小腸の上皮で合成される。これにはガストリン，セクレチン，パンクレオザイミン・コレシストキニン（1つのホルモン）が含まれる。

ガストリン gastrin は幽門上皮で合成され，胃内に食物が存在することに反応して放出される。ガストリンは胃の上皮の壁細胞と主細胞による塩酸分泌とペプシノーゲンの分泌を引き起こす（第12章参照）。**セクレチン** secretin は，ふやけて酸性化した胃の内容物である**糜汁** chyme が十二指腸に入ると，十二指腸上皮から分泌される。水分，塩類，重炭酸塩の腸管内への放出を刺激し，それによって消化酵素が最適条件で働くように糜汁の pH を変える。**パンクレオザイミン・コレシストキニン** pancreozymin-cholecystokinin は腸管内の脂質とペプチド（部分的に消化されたタンパク質）の力価の上昇に反応して腸の上皮から分泌される。血流により運ばれて，膵臓による消化酵素の放出やおそらく産生までも刺激し，胆嚢の収縮を刺激して胆汁を放出させる。

自律神経系はこうした消化分泌液のすべての放出にかかわる。胃腸ホルモンに関する知識の大部分は哺乳類の研究によるものである。他の有頭動物のホルモンにはあまり関心が払われていない。しかし，セクレチンは有頭動物のすべての綱で見いだされている。

バイオリズムのホルモン制御

すべての生物は代謝と行動とでリズムを示す。それは年周期から24時間周期（**概日リズム** circadian rhythm）まで幅がある。年周期では性腺が退行したり復活したりし，生殖行動が活発になったり衰えたりする。24時間周期では代謝活性に上昇と低下の相があり，行動もリズミカルに変わる。毎日の光周期（日照時間）は概日リズムの基本的な環境オペラントであるが，温度やもっと微妙な刺激など他の環境因子も含まれることもある（図18-5）。環境の光周期は光受容体（松果体または副松果体および有対眼の網膜）によって検出され，その情報は視床下部の核に伝わる。視床下部核は，下垂体前葉ホルモンの合成と放出を制御する神経分泌物のリズミカルな産生と放出によってペースメーカーとして働く（図18-5）。組織のレベルで概日リズムを調節するホルモンは2種類あり，同期化ホルモンと誘導ホルモンである。

同期化ホルモン synchronizing hormone は概日リズムの相を定める。反応組織への同期化作用を通して，日周期の開始，継続，終了を決める。これらの作用が特別なシステムを準備完了状態にする。すなわち，組織は誘導ホルモンに対する反応能力を発達させる。

副腎皮質ホルモンは最も重要な同期化ホルモンである。副腎皮質ステロイドのリズムは，有頭動物がさらされる日々の明暗サイクルの直接支配の下にある。例えば，プロラクチンやインスリンの脂肪合成作用に肝臓が反応しうる昼あるいは夜の時間を，副腎皮質ステロイドのリズムの相が決める。このことは魚類や数種の鳥類，および哺乳類で実証されてきた。シリアン・ハムスターの脂肪は肝臓で日照の開始時に合成されるのであって，1日を通して合成されるのではない。毎日の日照時間の季節変化もまた脂肪合成の季節差となる。

メラトニンも，日々の光周期に直接支配される同期化ホルモンである。先に述べたある種の無羊膜類での皮膚の白化は，毎日の暗期にその時間帯でのメラトニンの高濃度の発現として生じる。それゆえ，メラトニンは皮膚のメラノサイトが反応する毎日のリズムの相を定めている。イエスズメでは，日内の体温のリズムも，恒明（持続照明）状態で生じる自発運動のリズムも，松果体の除去によりなくなる。有頭動物の繁殖周期は日照時間によってその時期が決められる。年に1回の繁殖季節を持つ動物種では，日照が短く夜の長い冬の間にメラトニンは高濃度のレベルになる。メラトニンは性腺刺激ホルモン分泌を阻害する方法で抗繁殖作用を発揮し，こうして全体的な繁殖周期の同期化に寄与する。

誘導ホルモン inducing hormone（誘導物質と混同しないように）は，同期化ホルモンによって前もって感作された組織に働く。誘導ホルモンもまた，合成され，貯蔵され，最終的にリズミカルに放出される。例えば，ハムスター雌雄での下垂体プロラクチンのレベルは，ルイジアナ州バトンルージュの1月と8月で，午後8時は午前8時よりも高い。このホルモンの循環系への放出は，同期化ホルモンの先んじた放出により誘導できる状態にされた代謝過程を誘発する。

副腎皮質ステロイドの放出とそれに続くプロラクチン放出との時間的な間隔は重要であり，プロラクチンの個々の機能とは必ずしも同じではない。プロラクチンと副腎皮質ホルモンは，ある機能で季節的に同期化していない。その結果として年内周期は概日リズムの上に重なる。この現象は順応性がある。繁殖ホルモンとインスリンも誘導能を示す。繁殖の構造，生理，行動に関連する季節的な環境変化の作用のいくつかは本章で先に述べた。

同期化ホルモンと誘導ホルモンの一時的な相互作用が，成長速度，脂肪蓄積，繁殖系や渡りの準備のリズムのような特殊な生理学的な状況を決定する。最大の正味の効果は，誘導ホルモンの日内ピークと最大の組織反応性の日内ピークが一致するときに生じる。同期化ホルモンと誘導ホルモンとの間の他のいかなる一時的な関連も，効果の少ない漸次変化しか生じない。

同期化ホルモンと誘導ホルモンの効果は，甲状腺ホルモンやインスリンが含まれる全身性代謝ホルモンに依存する。低レベルの甲状腺ホルモンにより細胞呼吸率が不適切となったり，あるいはインスリンの不足により能力をなくした組織は，誘導ホルモンの刺激に十分には反応できない。全身性代謝ホルモンの欠乏は，末梢の標的組織だけでなく視床下部の神経分泌細胞にも影響する。それゆえ，全身性代謝ホルモンは概日リズムや年内周期に変更を及ぼす。

ヒトでは代謝に影響する日々の投薬スケジュールに依存して，バイオリズムは回復したり妨害されたりする。この洞察は糖尿病やガンを含めた代謝病の薬物治療への新たなアプローチの機会を提供する。

要約

1. ホルモンは特殊な細胞群の産生物で，その近くあるいは離れた部位の違う性質の細胞の代謝を変化させる。ホルモンのほとんどはポリペプチド，タンパク質，糖タンパク質あるいはステロイドのどれかである。アミンも少数ある。
2. 神経分泌物は小さなポリペプチドで，神経分泌ニューロンによって産生され，神経血液器官の循環系へ放出される。
3. 有頭動物の神経血液器官には正中隆起，下垂体後葉，板鰓類や原始的な条鰭類や真骨類の尾部下垂体がある。
4. 尾部下垂体は魚類の脊髄の後端にあり，昇圧作用や浸透圧調節機能を持つウロテンシンを分泌する。
5. 視床下部は有頭動物の神経分泌物の主要な供給源である。ホルモンのフィードバックにより，また部分的には外部環境により調節されている。視床下部の分泌物は正中隆起と下垂体後葉に放出される。
6. 下垂体は第三脳室の床に由来する神経性下垂体と，口窩の天井に由来する腺性下垂体から構成されている。
7. 神経性下垂体は正中隆起，ロート茎，後葉（神経部）からなる。視床下部の神経分泌物は後葉から放出され，脱水を阻止し特定の部位の平滑筋を刺激する。正中隆起から放出される神経分泌物は，下垂体門脈を経て腺性下垂体に到達する。
8. 腺性下垂体は主部，中間部，隆起部からなる。主部はSTH，TSH，ACTH，FSH，LH（ICSH），LTHを分泌する。中間部はMSHを産生する。
9. 松果体は暗期にメラトニンを合成する。メラトニンは魚類や両生類の幼生で，真皮のメラニン細胞においてメラニン顆粒の凝集を起こし，光周期を視床下部に伝達する。
10. アミン産生組織はノルアドレナリンやアドレナリンを含むアミンを合成する。魚類ではステロイド産生組織とは分離する傾向にある。アミン産生組織は大部分の哺乳類の副腎髄質である。
11. ステロイド産生組織は生殖隆起の上皮から生じ，副腎と性腺のステロイドを産生する。
12. 副腎ステロイド産生組織には魚類の腎間体と哺乳類の副腎皮質がある。アルドステロンはナトリウムの排泄を調節し，糖質コルチコイドは糖新生を刺激して血糖値を上昇させる。
13. 雌雄の性腺はステロイドを合成し，それにはアンドロゲン（雄に優勢），エストロゲンとプロゲステロン（雌に優勢）が含まれる。
14. 哺乳類の卵巣はリラキシンも生産し，この非ステロイドホルモンは胎子の分娩のために子宮頚部を拡張する。
15. スタニウス小体は前腎管の派生物で，条鰭類ではカルシウム調節ホルモンを合成するようである。
16. 甲状腺組織は咽頭床の正中の膨出から生じる。成体の甲状腺は液に満たされた甲状腺濾胞からなる。甲状腺濾胞は一般に魚類では腹側大動脈に沿って散在し，四肢動物では咽頭の下部または頚部で凝集する。

17. サイロキシンとトリヨードサイロニンは甲状腺ホルモンであり，代謝率を上昇させる。哺乳類の甲状腺では旁濾胞細胞がカルシトニンを作り，カルシウムを貯蔵部位から引きだすことを妨げる。
18. 上皮小体は四肢動物でのみ見いだされ，数個の咽頭嚢から派生する。上皮小体ホルモンは貯蔵部位からカルシウムを引きだすことで血中カルシウムを上昇させる。
19. 鰓後体は最後位数本の咽頭嚢から発達し，カルシトニンを生産する。成体の鰓後体は現存する無顎類や哺乳類には欠ける。
20. 胸腺はリンパ性器官で，1ないし数個の咽頭嚢から生じる。胸腺はTリンパ球幹細胞を産生し，この細胞の子孫が血流によりリンパ性器官まで運ばれ，そこで免疫反応にかかわる。
21. ファブリキウス嚢は鳥類での総排泄腔派生物で，鳥類の胸腺の役割を補う。
22. 膵臓内分泌部はインスリンとグルカゴンを作る。インスリンはグルコースの取り込み，グルコースの利用，糖原生成を刺激する。グルカゴンは糖原分解を誘導することで血糖値を上げる。膵臓の外分泌要素と内分泌要素との関連は魚類では四肢動物ほど緊密ではない。
23. 胃腸ホルモンは胃および小腸の上皮で生産され，胃，小腸，膵臓で消化酵素の分泌と胆嚢からの胆汁の放出を刺激する。
24. 繁殖，代謝，行動の概日リズムと年周期は，主に外部環境の光周期に影響され，光周期が神経内分泌とそれに続くホルモン性の反応を開始する。
25. 糖質コルチコイドとメラトニンの日々のリズムは，環境の時間監視のホルモン性の発現である。こうしたホルモンは，多くの組織でのリズミックな感受性を，神経刺激あるいはその他のホルモン性要素に同期化する。

理解を深めるための質問

1. 比較解剖学者は構造物のサイズ，形，位置関係に特別な関心を払う。しかし，内分泌腺は非常に多様で，マクロのレベルでの構造パターンが示されない。機能のよく似た内分泌腺の多くが構造的に全く異なっているのはなぜか説明できるか？
2. 個々の内分泌腺の標的は体の別の内分泌腺であったり，非腺性の組織であったりする。それぞれの経路について例を挙げよ。
3. 内分泌のかかわる間接的な統御を神経系での直接的な統御と比較せよ。内分泌系ではその特殊性をどのように維持することができるのか？
4. 原始的な有頭動物の咽頭とヒトの頚部の様々な腺性構造との間にはどのような関連があるか？
5. 下垂体の二重起源とは何か？
6. 環境条件に反応する内分泌腺はどのように情報を受けるか？　その例を挙げよ。
7. 内分泌の作用で“鍵と鍵穴”機構を使うならば，産業公害における疑似ホルモンの導入はどのような影響を及ぼすか？

参考文献

Binkley, S.: The pineal: Endocrine and nonendocrine function. Englewood Cliffs, NJ, 1988, Prentice-Hall.

Cincotta, A. H., Wilson, J. M., de Souza, C. J., and Meier, A. H.: Properly timed injections of cortisol and prolactin produce long-term reductions in obesity, hyperinsulinemia, and insulin resistance in the Syrian hamster (Mesocricetus auratus), Journal of Endocrinology 120:385, 1989.

Gorbman, A., and others: Comparative endocrinology, ed. 2. New York, 1987, John Wiley and Sons.

Hadley, M. E.: Endocrinology, ed. 4. Englewood Cliffs, NJ, 1995, Prentice-Hall.

Marcus, N. H., and others: Photoperiodism in the marine environment, American Zoologist 26:386, 1986.

Thorndyke, M. C., and Falkmer, S.: The endocrine system of hagfishes. In Jørgensen, J. M., Lomholt, J. P., Weber, R. E., and Malte, H., editors: The biology of hagfishes. London, 1998, Chapman & Hall.

インターネットへのリンク

Visit the zoology website at http://www.mhhe.com/zoology to find live Internet links for each of the following references.

1. ECME: Environmental Estrogens. Naturally occurring and synthetic estrogens have an effect on humans and other animals. Look at the EE sources link.
2. Histology—The Web Laboratory. Links to units on many systems of the human body, including the endocrine system. Many interesting histological photomicrographs, from Ohio State University.
3. Endocrines and Reproduction. This site includes valuable information on the endocrine system and hormones vital in reproduction.
4. The Endocrine System. A description of the action of many hormones, from Rutgers.

付　録

脊索動物の分類概要

この分類概要は，読者が本文中で出会う動物が分類学上のどの位置にあるかを容易に確認できるようにするものである。伝統的な進化学的分類法を大部分で用いているが，このような分類法は，系統発生上の類縁関係についての前提が必ずしも明らかになっていると示すものではない。本文中では，私たちは説明を常に単系統によるグループ分けに限定するように試みた。本文と以下の分類表の間には相違があるかもしれないが，この分類表は伝統的な系統発生学を用いた他の資料と結びつけるのに役立つはずである。ここに挙げる分類表は主として Zoological Record [1] に基づいている。伝統的な系統発生学の間にさえ相違があり，それは Carroll の著書 [2] を Zoological Record と比較すればみて取れるであろう。これとは別のより完全な分類に興味のある読者は系統分類学に関する広範な著作を調べてみるとよいであろう（第４章の「参考文献」を参照）。ここでは最も一般的に認められる現存の綱を取り上げている。亜分類群および絶滅した分類群は，本文中で言及した場合にのみこの表に挙げてある。絶滅した分類群にはアステリスク（*）を付した。

脊索動物門 CHORDATA

- **尾索動物亜門 Urochordata（被嚢類 Tunicata）**
  - **ホヤ綱 Ascidiacea**
  - **幼形綱 Larvacea（尾虫類 Appendicularia）**
  - **サルパ綱（タリア綱）Thaliacea**
- **頭索動物亜門 Cephalochordata**：ナメクジウオ，オナガナメクジウオ，１属
- **脊椎動物亜門 Vertebrata（有頭動物 Craniata）**
  - **無顎上綱 Agnatha**：顎のない魚類
    - **ヌタウナギ綱 Myxini**：ヌタウナギ
    - ***プテラスピス綱 Pteraspidomorphi（翼甲類 Diplorhina）**
      - **プテラスピス目 Pteraspidiformes（異甲類 Heterostraci）**
      - **テロードウス目 Thelodontiformes（腔鱗類 Coelolepida）**
      - ***ガレアスピス目 Galeaspidiformes**
    - **頭甲綱 Cephalaspidomorphi（Monorhina）**
      - **ヤツメウナギ目 Petromyzontiformes**：ヤツメウナギ
      - ***ケハラスピス目 Cephalaspidiformes（骨甲目 Osteostraci）**
      - ***欠甲目 Anaspidiformes**

[1]Refer to Zoological Record in "Links to the Internet," chapter 4.
[2]Carroll, R. L.: Vertebrate Paleontology and Evolution, New York, 1988, W. H. Freeman and Company.

- **有顎（顎口）上綱 Gnathostomata**：有顎の脊椎動物
  - ***棘魚綱 Acanthodii**：古生代の有棘魚類
  - ***板皮綱 Placodermi**：古生代の甲冑魚。節頚類，胴甲類
  - **軟骨魚綱 Chondrichthyes**：軟骨魚類
    - **板鰓亜綱 Elasmobranchii**：むきだしの鰓裂
      - ***クラドセラケ目 Cladoselachiformes（枝鮫類）**：クラドセラケ
      - **ツノザメ目 Squaliformes**：ツノザメ類
      - **エイ目 Rajiformes（Batoidea）**：エイ，ガンギエイ，ノコギリエイ
      - **メジロザメ目 Carcharhiniformes**：メジロザメ
      - **ネコザメ目 Heterodontiformes**：ネコザメ
      - **カグラザメ目 Hexanchiformes**：カグラザメ
      - **アオザメ目 Lamniformes**：ホホジロザメ，ウバザメ
      - **テンジクザメ目 Orectolobiformes**：テンジクザメ
      - **ノコギリザメ目 Pristiophoriformes**：ノコギリザメ
      - **カスザメ目 Squantiniformes**：カスザメ
    - **全頭亜綱 Holocephali**：鰓裂が鰓蓋で被われる。ギンザメ
  - **肉鰭綱 Sarcopterygii（内鼻孔類 Choanichthyes）**：葉鰭類
    - **総鰭上目 Crossopterygii**：シーラカンス類，扇鰭類。ラティメリア
    - **肺魚上目 Dipnoi**：肺魚類。レピドシレン，ネオケラトダス，プロトプテルス
  - **条鰭綱 Actinopterygii**：条鰭を持った魚類
    - **軟質亜綱 Chondrostei**：主に古生代と中生代
      - ***パレオニスカス目 Palaenoisciformes**：古生代から中生代の硬鱗魚類
      - **ポリプテルス目 Polypteriformes（Cladistia）**：ポリプテルスとカラモイクチス，１属
      - **チョウザメ目 Acipenseriformes**：チョウザメとヘラチョウザメ
    - **新鰭亜綱 Neopterygii**
      - **レピソステアス目 Lepisosteiformes（鱗骨類 Ginglymodi）**：ガー（ガーパイク）
      - **アミア目 Amiiformes**：アミア

真骨区 Teleostei：条鰭を持つ現生魚類
ニシン目 Clupeiformes：ニシン，イワシ，他
コイ目 Cypriniformes：ミノウ，コイ，キンギョ，他
ウナギ目 Anguilliformes：ウナギ
タラ目 Gadiformes：タラ，他
スズキ目 Perciformes：スズキに似た真骨類
その他30以上の現存する目がある

両生綱 Amphibia：無羊膜四肢動物
*迷歯亜綱 Labyrinthodontia**：最も初期の四肢動物
イクチオステガ目 Ichthyostegalia：イクチオステガ
切椎目 Temnospondyli：アルケゴザウルス
古竜目 Anthracosauria：シームリア
滑皮（平滑）亜綱 Lissamphibia：現生の両生類
*原無尾目 Proanura**
無尾目 Anura（跳躍類 Salientia）：カエル，ヒキガエル，アマガエル
有尾目 Urodela (Caudata)：有尾両生類
蛇形目 Apoda（ハダカヘビ類 Gymnophiona）：アシナシイモリ

爬虫綱 Reptilia
無弓亜綱 Anapsida：側頭窩がない
*カプトリヌス目 Captorhinida**：基幹爬虫類
カメ目 Chelonia（Testudinata）：カメ
次からの爬虫類は上下２つの側頭窩を持つ
鱗竜亜綱 Lepidosauria
喙頭目 Rhynchocephalia（ムカシトカゲ類 Sphenodonta）：ムカシトカゲ
有鱗目 Squamata：トカゲ，ヘビ，ミミズトカゲ
*広弓亜綱 Euryapsida**：１つの側頭窩を欠く
鰭竜目 Sauropterygia：プレシオサウルス
魚竜目 Icthosauria：水生の魚形爬虫類
主竜亜綱 Archosauria
*槽歯目 Thecodontia**：基幹主竜類
*翼竜目 Pterosauria**：有翼爬虫類。プテロダクティルス
*竜盤目 Saurischia**：爬虫類型の骨盤を持つ恐竜
*鳥盤目 Ornithischia**：鳥類型の骨盤を持つ恐竜
ワニ目 Crocodilia：クロコダイル，アリゲーター，カイマン，ガビアル
単弓亜綱 Synapsida：１つの側頭窩を独自に発達させた
*盤竜目 Pelycosauria**：初期の単弓類
*獣弓目 Therapsida**：哺乳類の先駆者

鳥綱 Aves：羽の生えた脊椎動物
*古鳥亜綱 Archaeornithes**：既知の最初期鳥類。プロトアビス，始祖鳥および新たに発見された中国の化石鳥類
新鳥亜綱 Neornithes：その他すべての鳥類
*歯顎上目 Odontognathae**：歯の生えた白亜紀の海鳥類。ヘスペルオルニスとイクチオルニス
古顎上目 Palaeognathae：平胸類。ダチョウ，エミュー，レア，ヒクイドリ
新顎上目 Neognathae：深胸類（峰胸類）
ハト目 Columbiformes：カワラバトおよびその他のハト類
ペリカン目 Pelecaniformes：ペリカン，ウ
ガンカモ目 Anseriformes：カモ，ガチョウ，その他の水禽類
キジ目 Galliformes：ウズラ，クジャク，ニワトリ
ワシタカ目 Falconiformes：タカ，ワシ，ハゲワシ
オウム目 Psittaciformes：オウム，インコ
スズメ目 Passeriformes：木にとまる鳥類，鳴鳥を含み64科ある
その他現生の約20目あり

哺乳綱 Mammalia
原獣亜綱 Prothotheria：卵生哺乳類
単孔目 Monotremata：カモノハシとハリモグラ
獣亜綱 Theria
後獣下綱 Metatheria：卵黄嚢胎盤を持つ
有袋目 Marsupialia：オポッサム，カンガルー，他
真獣下綱 Eutheria：真の胎盤（絨毛膜尿膜胎盤）を持つ
食虫目 Insectivora：トガリネズミ，モグラ，ハリネズミ
異節目 Xenarthra：アルマジロ，ナマケモノ，オオアリクイ
管歯目 Tubulidentata：ツチブタ
有鱗目 Pholidota：センザンコウ
翼手目 Chiroptera：コウモリ
霊長目 Primate
原猿亜目 Prosimii：キツネザル，ロリス，メガネザル，ツパイ
真猿亜目 Anthropoidea
広鼻猿下目 Plathyrrhini：外鼻孔が側方に開く。新世界猿とマーモセット
狭鼻猿下目 Catarrhini：外鼻孔が下方に開く
オナガザル上科 Cercopithecoidea：旧世界猿
ヒト上科 Hominoidea
テナガザル科 Hylobatidae：テナガザル
ショウジョウ科 Pongidae：類人猿（オランウータン，チンパンジー，ゴリラ）

ヒト科 Hominidae：絶滅した人類と現生人類
*アルディピテクス
*オーストラロピテクス：数種
*直立猿人
*ネアンデルタール人
ヒト
兎目 Lagomorpha：ナキウサギ，ノウサギ，ウサギ
齧歯目 Rodentia
リス亜目 Sciurognathi
リス下目 Sciuromorpha：リス，マーモット（ウッドチャック），プレーリードッグ
ビーバー下目 Castorimorpha：ビーバー
ネズミ下目 Myomorpha：ホリネズミ，マウスに似た齧歯類，ラット
テンジクネズミ亜目 Hystricognathi
テンジクネズミ下目 Cavimorpha：ヤマアラシ，モルモット，ヌートリア
食肉目 Carnivora：陸生食肉類。イヌ，ハイエナ，クマ，他
鰭脚目 Pinnipedia：水生食肉類。アザラシ，アシカ，セイウチ
アザラシ科 Phocidae：アザラシ
アシカ科 Otariidae：オットセイとアシカ
セイウチ科 Odobenidae：セイウチ
奇蹄目 Perissodactyla：メサゾニック肢（mesaxonic foot）を持つ有蹄類。通常は奇数の趾を持つ。ウマ，バク，サイ
偶蹄目 Artiodactyla：パラゾニック肢（paraxonic foot）を持つ有蹄類。通常は偶数の趾を持つ
猪豚亜目 Suiformes：ブタ，カバ，ペッカリー。比較的原始的
核脚亜目 Tylopoda：ラクダ，ラマ
反芻亜目 Ruminantia：複胃を持ち反芻する
シカ科 Cervidae：シカ，カリブー，トナカイ
キリン科 Giraffidae：キリン
プロングホーン科 Antilocapridae：エダツノレイヨウ
ウシ科 Bovidae：ウシ，ヒツジ，ヤギ，レイヨウ，他
マメジカ科 Tragulidae：マメジカ
岩狸目 Hyracoidea：ハイラックス
長鼻目 Proboscidea：ゾウ，*マストドン
海牛目 Sirenia：マナティーとジュゴン（海牛）
鯨目 Cetacea：クジラ，イルカ，ネズミイルカ

用語解説

以下に本文中で用いられた**太字**の用語に対する解説と，いくつかの古典的構成要素(接頭辞，接尾辞など)の意味を実例とともに示す。これらの用語解説になじんでいれば，読者は有益性は限られるが，ここには出ていない多数の単語の意味を推測することができるようになるであろう。例えば，hemangioepithelioblastoma という単語は，予備知識がなければ意味のない文字の寄せ集めかもしれないが，「血管上皮芽細胞腫」であると推測できるはずである。このリストは決して一般の大辞典あるいは標準医学辞典に代わるものではないが，十分に多くかつ多様なので，読者がこれらの標準的辞書類を常用するきっかけとなると期待される。このようなことを実行することによって，読者の知的水準は比較解剖学の境界を遥かに越えて広がっていくであろう。実用的には，こうすることによって専門用語をよりよく認識し，思いだし，そしてその綴りをより正確に知ることができるようになると思われる。

記載してある用語の意味は本文の主題に関連するものである。語幹(例えば acanth-)は多くの場合，その派生語に共通する最も文字数の少ないものを記載してある。「>」という記号は「それゆえ」ということを意味し，本来の意味とそこから派生した意味とを区別している。省略形とその意味は次の通りである：adj.- 形容詞，n.- 神経，nn.- 神経(複数形)，pl.- 複数形，q.v.- その用語が用語解説の他のところで定義されていることを示す，var.- はあるものの変異。

筋の説明は次の３つの部分に分かれる：(1)筋群の指定，(2)起始と終止，(3)神経支配。各筋に関するモデルにはイヌを用い，そのデータについては H. E. Evans, Miller' s Anatomy of the Dog（第３版，W. B. Saunders Company, Philadelphia, 1993）に準拠した。ここで用いたイヌの筋については，その筋に関する大部分の特徴がネコやウサギなどの他の代表的実験動物にも当てはめ得るレベルでその詳細を記載した。

【A】

a- 非…，無…。例えば acelous(無体腔の)，Agnatha(無顎類)。

aardvark ツチブタ。管歯目のアフリカ産哺乳類。

ab- 「離脱」の意。離れて。

abdominal (peritoneal) cavity 腹腔(腹膜腔)。内臓を含む左右の体腔が合体してできる。

abducens 外転神経。第Ⅵ脳神経：眼球を外転(q.v.)させる。

abduct 外転させる。腕を外側に持ち上げる場合のように，体の一部を体軸から遠ざける。

abomasum 第四胃。反芻類の腺胃。

acanth- 棘，棘の。

acanthodian アカンソジース(棘魚)類。真骨類(条鰭類)に属する硬骨魚類の絶滅した姉妹群のメンバー。

accessory pancreatic duct 副膵管。ネコやヒトでみられる２本の膵管のうちの細いほう。

accessory sex organ 副生殖器。生殖のための管や腺。

accessory urinary duct 副尿管。ある種の無羊膜類で，尿の輸送において原腎管を補助し，あるいはそれと置き換わる。

acellular bone (aspidin) 無細胞骨(アスピジン)。骨細胞を容れる骨小腔を欠く骨で，付加的に堆積する。

acelous a + coel (q.v.)。無凹型。両端に陥凹のない椎骨。

acetabulum 寛骨臼。寛骨にある関節窩。大腿骨頭をうける。

acetylcholine アセチルコリン。自律神経の節前線維と副交感神経の節後線維にみられる神経伝達物質。

acinar 腺房の。ブドウの房に似た。腺胞(acinus)を参照。

acinus (pl., acini) 腺房。ブドウの実。腺の腺胞(alveolus, q.v.)。

acousticolateralis (octavolateralis) system 聴側線系。膜迷路と側線系。

acr- 頂上の，最高の。

acrodont dentition 端生歯。顎骨の表面に付着する歯。

acromiodeltoideus 肩峰三角筋。肩甲骨背側筋群。肩峰から三角筋粗面へ走る。腋窩神経支配。

acromion process 肩峰。肩甲骨(-omo)近位端の突起。

acromiotrapezius (cervical trapezius) 肩峰僧帽筋(僧帽筋頚部)。鰓節筋群。頚部背正中縫線から肩甲棘へ走る。副神経背枝支配。

actin- 鰭条。

Actinistia 空棘類。デボン紀中期から現在まで生きるシーラカンス類。ラティメリアはこれに含まれる。

Actinopterygii 条鰭類。鰭条を持つ魚類(翼［pter-］を参照)。硬骨魚類に属し肉鰭類の姉妹群。

actinotrichia 放射鰭条。硬骨魚類および軟骨魚類の鰭末端にある繊細な鰭条。

ad- ～へ，～の方向に。

adaptation 適応。生存の可能性を高める進化上での変化。環境圧(刺激)に対する個体の変化。

adduct (adj., adductor) 内転させる。～に向かって引く。

aden- 腺。

adenohypophysis 腺性下垂体。下垂体腺部で，胚期の口窩の天井から生じる。神経性下垂体(neurohypophysis)と対比。

adenoid 腺様の。咽頭扁桃。

adhesive papillae 接着乳頭。変態中のホヤが岩などに付着する部位。

adrenal 副腎。腎臓の上にある腺。

adrenal medulla 副腎髄質。哺乳類ではアミン産生部位。

adrenaline(epinephrine) アドレナリン(エピネフリン)。副腎の分泌物。交感神経系における節後ニューロンの神経伝達物質の1つ。

adrenergic アドレナリン作動性の。ノルアドレナリンあるいはアドレナリンを神経伝達物質とする神経線維。

adrenocorticotropin アドレノコルチコトロピン，副腎皮質刺激ホルモン。腺性下垂体のホルモンで，哺乳類の副腎皮質を刺激する。

advanced 進んだ。より適応する方向への変化。不適切に進歩（進化）を意味する，問題の多い用語。

adventitia 外膜。動脈や静脈を包む疎性結合組織。

-ae 主格の複数形語尾，例えば chordae tendineae(腱索)。単数形では所有格の語尾，例えば radix aortae(大動脈根)。

aestivate 夏眠。代謝の下がった状態で夏季を過ごす。

af- ad- に同じ。ad- は -ferent とともに用いられると af- に変化する。

afferent 輸入の。あるものを別のもののほうに運ぶ。運ぶ(-ferent)を参照。

afferent branchial artery 入鰓動脈(輸入鰓動脈)。血液を鰓のほうに運ぶ血管。

afferent branchial duct 入鰓管（輸入鰓管)。ヌタウナギで水を咽頭から鰓嚢へ運ぶ。

afferent glomerular arteriole 糸球体輸入細動脈。腎臓で糸球体に血液を供給する血管。

afferent (sensory) nerve 求心

性(知覚)神経。感覚刺激を中枢神経へ運ぶ軸索の総称。

afterfeather 後羽。正羽の上臍(羽柄の上部)の部位にみられる二次羽毛。

Agnatha (adj., agnathan) 無顎類。a + gnath-(q.v.)。原始的有頭動物の側系統群。

air capillary 含気毛細管。鳥類の肺における通気路の一部で，毛細血管に接する。ガス拡散の場。

air sac 気嚢。鳥類の肺における膨張性の憩室。

ala- 翼。ali- を参照。

alar 翼の，翼のような。

alar plate 翼板。胚期の脊髄，後脳および中脳の背側で，境界溝より上方に位置する部位。

alba 白い。

aldosterone アルドステロン。最も強力な鉱質コルチコイドホルモン。尿からナトリウムを回収するのに働く。

alecithal 無卵黄の。卵黄を欠く。

ali- 翼。

alisphenoid 蝶形骨の翼。

alisphenoid bone 翼蝶形骨。哺乳類の頭蓋骨で，部分的には口蓋方形骨と相同。

allantoic (umbirical) artery 尿膜動脈(臍動脈)。有羊膜類の胚における背側大動脈の終末枝で，血液を尿膜に運ぶ。

allantoic vein 尿膜静脈。胚期に一時的に出現する静脈で，爬虫類では尿膜の血液を集めて外側腹静脈に注ぐ。獣亜綱哺乳類ではこの静脈は母体から酸素を，臍帯を経由して後大静脈に供給する。

allantois 尿膜。胚体外膜の1つ。有羊膜類での共有派生形質。

alpha motor neuron アルファ運動ニューロン。紡錘外筋線維に分布する。

alula 小翼。ある種の鳥類において長く伸びた第一指に付着する羽毛からなる。

alveolar duct 肺胞管。哺乳類の肺の最も末端にある細気管支の分枝で，肺胞に直接つながっている。

alveolar ridge 歯槽堤(顎堤)。哺乳類における歯肉線。

alveolus (pl., alveoli; adj., alveolar) 小室あるいは小嚢。歯槽，腺胞，肺胞。

amel- エナメル。

ameloblast エナメル芽細胞。エナメルを産生する細胞。

aminogenic tissue アミン生成組織。副腎の構成要素でノルアドレナリンとアドレナリンを産生する。クロム親和性組織(chromaffin tissue)と対比。

amnion 羊膜。胚体外膜の1つ。有羊膜類の共有派生形質。

amniotic fluid 羊水。羊膜内(胚を囲む腔所)にある液体。

amphi- 両側に。2つの方法で。

amphiarthrosis 半関節。運動性を制限された関節の状態(例：哺乳類の椎体)。

amphibian papilla 両生類乳頭。両生類に特有な聴覚器官。球形嚢と卵形嚢の結合部近くにある音受容部位。

amphicelous 両凹型。両端に陥凹のある椎骨。

amphioxus ナメクジウオ。体の両端が尖った(-oxy)動物。ブランキオストマ(Branchiostoma)の一般名。

amphisbaenian ミミズトカゲ。四肢を欠く潜穴性の爬虫類で，有鱗類に属す。

amphistyly 両接(二重連結)。口蓋方形骨と舌骨の支持による顎懸垂機構。

amplexus 抱接。雄が雌にしがみつく行為。交尾前のつがい行動。

ampulla 膨大部。フラスコ>小さな膨張部。

ampulla of Lorenzini ロレンツィーニ膨大部。サメの神経小丘器官。電気受容器。

ampulla (papilla) of Vater ファーテル膨大部(十二指腸乳頭)。十二指腸における総胆管の終末分節。

ampullary gland 膨大腺。多細胞腺で，分泌物が精漿の一部を構成する。

amygdaloid nucleus 扁桃核。大脳におけるニューロンの集塊(核)。

amylase アミラーゼ。唾液，膵液および腸液に含まれる酵素。炭水化物の分解を触媒する。

an- 「非」，「無」，「欠如」の意。

ana- 「上」，「後」，「再」の意。

anadromous 遡河性の(昇河性の)。ana- + -dromos(走る)>海から淡水の川へ移動して川を遡ることができる。

anal fin 尻鰭。排泄口後方の正中鰭。

analogy 相似。2つの構造物が同一の機能を持つこと。

anamniote 無羊膜類。羊膜を欠く動物。

anapsid 無弓の。an- + apsid(q.v.)>弓を欠く。側頭窓のない頭蓋。脊椎動物頭蓋の原始的な状態。

Anapsida 無弓類。無弓の頭蓋を持つ爬虫類の群。

anastomose 吻合。端と端がつながること。

anatomic origin 起始。筋の付着部位の一方で，近位で，固点となるか，あるいは広い範囲で付着する側。

anatomy 解剖学。ana- + -tome(q.v.)。

anconeus 肘筋。上腕の筋の1つ。上腕骨遠位部後面から尺骨近位部外側面へ走る。橈骨神経支配。

andr- 雄。

androgen アンドロゲン(雄性ホルモン)。ステロイドホルモンの一部類で，テストステロン(q.v.)を含む。

angi- 血管。

angiotensin アンギオテンシン。ホルモン様物質で，アルドステロン(q.v.)の分泌を刺激する。

angular 角骨。下顎を構成する皮骨の1つ。哺乳類の側頭骨鼓室部と相同。

animal pole 動物極。卵割から胚盤胞形成までの発生中の胚で比較的卵黄に乏しい側の端。植物極(vegetal pole)を参照。

ankyl- 各部分が結合する。

ankylose 癒着する。融合して不動の関節になる。

ankylosis 強直(関節強直，不動結合)。ankyl- + -osis(q.v.)。融合の一状態。

anlage (pl., anlagen) 原基。胚発生中の構造の原基あるいは前駆体。

annulospiral 環ラセン終末。固有受容性軸索終末で，紡錘内筋線維と接触(線維の周りにラセン状の輪を形成する形から名づけられた)。

annulus 輪。

annlus tympanicus 鼓室輪。tympanic を参照。

ante- 前。

antebrachium 前腕。上腕の先にある部分。

anterior aqueous chamber 前眼房。眼球の虹彩と角膜の間にある，液体に満たされた腔所。

anterior cardinal vein 前主静脈。魚類で頭部と咽頭背側の血液を集める全身性の静脈。

anterior (superior) mesenteric (artery) 前腸間膜(上腸間膜)(動脈)。背側大動脈の頭側の分枝。(静脈)肝門脈系の静脈。

anterior neuropore 頭側神経孔。神経胚形成の際における，発生中の背側中空神経管の前方への開口部。

Anthracosauria 古竜類(炭竜類)。有羊膜類と密接に関連する，絶滅した両生類の一群。

anthrop- 人類に関連する。

Anthropoidea 真猿類。旧世界猿と新世界猿を含む霊長類の一群。

anti- 「反」，「対」，「抗」，「～でない」，「非」の意。

antiarch 胴甲類。背側に位置する眼球と，皮骨で被われた胸鰭を特徴とする板皮類。

antidiuretic 抗利尿の。腎臓を介する水分の損失(利尿)を抑制する。

antidiuretic hormone 抗利尿ホルモン(バソプレッシン)。視床下部ホルモンで，下垂体から放出されて水分の損失を制限する。

antrum (pl., antra) 洞。空洞。卵胞腔。真獣類の卵胞における液体で満たされた腔所。

Anura (Salientia) 無尾類(跳躍類)。an- + uro(q.v.)。尾のない両生類で，滑皮(平滑)両生類に属する1群。

anus 肛門。消化管あるいは直腸の末端開口部。

aortic arch 大動脈弓。腹側大動脈と背側大動脈をつなぐ血管。成体の原始的な有顎類で5対の大動脈弓が存在する(ヒトでは3対)。

aortic body 大動脈小体。有羊膜類の血液監視装置(酸素と二酸化炭素)，大動脈上の化学受容器。

apical 頂点の，先端の。

apical pad 指球。指先にみられる表皮の肥厚(肉球，torus, q.v.)。

apical pit 頂小窩。様々な皮膚受容器の存在する部位，表皮鱗の後方遊離縁にある。

apo- 「～から離れて」，「別れて」の意。

apocrine gland アポクリン腺。分泌物が細胞内で形成され，突出した部位が“くびり取られる”腺。

Apoda (Gymnophiona) 無足類(ハダカヘビ類)。a- + pod- (q.v.) 四肢のない。滑皮(平滑)両生類の一群。

aponeurosis 腱膜。apo- + neuron (腱)。幅広く平らな腱様の薄板。

apophysis 骨突起。突出部または隆起。

appendage 付属肢，付属物。体あるいは器官の伸長または付加(例：鰭，体肢)。

appendicular skeleton 付属肢骨格。前肢帯，後肢帯および鰭および体肢に関連する骨格。

appendix 虫垂，垂下部。多くの哺乳類における盲腸の付属物。

appendix of the epididymis 精巣上体垂。胚期の中腎(原腎管)の痕跡で，精巣の背側腸間膜内にみられる。

appendix testis 精巣垂。哺乳類の雄における雌のミュラー管の遺残。精巣上に小さな嚢胞様構造を形成する。

-apsid 弓に関連する。

aqueduct of Sylvius シルヴィウス水道。中脳水道(cerebral aqueduct, q.v.)。

aqueous humor 眼房水。水性のリンパ様溶液で，眼球の眼房を満たす。

arachnoid クモ膜。哺乳類の三層の髄膜のうちの中層で，クモの巣に似た構造。

arachnoid granulation クモ膜顆粒。軟膜とクモ膜の房で，隣接する静脈洞内に突出する。脳脊髄液の放散の場。

arch- 主たる，第一級の，古代の。

Archaeornithes 古鳥類。絶滅した鳥類の側系統群。

archenteron 原腸。

archetype 原型。

archinephros 原腎。仮説上の原腎臓。

archipallium 古外套(原皮質)。終脳の最初の天井。

archipterygium 原鰭。仮説上での祖先の鰭タイプ。

Archosauria 主竜類(祖竜類)。ワニ類および鳥類の共通祖先から派生したすべての子孫。

arcuate 弓状の。

area opaca 暗域。胚発生中の胚体外で，その下にある卵黄と接して卵黄に不透明な外見を与える。血島の部位。

arginine vasotocin アルギニン・バソトシン。有頭動物の原始的下垂体ホルモン。ある種の四肢動物で抗利尿ホルモンとして作用。

armadillo アルマジロ。異節亜目に属する食虫性哺乳類。現生哺乳類のなかで皮膚装甲(甲冑)を有する点で独特。

arrector pili (pl., arrectores pilorum) 立毛筋。毛を起立させる筋。

arrector plumari (pl., arrectores plumarum) 立羽筋。羽毛を起立させる筋。

arterial ligament 動脈管索。肺動脈と背側大動脈をつなぐ第六大動脈弓(動脈管)の閉鎖部。

arteriole 細動脈(小動脈)。血液を心臓から離れた方向へ運ぶ中間的な太さの血管。

arteriovertebral canal 椎骨動脈管(横突管)。頚椎の連続する横突孔を抜ける血管の通路。

artery 動脈。血液を心臓から離れた方向へ運ぶ比較的太い血管。

arthro- 関節。

arthrodire 節頚類。真皮板があるために頚部(-dire)に関節を持つ板皮類。

arthrosis 関節。

articular bone 関節骨。メッケル軟骨内に形成される下顎の置換骨。方形骨と関節を形成する。

artio- 偶数。

artiodactyl 偶蹄類。偶数本の指を持つ。有蹄類の亜群。

arytenoid 披裂の。ひしゃくに似た。

arytenoid cartilage 披裂軟骨。四肢動物の喉頭にある有対の軟骨。

Ascaphus オガエル類。カエルの一属で鼓膜(scapha 舟状窩)を欠く。

astragalocalcaneus 距踵骨。手根骨近位諸骨の様々な融合。ムカシトカゲや多くのトカゲ類にみられる。

astrocyte 星状膠細胞。神経系にある星形の細胞で，近くのニューロンに栄養を供給する。

ataxia 運動失調。a-(欠如)+ taxia(秩序)。筋神経系の障害。

-ate ～の特徴のある。例えばseptate(“中隔を持つ” の意味)におけるように。

atlas 環椎。(ギリシャ神話のなかでアトラスが地球を支えているように)頭部を支持する椎骨。

atriopore 囲鰓腔門(囲鰓孔，出水孔)。尾索類および頭索類において水を排出するために囲鰓腔に開く孔。

atrioventricular bundle 房室束。心室中隔におけるプルキンエ線維の集合。房室結節からの信号を運ぶ。

atrioventricular (AV) node 房室結節。鳥類および哺乳類において心室筋細胞の変化したもので，刺激を心室に伝える。

atrium 房，囲鰓腔。ローマ時代の家の中庭＞入り口と出口のある腔所(例：心房)。

auditory lobe 聴葉。中脳蓋上の隆起で，聴覚入力を処理するために作用する。四丘体の後部の1対。

auditory tube (eustachian tube) 耳管(ユースタキー管)。中耳と咽頭鼻部との連絡路。

Auerbach's plexus アウエルバッハ神経叢(筋層間神経叢)。腸管外層に2つある自律神経叢の1つ。マイスナー神経叢(Meissner's plexus)を参照。

auricle (pinna) 耳介，心耳。耳状に垂れ下がったもの。

auto- 自己。

autonomic nerve 自律神経。自律神経線維のみを含む末梢神経。

autonomic plexus 自律神経叢。自律神経線維からなる網状構造で，通常は血管が絡みついている。

autopodium 末脚(自脚)。四肢動物体肢の遠位部。手と足。

autostyly 自接(自己連結)。顎懸垂機構の1つ。上顎が頭蓋に対して自身を支えている(-styly)状態。

autotomy 自切。トカゲが尾の末端を切り捨てるように，自分自身を切ること。

Aves 鳥類。竜盤類恐竜の亜群。鳥類。

axial 中軸の。

axial skeleton 軸性骨格。骨格の中軸部分で，頭蓋と脊柱よりなる。

axilla (adj., axillary) 腋窩。

axis 軸椎。有羊膜類の変化した第二頚椎。

axon 軸索。ニューロンの長い突起。

azygos 不対の，奇静脈。a- + zyg- (q.v.)＞片側のみの。

【B】

baculum 陰茎骨。陰茎の海綿体間の中隔内にある異所性の骨。

barb (of feather) 羽枝。羽軸から生じ，平行に並んで正羽の羽弁を形成する。羽弁および小羽枝のための土台となる。

barbule (of feather) 小羽枝。羽枝からの分枝(派生物)。小鉤を持ち，これが隣の羽弁とかみ合う。

baro- 圧。

baroreceptor 圧受容器。圧力を監視する感覚器。

basal 基本的。分岐群内の共通の祖先に近い点で分岐する血統を持つ分類群。位置的には基部を向いた。

basal ganglion 大脳基底核。大脳におけるニューロンの集合(核)。

basal plate (of the spinal cord) 基板。胚期における脊髄，後脳，中脳の腹側部で，境界溝より下方に位置する。

basal plate (root) 基底板〔根〕。楯鱗の骨性土台。

basalia 基底軟骨。魚類の鰭における近位の部位。

basi- 底。最も腹側の。基底部の位置に関係する。

basibranchial cartilage 底鰓節軟骨。咽頭骨格のうち軟骨性(あるいは骨性)の腹側正中部位。

basidorsal cartilage 底背軟骨。魚類(例：チョウザメ)において脊柱管を形成する２つの椎骨要素のうちの１つ。

basihyal 底舌骨。舌骨骨格における腹側正中線の要素。

basilar membrane 基底板(鼓膜基底板)。哺乳類の聴覚のための感覚細胞が付着する部位。

basilar papilla 基底乳頭。滑皮(平滑)両生類の音受容器で，球形嚢の壁にみられる。

basioccipital bone 底後頭骨。神経頭蓋の後頭骨領域内の腹側での骨化部位。

basioclavicularis (cleidooccipital) 底鎖骨筋(鎖骨後頭筋)。鰓節筋群の僧帽筋複合体。頚部背側から鎖骨へ走る。副神経支配。

basisphenoid bone 底蝶形骨。神経頭蓋の蝶形骨領域内の腹側骨化部位。

basiventral cartilage 底腹軟骨。魚類(例：チョウザメ)における２つの腹側椎骨要素のうちの１つ。

beak 嘴。カメ類および鳥類において角質化した被覆を持つ，突ついたり挟んだりするための尖った構造物。

Belon, Pierre (1517～1564) ピエール・ベロン。フランスの比較解剖学者で，多数の脊椎動物と無脊椎動物の比較研究を行ったことで知られる。

bi- 二重，２倍。

biceps brachii 上腕二頭筋。腹側体肢筋群。関節窩背側端から尺骨と橈骨の近位部へ走る。筋皮神経支配。

bicipital 二頭の。大部分の四肢動物の肋骨におけるように，２つの頭を持つ。

bicornuate 双角の。２つの子宮角を持つ。

bicornuate uterus 双角子宮。２つの子宮角を持つ子宮。

bicuspid ２つの弁尖を持つ。

Bidder's organ ビダー器官。胚期の精巣前部で，成体では機能しない。実験的操作(精巣除去)により精巣前部を卵巣に変えることができる。

bilateral symmetry 左右相称。正中矢状平面が生物を右と左の鏡像に分ける。左右相称動物(Bilateria)の特徴。

bile 胆汁。肝臓で産生されるアルカリ性の液体で，胆汁酸塩を含む。脂質を乳状にする。

bili- 胆汁。

bilirubin ビリルビン。赤い色素で，赤血球が破壊されるときに作られる。

biliverdin ビリベルジン。緑色の色素で，赤血球が破壊されるときに作られる。

bio- 生命。

bipartite 両分子宮。二部構成の。２つの部分を持つ。

biserial 二列型。ネオセラトダスにおけるように，２列の鰭輻骨(輻射骨)が中軸から伸びる鰭の型。

-blast- 芽。胚期の前駆体。あるものの胚種。

blastema 芽体。胚期の間葉の集合。

blastocoel 胞胚腔。胞胚の腔所。

blastocyst 胚盤胞。哺乳類の胞胚。

blastoderm 胚盤葉(胞胚葉)。大量の卵黄を持つ卵(例，ニワトリ)でみられる発生中の多層性の胚。

blastodisk 胚盤。獣亜綱哺乳類でみられる発生中の多層性の胚。

blastomere 割球。胞胚まで発生中の個々の細胞。

blastopore 原口。発生中の原腸胚における原腸への開口部。

blastula 胞胚。小さな(-ula)胚。

blood capillary 毛細血管。最も細い血管で，動脈系と静脈系をつなぐ。栄養物と老廃物の放散の場。

blood island 血島。胚における最初の血球および血管形成の場で，卵黄嚢の壁内に位置する。

blood vascular system 血管系。循環系のうちの血液を運搬する。

blowhole 噴水孔。クジラ類における鼻部背側の開口部。

body 体。生物あるいは器官の主要部(舌骨体)。

body wall 体壁。体あるいは体幹の外側の部分で，体腔を囲む。

bovine ウシの。

bovine horn ウシの角。骨性の芯を持つ角質化した表皮性の被覆。

bowfin アミアの一般名。

Bowman's capsule ボウマン嚢。糸球体(q.v.)を囲む尿細管から生じる薄い二層が作る腔所。

Bowman's gland ボウマン腺。四肢動物の嗅上皮の複合管状粘液腺。

brachi- (adj., brachial) 腕。

brachialis 上腕筋。腹側体肢筋群。上腕骨近位部から尺骨近位部へ走る。筋皮神経支配。

brachial vein 上腕静脈。腕(前肢)から血液を集める近位の静脈。

brachiocephalic 腕頭の。腕と頭部に関連する。

brain stem 脳幹。大脳半球と小脳半球を除く脳の部分。

branchi- 鰓，鰓弓。

branchial plate 鰓板。発生中の咽頭嚢を隣接の外胚葉の鰓溝(ectodermal grooves)から隔てる膜。

branchial trunk 鰓神経。迷走神経の分枝で，個々の咽頭弓を神経支配する。

branchiomeric 鰓節性の。鰓弓の各部に関連する。

branchiostegal membrane 鰓条膜。硬骨魚類で鰓蓋の腹側縁から顎の下に伸びる膜。

branchiostegal ray 鰓条。鰓条膜内の平行な板あるいは棒。

bregmatic bone 前頂骨。ヒトで大泉門(骨化中の前頭骨と頭頂骨の間隙)内に生じる独立した膜内骨化。

bristle 剛羽。毛羽(毛状の羽)に似ているが終端の羽枝を欠くタイプの羽毛。

bronchial syrinx 気管支型鳴管。鳥類の発声器で，左右気管支の間の隔膜が発声ヒダを形成する。

bronchiole 細気管支。気管支の遠位の分枝。

bronchotracheal syrinx 気管－気管支型鳴管。鳥類の発声器で，共鳴室が気管輪と気管支輪によって形成される。

bronchus (pl., bronchi) 気管支。気管遠位の分岐。

brood pouch 孵卵嚢(育子房)。ある種のナマズの口蓋粘膜の一時的なヒダあるいは凹みで，受精卵あるいは稚魚を運ぶのに用いる。

buccal cirri 外鬚(口腔棘毛)。ナメクジウオで口腔フード(覆い)の縁にある指状突起。水を濾す役目をし，化学受容器を備える。

bucco- 頬。

Bufonidae ヒキガエル科。ヒキガエルの科で，ビダー腺(q.v.)を持つ特徴を有する。

bulb 球。ある構造あるいは器官の膨らんだ部分(例：毛球，嗅球)。

bulbar conjunctiva 眼球結膜。眼球の上皮性の被覆で，手で触れることができる。

bulbourethral (Cowper's) gland 尿道球腺(カウパー腺)。有羊膜類の多細胞腺で，その分泌物は精漿の一部を構成する。

bulbus 球。

bulbus arteriosus 動脈球。腹側大動脈起始部の筋性の拡張した部分。

bulbus cordis 心球。肺魚，両生類や哺乳類の胚の動脈円錐にときに用いられる用語。心臓の一部。

bulla 胞。泡>泡状の部分，例えば鼓室胞。

buno- 丘あるいは土手。

bunodont (tooth) 鈍頭歯(丘状歯)。低い咬頭を持つ歯。

bursa 嚢あるいは小袋。

bursa of Fabricius ファブリキウス嚢。成長中の鳥類の総排泄腔からの膨出で，胸腺の機能を補う。

【C】

C cell C細胞。甲状腺におけるカルシトニン産生傍濾胞細胞。

caecum (pl., caeca) 盲腸。盲端の嚢。

calamus 羽柄。羽毛の幹。

calcaneo- 踵骨に関係する。

calcified cartilage 石灰化軟骨。その基質内にカルシウム塩が沈殿した軟骨。

calcitonin カルシトニン。カルシウム代謝に重要な甲状腺あるいは鰓後体のホルモン。

callus 胼胝(タコ)。摩擦部位における角質層の一時的肥厚。

calyx 腎杯。哺乳類の腎臓で，髄質が腎盤内にロート状に伸びたもの。
canaliculus (pl., canaliculi) 骨小管。細い管。骨内で骨細胞をつなぐ管。
cancellous bone 海綿骨。骨小柱と骨髄からなる海綿状の骨。
canine 犬歯。異形歯の一形態。切歯の後ろにある単咬頭の歯。
capillary 毛細血管。最も細い血管。ガス交換の場。
capillary shunt 毛細血管迂回路。細動脈と細静脈の間の毛細血管のバイパス。
capitulum 小頭，肋骨頭。
caput 頭。
cardi- 心臓。
cardiac 心臓に関連する。
cardiac portion 噴門部。心臓に近い胃の領域。
cardinal 基本的に重要な。主な。
cardinal vein 主静脈。胚と原始的四肢動物における主要な血液流出路。
carina 竜骨。
carn- 肉。
carnassial teeth 裂肉歯。食肉類に特徴的な，変化した臼歯。
carnivore 肉食動物(食肉類)。
carotid 頚動脈の。"深い眠り"を意味する語から由来。頚動脈を圧迫すると脳への血液が断たれる。
carotid arch 頚動脈弓。第三大動脈弓。
carotid body 頚動脈小体。有羊膜類の血液監視装置(酸素と二酸化炭素)で，頚動脈上の化学受容器。
carotid sinus 頚動脈洞。有羊膜類の血圧受容器。総頚動脈の拡張部。
carpo- 手首，手根。
carpometacarpus 手根中手骨。鳥類の前肢(翼)における融合した3つの手根骨と中手骨からなる。
carpus 手首，手根。
cata- 「下」，「反」，「誤」，「側」，「全」の意。
catarrhine 狭鼻猿類。鼻孔が下を向いた鼻(-rhin)を持つ。旧世界猿，類人猿，ヒトを含む群。
cauda 尾。
caudad 尾方へ。
cauda equina 馬尾。ウマの尾に似た脊髄末端の脊髄神経の束。
caudal (vertebrae) 尾椎。尾で部位的特殊化した椎骨。
caudal artery 尾動脈。背側大動脈の尾部への延長。
caudal vein 尾静脈。尾部の血液を排出させる静脈。
caudate nucleus 尾状核。大脳におけるニューロンの集合(核)の1つ。
caudofemoralis (muscle) 尾大腿筋。有尾類と爬虫類の後肢腹側の筋。近位尾椎から大腿骨へ走る。脊髄神経腹枝支配。
cavum arteriosum 動脈腔。静脈腔を持つ爬虫類の心臓における左心室。
cavum pulmonale 肺動脈腔。静脈腔を持つ爬虫類の心臓における右心室。
cavum tympanum 鼓室。鼓室あるいは中耳腔。
cavum venosum 静脈腔。カメ類と有鱗類の心臓に独特な第三の心室。心臓から出ていく動脈間のシャント(短絡)。
cecum (pl., ceca) 盲腸(caecum)を参照。
cel- 中空の(-coel-)を参照。
celiac 腹腔動脈。背側大動脈の不対の臓側枝。
cellulase セルラーゼ。セルロースを消化する酵素。
cementing substsance (in bone) 接合物質。(骨において)水酸化リン灰石(ヒドロキシアパタイト)の結晶を膠原線維性基質に結合させる。
cementum セメント質。無細胞骨を形成し歯を顎骨に固定させる。
cen- 新しい。
cenogenic 起源の新しい。
centralia 中心手根骨。手根骨の中間列(0～4個の骨からなる)。
central nervous system (CNS) 中枢神経系。脳と脊髄。
central tendon 腱中心。横隔膜の中央部に位置した腱。
centrum 椎体。椎骨の一部で，発生初期には脊索があった位置。
cepha- 頭。
Cephalaspidomorphi 頭甲類。絶滅した無顎類の側系統群。
cephalic canal system 頭管系。頭部の，液体に満たされた管のなかの一連の神経小丘。
cephalization 頭化。系統発生における頭部の起源と発生。
Cephalochordata 頭索類。有頭動物の姉妹群で，ナメクジウオやピカイヤ(絶滅した原始的脊索動物)を含む。
cera 蝋。
cerat- 角。
ceratobranchial 角鰓節。鰓弓骨格を構成する有対の腹側要素。下鰓節と上鰓節の間にある。
ceratohyal 角舌骨。舌骨弓骨格における有対の腹側要素。角鰓節と連続相同。哺乳類の角舌骨。
ceratotrich (pl., ceratotrichia) 角質鰭条。角質で毛のような鰭の支持物(構造)。
-cercal 尾。
Cercopithecoidea オナガザル類。旧世界猿の1つ。
cerebellar peduncle 小脳脚。小脳を脳幹に結びつける線維路。
cerebellum 小脳。後脳の背側への膨出。骨格筋運動調整の場。
cerebral aqueduct (aqueduct of Sylvius) 中脳水道。脳の中心腔で，第三脳室と第四脳室をつなぐ。
cerebral peduncle 大脳脚。大脳の腹側線維路で，中脳を縦走する。
cerebrospinal fluid 脳脊髄液。脳および神経管の腔所とクモ膜下腔を満たす水様液。
cerebrum 大脳。終脳の膨出で，2つの大脳半球からなる。
cerumen 耳垢。哺乳類の外耳腺の分泌物。蝋(cera)を参照。
ceruminous gland 耳道腺。外耳道の皮脂腺で，耳垢を分泌する。
cervical 頚の。頚(cervix, q.v.)に関係する。
cervical trapezius 僧帽筋頚部。鰓節筋群(外来性前肢筋)の僧帽筋複合体の一部。頚部正中縫線から肩甲棘へ走る。副神経支配。
cervical vertebra 頚椎。頚部にある椎骨。
cervicobrachial (plexus) 頚腕神経叢。腕と頚部の脊髄神経網。
cervix 頚部＞子宮頚管。
chalazion 霰粒腫。導管の閉塞によって起こる，眼球のマイボーム腺の嚢胞。
cheek pouch 頬嚢。口腔前庭の膨出で，齧歯類が穀粒を溜めるために用いる。
Chelys ヘビクビガメ。
chemoreceptor 化学受容器。化学的刺激に感受性の感覚器。
chiasma 交叉。ギリシャ文字のカイ(χ)の形をした＞交叉。
chief cell 主細胞。胃の酵素原細胞(酵素を産生する細胞)で，ペプシノーゲンを産生する。
chir-, cheir- 手。
Chiroptera 翼手類。手が翼のように変化した哺乳類。コウモリ類。
choana (pl., choanae) 後鼻孔。ロート状の開口部＞内鼻孔(後鼻孔)(q. v.)。
chole- 胆汁。
cholinergic (fiber) コリン作動性(線維)。神経終末がアセチルコリンを産生。
chondr- 軟骨。
chondrocranium 軟骨頭蓋。軟骨からなる神経頭蓋。
chondrocyte 軟骨細胞。軟骨を堆積させる細胞。
Chondrostei 軟質類。原始的な条鰭類(例：チョウザメ)
chordae tendineae 腱索。房室弁を心室壁に結びつける腱性の索。
chordal cartilage 脊索軟骨。軟骨化した脊索で，多くの魚類で椎体を形成する。
Chordin コーディン。発生中の形態形成因子(モルフォゲン)で，背側の体軸形成に関係する。
chordomesoderm 脊索中胚葉。発生中の組織で，脊索を形成する。
chorioallantoic membrane 絨毛尿膜(漿尿膜)。絨毛膜(漿膜)と尿膜が融合したもの。卵生の爬虫類における呼吸構造。
chorioallantoic placenta 絨毛膜尿膜胎盤(漿尿膜胎盤)。獣亜綱哺乳類において母体の子宮と直接接している膜構造(絨毛膜と尿膜)。胚における栄養物と代謝老廃物の伝達の場。
chorion 絨毛膜(漿膜)。胚体外膜の1つ。有羊膜類における共有派生形質。
chorionic villi 絨毛膜絨毛。絨毛膜嚢の指状突起で，子宮内膜のなかに伸びる。
choriovitelline placenta 絨毛膜卵黄嚢胎盤(漿膜卵黄嚢胎盤)。

後獣類において母体の子宮と直接接する膜構造(絨毛膜と卵黄嚢)。栄養物や胚の代謝老廃物の伝達の場。

choroid, chorioid 脈絡膜。膜に類似した。絨毛膜(chorion)を参照。

choroid coat 脈絡膜。眼球の著しく血管に富んだ層。

choroid fissure 眼杯裂，脈絡(膜)裂。眼茎(柄)の溝。眼球から脳への軸索の通路。

choroid plexus (of the fourth ventricle) (第四脳室)脈絡叢。脳の腔所(第三脳室または第四脳室)を覆う縮まった層(軟膜と上衣)。脳脊髄液の供給源。

chrom-, chromato- 色。

chromaffin tissue クロム親和性組織。その染色特性によって特徴づけられる組織。アミン産生組織を含む。

chromatophore 色素胞。色素細胞。

chyle 乳糜。脂質を含むため乳色を呈するリンパ液。

chyme 糜汁(粥状液)。胃のスープ状の産物で，小腸に運ばれる。

ciliary (ganglion) 毛様体神経節。頭部における自律神経性節後細胞体の集塊。

ciliary body 毛様体。虹彩の辺縁にある筋と血管に富んだ組織。

ciliary process 毛様体突起。毛様体の延長で，眼房水を産生する。

ciliated pseudostratified columnar epithelium 偽重層(多列)線毛円柱上皮。哺乳類の肺の気管支と細気管支を内張りする上皮。

circa, circum 周りに，およそ。

circadian 概日。約1日の長さ。

circadian rhythm 概日リズム。生物学的な毎日の周期。

circle of Willis 大脳動脈輪(ウィリス動脈輪)。間脳の底部を取り囲む右，左および横行交通動脈。

cistern 槽。(乳腺の)乳頭基部で乳汁が溜まる場所。

cisterna chyli 乳糜槽。哺乳類の腹腔内リンパ洞。

clado- 枝。

cladogram 分岐図。系統発生学的類縁関係の分岐を示す模式図。

Cladoselachii 枝鮫類(クラドセラケ類)。軟骨魚類の絶滅した属。

clasper 抱接器(鰭脚)。雄の軟骨魚類の交尾器。

clava 棍棒。

clavicle 鎖骨。四肢動物の前肢帯における皮骨。

clavo-, cleido- 鎖骨。

cleavage 卵割。受精卵(接合子)の分割で，胞胚期に至るまで。

cleidobrachialis 鎖骨上腕筋。背側前肢筋群。鎖骨から上腕骨遠位部へ走る。腕神経叢の枝(腋頭神経)支配。

cleidocervical 鎖骨頚筋。鎖骨僧帽筋(cleidotrapezius)を参照。

cleidoic 閉鎖卵。環境から隔離した。閉ざされた，閉じ込められた>大量の卵黄と卵殻とを備えた鳥類あるいは単孔類の卵。

cleidomastoideus 鎖骨乳突筋。鰓分節筋群(外来性前肢筋)の胸鎖乳突筋複合体の一部。側頭骨乳様部から鎖骨へ走る。副神経支配。

cleidooccipitalis 鎖骨後頭筋。いくつかの分類群における胸鎖乳突筋の過剰な筋。後頭部から鎖骨へ走る。副神経支配。

cleidotrapezius (cleidocervical) 鎖骨僧帽筋(鎖骨頚筋)。鰓節筋群(外来性前肢筋)の僧帽筋複合体の一部。項部から鎖骨へ走る。副神経支配。

clitoris 陰核。雌の生殖結節。

cloaca 総排泄腔。下水道>消化管と尿路の共通の終末。

cloacal plate 排泄腔板。肛門窩と後腸の胎生期の仕切り。

cloacal vein 排泄腔静脈。総排泄腔から血液を排出する腹部血流の一部。

coagulating gland 凝固腺。多細胞腺で，その分泌物は精液の一部となる。

coccyx 尾骨。ヒトの癒合した尾椎。

cochlea 蝸牛。ラセン状の殻を持つカタツムリ>内耳のラセン状の迷路。

cochlear duct (scala media) 蝸牛管(中央階)。獣亜綱哺乳類におけるラゲナ(壺状突起)の延長。音のための機械受容器がある場所。

cochlear ganglion 蝸牛神経節。聴覚のための知覚性ニューロン細胞体がある部位。

cochlear nerve 蝸牛神経。内耳神経の一部で蝸牛に分布する(音の検出)。

-coel- 中空の，腔所。

coelom 体腔。

coelomic (mesoderamal) pouch 体腔嚢(中胚葉嚢)。ナメクジウオにおける初期腸管の発生時の膨出で，最初の分節性体腔を形成する。

collagen コラーゲン。ゼラチン様の膠に似た物質。タンパク質性の原線維。

collagen bundle コラーゲン線維束。結合組織(コラーゲン線維)の編みあわされた緻密な網状構造。

collagen fiber コラーゲン線維。タンパク質性原線維の凝集。

collar nerve cord 襟神経索。腸鰓類(acorn worms)の襟にある神経索。

collateral (ganglion) 側副(神経節)。自律神経節の一分類。

collateral branch 側副枝。長い軸索からの分枝。

colli- 頚の。

colliculus 小丘。

colon 結腸。大腸の近位部。

columella 小柱(耳小柱)。小さな(-ella) 柱あるいは円柱。

com-, con-, cor- ともに，一緒に。

comb 肉冠，鶏冠(とさか)。ニワトリ，特に雄鶏の頭部にある皮膚の稜。

common bile duct 総胆管。肝管と胆嚢管が結合したもので，肝臓の産物を十二指腸に運ぶ。

common cardinal vein 総主静脈。いくつかの静脈の共通の排出路で，静脈洞に注ぐ。

common collecting tubule 総集合細管。腎尿細管の排出路。

compact bone 緻密骨。層状骨。

complexus 錯綜筋。鳥類の頚部軸上筋で，ひなが卵殻を砕く際に用いられる。

conari 松果体の。(松果体 pineal を参照)。

conceptus 受胎産物。胚と胚体外膜。

concertina movement 蛇腹様運動(コンチェルティーナ運動)。ヘビにみられるアコーディオン様に伸縮する運動。

conch- 殻。

concha 甲介。ハマグリの貝殻状を呈する耳の耳介。鼻道の壁の巻物状の甲介骨。

conjunctiva 結膜。眼球表面(眼球結膜)および眼瞼内面(眼瞼結膜)の上皮性の被覆。

constrictor 収縮筋。内部を圧迫あるいは円柱状構造を狭める筋。

constrictor (fiber) 収縮筋(線維)。瞳孔を閉じるための虹彩固有筋線維。動眼神経支配。

contact (nondeciduous) placenta 接触胎盤(非脱落膜性胎盤)。胚体外膜が母体の子宮内膜と単純に接し，内膜が脱落しないような胎盤。脱落膜性胎盤(deciduous placenta)と比較。

contour feather 正羽。鳥類に全身の形を与える。

contra- 反対の。

contralateral 対側性，反対側の。

conus 円錐。

conus arteriosus 動脈円錐。心室に続く心臓の一区画。

copr- 糞。

coprodeum 糞道。総排泄腔から派生した糞の通路。

copulation plug 膣栓。膣内の凝固した精液。他の交尾を阻害する。

cor- ともに(com-)を参照。

coracoarcuales 烏口鰓弓筋群。サメの鰓下筋群。前肢帯から同じ群の筋へ走る。鰓下神経(脊髄後頭神経)支配。

coracobrachialis 烏口腕筋。腹側前腕筋群。肩甲骨烏口突起から上腕骨近位部へ走る。筋皮神経支配。

coracohyoideus 烏口舌骨筋。サメの鰓下筋群。烏口鰓弓筋群から底舌骨へ走る。鰓下神経(脊髄後頭神経)支配。

coracoid 烏口骨。カラスの嘴の様な形をした。四肢動物の前肢帯における腹側の置換骨。

coracoid plate 烏口骨板。外側体壁における胚期の軟骨板で，成体の烏口骨を生じさせる。

coracoid process of the scapula 肩甲骨烏口突起。真獣類における肩甲骨と癒合した烏口骨の遺残。

coracomandibularis 烏口下顎

筋。サメの鰓下筋群。鳥口鰓弓筋群から下顎へ走る。鰓下神経（脊髄後頭神経）支配。

corn- 角＞摩擦の位置に生じる角質層の一時的な肥厚，ウオノメ。

cornea 角膜。眼球強膜の透明な部分。

corneal muscle 角膜筋。ヤツメウナギにおける角膜の外来性筋。隣接の皮膚から角膜へ走る。水晶体を後方へ押しやって焦点の調節をする。

corniculate 小角軟骨。ある種の哺乳類の喉頭における小軟骨。

cornified 角質化した。角質化により角質に変化した。

cornu (pl., cornua) 角。舌骨の角。

corona 輪あるいは冠。

coronary artery 冠状動脈。酸素を豊富に含む血液を心臓に供給する。

coronary ligament 冠状間膜。肝臓の頭側部を胚期の横中隔に付着させる。

coronary sinus 冠状静脈洞。心臓を取り囲む“輪”を形成する。冠状静脈と左前大静脈（存在する場合は）がここに注ぐ。

coronary sulcus 冠状溝。冠状洞の上にある心臓外側の溝。

coronary vein 冠状静脈。心臓の静脈血を排出する。

coronoid 烏嘴骨（冠顎骨）。下顎の皮骨。

corpora cavernosa 陰茎海綿体。獣亜綱哺乳類の陰茎にある有対の勃起組織。

corpora quadrigemina 四丘体。有羊膜類の中脳の天井にある前後２対の小丘。

corpus (pl., corpora) 体。

corpus callosum 脳梁。哺乳類で左右の大脳半球をつなぐ幅広い横走線維の層。

corpus luteum 黄体。卵巣の黄体。排卵された卵胞から生じ，内分泌機能を持つ。

corpuscle of Herbst ヘルプスト小体。水禽の嘴，舌，口蓋にある有被膜皮膚受容器（cutaneous receptor）。

corpuscle of Stannius スタニウス小体。条鰭類における中胚葉起源の内分泌器官。カルシウム・レベルの調節に関係する。

corpus spongiosum 海綿体，尿道海綿体。

cortex 皮質。最も外側の層。哺乳類の腎臓の皮質，哺乳類の副腎のステロイド産生部，あるいは大脳皮質。

corticospinal tract 皮質脊髄路。随意性運動インパルスを大脳皮質から脊髄に伝える。

corticosterone コルチコステロン。副腎のステロイド。

cortisol コーチゾル。副腎のステロイド。

cortisone コーチゾン。副腎のステロイド。

costa- 肋骨。

costal cartilage 肋軟骨。肋骨腹側端の軟骨。

costal portion (of diaphragm) 横隔膜肋骨部。横隔膜筋部のうち肋骨に付着する部分。

costal rib 胸骨脊椎部。椎骨に付着する肋骨。

cotyledonary 胎盤葉（宮阜）。

cotyledonary placenta 胎盤葉胎盤（叢毛胎盤）。絨毛膜の絨毛が孤立した小片として分布する。

countercurrent flow 対向流。２つの液体が反対方向に平行して流れること。より効果的な拡散のために濃度勾配を最大にする。

coxa 寛骨（臀部）。

cranial kinesis 頭蓋可動性。頭蓋の機能的構成要素が他と独立に起こす運動。

cranial nerve 脳神経。脳から伸びる末梢神経（いくつかの脳神経［例えば視神経］は脳の膨出部である）。

cranial sinus 頭蓋洞。骨性頭蓋において空気で満たされた空隙。

cremaster muscle 精巣挙筋。斜走あるいは横走する軸下筋線維で，精索を包む。脊髄神経腹枝。

cribriform 篩のような。

cribriform plate 篩板。篩骨の篩（ふるい）状を呈する部分。嗅神経のための小孔がある場所。

cricoid 輪状の。

cricoid cartilage 輪状軟骨。喉頭の軟骨。

crin- 流れた。

crista 膨大部稜（内ヒダあるいは稜）。膜迷路において有毛細胞と頂を載せる上皮細胞の乳頭。斑（macula）と比較。

crocodilian ワニ類。爬虫類の亜群であるワニ目のメンバー（例：アリゲーター）。

crop 嗉嚢（そ嚢）。鳥類において種子類を一時的に貯蔵するための食道の膨出。

cross section 横断。横断面における分割。

crotalum ガラガラ＞ガラガラヘビ（Crotalus）。

crown 歯冠。歯肉線の上にある歯の部分。

crown group 冠群。あるクレード（分岐図の分枝）およびその最も近縁な共通の祖先のすべての現生メンバーを含む群。

crus (pl., crura) 脚。横隔膜筋部の腰椎部の一部。

cten- 櫛。

ctenoid 櫛に似た。

ctenoid scale 櫛鱗。櫛状の遊離縁を持った真皮鱗。

cucullaris 帽状筋。“頭巾”を意味する単語に由来。２つの帽状筋（僧帽筋）は全体として頭巾フードあるいは肩掛けショールに似ている。鰓節筋群。魚類の鰓挙筋。無羊膜類では舌咽神経と迷走神経支配，有羊膜類では副神経とその相同神経支配。

cuneiform 楔状軟骨。くさび形の＞ある種の哺乳類の喉頭の小軟骨。

cuneus 蹄叉。有蹄類の蹄における胼胝状の角質化した肉球。

cupula 頂（クプラ）。構造上の頂。

cusp 尖頭，咬頭，弁尖。頂点あるいは尖端。

cutaneous 皮膚の。皮膚に関係する。

cutaneous receptor 皮膚受容器。皮膚の感覚器。

cuticle 毛小皮。哺乳類の毛の薄い透明な被覆。

Cuvier, George (1769 ～ 1832) ジョルジュ・キューヴィエ。比較解剖学の開祖。

cyclo- 円形の。

cycloid scale 円鱗。円状を呈する鱗。

cyclostome 円口類。丸い口のようなロート（funnel）を持つ無顎類。

cyno- イヌ。

cynodont 犬歯類。小型肉食爬虫類。

cyrtopodocyte 弯曲タコ足細胞。ナメクジウオにみられる排泄細胞。

cystic duct 胆嚢管。胆汁の排出路。

cysto- 嚢，包。

cyt-, cyto-, -cyte 細胞。

【D】

dactyl- 指，足指（趾）。

Darwin, Charles (1809 ～ 1882) チャールズ・ダーウィン。自然選択説の著者。

de- 離れた。

decidu- 落ちる，あるいは剥がれる。

decidua 脱落膜。母体の子宮内膜の侵略された部分で，剥れ落ちる。

deciduous (tooth) 乳歯（脱落歯）。２セットの歯を持つ哺乳類において先に生える歯。

deciduous placenta 脱落膜胎盤。分娩時に子宮内膜の一部が剥れ落ちる胎盤。接触胎盤（contact placenta）と比較。

deferens 精管の。de- ＋ -ferent (q.v.)

degenerate 退化する（価値判断用語）。系統発生学的に多数の形質を失った分類群（例：ヤツメウナギ）に適用される。

deltoid ギリシャ文字のデルタ（δ）に似た。

deltoideus 三角筋。背側体肢筋群。肩甲骨の肩甲棘と肩峰から上腕骨三角筋稜（粗面）へ走る。腋窩神経支配。

demi- 半分。

demibranch 片鰓（半鰓）。鰓弓の一側面につく鰓。

dendrite 樹状突起。ニューロンの樹枝状部。

dendro- 木。

dent- 歯。

dental lamina 歯堤。外胚葉が顎に沿って縦に内方成長したもの。歯形成の場。

dental plate 歯板。顎を覆う真皮板で，歯と同じ機能を果たす。

dentary 歯骨。下顎で歯を備える初期の皮骨。

denticle 小歯状突起。ゾウゲ質からなる原始的な骨の表面の隆起。

dentin (dentine) ゾウゲ質。歯にあるような骨。

dentinal tubule ゾウゲ細管。ゾウゲ質内の細胞性の管(骨小管と相似)。

depressor 下制筋。ある構造を下に下げる筋。

derived (modified) 派生した(変異した)。祖先の状態から変化したいかなる状態をも指す。

derm- 皮膚。

dermal bone 皮骨(真皮骨)。皮膚の真皮内に形成される骨。

dermal papilla 真皮乳頭。真皮から指状に伸びでたもの。毛と羽の発生の際にみられる。

dermato- 皮膚に関係した。

dermatocranium 皮骨頭蓋。系統発生学的に皮膚に由来する頭蓋骨。

dermatome 真皮節。皮膚を生じさせる体節の層。

dermis 真皮。中胚葉性の皮膚深層部。

Dermoptera 皮翼類。哺乳類の目で,皮膚が翼膜を形成する。翼(-pter)を参照。

-decum, -daecum 通路。

deuter- 2。

deuterostome 後口動物(新口動物)。原口(blastopore)を肛門として用い,第二の口を新たに形成する動物。

di- 2倍,二重。

dia- 通って,離れて,完全に,間に。

diaphragm 横隔膜。2つの部分の間の隔壁(-phragma)。哺乳類では筋性で軸下筋群。肋骨から腱中心へ走る。横隔神経支配。

diaphragmatic (muscle) 横隔膜筋。ワニ類の吸気性筋。骨盤から肝臓へ走る。肝臓をピストンのように動かす。

diaphragmatic pleura 横隔胸膜。横隔膜胸膜腔面の上皮性の被覆。

diaphysis 骨幹。長骨の骨化した幹。

diapophysis 横突起関節部。椎骨の2つの外側(横)突起の一方。

diapsid 2つの弓を持つ。

Diapsida 双弓類。爬虫類の亜群。

diarthrosis 可動関節。2つの骨あるいは関節の間の自由に動かせる関節。

diastema 歯隙。介在する間隙。

diastole 拡張期(弛緩期)。心臓の拍動期の1つで,このとき心臓に血液が充満する。

-didym- 双子の>精巣。

diencephalon 間脳。前脳の後部(領域)。

diffuse placenta 散在性胎盤(汎毛胎盤)。絨毛膜の絨毛が絨毛膜の表面全体に分布する。

digestive system 消化器系。食物の獲得,加工,一時的貯蔵,消化,吸収および未吸収残余物の除去に働く器官系。

digit- 指あるいは足指。

digitigrade 趾行型動物。趾(指)で歩行する(-grade)。

dilator 散大筋。開口部を拡げる筋。

dilator fiber 散大筋線維。虹彩の固有筋線維で,瞳孔を拡げる。動眼神経。

dino- 恐ろしい,怖い。

dinosaur 恐竜。恐怖を起こさせる爬虫類。爬虫類の主竜亜綱(Archosauria)の俗称。

dioecious 雌雄異体。同一個体内で卵巣と精巣が発達しない状態。

diphy- 二重。

diphycercal 原正形尾。脊柱が上に反らずにほぼ真っ直ぐに終わる尾鰭。

diphyodont (dentition) 二代性歯(一換性歯)。2つの連続的な歯のセットを持つ。

diplo- 二重,2つ。

diplospondyly ディプロスポンディリー(二重椎骨)各体節に2つの椎骨がある。

Dipnoi 肺魚類。2対の呼吸口(外部と内部)を持つ魚類。肺魚。

dis- 分離,離れて。

discoidal placenta 盤状胎盤。絨毛膜の絨毛が1つの大きな盤状の領域として分布する。

dissect 分解(解体)する。

distal carpal 遠位手根骨。手根骨外側(遠位)列の骨。

diverticulum 憩室。膨れでた嚢。

Doctrine of Acquired Characteristics 獲得形質の遺伝学説。ラマルクの形質に関する原理で,使用あるいは不使用によって獲得された形質は遺伝すると説く。

dorsad 背中のほうへ。

dorsal (vertebrae) 背側椎骨。椎骨の部位的特殊化。体幹椎骨。

dorsal aorta 背側大動脈(背大動脈)。根幹を成す背側正中の動脈で,体に血液を供給する。

dorsal fin 背鰭。背(dorsum)の上の正中鰭。

dorsal hollow central nervous system 背側中空中枢神経系。脊索動物の脳と脊髄。

dorsal intercalary plate 背側層間板。ヘビ類で外側椎弓の間に位置する軟骨板。

dorsalis trunci 背体幹筋。サンショウウオの軸上筋で,その原始的分節性(体節性)(metamerism)を保持する。脊髄神経背枝支配。

dorsal lip 原口背唇。発生において,原口の上端。原腸形成(嚢胚形成)(gastrulation)の際の表層細胞巻き込み(involution)の場。

dorsal mesentery 背側腸間膜。体腔内張りの作る正中膜の背側部の遺残。

dorsal mesoderm (epimere) 背側中胚葉(上分節)。発生中の胚において脊索中胚葉に隣接する中胚葉。

dorsal plate 蓋板。神経弓(neural arch)を参照。

dorsal ramus 背枝。脊髄神経の背側の枝。

dorsal rib 背側肋骨。四肢動物あるいは魚類の肋骨。水平骨格形成(skeletogenous)中隔のなかに伸びる。腹側肋骨(ventral rib)と比較。

dorsal root 背根。脊髄から出る小根の癒合によって形成される脊髄神経の背側部分。背根神経節があることで特徴づけられる。

dorsal ventricular ridge 背側脳室隆起。爬虫類で側脳室内に伸びる連合ニューロンの領域。

dorsobronchus 背気管支。鳥類の背側気管支。

dorsum 背。

down feather 綿羽。小さなふわふわした羽で,小鉤(hooklets)を欠く羽枝冠(crown of barbs)を備える。

ductus arteriosus 動脈管。第六大動脈弓の開存する部分で,肺動脈と背側大動脈をつなぐ。発生の際には肺をさける迂回路となる。

ductus caroticus 頸動脈管。背側大動脈の一部で,第三および第四大動脈弓をつなぐ。

ductus venosus 静脈管。肝臓を通り,血液を臍静脈から後大静脈および心臓へ運ぶ血管。

duodenum 十二指腸。ラテン語で12。ヒトの十二指腸の長さは約12指幅である。

duplex uterus 重複子宮。有袋類にみられるような,2つに完全に分離した子宮。

dura 丈夫な,硬い。

dura mater 硬膜。哺乳類における外側の丈夫な髄膜。

dys- 不完全な,苦しい,難しい。

【E】

e- ない。

ecdysis 脱皮。有鱗類における表皮の周期的剥離。

ect- 外の。

ectethmoid 外篩骨。ムカシトカゲ(Sphenodon)の鼻腔通路外側壁における篩骨の骨化。

ectodermal groove 外胚葉溝。発生中の咽頭嚢の上にある外胚葉の浅いくぼみ。その後に咽頭裂になる部位。

ectodermal placode 外胚葉プラコード。外胚葉の肥厚で,神経芽細胞やある種の感覚器の感覚上皮を生じる。

-ectomy 切除,ex- + -tome(q.v.),例えば,虫垂切除(術)(appendectomy)。

ectopic ex-(外の) + topo-(場所)。異所性の。

ectopic pregnancy 異所性妊娠(子宮外妊娠)。胎子が子宮以外の場所に着床する。

ectopterygoid 外翼状骨。口蓋の皮骨。

ectotherm 外温動物(変温動物)。体温が環境によって変化する動物。

Edentata 貧歯類。哺乳類の亜群(目)で,歯を欠く。

ef- ex-の変化形。

effector 効果器。神経系によって動かされる筋,腺,器官など。

efferent 輸出性。ある場所から運びだされる。

efferent branchial artery　出鰓動脈（輸出鰓動脈）。血液を鰓から運びだす血管。

efferent (branchial) duct　出鰓管（輸出鰓管）。ヌタウナギで鰓嚢から外界開口部へ水を運ぶ管。

efferent ductules　精巣輸出管。哺乳類における輸出管（vasa efferentia, q.v.）に適用される用語。

efferent glomerular arteriole　糸球体輸出細動脈。糸球体から血液を運びだす血管。

efferent (motor) nerve　遠心性（運動）神経。神経刺激を筋あるいは腺に運ぶ。

eft　エフト（地上生活時代の未成熟イモリ）。ブチイモリ *Notophthalmus* の生活史における一時的な陸生ステージ。

egg tooth　卵歯。ある種の爬虫類や鳥類が孵化時に卵殻を砕くために用いる一時的な表皮性の歯。

elasmo-　板の。

elasmobranch　板鰓。平らな板からなる鰓。

Elasmobranchii　板鰓類。サメ，エイの仲間。

elasmoid　板状鱗。時として線維板と関連する薄い層状骨からなる真皮鱗。

elastic cartilage　弾性軟骨。弾性線維の網工を持つ。

electroreceptor　電気受容器。電場に感受性のある感覚器。

-ella　指小辞，例えば小柱（columella）。

embryonic disk　胚盤。胚盤（blastodisk）を参照。

en-　内，なかへ。

enamel　エナメル質。歯あるいは皮小歯（denticles）の鉱物化した被覆。エナメル芽細胞によって蓄積された外胚葉性組織。

enameloid　類エナメル質。歯あるいは皮小歯の鉱物化した被覆。ゾウゲ質の緻密な外層。

enamel organ　エナメル器。歯堤（dental lamina）の外胚葉で，発生中の歯にエナメル質を蓄積させる。

encephalon　脳，頭部の一構造。

end bulb (corpuscles) of Kraus　クラウゼ終末小体。哺乳類の，有被膜皮膚受容器。おそらくは温度受容器。

endo-　内部の，内部に。なかに（ento-）も参照。

endocardium　心内膜。心臓内腔の上皮性の内張り。

endochondral　軟骨内の，軟骨内骨。

endodermal lining　内胚葉性内張り。卵黄の表面を覆う被覆。

endolymph　内リンパ。膜迷路内の液体。

endolymphatic duct　内リンパ管。サメで膜迷路と体表をつなぐ通路。

endolymphatic fossa　内リンパ窩。サメの軟骨頭蓋における陥凹で，ここに内リンパ管と外リンパ管が開く。

endolymphatic sac　内リンパ囊。内リンパ管で盲嚢として終わる部分。

endometrium　子宮内膜。子宮の内張り。

endomysium　筋内膜。endo- + mys-（q.v.）。筋の機能的単位の膠原線維性の被覆。

endosteum　骨内膜。髄腔を裏打ちする薄い結合組織膜。

endostyle　内柱。原索動物の咽頭における腹正中の溝で，粘液を産生する。有頭動物の甲状腺と相同である。

endotherm　内温動物（温血動物）。温血の。環境の変動に拘わらず体温を比較的一定に維持する動物。

endothermy　内温性（定温性）。

enteric plexus　腸筋神経叢。腸管外縦層筋層にある神経網で，蠕動運動を起こさせる。

enteroceptor　内受容器。個体内の環境に関する情報を与える感覚器。

enteron　腸。

Enteropneusta　腸鰓類。半索動物の綱で，ギボシムシを含む。

ento-　なかに，なかへ。内部の（endo-）も参照。

entoglossal　舌内の。

entoglossus　中舌骨。トカゲや鳥類の舌骨の長い骨突起で，舌内に伸びる。

entotympanic　内鼓室骨。鼓室胞内で軟骨が骨化したもの。ある種の哺乳類における新しい構造。

ep-, epi-　上に，上方に，越えて。

epaxial　軸上の，体軸の上の。

epaxial muscle　軸上筋。水平骨格形成中隔の上方にある体幹の体軸筋。脊髄神経背枝支配。

ependyma　上衣。外側の覆い>中枢神経系の神経腔（neurocoel）に面する部分を覆う膜。

ependymal cell　上衣細胞。上衣にある未分化な細胞。

epiblast　胚盤葉上層。多黄卵の胚盤葉（blastoderm）における発生中の胚予定組織。

epiboly　エピボリー，覆い被せ運動。胚期の細胞分裂の結果，表面を覆う細胞移動が起こる。

epibranchial　上鰓節。鰓弓骨格における有対の背側要素部分で，角鰓節（ceratopharyngeal element）と咽鰓節（pharyngobranchial element）の間にある。

epibranchial muscle　鰓上筋。咽頭の上方に伸びる体軸筋。

epibranchial placode　上鰓プラコード。咽頭の上方に位置する外胚葉の肥厚。

epicardium　心外膜。心臓の上皮性の被覆。

epicritic　判別性（識別性）の。1つの感覚内での相違を認識する。

epidermal gland　表皮腺。表皮起源の腺。

epidermal scale　表皮鱗。角質層に由来する角質化した鱗。

epidermis　表皮。外皮の外胚葉性の外層。

epididymis (pl., epididymides)　精巣上体。精巣（didym-）の上に乗っている構造。

epiglottis　喉頭蓋。哺乳類における線維軟骨性の弁で，嚥下の際に声門を覆う。

epihyal　上舌骨。真骨類の舌骨弓の骨格の一部。角舌（軟）骨（ceratohyal）の骨化中心。

epimere　上分節。背側中胚葉。

epimysium　筋上膜。epi- + mys-（q.v.）。筋の線維性の被覆。筋膜。

epineurium　神経上膜。末梢神経線維の被覆。

epiotic　上耳骨。epi- + -oto（q.v.）。神経頭蓋の耳領域における置換骨。

epipharyngeal groove　上咽頭溝。ナメクジウオにおける咽頭の天井の正中溝。

epiphyseal complex　上生体複合体（松果体複合体）。間脳からの松果体と副松果体（parapineal）の膨出。

epiphyseal plate　骨端板（骨端軟骨板）。長骨の骨幹と両骨端の間の成長帯。

epiphysis (pl., epiphyses)　上生体，骨端。epi- + -physis（q.v.）。松果体。長骨両端の骨化中心。

epiploic　大網の。大網（the epiploon）に関係する。

epiploic foramen　網嚢孔。大小腹膜腔の間の開口部。

epipodium　中脚（上足）。手または足の直上にある体肢骨。

epipubic (bone)　上恥骨。爬虫類と単孔類における骨盤の副次的骨化。

epithalamus　視床上部。間脳の最背側の部分。

epithelium　上皮。表面を覆う細胞の層。

epitrichium　胎子表皮（胚表皮）。epi- + trich-（q.v.）。哺乳類胎子の毛を覆う一時的な表皮細胞の層。

epitrochleoanconeus　滑車上肘筋。上腕の筋。内側顆から肘頭突起（olecranon process）へ走る。尺骨神経支配。

epoophoron　卵巣上体（副卵巣）。卵巣の背側腸間膜内に見いだされる胚期の中腎（原腎管）の痕跡。

erythro-　赤い。

erythrocyte　赤血球。

erythrophore　赤色素胞。赤い顆粒を含む色素細胞（色素胞 chromatophore）。

eso-　運搬人（装置）。

esophagus　食道。食べられた（phag-）物質の運搬装置。

estr-　雌の。

estrogen　エストロゲン（発情ホルモン，雌性ホルモン）。性腺のステロイドホルモン。

ethmoid　篩骨の。篩のような。神経頭蓋の前部。

ethmoid plate　篩骨板。発生中の前索軟骨（prechordal cartilage）間の神経頭蓋の前方の床。

eu-　真の。

eury-　幅広い。

euryapsid　広弓の。側頭窓が1つの側頭部の変異。プレシオサウルス類と魚竜類に見いだされる状態。

euryhaline　広塩性の。広範な塩類濃度(halo-)の水中で生きられる。

Eutheria 真獣類。絨毛膜尿膜胎盤(漿尿膜胎盤)の哺乳類(例：ヒト)。

euviviparity 真胎生。発生中の胚が母体の栄養物を供給されなければならない胎生の状態。

evolutionary convergence 進化的収斂。別々の進化による類似。

ex-, exo- 外の，外から，離れた，外側の。

excretion 排泄。老廃物の体からの除去。

excurrent aperture 排出孔。外に向かう水流のための開口部。

excurrent pore 出水孔。水流排出のための開口部。

excurrent siphon 出水管。被嚢類(尾索動物)における水分排出のための開口部。

exoccipital bone 外後頭骨。神経頭蓋後頭領域外側の有対の置換骨。

exoskeleton 外骨格。皮膚のなかにある骨格。

extant 現生の，現存の。

extensor 伸筋。体肢の2つの分節を伸ばすために働く筋。

extensor caudea lateralis 外側尾伸筋。軸上筋で，最長筋の後方への延長。仙椎および近位尾椎から遠位尾椎へ走る。脊髄神経背枝支配。

extensor of the hand or foot and digits 手または足と指(趾)の伸筋。四肢動物(quadruped)で手または足と指(趾)を前背側に動かす筋。

external auditory meatus 外耳道。耳の外界への通路あるいは開口部。

external gill 外鰓。体の外に伸びた鰓弁。

external glomerulus 外糸球体。体腔のなかに突出する毛細血管網。内糸球体(internal glomerulus)と対比。

external (transverse) iliac vein 外腸骨静脈。大腿静脈から総腸骨静脈に向かう血管。

external intercostal 外肋間筋。軸下筋群。隣接する肋骨間の外層の筋。脊髄神経腹枝支配。

external naris 外鼻孔。鼻道の外部への開口部。

external neuromast 外神経小丘。外的環境に曝された有毛細胞。

external oblique 外斜筋。腹壁の軸下筋群。胸腰筋膜および後位肋骨から白線へ走る。脊髄神経腹枝支配。

external ramus (of the accessory nerve) (副神経の)外枝。副神経の枝で胸鎖乳突筋群と僧帽筋に分布する。

external respiration 外呼吸。外界から酸素を得る。

exteroceptive role 外受容性の役割。外受容器として機能する。

exteroceptor 外受容器。外界からのシグナルに感受性のある感覚器。

extra- 越えて，外の。

extracolumella 外小柱。両生類と爬虫類で小柱(columella)に付着する副次的骨格構造。

extraembryonic 胚体外の。

extrinsic appendicular muscle 外来性体肢筋。体肢から軸骨格あるいは体幹の筋膜に伸びる。

【F】

falciform 鎌状の。円形鎌のような形をした。

falciform ligament 鎌状間膜。腹部正中線と肝臓の間にある腹側腸間膜の痕跡。

falciform process 鎌状突起。魚類の目の盲点のそばにある脈絡膜の血管ヒダ。硝子体と血管の間での代謝交換の場。

fallopian tube ファロピウス管。哺乳類の卵管。

fascicle 束。

fasciculus gracilis 薄束。触覚および自己(固有)知覚(proprioception)のための脊髄内神経路。

fauces 口峡。咽喉。

feather follicle 羽包。発生中の羽毛のための表皮で裏打ちされたくぼみ。

feather primordium 羽毛原基。真皮とそれを覆う表皮のにきび状の隆起で，羽毛の発生の初期にみられる。

feather sheath 羽鞘。発生中の羽毛の表皮性の被覆。

femoral (artery) 大腿(動脈)。大腿部の血管。

femoral gland 大腿腺。トカゲの後肢にある顆粒状表皮腺。交尾の際に雄を助ける。

femorotibialis 大腿脛骨筋。非哺乳類の後肢筋群。大腿骨から脛骨へ走る。

fenestra 窓>口，孔。

-ferent, -ferous 運ぶ，例えば，輸入の(afferent)(q.v.)。

fiber tract 線維路。中枢神経系内の軸索の集合。

fibril 原線維。コラーゲンのタンパク質性単位。

fibrinogen フィブリノーゲン。肝臓の産物で血液の凝固に不可欠。

fibrocartilage 線維軟骨。膠原線維の密な網工を持つ軟骨。

fil- 糸。

filamentous extension of internal gill 内鰓の細線維状突起。鰓裂を通って外界に出る内鰓の突起。

filia olfactoria 嗅糸。(pl.)嗅上皮と脳の間に伸びる分離した嗅神経線維。

filoplume 毛羽(糸状羽)。1本の羽軸に小羽枝のついた少数の羽枝を持つ毛のような羽毛。

filter feeder 濾過摂食(採食)動物。水中から食物片を濾しとるために咽頭口部(oropharynx)を使う生物。

filum terminale 終糸。脊髄の糸状の鞘で，最後位脊髄神経を越えて伸びる。

fimbria 采，卵管采。ふさ状ヘリ。

fin fold 鰭膜(鰭褶)。発生における鰭原基のヒダ状の膨出。

fin fold fin 褶鰭。現代のサメに典型的な幅広い基部を持つ鰭。

fin fold hypothesis 鰭膜仮説。有対鰭は連続した腹外側の鰭膜(fin fold)から進化したとする説。

fin spine hypothesis 鰭棘仮説。鰭は棘鰭を持つアカンソジース(acanthodians)にみられるのと類似した状態から進化したとする説。

first-order sensory neuron 一次知覚ニューロン。細胞体が神経節のなかにある感覚ニューロン。

flange フランジ(突縁)。羽枝の枝で，隣接する羽毛の小羽枝と互いにかみ合う。

flat bone 扁平骨。二層の緻密骨の間に挟まれた海綿骨の芯を持つという特徴がある。

flexor 屈筋。体肢において1つの分節をもう一方へ引き寄せる筋。

flexor of the manus or foot and digits 手または足と指(趾)の屈筋。四肢動物で手または足と指(趾)を後腹側に動かす筋。

flower spray 散形終末。固有(自己)受容軸索終末。紡錘内筋線維(intrafusal muscle fiber)との接触の仕方(筋線維に噴霧されたように終わる)から名づけられた。

follicle stimulating hormone (FSH) 卵胞刺激ホルモン。卵胞の発育と卵胞からのエストロゲンの分泌を刺激するホルモン。

fontanel (fontanelle) 泉門。子どもの頭部の柔らかい部分。頭蓋の皮骨の被覆における間隙。

foramen 孔。小さな開口部。通常は何かを通す。

foramen cecum 舌盲孔。哺乳類の舌の基部にある小孔で，胚期における甲状腺の膨出する位置を示す。

foramen magnum 大後頭孔(大孔)。後頭骨における大きな孔。

foramen of Panizza パニッツア孔。ワニ類において2本の大動脈幹をつなぐ開口部。潜水中に利用される機能的な迂回路。

foramen ovale 卵円孔。有羊膜類において左右の心房をつなぐ孔。胚において肺を迂回するための機能的な短絡。

fore- 前の，正面に。

forearm 前腕。腕で上腕の前にある部分。

foregut 前腸。発生中の腸管の前方部。

formative (morphogenetic) movement 造成運動(形態形成運動)。原腸形成(gastrulation)の間の細胞移動で，三胚葉と左右相称性を形作る。

formed element 有形成分。血漿中に懸濁している血球あるいは血小板。

fossa 窩。穴，腔，陥凹，空隙。

fossa ovalis 卵円窩。心房中隔にある陥凹で，胚期の卵円孔があった場所。

fovea 窩。小さな穴。網膜において視覚が最も鋭い場所(網膜の中心窩)。

frenulum 小帯。

frenulum linguae 舌小帯。舌を口腔底に結びつける膜。

frontal 前頭の。左右軸と縦軸とで構成される解剖面。頭蓋の皮骨。

frontal organ (stirnorgan) 前頭器官。カエルの正中の眼。

frontal section 前頭断。前額面に沿った生物体の分割。

Froriep' s ganglion フローリープ神経節。ある種の哺乳類における胚期の舌下神経背根神経節。

frug- 果実。

frugivore 果実食動物。

fundus 底。ある腔所の底部。哺乳類の胃の一部で，噴門部の左側，食道開口部の前方にある部分。

furculum 叉骨(癒合鎖骨)。鳥類の一体化した鎖骨(暢思骨 wishbone)。

fusiform 紡錘形の。

【G】

galea aponeurotica 帽状腱膜。哺乳類の頭皮(scalp)の下に横たわる薄板状の腱(腱膜)。頭部と頚部の多数の筋のための総終止腱。

Galen(165～200 頃) ガレン，ガレノス。ギリシャの哲学者かつ医師で，その著作はその後1,000年に亘って解剖学の基礎となった。

gamma motor neuron ガンマ運動ニューロン。筋紡錘内の変化した横紋筋を支配するニューロン。アルファ運動ニューロン(alpha motor neuron)と対比。

gan- 輝く，光る，明るい。

ganglion 神経節。膨らみ＞中枢神経系の外にある細胞体の集塊。

ganoid 硬鱗(ガノイド鱗)。光沢のある骨性の鱗。

gar ガー。原始的な新鰭類(neopterygian)。

Gartner's duct ガートナー管。雌の有羊膜類における中腎(原腎)管の遺残。

gastr- 胃。腹，胃。二腹筋(digastric muscle)は2つの筋腹を持つ。

gastralia 腹肋。腹側の腹部肋骨。

gastrin ガストリン。胃腸ホルモンで，胃液の分泌を引き起こす。

gastrohepatic ligament 胃肝間膜。腹側腸間膜の遺残で，肝臓と胃幽門部とを結ぶ。小網の一部。

gastrula 原腸胚(嚢胚)。小さな胃＞胃のような形の胚。

gen- 起源。

generalized 一般化した，普遍化した。潜在的順応(適合)性がある状態を意味する。

general metabolic hormone 全身性代謝ホルモン。ある生物のすべての細胞に受容部位のあるホルモン(例：インシュリン)。

general receptor 一般受容器。皮膚や体内に広く分布する感覚受容器。特殊受容器(special receptor)と対比。

genetic drift 遺伝的浮動。遺伝子頻度における無作為な変化。

geniculate ganglion 膝神経節。顔面神経の膝状の屈曲。膝(genu)を参照。

genio- オトガイ。

genioglossus オトガイ舌筋。四肢動物における舌骨前方の軸下筋群。オトガイ結合から舌へ走る。無羊膜類では脊髄後頭神経(spino-occipital nerves)支配，有羊膜類では舌下神経支配。

geniohyoid オトガイ舌骨筋。四肢動物における舌骨前方の軸下筋群。オトガイ結合から舌骨へ走る。無羊膜類で脊髄後頭神経支配，有羊膜類で舌下神経支配。

genital corpuscle 陰部神経小体。哺乳類の交尾器における有被膜皮膚感覚受容器。

genital fold 生殖ヒダ。獣亜綱哺乳類の胚期におけるヒダで，尿生殖洞の境界となる。雌で小陰唇を，また雄で陰茎の一部を形成する。

genital ridge 生殖隆起。体腔中皮の胚期における肥厚。性腺形成の場。

genital swelling 陰唇陰嚢隆起。胚期の体腔底で生殖ヒダに隣接する低い膨出。将来は雄で陰嚢，雌で大陰唇になる。

genital tubercle 生殖結節。胚期の膨出部で雌の陰核，また雄の陰茎の一部を形成する。

genotype 遺伝子型。ある個体における遺伝子の特有な組み合わせ。

genu 膝。

geo- 地球。

germinal (layer) 胚芽層。表皮の細胞分裂層。

germinal epithelium 胚上皮。生殖隆起(genital ridge)の一領域で，性腺の原基として働く。

gill 鰓。水生生物におけるガス交換の面。

gill arch 鰓弓。連続する鰓裂の間にある構造物。

gill arch hypothesis 鰓弓仮説。有対鰭が変化した鰓弓に由来すると示唆する説。

gill bypass 鰓側副路。両生類における大動脈弓の一部で，外鰓へのバイパスとして働く。

gill chamber 鰓室。内鰓に接する間隙。

gill raker 鰓耙。鰓弓の咽頭縁からの突起。

gill ray 鰓条。鰓間隔壁(interbranchial septum)を支持するために鰓弓骨格から伸びる骨格構造。

gizzard 砂嚢(筋胃)。主竜類の胃において食物を粉砕する部分。前胃(proventriculus)と対比。

glandular field 腺野(腺域)。有尾類とカエルの胚期の咽頭底における発生中の舌の起源。

glans どんぐり。

glans penis 亀頭。陰茎の先端。

glenoid 関節の。関節窩(socket)に似た。

glia 膠。

glial membrane 神経膠膜。脳と脊髄の神経膠細胞の被覆。

globus pallidus 淡蒼球。大脳の外套下の運動性領域。

glomerulus (pl., glomeruli) 糸球体。小さな糸球(球あるいは糸束)＞血管の小さな網状構造。

gloss- 舌。

glottis 声門。喉頭への開口部。

glucagon グルカゴン。グリコーゲンのグルコースへの分解を促進する膵臓ホルモン。

glucocorticoid 糖質コルチコイド，グルココルチコイド。哺乳類の副腎ステロイド。非炭水化物のグルコースへの転換を促進する。

gluconeogenesis 糖新生。非炭水化物のグルコースへの転換。

glycogenolysis 糖原分解。グリコーゲンのグルコースへの分解。

gnath- 顎。

Gnathostomata 有顎類(顎口類)。上下顎があることが特徴の分類群。

goblet cell 杯細胞。杯の形をした表皮細胞で，粘液を分泌する。胃の胃底腺の型。

gon- 種子＞発生の，例えばグルカゴン(glucagon)(グルコースを生じさせる)。

gonad 性腺。配偶子の供給源。

gonopodium 生殖肢(性脚)。ある種の真骨類の変化した尻鰭で，精子の移動のために働く。

graafian follicle グラーフ卵胞(胞状卵胞)。獣亜綱哺乳類の卵胞。

gracilis 薄い，薄筋。

Grandry's corpuscle グランドリ触小体。多くの河口や海岸に住む鳥や水禽の嘴に沿って存在する有被膜皮膚感覚受容器。

granular cell (of fish) (魚類の)顆粒細胞。粘液やその他の成分を分泌する細胞。

granular gland 顆粒腺。刺激性あるいは毒性のアルカロイドや多数のフェロモンを分泌する表皮腺。

gray matter 灰白質。大部分が細胞体によって構成される脳の領域。

gray rami communicantes 灰白交通枝。交感神経幹と脊髄の間の交通枝で，節後線維が通る。

greater curvature (of stomach) (胃の)大弯。弯曲した胃の外側あるいは長いほうの縁。

greater horn 大角。有羊膜類の舌骨の長いほうの突起(角)。

greater omentum 大網。背側腸間膜の一部で，胃の大弯に付着する。

gubernaculum 精巣導帯。指針，方向舵＞精巣の位置を(部分的に)定める靱帯として誘導する。

gula 咽喉。

gular bone 咽喉骨。硬骨魚類の鰓蓋膜に見いだされる。

gular fold 咽喉ヒダ。ある種の四肢動物の咽喉にあるヒダ。

gular pouch (dewlap) 咽喉嚢

（喉袋）。ある種のトカゲで雄の咽喉にある嚢状の膨出で，空気で膨らませることができる。

gustatory 味覚の。味覚(味)に関係する。

gymn- 裸の。

gyrus (pl., gyri) 回(脳回)。溝と溝の間の隆起。

【H】

habenula 手綱。視床上部の隆起した肥厚部で，嗅覚関係諸核と関連する。

haem-, hem- 血液。

hair cell 有毛細胞。線毛を持った受容細胞(例：神経小丘器官)。

hair horn 表皮角。毛のような表皮性線維からなるサイの角。

hallux 母指(趾)。後肢の第一趾。

hamate bone 有鉤骨。手で第四および第五遠位手根骨が癒合したもの。

hamulus (adj., hamate) 小さな鉤。

Harderian gland ハーダー腺。眼を滑らかにする腺。ウミガメの塩類分泌腺。

haversian canal ハバース管。緻密骨を貫く神経血管路。

haversian system (osteon) ハバース系(骨単位，オステオン)。ハバース管とそれを取り巻く同心円状の層板。

head 頭部。有頭動物における体の前方部で，脳あるいは体肢骨の近位部を含む。

helico- らせん，らせん状の。

helicotrema 蝸牛孔。膜迷路の鼓室階と前庭階をつなぐ開口部。

hemal arch 血管弓。椎骨で尾動静脈を囲む部分。

hemi- 半分。demi-(q.v.)と同じ。

hemiazygos 半奇静脈。四肢動物における胚期の左後主静脈の遺残。

Hemichordata 半索動物。ギボシムシを含む動物群。

hemocytoblast 血球芽細胞。幹細胞で，ここから後のすべての血球が生じる。

hemolymph 血リンパ。血球を含むリンパ。

hemopoiesis 造血。血液の形成。

Hensen's node ヘンゼン結節。胚盤葉(胞胚葉)細胞が凝集して肥厚した小結節で，将来の胚の後端を定める。原口背唇と同じ役割。

hepat- 肝臓。

hepatic duct 肝管。肝臓から胆汁を排出させる。

hepatic portal (system) 肝門脈(系)。毛細血管床に両端を境界された静脈系で，内臓から肝臓へ血液を運ぶ。

hepatic sinus 肝静脈洞。肝臓から血液を静脈洞に排出させる静脈。

hepatoduodenal ligament 肝十二指腸間膜。腹側腸間膜の遺残で，肝臓と十二指腸を結ぶ。小網の一部。

hept- 7。

herbivore 草食動物(植食動物)。草を食べることをもっぱらにする動物。

hermaphroditism 雌雄同体。同一個体が生存可能な卵と精子を産生すること。

hetero- 他の，異なった。homo-(q.v.)の反対。

heterocelous (vertebra) 異凹型(椎骨)。鳥類の椎骨で，鞍状を呈する後端と次の椎骨の前端の形がこの配列に適合する。

heterocercal (caudal fin) 異尾(歪形尾)。脊索が上向きになって，大きな背側の上葉(dorsal lobe)のなかに伸びるような尾鰭。

heterochrony 異時性。時間の相違。

heterodont (dentition) 異形歯(異歯型歯)。前方から後方へ形態的に異なっている歯列。

heterotopic bone 異所骨。有羊膜類において持続的にストレスが掛かる部位で起る軟骨内骨化あるいは膜内骨化によって生じる骨。

hex- 6。

higher 高等な。(分類群)大きな分類群の相対的な位置を意味する，誤解を招くおそれのある用語。

hilum 門(hilus)を参照。

hilus (var. hilum) 門。ある器官(例えば，肝あるいは腎)の入り口あるいは出口にある小さな切痕あるいは陥凹。

hindgut 後腸。胚の消化管の後方部分。

hipp- ウマ。

hippocampus 海馬。哺乳類で大脳半球側頭葉の下に押し込まれた状態の古い嗅皮質。

hist- 組織。

histogenesis 組織形成。

histotrophic (embryotrophic) nutrition 組織栄養性(胚栄養素）栄養摂取。子宮やその他の母体体液から栄養物を吸収すること。

holo- すべての，完全な。

holobranch 全鰓(完全鰓)。1つの鰓弓における2つの片鰓(demibranchs)とそれに関連する鰓間構造物。

Holocephali 全頭類(ギンザメ類)。軟骨魚類の一亜群。

holocrine gland 全分泌腺。細胞そのものが分泌物となる腺。

holonephros 全腎(完腎)。体腔の全長に亘って伸びる腎臓。

hom-, homeo-, homo-, homoio- 同様な，類似した。

homeostasis 恒常性。生物の内部環境の調節。

homeotherm 恒温動物。周囲の温度に拘わらず一定の体温を保つ動物。内温動物。

homeotic gene ホメオティック遺伝子。前方から後方への分節性にかかわる遺伝子。

Hominidae ヒト科。人類と絶滅したヒト科の動物をまとめた動物群(科)。

homocercal tail 正尾。上向きの脊索を持つ上下相称の尾鰭。

homodont 同形歯。すべて類似した歯からなる歯列。

homology 相同性。共通の祖先に由来することによる類似性。

homoplasy ホモプラシー，成因的相同。共通の祖先に由来しないすべての類似性。

hooklet 小鉤。小羽枝上の鉤で，次の羽枝の辺縁と互いに絡み合う。

horizontal skeletogenous septum 水平骨格形成中隔，水平筋間中隔。線維性の薄層で脊柱から末梢に伸びて軸上筋群と軸下筋群を分ける。

horn (cornu) 角。有羊膜類の舌骨の突起。

horn of pronghorn antelope エダツノレイヨウの角。レイヨウの角質化した真の角。

horny epidermal teeth (of the platypus) (カモノハシの)角質性表皮歯。カモノハシ(原獣類)において乳歯(脱落歯)と置き換わる角質化した歯。

Hox gene cluster ホックス遺伝子群。染色体性にホメオティック遺伝子に関連した遺伝子群。

human antidiuretic hormone ヒト抗利尿ホルモン。哺乳類の水分と塩類の排出を調節する神経性下垂体ホルモン。

hyaline 澄んだ(透明な)，ガラス状の。

hyaline cartilage 硝子軟骨。軟骨の一形態で，コラーゲン基質に乏しい。置換骨への前段階の軟骨。

hydrochloric acid 塩酸。胃の胃底腺の分泌物。

hydroxyapatite crystal 水酸化リン灰石(ヒドロキシアパタイト)結晶。骨の鉱物化した成分。

Hylidae アマガエル科。アマガエルのグループ(科)。

hyoglossus 舌骨舌筋。哺乳類の鰓下筋群。舌骨から舌へ走る。舌下神経支配。

hyoid 舌骨。ギリシャ文字のユプシロン(υ)に似た形をした。

hyoid arch 舌骨弓。第二咽頭弓。

hyomandibular cartilage 舌顎軟骨。舌骨弓における鰓弓の上鰓節に相当する部位。

hyostylic jaw suspension (hyostyly) 舌接型顎支持機構(間接連結)。舌骨が顎の支持に働く状態。

hyostyly 舌接。支えられた(-styly)を参照。

hyp-, hypo- 下の，下方の，通常より劣った。

hypapophysis 下突起。ヘビやその他いくつかの有羊膜類で椎体から出る腹正中の椎骨突起。

hypaxial 軸下の。ある軸より下の。

hypaxial muscle 軸下筋。水平筋間中隔より下方に位置する体軸筋(axial muscle)群。脊髄神経腹枝の支配を受ける。

hyper- 上の(越えた)，通常より優れた。

hypoblast 胚盤葉下層。胚期の胚盤葉(胞胚葉)における下層の細胞層。

hypobranchial 下鰓節。鰓弓骨格において角鰓節と底鰓節の間にある有対の腹側部分。

hypobranchial muscle 鰓下筋（鰓弓下筋）。体軸筋で，発生中に咽頭の下方に移動する。無羊膜類で脊髄後頭神経支配，有羊膜類で舌下神経の支配を受ける。

hypobranchial plate 鰓下板。カエルの幼生において有対の鰓弓軟骨のための共通の腹側正中の鰓弓部分。

hypocentrum 下椎体（下椎心）。原始的四肢動物の椎体部分。現生の有羊膜類の椎体と相同。

hypocercal 下異形尾。脊索が下方を向く尾鰭の形。

hypoglossal nucleus 舌下神経核。延髄における舌下神経のための細胞体の集合。

hypoischial (bone) 下坐骨。爬虫類と単孔類の骨盤における副次的骨化。

hypophyseal fenestra 下垂体窓。発生時の軟骨頭蓋の床の構成要素の間で，下垂体のためにできる開口部。

hypophyseal portal system 下垂体門脈系。毛細血管床の間にある静脈系で，視床下部から下垂体前葉に至る。

hypophysis 下垂体。脳の下に伸びたもの。下垂体（pituitary body）。

hypothalamus 視床下部。第三脳室の床と腹側壁。

hypothetical ancestor 仮定上の祖先。分岐図（cladogram）では，推定される祖先が姉妹系統の間の交叉点として表される。

hypso- 高いこと，高さ。

hypural 下尾骨（尾軸下骨）。魚類の尾端骨の下にある骨。

【I】

ichthy- 魚。

ichthyosaur 魚竜類。広弓類（euryapsid）に分類される絶滅した水生爬虫類グループ。

Ichthyostega イクチオステガ。絶滅した初期の四肢動物の一群（属）。

-iform 〜の形を持つ。

ileo- 回腸に関連する。

ileocolic ceca 回結腸盲腸。回腸と結腸の会合部のすぐ遠位にある盲端になった膨出。

ileocolic sphincter 回結腸括約筋。回腸と結腸の会合部にある収縮筋。回腸の内容物の大腸内への排出を調節する。

ileum 回腸。哺乳類における小腸の遠位部。

iliac (artery) 腸骨動脈。背側大動脈の分節性の動脈で，臀部と後肢に血液を供給する。

iliacus 腸骨筋。後肢筋群。腸骨から大腿骨小転子へ走る。脊髄腰神経腹枝支配。

iliac vein 腸骨静脈。骨盤と後肢の血液を排出させる静脈。

ilio- 骨盤の腸骨に関連する。

iliocostalis 腸肋筋。軸上筋群。腸骨から肋骨へ，肋骨から第七頚椎へ走る。脊髄神経背枝支配。

iliofemoralis 腸大腿骨筋。非哺乳類の後肢筋群。腸骨から大腿骨へ走る。脊髄神経腹枝支配。

iliofibularis 腸腓骨筋。非哺乳類の後肢筋群。腸骨から腓骨へ走る。脊髄神経腹枝支配。

iliopsoas 腸腰筋。後肢帯筋群の腸骨筋と大腰筋の融合。大腰筋と腸骨筋の合体した付着部から大腿骨へ走る。脊髄腰神経腹枝支配。

iliotibialis 腸脛骨筋。非哺乳類の後肢筋群。腸骨から脛骨へ走る。脊髄神経腹枝支配。

impar 不対の。

in- ではない。

Inca bone インカ骨。いくつかの人種にみられる癒合しない後頭頂骨。

incisor 切歯。異形歯の形の１つ。下顎間結合の左右にあり，通常は鋭い尖端（切断縁）を備える。ゾウの牙。

incurrent aperture 入水孔。流入する流れのための開口部。

incurrent siphon 入水管。水を入れるための被嚢類（尾索動物）における開口部。

incus キヌタ骨。哺乳類の中耳の耳小骨。形が砧（布を打つ台）に似る。非哺乳類脊椎動物の方形骨と相同。

inducing hormone 誘導ホルモン。同期化ホルモンによって前もって感受性を与えられた組織に作用する。

inferior glossopharyngeal ganglion 下舌咽神経節。鳥類と哺乳類における舌咽神経のための感覚細胞細胞体の集合。

inferior lobe 下葉。軟骨魚類の脳の腹側面にある視床下部の拡張。

inferior umbilicus 下臍。羽柄基部の開口。

inferior vagal ganglion 下迷走神経節。鳥類と哺乳類における迷走神経のための感覚細胞細胞体の集合。

inferior vena cava 下大静脈。哺乳類の後大静脈。

infra- 下の，下方の。

infraorbital infra- + orb- (q.v.) >眼の下の。頬骨（jugal）を参照。

infraorbital (zygomatic) gland 眼窩下腺（頬骨腺）。ある種の哺乳類における眼のための副次的潤滑腺。

infraspinatus 棘下筋。腹側前肢筋群。肩甲骨の棘下窩から上腕骨近位部へ走る。肩甲上神経支配。

infraspinous fossa 棘下窩。哺乳類の肩甲骨外側面の陥凹で，肩甲棘の下方にある。

infratemporal (zygomatic) arch 下側頭弓（頬骨弓）。下側頭窩の下に位置する骨弓。

infundibular recess ロート陥凹。第三脳室の腹側正中床における膨出。

infundibular stalk ロート茎。下垂体につながる脳の伸長。

infundibulum ロート。小さなじょうご。

ingroup 内群。対象とする分類群のメンバー。

inguen 鼠径。

inguinal 鼠径部の。

inguinal canal 鼠径管。腹腔と陰嚢腔の間の通路。

inguinal ring 鼠径輪。鼠径管への腹腔側の入り口。

inhibiting hormone 抑制ホルモン。作用する器官の活動を抑制する。

inner cell mass 内部細胞塊。哺乳類の胚盤葉（胞胚葉）。

inner circular layer 内輪層。腸管壁の輪状に配列した筋線維。

inner ear 内耳。液体に満たされた膜迷路。

innominate 名前のない，無名の。

innominate (coxal) bone 無名骨（寛骨）。哺乳類の腸骨，坐骨，恥骨が融合したもの。

insertion 終止。筋の付着部のうち，遠位，可動あるいは狭い側。

insulin インスリン。膵臓の全身性代謝ホルモン。細胞へのグルコースの取り込みを刺激する。

inter- 間の。

interarcuale 弓間筋。軸上筋の椎間筋の小群で，２つの連続する神経弓の間を伸びる。脊髄神経背枝支配。

interarticulare 関節間筋。軸上筋の椎間筋の小群で，２つの連続する関節突起の間を伸びる。脊髄神経背枝支配。

interatrial foramen (foramen ovale of the heart) 心房間孔（心臓の卵円孔）。卵円孔（foramen ovale）を参照。

interatrial septum 心房中隔。心臓の左右の心房を分ける壁。

interbranchial septum 鰓間隔壁。鰓弓の一部で，鰓弁の間にある。

intercalary plate 層間板。魚類の神経弓の一部で，神経板の間に位置する。

intercalated disk 介在板（輝線）。心筋内の独特な細胞間境界。

interclavicle 間鎖骨。前肢帯腹正中の皮骨。

intercostal inter- + costa- (q.v.)。(adj.) 肋骨の間に見いだされる構造（例えば，動脈，神経，静脈あるいは筋）を指す。

interdorsal cartilage 背側間軟骨。魚類で脊柱管を形成する２つの椎骨要素の１つ（例：チョウザメ）。

interhyal 間舌骨。硬骨魚類の舌顎軟骨のなかの骨化中心。

intermediary nonnervous-receptor cell 非神経性中間受容細胞。刺激を知覚神経線維に伝達する感覚変換細胞（sensory transducer）。

intermediate (nephrogenic) mesoderm 中間中胚葉（造腎中胚葉，中分節）。体節のすぐ外側にある非分節性中胚葉で，泌尿生殖器系の構造を生じる。

intermediate zone 中間帯。発生中の神経管の中層。

intermedin インテルメジン。メラニン細胞刺激ホルモン(melanophore stimulating hormone[MSH])を参照。

intermedium 中間手根骨。橈側手根骨と尺側手根骨の間にある近位列手根骨。

internal capsule 内包。大きな帯状の白質で，新皮質と脳幹をつなぐ。

internal gill 内鰓。鰓弁が体内に位置する。

internal glomerulus 内糸球体。腎臓内の毛細血管網。外糸球体(external glomerulus)と対比。

internal iliac 内腸骨動静脈。骨盤腔の臓器に血液を供給する，あるいは臓器から血液を排出する血管。

internal intercostal 内肋間筋。軸下筋群。隣接する肋骨間の筋のうち，内層のもの。脊髄神経腹枝支配。

internal jugular 内頚静脈。有羊膜類の前主静脈。

internal naris (posterior choana) 内鼻孔(後鼻孔)。鼻腔の口咽頭腔への開口部。

internal neurmast 内神経小丘。膜迷路(内耳)の有毛細胞器官。

internal oblique 内斜筋，内腹斜筋(internal oblique abdominal muscle)。腹壁の軸下筋群。胸腰筋膜および後位肋骨から白線へ走る。脊髄神経腹枝支配。

internal ramus of the accessory nerve 副神経内枝。副神経の臓性運動枝で，哺乳類では迷走神経に加わる。

internal respiration 内呼吸。毛細血管血と組織液の間における酸素と二酸化炭素の交換。

internal spermatic fascia 内精筋膜。陰嚢を内張りする体腔腹膜。

interopercular 間鰓蓋骨。硬骨魚類の鰓蓋列の皮骨。

interrenal (body) 腎間体。サメやエイにおけるステロイド産生組織で，腎臓と腎臓の間に見いだされる(哺乳類の副腎皮質と同等のもの)。

interspinale 棘間筋。軸上筋の椎間亜群で，2つの連続する棘突起の間に伸びる。脊髄神経背枝支配。

interstitial cell stimulating hormone 間質細胞刺激ホルモン。雄の腺性下垂体ホルモンで，精巣の間質細胞を刺激してアンドロゲンを産生させる。

intertemporal 側頭間骨。原始的四肢動物における側頭部の皮骨。

intertransversarii 横突間筋。軸上筋の椎間亜群で，2つの連続する横突起間を伸びる。脊髄神経背枝支配。

interventral cartilage 腹側間軟骨。魚類(例：チョウザメ)における2つの腹側椎骨要素のうちの1つ。

interventricular foramen 室間孔。脳の第三脳室と大脳半球の側脳室の間をつなぐ。

interventricular groove 室間溝。心臓表面の溝で，心室中隔の位置を示す。

interventricular septum 心室中隔。心臓の右心室と左心室を隔てる壁。

intervertebral 椎間筋。軸上筋の亜群で，2つの連続する椎骨の間を走る。脊髄神経背枝支配。

intervertebral disc 椎間板(椎間円板)。哺乳類において連続する椎骨の間にある線維軟骨性の構造。

intervertebral foramen 椎間孔。脊髄神経の出口となる脊柱の孔。

intestinal cecum 腸盲嚢。ナメクジウオにおける腸の膨出。

intestinal juice 腸液。腸上皮の酵素性分泌物。ポリペプチドと二糖類を分解する。

intra- 内の。

intrafusal fiber 紡錘内筋線維。筋伸展受容器内の変化した筋線維。

intramembranous 膜内の。

intrasegmental 分節内の。

intrinsic appendicular muscle 固有体肢筋。起始も終止もすべて体肢内で行う筋。

intrinsic eyeball muscle 固有眼球筋。眼球内部の横紋筋。

intromittent (copulatory) organ 交接器(交尾器)。精子を雌の生殖管のなかに導くための雄の構造。

involution 巻き込み。原腸胚(嚢胚)形成の間に起こる細胞運動の1つ。胚表面が折れ曲がって入り込む。

ipsi- 同じ。

ipsilateral 同側性，同側の。

irid- (pl., irides) 虹。

iridophore 虹色素胞，虹色細胞。反射体(refractory bodies)を含むために虹色を呈するようになる色素細胞。

iris 虹彩。虹(irid-)を参照。

iris diaphragm 虹彩。瞳孔を取り囲む眼球の色素性の輪。脈絡膜の変化した部分。

ischi- 臀，骨盤。

ischial callosity 尻だこ，尻胼胝。猿や類人猿において座るために坐骨を覆う角質化した表皮。

ischial symphysis 坐骨結合。骨盤において左右の坐骨の間にある腹正中の結合。

ischiopubic symphysis 坐恥骨結合。骨盤における坐骨と恥骨の連続した腹正中の結合。

ischium 坐骨。四肢動物の骨盤における後方の骨化。

iso- 同じ，似た。

isolecithal (egg) 等黄卵。卵黄が均等に分布した卵。

-issimus 最上級の語尾。背最長筋(the longissimus dorsi)は背中で最も長い筋である。

isthmus of the fauces 口峡峡部。哺乳類において口腔と咽頭腔の間の狭い通路。

iter ローマ帝国の街道>通路。

-itis 炎症の。

【J】

jejunum 空腸。空の。死亡時にしばしば空になる腸の部分。哺乳類で十二指腸と回腸の間にある小腸の部分。

juga- くびき>何かつなぐもの(差し渡し)。

jugal (infraorbital) 頬骨(眼窩下骨)。眼窩の下方に位置する頭蓋の皮骨。

jugal bone 頬骨。哺乳類で，上顎骨と側頭骨をつなぐくびき(橋)。

jugular 頚部の。頚部に関係する。

juxta- 次の，近くの。

juxtaglomerular 傍糸球体，糸球体の近傍。

【K】

kat- 下の。cat- と同じ。

keratin ケラチン，角質。“角”を意味するギリシャ語に由来。角(質)化した細胞において比較的不溶性の物質。

karatinize 角化(角質化)する。ケラチンによって角(質)化する。

kinetic 動的な，運動性の。

knee pad 膝蓋球(肉球)。ラクダの膝の上の角化した表皮の肥厚。

【L】

labial cartilage 唇軟骨。サメで口角にみられ，唇を支持する。

labial pit 唇小窩。ある種のヘビで唇に沿ってみられる裂隙状の開口部で，赤外線の知覚に働く。

labia majora 大陰唇。雌の外生殖器における大きな陰唇。雄の陰嚢と相同。

labia minora 小陰唇。雌で陰門の前庭を境する肉ヒダ。雄の陰茎と一部が相同。

labium 唇，口唇。

labyrinth 迷路。

labyrinthodont 迷歯類。初期の四肢動物で，歯に大きく折れ曲がったゾウゲ質を有する。

lac-, lact- 乳。

lacrima 涙，涙液。

lacrimal 涙の。涙に関係する。lachryma(涙滴)に由来。

lacrimal (bone) 涙骨。眼窩周囲の皮骨。有羊膜類では鼻涙管と関連する。

lacrimal gland 涙腺。眼球を潤滑にするための涙を出す腺。

lacteal 乳糜管。行き止まりになったリンパ管で，脂質を含んだリンパを腸から排出させる。

lacuna 小腔，裂孔。湖。骨小腔，骨にみられる液体に満たされた腔所で，骨細胞を容れる。

lag- ノウサギ。

lagena ラゲナ，びん>内耳で壺状をした部分。

Lamarck, Jean Baptiste de (1744～1829) ジャン・バプティスト・ド・ラマルク。獲得形質の遺伝学説の創始者。

lambdoidal ラムダ状の。ギリシャ文字のラムダ(λ)の形をした。

lamella 層板。薄い板。

lamina　薄板，板。薄い膜，板あるいは層。

lamina terminalis　灰白終板。哺乳類の脳における正中の隔壁で，左右の側脳室を分ける。

lancelet　ナメクジウオの俗称で，小さなメスのような体形に由来する。

laryng-　喉頭。

laryngeal pharynx　咽頭喉頭部。食道への開口部が声門の後方にあるような哺乳類において喉頭に隣接する咽頭の部分。

lateral abdominal (stream)　外側腹部静脈系。左右前後肢，分節状の支流，および総排泄腔から静脈血を静脈洞へ排出する流れ。

lateral abdominal vein　外側腹部静脈。外側腹部環流の主血管。

lateral-line branch　側線枝。舌咽神経の分枝。後部側線神経線維で，頭部と体幹の会合部にある側線器官の分節に分布する。

lateral-line canal　側線管(側線器官)。体に沿った液体で満たされた管のなかの線状に並んだ神経小丘(頭部の頭線[cephalic line]に適用することもある)。

lateral-line nerve　側線神経。側線器官で神経小丘の管系に分布する脳神経。

lateral lingual swelling　外側舌隆起。有羊膜類で下顎の間葉に由来する有対の舌構成要素。

lateral neural cartilage　神経外側軟骨。無顎類の椎骨構成要素。

lateral-plate mesoderm (hypomere)　側板中胚葉(下分節)。胚における中胚葉の腹側への伸長部で分節性はない。

lateral temporal fossa　外側側頭窩。単弓類(synapsids)における唯一の側頭開口部。

lateral umbilical ligament　臍動脈索。臍動脈の遺残で，哺乳類の膀胱の腹側腸間膜の遊離縁にある。

lateral undulation　側波状運動。サイン(正弦)波に似た左右への運動。ウナギのような運動，蛇行運動。

laterosphenoid bone　外側蝶形骨。主竜類の軟骨頭蓋の蝶形骨領域における外側部の骨化。

latissimus　最も広い。最上級の語尾(-issimus)を参照。

latissimus dorsi　広背筋。背側筋群。腰椎および後位胸椎の棘突起から上腕骨近位部へ走る。胸背神経支配。

lecith-　卵黄。

left atrial chamber　左心房。薄壁の心臓の腔所で，左心室に入る前の酸素の豊富な血液を容れる。

lemmo-　鞘あるいは包。

lemur　キツネザル。"夜行性の生物，あるいは幽霊" を意味する単語に由来。霊長類の亜群。

lens　水晶体。側方眼(lateral eye)および正中眼の，透明な，光線屈折構造。

lens placode　水晶体プラコード(水晶体板)。胚期の外胚葉の肥厚で，水晶体を生じさせる。

lepid-, lepis-, lepo-　鱗，殻，鞘。

Lepidosauria　鱗竜類。双弓類(diapsid)爬虫類の亜群で，ムカシトカゲ(tuatara)や有鱗類(squamates)を含む。

lepidotrichia　鱗状鰭条。硬骨魚類の鰭条。

Lepisosteus　ガーパイク。ガー(gar)の属名。

lepto-　弱い，薄い，繊細な。

leptomeninx　軟髄膜。非哺乳類の四肢動物で脳を覆う内層の血管層。

lesser curvature (of stomach)　(胃の)小弯。弯曲した胃の内縁または短い縁。

lesser horn　小角。有羊膜類の舌骨の短い突起(角)。

lesser omentum　小網。腹側腸間膜の一部で，胃の小弯と十二指腸に付着する。肝十二指腸間膜と胃肝間膜。

lesser peritoneal cavity　網嚢(小腹膜腔)。大網のなかに囲まれた腹膜腔の部分。

leuco-, leuko-　白い，無色の。

leukocyte　白血球。

levator　挙筋。ある部分を挙上する。(鰓弓の)挙筋。帽状筋(cucullaris)を参照。

levator scapulae dorsalis (serratus ventralis cervicis or levator scapulae of humans)　背側肩甲挙筋(ヒトの頚腹鋸筋または肩甲挙筋)。軸下筋群。肩甲骨内面(鋸筋面)から最後の五頚椎の横突起へ走る。脊髄頚神経腹枝支配。

levator scapulae ventralis (omotransversarius)　腹側肩甲挙筋(肩甲横突筋)。軸下筋群。肩甲棘から環椎翼へ走る。副神経支配(いくつかの参考文献では軸下筋として挙げられているが，副神経による支配は，この筋が僧帽筋の変異形であるヒトの肩甲頚筋と相同であることを示唆している)。

levatores costarum　肋骨挙筋。肋骨より上にある軸下筋群。第一～第十二胸椎横突起から第二～第十三肋骨へ走る。肋間神経の分枝による支配。

lien-　脾臓。

ligament　靭帯。骨と骨をつなぐ。

ligamentum arteriosum　動脈管索。arterial ligament を参照。

ligamentum venosum　静脈管索。静脈管は生後靭帯になる。

limb bud　肢芽。胚期の膨隆で，体肢を生じる。

limbic system　大脳辺縁系。脳幹内の相互連絡で，霊長類の情動的反応に関連する。一部が嗅覚に関連する古い系。

linea alba　白線。体幹の腹正中の縫い目状をした腱(縫線)。

linear series of placodes　プラコードの線状列。線状に配列した胚期の外胚葉の肥厚。

lingua　舌。

lingual cartilage　舌軟骨。ヤツメウナギの舌のための支持構造。

lingualis　固有舌筋。哺乳類およびある種の爬虫類の，舌骨の前にある鰓下筋群。骨格への停止がない舌の固有筋。舌下神経支配。

lingual tonsil　舌扁桃。舌骨への付着部付近にある舌のリンパ組織。

lip-　脂肪。

lipase　リパーゼ。膵臓の酵素で，脂肪を分解する。

lips of the cervix　子宮頚膣部。哺乳類で細い子宮頚が膣へ突出したもの。

liss-　滑らかな。

Lissamphibia　滑皮両生類(平滑両生類)。現生の両生類を含む両生綱の亜群。

lith　石。

liver bud　肝芽。胚期の腸管腹側正中の膨出で，肝臓を生じさせる。

lobed fin　葉鰭。体壁から伸長する筋および骨格を含む。ray fin(条鰭)と対比。

locomotion　移動。ある場所から他の場所への運動。

long head of the triceps brachii　上腕三頭筋長頭。体肢筋群。肩甲骨後縁から尺骨肘頭突起へ走る。橈骨神経支配。

longissimus　最長筋。軸上筋の亜群。腸骨から腰椎，胸椎，頚椎および肋骨へ走る。脊髄神経背枝支配。最上級の語尾(-issimus)を参照。

longitudinal excretory duct　縦走排出管。有頭動物の腎臓の主要な集合管。

longus colli　頚長筋。軸下筋群。最初の六胸椎の椎体腹側面から第六および第七頚椎の横突起へ，また第六から第三頚椎の横突起からその前位頚椎の椎体腹側正中へ走る。脊髄頚神経腹枝支配。

loop of Henle　ヘンレのワナ(係蹄)。哺乳類の尿細管のＵ字型をした部分。

lopho-　隆線，稜。

lophodont　横堤歯(稜縁歯，ヒダ歯)。長鼻類(proboscidians)にみられるような特殊化した臼歯。

lore　目先。爬虫類で眼の前方の領域。

loreal pit　目先小窩(ピット)。マムシ亜科の毒蛇(pit viper snakes)の眼と外鼻孔の間にある両側性の深い小窩で，赤外線を知覚する。

lorises　ロリス科。原猿類の亜群で，ガラゴ(bush babies)やポト(pottos)を含む。

lower (taxon)　下等な(分類群)。主要な分類群の相対的な位置を示す，誤解をまねく用語。

lumbar　腰に関係する。仙骨の直前の脊柱の領域＞腰椎。腰部の分節的な腰動脈。

lumbosacral　腰仙の。腰部と仙骨部を併せた領域に関係する＞腰仙骨神経叢。

lumen　腔。光＞光が通過しうる管のなかの腔所。中空の腔所。

lunar, lunate 月の形の。

lung bud 肺芽。胚期の後部咽頭床からの不対の膨出で，硬骨魚類の鰾(ウキブクロ air sac)とその派生物を生じさせる。

luteinizing hormone 黄体形成ホルモン。哺乳類の腺性下垂体ホルモンで，成熟卵の排卵とグラーフ卵胞の黄体への変換を引き起こす。

luteo- 黄色い。

lymph リンパ。リンパ系のなかを流れる体液。

lymphatic system リンパ系。リンパを集め輸送する細管とそれに随伴するリンパ心臓，リンパ節，その他リンパ組織塊。

lymph capillary 毛細リンパ管。リンパ系の最も細い脈管で，一層の内皮からなる。

lymph channel リンパ管。リンパ系の脈管。

lymph heart リンパ心臓。リンパの運動のための補助的ポンプ。

lymph node リンパ節。リンパ循環路にある造血組織塊。

lymphoid mass リンパ組織塊。リンパ組織の孤立した集合(例えば，脾臓と胸腺)。

lymph sinusoid リンパ洞。拡張した毛細リンパ管。

【M】

macrolecithal 多黄卵。大量の卵黄を持つ卵。

macrophage マクロファージ，大食細胞。大きな粒子を飲みこんで消化することのできる細胞＞劣化した血球を処理する肝臓の無顆粒性大食細胞。

macula 斑，斑点(平衡斑)。膜迷路で平らな頂を備えた上皮細胞の小丘。crista と比較。

magnum 卵管膨大部。鳥類の卵管でアルブミンを分泌する領域。

magnus, -a, -um 大きい。

maintenance of homeostasis 恒常性の維持。制御された内部環境の支持。

malleus ツチ骨。ハンマー。哺乳類の中耳の耳小骨。非哺乳類の脊椎動物でみられる皮骨性の関節骨と相同。

mammalian clavicle 哺乳類の鎖骨。哺乳類にみられるような四肢動物の前肢帯の皮骨性構成要素。

mammalian scapula 哺乳類の肩甲骨。哺乳類にみられるような四肢動物前肢帯の置換骨。

mammary gland 乳腺。哺乳類の雌雄にある表皮性の複合胞状腺。獣亜綱哺乳類の共有派生形質。

mandibula (adj., mandibular) 下顎。

mandibular arch 顎骨弓。上下顎と関連する第一咽頭弓。

manubrium 柄。

manus 手。

marginal canal 縁管。ある種の魚類と有尾類で中腎管に代わって精子の通る新しい輸精管。

marginal zone 辺縁層。胚期の神経管の外層で，特に核を欠く。

marrow 骨髄。骨の腔所にある結合組織性線維，血管，神経線維および脂肪組織(黄色骨髄)あるいは造血組織(赤色骨髄)の集合。

marsupial bone 袋骨。後獣類(metarherian mammals)の育子嚢を支持する。

marsupium 育子嚢，嚢。

massa intermedia 中間質。視床における灰白質の内側膨大部で，第三脳室内で反対側の中間質と接近あるいは会合する。

mastoid 乳房(mast-)のような。

mastoid portion 乳突部。哺乳類で出現する側頭骨の部分。

masotoid process 乳様突起。哺乳類で側頭骨乳突部からの突起。

mater 母。

maxilla 上顎骨。口蓋方形軟骨(palatoquadrate)を覆う皮骨。上顎の構成要素で歯を備える。

maxillary (infraorbital of fishes) 上顎神経(魚類の眼窩下神経)。三叉神経の一部。三叉神経の知覚枝。

maximus, -a, -um 最大の。

meatus 導管あるいは通路。

mechanoreceptor 機械受容器。機械的刺激に感受性のある感覚受容器。

Meckel's cartilage メッケル軟骨。軟骨魚類の下顎。胚期の下顎軟骨。角鰓節(ceratobranchial elements)と連続相同。

median eminence 正中隆起。間脳腹側の神経血液器官。

median eye 正中眼。光感受性の松果体あるいは副松果体(またはその両者)。

median vagina 正中膣(中央の産道)。有袋類の対を成す膣(側膣)が子宮開口部で隣接する部位。胎子が介在隔膜(intervening septum)を抜けて尿生殖洞に入る通路。

mediastinum 縦隔。ある器官の２つの部分を分ける中隔あるいは空間＞左右の胸膜腔を分ける胸膜の内張りと潜在的な腔所。

medulla 髄質。骨髄。ある器官の内部あるいは中心部＞腎髄質，副腎髄質。

medulla oblongata 延髄。頭蓋内で脊髄が拡大した部分。

medulla spinalis 脊髄。背骨の髄＞脊髄。

meg- 大きい，非常に大きな。

megakaryocyte 巨核球。血液幹細胞。

meibomian gland マイボーム腺。眼瞼の皮脂腺で，結膜を潤す。

Meissner's corpuscle マイスナー小体。有被膜皮膚触覚受容器で，霊長類の足底や手にある。

Meissner's plexus マイスナー神経叢(粘膜下神経叢)。腸管の外層にある２つの自律神経叢の１つ。アウエルバッハ神経叢(Auerbach's plexus)を参照。

melan- 暗い，黒い。

melanocyte メラノサイト(メラニン産生細胞)。ナメクジウオの光感受性の単眼(ocellus)にある色素細胞。深部の色素細胞で，分散した色素顆粒のみを含む。

melanophore メラニン細胞(メラニン保有細胞，黒色素胞)。暗色の色素を持つ(-phore)＞メラニンを含む色素細胞で，皮膚の配色に一部関係する。

melanophore stimulating hormone (MSH) (or intermedin) メラニン細胞刺激ホルモン(あるいはインテルメジン)。腺性下垂体ホルモンで，配色(色素の分散)に影響を与える。

melanosome メラノソーム。メラニン細胞の細胞小器官で，メラニン色素顆粒を含む。

melatonin メラトニン。松果体の同期化ホルモン(synchronizing hormone)光周期情報の伝達にかかわるホルモン。

membrane bone 膜性骨。膜性の芽体のなかに直接沈着する。

membranous urethra (雄の)尿道膜性部(膜性尿道)。哺乳類雄の尿道の一部で，前立腺と陰茎基部との間にある。

meninx (pl., meninges) 髄膜(脳脊髄膜)。

meninx primitiva 原始髄膜。大部分の魚類において脳を覆う繊細な結合組織性被膜。

meniscus 半月板，三日月(crescent)。

mental foramen オトガイ孔。下顎骨でオトガイ付近にある孔。

mento- オトガイ。

-mer- 分節，一部，連続したものの１つ。

merocrine gland 部分分泌腺(メロクリン腺)。産生物を膜を介して分泌する。

mes- 中，中途，中間。

mesaxonic foot メサゾニック肢。体重軸が中指を通るような足。

mesectoderm 外中胚葉(外胚葉系中胚葉)。外胚葉起源の間葉。

mesencephalic nucleus of the trigeminal nerve 三叉神経中脳路核。間脳翼板部分にある神経細胞体の集合。

mesencephalon 中脳。

mesenchyme 間葉(間充織)。いまだ分化していない組織(-enchyme)。

mesentery 腸間膜。腸管の正中線に関連する。

mesethmoid 中篩骨。有羊膜類で鼻中隔，鼻甲介，篩板の形成にかかわる篩骨領域の骨化中心。

mesobronchus 中気管支。鳥類の吸気の通路で，一次気管支と気嚢の間に位置する。肺の実質を直行して貫く管。

mesodermal somite 中胚葉体節(中胚葉節)。分節的な上分節(epimere)。

mesogaster 胃間膜。背側腸間膜。

mesolecithal 中黄卵。中等度の卵黄を持つ卵。

mesonephric duct 中腎管。中腎

からの排出を行う原始的な腎管。

mesonephric kidney 中腎。中間的な腎臓。前腎領域の後位にある造腎中胚葉の作る機能的な腎臓。魚類と両生類における成体の腎臓，有羊膜類の胚期の腎臓。後方腎（opisthonephros）を参照。

mesopterygia 中鰭軟骨。魚類の有対鰭の中基底要素。

mesorchium 精巣間膜。精巣を支持する背側腸間膜の遺残。

mesotubarium 卵管間膜。非哺乳類で卵管を支持する背側腸間膜の遺残。

mesovarium 卵巣間膜。卵巣を支持する背側腸間膜の遺残。

met- 後の，連続，変化，後ろの。

metacarpal 中手骨。手根骨の遠位にある骨。

metamere 体節。一連の分節の1つ。

metamerism 分節性（体節性）。体の縦軸での構造の連続的な反復。

metamorphosis 変態。形態における変化。

metanephric bud 尿管芽。後部中腎管の胚期における膨出。造腎中胚葉と共同して有羊膜類の成体の後腎を生じさせる。

metanephros 後腎。最も後ろの腎臓。有羊膜類の腎臓。

metapterygia 後鰭軟骨。魚類の有対鰭の後基底要素。

metatarsal arch 中足骨アーチ。ヒト上科の足の甲。

Metatheria 後獣類。獣亜綱哺乳類の亜群で，有袋類からなる。

metencephalon 後脳。菱脳（hindbrain）の前方部分。

microglia 小膠細胞。中枢神経系の非ニューロン性間質食細胞（神経膠）。

microlecithal 少黄卵。卵黄をほとんどあるいは全く持たない卵。

Microsauria 細竜類。両生類の絶滅した亜群。おそらくアシナシイモリ類（caecilians）の祖先の動物。切椎類（Temnospondyli）を参照。

middle umbilical ligament 正中臍索。獣亜綱哺乳類において胚期に膀胱を臍と結ぶ尿膜の遺残。

midgut 中腸。胚期の腸の一部で，卵黄を含むか卵黄嚢とつながれる。

midgut ring 中腸輪。ナメクジウオにおける中腸の狭窄。

milk line 乳線。腋窩から鼠径部に達する外胚葉の盛り上がった隆線。成体の乳腺のある場所。

milk teeth 乳歯。脱落歯。

mimetic 模倣能。まねることができる。物まね師の特徴を持つ。

mineralocorticoid 鉱質コルチコイド。哺乳類のコルチコイドステロイドの主要なカテゴリー。

mitral 僧房状の。司教の司教冠（ミトラ）あるいは頭飾りに関係する。

mitral valve 僧帽弁。哺乳類の心臓の二尖弁。

modern lizard 現生のトカゲ。

modified diapsid skull 変形した双弓型頭蓋。側頭窩の下の1つまたは2つの弓の消失。

modiolus 蝸牛軸。有胎盤哺乳類の側頭骨岩様部にある骨柱で，その周囲を蝸牛管が回旋する。

molar 後臼歯。異形歯の歯の形。後方の歯。

mono- 1つ。

monophyletic group (clade) 単系統群（枝）。共通の祖先を持ち，すべての子孫を含む生物群。

monophyodont dentition 一代性歯（不換性歯）。ある種の哺乳類における1セットの歯。

Monotremata 単孔目。原獣類の亜群でカモノハシ科とハリモグラ科（Echidna）からなる。

monotreme 単孔類。1つの後部開口部（総排泄腔）を持つ哺乳類。

morph- 形，構造，形態。

morphogen モルフォゲン。発生において誘導的信号を与えるタンパク質。

morphogenesis 形態形成。形態の発生。

morphogenetic movement 形態形成運動。造成運動（formative movement）を参照。

morphologic color change 形態的体色変化。体色変化に影響する比較的長期にわたる色素顆粒の合成。physiologic color change と対比。

morphology 形態学。形態についての学問。解剖学。

morula 桑実胚。桑の実。

motor end plate 運動終板。横紋筋における神経筋会合部。

motor nucleus 運動核。中枢神経系内の運動ニューロン細胞体の集合。

motor unit 運動単位。1つの運動ニューロンの多くの分枝によって支配される筋線維。

mucosa 粘膜。腸管壁を内張りする膜。

mucus 粘液。粘膜を覆う糖タンパク質。水生有頭動物における表皮の無細胞性の被覆。

muellerian duct ミュラー管。条鰭類以外の有頭動物における胚期の雌の生殖管。

multifidus spinae 多裂棘筋。棘軸上筋群。乳頭突起，横突起あるいは関節突起から前位椎骨の棘突起へ走る（通常は2つの椎骨をおいて付着する）。脊髄神経背枝支配。

muscle bud 筋芽。胚期の筋節の膨出で，魚類の発生中の鰭のなかに伸びる。

muscle fiber 筋線維。横紋筋の長くて円筒形で多核の収縮単位。

muscle spindle 筋紡錘。哺乳類の筋における特殊化した筋線維で，伸展受容器を形成する。

muscularis externa 外筋層。腸管の平滑筋で内輪層筋層と外縦層筋層からなる。

musclar portion 筋部。横隔膜の筋部。

myel- 髄。

myelencephalon 髄脳。頭蓋内の髄>延髄。菱脳の後方の区画。

myelin ミエリン。脂肪に富む材質。軸索の覆い。

mylo- 顎。“石臼”を意味する単語から由来。

mylohyoid 顎舌骨筋。臼歯付近に付着する筋。鰓下筋群。歯骨から歯骨へ走る。三叉神経支配。

myo-, mys- 筋。

myocardium 心筋層。心臓の筋。

myofibril 筋原線維。筋線維の縦走する糸状のサブユニット。サルコメア（sarcomere）を参照。

myofilament 筋フィラメント，筋細糸。サルコメア（筋節）のサブユニットで糸状のミオシンとアクチンからなる。筋の収縮タンパク質。

myoglobin ミオグロビン。筋にみられる，色素を持ったヘモグロビン様の分子。

myomere 筋分節。連続した分節性の筋。

myometrium 子宮筋層。子宮壁の厚い筋層。

myoseptum (myocomma) (pl., myosepta, myocommata) 筋節中隔。連続した筋分節を隔てる結合組織。

myotomal muscle 筋節性筋。胚期の体節あるいは体節球（ソミトメア somitomere）の筋節に由来する横紋筋。

myotome 筋節。上分節の一部で，筋を生じさせる。

Myxini ヌタウナギ類。無顎類の亜群でヌタウナギ類からなる。

【N】

nasal 鼻骨。頭蓋の天井となる有対の皮骨。

nasal (olfactory) placode 鼻プラコード，鼻板（嗅プラコード，嗅板）。胚期の外胚葉の肥厚で，嗅覚器を生じさせる。

nasal epithelium 鼻上皮。鼻道（nasal canal）を裏打ちする腺上皮。olfactory epithelium と対比。

nasal pharynx 咽頭鼻部。軟口蓋の上にある咽頭の一部。

nasal pit 鼻窩。胚期における嗅プラコードの陥入。

nasal process of the palatine 口蓋骨鼻突起。口蓋骨の突起で，咽頭鼻部の外側壁を形成して眼窩から隔てる。

nasohypophyseal duct 鼻下垂体管。ヤツメウナギの盲端の通路で，不対の鼻孔と鼻下垂体嚢をつなぐ。

nasohypophyseal sac 鼻下垂体嚢。ヤツメウナギの鼻下垂体管の終末における拡大。

nasolacrimal duct (tear duct) 鼻涙管（涙管）。有羊膜類で涙を眼から鼻腔に排出する。

nasopharyngeal duct 鼻咽頭管。ヌタウナギの咽頭の前端で不対の鼻孔と縁弁室（velar chamber）をつなぐ通路。

neck 頚。頚部領域。頭と肩の間の体領域。

neo- 新しい，最近の。

neocortex 新皮質。哺乳類の終脳の膨らんだ壁と天井。

Neognathae 新顎類。鳥類の亜群で，よく発達した竜骨の存在によって特徴づけられる。

neomorph 新形質。祖先となる先駆者が持たない，進化的に新しい形質。

Neopterygii 新鰭類。条鰭類の亜群で，原始的な軟質類とポリプテラスを除く。

Neorniths 新鳥類。鳥類の亜群で始祖鳥(およびおそらくその他の原始的鳥類)を除く。

nephr- 腎臓。

nephridial tubule 腎細管。ナメクジウオの弯曲タコ足細胞(cyrtopodocyte)から囲鰓腔へ代謝老廃物を運ぶ集合細管。

nephrogenic (intermediate or mesomeric) mesoderm 造腎中胚葉(中間中胚葉あるいは中分節)。腎臓を生じさせる胚期の中胚葉。

nephron 腎単位，ネフロン。腎臓の機能単位。

nephrostome 腎口。体腔と腎臓の集合管(urinary collecting duct)をつなぐ開口部。

nerve 神経。中枢神経系の外にある神経線維の総称。

nerve fiber 神経線維。軸索とそのミエリン鞘。

nervi conarii 松果体神経。上頸交感神経節から松果体へと走る松果体神経。

neural arch 神経弓。椎骨の一部で脊髄を覆う。

neural crest 神経堤(神経冠)。神経外胚葉に隣接して見いだされる胚期の外胚葉組織。有頭動物の共有子孫形質。成体の多数の構造(例えば，色素細胞，骨，筋およびニューロン)を生じる。

neural groove 神経溝。神経外胚葉の胚期の縦走する陥凹で，脊髄を生じさせる。

neural keel 神経稜(神経竜骨)。現生の無顎類と条鰭魚類で神経索を形成するくさび形の神経外胚葉。

neural plate 神経板。発生中の原腸胚の背面にある肥厚した神経外胚葉の帯。

neural tube 神経管。脊索動物の背側にある中空の神経索。

neurectoderm 神経性外胚葉。胚における神経外胚葉の前駆体。

neurilemma 神経鞘。すべての神経線維を包む細胞性の被膜。

neurilemmal cell (Schwann or oligodendroglial cell) 神経鞘細胞(シュワン細胞あるいは希突起膠細胞)。軸索の覆いを形成する個々の細胞。

neuroblast 神経芽細胞。神経細胞前駆体。

neurocoel 神経腔。中枢神経系(脳と脊髄)の腔所あるいは内腔。

neurocranium (chondrocranium) 神経頭蓋(軟骨頭蓋)。頭部の骨格構造で，脳と感覚器を収める。軟骨で生じる。

neuroendocrine reflex arc 神経内分泌反射弓。感覚受容器から内分泌系へ，ホルモン放出へ，そして効果器への一連の反応を含むフィードバック・ループ。

neuroglia 神経膠細胞(グリア細胞)。脳と脊髄の支持細胞。

neurohemal organ 神経血液器官。神経分泌ニューロンと洞様血管の複合体。

neurohormone 神経ホルモン。ホルモン性の神経分泌物で，循環系を介して作用する。

neurohypophysis 神経性下垂体。下垂体非腺性部で，間脳の床から生じる。adenohypophysis と対比。

neuron ニューロン，神経単位。神経細胞。

neurophysin ニューロフィジン。軸索内の移動のために神経分泌物と結合する。

neurosecretion (neurohormone) 神経分泌物(神経ホルモン)。ニューロンによって産生されるホルモン。

neurosecretory fiber 神経分泌線維。神経分泌ニューロンの軸索。

neurosecretory neuron 神経分泌ニューロン。ホルモンを産生する神経系の細胞(ニューロン)。

neurosecretory nucleus 神経分泌核。中枢神経系内の神経分泌ニューロン細胞体の集合。

neurosensory cell 神経感覚細胞。介在性上皮細胞を介さずに刺激を直接受容する感覚細胞(例：嗅覚ニューロンや網膜の杆体，錐体)。

neurotransmitter 神経伝達物質。ニューロンの分泌物で瞬時に作用し，神経インパルスをシナプスを越えて伝播する。

neurula 神経胚。背側の中空の神経索を形成する胚発生の段階。

neurulation 神経胚形成。神経索が形成される発生過程。

newt イモリ。サンショウウオのブチイモリ(Notophthalmus)の生活史における最終水生段階。

nictitating membrane 瞬膜。ある種の哺乳類の第三眼瞼。ヒトの内側半月ヒダ。

Nissl material ニッスル物質。ニューロンに特徴的なタンパク質合成の盛んな領域。

nomen (pl., nomina) 名前。呼称。

nondeciduous placenta 非脱落膜性胎盤。接触胎盤(contact placenta)を参照。

nonstriated (smooth) muscle 平滑筋。元来は内臓器官と脈管に見いだされる。紡錘形をした単核の筋細胞で，横紋を欠く。

noradrenaline (norepinephrine) ノルアドレナリン(ノルエピネフリン)。副腎の分泌物。交感神経系の節後ニューロンにおける神経伝達物質の1つ。

noto- 背中。

notochord 脊索。背部にある索状の骨格。

notochordal process 脊索突起(頭突起)。脊索中胚葉がヘンゼン結節から前方に伸びる胚期の運動。

notochordal sheath 脊索鞘。脊索を覆う線維性の被覆。

nourishment 栄養。食物，栄養物。

nuchal 項(うなじ)の。頚部の項を指す。

nucleus 核。中枢神経系内のニューロン細胞体の集合。

nucleus gracilis 薄束核。中枢神経系内のニューロン細胞体の集合で，脊髄内の触覚と固有感覚のための伝導路(薄束)とシナプスする。

nucleus solitarius 孤束核。中枢神経系内のニューロン細胞体の集合で，入ってくる味覚線維とシナプスする。迷走葉(vagal lobe)を参照。

【O】

oblique (muscle sheets of trunk) 斜筋(体幹の筋層)。体幹の軸下筋の亜群。

oblique fibers 斜走線維。多くの魚類において主要な軸下筋の表層にある薄い筋線維層。

oblique septum 斜隔膜。現生の主竜類とある種の有鱗類において胸膜腔を残りの体腔から隔てる腱性の薄膜。

occipital 後頭の。後頭あるいは頭の後部に関係する。

occipital bone 後頭骨。軟骨頭蓋の後部で形成される置換骨。

occipital condyle 後頭顆。後頭骨にある椎骨との関節部。

occipital lobe 後頭葉。大脳半球の後部。

occipitospinal nerve 後頭脊髄神経。1対の分節性神経で，後部脳神経と典型的な第一脊髄神経の間で中枢神経系から出る。

occciput 後頭。大後頭孔(大孔)を囲む頭の部分。哺乳類で頭の後部。

ocellus 単眼。ナメクジウオにおける色素を有する光感受性器官。

octo- 8。

ocul- 眼。

odon-, odont- 歯。

odontoblast ゾウゲ芽細胞。ゾウゲ質あるいは類エナメル質を蓄積している骨片形成細胞(scleroblast cell)。

odontognath 歯顎類。顎に歯のある鳥類。

Odontognathae 歯顎目。鳥類の絶滅した亜群。歯のある海鳥。

odontoid 歯のような。歯に似た。

odontoid process 歯突起。軸椎(第二頚椎)の前方に突出した突起(dens)。

-oid 様な，類似性のある，例えば，ヒトに似た(hominoid)。

-ole 小さな，例えば，小動脈(細動脈)(arteriole)。

olecranon 肘頭。肘関節のところの尺骨(olene)の頭(cranium)。

olfactory 嗅覚の。化学受容感覚。

olfactory (nasal) capsule 嗅嚢(鼻嚢)。部分的に嗅上皮を囲む

神経頭蓋性の構造。

olfactory bulb　嗅球。脳の膨出部で，嗅覚神経線維を受ける。

olfactory epithelium　嗅上皮。鼻道(nasal canal)を覆う感覚上皮。nasal epithelium と対比。

olfactory foramen (pl., foramina)　嗅神経孔。嗅神経を通すための孔。

olfactory placode　嗅プラコード，嗅板。鼻プラコード(nasal placode)を参照。

olfactory sac　嗅胞。嗅上皮を容れる腔所。

olfactory tract　嗅索。脳内の神経線維の集合で，嗅球と脳幹をつなぐ。

oligo-　少ない，少数の。

oligodendroglia　希突起膠細胞。中枢神経系内の神経膠細胞で，ミエリンを形成して軸索を包む。

-oma　腫脹，膨大。

omasum　第三胃。反芻類において第二胃と真の腺胃(第四胃)の間にある，一時的な収容室。

omentum　網。腹膜の遊離したヒダ。

omni-　すべての。

omnivore　雑食動物。植物も動物も食物にする動物。

omo-　肩。

omohyoid　肩甲舌骨筋。鰓下筋群(哺乳類，しかし食肉類では欠如)。肩甲骨から舌骨へ走る。舌下神経支配。

omphalo-　臍。

omphalomesenteric vein　臍腸間膜静脈。卵黄嚢静脈(vitelline vein)を参照。

ontogeny (ontogenesis)　個体発生。onto-(個体) + -genesis(起源)。個体の発生。

oo-　卵。

oocyte　卵母細胞。

oophoron　卵巣。oo- + -phore-(q.v.)。卵巣。

opening into the esophagus　食道口。咽頭と食道の間の開口部。

opening of the paired auditory tubes　耳管咽頭口。耳管(ユースタキー管)から咽頭への1対の開口部。

opercular bone　鰓蓋骨。魚類の鰓蓋内の皮骨。カエルや多くのサンショウウオでは独立した骨で，聴覚のための音の伝達に用いられる。

opercular chamber　鰓蓋腔。鰓と鰓蓋の間の腔所。

opercular muscle　鰓蓋筋。カエルや多くのサンショウウオで肩甲骨と鰓蓋を結ぶ。地面の振動を体肢から耳に伝達する。

operculum (adj., opercular)　鰓蓋。覆いあるいは蓋。硬骨魚類の鰓を覆う組織性の弁。全頭類で独立に形成される肉性の弁。

opthalm-　眼。

opisth-　裏に，後ろに。

opisthocelous　後凹型。椎窩が後端にある椎骨。

opisthonephros　後方腎。無羊膜類成体の中腎性の腎臓で，後腎性の尿細管が混入している(中腎と後腎が未分離の状態)。

opisthotic　後耳骨。opisth- + -oto(q.v.)。神経頭蓋の耳領域の置換骨。

ophthalmic (division of n. V)　眼神経(三叉神経の枝)。三叉神経の3つの分枝の1つ。三叉神経と深眼神経(profundus nerve)が融合していない有頭動物の深眼神経と相同。

optic capsule　視嚢。神経頭蓋の構造物で，発生中の網膜を部分的に囲む。眼の強膜。

optic chiasma　視交叉。視神経が交叉する位置。

optic cup　眼杯。脳の外側への膨出で，二重壁を持つ杯状の網膜を形成する。

optic disc　視神経円板。感覚細胞を持たない網膜の領域で，神経や脈管がここから網膜を去る。

optic lobe　視葉。中脳蓋にある顕著な有対の隆起。

optic placode　眼プラコード(眼板)。水晶体プラコード(lens placode)を参照。

optic stalk　眼茎(眼柄)。眼杯の脳への付着部(視神経を構成する)。

optic tract　視索。中枢神経系内において視交叉から脳内へ向かう視神経線維。

optic vesicle　眼胞。胚期における間脳(網膜となる部位)から外側への膨出。

oral cavity (buccal cavity)　口腔。口と咽頭の間の腔所で，四肢動物では舌と歯を容れる。

oral hood　口腔フード(覆い)。ナメクジウオにおいて両側から前庭を境する構造。

oral pharynx　咽頭口部。哺乳類における咽頭の一部。軟口蓋の下で口腔と声門の間。

oral plate　口板。胚期の膜構造で，口窩(stomodeum)と前腸を隔てる。

oral valve　口腔弁。口の後ろの口咽頭における仕切りで，硬骨魚類において水が口から流出するのを防ぐ。

oral vestibule　口腔前庭。哺乳類で歯肉と頬の間の空間。

orb-　円。

orbit　眼窩。眼球のための腔所。

orbitosphenoid bone　眼窩蝶形骨。主竜類における眼窩間の隔壁。

organizer area　オーガナイザー(形成体)領域。原腸胚(嚢胚)の原口背唇で，胚の長軸の発達を支配する。

organ of Corti　コルチ器，コルティ器官。主竜類および単孔類のラゲナ(lagena, 球形嚢の膨出)および獣亜綱の蝸牛における音受容器。

organogenesis　器官形成。諸器官の形成。

ornith-　鳥類。

oro-　口。

oronasal groove　口鼻溝。胚期に外鼻孔と口腔を結ぶ溝。鼻管を生じる。

oropharyngeal cavity　口咽頭腔。有顎魚類で口と食道の間にある空間。

ortho-　まっすぐな。

-orum　～の，例えば，鰓の(branchiorum)。

os　骨。口。

os clitoridis　陰核骨。多くの雌の哺乳類の陰核にみられる異所性の骨。

os cordis　心骨。シカやウシの心臓の心室中隔にみられる異所性の骨。

-osis　状態あるいは過程を指す。

osmoregulation　浸透圧調節。電解質の恒常性。

ossicle　小骨。小さな骨。

ossify　骨化する。骨になる。

oste-　骨。

Osteichthyes (adj., osteichthyan)　硬骨魚類。硬骨魚とその子孫の四肢動物の群。

osteoderm　骨質片。ある種の四肢動物の皮膚にある小さな骨性鱗。

osteon　骨単位，オステオン。ハバース系(haversian system)を参照。

ostium　口。入り口>卵管腹腔口。卵管の体腔への開口部。

ostraco-　殻。

ostracoderm　甲皮類。絶滅した，装甲を持つ無顎類の側系統群に対する一般的用語。

os uteri　子宮口。膣から子宮への入り口。

otic　耳に関係する。

otic (ganglion)　耳神経節。頭部にある自律神経の節後神経細胞体の集合。

otic capsule　耳嚢。耳胞(otocyst)すなわち発生中の内耳の一部を取り囲む神経頭蓋の構造物。

otic placode　耳プラコード(耳板)。耳の感覚上皮を生じさせる外胚葉性肥厚。

otic vesicle　耳胞。otocyst を参照。

oto-　耳。

otocyst　耳胞。胚期の胞で，内耳になる。

otolith (otoconium)　平衡砂，耳石(聴砂)。ある種の無羊膜類の平衡斑のなかにある結晶性堆積物。

otolithic membrane　平衡砂膜(耳石膜)。その表面に平衡砂の層を持つ平らな平衡斑の頂。

-ous　～の特徴を持つ。

outer longitudinal layer　外縦走筋層。腸管壁を縦に走行する筋層。

outgroup　外群。対象とする群の外にあるあらゆる分類群。

ovale　卵円形の。ニワトリの玉子のような形をした。卵円形の。

oval window (fenestra ovale)　卵円窓(前庭窓)。音波が耳小骨から液体に満たされた内耳へ伝達される場。

ovarian bursa　卵巣嚢。腹膜の膜性のヒダで，多くの哺乳類で卵巣と卵管ロートを覆う。

ovarian ligament　卵巣索。雌の哺乳類で卵巣を子宮に結びつける腸間膜の靱帯。子宮円索(round

ligament of the uterus)と対比。

ovi-, ovo- 卵。

oviducal funnel (infundibulum) 卵管ロート。卵管腹腔口に通ずる卵管終端の拡張部。

oviduct 卵管。真獣類以外の有頭動物において卵管腹腔口から総排泄腔に至る雌の生殖管で，種特異的な部位的特殊化を示す。真獣類の生殖管で，卵管腹腔口から子宮あるいは子宮角に至る。

ovine ヒツジに関係する。

oviparous 卵生の。ovi- + -parous(q.v.)：卵を産む。

ovipositor 産卵管。卵を産むための構造物。

ovisac 卵嚢(卵管子宮部)。カエルの卵管後部で，卵を一時的に貯蔵するために拡大している。

ovoviviparity 卵胎生。胎生の1つの状態で，発生中の胚は母親による保護と酸素を受け取るが，栄養物は卵のなかに蓄えられている。

ovulation 排卵。卵を卵巣から体腔に排出すること。

-oxy- 鋭い，急な，酸性の。

oxyhemoglobin オキシヘモグロビン，酸化血色素。酸素と結合したヘモグロビン分子。

oxytocin オキシトシン。下垂体ホルモンで，カメにおける卵管の収縮，ヒトにおける子宮の収縮，そして哺乳類における乳汁の降下に関係する。

【P】

pachy- 厚い，太い。

pacinian corpuscle パチーニ小体。有被膜受容器で，形や重さの決定(立体認知)，固有感覚，そして体腔の腸間膜と腹膜における未知の機能のために働く。

paddlefish ヘラチョウザメ。原始的な条鰭類である軟質類。その口吻がヘラ状であるのが特徴。

paed-, ped- 子ども。

paedomorphosis 幼形進化。祖先の個体発生の早い段階に類似する種の進化。

paired visceral branch (of the aorta) (大動脈の)有対臓側枝。大動脈から左右の器官に向かう対を成す血管。

Paleognathae (ratites) 古顎類(平胸類)。鳥類の亜群。ダチョウのような飛べない鳥。

palatal fissure 口蓋裂。不完全な二次口蓋の間隙で，一次後鼻孔(internal choanae)と咽頭の間の空気の通路となる。

palatal fold 口蓋ヒダ。口蓋裂の縁にある肉性のヒダ。

palatal process 口蓋突起。皮骨性の突起で，二次口蓋を形成する。二次口蓋のなかの口蓋骨の突起。

palatine 口蓋の，口蓋骨。口蓋を指す。一次口蓋の皮骨。

palatine (pharyngeal) (branch of n. VII) 口蓋枝(咽頭枝)(顔面神経の分枝)。魚類における分枝で，第二咽頭弓の高さで咽頭粘膜内の味蕾に分布する。

palatine tonsil 口蓋扁桃。口峡ヒダ(pillars of the fauces [q.v.])の間(口蓋舌弓と口蓋咽頭弓の間)にあるリンパ組織。

palatine velum 口蓋帆。ワニ類の肉性の弁で，舌ヒダ(tongue fold)と共同して，水が咽頭交叉へ流れるのを防ぐ。空気の通路を分離する。

palatoquadrate cartilage (of sharks) (サメの)口蓋方形軟骨。顎骨弓(mandibular arch)の背側軟骨。

palatoquadrate cartilage in bony fishes 硬骨魚類の口蓋方形軟骨。顎骨弓の背側軟骨とその置換骨。方形骨(quadrate)蝶形骨の翼(alisphenoid)を参照。

paleo- 古い，昔の。

paleoniscoid パレオニスカス類。原始的な条鰭類の側系統群の絶滅したメンバーで，硬鱗を持つことが特徴。

pallium 外套。ケープ，マント>天井。大脳の古い知覚および連合領域。

palpebra 眼瞼。まぶた。

palpebral conjunctiva 眼瞼結膜。眼瞼内面を覆う上皮で，眼球結膜と連続している。眼球結膜(bulbar conjunctiva)を参照。

palpebral fissure 眼瞼裂。上下眼瞼の縁の間の裂隙。

pampiniform plexus 蔓状静脈叢。精巣の血管で，熱交換のために対向流の血管網を形成する。

pancreatic bud 膵芽。胚期における肝芽(liver bud[q.v.])からの1個あるいは2個の膨出と前腸からの1個の膨出よりなり，膵臓を生じる。

pancreatic duct 膵管。膵臓から総胆管へ，あるいは腸管への管状の連絡。

pancreatic islets (islands of Langerhans) 膵島(ランゲルハンス島)。膵臓内分泌部で，インスリン(insulin[q.v.])とグルカゴン(glucagon[q.v.])を合成する。

pancreatic juice 膵液。膵臓外分泌部の分泌物で，炭水化物，脂肪，タンパク質の消化を助ける。

pancreozymin-cholecystokinin パンクレオザイミン・コレシストキニン。胃腸ホルモンで，膵臓諸酵素の放出を刺激する。

pangolin センザンコウ。アフリカ産のアリクイで，哺乳類の有鱗目に属する。

panniculus 層。布の小片>組織の層。

papilla 乳頭。乳首>乳首の形をした構造。

papillary cone 乳頭円錐。爬虫類の眼の盲点付近にある脈絡膜の円錐形をした脈管ヒダ。血流と硝子体液の間の代謝交換の場。

papillary muscle 乳頭筋。心室壁から房室弁の腱索へ突出する。

par-, para- 側に，近くに。

parabronchus 旁気管支。鳥類において背気管支と腹気管支をつなぐ気管支。

parachordal (cartilage) 旁索軟骨。胚期の神経頭蓋底内での軟骨化。脊索と平行に位置する。

paradidymis 精巣旁体。胚期の中腎(原腎管)の遺残で，精巣の背側腸間膜内に見いだされる。

parafollicular cell (C cell) 旁濾胞細胞(C細胞)。甲状腺のカルシトニン産生細胞。

paraphyletic group 側系統群。共通の祖先を持つが，1つあるいはそれ以上の子孫を除外した生物群。

paraphysis 脳旁体(副生体，糸状体)。胚期の頭蓋腔における背側の膨出で，間脳と終脳との境界にある。

parapineal (organ) 松果体(上生体)。上生体複合体(epiphyseal complex[q.v.])内の後方の膨出。

parapophysis 側突起(旁突起)。少数の四肢動物で椎体から伸びる外側椎骨突起で，肋骨頭と関節する。

parasagittal 旁矢状面。正中矢状面に平行な平面(縦軸と背腹軸で形成される)。

parasphenoid 副蝶形骨。蝶形骨に平行に位置する。硬骨魚類の口咽頭腔の天井にある皮骨。

parasympathetic (craniosacral) system 副交感神経系(頭仙神経系)。自律神経系の亜系。

parathyroid hormone 上皮小体ホルモン。カルシウムを貯蔵所から放出させてカルシウムレベルを調節する。

paraxonic (foot) パラゾニック肢。体重の支持が2本の平行な軸を通って行われるような動物。

parie- (pl., parietes) 壁の。体壁に関係する。

parietal (bone) 頭頂骨。頭蓋の天井を形成する1対の皮骨。

parietal artery 体壁動脈。大動脈の1対の分節的支流で，体壁に分布する。

parietal cell 壁細胞。胃底腺の分泌細胞で，塩酸を分泌する。

parietal eye 頭頂眼。副松果体で，正中の光受容器として働く。

parietal peritoneum 壁側腹膜。腹腔外側(内壁)の上皮性の覆い。

parietal pleura 壁側胸膜。胸腔外側(内壁)の上皮性の覆い。

parietal vein 体壁静脈。1対の体節的静脈で，外側体壁から血液を排出する。

paroophoron 卵巣旁体。胚期の中腎(原腎管)の遺残で，卵巣の背側腸間膜に見いだされる。

parotid 耳の近くの。

parotid gland 耳下腺。ヒキガエルで眼の後ろにある顆粒性表皮腺。哺乳類の唾液腺。

-parous 産むこと。生じさせる。

pars (pl., partes) 部分。

pars distalis 主部。哺乳類の下垂体前葉。腺性下垂体のなかの1領域。

pars intermedia 中間部。腺性下垂体のなかの1領域。

pars nervosa 神経部。後葉あるいは神経葉。神経性下垂体のなかの1領域。

pars tuberalis (pl., pars tuberales) 隆起部。少数の魚類と大部分の四肢動物における腺性下垂体の伸長部。

parthenogenesis 単為生殖(処女生殖)。無性生殖の1つ。

patagium 飛膜(翼膜)。

patella 膝蓋骨。

pecten 網膜櫛(櫛状突起)。鳥類において盲点の近くの脈絡膜にある櫛の形をした脈管ヒダ。血流と硝子体液の間の代謝交換の場。

pectoral 胸の。胸を指す。

pectoralis 胸筋。腹側体肢筋群の筋複合体。胸骨から上腕骨大結節および小結節へ走る。脊髄神経腹枝支配。

pedicel 小足。細い茎。ナメクジウオにおける弯曲タコ足細胞(cyrtopodocyte[q.v.])の足状の突起。

pelvic (ischiopubic) plate 骨盤板(腰板，坐恥骨板)。大部分の魚類で後肢帯を形成する1対の骨性あるいは軟骨性の板。

pelvic cavity 骨盤腔。有羊膜類の腹腔が伸長して骨盤によって形成される骨囲いのなかの腔所。

pelvic symphysis 骨盤結合。後肢帯の左右の半分の腹側正中における結合。

pelvis 骨盤。

pelycosaur 盤竜類。絶滅した原始的な単弓類。

penis 陰茎。勃起性の挿入器官。

penta- 5。

pentadactyl (five-digit) limb 5指性肢。四肢動物におけるありふれた，しかし派生的な体肢のパターン(6～8本の指が基本的だった)。

pepsinogen ペプシノーゲン。胃底腺の前酵素分泌物。ペプシンの前駆物質。

perennibranchiate 永続鰓。恒常的な鰓を持つ。

peri- 周囲の。

pericardial cavity 心膜腔(囲心腔)。心臓を囲む体腔。

perichondrium 軟骨膜。軟骨の間葉性の境界膜。軟骨における付加的成長の場。

perichordal bone 脊索周囲骨。脊索の周囲に堆積する。

perichordal cartilage 脊索周囲軟骨。脊索の周囲に堆積する。

perilymph 外リンパ。内耳の骨迷路内で膜迷路を囲む液体。

perilymphatic duct 外リンパ管。外リンパ隙から背側に伸びる通路。

perilymphatic space 外リンパ隙。膜迷路と骨迷路の間の腔所。

perimysium 筋周膜。筋内で主要な筋線維束の線維性の被覆。

periosteal bone 骨膜骨。骨膜のなかに堆積する層板骨。

periosteum 骨膜。緻密な線維膜で，関節面以外ですべての骨を覆う。

periotic bone 耳周囲骨。側頭骨岩様部(petrosal bone)を参照。

peripharyngeal band 咽頭周囲帯(囲咽帯)。ナメクジウオで咽頭の腹側正中溝と背側正中溝を結ぶ咽頭弓上の線毛の生えた帯。

peripheral nervous system 末梢神経系。脳および脊髄の外にある神経系。

periss- 奇数の。

perissodactyl (Perissodactyla) 奇蹄類(奇蹄目)。有蹄哺乳類の亜群で，1本，3本あるいは時には4本の指(趾)で蹄行型歩行をすることが特徴(例：ウマとバク)。

peristalsis 蠕動。腸管平滑筋の律動的収縮作用で，食物を送る。

peritoneal membrane 腹膜。体腔の上皮性の内張り。

peritoneum 腹膜。上あるいは周囲に伸びるもの>体腔の内張り。

peritubular capillary 尿細管周囲毛細血管。腎尿細管を囲む血管。

pes (pl., pedes) 足。

pessulus カンヌキ骨。ある種の鳥類の鳴管内の膜性ヒダのなかにある骨性の支持。

petro- 石，岩。

petrosal bone 側頭骨岩様部(岩様骨，錐体骨)。ヒトではゴツゴツした岩に似ている。

petrosal ganglion 錐体神経節。非鳥類および非哺乳類の有頭動物において舌咽神経の知覚性ニューロン細胞体の集合。鳥類と哺乳類における(舌咽神経の)上神経節と相同。

petrotympanic bone 錐体鼓室骨。ある種の哺乳類において岩様(錐体)骨と鼓室骨が癒合したもの。

petrous portion 錐体部。哺乳類における骨化した耳嚢。非哺乳類における後耳骨(opisthotic bone)と前耳骨(prootic bone)に相同。

Peyer's patch パイエル板。哺乳類の回腸におけるリンパ小節の大きな集塊。

phag- 食べる。

phalanx (pl., phalanges) 指節骨，趾節骨。前後肢の指(趾)の骨。

pharyng- 咽頭。

pharyngeal (branch of n. VII) 咽頭枝(顔面神経の分枝)。口蓋の(palatine, pharyngeal)を参照。

pharyngeal (branch of nn. IX and X) 咽頭枝(舌咽神経と迷走神経の分枝)。魚類において咽頭粘膜内の味蕾にそれぞれの高さで分布する分枝。

pharyngeal arch 咽頭弓。咽頭裂あるいは咽頭嚢の間にある組織。

pharyngeal nerve 咽頭神経。

pharyngeal pouch 咽頭嚢。発生中の咽頭における腸管の膨出。

pharyngeal (visceral) skeleton 咽頭骨格(内臓骨格)。顎骨弓，舌骨弓および鰓弓のための骨格支持構造。

pharyngeal slit 咽頭裂。鰓室(gill chamber)からの開口部。

pharyngeal tonsil (adenoid) 咽頭扁桃(アデノイド)。咽頭鼻部(nasal pharynx[q.v.])の粘膜内に位置するリンパ組織。

pharyngobranchial 咽鰓節(咽頭鰓節)。鰓弓骨格における有対の背側構成要素で，上鰓節(epibranchial element)の背側にある。

pharyngocutaneous duct 咽皮管(皮咽頭管)。ヌタウナギにおいて咽頭と左最後位出鰓管(efferent branchial duct[q.v.])あるいは外界とを結ぶ通路。

phenetic 表現型に関係する。

pheno- みえる。

phenotype 表現型。遺伝的な形質あるいはその組み合わせで，遺伝子型に対立するものとして，生体において表現される。

pheromone フェロモン。環境に放出されると同種あるいは他種の個体の行動あるいは生理に影響を及ぼす物質。

-phil 愛する>あるものに親和性(好性)がある。

-phore- 持つ，持つ者。例えばフォトフォア(photophore；"光を発する器官" を意味する)。

photophore フォトフォア(発光器)。ある種の真骨類深海魚における発光器官。

phrenic 横隔膜の。横隔膜を指す。

phylo- 種族，部族。

phylogenesis 系統発生。新しい分類群の起源。

phylogeny 系統発生学。ある動物群の進化における歴史。

phylum Chordata 脊索動物門。脊索動物群に対するリンネ的分類。脊索，背側の中空な神経索(nerve cord)，内柱，そして肛門の後ろに尾部があることで特徴づけられる。

physiologic color change 生理的体色変化。色素顆粒の分散あるいは凝集によって比較的急速に起こる体色変化。形態的体色変化(morphologic color change)と対比。

-physis 生じるもの。

physo- ふいご>肺あるいは気胞。

physoclistous 閉鰾型。鰾からの管を欠く。

physostome (adj., physostomous) 喉鰾類(喉鰾型)。口を経由して空気を鰾に取り入れることのできる魚類。

pia 柔らかい，優しい。

pia mater 軟膜。脳の繊細な髄膜。

pillar of the fauces 口峡ヒダ。哺乳類で舌から軟口蓋に伸びて口峡峡部を形成する筋性のヒダ。

pilo- 毛。

pilomotor fiber 起毛運動線維。毛の運動を支配する平滑筋に分布する自律神経線維。

pineal 松果体の。松かさに似た。松果体に関係する。

pineal (organ) 松果体(上生体)。上生体複合体(epiphyseal complex[q.v.])内の後方の膨出。

pinfeather　棘羽(筆毛)。まだ正羽鞘に包まれている成長中の羽根。

pinna　ひれ，羽根，耳介。

pisci-　魚。

pisiform　豆状の。えんどう豆のような形をした。

pit organ　孔器(ピット器官)。ある種の有顎魚類における液体に満たされた神経小丘小窩で，小孔を介して体表に開く。

placo-　厚い，平らな，板状の。

placode　プラコード，板，原基。胚期における外胚葉の肥厚で，感覚器官や神経節を生じる。

placoderm (Placodermi)　板皮類。絶滅した魚類で，皮膚のなかに(骨性)板を持つ。

placoid (scale)　楯鱗。板鰓類の真皮鱗。

planta-　足の裏。

plantigrade　蹠行性(掌行性)。平らな足の裏で立つ。

plasma　血漿。血液の液体部分。

platy-　平らな，広い，幅広な。

platybasic (skull)　扁平状頭蓋。現代両生類と原始的な四肢動物の，比較的平らな頭蓋(有羊膜類の円蓋状頭蓋[vaulted skull]と対比)。

platyrrhine　広鼻猿類。真猿類の亜群。新世界猿とマーモセット。

plesio-　近い>似ている。

plesiosaur　プレシオサウルス類(首長竜類)。爬虫類に似た，また爬虫類である海生動物。絶滅した広弓類(euryapsid[q.v.])爬虫類。

pleur-　肋骨，外側の。

pleural　肋骨の。肋骨を指す。

pleural cavity　胸膜腔(胸腔)。体腔の下位区分で，肺を囲む。

pleurocentra　半椎体(側椎体)。扇鰭類(rhipidistian)魚類と原始的四肢動物における椎体の背外側部分。現生の四肢動物の椎体と相同。

pleurodont (dentition)　面生歯(側生歯)。カエルにおけるように，顎骨の内側に付着している歯。

pleuroperitoneal cavity　胸腹膜腔。体腔の主たる構成要素で，内臓臓器と(存在する場合には)肺を容れる。

plexus　叢。網工。

plumomotor fiber　立羽運動線維。羽毛を動かす筋に分布する自律神経線維。

pneumatic foramen　気孔。鳥類の骨にある孔で，気嚢が延長するための開口部。

pneumato-　空気。

pneumo-　肺。

pod-　足。

poikilotherm　変温動物。外温動物(ectotherm[q.v.])。

pollex　母指。親指，前肢の第一指。

poly-　多くの，沢山の，色とりどりの。

polyphyletic group　多系統群。直接の共通した祖先を共有しない生物群。

polyphyodont dentition　多代性歯(多換性歯)。一生の間に何度も換歯する歯。

pons　橋。

popliteal (artery)　膝窩動脈。膝の血管。

porcine　ブタに関係する。

portal system　門脈系。毛細血管床に挟まれた静脈系。

portal vein　門脈。門脈系における血液を集める主たる血管。

post-　後の，後ろの。

postanal tail　尾部(肛後尾)。肛門を越えて後方へ伸びる体の延長部。脊索動物の共有派生形質(synapomorphy)。

postcava　上行大静脈。四肢動物で心臓へ導く主要な体循環系の静脈。

postcava (stream)　上行大静脈(系)。発生のときに腎臓から血液を排出する血管を指す。

posterior (inferior) mesenteric (artery)　後(下)腸間膜動脈。背側大動脈の不対の支流。(静脈)肝門脈系の血管。

posterior aqueous chamber　後眼房。眼の水晶体と虹彩の間にある液体で満たされた腔所。

posterior cardinal sinus　後主静脈洞。後主静脈の頭側での拡張部。

posterior cardinal vein　後主静脈。魚類において腎臓と背側体壁の血液を排出する体循環系の静脈。

posterior lobe (neural lobe, pars nervosa)　後葉(神経葉，神経部)。神経部(pars nervosa)を参照。

posterior neuropore　尾側神経孔。胚発生の神経胚形成(neurulation)における背側中空神経索の後端開口部。

postfrontal　後前頭骨。頭蓋の眼窩周囲の皮骨。

postganglionic fiber　節後線維。２つのニューロンが神経節(q.v.)でシナプスする際の遠位ニューロンの軸索。

postparietal　後頭頂骨。頭蓋の天井を作る１対の皮骨。

posttrematic　裂後の，鰓裂後部の。正中隙あるいは裂の後方の。

posttrematic demibranch　裂後片鰓(後鰓裂片鰓)。鰓室(gill chamber)後壁における鰓の面。

posttrematic nerve (branch of nn. IX and X)　裂後神経(後鰓裂神経)(舌咽神経と迷走神経の分枝)。咽頭裂の後方にある鰓間中隔(interbranchial septum)の神経分枝。

postvalvular intestine　後ラセン弁腸管。魚類でラセン弁腸管(spiral intestine)の後方の腸管の部分。

postzygapophysis　後関節突起。体幹椎骨の後端にある対をなす突起で，すぐ後位の椎骨と関節する。

pre-　前に，正面に。正面の(pro-)も参照。

preadaptation　前適応。ある生物において，その生物が新しい環境的脅威が具体化する前にその脅威に適応できることを可能にするであろう形質。

prearticular (dermarticular)　前関節骨(膜性関節骨)。下顎の皮骨。

precapillary sphincter　前毛細血管括約筋。毛細血管壁内の平滑筋で，細動脈から毛細血管床への血流をせき止めることができる。

precava　下行大静脈。有羊膜類の総主静脈(q.v.)。

prechordal (cartilage)　前索軟骨。胚期の軟骨で，脊索の前方に位置する神経頭蓋底にある。

prefrontal　前前頭骨。頭蓋の眼窩周囲の皮骨。

prehallux　前母趾。原始的四肢動物やカエル類において足の第一趾(親趾)の内側にある付属骨。おそらくは祖先の失われた第六趾に関連する足根骨あるいは中足骨と相同であろう。

premaxilla (pl., premaxillae)　前上顎骨(切歯骨)。上顎内側の皮骨。

premolar　前臼歯。異形歯の歯形の１つ。犬歯と後臼歯の間にある歯。

preopercular　前鰓蓋骨。魚類の鰓蓋列における皮骨。

prepollex　手の前母指。原始的四肢動物とマッドパピーにおいて手の親指の内側にある付属骨。おそらくは祖先の失われた第六趾に関連する手根骨あるいは中手骨と相同であろう。

prepubic (ypsiloid) cartilage　恥骨前軟骨(Ｙ字形軟骨)。白線(q.v.)において後肢帯から伸びる軟骨。

prepuce (foreskin)　包皮。亀頭(q.v.)を包む皮膚のヒダ。

presphenoid bone　前蝶形骨。哺乳類の軟骨頭蓋の蝶形骨領域内における中腹側および眼窩の骨化。

presternal (blastema)　前胸骨芽体。胚期の間葉で，ある種の哺乳類において胸骨の頭側部を生じさせる。

pretrematic　裂前の。裂け目の前方の。

pretrematic demibranch　裂前片鰓(前鰓裂片鰓)。鰓室の前壁における鰓表面。

pretrematic nerve (branch of nn. IX and X)　裂前神経(前鰓裂神経)(舌咽神経と迷走神経の枝)。咽頭裂前方の鰓間中隔における神経分枝。

prezygapophysis　前関節突起。体幹の椎骨前端にある１対の突起で，その前にある椎骨と関節する。

prim-　最初の，最も初期の。

primary braincase　一次脳頭蓋。神経頭蓋。

primary bronchus　一次気管支(幹気管支)。気管の最初の分岐で，肺のなかに伸びる。

primary sex cord 一次性索。性腺の初期の両性的発達において胚上皮と生殖細胞が最初に生殖隆起の深部に移動したもの。

primary tongue 一次舌。下層の咽頭骨格によって形作られる口咽頭腔の床から持ちあがる非筋性の隆起。

primate 霊長類。階級の第1位。哺乳類の亜群で，類人猿やキツネザルを含む。

primitive 原始的。始まりあるいは起源を指す。ある根幹の祖先に生じた形質で，その祖先から沢山の後続種が生じ，そのなかでこの形質を保持している状態。

primitive streak 原条。胚の胚盤葉で巻き込み(involution)の起る場所。少黄卵の胚の原口と同じ役割。

primordial germ cell 始原生殖細胞。精子と卵の祖先。

principal anatomic plane 基本解剖面。体の3つの断面の1つ。

pro- 正面の，前の，先立つ。好都合な，ための。

proatlas 前環椎。ワニ類，ムカシトカゲ，絶滅した単弓類において環椎と頭蓋の間にある骨性の付属的な弓状椎骨要素。

proboscis 長鼻類。長い吻。ゾウの鼻。

procelous 前凹型。頭側端に凹みのある椎骨。

process 突起。

procoracoid 前烏口骨。四肢動物の烏口骨における前方の骨化。

procricoid 輪状前軟骨。ある種の哺乳類の喉頭における小さな軟骨。

procto- 肛門。

proctodeum 肛門道，肛門窩。胚期の外胚葉性の陥入で，後に後腸の出口になる。総排泄腔を区分したとき，(仕切りのない)終末の領域。

profundus nerve 深眼神経。ある種の有頭動物における独立した脳神経。三叉神経と癒合する場合，三叉神経の分枝である眼神経と相同。

progesterone プロゲステロン。プロゲスターゲンのステロイドホルモンで，他のホルモンの前駆体。

progestogen プロゲスターゲン。卵巣および精巣で産生されるステロイドホルモンの類。

prolactin プロラクチン。乳汁の産生に必要なホルモン。

pronator 回内。掌を下のほうに回転させる。

pronator of the manus 手の回内筋。腹側体肢筋群。上腕骨の内側上顆から橈骨の内縁へ，または尺骨の骨幹内側面から橈骨の骨幹後面へ走る。正中神経支配。

pronephric (archinephric) duct 前腎管(原腎管)。胚期に尿細管を集合する排出管。

pronephric tubule 前腎細管。前腎(cranial kidney)で形成される胚発生初期の尿細管。

pronephros 前腎。

prootic 前耳骨。pro- + -oto(q.v.)。神経頭蓋の耳部(迷路部)における置換骨。

propodium 基脚(近位脚)。四肢動物の体肢の上部(近位)分節。上腕あるいは大腿。

proprio- 固有の。

proprioception 固有受容(自己受容)。筋，関節，腱からの刺激の受容。

proprioceptive fiber 固有受容線維。筋からの知覚性軸索。

proprioceptor 固有受容器(自己受容器)。筋，関節，腱の活動を監視する受容器。

propterygia 前鰭軟骨。魚類の有対鰭の前基底要素。

pros- ほうへ，近くに。

prosencephalon 前脳。胚期の脳の前端部。

Prosimii 原猿類。霊長類の亜群で，キツネザルやメガネザルを含む。

prostate (gland) 前立腺。尿道の起始部周辺にある(stat-)腺。精漿の一部を産生する多細胞腺。

prostatic sinus (vagina musculine) 前立腺洞(雄性膣)。癒合したミュラー管の不対の嚢状の遺残で，雄の尿道に開く。雌の膣に相同。

prostatic urethra 尿道前立腺部。前立腺内にある尿道の部分。

protective role 防御的役割。ある構造の選択的に有利な機能。

Proteidae ホライモリ科(プロテウス類)。マッドパピーを含む永続性の鰓(perennibranchiate)を持つ現存する有尾類の亜群(科)。

proteolytic enzyme タンパク質分解酵素。タンパク質の分解を助ける。

prothrombin プロトロンビン。肝臓の産生物で，血液の凝固に不可欠。

proto- 初期の，第一の。

protofeather 原羽毛。現在の羽毛の系統発生上の前駆体。

protopathic (sensation) 原始感覚。原始的な触覚。

Prototheria 原獣類。現生の単孔類を含む哺乳類の卵生の亜群。

protothrix 原始触毛。トカゲ類の鱗の間から突出する毛状の剛毛。皮膚触覚受容器。

protractor 前引。前に動かすこと。

protractor muscle 前引筋。旁矢状面で，ある構造を前方に動かす。

proventriculus 前胃(腺胃)。主竜類の胃の腺部。砂嚢(筋胃)(gizzard)と対比。

pseudo- 偽の。

pseudobranch 偽鰓。鰓に似た呼吸孔。

psoas 腰。

psoas major 大腰筋。背側外来体肢筋群。腰椎から大腿骨小転子へ走る。脊髄腰神経腹枝支配。

psoas minor 小腰筋。軸下筋群。最後胸椎および腰椎から腸骨へ走る。脊髄腰神経腹枝支配。

pter-, pteryg- 翼，羽毛。

pterosaur 翼竜。翼を持つ爬虫類。

pterotic 翼耳骨。耳骨複合体の翼。

pterygoid 翼状の，翼に似た。

pterygoid (bone) 翼状骨。硬骨魚類と四肢動物の一次口蓋の皮骨。

pterygoid process 翼状突起。哺乳類の頭蓋で蝶形骨複合体の小さな突起へと退化した翼状骨。

pterylae 羽区(羽域)。正羽の生えた領域。

pubic symphysis 恥骨結合。左右恥骨の正中での会合。

pubis (pubic bone) 恥骨。四肢動物の腹側腰板(q.v.)内での前方部の骨。

puboischiofemoralis 恥坐大腿筋。非哺乳類の後肢筋群。恥骨と坐骨から大腿骨へ走る。脊髄神経腹枝支配。

puboischiofemoralis internus 内恥坐大腿筋。外恥坐大腿筋とともに恥坐大腿筋を構成する(恥坐大腿筋の亜群)。

puboischiotibialis 恥坐脛骨筋。非哺乳類の後肢筋群。恥骨と坐骨から脛骨へ走る。脊髄神経腹枝支配。

pulmo- 肺。

pulmonary arch 肺動脈弓。肺と結ぶ大動脈弓。

pulmonary circuit 肺循環。心臓から肺に行き，また戻る血液の通路。体循環(systemic circuit)と対比。

pulmonary stream 肺静脈流。肺からの静脈流。

pulmonary trunk 肺動脈幹。肺循環において心臓を出る不対の血管。

pulpy nucleus 髄核。椎間板(q.v.)にある胚期の脊索の遺残。

pupil 瞳孔。眼の脈絡膜(虹彩と毛様体)を抜ける前方の開口部で，光を網膜に届ける。

Purkinje fiber プルキンエ線維。変化した心筋で，心臓の内在性刺激伝導系を形成する。

putamen 被殻。大脳におけるニューロンの集合(核)。

pyg- しり，臀部。

pygostyle 尾端骨。現生鳥類の尾の目にみえる部分にある癒合した椎骨。

pyloric canal 幽門管。胃の幽門領域のなかにある通路。

pyloric cecum 幽門盲嚢。真骨類で幽門の付近にある小腸の憩室。

pyloric portion 幽門部。胃の一部で，幽門と胃体との間にある。

pyloric sphincter 幽門括約筋。胃の遠位開口部を囲む平滑筋の輪。

pylorus 幽門。胃の終末開口部で，十二指腸に通じる。

pyramid 錐体。腎錐体。後腎内の集合管の集合体。哺乳類の菱脳において両側性に縦走する腹側の稜で，皮質脊髄路が通る。

pyriform 梨状の。

【Q】

quadrate 方形骨。四角の，四面の。口蓋方形軟骨内の置換骨。

quadratojugal 方形頬骨。頭蓋の天井を成す1対の皮骨。

quadratus lumborum 腰方形筋。軸下筋群。後位胸椎から腰椎横突起(lateral process)へ，あるいは腰椎横突起から腸骨へ走る。脊髄腰神経腹枝支配。

quill 羽柄。羽毛の羽軸根(q.v.)。

quint- 5。

【R】

rachi- 脊髄，軸，脊椎に関係する。

rachis 羽軸。羽毛の柱。羽弁を支えている部位。

rachitomous 分節椎骨。いくつかの部分からなる椎骨。切断(-tome)を参照。

radial 橈側。橈骨に関係する。前腕における上腕動脈の分枝。

radiale 橈側手根骨。橈骨遠位端にある橈側手根骨。

radialia 輻射軟骨。鰭の骨格で，基底軟骨と遠位の鰭条との間にある。

radix (pl., radices) 根。

Rajiformes エイ類。エイ，ガンギエイ，ノコギリエイを含む板鰓類の亜群。

ramus 枝。

ramus lateralis 側線枝。迷走神経の分枝で，側線神経線維を側線系へ運ぶ。

ramus visceralis 臓側枝。迷走神経の分枝で，自律神経線維を体腔臓器へ運ぶ。

Ranidae アカガエル科。カエル類の亜群(科)。

raphe 縫線。長くて細い腱(例：白線[q.v.])。

Rathke' s pouch ラトケ嚢。胚期における口窩の天井の膨出で，腺性下垂体を生じる。

rattle ガラガラ。ガラガラヘビの尾に付着した，音を出す角質層の輪。

ray fin 条鰭。条鰭類の付肢(appendage)で，鰭条に支持されている。葉鰭(lobed fin)と対比。

receptor 受容器。入力を受け止める感覚器。

receptor for radiation 放射受容器。放射エネルギーに感受性のある感覚器。

rectal gland 直腸腺。板鰓類の塩類分泌腺で，後部腸管のなかに開く。

rectilinear locomotion 直進運動。直線状に進むヘビの運動。

rectum 直腸(rectus)を参照。

rectus (rectum) 直腸。まっすぐな。大腸のまっすぐな遠位部。

rectus abdominis 腹直筋。軸下筋群。胸骨および肋軟骨から恥骨へ走る。脊髄神経腹枝支配。

rectus cervicis 頚直筋。サンショウウオ類の鰓下筋群。前肢帯から舌骨装置へ走る。脊髄後頭神経腹枝支配。

recurrent bronchus 反回気管支。鳥類において空気を気嚢から肺の管に運ぶための通路。

red gland 赤腺。静水圧に働く鰾において気体を供給する脈管網。

red nucleus 赤核。中脳基底にあるニューロン細胞体の大きな集合体。

reduced hemoglobin 還元ヘモグロビン。結合していた酸素を失ったヘモグロビン。

Reissner's membrane ライスナー膜。哺乳類の耳においてコルチ器に向かい合う，蝸牛管の薄い膜性壁。前庭階壁。

relaxin リラキシン。頚管の拡張を容易にさせ，また産道における関節を緩める卵巣ホルモン。

releasing hormone 放出ホルモン。別のホルモンの放出を引き起こす。

renal corpuscle 腎小体。糸球体とそれを取り囲む被膜。

renal papilla 腎乳頭。腎盤のなかへ伸びる腎錐体の鈍な先端。

renal pelvis 腎盤。腎臓内で尿管が拡張した部分。

renal portal system 腎門脈系。体後部の筋組織から腎臓へ血液を運ぶ毛細血管床に挟まれた静脈系。

renal tubule 尿細管。腎臓で尿を集める細管。

renin レニン。ホルモンを形成する触媒として働く腎臓酵素。

replacement bone 置換骨。硝子軟骨で蓄積して硝子軟骨と置換する骨。

respiration 呼吸。酸素と二酸化炭素の外的あるいは内的交換。

rete (pl., retia) 網。

rete mirabile (pl., retia mirabilia) 怪網。血管の不思議な(mirabilis)網工。

rete testis 精巣網。哺乳類の精巣において精巣輸出管への経路で精子を集める回路網。

reticulum 第二胃。小さな網。反芻類において反芻(食い戻し)した食物を集めてさらに発酵させる場所。

retractor 後引。後方へ動くもの。

retractor muscle 後引筋。ある構造を旁矢状面において後方へ動かす。

retro- 後ろの，後方の。

retroperitoneal 後腹膜の。腹膜あるいは腹膜腔の後ろの。

rheo- 流動，流れ。

rheotaxis 流走性，走流性。流れる水のなかの方向性。

rhin- 鼻。

rhinencephalon 嗅脳。脳の嗅覚部。

rhinoceros サイ。鼻の上に角(cerato-)を持つ動物。

Rhipidistia 扇鰭類。肉鰭類(Sarcopterygii)の亜群。

rhodopsin ロドプシン(視紅)。眼の杆体のなかの色素。

rhomb- 菱形の。

rhombencephalon 菱脳。

rhomboid (scale) 菱形鱗。硬骨魚類における真皮性の鱗。

rhomboideus 菱形筋。外来性体肢筋群。頚部の正中縫線，後頭，そして胸椎棘突起から肩甲骨背縁へ走る。脊髄頚神経および胸神経の背枝支配。

rhynch- 鼻，吻鼻。

rhynchocephalian 喙頭類。爬虫類である鱗竜類(lepidosaur)の亜群で，現生ではムカシトカゲ(Sphenodon)のみに代表される。

right atrial chamber 右心房。心臓内の薄壁の腔所で，心室に入る前の酸素を失った血液を容れる。

Rohon-Beard cell ローハン－ベアード細胞。ナメクジウオおよびヤツメウナギの脊髄(神経管)内の知覚ニューロン。

root 根(根部)。毛で毛包内の部分。楯鱗(placoid scale)の基底板。肺で脈管や気管支が出入りする場所。

rootlet 小根。脊髄から出る脊髄神経の個々の神経線維。他の神経線維と融合して背根あるいは腹根(q.v.)を形成する。

rostrum 吻(吻鼻)。くちばしあるいは嘴板(しばん)。

rotator 回旋。ある部位をその軸の廻りに回転させる。

round ligament of the liver 肝円索。胚期の臍静脈の遺残。

round ligament of the uterus 子宮円索。子宮を大陰唇の床に結びつける腸間膜靭帯。卵巣索(ovarian ligament)と対比。

round window (fenestra rotunda) 正円窓(蝸牛窓，鼓室窓)。鼓室階と中耳腔の間の膜に閉ざされた開口部。内耳のなかの音波が消散する場所。

rudimentary 原基的な。変化した子孫の状態と比べて変化していない祖先の特徴的な状態。発生において，十分には発達していない構造。

Ruffini corpuscle ルフィニ小体。哺乳類における有被膜皮膚受容器。温度受容器の可能性がある。

ruga (pl., rugae) しわ。

rumen 第一胃(ルーメン)。呑み込まれた食物を受け止める筋性の腔所：嫌気性細菌がセルラーゼを添加する場所であり，反芻類では内容物を第二胃に送る。

【S】

sacculus (adj., saccular) 小嚢，球形嚢。小さな嚢。嚢状の腔所を持つ腺。耳の膜迷路内の膜性の嚢。

saccus vasculosus 血管嚢。肺魚以外の有顎魚類における間脳腹側の膨出。

sacral (adj.) 仙骨の。仙骨に関係する。仙骨領域の有対の壁側動脈。仙椎。

sacroiliac joint 仙腸関節。仙骨と腸骨の間の関節。

sacrum 仙骨。哺乳類の融合した仙椎。

sagittal 矢状の。"矢"を意味する単語に由来する。矢状面あるいは矢状断に関係する。

sagittal section 矢状断。両側性に対称な生物を左右の部分に分割する切断。

Saint-Hillaire, Geofroy（1772〜1844）　ジョフロワ・サンチレール。キューヴィエの同時代人で，脊椎動物の頭蓋の発達を解明することに貢献した。
Salamandridae　イモリ科。イモリ類の亜群（科）。
sangui-　血。
sarcro-　肉。
sarcolemma　筋鞘（筋細胞膜）。筋線維を包む形質膜。
sarcomere　サルコメア（筋節，横紋筋節）。筋原線維（q.v.）内の反復するサブユニット。
Sarcopterygii　肉鰭類。鰭の基部に肉性の葉（突出部）を持つ魚類。硬骨魚類の亜群で，その子孫には四肢動物を含む。
saur-　トカゲ>爬虫類。
Sauropterygia（plesiosaurs）　鰭竜類（プレシオサウルス）。広弓類（euryapsid）爬虫類の亜群。
scala　階。はしご。
scala media　中央階。蝸牛管（cochlear duct）を参照。
scala tympani　鼓室階。哺乳類の蝸牛内の腔所で，蝸牛頂（前庭階に続く）から正円窓に至る。
scala vestibuli　前庭階。哺乳類の蝸牛内の腔所で，ここから音波が蝸牛頂へ入る。
scalene　不等辺三角形。辺と角が等しくない三角形。
scalenus　斜角筋。肋骨上軸下筋群。頚椎横突起から肋骨へ走る。脊髄頚神経および胸神経の腹枝支配。
scapula　肩甲骨。前肢帯の軟骨あるいは置換骨。
scapular spine　肩甲棘。哺乳類の肩甲骨外側面にある稜。
Schwann cell　シュワン細胞。中枢神経系の外にある神経膠細胞で，髄鞘の形成において軸索の周囲を包む。神経堤（冠）派生物。
Sciurognathi　リス類。齧歯類の亜群。
scler-　硬い，骨格の。
sclerotic coat（sclera）　強膜。網膜の外にある眼球の線維層。
sclerotic plate　硬板。眼球強膜内の骨化。
sclerotome　硬節。体節の一部で，骨格要素を生じさせる。
scrotal cavity（sac）　陰嚢腔。体腔の一部で，哺乳類において精巣を容れる。
scrotum　陰嚢。2つの陰嚢腔。
scute　鱗甲，甲板。大きく薄い多角形の鱗。
sebaceous　皮脂の，皮脂性の。油脂状の分泌物を持つ。
sebaceous gland　脂腺（皮脂腺）。油脂状の分泌物をもたらす胞状外胚葉腺。
sebum　皮脂，脂。
seco-　切断を指す。
secodont（teeth）　切縁歯。食肉性哺乳類の切断縁を備えた臼歯。
secondary bronchus　二次気管支（葉気管支）。一次気管支の枝で，各葉に1本分布する。
secondary sex characteristics　二次性徴。一方の性に関連する特徴。
secondary sex cord　二次性索。卵巣の初期発生において胚上皮と雌の生殖細胞が生殖隆起の表面領域に移動すること。
secondary tympanic membrane　第二鼓膜。正円窓（蝸牛窓）の膜。
second-order sensory neuron（association neuron）　二次知覚ニューロン（連合ニューロン）。中枢神経系内のニューロンで，神経節内の一次知覚ニューロンからの入力を受ける。
secretin　セクレチン。十二指腸の胃腸ホルモン。
secretory fiber　分泌線維。皮膚腺に分布する自律神経線維。
-sect-　切る，分ける。
seed pouch　貯種子嚢。種子食性および穀物食性のある種の鳥類においてこれらを貯蔵するための舌下正中にある腔所。
segmentation　卵割，分節。初期胚内における卵割。体内における構造の分節性のパターン。
seleno-　月を指す。
selenodont　半月歯。エナメル質が三日月状に配列した歯。
sella turcica　トルコ鞍。トルコ人が用いる鞍のような形をした座（sella）。
semi-　半分。
semicircular duct　半規管。膜迷路内の半円形の管。
semilunar　半月の。半月のような形をした。
semilunar valve　半月弁。無羊膜類の動脈円錐（conus arteriosus）内の弁。有羊膜類において心室から肺動脈幹および大動脈幹への出口にある弁。
seminal　精液の。種子に関係する>精液に関係する。
seminal vesicle　精嚢。精液に分泌物を加える多細胞腺。
seminiferous　輸精の。精子を運ぶ。
seminiferous ampulla　造精膨大部。精細管を欠く分類群における精子形成のための嚢状の場所。
seminiferous tubule　精細管。一次精索内に発達する通路で，精子を産生する胚上皮に裏打ちされている。
sense organ　感覚器。感覚受容器。
sensory ganglion　知覚神経節。中枢神経系の外にある知覚ニューロンの集合体。
sensory vesicle　感覚胞。脳に関連する腔所で，尾索類において平衡砂を収納する。
septum pellucidum　透明中隔。二重壁の膜で，哺乳類の大脳半球において側脳室を分ける。
serial homology　連続相同。個体内において同じ構造が分節的に連続する。
serosa　漿膜。腸管壁を覆う疎性結合組織と臓側腹膜。
serpentine　蛇行運動。ヘビ類やその他の四肢のない分類群における移動運動で，体をいくつにも曲がりくねらせたときに少なくとも3点が地面などに接触する。
serrate　鋸歯状の。端に沿って切れ込みがあったり歯が生えたような。鋸筋は鋸状を呈する。
serratus dorsalis　背鋸筋。肋骨上軸下筋群。頚部正中縫線と胸椎棘突起から肋骨近位部へ走る。脊髄胸神経腹枝支配。
serratus ventralis　腹鋸筋。軸下筋群；頚椎横突起と前位第七あるいは第八までの肋骨から肩甲骨内側面へ走る。脊髄頚神経腹枝支配。
serum　血清。血漿から線維素原（フィブリノーゲン）を除いたもの。
sesamoid bone　種子骨。腱のなかの石灰化した小結節。
sesamoid cartilage　種子軟骨。腱のなかの軟骨性小結節。
17 β-estradiol　17 β-エストラジオール。エストロゲン（q.v.）の効力のある形。
sex-　6。
sexual kidney　生殖腎。雄の腎臓の一部で，精子輸送のために先占される。
shaft　毛幹，羽幹。毛包の外にある毛の部分。羽弁の間の中軸で，羽毛の基礎をなす。
shell gland　卵殻腺。卵管の一部で，卵の上に卵殻を蓄積させるために特殊化した。
sidewinding　横這運動。接触点あるいは摩擦に乏しい場合のヘビ類の移動運動。
sigmoid　S字型の。
sigmoid flexure　S状曲。ヒトの下行結腸終端のS字型の弯曲。
simple　単純な。複雑さに欠けることを示す比較用語。
simple squamous epithelium　単層扁平上皮。扁平な細胞からなり，一層の扁平な表層を作る。
simplex（uterus）　単子宮。子宮角のない単一の子宮。
simple yolk sac placenta　単純卵黄嚢胎盤。ある種のサメにおけるように卵黄嚢と母体の子宮上皮とが直接接触する（他の胚体外膜はない）胎盤。
single-circuit heart　単回路心臓。大部分の魚類でみられ，血液は心臓を通って鰓へ，それから全身へ流れる（肺循環はない）。
sinoatrial（SA）node　洞房結節。静脈洞の遺残で心房壁に埋没し，哺乳類と鳥類で心房のペースメーカーとして働く。
sinus　洞。腔所。
sinus impar　不対洞。外リンパ隙の後方への延長で，ウェーバー小骨（q.v.）と接する。
sinusoid　洞様血管。類洞。薄壁の，洞様の脈管経路。
sinus venosus　静脈洞。心臓内の薄壁の室で，静脈血を受け取る。部分的に心房に組み込まれるか，有羊膜類で洞房結節として働く。
siphon sac　水管嚢。ある種のサメ類の雄で副次的な分泌物を精液に供給する筋性の腔所。
Sirenidae　シレン科。現生有尾類の永続する鰓を持つ(perennibranchiate)亜群(科)で，シレンを含む。

sister group 姉妹群。直近の外群で，内群と共通の祖先を持つ。

skin coloration 皮膚彩色(着色)。外皮の機能の1つ。

sloth ナマケモノ。哺乳類の亜群の南アメリカ産の異節類(Xenarthra)。

snake ヘビ類。有鱗類の亜群で，トカゲの祖先から派生した。

solitary or aggregated masses of lymph nodules 孤立あるいは集合リンパ小節。リンパ系の構成要素で，その最大のものは脾臓である。

soma-, somato- 体，細胞体。

somatic mesoderm 体壁板中胚葉。胚期における側板中胚葉の構成要素で，体壁を裏打ちする。

somatic receptor 体性受容器。感覚受容器で，外界や骨格筋系の活動に関する情報を与える。

somatopleure 体壁葉。体壁板中胚葉と外胚葉。その他の介在する組織とともに体壁を形成する。

somatotropin 成長ホルモン(ソマトトロピン)。腺性下垂体によって産生される全身性代謝ホルモン。

somesthetic cortex 体性感覚皮質。大脳半球の一領域で，脊髄の触覚線維と固有受容線維が薄束核を経由して特定の感覚を引き起こす。

somite 体節。分節性を示す上分節。

somitic muscle 体節筋。胚期の体節の筋節に由来する横紋筋。

somitomere 体節球(ソミトメア)。頭部の非分節性の上分節。

somitomeric muscle 体節球筋。胚期のソミトメアの筋節に由来する横紋筋。一部は鰓節筋。

South American anteater オオアリクイ。哺乳類の異節類の亜群のメンバー。

specialized 特殊化した。ある構造の適応的状態に由来する。

special receptor 特殊受容器。分布範囲の限られた感覚器。(一般受容器[general receptor]と対比)。

speciation 種分化。既存の種から新しい種が生じること。

spectacle スペクタクル(眼鏡形斑紋)。透明な眼瞼。

spermatheca 貯精嚢。総排泄腔の憩室あるいは卵管の管状陰窩で，多くのサンショウウオ，有鱗類，そしてある種の鳥類で精子を貯蔵する。

spermatic cord 精索。精管，血管，神経，精巣筋膜よりなる複合構造で，精巣下降の際に陰嚢腔内に引きずり込まれる。

spermatophore 精包(精莢)。ゼラチン状の精子の塊で，ある種の有尾類の雄がこれを体外に出し，雌が拾い上げる。

sphenethmoid 蝶篩骨。カエルの軟骨頭蓋の蝶形骨と篩骨の領域における唯一の骨化。

sphenoid くさび形の。

sphenoid bone 蝶形骨。蝶形骨域における1つの結合した骨化で，ある種の哺乳類の成体では翼を持つ。

sphenopalatine (pterygopalatine ganglion) 蝶形口蓋神経節(翼口蓋神経節)。頭部における自律神経節後細胞体の集合。

sphincter 括約筋。圧縮する，あるいはある開口部を小さくする筋。

spina bifida 二分脊椎。神経管が閉鎖しない遺伝的奇形。

spinale 棘筋。軸上筋の亜群。いくつかの椎骨に亘って棘突起から棘突起あるいは横突起へ走る。脊髄神経背枝支配。

spinal nerve 脊髄神経。脊髄からの分節状の神経。

spinal nerve plexus 脊髄神経叢。2つあるいはそれ以上の脊髄神経が収斂し，その線維が混じり合って，末梢に分布する前に1つあるいはそれ以上の共通の神経幹を形成する。

spine 棘。鋭く尖った突起。楯鱗における基底板からの膨出。

spinodeltoideus (deltoideus, pars scapularis) 棘三角筋(三角筋肩甲部)。背側体肢筋群。肩甲棘および肩峰から上腕骨三角筋粗面へ走る。腋窩神経支配。

spinotrapezius (thoracic trapezius) 棘僧帽筋(僧帽筋胸部)。鰓節筋群の僧帽筋複合体。胸椎棘突起(3～9)と胸腰筋膜から肩甲魚へ走る。副神経支配。

spiny fin 棘鰭(棘状鰭)。絶滅したアカンソジース(棘魚)類(q.v.)の鰭。

spiracle 呼吸孔。呼吸のための孔。顎骨弓と舌骨弓の間の咽頭裂。

spiral ganglion ラセン神経節。中枢神経系の外にあるニューロン細胞体の集合で，蝸牛に関連する。

spiral intestine ラセン腸管。ラセン弁を持つ魚類の腸。

spiral valve ラセン弁。ある種の魚類の腸内をラセン状に走る腸内縦隆起(typhlosole[q.v.])。

splanchn- 内臓。

splanchnic mesoderm 内臓板中胚葉。発生時の側板中胚葉の構成要素で，内臓を裏打ちする(被覆する)。

splanchnocranium 内臓頭蓋。内臓骨格。

splanchnopleure 内臓葉。腸管壁を形成する内臓板中胚葉と内胚葉。

spleen 脾臓。リンパ組織塊。造血組織。

splen- 脾臓。

splenial 板状骨。下顎のメッケル軟骨を覆う皮骨。

spondyl- 椎骨。

spongy bone 海綿骨。cancellous bone を参照。

spongy urethra 尿道海綿体。陰茎内の部分。

Squaliformes ツノザメ類。板鰓類の亜群で，実験動物としてよく使われるアブラツノザメ(Squqlus acanthias)を含む。

squam- 鱗。

squamate 有鱗類。双弓類(diapsid)爬虫類の亜群で，ヘビ類やトカゲ類を含む。

squamosal 鱗状骨。頭蓋の天井となる1対の皮骨。

squamous 鱗状の，扁平な。鱗の。

squamous portion 鱗部。哺乳類の側頭骨の一部で，非哺乳類の鱗状骨と相同。

stapedial アブミ骨の。アブミ骨に関係した。

stapedial muscle アブミ骨筋。舌骨鰓節筋群。中耳の壁からアブミ骨へ走る。顔面神経支配。

stapes アブミ骨。アブミ。四肢動物の耳小骨。

stato- 据えつけの，固定された。

steg- 被覆板を指す。また天井を指す。

stellate 星状の。

stem group 幹群。冠群(crown group[q.v.])に含まれないような幹分類群からなる系列あるいは群。

stereo- 硬い>形。

stereognosis 立体認知。stereo- + -gnosis(知識)形と重さの決定。

sternal portion 胸骨部。(横隔膜の)筋部で，胸骨に付着する。

sternal rib 肋骨胸骨部。胸骨に付着する肋骨。

sternebra (pl., sternebrae) 胸骨片。哺乳類の胸骨の個々の分節。

sternohyoid 胸骨舌骨筋。後舌骨鰓下筋群。胸骨から舌骨へ走る。舌下神経支配。

sternothyroid 胸骨甲状筋。後舌骨鰓下筋群。胸骨から甲状軟骨へ走る。舌下神経支配。

steroidogenic tissue ステロイド産生組織。ステロイドを産生する。

stirnorgan 前頭器官。frontal organ を参照。

stom- 口。

stomochord 口索。前腸の憩室で，ギボシムシで長吻(proboscis)のなかに伸びる。

stomodeum 口窩(口陥)。胚期の外胚葉の陥入で，口腔前方部を生じさせる。

stratum 層。

stratum corneum 角質層。表皮外層で，死んだ角化細胞からなる。

stratum germinativum (stratum malpighii) 胚芽層(マルピーギ層)。表皮基底層で，活発に有糸分裂する細胞からなる。

stratum granulosum 顆粒層。表皮中間層で，胚芽層と角質層の間にある。細胞はケラトヒアリン顆粒を含む。

stratum lucidum 淡明層。角質層の下の透明な層で，角(質)化の過程にある。厚い皮膚の領域(例：手の平，足の裏)にみられる。

strept-　ねじれた，曲がった。

stretch receptor　伸張受容器。筋の長さの変化に感受性のある知覚受容器。

stria　線条。縞。

stria medullaris　髄条。視床から手綱への神経線維路。

striate　線条のある。

striated (muscle)　横紋筋。光学顕微鏡の下で線条がみえる多核筋線維。

Striatum (corpus striatum)　線条体。大脳半球のなかの諸核とそれに関連する線条様の外観を呈する線維路。

sturgeon　チョウザメ。現生の軟質類。

-style　柱＞尾端骨のような突起。

styloglossus　茎突舌筋。前舌骨鰓下筋群。茎状舌骨から舌へ走る。舌下神経支配。

styloid　茎状の。長く伸びた形をした。

styloid process　茎状突起。舌骨の背側分節で，哺乳類では側頭骨と融合している。

-styly　支えられた，締めつけ。例えば間接連結(舌接)（hyostyly）では，舌骨が顎を頭蓋に対し固着している。

sub-　下の，下に。

subclavian　鎖骨下の。鎖骨の下にある。

subclavian artery　鎖骨下動脈。大動脈弓あるいは腕頭動脈の枝で，胸郭や頸部に隣接する領域および前肢に分布する。

subclavian vein　鎖骨下静脈。胸郭，頸部に隣接する領域および前肢から血液を腕頭静脈へ排出する脈管。

subintestinal vein　腸下静脈。消化管から血液を排出する胚期の脈管。

submandibular (ganglion)　顎下神経節。頭部における自律神経節後線維細胞体の集合。

submucosa　粘膜下組織。腸管壁の組織学的層で，結合組織と脈管叢からなる。

subopercular　下鰓蓋骨。魚類の鰓蓋内の皮骨要素。

subpharyngeal gland　咽頭下腺。アンモシーテス幼生の内柱で，咽頭の床の下に沈んで腺を形成する。

subscapularis　肩甲下筋。背側体肢筋群。肩甲下窩から上腕骨小結節へ走る。肩甲下筋神経と腋窩神経支配。

subunguis　爪底(蹄底)。爪下の＞鉤爪，平爪あるいは蹄の腹側の柔らかい部分。

subungulate　亜有蹄類。真の有蹄類ではない(有蹄類近縁と思われる動物)。

subvertebral　椎骨下筋。有羊膜類の軸下筋群。体腔の天井で横突起の下にある筋からなる。脊髄神経腹枝支配。

sudor-　汗。

sudoriferous (sweat) gland　汗腺。哺乳類の管状表皮腺。汗の蒸発による体温調節を行う。

sulcus (pl., sulci)　溝。

sulcus limitans　境界溝。神経腔壁の溝で，脊髄と菱脳で翼板と基板を分ける。

super-, supra-　上の，上方の，さらに。

superficial fascia　浅筋膜。哺乳類の皮膚とその下方の筋との間にある疎性結合組織のクッション。

superficial origin　脳神経出入部位。脳神経が脳の表面から入る，あるいは出る場所。

superior articular facet　上関節窩。環椎が後頭顆と関節するための場所。

superior (petrosal) pharyngeal ganglion　上咽頭神経節(椎体神経節)。鳥類および哺乳類における舌咽神経の知覚性細胞体の集合。

superior sagittal sinus　上矢状静脈洞。脳硬膜層の間の静脈腔で，哺乳類において脳から血液を外へ出す。

superior umbilicus　上臍。正羽で羽軸(q.v.)の基部にある切痕。後羽(q.v.)の出る場所。

superior vagal ganglion　上迷走神経節。鳥類と哺乳類における迷走神経の知覚性細胞体の集合。

superior vena cava　上大静脈。ヒトにおいて存続する下行大静脈（q. v.)。

supinator　回外筋。掌を上方に向ける回旋筋。

supinator of the manus　手の回外筋。背側体肢筋群。上腕骨外側上顆稜の近位端から橈骨の遠位骨幹へ走る(腕橈骨筋)。上腕骨外側上顆から橈骨の近位骨幹へ走る(回外筋)。橈骨神経支配。

supportive (sustentacular) cell　支持細胞。神経小丘と味覚の有毛感覚細胞に関連する。

suprabranchial organ　上鰓器官。1対の筋性の管で，ある種の真骨魚類で食道から前方に咽頭の上を伸びる。1つの種ではおそらくプランクトンを捕える消化機能を果たすか，あるいは補助的な呼吸膜となる。

supracoracoideus　烏口上筋。非哺乳類四肢動物の腹側体肢筋群。烏口骨(有尾類)あるいは胸骨(鳥類［独特に体肢を挙上する］)から上腕骨近位部へ走る。脊髄神経腹枝支配。

supracoracoid of reptiles　爬虫類の烏口上筋。腹側体肢筋群(哺乳類の棘上筋および棘下筋と相同)。前烏口骨から上腕骨へ走る。脊髄神経腹枝支配。

supracostal muscle　肋骨上筋。軸下筋複合体の一部。頸椎および胸椎から肋骨へ走る。脊髄神経腹枝支配。

supradorsal cartilage　上背軟骨。ある種のサメにおいて背側神経板と層間板の間で脊柱管の一部を形成する軟骨性のくさび。

supraneural bone　上神経骨。魚類で神経棘の背側にある要素。

supraoccipital bone　上後頭骨。神経頭蓋の後頭部背側にある置換骨。

suprarenal gland　腎上体，副腎。哺乳類の腎臓の上にある副腎。

suprascapular　上肩甲骨。肩甲骨の背側にある骨化中心で，肩甲骨と癒合する場合と分離したままの場合がある。

supraspinatus　棘上筋。腹側体肢筋群。肩甲骨棘上窩から上腕骨大結節へ走る。肩甲上神経支配。

supraspinous fossa　棘上窩。哺乳類の肩甲骨の外側にある陥凹で，肩甲棘の背側にある。

suprasternal (blastema)　上胸骨(芽体)。胚の前方にある1対の間葉の凝集で，胸骨柄の一部あるいは胸骨上小骨(q.v.)を生じさせる。

suprasternal ossicle　上胸骨小骨。上胸骨芽体から派生する前胸骨に関連する小骨。

supratemporal　上側頭骨。頭蓋の後外側角にあり天井となる1対の皮骨。

supratemporal (arch)　上側頭弓。双弓類の頭蓋における2つの窩の間の上方の弓。

sur-　上に，以上に。super- と同じ。

surangular (bone)　上角骨。下顎の皮骨で角骨の上にある。

suspensory ligament　提靱帯。眼球の水晶体を支持する線維性の構造。

sym-, syn-　一緒に。

sympathetic (paravertebral ganglion)　交感神経節(旁脊椎神経節)。自律神経系神経節の1つ。

sympathetic system (thoracolumbar system)　交感神経系（胸腰神経系)。自律神経系の亜系の1つ。

sympathetic trunk　交感神経幹。交感神経節と連絡線維の集合で，脊柱近傍にある。

symphysis　結合，線維軟骨結合。一緒になること。生じるもの(-physis)を参照。

symplectic　接続骨。硬骨魚類の舌顎軟骨内にある骨化中心。

synapse　シナプス。結合。あるニューロンから別のニューロンへのシグナル伝達の場。

synaptic knob (terminal button)　シナプス小頭(終末ボタン)。シナプスを形成する軸索の終末拡張部。

synarthrosis　不動結合。縫合様の不動関節。

synchronizing hormone　同期化（同調)ホルモン。概日リズムの相を整える。

syncytium　合胞体(シンシチウム)。多核で1つの機能を持つ細胞単位(例：筋線維)。

synsacrum　複合仙骨。他の椎骨と癒合した仙骨。

syrinx　鳴管。鳥類の発声器(後喉頭)。

systemic arch　体循環弓。体に血液を供給する大動脈弓。

systemic circuit　体循環(大循

環)。血液を心臓から体に運び，また心臓に戻す血管系。肺循環(pulmonary circuit)と対比。

systole 収縮期。収縮が起る心臓のサイクル。拡張期(diastole)と対比。

【T】

T lymphocyte (T cell) T リンパ球(T 細胞)。免疫系細胞で，胸腺あるいはリンパ節で形成される。標的細胞を直接溶解するか，免疫系において他の細胞を援助する。

tabular 板骨。頭蓋の後外側角にあって天井を形成する皮骨。

tactile disc 触覚円盤(触覚板)。表皮細胞と感覚線維からなり，ある種の哺乳類における触覚受容に働く。

tail 尾。体の後方への延長で，肛門を越えて伸びる。

tarsiers メガネザル。霊長類原猿類の一亜群。

tarsometatarsus 足根中足骨。鳥類において遠位足根骨と３本の中足骨が癒合したもの。

tarsus 足根，瞼板。踵。また眼瞼における結合組織性の板。

taste cell 味細胞。味覚のための非神経性化学受容細胞。

taste pore 味孔。味蕾に開口する小さな上皮性の孔。

tax- 配列。

taxon 分類群。門あるいは種など，分類学上の単位。

taxonomy 分類学。分類群を秩序立って配列すること。分類。

tectorial membrane 蓋膜。両生類の球形嚢あるいは有羊膜類の蝸牛における迷路の神経小丘を覆う膜。

tectum 蓋。天井>中脳蓋。神経頭蓋の軟骨性の天井。

tegmentum 被蓋。覆い>中脳の基板あるいは覆い。

tel-, teleo-, telo- 終わりの，完成した。

tela 組織。網>薄い網状の膜。

telencephalic vesicle 終脳胞。終脳の膨出部で，大脳半球を生じさせる。

telencephalon 終脳。脳の前端。

teleological reasoning 目的論的論法。目的論の適用。

teleology 目的論。自然現象を予め運命づけられた目的のせいにすること。

teleost 真骨類。真骨上目のメンバーで条鰭類の亜群。

telodendria 終末分枝。

telolecithal 端黄卵。卵の１タイプで，卵黄が一極に集中する。

Temnospondyli 切椎類。ほとんど絶滅した両生類の亜群。おそらくは現生両生類の祖先グループ。

temporal 側頭の。目の後ろのこめかみあるいは頭蓋側面を指す。

temporal (fossa) 側頭窩。頭蓋側頭部にある開口部。

temporal bone 側頭骨。哺乳類側頭部にある複合骨。

tendon 腱。筋を骨に結びつける結合組織。

tendonous inscription 腱画。筋節中隔に似た結合組織で，筋に引っ張り強度を与える。

tensor 張筋。ある構造をぴんと張られた状態にする筋。

tensor tympani 鼓膜張筋。下顎鰓節筋群。中耳壁からツチ骨へ走る。三叉神経支配。

teres 円い。

teres major 大円筋。背側体肢筋群。肩甲骨後端から上腕骨骨幹近位部の大円筋粗面へ走る。腋窩神経分枝支配。

teres minor 小円筋。背側体肢筋群。肩甲骨後端から上腕骨大結節へ走る。腋窩神経支配。

terminal (ganglion) 終神経節。自律神経節の１つ。

terminal nerve 終神経。(嗅神経の前方にある)第０脳神経。有頭動物の脳神経で，おそらくフェロモンの化学受容に関連する。

terminal taxa 終末分類群(先端分類群)。分岐図あるいは系統樹の分岐の先端にみられる分類群。

tertiary bronchus 三次気管支。気管支の分枝で，細気管支に通ずる。

testosterone テストステロン。アンドロゲン(q.v.)の実効型。

Testudinata カメ類。爬虫類における無弓類の亜群。カメ類。

tetra- 4。

thalamo- 室。

thalamus 視床。核の集塊で，間脳外側壁を形成する。

theco- 容器あるいは鞘。

thecodont dentition 槽生歯。歯槽のなかに歯がある。

Theory of Natural Selection 自然選択説。最適者生存に関するダーウィンの仮説。

therapsid 獣弓類。単弓類の亜群で哺乳類を含む。

Theria 獣亜綱哺乳類。哺乳綱の亜綱。後獣下綱(有袋類)と真獣下綱。

therio- 毛を持つ動物。獣。

thermoreceptor 温度受容器。温度感受性の知覚受容器。

thermoregulation 温度調節。体温の維持。

thoracic duct 胸管。１本のリンパ管で胸郭を横切り，リンパを腹部から頚部の主要な静脈へ運ぶ。

thoracic trapezius 僧帽筋胸部。鰓節筋群(外来性前肢筋)の僧帽筋複合体。第三から第八胸椎棘突起から肩甲棘へ走る。副神経支配。

thoracic vertebra 胸椎。胸郭内に位置する。

thrombo- 凝塊。血塊。

thrombocyte 血小板。

thymus 胸腺。リンパ組織塊。

thyroglobulin サイログロブリン。サイロキシン(q.v.)の貯蔵形。

thyrohyoid 甲状舌骨筋。舌骨後鰓下筋群。甲状軟骨から舌骨へ走る。舌下神経支配。

thyroid 甲状の。楯の形をした。

thyroid (gland) 甲状腺。咽頭底の上皮腺で，ヨードを蓄積し結合する能力を持つ。内柱とある程度相同。

thyroid bone 甲状骨。甲状軟骨の置換骨。

thyroid cartilage 甲状軟骨。喉頭軟骨の１つ。

thyroid follicle 甲状腺濾胞。上皮細胞とコロイドを満たした腔所からなり，甲状腺産物の産生と貯蔵を行う。

thyrotropin 甲状腺刺激ホルモン。腺性下垂体で産生され，甲状腺の活性を刺激する。

thyroxine サイロキシン。ヨード化タンパク質で，ヨードがアミノ酸の１つであるチロシンと結合して形成される。

tibial (artery) 脛骨動脈。脛にある血管。

tibiofibula 脛腓骨。カエルにおけるように脛骨と腓骨が癒合したもの。

tibiotarsus 脛足根骨。鳥類において近位足根骨と脛骨が癒合したもの。

-tome 切断。また切断の結果，切片あるいは薄膜となったもの。

tonic 強直性の。横紋筋線維の型の１つ。

tonsil 扁桃。リンパ性器官。

toris (pl., tori) 隆起。哺乳類の足にある表皮性の肥厚あるいは肉球。

tornaria トルナリア。半索類の幼生。

trabecula (pl., trabeculae) 小柱，骨小柱。小さな梁>より糸，棟，棹あるいは束(例:小柱状骨)。

trabeculae carneae 肉柱。心室内の筋性隆起。

trabeculae cranii 梁柱軟骨。神経頭蓋における脊索前方の軟骨。

trachea 気管。喉頭から肺に至る不対で近位の通路。

tracheal syrinx 気管型鳴管。気管自体が振動する鳥類の発声器。

trans- 横切る。

transect 横断する。

transverse (sheet of muscle) 横筋層。有羊膜類において体幹の軸下筋内にある筋層。

transverse atlantal ligament 環椎横靭帯。哺乳類の環椎で，椎骨が歯突起(q.v.)を適切に保定する。

transverse foramen 横突孔。哺乳類の頚椎における血管の通路。

transverse muscles of the abdomen 腹横筋。腹壁の軸下筋群。胸腰筋膜と後位肋骨から白線へ走る。脊髄神経腹枝支配。

transverse muscles of the thorax 胸横筋。胸郭壁の軸下筋群。肋骨から肋骨あるいは胸骨へ走る。脊髄神経腹枝支配。

transverse process 横突起。椎骨の横突起(q.v.)。

transverse septum 横中隔。心膜腔と胸腹膜腔を分ける線維膜。

transversus costarum 肋横筋。肋骨上軸下筋群。第一～第十二胸椎の横突起から隣接する後位の肋骨へ走る。脊髄神経腹枝から起る肋間神経支配。

trapezius (muscle) 僧帽筋。ヒトにおけるその形から名づけられた。鰓節筋群。第三頚椎ないし第九胸椎から肩甲棘へ。副神経支配。非哺乳類の帽状筋と相同。

trapezoid 台形の。２つの平行な辺を持った四角形。

-trema 隙間。

tri- ３つの部分を持つ。

trich- 毛。

triconodont 三錐歯。初期原獣亜綱の歯で１列に並んだ３つの咬頭(歯冠尖頭)を持つ。

tricuspid valve 三尖弁。心臓の右房室弁。

trigeminal 三叉神経。第Ⅴ脳神経。「三つ組」を意味する単語に由来。３つの一次分枝を持つ神経。

triiodothyronine トリヨードサイロニン。生物学的活性を持つ甲状腺ホルモン。

triploblastic organism 三胚葉生物。発生において３つの一次胚葉を持つ。

trituberculate 三丘歯。初期獣亜綱の歯で三角形状に並んだ３つの咬頭(歯冠尖頭)を持つ。

trochlea 滑車。ヒトの滑車神経は滑車の付着部を通過する。

troph- 栄養。

trophoblast 栄養膜(栄養芽層)。獣亜綱哺乳類の胚の栄養膜。

trophotaeniae リボン状直腸突起。ある種の真骨類における胚期の絨毛様突起で，腸管から突出して母体の栄養物を吸収する。

truncus 幹，体幹。

truncus arteriosus 動脈幹。腹側大動脈。動脈円錐(conus arteriosus)と対比。

trunk 体幹(胴，躯幹)。

tubal bladder 管状膀胱。真骨類において２本の中腎管会合部にある長い嚢。

tuber- 膨らみまたはこぶ>粗面，結節または隆起。

tuberculum 結節。小さな結節。四肢動物の肋骨の背側頭(肋骨結節)。

tubular 管状(腺)。管状の形態から名づけられた表皮腺。

tunic 被膜，層。外被または覆い。

turbinal bone (nasal concha) 鼻甲介骨(鼻甲介)。鼻道における巻紙状の篩骨の一部で，大部分の爬虫類および哺乳類にある。

turtle (Testudinata) カメ類。爬虫類のうち無弓類の亜群の１つ。

twitch 単収縮線維。骨格筋線維のタイプの１つ。

two aortic trunks (left and right systemic arches) ２本の大動脈幹(左右の体循環弓)。爬虫類の腹側大動脈の３本の分枝のうちの２つを指す(肺動脈幹は３本目)。

two-circuit heart 二回路心臓。体循環と肺循環の両方の回路を持つ心臓。

tympanic (annulus tympanicus) 鼓室輪。鼓膜が付着する骨輪。非哺乳類の下顎の真皮性の角骨と相同。

tympanic bulla 鼓室胞。中耳を収める膨大部で，鼓室部と内鼓室部からなる。

tympanic cavity 鼓室。中耳の腔所，すなわち鼓室(q.v.)。

tympanic membrane 鼓膜。

tympanohyal 鼓室舌骨。哺乳類の舌骨の一要素。

tympanum 太鼓>鼓膜。

typhlosole 腸内縦隆起。腸内腔の縦のヒダ。

【U】

ulna 尺骨。肘>肘の骨。

ulnar (artery) 尺骨(動脈)。尺骨に平行に走る前腕の血管。

ulnare 尺側手根骨。尺骨と関節する手根骨。

ultimobranchial 鰓後体。最後位鰓嚢から派生する腺。

ultra- 超えた。

-ulus, -ula, -ulum 小さいを意味する指小的接尾辞。

umbilical (allantoic) vein 臍(尿膜)静脈。哺乳類における胚期の血管で，胎盤と静脈系をつなぐ。母体から酸素を含む血液を供給する血管。

uncinate 鉤状の。

uncinate process 鉤状突起。鳥類で筋の付着のために肋骨から突出する突起。

uncus 鉤。

unguis 爪壁(蹄壁)。

ungula 蹄，有蹄類。

ungulate 有蹄の，有蹄類。

unpaired visceral branch 不対臓側枝。背側大動脈から１本で出る分枝で，内臓臓器に分布する。

urachus 尿膜管。正中臍索(middle umbilical ligament)を参照。

ureter 尿管。後腎と胚期の中腎管を結ぶ管。

urethra 尿道。膀胱と尿路の開口部を結ぶ管で，雄では陰茎先端，雌では膣の入口に開く。

urethral groove 尿道溝。総排泄腔の床にある開いた通路で，ある種の爬虫類と単孔類の雄で左右の海綿状勃起組織の膨らみの間にある。

urinary bladder 膀胱。胚期の総排泄腔の膨出で尿を溜める。

uro- 尿の，尾の。ギリシャ語のouro に由来する。

Urochordata 尾索類。脊索動物の亜群でホヤなどを含む。

Urodela (Caudata) 有尾類。滑皮(平滑)両生類の亜群。サンショウウオ類。

urodeum 尿生殖道。総排泄腔より派生した泌尿生殖路。

urogenital aperture 泌尿生殖口。泌尿生殖路の独立した外部への開口部。

urogenital sinus 泌尿生殖洞。多くの哺乳類において膣が開く最終腔所。

urophysis 尾部下垂体。サメ，軟骨魚類，真骨類で尾の基部にある神経内分泌器官。

uropygial (preening) gland 尾腺(身繕い用の腺)。鳥類における顕著な脂腺。

uropygium 尾隆起(尾羽が生える部位)。鳥類の臀のような尾部。

urorectal fold 尿直腸ヒダ。総排泄腔において尿生殖道と糞道を分ける仕切り。

urostyle 尾端骨。カエル仙椎後方の癒合した椎骨。真骨類の正尾鰭において脊索を囲む骨性の鞘。

urotensin ウロテンシン。尾部下垂体(q.v.)の神経内分泌物。真骨類では血圧を調節する。

uterus 子宮，卵管子宮部。卵管の後端で，卵の準備あるいは胚の発生に様々な機能を果たす。有袋類の１対のミュラー管あるいは真獣類の様々な程度に融合した正中構造物。

utricle 小嚢，小胞。小さな嚢あるいは小胞。

utriculus 卵形嚢。内耳の膜迷路内にある２つの嚢の１つ。

uvula 口蓋垂。ヒトやその他いくつかの霊長類において軟口蓋の後縁から下がる肉性の突起。

【V】

vagal lobe 迷走葉。ある種の魚類における後脳翼部(孤束核)の膨大で，味覚入力を受容するニューロンが増加していることを示す。

vagina 膣，卵管膣部。鞘。雌の生殖管あるいは生殖路。鳥類で総排泄腔の入口にある子宮の筋性部分。獣亜綱哺乳類で子宮遠位にあるミュラー管の不対の末端部分。

vagus 迷走神経。迷う>広い分布域を持つ第Ⅹ脳神経。

vane 羽弁。典型的な正羽の羽軸の両側にある平たい部分。

vas (pl., vasa) 管，血管，導管。

vasa efferentia 精巣輸出管。中腎細管の前部で，精巣および精子通路と関連する。精巣上体に排出する。

vasa recta 直血管(直細血管)。哺乳類腎臓における尿細管周囲の毛細血管で，ヘンレのワナに平行して走る。腎単位における対向流による交換の場。

vasa vasorum 脈管の血管(脈管)。血管の血管。

vas deferens (ductus deferens) 精管。精子のみを運ぶ管。

vasomotor fiber 血管運動線維。血管の平滑筋に分布する自律神経線維。

vegetal pole 植物極。発生の卵割から胞胚形成の間で胚の卵黄が豊富な極。動物極(animal pole)を参照。

vein 静脈。毛細血管で始まり，血液を心臓に向けて運ぶ。

velar chamber 縁弁室。ヌタウナギの咽頭前端の腔所。ヌタウナギで水を咽頭内に運ぶ縁弁ポンプ(velar pump)のある場所。

velum 軟口蓋，帆，縁弁。ヴェール＞薄い膜。

vent 排泄口，出口。

venter 腹。腹部。背あるいは背部の反対側の部分。

ventral abdominal vein 腹側腹部静脈。両生類腹部中央の１本の血管で，胚期に外側腹部静脈が融合して生じる。

ventral aorta 腹側大動脈。心臓から起る血管で，血液を大動脈弓に運ぶ。

ventral decussation of the pons 橋の腹側交叉。哺乳類の菱脳腹側の隆起で線維路を通す。

ventral intercalary plate 腹側層間板。サメで血管弓の間にある軟骨性板。

ventral lip 原口腹唇。胚の原口の下端。原腸胚形成の際に表層細胞が巻き込まれる場所。

ventral mesentery 腹側腸間膜。正中の体腔被覆の腹側における遺残。

ventral plate 腹板。サメで血管弓を形成する個々の軟骨板。

ventral ramus 腹枝。脊髄神経の腹側の分枝。

ventral rib 腹側肋骨(下肋)。魚類の筋節中隔内にある肋骨で，壁側腹膜のすぐ外側にある。

ventral root 腹根。脊髄神経の腹側要素で，脊髄を去った小根の癒合によって形成される。

ventricle 室。ある器官のなかの腔所＞心臓あるいは脳のなかの腔所，すなわち心室あるいは脳室。

ventricular trabecula 心室小柱。両生類の心室壁から突出する稜で，酸素に富んだ血液と酸素に乏しい血液を分けるのを助ける。

ventricular zone 脳室帯。発生中の神経管の内層。神経管において胚芽細胞の占める場所。

ventrobronchus 腹気管支。鳥類における腹側気管支。

venule 細静脈(小静脈)。心臓に血液を運ぶ中間的な大きさの血管。

vermi- 虫。

vertebra (pl., vertebrae) 椎骨。分節的に配列された骨格要素で，脊椎動物の脊柱を形成する。

vertebral (artery) 椎骨動脈。鎖骨下動脈の支流で，頭蓋内に血液を供給する(大脳動脈輪[q.v.])。

vertebral canal 脊柱管。神経弓によって形成される脊髄のための通路あるいは管。

vertebral portion(of diaphragm) (横隔膜の)椎骨部。横隔膜筋部の一部で椎骨に付着する(獣医解剖学用語では腰椎部)。

Vertebrata 脊椎動物。有頭動物の亜群で椎骨によって特徴づけられる。

vertebromuscular 椎骨筋動脈。体幹における背側大動脈の分枝で，軸上筋，皮膚および脊柱に血液を供給する。

Vesalius, Andreas (1514 ～ 1564) アンドレアス・ヴェザリウス。人体に関する著書を出版した初期の解剖学者。

vesica 嚢あるいは小胞。

vesicles of Savi サヴィ器官。デンキエイ(シビレエイ)の神経小丘器官。

vestibular ganglion 前庭神経節。平衡感覚のための知覚性ニューロンの細胞体がある場所。

vestibular nerve 前庭神経。内耳神経の分枝で，内耳の非蝸牛領域に分布する。

vestibule 前庭。前室，控えの間あるいは入口。

vestibule of the larynx 喉頭前庭。声帯(true cord)の前位にある喉頭の前室。

vestibule of the vulva 膣前庭。サル類およびヒトにおける膣の前室。

vestigial 痕跡的な。系統発生学的遺残で，祖先ではもっとよく発達していた。

vibrissa (pl., vibrissae) 触毛(鼻毛)。ほおひげ。

villi 絨毛。小腸を内張りする指状あるいは葉状の突起。

Vinci, Leonardo da (1452 ～ 1519) レオナルド・ダ・ヴィンチ。ルネッサンスの芸術家で，独自で解剖学の観察と記録をした。

visceral artery 内臓動脈。背側大動脈の正中の分枝で内臓諸器官に分布する。

visceral pericardium 臓側心膜。心臓を覆う体腔の内張り。

visceral peritoneum 臓側腹膜。内臓諸器官を覆う体腔の内張り。

visceral receptor 臓性受容器。内部環境を監視する知覚受容器。

visceral skeleton 内臓骨格。咽頭骨格。

vitamin D ビタミンD。ある種の動物の皮膚で産生される有機化合物。

vitelli- 卵黄。

vitelline artery 卵黄嚢動脈。胚期の血管で心臓から卵黄嚢に至る。

vitelline (omophalomesenteric) vessel 卵黄(臍腸間膜)血管。卵黄嚢における胚期初期の血管。

vitelline vein 卵黄嚢静脈。胚期の血管で卵黄嚢から心臓に至る。

vitreous 硝子体の。硝子のような外観をした。

vitreous chamber 硝子体眼房。眼の後方の室で，液体で満たされる。

vitreous humor 硝子体液。硝子体眼房(q.v.)を満たすジェリー状の液体。

vivi- 生きている。

viviparous 胎生の。子を出産する。

vocal cord (vocal fold) 声帯(声帯ヒダ)。喉頭内にある筋性のヒダで音声を生じさせる。

vocal sac 鳴嚢。カエルの咽頭底の下にある反響室。

volar 掌側の，足底の。掌あるいは足の裏に関係する。

voluntary 随意の。意志によって収縮する(筋)。

vomer 鋤骨。鋤(すき)の刃。哺乳類の鋤骨。すきの刃に似た篩骨由来の骨。

vomeronasal nerve 鋤鼻神経。鋤鼻器に関連する脳神経(獣医解剖学用語では自律神経)。

-vorous 食べる。食虫類におけるように食べる，むさぼり食う。

vulva 陰門。哺乳類の雌の外生殖器。

【W】

weberian ossicle ウェーバー小骨。椎骨横突起の変化したもので，コイ類(真骨類，付録を参照)において鰾と耳をつなぐ。

wheel organ 輪状器官。ナメクジウオの前庭への突起。

white matter 白質。神経管の組織で，有髄線維を大量に含むために白くみえる。

white rami communicans 白交通枝。交感神経幹と脊髄の間の連絡で，節前線維を通す。

【X】

xanth- 黄色い。

xanthophore 黄色素胞。黄色い顆粒を含む色素細胞で，皮膚の変色に一部関係する。

xen- 奇妙な，異所の。

xenarthran 異節類。哺乳類の亜群で，アルマジロやナマケモノを含む。(旧名，現在では貧歯類)

xiph- 剣の。

xiphisternum 剣状突起。最後尾の胸骨片(q.v.)。

xiphoid process 剣状軟骨。剣状突起先端の軟骨。

【Y】

yolk sac 卵黄嚢。卵黄を囲む胚体外膜。

ypsiloid Y字型の。ギリシャ語のユプシロン(υ)の形をした。

【Z】

zonary placenta 帯状胎盤。絨毛膜絨毛が取り囲む帯のように分布する。

zyg- 軛(くびき)＞2つの物をつなげるもの。

zygapophysis 関節突起。前方あるいは後方の椎骨と関節する椎骨突起。

zygodactyl 対趾足。ある種の鳥類において２本の足指が前方，他の２本の足指が後方を向く状態。

zygomatic arch 頬骨弓。単弓類の側頭窓の下にある。

zygote 接合子。配偶子の結合で生じる。

欧文訳語一覧

【A】

Aardvarks　ツチブタ
Abdominal（peritoneal）cavity　腹腔（腹膜腔）
Abdominal veins　腹部静脈
Abducens nerve（CN VI）　外転神経（第Ⅵ脳神経）
Abomasum　第四胃
Acanthodians（spiny fishes）　アカンソジース（棘魚）類
Acanthostega　アカントステガ
Accessory nerve（CN XI）　副神経（第Ⅺ脳神経）
Accessory urinary duct　副尿管
Accommodation for viewing　眼の調節
Acellular bone（aspidin）　無細胞骨（アスピジン）
Acetabulum　寛骨臼
Acetylcholine　アセチルコリン
Acorn worms　ギボシムシ（腸鰓類）
Acousticolateralis（octavolateralis）system　聴側線系
Acquired characteristics　獲得形質
Acrodont dentition　端生歯
Acromion process　肩峰
Acromiotrapezius　肩峰僧帽筋
Actinistians（Actinistia）　空棘類
Actinopterygians（Actinopterygii）　条鰭類
Actinotrichia　放射鰭条
Adaptation　適応
Adductor femoris　大腿内転筋
Adductor longus　長内転筋
Adductor mandibulae　下顎内転筋
Adenohypophysis　腺性下垂体
Adenoids　咽頭扁桃
Adhesive papillae　接着乳頭
Adrenal cortex　副腎皮質
Adrenal gland　副腎
Adrenal medulla　副腎髄質
Adrenaline（Epinephrine）　アドレナリン（エピネフリン）
Adrenocorticotropin　アドレノコルチコトロピン（副腎皮質刺激ホルモン）
Advanced　進んだ，学術用語としての用法
Adventitia　外膜
Aerial respiration　空気呼吸
Afferent（sensory）nerves　求心性（知覚）神経
Afterfeather　後羽
Agnathans　無顎類
Air capillaries　含気毛細管
Air sacs　気嚢
Alar plate　翼板
Albumen glands　卵白腺
Aldosterone　アルドステロン
Alisphenoid bone　翼蝶形骨
Allantoic arteries　尿膜動脈
Allantoic veins　尿膜静脈
Allantois　尿膜
Alligator　アリゲーター
Alula　小翼
Alveolar ducts　肺胞管
Alveolar ridges　歯槽堤
Alveoli　肺胞
Ambystomatidae　アンビストマ科
Ameloblasts　エナメル芽細胞
Amia calva　アミア
Aminogenic tissue　アミン産生組織
Ammocoetes　アンモシーテス（ヤツメウナギの幼生）
Ammonia, formation of　アンモニアの形成
Amnion　羊膜
Amniotes（Amniota）　有羊膜類
Amniotic fluid　羊水
Amphiarthrosis　半関節
Amphibians　両生類
Amphioxus　ナメクジウオ
Amphisbaenians　ミミズトカゲ
Amphistyly　両接（二重連結）
Amphiuma　アンヒューマ
Ampulla　膨大部
Ampulla of Vater　ファーテル膨大部
Ampullae of Lorenzini　ロレンツィーニ膨大部
Ampullary glands　膨大腺
Amygdaloid nucleus　扁桃核
Amylase　アミラーゼ
Analogy　相似
Anapsids　無弓類
Anastomoses　吻合
Anatomic planes　解剖面
Anatomy　解剖学
Anconeus　肘筋
Androgens　アンドロゲン
Angiotensin　アンギオテンシン
Animal pole, of mesolecital egg　中黄卵の動物極
Ankle　足首
Ankylosis　強直
Anteater　アリクイ
Anterior aqueous chamber　前眼房
Anthracosaurs（Anthracosauria）　古竜類
Anthropoids（Anthropoidea）　真猿類
Antiarchs　胴甲類
Antidiuretic hormone　抗利尿ホルモン
Antlers　枝角
Anurans　無尾類
Anus　肛門
Aorta　大動脈
Aortic arches　大動脈弓
Aortic bodies　大動脈小体
Apical pads　指球
Apodans　無足類
Apophysises, vertebral　椎骨突起
Appendicular muscles　体肢筋
Appendix　虫垂
Appendix testis　精巣垂
Aqueduct of Sylvius　シルヴィウス水道（中脳水道）
Arachnoid　クモ膜
Arachnoid granulations　クモ膜顆粒
Archaeopteryx　始祖鳥
Archaeornithes　古鳥類
Archenteron　原腸
Archinephros　原腎
Archipterygium　原鰭
Archosaurs（Archosauria）　主竜類
Ardipithecus　アルディピテクス
Area opaca　暗域
Arginine vasotocin　アルギニンバソトシン
Armadillo　アルマジロ
Arrector pili muscle　立毛筋
Arrectores pilorum　立毛筋
Arrectores plumarum　立羽筋
Arteriole　細動脈
Arteriovertebral canal　椎骨動脈管
Artery（arteries）　動脈
Arthrodires　節頚類
Arthrosis　関節
Artiodactyls　偶蹄類
Arytenoid cartilages　披裂軟骨
Ascidians　ホヤ類
Aspidin　アスピジン
Astragalocalcaneus　距踵骨
Astrocytes　星状膠細胞
Atlas　環椎
Atriopore　囲鰓腔門（出水孔）

Atrioventricular node 房室結節
Atrium 囲鰓腔
Atrium 心房
Auditory lobes 聴葉
Auditory tubes 耳管
Auerbach's plexus アウエルバッハ神経叢
Auricular muscles 耳介筋
Australopithecus アウストラロピテクス
Autonomic nerve 自律神経
Autonomic nervous system 自律神経系
Autonomic plexus 自律神経叢
Autopodium 末脚（自脚）
Autostyly 自接（自己連結）
Aves 鳥類
Axillary artery 腋窩動脈
Axis 軸椎
Axon 軸索
Azygos vein 奇静脈

【B】

Baculum 陰茎骨
Baleen 鯨鬚（鯨ヒゲ）
Baleen whale ヒゲクジラ
Barbs 羽枝
Barbules 小羽枝
Baroreceptors 圧受容器
Basal ganglia 大脳基底核
Basal plate 基板
Basal 基本的，学術用語としての用法
Basalia 基底軟骨
Basibranchial cartilages 底鰓節軟骨
Basidorsal cartilages 底背軟骨
Basihyal cartilages 底舌軟骨
Basilar membrane 基底板
Basioccipital bone 底後頭骨
Basioclavicularis 底鎖骨筋
Basisphenoid bone 底蝶形骨
Basiventral cartilages 底腹軟骨
Bats コウモリ
Beaks 嘴
Belon, Pierre ピエール・ベロン
Biceps brachii 上腕二頭筋
Biceps femoris 大腿二頭筋
Bicuspid valve 二尖弁
Bidder's organ ビダー器官
Bilateral symmetry 左右相称
Bilirubin ビリルビン
Biliverdin ビリベルジン
Binominal name 二名法
Bioluminescence 生物発光
Birds 鳥類
Blastema 芽体
Blastocoel 胞胚腔
Blastocyst 胚盤胞
Blastoderm 胚盤葉（胞胚葉）
Blastodisk 胚盤
Blastomere 割球
Blastopore 原口
Blastula 胞胚
Blood 血液
Blood islands 血島
Blowholes 噴水孔
Body wall 体壁
Bone(s) 骨
Bony dermis 骨性真皮
Bony fishes 硬骨魚類
Bothriolepis ボスリオレピス
Bowfin アミアの一般名
Bowman's capsule ボウマン嚢
Bowman's gland ボウマン腺
Brachial artery 上腕動脈
Brachial plexus 腕神経叢
Brachial vein 上腕静脈
Brachialis 上腕筋
Brain 脳
Branchial arteries 鰓動脈
Branchial ducts 鰓管
Branchial plate 鰓板
Branchiohyoideus muscle 鰓舌骨筋
Branchiomeric muscles 鰓節筋
Branchiostegal membranes 鰓条膜
Branchiostegal rays 鰓条
Branchiostoma ナメクジウオ
Bregmatic bones 前頂骨
Bristles 剛羽
Bronchi 気管支
Bronchial syrinx 気管支型鳴管
Bronchioles 細気管支
Bronchotracheal syrinx
気管－気管支型鳴管
Brood pouches 孵卵嚢（育子房）
Bufonidae ヒキガエル科
Bulb, hair 毛球
Bulbourethral（Cowper's）glands
尿道球腺（カウパー腺）
Bulbus cordis 心球
Bunodont teeth 鈍頭歯（丘状歯）
Bursa of Fabricius ファブリキウス嚢

【C】

C cells 旁濾胞細胞（C 細胞）
Caecilians アシナシイモリ
Calamoichthys カラモイクチス
Calamus 羽柄
Calcified cartilage 石灰化軟骨
Calcitonin カルシトニン
Callus 胼胝
Canaliculi 骨小管
Canine teeth 犬歯
Caninus 犬歯筋
Capillaries 毛細血管
Capillary shunt 毛細血管迂回路
Capitulum, of rib 肋骨頭
Cardiac muscle 心筋
Cardinal veins 主静脈
Carina 竜骨
Carnassial teeth 裂肉歯
Carnivores（Carnivora）
肉食動物（食肉類）
Carotid arteries 頸動脈
Carotid sinuses 頸動脈洞
Carp, skull of コイの頭蓋
Carpals 手根骨
Carpometacarpus 手根中手骨
Cartilages 軟骨
Cartilaginous fishes 軟骨魚類
Catarrhines 狭鼻猿類
Cauda equina 馬尾
Caudal vein 尾静脈
Caudal vertebrae 尾椎
Caudate nucleus 尾状核
Caudipteryx カウディプテリクス
Caudofemoralis 尾大腿筋
Caudofemoralis brevis 短尾大腿筋
Caviomorpha テンジクネズミ類
Cavum arteriosum 動脈腔
Cavum pulmonale 肺動脈腔
Cavum venosum 静脈腔
Cecal vein 腸盲嚢静脈
Cecum 盲腸
Cellulase セルラーゼ
Cementum セメント質
Cenozoic Era 新生代
Central nervous system 中枢神経系
Centralia 中心手根骨
Centrum 椎体
Cephalic canal systems 頭管系
Cephalization 頭化
Cephalochordates 頭索類
Ceratotrichia 角質鰭条
Cerebellar peduncles 小脳脚
Cerebellum 小脳
Cerebral aqueduct 中脳水道
Cerebral peduncles 大脳脚
Cerebrospinal fluid 脳脊髄液
Cerebrum 大脳
Cerumen 耳垢
Ceruminous gland 耳道腺
Cervical vertebrae 頸椎
Cervix 子宮頸
Cetaceans クジラ類
Chalazion 霰粒腫
Characins カラシン類
Cheek pouch 頬嚢
Cheek teeth 臼歯

Chemoreceptors 化学受容器
Chevron bone シェブロン骨（V 字状骨）
Chick ヒヨコ
Chief cells 主細胞
Chimaera ギンザメ
Chiroptera 翼手類
Chloride-secreting glands 塩類分泌腺（塩類腺）
Choanae 後鼻孔
Chondrichthyes（cartilaginous fishes） 軟骨魚類
Chondrocranium 軟骨頭蓋
Chondrogenesis 軟骨形成
Chondrostei 軟質類
Chordae tendineae 腱索
Chordal cartilage 脊索軟骨
Chordata 脊索動物
Chordin コーディン
Chordomesoderm 脊索中胚葉
Chorioallantoic membrane 絨毛尿膜（漿尿膜）
Chorioallantoic placenta 絨毛膜尿膜胎盤（漿尿膜胎盤）
Chorion 絨毛膜（漿膜）
Chorionic sac 絨毛膜嚢
Chorionic villi 絨毛膜絨毛
Choriovitelline placenta 絨毛膜卵黄嚢胎盤（漿膜卵黄嚢胎盤）
Choroid coat 脈絡膜
Choroid fissure 眼杯裂（脈絡［膜］裂）
Choroid plexuses 脈絡叢
Chromaffin tissue クロム親和性組織
Chromatophores 色素胞
Chyle 乳糜
Chyme 糜汁（粥状液）
Ciliary body 毛様体
Ciliary muscles 毛様体筋
Ciliary processes 毛様体突起
Circadian rhythms 概日リズム
Circle of Willis 大脳動脈輪（ウィリス動脈輪）
Circulatory system 循環系
Cisterna chyli 乳糜槽
Clade クレード（分岐群）
Cladistics 分岐学
Cladogram 分岐図
Claspers 抱接器（鰭脚）
Clavicles 鎖骨
Claws 鉤爪
Cleidobrachialis 鎖骨上腕筋
Cleidomastoideus（Cleidomastoid muscle） 鎖骨乳突筋
Cleido-occipitalis 鎖骨後頭筋
Cleidotrapezius 鎖骨僧帽筋
Cleithrum 擬鎖骨
Clitoris 陰核
Cloaca 総排泄腔（排出腔）
Cloacal plate 排泄腔板
Cloacal vein 排泄腔静脈
Clupeiformes ニシン類
Coagulating glands 凝固腺
Cochlea 蝸牛
Cochlear duct 蝸牛管
Coelom 体腔
Coelomic pouches 体腔嚢
Collagen bundles コラーゲン線維束
Collar nerve cord 襟神経索
Collateral ganglia 側副神経節
Collecting tubules 集合細管
Color vision 色覚（色感覚）
Columella 小柱
Common bile duct 総胆管
Complexus 錯綜筋
Conarial nerves 松果体神経
Conceptus 受胎産物
Concertina movement 蛇腹様運動（コンチェルティーナ運動）
Concha, nasal 鼻甲介
Cones 錐体
Conjunctiva 結膜
Contact placenta 接触胎盤
Conus arteriosus 動脈円錐
Copernicus コペルニクス
Copulation plug 膣栓
Coracoarcuales 烏口鰓弓筋群
Coracobrachialis 烏口腕筋
Coracohyoideus 烏口舌骨筋
Coracoids 烏口骨
Coracoid plate 烏口骨板
Coracomandibularis 烏口下顎筋
Corn ウオノメ
Cornea 角膜
Corniculate cartilages 小角軟骨
Coronary arteries 冠状動脈
Coronary ligament 冠状間膜
Coronary sinus 冠状静脈洞
Coronary veins 冠状静脈
Corpora cavernosa 陰茎海綿体
Corpora quadrigemina 四丘体
Corpus callosum 脳梁
Corpus luteum 黄体
Corpus spongiosum 尿道海綿体
Corpuscles of Herbst ヘルブスト小体
Corpuscles of Stannius スタニウス小体
Corticospinal tracts 皮質脊髄路
Cortisol コーチゾル
Cortisone コーチゾン
Costocutaneous muscles 肋骨皮筋
Cotyledonary placenta 胎盤葉胎盤（叢毛胎盤）
Cranial kinesis 頭蓋可動性
Cranial nerves 脳神経
Cranial sinuses 頭蓋洞
Craniates 有頭動物
Craniomaxillaris 頭蓋上顎筋
Craniovertebral junction 頭蓋椎骨接合
Cremaster muscle 精巣挙筋
Cribriform plate 篩板
Cricoarytenoideus 輪状披裂筋
Cricoid cartilages 輪状軟骨
Cricothyroideus 輪状甲状筋
Crista 膨大部稜
Crocodilians ワニ類
Crop 嗉嚢（そ嚢）
Cross section 横断
Crown group 冠群
Cryptobranchus アメリカオオサンショウウオ
Cucullaris 帽状筋
Cuneiforms（Cuneiform cartilages） 楔状軟骨
Cuneus 蹄叉
Cutaneous maximus 最大皮筋
Cutaneous pectoralis 胸皮筋
Cutaneous receptors 皮膚受容器
Cuticle 毛小皮
Cuvier, Georges ジョルジュ・キュヴィエ
Cyclostomes 円口類
Cyprinodon カダヤシ
Cyrtopodocytes 彎曲タコ足細胞
Cystern 乳管洞
Cystic duct 胆嚢管

【D】

Da Vinci, Leonardo レオナルド・ダ・ヴィンチ
Darwin, Charles チャールズ・ダーウイン
Dasyatis americana アカエイ
Decidua 脱落膜
Deciduous placenta 脱落膜胎盤
Degenerate 退化した，学術用語としての用法
Deltoideus 三角筋
Demibranch 片鰓（半鰓）
Dendrite 樹状突起
Dental lamina 歯堤
Dental plates 歯板
Denticles 小歯状突起
Dentin ゾウゲ質
Dentinal tubules ゾウゲ細管
Dentition 歯列
Depressor mandibulae 下顎下制筋
Derived 派生する，由来した，学術用語としての用法
Dermal bone 皮骨（真皮骨）

Dermal papillae　真皮乳頭
Dermatocranium　皮骨頭蓋
Dermatomes　真皮節
Dermis　真皮
Deuterostomes　後口動物（新口動物）
Development　発生
Diaphragm　横隔膜
Diaphragmatic muscles　横隔膜筋
Diaphragmatic pleura　横隔胸膜
Diaphysis　骨幹
Diapophyses　横突起関節部
Diapsids　双弓類
Diarthrosis　可動結合
Diastema　歯隙
Diastole　拡張期（弛緩期）
Diencephalon　間脳
Diffuse placenta　散在性胎盤（汎毛胎盤）
Diffusion　放散（拡散）
Digastricus　二腹筋
Digestive system　消化器系
Digits　指（趾）
Dinosaurs　恐竜
Diplospondyly
ディプロスポンディリー（二重椎骨）
Dipnoans（Dipinoi）　肺魚類
Discoidal placenta　盤状胎盤
Dolphins　イルカ
Dorsal aorta　背側大動脈（背大動脈）
Dorsal intercalary plates　背側層間板
Dorsal mesoderm（epimere）
上分節（背側中胚葉）
Dorsal ramus　背枝
Dorsal root　背根
Dorsal root ganglion　背根神経節
Dorsal ventricular ridge　背側脳室隆起
Dorsalis trunci　背体幹筋
Dorsobronchi　背気管支
Down feathers　綿羽
Duckbill　カモノハシ
Ductus arteriosus　動脈管
Ductus venosus　静脈管
Dugongs　ジュゴン
Dunkleosteus　ダンクルオステウス
Dura mater　硬膜
Dyskinesia　運動障害

【E】

Ears　耳
Eardrum　鼓膜
Echidna　ハリモグラ
Echinoderms　棘皮動物
Echolocation
反響定位（エコーロケーション）
Ectethmoid　外篩骨
Ectoderm　外胚葉
Ectodermal placodes　外胚葉プラコード
Ectopterygoid bones　外翼状骨
Ectotherm　外温動物（変温動物）
Effectors　効果器
Efferent（motor）nerves
遠心性（運動）神経
Eft　エフト
Eggs　卵
Elasmobranchs（Elasmobranchii）
板鰓類
Elastic cartilage　弾性軟骨
Electric organs　発電器官
Electroplax　発電細胞
Electroreception　電気受容
Elephants　ゾウ
Elimination　除去
Elops　カライワシ
Embryogenesis　胚形成
Embryonic disk　胚盤
Enamel　エナメル質
Enamel organ　エナメル器
Enameloid　類エナメル質
End bulb（corpuscles）of Kraus
クラウゼ終末小体
Endochondral ossification　軟骨内骨化
Endocrine system　内分泌系
Endoderm　内胚葉
Endolymph　内リンパ
Endolymphatic ducts　内リンパ管
Endolymphatic fossa　内リンパ窩
Endolymphatic sac　内リンパ嚢
Endometrium　子宮内膜
Endosteum　骨内膜
Endostyle　内柱
Endotherm　内温動物（温血動物）
Enteroceptors　内受容器
Enteropneusta　腸鰓類
Entoglossal bone　中舌骨
Entoglossus　中舌骨
Epaxial muscles　軸上筋
Ependyma　上衣
Ependymal cells　上衣細胞
Epiblast　胚盤葉上層
Epiboly　エピボリー（覆い被せ運動）
Epibranchial placodes　上鰓プラコード
Epibranchial muscles　鰓上筋
Epidermal glands　表皮腺
Epidermal scales　表皮鱗
Epidermal teeth　表皮歯
Epidermis　表皮
Epiglottis　喉頭蓋
Epimysium　筋上膜
Epineurium　神経上膜
Epiotic bone　上耳骨
Epipharyngeal groove　上咽頭溝
Epiphyseal complex
上生体複合体（松果体複合体）
Epiphyseal plate　骨端板（骨端軟骨板）
Epiphysis　骨端
Epiploic foramen　網嚢孔
Epipodium　中脚（上足）
Epipubic bone　上恥骨
Epithalamus　視床上部
Epithelium　上皮
Epitrochleoanconeus　滑車上肘筋
Epoophoron　卵巣上体（副卵巣）
Eptatretus stoutii
カリフォルニアヌタウナギ
Equilibrium　平衡
Erythrocytes　赤血球
Erythrophores　赤色素胞
Esophagus　食道
Estrogens　エストロゲン
Ethmoid plate　篩骨板
Eustachian tube　ユースタキー管
Euviviparity　真胎生
Evolution　進化
Evolutionary convergence　進化的収斂
Evolutionary selection　進化的選択
Excurrent aperture　排出孔
Excurrent siphon　出水管
Exoccipital bones　外後頭骨
Extensor caudae lateralis　外側尾伸筋
External auditory meatus　外耳道
Exteroceptors　外受容器
Extracolumella　外小柱
Extraembryonic membranes　胚体外膜
Eye(s)　眼
Eyeball　眼球
Eyelids　眼瞼

【F】

Facial muscles　顔面筋
Facial nerve（CN VII）
顔面神経（第 VII 脳神経）
Falciform ligament　鎌状間膜
Falciform（sickle-shaped）process
鎌状突起
Fallopian tubes　ファロピウス管
Fasciculus gracilis　薄束
Fauces　口峡
Feathers　羽毛
Femoral artery　大腿動脈
Femoral gland　大腿腺
Femorotibialis　大腿脛骨筋
Femur　大腿骨
Fertilization　受精
Fetus　胎子
Fiber tracts　線維路
Fibrinogen　フィブリノーゲン

Fibrocartilage　線維軟骨
Fibula　腓骨
Filia olfactoria　嗅糸
Filoplumes　毛羽（糸状羽）
Filter feeder　濾過摂食（採食）動物
Filum terminale　終糸
Fin(s)　鰭
Fin folds　鰭膜（鰭褶）
Fin rays　鰭条
Fishes　魚類
Fissipedia　裂脚類
Flanges, of feather　羽のフランジ（突縁）
Flight, manus adaptations for　飛翔への手の適応
Flippers　鰭状足（足ヒレ）
Floor plate　底板
Follicle stimulating hormone　卵胞刺激ホルモン
Follicles　卵胞（濾胞），羽包
Fontanels　泉門
Foot　肢
Foramen cecum　舌盲孔
Foramen magnum　大後頭孔（大孔）
Foramen of Panizza　パニッツア孔
Foramen ovale　卵円孔
Foregut　前腸
Forelimb　前肢
Fossa ovalis（Foramen ovale）　卵円窩
Fovea　中心窩
Frenulum linguae　舌小帯
Friction ridges　摩擦隆線
Frogs　カエル
Frontal bones　前頭骨
Frontal lobe　前頭葉
Frontal organ（Stirnorgan）　前頭器官
Frontal section　前頭断
Froriep's ganglion　フローリープ神経節
Fundic glands　胃底腺
Fundulus　タップミノー
Fur seal　オットセイ
Furculum　叉骨（癒合鎖骨）

【G】

Galen　ガレン（ガレノス）
Gallbladder　胆嚢
Ganglion（ganglia）　神経節
Gars　ガー
Gartner's duct　ガートナー管
Gases　ガス（気体）
Gastralia　腹肋
Gastric glands　胃腺
Gastrin　ガストリン
Gastrohepatic ligament　胃肝間膜
Gastrulation　原腸胚形成
Gemelli　双子筋
Generalized　一般化した（普遍化した），学術用語としての用法
Genes　遺伝子
Genetic drift　遺伝的浮動
Genioglossus　オトガイ舌筋
Genital corpuscles　陰部神経小体
Genital folds　生殖ヒダ
Genital organs　生殖器
Genital ridges　生殖隆起
Genital swellings　陰唇陰嚢隆起
Genital tubercle　生殖結節
Genotype　遺伝子型
Germ layers　胚葉
Germinal epithelium　胚上皮
Gill(s)　鰓
Gill arches　鰓弓
Gill bypass　鰓側副路
Gill chamber　鰓室
Gill rakers　鰓耙
Gill rays　鰓条
Gill slits　鰓裂
Giraffe horns　キリンの角
Gizzard　砂嚢（筋胃）
Gland(s)　腺
Glandular field　腺野
Glial cells　神経膠細胞（グリア細胞）
Glial membrane　神経膠膜
Globus pallidus　淡蒼球
Glomerular arteriole　糸球体細動脈
Glomerulus　糸球体
Glossopharyngeal nerve（CN IX）　舌咽神経（第 IX 脳神経）
Glottis　声門
Glucagon　グルカゴン
Glucocorticoids　糖質コルチコイド（グルココルチコイド）
Glycogenolysis　糖原分解
Glucose, blood　血糖
Gluteus　殿筋
Gluconeogenesis　糖新生
Gnathostomes　有顎類（顎口類）
Goblet cells　杯細胞
Gonads　性腺
Gonopodium　生殖肢（性脚）
Graafian follicle　グラーフ卵胞（胞状卵胞）
Gracilis　薄筋
Grandry's corpuscles　グランドリ触小体
Granular cells　顆粒細胞
Granular glands　顆粒腺
Gray matter　灰白質
Great Anteater　オオアリクイ
Great toe　母趾（第 1 趾）
Greater omentum　大網
Gubernaculum　精巣導帯
Gular bones　咽喉骨
Gular pouch　咽喉嚢（のど袋）
Gyri　回（脳回）
Gyrinophilus　スプリングサラマンダー

【H】

Habenulae　手綱
Hagfishes　ヌタウナギ
Hair　毛
Hair cells　有毛細胞
Hair horns　表皮角
Hallux　母趾
Harderian gland　ハーダー腺
Hare　ノウサギ（野兎）
Haversian canal　ハバース管
Head　頭部
Hearing　聴覚
Heart　心臓
Hedgehog gene　ヘッジホッグ遺伝子
Helicotrema　蝸牛孔
Hemal arches　血管弓
Hemiazygos vein　半奇静脈
Hemichordates（Hemichordata）　半索動物
Hemipenis　半陰茎
Hemoglobin　ヘモグロビン
Hemolymph　血リンパ
Hemopoiesis　造血
Hensen's node　ヘンゼン結節
Hepatic ducts　肝管
Hepatic sinuses　肝静脈洞
Hepatoduodenal ligament　肝十二指腸間膜
Hermaphroditism　雌雄同体
Hesperornis　ヘスペロルニス
Heterochrony　異時性
Heterotopic bone　異所骨
Higher　高等，学術用語としての用法
Hind limb　後肢
Hindbrain　菱脳
Hindgut　後腸
Hippocampus　海馬
Histotrophic（embryotrophic）nutrition　組織栄養性（胚栄養性）栄養摂取
Holobranch　全鰓
Holocephalans　全頭類（ギンザメ類）
Holonephros　全腎（完腎）
Homeobox genes　ホメオボックス遺伝子
Homeotic genes　ホメオティック遺伝子
Homo erectus　ホモ・エレクトス
Homo neanderthalensis　ネアンデルタール人
Homo sapiens　ヒト（現代人）
Homology　相同
Homoplasy　ホモプラシー（成因的相同）
Hoofs　蹄
Hooklets, of feather　羽の小鉤

Hormones ホルモン
Horns 角
Horses ウマ
Hox genes ホックス遺伝子
Human antidiuretic hormone ヒト抗利尿ホルモン
Humerus 上腕骨
Hummingbirds ハチドリ
Hyaline cartilage 硝子軟骨
Hydrochloric acid 塩酸
Hydroxyapatie crystals 水酸化リン灰石（ヒドロキシアパタイト）結晶
Hylidae アマガエル科
Hynobius サンショウウオ
Hyoglossus 舌骨舌筋
Hyoid arch 舌骨弓
Hyoid bone 舌骨
Hyoid cartilages, of bony fishes 硬骨魚類の舌軟骨
Hyomandibular cartilages 舌顎軟骨
Hyostylic jaw suspension 舌接型顎支持機構
Hyostyly 舌接（間接連結）
Hypapophyses 下突起
Hypoblast 胚盤葉下層
Hypobranchial muscles 鰓下筋（鰓弓下筋）
Hypobranchial plate 鰓下板
Hypocentrum 下椎体（下椎心）
Hypoglossal nerve（CN XII） 舌下神経（第 XII 脳神経）
Hypoischial bone 下坐骨
Hypophyseal fenestra 下垂体窓
Hypophyseal portal system 下垂体門脈系
Hypothalamic nuclei 視床下部核
Hypothalamus 視床下部
Hyracoidea 岩狸類
Hyraxes ハイラックス
Hystricognathi ヤマアラシ類

【I】

Ichthyornis イクチオルニス
Ichthyosaurs 魚竜類
Ichthyostega イクチオステガ
Ileocolic sphincter 回結腸括約筋
Ileum 回腸
Iliac ateries 腸骨動脈
Iliac vein 腸骨静脈
Iliacus 腸骨筋
Iliocostales 腸肋筋
Iliofemoralis 腸大腿骨筋
Iliofibularis 腸腓骨筋
Iliopsoas 腸腰筋
Iliotibialis 腸脛骨筋
Inca bone インカ骨
Incisors 切歯
Incurrent aperture 入水孔
Incurrent siphon 入水管
Incus キヌタ骨
Inducing hormones 誘導ホルモン
Inferior vagal ganglion 下迷走神経節
Infraorbital gland 眼窩下腺
Infrared receptor 赤外線受容器
Infraspinatus 棘下筋
Infraspinous fossa 棘下窩
Infratemporal（zygomatic）arch 下側頭弓（頬骨弓）
Infundibular recess ロート陥凹
Infundibular stalk ロート茎
Infundibulum ロート
Ingroup 内群
Inguinal canal 鼠径管
Inguinal ring 鼠径輪
Inhibiting hormones 抑制ホルモン
Innominate（coxal）bone 無名骨（寛骨）
Insectivora 食虫類
Insulin インシュリン
Integument 外皮
Integumentary muscles 外皮筋
Interarcuales 弓間筋
Interarticulares 関節間筋
Interatrial foramen 心房間孔
Interatrial septum 心房中隔
Interbranchial septum 鰓間隔壁
Intercalary plates 層間板
Interclavicle 間鎖骨
Intercostal arteries 肋間動脈
Interdorsal cartilages 背側間軟骨
Intermandibularis 下顎間筋
Intermediary nonnervous receptor cells 非神経性中間受容細胞
Intermediate zone, of neural tube 神経管の中間帯
Intermedin インテルメジン
Internal capsule 内包
Interopercular bones 間鰓蓋骨
Interspinales 棘間筋
Interstitial cell stimulating hormone 間質細胞刺激ホルモン
Intertemporal bones 側頭間骨
Intertransversarii 横突間筋
Interventral cartilages 腹側間軟骨
Interventricular foramen 室間孔
Interventricular septum 心室中隔
Intervertebral disc 椎間板（椎間円板）
Intervertebral foramen 椎間孔
Intervertebrals 椎間筋
Intestinal juice 腸液
Intestine 腸
Intromittent organs 交接器（交尾器）
Iridophores 虹色素胞（虹色細胞）
Ischial callosities 尻だこ（尻胼胝）
Ischial symphisis 坐骨結合
Ischiopubic symphisis 坐恥骨結合
Ischium 坐骨
Islands of Langerhans ランゲルハンス島
Isolecithal egg 等黄卵

【J】

Jaws 顎
Jejunum 空腸
Joints 関節
Jugal（infraorbital）bones 頬骨（眼窩下骨）
Jugular veins 頚静脈

【K】

Keratin ケラチン
Keratinization（Keratinized） 角化（角質化）
Kidneys 腎臓
Kinocilia 運動毛
Knee pads 膝蓋球（肉球）
Kneecap 膝蓋骨
Koala, cecum of コアラの盲腸

【L】

Labia majora 大陰唇
Labia minora 小陰唇
Labial cartilages 唇軟骨
Labial pits 唇小窩
Labyrinthodonts 迷歯類
Lacrimal bones 涙骨
Lacrimal gland 涙腺
Lacteals 乳糜管
Lacunae 骨小腔
Lagena ラゲナ
Lagomorphs（Lagomorpha） ウサギ類
Lamarck, Jean Baptiste de ラマルク，ジャン・バプティスト・ド
Lamina terminalis 灰白終板
Lampreys ヤツメウナギ
Lancelets ナメクジウオ
Larvaceans 幼形類
Larval gills 幼生の鰓
Larynx 喉頭
Lateral eyes 側方眼
Lateral line 側線
Lateral lingual swelling 外側舌隆起
Lateral neural cartilages 神経外側軟骨
Lateral temporal fossa 外側側頭窩
Lateral undulation 側波状運動
Lateral-line canal 側線管（側線器官）
Laterosphenoid bone 外側蝶形骨
Latimeria ラティメリア
Latissimus dorsi 広背筋

Lemur　キツネザル
Lens　水晶体
Lepidosaurs (Lepidosauria)　鱗竜類
Lepidosiren　レピドシレン
Lepidotrichia　鱗状鰭条
Lepisosteus　ガーパイク
Leptomeninx　軟髄膜
Lesser omentum　小網
Leukocytes　白血球
Levator hyomandibulae　舌骨下顎挙筋
Levator palatoquadrati　口蓋方形挙筋
Levator scapulae dorsalis　背側肩甲挙筋
Levator scapulae ventralis　腹側肩甲挙筋
Levatores costarum　肋骨挙筋
Ligaments　靭帯
Ligamentum arteriosum　動脈管索
Ligamentum venosus　静脈管索
Light receptors, of ammocoete
アンモシーテスの光受容器
Limb(s)　肢（脚）
Limb buds　肢芽
Limbic system　大脳辺縁系
Lineal series of placodes
プラコードの線状列
Lingual cartilage　舌軟骨
Lingual tonsils　舌扁桃
Lipase　リパーゼ
Lipophores　リポフォア
Lissamphibians
滑皮両生類（平滑両生類）
Liver　肝臓
Lizards　トカゲ類
Lobe-finned fishes　葉鰭類
Locomotion　移動
Longissimus　最長筋
Longus colli　頚長筋
Loop of Henle　ヘンレのワナ（係蹄）
Lophodont teeth　横堤歯（稜縁歯，ヒダ歯）
Loreal pits　目先小窩（ピット）
Lower　下等，学術用語としての用法
Luciferase　ルシフェラーゼ
Lumbar plexus　腰神経叢
Lumbar vertebrae　腰椎
Lungs　肺
Lungfishes　肺魚
Luteinizing hormone　黄体形成ホルモン
Lymph　リンパ
Lymph capillaries　毛細リンパ管
Lymph channels　リンパ管
Lymph heart　リンパ心臓
Lymph nodes　リンパ節
Lymph sacs　リンパ嚢
Lymphatic system　リンパ系

【M】

Macrolecithal egg　多黄卵
Macula　平衡斑，斑（斑点）
Magnum　卵管膨大部
Malleus　ツチ骨
Mammal(s)　哺乳類
Mammary glands　乳腺
Manatees　マナティー（海牛）
Mandible　下顎骨
Mandibular arch　顎骨弓（顎弓）
Mandibular nerve　下顎神経
Manis　センザンコウ
Manus　手
Marginal canal　縁管
Marginal zone, of neural tube
神経管の辺縁帯
Marsupial　有袋類
Marsupial bone　袋骨
Marsupium　育子嚢
Massa intermedia　中間質（視床間橋）
Masseter　咬筋
Mastodons　マストドン
Mastoid process　乳様突起
Maxillae　上顎骨
Maxillary nerve　上顎神経
Mechanoreceptors　機械受容器
Meckel's cartilage　メッケル軟骨
Median eminence　正中隆起
Median eye　正中眼
Mediastinum　縦隔
Medulla, of hair　毛髄
Megakaryocytes　巨核球
Meibomian glands　マイボーム腺
Meissner's corpuscles　マイスナー小体
Meissner's plexus
マイスナー神経叢（粘膜下神経叢）
Melanocytes
メラノサイト（メラニン産生細胞）
Melanophore
メラニン細胞（メラニン保有細胞）
Melanophore stimulating hormone
メラニン細胞刺激ホルモン
Melanosome　メラノソーム
Melatonin　メラトニン
Membrane(s)　膜
Membranous labyrinth　膜迷路
Memory　記憶
Meninx primitiva　原始髄膜
Mesaxonic foot　メサゾニック肢
Mesectoderm　外中胚葉（外胚葉系中胚葉）
Mesencephalon　中脳
Mesenchyme　間葉（間充織）
Mesethmoid bones　中篩骨
Mesoderm　中胚葉
Mesodermal pouches　中胚葉嚢
Mesodermal somites　中胚葉体節（体節）
Mesomere　中分節
Mesonephric ducts　中腎管
Mesonephric tubules　中腎細管
Mesonephros　中腎
Mesorchium　精巣間膜
Mesotubarium　卵管間膜
Mesovarium　卵巣間膜
Mesozoic Era　中生代
Metacarpals　中手骨
Metamerism　分節性（体節性）
Metamorphosis　変態
Metanephric bud　尿管芽
Metanephros　後腎
Metatarsal arch　中足骨アーチ
Metencephalon　後脳
Microglia　小膠細胞
Microlecithal egg　少黄卵
Microsaurs　細竜類
Midgut　中腸
Midgut ring　中腸輪
Migration, avian　鳥類の渡り
Milk line　乳線
Mimetic muscles　表情筋
Mineralocorticoids　鉱質コルチコイド
Mitral valve　僧帽弁
Mixed cranial nerves　混合脳神経
Mixed nerves　混合神経
Modified　変化した（改造された），学術用語としての用法
Molars　後臼歯
Moles　モグラ類
Monophyletic groups　単系統群
Monotremata　単孔類
Morphogenesis　形態形成
Morphogens　モルフォゲン
Motor nerves　運動神経
Motor neuron　運動ニューロン
Motor nucleus　運動核
Mouth　口
Mucosa　粘膜
Mucous glands　粘液腺
Mucus　粘液
Muellerian ducts　ミュラー管
Multifidus spinae　多裂棘筋
Muscle(s)　筋
Muscle fiber　筋線維
Muscle spindle　筋紡錘
Muscularis externa　外筋層
Myelencephalon　髄脳
Myelin　ミエリン
Mylohyoideus　顎舌骨筋
Myocardium　心筋層
Myomere　筋分節
Myomorpha　ネズミ類

Myoseptum（myocomma） 筋節中隔
Myotomes 筋節
Myxine ヌタウナギの標準属

【N】

Nails 爪（平爪）
Nares 外鼻孔
Nasal bones 鼻骨
Nasal canal 鼻道
Nasal epithelium 鼻上皮
Nasal（olfactory）placodes 鼻プラコード（嗅プラコード）
Nasohypophyseal duct 鼻下垂体管
Nasohypophyseal sac 鼻下垂体嚢
Nasolacrimal duct 鼻涙管（涙管）
Nasopharyngeal duct 鼻咽頭管
Neck 頚部
Necturus マッドパピー
Neoceratodus ネオケラトダス
Neocortex 新皮質
Neognathae 新顎類
Neognaths 新顎類
Neomorph 新形質
Neopterygians 新鰭類
Neornithes 新鳥類
Nephridial tubule 腎細管
Nephron 腎単位（ネフロン）
Nephrostomes 腎口
Nerve(s) 神経
Nerve fiber 神経線維
Nervi conarii 松果体神経
Nervous system 神経系
Neural arches 神経弓
Neural crest 神経堤（神経冠）
Neural groove 神経溝
Neural keel 神経稜（神経竜骨）
Neural lobe 神経葉
Neural plate 神経板
Neural tube 神経管
Neurectoderm 神経性外胚葉
Neurilemma 神経鞘
Neurilemmal cells 神経鞘細胞
Neuroblast 神経芽細胞
Neurocoel 神経腔
Neurocranial-dermatocranial complex 神経頭蓋－皮骨頭蓋複合体
Neurocranium 神経頭蓋
Neuroendocrine reflex arc 神経内分泌反射弓
Neuroglia 神経膠細胞（グリア細胞）
Neurohemal organ 神経血液器官
Neurohormones 神経ホルモン
Neurohypophysis 神経性下垂体
Neuromasts 神経小丘
Neuron ニューロン（神経単位）
Neurosensory cells 神経感覚細胞
Neurotransmitters 神経伝達物質
Neurula 神経胚
Neurulation 神経胚形成
Newt イモリ
Nictitaing membrane 瞬膜
Nipples 乳頭（乳首）
Nissl material ニッスル物質
Nondeciduous placenta 非脱落膜性胎盤
Noradrenaline（Norepinephrine） ノルアドレナリン（ノルエピネフリン）
Nose 鼻
Notochord 脊索
Notochordal sheath 脊索鞘
Notochordal process 脊索突起
Notophthalmus ブチイモリ
Nucleus gracilis 薄束核
Nucleus solitarius 孤束核
Nystagmus 眼球振盪（眼振）

【O】

Oblique muscles 斜筋
Oblique septum 斜隔膜
Obturator muscles 閉鎖筋
Occipital bone 後頭骨
Occipital condyles 後頭顆
Occipital lobe 後頭葉
Occipitospinal nerves 後頭脊髄神経
Ocellus 単眼
Oculomotor nerve（CN Ⅲ） 動眼神経（第Ⅲ脳神経）
Odontoblasts ゾウゲ芽細胞
Odontognathae 歯顎目
Odontoid process 歯突起
Oil glands 油腺
Olfactory bulb 嗅球
Olfactory epithelium 嗅上皮
Olfactory（nasal）capsule 嗅嚢（鼻嚢）
Olfactory nerve（CN Ⅰ） 嗅神経（第Ⅰ脳神経）
Olfactory neurons 嗅神経細胞
Olfactory receptors 嗅覚受容器
Olfactory sac 嗅包
Olfactory tract 嗅索
Oligodendroglia 希突起膠細胞
Omasum 第三胃
Omphalomesenteric veins 臍腸間膜静脈
Ontogeny 個体発生
Opercular bones 鰓蓋骨
Opercular chamber 鰓蓋腔
Opercular muscle 鰓蓋筋
Ophthalmic nerve 眼神経
Opisthonephros 後方腎
Opisthotic bones 後耳骨
Optic capsule 視嚢
Optic chiasm 視交叉
Optic cups 眼杯
Optic lobes 視葉
Optic nerve（CN Ⅱ） 視神経（第Ⅱ脳神経）
Optic placodes 眼プラコード
Optic stalks 眼茎
Optic tract 視索
Oral cavity 口腔
Oral glands 口腔腺
Oral hood 口腔フード（覆い）
Oral plate 口板
Oral valve 口腔弁
Orbitosphenoid bone 眼窩蝶形骨
Organ of Corti コルチ器官
Ornithischians 鳥盤目
Ornithorhynchus カモノハシ
Oropharyngeal cavity 口咽頭腔
Os cordis 心骨
Os uteri 子宮口
Osmoreceptors 浸透圧受容器
Ossification 骨化
Osteichthyans 硬骨魚類
Osteoderms 骨質片
Osteogenesis 骨形成
Osteon 骨単位（オステオン）
Ostracoderms 甲皮類
Otic capsule 耳嚢
Otic placodes 耳プラコード（耳板）
Otic vesicles 耳胞
Otoconia 聴砂（耳石）
Otolith 平衡砂（耳石）
Otolithic membrane 平衡砂膜（耳石膜）
Outgroup 外群
Ovarian ligament 卵巣索
Ovary 卵巣
Oviducal funnel 卵管ロート
Oviducts 卵管
Oviparity（oviparous） 卵生（卵生の）
Ovipositor 産卵管
Ovisac 卵嚢（卵管子宮部）
Ovoviviparity 卵胎生
Oxyhemoglobin オキシヘモグロビン
Oxytocin オキシトシン

【P】

Pacemaker, cardiac 心臓ペースメーカー
Pacinian corpuscles パチーニ小体
Paddlefish ヘラチョウザメ
Paedomorphosis 幼形進化
Palaeognathae（Palaeognaths） 古顎類（古顎上目）
Palatal bones 口蓋構成骨
Palatal fissure 口蓋裂
Palatal folds 口蓋ヒダ
Palatal processes 口蓋突起

Palatine bones 口蓋骨
Palatine tonsils 口蓋扁桃
Palatine velum 口蓋帆
Palatoquadrate cartilage 口蓋方形軟骨
Paleoniscoids パレオニスカス類
Paleozoic Era 古生代
Pallium 外套
Palpebral fissure 眼瞼裂
Pampiniform plexus 蔓状静脈叢
Pancreas 膵臓
Pancreatic buds 膵芽
Pancreatic ducts 膵管
Pancreatic islets 膵島
Pancreatic juices 膵液
Pancreozymin-chlecystokinin
パンクレオザイミン・コレシストキニン
Pangolin センザンコウ
Panniculus carnosus 皮筋層
Papillary cone 乳頭円錐
Papillary muscles 乳頭筋
Parabronchi 旁気管支
Parachordal cartilages 旁索軟骨
Paradidymis 精巣旁体
Parafollicular cells 旁濾胞細胞（C 細胞）
Paraphyletic group 側系統群
Paraphysis 脳旁体
Parapineal 副松果体
Parapineal eye 副松果体眼
Parapohyses 側突起
Parasagittal section 旁矢状断
Parasphenoid 副蝶形骨
Parathyroid glands 上皮小体
Parathyroid hormone 上皮小体ホルモン
Paraxonic foot パラゾニック肢
Parietal bones 頭頂骨
Parietal cells 壁細胞
Parietal eye 頭頂眼
Parietal lobe 頭頂葉
Parietal peritoneum 壁側腹膜
Parietal pleura 壁側胸膜
Parietal veins 体壁静脈
Paroophoron 卵巣旁体
Parotid gland 耳下腺
Parrot オウム
Pars distalis 主部
Pars intermedia 中間部
Pars nervosa 神経部
Pars tuberalis 隆起部
Parthenogenesis 単為生殖
Patagial muscles 飛膜筋
Patagium 飛膜（翼膜）
Patella 膝蓋骨
Peccary ペッカリー
Pecten 網膜櫛
Pectineus 恥骨筋
Pectoral girdle 前肢帯（肩帯）
Pectoralis 胸筋
Pedicel, of crytopodocyte
弯曲タコ足細胞の小足
Pelvic cavity 骨盤腔
Pelvic girdle 後肢帯（腰帯）
Pelvic plates 骨盤板（腰板）
Pelvis 骨盤
Pelycosaur 盤竜類
Penguin ペンギン
Penis 陰茎
Pepsinogen ペプシノーゲン
Pericardial cavity 心膜腔（囲心腔）
Perichondrium 軟骨膜
Perichordal cartilage 脊索周囲軟骨
Perilymph 外リンパ
Perilymphatic ducts 外リンパ管
Perilymphatic space 外リンパ隙
Periosteal bone 骨膜骨
Periosteum 骨膜
Periotic bone 耳周囲骨
Peripharyngeal bands
咽頭周囲帯（囲咽帯）
Peripheral nervous system 末梢神経系
Perissodactyls（Perissodactyla） 奇蹄類
Peristalsis 蠕動
Peritoneal cavity 腹膜腔（腹腔）
Peritoneal membrane（Peritoneum） 腹膜
Peritubular capillaries
尿細管周囲毛細血管
Pes 足
Pessulus カンヌキ骨
Petromyzon marinus ウミヤツメ
Petrosal bone 側頭骨岩様部
Petrosal ganglion 錐体神経節
Petrotilapia ペトロティラピア
Petrotympanic bone 錐体鼓室骨
Peyer's pathes パイエル板
Phalanges 手の指節骨，足の趾節骨
Pharyngeal arches 咽頭弓
Pharyngeal pouches 咽頭嚢
Pharyngeal（visceral）skeleton
咽頭骨格（内臓骨格）
Pharyngeal slits 咽頭裂
Pharyngeal tonsils 咽頭扁桃
Pharyngocutaneous duct
咽皮管（皮咽頭管）
Pharynx 咽頭
Pheromones フェロモン
Pholidota 有鱗類（哺乳綱）
Photophores フォトフォア（発光器）
Phylogenetic tree 系統樹
Phylogeny 系統発生
Physoclistous fishes 閉鰾魚
Physostomous fishes 喉鰾魚
Pia mater 軟膜
Pigment, dermal 真皮色素
Pikas ナキウサギ
Pineal 松果体
Pinfeather 棘毛
Pinnipeds 鰭脚類
Piriformis 梨状筋
Pit organs 孔器（ピット器官）
Pit vipers マムシ類
Pituitary gland 下垂体
Placenta 胎盤
Placoderms 板皮類
Plasma 血漿
Platelets 血小板
Platypus カモノハシ
Platyrrhines 広鼻猿類
Platysma 広頚筋
Plesiosaurs プレシオサウルス類
Plethodon プレトドン
Pleural cavity 胸膜腔
Pleurocentrum 半椎体
Pleurodont dentition 面生歯
Pleuroperitoneal cavity 胸腹膜腔
Plexus 叢（神経叢，静脈叢）
Plumomotor fibers 立羽運動線維
Podocytes 足細胞（タコ足細胞）
Poison glands 毒腺
Pollex 母指
Polyphyletic group 多系統群
Polypterus ポリプテルス
Pons 橋
Popliteal artery 膝窩動脈
Porpoises ネズミイルカ
Portal systems 門脈系
Postcava 上行大静脈
Posterior aqueous chamber 後眼房
Posterior cardinal sinus 後主静脈洞
Postfrontal bones 後前頭骨
Postganglionic fibers 節後線維
Postparietal bone 後頭頂骨
Posttrematic demibranch
裂後片鰓（後鰓裂片鰓）
Posttrematic nerve
裂後神経（後鰓裂神経）
Postvalvular intestine 後ラセン弁腸管
Postzygapophyses 後関節突起
Preadaptation 前適応
Precapillary sphincter 前毛細血管括約筋
Precavae 下行大静脈
Prechordal cartilages 前索軟骨
Prefrontal bones 前前頭骨
Premaxillae 前上顎骨
Premolars 前臼歯
Preopercular bones 前鰓蓋骨
Prepollex 前母指

Prepubic cartilage 恥骨前軟骨
Presphenoid bone 前蝶形骨
Presternal blastema 前胸骨芽体
Pretrematic demibranch 裂前片鰓（前鰓裂片鰓）
Pretrematic nerve 裂前神経（前鰓裂神経）
Prezygapophyses 前関節突起
Primates 霊長類
Primitive streak 原条
Primitive, terminologogcal use of 原始的，学術用語としての用法
Primordial germ cells 始原生殖細胞
Proatlas 前環椎
Proboscidea 長鼻類
Proboscis 長吻
Procoracoids 前烏口骨
Procricoid cartilages 輪状前軟骨
Proctodeum 肛門道
Profundus nerve 深眼神経
Progesterone プロゲステロン
Prolactin プロラクチン
Pronephric duct 前腎管
Pronephric tubules 前腎細管
Pronephros 前腎
Pronghorns エダツノレイヨウ
Prootic bone 前耳骨
Propodium 基脚（近位脚）
Proprioceptive fibers 固有受容線維
Proprioceptors 固有受容器
Prosencephalon 前脳
Prosimians（Prosimii） 原猿類
Prostate glands 前立腺
Prostatic sinus 前立腺洞（雄性膣）
Protarchaeopteryx プロターケオプテリクス（羽毛恐竜）
Proteidae ホライモリ類
Proteolytic enzymmes タンパク質分解酵素
Proteus プロテウス（ホライモリ科の標準属）
Prothrombin プロトロンビン
Protoavis プロトアビス
Protochordates（Protochordata） 原索動物
Protopathic sensation 原始感覚
Protopterus プロトプテルス
Prototheria 原獣類
Protothrix 原始触毛
Proventriculus 前胃（腺胃）
Pseudobranch 偽鰓
Psoas major 大腰筋
Psoas minor 小腰筋
Pterosaurs 翼竜
Pterygoid bones 翼状骨
Pterygoideus 翼突筋
Pterylae 羽区
Pubic symphysis 恥骨結合
Pubis 恥骨
Puboischiofemoralis 恥坐大腿筋
Puboischiofemoralis internus 内恥坐大腿筋
Puboischiotibialis 恥坐脛骨筋
Pulpy nucleus 髄核
Pupil 瞳孔
Purkinje cell プルキンエ細胞
Purkinje fibers プルキンエ線維
Putamen 被殻
Pygostyle 尾端骨（鳥類）
Pyloric ceca 幽門盲嚢
Pyloric sphincter 幽門括約筋
Pylorus 幽門
Pyramidalis muscle 錐体筋
Pyramids 腎錐体
Python ニシキヘビ

【Q】

Quadrate bone 方形骨
Quadratojugal bones 方形頬骨
Quadriceps femoris 大腿四頭筋
Quadratus lumborum 腰方形筋

【R】

Rabbits アナウサギ
Rachis 羽軸
Radial artery 橈骨動脈
Radiale 橈側手根骨
Radialia 鰭輻軟骨（輻射軟骨）
Radius 橈骨
Rajiformes エイ類
Rami communicantes 交通枝
Ranidae アカガエル科
Ranodon ラノドン
Rathke's pouch ラトケ嚢
Rattles ガラガラヘビのガラガラ
Ray-finned fishes 条鰭類
Rays 鰭条
Receptors 受容器
Rectal gland 直腸腺
Rectilinear locomotion 直進運動
Rectum 直腸
Rectus abdominis 腹直筋
Rectus femoris 大腿直筋
Recurrent bronchi 反回気管支
Red eft レッドエフト
Red gland 赤腺
Relaxin リラクシン
Releasing hormones 放出ホルモン
Renal corpuscle 腎小体
Renal cortex 腎皮質
Renal medulla 腎髄質
Renal pelvis 腎盤
Renal tubules 尿細管
Renin レニン
Reproductive system 生殖器系
Reptiles 爬虫類
Respiration 呼吸
Respiratory system 呼吸器系
Rete testes 精巣網
Retia mirabilia 怪網
Reticulum 第二胃
Retina 網膜
Retractor muscle 後引筋
Rheotaxis 流走性
Rhinoceros サイ
Rhipidistians（Rhipidistia） 扇鰭類
Rhombencephalon 菱脳
Rhomboideus 菱形筋
Rhynchocephalians（Rhynchocephalia） 喙頭類
Ribs 肋骨
Rods 杆体
Rodentia（Rodents） 齧歯類
Rohon-Beard cells ローハン - ベアード細胞
Roofing bones 天井構成骨
Rooster 雄鶏
Round ligament 円靭帯
Rudimentary 原基，未発達の，学術用語としての用法
Ruffini corpuscle ルフィニ小体
Rumen 第一胃（ルーメン）
Ruminant, stomach of 反芻動物の胃

【S】

Saccoglossus ギボシムシ
Sacculus 球形嚢
Saccus vasculosus 血管嚢
Sacral vertebrae 仙椎
Sacrum 仙骨
Sagittal section 矢状断
Saint-Hillaire, Geoffroy サンチレール，ジョフロワ
Salamanders サンショウウオ
Saliva 唾液
Salt-secreting glands 塩類分泌腺（塩類腺）
Sarcopterygii（lobe-finned fishes） 肉鰭類（葉鰭類）
Sartorius 縫工筋
Saurischians 竜盤類
Sauropterygian（Sauropterygia） 鰭竜類
Sawfish ノコギリエイ
Scala media 中央階
Scala tympani 鼓室階
Scala vestibule 前庭階

Scale(s) 鱗
Scalenus 斜角筋
Scapula 肩甲骨
Scapular spine 肩甲棘
Schwann cells シュワン細胞
Sciurognathi リス亜目
Sciuromorpha リス類
Sclera 強膜
Sclerotic coat 強膜
Sclerotomes 硬節
Scrotal cavity 陰嚢腔
Scrotal sac 陰嚢腔
Scrotum 陰嚢
Sculling 櫂こぎ
Scutes 鱗甲
Scyllium ドチザメ
Sea lions アシカ
Sea snakes, locomotion in
ウミヘビの移動
Sea squirt ホヤ
Seals アザラシ
Sebaceous glands 脂腺（皮脂腺）
Sebum 皮脂
Secodont teeth 切縁歯
Secretin セクレチン
Seed pouch 貯種子嚢
Selection, evolutionary 進化における選択
Selenodont teeth 半月歯
Semicircular ducts 半規管
Semilunar valves 半月弁
Semi-membranosus 半膜様筋
Seminal vesicles 精嚢
Seminiferous ampullae 造精膨大部
Seminiferous tubules 精細管
Semitendinosus 半腱様筋
Sense capsules 感覚嚢
Sense organs 感覚器
Sensory ganglion 知覚神経節
Sensory nerves 知覚神経
Sensory neuron 知覚ニューロン
Sensory vesicle 感覚胞
Septum pellucidum 透明中隔
Serial homology 連続相同
Serosa 漿膜
Serpentine locomotion 蛇行運動
Serratus dorsalis 背鋸筋
Serratus ventralis 腹鋸筋
Serum 血清
Sesamoid bone 種子骨
Sex cords 性索
Sexual kidney 生殖腎
Seymouria シームリア
Shaft 毛幹（羽幹）
Sharks サメ類
Sheep, brain of ヒツジの脳
Shell gland 卵殻腺
Shrew トガリネズミ
Sidewinding locomotion 横這い運動
Sigmoid flexure S状曲
Simple 単純，学術用語としての用法
Sinoatrial node 洞房結節
Sinosauropteryx シノサウロプテリクス
Sinus impar 不対洞
Sinus venosus 静脈洞
Siphon 水管
Siphon sac 水管嚢
Siren シレン
Sirenia 海牛類
Sirenidae シレン科
Sister group 姉妹群
Skate ガンギエイ
Skeleton 骨格
Skin 皮膚
Skull 頭蓋
Slimy mucus ヌルヌルした粘液
Sloth ナマケモノ
Snakes ヘビ類
Solenodon ソレノドン
Somatic receptors 体性受容器
Somatopleure 体壁葉
Somatotropin
成長ホルモン（ソマトトロピン）
Somesthetic cortex 体性知覚皮質
Somitomeres 体節球（ソミトメア）
South American anteater オオアリクイ
Specialized
特殊化，学術用語としての用法
Speciation 種分化
Spectacles スペクタクル（眼鏡形斑紋）
Spermathecae 貯精嚢
Spermatic cord 精索
Spermatic ducts 精管
Spermatic fascia 精筋膜
Spermatophore 精包（精莢）
Sphenethmoid 蝶篩骨
Sphenodon ムカシトカゲ
Sphenoid bone 蝶形骨
Sphincter colli 頸括約筋
Sphincter muscles 括約筋
Spina bifida 二分脊椎
Spinal cord 脊髄
Spinal nerves 脊髄神経
Spinales 棘筋
Spinotrapezius 棘僧帽筋
Spiny anteater ハリモグラ
Spiny dogfishes ツノザメ類
Spiracle 呼吸孔
Spiral ganglion ラセン神経節
Spiral valve ラセン弁
Splanchnocranium 内臓頭蓋
Splanchnopleure 内臓葉
Spleen 脾臓
Spoonbills ヘラサギ
Squalus ツノザメ
Squamates 有鱗類（爬虫類）
Squamosal bones 鱗状骨
Stapedius（Stapedial muscle） アブミ骨筋
Stapes アブミ骨
Stem lineage 幹系統
Stereognosis 立体認知
Sternebrae 胸骨片
Sternomastoid 胸骨乳突筋
Sternum 胸骨
Steroidogenic tissue ステロイド産生組織
Stomach 胃
Stomochord 口索
Stomodeum 口窩
Stratum corneum 角質層
Stratum germinativum
胚芽層（マルピーギ層）
Stratum granulosum 顆粒層
Stratum lucidum 淡明層
Stretch receptors 伸張受容器
Stria medullaris 髄条
Striatum 線条体
Sturgeon チョウザメ
Styloglossus 茎突舌筋
Stylohyoideus 茎突舌骨筋
Styloid process 茎状突起
Stylopharyngeus muscle 茎突咽頭筋
Subclavian arteries 鎖骨下動脈
Subclavian vein 鎖骨下静脈
Subintestinal vein 腸下静脈
Submucosa 粘膜下組織
Subopercular bones 下鰓蓋骨
Subpharyngeal gland 咽頭下腺
Subscapularis 肩甲下筋
Subunguis 爪底（蹄底）
Subungulate 亜有蹄類
Subvertebrals 椎骨下筋
Sudoriferous（sweat）glands 汗腺
Sulci 溝（脳溝）
Sulcus limitans 境界溝
Superficial fascia 浅筋膜
Superior sagittal sinus 上矢状静脈洞
Superior（petrosal）and inferior glossopharyngeal ganglia
上舌咽（錐体）および下舌咽神経節
Superior vagal ganglion 上迷走神経節
superior vena cava 上大静脈
Suprabranchial organs 上鰓器官
Supracoracoid 烏口上骨
Supracoracoideus 烏口上筋
Supracostal muscles 肋骨上筋
Supradorsal cartilages 上背軟骨

Supraneural bones　上神経骨
Supraoccipital bone　上後頭骨
Supraspinatus　棘上筋
Supraspinous fossa　棘上窩
Suprasternal blastema　上胸骨芽体
Suprasternal ossicles　上胸骨小骨
Supratemporal bones　上側頭骨
Supportive（sustentacular）cells　支持細胞
Suture　縫合
Swallowing　嚥下
Swim bladder　鰾
Sympathetic ganglion　交感神経節
Synapse　シナプス
Synapsids　単弓類
Synaptic knob　シナプス小頭（終末ボタン）
Synarthrosis　不動結合
Synchronizing hormones　同期化（同調）ホルモン
Synsacrum　複合仙骨
Syrinx　鳴管
Systematics　系統分類学
Systole　収縮期

【T】

Tabular bones　板骨
Tactile discs　触覚円盤（触覚板）
Tadpoles　オタマジャクシ
Tail　尾
Tapirs　バク
Tarsiers（*Tarsius*）　メガネザル
Tarsometatarsus　足根中足骨
Taste receptors　味覚受容器
Taxon　分類群
Taxonomy　分類学
Tectorial membrane　蓋膜
Tectum　中脳蓋
Teeth　歯
Tegmentum　被蓋（中脳被蓋）
Telencephalon　終脳
Teleological reasoning　目的論的論法
Teleosts　真骨類
Telodendria　終末分枝
Telolecithal egg　端黄卵
Temnospondyls　切椎類
Temporal bone　側頭骨
Temporal fenestra　側頭窓
Temporal fossae　側頭窩
Temporal lobe　側頭葉
Temporalis　側頭筋
Tendons　腱
Tensor tympani　鼓膜張筋
Teres major　大円筋
Teres minor　小円筋
Terminal ganglia　終神経節
Terminal nerve（CN 0）　終神経（第０脳神経）
Testes　精巣
Testosterone　テストステロン
Testudinata　カメ類
Tetrapods　四肢動物
Thalamus　視床
Thaliaceans　サルパ綱（タリア綱）
Thecodont dentition　槽生歯
Theory of natural selection　自然選択説
Therapsids　獣弓類
Theria　獣亜綱哺乳類
Thermoreceptors　温度受容器
Third eye　第三眼
Thoracic duct　胸管
Thoracic vertebrae　胸椎
Thumb, opposable　対向性母指
Thymus　胸腺
Thyroarytenoideus　甲状披裂筋
Thyroglossal cyst　甲状舌管嚢胞
Thyroid cartilages　甲状軟骨
Thyroid gland　甲状腺
Thyrotropin　甲状腺刺激ホルモン
Thyroxine　サイロキシン
Tibia　脛骨
Tibial artery　脛骨動脈
Tibiofibula　脛腓骨
Tibiotarsus　脛足根骨
Toads　ヒキガエル（ガマ）
Tongue　舌
Tonsils　扁桃
Tori　肉球（隆起）
Tornaria　トルナリア
Trabeculae carneae　肉柱
Trabeculae cranii　梁柱軟骨
Trabeculae　骨小柱
Trachea　気管
Tracheal syrinx　気管型鳴管
Transverse atlantal ligament　環椎横靱帯
Transverse foramen　横突孔
Transverse muscles　横筋
Transverse septum　横中隔
Transversus costarum　肋横筋
Trapezius　僧帽筋
Triadobatrachus　トリアドバトラクス
Triceps brachii　三頭筋
Trichiurus　タチウオ
Tricuspid vale　三尖弁
Trigeminal nerve（CN V）　三叉神経（第Ｖ脳神経）
Triiodothyronine　トリヨードサイロニン
Trituberculate teeth　三丘歯
Trochlear nerve（CN IV）　滑車神経（第Ⅳ脳神経）
Trophoblast　栄養膜（栄養芽層）
Trophotaeniae　リボン状直腸突起
Truncus arteriosus　動脈幹
Trunk　体幹（胴，躯幹）
Tubal bladder　管状膀胱
Tuberculum, of rib　肋骨結節
Tubulidentata　管歯類
Tulerpeton　チュレルペトン
Turbinal bones（conchae）　甲介骨
Turtles　カメ類
Tympanic bulla　鼓室胞
Tympanic cavity　鼓室
Tympanohyal bone　鼓室舌骨
Typhlosole　腸内縦隆起

【U】

Ulna　尺骨
Ulnar artery　尺骨動脈
Ulnare　尺側手根骨
Ultimobranchial glands　鰓後体
Umbilical arteries　臍動脈
Umbilical ligament　臍索（臍動脈索）
Umbilical vein　臍静脈
Umbilicus, of feather　羽毛の上臍・下臍
Unguis　爪（平爪，鉤爪，蹄）
Ungulates　有蹄類
Urachus　尿膜管
Urea　尿素
Ureter　尿管
Urethra　尿道
Uric acid　尿酸
Urinary bladder　膀胱
Urine, formation of　尿の産生
Urochordates　尾索類
Urodeles（Urodela）　有尾類
Urogenital aperture　泌尿生殖口
Urogenital sinus　泌尿生殖洞
Urogenital system　泌尿生殖器系
Urophysis　尾部下垂体
Uropygial gland　尾腺
Urostyle　尾端骨（カエル）
Urotensins　ウロテンシン
Uterus　子宮，卵管子宮部（鳥類）
Utriculus　卵形嚢
Uvula　口蓋垂

【V】

Vagal lobe　迷走葉
Vagina　膣
Vagina masculina　雄性膣
Vagus nerve（CN X）　迷走神経（第Ｘ脳神経）
Vane, of feather　羽弁
Variation　変異
Vas deferens　精管
Vasa efferentia　精巣輸出管

Vasa vasorum　脈管の血管（脈管）
Vascularization　血管新生
Vegetal pole　植物極
Veins　静脈
Velar chamber　縁弁室
Velum　縁弁
Venous system　静脈系
Ventral aorta　腹側大動脈
Ventral intercalary plates　腹側層間板
Ventral plates　腹板
Ventral ramus　腹枝
Ventral root　腹根
Ventricles　室（心室，脳室）
Ventricular trabeculae　心室小柱
Ventricular zone, of neural tube
神経管の脳室帯
Ventrobronchi　腹気管支
Venule　細静脈（小静脈）
Vertebrae　椎骨
Vertebral artery　椎骨動脈
Vertebral canal　脊柱管
Vertebral column　脊柱
Vertebrate（Vertebrata）　脊椎動物
Vertebromuscular arteries　椎骨筋動脈
Vesalius　ヴェザリウス
Vesicles of Savi　サヴィ器官
Vestibular reflexes　前庭反射
Vestibule　前庭
Vestibulocochlear nerve（CN VIII）
内耳神経（第Ⅷ脳神経）
Vestibulocollic reflex　前庭頚反射
Vestigial　痕跡，学術用語としての用法
Visceral pericardium　臓側心膜
Visceral peritoneum　臓側腹膜
Visceral pleura　臓側胸膜
Visceral receptors　内臓受容器
Visceral skeleton　内臓骨格
Vitamin D　ビタミンＤ
Vitelline veins　卵黄嚢静脈
Vitelline vessels　卵黄嚢血管
Vitreous chamber　硝子体眼房
Viviparity（Viviparous）　胎生，胎生の
Vocal cords (folds)　声帯（声帯ヒダ）
Vocal sacs　鳴嚢
Vocalization　発声
Vomer bones　鋤骨
Vomeronasal nerve　鋤鼻神経
Vomeronasal organs　鋤鼻器
Von Baer's low　フォン・ベアの法則
Vulva　陰門

【W】

Walruses　セイウチ
Weberian ossicles　ウェーバー小骨
Whale　クジラ
Whalebone　鯨鬚（クジラヒゲ）
Wheel organ　輪状器官
White matter　白質
Woodpeckers　キツツキ類
Wrist　手根（手首）

【X】

Xanthophores　黄色素胞
Xenarthrans（Xenarthra）　異節類
Xiphisternum　剣状突起
Xiphoid process　剣状軟骨

【Y】

Yolk sac　卵黄嚢

【Z】

Zonary placenta　帯状胎盤
Zygapophyses　関節突起
Zygodactyly　対趾足
Zygomatic arch　頬骨弓
Zygote, cleavage（segmentation）of
接合子の卵割（分割）

索　引

太字は図のあるページを示す。

【あ】

アウエルバッハ神経叢 Auerbach's plexus …… 423
アウストラロピテクス *Australopithecus* …… **77**
アカガエル科 Ranidae …… 61
アカンソジース（棘魚）類 Acanthodians (spiny fishes) …… 53, **55**, 217, 279
アカントステガ *Acanthostega* …… **49**, 220
顎 Jaws …… 189 〜 196
アザラシ Seal …… **81**, **226**, 232, 233
足 Pes …… 229 〜 232
——の趾 digit of …… 75
肢 Foot …… 17, 60, 67
＊手，足も参照
——パラゾニック肢 paraxonic …… 82, **228**
——メサゾニック肢 mesaxonic …… 82, **228**
アシカ Sea lion …… 81, **232**
アシナシイモリ Caecilians …… **49**, 60, **128**, 133
アスピジン Aspidin …… 142
アセチルコリン Acethylcholine …… 395, 425
圧受容器 Baroreceptors …… 457
アドレナリン（エピネフリン）Adrenaline …… 426, 466, 467, **468**
アドレノコルチコトロピン（副腎皮質刺激ホルモン）Adrenocorticotropin …… 465, **468**
アナウサギ Rabbits …… 78
アブミ骨 Stapes …… 178, **197**, **200**, 442
アブミ骨筋 Stapedial（Stapedius）muscle …… 265, 443
アマガエル科 Hylidae …… 61
アミア Bowfin, *Amia calva* …… 55, **57**, **153**, **173**, **306**
——の下顎骨 mandible of …… 192
——の頭蓋 skull of …… **173**
アミラーゼ Amylase …… 278, 292
アミン産生組織 Aminogenic tissue …… 466, **467**
アメリカオオサンショウウオ *Cryptobranchus* …… 19, 61
亜有蹄類 Subungulate …… 81
アリクイ Anteater …… **74**, 156, 276
アリゲーター Alligator …… 66, **129**, **156 〜 158**, **183**
＊ワニ類を参照
アルギニンバソトシン Arginine vasotocin …… 463, **465**
アルディピテクス *Ardipithecus* …… 77
アルドステロン Aldosterone …… 468, **469**
アルマジロ Armadillo …… 74, **119**, 134
暗域 Area opaca …… **95**, **96**
アンギオテンシン Angiotensin …… 468
アンドロゲン Androgens …… 244, 469
アンヒューマ *Amphiuma* …… 61, **170**, **304**
アンモシーテス（ヤツメウナギの幼生）Ammocoetes …… **30**, **42**, **43**

【い】

胃 Stomach …… 288 〜 291
胃肝間膜 Gastrohepatic ligament …… 294
育子嚢 Marsupium …… 71
イクチオステガ *Ichthyostega* …… **58**, 59, **155**
イクチオルニス *Ichthyornis* …… 69
囲鰓腔 Atrium …… **33**, 35, 43
囲鰓腔門（出水孔）Atriopore …… **30**, **33 〜 36**, **34**
異時性 Heterochrony …… 17, 19, **43**
異所骨 Heterotopic bone …… **146**
異節類 Xenarthra, Xenarthran …… 74
＊アリクイ，アルマジロも参照
胃腺 Gastric gland …… 288 〜 290
一次性索 Primary sex cords …… 369, **370**
一般化した（普遍化した），学術用語としての用法 Generalized, terminological use of …… 25
胃底腺 Fundic gland …… 290
遺伝子 Gene …… 16, 85, 98
——ホメオティック遺伝子 homeotic …… 98, 396, 427
——ホメオボックス遺伝子 homeobox …… 37, 427
遺伝子型 Genotype …… 16, 23, 85
遺伝的浮動 Genetic drift …… 16
移動 Locomotion …… 135, 149, 232 〜 236
イモリ Newt …… 61
イルカ Dolphin …… 83, **84**
岩狸類 Hyracoidea …… 82
陰核 Clitoris …… 374
インカ骨 Inca bone …… 187, **188**
陰茎 Penis …… 374, **375 〜 377**
陰茎海綿体 Corpora cavernosa …… 374, **377**
陰茎骨 Baculum …… **146**
咽喉骨 Gular bone …… 174, **176**, 302
咽喉嚢（のど袋）Gular pouch …… 146, 196
陰唇陰嚢隆起 Genital swellings …… 378, **385**
インスリン Insulin …… 473
インテルメジン Intermedin …… 131, 465
咽頭 Pharynx …… 286
咽頭下腺 Subpharyngeal gland …… 42, **472**
咽頭骨格（内臓骨格）Pharyngeal（visceral）skeleton …… 8, 11
＊内臓骨格も参照
咽頭周囲帯（囲咽帯）Peripharyngeal bands …… 38
咽頭嚢 Pharyngeal pouches …… **6**, 8, 286, 471
咽頭扁桃 Adenoids, Pharyngeal tonsils …… 286, 352
咽頭裂 Pharyngeal slits …… **3**, **6**, **30**, **43**
陰嚢 Scrotum …… **379**
陰嚢腔 Scrotal cavity, Scrotal sac …… 10, 378, 379
陰嚢腔 Scrotal sac …… 378, 379
咽皮管（皮咽頭管）Pharyngocutaneous duct …… **300**
陰部神経小体 Genital corpuscles …… 455
陰門 Vulva …… 378

【う】

ヴェザリウス Vesalius …… 23, 24
ウェーバー小骨 Weberian ossicles …… 307, **440**
ウオノメ Corn …… 125, 134
鰾 Swim bladder …… 305 〜 308
羽区 Pterylae …… 119, **120**
烏口下顎筋 Coracomandibularis …… **254**, 255, 470
烏口骨 Coracoid …… **164**, **206 〜 208**
烏口骨板 Coracoid plate …… 207
烏口鰓弓筋群 Coracoarcuales …… 255
烏口上筋 Supracoracoideus …… **255**, 258, **259**
烏口上骨 Supracoracoid …… 258
烏口舌骨筋 Coracohyoideus …… **254**, 255
烏口腕筋 Coracobrachialis …… 260
ウサギ類 Lagomorpha, Lagomorphs …… **78**, 282, **285**
羽枝 Barbs, of feather …… 119, **120**
羽軸 Rachis, of feather …… 119, **120**
羽柄 Calamus, quill, of feather …… 119, **120**
羽弁 Vane, of feather …… 119, **120**
ウマ Horse …… 81, **227**
ウミヤツメ *Petromyzon marinus* …… 16, 52
鱗 Scale（s）…… 117, 118, 125, **126**, 128 〜 130
——円鱗 cycloid …… 129
——硬鱗（ガノイン鱗）ganoid …… 128
——コスミン鱗 cosmoid …… 128
——楯鱗 placoid …… 54, **128**, 129
——真皮鱗 dermal …… **129**, 132

下垂体窓 Hypophyseal fenestra ………… **169**
下垂体門脈系 Hypophyseal portal system ………… 320, **322**, **462**
ガストリン Gastrin ………… 474
下側頭弓（頬骨弓）Infratemporal (zygomatic) arch ….. 179, **181**, **182**, **186**
芽体 Blastema ………… 99, 142
カダヤシ *Cyprinodon* ………… 90
下椎体（下椎心）Hypocentrum ………… **153**, **154**, 161
割球 Blastomere ………… 91
滑車上肘筋 Epitrochleoanconeus ………… 260
滑車神経（第Ⅳ脳神経）
Trochlear nerve (CN IV) ………… 417
滑皮両生類（平滑両生類）Lissamphibians ………… **59**, 350
＊両生類も参照
括約筋 Sphincter muscles ………… 245
下等，学術用語としての用法
Lower, terminological use of ………… 25
可動結合 Diarthrosis ………… 145, 195
下突起 Hypapophyses ………… 149, **150**
ガーパイク *Lepisosteus* ………… 55, **57**
鎌状間膜 Falciform ligament ………… **294**, 346
鎌状突起 Falciform (sickle-shaped) process ………… 447
下迷走神経節 Inferior vagal ganglion ….. 422
カメ類 Turtles, Testudinata ………… 64, 65, 156, 180, 313
カモノハシ Duckbill, Platypus, *Ornithorhynchus* ………… **70**, **410**, 416
カライワシ *Elops* ………… **288**
ガラガラヘビのガラガラ
Rattles, of rattlesnake ………… **124**, 125
カラモイクチス *Calamoichthys* ……. 55, 465
カリフォルニアヌタウナギ
Eptatretus stouti ………… 51
顆粒細胞 Granular cells ………… 110
顆粒腺 Granular gland ………… **109**, **112**, 114
顆粒層 Stratum granulosum ………… **114**, 134
カルシトニン Calcitonin ……. 144, 470, 472
ガレノス Galen ………… 23, 24
眼窩下腺 Infraorbital gland ………… **278**, 449
感覚器 Sense organs ………… 37, 392
＊眼，膜迷路も参照
感覚嚢 Sense capsules ………… 168
感覚胞 Sensory vesicle ………… 33
眼窩蝶形骨 Orbitosphenoid bone … 171, **186**
肝管 Hepatic duct ………… 294
ガンギエイ Skate ………… **53**, **54**, 129, 301
含気毛細管 Air capillaries ………… 314, **315**
眼球 Eyeball ………… 448
——外眼筋（外来性眼球筋）
extrinsic muscle of ……. 267, 447, 456
眼球振盪（眼振）Nystagmus ………… 439
冠群 Crown group ………… **26**
眼茎 Optic stalks ………… **7**, **439**, 445
幹系統 Stem lineage ………… **26**
眼瞼 Eyelids ………… 65, 146, **445**, 449
眼瞼裂 Palpebral fissure ………… 449
寛骨臼 Acetabulum ….. **159**, **160**, 210, **211**
間鰓蓋骨 Interopercular bone ……. 174, **177**
間鎖骨 Interclavicle ………… 206, **207**, **208**
間質細胞刺激ホルモン
Interstitial cell stimulating hormone … 465
肝十二指腸間膜 Hepatoduodenal ligament ………… 294
冠状間膜 Coronary ligament ………… 294, 384
冠状静脈 Coronary veins ….. 324, 344, 347
冠状静脈洞 Coronary sinus ………… 344, 347
冠状動脈 Coronary artery …. 324, 340, 341
管状膀胱 Tubal bladder ………… 368, **369**
肝静脈洞 Hepatic sinuses ….. **325**, 342, 346
管歯類 Tubulidentata ………… 74
眼神経 Ophthalmic nerve ………… **420**
関節間筋 Interarticulares ………… 250
関節突起 Zygapophysis ………… 149, 194
汗腺 Sudoriferous gland, Sweat gland ………… 115, 134
肝臓 Liver of ………… **294**, 295
杆体 Rods ………… 398, **445**, 446
環椎 Atlas ………… 155, **157**, **158**, **310**
環椎横靭帯 Transverse atlantal ligament ………… 156, **157**
カンヌキ骨 Pessulus ………… 310, **311**
間脳 Diencephalon ………… 405, 407
眼杯 Optic cups ………… **439**, 445
眼杯裂（脈絡［膜］裂）Choroid fissure ………… 446
眼プラコード Optic placodes ………… 100
顔面筋 Facial muscles ………… **265**, 268
顔面神経（第 VII 脳神経）
Facial nerve (CN VII) ………… 265
肝門脈系 Hepatic portal stream …. 343, 347
間葉（間充織）Mesenchyme ………… 99
ガートナー管 Gartner's duct ………… **365**

【き】

記憶 Memory ………… 392, 413
機械受容器 Mechanoreceptors ………… 11, 417, 456
気管 Trachea ………… **310**, **314**, 315
気管型鳴管 Tracheal syrinx ………… 310
気管－気管支型鳴管 Bronchotracheal syrinx ………… 310, **311**
気管支 Bronchi ………… 308, 310
——反回気管支 recurrent ………… **314**
気管支型鳴管 Bronchial syrinx ………… 311
基脚（近位脚）Propodium … **218〜220**, **234**
鰭脚類 Pinnipeds ………… 47, 233
偽鰓 Pseudobranch ………… 301, **302**
擬鎖骨 Cleithrum ………… **205〜207**
鰭条 Fin rays, Rays ……. **36**, **37**, **212**, 213
奇静脈 Azygos vein ………… 344, **345**
キツネザル Lemur ………… 75, **76**, 115
基底軟骨 Basalia ………… **212〜214**
基底板 Basilar membrane ………… 129, **441**
奇蹄類 Perissodactyla ………… 77, **82**, **228**
希突起膠細胞 Oligodendroglia ……. **397**, 398
キヌタ骨 Incus ………… 194, **197**, 442, **443**
基板 Basal plate ………… 168, **396**, 397, **418**
ギボシムシ（腸鰓類）
Acorn worms, *Saccoglossus* ……. **31**, **43**
キュヴィエ，ジョルジュ Cuvier, Georges ………… 24
嗅覚受容器 Olfactory receptors ………… 452
弓間筋 Interarcuales ………… 250
嗅球 Olfactory bulb ………… **410**, **415**
球形嚢 Sacculus ………… **293**, **437**, 438, 439
嗅索 Olfactory tract ………… **406**, 410, **415**
臼歯 Cheek teeth ………… 81, 283, **284**
嗅糸 Filia olfactoria ………… 416
嗅上皮 Olfactory epithelium ………… 188, **451**, 452
嗅神経（第Ⅰ脳神経）
Olfactory nerve (CN I) ………… 452
求心性（知覚）神経
Afferent (sensory) nerves ………… 392
嗅嚢（鼻嚢）Olfactory (nasal) capsule ………… **168**, **194**
橋 Pons ………… 294, **406**, **410**
境界溝 Sulcus limitans ………… **395**, **396**, 397, **418**
胸管 Thoracic duct ………… **351**
胸筋 Pectoralis ………… **255**, 258, **259**
凝固腺 Coagulating gland ………… 373, **377**
頬骨（眼窩下骨）Jugal (infraorbital) bone ………… 173, **174**, **181**
頬骨弓 Zygomatic arch ………… 179, **188**, **189**
胸骨乳突筋 Sternomastoid …. 257, **259**, **264**
胸骨片 Sternebrae ………… 163
胸腺 Thymus ………… 352, **472**, 473
強直 Ankylosis ………… 145
胸椎 Thoracic vertebrae ………… 155, **156**, **158**, **159**
頬嚢 Cheek pouch ………… 274, 275
狭鼻猿類 Catarrhines ………… **76**, 77, **285**
胸皮筋 Cutaneous pectoralis ………… **259**, 267
胸腹膜腔 Pleuroperitoneal cavity ………… **9**, 10, 273
強膜 Sclera, Sclerotic coat ………… **169**, **267**, **445**, **447**
胸膜腔 Pleural cavity ………… 10, 312, **316**
恐竜 Dinosaurs ………… 67
巨核球 Megakaryocytes ………… 323

棘間筋 Interspinales ………… 250
棘筋 Spinales ………… 250
棘上窩 Supraspinous fossa ………… 208
棘上筋 Supraspinatus ………… **260**
棘僧帽筋 Spinotrapezius ………… **257**, 258
棘皮動物 Echinoderms ………… 31, 32, **41**
距踵骨 Astragalocalcaneus ………… **230**, 231
魚類 Fishes ………… 47
——硬骨魚類 bony ………… 55, 128
——の神経頭蓋－皮骨頭蓋複合体 neurocranial-dermatocranial complex of ………… 175
——の内臓骨格 visceral skeleton of ………… 191
——軟骨魚類 cartilaginous ………… 54, 132
＊サメ類も参照
——の表皮 epidermis of ………… 132
——の胃 stomach of ………… 289
——の骨性真皮 bony dermis of ………… 128
——の心臓 heart of ………… 324
——の脊柱 vertebral column of ………… 151
——の体肢筋 appendicular muscles of ………… 255
——の大動脈弓 aortic arch of ………… 331
——の大脳 cerebrum of ………… 411
——の腸 intestine of ………… 291
——の鰭 fins of ………… 235
＊鰭も参照
——の肋骨 ribs of ………… 161
——葉鰭類 lobe-finned ………… 56, 129
鰭竜類 Sauropterygian, Sauropterygia ………… 66, **225**
キリンの角 Giraffe horns ………… **123**, 125, 134
筋 Muscle（s）………… 11, 240
——横隔膜筋 diaphragmatic ………… 312
——横筋 transverse ………… 37, 245, 253
——横紋筋 striated ………… 240, **241**
——顎骨弓の of mandibular arch ………… 263
——眼球の of eyeball ………… 417
——骨格筋 skeletal ………… 240, **243**
——鰓下筋 hypobranchial ………… 249, **255**
——鰓上筋 epibranchial ………… 249, **264**
——鰓節筋 branchoimeric ………… 242, 246, 266
——軸下筋 hypaxial ………… 248, 252
——軸上筋 epaxial ………… 248, **250**
——軸性筋 axial ………… 149
——斜筋 oblique ………… 245, 252
——心筋 cardiac ………… 11, 240
——舌筋 tongue ………… 255
——舌骨弓の of hyoid arch ………… 421
——体肢筋 appendicular ………… 255 ～ 258
——体性筋 somatic ………… 242, 263
——体壁筋 parietal ………… **109**, **112**, 253
——直筋 rectus ………… 245, 253, **267**
——椎骨下筋 subvertebral ………… **250**, 252
——頭部の of head ………… 246
——内臓筋 visceral ………… 242
——の起始 origins of ………… **244**, **260**
——の緊張 tone of ………… **455**, 456
——の終止 insertions of ………… 244
——の名称 names of ………… 245, 261
——腹壁の of abdominal wall ………… 312, 313
——平滑筋 smooth ………… 240, **320**, **321**
ギンザメ *Chimaera* ………… **53**, 54
筋上膜 Epimysium ………… 145, **243**
筋節 Myotome ………… **101**, **241**
筋節中隔 Myoseptum（myocomma）………… 35, **36**, **164**, 248
筋線維 Muscle fiber ………… 240, **241**
筋分節 Myomere ………… **35**, 153, 248, **256**
筋紡錘 Muscle spindle ………… **455**, 456

【く】

空棘類 Actinistians, Actinistia ………… 56, **57**, 214
空腸 Jejunum ………… 292
クジラ Whale ………… 24, 84
——の喉頭 lalynx of ………… **310**
クジラ類 Cetaceans ………… 83, **84**, 443
——の舌 tongue of ………… 276
嘴 Beaks ………… **25**, 125, 133
クモ膜 Arachnoid ………… 399
クモ膜顆粒 Arachnoid granulations ………… 415
グラーフ卵胞（胞状卵胞）Graafian follicle ………… **378**, 465, 469
グルカゴン Glucagon ………… 473, 474
クレード（分岐群）Clade ………… 21, **26**, 55
クロム親和性組織 Chromaffin tissue ………… 466

【け】

毛 Hair ………… **114**, 121 ～ 123
——の色 color of ………… 131
——の起源 origin of ………… 122
——の形態 morphology of ………… 122
——の発生 development of ………… 122
頚括約筋 Sphincter colli ………… **255**, **264**, **265**
脛骨 Tibia ………… 219, **230**, **231**
鯨鬚（クジラヒゲ）Baleen, Whalebone ………… 84, 125, 134
茎状突起 Styloid process ………… 187, **188 ～ 190**
脛足根骨 Tibiotarsus ………… **220**, **231**, **262**
形態形成 Morphogenesis ………… **116**, 123, **281**
——心臓の of heart ………… 329
——椎骨の of vertebrae ………… 149
頚長筋 Longus colli ………… 253, 267
頚椎 Cervical vertebrae ………… 154, **156**, 258
系統樹 Phylogenetic tree ………… 21, **41**, **47**
系統発生 Phylogeny ………… 17, 25
系統分類学 Systematics ………… 20, 21, 47
頚動脈洞 Carotid sinuses ………… 457
茎突咽頭筋 Stylopharyngeus muscle ………… 266, 421
茎突舌筋 Styloglossus ………… 255, 419
茎突舌骨筋 Stylohyoideus ………… 196, **200**, **264**
脛腓骨 Tibiofibula ………… **220**, **230**
頚部 Neck ………… 3
＊頚椎も参照
血液 Blood ………… 322 ～ 324
血管弓 Hemal arch ………… 5, 149, **150**, **216**
血管新生 Vascularization ………… 321, 338
血管嚢 Saccus vasculosus ………… **408**, 409, 444
血漿 Plasma ………… 322, **323**
楔状軟骨 Cuneiform cartilage ………… **308**
血小板 Platelets ………… 322, **323**
齧歯類 Rodents, Rodentia ………… 78, **79**, **257**, **285**
血清 Serum ………… 38, 322, 472
血島 Blood island ………… **95**, 322
結膜 Conjunctiva ………… 109, **445**, **447**
血リンパ Hemolymph ………… 351
ケラチン Keratin ………… 109, 111, 134
腱 Tendons ………… 145
原猿類 Prosimians, Prosimii ………… 75, **76**
原鰭 Archipterygium ………… 213
原基，学術用語としての用法 Rudimentary, terminological use of ………… 26
原口 Blastopore ………… 92
肩甲下筋 Subscapularis ………… 258, **260**
肩甲棘 Scapular spine ………… **207**, 208, 260
肩甲骨 Scapula ………… 205 ～ 208
腱索 Chordae tendineae ………… 327, **339**
原索動物 Protochordates, Protochordata ………… 2, **30**, **40**, **41**
＊頭索類も参照
犬歯 Canine teeth ………… **283**, **284**
原始感覚 Protopathic sensation ………… 454
犬歯筋 Caninus ………… 268
原始触毛 Protothrix ………… 123, 456
原始髄膜 Meninx primitiva ………… 399
原始的，学術用語としての用法 Primitive, terminological use of ………… 25
原獣類 Prototheria ………… **49**, **69**, 70
原条 Primitive streak ………… 94, **95**, **96**
剣状突起 Xiphisternum ………… 163, **164**, **208**
剣状軟骨 Xiphoid process ………… 163, **164**
原腎 Archinephros ………… 360, **361**
原腸 Archenteron ………… **92**, **93**, **96**
原腸胚形成 Gastrulation ………… **91**, **93**, 94, **96**
肩峰 Acromion process ………… **208**
肩峰僧帽筋 Acromiotrapezius ………… **257**, 258

【こ】

コイの頭蓋 Carp, skull of ………… 176

口 Mouth of ……… 274
＊口，歯も参照
溝（脳溝）Sulci ……… 412
後引筋 Retractor muscle ……… 245, 267, 448
後羽 Afterfeather ……… 119, **120**
剛羽 Bristles ……… 119, 120
口窩 Stomodeum ……… **3**, **30**, 99, **274**, **439**
口蓋構成骨 Palatal bones ……… 184
——一次口蓋構成骨 primary ……… 174
甲介骨 Turbinal bones ……… 171, 188, 305
口蓋骨 Palatine bone ……… 174, **175**, **183～189**
口蓋垂 Uvula ……… 286, **309**
口蓋突起 Palatal processes ……… 181, **183**, **189**
口蓋帆 Palatine velum ……… 309, 418
口蓋ヒダ Palatal folds ……… 181, **275**
口蓋扁桃 Palatine tonsils ……… **275**, 286, **472**
口蓋方形挙筋 Levator palatoquadrati ……… 263, **264**
口蓋方形軟骨 Palatoquadrate cartilage ……… **168**, **176**, 190, **191**, 194
口蓋裂 Palatal fissure ……… 181, 274, **275**
効果器 Effectors ……… 392, 395, 423
交感神経節 Sympathetic ganglion ……… 423, **425**, 466
後関節突起 Postzygapophyses ……… 149, **150**, **153**, **162**
後眼房 Posterior aqueous chamber ……… **445**, **447**, 448
孔器（ピット器官）Pit organs ……… **435**, 452
後臼歯 Molars ……… **283**, **284**
咬筋 Masseter ……… 263, **264**
口腔 Oral cavity ……… 274
口腔腺 Oral glands ……… 99, 274
口腔フード（覆い）Oral hood ……… **35～37**
口腔弁 Oral valve ……… **301**, 302
広頚筋 Platysma ……… **265**
後口動物（新口動物）Deuterostomes ……… 31, 40, **41**, 274
硬骨魚類 Osteichthyans, Bony fishes ……… 55, 128
＊四肢動物も参照
口索 Stomochord ……… **31**, 32
後肢 Hind limb ……… 229
＊肢を参照
虹色素胞（虹色細胞）Iridophores ……… **130**, 131
後耳骨 Opisthotic bone ……… 172, **179**, **190**
後肢帯（腰帯）Pelvic girdle ……… 67, **156**, **159**, 209
鉱質コルチコイド Mineralocorticoids ……… 468
後主静脈洞 Posterior cardinal sinuses ……… 342
甲状舌管嚢胞 Thyroglossal cyst ……… 471
甲状腺 Thyroid gland ……… **200**, 470, **471**
甲状腺刺激ホルモン Thyrotropin ……… 20, 465
甲状軟骨 Thyroid cartilage ……… 196, **198～200**, **308**
甲状披裂筋 Thyroarytenoideus ……… **264**, 266
後腎 Metanephros ……… **362**, 363, **365**, **376**
硬節 Sclerotomes ……… **101**
交接器（交尾器）Intromittent organs ……… 373, 374, 380
後前頭骨 Postfrontal bone ……… 173, **180**, **182**
後腸 Hindgut ……… **274**, **386**
交通枝 Rami communicantes ……… **402**
高等，学術用語としての用法 Higher, terminological use of ……… 25
後頭顆 Occipital condyles ……… 155, 170, **178**, **197**
喉頭蓋 Epiglottis ……… **275**, 286, **309**
後頭骨 Occipital bone ……… 170, **171**, **186**
後頭骨骨化中心 Occipital ossification centers ……… 170
後頭脊髄神経 Occipitospinal nerves ……… **419**, 420
後頭頂骨 Postparietal bone ……… **173**, **176**, **177**
後頭葉 Occipital lobe ……… **406**, **412**
後脳 Metencephalon ……… **3**, **403**
広背筋 Latissimus dorsi ……… **246**, **257**, 258
口板 Oral plate ……… 99, **274**
広鼻猿類 Platyrrhines ……… 75, **76**
後鼻孔 Choanae ……… 181, 305, **452**
甲皮類 Ostracoderms ……… **50**
後方腎 Opisthonephros ……… **362**, 363, **364**
硬膜 Dura mater ……… **399**
コウモリ Bats ……… **75**, 225
——の食道 esophagus of ……… 287
——の手 manus of ……… 225
肛門 Anus ……… 10, **385**
肛門道 Proctodeum ……… **3**, 274, 385
後ラセン弁腸管 Postvalvular intestine ……… 291
抗利尿ホルモン Antidiuretic hormone ……… 368, 464, **465**
古顎類（古顎上目）Palaeognaths, Palaeognathae ……… 68, 69
呼吸 Respiration ……… 9, 135, 299
——外呼吸 external ……… 299
——空気呼吸 aerial ……… 307, 326, 337
——内呼吸 internal ……… 299
呼吸器系 Respiratory system ……… 286, 299, 349
＊鰓，肺も参照
呼吸孔 Spiracle ……… **6**, **34**, **301**, **420**
鼓室 Tympanic cavity ……… **442**
鼓室階 Scala tympani ……… **441**
鼓室舌骨 Tympanohyal bone ……… 196, **198**, **199**
鼓室胞 Tympanic bulla ……… 187, **189**, 196
古生代 Paleozoic Era ……… **48**, 54
孤束核 Nucleus solitarius ……… 405
個体発生 Ontogeny ……… 17, 18
古鳥類 Archaeornithes ……… 68
＊始祖鳥も参照
骨 Bone（s）……… 139
＊軟骨も参照
——異所骨 heterotopic ……… 146
——海綿骨 spongy ……… **126**, 141, **142**
——骨膜骨 periosteal ……… **141**, 142
——種子骨 sesamoid ……… 145, **231**
——層板骨 lamellar ……… **126**, 128, 129
——置換骨 replacement ……… 142, **144**, 189, **206**
——緻密骨 compact ……… **141**
——の再構築 remodeling of ……… 144
——皮骨（真皮骨）dermal ……… 128, 134, 142
——膜性骨 membrane ……… 142, 172, 174, 189
——無細胞骨 acellular ……… 142, 280
骨化 Ossification ……… 142, 143
——真皮骨化 dermal ……… 130
——軟骨内骨化 endochondral ……… **142**, **144**, **175**
骨格 Skeleton ……… 144, 149
＊骨も参照
——軸性 axial ……… 11
——内臓 visceral ……… 8, **168**, **191**
＊内臓骨格も参照
——付属肢（体肢）appendicular ……… 205, 218
＊鰭，肢，前肢帯，後肢帯も参照
骨化中心 Ossification centers ……… 170～172, 186
骨幹 Diaphysis ……… **141**, **143**
骨形成 Osteogenesis ……… 141, **144**
骨質片 Osteoderms ……… **126**, 130, 133, 134
骨小管 Canaliculi ……… **140**, 141
骨小腔 Lacunae ……… **140**, 141, **142**
骨小柱 Trabeculae ……… **141**
骨性真皮 Bony dermis ……… 128
骨端 Epiphysis ……… **141**, **143**
骨単位（オステオン）Osteon ……… **140**, 141
骨端板（骨端軟骨板）Epiphyseal plate ……… **141**, **143**
コーチゾル Cortisol ……… 468, **469**
コーチゾン Cortisone ……… 468
コーディン Chordin ……… 98
骨内膜 Endosteum ……… 141
骨盤 Pelvis ……… 210
骨盤腔 Pelvic cavity ……… **210**, 212
骨盤板（腰板）Pelvic plates ……… **209**
骨膜 Periosteum ……… **141**
骨膜骨 Periosteal bone ……… **141**
コペルニクス Copernicus ……… 24
鼓膜 Eardrum ……… **442～444**, **472**
鼓膜張筋 Tensor tympani ……… 264, 442

固有受容器 Proprioceptors ……11, 434, **455**, 456
固有受容線維 Proprioceptive fibers ……398
コラーゲン線維束 Collagen bundles ……**139**
古竜類 Anthracosaurs ……**49**, 59, 63
混合神経 Mixed nerves ……392, **395**
痕跡，学術用語としての用法
Vestigial, terminological use of ……26

【さ】

サイ Rhinoceros ……81, **82**, 125, **227**
鰓蓋筋 Opercular muscle ……444
鰓蓋腔 Opercular chamber ……90, **301**, 302, **303**
鰓蓋骨 Opercular bones ……**173**, **174**, **176**, **177**, 444
鰓下筋（鰓弓下筋）Hypobranchial muscles ……246, 249
鰓下板 Hypobranchial plate ……193, **195**
鰓間隔壁 Interbranchial septum ……**301**, **302**
細気管支 Bronchioles ……316
鰓弓 Gill arch ……**192**, 301
鰓後体 Ultimobranchial glands ……**470**, **471**, **472**
鰓室 Gill chamber ……301, **302**, **419**
鰓条 Branchiostegal rays, Gill rays ……175, 301, 302
鰓上筋 Epibranchial muscle ……249, **264**
鰓条膜 Branchiostegal membranes ……175, 302
臍静脈 Umbilical vein ……346, **348**
細静脈（小静脈）Venule ……**292**, 320, **321**
鰓節筋 Branchiomeric muscles ……8, 242, 246
鰓舌骨筋 Branchiohyoideus muscle ……**264**, 265, **471**
鰓側副路 Gill bypass ……332, **334**
最大皮筋 Cutaneous maximus ……267, **268**
臍腸間膜静脈 Omphalomesenteric veins ……**330**
最長筋 Longissimus ……250
細動脈 Arteriole ……320, **321**
鰓動脈 Branchial artery ……331
臍動脈 Umbilical artery ……340, **341**, **348**
鰓耙 Gill rakers ……301, **302**
鰓板 Branchial plate ……**6**, **7**, 299
細竜類 Microsaurs ……**59**, 60
鰓裂 Gill slits ……**33**, 54, **194**, **257**
サイロキシン Thyroxine ……461, 470
サヴィ器官 Vesicles of Savi ……435
錯綜筋 Complexus ……251
鎖骨 Clavicles ……**207**
坐骨 Ischium ……**66**, **160**, **209**, **211**
叉骨（癒合鎖骨）Furculum ……207, **259**
鎖骨下静脈 Subclavian vein ……342, **343～346**
鎖骨下動脈 Subclavian artery ……**332**, 338, **340**
坐骨結合 Ischial symphysis ……**210**, 212
鎖骨後頭筋 Cleido-occipitalis ……258, 261, **264**
鎖骨上腕筋 Cleidobrachialis ……**257**, **259**, 260
鎖骨僧帽筋 Cleidotrapezius ……**257**, 258
鎖骨乳突筋 Cleidomastoid, Cleidomastoideus ……**257**, 258, **264**
坐恥骨結合 Ischiopubic symphysis ……**209**, 212
砂嚢（筋胃）Gizzard ……289, **290**
サメ類 Sharks ……**301**, 302, 342
左右相称 Bilateral symmetry ……9, **41**
サルパ類（タリア綱）Thaliaceans ……31
三角筋 Deltoideus ……258, **259**
三丘歯 Trituberculate teeth ……**284**, 285
三叉神経（第Ⅴ脳神経）Trigeminal nerve（CN Ⅴ）……417, 421
サンショウウオ Salamanders, *Hynobius* ……61, **151**, **164**
三尖弁 Tricuspid valve ……327, **339**
サンチレール，ジョフロワ Saint-Hillaire, Geoffroy ……24
産卵管 Ovipositor ……381
霰粒腫 Chalazion ……115

【し】

肢（脚）Limb（s）……69, 114, 210, 222
＊手，足も参照
——５指性肢 pentadactyl（five digit）limb ……220
——の基脚 propodium of ……**219**, **220**
シェブロン骨（Ｖ字状骨）Chevron bone ……149, **150**
肢芽 Limb buds ……99, 205, **256**
耳介筋 Auricular muscles ……268
歯顎類 Odontognathae ……68
耳下腺 Parotid gland ……**113**, 114, **278**
耳管 Auditory tubes ……**275**, **441～443**
色覚（色感覚）Color vision ……446
色素胞 Chromatophores ……**130**, 425
指球 Apical pads ……**124**, 125, 134
子宮 Uterus ……**365**, 380, **381**
子宮頚 Cervix ……**383**, **384**
子宮口 Os uteri ……**381**, 383, **384**
四丘体 Corpora quadrigemina ……406
糸球体 Glomerulus ……**39**, 356, **358**
糸球体輸出細動脈 Afferent glomerular arteriole ……359
糸球体輸入細動脈 Efferent glomerular arteriole ……359
子宮内膜 Endometrium ……104, 384
軸索 Axon ……392, **394**, **451**
軸上筋 Epaxial muscles ……**4**, 248, **251**
軸椎 Axis ……155, **157**, **310**
歯隙 Diastema ……**283**, **284**
始原生殖細胞 Primordial germ cells ……368, **370**
耳垢 Cerumen ……115
視交叉 Optic chiasma ……**406**, 409, **462**
耳骨化中心 Otic ossification centers ……**171**
篩骨骨化中心 Ethmoid ossification centers ……**172**
篩骨板 Ethmoid plate ……168, **169**, **170**
視索 Optic tract ……**406**, 417
支持細胞 Supportive（sustentacular）cells ……435, **436**, **453**
四肢動物 Tetrapods ……112, 153, 217
——の咽頭 pharynx of ……286
——の嗅上皮 olfactory epithelium of ……452
——の胸骨 sternum of ……149, **164**
——の後肢帯 pelvic girdle of ……**211**
——の肢 limbs of ……17
＊肢も参照
——の軸上筋 epaxial muscles of ……250
——の脊柱 vertebral column of ……153
——の舌骨弓筋 hyoid arch muscles in ……**265**
——の体肢筋 appendicular muscles of ……255, 257
——の大動脈弓 aortic arches of ……332
——の腸 intestine of ……291
——の表皮 epidermis of ……112
＊表皮も参照
——の迷走神経 vagus nerve of ……422
——の肋骨 ribs of ……161
耳周囲骨 Periotic bone ……172
視床 Thalamus ……**404**, **407**
視床下部 Hypothalamus ……**407**, **462**
視床下部核 Hypothalamic nuclei ……**462**, 466, 474
視床上部 Epithalamus ……**407**
矢状断 Sagittal section ……**4**
視神経（第Ⅱ脳神経）Optic nerve（CN Ⅱ）……**267**, 417, **445**
自接（自己連結）Autostyly ……191
脂腺（皮脂腺）Sebaceous gland ……**114**, 134
自然選択説 Theory of natural selection ……23
歯槽堤 Alveolar ridges ……274
始祖鳥 *Archaeopteryx* ……**67**, **68**, 163, 315
室（心室，脳室）Ventricles ……324
——心室 cardiac ……324～329
——脳室 brain ……**409**, **411**
——第三脳室 third ……**403**, **406**, **407**, **409**

——第四脳室 fourth …… **406**，**410**，414
膝蓋球（肉球）Knee pads …… 125，134
膝蓋骨 Kneecap，Patella …… **146**，219，**220**
膝窩動脈 Popliteal artery …… 340
室間孔 Interventricular foramen … **403**，**409**
歯堤 Dental lamina …… 280，**281**
耳道腺 Ceruminous gland …… 115
歯突起 Odontoid process …… 156，**157**，**163**
シナプス Synapse …… **394**，395
シナプス小頭（終末ボタン）Synaptic knob …… **394**，395
視嚢 Optic capsule …… **169**
耳嚢 Otic capsule …… **168～170**，442
シノサウロプテリクス *Sinosauropteryx* …… 67，121
篩板 Cribriform plate …… **172**，**309**
歯板 Dental plate …… 279，282
耳胞 Otic vesicles …… **30**，42，438，**439**
姉妹群 Sister group …… **26**，53
シームリア *Seymouria* …… **179**
斜角筋 Scalenus …… 253
斜隔膜 Oblique septum …… 312，**313**
斜筋 Oblique muscle …… 252
尺側手根骨 Ulnare …… **218**，**221～223**
尺骨 Ulna …… **222～227**
尺骨動脈 Ulnar artery …… 338
蛇腹様運動（コンチェルティーナ運動）Concertina movement …… 236
獣亜綱哺乳類 Theria …… **69**，70，92
縦隔 Mediastinum …… 315
獣弓類 Therapsids …… **62**，70，**208**
集合細管 Collecting tubules …… **358**，359，366
終糸 Filum terminale …… **399**，400
収縮期 Systole …… 327，333
終神経（第0脳神経）Terminal nerve（CN0）…… 416
終神経節 Terminal ganglion …… 423，**424**
雌雄同体 Hermaphroditism …… 387
終脳 Telencephalon …… **3**，405，409
終末分枝 Telodendria …… 395
絨毛尿膜（漿尿膜）Chorioallantoic membrane …… **103**，381
絨毛膜（漿膜）Chorion …… 64，**103**
絨毛膜絨毛 Chorionic villi …… 104
絨毛膜尿膜胎盤（漿尿膜胎盤）Chorioallantoic placenta …… **69**，104
絨毛膜嚢 Chorionic sac …… 103，**104**
絨毛膜卵黄嚢胎盤（漿膜卵黄嚢胎盤）Choriovitelline placenta …… 104
ジュゴン Dugong …… **83**
手根骨 Carpals …… 221
手根中手骨 Carpometacarpus …… **222**，223
主細胞 Chief cells …… 290，474
種子骨 Sesamoid bone …… 145，**231**
樹状突起 Dendrite …… 392，**394**
主静脈 Cardinal veins …… 342
受精 Fertilization …… 54，373
受胎産物 Conceptus …… 95
出鰓管 Efferent branchial duct …… 299
出水管 Excurrent siphon …… **32**，**33**，34
主部 Pars distalis …… **464**，465
種分化 Speciation …… 16，17
受容器 Receptors …… 392
——赤外線 infrared …… 451
——臓性 visceral …… 11，434
——体性 somatic …… 434
＊眼，膜迷路も参照
——皮膚 skin，cutaneous …… 455
主竜類 Archosaurs，Archosauria …… **62**，65，66，171
＊鳥類，ワニ類も参照
シュワン細胞 Schwann cells …… 399
循環系 Circulatory system …… 10
瞬膜 Nictitaing membrane …… 65，449
視葉 Optic lobes …… **403～406**，**419**
上衣 Ependyma …… 36，**396**，397
上衣細胞 Ependymal cells …… **397**，398
小陰唇 Labia minora …… 115，384
上咽頭溝 Epipharyngeal groove …… **36**，38
小羽枝 Barbules, of feather …… 119，**120**
小円筋 Teres minor …… 258，**260**
少黄卵 Microlecithal egg …… 89
消化器系 Digestive system …… 10，272
上顎骨 Maxillae …… **174**
上顎神経 Maxillary nerve …… **420**
小角軟骨 Corniculate cartilage …… **308**
松果体 Pineal …… **407**，**450**，466
松果体神経 Conarial nerves，Nervi conarii …… 466
上胸骨芽体 Suprasternal blastema …… **164**，165
上胸骨小骨 Suprasternal ossicles …… 165
条鰭類 Actinopterygians，Ray-finned fishes …… 55，129，132，160
＊アミア，ガー，真骨類も参照
小膠細胞 Microglia …… **397**，398
上行大静脈 Postcava …… **343～348**
上後頭骨 Supraoccipital bone …… 170，**171**，**189**
上鰓器官 Suprabranchial organ …… 286
上鰓プラコード Epibrachial placode …… 100，422
上耳骨 Epiotic bone …… 172，**177**
小歯状突起 Denticle …… **126**，**128**，130
上矢状静脈洞 Superior sagittal sinus …… 414
硝子体眼房 Vitreous chamber …… **445**
硝子軟骨 Hyaline cartilage …… **142**，**143**
上神経骨 Supraneural bone …… 153
上生体複合体（松果体複合体）Epiphyseal complex …… 416，**450**
上舌咽（錐体）および下舌咽神経節 Superior（petrosal）and inferior glossopharyngeal ganglia …… 422
上側頭骨 Supratemporal bone …… **173**，**181**
上大静脈 Superior vena cava …… 344
上恥骨 Epipubic bone …… **209**，**210**
小柱 Columella …… **178**，**442**
小脳 Cerebellum …… **403～406**
小脳脚 Cerebellar peduncles …… 405
上背軟骨 Supradorsal cartilage …… **152**
上皮小体 Parathyroid gland …… 469，**472**
上皮小体ホルモン Parathyroid hormone …… 144，471
上分節（背側中胚葉）Epimere（dorsal mesoderm）…… 101
漿膜 Serosa …… 286
静脈 Vein …… **320**
＊静脈系も参照
静脈管 Ductus venosus …… 346，**348**
静脈管索 Ligamentum venosus …… 346，349
静脈腔 Cavum venosum …… 327，335，**338**
静脈系 Venous system …… 38，342
——サメ類の of sharks …… 342
静脈洞 Sinus venosus …… **38**，324
上迷走神経節 Superior vagal ganglion … 422
小網 Lesser omentum …… **294**
小腰筋 Psoas minor …… **250**，253
小翼 Alula …… 224
上腕筋 Brachialis …… **260**
上腕骨 Humerus …… **218**，**219**，258
上腕静脈 Brachial vein …… 342，**343**
上腕動脈 Brachial artery …… 338
上腕二頭筋 Biceps brachii …… **244**，**260**
除去 Elimination …… 39
＊腎臓も参照
食虫類 Insectivora …… **73**，74，**124**
食道 Esophagus …… **6**，**253**，286
植物極 Vegital pole …… 89
鋤骨 Vomer …… 174，**175**
触覚円板（触覚板）Tactile discs …… **454**
鋤鼻器 Vomeronasal organs …… 453
鋤鼻神経 Vomeronasal nerve …… 416
尻だこ（尻胼胝）Ischial callosities …… 125
自律神経 Autonomic nerve …… 392，**425**
自律神経系 Autonomic nervous system …… 240，**421**，423
——交感神経系 sympathetic …… 423
——副交感神経系 parasympathetic …… 423，**424**
自律神経叢 Autonomic plexus …… **287**，425
歯列 Dentition …… 75，282，**284**
＊歯を参照
シレン *Siren* …… 61，**303**

シレン科 Sirenidae …… 61, 205
真猿類 Anthropoids …… 75, **76**, 123
　＊哺乳類も参照
進化 Evolution …… 22 ～ 24
新顎類 Neognathae, Neognaths …… 68
進化的収斂 Evolutionary convergence …… 17, 72, **225**
進化的選択 Evolutionary selection …… 22
深眼神経 Profundus nerve …… **419**, 420
心球 Bulbus cordis …… 337
新鰭類 Neopterygians …… 55, **57**, 129, **161**
　＊アミア, ガー, 真骨類も参照
心筋 Cardiac muscle …… 11
心筋層 Myocardium …… 324, 329
神経 Nerves …… 392
　——運動神経 motor …… 392, **394**, 468
　——後頭脊髄神経 occipitospinal …… **419**
　——混合神経 mixed …… 392, **395**
　——知覚神経 sensory …… 392, **394**
　——の運動性要素 motor components of …… 397
　——の知覚性要素 sensory components of …… 397
神経外側軟骨 Lateral neural cartilage …… **5**, 6, 151
神経芽細胞 Neuroblast …… 396 ～ 398
神経管 Neural tube …… **3**, 9, 96, **152**
神経感覚細胞 Neurosensory cells …… 398
神経弓 Neural arch …… **5**, 149, **150**
神経腔 Neurocoel …… 9, 98, **101**, **396**
神経系 Nervous system …… 396
　——自律神経系 autonomic …… 240, **421**, 423
　——の内分泌機能 endocrine role of …… 461
　——の発生 growth of …… 396
　——末梢神経系 peripheral …… 9, 392
神経血液器官 Neurohemal organ …… **461**, **462**
神経溝 Neural groove …… **8**, 9, **96**
神経膠細胞（グリア細胞）Glial cells, Neuroglia …… **397**, 398
神経膠膜 Glial membrane …… 398
神経鞘 Neurilemma …… 392, **394**
神経小丘 Neuromasts …… 435, 436
神経鞘細胞 Neurilemmal cells …… 399
神経上膜 Epineurium …… 392
神経性外胚葉 Neurectoderm …… 99
神経性下垂体 Neurohypophysis …… **406**, **464**
神経節 Ganglion (ganglia) …… 401
　——交感神経節 sympathetic …… **393**, 423, 466
　——自律神経節 autonomic …… 397, 423
神経線維 Nerve fiber …… 392
新形質 Neomorph …… 123
神経堤（神経冠）Neural crest …… 100, **428**
神経伝達物質 Neurotransmitters 395
神経頭蓋 Neurocranium …… 168 ～ 172
　＊皮骨頭蓋, 頭蓋も参照
　——の床 floor of …… 174
神経頭蓋－皮骨頭蓋複合体 Neurocranial-dermatocranial complex …… 175, 178
　＊頭蓋も参照
　——硬骨魚類の of boy fishes …… 175
神経内分泌反射弓 Neuroendocrine reflex arc …… 445, 463
神経胚 Neurula …… **96**
神経胚形成 Neurulation …… 9, **96**, 98, 396
神経板 Neural plate …… **91**, 96, 101
神経部 Pars nervosa …… 409, 463, **464**
神経ホルモン Neurohormones …… 395, 461, **462**
神経葉 Neural lobe …… 409
神経稜（神経竜骨）Neural keel …… 9, **96**, **97**, 98
腎口 Nephrostome …… 43, **357**, 358
心骨 Os cordis …… **146**
真骨類 Teleosts …… 55, 128
　——の胃 stomach of …… 287, 289
　——の神経胚形成 neurulation in …… **96**
　——の頭蓋 skull of …… 176
　——の卵管 oviducts of …… 381
　——の卵巣 ovary of …… 374
腎細管 Nephridial tubule …… **39**, **42**
心室小柱 Ventricular trabeculae …… 326, 332
心室中隔 Interventricular septum …… 326, **338**, **339**
唇小窩 Labial pits …… 451
腎小体 Renal corpuscle …… **358**, 359, 363
新生代 Cenozoic Era …… 60, **69**, 83
心臓 Heart …… 324 ～ 330
　——サメの of shark …… 324
　——単回路 single-circuit …… 11, 324
　——二回路 double-circuit, two-circuit …… 11, 324
　——の形態形成 morphogenesis of …… 329
　——の神経支配 innervation of …… 327, 328
　——ヒトの of human …… **339**
　——有羊膜類の of amniotes …… 327
　——両生類の of amphibians …… 326, 329
腎臓 Kidneys …… 356
　——生殖腎 sexual …… **363**
　——の浸透圧調節機能 osmoregulatory role of …… 356
　——哺乳類の of mammals …… 365, **366**
　——有顎類の of gnathostomes …… 359
靭帯 Ligaments …… 145, 146, 379, **443**
真胎生 Euviviparity …… 90
腎単位（ネフロン）Nephron …… **358 ～ 360**
伸張受容器 Stretch receptors …… 456
新鳥類 Neornithes …… 68
　＊鳥類も参照
浸透圧受容器 Osmoreceptors …… 457
唇軟骨 Labial cartilage …… **168**, 190, **194**
腎盤 Renal pelvis …… **365**, **366**
真皮 Dermis …… 127
　——骨性 bony …… 128
　——の色素 pigment of …… **130**
　——爬虫類の of nonavian reptiles …… 133
　——哺乳類の of mammals …… 115, 134
新皮質 Neocortex …… 412
真皮節 Dermatomes …… **101**
真皮乳頭 Dermal papillae …… **114**, 120, **280**
心房 Atrium …… 324, **326**, 327
心房間孔 Interatrial foramen …… 327, 347
心房中隔 Interatrial septum …… 326
心膜腔（囲心腔）Pericardial cavity …… **9**, 10, 324, **331**
腎門脈系 Renal portal stream …… 342

【す】

膵液 Pancreatic juice …… 292
膵芽（腹側, 背側）Pancreartic bud (ventral, dorsal) …… **3**, 295
髄核 Pulpy nucleus …… 6, 154, **155**
膵管 Pancreatic duct …… **295**
水管嚢 Siphon sac …… 373
髄条 Stria medullaris …… 407
水晶体 Lens …… **169**, **439**, 448
膵臓 Pancreas …… **294**, **295**, 473
錐体 Cones, Pyramids …… 405, **418**, 446
錐体筋 Pyramidalis muscle …… 267
錐体鼓室骨 Petrotympanic bone …… 187
錐体神経節 Petrusal ganglion …… **419**, 422
膵島 Pancreatic islets …… 295, 473
髄脳 Myelencephalon …… **3**
進んだ, 学術用語としての用法 Advanced, terminological use of …… 26
スタニウス小体 Stannius, corpuscles of …… 469
ステロイド産生組織 Steroidogenic tissue …… 466, **467**
スプリングサラマンダー *Gyrinophilus* …… **151**
スペクタクル（眼鏡形斑紋）Spectacles …… 65, 118, 449

【せ】

セイウチ Walruses …… 81, 232, **283**
精管 Spermatic duct, Vas deferens …… **369**, 372, **373 ～ 377**
精細管 Seminiferous tubules …… 369, **370**, **371**
精索 Spermatic cord …… 253, 379
星状膠細胞 Astrocytes …… 398
生殖器 Genital organs …… 10, 356, **385**

生殖器系 Reproductive system ……356, 374, **381**
——雌性生殖器系 female ……**377**
生殖結節 Genital tubercle ……374, **385**
生殖肢（性脚）Gonopodium ……215, 373
生殖腎 Sexual kidney ……**363**
生殖ヒダ Genital folds ……374
生殖隆起 Genital ridges ……**4**, 368, **377**
性腺 Gonads ……10, 368, **379**, **463**
精巣 Testes ……**369**, **371 ～ 377**
精巣間膜 Mesorchium ……369, **375**
精巣挙筋 Cremaster muscle ……253, **379**
精巣垂 Appendix testis ……385
精巣導帯 Gubernaculum ……**379**
精巣旁体 Paradidymis ……365
精巣網 Rete testes ……**370**, **371**
精巣輸出管 Vasa efferentia …363, **368**, **371**
声帯（声帯ヒダ）Vocal cords (fold) ……308, **309**
正中眼 Median eye ……407, **449**
正中隆起 Median eminence ……461, **462 ～ 464**
成長ホルモン（ソマトトロピン）Somatotropin ……462, 465
精嚢 Seminal vesicles ……**363**, **373**
生物発光 Bioluminescence ……111
精包（精莢）Spermatophore ……90
声門 Glottis ……**275**, 286, **308**
赤外線受容器 Infrared receptor ……451
脊索 Notochord ……5, **30**, **92**
脊索周囲軟骨 Perichordal cartilage ……149, **151**
脊索鞘 Notochord sheath ……**5**, 6, **153**
脊索中胚葉 Chordomesoderm ……**93**
脊索動物 Chordate ……32
脊索突起 Notochordal process ……94, **95**
脊索軟骨 Chordal cartilage ……150, **151**
赤色素胞 Erythrophores ……131
脊髄 Spinal cord ……**399 ～ 401**
脊髄神経 Spinal nerves ……401 ～ 403
——の機能的要素 functional components of ……403
——の線維要素 fiber components of …402
——の体節性 metamerism of ……402
——の分枝 rami of ……263
赤腺 Red gland ……306, 342
脊柱 Vertebral column ……**5**, 149
——魚類の of fishes ……151
——四肢動物の脊柱 of tetrapod ……153
——迷歯類の of labyrinthodonts ……153
脊柱管 Vertebral canal ……149, **150**, **157**
脊椎動物 Vertebrates ……2
＊有頭動物も参照
——の骨格 skeleton of ……149
セクレチン Secretin ……474
舌 Tongue ……275 ～ 278
——の筋 muscles of ……246, 423
——の神経支配 innervation of ……423
舌咽神経（第 IX 脳神経）Glossopharyngeal nerve (CN IX) ……421
切縁歯 Secodont teeth ……283, **284**
石灰化軟骨 Calcified cartilage ……144
舌顎軟骨 Hyomandibular cartilage ……190, **301**
舌下神経（第XII脳神経）Hypoglossal nerve (CN XII) ……255, **400**
節頚類 Arthrodires ……**52**, 53
赤血球 Erythrocytes ……322, **323**
節後線維 Postganglionic fibers ……397, **425**
舌骨 Hyoid bone ……**196**
——哺乳類の of mammals ……196
——有羊膜類の of amniotes ……196
舌骨下顎挙筋 Levator hyomandibulae ……**264**, 265
舌骨弓 Hyoid arch ……**8**, **192**, 276
——の筋 muscles of ……265, 421
舌骨舌筋 Hyoglossus ……255
切歯 Incisors ……282, **283**
舌小帯 Frenulum linguae ……278
接触胎盤 Contact placenta ……104
舌接（間接連結）Hyostyly ……190
舌接型顎支持機構 Hyostylic jaw suspension ……190
接着乳頭 Adhesive papilla ……33
切椎類 Temnospondyls, Temnospondyli ……**59**, 60
舌軟骨 Lingual cartilage ……193, **194**
舌扁桃 Lingual tonsils ……286
舌盲孔 Foramen cecum ……**309**, 471
セメント質 Cementum ……280
セルラーゼ Cellulase ……290
腺 Gland (s) ……112, 115
——胃腺 gastric ……288, 290
——胃底腺 fundic ……290
——咽頭下腺 subpharyngeal ……42, **472**
——塩類分泌腺（塩類腺）chloride-secreting, salt-secreting ……135, 367
——顆粒腺 granular ……**112**, 114
——眼窩下腺 infraorbital ……**278**, 449
——汗腺 sudoriferous (sweat) ……134
——凝固腺 coagulating ……373, **377**
——口腔腺 oral ……279
——甲状腺 thyroid ……**200**, 461, **471**
——鰓後体 ultimobranchial ……**470**, **471**
——耳下腺 parotid ……**113**, 115, 114
——脂腺 sebaceous ……**114**, 115, 134
——耳道腺 ceruminous ……115
——上皮小体 parathyroid ……469, **472**
——赤腺 red ……306, 342
——前立腺 prostate ……372, **377**
——大腿腺 femoral ……114
——直腸腺 rectal ……**273**, 291, 360
——毒腺 poison ……**278**
——乳腺 mammary ……**116**, 134
——尿道球腺（カウパー腺）bulbourethral (Cowper's) ……373
——粘液腺 mucous ……**109**, 132
——ハーダー腺 harderian ……449
——尾腺 uropygial ……115, 134
——表皮腺 epidermal ……110, 132
——副腎 adrenal ……**467**
——膨大腺 ampullary ……372, **377**
——ボウマン腺 Bowman's ……452
——マイボーム腺 meibomian ……115
——油腺 oil ……113, 115, 134
——卵殻腺 shell ……380, **381**, **382**
——卵白腺 albumen ……381
——涙腺 lacrimal ……421, 449
前胃（腺胃）Proventriculus ……**273**, **289**
線維軟骨 Fibrocartilage ……143
線維路 Fiber tracts ……392, 407
前烏口骨 Procoracoid ……**156**, **164**, 207
前関節突起 Prezygapophyses ……149, **150**, **162**
前環椎 Proatlas ……156, **157**
前眼房 Anterior aqueous chamber ……**445**, **447**, 448
前臼歯 Premolars ……**283**
前胸骨芽体 Presternal blastema ……**164**, 165
扇鰭類 Rhipidistians, Rhipidistia ……56, **174**, **233**
浅筋膜 Superficial fascia ……134, 258
仙骨 Sacrum ……157
全鰓 Holobranch ……301, **302**
前鰓蓋骨 Preopercular bone ……**174**, **176**
前索軟骨 Prechordal cartilage ……168, **170**
センザンコウ Pangolin, *Manis* ……**74**, 118, 122
前肢 Forelimb ……220
＊肢を参照
前耳骨 Prootic bone ……172, **178**, **179**
前肢帯（肩帯）Pectoral girdle ……163, **206**
前上顎骨 Premaxillae ……**174**, **176 ～ 186**
線条体 Striatum ……**406**, 411
前腎 Pronephros ……361, **362**
全腎（完腎）Holonephros ……361
前腎管 Pronephric duct ……**101**, **362**
前腎細管 Pronephric tubules ……**101**, 362
腺性下垂体 Adenohypophysis ……**406 ～ 408**
前前頭骨 Prefrontal bone ……173, **180 ～ 182**
前腸 Foregut ……**274**, **439**
前蝶形骨 Presphenoid bone …171, 186, **188**
前頂骨 Bregmatic bone ……186
仙椎 Sacral vertebrae ……154, **210**

前庭 Vestibule …… **37**, **383**, **441**
——口腔 oral …… 274, 278
前庭階 Scala vestibuli …… **441**
前庭頚反射 Vestibulocollic reflex …… 439
前庭反射 Vestibular reflexes …… 439
前適応 Preadaptation …… 16
蠕動 Peristalsis …… 272, 380
前頭器官 Frontal organ, Stirnorgan …… 450
前頭骨 Frontal bone …… **173**, **181**
前頭断 Frontal section …… **4**, **366**, **403**
前頭葉 Frontal lobe …… **406**, **412**
全頭類（ギンザメ類）Holocephalans, Holocephali …… 90, **153**
前脳 Prosencephalon …… **274**, 405
前母指 Prepollex …… 222
前毛細血管括約筋 Precapillary sphincter …… 320, **321**
泉門 Fontanels …… **186**
腺野 Glandular field …… **276**
前立腺 Prostate glands …… 372, **377**
前立腺洞（雄性膣）Prostatic sinus …… 385

【そ】

ゾウ Elephant …… 81
叢（神経叢，静脈叢）Plexus …… 9, **256**
——アウエルバッハ神経叢（筋層間神経叢）Auerbach's …… 423
——脊髄神経叢 spinal nerve …… 402
——蔓状静脈叢 pampiniform …… 342, 380
——マイスナー神経叢（粘膜下神経叢）Meissner's …… 423
——脈絡叢 choroid …… **406**, **407**, **418**
——腰神経叢 lumbar …… 402
——腕神経叢 brachial …… **256**, 402, 439
層間板 Intercalary plates …… 152
双弓類 Diapsids, Diapsida …… **62**, 64, 65
＊鳥類，ワニ類，トカゲ類も参照
ゾウゲ芽細胞 Odontoblasts …… **139**, **141**, 280
ゾウゲ細管 Dentinal tubules …… **141**, 280
ゾウゲ質 Dentin …… **126**, 279
造血 Hemopoiesis …… 322
相似 Analogy …… 15, 215
双子筋 Gemelli …… 262
槽生歯 Thecodont dentition …… **281**
臓性受容器 Visceral receptors …… 457
造精膨大部 Seminiferous ampullae …… 372
臓側胸膜 Visceral pleura …… 308, **316**
臓側心膜 Visceral pericardium …… 324
臓側腹膜 Visceral peritoneum …… **4**, 10, 273, **287**
総胆管 Common bile duct …… **294**
爪底（蹄底）Subunguis …… 118, **119**
相同，相同性 Homology …… 14, 173, 245
——連続相同 serial …… 427
総排泄腔（排出腔）Cloaca …… 10, 295, 385
僧帽筋 Trapezius …… **246**, 258
僧帽弁 Mitral valve …… 327
側系統群 Paraphyletic group …… **21**, **65**
側線 Lateral line …… 417, 436
側線管（側線器官）Lateral-line canal …… **435**, **436**
側頭窩 Temporal fossae …… 180, **181**
側頭間骨 Intertemporal bone …… **173**, **174**
側頭筋 Temporalis …… 263, **264**
側頭骨 Temporal bone …… 172, **174**
側頭骨岩様部 Petrosal bone …… 172
側頭窓 Temporal fenestra …… 179
側頭葉 Temporal lobe …… **406**, **412**
側突起 Parapophyses …… 149, **160**
側波状運動 Lateral undulation …… 153, 235, **248**
側副神経節 Collateral ganglion …… 423, **425**
側方眼 Lateral eyes …… 444, 445, 450
鼠径管 Inguinal canal …… **379**
鼠径輪 Inguinal ring …… **379**
組織栄養性（胚栄養性）栄養摂取 Histotrophic (embryotrophic) nutrition …… 90, 304
足根中足骨 Tarsometatarsus …… **231**, **262**
嗉嚢（そ嚢）Crop …… 287
ソレノドン *Solenodon* …… **73**, **285**

【た】

第一胃（ルーメン）Rumen …… 290, **292**
大陰唇 Labia majora …… 378, **379**
大円筋 Teres major …… 258, **260**
退化した，学術用語としての用法 Degenerate, terminological use of …… 26
体幹（胴，躯幹）Trunk …… **3**, 10, 149, 248
体腔 Coelom …… 10, **92**, 273
体腔嚢 Coelomic pouches …… 92
対向性母指 Thumb, opposable …… 228
大後頭孔（大孔）Foramen magnum …… 170, **171**
袋骨 Marsupial bone …… 210
第三胃 Omasum …… 290, **292**
第三眼 Third eye …… 449, 450
胎子（胎児）Fetus …… 103, 104, 347, **383**, 453
＊形態形成も参照
体肢筋 Appendicular muscles …… 255
対趾足 Zygodactyl …… 231
体循環 Systemic circuit …… 324
胎生 Viviparity, Viviparous …… 89, 90
体性感覚皮質 Somesthetic cortex …… 401, **412**
体性受容器 Somatic receptors …… 434
体節球（ソミトメア）Somitomeres …… 102, 242, **247**
大腿骨 Femur …… 219, **220**, 262
大腿四頭筋 Quadriceps femoris …… 262
大腿腺 Femoral gland …… 114
大腿直筋 Rectus femoris …… 262
大腿動脈 Femoral artery …… 340, **341**
大腿内転筋 Adductor femoris …… 262
大腿二頭筋 Biceps femoris …… 262
大動脈 Aorta …… **36**
——背側 dorsal …… 11, **152**, **247**, 330, 338
——腹側 ventral …… 11, **38**, **330**
大動脈弓 Aortic arch …… **331**, **332 ～ 350**
——魚類の of fishes …… 331
——四肢動物の of tetrapods …… 332
大動脈小体 Aortic bodies …… 457
第二胃 Reticulum …… 290, **292**
大脳 Cerebrum …… 409 ～ 413
大脳基底核 Basal ganglia …… **411**, 413
大脳脚 Cerebral peduncles …… 407
大脳動脈輪（ウィリス動脈輪）Circle of Willis …… 338, **413**
大脳辺縁系 Limbic system …… 409, 413
胎盤 Placenta …… **104**
胎盤葉胎盤（叢毛胎盤）Cotyledonary placenta …… **104**
体壁 Body wall …… 3, 92
体壁静脈 Parietal vein …… **38**, 342
体壁葉 Somatopleure …… 92, 94, **103**
大網 Greater omentum …… 289
大腰筋 Psoas major …… **250**, 261
第四胃 Abomasum …… 290, **292**
ダーウイン，チャールズ Darwin, Charles …… 23
ダ・ヴィンチ，レオナルド Da Vinci, Leonardo …… 23
唾液 Saliva …… 278
多黄卵 Macrolecithal egg …… 89, 94
多系統群 Polyphyletic group …… **21**, 22
胼胝 Callus …… 125, 134
タコ足細胞（足細胞）Podocytes …… 39
蛇行運動 Serpentine locomotion …… **234**, 235
タチウオ *Trichiurus* …… **206**, **212**, **288**
手綱 Habenulae …… **404**, **407**
タップミノー *Fundulus* …… **288**
脱落膜 Decidua …… 104
脱落膜胎盤 Deciduous placenta …… 104
多裂棘筋 Multifidus spinae …… **251**
単為生殖 Parthenogenesis …… 387
端黄卵 Telolecithal egg …… 89
単眼 Ocellus …… 33, **37**, 43
単弓類 Synapsids …… **62**, **68**
＊哺乳類も参照
ダンクルオステウス *Dunkleosteus* …… **52**, 217
単系統群 Monophyletic group …… **21**, **59**
単孔類 Monotremata …… 70, **116**, 374

単純，学術用語としての用法
Simple, terminological use of ……… 26
端生歯 Acrodont dentition ……… **281**
弾性軟骨 Elastic cartilage ……… 144
淡蒼球 Globus pallidus ……… **411**
胆嚢 Gallbladder ……… **3**，**294**
胆嚢管 Cystic duct ……… **289**，294
タンパク質分解酵素 Proteolytic enzymes ……… 289，292
短尾大腿筋 Caudofemoralis brevis ……… 262
淡明層 Stratum lucidum ……… 134

【ち】

知覚神経 Sensory nerves ……… 392，**394**
知覚神経節 Sensory ganglion ……… 392，**394**，**425**
知覚ニューロン Sensory neuron ……… 395
恥骨 Pubis ……… **66**，**209**
恥骨筋 Pectineus ……… 262
恥骨結合 Pubic symphysis ……… **160**，**210**，212
恥骨前軟骨 Prepubic cartilage ……… 210
恥坐大腿筋 Puboischiofrmoralis ……… 261
膣 Vagina ……… **383**，387
膣栓 Copulation plug ……… 373
中央階 Scala media ……… **441**
中間質（視床間橋）Massa intermedia ……… 408，**410**
中間部 Pars intermedia ……… **464**，465
中脚（上足）Epipodium ……… **218**，219，235
肘筋 Anconeus ……… 260
中篩骨 Mesethmoid bone ……… 171，**177**，**189**
中手骨 Metacarpals ……… **221**，**224**
中腎 Mesonephros ……… **8**，362 ～ 365，371
中心窩 Fovea ……… **445**，446
中腎管 Mesonephric duct ……… **362**，**372 ～ 374**
中腎細管 Mesonephric tubules ……… 363，**369**
中心手根骨 Centralia ……… **221 ～ 223**
虫垂 Appendix ……… **273**，**293**
中枢神経系 Central nervous system ……… 392
＊脳も参照
中生代 Mesozoic Era ……… **48**，**72**
中舌骨 Entoglossal bone，Entoglossus ……… 196，**198**，**277**
中足骨アーチ Metatarsal arch ……… 77，232
中腸 Midgut ……… **103**，**274**
中腸輪 Midgut ring ……… **35**，38
中脳 Mesencephalon，midbrain ……… **274**，405 ～ 407
中脳蓋 Tectum ……… 406
中脳水道（シルヴィウス水道）
Cerebral aqueduct（Aqueduct of Sylvius）……… **403**，407，**410**
中胚葉 Mesoderm ……… 101，102
——造腎中胚葉 nephrogenic ……… **8**，94，**247**，359
——側板中胚葉 lateral-plate ……… 94，**95**，**101**，**331**
——体壁板中胚葉 somatic ……… **92**，94
——中間中胚葉（造腎中胚葉）
intermediate（nephrogenic）……… 94，**97**，**101**，359
——内臓板中胚葉 splanchnic ……… **92**，94，**247**
——背側中胚葉 dorsal ……… 93，**96**，101
中胚葉体節（体節）Mesodermal somites ……… 94，**101**
中胚葉嚢 Mesodermal pouches ……… **92**
中分節 Mesomere ……… 102，429
チュレルペトン *Tulerpeton* ……… 220
腸 Intestine ……… 291 ～ 294
——小腸 small ……… **273**，291，292
——大腸 large ……… **273**，**293**，**382**
腸液 Intestinal juice ……… 292
聴覚 Hearing ……… **412**，439，443
＊膜迷路も参照
腸下静脈 Subintestinal vein ……… **36**，**343**
蝶形骨 Sphenoid bone ……… 171
腸脛骨筋 Iliotibialis ……… 261
蝶形骨骨化中心
Sphenoid ossification centers of ……… 171
腸骨筋 Iliacus ……… 261
腸骨静脈 Iliac vein ……… 342，**343 ～ 345**
腸骨動脈 Iliac atery ……… **332**，340
聴砂（耳石）Otoconia ……… 438
腸鰓類 Enteropneusta ……… 31，32
チョウザメ Sturgeon ……… 55，**56**，175
蝶篩骨 Sphenethmoid ……… **170**，172
聴側線系 Acousticolateralis（octavolateralis）system ……… 437
腸大腿骨筋 Iliofemoralis ……… 261
腸内縦隆起 Typhlosole ……… 291
長内転筋 Adductor longus ……… 262
鳥盤類（恐竜）Ornithischians ……… 67
腸腓骨筋 Iliofibularis ……… 261
長鼻類 Proboscidea ……… 83，282，284
長吻 Proboscis ……… **31**，**40**，305
腸盲嚢静脈 Cecal vein ……… **38**，39
聴葉 Auditory lobes ……… **404**，406
腸腰筋 Iliopsoas ……… 261
鳥類 Birds，Aves ……… 67
——の足 pes of ……… 231
——の胃 stomach of ……… 289
——の枝止まり機構
perching mechanism of ……… **262**
——の鉤爪 claws of ……… 118
——の気嚢 air sacs of ……… 314，315
——の胸骨 sternum of ……… 163
——の後肢帯 pelvic girdle of ……… 67
——の舌 tongue of ……… 145，**277**
——の嗉嚢 crop of ……… **273**，287
——の大脳 cerebrum of ……… 412
——の頭蓋 skull of ……… 184
——の肺 lungs of ……… **315**
——のファブリキウス嚢
bursa of Fabricius of ……… 352
——の複合仙骨 synsacrum of ……… 157
腸肋筋 Iliocostales ……… 250，**251**
直進運動 Rectilinear locomotion ……… 235
直腸 Rectum ……… **273**，293，385
直腸腺 Rectal gland ……… **273**，291，360
直立原人 *Homo erectus* ……… 187
貯種子嚢 Seed pouch ……… 245，275
貯精嚢 Spermathecae ……… 90，382

【つ】

椎間筋 Intervertebrals ……… 250，**251**
椎間孔 Intervertebral foramen ……… 400
椎間板（椎間円板）Intervertebral disc ……… 154，**155**
椎骨 Vertebrae ……… 149
＊脊柱も参照
——異凹型 heterocelous ……… **150**
——胸椎 thoracic ……… 155，**159**
——魚類の of fishes ……… 151，154
——頚椎 cervical ……… **150**，154，**163**
——後凹型 opisthocelous ……… 154，**155**
——前凹型 procelous ……… 154，**155**
——仙椎 sacral ……… 154，**210**
——尾椎 caudal ……… 151，158，**210**
——分節椎骨 rachitomous ……… **153**
——無凹型 acelous ……… 154，**155**
——腰椎 lumbar ……… 155，**210**
——両凹型 amphicelous ……… 152，**155**
椎骨下筋 Subvertebrals ……… **250**，252
椎骨動脈 Vertebral artery ……… **332**，338，**413**
椎骨動脈管 Arteriovertebral canal ……… 163
椎骨突起 Apophyses, vertebral ……… 149
椎体 Centrum ……… 149，150，**150 ～ 153**
ツチ骨 Malleus ……… 194，**197**，**200**，442
ツチブタ Aardvarks ……… **74**
角 Horn ……… **123**，125
ツノザメ Spiny dogfishes，*Squalus* ……… 54，**150**
爪（平爪，鉤爪，蹄）Nails，Unguis ……… 118
蔓状静脈叢 Pampiniform plexus ……… 342，380

【て】

手 Manus ……… 220 ～ 223
——の筋 muscles of ……… 262
——マッドパピーの of *Necturus* ……… **221**
蹄 Hoofs ……… 118
底後頭骨 Basioccipital bone ……… 170，**171**，**189**
蹄叉 Cuneus ……… 118，**119**
底鰓節軟骨 Basibranchial cartilage ……… 190

底鎖骨筋 Basioclavicularis ………… **259**, 261
底舌軟骨 Basihyal cartilage ……… 190, **192**
底蝶形骨 Basisphenoid bone ……… 171, **175**
底背軟骨 Basidorsal cartilage ……………… **152**
底板 Floor plate ………………………………… **96**
底腹軟骨 Basiventral cartilage …… **152**, **153**
ディプロスポンディリー（二重椎骨）
Diplospondyly …………………… 150, 153
適応 Adaptation ……………………………… 16
手首（手根）Wrist ………………………… 134
テストステロン Testosterone …………… 469
手の指節骨（指骨）Phalanges, of manus
……………………………………………… 221
電気受容（器）Electroreception,
Electroreceptors …………………… 11, 436
殿筋 Gluteus ………………………………… 262
テンジクネズミ下目 Caviomorpha …… 78, **79**

【と】

等黄卵 Isolecithal egg ……………………… **89**
頭化 Cephalization …………………………… 3
頭蓋 Skull …………………………… 168 ～ 189
＊脳，皮骨頭蓋，神経頭蓋も参照
——真骨類の of teleosts ………………… 176
——鳥類の of birds ……………… 184, 185
——爬虫類の of nonavian reptiles …… 179
——扁平状 platybasic …………………… 178
——哺乳類の of mammals
……………………………… 178, 185, 189
——両生類の of amphibians …………… 178
頭蓋可動性 Cranial kinesis
………………………… 180, 183, **185**, 192
頭蓋上顎筋 Craniomaxillaris ……………… 264
頭蓋椎骨接合 Craniovertebral junction
……………………………………………… 155
頭蓋洞 Cranial sinuses …………………… 188
頭管系 Cephalic canal systems ………… 436
動眼神経（第Ⅲ脳神経）
Oculomotor nerve（CNIII）…………… 447
同期化（同調）ホルモン
Synchronizing hormones ……………… 474
糖原分解 Glucogenolysis ………………… 467
瞳孔 Pupil …………………………………… 446
胴甲類 Antiarchs ……………………… **52**, 53
橈骨 Radius ………………………… **221 ～ 227**
橈骨動脈 Radial artery …………………… 338
頭索類 Cephalochordates ………………… **40**
糖質コルチコイド（グルココルチコイド）
Glucocorticoids ………………………… 468
糖新生 Gluconeogenesis ………………… 468
橈側手根骨 Radiale ………………… **221 ～ 223**
頭頂眼 Parietal eye …………………… 407, **450**
頭頂骨 Parietal bone ……… **173**, **176 ～ 178**
頭頂葉 Parietal lobe ……………………… **412**
頭部 Head ……………………………………… 3
＊脳，頭蓋も参照
——の筋 muscles of …………………… 246
——の分節性 segmentation of … 426, 427
動物極 Animal pole ………………………… 89
洞房結節 Sinoatrial node ………… 327 ～ 329
動脈 Artery（artery）…………… 330 ～ 342
＊大動脈，大動脈弓も参照
動脈円錐 Conus arteriosus
……………………………… 324, **325 ～ 328**
動脈管 Ductus arteriosus …… 332, **334 ～ 336**
動脈幹 Truncus arteriosus …… 337, 340, **349**
動脈管索 Ligamentum arteriosum ……… 348
動脈腔 Cavum arteriosum ………… 335, **338**
動脈系 Arterial channels of ……………… 330
＊大動脈，大動脈弓も参照
透明中隔 Septum pellucidum ……… **410**, 412
トカゲ類 Lizards …………………… 162, 443
——の尾椎 caudal vertebrae of ……… 158
トガリネズミ Shrew ………………… 73, **283**
特殊化，学術用語としての用法
Specialized, terminological use of ……… 25
毒腺 Poison gland ………………………… **278**
ドチザメ *Scyllium* …………………… **152**, **304**
トリアドバトラクス *Triadobatrachus* …… 63
トリヨードサイロニン Triiodothyronine
……………………………………………… 470
トルナリア Tornaria ………………………… 32
鈍頭歯（丘状歯）Bunodont teeth ……… **284**

【な】

内温動物（温血動物）Endotherm …… 64, 135
内群 Ingroup ………………………………… 26
内耳神経（第Ⅷ脳神経）Vestibulocochlear
nerve（CNVIII）………………… **394**, 416
内受容器 Enteroceptors …………… 434, 456
内精筋膜 Internal spermatic fascia …… **379**
内臓骨格 Visceral skeleton
……………… 8, **168**, 189 ～ 194, 199, **200**
——硬骨魚類の of bony fishes ……… 191
内臓頭蓋 Splanchnocranium …………… 168
＊内臓骨格も参照
内臓葉 Splanchnopleure …… 92, 94, 95, **103**
内恥坐大腿筋 Puboischiofemoralis internus
……………………………………………… 261
内柱 Endostyle ………………… 2, 34, **472**
内胚葉 Endoderm …………………… **8**, **92**, **101**
内分泌器官 Endocrine organs
……………………… 461, 462, 468, 469
＊腺も参照
——外胚葉由来の ectoderm-derived
……………………………………………… 463
——中胚葉由来の mesoderm-derived
……………………………………………… 468
——内胚葉由来の endoderm-derived
……………………………………………… 469
内包 Internal capsule ……………… **404**, 412
内リンパ Endolymph ……… 437 ～ 439, **441**
内リンパ窩 Endolymphatic fossa … 170, 437
内リンパ管 Endolymphatic duct …… 170, **437**
内リンパ嚢 Endolymphatic sac
……………………………… **437**, **442**, **443**
ナキウサギ Pikas ………………………… **78**
ナマケモノ Sloth ………………… 74, 163, 282
ナメクジウオ Amphioxus, Lancelets,
Branchiostoma …………… **35**, 39, **43**, **92**
＊頭索類も参照
軟骨 Cartilage …………………………… 143, 144
＊骨も参照
——種子 sesamoid ………………… 145, 172
——硝子 hyaline …………………… **142**, **143**
——脊索周囲 perichordal ………… 149, **151**
——石灰化 calcified ……………… 144, 152
——弾性 elastic ……………………………… 144
——肋 costal …………………………… 163, 258
軟骨魚類 Chondrichthyes（cartilaginous
fishes）……………………………………… 54
＊軟骨魚類，サメ類も参照
軟骨形成 Chondrogenesis ………… 143, **144**
軟骨頭蓋 Chondrocranium ……………… 170
軟骨内骨化 Endochondral ossification
……………………………… **142**, 143, **144**
軟骨膜 Peichondrium ……………… 143, 243
軟質類 Chondrostei …………… 55, **56**, **152**
軟髄膜 Leptomeninx ……………………… 399
軟膜 Pia mater ……………………………… 399

【に】

肉球（隆起）Tori ……………… **124**, 125, 134
肉鰭類（葉鰭類）Sarcopterygii（lobe-finned
fishes）…………………………… 55, 56, **57**
＊肺魚も参照
肉食動物（食肉類）Carnivores, Carnivora
……………………………………… 67, 181
肉柱 Trabeculae carneae ………………… 327
ニシキヘビ Python ………………… **150**, 451
二次性索 Secondary sex cords ………… **370**
二尖弁 Bicuspid valve ……………… 327, **339**
ニッスル物質 Nissl material ……… 392, **394**
二腹筋 Digastricus ………………… 244, 245
二分脊椎 Spina bifida ……………………… 99
二名法 Binominal name …………… 20, 47
乳管洞 Cystern …………………………… **116**
入鰓管 Afferent branchial duct ………… 299
入水管 Incurrent siphon ……… **32**, **33**, 34
入水孔 Incurrent aperture ………… 34, 305
乳腺 Mammary gland ……… 115, **116**, 134
乳線 Milk line …………………………… **115**
乳頭（乳首）Nipples ……………… **115**, 116
乳頭円錐 Papillary cone ………………… 447
乳頭筋 Papillary muscles ………… 327, **339**

乳糜 Chyle ······ 292, 351
乳糜管 Lacteal ······ **292**, 351
乳糜槽 Cisterna chyli ······ 351
乳様突起 Mastoid process ······ 187
ニューロン（神経単位）Neuron ······ 392 ~ 395
＊神経も参照
——運動 motor ······ **393**, 456
——神経分泌 neurosecretory ······ 395, **461**
——節後 postganglionic ······ 467
——節前 preganglionic ······ 423, **468**
——知覚 sensory ······ 398
尿管 Ureter ······ **365**, **372**
尿管芽 Metanephric bud ······ **365**, **372**, **386**
尿細管 Renal tubules ······ 356, 361
尿細管周囲毛細血管 Peritubular capillaries ······ 342, **359**, **360**
尿酸 Uric acid ······ 294, 361
尿素 Urea ······ 360
尿道 Urethra ······ **374**, 387
尿道海綿体 Corpus spongiosum ······ 374, **375 ~ 377**
尿道球腺（カウパー腺）Bulbourethral (Cowper's) gland ······ 373, **377**
尿産生 Urine, formation of ······ 361
尿膜 Allantois ······ 64, 102, **103**, **348**, 368
尿膜管 Urachus ······ 104, 368, **386**
尿膜静脈 Allantoic vein ······ 346
尿膜動脈 Allantoic artery ······ 340

【ぬ】

ヌタウナギ Hagfishes, *Myxine* ······ **51**

【ね】

ネアンデルタール人 *Homo neanderthalensis* ······ 77
ネオケラトダス *Neoceratodus* ······ **57**, 58, **152**
ネズミイルカ Porpoises ······ 83, **84**, **226**
粘液 Mucus ······ 34, 110
粘液腺 Mucous glands ······ **109**, 110, **112**
粘膜 Mucosa ······ 286
粘膜下組織 Submucosa ······ 286

【の】

脳 Brain ······ 403 ~ 414
＊頭蓋も参照
——への血液供給 blood supply to ······ 414
ノウサギ（野兎）Hare ······ **78**
脳神経 Cranial nerves ······ 415 ~ 423
——運動性 motor ······ 418 ~ 420, 430
——外転神経 abducens（Ⅵ）······ 417
——滑車神経 trochlear（Ⅳ）······ 417
——顔面神経 facial（Ⅶ）······ 265, 421
——嗅神経 olfactory（Ⅰ）······ **415**, 416, 452
——混合性 mixed ······ **395**, 428, 429
——三叉神経 trigeminal（Ⅴ）······ **420**
——視神経 optic（Ⅱ）······ **267**, 416, 466
——終神経 terminal（0）······ 416
——上生体複合体神経 epiphyseal complex（E）······ 417
——鋤鼻神経 vomeronasal（VN）······ 416, 453
——深眼神経 profundus（P）······ 417, **419**, 423
——舌咽神経 glossopharyngeal（Ⅸ）······ 421, 457
——舌下神経 hypoglossal（Ⅻ）······ **394**, **418**, 419, 420
——前および後側線神経 ALL/PLL（anterior and posterior lateral line）······ 417, 437
——知覚性 sensory ······ 416
——動眼神経 oculomotor（Ⅲ）······ 417, 447
——内耳神経 vestibulocochlear（Ⅷ）······ **394**, 416, 417
——副神経 accessory（Ⅺ）······ 418
——迷走神経 vagus（Ⅹ）······ **418**, 422, **427**, 457
脳脊髄液 Cerebrospinal fluid ······ 414, 415, 444
脳傍体 Paraphysis ······ **404**, **406**, 410
脳梁 Corpus callosum ······ **410**, **411**, 412
ノコギリエイ Sawfish ······ **53**, 54
ノルアドレナリン（ノルエピネフリン）Noradrenaline ······ 426, 466

【は】

歯 Teeth ······ 279 ~ 285
——一代性歯（不換性歯）monophyodont dentition ······ 282
——永久歯 permanent ······ 70, 282, **284**
——横堤歯（稜縁歯，ヒダ歯）lophodont ······ **284**
——角質歯 horny ······ **112**, 285
——臼歯 cheek ······ 283, **284**
——三丘歯 trituberculate ······ **284**, 285
——三錐歯 triconodont ······ **284**, 285
——歯冠 crown of ······ 82, 283
——歯槽 sockets for ······ 65, 281
——切縁歯 secodont ······ 283, **284**
——槽生歯 thecodont ······ 68, **281**
——多代性歯（多換性歯）polyphyodont ······ 281
——端生歯 acrodont dentition ······ **281**
——鈍頭歯 bunodont ······ **284**
——二代性歯（一換性歯）diphyodont dentition ······ 282
——乳歯（脱落歯）deciduous ······ 282
——の系統発生 phylogeny ······ 279
——の更新 succession of ······ 281
——半月歯 selenodont ······ **284**
——表皮歯 epidermal ······ 285
——哺乳類の in mammals ······ 99, **281**, **284**
——面生歯（側生歯）pleurodont ······ **281**
——裂肉歯 carnassial ······ **283**
肺 Lungs ······ 308, 311 ~ 316
——鳥類の of birds ······ **315**
——爬虫類の of nonavian reptiles ······ 312
——哺乳類の of mammals ······ 316
——両生類の of amphibians ······ 312
パイエル板 Peyer's pathes ······ 292, 352
バイオリズム Biorhythm ······ 474
胚芽層（マルピーギ層）Stratum germinativum ······ 134, **396**
背気管支 Dorsobronchi ······ **314**
肺魚 Lungfishes ······ **57**, 58, 59
——の鰾 swim bladder of ······ 307
背鋸筋 Serratus dorsalis ······ 253
肺魚類 Lungfishes, Dipnoans, Dipnoi ······ 56, **57**, 58, 59, 177
胚形成 Embryogenesis ······ 17, **183**
＊形態形成を参照
背根 Dorsal root ······ 401, **402**, **426**
背根神経節 Dorsal root ganglion ······ **152**, **369**, 401
杯細胞 Goblet cells ······ 110, **111**, 279, 290
背枝 Dorsal ramus ······ **402**, **425**
排出孔 Excurrent aperture ······ 305
肺循環 Pulmonary circuit ······ 324, 335
胚上皮 Germinal epithelium ······ 369, **378**
排泄腔静脈 Cloacal vein ······ 342
排泄腔板 Cloacal plate ······ 99, 274
背側間軟骨 Interdorsal cartilage ······ **152**, **153**
背側肩甲挙筋 Levator scapulae dorsalis ······ 258
背側層間板 Dorsal intercalary plate ······ **152**
背側大動脈（背大動脈）Dorsal aorta ······ 11, **42**, **247**, 330, 338
背側脳室隆起 Dorsal ventricular ridge ······ **411**, 412
胚体外膜 Extraembryonic membrane ······ 64, 94, 102, **103**
背体幹筋 Dorsalis trunci ······ 250
肺動脈腔 Cavum pulmonale ······ 335, **338**
胚盤 Blastodisk, Embryonic disk ······ 91, 95, **97**
胚盤胞 Blastocyst ······ 91, 95, **97**
胚盤葉（胞胚葉）Blastoderm ······ 91, **94**
胚盤葉下層 Hypoblast ······ **94**

胚盤葉上層 Epiblast …… **94**
肺胞 Alveoli …… 315
肺胞管 Alveolar duct …… **316**
胚葉 Germ layers …… 91
＊形態形成を参照
ハイラックス Hyraxes …… 82, **83**, **293**, **464**
バク Tapirs …… 81, **82**
白質 White matter …… **395**, **396**
薄束 Fasciculus gracilis …… **400**, 401
薄束核 Nucleus gracilis …… **400**, 401
パチーニ小体 Pacinian corpuscles …… **454**, **455**
爬虫類 Reptiles …… 64 ～ 68
＊鳥類も参照
薄筋 Gracilis …… 262
白血球 Leukocytes …… 322, **323**
発声 Vocalization …… 308, 309, 350
発生 Development …… 17
＊形態形成も参照
発電器官 Electric organs …… **268**
発電細胞 Electroplax …… **268**
パニッツア孔 Foramen of Panizza …… 333
羽 Feathers …… 119 ～ 121
——の起源 origin of …… 67
——の成長 growth of …… **121**
——の発生 development of …… 120
ハバース管 Haversian canal …… **140**, 141
馬尾 Cauda equina …… **399**, 400
パラゾニック肢 Paraxonic foot …… 82, **228**
ハリモグラ Spiny anteater, *Echidna* …… **70**, 122, **385**
パレオニスカス類 Paleoniscoids …… 55
半陰茎 Hemipenis …… **374**
反回気管支 Recurrent bronchi …… **314**
半関節 Amphiarthrosis …… 145
半規管 Semicircular duct …… 437
半奇静脈 Hemiazygos vein …… 344, **345**
反響定位（エコーロケーション）Echolocation …… 84, 444
パンクレオザイミン・コレシストキニン Pancreozymin-cholecystokinin …… 474
半月歯 Selenodont teeth …… 284
半月弁 Semicircular valves …… 327, **328**
半腱様筋 Semitendinosus …… 262
板骨 Tabular bone …… 173
板鰓類 Elasmobranchs, Elasmobranchii …… 54, 267, **472**
＊サメ類も参照
半索動物 Hemichordates, Hemichordata …… 31
盤状胎盤 Discoid placenta …… **104**, 105
反芻類の胃 Ruminant, stomach of …… 290
半椎体 Pleurocentrum …… **153**, **162**
板皮類 Placoderms …… **52**, 217
半膜様筋 Semimembranosus …… 262
汎毛胎盤（散在性胎盤）Diffuse placenta …… **104**, 105
盤竜類 Pelycosaur …… **62**, 70
ハーダー腺 Harderian gland …… 449

【ひ】

鼻咽頭管 Nasopharyngeal duct …… **300**
被蓋（中脳被蓋）Tegmentum …… 407
被殻 Putamen …… **411**, 413
鼻下垂体管 Nasohypophyseal duct …… **300**
鼻下垂体嚢 Nasohypophyseal sac …… **300**
ヒキガエル（ガマ）Toad …… 65, **113**
——のビダー器官 Bidder's organ of …… **372**
ヒキガエル科 Bufonidae …… 61
皮筋層 Panniculus carnosus …… 267, **268**
鼻腔上皮 Nasal epithelium …… 414
ヒゲクジラ Baleen whale …… 125, 276
鼻甲介 Concha, nasal …… 171, 188
腓骨 Fibula …… **220**, **230**
鼻骨 Nasal bone …… **173**, **180**, **188**
皮骨（真皮骨）Dermal bone …… 128, 142
皮骨頭蓋 Dermatocranium …… 168, 172 ～ 175
＊神経頭蓋，頭蓋も参照
——の天井構成骨 roofing bones of …… 179
尾索類 Urochordates …… 20, 32, **41**
皮脂 Sebum …… 115, 122
皮質脊髄路 Corticospinal tracts …… **394**, **400**, 401
糜汁（粥状液）Chyme …… 290, 474
尾状核 Caudate nucleus …… 413
鼻上皮 Nasal epithelium …… 188
尾静脈 Caudal vein …… **38**, 342, **343 ～ 345**
非神経性中間受容細胞 Intermediary nonnervous receptor cells …… 434
尾腺 Uropygial gland …… 115, 134
脾臓 Spleen …… **294**, 352
尾大腿筋 Caudofemoralis …… 254, 261
ビダー器官 Bidder's organ …… 369, **372**
非脱落膜性胎盤 Nondeciduous placenta …… 104
ビタミンD Vitamin D …… 135
尾端骨（カエル）Urostyle …… 158, 215
尾端骨（鳥類）Pygostyle …… 115, 159
尾椎 Caudal vertebrae …… 151, **152**, **160**
ヒツジの脳 Sheep, brain of …… **410**
ヒト *Homo sapiens* …… **77**
鼻道 Nasal canal …… **189**, 196, 305
ヒト抗利尿ホルモン Human antidiuretic hormone …… 464
泌尿生殖器系 Urogenital system …… 94, **363**, **381**
＊腎臓，生殖器系も参照
泌尿生殖口 Urogenital aperture …… 385
泌尿生殖洞 Urogenital sinus …… **383 ～ 386**
尾部下垂体 Urophysis …… 400, 461, **462**
皮膚受容器 Cutaneous receptors …… 454 ～ 456
鼻プラコード（嗅プラコード）Nasal (olfactory) placode …… 100
飛膜（翼膜）Patagium …… 75, 162, 225
飛膜筋 Patagial muscle …… 267
表情筋 Mimetic muscle …… **265**
表皮 Epidermis …… 110 ～ 118
——四肢動物の of tetrapods …… 112
表皮角 Hair horns …… **123**
表皮歯 Epidermal teeth …… 285
表皮腺 Epidermal glands …… 110, 132
——アポクリン腺 apocrine …… 113
——顆粒腺 granular …… **109**, **112**, 114
——管状腺 tubular …… 112
——汗腺 sudoriferous …… 115, 134
——脂腺 sebaceous …… **114**, 115, 134
——臭腺 scent …… 115
——全分泌腺 holocrine …… 113
——乳腺 mammary …… 115, **116**, 134
——嚢状腺 saccular …… 112
——部分分泌腺 merocrine …… 112
——油腺 oil …… 113, 115, 134
表皮鱗 Epidermal scales …… **117 ～ 119**, **129**
ヒヨコ Chick …… 94, **96**, **330**, 363
ビリベルジン Biliverdin …… 294
ビリルビン Bilirubin …… 294
鼻涙管（涙管）Nasolacrimal duct …… 449
鰭 Fin (s) …… 212 ～ 217
＊肢も参照
——尾鰭 caudal …… 215, **216**
——下異形尾 hypocercal …… 215
——棘鰭 spiny …… 214, **215**
——原正形尾 diphycereal …… 215, **216**
——条鰭 ray …… **214**, **215**
——尻鰭 anal …… 215
——背鰭 dorsal …… **214**, 215
——正中鰭 median …… 55, 213, 215, 257
——正尾 homocercal …… 215, **216**
——二列型 biserial …… **213**
——有対 paired …… 213, 214, 217, **348**
——の起源 origin of …… 216, 217, 233
——葉鰭 lobed …… 214, **215**
鰭状足（足ヒレ）Flippers …… 226, 232
披裂軟骨 Arytenoid cartilage …… **308**
鰭膜（鰭褶）Fin folds …… 205, **256**

【ふ】

ファーテル膨大部 Ampulla of Vater …… 294
ファブリキウス嚢 Bursa of Fabricius …… 352, 473
ファロピウス管 Fallopian tubes …… 382
フィブリノーゲン Fibrinogen …… 295, 322
フェロモン Pheromone …… 114

フォトフォア（発光器）Photophore ……………… **111**, 132
フォン・ベアの法則 Von Baer's low ……………… 18, 215, 338
腹気管支 Ventrobronchi ……………… **314**
腹鋸筋 Serratus ventralis ……………… 258
腹腔（腹膜腔）Abdominal（peritoneal）cavity ……………… 10, 273
複合仙骨 Synsacrum ……………… 157, **159**
腹根 Ventral root ……………… 401, **421**, **426**
腹枝 Ventral ramus ……………… **402**, **425**
輻射軟骨（鰭輻軟骨）Radialia ……………… **213**, **214**
副松果体 Parapineal ……………… **403**, 407, **450**
副松果体眼 Parapineal eye ……………… 64, **449**
副腎 Adrenal gland ……………… **368**, **427**
副神経（第XI脳神経）Accessory nerve（CN XI）……………… 419
副腎髄質 Adrenal medulla ……………… **424**, 426, 467, **468**
副腎皮質 Adrenal cortex ……………… 467, 468
腹側間軟骨 Interventral cartilage ……………… **152**, **153**
腹側肩甲挙筋 Levator scapulae ventralis ……………… 258
腹側層間板 Ventral intercalary plates ……………… 152
副蝶形骨 Parasphenoid ……………… 174, **178**, **187**
腹直筋 Rectus abdominis ……………… **246**, 252
副尿管 Accessory urinary duct ……………… **363**, **373**
腹板 Ventral plates ……………… 152
腹部静脈 Abdominal veins ……………… 344
腹膜 Peritoneum, Peritoneal membrane ……………… 10, 308
——臓側腹膜 visceral ……………… 10, 273, **287**, **378**
——壁側腹膜 parietal ……………… **4**, 10, 273
腹膜腔（腹腔）Peritoneal cavity ……………… **9**, 10, 273, **313**
腹肋 Gastralia ……………… **156**, 160
ブチイモリ *Notophthalmus viridescens* ……………… 20, **61**, **109**
不対洞 Sinus impar ……………… **440**
不動結合 Synarthrosis ……………… 145
プラコードの線状列 Lineal series of placodes ……………… 101
孵卵嚢（育子房）Brood pouches ……………… 279
プルキンエ細胞 Purkinje cell ……………… **393**
プルキンエ線維 Purkinje fibers ……………… 328, 329
プレシオサウルス類 Plesiosaurs ……………… **62**, 65, **181**
プレトドン *Plethodon* ……………… **60**, 61
プロゲステロン Progesterone ……………… **469**
プロターケオプテリクス（羽毛恐竜）*Protarchaeopteryx* ……………… 67
プロテウス（ホライモリ科の標準属）*Proteus* ……………… 61
プロトアビス *Protoavis* ……………… 68
プロトプテルス *Protopterus* … 58, 110, **306**
——の鰾 swim bladder of ……………… **307**
プロトロンビン Prothrombin ……………… 295
プロラクチン Prolactin ……………… 20, 465
フローリープ神経節 Froriep's ganglion ……………… 420
分岐図 Cladogram ……………… **21**
吻合 Anastomoses ……………… 340
噴水孔 Blowhole ……………… 305, **470**
分節性（体節性）Metamerism ……………… 4, 248, 426
分類学 Taxonomy ……………… 20, 21
分類群 Taxon ……………… 17 ～ 19, 21, 26

【へ】

平衡 Equilibrium ……………… 439
平衡砂（耳石）Otolith ……………… 33, 438
平衡砂膜（耳石膜）Otolithic membrane ……………… **438**
平衡斑，斑（斑点）Macula ……………… **438**
閉鎖筋 Obturator muscle ……………… 262
壁細胞 Parietal cells ……………… 290, 474
壁側胸膜 Parietal pleura ……………… **316**
壁側腹膜 Parietal peritoneum ……………… 10, 273
ヘスペロルニス *Hesperornis* ……………… 69
ペッカリー Peccary ……………… **82**, 115
ヘッジホッグ遺伝子 Hedgehog gene ……………… 98
ペトロティラピア *Petrotilapia* ……………… 193
ヘビ類 Snakes ……………… 118, 336
ペプシノーゲン Pepsinogen ……………… 290, 474
ヘモグロビン Hemoglobin ……………… 243, 294, 323
ヘラチョウザメ Paddlefish ……………… 55, **56**
ヘルブスト小体 Herbst, corpuscles of ……………… **454**, 455
ベロン，ピエール Belon, Pierre ……………… 14, 24
変異 Variation ……………… 85
ペンギン Penguin ……………… 69, 119, 342
変化した，学術用語としての用法 Modified, terminological use of ……………… 25
片鰓（半鰓）Demibranch ……………… 301
ヘンゼン結節 Hensen's node ……………… 94, **95**, **96**
変態 Metamorphosis ……………… 19, 20, **33**
扁桃 Tonsils ……………… 352
扁桃核 Amygdaloid nucleus ……………… 413
ヘンレのワナ（係蹄）Loop of Henle ……………… **358**, 365, **366**

【ほ】

旁気管支 Parabronchi ……………… **314**
方形頬骨 Quadratojugal bone ……………… 173, **179 ～ 181**
方形骨 Quadrate bone ……………… **175**, 191, **442**
縫合 Suture ……………… 145, **188**
膀胱 Urinary bladder ……………… 104, **250**, 367, **368**, **374**
縫工筋 Sartorius ……………… 262
旁索軟骨 Parachordal cartilages ……………… 168, **169**, **170**
放散（拡散）Diffusion ……………… 18, 72
旁矢状断 Parasagittal section ……………… 4
房室結節 Atrioventricular node ……………… 329
放射鰭条 Actinotrichia ……………… **212**, 213
放出ホルモン Releasing hormones ……………… 462
帽状筋 Cucullaris ……………… 258, **264**, 266
抱接器（鰭脚）Claspers ……………… 132, **209**, 214, 373
膨大腺 Ampullary gland ……………… 372, **377**
膨大部 Ampulla ……………… **379**, 437
膨大部稜 Crista ……………… **438**
胞胚 Blastula ……………… 92, **97**
胞胚腔 Blastocoel ……………… **91**, **97**
ボウマン腺 Bowman's gland ……………… 452
ボウマン嚢 Bowman's capsule ……………… **357**, **358**, **366**
旁濾胞細胞（C細胞）Parafollicular cells（C cells）……………… 470
母指 Pollex ……………… 222
母趾（第1趾）Hallux, Great toe ……………… 232
哺乳類 Mammal（s）……………… 70 ～ 79, 81, 83
ホメオティック遺伝子 Homeotic genes ……………… 98, 396, 427
ホメオボックス遺伝子 Homeobox genes ……………… 37, 427
ホモプラシー（成因的相同）Homoplasy ……………… 17, 21, 42
ホヤ類 Sea squirt, Ascidians ……………… **30**, 32
ポリプテルス *Polypterus* ……………… 55, **56**, 129, **212**
——の前肢帯 pectoral girdle of ……………… 205, **206**
——の頭蓋 skull of ……………… **176**
ホルモン Hormones ……………… 461 ～ 466, 468 ～ 475
——胃腸ホルモン gastrointestinal ……………… 469
——下垂体ホルモン pituitary ……………… 360
——膵臓ホルモン pancreatic ……………… 473
——性腺ホルモン gonadal ……………… 244, 387
——同期化（同調）ホルモン synchronizing ……………… 474
——誘導ホルモン inducing ……………… 475

【ま】

マイスナー小体 Meissner's corpuscles ……………… **114**, **454**, 455
マイスナー神経叢（粘膜下神経叢）Meissner's plexus ……………… 423
マイボーム腺 Meibomian gland ……………… 115

膜迷路 Membranous labyrinth ……437, **438**, **442**, **443**
摩擦隆線 Friction ridges ……**124**
マストドン Mastodons ……83, **283**
末脚（自脚）Autopodium ……**218**, 221
＊指，手首も参照
末梢神経系 Peripheral nervous system ……9, 392
マッドパピー *Necturus* ……**7**, 61, **158**, **221**
マナティー（海牛）Manatees ……**83**, 282
マムシ類 Pit vipers ……450

【み】
ミエリン Myelin ……392, **394**
味覚受容器 Taste receptors ……452
耳 Ears ……115
——外耳 outer ……70
——の筋 muscles of ……243
ミミズトカゲ Amphisbaenian ……64, 133, 444
耳プラコード（耳板）Otic placode ……100, 438
脈管の血管（脈管）Vasa vasorum ……340
脈絡叢 Choroid plexus ……**394**, **407**, 414
脈絡膜 Choroid coat ……**445**, 446, **447**
ミュラー管 Muellerian duct ……**365**, 380, 385
——の遺残 remnants of ……385

【む】
無顎類 Agnathans ……50, 51
＊ヌタウナギ，ヤツメウナギ，甲皮類も参照
——の消化管 digestive tract of ……289
——の内臓骨格 visceral skeleton of ……193
ムカシトカゲ *Sphenodon* ……64, 179, **246**
——の心臓 heart of ……**329**
——の肺 lungs of ……311
無弓類 Anapsids ……**62**, 64, 65
＊カメ類も参照
無細胞骨（アスピジン）Acellular bone ……142
無足類 Apodans ……**59**, 60, 90
無尾類 Anurans ……60, 61, **156**, **205**, **435**
＊カエル，ヒキガエルも参照
無名骨（寛骨）Innominate（coxal）bone ……212

【め】
眼 Eye（s）……444 ～ 449
——正中眼 median ……407, 445, 450
——側方眼 lateral ……444
——頭頂眼 parietal ……407, **450**
——の調節 accommodation of ……448
——ヒトの of human ……446, **447**
鳴管 Syrinx ……310, **311**
迷歯類 Labyrinthodonts ……59, 153, **174**
迷走神経（第X脳神経）Vagus nerve（CN X）……**418**, **427**
迷走葉 Vagal lobe ……**405**
鳴嚢 Vocal sacs ……274, **275**, 309
メガネザル Tarsiers, *Tarsius* ……75, **76**
目先小窩（ピット）Loreal pits ……272, 451
メサゾニック肢 Mesaxonic foot ……82, **228**
メッケル軟骨 Meckel's cartilage ……**168**, 190, 194, **197**
眼の調節 Accommodation for viewing ……448
メラトニン Melatonin ……466
メラニン細胞（メラニン保有細胞）Melanophore ……**111**, **128**, 131
メラニン細胞刺激ホルモン Melanophore stimulating hormone ……465
メラノサイト（メラニン産生細胞）Melanocytes ……**37**, 131
メラノソーム Melanosome ……**130**, 131
綿羽 Down feathers ……119, **120**
面生歯 Pleurodont dentition ……**281**

【も】
毛羽（糸状羽）Filoplumes ……119, **120**
毛幹（羽幹）Shaft ……**122**
——羽幹 of feather ……119, **120**
——毛幹 of hair ……**122**
毛球 Bulb, hair ……**114**, 122
毛細血管 Capillaries, Blood capillaries ……**295**, 314, 320
毛細血管迂回路 Capillary shunt ……320, **321**
毛細リンパ管 Lymph capillaries ……351
毛小皮 Cuticle ……**114**, 122
毛髄 Medulla, of hair ……**114**, 122
盲腸 Cecum（ceca）……272, **273**, **293**
網嚢孔 Epiploic foramen ……289
網膜 Retina ……**169**, 398, **445**
網膜櫛 Pecten ……447
毛様体 Ciliary body ……**445**, **447**, 449
毛様体筋 Ciliary muscle ……**447**, 449
毛様体突起 Ciliary processes ……**447**, 448
目的論的論法 Teleological reasoning ……16
モグラ類 Moles ……443
モルフォゲン Morphogen ……98
門脈系 Portal system ……320
——肝門脈系 hepatic ……320
——腎門脈系 renal ……320, **322**, **360**

【や】
ヤツメウナギ Lampreys ……**43**, 52, 300
——の皮膚 skin of ……127

【ゆ】
有顎類（顎口類）Gnathostomes ……**50**, 53, **263**
＊魚類も参照
ユースタキー管 Eustachian tube ……443
雄性膣 Vagina masculina ……385
有袋類 Marsupial ……**71**, **72**, **383**
有蹄類 Ungulates ……81, 82, 283
有頭動物 Craniates ……5, 9, 39, 40, **47**
——の咽頭 pharynx of ……7
——の外皮 integument of ……109, 135
——の起源 origin of ……40
——の筋 muscles of ……456
——の脊索 notochord of ……98
——の体幹 trunk of ……**4**, 10, 217
——の体腔 coelom of ……**9**
——の体壁 body wall of ……351
——の分類 classification of ……47
誘導ホルモン Inducing hormone ……475
有尾類 Urodeles ……**60**, 61
＊マッドパピーも参照
有毛細胞 Hair cells ……**434**, **436**, **438**
幽門 Pylorus ……**288**, 290
幽門括約筋 Pyloric sphincter ……**273**, 288, **292**
幽門盲嚢 Pyloric ceca ……**273**, **288**, 291
有羊膜類 Amniotes ……64
＊爬虫類，単弓類も参照
——の胸骨 sternum of ……**164**
——の心臓 heart of ……327
——の舌骨 hyoid bone of ……196
——の尿膜動脈 allantoic artery of ……340
有鱗類（哺乳類）Pholidota ……74
有鱗類（爬虫類）Squamates ……65, **117**
＊トカゲ類，ヘビ類も参照
油腺 Oil gland ……113, 115, 134
指（趾）Digits ……220
——足の趾 of pes ……75
——手の指 of manus ……221
——の減少 reduction of ……222
由来した，学術用語としての用法 Derived, terminological use of ……25

【よ】
葉鰭類 Lobe-finned fishes ……56, 128, 129
幼形進化 Paedomorphosis ……19, 60
幼形類 Larvaceans ……19, 34
腰神経叢 Lumbar plexus ……402
羊水 Amniotic fluid ……103
幼生の鰓 Larval gills ……303
腰椎 Lumbar vertebrae ……**150**, 155, **210**
腰方形筋 Quadratus lumborum ……**250**, 253
羊膜 Amnion ……64, 103
翼手類 Chiroptera ……74, **75**
翼状骨 Pterygoid bone ……174, **182 ～ 188**

抑制ホルモン Inhibiting hormones …… 462
翼蝶形骨 Alisphenoid bone … 171, **188**, **200**
翼突筋 Pterygoideus …… 263
翼板 Alar plate …… **396**, 397, **418**
翼竜類 Pterosaurs …… 66, 67, 225
横這い運動 Sidewinding locomotion …… 236

【ら】
ラゲナ Lagena …… **437**, **440**
ラセン神経節 Spiral ganglion …… 417, **441**
ラセン弁 Spiral valve …… 291, 326, **327**
ラティメリア *Latimeria* …… **57**, 128, **215**
ラトケ嚢 Rathke's pouch …… 99, **439**, 465
ラノドンの頭蓋 *Ranodon*, skull of …… **178**
ラマルク, ジャン・バプティスト・ド
Lamarck, Jean-Baptiste de …… 22 ~ 24
卵 Eggs …… **89**, 378, 380
——受精 fertilization of …… 90
——閉鎖卵 Cleidoic …… 65
卵円窩 Fossa ovalis …… 327
卵円孔 Foramen ovale
…… **172**, **189**, 327, 347
卵黄嚢 Yolk sac …… **97**, 102
卵黄嚢血管 Vitelline vessels …… 95
卵黄嚢静脈 Vitelline veins …… 102, **330**, **343**
卵殻腺 Shell gland …… 380, **381**, **382**
卵割（分割）
Cleavage (segmentation) of zygote …… 91
卵管 Oviducts …… **380 ~ 382**, **383**
卵管間膜 Mesotubarium …… 380
卵管膨大部 Magnum …… 381
卵管ロート Oviducal funnel …… **380**
卵形嚢 Utriculus …… **437**
ランゲルハンス島 Islands of Langerhans
…… **295**, 473
卵生 Oviparity, Oviparous …… **69**, 89
卵巣 Ovary …… 374, **378**
卵巣間膜 Mesovarium …… 369, **370**, **378**
卵巣索 Ovarian ligament …… **379**
卵巣上体（副卵巣）Epoophoron …… **365**
卵巣旁体 Paroophoron …… **365**
卵胎生 Ovoviviparity …… 90
卵嚢（卵管子宮部）Ovisac …… 381
卵白腺 Albumen gland …… 381
卵胞（濾胞）Follicles …… 90, 465
——グラーフ卵胞 Graafian …… **378**, 465
——甲状腺濾胞 thyroid …… **470**
卵胞刺激ホルモン
Follicle stimulating hormone …… 465

【り】
梨状筋 Piriformis …… 262
リス亜目（リス類）
Sciuromorpha, Sciurognathi …… 78
立羽運動線維 Plumomotor fibers …… 425
立羽筋 Arrectores plumarum …… 119, 268
立体認知 Stereognosis …… 278, 455
立毛筋 Arrector pili muscle,
Arrectores pilorum …… **114**, 122, 268
リパーゼ Lipase …… 292
リポフォア Lipophores …… 131
リボン状直腸突起 Trophotaeniae …… 90
隆起部 Pars tuberalis …… **462**, **464**, 465
竜骨 Carina …… 163, **164**
流走性 Rheotaxis …… 436
竜盤類（恐竜）Saurischians …… **62**, 67
菱形筋 Rhomboideus …… 258
両生類 Amphibians …… 59 ~ 61, 64
＊無尾類, 無足類も参照
——の心臓 heart of …… 329
——の腎門脈系 renal portal system of
…… 347
——の前肢帯 pectoral girdle of …… 206
——の頭蓋 skull of …… 178
——の表皮 epidermis of …… 110
両接（二重連結）Amphistyly …… 190
梁柱軟骨 Trabeculae cranii …… 168, **170**
菱脳 Hindbrain, Rhombencephalon
…… **274**, **396**, 405
リラキシン Relaxin …… 212, 384, 469
鱗甲 Scutes …… 118, 133, 236
輪状器官 Wheel organ …… **37**, 38
鱗状鰭条 Lepidotrichia …… **212**, 213, **214**
輪状甲状筋 Cricothyroideus
…… **200**, **264**, 266
鱗状骨 Squamosal bone
…… 173, **180 ~ 182**, **188**
輪状前軟骨 Procricoid cartilage …… 308
輪状軟骨 Cricoid cartilage
…… 196, **198**, **308**, **310**
輪状披裂筋 Cricoarytenoideus …… 266
リンパ Lymph …… 351, 352
リンパ管 Lymph channels …… **351**
リンパ系 Lymphatic system …… 320
リンパ心臓 Lymph heart …… 351
リンパ節 Lymph nodes …… 351
リンパ嚢 Lymph sacs …… 351, **352**
鱗竜類 Lepidosaurs …… 65, **181**
＊ムカシトカゲも参照

【る】
類エナメル質 Enameloid
…… 99, **126**, **128**, 280
涙骨 Lacrimal bone …… 173, **177**, **188**
涙腺 Lacrimal gland …… 449
ルシフェラーゼ Luciferase …… 111
ルフィニ小体 Ruffini corpuscle …… **454**, 455

【れ】
霊長類 Primates …… 75
＊哺乳類も参照
裂脚類 Fissipedia …… 78
裂後神経（後鰓裂神経）Posttrematic nerve
…… **419**, 420
裂後片鰓（後鰓裂片鰓）
Posttrematic demibranch …… 301, **302**
裂前神経（前鰓裂神経）Pretrematic nerve
…… **419**, 420
裂前片鰓（前鰓裂片鰓）
Pretrematic demibranch …… 301, **302**
レッドエフトの皮膚 Red eft, skin of …… **109**
裂肉歯 Carnassial teeth …… **283**, **284**
レニン Renin …… 468
レピドシレン *Lepidosiren* …… 58, 306
連続相同 Serial homology …… 15

【ろ】
濾過摂食（採食）動物 Filter feeder …… 32
肋横筋 Transversus costarum …… 253
肋間動脈 Intercostal artery …… 338
肋骨 Ribs …… 160 ~ 163
——胸肋（胸肋骨）thoracic …… 161, **162**
——魚類の of fishes …… 161
——頚肋（頚肋骨）cervical …… **162**
——四肢動物の of tetrapods …… 161
——背側肋骨 dorsal …… **152**, **160**, 248
——腹側肋骨（下肋）ventral
…… **152**, **160**, 161
——肋骨胸骨部 sternal …… **159**, 161, **164**
——肋骨脊椎部 costal …… 161
肋骨挙筋 Levatores costarum …… 253
肋骨結節 Tuberculum, of rib
…… **160**, 161, **162**
肋骨上筋 Supracostal muscle …… 253
肋骨頭 Capitulum, of rib …… **160**, 161, **162**
肋骨皮筋 Costocutaneous muscle …… 267
ロレンツィーニ膨大部
Ampullae of Lorenzini …… **435**
ロート Infundibulum …… 380
ロート陥凹 Infundibular recess …… **408**, 409
ロート茎 Infundibular stalk
…… **408**, 409, **462**, 463
ローハン - ベアード細胞 Rohon-Beard cells
…… 398

【わ】
ワニ類 Crocodilians …… **62**, 64, 66
弯曲タコ足細胞 Cyrtopodocytes …… **39**
腕神経叢 Brachial plexus …… **256**, 402

■翻訳者プロフィール

谷口　和之（たにぐち　かずゆき）

1947年東京都生まれ。農学博士。岩手大学名誉教授。

東京大学農学部卒業。東京大学大学院農学系研究科（現：農学生命科学研究科）博士課程修了。聖マリアンナ医科大学医学部助手，岩手大学農学部講師・助教授を経て同大学教授，岐阜大学大学院連合獣医学研究科教授（併任）を歴任。この間，麻布大学非常勤講師，聖マリアンナ医科大学非常勤講師，名古屋大学非常勤講師，日本獣医畜産大学（現：日本獣医生命科学大学）非常勤講師，放送大学非常勤講師，日本獣医解剖学会会長，Asian Association of Veterinary Anatomists（アジア獣医解剖学会）会長を務める。専門は動物形態学。

著書に『獣医学大辞典』（分担執筆，緑書房／チクサン出版社），『匂いの科学』（分担執筆，朝倉書店），『獣医組織学』（分担執筆，学窓社），『匂いと香りの科学』（分担執筆，朝倉書店），『フェロモン受容にかかわる神経系』（分担執筆，森北出版），『Ontogeny of Olfaction』（分担執筆，Springer）ほか。

福田　勝洋（ふくた　かつひろ）

1944年三重県生まれ。農学博士。名古屋大学名誉教授。公益社団法人日本実験動物協会会長。

名古屋大学農学部卒業。名古屋大学大学院農学研究科（現：生命農学研究科）修士課程修了。東京大学農学部助手，農林水産省家畜衛生試験場（現：農研機構・動物衛生研究部門）主任研究官を経て同研究室長，名古屋大学大学院生命農学研究科教授，岡山理科大学理学部教授を歴任。この間，東京医科大学非常勤講師，オハイオ州立大学獣医学部客員助教授，名城大学農学部非常勤講師を務める。専門は動物形態学，実験動物学。

著書に『新編畜産大事典』（編著，養賢堂），『図説動物形態学』（編著，朝倉書店），『The Laboratory Mouse 2nd ed』（分担執筆，Academic Press）ほか。

ケント 脊椎動物の比較解剖学

2015年11月10日　第1刷発行
2021年 4月 1日　第2刷発行©

著　者…………George C. Kent，Robert K. Carr
翻 訳 者…………谷口和之，福田勝洋
発 行 者…………森田　猛
発 行 所…………株式会社 緑書房
〒103-0004
東京都中央区東日本橋3丁目4番14号
TEL　03-6833-0560
https://www.midorishobo.co.jp
編　集…………羽貝雅之，小林奈央
編集協力…………オカムラ
カバーデザイン……メルシング
印 刷 所…………アイワード

ISBN978-4-89531-245-5　Printed in Japan
落丁，乱丁本は弊社送料負担にてお取り替えいたします。